无机与分析化学

（第三版）

主　编　陈虹锦

副主编　谢少艾　张　卫　马　荔

科学出版社

北　京

内容简介

本书在第二版基础上，根据教学经验和教学内容的改进做了修订。将无机化学和化学分析内容进行有机整合，将理论(基本化学原理、物质结构、四大平衡)、方法及应用(定量分析概论、四大滴定分析)穿插进行编排。同时，兼顾不同课程学时的特点和要求，将有关元素性质的内容根据递变规律编为阅读材料供选学。本书的前5章主要介绍化学原理和物质结构，第6章着重介绍定量分析基本要求和实验数据分析方法，后续的章节在四大平衡基本原理的基础上介绍化学分析方法的特点和应用，突出“量”的概念。本书具有一定的深度和广度，读者可以根据实际情况和学时要求选择使用。

本书适合高等学校化学、化工、生命科学、药学、农学、环境等专业的学生使用，也可作为考研参考书。

图书在版编目（CIP）数据

无机与分析化学/陈虹锦主编. —3版. —北京：科学出版社，2023.7
ISBN 978-7-03-073795-3

Ⅰ. ①无… Ⅱ. ①陈… Ⅲ. ①无机化学–高等学校–教材 ②分析化学–高等学校–教材 Ⅳ. ①O6

中国版本图书馆CIP数据核字（2022）第220708号

责任编辑：侯晓敏 赵晓霞 李丽娇 / 责任校对：杨 赛
责任印制：赵 博 / 封面设计：无极书装

科学出版社出版
北京东黄城根北街16号
邮政编码：100717
http://www.sciencep.com
天津市新科印刷有限公司印刷
科学出版社发行 各地新华书店经销

*

2002年8月第 一 版 开本：787×1092 1/16
2008年7月第 二 版 印张：29 插页：1
2023年7月第 三 版 字数：742 000
2025年1月第十九次印刷

定价：79.00 元

（如有印装质量问题，我社负责调换）

第三版前言

《无机与分析化学》于 2002 年 8 月出版第一版，2008 年 7 月出版第二版。自 2008 年出版至今已有 15 年，其间，随着课程体系改革、精品课程和一流课程建设及相关网络资源的建设，编者对无机与分析化学课程的教学积累了更多新的体验和经验。高等教育肩负着为党育人、为国育才的崇高使命，其模式和理念也随着科技的发展和教育的国际化在逐渐演变，需要教学工作者认真地思考，即如何在教学的过程中培养学生研究性学习的能力，如何将教学从以教师为中心转化为以学生的学习效果为中心，以培养学生不断获取知识和应用知识的能力。基于此，为了更有利于教师教学和学生学习，编者重新调整了教材的相关内容，编写了第三版，以期得到更广泛的应用。

第三版保持了强化理论和实际充分联系的特点，注重无机化学的理论(如四大平衡)与化学分析(如四大滴定)结合，以及各章节的化学原理、相关的性质和元素模块特性的关系。相比于前两版教材，第三版做了以下更新：①更加注重和强调对基本概念的理解和掌握，对教学过程中的难点和重点进行了更好的诠释以帮助学生更好地理解；②结合当今学生接受能力强但不太注重应用的特点，突出了化学原理在工业生产和科研方面的应用并增加示例以加强理解；③对一些知识点或者相对技巧性的叙述予以适当删减以增强教材的适用性；④对章后的思考题和习题做了补充，引导学生主动学习，培养创新思维。

另外，适合自学的基础性相关内容在“无机与分析化学(一)”“无机与分析化学(二)”两门 MOOC 课程中有较为详细的讲解，学生可以结合 MOOC 课程进行学习。

本书由上海交通大学陈虹锦教授担任主编，谢少艾、张卫、马荔担任副主编，具体编写分工为：第 1 章由谢少艾、陈虹锦编写，第 2 章、第 3 章主要由张卫编写，第 4 章、第 5 章主要由陈虹锦、谢少艾编写，第 6 章主要由陈虹锦、梁竹梅、张卫编写，第 7～10 章主要由陈虹锦、马荔、谢少艾编写，阅读材料由陈虹锦、张卫、谢少艾编写。

在编写过程中，魏霄、舒谋海、李梅、韩莉、吴旦等教师给予了极大的支持与帮助，许多使用过第一版、第二版教材的学生也提出了很多有益的意见和建议，在此一并表示衷心的感谢！

限于编者水平，书中不妥和疏漏之处在所难免，欢迎读者批评指正。

编　者

2022 年 10 月于上海

第二版前言

2002 年 8 月，在原有参考教材和自编讲义的基础上，根据学校的具体情况和无机与分析化学课程的性质以及面向对象，我们经过积极的工作和努力，在科学出版社出版了《无机与分析化学》。该书对相对独立的无机化学和分析化学的教材体系进行了有机地整合，将原属于两门课程的内容整合为基本化学原理、物质结构、四大化学平衡及滴定分析、元素化学和仪器分析几个模块，并做了较为合理的编排。

2002 年本书第一版出版后，得到了使用院校师生的认可，目前已经印刷了 7 次，印数达 2 万余册。随着课程体系的改革、精品课程建设和相关的网络资源的建设，我们汇集了教学实践过程中的各种经验和体会，认为在无机与分析化学这门课程的教学和课程建设中，教材的建设还需继续加强。同时，高等教育的模式和理念也随着科技的发展和教育的国际化在逐渐演变，需要教学工作者认真地思考，即如何在教学的过程中培养学生研究性学习的能力，培养学生不断获取知识的能力。为此，在建设精品课程的同时，经过征求教师和学生的意见，我们对第一版教材的成功和不足之处进行了充分、认真的研讨，在科学出版社的大力支持下，决定对教材进行修订，以利于今后更好地进行教学与教学研究和改革。

本书更加注重和强调基本概念的理解和掌握，注重基本原理的应用。并且，结合当今学生接受能力强但不太注重应用的特点，突出了原理在一些方面的应用并增加示例以加强理解，对一些知识点或者相对技巧性的叙述则予以删减以增强教材的适用性。

另外，针对本书内容的重点，我们对课后的思考题和习题也做了较大幅度地修改，增加了一定的题目，提高了练习量，利于学生巩固所学知识。同时，在精品课程网站(相关网址是www.inorganic.sjtu.edu.cn)的建设过程中，结合书后的思考题和习题，对思考题的理解和疑难题目的解题思路在网站中对学生给予指导。

在编写过程中，马荔、韩莉、舒谋海、李梅等老师给予了极大的支持与帮助，许多使用过第一版教材的同学通过学习，也提出了很多有益的意见和建议，在此一并表示衷心的感谢！

限于时间和水平，书中不妥和错误之处在所难免，欢迎读者批评指正。

编　者

2008 年 5 月于上海

第一版前言

无机与分析化学是基础化学的重要课程之一，对于化学化工及化学近源专业如生命科学、环境科学、农学、医学、药学等专业的学生的相关基础和专业知识的学习都是必不可少的。该课程综合了以往的无机化学、分析化学两门基础化学课程的内容，包括基本化学原理、物质结构、四大化学平衡、元素化学、滴定分析、仪器分析等。

目前基础教育的宗旨是培养学生的综合素质，提高教学效率及学生自学能力，我们在原来编写的讲义的基础上，经过多次教学实践，将以前课时较长、内容相对重复的课程模块体系进行了较大的调整，以适应不同的专业和不同课时的需要。目前，本教材的基本框架为化学原理、物质结构、四大化学平衡及相应的四大滴定分析体系、定量分析概论和现代分析中的分离方法及仪器分析简介、元素性质及定性分析等几个部分。前面的内容侧重于基础知识和基本概念的学习和掌握，后面的分析化学和元素性质内容则侧重于性质、方法的了解和基本原理、方法的应用。希望学生通过学习本课程达到掌握基础理论知识，了解各种分析方法和熟悉元素性质的目的。由于课时有限，元素的性质部分编写为阅读材料供同学参考阅读或在老师的指导下自学。

本教材主编为陈虹锦，副主编为谢少艾和张卫。绪论由吴旦编写；第二章、第三章、第四章主要由张卫及阎存仙编写；第五章、第六章、第七章、第八章和第十三章主要由陈虹锦、方能虎编写；第九章、第十章、第十一章、第十二章主要由谢少艾、吴旦编写。在整个编写过程中，吴旦老师做了大量的前期准备工作，并对教材的整体编排和构思提出了许多宝贵的意见；阎存仙老师、方能虎老师也参与了较多的工作，在此表示最诚挚的谢意！另外，在教材的编写和教学实践过程中还得到了上海交通大学化学化工学院许多教师和同学的帮助，在此也向他们表示衷心的感谢！在本教材的编写过程中，编者参考了已出版的相关教材，并引用了其中的一些图表，主要参考书列于书后，在此说明并致谢。

限于编者对教学改革的认识和理解，以及业务水平和教学经验的局限，书中难免有不妥和错误之处，欢迎读者批评指正。

编　者

2002 年 3 月于上海

目　录

第 1 章　绪　论

化学是一门试图了解物质的性质和物质发生变化的科学，它涉及存在于自然界的物质——地球上的矿物、空气中的气体、海洋里的水和盐、在动物身上找到的化学物质以及由人类创造的新物质，还涉及自然界的变化——因闪电而着火的树木、与生命有关的化学变化，以及人类发明和创造的新变化。

众所周知，世界是由物质组成的，物质是客观存在的，是化学研究的对象。化学以其特有的观点来研究和认识物质。物质可分为若干层次，目前大家公认的为三个层次：微观、宏观和宇观，其中每个层次又可分为若干亚层次。三个物质层次的情况如表 1-1 所示。

表 1-1　有关物质层次的一些情况

层次	典型尺度/m	过渡尺度/m	实例	理论
宇观	10^{21}	3×10^{11}	银河星系、太阳系	广义相对论
宏观	10^{2}	3×10^{-8}	篮球场	牛顿力学
微观	10^{-17}	3×10^{-27}	基本粒子	量子力学

人类认识世界、认识物质总是从直接感知开始，并借助仪器和辩证思维不断扩展、深化。物质在不断运动之中，运动就是变化，物质的运动一般用能量来度量。各层次的物质运动都有相应于其特点的理论。人类对物质运动的认识没有完结，因此理论的发展也不会终结。人类首先认识的是宏观物质，牛顿力学是人类认识物质运动早期的基础；对宇观和微观层次的物质的认识是人类认识物质的扩大和深化，广义相对论和量子力学是研究这两个层次而出现的理论，是牛顿力学的发展和深化。化学研究的内容涉及宏观和微观两个层次交界处的一些亚层次物质。它是一门在原子、分子或离子层次上研究物质的组成、结构、性质等变化及其内在联系和外界变化条件的科学。

1.1　历史的发展离不开化学

出于对自然界物质的好奇心，人们很早就开始从自然界分离得到纯粹化学物质。人们发现，可以从某些花卉和昆虫中提取颜料，并用来作画和染布。直到 20 世纪，化学家才弄清楚这些天然颜料的化学成分及其结构。人类很早就学会通过化学变化来制造新的物质，如肥皂和活性炭。

木材被加热时失去水分，生成活性炭。在这个过程中，木材中的纤维素——一种含有碳、氢和氧并全由化学键连接在一起的化合物发生了化学反应，使氢和氧化学键断裂生成水而失去，剩下的碳成为活性炭。但是，仅靠把活性炭和水混在一起，不能使这个过程反过来生成纤维素。因为氧原子和氢原子不能自发地与碳生成所需的化学键。

还有具有神秘色彩的“炼金术”和“炼丹术”，早期的这些“化学家们”的发现多属于偶然，而且在相当长的时间里，偶然性是发现的主要途径。偶然性对于发现至今仍然是重要的，但是随着人们化学知识的增长，现在可以通过设计来创造新的化学物质。

综上所述，化学研究的特点是化学变化及形成的新物质，相关学科的研究无不围绕这些方面进行。根据研究的对象和领域特色，化学分为无机化学、分析化学、有机化学和物理化学。对于初步涉猎化学学习的人而言，首先学习无机化学和分析化学。

1.1.1 无机化学与分析化学的特点与近代化学

从 1661 年波义耳(Boyle)发表他的名著《怀疑派的化学家》起，到 1869 年门捷列夫(Менделеев)建立元素周期系为止约 200 年的时间，可以作为近代化学由萌芽发展到比较成熟的时期。在近代化学的发展历程中，可以发现很多与无机化学与分析化学课程相关的内容：

(1) 近代化学时期的到来首先要归功于天平的使用，它使化学的研究进入定量阶段。由此出现了一系列基本定律和原子、分子学说，如 1748 年罗蒙诺索夫(Ломоносов)的能量不灭定律；

(2) 1777 年拉瓦锡的氧化学说；

(3) 18 世纪末，普劳斯特(Proust)的定比定律；

(4) 1802 年，盖-吕萨克(Gay-Lussac)提出的盖-吕萨克定律；

(5) 1803 年开始，由道尔顿(Dalton)建立的倍比定律、气体分压定律、原子学说、相对原子质量概念；

(6) 1811 年，阿伏伽德罗(Avogadro)提出的阿伏伽德罗定律和分子概念。

这些基本定律和原子、分子学说的产生使化学成为一门科学。

1869 年，门捷列夫把当时已知的 60 多种元素按相对原子质量和化学性质之间的递变规律排列起来，组成了一个元素周期系并找出了它们的规律——元素周期律，使化学科学提高到了辩证唯物主义的高度，充分体现了从量变到质变的客观规律。

1.1.2 化学的现状

19 世纪下半叶，物理学的热力学理论被引入化学，从宏观角度解决了化学平衡的问题。随着工业化的进程，建立了生产酸、碱、染料和合成氨等其他有机物的工厂，化学工业的发展促使化学科学进一步发展。由此化学形成了无机化学、分析化学、有机化学和物理化学四大基础化学学科。

20 世纪初，一系列的新发现(如电子、原子核、放射性等)以及量子力学的出现，使物质结构理论向前发展了一大步，化学在加深微观认识的基础上弄清了许多化合物的性质与结构的关系，给无机化合物和有机化合物的合成提供了指导作用，特别是合成出的有机化合物数量急剧上升。20 世纪以来，随着实验技术的更新，化学知识越来越丰富，反应的能量问题、方向问题、机理问题都得到了广泛而深入的研究，从而进一步促进了化学理论的发展。原来的四大基础化学学科已经不能涵盖新的发展，从而衍生出新的学科分支，如生物化学、环境化学、材料化学、药物化学和地球化学等。化学学科对物理、地质、能源、材料、医学等学科的发展产生了巨大影响，尤其是对生命科学。20 世纪生物化学的崛起给古老的生物学注入了新的活力，研究生物分子的化学结构和合成领域的科学家已经多次获得诺贝尔化学奖。例如，1980 年，伯格(Berg)、桑格(Sanger)和吉尔伯特(Gilbert)在 DNA 分裂、重组和测序方面做出了巨大贡献；1982 年，克鲁格(Klug)利用 X 射线衍射法测定了染色体的结构；1984 年，梅里菲尔德(Merrified)发明了多肽固相合成技术；1989 年，切赫(Cech)和奥尔特曼(Altman)发现核酶；1997 年，斯科(Skou)发现了维持细胞中 K^+和 Na^+浓度平衡的酶及其有关机理等。现代科学中能源、环境、材料、生物、信息技术等学科无一例外地与化学密切相关，化学不愧是一门中心的、实用的、创造性的科学。

进入 21 世纪，化学学科向其他学科的渗透和交融趋势更明显。物理学科的发展使化学不但能够描述慢过程，而且能用激光、分子束和脉冲等技术跟踪超快过程。这些进步将有助于化学家在更深层次揭示物质的性质及物质变化的规律。数学的非线性理论和混沌理论也对化学多元复杂体系的研究产生了深远的影响。随着计算机技术的发展，化学科学与数学方法、计算机技术相结合，形成了化学计量学，实现了计算机模拟化学过程。应用量子力学方法处理分子结构与性质的关系，有可能按照预定性质要求设计新型分子。应用数学方法和计算机确定新型分子的合成路线，使分子设计摆脱纯经验的摸索，为材料科学指明了新的方向。

在日益加快步伐合成出来的新化合物中，有些正在考察作为新药物的可能性，另一些则被用于制造新材料，如有应用价值的塑料等。新近发明的化学反应用于生产药用化合物和其他化学物质时常表现出更高的效率。生物化学和分子生物学处于药学和生物学的边缘。现在科学家正在从事揭示生命与疾病的化学工作。利用这些信息，药物化学家可以设计新的药物。

一些化学家在做环境方面的工作，研究环境正在发生些什么(如使臭氧产生空洞的化学反应)和探索如何使制造过程有利于环境安全。开发对环境友好的过程是化学和制药工业的主要方向，现代工业应充分地考虑环境，从而成为“绿色化学”的一部分。

另外，化学提供的特殊材料使现代电子学成为可能，同时它也积极地使用计算机进行研究。计算化学领域应用现代化学理论对以下方面进行预测：①未知化学物质的性质；②未知化学物质应有的几何形状；③在还没有研究清楚的分子之间将发生的反应；④这些未知反应的反应速率；⑤能够用来有效地制造复杂新分子的合成路线。

面对生命科学、材料科学、信息科学等其他学科迅速发展的挑战和人类对认识和改造自然提出的新要求，化学正在不断地创造出新的物质，以满足人们日益增长的物质文化生活需要，造福国家，造福人类。当然，资源的有效开发利用、环境保护与治理、社会和经济的可持续性发展、人口与健康和人类安全、高新材料的开发和应用等向我国的科研工作者提出了一系列重大的挑战，迫切需要化学家在更高层次上进行化学的基础研究和应用研究，发现和创造出新的理论和方法。

1.2　本教材的知识模块及特点

如前所述，化学领域各个方面的飞速发展为人类社会的发展提供了有效的工具。作为学生，必须了解这些学科发展的沿革，特别是学科发展的思想和逻辑，要对基础的概念和理论的应用有很好的理解及把握，因此必须打下良好的理论基础。无机化学与分析化学无疑是这个基础中的基石。

本教材包括无机化学与定量分析两部分内容，包括无机化学原理(化学原理模块、结构模块、氧化还原模块、平衡模块)、定量分析(定量分析概论、酸碱滴定、沉淀分析、配位滴定、氧化还原滴定)、元素化学三大部分。但化学原理的内容有很大一部分是属于物理化学的范畴，所以除了有机化学外，本教材基本涵盖或涉及三大基础化学的内容。另外，考虑到学生的化学基础和课时数以及授课年级(多为大学低年级)的特点，因此对有些内容的讲解以及要求做了一定的调整，大量应用高等数学进行推导的过程被弱化而强调思维过程的介绍，还有些结论直接给出让学生直接应用。这些是大学学习过程中的特点，需要教师和学生在教与学的过程中引起重视并适应。对于暂时未理解或部分理解的问题应该在后续的课程中进一步理解和分析以融会贯通，或者可以通过自学其他教材或课程进一步理解。教学就是在适当的螺旋式的非简单意义上的重复中获得更深刻的理解和启迪。

1.3　研究化学的方法与本课程的学习

实践是认识世界的基础，是衡量真理的最高标准。毫无疑问，人们要想认识物质世界，必须实践。物质世界中千变万化的化学现象都是通过生活和有关的实验观察到的，而化学科学中的一些学说和定律既是在实验的基础上经综合、归纳而得到的，也是在实验的鉴别中修正、发展而成熟的。可见，实验在化学发展中具有特殊的重要作用。从这个意义上说，人们把化学科学看成是一门实验性科学。对于从事化学研究工作的人员，不论是研究应用化学的，还是研究理论化学的，都应该高度重视化学实验，否则将无法正确认识化学世界。

1.3.1　离开实验就没有发现——理论学习一定要与实验相结合

与其他自然科学相比，化学更显示出它对实验的依赖关系，任何化学的原理、定律以及规律无一不是从实验中得出的结论。因此，只有那些思维活跃、求知欲望强烈，同时具有良好实验习惯和动手能力，并能注意观察现象的人才有可能成为化学研究的成功者。

居里(Curie)夫人是一位伟大的化学家，也是实验工作的典范。1898 年，居里夫人在研究元素铀的放射性时发现，铀矿石的放射性比提纯后的铀化合物的放射性更强。于是预言在未提纯的铀矿石中肯定有一种新的元素比铀的放射性更强。然而当时的化学家中有相当一部分人对此持怀疑态度，他们要求居里夫人提供新元素的相对原子质量。为此在 1899～1902 年整整 4 年时间里，居里夫妇夜以继日地工作，从 8 t 沥青铀矿中提炼出 0.1 g 的新元素氯化物，并以这少量的纯化合物测出了新元素的相对原子质量为 225，即新元素——镭。居里夫妇为此获得了诺贝尔化学奖。

许多新的发明也是在大量实验基础上才得以问世的。例如，合成氨催化剂历经几百个配方、上万次的试验才成功，这也说明成功的背后是大量辛勤的劳动。

1.3.2　科技的不断进步是化学发展的关键

古人云“工欲善其事，必先利其器”。化学实验工作往往离不开测量，因此实验手段的进步，特别是实验仪器的开发对化学研究有重要的作用。19 世纪，精密天平的出现曾为化学研究开创了一个新的局面。19 世纪初期，曾有人提出“任何原子的质量都是氢原子质量的倍数”。此学说是否可信依赖于对各种元素的称重测定。后来由于测到了氯元素的相对原子质量并非氢原子的整倍数，该学说就受到怀疑并被摒弃。英国科学家瑞利(Rayleigh)发现，从空气中得到的 N_2 和从氨分解中得到的 N_2 两者的密度不一样，由此而想到空气来源的 N_2 中是否还有没除净的物质，结果发现了稀有元素氩(Ar)。

近代化学实验手段的飞跃发展更是将化学研究推进到一个新的时代。各种波谱，特别是红外光谱、紫外光谱、核磁共振等技术的发展，使化学物质的结构研究有了明亮的“眼睛”。

各种电子能谱的发展使化学研究如虎添翼，更深入到微观和分子水平的研究。

核磁共振分析技术是通过核磁共振谱线特征参数(如谱线宽度、谱线轮廓形状、谱线面积、谱线位置等)的测定来分析物质的分子结构与性质。它可以不破坏被测样品的内部结构，是一种完全无损的检测方法。同时，它具有非常高的分辨率和精确度，而且可以用于测量的核也比较多，所有这些特点都优于其他测量方法。因此，核磁共振技术在物理、化学、医疗、石油化工、考古等方面获得了广泛的应用。

分析检测手段越来越精密，也创造条件使化学研究更加造福于人类。例如，用伏安溶出法测量人体毛发中的硒含量就可初步判断患癌症的概率。曾用此法测量过 57 例健康人的毛发，其硒含量均在 $6.0\times10^{-7}\ g\cdot cm^{-3}$ 以上，而 54 例癌症患者的毛发中其硒含量均在 $4.0\times10^{-7} g\cdot cm^{-3}$ 以下，这就提醒人们注意保持体内硒含量的重要性。

因此，实验手段的不断丰富和进步是化学研究的关键所在。

当然，我们强调实验的重要性，并不否定理论的指导作用。正是因为有了正确理论的指导，我们才可以迅速并且正确地完成所研究的课题。就像一定要在热力学研究可行的基础上，才可以研究具体的反应速率以及反应的实施。稀有气体化学发展过程充分地说明了实验和理论之间的依存关系。在元素周期律由于镓(1875 年)、钪(1879 年)和锗(1886 年)各元素的相继发现而被普遍承认以后不久，1894 年由于氩的发现又对周期律发起挑战。因为按照它的相对原子质量(39.9)，这个新的元素在周期系中应该排在钾(39.1)和钙(40.1)之间，但是在那里没有为它留下空位。在发现氩以后的四年中，又在地球上找到了氦以及其他稀有气体，才开始明了所有这些元素都是列在周期系第七族之后第八族的元素。稀有气体的发现使元素周期系变得更加完整，也为 21 世纪原子结构理论的建立奠定了物质基础。

通过无机与分析化学课程的学习，学生应掌握化学学科的基本内容，扩大知识面，了解化学变化的基本规律，学会从化学反应产生的能量、反应的方向、反应的快慢、反应进行的程度等来分析优化化学反应的条件；学会从原子、分子结构的观点解释元素及其化合物的性质；正确处理各类化学平衡(酸碱平衡、沉淀溶解平衡、氧化还原平衡和配位平衡)的移动及平衡之间的转换；学会用定量分析的方法测定物质的含量，从而解决生产、科研中遇到的实际问题，为进一步学习后续课程打下扎实的基础。

第 2 章　化学热力学

热力学最初是随着蒸汽机的发明和使用而被提出的，在研究热和机械功之间相互转换的关系的过程中，伴随着如何提高热机效率的研究实践而逐渐发展起来。19 世纪建立起来的热力学第一、第二定律奠定了热力学基础，使其成为研究热能和机械能以及其他形式能量间相互转化规律的一门科学。20 世纪初建立了热力学第三定律，使热力学臻于完善。

用热力学的理论和方法研究化学过程以及与其密切相关的物理过程，便产生了化学热力学。化学热力学主要研究和解决上述过程中的能量转化问题，以及在一定条件下某种过程能否自发进行；若能自发进行，则进行到什么程度为止，即变化的方向和限度问题。在自然界中，许多变化都有一定的方向和限度。例如，当两个温度不同的物体互相接触时，热量总是自发地从高温物体流向低温物体直至两者温度相等；溶液中的溶质也总是从浓度高的一方向浓度低的一方扩散直至浓度均等。究竟是什么因素决定着这些自发变化的方向和限度呢？表面上看，决定热量转移的是温度差，决定溶质扩散的是浓度差。针对这些不同状况下的自发过程，通过本章的学习，我们将找到判断体系变化(包括物理变化和化学变化)方向性的共同标准。通过化学热力学的计算，预测指定化学反应是否有可能发生。

化学热力学在研究和解决问题时采用严格的数理逻辑的推理方法，具有以下特点：

(1) 由于化学热力学的研究对象是具有大量质点的体系，因此在讨论物质的变化时，只着眼于宏观性质的变化，而不涉及物质的微观结构和微观运动机理。

(2) 运用化学热力学方法研究问题时，只需确定研究对象的起始状态、最终状态和过程进行的外界条件，并不需要了解物质结构的变化以及过程进行的机理，便可进行相应的计算，从而针对过程的变化趋势及一般规律加以探讨。这是化学热力学最主要也最成功的一面。

(3) 在应用化学热力学讨论变化过程时，没有时间的概念，不涉及过程进行的速率问题。它只能说明过程能不能自发进行以及进行到什么程度为止，至于过程在什么时候发生，以怎样的速率进行，化学热力学无法预测。

这些特点既是化学热力学方法的优点，也是化学热力学应用的局限性所在。化学热力学只讨论化学过程及与其密切相关的物理过程发生的可能性，而不考虑现实性。

人们在研究化学反应时，不仅需要关注反应进行的方向和速率，而且要注重反应完成的程度，即在指定的条件下，反应物可以转化成生成物的最大限度，即化学平衡问题。这对于判断一个将发生的化学反应的影响以及指导如何利用该化学反应是非常重要的。

在学习本章内容时应该注意，我们所讨论的只是一些特定条件下体系的热力学性质及变化趋势，要注意热力学函数使用的条件，为了更详尽地理解相关内容，可以参阅相关物理化学教材。

2.1　热力学基础

2.1.1　基本概念

1. 体系和环境

用热力学方法研究问题时首先需要确定研究对象的范围，即人为地将某一部分的物体与其余部分划分开作为研究的对象，将其称为体系(或系统)，而体系以外与其密切相关的其他部分称为环境。例如，研究烧杯中的水，则水作为体系，水面上方的空气、烧杯以及用来放置烧杯的桌子等都是环境。又如，某容器中充满空气，若研究其中的氧气，则氧气为体系，氮气、二氧化碳及水蒸气等其他气体均为环境，容器也是环境，容器以外的一切也都可以认为是环境。

通过上述两个示例的讨论可以看出，体系与环境之间可以有实际的界面，如水和水面上的空气之间、水和烧杯之间就是这样；有时两者之间没有实际的界面，如作为研究体系的氧气和作为环境的氮气等其他气体之间就属于这种情况。将体系和环境结合起来，在热力学上称为宇宙。按照体系与环境之间的物质和能量的交换关系，通常将体系分为三类：

(1) 敞开体系：体系与环境之间既有能量交换，又有物质交换。

(2) 封闭体系：体系与环境之间只有能量交换，但没有物质交换。

(3) 孤立体系：体系与环境之间既无能量交换，也无物质交换。

例如，在烧杯中盛满热水，以热水为体系，则是一个敞开体系，体系向环境放出热量，同时又不断地有水蒸气逸出。若在烧杯上加一个密闭的盖子，此时水蒸气无法逸出，避免了体系与环境之间的物质交换，得到的是一个封闭体系。若将烧杯换成理想的、不与外界交换热量的保温瓶，水蒸气不会逸出的同时，热水的温度不会发生改变，体系与环境之间既没有物质交换也没有能量交换，于是得到一个孤立体系。

在热力学研究中，为了便于分析和计算，还常假设一种理想化的、实际上没有真正存在的体系模型，即不与环境发生热量交换，但可以与外界发生物质交换、功交换的体系，称为绝热体系。

究竟选择哪一部分物体作为体系并没有一定的规则，而是根据客观情况的需要，以处理问题方便为准则。在热力学中，主要研究的是封闭体系。

2. 状态和状态函数

由一系列表征体系性质的物理量所确定下来的体系的存在形式称为体系的状态。例如，通常采用压力、体积、温度和物质的量等物理量来表明气体体系的状态。当这些物理量都有确定值时，表明该气体体系处于一定的状态。如果其中一个或几个物理量发生改变，则体系的状态也随之而变，热力学上将这些用以确定体系状态的物理量称为体系的状态函数。状态函数有很多，除已提及的上述物理量外，还有质量、浓度、密度、黏度、折光率等。此外，在后续章节中将介绍的体系的热力学能(U)、焓(H)、熵(S)、吉布斯自由能(G)等物理量也都是状态函数。

根据上述定义，体系的状态是由一系列状态函数确定的，状态一定则体系的各状态函数具有一定的值。表面上看，确定一个体系的状态似乎需要确定所有的状态函数，其实不然，由于状态函数彼此之间是相互联系、相互制约的，因此通常只需要确定其中几个状态函数，其他的状态函数也就随之而定了。例如，确定某一理想气体的状态只需在物质的量、温度、压力、体积这四个状态函数中任意确定三个即可，第四个状态函数可以通过理想气体状态方程来确定。

体系发生变化前的状态称为始态，变化后的状态称为终态。状态变化时，状态函数的变化只取决于体系的始态和终态，与变化的途径无关，当体系恢复到始态，状态函数恢复原值，这是状态函数的特点。状态函数的改变量通常用希腊字母“Δ”表示。例如，始态的温度为 T_1，终态的温度为 T_2，则状态函数 T 的改变量 $\Delta T = T_2 - T_1$。

体系的状态函数分为两类：一类如质量、热容、热力学能和体积等状态函数，所表示的体系性质与体系中物质的量成正比，这种性质在体系中具有加和性，即整个体系的这一性质的数值是体系中各部分该性质数值的总和。体系中这类具有加和性的性质称为体系的广度性质；另一类如压力、温度、黏度和密度等状态函数，所表示的体系性质与体系中物质的量无关，不具有加和性，这类性质称为体系的强度性质。整个体系的强度性质的数值与各个部分的强度性质的数值相同。例如，容器中气体的温度与容器中各部分气体的温度是相同的，而不能说气体的温度是各部分气体温度之和。

3. 过程和途径

当体系的状态发生变化时，则体系经历了一个热力学过程，简称为过程。按照体系状态发生变化时的不同条件可区分为不同的过程，如恒温、恒压、恒容条件下体系状态发生变化，则分别称为恒温、恒压、恒容过程；若状态发生变化时，体系和环境之间没有热交换，则称为绝热过程；若体系从某一个状态出发，经过一系列变化后又回到原来状态的过程称为循环过程。

在体系状态发生变化时，从一种状态到另一种状态，可以经由不同的方式，将完成一个过程的具体步骤称为途径。同一过程可以通过不同的途径来完成，但其状态函数的改变量却是相同的。例如，某理想气体由始态 $p = 1\times10^5$ Pa，$V = 2\times10^{-3}$ m^3，经一恒温过程转变到终态 $p = 2\times10^5$ Pa，$V = 1\times10^{-3}$ m^3，可以由下面两种或更多种具体方式来实现：

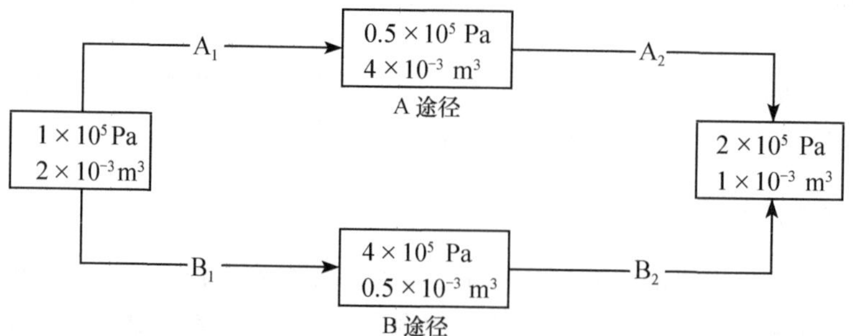

由于状态函数的改变量仅取决于过程的始态和终态，与采取的途径无关，因此过程和途径的着眼点不同，前者是始态和终态，后者则是具体的步骤。在众多途径中，可逆途径是极为重要的一种，在后续章节中将详细讨论。

4. 热量与功

热量(简称热)是指由于温度不同而在体系与环境之间传递的能量，用符号 Q 表示。因为热是“传递”的能量，即“交换”的能量，所以不能说体系本身有多少热。为了区别传热的方向，必须给 Q 规定一套符号。按照比较通用的规定：体系吸热为正，即 $Q>0$；体系放热为负，即 $Q<0$。

体系与环境可以以多种方式传递能量。热力学上把除热以外，在体系与环境之间传递的一切能量称为功，用符号 W 表示。热力学规定：环境对体系做功为正(体系能量增加)，即 $W>0$；体系对环境做功为负(体系能量减少)，即 $W<0$。其中，当体系仅因体积的膨胀或压缩而与环境之间产生的能量传递称为体积功($W_{体}$)，由于液体和固体在变化过程中体积变化较小，因此体积功的讨论通常是针对气体而言；除体积功以外所有形式的功称为非体积功($W_{非}$，也称有用功)，如原电池装置将化学能转化为电能，液体克服表面张力而改变其表面积时做表面功，体系发光等能量改变的形式都属于非体积功的范畴。

体系与环境之间传递能量，必然伴随着体系状态发生变化，因此只有当体系经历一个过程时，才有功和热。体系处在一个平衡状态时，无功和热可言。也就是说，功和热不是体系的性质，不是状态函数，而是与体系状态发生变化的具体途径紧密联系的。如果体系由状态 A 到状态 B，一般来说，途径不同，过程产生的功和热都不相等，但状态函数的变化却是相等的，不随具体途径而变。

5. 热力学能

体系内所有能量的总和称为体系的热力学能(也称内能)，通常用 U 表示。它包括体系内各种物质的分子或原子的势能、振动能、转动能、平动能、电子的动能以及核能等。热力学能是体系的状态函数，热力学能是体系的广度性质，具有加和性。体系的状态一定，相应地有一个确定的热力学能值。但到目前为止，热力学能的绝对数值尚无法测得，可是根据状态函数的特点，当体系发生变化时，只要过程的始态和终态确定，则热力学能的改变量 ΔU 一定，$\Delta U = U_{终} - U_{始}$。

2.1.2　热力学第一定律

体系在变化过程中往往伴随着不同形式的能量转换，如化学反应中放出的热量是化学能转变为热力学能，原电池中形成的电流是将化学能转变为电能。人类经过长期的实践总结出著名的能量守恒与转化定律：在宇宙(孤立体系)中，能量有各种不同的形式，它能从一种形式转化为另一种形式，在转化中能量的总值不变，即能量既不能凭空产生，也不能无故消失。并将其应用于宏观热力学体系，形成热力学第一定律。

对于一个封闭体系，热和功是体系与环境之间能量传递的两种形式。如果体系吸收热量 Q，则使其热力学能有同值的增加；如果体系对外做功 W，则使其热力学能有同值的减少，所以当体系由状态Ⅰ变化到状态Ⅱ时，在这一过程中体系吸热为 Q，并做功 W，用 ΔU 表示体系热力学能的改变量，则有如下关系式：

$$\Delta U = Q + W \tag{2-1}$$

式(2-1)为热力学第一定律的数学表达式，需要指出的是，在利用热力学第一定律解决问题时，应注意以下几个问题：

(1) 式(2-1)不适用于敞开体系和孤立体系。因为敞开体系与环境存在物质交换，物质的进出必然伴随着能量的增减。而对于孤立体系，由于体系与环境隔绝，既无热的交换，又无功的传递，故“孤立体系的热力学能永恒不变”，即 $Q=0$，$W=0$，所以 $\Delta U=0$。

(2) 在热力学中，将体系与环境之间传递的除热以外的一切能量都称为功，因此功是广义的，包括体积功、电功和机械功等，即表达式中的 W 应该是功的全部，而不是特指某一种功。如果体系与环境之间传递了多种功，应将其全部代入表达式中计算。

(3) 对于理想气体，热力学能 U 只是温度的函数，可由气体分子运动论的观点来解释。理想气体是一种理想的气体模型，忽略气体分子的自身体积，将其看成是有质量的几何点，且假设分子间无相互吸引或排斥，分子间及分子与器壁间发生的是完全弹性碰撞，不造成动能损失。而气体的温度是由分子的动能决定的，由于理想气体分子间没有相互作用，在一定的温度下，当理想气体膨胀时，并不需要克服分子间的引力而消耗分子的动能，因而其温度不变，热力学能的值也保持一定，体系吸收的热量全部用于对环境做功。换言之，理想气体的热力学能只有当温度变化时其数值才有变化，而与体积或压力的变化无关，这也是理想气体分子间无相互作用的必然结果，即对于一定量的理想气体，热力学能 U 的数值只与温度有关。

【例 2-1】 某过程中，体系从环境吸收热量 100 J，对环境做体积功 20 J。求该过程中体系热力学能的改变量和环境热力学能的改变量。

解 由热力学第一定律的数学表达式可知

$$\Delta U = Q + W = 100 - 20 = 80\ (\text{J})$$

若将环境当作另一个体系来考虑，则有 $Q' = -100\ \text{J}$，$W' = 20\ \text{J}$。故环境热力学能改变量

$$\Delta U' = Q' + W' = -100 + 20 = -80(\text{J})$$

体系的热力学能 U 增加了 80 J，环境的热力学能 U 减少了 80 J。作为广度性质的热力学能，对宇宙来说其改变量当然是零。这一讨论的结果也说明了热力学第一定律的能量守恒的实质。

2.1.3 不同途径的功

热力学中，功的形式是多种多样的，体积功最为普遍，从微观上讲，它是大量的原子或分子定向有序运动而交换的能量。下面通过理想气体的恒温膨胀过程中体积功的具体计算来说明功和热与具体途径之间的关系，首先讨论热力学中一个至关重要的概念——可逆途径。

1. 可逆途径

如图 2-1 所示，将一堆细砂放在活塞上，以保持外压与圆柱形容器内的理想气体的压力平衡。取下一粒砂，使 $p > p_{外}$，体系则膨胀，达到平衡后，再取下一粒砂，体系又膨胀，再次达到平衡后，又取下一粒砂……直至终态。

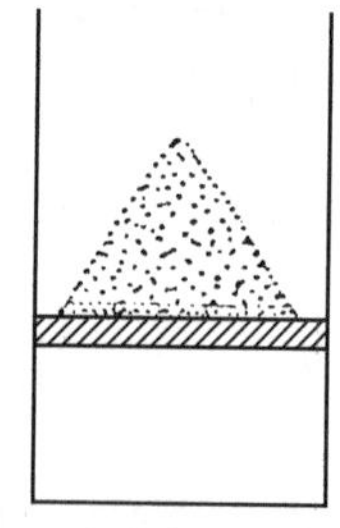

图 2-1　体系经历无限多次膨胀的途径

假如图 2-1 中活塞与器壁的摩擦力可以忽略不计，活塞上堆放的砂粒都是无限小的，数目是无限多的。当一粒一粒取走这些无限小且无穷多的砂粒时，由于过程产生的动力是无限小的，每次膨胀都是被与一粒无穷小砂粒的重力相当的压力差所驱动，且达到平衡后再取走另一粒砂，因此在整个过程中体系无限多次达到平衡，每时每刻都无限地接近平衡态。若从过程的终态出发，将假设的无穷小的砂粒再一粒一粒放回到活塞上，经无限长的时间后，体

系会无限多次地重复膨胀过程前的各种平衡状态，最终被压缩回到过程的始态，即这种途径具有可逆性。这在所有的途径中是最特殊的一种，具有十分重要的理论意义，热力学上称为可逆途径。可逆途径具有以下特征：

(1) 以可逆途径进行时，体系始终无限接近平衡态。整个过程是由一系列连续的、渐变的平衡态所构成的。

(2) 以可逆途径进行时，过程的推动力与阻力只相差无穷小。

(3) 以可逆途径进行时，完成任一有限量变化均需无限长的时间。

可逆途径是一种理想的方式，是科学的抽象。客观世界中并不存在真正的可逆途径，只能趋近于它，但有些实际过程可近似地认为是可逆的，可以用可逆途径讨论的结论来进行分析和判断。例如，在相变点的温度和外压下，物质的相变通常被认为是可逆途径。

2. 不同途径功和热的计算

假设在室温下，将一定量理想气体置于截面积为 A 的活塞筒中，如图 2-2 所示。假定活塞质量不计，活塞与筒壁间的摩擦不计，筒内气体压力为 p_i，外压为 p_e。如果 $p_i > p_e$，则气体膨胀。设活塞向上移动了 dl，由于体系在膨大过程中要抵抗外力，因此对外做功：

$$\delta W = -f \cdot dl = -p_e \cdot A \cdot dl = -p_e \cdot dV \tag{2-2}$$

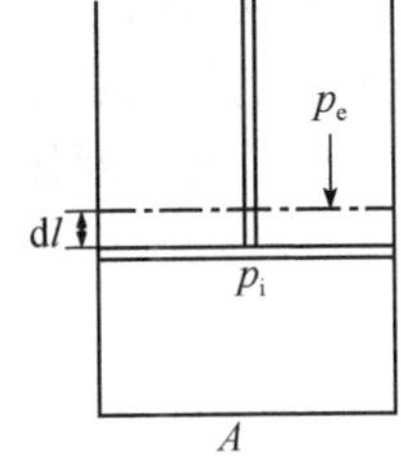

图 2-2　膨胀功

式中，δW 为过程所做的微小功；dV 为体系的体积变化量。

体系可以经由下列几种不同的途径使理想气体的体积从 V_1 膨胀到 V_2。

(1) 自由膨胀。若外压为零，这种途径为自由膨胀，$p_e = 0$，此时体系对外不做功，$W_1 = 0$。

(2) 外压始终恒定。若将外压一次减小到 p_e，使气体在恒定压力下做等温膨胀，此时 $p_e = p_2$，体系所做体积功为

$$W_2 = -p_e \cdot (V_2 - V_1)$$

(3) 多次恒外压膨胀。假设为二次恒外压，将外压分次减小，分别为 p_e' 和 p_e，则所做的体积功为

$$W_3 = -\left(p_e' \cdot \Delta V_1 + p_e \cdot \Delta V_2\right)$$

(4) 外压总是比内压小一无限小的数值，即可逆途径。

令

$$p_i - p_e = dp$$

$$W_4 = \sum \delta W = -\sum p_e \cdot dV = -\sum (p_i - dp) dV \approx -\int p_i dV$$

由于筒内是理想气体，根据理想气体状态方程，将关系式 $p = nRT / V$ 代入上式得

$$W_4 = -\int_{V_1}^{V_2} \frac{nRT}{V} dV = -nRT \ln \frac{V_2}{V_1} \tag{2-3}$$

图 2-3 中各阴影部分的面积表示了不同途径时，在恒温下，理想气体体积由 V_1 膨胀到 V_2 所做的体积功(绝对值)。显然，以可逆途径进行时，体积功(绝对值)最大。

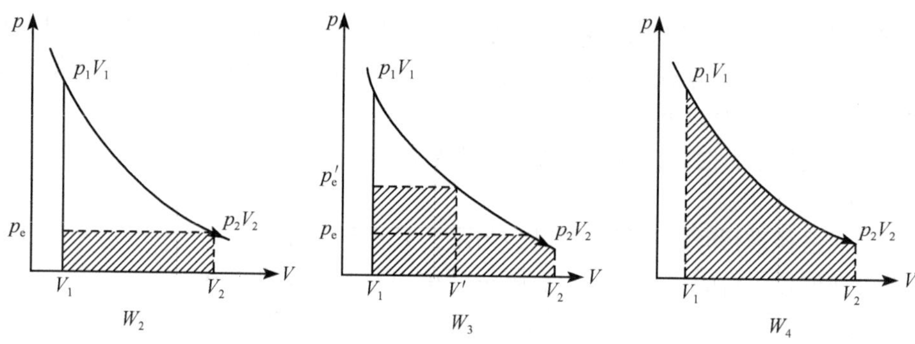

图 2-3　不同途径下的体积功

根据上述计算结果，可以得出以下非常重要的结论：

(1) 在理想气体恒温膨胀过程中，体系在可逆过程中对环境所做的体积功(绝对值)最大。而在理想气体的恒温压缩过程中，以可逆途径进行时，环境对体系做的体积功最小。

(2) 对理想气体来说，热力学能 U 只是温度的函数，根据热力学第一定律，比较不同途径时的功和热，可以得出结论：在理想气体的恒温膨胀过程中，以可逆途径进行时，体系对环境做的体积功(绝对值)最大，吸收的热量最多；在理想气体的恒温压缩过程中，以可逆途径进行时，环境对体系做的功最小，体系放出的热量最少。

2.2　热　化　学

化学反应的进行总是伴有热量的吸收或放出。将一个化学反应的反应物看作体系的始态，生成物看作体系的终态，由于各种物质的热力学能不同，当反应发生时生成物的总热力学能与反应物的总热力学能就不相等，这种热力学能的变化在反应过程中就以热和功的形式表现出来。把热力学理论和方法应用到化学反应中，讨论和计算化学反应过程的热量变化的学科称为热化学。

2.2.1　化学反应的热效应和状态函数——焓

化学反应过程中，反应物的化学键断裂，新的化学键形成，生成了产物。例如，对化学反应：

$$H_2(g) + \frac{1}{2}O_2(g) \longrightarrow H_2O(g)$$

反应中，H—H 键和 O—O 键断裂要吸收热量，而 H—O 键的形成要放出热量。化学反应的热效应就是要反映出这种由化学键的断裂和生成所引起的热量变化。

当体系发生化学变化后，使生成物的温度回到反应前反应物的温度时，体系放出和吸收的热量称为化学反应的热效应，简称为反应热。将生成物的温度恢复至反应前的温度，是为了避免将使生成物温度升高或降低所引起的热量变化叠加到反应热中。只有这样，反应热才真正是化学反应引起的热量变化。

化学反应过程中，体系的热力学能改变量ΔU与反应物的热力学能$U_{反应物}$和生成物的热力学能$U_{生成物}$应有如下关系：

$$\Delta U = U_{生成物} - U_{反应物}$$

结合热力学第一定律的数学表达式 $\Delta U = Q + W$ ，则有

$$U_{生成物} - U_{反应物} = Q + W$$

式中的反应热 Q 因化学反应的具体方式不同有不同的内容，下面分别加以讨论。

1. 恒容反应热

在恒容过程中完成的化学反应称为恒容反应，其热效应称为恒容反应热，通常用 Q_V 表示。

$$\Delta U = Q_V + W$$

由于恒容反应过程中 $\Delta V = 0$，故体系中无体积功，假设体系也不做非体积功，则 $W = 0$，上式变为

$$\Delta U = Q_V \tag{2-4}$$

即在恒容反应过程中，体系吸收或放出的热量全部用来改变体系的热力学能。

当 $\Delta U > 0$ 时，则 $Q_V > 0$ ，表示该反应是吸热反应；当 $\Delta U < 0$ 时，则 $Q_V < 0$ ，表示该反应是放热反应。

2. 恒压反应热

在恒压过程中完成的化学反应称为恒压反应，其热效应称为恒压反应热，通常用 Q_p 表示。

$$\Delta U = Q_p + W$$

假设体系也不做非体积功，恒压过程体系所做的体积功 $W = -p\Delta V$ ，上式可变为

$$Q_p = \Delta U + p\Delta V$$

恒压过程 $p_1 = p_2 = p$ ，上式按所处的状态可变为

$$Q_p = U_2 - U_1 + p_2V_2 - p_1V_1 = (U_2 + p_2V_2) - (U_1 + p_1V_1)$$

因为 U、p、V 都是体系的状态函数，所以它们的组合 $U + pV$ 必然是体系的状态函数，这个状态函数用 H 表示，称为热焓，简称焓。它是具有加和性质的物理量。

由于

$$H = U + pV \tag{2-5}$$

故

$$Q_p = H_2 - H_1 = \Delta H \tag{2-6}$$

在恒压反应过程中，体系吸收或放出的热量全部用来改变体系的焓。

由于理想气体的热力学能 U 只是温度的函数，因此对于理想气体，根据焓 H 的定义式 $H = U + pV = U + nRT$ ，焓 H 也只是温度的函数，即温度不变，$\Delta H = 0$ 。

3. Q_p 和 Q_V 的关系

同一反应的恒压反应热 Q_p 和恒容反应热 Q_V 是不相同的，但两者之间却存在着一定的关系。如图 2-4 所示，从反应物的始态出发，经恒压反应(Ⅰ)和恒容反应(Ⅱ)所得生成物的终态是不同的。通过途径(Ⅲ)，恒容反应的生成物(Ⅱ)变成恒压反应的生成物(Ⅰ)。

由于焓 H 是状态函数，故有

$$\Delta H_1 = \Delta H_2 + \Delta H_3 = \Delta U_2 + \Delta(pV)_2 + \Delta H_3$$

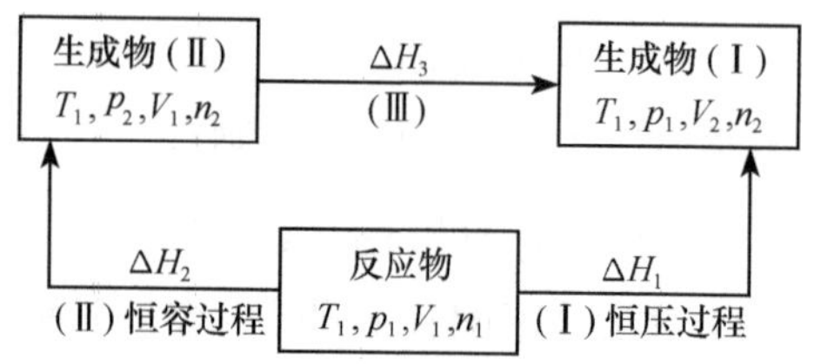

图 2-4　Q_p与Q_V的关系

对于气相反应，假设反应物和生成物都可近似看作理想气体，焓 H 只随温度的改变而改变。在途径(Ⅲ)中，只是同一生成物发生单纯的 p、V 变化，ΔH_3 为零。故有

$$\Delta H_1 = \Delta U_2 + \Delta(pV)_2 = \Delta U_2 + \Delta nRT$$

式中，Δn 为反应前后气态物质的物质的量之差，则反应的 Q_p 和 Q_V 的关系可表示为

$$Q_p = Q_V + \Delta nRT \tag{2-7}$$

对于液相和固相反应，ΔH_3 虽不为零，但与ΔH_1、ΔH_2 相比很小可近似为零，同时恒容反应过程中的$\Delta(pV)$也可忽略不计，故有

$$Q_p \approx Q_V$$

对于有气体参与的复相反应体系，且假定其为理想气体，则近似存在

$$\Delta H_1 \approx \Delta U_2 + \Delta nRT$$

即反应的 Q_p 和 Q_V 的关系近似表示为

$$Q_p \approx Q_V + \Delta nRT$$

2.2.2　化学反应进度与热化学方程式

1. 化学反应进度

在一定条件下，反应的热效应与反应体系中化学反应进行的程度有关。例如，在某温度、压力下，反应体系中有 1 mol C(石墨)完全燃烧，放热 393.5 kJ；如果体系中有 2 mol C(石墨)完全燃烧，则放热 787.0 kJ。化学反应进度即是一个描述化学反应进行程度的量。

对于任意化学反应

$$d\mathrm{D} + e\mathrm{E} + \cdots = p\mathrm{P} + q\mathrm{Q} + \cdots$$

式中，D、E…为反应物；P、Q…为产物；d、e、p、q…为化学计量数。若将反应物移到方程式右端，得

$$0 = -d\mathrm{D} - e\mathrm{E} - \cdots + p\mathrm{P} + q\mathrm{Q} + \cdots$$

若用 B 代表反应系统中的任意物质，则上式可简写成

$$0 = \sum_{\mathrm{B}} \nu_{\mathrm{B}} \mathrm{B}$$

式中，ν_{B} 为物质 B 的化学计量数，对于反应物取负值，对于生成物取正值。化学计量数是没有量纲的纯数字。显然，对于一个指定物质，其化学计量数与化学反应方程式的写法有关。

若用 $n_{B,0}$ 和 n_B 分别代表反应体系任一组分 B 在反应开始时和反应进行至 t 时刻时物质的量，令 $\Delta n_B = \left|n_B - n_{B,0}\right|$。在一般情况下，反应过程中各物质的量变化并不相等。

$$-\Delta n_D \neq -\Delta n_E \neq \cdots \neq \Delta n_P \neq \Delta n_Q \neq \cdots$$

但这些变量是互相关联的，它们与各自化学计量数之比必定相等，而与物质种类无关，即

$$-\frac{\Delta n_D}{\nu_D} = -\frac{\Delta n_E}{\nu_E} = \cdots = \frac{\Delta n_P}{\nu_P} = \frac{\Delta n_Q}{\nu_Q} = \cdots = \frac{\Delta n_B}{\nu_B}$$

令它们的比值为 ξ，则

$$\frac{\Delta n_B}{\nu_B} = \xi \tag{2-8}$$

ξ 称为 t 时刻的化学反应进度，由于 ν_B 是无量纲的数，因此反应进度 ξ 与物质的量 n 有相同的量纲，其单位为 mol。

反应进度的定义式表明，反应开始前，$\Delta n_B = 0$，$\xi = 0$，随着反应的进行，Δn_B 的绝对值逐渐增大，ξ 也逐渐增大，当反应体系中物质的量的变化 $\Delta n_B = \nu_B$(mol)时，$\xi = 1$ mol，此时称体系中发生了 1 mol 化学反应。换句话说，当发生 1 mol 化学反应时，各物质的量变化恰好是 ν_B(mol)。需要注意的是，对于同一化学反应，ξ 的量值与反应计量方程式的写法有关，但与选取参与反应的物质种类无关。例如，当体系中有 1 mol N_2 与 3 mol H_2 反应生成 2 mol NH_3 时，对于反应

$$N_2 + 3H_2 \longrightarrow 2NH_3 \qquad \xi = 1\ \text{mol}$$

而对于反应

$$2N_2 + 6H_2 \longrightarrow 4NH_3 \qquad \xi = 0.5\ \text{mol}$$

因此，在使用反应进度这个量时，必须用确定的反应方程式来指定反应。

由于 U 和 H 都是体系的广度性质，所以反应热效应的量值必然与反应进度成正比。当反应进度 $\xi = 1$ mol 时，其恒容反应热和恒压反应热分别以 ΔU_m 和 ΔH_m 表示，下标“m”表示发生 1 mol 化学反应。显然有

$$\Delta U_m = \frac{\Delta U}{\xi}, \quad \Delta H_m = \frac{\Delta H}{\xi} \tag{2-9}$$

式中，ΔU_m 和 ΔH_m 的单位应为 $J \cdot mol^{-1}$ 或 $kJ \cdot mol^{-1}$。

反应进度的概念对反应热的计算十分重要，而且在后续章节对于化学平衡和反应速率的讨论中还会用到。

2. 热化学方程式

热化学方程式是表示化学反应与热效应关系的方程式。在书写时，除了写出普通的化学方程式以外，还需在方程式后面加写反应热的量值。如果反应是在标准压力和温度 T 下进行，反应热可表示为 $\Delta_r H_m^{\ominus}(T)$，其中“r”是英文单词“reaction”(反应)的首字母；“m”指反应进度为 1 mol；“$\ominus$”代表标准状态；T 为反应进行的温度。关于标准状态在热力学中有严格的定义(2.3.2 小节中有详细说明)。

如果改变某一反应物或产物的物态，则反应的热效应也会相应地发生改变，所以写热化

学方程时必须注明物态。气态用 g 表示，液态用 l 表示，固态用 s 表示。如果固态有不同的晶型，则还需注明晶型，如 C(石墨)、C(金刚石)等。如果是溶液中溶质参加反应，则需要注明溶剂，如水溶液就用 aq 表示。

应当特别强调的是，热化学方程式仅代表一个假设能够完全进行的反应，而不管反应是否真正能完成。例如，在标准状态 573 K 时氢和碘的热化学方程式为

$$H_2(g)+I_2(g)\longrightarrow 2HI(g) \qquad \Delta_r H_m^\ominus(573\ K)=-12.84\ kJ\cdot mol^{-1}$$

上式并不代表在标准状态 573 K 时，将 1 mol 氢和 1 mol 碘蒸气放在一起，就有 12.84 kJ 的热量放出；而是代表有 2 mol 碘化氢生成时，才有 12.84 kJ 的热量放出。

另外，由于 $\Delta_r H_m^\ominus$ 是状态函数的变化值，当反应逆向进行时，其反应热应当与正反应的反应热数值相等但符号相反，即

$$\Delta_r H_m^\ominus(\text{正反应})=-\Delta_r H_m^\ominus(\text{逆反应})$$

还需注意的是，反应进度 ξ 的量值与反应方程式的写法有关，故 $\Delta_r H_m^\ominus(T)$ 也与反应方程式的写法有关。例如：

$$H_2(g)+\frac{1}{2}O_2(g)\longrightarrow H_2O(l) \qquad \Delta_r H_m^\ominus(298\ K)=-285.8\ kJ\cdot mol^{-1}$$

$$2H_2(g)+O_2(g)\longrightarrow 2H_2O(l) \qquad \Delta_r H_m^\ominus(298\ K)=-571.6\ kJ\cdot mol^{-1}$$

2.3　化学反应热效应的计算

化学反应的热效应可以用实验方法测得，但许多化学反应由于速率慢、测量时间长，引起热量散失而难以准确测定。也有一些化学反应由于反应条件难以控制，产物不纯，反应热也不易准确测量。于是如何通过热化学方法计算反应热，成为一个令人关注的问题。

2.3.1　赫斯定律

1840 年前后，俄国科学家赫斯(Hess)在总结了大量实验结果的基础上，提出了赫斯定律。其内容为“一个化学反应不论是一步完成还是分成几步完成，其热效应总是相同的”，即反应热效应只与反应的始态和终态有关，而与所经历的具体途径无关。由热力学第一定律可知，热不是状态函数，而与具体途径有关，但假设过程满足以下两个限制条件时，热效应的数值就只由始态和终态决定，而与具体途径无关：

(1) 过程中体系与环境之间只有体积功而没有非体积功；

(2) 过程在恒容或恒压条件下进行。

因为在恒容条件下　　$Q_V=\Delta U$

在恒压条件下　　$Q_p=\Delta H$

很明显，这条定律实质上是热力学第一定律在化学反应中具体应用的必然结果。

赫斯定律的发现奠定了整个热化学的基础，其重要意义和作用在于能够使热化学方程式像普通的代数方程式那样进行运算，这样在恒压或恒容条件下进行的反应，就可以根据已经

准确测定的反应热效应，来计算难以测定或根本不能测定的反应热效应。即根据已知的化学反应热效应间接地计算出另一些反应的反应热效应。

【例 2-2】 已知下列反应在 298.15 K、标准压力条件下进行，其热效应分别为

$$\mathrm{C(石墨)+O_2(g)\longrightarrow CO_2(g)} \qquad \Delta_r H^{\ominus}_{m(1)}=-393.5\ \mathrm{kJ\cdot mol^{-1}} \tag{1}$$

$$\mathrm{CO(g)+\frac{1}{2}O_2(g)\longrightarrow CO_2(g)} \qquad \Delta_r H^{\ominus}_{m(2)}=-283.0\ \mathrm{kJ\cdot mol^{-1}} \tag{2}$$

求反应 $\mathrm{C(石墨)+\frac{1}{2}O_2(g)\longrightarrow CO(g)}$ 在 298.15 K、标准压力条件下进行的 $\Delta_r H^{\ominus}_m$ 。

解 反应(2)的逆反应

$$\mathrm{CO_2(g)\longrightarrow CO(g)+\frac{1}{2}O_2(g)} \tag{3}$$

$$\Delta_r H^{\ominus}_{m(3)}=-\Delta_r H^{\ominus}_{m(2)}=283.0\ \mathrm{kJ\cdot mol^{-1}}$$

由(1) + (3)得

$$\mathrm{C(石墨)+\frac{1}{2}O_2(g)\longrightarrow CO(g)} \qquad \Delta_r H^{\ominus}_m$$

根据赫斯定律得

$$\Delta_r H^{\ominus}_m=\Delta_r H^{\ominus}_{m(1)}+\Delta_r H^{\ominus}_{m(3)}=-393.5+283.0=-110.5(\mathrm{kJ\cdot mol^{-1}})$$

2.3.2 标准摩尔生成焓

用赫斯定律求算反应热效应，需要知道许多反应的热效应，要将反应分解成几个已知反应，有时是很复杂的过程。

大多数的化学反应都是在恒压条件下进行的，化学反应的热效应在数值上与焓变相同，从根本上讲，如果确定了反应物和生成物的状态函数焓(H)的数值，反应的焓变 $\Delta_r H$ 即可由生成物的焓减去反应物的焓而得到。根据焓的定义式 $H=U+pV$ ，由于等式中 U 的性质，H 的绝对数值无法测定，因此可以采取一种相对的方法定义物质的焓值，从而求出反应的焓变 $\Delta_r H$。

由赫斯定律可知，对于反应

$$\mathrm{CO(g)+\frac{1}{2}O_2(g)\longrightarrow CO_2(g)} \qquad \Delta_r H_{(1)} \tag{1}$$

反应焓变 $\Delta_r H_{(1)}$可由下面两个反应的 $\Delta_r H$ 来求得：

$$\mathrm{C(石墨)+\frac{1}{2}O_2(g)\longrightarrow CO(g)} \qquad \Delta_r H_{(2)} \tag{2}$$

$$\mathrm{C(石墨)+O_2(g)\longrightarrow CO_2(g)} \qquad \Delta_r H_{(3)} \tag{3}$$

$$\Delta_r H_{(1)}=\Delta_r H_{(3)}-\Delta_r H_{(2)}$$

$\Delta_r H_{(2)}$和 $\Delta_r H_{(3)}$对应的都是由单质生成某物质的反应的反应热，反应(2)和反应(3)分别是 CO 和 CO_2 的生成反应。

通过测得各种物质的生成反应的热效应，即各种物质的相对焓值，利用这些数值即可求出各种反应的 $\Delta_r H$。这些相对焓值称为物质的生成焓(或生成热)，下面详细讨论有关生成焓的

一系列问题。

1. 标准摩尔生成焓的定义

化学热力学规定，某温度下由处于标准状态下各种元素的最稳定的单质生成 1 mol 某纯物质的热效应称为该温度下该纯物质的标准摩尔生成焓(或标准摩尔生成热)，简称标准生成焓(或标准生成热)，用符号 $\Delta_f H_m^{\ominus}$ 表示，其单位为 $kJ \cdot mol^{-1}$。当然处于标准状态下的各元素的最稳定单质的标准摩尔生成焓为零。

标准摩尔生成焓的符号 $\Delta_f H_m^{\ominus}$ 中，“ΔH_m”表示恒压下的摩尔反应焓，“f”是“formation”(生成)的首字母，“$\ominus$”表示物质处于标准状态。

关于物质的标准状态(简称标准态)，化学热力学上有严格的规定：气态物质的标准状态是在分压等于 101.325 kPa(也常用 100 kPa)下，具有理想气体行为的纯气体状态，它是一个假想态；固体和液体的标准状态分别取 101.325 kPa 下的纯固体和纯液体；溶液中的物质 A，其标准状态为处于 101.325 kPa 下的质量摩尔浓度 $m_A = 1\ mol \cdot kg^{-1}$，常近似为 $c_A = 1\ mol \cdot dm^{-3}$。因所有物质处于标准状态时的压力均规定为 101.325 kPa，所以该压力也称标准压力，用 $p^{\ominus}$ 表示。需要注意的是，化学热力学对于标准状态的规定中，仅针对各物质所处的状态，并没有涉及反应的温度，因此在使用标准状态数据时应说明温度。

处于标准状态的最稳定单质，如 $H_2(g)$、$O_2(g)$、$Br_2(l)$、$I_2(s)$等，在任何温度条件下，其标准摩尔生成焓都为零。需要注意的是，考虑到单质材料获得的难易程度、反应活性高低、物质结构是否清楚等，还有部分元素的作为标准摩尔生成焓为零的单质并不是实际上最稳定的单质，如 C(石墨)、P(白磷)等。因此，实际上，纯物质的标准生成焓数据提供了一组以最稳定单质(或指定单质)的焓为零的各种物质的相对焓值，利用这些数据，可以很容易地求出各种反应的标准摩尔反应焓变 $\Delta_r H_m^{\ominus}$。另外，在水溶液体系中，各正、负离子的标准摩尔生成焓数据是在以 H^+等的标准摩尔生成焓为零的基础上获得的相对焓值。

2. 标准摩尔生成焓的应用

可以应用物质的标准摩尔生成焓的数据计算化学反应的热效应。如图 2-5 所示，一个化学反应从参加反应的单质直接转变为生成物与从参加反应的单质先生成反应物，再变化为生成物，两种途径的反应热相等，这是赫斯定律的结论。

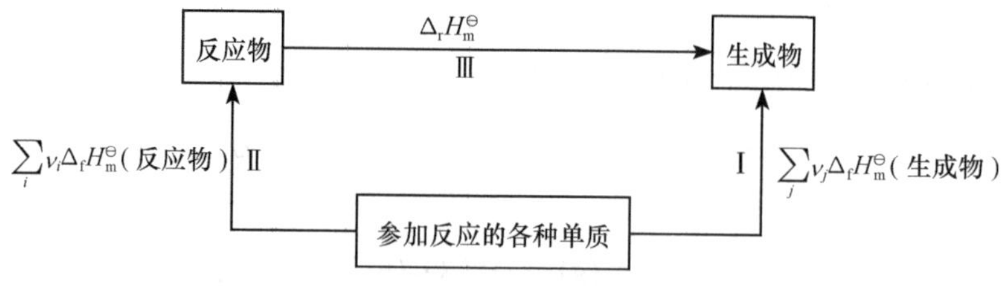

图 2-5　标准摩尔生成焓与反应热的关系

故有

$$\Delta H_{Ⅲ} = \Delta H_{Ⅰ} - \Delta H_{Ⅱ}$$

即

$$\Delta_r H_m^{\ominus} = \sum_j \nu_j \Delta_f H_m^{\ominus}(生成物) - \sum_i \nu_i \Delta_f H_m^{\ominus}(反应物) \tag{2-10}$$

式中，ν_i、ν_j分别为化学反应方程式中各反应物、生成物的化学计量数。利用该式计算反应热大大简化了步骤，根据上百种化合物的标准摩尔生成焓数据，可以计算成千上万种反应在标准状态下的反应热。

【例 2-3】 求下列反应的标准摩尔反应焓 $\Delta_r H_m^\ominus$。

$$2Na_2O_2(s) + 2H_2O(l) \longrightarrow 4NaOH(s) + O_2(g)$$

解 利用各相关物质的标准摩尔生成焓数据计算该反应的热效应：

$$\Delta_r H_m^\ominus = \sum_j \nu_j \Delta_f H_m^\ominus(\text{生成物}) - \sum_i \nu_i \Delta_f H_m^\ominus(\text{反应物})$$

$$= [4\Delta_f H_m^\ominus(NaOH,s) + \Delta_f H_m^\ominus(O_2,g)] - [2\Delta_f H_m^\ominus(Na_2O_2,s) + 2\Delta_f H_m^\ominus(H_2O,l)]$$

查表得出 298.15 K(也常表示为 298 K)温度条件下的各反应物、生成物的标准摩尔生成焓分别为

$$\Delta_f H_m^\ominus(NaOH,s) = -426.73\ kJ \cdot mol^{-1}$$

$$\Delta_f H_m^\ominus(Na_2O_2,s) = -513.2\ kJ \cdot mol^{-1}$$

$$\Delta_f H_m^\ominus(H_2O,l) = -285.83\ kJ \cdot mol^{-1}$$

O_2是最稳定单质，其 $\Delta_f H_m^\ominus = 0$，故

$$\Delta_r H_m^\ominus = [4 \times (-426.73) + 0] - [2 \times (-513.2) + 2 \times (-285.83)] = -108.9(kJ \cdot mol^{-1})$$

反应热 $\Delta_r H_m^\ominus$ 与反应温度有关，但是在通常研究的温度范围内以及物相没有发生改变的情况下，$\Delta_r H_m^\ominus$ 受温度影响很小，因此可近似地认为，在一定温度范围内 $\Delta_r H_m^\ominus$ 的值与 298.15 K 时的 $\Delta_r H_m^\ominus$ 相等。

2.3.3 标准摩尔燃烧焓

化学热力学规定，在 101.325 kPa 的压力下，1 mol 物质完全燃烧时的热效应称为该物质的标准摩尔燃烧焓(或标准摩尔燃烧热)，简称标准燃烧焓(或标准燃烧热)，用符号 $\Delta_c H_m^\ominus$ 表示，其中“c”是 combustion(燃烧)的首字母，单位为 $kJ \cdot mol^{-1}$。完全燃烧是指将该物质的各元素都转化为指定的燃烧终点产物，如碳、氢元素的完全燃烧产物分别为二氧化碳、水，而氮、硫、氯元素的完全燃烧产物分别为 $N_2(g)$、$SO_2(g)$、HCl(aq)，即各元素完全燃烧产物的标准摩尔燃烧焓为零。表 2-1 给出了一些常见有机化合物的标准摩尔燃烧热数值。

表 2-1　常见有机化合物的标准摩尔燃烧热

物质	$\Delta_c H_m^\ominus$ /(kJ · mol^{-1})	物质	$\Delta_c H_m^\ominus$ /(kJ · mol^{-1})
甲烷	−890.31	乙酸	−874.54
乙烷	−1559.84	苯	−3276.54
丙烷	−2219.90	甲苯	−3908.69
甲醛	−563.58	苯甲酸	−3226.87
甲醇	−726.64	苯酚	−3053.48
乙醇	−1366.95	蔗糖	−5640.87

与生成热数据相似，标准摩尔燃烧热也提供了一套用来求算有机反应的热效应的数据。如果说标准摩尔生成热是以反应起点(各种稳定单质)为参照物的相对值，那么标准摩尔燃烧热则是以完全燃烧终点为参照物的相对值。从图 2-6 可以推导出由反应物和生成物的标准摩尔燃烧热求算反应热效应的公式：

$$\Delta_r H_m^\ominus = \sum_i \nu_i \Delta_c H_m^\ominus(\text{反应物}) - \sum_j \nu_j \Delta_c H_m^\ominus(\text{生成物}) \tag{2-11}$$

式中，ν_i、ν_j分别为化学反应方程式中各反应物、生成物的化学计量数。

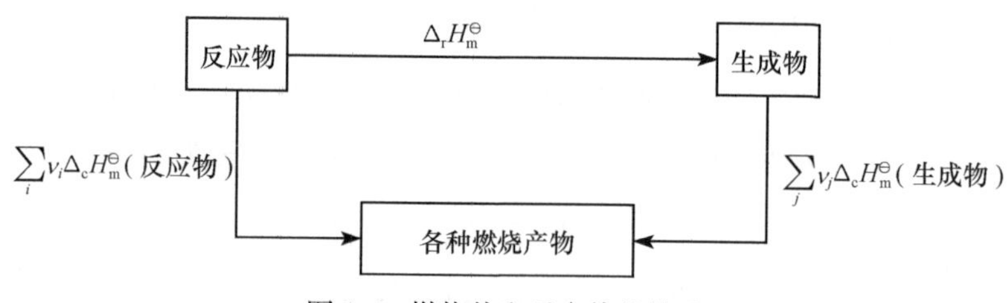

图 2-6 燃烧热和反应热的关系

由于绝大部分有机物不能由元素直接化合而成，无法测得其标准生成热数值，而绝大部分有机化合物均可燃烧，其燃烧热易通过实验测得，因此通常利用燃烧热数据计算这类化合物参与反应的热效应，也可以用于计算有机化合物的生成热。

【例 2-4】 已知甲醇与氧气的反应：

$$CH_3OH(l) + \frac{1}{2}O_2(g) \longrightarrow HCHO(g) + H_2O(l)$$

若已知在 298.15 K 时 $CH_3OH(l)$和 $H_2O(l)$的标准摩尔生成热数据分别为 $\Delta_f H_m^\ominus(CH_3OH,l) = -238.7\ kJ\cdot mol^{-1}$，$\Delta_f H_m^\ominus(H_2O,l) = -285.83\ kJ\cdot mol^{-1}$，试通过各相关物质的燃烧热数据，求出 HCHO(g)的标准摩尔生成焓 $\Delta_f H_m^\ominus$。

解 利用各相关物质的燃烧热数据计算该反应的热效应：

$$\Delta_r H_m^\ominus = \sum_i \nu_i \Delta_c H_m^\ominus(\text{反应物}) - \sum_j \nu_j \Delta_c H_m^\ominus(\text{生成物}) = \Delta_c H_m^\ominus(CH_3OH,l) - \Delta_c H_m^\ominus(HCHO,g)$$

查表得

$$\Delta_c H_m^\ominus(CH_3OH,l) = -726.64\ kJ\cdot mol^{-1}$$

$$\Delta_c H_m^\ominus(HCHO,g) = -563.58\ kJ\cdot mol^{-1}$$

故

$$\Delta_r H_m^\ominus = 1\times(-726.64) - 1\times(-563.58) = -163.06(kJ\cdot mol^{-1})$$

再利用反应物和生成物标准摩尔生成热数据计算反应的热效应，根据公式：

$$\begin{aligned}\Delta_r H_m^\ominus &= \sum_j \nu_j \Delta_f H_m^\ominus(\text{生成物}) - \sum_i \nu_i \Delta_f H_m^\ominus(\text{反应物}) \\ &= [\Delta_f H_m^\ominus(HCHO,g) + \Delta_f H_m^\ominus(H_2O,l)] - [\Delta_f H_m^\ominus(CH_3OH,l) + 0.5\Delta_f H_m^\ominus(O_2,g)] \\ &= [\Delta_f H_m^\ominus(HCHO,g) + (-285.83)] - [(-238.7) + 0]\end{aligned}$$

将利用燃烧热数据计算出反应的热效应结果代入上式，得到 HCHO(g)的标准摩尔生成焓为

$$\begin{aligned}\Delta_f H_m^\ominus(HCHO,g) &= \Delta_r H_m^\ominus - (-285.83) + (-238.7) = (-163.06) - (-285.83) + (-238.7) \\ &= -115.9(kJ\cdot mol^{-1})\end{aligned}$$

在利用燃烧热求算反应热时应注意，燃烧热往往数值较大，而一般的反应热数值相对较小，从两个大数之差求一较小的值易造成误差。因此，采用燃烧热计算反应热时，必须注意其数据的可靠性。

有机化合物的燃烧热有重要的意义。例如，工业上燃料的热值(燃烧热)通常是燃料品质好坏的一个重要标志，而脂肪、碳水化合物和蛋白质的燃烧热在营养学的研究中也很重要，因为这些物质是食物提供能量的来源。

2.3.4　从键能估算反应热

化学反应的实质是反应物分子中化学键的断裂和生成物中化学键的形成。断开化学键要吸热，形成化学键要放热，其中的能量变化就是反应过程中产生热效应的根本原因。若能量的变化通过键能或键焓来表示，通过分析反应过程中化学键的断开和形成，应用键能的数据就可以估算化学反应的反应热。反之，也可从反应热判断化学键的强弱。

化学键的键能是指在 0 K 时，将化合物气态分子的 1 mol 某一个键拆散成气态原子所需的能量，不同化合物中相同键的键能未必相同；同一个分子中相同的键拆散的次序不同，所需的能量也不同，即键的离解能不同，键能是同一个分子中相同的几个键的离解能的平均值，用 E 表示。

化学键的键焓是指在标准状态和指定温度 298.15 K 下，断开气态物质的 1 mol 化学键并使之成为气态原子时的焓变，用ε表示，其大小表征了化合物中原子间结合力的强弱。

由于键焓和键能数据的差别并不显著(两者的数学关系为 $\varepsilon = E + \frac{3}{2}RT$)，通常两者数据并不严格加以区分，而是将数据互相替代。因此，与燃烧热类似，也可推出由键焓(或键能)数据计算反应热的公式：

$$\Delta_r H_m^\ominus = \sum_i \nu_i \varepsilon(\text{反应物}) - \sum_j \nu_j \varepsilon(\text{生成物}) \tag{2-12}$$

式中，ν_i、ν_j 为热化学方程式中反应物、生成物中各化学键的个数。

【例 2-5】　试由键能数据估算乙烯与水作用制备乙醇的反应热。

解　有关反应式为

$$H_2C{=}CH_2(g) + H{-}O{-}H(g) \longrightarrow H{-}\underset{H}{\overset{H}{C}}{-}\underset{H}{\overset{H}{C}}{-}OH(g)$$

反应过程中断开的键有：4 个 C—H 键，1 个 C═C 键，2 个 O—H 键。

生成的键有：5 个 C—H 键，1 个 C—C 键，1 个 C—O 键，1 个 O—H 键。

相关化学键的键能数据为：$\varepsilon_{C=C} = 602\ kJ \cdot mol^{-1}$，$\varepsilon_{O-H} = 458.8\ kJ \cdot mol^{-1}$，$\varepsilon_{C-H} = 411\ kJ \cdot mol^{-1}$，$\varepsilon_{C-C} = 345.6\ kJ \cdot mol^{-1}$，$\varepsilon_{C-O} = 357.7\ kJ \cdot mol^{-1}$。则

$$\begin{aligned}\Delta_r H_m &= (4 \times \varepsilon_{C-H} + 1 \times \varepsilon_{C=C} + 2 \times \varepsilon_{O-H}) - (5 \times \varepsilon_{C-H} + 1 \times \varepsilon_{C-C} + 1 \times \varepsilon_{O-H} + 1 \times \varepsilon_{C-O}) \\ &= (4 \times 411 + 1 \times 602 + 2 \times 458.8) - (5 \times 411 + 1 \times 345.6 + 1 \times 458.8 + 1 \times 357.7) \\ &= -53.5(kJ \cdot mol^{-1})\end{aligned}$$

需要注意的是，不同化合物中，同一化学键的键能未必相同。例如，在 C_2H_4 和 C_2H_5OH 中的 C—H 键的键能实际上并不相等，H_2O 和 C_2H_5OH 中的 O—H 键的键能也不相等，而且反应物及生成物的状态也未必能满足定义键能时的反应条件。因此，键能计算反应热是估算。另外，从键能估算反应热只适用于气态反应。

尽管由键能求得的反应热不能代替精确的热力学计算和反应热的测量，但采用该方法估

算反应热还是具有一定的实用价值。

2.4　状态函数——熵

前已述及，化学热力学能解决化学反应能否自发进行的问题。自发进行就是无需借助外力而能自动发生的变化。那么，到底是什么因素决定一个过程的自发性呢？一个球从高处向下滚是自发过程，至低处停止滚动时势能降低，体系趋于稳定。由此可得出这样的结论：如果导致体系的能量减小，该过程将是自发的。事实上，许多放出能量的过程都是自发的。例如，点燃 H_2 和 O_2 的混合气体，反应迅速地进行，放出大量的热，使体系发生爆炸。但也可举出许多自发的吸热过程，如 KCl 晶体在水中的溶解过程。当 KCl 晶体溶于水时，溶质的粒子离开了规则排列的晶格逐渐扩散到整个溶液中，溶质粒子在溶解后比溶解前的状态更混乱，同样地，溶剂分子也分散到整个溶质中，也是处于更混乱的状态。所以，也可以推断得出结论：在任何过程中，总有一个增加混乱度的倾向或推动力。

因此，有两个因素影响过程的自发性，一个是能量变化，体系将趋向最低能量；另一个是混乱度变化，体系将趋向最高的混乱度。

2.4.1　熵和混乱度

从微观的角度考虑，熵与体系的微观状态数有关，即熵是体系混乱度的量度。体系的混乱度是指一定宏观状态下的体系可能出现的微观状态数目。热力学中熵用符号 S 表示，若用 Ω 表示微观状态数，则有

$$S = k \ln \Omega \tag{2-13}$$

式中，$k = 1.38 \times 10^{-23}\ \mathrm{J \cdot K^{-1}}$，称为玻尔兹曼(Boltzmann)常量。

从式(2-13)看出，体系的熵值越大，则微观状态数 Ω 越大，即混乱度越大。关于体系微观状态数的统计，以 4 个粒子在两间小室里分布为例加以说明，按照粒子的排列组合，其可能的排列方式及状态数汇总于表 2-2 中。

表 2-2　4 个粒子在两个小室里分布状态统计

小室 1 内的粒子数	小室 2 内的粒子数	状态数
4	0	1
3	1	4
2	2	6
1	3	4
0	4	1

根据统计，4 个粒子在两间小室里分布的状态数总和为 16，则其熵值为 $3.83 \times 10^{-23}\ \mathrm{J \cdot K^{-1}}$。

显然，粒子数目及空间分布的位置数越多，粒子的微观状态数越多，熵值越大。熵是一种具有加和性的状态函数，过程的熵变 ΔS 只取决于体系的始态和终态，而与具体途径无关。

在宏观上，研究可逆过程中发现，从始态→终态→始态的可逆循环过程的热温商(热与温度的比值 Q/T)变化为 0，即以可逆方式进行时，体系的热温商具有状态函数的性质，在数值上

与熵的变化 ΔS 相同，即宏观上过程的熵变可由下式计算：

$$\Delta S = \frac{Q_r}{T} \tag{2-14}$$

式中，Q_r 为可逆过程的热效应；T 为体系的热力学温度。式(2-14)将与体系微观状态有关的变量 ΔS 和宏观物理量 Q_r 联系起来。

2.4.2　标准熵和热力学第三定律

熵是表示体系混乱度的热力学函数。对纯净物质的完整晶体来说，在绝对零度时，分子间排列整齐，且停止任何热运动，此时体系完全有序化。因此，热力学第三定律指出，在绝对零度时任何完整晶体中的原子或分子只有一种排列形式，即只有唯一的微观状态，其熵值为零。

根据热力学第三定律，可以测量任何纯净物质在温度 T 时熵的绝对值。从熵值为零的状态出发，使体系变化到 $p = 101.325$ kPa 和温度 T，如果已知这一过程中的热力学数据，原则上可以求出该过程的熵变，即$\Delta S = S_T - S_0$，从而可计算出体系终态的绝对熵值 S_T。通过这种方法，可以求得各种物质在标准状态下的摩尔绝对熵值，简称标准熵，用符号 $S_m^\ominus$ 表示，单位为 $J \cdot mol^{-1} \cdot K^{-1}$。

物质的标准熵值 $S_m^\ominus$ 与标准摩尔生成焓 $\Delta_f H_m^\ominus$ 有根本的不同。由于焓(H)的绝对数值不能得到，$\Delta_f H_m^\ominus$ 是以最稳定单质(或指定单质)的焓值为零的相对数值，而标准熵 $S_m^\ominus$ 不是相对数值，而是通过一系列的热力学数据计算出来的绝对数值。

物质的熵随其所处的状态、温度、压力、摩尔质量以及结构等不同而发生变化，分别讨论如下：

(1) 同一物质处于气、液、固不同的状态时：$S(g) > S(l) > S(s)$，在同一状态下，熵随着温度升高而增大，压力对物质处于液态、固态时影响不大，可忽略，处于气态时其熵值随着压力增大而减小。

(2) 同类物质，相对分子质量大的物质因质子数、电子数增多，微观状态数增大，其熵值大；而相对分子质量相等或相近的物质，熵值与结构有关，结构越复杂，熵值越大，如 CH_3CH_2OH 和 CH_3OCH_3，两者相对分子质量相同，但后者对称性高，所以熵值小。

熵是具有加和性的状态函数，运用下式可计算化学反应的标准摩尔反应熵变 $\Delta_r S_m^\ominus$：

$$\Delta_r S_m^\ominus = \sum_j \nu_j S_m^\ominus(\text{生成物}) - \sum_i \nu_i S_m^\ominus(\text{反应物}) \tag{2-15}$$

式中，ν_i、ν_j 分别为化学反应方程式中各反应物、生成物的化学计量数。$\Delta_r S_m^\ominus$ 受温度变化的影响较小，通常采用 298.15 K 温度条件下的数据作为常数。

通过对混乱度、微观状态数和熵的讨论可知，在化学反应过程中，如果从固态物质或液态物质生成气态物质，体系的混乱度增大；如果从少数的气态物质生成多数的气态物质，体系的混乱度也增大，体系的熵值增加，根据这些现象可以粗略地判断出过程的熵变大于 0。反之，若是由气体生成固体或液体的反应，以及气体的物质的量减小的反应，可以判断出过程的熵变小于 0。

2.4.3　熵判据和热力学第二定律

前已述及，自发过程是不借助任何外力就能自发进行的过程，具有方向性，只能向着与热力学体系外界趋于平衡的方向进行，属于热力学的不可逆过程。热力学体系经过一个自发过程后，若要使其反向进行恢复到初始状态，则必须提供补偿条件，这样在外界必将留下不可逆的变化。一切不可逆的变化均和热与功交换的不可逆性相联系，热是大量分子无规则运动的表现，而功则是大量分子进行的有方向、有秩序的运动。

热力学第二定律表述热力学过程的不可逆性，是人类经验的总结、基本的自然法则之一，它有多种表述方法，如开尔文(Kelvin)于 1852 年总结出的“从单一热源取热，使其全部转变为功而不引起其他变化是不可能的”；德国科学家克劳修斯(Clausius)于 1854 年提出“不可能把热从低温物体转到高温物体而不引起其他变化”等。

热力学第二定律有两个与熵相关的表述方法，分别为

(1) 熵增原理：在孤立体系中，体系自发地倾向于混乱度增大，即向熵增加的方向进行。孤立体系是指与环境不发生物质和能量交换的体系，而现实中两者之间的能量交换是不可能完全排除的，真正的孤立体系是不存在的。因此，在利用熵增原理时，需要将与体系有物质或能量交换的那一部分环境也包括进去，组成一个新的体系，即可以把体系和环境作为一个整体考虑，该新体系可作为孤立体系，利用熵判据来判断过程自发进行的可能性，否则会得出错误的结论。

例如，在常压时 0℃以下的水会自发地结成冰，显然这是熵降低过程，即 $\Delta_r S_m^\ominus < 0$，过程之所以能自发地进行，是因为水结冰不是孤立体系，过程中放出的热量必然会传给环境，使环境的熵增加，并且环境熵增加的程度比体系在水结冰时熵值降低的程度大，此时体系和环境作为整体的总熵值是增加的，故过程能够自发进行。

(2) 克劳修斯不等式：针对封闭体系的变化过程，克劳修斯于 1855 年提出“在封闭体系中不可能发生熵变小于热温商的过程”，其数学表达式为

$$\Delta S \geqslant \frac{Q}{T} \tag{2-16}$$

式中，Q 为变化过程的热效应；T 为体系的热力学温度。等号只在可逆过程中成立。

利用熵增原理和克劳修斯不等式可以判断过程的自发性，但前者仅适用于孤立体系，不方便进行计算，后者适用于封闭体系，但需要确定伴随具体变化途径的热量，也不方便进行计算，因此需要寻找新的、易于计算的判据。

2.5 状态函数——吉布斯自由能

2.5.1 吉布斯自由能判据

恒温恒压下的化学反应究竟能不能进行，以什么方式进行，显然是化学热力学中重点研究的问题。以下在综合了热力学第一定律、热力学第二定律、状态函数 H、过程的熵变等知识的基础上研究和讨论这一问题。

设某化学反应在恒温恒压下进行，过程中有非体积功 $W_{非}$。于是热力学第一定律可表示为

$$\Delta U = Q + W_{体} + W_{非}$$

导出

$$Q = \Delta U - W_{体} - W_{非} = \Delta U - (-p\Delta V) - W_{非}$$

故
$$Q = \Delta H - W_{非}$$

将上式代入克劳修斯不等式 $\Delta S \geqslant \dfrac{Q}{T}$，得

$$\Delta S \geqslant \frac{\Delta H - W_{非}}{T}$$

则
$$T\Delta S \geqslant \Delta H - W_{非}$$

移项得
$$-(\Delta H - T\Delta S) \geqslant -W_{非}$$

恒温过程温度不变，即 $T_1 = T_2 = T$，整理得

$$-[(H_2 - H_1) - (T_2S_2 - T_1S_1)] \geqslant -W_{非}$$

$$-[(H_2 - T_2S_2) - (H_1 - T_1S_1)] \geqslant -W_{非}$$

因为 H、T、S 都是体系的状态函数，故 $H - TS$ 也是体系的状态函数，称为吉布斯自由能，用 G 表示。这是一个具有加和性的物理量，单位和功一致。于是上式简化成

$$-(G_2 - G_1) \geqslant -W_{非}$$

即
$$-\Delta G \geqslant -W_{非} \tag{2-17}$$

式(2-17)是一个非常重要的热力学结论。$-\Delta G$ 是状态函数的改变量，过程一定时其为定值；而 $W_{非}$ 和途径有关。当过程以可逆方式进行时，等式成立，体系对环境所做的非体积功 $W_{非}$ 最大(指绝对数值，下同)，而以其他非可逆方式完成过程时，$W_{非}$ 均小于$-\Delta G$。它表明了状态函数 G 的物理意义，即吉布斯自由能 G 是体系所具有的在恒温恒压下做非体积功的能力。反应过程中 G 的减少量$-\Delta G$ 是体系在该过程中放出的能被用来做非体积功的最大能量，这个最大限度被利用的能量只在可逆途径中才得到实现。上述不等式除了能给出体系做非体积功的最大能量外，更为重要的是它可以作为恒温恒压下化学反应进行方向和方式的判据：

$-\Delta G > -W_{非}$，反应以不可逆方式正向自发进行；

$-\Delta G = -W_{非}$，反应以可逆方式进行；

$-\Delta G < -W_{非}$，反应不能正向自发进行。

若反应在恒温恒压下进行且不做非体积功，即 $W_{非} = 0$，上述判据变为$-\Delta G \geqslant 0$ 或写成 $\Delta G \leqslant 0$，式中的等号只在可逆方式时成立。

于是在恒温恒压下，不做非体积功的化学反应进行方向和方式的判据变为

$\Delta G < 0$，反应以不可逆方式正向自发进行；

$\Delta G = 0$，反应以可逆方式进行；

$\Delta G > 0$，反应不能正向自发进行。

综合以上判据可以看出，恒温恒压下，体系的吉布斯自由能减小的方向是不做非体积功的化学反应进行的方向。不仅化学反应如此，任何恒温恒压下不做非体积功的自发过程的吉布斯自由能都将减小。这正是热力学第二定律的另一种表述形式。

从 G 的定义式 $G = H - TS$，可以看出在恒温恒压下有 $\Delta G = \Delta H - T\Delta S$，$\Delta G$ 综合了 ΔH 和 ΔS 两种热力学函数对化学反应方向的影响，因此 ΔG 能作为化学反应方向的判据。

2.5.2 标准生成吉布斯自由能

只要把化学反应的$\Delta_r G$求出来，就能判断出反应进行的方向乃至方式。根据吉布斯自由能的定义式 $G = H - TS$，吉布斯自由能与热力学能、焓一样，它的绝对数值是无法求得的，因此需要采取类似标准摩尔生成焓的方法来研究过程中体系吉布斯自由能的改变量。

化学热力学规定，某温度 T 下由处于标准状态的各种元素的最稳定单质(或指定单质)生成 1 mol 某纯物质的吉布斯自由能改变量，称为 T 温度下该物质的标准摩尔生成吉布斯自由能，简称标准生成吉布斯自由能，用符号 $\Delta_f G_m^\ominus$ 表示，单位为 $kJ \cdot mol^{-1}$。显然，处于标准状态下各元素的最稳定单质(或指定单质)的标准摩尔生成吉布斯自由能为零。

一些物质在 298.15 K 下的标准摩尔生成吉布斯自由能列于附录(三)中。利用标准摩尔生成吉布斯自由能 $\Delta_f G_m^\ominus$ 的数据，可方便地由下式计算反应的标准摩尔吉布斯自由能变化 ($\Delta_r G_m^\ominus$)。

$$\Delta_r G_m^\ominus = \sum_j \nu_j \Delta_f G_m^\ominus(\text{生成物}) - \sum_i \nu_i \Delta_f G_m^\ominus(\text{反应物}) \qquad (2\text{-}18)$$

式中，ν_i、ν_j 分别为化学反应方程式中各反应物、生成物的化学计量数。

$\Delta_r G_m^\ominus$ 表示化学反应的标准摩尔吉布斯自由能改变量，是在标准状态下化学反应进行的方向乃至方式的判据。

【例 2-6】 计算 298.15 K 条件下，过氧化氢分解反应的标准摩尔反应吉布斯自由能变 ($\Delta_r G_m^\ominus$)。已知反应方程式为

$$H_2O_2(l) \longrightarrow H_2O(l) + \frac{1}{2}O_2(g)$$

解 查表得，298.15 K 时各物质的标准摩尔生成吉布斯自由能：

$$\Delta_f G_m^\ominus(H_2O_2, l) = -120.4\ kJ \cdot mol^{-1}$$

$$\Delta_f G_m^\ominus(H_2O, l) = -237.18\ kJ \cdot mol^{-1}$$

氧气作为最稳定单质 $\Delta_f G_m^\ominus(O_2, g) = 0\ kJ \cdot mol^{-1}$

根据计算公式 $\Delta_r G_m^\ominus = 1 \times \Delta_f G_m^\ominus(H_2O, l) + \frac{1}{2} \times \Delta_f G_m^\ominus(O_2, g) - 1 \times \Delta_f G_m^\ominus(H_2O_2, l)$

将查得的数据代入，得

$$\Delta_r G_m^\ominus = -237.18 - (-120.4) = -116.78(kJ \cdot mol^{-1})$$

由计算结果 $\Delta_r G_m^\ominus < 0$，可确定在 298.15 K、标准状态下过氧化氢分解反应能够自发进行。

根据吉布斯自由能 G 的定义式 $G = H - TS$，可以得到恒温恒压下化学反应的 $\Delta_r G_m^\ominus$、$\Delta_r H_m^\ominus$ 和 $\Delta_r S_m^\ominus$ 三者之间的关系式：

$$\Delta_r G_m^\ominus = \Delta_r H_m^\ominus - T\Delta_r S_m^\ominus \qquad (2\text{-}19)$$

由于反应的焓变 $\Delta_r H_m^\ominus$ 和熵变 $\Delta_r S_m^\ominus$ 受温度变化的影响很小，在一般温度范围内，可用 298.15 K 的 $\Delta_r H_m^\ominus$ 及 $\Delta_r S_m^\ominus$ 数值代替其他温度的焓变和熵变，因此在一般讨论的温度区间内，在任意温度 T 时化学反应的 $\Delta_r G_m^\ominus$ 可近似表达为

$$\Delta_r G_m^\ominus(T) = \Delta_r H_m^\ominus(298.15\ K) - T\Delta_r S_m^\ominus(298.15\ K) \qquad (2\text{-}20)$$

式(2-20)也表明$\Delta_r G_m^\ominus$受温度变化的影响是不可忽略的。利用该式可计算任意温度条件下化学反应的$\Delta_r G_m^\ominus$，从而判断在该温度时，处于标准状态下的反应是否能自发进行。

【例 2-7】 讨论温度变化对下面反应的方向的影响。

$$CaCO_3(s) \longrightarrow CaO(s) + CO_2(g)$$

解 从有关数据表中查出如下数据(298.15 K)：

	$CaCO_3$(s)	CaO (s)	CO_2(g)
$\Delta_f G_m^\ominus/(kJ \cdot mol^{-1})$	−1128.8	−604.04	−394.36
$\Delta_f H_m^\ominus/(kJ \cdot mol^{-1})$	−1206.9	−635.09	−393.51
$S_m^\ominus/(J \cdot mol^{-1} \cdot K^{-1})$	92.9	39.75	213.6

$$\begin{aligned}\Delta_r G_m^\ominus(298.15\ K) &= \Delta_f G_m^\ominus(CaO,s) + \Delta_f G_m^\ominus(CO_2,g) - \Delta_f G_m^\ominus(CaCO_3,s)\\ &= (-604.04) + (-394.36) - (-1128.8)\\ &= 130.40(kJ \cdot mol^{-1})\end{aligned}$$

由于$\Delta_r G_m^\ominus(298.15\ K) > 0$，因此反应在标准状态及常温下不能自发进行，即在该条件下，$CaCO_3$不能自发分解。

为讨论反应的$\Delta_r G_m^\ominus$随温度的变化情况，利用 298.15 K 时标准摩尔生成焓和标准摩尔熵的数据可以方便地求出反应的$\Delta_r H_m^\ominus$和$\Delta_r S_m^\ominus$，即

$$\Delta_r H_m^\ominus(298.15\ K) = 178.31\ kJ \cdot mol^{-1},\quad \Delta_r S_m^\ominus(298.15\ K) = 160.45\ J \cdot mol^{-1} \cdot K^{-1}$$

计算结果表明，$CaCO_3$分解反应为熵增大的吸热反应，因此当温度T升高到一定数值时，$T\Delta_r S_m^\ominus$的影响超过$\Delta_r H_m^\ominus$的影响，$\Delta_r G_m^\ominus$可转变为负值，反应在标准状态下将能自发进行。假设在本题讨论的温度范围内，反应的焓变$\Delta_r H_m^\ominus$和熵变$\Delta_r S_m^\ominus$受温度变化的影响很小，可采用 298.15 K 的$\Delta_r H_m^\ominus$及$\Delta_r S_m^\ominus$数值。

根据式(2-20)，当$\Delta_r G_m^\ominus(T) < 0$时，有

$$\Delta_r H_m^\ominus(298.15\ K) - T\Delta_r S_m^\ominus(298.15\ K) < 0$$

$$T > \frac{\Delta_r H_m^\ominus(298.15\ K)}{\Delta_r S_m^\ominus(298.15\ K)} = \frac{178.31 \times 1000}{160.45} = 1111.3(K)$$

计算结果表明，在标准状态下，当温度$T > 1111.3$ K 时，反应的$\Delta_r G_m^\ominus < 0$，反应可以自发进行，即$CaCO_3$(s)在标准状态下，当温度高于 1111.3 K 时能分解。

计算结果同时也表明，$\Delta_r G_m^\ominus$受温度变化影响相当显著，在 298.15 K 时，$CaCO_3$分解反应的$\Delta_r G_m^\ominus$ = 130.40 kJ · mol^{-1}，而在 1111.3 K 以上时，$\Delta_r G_m^\ominus$降低至负值。

由$\Delta_r G_m^\ominus = \Delta_r H_m^\ominus - T\Delta_r S_m^\ominus$看出，$\Delta_r G_m^\ominus$综合了$\Delta_r H_m^\ominus$和$\Delta_r S_m^\ominus$对反应方向的影响，在反应的焓变和熵变符号相同，$\Delta_r G_m^\ominus = 0$时，反应处于可逆(或平衡)状态时对应的温度称为转折温度。假设在讨论的温度范围内，反应的焓变$\Delta_r H_m^\ominus$和熵变$\Delta_r S_m^\ominus$随温度变化的幅度小，可用 298.15 K 的$\Delta_r H_m^\ominus$及$\Delta_r S_m^\ominus$数值来代替其他温度的焓变和熵变。在标准状态下，当$\Delta_r H_m^\ominus < 0$，$\Delta_r S_m^\ominus > 0$时，$\Delta_r G_m^\ominus$恒为负，反应在任何温度下都可自发进行；而当$\Delta_r H_m^\ominus > 0$，$\Delta_r S_m^\ominus < 0$时，$\Delta_r G_m^\ominus$恒为正，反应在任何温度下都不能自发进行；当$\Delta_r H_m^\ominus > 0$，$\Delta_r S_m^\ominus > 0$时，只有T值大时才可能使$\Delta_r G_m^\ominus < 0$，故反应在高于转折温度时才能自发进行；而当$\Delta_r H_m^\ominus < 0$，$\Delta_r S_m^\ominus < 0$时，只有T值

小时才有 $\Delta_r G_m^\ominus < 0$，故反应在低于转折温度时能自发进行。上述四种情况汇总列于表 2-3 中。

表 2-3　标准状态及恒压条件下温度对反应自发性的影响

种类	ΔH	ΔS	$\Delta G = \Delta H - T\Delta S$	讨论	举例
1	–	+	–	在任何温度反应都能自发进行	$2H_2O_2(c) \longrightarrow 2H_2O(c) + O_2(g)$
2	+	–	+	在任何温度反应都不能自发进行	$CO(g) \longrightarrow C(s) + 1/2O_2(g)$
3	+	+	在低温+ 在高温–	反应只在高温下能自发进行	$CaCO_3(s) \longrightarrow CaO(s) + CO_2(g)$
4	–	–	在低温– 在高温+	反应只在低温下能自发进行	$HCl(g) + NH_3(g) \longrightarrow NH_4Cl(s)$

注：温度变化时 ΔH 和 ΔS 也发生变化，但 ΔH 随温度变化较小。相对 ΔH 而言，ΔS 数值较小，故往往只有 T 较高时，ΔG 才有负值。这里的高温、低温是相对于转折温度而言。

将表 2-3 中恒压下温度对反应自发性的影响以图示的形式表征，如图 2-7 所示。

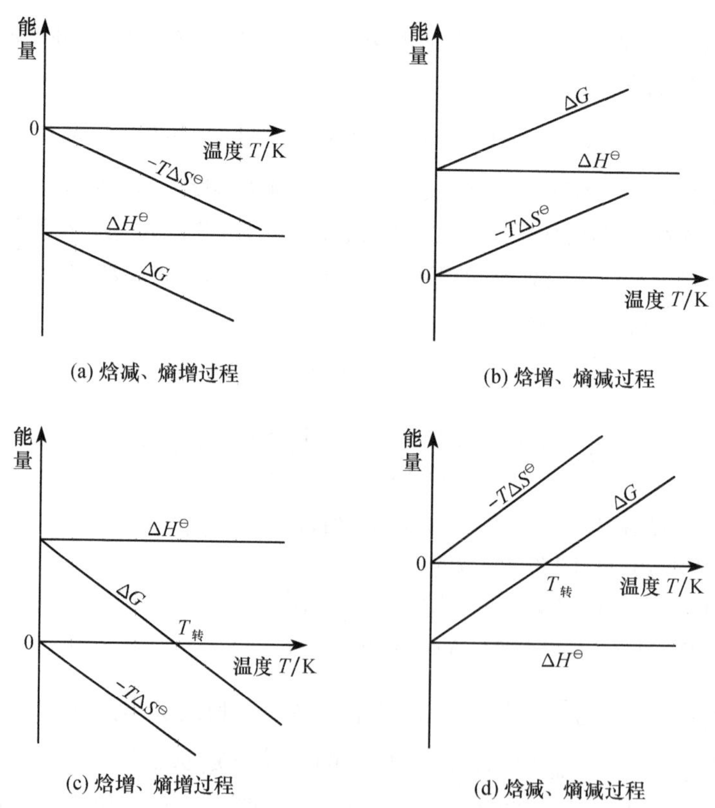

图 2-7　恒压下温度对反应自发性的影响

在利用 $\Delta_r G_m^\ominus$ 数据判断化学反应进行方向时需要注意的是，$\Delta_r G_m^\ominus$ 只能判断在标准状态、恒温恒压条件下化学反应进行的方向，对于非标准状态下、恒温恒压条件下化学反应进行的方向性问题将在后续章节中讨论。同时，该判据讨论的只是反应过程自发进行的可能性，并不考虑反应速率等现实性问题。

2.6　化学反应的可逆性和化学平衡

在一定条件下，化学反应一般既可按反应方程式从左向右进行，又可以从右向左进行，这就是化学反应的可逆性。例如，高温下的反应：

$$CO(g)+H_2O(g) \rightleftharpoons CO_2(g)+H_2(g)$$

在一氧化碳与水蒸气作用生成二氧化碳与氢气的同时，也进行着二氧化碳与氢气反应生成一氧化碳与水蒸气的过程。按反应方程式向右进行的反应称为正反应，向左进行的反应称为逆反应。又如，Ag^+与 Cl^-可以生成 AgCl 沉淀，AgCl 固体在水中又可少量溶解并电离成 Ag^+和 Cl^-：

$$Ag^+(aq)+Cl^-(aq) \rightleftharpoons AgCl(s)$$

从原则上讲，几乎所有的化学反应都是可逆的，但化学反应的可逆程度有很大的差别。上述例子中 CO 和 H_2O 反应的可逆程度较大，而 Ag^+和 Cl^-反应的可逆程度较小。即使同一个反应，在不同条件下，表现出的可逆性也是不同的。例如：

$$2H_2(g)+O_2(g) \rightleftharpoons 2H_2O(g)$$

在 873～1273 K 时，生成 H_2O 的反应占绝对优势，而在 4273～5273 K 时，H_2O 的分解反应占绝对优势。

可逆反应的进行，必然导致化学平衡状态的实现。实验证明，在一定的温度和压力下，所有的可逆反应都会达到平衡，即正反应和逆反应的速率相等，而平衡时，宏观上反应物和生成物的浓度不再随时间改变。

在平衡状态下反应并没有停止，只是正、逆反应的速率相等，所以化学平衡是一种动态平衡。平衡状态是可逆反应体系的终点，体现出该化学反应在指定反应条件下可以完成的最大限度。

2.7　平 衡 常 数

2.7.1　经验平衡常数

可逆反应达到化学平衡时，宏观上体系中各物质的浓度不再改变。为了进一步研究平衡状态时体系的特征，进行如下实验：1473 K 恒温条件下，在四个密闭容器中分别充入配比不同的 CO_2、H_2、CO 和 H_2O 的混合气体，如表 2-4 中起始浓度一栏所示。各容器中的反应达到平衡后，各平衡浓度及平衡时各容器中的 $\frac{[CO][H_2O]}{[CO_2][H_2]}$ 值也列于表 2-4 中。

表 2-4　反应 $CO_2(g)+H_2(g) \xrightleftharpoons{1473\,K} CO(g)+H_2O(g)$ 的实验数据

编号	起始浓度/(mol · dm^{-3})				平衡浓度/(mol · dm^{-3})				$\frac{[CO][H_2O]}{[CO_2][H_2]}$
	CO_2	H_2	CO	H_2O	CO_2	H_2	CO	H_2O	
1	0.01	0.01	0	0	0.004	0.004	0.006	0.006	2.3
2	0.01	0.02	0	0	0.022	0.00122	0.0078	0.0078	2.3
3	0.01	0.01	0.001	0	0.0041	0.0041	0.0069	0.0059	2.4
4	0	0	0.02	0.02	0.0079	0.0079	0.0121	0.0121	2.3

分析表 2-4 中的数据，可以得出如下结论：在恒温条件下，可逆反应无论从正反应开始，还是从逆反应开始，最后达到平衡时，尽管每种物质的浓度在各体系中并不一致，但各生成物平衡浓度的乘积与各反应物平衡浓度的乘积之比却是一个恒定值。

上述反应式中各物质的化学计量数都是 1，对于化学计量数不是 1 或不全是 1 的可逆反应，这种关系又怎样体现呢？表 2-5 给出了反应 $2HI(g) \rightleftharpoons H_2(g)+I_2(g)$ 在 698.15 K 下进行的实验数据。

表 2-5　反应 $2HI(g) \xrightleftharpoons{698.15\ K} H_2(g)+I_2(g)$ 的实验数据

编号	起始浓度/($mol \cdot dm^{-3}$)			平衡浓度/($mol \cdot dm^{-3}$)			$\frac{[H_2][I_2]}{[HI]^2}$
	I_2	H_2	HI	I_2	H_2	HI	
1	0	0	4.4888	0.4789	0.4789	3.5310	1.840×10^{-2}
2	0	0	10.6918	1.1409	1.1409	8.4100	1.840×10^{-2}
3	7.5098	11.3367	0	0.7378	4.5647	13.5440	1.836×10^{-2}
4	11.9642	10.6663	0	3.1292	1.8313	17.6710	1.835×10^{-2}

结果表明，达平衡时，$\frac{[H_2][I_2]}{[HI]^2}$ 也是一个恒定的值。总结大量实验，得出如下结论：

对于任一可逆反应

$$aA+bB \rightleftharpoons gG+hH$$

在一定温度下，达平衡时，体系中各物质的浓度之间有如下关系：

$$\frac{[G]^g[H]^h}{[A]^a[B]^b}=K \tag{2-21}$$

式中，K 称为化学反应的经验平衡常数，可表述为：在一定温度下，可逆反应达平衡时，生成物的浓度以反应方程式中化学计量数为指数的幂的乘积与反应物的浓度以反应方程式中化学计量数为指数的幂的乘积之比是一个常数。

从式(2-21)可以看出，经验平衡常数 K 一般是有量纲的，当反应物的化学计量数之和与生成物的化学计量数之和相等时，K 的量纲为一。

如果化学反应是气相反应，平衡常数既可以用平衡时各物质浓度之间的关系来表示，也可以用平衡时各物质分压之间的关系来表示。例如，反应

$$aA(g)+bB(g) \rightleftharpoons gG(g)+hH(g)$$

在某温度下达到平衡，有

$$K_p=\frac{(p_G)^g(p_H)^h}{(p_A)^a(p_B)^b} \tag{2-22}$$

式中，K_p 为用平衡时体系中各物质的分压关系来表示的经验平衡常数。为与 K_p 相区别，常将式(2-22)中用平衡时的浓度表示的经验平衡常数写成 K_c。当然，上述气相反应也可以用 K_c 表示出平衡时各物质平衡浓度之间的关系。一般来说，同一个反应的 K_p 和 K_c 是不相等的，但它们所表示的是同一个平衡状态，因此两者之间有固定的关系。需要注意的是，在书写平衡常数表达式时，若可逆反应体系中有纯固体、纯液体或稀溶液中大量的水，其浓度为常数，看

作 1，不必写入平衡常数表达式内。例如：

$$CaCO_3(s) \rightleftharpoons CaO(s) + CO_2(g) \qquad K = p_{CO_2}$$

$$Cr_2O_7^{2-}(aq) + H_2O(l) \rightleftharpoons 2CrO_4^{2-}(aq) + 2H^+(aq) \qquad K = \frac{[CrO_4^{2-}]^2[H^+]^2}{[Cr_2O_7^{2-}]}$$

这种复相反应的平衡常数既不是 K_c，也不是 K_p，所以用 K 表示。

平衡常数与反应物或生成物的起始组成无关，其大小与体系的性质有关，且随温度的变化而变化。需要注意的是，平衡常数的表达式及其数值与化学反应方程式的写法有关系。例如：

$$N_2(g) + 3H_2(g) \rightleftharpoons 2NH_3(g) \qquad K_c' = \frac{[NH_3]^2}{[N_2][H_2]^3}$$

$$\frac{1}{2}N_2(g) + \frac{3}{2}H_2(g) \rightleftharpoons NH_3(g) \qquad K_c'' = \frac{[NH_3]}{[N_2]^{\frac{1}{2}}[H_2]^{\frac{3}{2}}}$$

$$2NH_3(g) \rightleftharpoons N_2(g) + 3H_2(g) \qquad K_c''' = \frac{[N_2][H_2]^3}{[NH_3]^2}$$

$$K_c' = (K_c'')^2 = \frac{1}{K_c'''}$$

当方程式的配平系数扩大 n 倍时，反应的平衡常数 K 将变成 K^n；而逆反应的平衡常数与正反应的平衡常数互为倒数。两个反应方程式相加(或相减)时，所得的反应方程式的平衡常数可由原来的两个反应方程式的平衡常数相乘(或相除)得到，该方法也常称为平衡常数的耦合规则。例如：

$$\begin{array}{lll} & 2NO(g) + O_2(g) \rightleftharpoons 2NO_2(g) & K_1 \\ +) & 2NO_2(g) \rightleftharpoons N_2O_4(g) & K_2 \\ \hline & 2NO(g) + O_2(g) \rightleftharpoons N_2O_4(g) & K_3 = K_1 \cdot K_2 \end{array}$$

2.7.2 平衡常数与化学反应的程度

化学反应达到平衡状态时，体系中各物质的浓度不再随时间而改变，这时反应物已最大限度地转变为生成物。平衡常数具体体现着各平衡浓度之间的关系，因此平衡常数与化学反应完成的程度之间必然有内在的联系。

经常利用平衡转化率来表示化学反应在某个具体条件下的完成程度。反应物的转化率是指反应物中已转化为生成物的部分占该反应物起始总量的百分数，用 α 表示。

【例 2-8】 反应 $CO(g) + H_2O(g) \rightleftharpoons H_2(g) + CO_2(g)$ 在某温度 T 时，$K_c = 9$。若 CO 和 H_2O 的起始浓度均为 0.02 mol · dm^{-3}，求 CO 的平衡转化率。

解 设反应达到平衡时，体系中 H_2 和 CO_2 的浓度均为 x mol · dm^{-3}。

	$CO(g)$	+	$H_2O(g)$	$\rightleftharpoons$	$H_2(g)$	+	$CO_2(g)$
起始时浓度/(mol · dm^{-3})	0.02		0.02		0		0
平衡时浓度/(mol · dm^{-3})	$0.02-x$		$0.02-x$		x		x

$$K_c = \frac{[H_2][CO_2]}{[CO][H_2O]} = \frac{x^2}{(0.02 - x)^2} = 9$$

解得 $x = 0.015\ \text{mol} \cdot \text{dm}^{-3}$，即平衡时

$$[H_2] = [CO_2] = 0.015\ \text{mol} \cdot \text{dm}^{-3}$$

此时 CO 转化了 $0.015\ \text{mol} \cdot \text{dm}^{-3}$，则

$$\alpha = \frac{0.015}{0.02} \times 100\% = 75\%$$

利用同样的方法，可以求得当 $K_c = 4$ 和 $K_c = 1$(对应于不同的反应温度条件)时，CO 的平衡转化率分别为 67%和 50%。这表明在其他条件相同时，K_c 越大，平衡转化率越大。

2.7.3 标准平衡常数

化学反应到达平衡时，体系中各物质的浓度不再随时间而改变，称这时的浓度为平衡浓度。若将浓度除以标准状态浓度 $c^{\ominus}$，则得到一个比值，即平衡浓度是标准浓度的倍数，称为平衡时的相对浓度。如果是气相反应，将平衡分压除以标准压力 $p^{\ominus}$，则得到相对分压。化学反应达到平衡时，各物质的相对浓度(或相对分压)也不再变化。相对浓度和相对分压都是量纲为一的量，以相对浓度或相对压力表征的平衡常数称为标准平衡常数，以 $K^{\ominus}$ 表示。

对于液相可逆反应

$$a\text{A(aq)} + b\text{B(aq)} \rightleftharpoons g\text{G(aq)} + h\text{H(aq)}$$

平衡时各物质的相对浓度分别表示为

$$\frac{[\text{A}]}{c^{\ominus}},\quad \frac{[\text{B}]}{c^{\ominus}},\quad \frac{[\text{G}]}{c^{\ominus}},\quad \frac{[\text{H}]}{c^{\ominus}}$$

则其标准平衡常数 $K^{\ominus}$ 可以表示为

$$K^{\ominus} = \frac{\left(\dfrac{[\text{G}]}{c^{\ominus}}\right)^g \left(\dfrac{[\text{H}]}{c^{\ominus}}\right)^h}{\left(\dfrac{[\text{A}]}{c^{\ominus}}\right)^a \left(\dfrac{[\text{B}]}{c^{\ominus}}\right)^b} \tag{2-23}$$

对于气相反应

$$a\text{A(g)} + b\text{B(g)} \rightleftharpoons g\text{G(g)} + h\text{H(g)}$$

平衡时各物质的相对分压可表示为

$$\frac{p_\text{A}}{p^{\ominus}},\quad \frac{p_\text{B}}{p^{\ominus}},\quad \frac{p_\text{G}}{p^{\ominus}},\quad \frac{p_\text{H}}{p^{\ominus}}$$

其标准平衡常数 $K^{\ominus}$ 可以表示为

$$K^{\ominus} = \frac{\left(\dfrac{p_\text{G}}{p^{\ominus}}\right)^g \left(\dfrac{p_\text{H}}{p^{\ominus}}\right)^h}{\left(\dfrac{p_\text{A}}{p^{\ominus}}\right)^a \left(\dfrac{p_\text{B}}{p^{\ominus}}\right)^b} \tag{2-24}$$

对于复相可逆反应，纯固相、液相和水溶液中大量存在的水可认为其摩尔分数 $x_i=1$，除以其标准状态的摩尔分数 $x_i^{\ominus}=1$，比值为 1，故在标准平衡常数 $K^{\ominus}$ 的表示式中不必出现，而反应中气体和溶液的量分别用相对压力和相对浓度来表示。

例如，对于复相可逆反应

$$aA(s)+bB(aq)\rightleftharpoons gG(aq)+hH(g)$$

其标准平衡常数 $K^{\ominus}$ 可以表示为

$$K^{\ominus}=\frac{\left(\frac{[G]}{c^{\ominus}}\right)^g\left(\frac{p_H}{p^{\ominus}}\right)^h}{\left(\frac{[B]}{c^{\ominus}}\right)^b} \tag{2-25}$$

无论是液相反应、气相反应还是复相反应，其标准平衡常数 $K^{\ominus}$ 量纲均为一，因为其分子和分母中的各相均为相对浓度或相对分压。液相反应的经验平衡常数 K_c 与其标准平衡常数 $K^{\ominus}$ 在数值上相等，但两者意义不同，而气相反应的 K_p 通常不与其标准平衡常数 $K^{\ominus}$ 的数值相等。

在化学热力学中，关于平衡常数的讨论和计算时，通常采用标准平衡常数 $K^{\ominus}$，若无特别说明，对于气相反应，标准平衡常数 $K^{\ominus}$ 的值表示用相对分压测定或计算；对于液相反应，$K^{\ominus}$ 的值表示用相对浓度测定或计算；对于复相反应，参与反应的气体和溶液的平衡分压及浓度分别用相对压力和相对浓度来表示。

2.8　标准平衡常数 $K^{\ominus}$ 与 $\Delta_r G_m^{\ominus}$ 的关系及化学反应的方向

2.8.1　标准平衡常数与化学反应的方向

对于反应 $aA(aq)+bB(aq)\rightleftharpoons gG(aq)+hH(aq)$，定义某时刻的反应商 Q 为

$$Q=\frac{\left(\frac{c_G}{c^{\ominus}}\right)^g\left(\frac{c_H}{c^{\ominus}}\right)^h}{\left(\frac{c_A}{c^{\ominus}}\right)^a\left(\frac{c_B}{c^{\ominus}}\right)^b} \tag{2-26}$$

式中，c_G、c_H、c_A 和 c_B 均表示反应进行到某一时刻的浓度，即非平衡浓度。反应达到平衡时的反应商 Q 和标准平衡常数 $K^{\ominus}$ 相等，即

$$K^{\ominus}=\frac{\left(\frac{[G]}{c^{\ominus}}\right)^g\left(\frac{[H]}{c^{\ominus}}\right)^h}{\left(\frac{[A]}{c^{\ominus}}\right)^a\left(\frac{[B]}{c^{\ominus}}\right)^b}=Q_{平}$$

可以通过比较 $K^{\ominus}$ 和某一时刻的反应商 Q 来判断该时刻反应进行的方向。若在某一时刻，对上述反应来说，有 $Q<K^{\ominus}$，由于反应商 Q 的分子和分母在反应过程中不会出现同时增大或

同时减小的情况，只能是分子增大则分母必然减小，或分母增大则分子必然减小，所以从该时刻起只有产物的浓度继续增大而同时反应物的浓度继续减小，才能使体系达到平衡状态，即反应要继续向正向进行。

若在某一时刻，有 $Q > K^{\ominus}$，则从此时起，只有逆反应进行的速率比正反应大些，才能逐步使体系达平衡，即反应向逆向进行。而当 $Q = K^{\ominus}$ 时，体系处于平衡状态。

对于气相反应和复相反应，其反应商可用类似于上面的方法进行定义，通过 Q 与 $K^{\ominus}$ 大小的比较，同样可以判断反应进行的方向。

利用 K_p、K_c 与相应的反应商 Q 相比较，也可以判断反应的方向，但必须注意 K_p 和 K_c 的一致性。

2.8.2　化学反应等温式

当各种物质均处于标准状态时，判断一个化学反应能否自发进行，可以通过计算反应的标准摩尔吉布斯自由能变 $\Delta_r G_m^{\ominus}$，然后用 $\Delta_r G_m^{\ominus}$ 作判据进行判断。但是当各种物质不处于标准状态时，如何计算反应的摩尔吉布斯自由能变 $\Delta_r G_m$，是下面要讨论的问题。

吉布斯自由能是具有广度性质的状态函数，对理想气体来说，吉布斯自由能的大小与物质的量 n、温度 T 和分压 p 有关，在温度 T、分压为 p_B 的条件下，一定量的理想气体 B 的状态函数 G 可近似地表示为

$$G(T) = G^{\ominus}(T) + RT\ln\left(\frac{p_B}{p^{\ominus}}\right)$$

对于恒温恒压条件下进行的气相化学反应 $a\text{A(g)} + b\text{B(g)} \rightleftharpoons g\text{G(g)} + h\text{H(g)}$，当各物质不处于标准状态时，反应的摩尔吉布斯自由能变可表示为

$$\Delta G(T) = \Delta G^{\ominus}(T) + RT\ln\frac{\left(\dfrac{p_G}{p^{\ominus}}\right)^g \cdot \left(\dfrac{p_H}{p^{\ominus}}\right)^h}{\left(\dfrac{p_A}{p^{\ominus}}\right)^a \cdot \left(\dfrac{p_B}{p^{\ominus}}\right)^b}$$

即

$$\Delta_r G_m(T) = \Delta_r G_m^{\ominus}(T) + RT\ln Q \tag{2-27}$$

对于恒温条件下进行的液相反应和复相反应，仅需将反应商换作相应的以相对浓度或相对浓度与相对分压来表示任意时刻的反应商，也可推导出上述关系式，式(2-27)称为化学反应等温式，更详细的推导过程可参考物理化学教材的相关内容。

利用化学反应等温式，可以在已知某反应的 $\Delta_r G_m^{\ominus}$ 的基础上，求出反应在体系中任意反应时刻的摩尔吉布斯自由能变 $\Delta_r G_m$。

当体系处于平衡状态时，$\Delta_r G_m = 0$，同时 $Q = K^{\ominus}$，此时式(2-27)变成 $0 = \Delta_r G_m^{\ominus} + RT\ln K^{\ominus}$，即

$$\Delta_r G_m^{\ominus} = -RT\ln K^{\ominus} \tag{2-28}$$

式(2-28)是一个非常重要的公式，它给出了热力学参数 $\Delta_r G_m^{\ominus}$ 和 $K^{\ominus}$ 之间的关系，为化学反应的平衡常数 $K^{\ominus}$ 的计算提供了相对简单的方法。

将式(2-28)代入式(2-27)中，得

$$\Delta_r G_m = -RT\ln K^{\ominus} + RT\ln Q$$

上式可变为

$$\Delta_r G_m = RT\ln\frac{Q}{K^{\ominus}} \tag{2-29}$$

式(2-29)将恒温恒压下化学反应进行方向的两种判据，$\Delta_r G_m$、$K^{\ominus}$ 与 Q 的关系清楚地表示出来：

当 $Q < K^{\ominus}$ 时，$\Delta_r G_m < 0$，正反应自发进行；

当 $Q = K^{\ominus}$ 时，$\Delta_r G_m = 0$，反应达到平衡，以可逆方式进行；

当 $Q > K^{\ominus}$ 时，$\Delta_r G_m > 0$，逆反应自发进行。

【例 2-9】 对于反应 $2SO_2(g) + O_2(g) \rightleftharpoons 2SO_3(g)$，试回答下列问题：

(1) 计算 298.15 K 时的标准平衡常数；

(2) 判断反应在 500 K、各气体分压均为 0.5 $p^{\ominus}$ 条件下，反应进行的方向。

解 (1) 查 298.15 K 时各物质的标准生成吉布斯自由能：

$$\Delta_f G_m^{\ominus}(SO_2,g) = -300.37\ \text{kJ}\cdot\text{mol}^{-1}$$

$$\Delta_f G_m^{\ominus}(SO_3,g) = -370.3\ \text{kJ}\cdot\text{mol}^{-1}$$

故反应 $2SO_2(g) + O_2(g) \rightleftharpoons 2SO_3(g)$ 的 $\Delta_r G_m^{\ominus}$ 可由下式求得

$$\begin{aligned}\Delta_r G_m^{\ominus} &= \sum_j \nu_j \Delta_f G_m^{\ominus}(\text{生成物}) - \sum_i \nu_i \Delta_f G_m^{\ominus}(\text{反应物}) \\ &= (-370.3)\times 2 - (-300.37)\times 2 = -139.86(\text{kJ}\cdot\text{mol}^{-1})\end{aligned}$$

由式(2-28)得

$$\ln K^{\ominus} = -\frac{\Delta_r G_m^{\ominus}}{RT}$$

将数值代入上式得

$$\ln K^{\ominus} = -\frac{-139.86\times 1000}{8.314\times 298.15} = 56.42$$

得 298.15 K 时的标准平衡常数为　$K^{\ominus} = 3.2\times 10^{24}$

(2) 此时为非标准状态下体系自发进行方向的判断，需要计算非标准状态下反应吉布斯自由能变$\Delta_r G_m$，先利用 298.15 K 时反应的焓变和熵变，计算 500 K 时的标准吉布斯自由能变：

查 298.15 K 时标准摩尔生成焓和标准摩尔熵的数据，根据公式计算反应的 $\Delta_r H_m^{\ominus}$ 和 $\Delta_r S_m^{\ominus}$，即

$$\Delta_r H_m^{\ominus}(298.15\ \text{K}) = -193.74\ \text{kJ}\cdot\text{mol}^{-1},\quad \Delta_r S_m^{\ominus}(298.15\ \text{K}) = -188.03\ \text{J}\cdot\text{mol}^{-1}\cdot\text{K}^{-1}$$

有

$$\begin{aligned}\Delta_r G_m^{\ominus}(500\ \text{K}) &= \Delta_r H_m^{\ominus}(298.15\ \text{K}) - T\Delta_r S_m^{\ominus}(298.15\ \text{K}) \\ &= -193.74 - 500\times(-188.03)\times 10^{-3} \\ &= -99.73(\text{kJ}\cdot\text{mol}^{-1})\end{aligned}$$

此时的反应商 Q 为

$$Q = \frac{\left(\dfrac{p_{SO_3}}{p^{\ominus}}\right)^2}{\left(\dfrac{p_{SO_2}}{p^{\ominus}}\right)^2\cdot\left(\dfrac{p_{O_2}}{p^{\ominus}}\right)} = \frac{0.5^2}{0.5^2\times 0.5} = 2$$

化学反应等温式为

$$\Delta_r G_m(500\ K) = \Delta_r G_m^{\ominus}(500\ K) + RT\ln Q$$

$$= -99.73 + 8.314 \times 500 \times 10^{-3} \times \ln 2$$

$$= -96.85(kJ \cdot mol^{-1})$$

计算结果表明，在此状态下，$\Delta_r G_m < 0$，反应可以正向自发进行。

在讨论处于非标准状态时反应自发进行的方向时，也可以利用 Q 与 $K^{\ominus}$ 之间的关系判断反应进行的方向，如【例 2-9】中可利用计算出的 500 K 时的 $\Delta_r G_m^{\ominus}$，计算反应在该温度时的标准平衡常数 $K^{\ominus}$，再利用 Q 与 $K^{\ominus}$ 之间的关系判断，两种讨论方法的结论是一致的。

在利用反应的 $\Delta_r G_m^{\ominus}$、根据式(2-28)计算平衡常数时必须注意，无论实际反应是液相反应、气相反应还是复相反应，求得的都是标准平衡常数 $K^{\ominus}$。

当然对于一个化学反应，也可以利用反应达到平衡时各物质的相对浓度或相对分压的数据，根据定义式求得该反应温度条件下的标准平衡常数。

【例 2-10】 某温度下反应 $A(g) \rightleftharpoons 2B(g)$ 达到平衡时，$p_A = p_B = 1.013 \times 10^5$ Pa，求 $K^{\ominus}$。

解

$$K^{\ominus} = \frac{\left(\dfrac{p_B}{p^{\ominus}}\right)^2}{\left(\dfrac{p_A}{p^{\ominus}}\right)} = \frac{\left(\dfrac{1.013\times10^5\ Pa}{1.013\times10^5\ Pa}\right)^2}{\left(\dfrac{1.013\times10^5\ Pa}{1.013\times10^5\ Pa}\right)} = 1$$

这是本题的正确解法。

若采用以 Pa 为单位的平衡分压，而不是相对分压则可求得经验平衡常数 K_p：

$$K_p = \frac{(1.013\times10^5\ Pa)^2}{1.013\times10^5\ Pa} = 1.013\times10^5\ Pa$$

K_p 与 $K^{\ominus}$ 的数值一般不相等。计算 $K^{\ominus}$ 时，应该用相对分压 $\left(\dfrac{p_i}{p^{\ominus}}\right)$ 值，而不是用 p_i 值。K_p 与 $\Delta_r G_m^{\ominus}$ 之间的关系不能用式(2-28)表示。

值得注意的是，液相反应的 $K^{\ominus}$ 和 K_c 在数值上是相等的。在后续章节中，未做特别说明，涉及的平衡常数都是 $K^{\ominus}$，但为简化计算，其表达式中的相对浓度也常用浓度表示。

2.8.3 $\Delta_f G_m^{\ominus}$、$\Delta_r G_m^{\ominus}$ 和 $\Delta_r G_m$ 的关系

$\Delta_f G_m^{\ominus}$ 是物质的标准生成吉布斯自由能，即处于标准状态下最稳定(或指定)单质生成 1 mol 物质的标准吉布斯自由能改变量，可以通过查表得到 $\Delta_f G_m^{\ominus}$ 的数值。

$\Delta_r G_m^{\ominus}$ 是反应的标准吉布斯自由能改变量，利用公式 $\Delta_r G_m^{\ominus} = \sum_j \nu_j \Delta_f G_m^{\ominus}$(生成物) $- \sum_i \nu_i \Delta_f G_m^{\ominus}$(反应物) 即可求出一个反应的 $\Delta_r G_m^{\ominus}$。当然，利用 298.15 K 时反应的焓变和熵变(假设两者在研究的温度范围内随温度的变化可忽略，近似为常数)，通过公式 $\Delta_r G_m^{\ominus}(T) = \Delta_r H_m^{\ominus}(298.15\ K) - T\Delta_r S_m^{\ominus}(298.15\ K)$ 可求出任意温度下的 $\Delta_r G_m^{\ominus}$，$\Delta_r G_m^{\ominus}$ 是化学反应在标准状态下进行方向和方式的判据。

利用化学反应等温式可以将处于非标准态的化学反应的$\Delta_r G_m$求出，$\Delta_r G_m$可以用来判断非标准状态下化学反应进行的方向和方式。

$\Delta_r G_m^\ominus$是反应体系中各物质的浓度或分压均为标准态数值时的$\Delta_r G_m$，体系平衡时，$\Delta_r G_m=0$。

2.9　化学平衡的移动

在一定反应条件下，当可逆反应的正反应和逆反应速率相等时，宏观上反应物和生成物的浓度不再随时间而改变，即建立了动态的化学平衡。当外界条件变化时，平衡状态遭到破坏，可逆反应在新条件下重新建立平衡，反应体系中各物质的浓度(或分压)与原平衡状态下各物质的浓度(或分压)不相等。当外界条件改变时，可逆反应从一种平衡状态转变到另一种平衡状态的过程称为化学平衡的移动。

某化学反应处于平衡状态时，$Q=K^\ominus$。改变条件使$Q<K^\ominus$(或$Q>K^\ominus$)，平衡被破坏，反应向正向(或逆向)进行，之后重新建立平衡，称为平衡右移(或左移)。这是通过改变反应商Q的方法，使$Q\neq K^\ominus$，从而导致平衡移动；改变温度时，$K^\ominus$发生变化，使$Q\neq K^\ominus$，从而使平衡移动。

2.9.1　浓度对化学平衡的影响

【例 2-11】　反应$CO(g) + H_2O(g) \rightleftharpoons H_2(g) + CO_2(g)$在某温度下，$K_c = 9$，若反应开始时，CO 和 H_2O 浓度分别为 0.02 mol · dm^{-3}和 1.00 mol · dm^{-3}，求平衡时 CO 的转化率。

解　设反应达平衡时$[H_2]$和$[CO_2]$均为 x mol · dm^{-3}。

	$CO(g)$	+	$H_2O(g)$	$\rightleftharpoons$	$H_2(g)$	+	$CO_2(g)$
起始时浓度/(mol · dm^{-3})	0.02		1.00		0		0
平衡时浓度/(mol · dm^{-3})	$0.02-x$		$1.00-x$		x		x

$$K_c=\frac{[H_2][CO_2]}{[CO][H_2O]}=\frac{x^2}{(0.02-x)(1.00-x)}=9$$

解得

$$x = 0.01995$$

CO 的平衡转化率为

$$\frac{0.01995}{0.02}\times 100\% = 99.8\%$$

将【例 2-11】与【例 2-8】相比较，当 CO 和 H_2O 的起始浓度都为 0.02 mol · dm^{-3}时，CO 的平衡转化率为 75%。当 H_2O 的起始浓度增加到 1.00 mol · dm^{-3}时，CO 的平衡转化率增大到 99.8%。

这说明，增大一种反应物的浓度，可以使另一种反应物的转化率增大。

一般来说，在平衡体系中增大反应物的浓度时，会使 Q 的数值因其分母的增大而减小，于是使$Q<K^\ominus$，这时平衡被破坏，反应向正方向进行，然后重新达到平衡，即平衡右移。

由此可见，在恒温下增加反应物的浓度或减小生成物的浓度，平衡向正反应方向移动；相反，减小反应物浓度或增大生成物浓度，平衡向逆反应方向移动。

2.9.2　压力对化学平衡的影响

压力的变化对没有气体参加的化学反应影响不大。对于有气体参加且反应前后气体的物质的量有变化的反应，压力变化将对化学平衡产生影响。

在讨论平衡移动问题时，既可采用标准平衡常数数据，也可采用经验平衡常数数据，但需要注意的是，任意时刻反应商的计算必须与之相对应。下面以合成氨反应为例，使用标准平衡常数 $K^{\ominus}$ 数据来研究压力变化时对化学平衡产生的影响。

$$N_2(g)+3H_2(g) \rightleftharpoons 2NH_3(g)$$

在某温度下反应达到平衡时，

$$K^{\ominus}=\frac{\left(\dfrac{p_{NH_3}}{p^{\ominus}}\right)^2}{\left(\dfrac{p_{N_2}}{p^{\ominus}}\right)\left(\dfrac{p_{H_2}}{p^{\ominus}}\right)^3}$$

如果将各组分的分压增加至原来的 2 倍，此时反应商为

$$Q=\frac{\left(\dfrac{2p_{NH_3}}{p^{\ominus}}\right)^2}{\left(\dfrac{2p_{N_2}}{p^{\ominus}}\right)\left(\dfrac{2p_{H_2}}{p^{\ominus}}\right)^3}=\frac{1}{4}K^{\ominus}$$

即
$$Q<K^{\ominus}$$

原平衡被破坏，反应向右进行。随着反应的进行，p_{N_2} 和 p_{H_2} 不断下降，p_{NH_3} 不断升高，最后使 $Q=K^{\ominus}$，体系在新的条件下重新达到平衡，从以上分析可以看出，增大压力时，平衡向气体分子数减少的方向移动。

对于反应 $CO(g)+H_2O(g) \rightleftharpoons H_2(g)+CO_2(g)$，反应前后气体分子数不变，在高温下反应达到平衡时，

$$K^{\ominus}=\frac{\left(\dfrac{p_{CO_2}}{p^{\ominus}}\right)\left(\dfrac{p_{H_2}}{p^{\ominus}}\right)}{\left(\dfrac{p_{CO}}{p^{\ominus}}\right)\left(\dfrac{p_{H_2O}}{p^{\ominus}}\right)}$$

如果各组分的分压分别变成原平衡分压的 2 倍。这时的反应商为

$$Q=\frac{\left(\dfrac{2p_{CO_2}}{p^{\ominus}}\right)\left(\dfrac{2p_{H_2}}{p^{\ominus}}\right)}{\left(\dfrac{2p_{CO}}{p^{\ominus}}\right)\left(\dfrac{2p_{H_2O}}{p^{\ominus}}\right)}=K^{\ominus}$$

平衡没有发生移动，即压力的改变对反应前后气体分子数不变的反应的平衡状态没有影响。

根据以上讨论可得结论：压力变化只对那些反应前后气体分子数目有变化的反应有影响；在恒温下，增大压力，平衡向气体分子数目减少的方向移动，减小压力，平衡向气体分子数目增加的方向移动。

对于有气体参加的反应体系，在研究具体问题时，有时将体积的变化归结为浓度或压力的变化来讨论。体积增大相当于浓度减小或压力减小，而体积减小相当于浓度或压力增大。

如将平衡体系的体积减小为原来的一半，则体系中各组分的分压增大到原来的 2 倍。这里需要注意分压与总压的关系，若是在平衡体系中充入一定量的惰性气体(不参与反应的气体)，当体积不变时，则总压增大，而原来各组分的分压不变，反应商不变，体系平衡不发生移动。

2.9.3　温度对化学平衡的影响

无论浓度变化、分压变化还是体积变化，它们对化学平衡的影响都是通过改变反应商 Q 得以实现的，温度对平衡的影响却是通过改变平衡常数产生的。

由 $\Delta_r G_m^\ominus = -RT\ln K^\ominus$ 和 $\Delta_r G_m^\ominus = \Delta_r H_m^\ominus(298.15\,\text{K}) - T\Delta_r S_m^\ominus(298.15\,\text{K})$ 得

$$-RT\ln K^\ominus = \Delta_r H_m^\ominus(298.15\,\text{K}) - T\Delta_r S_m^\ominus(298.15\,\text{K})$$

可变为

$$\ln K^\ominus = \frac{\Delta_r S_m^\ominus(298.15\,\text{K})}{R} - \frac{\Delta_r H_m^\ominus(298.15\,\text{K})}{RT}$$

不同温度时有

$$\ln K_1^\ominus = \frac{\Delta_r S_m^\ominus(298.15\,\text{K})}{R} - \frac{\Delta_r H_m^\ominus(298.15\,\text{K})}{RT_1}$$

$$\ln K_2^\ominus = \frac{\Delta_r S_m^\ominus(298.15\,\text{K})}{R} - \frac{\Delta_r H_m^\ominus(298.15\,\text{K})}{RT_2}$$

两式相减，得

$$\ln\frac{K_2^\ominus}{K_1^\ominus} = \frac{\Delta_r H_m^\ominus(298.15\,\text{K})}{R}\left(\frac{1}{T_1} - \frac{1}{T_2}\right)$$

整理后得

$$\ln\frac{K_2^\ominus}{K_1^\ominus} = \frac{\Delta_r H_m^\ominus(298.15\,\text{K})}{R}\left(\frac{T_2 - T_1}{T_1 T_2}\right) \tag{2-30}$$

对于吸热反应，$\Delta_r H_m^\ominus > 0$，当 $T_2 > T_1$ 时，由式(2-30)可得 $K_2^\ominus > K_1^\ominus$，即平衡常数随温度升高而增大，升高温度使平衡向正反应方向移动。反之，当 $T_2 < T_1$ 时 $K_2^\ominus < K_1^\ominus$，平衡向逆反应方向移动。

对于放热反应，$\Delta_r H_m^\ominus < 0$，当 $T_2 > T_1$ 时 $K_2^\ominus < K_1^\ominus$，即平衡常数随温度升高而减小，升高温度使平衡向逆反应方向移动。而当 $T_2 < T_1$ 时 $K_2^\ominus > K_1^\ominus$，平衡向正反应方向移动。总之，当温度升高时平衡向吸热方向移动，降温时平衡向放热方向移动。

式(2-30)的意义还在于，在已知反应热 $\Delta_r H_m^\ominus$ 的前提下，通过某一温度 T_1 下的 $K_1^\ominus$ 即可以求出另一温度 T_2 下的 $K_2^\ominus$。

【例 2-12】　通常燃料在高温下的空气中燃烧，空气中的 N_2 和 O_2 会发生如下反应：

$$N_2(g) + O_2(g) \rightleftharpoons 2NO(g)$$

反应产生的 NO 会污染空气。为减少对环境的污染，通常将其在高温下排放。假设燃烧后的空气组分分别为：$c(N_2) = 0.30\ \text{mol}\cdot\text{dm}^{-3}$，$c(O_2) = 0.20\ \text{mol}\cdot\text{dm}^{-3}$；若将其压缩后，使之浓度为：$c(N_2) = 0.78\ \text{mol}\cdot\text{dm}^{-3}$，$c(O_2) = 0.52\ \text{mol}\cdot\text{dm}^{-3}$。将此试样温度分别控制为 1000 K、1500 K、2000 K，使之反应并达到平衡，试通过计算说明压缩前后在各温度条件下平衡组分 NO 的浓度。

解　查表，通过公式$\Delta_r G_m^\ominus = -RT\ln K^\ominus$和$\Delta_r G_m^\ominus(T) = \Delta_r H_m^\ominus(298.15\ \text{K}) - T\Delta_r S_m^\ominus(298.15\ \text{K})$，计算出各温度条件下的平衡常数分别为$K^\ominus(1000\ \text{K}) = 7.33\times10^{-9}$，$K^\ominus(1500\ \text{K}) = 1.02\times10^{-5}$，$K^\ominus(2000\ \text{K}) = 3.8\times10^{-4}$。由于该反应前后气体分子总数不变，因此在数值上$K_c = K^\ominus$。

设未压缩空气气氛中反应达平衡时[NO]为$x\ \text{mol}\cdot\text{dm}^{-3}$。

	$N_2(g)$	+	$O_2(g)$	$\rightleftharpoons$	$2NO(g)$
起始时浓度/$(\text{mol}\cdot\text{dm}^{-3})$	0.30		0.20		0
平衡时浓度/$(\text{mol}\cdot\text{dm}^{-3})$	$0.30-\frac{x}{2}$		$0.20-\frac{x}{2}$		x

$$K_c = \frac{[NO]^2}{[N_2][O_2]} = \frac{x^2}{\left(0.30-\frac{x}{2}\right)\left(0.20-\frac{x}{2}\right)}$$

将各温度条件下的平衡常数分别代入，计算得1000 K时$x_1 = 2.10\times10^{-5}\ \text{mol}\cdot\text{dm}^{-3}$，1500 K时$x_2 = 7.81\times10^{-4}\ \text{mol}\cdot\text{dm}^{-3}$，2000 K时$x_3 = 4.73\times10^{-3}\ \text{mol}\cdot\text{dm}^{-3}$。

类似地，可计算出，压缩后空气气氛中反应在各温度条件下达平衡时NO的浓度分别为1000 K时$x_1 = 5.45\times10^{-5}\ \text{mol}\cdot\text{dm}^{-3}$，1500 K时$x_2 = 2.03\times10^{-3}\ \text{mol}\cdot\text{dm}^{-3}$，2000 K时$x_3 = 1.23\times10^{-2}\ \text{mol}\cdot\text{dm}^{-3}$。

从计算结果中可以看出，由于此反应为吸热反应，因此随着温度升高，平衡常数增大，达平衡时NO的浓度也依次增大，同时，压缩后由于反应物起始浓度增加，达平衡时NO组分的浓度较压缩前有所增加。

综上所述，各种外界条件变化对化学平衡的影响均符合勒夏特列(Le Chatelier)概括的一条普遍规律：如果对平衡体系施加外力，平衡将沿着减少此外力影响的方向移动，这就是勒夏特列原理。

至于催化剂对反应的影响，只是改变反应速率的动力学问题，而对热力学状态函数$\Delta_r H_m^\ominus$及$\Delta_r G_m^\ominus$均无影响，故不影响化学平衡，只是缩短或延长了达到化学平衡的时间。

思　考　题

1. 试说明下列各术语的含义。

(1) 状态函数；　(2) 自发反应；　(3) 标准状态。

2. 指出下列公式成立的条件。

(1) $\Delta H = Q$；　(2) $\Delta U = \Delta H$；　(3) $\Delta U = Q$。

3. 恒压且不做非体积功条件下，温度对反应的自发性有什么影响？试举例说明。

4. 在常压下，过冷水(0℃以下的水)会自动地结成冰，显然这是一个熵降低的过程，为什么该过程能自发地进行？

5. 试判断下列反应在298.15 K、标准状态下能否自发进行？为什么？

$$(NH_4)_2Cr_2O_7(s) \longrightarrow Cr_2O_3(s) + N_2(g) + 4H_2O(g) \qquad \Delta_r H_m^\ominus = -315\ \text{kJ}\cdot\text{mol}^{-1}$$

6. 碘钨灯泡是用石英(SiO_2)制作的。试用相关热力学数据论证：用玻璃代替石英的设想是不能实现的。(提示：灯泡内局部最高温度可达623 K，玻璃的主要成分之一是Na_2O，它能与碘蒸气反应生成NaI)

7. 已知反应：

$$NH_4HCO_3(s) \rightleftharpoons NH_3(g) + CO_2(g) + H_2O(g) \qquad \Delta_r G_m^\ominus = 31.3\ \text{kJ}\cdot\text{mol}^{-1}$$

试说明在通常条件下NH_4HCO_3易分解的原因。

8. 简述化学平衡的特征都有哪些。平衡常数和转化率都能表征反应进行的程度，平衡常数能否代表转化率？如何正确理解两者之间的区别和联系？

9. 如何表述化学反应等温式？化学反应的标准平衡常数与其$\Delta_r G_m^\ominus$之间的关系怎样？

10. 符号$\Delta_r H_m^\ominus$、$\Delta_f H_m$、$\Delta_f G_m^\ominus$、$\Delta_r G_m^\ominus$、$\Delta_r G_m$、$\Delta_r S_m^\ominus$、$S_m^\ominus$各代表什么含义？这些物理量之间有什么联系？

11. 反应 $CO(g)+H_2O(g) \rightleftharpoons H_2(g)+CO_2(g)$ 在某温度下平衡常数 $K_p=1$，在此温度下，在体积为 6 dm^3 的容器中加入 2 dm^3 3.04×10^4 Pa 的 CO、3 dm^3 2.02×10^5 Pa 的 CO_2、6 dm^3 2.02×10^5 Pa 的 $H_2O(g)$和 1 dm^3 2.02×10^5 Pa 的 H_2。反应向哪个方向进行？

12. 在一定温度和压力下，某一定量的 PCl_5 气体的体积为 1 dm^3，此时 PCl_5 气体已有 50%离解为 PCl_3 和 Cl_2。试判断在下列情况下，PCl_5 的离解度是增大还是减小。

(1) 减压使 PCl_5 的体积变为 2 dm^3；

(2) 保持压力不变，加入氮气，使体积增至 2 dm^3；

(3) 保持体积不变，加入氮气，使压力增加 1 倍；

(4) 保持压力不变，加入氯气，使体积变为 2 dm^3；

(5) 保持体积不变，加入氯气，使压力增加 1 倍。

13. 一个处于平衡状态下的气相反应，当遇到下述情况时，该反应的平衡常数及平衡移动的方向如何变化？

(1) 升高温度(若正反应的$\Delta_r H<0$)；　(2) 降低压力(若正反应的Δn 为负值)；

(3) 加入一种新产物；　(4) 加入惰性气体。

习　题

1. 计算体系的热力学能变化。已知：

(1) 体系从环境吸热 1000 J，体系对环境做功 540 J；

(2) 体系从环境吸热 250 J，环境对体系做功 635 J。

2. 在 298.15 K 和标准压力下，0.5 mol OF_2 与水反应，放出 161.5 kJ 热量，求反应的 $\Delta_r H_m^\ominus$ 和 $\Delta_r U_m^\ominus$。

$$OF_2(g)+H_2O(g) = O_2(g)+2HF(g)$$

3. 已知乙醇 $C_2H_5OH(l)$在 350 K 和 $p^\ominus$ 下的蒸发热为 39.2 $kJ\cdot mol^{-1}$，试估算 1 mol $C_2H_5OH(l)$在该条件下完全蒸发时所做的体积功 W 和 $\Delta_r U_m^\ominus$。

4. 查表求 298.15 K 和标准状态时，下列反应的反应热。

(1) $3NO_2(g)+H_2O(l) = 2HNO_3(l)+NO(g)$；

(2) $CuO(s)+H_2(g) = Cu(s)+H_2O(g)$。

5. 已知在 298.15 K 温度时下列热化学反应：

$$Fe_2O_3(s)+3CO(g) = 2Fe(s)+3CO_2(g) \qquad \Delta_r H_m^\ominus = -27.61\ kJ\cdot mol^{-1}$$

$$3Fe_2O_3(s)+CO(g) = 2Fe_3O_4(s)+CO_2(g) \qquad \Delta_r H_m^\ominus = -58.58\ kJ\cdot mol^{-1}$$

$$Fe_3O_4(s)+CO(g) = 3FeO(s)+CO_2(g) \qquad \Delta_r H_m^\ominus = +38.07\ kJ\cdot mol^{-1}$$

求同温度下反应 $FeO(s)+CO(g) = Fe(s)+CO_2(g)$的 $\Delta_r H_m^\ominus$。

6. 已知常温 298.15 K 时，

(1) $4NH_3(g)+5O_2(g) = 4NO(g)+6H_2O(l) \qquad \Delta_r H_m^\ominus(1) = -1170\ kJ\cdot mol^{-1}$

(2) $4NH_3(g)+3O_2(g) = 2N_2(g)+6H_2O(l) \qquad \Delta_r H_m^\ominus(2) = -1530\ kJ\cdot mol^{-1}$

计算 NO(g)在该温度下的 $\Delta_f H_m^\ominus$。

7. 在 298.15 K、标准状态下，1 mol 丙烯加氢气完全转化成丙烷的反应热 $\Delta_r H_m^\ominus = -123.9\ kJ\cdot mol^{-1}$，已知丙烷的燃烧焓为$-2220.4\ kJ\cdot mol^{-1}$、$H_2O(l)$的标准摩尔生成焓为$-285.83\ kJ\cdot mol^{-1}$，试计算丙烯的 $\Delta_c H_m^\ominus$。

8. 已知下列键能数据：

键	N≡N	N—F	N—Cl	F—F	Cl—Cl
键能/($kJ\cdot mol^{-1}$)	942	272	201	155	243

试由键能数据求出标准生成热来说明 NF_3 在室温下较稳定而 NCl_3 却易爆炸。

9. 从光谱实验得到 ClF 的离解能为 253 $kJ\cdot mol^{-1}$，而 $\Delta_f H_m^\ominus(ClF,g) = -50.6\ kJ\cdot mol^{-1}$，$Cl_2$ 的键能为 239 $kJ\cdot mol^{-1}$，试估算 F_2 的键能。

10. 已知下列数据(298.15 K)：

$$\Delta_f H_m^\ominus(CO_2, g) = -393.5\ kJ \cdot mol^{-1}$$

$$\Delta_f H_m^\ominus(Fe_2O_3, s) = -822.2\ kJ \cdot mol^{-1}$$

$$\Delta_f G_m^\ominus(CO_2, g) = -394.4\ kJ \cdot mol^{-1}$$

$$\Delta_f G_m^\ominus(Fe_2O_3, s) = -741.0\ kJ \cdot mol^{-1}$$

试求反应 $Fe_2O_3(s) + \frac{3}{2}C(s) = 2Fe(s) + \frac{3}{2}CO_2(g)$ 在标准状态下能自发进行的温度范围。

11. 已知下列数据：

$\Delta_f H_m^\ominus$(Sn，白) = 0；$\Delta_f H_m^\ominus$(Sn，灰) = $-2.1\ kJ \cdot mol^{-1}$；$S_m^\ominus$(Sn，白) = $51.5\ J \cdot K^{-1} \cdot mol^{-1}$ $S_m^\ominus$(Sn，灰) = $44.3\ J \cdot K^{-1} \cdot mol^{-1}$，求 Sn(白)与 Sn(灰)的相变温度(提示：标准状态下进行的相变过程可近似为可逆过程)。

12. 下列反应中，哪些可以作为制备 NO_2 的实用方法？

(1) $N_2(g) + O_2(g) \longrightarrow NO_2(g)$

(2) $NH_3(g) + O_2(g) \longrightarrow NO_2(g) + NO(g) + H_2O(g)$

(3) $HNO_3(l) + Ag(s) \longrightarrow AgNO_3(s) + NO_2(g) + H_2O(l)$

(4) $CuO(s) + NO(g) \longrightarrow NO_2(g) + Cu(s)$

(5) $NO(g) + O_2(g) \longrightarrow NO_2(g)$

13. 通常采用的制备高纯金属镍的方法是将粗镍在 323 K 与 CO 反应，生成的 $Ni(CO)_4$ 经提纯后在约 473 K 分解得到纯镍。

$$Ni(s) + 4CO(g) \underset{473\ K}{\overset{323\ K}{\rightleftharpoons}} Ni(CO)_4(g)$$

已知反应的 $\Delta_r H_m^\ominus = -161\ kJ \cdot mol^{-1}$，$\Delta_r S_m^\ominus = -420\ J \cdot mol^{-1} \cdot K^{-1}$，试由热力学数据分析讨论在标准状态下采用该方法提纯镍的合理性。

14. 查表计算下列两个反应在 298.15 K 时的 $\Delta_r H_m^\ominus$、$\Delta_r G_m^\ominus$、$\Delta_r S_m^\ominus$，并讨论在标准状态下用焦炭还原 Al_2O_3 炼制金属铝的可能性。

$$2Al_2O_3(s) + 3C(s) = 4Al(s) + 3CO_2(g)$$

$$Al_2O_3(s) + 3CO(g) = 2Al(s) + 3CO_2(g)$$

15. 已知在 36℃时，ATP(三磷酸腺苷)水解反应的 $\Delta_r G_m^\ominus = -30.96\ kJ \cdot mol^{-1}$，$\Delta_r H_m^\ominus = -20.08\ kJ \cdot mol^{-1}$，求 5℃时反应的 $\Delta_r G_m^\ominus$。

16. 已知下列反应的平衡常数：

$$HCN \rightleftharpoons H^+ + CN^- \qquad K_1^\ominus = 4.9\times10^{-10}$$

$$NH_3 + H_2O \rightleftharpoons NH_4^+ + OH^- \qquad K_2^\ominus = 1.8\times10^{-5}$$

$$H_2O \rightleftharpoons H^+ + OH^- \qquad K_w^\ominus = 1.0\times10^{-14}$$

试计算反应 $NH_3 + HCN \rightleftharpoons NH_4^+ + CN^-$ 的平衡常数。

17. 在 523 K 时，将 0.110 mol 的 $PCl_5(g)$引入 1 dm^3 容器中，建立下列平衡：

$$PCl_5(g) \rightleftharpoons PCl_3(g) + Cl_2(g)$$

平衡时 $PCl_3(g)$的浓度是 $0.050\ mol \cdot dm^{-3}$。

(1) 平衡时 PCl_5 的离解百分数是多少？

(2) 在 523 K 时 K_c 和 $K^\ominus$ 各是多少？

18. 可逆反应 $CO(g) + H_2O(g) \rightleftharpoons H_2(g) + CO_2(g)$ 在密闭容器中建立平衡，在 749 K 时该反应的平衡常数 $K_c = 2.6$，试回答下列问题：

(1) 当起始反应物的物质的量比 $n(H_2O) : n(CO)$为 1 时，计算 CO 的平衡转化率；

(2) 当上述起始反应物的物质的量比为 3 时，计算 CO 的平衡转化率；

(3) 从计算结果说明浓度对平衡移动的影响。

19. 在 308 K 下，在达平衡时有 27.2% N_2O_4 分解为 NO_2，此时体系的总压为 100 kPa，试回答下列问题：

(1) 计算 $N_2O_4(g) \rightleftharpoons 2NO_2(g)$ 反应的 $K^\ominus$；

(2) 计算 308 K、总压为 200 kPa 时，N_2O_4 的离解百分数；

(3) 从计算结果说明压力对平衡移动的影响。

20. 从下列数据(298.15 K)：

$$NiSO_4 \cdot 6H_2O(s) \qquad \Delta_f G_m^\ominus = -2221.7\ kJ \cdot mol^{-1}$$

$$NiSO_4(s) \qquad \Delta_f G_m^\ominus = -773.6\ kJ \cdot mol^{-1}$$

$$H_2O(g) \qquad \Delta_f G_m^\ominus = -228.4\ kJ \cdot mol^{-1}$$

(1) 计算反应 $NiSO_4 \cdot 6H_2O(s) \rightleftharpoons NiSO_4(s) + 6H_2O(g)$ 在 298.15 K 时的 $K^\ominus$；

(2) $H_2O(g)$在固体 $NiSO_4 \cdot 6H_2O$ 上的平衡蒸气压为多少？

(3) 说明 $NiSO_4 \cdot 6H_2O$ 放置在空气中不失结晶水的相对湿度范围(提示：相对湿度是指空气中水的实际蒸气压与该温度下水的饱和蒸气压之比，取整数)。

21. 潮湿的 Ag_2CO_3 在 110℃下，用含有 CO_2 的空气进行干燥，已知在该温度条件下，$\Delta_r G_m^\ominus = 14.8\ kJ \cdot mol^{-1}$，空气流中 p_{CO_2} 为多少时，才能避免 Ag_2CO_3 的分解？

$$Ag_2CO_3(s) \rightleftharpoons Ag_2O(s) + CO_2(g)$$

22. 反应 $Fe(s) + H_2O(g) \rightleftharpoons FeO(s) + H_2(g)$ 在 700 K 时的 K_p 为 2.35，在该温度下用总压为 100 kPa 的等物质的量的 $H_2O(g)$和 $H_2(g)$混合气体处理 FeO，FeO 是否被还原？若混合气体的总压仍为 100 kPa，要使 FeO 不被还原，试确定 $H_2O(g)$的分压范围。

23. 已知反应 $NH_3 + H_2O \rightleftharpoons NH_4^+ + OH^-$ 在 0℃和 50℃时的 K_b 分别为 1.37×10^{-5} 和 1.89×10^{-5}，试计算该反应的 $\Delta_r H_m^\ominus$。

24. 设反应 $CuBr_2(s) \rightleftharpoons CuBr(s) + \frac{1}{2}Br_2(g)$ 达到平衡，$T = 450$ K 时，Br_2 的压力 $p_1 = 0.68$ kPa，$T = 550$ K 时，$p_2 = 68$ kPa，试回答下列问题：

(1) 不查数据表，计算该反应在 298.15 K 时的 $\Delta_r H_m^\ominus$、$\Delta_r S_m^\ominus$；

(2) 在 550 K 温度条件下，向某可变容积的真空容器中加入 0.2 mol $CuBr_2$ 固体，试确定 $CuBr_2$ 刚好能完全分解时容器的体积。

25. 根据下列已知数据(298.15 K)：

	$\Delta_f H_m^\ominus$ / (kJ · mol^{-1})	$\Delta_f G_m^\ominus$ / (kJ · mol^{-1})	$S_m^\ominus$ / (J · mol^{-1} · K^{-1})
CuO(s)	−155	−127	43.5
$Cu_2O(s)$	−169	−146.4	101
Cu(s)	0	0	33.15
$O_2(g)$	0	0	205.03

通过适当计算解释下列现象，并回答问题：

(1) 在 398.15 K 下，铜线暴露在空气中(O_2 的分压为 21.3 kPa)，其表面逐渐覆盖一层 CuO，反应式为 $Cu(s) + \frac{1}{2}O_2(g) \longrightarrow CuO(s)$；

(2) 若在空气中对铜线持续加热，当温度超过一定温度后，黑色 CuO 转变为红色 Cu_2O，反应式为 $2CuO(s) \longrightarrow Cu_2O(s) + \frac{1}{2}O_2(g)$，试确定该转变温度；

(3) 当加热至更高温度时，氧化层 Cu_2O 逐渐消失，其反应式为 $Cu_2O(s) \longrightarrow 2Cu(s) + \frac{1}{2}O_2(g)$，试确定该转变温度。

第 3 章　化学反应速率

化学热力学研究的是化学反应中能量的变化、反应进行的方向和程度。但化学热力学研究的只是客观上的趋势和可能性，不涉及化学反应的时间，因此它不能表明化学反应进行的快慢，即化学反应速率的大小。常温下氢气和氧气化合成水，$\Delta_r G_m^{\ominus} = -237.18\ \text{kJ} \cdot \text{mol}^{-1}$，反应进行的趋势相当大，但因其反应速率太小，将氢气和氧气放在同一容器中，较长时间也看不到生成水的迹象。相反，有些反应却进行得非常快，在一瞬间即可完成，对于这样的反应又难以控制。可见化学热力学虽然解决了反应的可能性问题，却没有解决反应的现实性问题。所以，人们试图寻找影响反应速率的因素以便寻找可利用的化学反应，或使化学反应能得以控制在较为适宜的速率下进行。

在一个给定的反应中，反应经过怎样的途径(反应机理或反应历程)，以多大的速率转化为产物，这是化学动力学研究的主要问题。对于反应机理的了解，不仅便于控制反应，调整反应条件以达到所需的反应速率，而且也可以从分子层次上了解化学反应是如何进行的。本章只研究化学反应速率以及探讨简单的反应机理与速率的关系。

3.1　化学反应速率概述

3.1.1　化学反应速率的定义及表示方法

化学反应速率指化学反应过程进行的快慢，即在一定条件下，参加反应的各物质的数量随时间的变化率。反应中各物质(反应物或生成物)数量的变化既可以用实物粒子(如原子、分子、离子等)数目的变化来表示，也可以用物质的量的变化来表示，在等容体系中，通常用单位时间内反应物浓度的减少或生成物浓度的增加来表示。通常，浓度用单位 $\text{mol} \cdot \text{dm}^{-3}$，时间用秒(s)、分(min)或小时(h)表示，相应地，化学反应速率的单位为 $\text{mol} \cdot \text{dm}^{-3} \cdot \text{s}^{-1}$、$\text{mol} \cdot \text{dm}^{-3} \cdot \text{min}^{-1}$ 或 $\text{mol} \cdot \text{dm}^{-3} \cdot \text{h}^{-1}$ 等。

例如，N_2O_5 在四氯化碳溶液中按如下反应方程式分解：

$$2N_2O_5 = 4NO_2 + O_2$$

表 3-1 给出了在不同时间内 N_2O_5 浓度的测定值。从 t_1 到 t_2 的时间间隔用 $\Delta t = t_2 - t_1$ 表示，t_1、t_2 时的浓度分别用 $c_{N_2O_5,1}$ 和 $c_{N_2O_5,2}$ 表示，则在 Δt 时间间隔内，浓度改变量 $\Delta c_{N_2O_5} = c_{N_2O_5,2} - c_{N_2O_5,1}$。用反应物浓度减少来表示在时间间隔 Δt 内的平均反应速率为

$$\bar{v}_{N_2O_5} = -\frac{c_{N_2O_5,2} - c_{N_2O_5,1}}{t_2 - t_1} = -\frac{\Delta c_{N_2O_5}}{\Delta t} \tag{3-1}$$

式中，反应物浓度减少，为了使反应速率保持正值，在前面加负号。

表 3-1　在 CCl_4 溶液中 N_2O_5 的分解速率(298.15 K)

经过的时间 t/s	经过的时间变化Δt/s	$c_{N_2O_5}$ /(mol · dm^{-3})	$-\Delta c_{N_2O_5}$ /(mol · dm^{-3})	平均反应速率 $\overline{v}_{N_2O_5}$ /(mol · dm^{-3} · s^{-1})
0	0	2.10	—	—
100	100	1.95	0.15	1.5×10^{-3}
300	200	1.70	0.25	1.3×10^{-3}
700	400	1.31	0.39	0.99×10^{-3}
1000	300	1.08	0.23	0.77×10^{-3}
1700	700	0.76	0.32	0.45×10^{-3}
2100	400	0.62	0.14	0.35×10^{-3}
2800	700	0.43	0.19	0.27×10^{-3}

利用式(3-1)计算的不同时间间隔内的平均反应速率列于表 3-1 的最后一列。从数据中看出，不同时间间隔内，反应的平均速率不同。

对于该反应，其反应速率也可以用 NO_2 或 O_2 的浓度的改变量来表示。

$$\overline{v}_{NO_2} = \frac{\Delta c_{NO_2}}{\Delta t} \quad 或 \quad \overline{v}_{O_2} = \frac{\Delta c_{O_2}}{\Delta t}$$

用生成物浓度的改变量表示的反应速率，由于其改变量为正值，公式中不需要加负号。

同一时间间隔内，用不同的反应物和生成物表示的反应速率值是不一样的。例如，反应进行的时间为 100 s 时，$\overline{v}(N_2O_5) = 1.5 \times 10^{-3}\ \text{mol} \cdot \text{dm}^{-3} \cdot \text{s}^{-1}$，$\overline{v}(NO_2) = 3.0 \times 10^{-3}\ \text{mol} \cdot \text{dm}^{-3} \cdot \text{s}^{-1}$，$\overline{v}(O_2) = 0.75 \times 10^{-3}\ \text{mol} \cdot \text{dm}^{-3} \cdot \text{s}^{-1}$。这三个数值虽然不相等，但反映问题的实质却是相同的，因此这三个数值必有内在的联系。这种联系可以从化学反应方程式的计量关系中找到，即当有 2 个 N_2O_5 分子消耗时，必有 4 个 NO_2 分子和 1 个 O_2 分子生成。故有

$$-\frac{1}{2}\frac{\Delta c_{N_2O_5}}{\Delta t} = \frac{1}{4}\frac{\Delta c_{NO_2}}{\Delta t} = \frac{1}{1}\frac{\Delta c_{O_2}}{\Delta t} \quad 或 \quad \frac{\overline{v}_{N_2O_5}}{2} = \frac{\overline{v}_{NO_2}}{4} = \frac{\overline{v}_{O_2}}{1}$$

对于一般的化学反应　　$a\text{A} + b\text{B} \longrightarrow g\text{G} + h\text{H}$

$$-\frac{1}{a}\frac{\Delta c_A}{\Delta t} = -\frac{1}{b}\frac{\Delta c_B}{\Delta t} = \frac{1}{g}\frac{\Delta c_G}{\Delta t} = \frac{1}{h}\frac{\Delta c_H}{\Delta t}$$

或

$$\frac{\overline{v}_A}{a} = \frac{\overline{v}_B}{b} = \frac{\overline{v}_G}{g} = \frac{\overline{v}_H}{h} = \overline{v} \tag{3-2}$$

原则上，用任何一种反应物或生成物均可表示化学反应的速率，但通常采用其浓度变化易于测量的那种物质进行研究。

以上涉及的反应速率都是某一时间间隔内的平均反应速率。时间的间隔越小，越能反映出间隔内某一时刻的反应速率。将某一时刻的化学反应速率称为瞬时反应速率，用实验数据以作图的方法可以求出反应的瞬时速率。

利用表 3-1 中第 3 列数据对第 1 列数据作图(反应物的浓度对时间作图)，如图 3-1 所示。

图中曲线的割线 AB 的斜率表示时间间隔$\Delta t = t_B - t_A$ 内反应的平均速率$\overline{v}$，而过 C 点曲线切线的斜率则表示某时刻 t_C 时反应的瞬时速率。瞬时速率用 v 表示，这里是以 N_2O_5 的消耗速率表示的，写成 $v_{N_2O_5}$。如图 3-1 中所示的△DEF 中，切线段 DF 斜率的绝对值表示 $v_{N_2O_5}$，

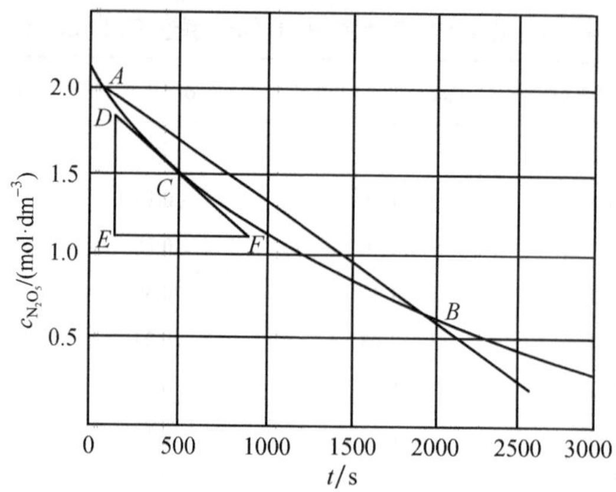

图 3-1　瞬时反应速率的作图求法

故有

$$v_{N_2O_5} = \frac{DE}{EF}$$

当 A、B 两点沿曲线向 C 靠近时，即时间间隔 $t_B - t_A = \Delta t$ 越来越小时，割线 AB 越来越接近切线，割线的斜率越来越接近切线的斜率，当 $\Delta t \to 0$ 时，割线的斜率则变为切线的斜率。因此，瞬时速率 $v_{N_2O_5}$ 可以用极限的方法表达其定义式：

$$v_{N_2O_5} = \lim_{\Delta t \to 0}\left(-\frac{\Delta c_{N_2O_5}}{\Delta t}\right) \tag{3-3}$$

当然，根据反应体系中任意物质的浓度随反应时间 t 变化的关系图，通过作图法都可得到某一时刻的瞬时速率，仅需要将其除以化学反应方程式中各物质的化学计量数，即可得到该时刻反应的瞬时速率 v。

另外，利用 dt 和 dc 表示极微小的时间和浓度变化，将瞬时速率以微分形式表示。

对于一般的化学反应：$a\text{A(aq)} + b\text{B(aq)} \longrightarrow x\text{X(aq)} + y\text{Y(aq)}$，反应的瞬时速率表示为

$$v_A = -\frac{dc_A}{dt} \quad v_B = -\frac{dc_B}{dt} \quad v_X = \frac{dc_X}{dt} \quad v_Y = \frac{dc_Y}{dt} \tag{3-4}$$

存在关系式：

$$\frac{v_A}{a} = \frac{v_B}{b} = \frac{v_X}{x} = \frac{v_Y}{y} = v \tag{3-5}$$

在所有时刻的瞬时速率中，起始速率 v_0 极为重要，因为起始浓度是最易得到的数据，因此在研究反应速率与浓度的关系时，通常用到起始速率 v_0。

测定化学反应速率时，通常采用反应体系中浓度变化易于测量的那种物质进行研究，可直接从反应器中取样，用化学分析方法测定样品中各物质的浓度。但考虑到在取出的样品中反应仍可继续进行，通常采用骤冷、冲稀、加阻化剂或分离催化剂等方法使反应立即停止后再进行分析。还有一类比较常用的方法是测定反应混合物中与浓度有关的某些物理量随时间的变化，如压力、体积、旋光度、电导率等，这样可间接得到不同时刻某物质的浓度，这类方法迅速、方便、易于跟踪反应，且可利用仪器设备自动记录。

3.1.2　化学反应历程概述

通常化学反应方程式只表明反应物和生成物及它们的计量关系，无法说明反应物经过怎

样的途径变成生成物。在化学动力学中，将反应物转变为生成物实际经过的途径称为反应历程(或反应机理)，将反应物分子经过一步直接转化为生成物分子的反应称为基元反应。例如，经过实验证实，下列反应皆为一步完成的基元反应，通常将反应历程中只包含一个基元反应的化学反应称为简单反应。

$$SO_2Cl_2 \longrightarrow SO_2 + Cl_2$$

$$2NO_2 \longrightarrow 2NO + O_2$$

$$NO_2 + CO \longrightarrow NO + CO_2$$

绝大多数的化学反应是经过几步才完成的，由两个或两个以上基元反应构成的反应称为复杂反应。例如：

$$2N_2O_5 \longrightarrow 4NO_2 + O_2$$

研究证明，该反应是由以下三个基元反应组成的复杂反应：

$$N_2O_5 \longrightarrow N_2O_3 + O_2\ (\text{慢反应}) \tag{1}$$

$$N_2O_3 \rightleftharpoons NO_2 + NO\ (\text{快反应}) \tag{2}$$

$$N_2O_5 + NO \rightleftharpoons 3NO_2\ (\text{快反应}) \tag{3}$$

显然，复杂反应的表观反应速率由最慢的基元反应的速率决定，因此将复杂反应历程中最慢的基元反应称为复杂反应的控速步骤，如上述反应中的反应(1)为控速步骤，其他快速的基元反应则能达到平衡状态。

反应历程需要实验证实，绝不能主观猜测，由于反应过程中很多中间产物不稳定，不易测定，因此确定一个反应历程是很不容易的，至今完全弄清楚反应历程的化学反应为数不多。

3.2　化学反应速率理论简介

3.2.1　碰撞理论简介

对于不同的化学反应，反应速率的差别很大。例如，H_2 和 O_2 以一定比例混合，点燃后立即爆炸，反应在瞬间完成；而煤和石油的形成则需要数万年，甚至上亿年。为什么反应速率有如此大的差异？1918 年，路易斯(Lewis)运用气体分子运动论的成果，提出了双分子反应速率的碰撞理论，对反应速率做了较为成功的解释。

碰撞理论认为，反应物分子间的相互碰撞是反应进行的先决条件。反应物分子碰撞的频率越高，反应速率越快，即反应速率大小与反应物分子碰撞的频率(用 Z 表示)成正比。显然，反应物分子碰撞的频率 Z 又与反应物浓度成正比，同时温度越高，分子运动的速率越快，碰撞的频率也越高。在一定温度下，对于气相双分子基元反应：

$$a\text{A} + b\text{B} \longrightarrow g\text{G} + h\text{H}$$

存在下列关系式：

$$Z = Z_0 \cdot c_\text{A}^a \cdot c_\text{B}^b \tag{3-6}$$

式中，Z 为反应物分子碰撞频率，即单位时间、单位体积内的反应物分子的总碰撞次数；Z_0

为单位浓度时的碰撞频率，与温度有关，与浓度无关。

根据分子运动论计算，在一般条件下，分子间碰撞的频率是很高的。例如，碘化氢气体的分解，通过理论计算，浓度为 $1.0\times10^{-3}\ \text{mol}\cdot\text{dm}^{-3}$ 的 HI 气体，在 973 K 时，分子碰撞次数约为 3.5×10^{28} 次。假如每次碰撞都发生反应，反应速率应约为 $5.8\times10^{4}\ \text{mol}\cdot\text{dm}^{-3}\cdot\text{s}^{-1}$，但实验测得，在该条件下的实际反应速率约为 $1.2\times10^{-8}\ \text{mol}\cdot\text{dm}^{-3}\cdot\text{s}^{-1}$。上述数据表明，在为数众多的分子碰撞中，大多数碰撞并不引起反应，只有极少数碰撞是有效的，能够发生反应的碰撞称为有效碰撞。

碰撞理论认为，能发生有效碰撞的一些分子首先必须具备足够的能量，以克服分子无限接近时电子云间的斥力，导致分子中的原子重排，即发生化学反应。将具有足够能量的分子组称为活化分子组。活化分子在所有分子中占的百分数越大，有效碰撞次数越多，反应速率就越快。反应速率与活化分子组占全部分子总数的百分数成正比，按照气体能量分布规律，活化分子百分数(用 f 表示)可近似表示为

$$f = \mathrm{e}^{-\frac{E_c}{RT}} \tag{3-7}$$

式中，R 为摩尔气体常量；T 为热力学温度；E_c 为活化分子的最低能量，单位为 $\text{J}\cdot\text{mol}^{-1}$ 或 $\text{kJ}\cdot\text{mol}^{-1}$。$E_c$ 的大小是由反应的本性决定的，受温度的影响小，通常可忽略；f 也称为能量因子，由于温度一定时分子的能量分布是不变的，因此活化分子组的比例在一定的温度下也是固定的，其分布如图 3-2 所示。从图中可以看出，温度升高，活化分子的百分数是增大的(如图中阴影部分)。

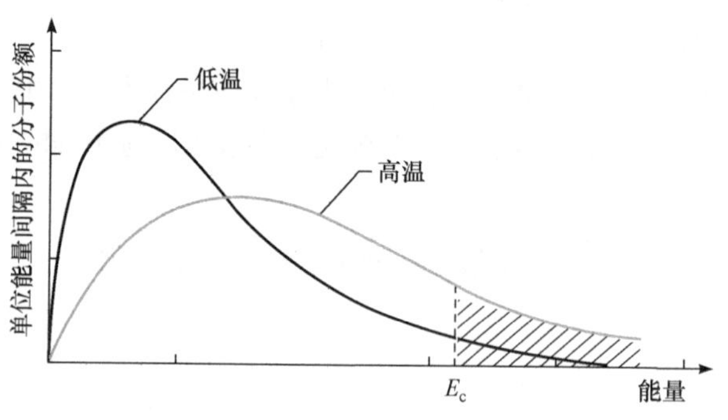

图 3-2　气体分子能量分布图

分子通过碰撞发生化学反应，能量是有效碰撞的一个必要条件，但不是充分条件。对结构复杂的活化分子，不是每次碰撞都能发生反应，只有当活化分子组中的各个分子采取合适的取向进行碰撞时，反应才能发生。例如：

$$NO_2 + CO \longrightarrow NO + CO_2$$

反应中，只有当 CO 分子中的碳原子与 NO_2 中的氧原子相碰撞时，才能发生重排反应；而碳原子与氮原子相碰撞的这种取向，则不会发生氧原子的转移，如图 3-3 所示。

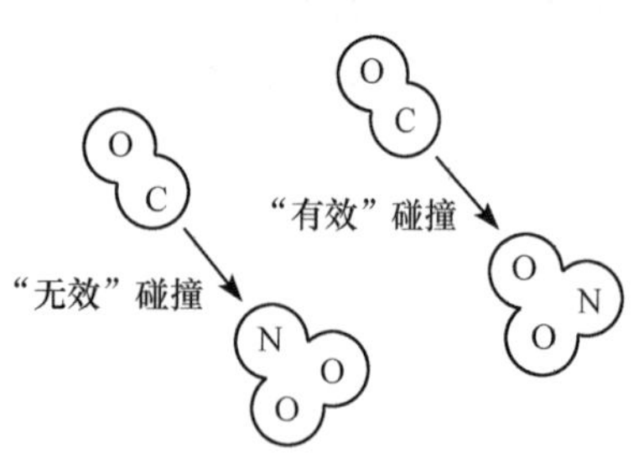

图 3-3　分子碰撞的不同取向

因此，真正的有效碰撞次数应该在总碰撞次数上再乘以一个校正因子，即取向因子 P，其意义为两分子取向有利于发生反应的碰撞机会占总碰撞机会的百分数。碰撞理论

认为基元反应 $aA + bB \longrightarrow gG + hH$ 的速率 v 可表示为

$$v = PfZ = PfZ_0 c_A^a c_B^b \tag{3-8}$$

令

$$k = PfZ_0 = PZ_0 e^{-\frac{E_c}{RT}} \tag{3-9}$$

式中，k 为反应速率常数。显然，活化分子的最低能量 E_c 越小，取向因子越大，反应速率 v 越大。因为 E_c 越高，即对活化分子组的能量要求越高，活化分子组所占的比例越小，有效碰撞次数所占的比例也越小，故反应速率越小。

3.2.2　活化能及有效碰撞的讨论

将相同温度下活化分子的平均能量与分子的平均能量之差定义为反应体系的活化能，用 E_a 表示，单位为 $J \cdot mol^{-1}$ 或 $kJ \cdot mol^{-1}$，如图 3-4 所示。按理论推算活化能与活化分子的最低能量 E_c 之间的关系为 $E_a = E_c + \frac{1}{2}RT$。通常在研究的温度范围内，$E_c \gg \frac{1}{2}RT$，因此在数值上 $E_a \approx E_c$，若无特殊说明，后续章节所讨论体系的活化能都满足该近似关系。

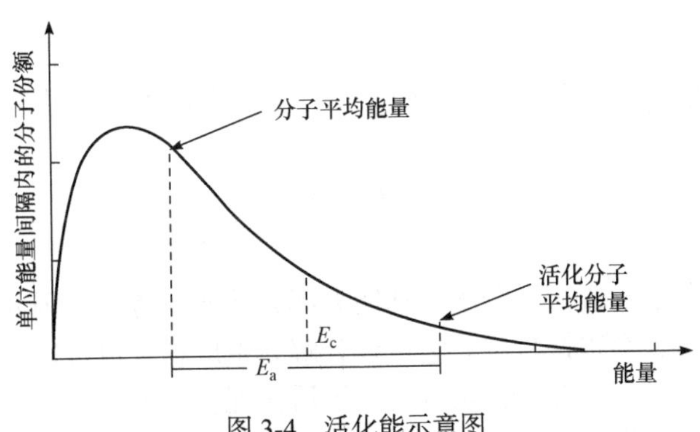

图 3-4　活化能示意图

活化能的大小主要由反应体系的本性决定，与反应物浓度无关，一般情况下受温度影响很小，在温度变化幅度较小时，通常不考虑温度对其的影响。但活化能受催化剂影响很大，一般催化剂可以显著降低反应的活化能，式(3-7)表明活化分子百分数的大小与活化分子的最低能量 E_c 数值呈指数衰减关系，而 $E_a \approx E_c$，因此体系的活化能越小，活化分子的百分数越大，反应速率越大；相反地，活化能越大，活化分子百分数越小，反应速率越小。

对于不同的反应，活化能是不同的。化学反应的活化能通常为 40～400 $kJ \cdot mol^{-1}$，不同类型的反应，活化能 E_a 相差很大，这在一定程度上影响各类反应的反应速率，如：

$$2SO_2 + O_2 \longrightarrow 2SO_3 \qquad E_a = 251\ kJ \cdot mol^{-1} \tag{1}$$

$$N_2 + 3H_2 \longrightarrow 2NH_3 \qquad E_a = 326.4\ kJ \cdot mol^{-1} \tag{2}$$

$$N_2 + 3H_2 \xrightarrow{Fe} 2NH_3 \qquad E_a = 175.5\ kJ \cdot mol^{-1} \tag{3}$$

$$HCl + NaOH \longrightarrow NaCl + H_2O \qquad E_a \approx 20\ kJ \cdot mol^{-1} \tag{4}$$

对于活化能小于 40 $kJ \cdot mol^{-1}$ 的反应，如反应(4)所示的酸碱中和类反应，其反应速率很大，反应很快完成；而对于活化能大于 400 $kJ \cdot mol^{-1}$ 的反应，其反应速率非常小，几乎觉察不到反应进行；氮气和氢气合成氨的反应在有铁触媒催化剂存在的条件下，活化能下降了约 150 $kJ \cdot mol^{-1}$，反应速率显著提高。

碰撞理论比较直观，在简单反应中运用较为成功。但对于涉及复杂结构的分子的反应，则不能圆满地给予解释。这主要是由于碰撞理论把复杂的分子看作简单刚性球，忽视了分子的内部结构和运动规律。

3.2.3 过渡状态理论简介

随着原子结构和分子结构理论的发展，20 世纪 30 年代艾林(Eyring)在量子力学和统计力学的基础上提出了化学反应速率的过渡状态理论，从分子的内部结构与运动的角度研究反应速率问题。

过渡状态理论认为，当两个具有足够平均能量的反应物分子相互接近时，分子中的化学键要经过重排，能量要重新分配。在反应过程中，需要经过一个中间的过渡状态，即反应物分子先形成活化配合物才有可能形成产物，因此过渡状态理论也称为活化配合物理论。

例如，在反应 $NO_2 + CO \longrightarrow NO + CO_2$ 中，当具有较高能量的 CO 和 NO_2 分子彼此以适当的取向相互靠近至一定程度时，电子云便可相互重叠而形成一种活化配合物。在活化配合物中，原有的 N—O 键部分断裂，新的 C—O 键部分形成，如图 3-5 所示。

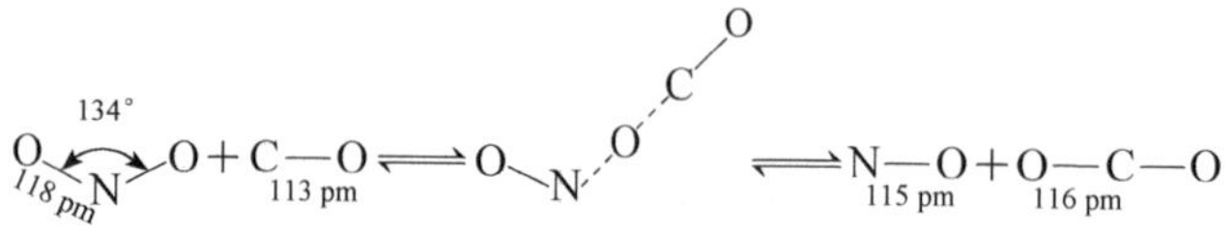

134°　118 pm　113 pm　活化配合物（过渡状态）　115 pm　116 pm

图 3-5　NO_2 与 CO 的反应过程

由于反应过程中分子的碰撞，分子的动能大部分转变成势能，因此活化配合物处于较高的势能状态，极不稳定，会很快分解。它可以分解为生成物，也可以分解为反应物。过渡状态理论认为，反应速率与下列三个因素有关：①活化配合物的浓度；②活化配合物分解成生成物的概率；③活化配合物的分解速率。

过渡状态理论将反应中涉及的物质的微观结构与反应速率结合起来，这是比碰撞理论先进的一面。然而许多反应的活化配合物的结构尚无法从实验中确定，加上计算方法过于复杂，致使该理论的应用受到限制。但是该理论从分子内部结构及运动的角度讨论反应速率，不失为一个正确的方向。

应用过渡状态理论讨论化学反应历程时，可将反应过程中体系势能变化情况表示在反应历程-势能图上。以基元反应 $NO_2 + CO \longrightarrow NO + CO_2$ 为例，其反应历程-势能图如图 3-6 所示。图中 A 点表示反应物 NO_2 和 CO 分子的平均势能，在这样的能量条件下并不能发生反应。B 点表示活化配合物的势能。C 点表示生成物 NO 和 CO_2 分子的平均势能。在反应历程中，NO_2 和 CO 分子必须越过能垒 B 才能经由活化配合物生成 NO 和 CO_2 分子。

图 3-6 中反应物分子的平均势能与活化配合物的势能之差，即正反应能垒的高度为$\Delta\varepsilon$，则正反应的活化能 E_a 可表示为 $N_A\Delta\varepsilon$，式中，N_A 为阿伏伽德罗常量；同理，生成物分子的平均势能与活化配合物的势能之差，即逆反应能垒的高度为 $\Delta\varepsilon'$，逆反应的活化能可表示为 $E_a' = N_A\Delta\varepsilon'$。

从图 3-6 中可以得到：

$$NO_2 + CO \longrightarrow O{-}N\cdots O\cdots C{-}O \qquad \Delta_r H_m(1) = E_a \tag{1}$$

$$O{-}N\cdots O\cdots C{-}O \longrightarrow NO + CO_2 \qquad \Delta_r H_m(2) = -E_a' \tag{2}$$

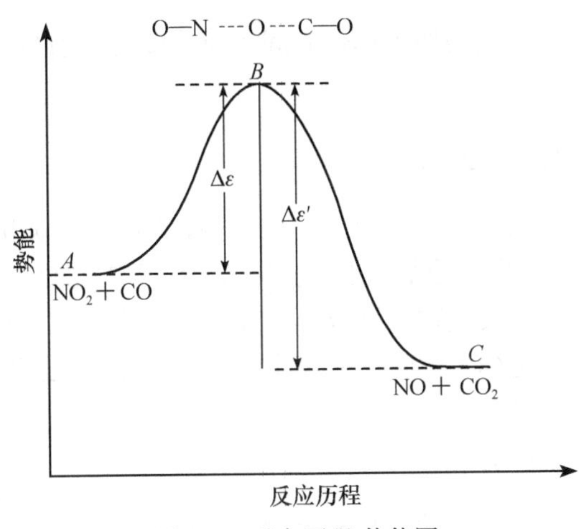

图 3-6　反应历程-势能图

两个反应相加表示的总反应为

$$NO_2 + CO \longrightarrow NO + CO_2 \quad \Delta_r H_m = \Delta_r H_m(1) + \Delta_r H_m(2) = E_a - E'_a$$

故正反应的活化能与逆反应的活化能之差表示化学反应的摩尔反应热，即

$$\Delta_r H_m = E_a - E'_a \tag{3-10}$$

当 $E_a > E'_a$ 时，$\Delta_r H_m > 0$，反应吸热；当 $E_a < E'_a$ 时，$\Delta_r H_m < 0$，反应放热。若正反应是放热反应，其逆反应必定吸热。需要注意的是，式(3-10)只适用于基元反应。

图 3-6 表明，无论是放热反应还是吸热反应，反应物分子必须先经过一个能垒，反应才能进行。同时，若正反应是经过一步即可完成的反应，则其逆反应也可经过一步完成，且正、逆两个反应经过同一个活化配合物中间体，这就是微观可逆性原理。

以上分析表明，碰撞理论是从分子的外部运动角度，侧重考虑反应体系分子的动能，考虑到有效碰撞频率等因素，并不考虑分子的内部结构差异对于反应速率的影响，而是从大量分子的统计行为来研究反应速率，通常适用于简单的气相或均相溶液反应，能够解释一些实验事实，但在应用中存在明显的局限性。碰撞理论虽然把反应物分子看成刚性小球，忽略分子的结构差异，但描述了一个粗糙却十分明确的反应图像，以碰撞理论为基础提出的概念也沿用至今。

过渡状态理论则是从分子水平上来研究基元反应历程，侧重化学反应不是只通过简单碰撞就形成产物，而是在反应的全过程中都存在相互作用，系统的势能一直在变化，在反应过程中体系的势能表现出先升高后降低的规律，能量最高处对应的构型为能量高、不稳定易分解的过渡状态，化学反应的快慢与参与反应的反应物结构有关，因而可以借助某些微观物理量，通过复杂的理论计算和计算机模拟，获得反应过程中分子间相互作用的势能变化，从而进一步了解化学反应历程以及反应速率的相关知识。

3.3　影响化学反应速率的因素——浓度

讨论反应浓度对化学反应速率的影响是基于碰撞理论进行研究的，大量实验事实表明，在一定温度下，增加反应物的浓度可以增大反应速率。从碰撞理论出发，在恒定的温度下，对某一化学反应来说，反应物中活化分子组的百分数是一定的。增加反应物浓度时，单位体积内活化分子组数目增多，从而增加了单位时间内反应物分子有效碰撞的频率，故可提高反应速率。

3.3.1 反应物浓度与反应速率的关系

讨论反应物浓度与反应速率的定量关系，要先从基元反应谈起。挪威科学家古德贝格(Guldberg)和瓦格(Waage)在大量实验基础上，总结出反应物浓度影响反应速率的规律：在一定温度下，基元反应的速率与各反应物浓度以其反应方程式中的化学计量数为指数幂的乘积成正比。此规则称为质量作用定律。化学反应速率与反应物浓度之间关系的数学表达式称为反应速率方程式，简称速率方程。

例如，对于下列三个基元反应：

$$SO_2Cl_2 \longrightarrow SO_2 + Cl_2 \tag{1}$$

$$2NO_2 \longrightarrow 2NO + O_2 \tag{2}$$

$$NO_2 + CO \longrightarrow NO + CO_2 \tag{3}$$

反应速率方程式分别为

$$v_1 = k_1 c_{SO_2Cl_2}$$

$$v_2 = k_2 c_{NO_2}^2$$

$$v_3 = k_3 c_{NO_2} c_{CO}$$

对于基元反应，反应速率方程可以根据反应方程式直接写出，反应物浓度的幂次为化学反应方程式中各反应物的化学计量数。

对于一般的基元反应：

$$aA + bB \longrightarrow gG + hH$$

反应的速率方程可写为

$$v = kc_A^a c_B^b \tag{3-11}$$

许多化学反应不是基元反应，而是由两个或多个基元步骤完成的复杂反应。假设下列反应：

$$A_2 + B \longrightarrow A_2B$$

是分两个基元步骤完成的，即

第一步　　$A_2 \longrightarrow 2A$　　慢反应

第二步　　$2A + B \rightleftharpoons A_2B$　　快反应

对总反应来说，控速步骤为第一个基元步骤，故速率方程是 $v = kc_{A_2}$，而不是 $v = kc_A^2 c_B$。

对于复杂反应并没有明确的反应历程，无法利用质量作用定律直接写出其反应速率方程，但可以通过设计实验来确定，现通过一个具体示例说明。

【例 3-1】 已知反应：

$$2H_2 + 2NO \longrightarrow 2H_2O + N_2$$

在某温度下测定其速率的实验数据列于表 3-2 中，试确定该反应的速率方程。

表 3-2 H_2 和 NO 的反应速率

实验标号	起始浓度		形成 $N_2(g)$ 的起始速率
	c_{NO} /(mol · dm^{-3})	c_{H_2} /(mol · dm^{-3})	v_{N_2} /(mol · dm^{-3} · s^{-1})
1	6.00×10^{-3}	1.00×10^{-3}	3.19×10^{-3}
2	6.00×10^{-3}	2.00×10^{-3}	6.36×10^{-3}
3	6.00×10^{-3}	3.00×10^{-3}	9.56×10^{-3}
4	1.00×10^{-3}	6.00×10^{-3}	5.32×10^{-4}
5	2.00×10^{-3}	6.00×10^{-3}	2.12×10^{-3}
6	3.00×10^{-3}	6.00×10^{-3}	4.79×10^{-3}

对比实验 1～3 号，当 NO 浓度保持一定时，若 H_2 浓度扩大 2 倍或 3 倍，则反应速率相应扩大 2 倍或 3 倍。这表明反应速率和 H_2 浓度成正比：

$$v \propto c_{H_2}$$

对比实验 4～6 号，当 H_2 浓度保持一定时，若 NO 浓度扩大 2 倍或 3 倍，则反应速率相应扩大 4 倍或 9 倍。这表明反应速率和 NO 浓度的平方成正比：

$$v \propto c_{NO}^2$$

综合考虑 H_2 和 NO 的浓度对反应速率的影响，得

$$v = kc_{H_2}c_{NO}^2$$

而不是 $v = kc_{H_2}^2c_{NO}^2$，因此一个复杂反应的速率方程是不能按反应物的化学计量数随意写出的。

3.3.2 反应的分子数与反应级数

反应的分子数是指基元反应或复杂反应的基元步骤中参与反应的微粒(分子、原子、离子或自由基)数目。反应的分子数只能对基元反应或复杂反应的基元步骤而言，非基元反应不能谈反应分子数，不能认为反应方程式中反应物的化学计量数之和就是反应的分子数。

按照碰撞理论，基元反应有单分子反应，如 SO_2Cl_2 的分解反应；有需要两个不同微粒碰撞而发生反应的双分子反应，如表 3-3 中 NO_2 与 CO 的反应；也有三分子反应，但为数不多。四分子或更多分子碰撞而发生的基元反应尚未发现。可以想象，多个微粒要在同一时间到达同一位置，并各自具备适当的取向和足够的能量，其概率是相当小的。

根据反应速率与浓度的关系按反应级数来分类，即使不确定反应历程以及反应是否为基元反应，也是可以进行的。所谓反应级数，是指反应的速率方程中各反应物浓度的指数之和。

表 3-3 中反应①～③为基元反应，其反应级数等于反应方程式中反应物化学计量数之和，与反应分子数相等。反应④为复杂反应，其速率方程表明，该反应对 H_2 是一级的，对 NO 是二级的，整个反应是三级的，而非四级的，尽管其反应方程式中化学计量数之和为 4。

表 3-3 反应的级数

反应	反应速率方程式	反应级数
① $SO_2Cl_2 \longrightarrow SO_2 + Cl_2$	$v_1 = k_1c_{SO_2Cl_2}$	1
② $NO_2 + CO \longrightarrow NO + CO_2$	$v_2 = k_2c_{NO_2}c_{CO}$	2

续表

反应	反应速率方程式	反应级数
③ $2NO_2 \longrightarrow 2NO + O_2$	$v_3 = k_3 c_{NO_2}^2$	2
④ $2H_2 + 2NO \longrightarrow 2H_2O + N_2$	$v_4 = k_4 c_{H_2} c_{NO}^2$	3

需要注意的是，即使由实验测得的反应级数与反应式中化学计量数之和相等，该反应也不一定就是基元反应。例如，下面的反应：

$$H_2(g) + I_2(g) \longrightarrow 2HI(g)$$

当反应容器的容积缩小至原来的一半，即各反应物浓度扩大 2 倍时，反应速率扩大 4 倍。反应速率方程为

$$v = kc_{H_2}c_{I_2}$$

长期以来，人们一直认为这个反应是基元反应，反应分子数为 2。近年来，无论从实验上还是理论上都证明，它并不是一步完成的基元反应，其反应历程可能包括如下两个基元步骤：

① $I_2 \rightleftharpoons I + I$ 快反应

② $H_2 + 2I \longrightarrow 2HI$ 慢反应

因为步骤②是慢反应，所以它是总反应的控速步骤，这一步反应的速率即为总反应的速率，根据质量作用定律，这一基元步骤的速率方程为

$$v = k_2 c_{H_2} c_I^2 \tag{3-12}$$

步骤②的速率慢，致使可逆反应①这个快反应始终保持着正、逆反应速率相等的平衡状态，故有

$$v_+ = v_-$$

即

$$k_+ c_{I_2} = k_- c_I^2$$

据此有

$$c_I^2 = \frac{k_+}{k_-} c_{I_2} \tag{3-13}$$

将式(3-13)代入速率方程式(3-12)中，得

$$v = \frac{k_2 k_+}{k_-} c_{H_2} c_{I_2}$$

令 $k = \dfrac{k_2 k_+}{k_-}$，可得到总反应的速率方程为

$$v = k\, c_{H_2} c_{I_2}$$

因此，尽管有时由实验测得的反应速率方程与按基元反应的质量作用定律写出的速率方程完全一致，也不能认为该反应一定是基元反应。

反应分子数只能为 1、2、3 等几个整数，但反应级数却可以为零，也可以为分数。例如，

反应：

$$2Na(s) + H_2O(l) \longrightarrow 2NaOH(aq) + H_2(g)$$

其速率方程为 $v = k$，这是一个零级反应。零级反应的反应速率与反应物浓度无关，类似的零级反应还有 N_2O 在催化剂金粉表面热分解生成 N_2 和 O_2 的反应、酶催化反应、光敏反应等。又如，反应：

$$H_2(g) + Cl_2(g) \longrightarrow 2HCl(g)$$

其速率方程为 $v = kc_{H_2}c_{Cl_2}^{1/2}$，这是一个反应级数为 $1\frac{1}{2}$ 的反应。

对于速率方程较复杂且不符合 $v = kc_A^a \cdot c_B^b$ 形式的反应。例如，反应

$$H_2(g) + Br_2(g) \longrightarrow 2HBr(g)$$

其速率方程为

$$v_{H_2} = \frac{kc_{H_2}c_{Br_2}^{1/2}}{1 + k'c_{HBr} / c_{Br_2}}$$

则此反应不能谈反应级数。

对零级和一级反应来说，由于速率方程式的表达式比较简单，可通过一段时间内求积分的方法，方便地求解出反应物浓度 c 随时间 t 的变化关系，见表 3-4。

表 3-4　零级和一级反应的反应物浓度 *c-t* 关系式

反应级数	反应方程式示意	速率方程	反应物浓度 *c-t* 关系式
零级	$A \longrightarrow C$	$v = -\frac{dc_A}{dt} = k$	$c_{A,t} = c_{A,0} - kt$
一级	$B \longrightarrow D$	$v = -\frac{dc_B}{dt} = kc_B$	$\ln(c_{B,t}) = \ln(c_{B,0}) - kt$

注：$c_{A,0}$、$c_{B,0}$ 分别为反应物 A、B 的初始浓度；$c_{A,t}$、$c_{B,t}$ 分别为反应物 A、B 在 t 时刻的浓度。

表 3-4 给出的反应物浓度 *c-t* 关系式表明，对于零级反应，反应物浓度 c_A 对时间 t 作图，得到一条直线，斜率为$-k$；而对于一级反应，将反应物浓度 c_B 取自然对数后对时间 t 作图，得到一条直线，斜率为$-k$，截距为 $\ln(c_{B,0})$，将反应物的浓度降低至初始浓度一半时所经历的时间称为半衰期 $t_{1/2}$，对一级反应来说，有

$$t_{1/2} = \frac{\ln 2}{k} = \frac{0.693}{k} \tag{3-14}$$

式(3-14)表明，一级反应的半衰期是由速率常数决定的，而与反应物的初始浓度无关。

【例 3-2】　化石、种子等古生物体中含有 C(^{12}C 和 ^{14}C)，大气中 ^{14}C 与 ^{12}C 的比例长期保持恒定，为 1 : 10^{12}，活的生物体内也保持这个比例。但生物体死亡后，无法再与大气中的 C 进行交换，体内 ^{14}C 开始衰变，其衰变反应为一级反应，半衰期为 5730 年。因此，^{14}C 常用作考古测定的同位素，若在某出土文物样品中测得 ^{14}C 与 ^{12}C 的比值仅为现代生物活体的 72%，求该样品制造时间距今有多少年。

解　由于是一级反应，根据式(3-14)，得到 ^{14}C 衰变反应的速率常数为

$$k = \frac{\ln 2}{t_{1/2}} = \frac{0.693}{5730} = 1.21 \times 10^{-4}\ (\text{年}^{-1})$$

又因测得 ^{14}C 与 ^{12}C 的比值仅为现代生物活体的 72%，根据表 3-4 中一级反应的关系式，得

$$t = \frac{\ln\left(\frac{c_{B,t}}{c_{B,0}}\right)}{-k} = \frac{\ln\left(\frac{0.72}{1}\right)}{-1.21\times 10^{-4}} = 2717\ (年)$$

即该出土文物样品制造时间距今已有 2717 年。

研究反应速率和确定化学反应的速率方程，可以为研究化学反应机理提供重要线索。

3.3.3　速率常数 *k*

速率常数 k 是在给定温度下，反应物浓度都为 1 mol · dm^{-3} 时的反应速率，因此也将其称为比速常数。在相同的浓度条件下，可用速率常数的大小来比较化学反应的反应速率。

反应速率与反应物浓度(或浓度的幂次)成正比，而速率常数是其比例常数，所以速率常数在速率方程中不随反应物浓度的变化而改变。速率常数是温度的函数，同一反应，温度不同，速率常数有不同的值。

用反应体系中不同物质的浓度变化来表示反应速率时，如果反应方程式中各物质的化学计量数不同，则速率方程中针对不同物质测得的速率常数数值不同。例如，在反应

$$a\mathrm{A} + b\mathrm{B} \longrightarrow g\mathrm{G} + h\mathrm{H}$$

中，用 A、B、G 或 H 物质的浓度变化表示反应速率时，分别有速率方程：$v_A = k_A c_A^m c_B^n$、$v_B = k_B c_A^m c_B^n$、$v_G = k_G c_A^m c_B^n$、$v_H = k_H c_A^m c_B^n$，式中，m 和 n 分别为实验测定得到反应物 A 和 B 的反应级数，若上述反应为基元反应，则 $m = a$，$n = b$。

由于
$$\frac{v_A}{a} = \frac{v_B}{b} = \frac{v_G}{g} = \frac{v_H}{h} = v$$

因此
$$\frac{k_A}{a} = \frac{k_B}{b} = \frac{k_G}{g} = \frac{k_H}{h} = k \tag{3-15}$$

即不同物质的速率常数之比等于反应方程式中各物质的化学计量数之比。

反应速率的单位为 mol · dm^{-3} · s^{-1}，因此速率方程中速率常数 k 与各反应物浓度(或浓度的幂次)乘积的单位必须是 mol · dm^{-3} · s^{-1}。显然速率常数的单位与反应级数有关。一级反应速率常数的单位为 s^{-1}；二级反应速率常数的单位为 dm^3 · mol^{-1} · s^{-1}；而 n 级反应速率常数的单位是 dm$^{3(n-1)}$ · mol$^{-(n-1)}$ · s^{-1}。由给出的反应速率常数的单位可以判断出反应的级数。

通过设计实验可以确定反应的级数，也能计算出反应的速率常数，如【例 3-1】中，利用表 3-2 的数据，也可以求出反应速率常数 k。将实验 1～6 号的数据代入速率方程 $v = kc_{H_2}c_{NO}^2$ 中，得该温度下测定的每次实验的速率常数，如代入实验 1：

$$k_{N_2,1} = \frac{3.19\times 10^{-3}(\mathrm{mol\cdot dm^{-3}\cdot s^{-1}})}{1.00\times 10^{-3}(\mathrm{mol\cdot dm^{-3}})\times(6.00\times 10^{-3})^2(\mathrm{mol^2\cdot dm^{-6}})} = 8.86\times 10^4(\mathrm{dm^6\cdot mol^{-2}\cdot s^{-1}})$$

将 6 次实验数据计算出的速率常数取平均值为 8.85 × 10^4 dm^6 · mol^{-2} · s^{-1}，得该温度条件下反应的速率方程：

$$v_{N_2} = 8.85\times 10^4 c_{H_2} c_{NO}^2$$

该反应是三级反应。由于 N_2(g)前的化学计量数为 1，故该温度条件下总反应的速率方程为

$$v = \frac{v_{N_2}}{1} = 8.85 \times 10^4 c_{H_2} c_{NO}^2$$

速率常数 k 只与反应的本性及温度有关，不随反应物浓度的变化而变化，因此应用速率方程可求出在该温度下的反应物在任何浓度时的反应速率。

压力的变化通常是通过体积的变化来实现的，因此可将其对于反应速率的影响相应地归结为浓度的变化来讨论。体积增大，即压力减小，相当于浓度减小；反之，则相当于浓度增大。

3.4　影响化学反应速率的因素——温度

温度对化学反应速率的影响特别显著。例如，在常温下氢气和氧气反应十分缓慢，几年都观察不到有水生成，若将温度升高到 873 K，则立即反应，并发生猛烈的爆炸。通常，化学反应速率都随着温度的升高而增大，若反应物浓度恒定，温度每升高 10 K，反应速率约增加 2～3 倍。

温度升高时分子运动速率增大，分子间碰撞频率增加，反应速率加快。但是根据计算，温度升高 10 K，分子的碰撞频率仅增加 2%左右。反应速率增加 2～3 倍的原因不仅是分子间碰撞频率增加，更重要的是由于温度升高，活化分子组的百分数增大，有效碰撞的百分数增加，使反应速率大大地加快。

无论是吸热反应还是放热反应，温度升高时反应速率都是加快的。因为参照过渡状态理论，在反应过程中反应物必须爬过一个能垒反应才能进行(图 3-6)。升高温度，有利于反应物能量提高，即可加快反应的进行。

3.4.1　阿伦尼乌斯公式

1889 年，阿伦尼乌斯(Arrhenius)结合大量实验事实，总结出反应速率常数和温度间的定量关系式为

$$k = A e^{-\frac{E_a}{RT}} \tag{3-16}$$

将式(3-16)取自然对数，得

$$\ln k = -\frac{E_a}{RT} + \ln A \tag{3-17}$$

对式(3-16)取常用对数，得

$$\lg k = -\frac{E_a}{2.303RT} + \lg A \tag{3-18}$$

式(3-16)～式(3-18)三个式子均称为阿伦尼乌斯公式。式中，k 为反应速率常数；E_a 为反应活化能；R 为摩尔气体常量；T 为热力学温度；A 为常数，称为“指前因子”或“频率因子”，指前因子 A 的单位与速率常数 k 的单位一致。阿伦尼乌斯公式表明，速率常数 k 与热力学温度 T 呈指数关系，温度的微小变化将导致 k 值的较大变化，尤其是活化能 E_a 较大时更是如此。用阿伦尼乌斯公式讨论速率与温度的关系时，通常认为在一般的温度范围内活化能 E_a 和指前因子 A 随温度的变化不大，可忽略，近似为常数。

【例 3-3】 对于下列反应

$$C_2H_5Cl(g) \longrightarrow C_2H_4(g) + HCl(g)$$

指前因子 $A = 1.6 \times 10^{14}\ s^{-1}$，$E_a = 246.9\ kJ \cdot mol^{-1}$，求其 700 K 时的速率常数 k。

解 根据阿伦尼乌斯公式：

$$\lg k = -\frac{E_a}{2.303RT} + \lg A$$

将数据代入上式，得

$$\lg k = -\frac{246900}{2.303 \times 8.314 \times 700} + \lg(1.6 \times 10^{14}) = -4.22$$

则

$$k = 6.0 \times 10^{-5}(s^{-1})$$

速率常数 k 的单位为 s^{-1}，由此可判断该反应为一级反应。

用同样的方法可以计算出 710 K 和 800 K 时的速率常数分别为 $1.1 \times 10^{-4}\ s^{-1}$ 和 $1.2 \times 10^{-2}\ s^{-1}$。可以看出当温度升高 10 K 时，$k$ 约增大为原来的 2 倍；升高 100 K 时，k 增大为原来的 200 倍左右。

3.4.2 阿伦尼乌斯公式的应用示例

阿伦尼乌斯公式不仅反映出反应速率与温度的关系，同时表明活化能对反应速率的影响，如图 3-7 所示。

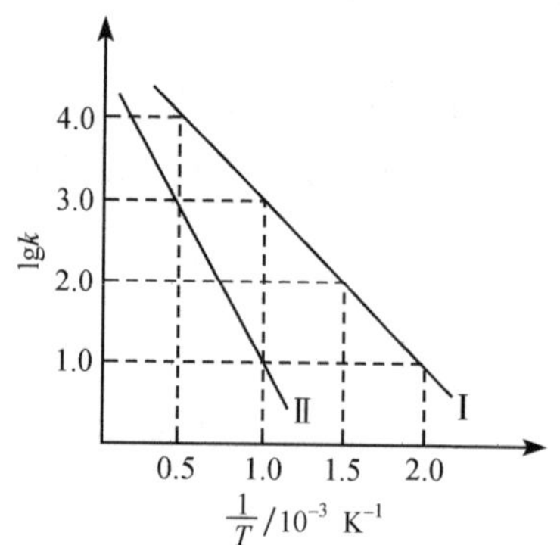

图 3-7 温度与反应速度常数的关系

式(3-18)是阿伦尼乌斯公式的常用对数形式，$\lg k$ 对 $\frac{1}{T}$ 作图应为一直线，直线的斜率为 $-\frac{E_a}{2.303R}$，截距为 $\lg A$。图 3-7 中两条斜率不同的直线，分别代表活化能不同的两个化学反应。斜率较小(指绝对值)的直线Ⅰ代表活化能较小的反应，斜率较大的直线Ⅱ代表活化能较大的反应。

图 3-7 表明，活化能较大的反应，其反应速率随温度升高增加得较快。例如，当温度从 1000 K 升高到 2000 K 时(图中横坐标 1.0 到 0.5)，活化能较小的反应Ⅰ，k 值从 10^3 增大到 10^4，扩大 10 倍；而对于活化能较大的反应Ⅱ，k 值从 10 增大到 10^3，扩大了 100 倍。

利用上述作图的方法，通过得出斜率的数值可以求得反应的活化能 E_a。此外，活化能也可以根据实验数据，运用阿伦尼乌斯公式计算得到。若某反应在温度 T_1 时速率常数为 k_1，在温度 T_2 时速率常数为 k_2，假设在该温度范围内，反应的活化能和指前因子为常数，则有

$$\lg k_1 = -\frac{E_a}{2.303RT_1} + \lg A$$

$$\lg k_2 = -\frac{E_a}{2.303RT_2} + \lg A$$

两式相减得

$$\lg\frac{k_2}{k_1} = \frac{E_a}{2.303R}\left(\frac{1}{T_1} - \frac{1}{T_2}\right) = \frac{E_a}{2.303R}\left(\frac{T_2 - T_1}{T_1T_2}\right) \tag{3-19}$$

故有

$$E_a = \frac{2.303RT_1T_2}{T_2 - T_1}\lg\frac{k_2}{k_1} \tag{3-20}$$

将求得的 E_a 数据代入阿伦尼乌斯公式中，又可以求得指前因子 A 的值。

【例 3-4】 反应 $N_2O_5(g) \longrightarrow N_2O_4(g) + \frac{1}{2}O_2(g)$ 在 298 K 时速率常数 $k_1 = 3.4 \times 10^{-5}\ s^{-1}$，在 328 K 时速率常数 $k_2 = 1.5 \times 10^{-3}\ s^{-1}$，求反应的活化能和指前因子 A。

解　由式(3-20)有

$$E_a = \frac{2.303RT_1T_2}{T_2 - T_1}\lg\frac{k_2}{k_1}$$

将数据代入上式，得

$$E_a = \frac{2.303 \times 8.314 \times 298 \times 328 \times 10^{-3}}{328 - 298}\lg\frac{1.5 \times 10^{-3}}{3.4 \times 10^{-5}} = 103(\mathrm{kJ \cdot mol^{-1}})$$

可将 $E_a = 103\ \mathrm{kJ \cdot mol^{-1}}$，$T = 298$ K，$k = 3.4 \times 10^{-5}\ s^{-1}$ 代入，得 $\lg A = \lg k + \frac{E_a}{2.303RT}$

$$\lg A = \lg(3.4 \times 10^{-5}) + \frac{103 \times 1000}{2.303 \times 8.314 \times 298} = 13.6$$

$$A = 3.98 \times 10^{13}(s^{-1})$$

3.5　影响化学反应速率的因素——催化剂

催化剂是一种能改变化学反应速率，但其本身在反应前后质量和化学组成均不改变的物质。例如，加热氯酸钾固体制备氧气时，放入少量二氧化锰，反应速率显著提高，这里的二氧化锰就是该反应的催化剂。凡能加快反应速率的催化剂称为正催化剂，凡能减慢反应速率的催化剂称为负催化剂。一般提到催化剂，若不明确指出，则是指有加快反应速率作用的正催化剂。

3.5.1　催化剂改变反应速率的机理

催化剂之所以能加快反应速率，可认为是由于催化剂改变了反应的历程。有催化剂参加的新反应历程和无催化剂时的原反应历程相比，活化能降低了，如设原反应为 $A \longrightarrow B$，加入催化剂 E 后反应历程改变为

①　$A + E \rightleftharpoons AE$　　活化能为 $E_{a,1}$

②　$AE \longrightarrow B + E$　　活化能为 $E_{a,2}$

即反应物先与催化剂生成不稳定的中间产物，然后中间产物再分解成生成物，同时催化剂得以再生，加入催化剂前后的反应历程如图 3-8 所示。

图 3-8 中 E_a 为原反应的活化能，$E_{a,1}$、$E_{a,2}$ 为加催化剂后分别是生成中间产物的反应①和中间产物分解反应②的活化能，两者都小于原反应的活化能，所以先生成中间产物，再分解成生成物就成了反应的一条捷径，加催化剂使活化能降低，活化分子组的百分数增加，故反应速率加快。例如，合成氨反应，没有催化剂时反应的活化能为 326.4 $\mathrm{kJ \cdot mol^{-1}}$，加 Fe 作催化剂后，活化能降低至 175.5 $\mathrm{kJ \cdot mol^{-1}}$。计算结果表明，在 773 K 时加入催化剂后正反应的速率增加到原来的 1.57×10^{10} 倍。

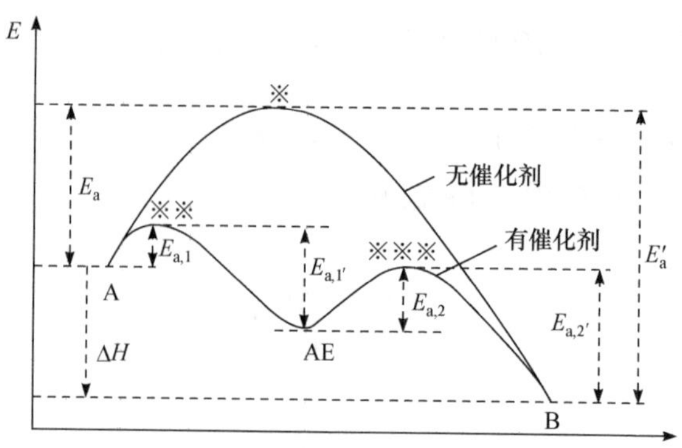

图 3-8　催化剂加入前后反应历程示意图
图中※、※※、※※※分别为不同的活化配合物

同时，加入催化剂后，正反应的活化能降低，逆反应的活化能也降低了，这表明催化剂不仅加快正反应的速率，同时也加快逆反应的速率。

此外，图 3-8 还表明，催化剂的存在并不改变反应物和生成物的相对能量，即一个反应有无催化剂，反应过程中体系的始态和终态都不发生改变，所不同的只是具体途径。故催化剂并没有改变反应的$\Delta_r H_m$、$\Delta_r G_m$。因此，催化剂只能加速热力学上认为可能进行的反应，即$\Delta_r G_m < 0$ 的反应；对于通过热力学计算不能进行的反应，即$\Delta_r G_m > 0$ 的反应，使用任何催化剂都是徒劳的。

3.5.2　催化反应的种类

将有催化剂参加的反应称为催化反应。催化反应的种类很多，根据催化剂和反应物存在的状态来划分，可分为均相催化反应和多相催化反应。相是指体系中宏观上看化学组成、物理性质、化学性质完全相同的部分。相与相之间有明确的物理界面，超过此界面，一定有某宏观性质(如密度、组成等)发生突变。均相催化反应是指催化剂与反应物同处一相，而多相催化反应一般是催化剂自成一相。

1. 均相催化

均相催化主要有液相和气相两种均相催化类型。例如，

$$CH_3CHO \longrightarrow CH_4 + CO$$

活化能为 190.37 kJ · mol^{-1}，加入 I_2 作催化剂后反应机理为

① $$CH_3CHO + I_2 \longrightarrow CH_3I + HI + CO$$

② $$CH_3I + HI \longrightarrow CH_4 + I_2$$

反应①比反应②慢，为控速步骤，反应①的活化能为 135.98 kJ · mol^{-1}。由阿伦尼乌斯公式可以计算出在 700 K 时，加入催化剂使反应速率提高 10000 倍。

在均相催化中，最普遍而重要的一种是酸碱催化反应。例如，酯类的水解是以 H^+作催化剂：

$$CH_3COOCH_3 + H_2O \xrightarrow{H^+} CH_3COOH + CH_3OH$$

又如，OH^-可催化 H_2O_2 的分解：

$$2H_2O_2 \xrightarrow{OH^-} 2H_2O + O_2$$

在均相催化反应中也有无需另加催化剂而能自动发生催化作用的。例如，向硫酸酸化的 H_2O_2 水溶液中加入 $KMnO_4$，最初觉察不到反应的发生：

$$5H_2O_2(aq) + 2MnO_4^-(aq) + 6H^+(aq) = 5O_2(g) + 2Mn^{2+}(aq) + 8H_2O(aq)$$

但经过一段时间后，溶液中 $KMnO_4$ 特有的紫红色迅速褪去，表明随着反应的进行，反应速率逐渐加快，这是由于反应生成的 Mn^{2+} 对反应起催化作用，这类反应称为自动催化反应。

2. 多相催化

多相催化在化工生产和科学实验中大量应用。最常见的催化剂是固体，反应物为气体或液体。重要的化工生产如合成氨、接触法制硫酸、氨氧化法生产硝酸、原油裂解及基本有机合成工业等几乎都是气相反应应用固体物质作催化剂。例如，合成氨的反应

$$N_2(g) + 3H_2(g) \longrightarrow 2NH_3(g)$$

用铁作催化剂，反应历程有所改变。首先气相中的氮分子被吸附在铁催化剂的表面上，使氮分子的化学键减弱，继而化学键断裂，离解为氮原子，如图 3-9 所示。同样地，气相中的氢气分子也在铁催化剂表面离解成氢原子，然后与表面上的氮原子作用，逐步生成═NH、—NH_2 和 NH_3。

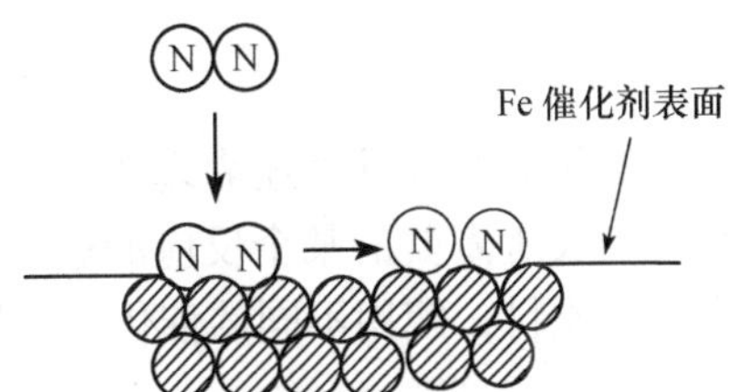

图 3-9　N_2 通过吸附作用在铁催化剂表面离解示意图

$$N_2 + 2Fe \longrightarrow 2N—Fe$$

$$H_2 + 2Fe \longrightarrow 2H—Fe$$

$$N—Fe + H—Fe \longrightarrow Fe_2NH$$

$$Fe_2NH + H—Fe \longrightarrow Fe_3NH_2$$

$$Fe_3NH_2 + H—Fe \longrightarrow Fe_4NH_3$$

$$Fe_4NH_3 \longrightarrow 4Fe + NH_3$$

上述各步反应的活化能都较低，因此反应速率显著提高。

由于多相催化与表面吸附有关，因此表面积越大，催化效率越高。但是整个固体催化剂表面上只有一小部分具有催化活性，称之为活性中心。许多催化剂常因加入少量某种物质而使表面积增大许多。例如，在用 Fe 催化合成氨时，加入 1.03%的 Al_2O_3，即可使 Fe 催化剂的比表面积由 0.55 $m^2 \cdot g^{-1}$ 增加到 9.44 $m^2 \cdot g^{-1}$。也有的物质会使催化剂表面电子云密度增大，使催化剂的活性中心的效果增强。例如，在 Fe 中加入少量 K_2O，即可达到此目的。Al_2O_3 和 K_2O 自身对合成氨反应并无催化作用，却可以使 Fe 催化剂的催化能力大大增强，这类物质称为助催化剂。

另外，当反应体系中含有少量的某些杂质，就会严重降低甚至完全破坏催化剂的活性，这类物质称为催化毒物，此现象称为催化剂中毒。例如，在 SO_2 的接触氧化中，Pt 是高效催化剂，但少量的 As 会使 Pt 中毒失活。在合成氨反应中，O_2、CO、CO_2、水汽、PH_3 以及 S 及其化合物等杂质都可使 Fe 催化剂中毒。因此，多相催化应用于工业生产中，保持原料的纯净是十分重要的。

在工业上，催化剂通常附着在一些不活泼的多孔物质上，称为催化剂的载体。载体的作

用是使催化剂分散，产生较大的比表面积。选用导热性较好的载体有助于反应过程中催化剂散热，避免催化剂在载体上比表面熔结等。同时，催化剂分散在载体上只需薄薄的一层，可节省催化剂的用量，借助载体增强了催化剂的强度。常用的载体有硅藻土、高岭土、硅胶和分子筛等。

3.5.3 催化剂的选择性

催化剂具有特殊的选择性，表现在不同的反应需要采用不同的催化剂，即使这些不同的反应属于同一类型也是如此。例如，SO_2的氧化用 Pt 或 V_2O_5 作催化剂，而乙烯的氧化则要用 Ag 作催化剂：

$$C_2H_4 + \frac{1}{2}O_2 \xrightarrow{Ag} \underset{\diagdown\ \diagup \atop O}{CH_2{-}CH_2}$$

催化剂的选择性还表现在，同样的反应物可能有许多平行反应时，如果选用不同的催化剂可增大所需要的某个反应的速率，同时对其他不需要的反应加以抑制。例如，工业上以水煤气为原料，使用不同的催化剂可以得到不同的产物：

$$CO(g) + H_2O(g)\begin{cases}(1)\ \xrightarrow[\text{Cu催化},537K]{300\times10^5 Pa} CH_3OH \\ (2)\ \xrightarrow[\text{活化Fe-Co},473\ K]{20\times10^5 Pa} \text{烷烃和烯烃的混合物} + H_2O(\text{合成油}) \\ (3)\ \xrightarrow[\text{Ni催化},523\ K]{\text{常压}} CH_4 + H_2O \\ (4)\ \xrightarrow[\text{Ru催化},423\ K]{150\times10^5 Pa} \text{固体石蜡}\end{cases}$$

充分利用催化剂的选择性，可以高效地合成目标产物。关于催化剂的选择性，广泛地存在于生物体中的酶催化反应，其专属催化选择性超过任何人造催化剂。例如，脲酶只将尿素迅速转化成氨和二氧化碳，而对其他反应没有任何活性；同时酶催化具有效率高的特点，通常比人造催化剂的效率高出 10^9～10^{15} 倍。例如，1 个过氧化氢分解酶分子在 1 s 内可分解十万个过氧化氢分子。而且酶催化反应条件温和，一般在常温、常压下进行，不过酶催化反应历程复杂，受 pH、温度、离子强度影响较大。

综上所述，催化剂在现代化学工业中占有极其重要的地位，选用合适的催化剂能极大地改变反应速率、提高反应实际应用的价值。

思　考　题

1. 什么是化学反应的平均速率、瞬时速率？两种反应速率之间有什么区别与联系？

2. 分别用反应物浓度和生成物浓度的变化表示下列各反应的平均速率和瞬时速率，并表示出用不同物质浓度变化所示的反应速率之间的关系。这种关系对平均速率和瞬时速率是否均适用？

(1) $N_2 + 3H_2 \longrightarrow 2NH_3$

(2) $2SO_2 + O_2 \longrightarrow 2SO_3$

(3) $aA + bB \longrightarrow gG + hH$

3. 简述反应速率的碰撞理论的理论要点。

4. 简述反应速率的过渡状态理论的理论要点。

5. 什么是基元反应？什么是复杂反应？试举例说明质量作用定律只适用于基元反应的理由。

6. 如何正确理解各种反应速率理论中活化能的意义？

7. 对于右图所示的体系，哪种说法是正确的？

(1) 正向反应是放热的；

(2) 正向反应是吸热的；

(3) 逆向反应的 E'_a 大于正向反应的 E_a；

(4) 正向反应的 $E_a = 0$。

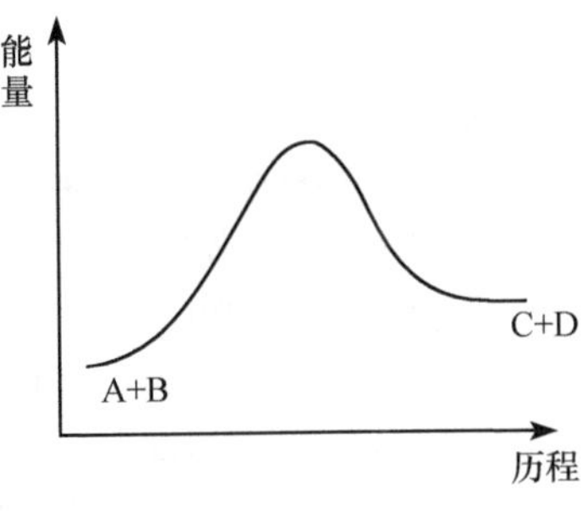

习　题

1. 反应 $C_2H_6 \longrightarrow C_2H_4 + H_2$，开始阶段反应级数近似为 3/2，910 K 时速率常数为 1.13 $(dm^3)^{0.5} \cdot mol^{-0.5} \cdot s^{-1}$。试计算 $C_2H_6(g)$的压力为 1.33×10^4 Pa 时的起始分解速率 v_0 (以 $c_{C_2H_6}$ 的变化表示)。

2. 295 K 时，反应 $2NO + Cl_2 \longrightarrow 2NOCl$ 中反应物浓度与反应速率关系的数据如下：

c_{NO} /(mol · dm^{-3})	c_{Cl_2} /(mol · dm^{-3})	v_{Cl_2} /(mol · dm^{-3})
0.100	0.100	8.0×10^{-3}
0.500	0.100	2.0×10^{-1}
0.100	0.500	4.0×10^{-2}

问：(1) 对不同反应物反应级数各为多少？

(2) 写出反应的速率方程；

(3) 反应的速率常数为多少？

3. 反应 $2NO(g) + 2H_2(g) \longrightarrow N_2(g) + 2H_2O(g)$ 的反应速率与 NO(g)浓度的二次方成正比，与 $H_2(g)$浓度的一次方成正比，试回答下列问题：

(1) 写出 N_2 生成的速率方程式；

(2) 如果浓度以 mol · dm^{-3} 表示，反应速率常数 k 的单位是什么？

(3) 写出 NO 浓度减小的速率方程式，这里的速率常数 k 值和(1)中的 k 值是否相同？两个 k 值之间的关系是怎样的？

4. 设想有一基元反应 $a\text{A} + b\text{B} + c\text{C} \longrightarrow$ 产物，如果实验表明 A、B 和 C 的浓度分别增加 1 倍后，整个反应速率增为原反应速率的 64 倍；而若 A 与 B 的浓度保持不变，仅 C 的浓度增加 1 倍，则反应速率增为原来的 4 倍；而 A 与 B 的浓度各单独增大到 4 倍时，其对速率的影响相同。求 a、b、c 的数值，这个反应是否可能是基元反应？

5. 一氧化碳与氯气在高温下作用得到光气($COCl_2$)，实验测得反应的速率方程为

$$\frac{\mathrm{d}c_{COCl_2}}{\mathrm{d}t} = kc_{CO}c_{Cl_2}^{\frac{3}{2}}$$

有人建议其反应机理为

$$Cl_2 \underset{k_{-1}}{\overset{k_1}{\rightleftharpoons}} 2Cl$$

$$Cl + CO \underset{k_{-2}}{\overset{k_2}{\rightleftharpoons}} COCl$$

$$COCl + Cl_2 \xrightarrow{k_3} COCl_2 + Cl$$

(1) 试说明这一机理与速率方程是否相符合；

(2) 指出反应速率方程式中的 k 与反应机理中的速率常数(k_1，k_{-1}，k_2，k_{-2})之间的关系。

6. 正三价钒离子被催化氧化为四价状态的反应历程被认为是如下过程：

$$V^{3+} + Cu^{2+} \longrightarrow V^{4+} + Cu^{+} \qquad (慢)$$

$$Cu^{+} + Fe^{3+} \longrightarrow Cu^{2+} + Fe^{2+} \qquad (快)$$

试回答：

(1) 写出该反应的速率方程式；

(2) 哪种物质为催化剂？

(3) 哪种物质为中间产物？

7. 高温时 NO_2 分解为 NO 和 O_2，其反应速率方程式为 $v_{NO_2} = kc_{NO_2}^2$。在 592 K，速率常数是 0.498 $dm^3 \cdot mol^{-1} \cdot s^{-1}$，在 656 K，其值变为 4.74 $dm^3 \cdot mol^{-1} \cdot s^{-1}$，计算该反应的活化能。

8. 如果一个反应的活化能为 117.15 $kJ \cdot mol^{-1}$，问在什么温度时反应的速率常数 k 的值是 400 K 时速率常数的值的 2 倍？

9. 反应 $N_2O_5 \rightleftharpoons 2NO_2 + O_2$，其温度与速率常数关系的数据列于下表，求反应的活化能。

T/K	k/s^{-1}	T/K	k/s^{-1}
338	4.87×10^{-3}	308	1.35×10^{-4}
328	1.50×10^{-3}	298	3.46×10^{-5}
318	4.98×10^{-4}	273	7.87×10^{-7}

10. $CO(CH_2COOH)_2$ 在水溶液中分解成丙酮和二氧化碳，分解反应的速率常数在 283 K 时为 1.08×10^{-4} $mol \cdot dm^{-3} \cdot s^{-1}$，333 K 时为 5.48×10^{-2} $mol \cdot dm^{-3} \cdot s^{-1}$，试计算在 303 K 时，分解反应的速率常数。

11. 反应 $2HI(g) \rightleftharpoons H_2(g) + I_2(g)$ 在 575 K、700 K 时的速率常数分别为 2.75×10^{-6} $dm^3 \cdot mol^{-1} \cdot s^{-1}$ 和 5.50×10^{-4} $dm^3 \cdot mol^{-1} \cdot s^{-1}$，求该反应的活化能 E_a 和指前因子 A。

12. 反应 $2NO_2 \rightleftharpoons 2NO + O_2$ 是一个基元反应，正反应的活化能为 114 $kJ \cdot mol^{-1}$，反应的热效应 $\Delta_r H_m^{\ominus} = -113$ $kJ \cdot mol^{-1}$。

(1) 写出正反应速率方程式，并计算逆反应的活化能；

(2) 当温度由 600 K 升高至 700 K 时，正、逆反应速率各增加多少倍？

13. 当反应温度为 321 K，催化剂 HCl 的浓度为 0.1 $mol \cdot dm^{-3}$ 时，测得蔗糖(A)转化为葡萄糖和果糖的反应动力学方程式是 $v = 0.01193c_A$，若蔗糖的初始浓度为 0.200 $mol \cdot dm^{-3}$，反应容器的有效容积是 3 dm^3，试计算：

(1) 反应的初始速率；

(2) 25 min 后至少可得葡萄糖和果糖的物质的量为多少？

(3) 25 min 时蔗糖的转化率为多少？

14. 在反应 $A \longrightarrow X + Y$ 中，已知物质 A 的初始浓度为 0.50 $mol \cdot dm^{-3}$，初始速率 $v_{A,0}$ 为 0.02 $mol \cdot dm^{-3} \cdot min^{-1}$，如果假定该反应分别为零级、一级、二级反应，试分别计算：

(1) 各级反应的速率常数 k_A；

(2) 各级反应 A 的半衰期；

(3) 当物质 A 的浓度变为 0.05 $mol \cdot dm^{-3}$ 时所需的反应时间。

第4章　原子结构

迄今为止，已发现了 118 种元素，这些元素的原子按照一定的组成结构形成了千千万万种性质不同的物质。物质在性质上的差别是由物质的内部结构不同引起的。在化学变化中，原子核并不发生变化，只是核外电子的运动状态发生变化。因此，要了解和掌握物质的性质，尤其是化学性质及其变化规律，首先必须了解物质内部的结构，特别是原子结构及核外电子的运动状态。掌握了原子结构理论，对于后续的分子结构理论的学习也有重要的意义。

4.1　核外电子的运动状态

4.1.1　氢光谱和玻尔理论

1. 氢光谱

近代原子结构理论的建立是从研究氢原子光谱开始的。氢原子光谱实验如图 4-1 所示。在一个熔接着两个电极且抽成高真空的玻璃管内，装进高纯的低压氢气，然后在两极上施加很高的电压，使低压气体放电，氢原子在电场的激发下发光。若使这种光线经狭缝通过棱镜分光后，可得含有几条谱线的线状光谱——氢原子光谱。氢原子光谱在可见光区有四条比较明显的谱线，通常用 H_α、H_β、H_γ、H_δ来标志，如图 4-2 所示。

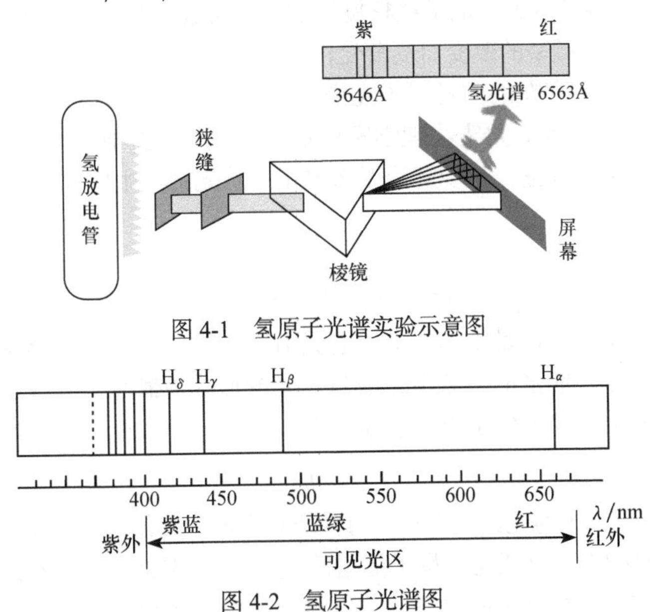

图 4-1　氢原子光谱实验示意图

图 4-2　氢原子光谱图

在原子光谱中，各谱线的波长或频率有一定的规律性。1883 年，瑞士物理学家巴耳末(Balmer)发现氢原子光谱可见光区各谱线的波长之间有如下关系：

$$\lambda = B\left(\frac{n^2}{n^2-4}\right) \tag{4-1}$$

式中，λ为波长；B为常数；当n分别为3、4、5、6时，式(4-1)就分别给出H_α、H_β、H_γ、H_δ四条谱线的波长。1913 年，瑞典物理学家里德堡(Rydberg)仔细测定了氢原子光谱可见光区各谱线的频率，找出了能概括谱线之间普遍联系的公式，即里德堡公式：

$$\nu = R\left(\frac{1}{n_1^2}-\frac{1}{n_2^2}\right) \tag{4-2}$$

式中，ν为频率；R为里德堡常量，其值为$3.289\times10^{15}\ s^{-1}$；$n_1$和$n_2$为正整数，而且$n_2 > n_1$。式(4-2)也经常用下式表示：

$$\bar{\nu} = R_H\left(\frac{1}{n_1^2}-\frac{1}{n_2^2}\right) \tag{4-3}$$

式中，$\bar{\nu}$为波数，即波长的倒数，$\bar{\nu}=\frac{1}{\lambda}=\frac{\nu}{c}$，$cm^{-1}$；$R_H$也称为里德堡常量，其值为$1.097\times10^5\ cm^{-1}$。后来在氢光谱的紫外线区和红外线区分别发现了莱曼(Lyman)线系和帕邢(Paschen)线系。这些谱线系中，各谱线的频率和波数也符合式(4-2)和式(4-3)所表示的关系。事实证明，这些经验公式在一定程度上反映了原子光谱的规律性。

19 世纪末，当人们试图从理论上解释原子光谱现象时，发现经典电磁理论及有核原子模型与原子光谱实验的结果发生了尖锐的矛盾。因为根据经典电磁理论，绕核高速旋转的电子将不断以电磁波的形式发射出能量。这将导致两种结果：

(1) 电子不断辐射释放能量，自身能量会不断减少，电子运动的轨道半径也将逐渐缩小，电子就会落在原子核上，即有核原子模型所表示的原子是一个不稳定的体系。

(2) 电子自身能量逐渐减少，电子绕核旋转的频率也逐渐改变。根据经典电磁理论，辐射电磁波的频率将随着旋转频率的改变而逐渐变化，因而原子发射的光谱应是连续光谱。

事实上，原子是稳定存在的而且原子光谱不是连续光谱而是线状光谱。这些矛盾是经典理论所不能解释的。1913 年，丹麦物理学家玻尔(Bohr)引用德国物理学家普朗克(Planck)的量子论，提出玻尔原子结构理论，初步解释了氢原子线状光谱产生的原因和光谱的规律性。

2. 玻尔理论

1900 年，普朗克首先提出了当时被誉为“物理学上一次划时代革命”的量子化理论。普朗克认为能量像物质微粒一样是不连续的，它具有微小的分立的能量单位——量子。物质吸收或发射的能量总是量子能量的整数倍。能量以光的形式传播时，其最小单位又称光量子，也称为光子。光子能量的大小与光的频率成正比：

$$E = h\nu \tag{4-4}$$

式中，E为光子的能量；ν为光的频率；h为普朗克常量，其值为$6.626\times10^{-34}\ J\cdot s$。物质以光的形式吸收或发射的能量只能是光量子能量的整数倍，即称这种能量是量子化的。

电量的最小单位是一个电子的电量，故电量也是量子化的。量子化的概念只有在微观领域里才有意义，量子化是微观领域的重要特征。而在宏观世界中，以一个光子的能量为单位去计算能量或以一个电子的电量去计算电量都是没有意义的。1913 年，玻尔在普朗克量子论、爱因斯坦(Einstein)光子学说和卢瑟福(Rutherford)有核原子模型的基础上，提出了原子结构理论的三点假设：

(1) 电子不是在任意轨道上绕核运动，而是在一些符合一定条件的轨道上运动。这些轨道的角动量 P 必须等于 $h/2\pi$ 的整倍数，即

$$P = mvr = n\frac{h}{2\pi} \tag{4-5}$$

式中，m 为电子的质量；v 为电子运动的速率；r 为轨道半径；h 为普朗克常量；π 为圆周率；n 为正整数 1, 2, 3, …。式(4-5)称为玻尔的量子化条件，这些符合量子化条件的轨道称为稳定轨道，它具有固定的能量 E。电子在稳定轨道上运动时，并不放出能量。

(2) 电子在离核越远(n 越大)的轨道上运动，其能量越大。在正常情况下，原子中的各电子尽可能处在离核最近的轨道上，因为这样原子的能量最低，即原子处于基态。当原子从外界获得能量时(如灼热、放电、辐射等)电子可以跃迁到离核较远的轨道上，即电子被激发到较高能量的轨道上，这时原子和电子处于激发态。

(3) 处于激发态的电子不稳定，可以跃迁到离核较近的轨道上，这时会以光子形式放出能量，即释放出光能。光的频率取决于能量较高的轨道的能量与能量较低的轨道的能量之差：

$$h\nu = E_2 - E_1 \tag{4-6}$$

即

$$\nu = \frac{E_2 - E_1}{h} \tag{4-7}$$

式中，E_2 为电子处于激发态时的能量；E_1 为低能量轨道的能量；ν为频率；h 为普朗克常量。

在上述假设的基础上，玻尔根据经典力学原理和量子化条件，计算了电子运动的轨道半径 r 和电子的能量 E。

$$E = -\frac{13.6}{n^2}\text{ eV} \tag{4-8}$$

将 n 值分别代入式(4-8)，得到

$$n = 1,\quad E_1 = -13.6\text{ eV}$$

$$n = 2,\quad E_2 = -\frac{13.6}{4}\text{ eV}$$

$$n = 3,\quad E_3 = -\frac{13.6}{9}\text{ eV}$$

$$\vdots$$

由此可见，随着 n 的增加，电子离核越来越远，电子的能量以量子化的方式不断增加，因此 n 被称为量子数。当量子数 $n\to\infty$时，意味着电子完全脱离原子核电场的引力，能量 $E = 0$。

玻尔理论成功地解释了氢光谱产生的原因和规律性。根据玻尔理论，在通常的条件下，氢原子中的电子在特定的稳定轨道上运动，这时它不会放出能量，因此在通常条件下氢原子是不会发光的，同时氢原子也不会发生自发毁灭的现象。但是，当氢原子受到放电等能量激发时，核外电子获得能量从基态跃迁到激发态。处于激发态的电子极不稳定，它会迅速地回到能量较低的轨道，并以光子的形式放出能量。放出光子的频率大小取决于电子跃迁时两个轨道能量之差，即

$$h\nu = \Delta E = E_2 - E_1 \tag{4-9}$$

式中，E_2 和 E_1 分别为高能级和低能级的能量。由于轨道的能量是量子化的，因此放出的光子的频率也是不连续的。氢光谱是线状光谱，其原因就在于此。

玻尔理论对于代表氢光谱规律性的里德堡经验公式也给予了满意的解释。假如 n_2 和 n_1 是氢原子两条轨道的量子数，轨道能量分别为 E_2 和 E_1，而且 $n_2 > n_1$，再根据经典力学原理和量子化学条件计算出的电子运动的轨道半径和能量的关系，得

$$\nu = 3.289\times 10^{15}\left(\frac{1}{n_1^2}-\frac{1}{n_2^2}\right)\text{s}^{-1} \tag{4-10}$$

式(4-10)和式(4-2)完全一致。这就从理论上解释了氢光谱的规律性。式(4-10)中的 n_1 和 n_2 有明确的物理意义，它们分别代表不同层的轨道。从式(4-10)中可以算出当电子分别从 $n_2 = 3, 4, 5, \cdots$ 的轨道上跃迁到 $n_1 = 2$ 的轨道上时产生的光谱线系正是巴耳末最早研究的谱线，即巴耳末线系；当电子从 $n_2 = 2, 3, 4, \cdots$ 的轨道跃迁到 $n_1=1$ 的轨道上时即产生莱曼线系，其余类推，如图 4-3 所示。

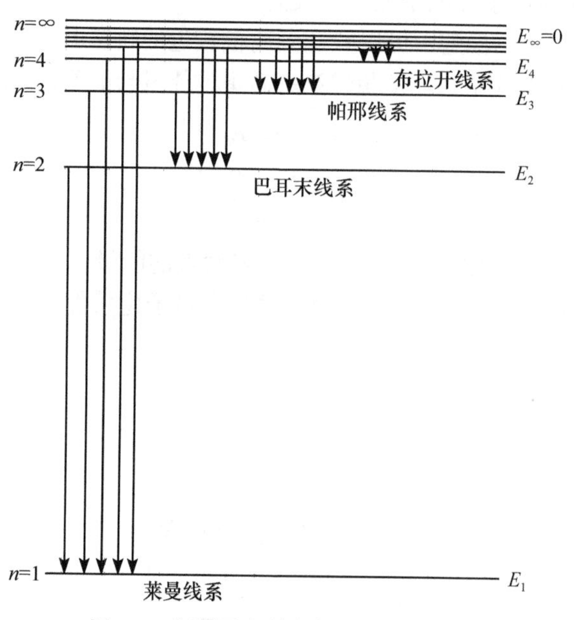

图 4-3　氢原子光谱中各线系谱线产生

玻尔理论也可以用来计算氢原子的电离能。欲使一基态氢原子电离，必须提供原子足够的能量，才能使电子由 $n=1$ 的轨道变为自由电子(相当于 $n=\infty$)，即电子脱离原子核的引力。能量差 ΔE 可用下式求得：

$$\Delta E = E_\infty - E_1 = 0 - \frac{-13.6\ \text{eV}}{n^2} = 13.6\ \text{eV}$$

这表明要使 1 mol 氢原子电离则需吸收 13.6 eV 的 6.02×10^{23} 倍能量，若用单位 $\text{kJ} \cdot \text{mol}^{-1}$ 表示，这个能量为 1311.6 $\text{kJ} \cdot \text{mol}^{-1}$。它与实验所测得的氢的电离能(1312 $\text{kJ} \cdot \text{mol}^{-1}$)非常接近。

玻尔理论虽然成功地解释了原子的发光现象和氢原子光谱的规律性，但无法解释氢光谱的精细结构。在精密的分光镜下观察氢光谱，发现每一条谱线均分裂为几条波长相差甚微的谱线。在磁场内，各谱线还可以分裂为几条谱线。玻尔理论对这种光谱的精细结构无法解释，同时玻尔理论也不能解释多电子原子、分子或固体的光谱。这说明玻尔理论有很大的局

限性，原因在于玻尔理论虽然引用了普朗克的量子化概念，但它毕竟还属于旧量子论的范畴，旧量子论在某些方面反映了微观世界的特征，能部分解释某些现象，但旧量子论是不彻底的，它只是在经典力学连续性概念的基础上，加上了一些人为的量子化条件。例如，玻尔理论在讨论氢原子中电子运动的圆周轨道和计算轨道半径时，都是以经典力学为基础，因此它不能正确反映微观粒子的运动规律，它必然被新的彻底的量子论所取代。量子力学是建立在微观世界的量子性和微粒运动规律的统计性这两个基本特征基础上的，所以它能正确地反映微粒运动的规律。

4.1.2 微观粒子的波粒二象性

1. 光的波粒二象性

到 20 世纪初，人们根据光的干涉、衍射和光电效应等各种实验现象认识到光既具有波动性，又具有粒子性，即光具有波粒二象性。普朗克的量子论和爱因斯坦的光子学说中提出了关系式：

$$E = h\nu = h\frac{c}{\lambda} \tag{4-11}$$

结合相对论中的质能联系定律 $E = mc^2$，可以推出光子的波长 λ 和动量 P 之间的关系：

$$P = mc = \frac{E}{c} = \frac{h\nu}{c} = \frac{h}{\lambda} \tag{4-12}$$

式(4-11)和式(4-12)中，左边是表征粒子性的物理量能量 E 和动量 P，右边是表征波动性的物理量频率 ν 和波长 λ，这两种性质通过普朗克常量定量地联系起来，从而很好地揭示了光的本质。波粒二象性是光的属性，在一定条件下，波动性比较明显；在另一种条件下，粒子性比较明显。例如，光在空间传播过程中发生的干涉、衍射现象就突出表现了光的波动性；而光与实物接触进行能量交换时就突出地表现出光的粒子性，发生光电效应时就是如此。

2. 电子的波粒二象性

1924 年，法国年轻的物理学家德布罗意(de Broglie)在光的波粒二象性的启发下，大胆地提出了实物粒子、电子、原子等也具有波粒二象性的假设。他指出，电子等微粒除了具有粒子性外也有波动性，并根据波粒二象性的关系式(4-12)预言高速运动的电子的波长 λ 符合公式：

$$\lambda = \frac{h}{P} = \frac{h}{mv} \tag{4-13}$$

式中，m 为电子的质量；v 为电子的速度；P 为电子的动量；h 为普朗克常量。这种波通常称为物质波，也称为德布罗意波。

1927 年，电子衍射实验证实了德布罗意的假设。人们发现，当电子射线穿过一薄晶片时，像单色光通过小圆孔一样发生衍射现象。电子衍射实验如图 4-4 所示。电子从阴极灯丝 K 飞出，经过电势差为 V 的电场加速后，通过小孔 D，成为很细的电子束。M 是薄晶片，晶体中质点间有一定的距离，相当于小狭缝。电子束穿过 M 投射到有感光底片的屏幕 P 上，得到一系列明暗相间的衍射环纹。电子发生衍射现象说明电子运动与光相似，具有波动性。

若电子运动的速率为光速的一半，$v = 1.5 \times 10^8\ \text{m} \cdot \text{s}^{-1}$，电子质量 $m = 9.11 \times 10^{-31}$ kg，普朗克常量 $h = 6.626 \times 10^{-34}\ \text{J} \cdot \text{s}$，由式(4-13)可求出该电子的德布罗意波波长 λ：

$$\lambda = \frac{h}{mv} = \frac{6.626\times10^{-34}}{9.11\times10^{-31}\times1.5\times10^{8}} = 4.85\times10^{-12}(\text{m})$$

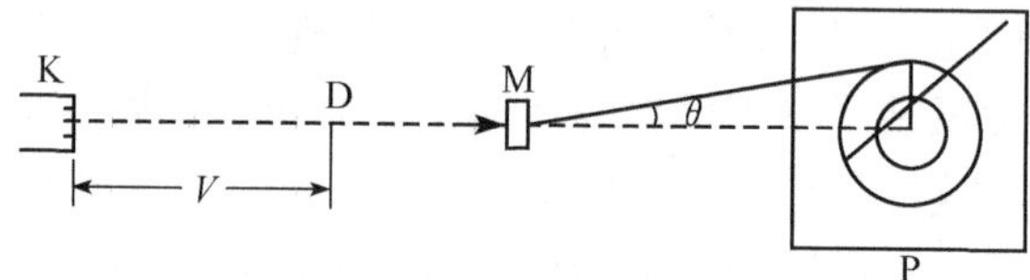

图 4-4 电子衍射示意图

电子既有波动性，又有粒子性，即电子具有波粒二象性。实际上，运动着的质子、中子、原子和分子等微粒也能产生衍射现象，说明这些微粒也都有波动性。所以，波粒二象性是微观粒子的运动特征。由于微观粒子与宏观物体不同，它具有波粒二象性，因此描述电子等微粒的运动规律不能沿用经典的牛顿力学，而要用描述微粒运动的量子力学。

3. 海森堡测不准原理

在经典力学中，人们能准确地同时测定一个宏观物体的位置和动量。例如，我们知道炮弹的初位置、初速度及其运动规律，就能同时准确地知道某一时刻炮弹的位置和运动速率及具有的动量。但是量子力学认为，对于具有波粒二象性的微观粒子，人们不可能同时准确地测定它的空间位置和动量。这可从海森堡测不准原理得以说明。1927 年，德国物理学家海森堡(Heisenberg)提出了量子力学中一个重要关系式——测不准关系，其数学表达式为

$$\Delta x \cdot \Delta P \geqslant \frac{h}{2\pi} \quad 或 \quad \Delta x \geqslant \frac{h}{2\pi m \Delta v} \tag{4-14}$$

式中，Δx 为粒子位置的不准量；ΔP 为粒子动量的不准量；Δv 为粒子运动速率的不准量。测不准关系式的含义是：用位置和动量两个物理量来描述微观粒子的运动时，只能达到一定的近似程度。即粒子在某一方向上位置的不准量和在此方向上动量的不准量的乘积一定大于或等于常数 $\frac{h}{2\pi}$。这说明粒子位置的测定准确度越大(Δx 越小)，则其相应的动量的准确度就越小(ΔP 越大)，反之亦然。从式(4-14)还可以看出，当粒子的质量 m 越大时，$\Delta x \cdot \Delta v$ 越小，所以对于 m 大的宏观物体来说，是可能同时准确地测量位置和速率的。

例如，质量 $m = 10$ g 的宏观物体子弹，它的位置能准确地测到 $\Delta x = 0.01$ cm，则其速率测不准情况为

$$\Delta v \geqslant \frac{h}{2\pi m \Delta x} = \frac{6.626\times10^{-34}}{2\times3.14\times10\times10^{-3}\times0.01\times10^{-2}} = 1.055\times10^{-28}(\mathrm{m\cdot s^{-1}})$$

由此可见，对宏观物体来说，测不准情况是微不足道的，Δx 和 Δv 的值均小到可以被忽略的程度，所以可认为宏观物体的位置和速率是能同时准确测定的。

对于微观粒子如电子来说，由于其 $m = 9.11 \times 10^{-31}$ kg，考虑到原子的半径的数量级为 10^{-10} m，于是 Δx 至少要达到 10^{-11} m 才近于合理，则其速率的测不准情况为

$$\Delta v \geqslant \frac{h}{2\pi m \Delta x} = \frac{6.626\times10^{-34}}{2\times3.14\times9.11\times10^{-31}\times10^{-11}} = 1.158\times10^{7}(\mathrm{m\cdot s^{-1}})$$

速率的不准确程度过大。因此若 m 非常小，位置和速率就不能同时准确地测定。

测不准关系很好地反映了微观粒子的运动特征，但对于宏观物体来说，实际上是不起作用的。应该指出的是，测不准关系并不是说微观粒子的运动是虚无缥缈、不可认识的，而只是说明了不能把微观粒子和宏观物体同样用经典力学处理。测不准关系不但没有局限我们认

识客观世界的能力，反而促使我们对微观世界的客观规律有了更全面、更深刻的理解和认识。

4.1.3 波函数和原子轨道

1. 薛定谔方程——微粒的波动方程

海森堡的测不准原理否定了玻尔提出的原子结构模型。因为根据测不准原理，不可能同时准确地测定电子的运动速度和空间位置，这说明玻尔理论中核外电子的运动具有固定轨道的观点不符合微观粒子运动的客观规律。宏观物体的运动状态可以用轨道、速度等物理量来描述，但电子等微粒与宏观物体不同，它具有波粒二象性，不会有确定的轨道，那么怎样来描述电子等微粒的运动状态呢?

在微观领域里，具有波动性的粒子要用波函数ψ来描述。微观粒子的运动虽然不能同时准确地测出位置和动量，但它在某一空间范围内出现的概率却是可以用统计的方法描述的。波函数就和它所描述的粒子在空间某范围出现的概率有关。既然波函数和空间范围有关，它当然应是 x、y、z 三变量的函数。一个微观粒子在空间某范围内出现的概率直接与它所处的环境有关，尤其与它在这种环境中的总能量E及势能V更为密切，当然粒子本身的质量m也是至关紧要的决定因素。1925 年，奥地利物理学家薛定谔(Schrödinger)建立了著名的微观粒子的波动方程，一般称为薛定谔方程。

$$\frac{\partial^2\psi}{\partial x^2}+\frac{\partial^2\psi}{\partial y^2}+\frac{\partial^2\psi}{\partial z^2}+\frac{8\pi^2 m}{h^2}(E-V)\psi=0 \tag{4-15}$$

式中，波函数ψ为空间坐标x、y、z的函数；E为体系的总能量；V为势能，它和被研究粒子的具体处境有关；m 为粒子的质量。这是一个二阶偏微分方程，它的解将是一系列的波函数ψ的具体函数表达式，而这些波函数和所描述的粒子的运动情况与在空间某范围内出现的概率密切相关。

薛定谔方程的求解涉及较深的数学知识，这是后续课程的内容。在这里只定性地说明解薛定谔方程的步骤并定性地讨论这个方程的解。

为使运算简单，将在三维直角坐标系中的薛定谔方程变成在球坐标系中的形式。球坐标系中用三个变量 r、θ、ϕ表示空间位置(图 4-5)，r 表示点 P 到球心的距离；θ表示 OP 与 z 轴正向的夹角；ϕ表示 OP 在 xy 平面内的投影与x轴正向的夹角。显然有关系式：

$$x=r\sin\theta\cos\phi$$
$$y=r\sin\theta\sin\phi$$
$$z=r\cos\theta$$
$$r=\sqrt{x^2+y^2+z^2}$$

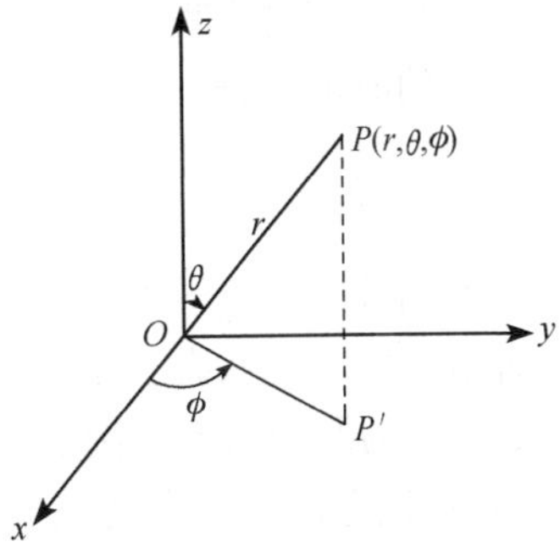

图 4-5 球坐标系

变换后的薛定谔方程为

$$\frac{1}{r^2}\frac{\partial}{\partial r}\left(r^2\frac{\partial\psi}{\partial r}\right)+\frac{1}{r^2\sin\theta}\frac{\partial}{\partial\theta}\left(\sin\theta\frac{\partial\psi}{\partial\theta}\right)+\frac{1}{r^2\sin^2\theta}\frac{\partial^2\psi}{\partial\phi^2}+\frac{8\pi^2 m}{h^2}(E-V)\psi=0 \tag{4-16}$$

坐标变换之后要分离变量，即将一个含有三个变量的方程化成只含一个变量的方程，以便求解。令

$$\psi(r,\theta,\phi)=R(r)Y(\theta,\phi) \tag{4-17}$$

式中，$R(r)$称为波函数ψ的径向部分；$Y(\theta,\phi)$称为波函数ψ的角度部分。再令

$$Y(\theta,\phi)=\Theta(\theta)\Phi(\phi) \tag{4-18}$$

在解$\Phi(\phi)$方程的过程中，为了保证解的合理性，需引入一个参数m，且必须满足

$$m=0, \pm 1, \pm 2, \cdots$$

在解$\Theta(\theta)$方程的过程中，又要引入参数l，l需满足条件$l=0, 1, 2, \cdots$，且$l \geqslant |m|$。在解$R(r)$方程的过程中，又要引入参数n，n为自然数，且n与l的关系为$n-1 \geqslant l$。由解得的$R(r)$、$\Theta(\theta)$和$\Phi(\phi)$即可求得波函数$\psi(r, \theta, \phi)$，且ψ是一个三变量r, θ, ϕ和三参数n, l, m的函数式。例如，当$n=1, l=0, m=0$时，

$$\psi_{1,0,0}=\overbrace{2\left(\frac{Z}{a_0}\right)^{\frac{3}{2}}\mathrm{e}^{-\frac{Zr}{a_0}}}^{R(r)}\times\overbrace{\frac{1}{\sqrt{4\pi}}}^{Y(\theta,\phi)} \tag{4-19}$$

当$n=2, l=0, m=0$时，

$$\psi_{2,0,0}=\overbrace{\frac{1}{2\sqrt{2}}\left(\frac{Z}{a_0}\right)^{\frac{3}{2}}\left(2-\frac{Zr}{a_0}\right)\mathrm{e}^{-\frac{Zr}{2a_0}}}^{R(r)}\times\overbrace{\frac{1}{\sqrt{4\pi}}}^{Y(\theta,\phi)} \tag{4-20}$$

当$n=2, l=1, m=0$时，

$$\psi_{2,1,0}=\overbrace{\frac{1}{2\sqrt{6}}\left(\frac{Z}{a_0}\right)^{\frac{5}{2}}r\,\mathrm{e}^{-\frac{Zr}{2a_0}}}^{R(r)}\times\overbrace{\left(\frac{3}{4\pi}\right)^{\frac{1}{2}}\cos\theta}^{Y(\theta,\phi)} \tag{4-21}$$

式中，a_0为玻尔半径，Z为核电荷数。对应于一组合理的n, l, m取值则有一个确定的波函数$\psi(r, \theta, \phi)_{n,l,m}$。$n, l, m$称为量子数，它们决定着波函数某些性质的量子化情况，后面还将详述(4.1.6小节)。

在解薛定谔方程，求解$\psi(r, \theta, \phi)$的表达式的同时，还求出了对应于每一个$\psi(r, \theta, \phi)_{n,l,m}$的特有的能量$E$值。

2. 原子轨道

波函数ψ是量子力学中描述核外电子在空间运动状态的数学函数式，一定的波函数表示一种电子的运动状态，量子力学中常借用经典力学中描述物体运动的“轨道”的概念，把波函数ψ称为原子轨道。例如，$\psi_{1,0,0}$就是1s轨道，也表示为ψ_{1s}，$\psi_{2,0,0}$就是2s轨道ψ_{2s}，$\psi_{2,1,0}$就是$2p_z$轨道ψ_{2p_z}。有的原子轨道是波函数的线性组合，如ψ_{2p_x}和ψ_{2p_y}就是由$\psi_{2,1,1}$和$\psi_{2,1,-1}$线性组合而成的。

这里的原子轨道和宏观物体的运动轨道是根本不同的，它只是代表原子中电子运动状态的一个函数，代表原子核外电子的一种运动状态。每一种原子轨道即每一个波函数都有与之相对应的能量E，对氢原子或类氢离子(核外只有一个电子)来说，其能量为

$$E_n=-13.6\frac{Z^2}{n^2}\mathrm{eV}$$

波函数ψ没有很明确的物理意义，但波函数绝对值的平方$|\psi|^2$却有明确的物理意义。它表示空间某处单位体积内电子出现的概率，即概率密度。$|\psi|^2$的空间图像又称为电子云的空间分布图像。为了深刻地理解波函数的物理意义，有必要对概率、概率密度、电子云等基本概念作进一步的讨论。

4.1.4　概率密度和电子云

1. 电子云的概念

具有波粒二象性的电子并不像宏观物体那样，沿着固定的轨道运动。不可能同时准确地测定一个核外电子在某一瞬间所处的位置和运动速度。但是能用统计的方法判断电子在核外空间某一区域内出现机会的多少。这种机会的多少在数学上称为概率。在电子衍射实验中，电子落在衍射环纹的亮环处的机会多，即概率大；落在暗环处的机会较少，即概率较小。

对于氢原子核外的一个电子的运动，假定能用高速照相机摄取一个电子在某一瞬间的空间位置，然后对在不同瞬间拍摄的千百万张照片上电子的位置进行考察。若分别观察每一张照片，似乎电子在原子核外毫无规则地运动，一会儿在这里出现，一会儿在那里出现；但是若将千百万张照片重叠在一起进行考察，则会发现明显的统计性规律。如图 4-6 所示，氢原子核外的电子经常出现的区域是核外的一个球形空间，即是千百万张照片重叠在一起的图像，每一个黑点表示一张照片上电子的位置。图中离核越近，小黑点越密；离核远些，小黑点较稀。这些密密麻麻的小黑点像一团带负电的云，把原子核包围起来，如同天空中的云雾一样，所以就用一个形象化的语言称它为电子云。

图 4-6　氢原子的 1s 电子云示意图

2. 概率密度

电子在空间出现的机会称为概率，在某单位体积内出现的概率则称为概率密度。所以电子在核外某区域内出现的概率等于概率密度与该区域总体积的乘积。电子运动的状态由波函数ψ描述，$|\psi|^2$则是电子在核外空间出现的概率密度。所以，知道了某个电子的波函数及$|\psi|^2$就等于知道了这个电子在核外空间各处的概率密度，进而可以知道在某个区域内出现的概率。

电子云也可以表示电子在核外空间的概率密度，图 4-6 中，小黑点密集的地方即表示那里电子出现的概率密度大。由此可见，电子云就是概率密度的形象化图示，也可以说电子云是$|\psi|^2$的图像。

处于不同运动状态的电子，它们的波函数ψ各不相同，其$|\psi|^2$当然也各不相同，表示$|\psi|^2$的图像，即电子云图当然也不一样。图 4-7 给出了各种状态的电子云的分布形状。下面分别介绍各种电子云的特点。

(1) s 电子云。它是球形对称的。凡处于 s 状态的电子，它在核外空间中半径相同的各个方向上出现的概率相同，所以 s 电子云是球形对称的。

(2) p 电子云。沿着某一个轴的方向上电子出现的概率密度最大，电子云主要集中在这样的方向上。在另两个轴上电子出现的概率密度几乎为零，在核附近也几乎为零，所以 p 电子云的形状呈无柄的哑铃形。p 电子云有三种不同的取向，根据集中的方向不同分别为 p_x、p_y和 p_z。

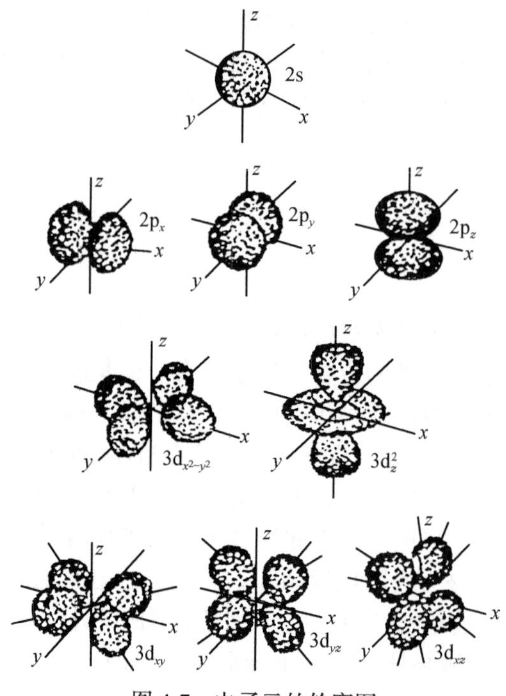

图 4-7　电子云的轮廓图

(3) d 电子云。形状似花瓣，它在核外空间中有五种不同分布。其中 d_{xy}、d_{yz} 和 d_{xz} 三种电子云彼此互相垂直，各有四个花瓣，分别在 xy、yz 和 xz 平面内，而且沿坐标轴的夹角平分线方向分布。$d_{x^2-y^2}$ 的电子形状和上面三种 d 电子云形状一样，也分布在 xy 平面内，四个花瓣沿坐标轴分布。d_{z^2} 电子云沿 z 轴有两个较大的花瓣，而围绕着 z 轴在 xy 平面上有一个圆环形分布。

(4) f 电子云。它在核外空间有七种不同分布。由于形状较为复杂，在这里不作介绍。

3. 概率密度分布的几种表示法

下面以氢原子核外 1s 电子的概率密度为例，介绍几种概率密度分布的表示法。

(1) 电子云图。图 4-6 可以看成是表示 1s 电子概率密度分布的电子云图。黑点的疏密程度则表示电子出现的概率密度的大小。从图中可以看出，原子核附近概率密度大，而离核越远，概率密度越小。

(2) 等概率密度面。将核外空间中电子出现概率密度相等的点用曲面连接起来，这样的曲面称为等概率密度面。如图 4-8 所示，1s 电子的等概率密度面是一系列的同心球面，球面上标的数值是概率密度的相对大小。

(3) 界面图。界面图是一个等密度面，电子在界面以内出现的概率占了绝大部分，如占 95%。1s 电子的界面图当然是一球面，如图 4-9 所示。

(4) 径向概率密度图。以概率密度$|\psi|^2$为纵坐标，半径 r 为横坐标作图，如图 4-10 所示。曲线表明 1s 电子的概率密度$|\psi|^2$随半径 r 的增大而减小。

4.1.5　波函数的空间图像

波函数ψ是 r, θ, ϕ 的函数，对于这样由三个变量决定的函数，在三维空间中难以画出其图像。可以利用式(4-17)，从角度部分和径向部分两方面分别讨论它们随 r 和θ、ϕ的变化。

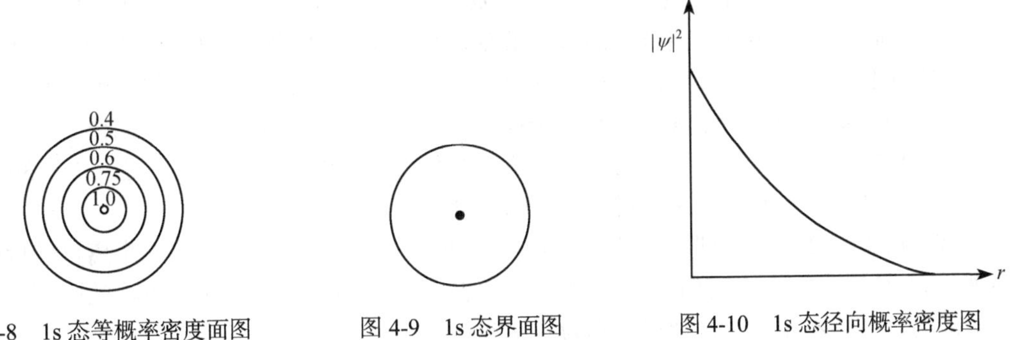

图 4-8　1s 态等概率密度面图　　图 4-9　1s 态界面图　　图 4-10　1s 态径向概率密度图

1. 径向分布

考虑一个离核距离为 r、厚度为 Δr 的薄层球壳，如图 4-11 所示。由于以 r 为半径的面的面积为 $4\pi r^2$，球壳薄层的体积近似为 $4\pi r^2\Delta r$，概率密度为$|\psi|^2$，故在这个球壳体积中发现电子的概率为$4\pi r^2|\psi|^2\Delta r$。将$4\pi r^2|\psi|^2\Delta r$除以厚度 Δr，即得单位厚度球壳中的概率 $4\pi r^2|\psi|^2$。如果只考虑径向部分，令 $D(r)=4\pi r^2 R(r)^2$，$D(r)$是 r 的函数，称 $D(r)$为径向分布函数。

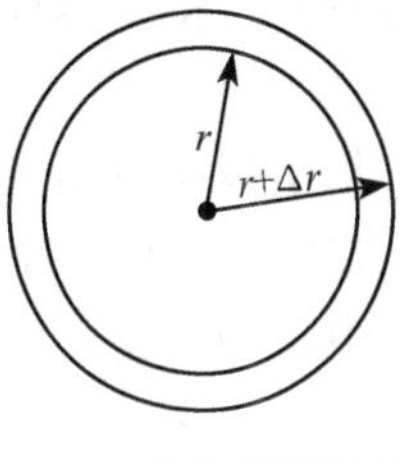

r　$r+\Delta r$

图 4-11　球壳薄层示意图

若以 $D(r)$为纵坐标，r 为横坐标作图，可得各种状态的电子的概率的径向分布图，如图 4-12 所示。

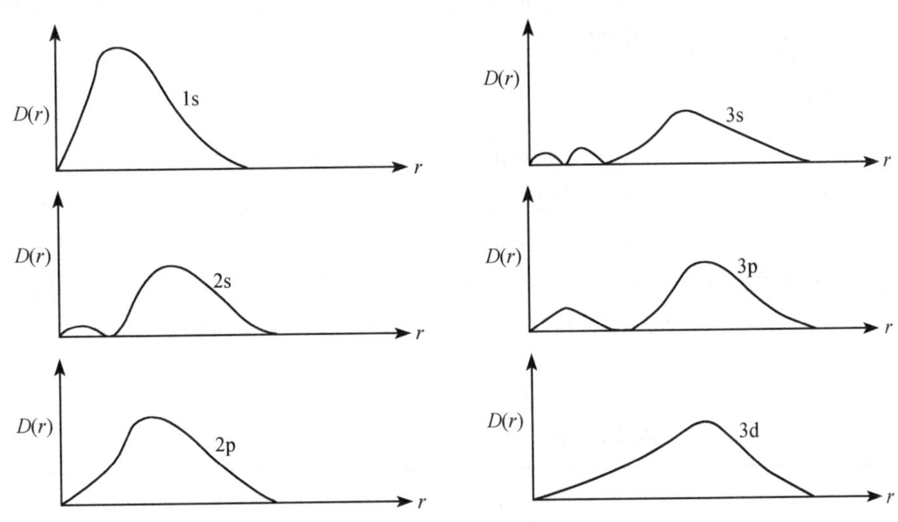

图 4-12　氢原子各种状态的径向分布图

对于径向分布函数及其图像，应注意以下几点：

(1) $D(r)\Delta r$ 代表在半径 r 和 $r+\Delta r$ 的两个球面夹层内发现电子的概率。$D(r)$与$|\psi|^2$ 的物理意义不同，$|\psi|^2$ 为概率密度，指在核外空间某点附近单位体积内发现电子的概率，而 $D(r)$是指在半径为 r 的单位厚度球壳内发现电子的概率。

(2) 由图 4-12 可知，在 1s 的径向分布图中，当$r=\dfrac{a_0}{Z}=53\times10^{-12}$ m (对 H 而言，$Z=1$)

时，曲线有一个高峰，即 $D(r)$有一个极大值。它说明电子在 $r = 53 \times 10^{-12}$ m 的球壳上出现的概率最大。这是因为当靠近核时，概率密度$|\psi|^2$ 虽有较大值，但因为 r 很小，球壳的体积较小，故 $D(r)$的值不会很大；离核较远时，虽然 r 大，球壳的体积大，但概率密度$|\psi|^2$ 较小，故 $D(r)$的值也不会很大。从图 4-12 中，还看到 2s 有两个峰，2p 只有一个峰，但是它们都有一个半径相似的概率最大的主峰；3s 有三个峰，3p 有两个峰，3d 有一个峰，同样它们也都有一个半径相似的概率最大的主峰。这些主峰离核的距离以 1s 最近，2s、2p 次之，3s、3p、3d 最远。因此，从径向分布的意义上讲，核外电子可看作是按层分布。

(3) 从图 4-12 中还看到，ns 比 np 多一个离核较近的峰，np 比 nd 多一个离核较近的峰。同理，nd 又比 nf 多一个离核较近的峰。这些离核较近的峰都伸到$(n-1)$各峰的内部，而且伸入内部的程度各不相同，这种现象称为“钻穿”。

2. 角度分布

波函数$\psi(r, \theta, \phi)$的角度部分是 $Y(\theta, \phi)$。如果将 $Y(\theta, \phi)$随θ、ϕ变化作图可得波函数的角度分布图；若将$|Y|^2$ 对θ、ϕ作图则得电子云的角度分布图。

1) 原子轨道的角度分布图

从坐标原点出发，引出方向为(θ, ϕ)的直线，取其长度为 Y。将所有这些线段的端点连起来，在空间形成一个曲面。这样的图形是 Y 的球坐标图，称其为原子轨道的角度分布。

由于 $Y(\theta, \phi)$只与量子数 l、m 有关，与主量子数 n 无关，因此只要量子数 l 和 m 相同的原子轨道，它们的角度分布相同。例如，$2p_z$、$3p_z$、$4p_z$ 的原子轨道角度分布相同，统称为 p_z 轨道的角度分布。现以 $2p_z$ 轨道为例来讨论原子轨道角度分布图的画法。由式(4-21)可知，$2p_z$ 的角度部分为

$$Y_{p_z} = \cos\theta \tag{4-22}$$

一些θ值与其所对应的 Y_{p_z} 值以及$|Y_{p_z}|^2$ 值在表 4-1 中列出。利用表中列出的数据，可以在 xz 平面内画出如图 4-13 所示的 p_z 轨道的角度分布图。应该注意的是，分布图应是在 xy 平面上、下各一个球形，而图 4-13 只是这个分布图的 xz 截面。各部分的“+”号和“−”号是根据 Y_{p_z} 的表达式计算的结果，在讨论原子轨道的键合作用时很有用。

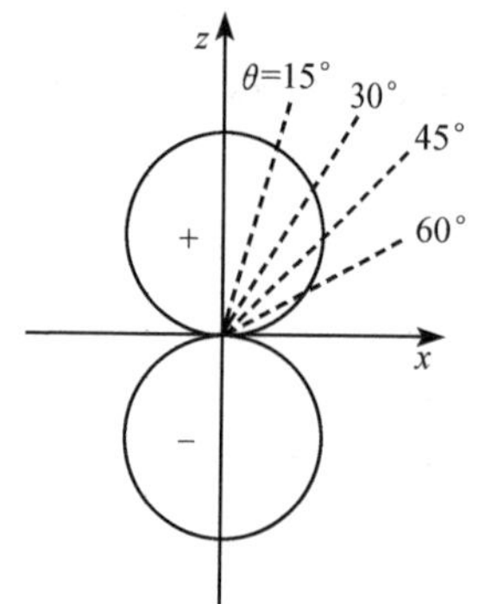

图 4-13 p_z 轨道的角度分布图

表 4-1 不同θ角与相应的 Y_{p_z}、$|Y_{p_z}|^2$ 值

θ/(°)	$Y_{p_z} = \cos\theta$	$\lvert Y_{p_z}\rvert^2 = \cos^2\theta$	θ/(°)	$Y_{p_z} = \cos\theta$	$\lvert Y_{p_z}\rvert^2 = \cos^2\theta$
0	1.00	1.00	120	−0.50	0.25
15	0.97	0.94	135	−0.71	0.50
30	0.87	0.75	150	−0.87	0.75
45	0.71	0.50	165	−0.90	0.93
60	0.50	0.25	180	−1.00	1.00
90	0.00	0.00			

通过类似的方法可以画出 s、p、d 各种原子轨道的角度分布图，如图 4-14 所示。

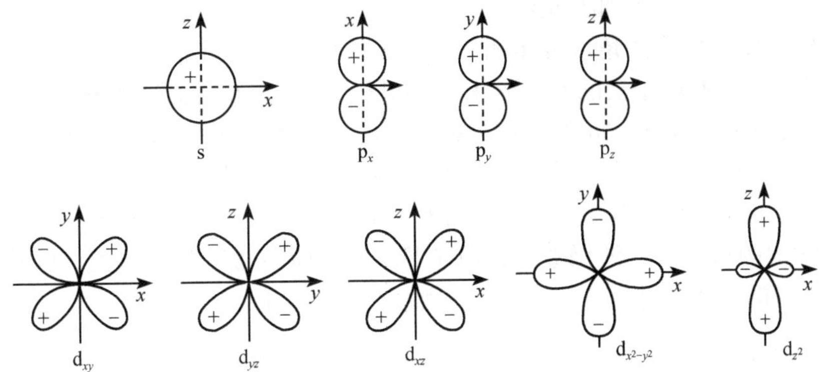

图 4-14 原子轨道的角度分布图(s、p、d 为剖面正视图)

2) 电子云的角度分布图

与原子轨道的角度部分相对应，也有电子云(概率密度$|\psi|^2$)的角度部分$|Y(\theta, \phi)|^2$。例如，p_z 电子云的角度部分为

$$\left|Y_{p_z}\right|^2 = \cos^2\theta \tag{4-23}$$

若将$\left|Y_{p_z}\right|^2 = \cos^2\theta$作图，这种图形称为电子云的角度分布图，如图 4-15 所示。它表示半径相同的各点随角度θ和ϕ变化时，概率密度大小不同。

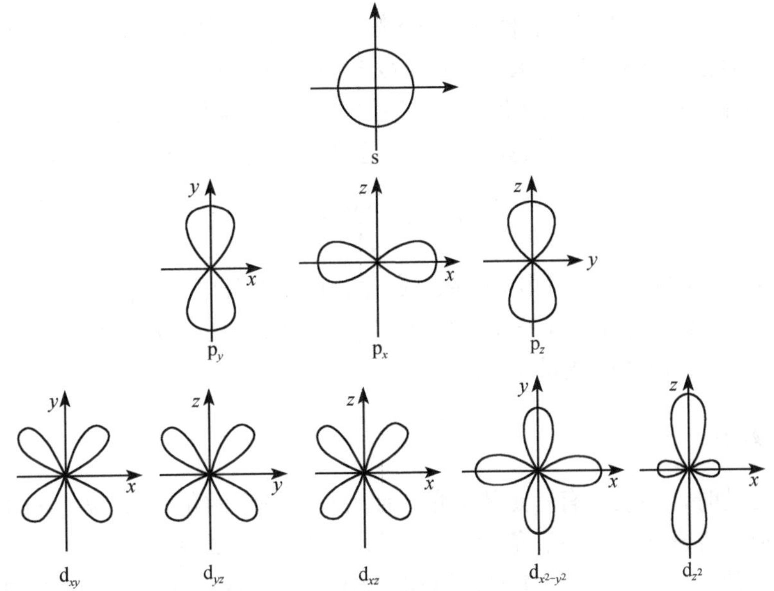

图 4-15 电子云的角度分布图

电子云的角度分布图与原子轨道的角度分布图类似，它们的主要区别有以下两点：

(1) 电子云的角度分布图比原子轨道的角度分布图要瘦一些。例如，从图 4-14 和图 4-15 中可以看到，p 电子的原子轨道角度分布图是两个相切的球，而电子云角度分布图则像两个相切的鸡蛋。这是由于 Y 值小于 1，而$|Y|^2$值更小。

(2) 原子轨道角度分布图上有正、负号之分，而电子云角度分布图上均为正值。这是因为 Y 值虽有正有负，但$|Y|^2$却都是正值。

应该指出，原子轨道的角度分布图和电子云的角度分布图都只是反映波函数的角度部分，而不是原子轨道和电子云的实际形状。把电子云角度分布曲面当作电子云的实际形状是不合适的。电子云的实际形状虽与角度分布曲面有关，但又是不相同的。电子云的空间分布如图 4-7 所示，它是$|\psi|^2$的空间分布，综合考虑了径向分布和角度分布。

还应指出，化学反应是与电子运动状态有关的，而波函数就是描述电子运动状态的，因此在讨论化学键的形成时，波函数的性质尤其是原子轨道角度分布的正、负号是十分重要的，而原子轨道的形状在讨论分子的几何构型时，非常有用。

4.1.6 四个量子数

在 4.1.3 节中已经知道，解薛定谔方程求得的三个变量波函数ψ涉及三个量子数 n、l、m，由这三个量子数所确定的一套参数即可表示一种波函数。除了求解薛定谔方程的过程中直接引入的这三个量子数外，还有一个描述电子自旋特征的量子数 m_s。这些量子数对所描述的电子的能量、原子轨道或电子云的形状和空间伸展方向，以及多电子原子核外电子的排布是非常重要的。下面分别讨论这四个量子数。

1. 主量子数(n)

主量子数 n 的取值为 1, 2, 3, …, n 等正整数。用它来描述原子核外电子出现概率最大区域离核的远近，或者说它是决定电子层数的。例如，$n = 1$ 代表电子离核最近，属第一电子层；$n = 2$ 代表电子离核的距离比第一层稍远，属于第二层；以此类推。n 越大，电子离核的平均距离越远。在光谱学上常用大写字母 K, L, M, N, O, P, …代表 $n = 1, 2, 3, 4, 5, 6, \cdots$电子层数。

主量子数 n 的另一个重要意义是：n 是决定电子能量高低的重要因素。对单电子原子或离子来说，n 值越大，电子的能量越高。例如，氢原子各电子层电子的能量为

$$E_n = -\frac{13.6}{n^2}\text{eV}$$

可见 n 越大，E_n 也越高。但是对多电子原子来说，由于核外电子的能量除了主要取决于主量子数 n 以外，还与原子轨道或电子云的形状有关。因此，只有在原子轨道或电子云形状相同的条件下，n 值越大，电子的能量才越高。

2. 角量子数(l)

电子绕核运动时，不仅具有一定的能量，而且具有一定的角动量 M。它的大小与原子轨道或电子云的形状有密切的关系。角量子数 l 的取值为 0, 1, 2, 3, …, $(n-1)$，即 l 的可能取值为 0 到 $n-1$ 的整数。例如，当 $n = 1$ 时，l 只能为 0；$n = 2$ 时，l 可以为 0，也可以为 1，但不能为 2。按光谱学上的习惯常用下列符号来表示 l：

l	0	1	2	3	4
光谱学符号	s	p	d	f	g

角量子数 l 的一个重要物理意义是：它表示原子轨道或电子云的形状。例如，$l=0$ 的 s 轨道，其轨道或电子云呈球形分布；$l=1$ 的 p 轨道，其轨道或电子云呈哑铃形分布；$l=2$ 的 d 轨道，其轨道或电子云呈花瓣形分布。

从主量子数 n 和角量子数 l 的关系可以看出，对于给定的主量子数 n 来说，可能有 n 个不相同的角量子数 l。例如，主量子数 $n=3$，则有 3 个不同的角量子数 $l=0$，$l=1$，$l=2$。如果用主量子数 n 表示电子层时，则角量子数 l 就表示同一电子层中具有不同状态的分层。主量子数 n 和角量子数 l 的关系及其相应的电子层、分层的关系列在表 4-2 中。

表 4-2　量子数 *n*、*l* 与电子层、分层的关系

n	电子层数	l	分层
1	1	0	1s
2	2	0 1	2s 2p
3	3	0 1 2	3s 3p 3d
4	4	0 1 2 3	4s 4p 4d 4f

对于单电子体系的氢原子或类氢离子来说，各种状态的电子的能量只与 n 有关。例如，当 n 不同，l 相同时，其能量关系为

$$E_{1s} < E_{2s} < E_{3s} < E_{4s}$$

而当 n 相同，l 不同时，其能量关系为

$$E_{ns} = E_{np} = E_{nd} = E_{nf}$$

例如：

$$E_{4s} = E_{4p} = E_{4d} = E_{4f}$$

但是对多电子原子来说，由于原子中各电子之间的相互作用，当 n 相同，l 不同时，各种状态的电子的能量也不同。一般主量子数 n 相同时，角量子数 l 越大，能量越高。例如：

$$E_{4s} < E_{4p} < E_{4d} < E_{4f}$$

因此，角量子数 l 与多电子原子中的电子的能量有关，即多电子原子中电子的能量取决于主量子数 n 和角量子数 l。这样，由不同的 n 和 l 表示的各分层，如 2s、3p、3d、4f 等，其能量必然不同。从能量角度上看，这些分层也常称为能级。

3. 磁量子数(m)

线状光谱在外加强磁场的作用下能发生分裂的实验表明，电子绕核运动的角动量 M，不仅其大小是量子化的，而且角动量 M 在空间给定方向 z 轴上的分量 M_z 也是量子化的。分量的大小 M_z 与磁量子数 m 的关系为

$$M_z = \frac{h}{2\pi} m \tag{4-24}$$

磁量子数 m 的取值可以为 $0, \pm1, \pm2, \cdots, \pm l$，也就是说 m 的取值和 l 有关，对于给定的 l，有 $2l+1$ 个 m 取值。m 决定角动量在空间的给定方向上的分量的大小，即决定原子轨道或电子云在空间的伸展方向。l 相同时，虽因 m 不同，原子轨道可能有不同的伸展方向，但并不影响电子的能量，即磁量子数 m 与能量无关。例如，$l=1$ 的 p 轨道，因 m 不同，可能有三种不同取向 p_x、p_y、p_z，但三者的能量通常是相同的。只是在外界强磁场的作用下，由于三者的伸展方向不同，角动量在外磁场方向上的分量大小不同，它们会显示出微小的能量差别。这就是线状光谱在磁场中发生分裂的根本原因。

综上所述，n、l、m 一组量子数可以决定一个原子轨道离核的远近、形状和伸展方向。例如，由 $n=2$，$l=0$，$m=0$ 所表示的原子轨道位于核外第二层，呈球形对称分布即 2s 轨道；而 $n=3$，$l=1$，$m=0$ 所表示的原子轨道位于核外第三层，呈哑铃形沿 z 轴方向分布，即 $3p_z$ 轨道。

4. 自旋磁量子数(m_s)

若用分辨力较强的光谱仪观察氢原子光谱，会发现每一条谱线又可分为两条或几条线，即氢光谱具有精细结构。例如，在无外磁场时，电子由 2p 轨道跃迁到 1s 轨道得到的不是一条谱线，而是靠得很近的两条谱线。但氢原子的 2p 和 1s 都只是一个能级，这种跃迁只能产生一条谱线，这不能用 n、l、m 三个量子数进行解释。为了解释这些事实，1925 年乌仑贝克(Uhlenbeck)和哥德希密特(Golds chmidt)提出了电子自旋的假设。他们认为电子除绕核做高速运动外，还有自身旋转运动。根据量子力学计算，自旋角动量沿外磁场方向的分量 M_s 为

$$M_s = m_s \frac{h}{2\pi} \tag{4-25}$$

式中，m_s 为自旋磁量子数，其可能的取值只有两个，即 $m_s = \pm\frac{1}{2}$。这说明电子的自旋有两种状态，即自旋角动量有两种不同取向，一般用向上和向下的箭头(“↑”和“↓”)来表示。

如上所述，原子核外每个电子的运动状态可以用 n、l、m、m_s 四个量子数来描述。四个量子数确定后，电子在核外空间的运动状态就确定了。根据量子数相互之间的联系和制约关系可知，每一个电子层中，由于原子轨道形状的不同，可有不同的分层；又由于原子轨道在空间伸展方向不同，每一个分层中可有几个不同的原子轨道；每一个原子轨道中又可有两个电子处于自旋方向不同的运动状态。电子层、分层、原子轨道、运动状态与量子数之间的关系列于表 4-3 中。

表 4-3　电子层、分层、原子轨道、运动状态

电子层	量子数	n	1	2	3	…，n
	符号		K	L	M	
电子分层	量子数	n l	1 0	2 1, 0	3 0，1，2	…，n 0，1，2，…，$n-1$
	分层数		1	2	3	n
	符号		1s	2s，2p	3s，3p，3d	ns，np，nd，…

续表

原子轨道	量子数	n l m	1 0 0	2 0，1 0；0，±1	3 0，1，2 0；0，±1；0，±1，±2	…，n 0，1，2，…，n–1 0；0，±1；0，±1，±2；…；0，±1，±2，…，±l
	每层轨道数		1	4	9	n^2
	符号		1s	2s；$2p_x$，$2p_y$，$2p_z$	3s；$3p_x$，$3p_y$，$3p_z$；$3d_{xy}$，$3d_{xz}$，$3d_{yz}$，$3d_{z^2}$，$3d_{x^2-y^2}$	
运动状态	量子数	n	1	2	3	n
		l	0	0，1	0，1，2	0，1，2，…，n–1
		m	0	0；0，±1	0；0，±1；0，±1，±2	0；0，±1；0，±1，±2；…；0，±1，±2，…，±l
		m_s	$\pm\frac{1}{2}$	$\pm\frac{1}{2}$；$\pm\frac{1}{2}$	$\pm\frac{1}{2}$；$\pm\frac{1}{2}$；$\pm\frac{1}{2}$	$\pm\frac{1}{2}$
	每层状态数		2	8	18	$2n^2$
	符号*		$1s^2$	$2s^22p^6$	$3s^23p^63d^{10}$	

*各符号右上角的数字代表各原子轨道中不同运动状态的数目。

4.2　核外电子的排布和元素周期系

4.2.1　多电子原子的能级

1. 鲍林的原子轨道近似能级图

鲍林(Pauling)根据光谱实验的结果，提出了多电子原子中原子轨道的近似能级图，如图 4-16 所示。图中的能级顺序是指价电子层填入电子时各能级能量的相对高低。

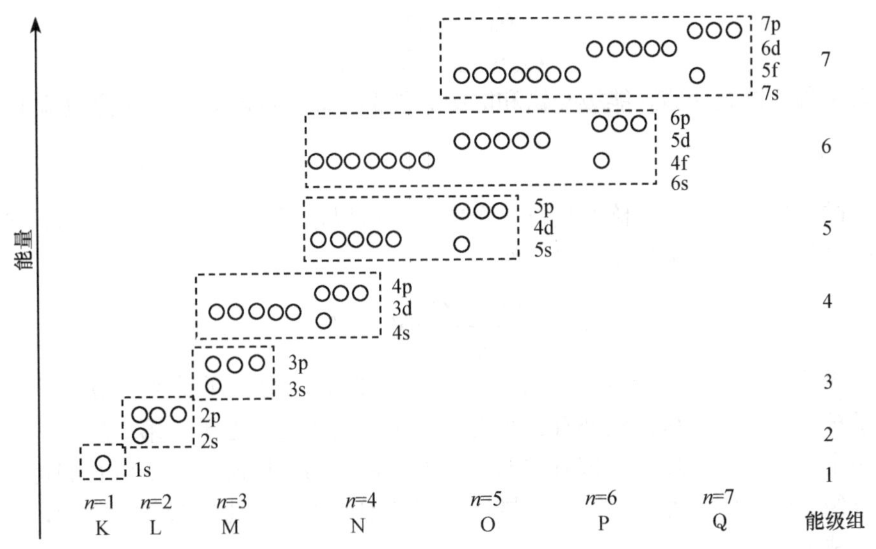

图 4-16　原子轨道的近似能级图

多电子原子的近似能级图有如下特点：

(1) 近似能级图按原子轨道的能量高低排列，而不是按原子轨道离核远近的顺序排列。图 4-16 中，能量相近的能级划为一组，称为能级组，通常共分为七个能级组。依 1, 2, 3, … 能级组的顺序能量逐次增加。能级组之间的能量差较大，而能级组内各能级间的能量差较小。

1s	第一能级组
2s,2p	第二能级组
3s,3p	第三能级组
4s,3d,4p	第四能级组
5s,4d,5p	第五能级组
6s,4f,5d,6p	第六能级组
7s,5f,6d,7p	第七能级组

(2) 在近似能级图(图 4-16)中，每个小圆圈代表一个原子轨道。s 分层中有一个圆圈，表示此分层中只有一个原子轨道，p 分层中有三个圆圈，表示此分层中有三个原子轨道。在量子力学中，把能量相同的状态称为简并状态。由于三个 p 轨道能量相同，因此三个 p 轨道是简并轨道，也称为等价轨道。又把相同能量的轨道的数目称为简并度，所以称 p 轨道是三重简并的。同理，d 分层的五个 d 轨道是五重简并的，f 分层的七个 f 轨道是七重简并的。

(3) 角量子数 l 相同的能级，其能量次序由主量子数 n 决定，n 越大能量越高。例如：

$$E_{2p} < E_{3p} < E_{4p} < E_{5p}$$

这是因为 n 越大，电子离核越远，核对电子吸引力越弱。

(4) 主量子数 n 相同，角量子数 l 不同的能级，其能量随 l 的增大而升高，即发生“能级分裂”现象。例如：

$$E_{4s} < E_{4p} < E_{4d} < E_{4f}$$

(5) 主量子数 n 和角量子数 l 同时变动时，从图中看出，能级的能量次序是比较复杂的。例如：

$$E_{4s} < E_{3d} < E_{4p}$$
$$E_{5s} < E_{4d} < E_{5p}$$
$$E_{6s} < E_{4f} < E_{5d} < E_{6p}$$

这种现象称为能级交错。能级交错和能级分裂都可以用屏蔽效应和钻穿效应解释。

2. 屏蔽效应

氢原子的核电荷 $Z = 1$，核外只有一个电子，所以这里只存在这个电子与核之间的作用力，电子的能量只与主量子数 n 相关，即

$$E = -\frac{13.6 \times Z^2}{n^2}\text{eV} \quad (Z = 1) \tag{4-26}$$

但是在多电子原子中，一个电子不仅受到原子核的引力，还受到其他电子的斥力。例如，锂原子核带三个正电荷，核外有三个电子：第一层有两个电子，第二层有一个电子。对第二层的一个电子来说，除了受核对它的引力外，还受第一层两个电子对它的排斥力。为了讨论问题方便，经常将这种内层电子的排斥作用考虑为对核电荷的抵消或屏蔽，相当于使核有效电荷数减小，于是有

$$Z^* = Z - \sigma$$

式中，Z^*为有效核电荷数；Z为核电荷数；σ为屏蔽常数，代表由于电子间的斥力使原核电荷

减小的部分。这样处理之后，对多电子原子中的一个电子来说，其能量则可用与式(4-26)类似的公式加以讨论，即

$$E=-\frac{13.6(Z-\sigma)^2}{n^2}\text{eV} \tag{4-27}$$

由式(4-27)可知，如果能求得屏蔽常数σ，则可求得多电子原子中各能级的近似能量。由于其他电子对某一电子的排斥作用而抵消了一部分核电荷，使有效核电荷降低，削弱了核电荷对该电子的吸引，这种作用称为屏蔽作用或屏蔽效应。

影响屏蔽常数大小的因素很多，除了同产生屏蔽作用的电子的数目及它所处原子轨道的大小、形状有关外，还同被屏蔽的电子离核的远近和运动状态有关。计算屏蔽常数σ，可用斯莱特(Slater)提出的规则近似求算。斯莱特规则简述如下：

将原子中的电子分成如下几组：(1s)(2s,2p)(3s,3p)(3d)(4s,4p)(4d)(4f)(5s,5p)…以此类推。

(1) 位于被屏蔽电子右边的各组，对被屏蔽电子的$\sigma=0$，可以近似地认为，外层电子对内层电子没有屏蔽作用。

(2) 1s 轨道上的 2 个电子之间的$\sigma=0.30$，其他各组内电子之间的$\sigma=0.35$。

(3) 被屏蔽的电子为 ns 或 np 时，则主量子数为$(n-1)$的各电子对它们的$\sigma=0.85$，而主量子数小于$(n-1)$的各电子对它们的$\sigma=1.00$。

(4) 被屏蔽的电子为 nd 或 nf 时，则位于它左边各组电子对它的屏蔽常数$\sigma=1.00$。

在计算某原子中某个电子的σ值时，可将有关屏蔽电子对该电子的σ值相加而得。

【例 4-1】 计算铝原子中其他电子对一个 3p 电子的σ值。

解 铝原子的电子排布情况为 $1s^22s^22p^63s^23p^1$。

按斯莱特规则分组：$(1s)^2(2s,2p)^8(3s,3p)^3$。

由上文(2)得，$(3s,3p)^3$ 中另外两个电子对被屏蔽的一个 3p 电子的$\sigma=0.35\times2$；由上文(3)得，$(2s,2p)^8$ 中的 8 个电子对被屏蔽电子的$\sigma=0.85\times8$；而$(1s)^2$ 中的 2 个电子对被屏蔽电子的$\sigma=1.00\times2$。故

$$\sigma=0.35\times2+0.85\times8+1.00\times2=9.50$$

【例 4-2】 计算钪原子中一个 3s 电子和一个 3d 电子各自的能量。

解 钪原子的核外电子分组情况根据鲍林近似能级示意图排布为$(1s)^2(2s,2p)^8(3s,3p)^8(3d)^1(4s,4p)^2$。

3s 电子的$\sigma=0.35\times7+0.85\times8+1.00\times2=11.25$

3d 电子的$\sigma=1.00\times18=18.00$

根据式(4-27)得

$$E_{3s}=-\frac{13.6(Z-\sigma)^2}{n^2}=-\frac{13.6\times(21-11.25)^2}{3^2}=-143.7(\text{eV})$$

$$E_{3d}=-\frac{13.6(Z-\sigma)^2}{n^2}=\frac{-13.6\times(21-18.00)^2}{3^2}=-13.6(\text{eV})$$

从【例 4-2】的计算结果中可以清楚地看到，屏蔽常数σ对各分层的能量有很大的影响。一般来讲，在核电荷 Z 的主量子数 n 相同的条件下，屏蔽常数σ越大，有效核电荷$(Z-\sigma)$越小，原子核对该分层电子的吸引力越小，因此该分层电子的能量升高。【例 4-2】中$E_{3d}\gg E_{3s}$就是这个原因。

从斯莱特规则中，还看到被屏蔽电子是 d、f 电子或是 s、p 电子时，屏蔽常数σ不同，即同一个内层电子对 s、p 电子的屏蔽作用小，而对 d、f 电子的屏蔽作用大。这个问题的实质

要归结到电子云的径向分布和钻穿效应的影响。

3. 钻穿效应

可以利用氢原子的电子云径向分布图(图 4-12)来近似地说明多电子原子中 n 相同时，其他电子对 l 越大的电子屏蔽作用越大的原因。从图 4-12 可以看到，同属第三层的 3s、3p 和 3d 电子，其径向分布有很大不同。3s 有三个峰，这表明 3s 电子除有较多机会出现在离核较远的区域外，还可能钻到内层空间而靠近原子核。这种外层电子钻到内层空间而靠近原子核的现象，通常称为钻穿作用。3p 有两个峰，这表明 3p 虽然也有钻穿作用，但小于 3s，不过要比只有一个峰的 3d 大些。由此可见，3s、3p、3d 各轨道上的电子的钻穿作用依次减弱。不难理解，电子的钻穿作用越大，它受到其他电子的屏蔽作用越小，受核引力越强，因而能量越低。简言之，钻穿作用越大的电子能量越低。由于电子的钻穿作用不同而使它的能量发生变化的现象，通常称为钻穿效应。

综上所述，轨道能量次序为 4s < 4p < 4d < 4f 的原因就是电子云径向分布不同，钻穿效应依 4s > 4p > 4d > 4f 顺序减小的结果。这就比较圆满地解释了 n 相同的各轨道能量次序为 ns < np < nd < nf 的原因。

当 n、l 都不相同时，有可能发生能级交错现象。例如，鲍林的轨道近似能级图中，E_{4s} 低于 E_{3d}。这种能级交错现象也可以用钻穿效应来解释。由 4s 和 3d 的电子云的径向分布图(图 4-17)可知，虽然 4s 电子的最大概率峰比 3d 的离核远得多，本应有 $E_{4s} > E_{3d}$，但由于 4s 电子的内层的小概率峰出现在离核较近处，对降低能量起很大的作用，因而 E_{4s} 在近似能级图中比 E_{3d} 小。故按鲍林轨道近似能级图填充电子时，应先填充 4s 电子，后填充 3d 电子。

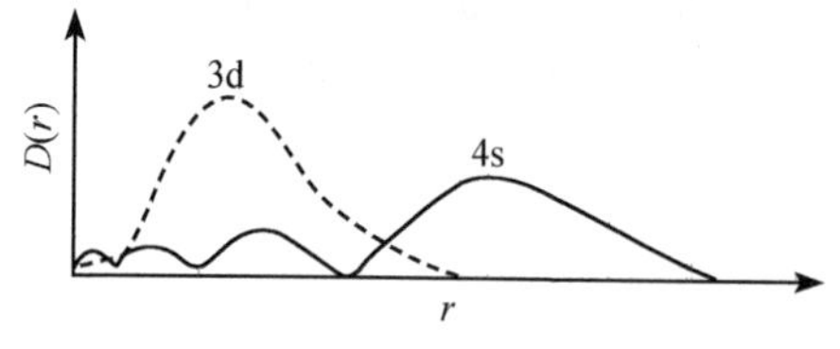

图 4-17　4s、3d 电子云的径向分布图

4. 科顿原子轨道能级图

鲍林的原子轨道能级图是一种近似的能级图，它简单明了，基本上反映了多电子原子的核外电子填充的次序。但是，鲍林能级图表明，所有元素的原子其轨道能级的次序都是一样的，同时也反映不出某一能级的能量与元素的原子序数之间的关系。光谱实验结果和量子力学理论证明，随着原子序数的增加，核电荷对电子的吸引增强，所以轨道能量都降低。但由于各轨道能量随原子序数增加时降低的程度各不相同，因此将造成不同元素的原子轨道能级次序不完全一致。各种元素的原子轨道的能量及轨道能级的相对高低与元素原子序数的关系可用图 4-18 表示，这种图一般称科顿(Contton)原子轨道能级图。

从图 4-18 中可以得到如下结论：

(1) 原子序数为 1 的氢元素，其原子轨道的能量只与主量子数 n 有关；n 相同时，l 不同的各轨道能量相等，即 $E_{ns} = E_{np} = E_{nd} = E_{nf}$。

(2) 随着原子序数的增大，各原子轨道的能量逐渐降低。由于增加的内层电子对外层各轨道的屏蔽作用不同，因此 l 不同的轨道能量降低的程度不一致。于是引起了能级分裂和能级交错，同时使不同元素的原子轨道能级可能具有互不完全一致的排列次序。

例如，从图 4-18 中通过对比 3d 和 4s 轨道的能量变化曲线可知：原子序数为 15～20 的元素，$E_{4s} < E_{3d}$，原子序数大于 21 的元素，$E_{4s} > E_{3d}$。用斯莱特规则算得屏蔽常数 σ，再求

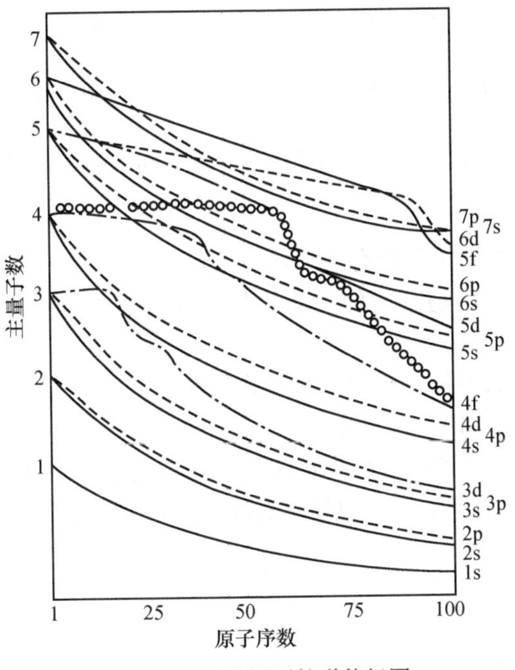

图 4-18　科顿原子轨道能级图

得电子的 E，可知 19 号元素 K 的 $E_{3d} = -1.51$ eV，$E_{4s} = -4.11$ eV，而 26 号元素 Fe 的 $E_{3d} = -59.03$ eV，$E_{4s} = -11.95$ eV。从图 4-18 中还可以看出在第五能级组和第六能级组中能级交错现象更为复杂，一些元素的原子轨道能级排列次序比较特殊，即与鲍林的近似能级图所反映的次序不一致。

4.2.2　核外电子排布的原则

通过以上各节的讨论，已经了解了原子中核外电子的运动状态，即原子轨道的大小、能量的高低次序及形成的基本原因，原子轨道的形状及在空间的伸展方向、电子自旋等。但是还没有涉及多电子原子核外电子是怎样分布的问题。它们是分布在某一个可能的状态中，还是分布在各种可能的状态中？是优先占据能量较低的原子轨道，还是优先占据能量较高的轨道？光谱实验结果对元素周期律的分析得出了原子核外电子排布的三个原则，即能量最低原理、泡利原理和洪德规则。电子在原子核外的排布遵循这三个原则。

1. 能量最低原理

能量越低越稳定，这是自然界的一个普遍规律。原子中的电子也是如此，电子在原子中所处的状态总是要尽可能使整个体系的能量最低，这样的体系最稳定。多电子原子在基态时，核外电子总是尽可能分布到能量最低的轨道，这称为能量最低原理。例如，一个基态氢原子或一个基态氦原子，电子就是处于能量最低的 1s 轨道中。但是，多电子原子中的所有电子并不能都处于 1s 轨道中，这里涉及一个原子轨道中最多容纳的电子的数目问题。1925 年，瑞士物理学家泡利(Pauli)根据光谱实验结果提出一个假定——泡利原理，使这一问题获得圆满解决。

2. 泡利原理

泡利原理也称为泡利不相容原理。泡利原理指出，在同一原子中没有四个量子数完全对应相同的电子，或者说在同一个原子中没有运动状态完全相同的电子。例如，氦原子的 1s 轨道中的两个电子，其中一个电子的四个量子数为 $n=1$，$l=0$，$m=0$，$m_s=+\frac{1}{2}$；另一个电子则为 $n=1$，$l=0$，$m=0$，$m_s=-\frac{1}{2}$。自旋方式必定不同，否则就违反泡利原理。根据泡利原理，可以获得以下重要结论：

(1) 每一种运动状态的电子只能有一个。

(2) 由于每一个原子轨道包括两种运动状态，因此每一个原子轨道中最多只能容纳两个自旋不同的电子。

(3) 因为 s、p、d、f 各分层中的原子轨道数分别为 1、3、5、7 个，所以 s、p、d、f 各分层中分别最多能容纳 2、6、10、14 个电子。

(4) 每个电子层中原子轨道的总数为 n^2 个，因此各电子层中电子的最大容量为 $2n^2$ 个。应当指出，泡利原理并不是从量子力学的基础上推导出来的，它只是一个假定，它适合于量子力学，且为实验所证实。

3. 洪德规则

洪德规则是洪德(Hund)根据大量光谱实验数据在 1925 年总结出来的规律。洪德规则指出，电子分布到能量相同的等价轨道时，总是尽先以自旋相同的方式，单独占据能量相同的轨道。或者说，在等价轨道中自旋相同的单电子越多，体系越稳定。洪德规则有时也称为等价轨道原理。

例如，碳原子核外的 6 个电子，从能量最低原理和泡利原理出发，排布在 1s 中 2 个，2s 中 2 个，另外两个电子将处于 2p 轨道中，根据洪德规则，这两个电子不同时占据 1 个 2p 轨道，而是以自旋相同的方式占据能量相同但伸展方向不同的两个 2p 轨道。因此，根据能量最低原理、泡利原理和洪德规则，碳原子核外 6 个电子的排布形式如图 4-19 所示。

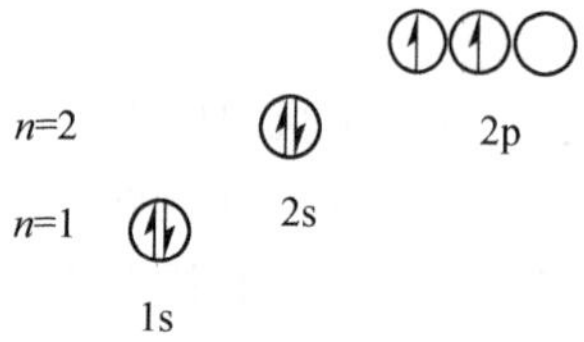

n=2　2s　2p
n=1　1s

图 4-19　碳原子核外电子的排布

图中每一个圆圈代表一个原子轨道，圆圈中每一个箭头代表一个电子，圆圈中两个方向相反的箭头则表示自旋不同的两个电子。如用原子的电子结构式表示，则图 4-19 所示的碳原子可表示为 $1s^22s^22p^2$。

洪德规则是一个经验规则，但后来量子力学计算证明，电子按洪德规则分布可使原子体系能量最低、体系最稳定。因为当一个轨道中已占有一个电子时，另一个电子要继续填入而与前一个电子成对，就必须克服它们之间的相互排斥作用，其所需能量称为电子成对能。因此，电子成单地分布到等价轨道中，有利于体系能量降低。

应该指出，作为洪德规则的特例，等价轨道全充满、半充满或全空的状态是比较稳定的。全充满、半充满和全空的结构分别表示如下：

全充满　p^6，d^{10}，f^{14}

半充满　p^3，d^5，f^7

全空　p^0，d^0，f^0

下面运用核外电子排布的三原则讨论核外电子排布的几个实例：

氮原子核外有 7 个电子，根据能量最低原理和泡利原理，首先有 2 个电子分布到第一层的 1s 轨道中，又有 2 个电子分布到第二层的 2s 轨道中。按照洪德规则，余下的 3 个电子将以相同的自旋方式分别分布到 3 个方向不同但能量相同的 2p 轨道中。氮原子的电子结构式为 $1s^22s^22p^3$。

氖原子核外有 10 个电子，根据电子分布三原则，第一电子层中有 2 个电子分布到 1s 轨道上，第二层中有 8 个电子，其中 2 个分布到 2s 轨道上，6 个分布到 2p 轨道上，因此氖的原子结构可用电子结构式表示为 $1s^22s^22p^6$。这种最外电子层为 8 电子的结构，通常是一种比较稳定的结构，称为稀有气体结构。

钠原子核外有 11 个电子，第一层 1s 轨道上有 2 个电子，第二层 2s、2p 轨道上有 8 个电子，余下的 1 个电子将填在第三层。在 $n=3$ 的 3 种不同类型的轨道中，3s 的能量最低，电子必然分布到 3s 轨道中。因此，钠原子的电子结构式为 $1s^22s^22p^63s^1$。

钾原子核外有 19 个电子，最后一个电子填充到 4s 轨道，其电子结构式为 $1s^22s^22p^63s^23p^64s^1$。

为了避免电子结构式书写过长，通常将内层电子已达到稀有气体结构的部分写成“原子实”，并以稀有气体的元素符号外加方括号来表示。例如，钾的电子结构式可表示为 $[Ar]4s^1$。

铬原子核外有 24 个电子，最高能级组中有 5 个电子。铬的电子结构式为 $[Ar]3d^54s^1$，而不是 $[Ar]3d^44s^2$。这是因为 $3d^5$ 的半充满结构是一种能量较低的稳定结构。

根据核外电子排布的三原则，基本可以解决核外电子的排布问题。为了便于记忆，将鲍林原子轨道近似能级图中的轨道填充次序用图 4-20 的形式表示出来。

核外电子排布的三原则，只是一般规律。随着原子序数的增大、核外电子数目的增多以及原子中电子之间相互作用的复杂化，核外电子排布的例外现象要多些。因此对于某一具体元素原子的电子排布情况，以光谱实验结果为准。

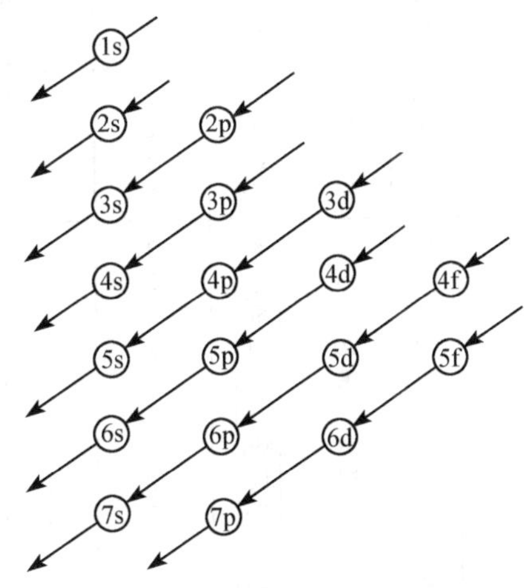

图 4-20　电子填入轨道的次序图

4.2.3　原子的电子层结构和元素周期系

1. 原子的电子层结构

根据核外电子排布的原则和光谱实验的结果，可得周期系中各元素的原子的电子层结构，如表 4-4 所示。下面分别讨论周期系中各元素原子的电子层结构。从表 4-4 可知，第 1 号元素氢，核外有 1 个电子，在正常状态下，电子填充到第一电子层上，电子结构式为 $1s^1$。第 2 号元素氦，核外有 2 个电子，并都填在第一电子层上，电子结构式为 $1s^2$，这两个电子自旋相反。根据泡利原理，1s 轨道最多能容纳 2 个电子，因此第一电子层电子已充满，所以第一周期只有氢和氦两种元素。

第 3 号元素锂，核外有 3 个电子，其中 2 个电子填到 1s 上，第 3 个电子填充到第二电子层中，因此开始了第二周期。它的电子结构式为 $1s^22s^1$。第二电子层共有 4 个轨道，最多能容纳 8 个电子，所以第二周期从锂到氖共 8 种元素，其电子依次填充到 2s 和 2p 轨道。由 $2s^1$ 开始到 $2p^6$ 结束，构成了第二周期。

第 11 号元素钠到 18 号元素氩的排布可依上类推完成。氩的电子结构式为 $1s^22s^22p^63s^23p^6$，到氩完成了第三周期。但是第三电子层的电子最大容量为 18，因此第三电子层尚未填满，3d 轨道空着，未填入电子。

表 4-4　周期系中各元素原子的电子层结构

周期	原子序数	元素名称	元素符号	电子层																		
				K	L		M			N				O				P			Q	
				1s	2s	2p	3s	3p	3d	4s	4p	4d	4f	5s	5p	5d	5f	6s	6p	6d	7s	7p
1	1	氢	H	1																		
	2	氦	He	2																		
2	3	锂	Li	2	1																	
	4	铍	Be	2	2																	
	5	硼	B	2	2	1																
	6	碳	C	2	2	2																
	7	氮	N	2	2	3																
	8	氧	O	2	2	4																
	9	氟	F	2	2	5																
	10	氖	Ne	2	2	6																
3	11	钠	Na	2	2	6	1															
	12	镁	Mg	2	2	6	2															
	13	铝	Al	2	2	6	2	1														
	14	硅	Si	2	2	6	2	2														
	15	磷	P	2	2	6	2	3														
	16	硫	S	2	2	6	2	4														
	17	氯	Cl	2	2	6	2	5														
	18	氩	Ar	2	2	6	2	6														
4	19	钾	K	2	2	6	2	6		1												
	20	钙	Ca	2	2	6	2	6		2												
	21	钪	Sc	2	2	6	2	6	1	2												
	22	钛	Ti	2	2	6	2	6	2	2												
	23	钒	V	2	2	6	2	6	3	2												
	24	铬	Cr	2	2	6	2	6	5	1												
	25	锰	Mn	2	2	6	2	6	5	2												
	26	铁	Fe	2	2	6	2	6	6	2												
	27	钴	Co	2	2	6	2	6	7	2												
	28	镍	Ni	2	2	6	2	6	8	2												
	29	铜	Cu	2	2	6	2	6	10	1												
	30	锌	Zn	2	2	6	2	6	10	2												
	31	镓	Ga	2	2	6	2	6	10	2	1											
	32	锗	Ge	2	2	6	2	6	10	2	2											
	33	砷	As	2	2	6	2	6	10	2	3											
	34	硒	Se	2	2	6	2	6	10	2	4											
	35	溴	Br	2	2	6	2	6	10	2	5											
	36	氪	Kr	2	2	6	2	6	10	2	6											
5	37	铷	Rb	2	2	6	2	6	10	2	6			1								
	38	锶	Sr	2	2	6	2	6	10	2	6			2								
	39	钇	Y	2	2	6	2	6	10	2	6	1		2								
	40	锆	Zr	2	2	6	2	6	10	2	6	2		2								
	41	铌	Nb	2	2	6	2	6	10	2	6	4		1								
	42	钼	Mo	2	2	6	2	6	10	2	6	5		1								
	43	锝	Tc	2	2	6	2	6	10	2	6	5		2								
	44	钌	Ru	2	2	6	2	6	10	2	6	7		1								
	45	铑	Rh	2	2	6	2	6	10	2	6	8		1								
	46	钯	Pd	2	2	6	2	6	10	2	6	10										
	47	银	Ag	2	2	6	2	6	10	2	6	10		1								
	48	镉	Cd	2	2	6	2	6	10	2	6	10		2								

续表

周期	原子序数	元素名称	元素符号	电子层 K	L	M	N	O	P	Q
				1s	2s 2p	3s 3p 3d	4s 4p 4d 4f	5s 5p 5d 5f	6s 6p 6d	7s 7p
	49	铟	In	2	2 6	2 6 10	2 6 10	2 1		
	50	锡	Sn	2	2 6	2 6 10	2 6 10	2 2		
	51	锑	Sb	2	2 6	2 6 10	2 6 10	2 3		
5	52	碲	Te	2	2 6	2 6 10	2 6 10	2 4		
	53	碘	I	2	2 6	2 6 10	2 6 10	2 5		
	54	氙	Xe	2	2 6	2 6 10	2 6 10	2 6		
	55	铯	Cs	2	2 6	2 6 10	2 6 10	2 6	1	
	56	钡	Ba	2	2 6	2 6 10	2 6 10	2 6	2	
	57	镧	La	2	2 6	2 6 10	2 6 10	2 6 1	2	
	58	铈	Ce	2	2 6	2 6 10	2 6 10 1	2 6 1	2	
	59	镨	Pr	2	2 6	2 6 10	2 6 10 3		2	
	60	钕	Nd	2	2 6	2 6 10	2 6 10 4		2	
	61	钷	Pm	2	2 6	2 6 10	2 6 10 5	2 6	2	
	62	钐	Sm	2	2 6	2 6 10	2 6 10 6	2 6	2	
	63	铕	Eu	2	2 6	2 6 10	2 6 10 7	2 6	2	
	64	钆	Gd	2	2 6	2 6 10	2 6 10 7	2 6 1	2	
	65	铽	Tb	2	2 6	2 6 10	2 6 10 9	2 6	2	
	66	镝	Dy	2	2 6	2 6 10	2 6 10 10	2 6	2	
	67	钬	Ho	2	2 6	2 6 10	2 6 10 11	2 6	2	
	68	铒	Er	2	2 6	2 6 10	2 6 10 12	2 6	2	
	69	铥	Tm	2	2 6	2 6 10	2 6 10 13	2 6	2	
	70	镱	Yb	2	2 6	2 6 10	2 6 10 14	2 6	2	
6	71	镥	Lu	2	2 6	2 6 10	2 6 10 14	2 6 1	2	
	72	铪	Hf	2	2 6	2 6 10	2 6 10 14	2 6 2	2	
	73	钽	Ta	2	2 6	2 6 10	2 6 10 14	2 6 3	2	
	74	钨	W	2	2 6	2 6 10	2 6 10 14	2 6 4	2	
	75	铼	Re	2	2 6	2 6 10	2 6 10 14	2 6 5	2	
	76	锇	Os	2	2 6	2 6 10	2 6 10 14	2 6 6	2	
	77	铱	Ir	2	2 6	2 6 10	2 6 10 14	2 6 7	2	
	78	铂	Pt	2	2 6	2 6 10	2 6 10 14	2 6 9	1	
	79	金	Au	2	2 6	2 6 10	2 6 10 14	2 6 10	1	
	80	汞	Hg	2	2 6	2 6 10	2 6 10 14	2 6 10	2	
	81	铊	Tl	2	2 6	2 6 10	2 6 10 14	2 6 10	2 1	
	82	铅	Pb	2	2 6	2 6 10	2 6 10 14	2 6 10	2 2	
	83	铋	Bi	2	2 6	2 6 10	2 6 10 14	2 6 10	2 3	
	84	钋	Po	2	2 6	2 6 10	2 6 10 14	2 6 10	2 4	
	85	砹	At	2	2 6	2 6 10	2 6 10 14	2 6 10	2 5	
	86	氡	Rn	2	2 6	2 6 10	2 6 10 14	2 6 10	2 6	
	87	钫	Fr	2	2 6	2 6 10	2 6 10 14	2 6 10	2 6	1
	88	镭	Ra	2	2 6	2 6 10	2 6 10 14	2 6 10	2 6	2
	89	锕	Ac	2	2 6	2 6 10	2 6 10 14	2 6 10	2 6 1	2
	90	钍	Th	2	2 6	2 6 10	2 6 10 14	2 6 10	2 6 2	2
	91	镤	Pa	2	2 6	2 6 10	2 6 10 14	2 6 10 2	2 6 1	2
	92	铀	U	2	2 6	2 6 10	2 6 10 14	2 6 10 3	2 6 1	2
	93	镎	Np	2	2 6	2 6 10	2 6 10 14	2 6 10 4	2 6 1	2
	94	钚	Pu	2	2 6	2 6 10	2 6 10 14	2 6 10 6	2 6	2
7	95	镅	Am	2	2 6	2 6 10	2 6 10 14	2 6 10 7	2 6	2
	96	锔	Cm	2	2 6	2 6 10	2 6 10 14	2 6 10 7	2 6 1	2
	97	锫	Bk	2	2 6	2 6 10	2 6 10 14	2 6 10 9	2 6	2
	98	锎	Cf	2	2 6	2 6 10	2 6 10 14	2 6 10 10	2 6	2
	99	锿	Es	2	2 6	2 6 10	2 6 10 14	2 6 10 11	2 6	2
	100	镄	Fm	2	2 6	2 6 10	2 6 10 14	2 6 10 12	2 6	2
	101	钔	Md	2	2 6	2 6 10	2 6 10 14	2 6 10 13	2 6	2
	102	锘	No	2	2 6	2 6 10	2 6 10 14	2 6 10 14	2 6	2
	103	铹	Lr	2	2 6	2 6 10	2 6 10 14	2 6 10 14	2 6 1	2

续表

周期	原子序数	元素名称	元素符号	电子层																		
				K	L		M			N				O				P			Q	
				1s	2s	2p	3s	3p	3d	4s	4p	4d	4f	5s	5p	5d	5f	6s	6p	6d	7s	7p
7	104	𬬻	Rf	2	2	6	2	6	10	2	6	10	14	2	6	10	14	2	6	2	2	
	105	𬭊	Db	2	2	6	2	6	10	2	6	10	14	2	6	10	14	2	6	3	2	
	106	𬭳	Sg	2	2	6	2	6	10	2	6	10	14	2	6	10	14	2	6	4	2	
	107	𬭛	Bh	2	2	6	2	6	10	2	6	10	14	2	6	10	14	2	6	5	2	
	108	𬭶	Hs	2	2	6	2	6	10	2	6	10	14	2	6	10	14	2	6	6	2	
	109	鿏	Mt	2	2	6	2	6	10	2	6	10	14	2	6	10	14	2	6	7	2	
	110	𫟼	Ds	2	2	6	2	6	10	2	6	10	14	2	6	10	14	2	6	8	2	
	111	𬬭	Rg	2	2	6	2	6	10	2	6	10	14	2	6	10	14	2	6	9	2	
	112	鿔	Cn	2	2	6	2	6	10	2	6	10	14	2	6	10	14	2	6	10	2	
	113	鿭	Nh	2	2	6	2	6	10	2	6	10	14	2	6	10	14	2	6	10	2	1
	114	𫓧	Fi	2	2	6	2	6	10	2	6	10	14	2	6	10	14	2	6	10	2	2
	115	镆	Mc	2	2	6	2	6	10	2	6	10	14	2	6	10	14	2	6	10	2	3
	116	𫟷	Lv	2	2	6	2	6	10	2	6	10	14	2	6	10	14	2	6	10	2	4
	117	鿬	Ts	2	2	6	2	6	10	2	6	10	14	2	6	10	14	2	6	10	2	5
	118	鿫	Og	2	2	6	2	6	10	2	6	10	14	2	6	10	14	2	6	10	2	6

注：表中单框中的元素是过渡元素，双框中的元素是镧系或锕系元素。

第 19 号元素钾，核外有 19 个电子，前 18 个电子依次填充成 $1s^22s^22p^63s^23p^6$ 形式，最后一个电子是填充到 3d 轨道还是填充到 4s 轨道呢？根据鲍林的近似能级图可知，3d 与 4s 出现能级交错现象，$E_{3d} > E_{4s}$。因此，钾的最后一个电子应填充到 4s 轨道上，故钾的电子结构式为 $1s^22s^22p^63s^23p^64s^1$。从第 19 号元素钾开始到第 36 号元素氪结束，共 18 种元素，构成第四周期。在这个周期中，钾和钙的最后一个电子填充到 4s 轨道上，从第 21 号元素钪开始，它的最后一个电子填充到 3d 轨道上，直到第 30 号元素 Zn 共 10 种元素，将 3d 轨道填充满。这 10 种元素是第四周期的过渡元素，也常称为第一过渡元素，在表 4-4 中单框中的元素为过渡元素，它们的电子结构式通常为$[Ar]3d^{1\sim10}4s^2$，但其中也有例外，铬的电子结构式不是$[Ar]3d^44s^2$，而是$[Ar]3d^54s^1$，铜的电子结构式不是$[Ar]3d^94s^2$，而是$[Ar]3d^{10}4s^1$。因为根据洪德规则，半充满的 d^5 和全充满的 d^{10} 结构是比较稳定的。在锌以后，从镓到氪，新增电子依次填充到 4p 轨道上，即从 $4p^1$ 开始到 $4p^6$ 结束。

第五周期与第四周期类似。从第 37 号元素铷开始到第 54 号元素氙结束，共 18 种元素，构成第五周期。其中铷和锶的最后一个电子填充到 5s 轨道上。从第 39 号元素钇到第 48 号元素镉，最后一个电子填充到 4d 轨道上。这 10 种元素是第五周期的过渡元素，也称为第二过渡元素，它们的电子结构式通常为$[Kr]4d^{1\sim10}5s^2$，但例外的较多，如铌是$[Kr]4d^45s^1$，钼是$[Kr]4d^55s^1$，钌是$[Kr]4d^75s^1$，铑是$[Kr]4d^85s^1$，钯是$[Kr]4d^{10}5s^0$，银是$[Kr]4d^{10}5s^1$。镉以后，从铟到氙，新增加的电子依次填充到 5p 轨道上，从 $5p^1$ 开始到 $5p^6$ 结束。

第六周期从第 55 号元素铯到第 86 号元素氡共 32 种元素。铯和钡的最后一个电子填充到 5s 轨道上。从第 57 号元素到第 80 号元素汞为过渡元素，它们的新增电子依次填充到 5d 轨道上，但其中第 58 号元素铈到第 71 号元素镥，它们的新增电子基本填充到 4f 轨道上，这 14 种元素和镧共 15 种元素习惯上统称为镧系元素。在表 4-4 中将镧元素放在双框内。从结构上看，镧应属于过渡元素，它和从铪到汞一起共 10 种元素列为第三过渡元素。汞以后从铊到氡，新增电子依次填充到 6p 轨道上，即从 $6p^1$ 开始到 $6p^6$ 结束。

第七周期从第 87 号元素钫到第 118 号元素鿫共 32 种。钫和镭的最后一个电子填充到 7s

轨道上。从第 90 号元素钍到第 103 号元素铹，它们的新增电子基本填充到 5f 轨道上。这 14 种元素和锕共 15 种统称为锕系元素。从 104 号元素起，新增电子开始填充到 5d 轨道上。

随着原子序数的增大，核外电子的排布会与电子排布的原则有例外。其中有的排布方式可以用洪德规则中的半充满和全充满来解释，但有的则很难用排布原则圆满地解释，在第六周期和第七周期中还将遇到此类问题。我们既要承认光谱实验测得的排布事实，又不必因理论的某些不足而加以全盘否定。任何理论都需要在实践中不断完善，科学研究的任务就是通过实践不断发展理论，并用理论指导实践工作。

2. 原子的电子层结构与元素的分区

根据元素原子核外电子排布的特点，可将周期表中的元素分为五个区，如图 4-21 所示。

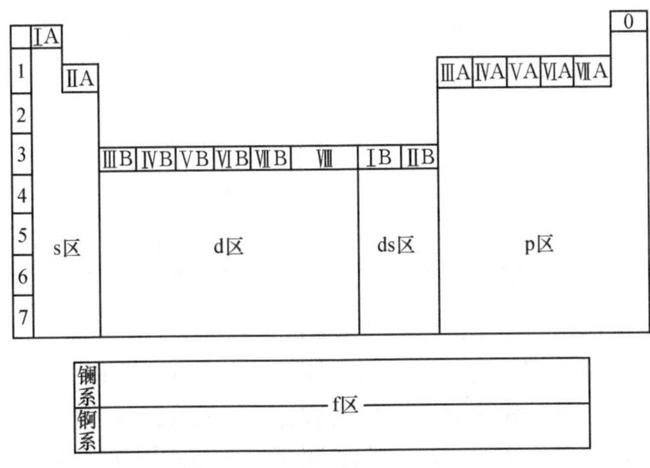

图 4-21　周期表中元素的分区

(1) s 区元素。最后一个电子填充在 s 能级上的元素为 s 区元素。它包括ⅠA 族和ⅡA 族元素。其结构特点是 ns^1 和 ns^2。s 区元素属活泼金属。

(2) p 区元素。最后一个电子填充在 p 能级上的元素为 p 区元素。它包括ⅢA～ⅦA 族和零族元素。除 He 以外它们的结构特点是 $ns^2np^{1\sim6}$。除了左下方外，p 区元素大部分是非金属。

(3) d 区元素。最后一个电子填充在 d 能级上的元素为 d 区元素。它包括ⅢB～ⅦB 族和第Ⅷ族元素。其结构特点一般是 $(n-1)d^{1\sim9}ns^{1\sim2}$。

(4) ds 区元素。最外层电子填充在 s 能级上并且具有 $n-1$ 层 d 全充满结构的元素为 ds 区元素。它包括ⅠB 族和ⅡB 族元素，其结构特点一般是 $(n-1)d^{10}ns^{1\sim2}$。通常将 ds 区元素和 d 区元素合在一起，统称过渡元素。从电子层结构上讲，过渡元素完成了从 d 分层电子填充不完全到电子填充完全的过渡。过渡元素都是金属，也称为过渡金属。

(5) f 区元素。最后一个电子填充在 f 能级上的元素为 f 区元素。它包括镧系元素和锕系元素。其结构特点一般是 $(n-2)f^{1\sim14}(n-1)d^{0\sim2}ns^2$。通常称 f 区元素为内过渡元素。

3. 原子的电子层结构与周期的关系

从原子核外电子排布的规律可知，能级组的划分是导致周期系中各元素划分为周期的原因，元素所在周期数与该元素的原子核外电子的最高能级所在能级组数相一致，也与原子核外电子层数相一致。

根据原子的电子层结构不同，周期系中的元素划分为七个周期：第一周期是特短周期，有 2 种元素；第二、第三周期是短周期，各有 8 种元素；第四、第五周期是长周期，各有 18 种元素；第六周期和第七周期都是特长周期，各有 32 种元素。各周期中元素的数目等于相应能级组中原子轨道所能容纳电子的总数。各周期与相对应的能级组的关系如表 4-5 所示。

表 4-5　周期与相对应的能级组的关系

周期	能级组	能级组内各原子轨道	元素数目
1	一	1s	2
2	二	2s2p	8
3	三	3s3p	8
4	四	4s3d4p	18
5	五	5s4d5p	18
6	六	6s4f5d6p	32
7	七	7s5f6d7p	32

根据原子核外电子排布的规律，还可以预测未来的第八、第九周期是有 50 种元素的超长周期。元素周期律的具体表现形式是元素周期表。元素周期表的样式很多，目前使用得最普遍的是长式元素周期表。把元素按原子序数递增的顺序依次排列成表时，每一横行上的元素原子最外层的电子数由 1 增到 8(第一行除外)，呈现出明显的周期性变化，即各周期元素原子的电子层结构重复 s^1～s^2p^6 的变化。所以每一周期元素都是从碱金属开始，以稀有气体元素结束。而每一次重复都意味着一个新周期的开始，一个旧周期的结束。由于元素的性质主要取决于原子的电子层结构，尤其是最外层电子数，因此周期表很明确地体现了元素的性质随原子序数递增呈周期性变化的客观规律。

4. 原子的电子层结构与族的关系

按长周期表把元素划分为 16 个族：7 个 A 族和 7 个 B 族，还有零族和Ⅷ族。A 族包括短周期中的元素，也称主族；B 族只包括长周期的元素，也称副族。

各主族元素的族数与该族元素原子的最外层电子数相等，也与该族元素的最高化合价相一致(氧、氟除外)。在同一族中，虽然不同元素的原子的电子层数不相同，但它们最外层电子数目却一样，因此它们彼此之间性质非常相似。例如，碱金属元素的最外电子层结构为 ns^1，易失去这个电子而形成正离子，因此碱金属都显很强的金属性。又如，卤素原子的最外层电子为 ns^2np^5，易得到一个电子而形成负离子，因此卤素都显很强的非金属性。

副族元素则不同，一般副族元素的最外层只有 1～2 个电子，显然最外层电子数并不等于副族元素的族数。对 d 区元素来讲，它的族数通常等于最高能级组中的电子总数。例如，钪的电子结构式为[Ar]$3d^14s^2$，属 d 区元素，最高能级组中的电子总数为 3，所以钪元素是ⅢB 族元素。又如，铁的电子结构式为[Ar]$3d^64s^2$，也是 d 区元素，最高能级组中的电子总数为 8，所以铁是第Ⅷ族元素。若最高能级组中的电子总数大于 8 而小于 11，也属于第Ⅷ族，如钴和镍。

对 ds 区元素来说，它们的族数等于最外层电子数。例如，铜的电子结构式为 $3d^{10}4s^1$，最外电子层中有一个电子，铜属于ⅠB 族。

f 区的元素分为两个系列，镧系和锕系。

原子的电子层结构与元素周期系有密切的关系。若已知元素的原子序数，便可写出该元素的电子层结构，并能判断出该元素所在的周期和族；反之，若已知元素所在的周期和族，也可以推知它的原子序数，并写出其原子的电子结构式。

【例 4-3】 已知某元素的原子序数是 25，写出该元素原子的电子结构式，并指出该元素的名称、符号以及所属的周期和族。

解 根据原子序数为 25，可知该元素的原子核外有 25 个电子，其排布为 $[Ar]3d^54s^2$，属 d 区过渡元素。最高能级组数为四，其中有 7 个电子，故该元素是第四周期ⅦB 族的锰，元素符号为 Mn。

【例 4-4】 已知某元素在周期表中位于第五周期ⅥA 族位置上。试写出该元素的基态原子的电子结构式、元素的名称、符号和原子序数。

解 元素位于第五周期，故电子的最高能级组是第五能级组，即 5s4d5p；元素是ⅥA 族的，故最外层电子数应为 6，故有 $5s^25p^4$，这时 4d 一定是全充满的。电子结构式为 $[Kr]4d^{10}5s^25p^4$，元素名称是碲，符号 Te，核外共有 52 个电子，原子序数为 52。

4.3 元素基本性质的周期性

由于原子的电子层结构具有周期性，因此与电子层结构有关的元素的基本性质，如原子半径、电离能、电子亲和能、电负性等，也呈现明显的周期性。

4.3.1 原子半径

除零族元素外，其他任何元素的原子总是以键合形式存在于单质或化合物中。原子在形成化学键时，总要有一定程度的轨道重叠，而且某原子在与几种不同原子分别形成化学键时，原子轨道重叠的程度也各有不同。同样是 A 元素的原子和 B 元素的原子成键，又因键级的不同，原子轨道的重叠程度也不相同。同一种元素，形成不同单质时，原子轨道的重叠程度也不相同。因此，单纯地把原子半径理解成最外层电子到原子核的距离是不严谨的。而且要给出在任何情况下都适用的原子半径也是不可能的。经常用到的原子半径有三种，即共价半径、金属半径和范德华半径。

同种元素的两个原子以共价单键连接时，它们核间距离的一半称为原子的共价半径。

把金属晶体看成是由球状的金属原子堆积而成的，假定相邻的两个原子彼此互相接触，它们核间距的一半就是该原子的金属半径。

当两个原子之间没有形成化学键而只靠分子间作用力互相接近时，如稀有气体在低温下形成单原子分子的分子晶体时，两个原子之间距离的一半就称为范德华半径。

一般来说，原子的金属半径比共价半径大，这是因为形成共价键时，轨道的重叠程度大；而范德华半径的值总是较大，因为分子间作用力不能将单原子分子拉得很紧密。

在讨论原子半径的变化规律时，对于金属元素多采用金属半径，非金属元素多采用共价半径，但稀有气体只能用范德华半径代替。周期系中各元素的原子半径如表 4-6 所示。

表 4-6　原子半径($\times 10^{-12}$ m)

ⅠA	ⅡA	ⅢB	ⅣB	ⅤB	ⅥB	ⅦB	Ⅷ			ⅠB	ⅡB	ⅢA	ⅣA	ⅤA	ⅥA	ⅦA	0
H																	He
32																	93
Li	Be											B	C	N	O	F	Ne
123	89											82	77	70	66	64	112
Na	Mg											Al	Si	P	S	Cl	Ar
154	136											118	117	110	104	99	154
K	Ca	Sc	Ti	V	Cr	Mn	Fe	Co	Ni	Cu	Zn	Ga	Ge	As	Se	Br	Kr
203	174	144	132	122	118	117	117	116	115	117	125	126	122	121	117	114	169
Rb	Sr	Y	Zr	Nb	Mo	Tc	Ru	Rh	Pd	Ag	Cd	In	Sn	Sb	Te	I	Xe
216	191	162	145	134	130	127	125	125	128	134	148	144	140	141	137	133	190
Cs	Ba		Hf	Ta	W	Re	Os	Ir	Pt	Au	Hg	Tl	Pb	Bi	Po	At	Rn
235	198		144	134	130	128	126	127	130	134	144	148	147	146	146	145	220

镧系元素

La	Ce	Pr	Nd	Pm	Sm	Eu	Gd	Tb	Dy	Ho	Er	Tm	Yb	Lu
169	165	164	164	163	162	185	162	161	160	158	158	158	170	158

1. 原子半径在周期中的变化

在短周期中，从左到右随着原子序数的增加，原子核的电荷数增大，对核外电子的吸引力增强，使原子半径有变小的趋势；同时由于新填充的电子增大了电子间的排斥作用，使原子半径有变大的趋势，这是相互矛盾的因素。在外层电子未达到 8 电子的饱和结构之前，核电荷的增加占主导地位，故在同一周期中从左向右原子半径逐渐变小，只是最后一个稀有气体的原子半径大幅度增加，这主要是因为稀有气体的原子半径为范德华半径。在短周期中相邻元素的原子半径的减小幅度平均为 10×10^{-12} m 左右。

长周期中的主族元素的原子半径变化情况和短周期的情况相似，但其中的过渡元素的情况则有所不同。过渡元素原子中新增加的电子填充在次外层的 d 轨道上，对决定原子半径大小的最外层电子来说，新增加的电子对其屏蔽作用较大。增加的核电荷被增加的电子屏蔽作用中和掉的成分较大。因此，过渡元素的原子半径从左向右虽然也因核电荷的增大而减小，但减小的幅度却不同于短周期中的情况，相邻元素的原子半径的减小幅度平均为 4×10^{-12} m 左右。由于 d^{10} 电子分层对外层电子的斥力较大，对核电荷的屏蔽作用较强，因此电子充满 d 轨道时，原子半径又有所增加，类似的情况在超长周期的内过渡元素中也有。例如，存在 f^7 和 f^{14} 时，原子半径有所增加。

在超长周期中，内过渡元素的原子半径的减小幅度更小，原因是新增加的电子填充在 $(n-2)$f 分层中，使有效核电荷增加得更为缓慢。

2. 镧系收缩

内过渡元素随着原子序数的增加，原子半径减小的幅度很小，如镧系元素，从镧到镥半径共减小 11×10^{-12} m，这一现象称为镧系收缩。镧系收缩的存在使镧系后面的各过渡元素的原子半径都相应缩小，致使第三过渡元素的原子半径没有因电子层的增加而大于第二过渡元素的原子半径。这就决定了 Zr 与 Hf、Nb 与 Ta、Mo 与 W 等在性质上极为相似，分离很困难。镧系各元素之间的原子半径也极为相近，故性质相似，分离也非常困难。

3. 原子半径在同族中的变化

在同一主族中，从上到下虽然核电荷的增加有使原子半径减小的作用，但电子层的增加是主要因素，致使从上到下原子半径递增。副族元素的情况和主族有所不同。从上到下本应递增，但由于镧系收缩的影响，第六周期过渡元素的原子半径基本与第五周期过渡元素的原子半径相等。

4.3.2　电离能

使原子失去电子变成正离子，要消耗一定的能量以克服核对电子的引力。使某元素一个基态的气态原子失去一个电子形成正一价的气态离子时所需要的能量，称为该元素的第一电离能。常用符号 I_1 表示。

从正一价气态离子再失去一个电子形成正二价气态离子时，所需要的能量称为元素的第二电离能，元素也可以依次地有第三、第四……电离能，分别用 I_2、I_3、I_4、…表示。元素的电离能可以从原子的发射光谱实验测得。

元素的第一电离能较为重要，I_1 越小表示元素的原子越容易失去电子，金属性越强。因此，I_1 是衡量元素金属性的一种尺度。表4-7中列出了周期表中各元素的第一电离能的数据。元素的第一电离能随着原子序数的增加呈明显的周期性变化，如图 4-22 所示。

表 4-7　元素的第一电离能(kJ · mol^{-1})

ⅠA	ⅡA	ⅢB	ⅣB	ⅤB	ⅥB	ⅦB	Ⅷ			ⅠB	ⅡB	ⅢA	ⅣA	ⅤA	ⅥA	ⅦA	0
H																	He
1312																	2372
Li	Be											B	C	N	O	F	Ne
520	900											801	1086	1402	1314	1681	2081
Na	Mg											Al	Si	P	S	Cl	Ar
496	738											578	787	1012	1000	1251	1521
K	Ca	Sc	Ti	V	Cr	Mn	Fe	Co	Ni	Cu	Zn	Ga	Ge	As	Se	Br	Kr
419	590	631	658	650	653	717	759	758	737	746	906	579	765	944	941	1140	1351
Rb	Sr	Y	Zr	Nb	Mo	Tc	Ru	Rh	Pd	Ag	Cd	In	Sn	Sb	Te	I	Xe
403	550	616	660	664	685	702	711	720	805	731	868	558	709	832	869	1008	1170
Cs	Ba	La	Hf	Ta	W	Re	Os	Ir	Pt	Au	Hg	Tl	Pb	Bi	Po	At	Rn
376	503	538	654	761	770	760	840	880	870	890	1007	589	716	703	812	912	1037

La	Ce	Pr	Nd	Pm	Eu	Gd	Tb	Dy	Ho	Er	Tm	Yb	Lu
538	528	523	530	536	547	592	564	572	581	589	597	603	524

数据录自：Huheey J E. 1983. Inorganic Chemistry: Principles of Structure and Reactivity. 2nd ed. New York: Harper & Row。

电离能的大小主要取决于原子核电荷、原子半径，以及原子的电子层结构。一般来说，如果电子层数相同(同一周期)的元素，核电荷越多，半径越小，原子核对外层的引力越大，因此不易失去电子，电离能就大；如果电子层数不同、最外层电子数相同(同一族)的元素，则原子半径越大，原子核对电子的引力越小，越易失去电子，电离能就小；电子层结构对电离能也有很大的影响。例如，各周期末尾的稀有气体的电离能最大，其部分原因是稀有气体元素的原子具有相对稳定的 8 电子结构。

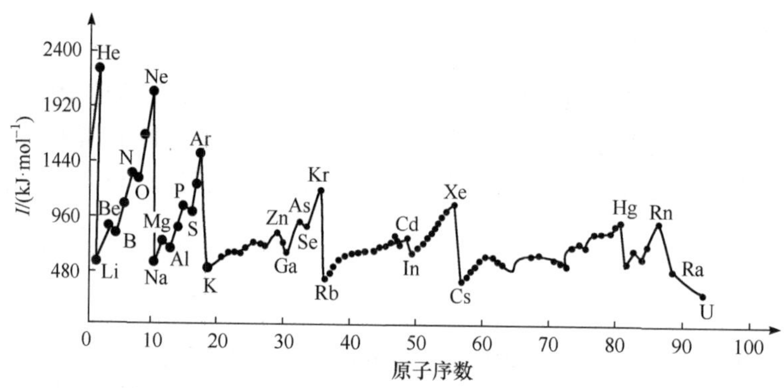

图 4-22　元素第一电离能的周期性变化

由表 4-7 可知，同一主族元素，从上到下随着原子半径的增大，元素的第一电离能依次减小。由此可知，各主族元素的金属性由上向下依次增强。副族元素的电离能变化幅度较小，而且不大规则。这是由于它们新增加的电子填入$(n-1)$d 轨道，且$(n-1)$d 与 ns 轨道能量比较接近。副族元素中除ⅢB 族外，从上到下金属性一般有逐渐减小的趋势。

同一周期中，从左向右元素的第一电离能在总趋势上依次增加，其原因是原子半径依次减小而核电荷依次增大，因而原子核对外层电子的约束力变强。但是有些反常现象，从第二周期看，硼的第一电离能反而比铍的小些，氧的电离能又比氮的小些。这是由于铍的电子结构式为 $1s^22s^2$，达到 $2s^2$ 的稳定结构而不易失去 1 个 s 电子；同样氮的最外层为 $2s^22p^3$ 结构，达到 $2p^3$ 的半充满的稳定结构而不易失去 1 个 p 电子。

4.3.3　电子亲和能

某元素的一个基态的气态原子得到一个电子形成气态负离子时所放出的能量称为该元素的电子亲和能。电子亲和能常用 E 表示，上述亲和能的定义实际上是元素的第一电子亲和能 E_1。与此相类似，可以得到第二电子亲和能 E_2 以及第三电子亲和能 E_3 的定义。非金属元素一般有较大的电离能，难以失去电子，但它有明显的得电子倾向。非金属元素的电子亲和能越大，表示其得电子的倾向越大，即变成负离子的可能性越大。

电子亲和能的单位和电离能的单位一样，一般用 $kJ\cdot mol^{-1}$ 表示。例如：

$$F(g) + e^- \longrightarrow F^-(g) \qquad E_1 = 322\ kJ\cdot mol^{-1}$$

它表示 1 mol 气态 F 原子得到 1 mol 电子转变为 1 mol 气态 F^-时所放出的能量为 322 kJ。一般元素的第一电子亲和能为正值，表示得到一个电子形成负离子时放出能量，也有的元素的 E_1 为负值，表示得电子时要吸收能量，这说明这种元素的原子变成负离子很困难。元素的第二电子亲和能一般均为负值，说明由负一价的离子变成负二价的离子也是要吸热的。碱金属和碱土金属元素的电子亲和能都是负的，说明它们形成负离子的倾向很小，非金属性相当弱。电子亲和能是元素非金属活性的一种衡量标度。元素的电子亲和能的数据在表 4-8 中给出，电子亲和能难以测得，故表中数据不全，有的是计算值。

表 4-8　元素的电子亲和能($kJ \cdot mol^{-1}$)

H															He
72.9															(−21)
Li	Be									B	C	N	O	F	Ne
59.8	(−240)									23	122	−58 −800* −1290**	141 −780	322	(−29)
Na	Mg									Al	Si	P	S	Cl	Ar
52.9	(−230)									44	120	74	200.4	348.7	(−35)
													−159*		
K	Ca	Ti	V	Cr	Fe	Co	Ni	Cu	Zn	Ga	Ge	As	Se	Br	Kr
48.4	(−156)	(37.7)	(90.4)	63	(56.2)	(90.3)	(123.1)	123	(−87)	36	116	77	195	324.5	(−39)
													−420*		
Rb				Mo					Cd	In	Sn	Sb	Te	I	Xe
46.9				96					(−58)	34	121	101	190.1	295	(−40)
Cs	Ba	Ta		W	Re	Pt	Au			Ti	Pb	Bi	Po	At	Rn
45.5	(−52)	80		50	15	205.3	222.7			50	100	100	(180)	(270)	(−40)
Fr															
44.0															

注：未加括号的数据为实验值，加括号的数据为理论值，未带*的数据为第一电子亲和能，带*、**者分别为第二、第三电子亲和能。

数据录自：Huheey J E. 1983. Inorganic Chemistry: Principles of Structure and Reactivity. 2nd ed. New York: Harper & Row。

一般来说，电子亲和能随原子半径的减小而增大，因为半径小时，核电荷对电子的引力增大。因此，电子亲和能在同周期元素中从左向右呈增加趋势，而同族中从上到下呈减小趋势。

从表 4-8 看到，ⅥA 族和ⅦA 族的第一种元素氧和氟的电子亲和能并非最大，而比同族中第二种元素的要小些。这种现象的出现是因为氧和氟原子半径过小，电子云密度过高，以致当原子结合一个电子形成负离子时，由于电子间的互相排斥使放出的能量减少。而硫和氯原子半径较大，接受电子时，相互之间的排斥力较小，故电子亲和能在同族中是最大的。

4.3.4　元素的电负性

元素的电离能和电子亲和能分别从一个方面反映了某元素的原子得失电子的能力。但在形成很多化合物，特别是共价化合物时，元素的原子经常是既不失去电子，又不得到电子，如碳、氢等元素，电子只是在它们的原子间发生偏移。故只从电离能和电子亲和能的大小来判断元素的金属活性及非金属活性是有一定局限性的，应该把原子失去电子的难易与原子结合电子的难易统一起来考虑，这才能较好地说明在化合物中原子吸引电子的能力的大小。通常将原子在分子中吸引电子的能力称为元素的电负性。电负性概念首先是由鲍林在 1932 年提出的，电负性通常用 χ 表示。鲍林指定氟的电负性为 4.0 左右，依此通过对比求出其他元素的电负性，因此电负性是一个相对的数值。表 4-9 列出了元素的电负性数据。

表 4-9　元素的电负性

ⅠA																	0
H 2.1	ⅡA											ⅢA	ⅣA	ⅤA	ⅥA	ⅦA	He
Li 1.0	Be 1.5											B 2.0	C 2.5	N 3.0	O 3.5	F 4.0	Ne
Na 0.9	Mg 1.2	ⅢB	ⅣB	ⅤB	ⅥB	ⅦB	Ⅷ			ⅠB	ⅡB	Al 1.5	Si 1.8	P 2.1	S 2.5	Cl 3.0	Ar
K 0.8	Ca 1.0	Sc 1.3	Ti 1.5	V 1.6	Cr 1.6	Mn 1.5	Fe 1.8	Co 1.9	Ni 1.9	Cu 1.9	Zn 1.6	Ga 1.6	Ge 1.8	As 2.0	Se 2.4	Br 2.8	Kr
Rb 0.8	Sr 1.0	Y 1.2	Zr 1.4	Nb 1.6	Mo 1.8	Tc 1.9	Ru 2.2	Rh 2.2	Pd 2.2	Ag 1.9	Cd 1.7	In 1.7	Sn 1.8	Sb 1.9	Te 2.1	I 2.5	Xe
Cs 0.7	Ba 0.9	La～Lu 1.0～1.2	Hf 1.3	Ta 1.5	W 1.7	Re 1.9	Os 2.2	Ir 2.2	Pt 2.2	Au 2.4	Hg 1.9	Tl 1.8	Pb 1.9	Bi 1.9	Po 2.0	At 2.2	Rn
Fr 0.7	Ra 0.9	Ac～Lr 1.1～1.4															

数据录自：Pauling L, Pauling P. 1975. Chemistry. 7th. San Francisco: Freeman and Company。

根据电负性的大小，可以衡量元素的金属性和非金属性的强弱。一般来说，非金属的电负性大于金属的电负性。非金属元素的电负性一般在 2.0 以上，而金属的电负性一般在 2.0 以下。应注意的是元素的金属性与非金属性之间并没有严格的界限，因此电负性 2.0 作为金属元素与非金属元素的分界也不是绝对的。

由表 4-9 可知，元素的电负性也是呈周期性变化的。在同一周期中，从左到右电负性递增，元素的非金属性也逐渐增强；在同一主族中，从上到下电负性递减，元素的非金属性依次减弱。但是副族元素的电负性没有明显的变化规律，而且第三过渡元素比第二过渡元素的电负性大些。在周期表中，右上方的元素氟，是电负性最大的元素，而左下方的铯则是电负性最小的元素。氟的非金属性最强而铯的金属性最强。

思　考　题

1. 原子中电子的运动有什么特点？概率与概率密度有什么区别与联系？

2. 什么是屏蔽效应和钻穿效应？怎样解释同一主层中的能级分裂及不同主层中的能级交错现象？试解释第三电子层最多可容纳 18 电子，但第三周期不是 18 种元素而只有 8 种元素的原因。

3. 根据原子结构的知识，写出第 17 号、23 号、80 号元素的基态原子的电子结构式。

4. 画出 s、p、d 各原子轨道的角度分布图和径向分布图，并说明这些图形的含义。

5. 说明在同周期和同族中元素的原子半径的变化规律，并讨论其原因。

6. 说明下列各对原子中哪一种原子的第一电离能高，为什么？

S 与 P，Al 与 Mg，Sr 与 Rb，Cu 与 Zn，Cs 与 Au，Rn 与 At

7. 电子亲和能与原子半径之间有什么规律性的关系？为什么有些非金属元素(如 F、O 等)却显得反常？什么是元素的电负性？电负性在同周期、同族元素中各有怎样的变化规律？

8. 若磁量子数 m 的取值有所变化，即 m 可取 0, 1, 2, …, l 共 $l+1$ 个值，其余不变，那么周期表将排成什么样？按新周期表写出前 20 号元素中最活泼的碱金属，第一个稀有气体元素，第一个过渡元素的原子序数、元素符号及名称。

9. 若电子的自旋磁量子数可以有三种取值，±1/2 和 0，那么周期表又会变成什么样？

习　　题

1. 氢原子的核外电子在第四轨道上运动时的能量比它在第一轨道上运动时的能量多 2.032×10^{-18} J。这个核外电子由第四轨道跃入第一轨道时，所发出的光的频率和波长各是多少？

2. 为什么每个电子层最多只能容纳 $2n^2$ 个电子？

3. 画出下列各轨道示意图：$3d_{xy}$ 轨道的原子轨道角度分布图，$4d_{x^2-y^2}$ 轨道的电子云角度分布图，4p 轨道的电子云径向分布图。

4. 下列说法是否正确？不正确的应如何改正？

(1) s 电子绕核运动，其轨道为一圆周，而 p 电子是走∞形的；

(2) 主量子数 n 为 1 时，有自旋相反的两条轨道；

(3) 主量子数 n 为 4 时，其轨道总数为 15，电子层电子最大容量为 32；

(4) 主量子数 n 为 3 时，有 3s、3p、3d 三条轨道。

5. 写出原子序数为 24 的元素的名称、符号及其基态原子的电子结构式，并用四个量子数分别表示每个价电子的运动状态。

6. 将氢原子核外电子从基态激发到 2s 或 2p，所需能量是否相等？若是氦原子情况又会怎样？

7. 通过近似计算说明，12 号、15 号、25 号元素原子中，4s 和 3d 哪一能级的能量高？

8. 按斯莱特规则计算 K、Cu、I 的最外层电子感受到的有效核电荷及相应能级的能量。

9. 写出具有下列电子排布的原子的核电荷数和名称：

(1) $1s^22s^22p^63s^23p^6$；

(2) $1s^22s^22p^63s^23p^63d^{10}4s^24p^65s^1$；

(3) $1s^22s^22p^63s^23p^63d^{10}4s^24p^64d^{10}4f^75s^25p^65d^16s^2$。

10. 已知 M^{2+} 的 3d 轨道中有 5 个电子，试推出：

(1) M 原子的核外电子排布；

(2) M 原子的最外层和最高能级组中电子数；

(3) M 元素在周期表中的位置。

11. 下列元素的电子层构型分别为 $3s^2$、$4s^2$、$4p^1$、$3d^54s^2$、$3s^23p^3$，它们分别属于第几周期？第几族？最高化合价是多少？

12. 满足下列条件之一的是哪一族或哪一个元素？

(1) 最外层具有 6 个 p 电子；

(2) 价电子数是 $n=4$，$l=0$ 的轨道上有 2 个电子和 $n=3$，$l=2$ 的轨道上有 5 个电子；

(3) 次外层 d 轨道全满，最外层有一个 s 电子；

(4) 某元素+3 价离子和氩原子的电子构型相同；

(5) 某元素+3 价离子的 3d 轨道半满。

13. A、B 两元素，A 原子的 M 层和 N 层的电子数分别比 B 原子的 M 层和 N 层的电子数少 7 个和 4 个。写出 A、B 两原子的名称和电子排布式，并写出推导过程。

14. 第四周期某原子中的未成对电子数为 1，但通常可形成+1 和+2 价的化合物。试确定该元素在周期表中的位置，并写出+1 价离子的电子排布式和+2 价离子的最外层电子排布式。

15. 有第四周期的 A、B、C、D 四种元素，其最外层电子数依次为 1、2、2、7，其原子序数依 A、B、C、D 依次增大。已知 A 与 B 的次外层电子数为 8，而 C 与 D 的为 18。根据原子结构，试判断：

(1) 哪些是金属元素？

(2) D 与 A 的简单离子是什么？

(3) 哪一元素的氢氧化物碱性最强？

(4) B 与 D 两原子间能形成哪种化合物？写出化学式。

16. 试根据原子结构理论预测：

(1) 第八周期将包括多少种元素？

(2) 原子核外出现第一个 5g 电子的元素的原子序数是多少？

(3) 第 114 号元素属于第几周期？第几族？它和什么元素的性质最相似？

17. 解释下列现象：

(1) Na 的第一电离能小于 Mg 的，而 Na 的第二电离能却大大超过 Mg 的？

(2) Na^+和 Ne 是等电子体(电子数目相同的物质)，为什么它们的第一电离能(I_1)的数值差别较大？[Ne(g)：$I_1 = 21.6$ eV；Na^+(g)：$I_1 = 47.3$ eV]

(3) Be 原子的第一、第二、第三、第四各级电离能($I_1 \sim I_4$)分别为 899 kJ · mol^{-1}、1757 kJ · mol^{-1}、14840 kJ · mol^{-1}、21000 kJ · mol^{-1}。解释各级电离能逐级增大并有突跃的原因。

18. 试计算 1.00 g 气态 Cl 原子完全转化为气态 Cl^-所释放出的能量(单位为 kJ)。已知 Cl 原子的电子亲和能为 3.7 eV，且 1 eV = 1.6×10^{-19} J。

19. 在 A、B 两种元素组成的化合物中，A 的质量分数为 20%。在 200℃和 101.3 kPa 压力下，测得 400 cm^3 该化合物蒸气的质量为 2.74 g，该化合物共有 128 个质子。B 元素原子的 M 层有一个未成对电子，且为短周期元素。试求：

(1) 该化合物的摩尔质量；

(2) 该化合物的分子式。

【阅读材料 1】

镧系、锕系元素

§ Y-1-1　通　　性

周期表中第六周期ⅢB 族镧的位置代表了第 57 号元素镧(La)到第 72 号元素镥(Lu)，共 15 种元素，统称镧系元素。第七周期第ⅢB 族锕的位置则代表了第 89 号元素锕(Ac)到第 103 号元素铹(Lr)，共 15 种元素，统称锕系元素。f 区元素就是包括除镧、锕以外的镧系和锕系元素。

镧系元素和ⅢB 族另一种元素钇(Y)一起，又合称为稀土元素。因为它们的化学性质相似，在自然界中基本上共生在一起。锕系元素都是放射性元素。在铀后面的 11 种元素(93～103)是在 1940～1962 年用人工核反应合成，称为超铀元素。锕系元素除钍、铀外，其他元素在地壳中含量极微或者根本不存在。目前对于它们的性质研究得还不充分，本书不予介绍。

1. 镧系收缩

镧系元素依次增加的电子填充在 4f 轨道，由于 4f 电子的递增不能完全抵消核电荷的递增，从 La～Lu 有效核电荷逐渐增加，因此对外电子层的引力逐渐增强，以致外电子层逐渐向核收缩。表 Y-1-1 列出镧系元素原子半径和离子(Ⅲ)半径的数值。从表中可以看出，镧系元素的原子半径总趋势是逐渐缩小的，而+3 价离子半径则极有规律地依次缩小。镧系元素这种原子半径和离子半径依次缩小的现象，称为镧系收缩。

表 Y-1-1　镧系元素的金属原子半径 *R*(M)和离子半径 *R*(M^{3+})

元素	La	Ce	Pr	Nd	Pm	Sm	Eu	Gd
R(M)/pm	187.7	182.4	182.8	182.2	—	180.2	198.3	180.1
R(M^{3+})/pm	106.1	103.4	101.3	99.5	97.5	96.4	95.0	93.8
元素	Tb	Dy	Ho	Er	Tm	Yb	Lu	
R(M)/pm	178.3	177.5	176.7	175.8	174.7	193.9	173.5	
R(M^{3+})/pm	92.3	90.8	89.4	88	87	85.8	85	

摘自：北京师范大学，等. 2003. 无机化学(下册). 4 版. 北京：高等教育出版社。

镧系收缩是重要的化学现象之一。由于它的存在，镧后元素铪(Hf)、钽(Ta)、钨(W)等的原子和离子半径，分别与同族上一周期的锆(Zr)、铌(Nb)、钼(Mo)等几乎相等，造成了 Zr-Hf、Nb-Ta、Mo-W 化学性质非常相似，以致难以分离。此外，在第Ⅷ族 9 种元素中，第四周期的 Fe、Co、Ni 性质相似，第五周期 Ru、Rh、Pd 和第六周期 Os、Ir、Pt 构成的铂系元素性质相似。而铁系元素与铂系元素性质差别较大，这也是镧系收缩造成的结果。

2. 镧系元素的性质和用途

镧系元素最外层和次外层的电子数几乎相同，原子半径和离子半径也很接近，因此它们的性质十分相似。它们都是较活泼的金属。它们的标准电极电势 $\varphi^{\ominus}_{M^{3+}/M}$ 值为–2.52～–2.26 V，说明这些金属都是相当强的还原剂。但是从镧到镥，由于半径减小，活泼性也降低。镧系属于第ⅢB 族，所以一般表现为+3 氧化态。不过，由于 4f 电子亚层倾向于保持或接近全空、半满或全满的稳定结构，使有些元素还具有+2 或+4 氧化态，见图 Y-1-1，其中 Ce^{4+}、Tb^{4+}能稳定存在，分别与它们 f 轨道的电子构型为全空($4f^0$)、半满($4f^7$)有关；同理，Eu^{2+}、Yb^{2+}能稳定存在，分别与它们 4f 轨道的电子构型为半满($4f^7$)、全满($4f^{14}$)有关。显然，接近全空的 Pr^{4+}($4f^1$)、接近半满的 Sm^{2+}($4f^6$)和 Dy^{4+}($4f^8$)、接近全满的 Tm^{2+}($4f^{13}$)的稳定性就差了(图 Y-1-1 中用小圆圈表示)。

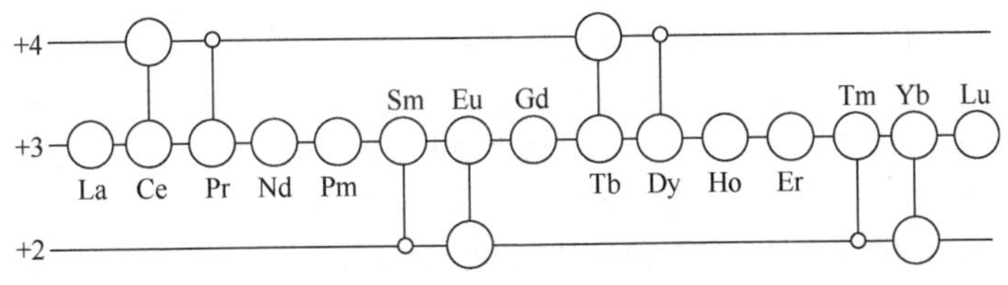

图 Y-1-1 镧系元素的氧化态

镧系元素氧化数为+3 的氢氧化物都显碱性，$La(OH)_3$ 是中强碱。随 La^{3+}至 Lu^{3+}离子半径依次缩小的顺序，碱性逐渐减弱。镧系元素的氢氧化物都难溶于水。

盐类一般也难溶于水，但氯化物、硝酸盐和硫酸盐是常见的可溶性盐类。$Ce(SO_4)_2$ 常用于定量分析中，因为 Ce^{4+}是一种强氧化剂。

$$Ce^{4+} + e^- \rightleftharpoons Ce^{3+} \qquad \varphi^{\ominus} = 1.61\ V$$

而且 $Ce(SO_4)_2$ 还具有稳定、易提纯、参加反应时副反应少等优点。

我国是世界上稀土资源储量最丰富的国家。近几十年来，稀土工业发展十分迅速，它在各个工业部门，尤其在尖端科学技术领域中应用越来越广泛，如高磁性材料、激光材料(Nd^{3+}、Er^{3+})、超导体、发光材料(Ce、Eu、Tb、Er)和原子堆的控制材料(Sm、Eu、Gd)等。已发现它们在农业和医药上的应用，如根据我国某些地区大田试验结果，发现稀土元素微量肥料能促使多种作物增产。对小麦来说，每亩施硝酸稀土 40 g，可增产 10%。稀土元素可作为植物光合作用的催化剂，可以促进谷物灌浆的生理过程，又可促进无机磷的转化过程。小鼠试验证明，镧系元素都有镇痛作用。

§ Y-1-2 稀土元素(镧系)的分离

镧系元素的分离有两层含义，即镧系元素和其他元素的分离；从混合镧系元素化合物中分离提取单一镧系元素。

目前采用的分离镧系元素和非镧系元素的方法是：

(1) 在酸性介质中，用 $H_2C_2O_4$ 从离子混合溶液中沉淀出 $Ln_2(C_2O_4)_3$，可以和 Na、Al、Fe、Mn、Ca、Mg 等分离。

(2) 用 $NH_3 \cdot H_2O$ 从离子混合溶液中沉淀出 $Ln(OH)_3$，可以和 Na、Mg、Ca、Mn、(少量)Al 等分离。

(3) 用氟化物从混合离子溶液中沉淀出 LnF_3，可以和 Na、P、Si 等分离。

(4) 用易溶酸式磷酸盐从混合离子溶液中沉淀出 $LnPO_4$，可以和 Na、Mg、Mn、Co 等分离。

(5) 使镧系元素生成难溶的复盐，可以和 Al、Fe、U、Mg 等分离。

从镧系元素化合物中分离提取单一镧系元素化合物的方法有以下化学法、离子交换法和萃取法。

(i) 化学法：化学法分为分级结晶、分级沉淀及氧化还原法。前两种方法的分离效率很低，一般不用。氧化还原法的分离效率较高，但它只适用于分离有变价的镧系元素。以 Ce 的分离为例，一般 Ln^{3+}于 pH 约为 7 时沉淀为 $Ln(OH)_3$，而 Ce^{4+}于 pH = 0.7～1.0 时沉淀为 $Ce(OH)_4$，所以若控制溶液 pH 在 3 左右，加氧化剂(包括空气中的 O_2)，即能将 Ce^{4+}沉淀为 $Ce(OH)_4$ 而和其他元素分离。

(ii) 离子交换法：离子交换法是使混合溶液在阴离子和阳离子交换树脂上发生交换的一种分离方法。

常用的阴离子交换树脂是强碱-季铵型交换树脂如 R—N$(CH_3)_3$OH 或 R—N$(CH_3)_3$Cl(R 为树脂母体，是高分子化合物)。树脂上的 OH 或 Cl 和溶液中的阴离子发生交换作用。例如：

$$2R{-}N(CH_3)_3OH + SO_4^{2-} \xrightarrow{\text{交换作用}} R{-}N(CH_3)_3{-}SO_4{-}(CH_3)_3N{-}R + 2OH^-$$

常用的阳离子交换树脂是强酸-磺酸型交换树脂，如 R—SO_3Na，树脂上的 H^+或 Na^+和溶液中的阳离子发生交换作用：

$$3R{-}SO_3H + Ln^{3+} \xrightarrow{\text{交换作用}} Ln(SO_3{-}R)_3 + 3H^+$$

交换作用也是一种平衡反应。阳离子和树脂上的磺酸根结合力越强，交换作用越完全。就 Ln^{3+}而言，它们的价数相同，而离子半径从 La^{3+}到 Lu^{3+}逐渐减小。显然，Lu^{3+}将首先和阳离子树脂发生反应，而 La^{3+}最后。使 Ln^{3+}溶液通过阳离子交换柱后，最上层的树脂中含 Lu^{3+}最多，而最少的是 La^{3+}。改变条件就能将 Ln^{3+}从交换树脂上淋洗下来。例如，用柠檬酸铵淋洗阳离子树脂上的 Ln^{3+}，被淋洗的顺序为：Lu^{3+}、Yb^{3+}、…、La^{3+}。这是由于 Ln^{3+}柠檬酸配合物的稳定性由 La^{3+}至 Lu^{3+}依次增大。通过控制实验条件，反复地淋洗交换，就能将稳定性不同的柠檬酸镧系元素配合物依次淋洗下来，达到分离的目的。

(iii) 萃取法：利用不同物质在特定的两种溶剂中浓度的不同，以分离化合物中的某一组分的方法称为萃取法。用萃取法分离镧系元素是使溶于水中的 Ln^{3+}和萃取剂生成可溶于特定溶剂的化合物，从而和其他离子分离。一般萃取法包括两个步骤，即先使被萃取物生成可溶于特定溶剂的化合物(萃取)，然后改变条件使被萃取物成为不溶于特定溶剂的化合物，称为反萃取。

【例 1】 用磷酸三丁酯(TBP)在 8 mol · dm^{-3} HNO_3 介质中萃取提纯铈的过程如下：

$[Ce(NO_3)_6]^{2-}$ + Ln^{3+} + TBP $\xrightarrow{8\ \text{mol}\cdot\text{dm}^{-3}}$
- 水层：Ln^{3+}
- TBP层：Ce(Ⅳ) $\xrightarrow{H_2O_2}$
  - TBP层
  - 水层：Ce^{3+}

在 8 mol · dm^{-3} HNO_3 的水溶液中进行萃取，铈以配合物 $H_2Ce(NO_3)_6$ 进入 TBP 层而和其他 Ln^{3+}分离，然后在 TBP 层中加 H_2O_2 水溶液，将 Ce(Ⅳ)还原为 Ce(Ⅲ)进行反萃取，Ce^{3+}又进入水相。

【例 2】 用环烷酸(RCOOH，相对分子质量约 250)萃取分离轻镧系元素。环烷酸和 Ln^{3+}作用，生成可溶于有机溶剂(如煤油)的环烷酸盐。

$$Ln^{3+} + 3RCOOH \rightleftharpoons Ln(RCOO)_3 + 3H^+$$

环烷酸是弱有机酸，在一定的 pH 条件下，各种 Ln^{3+}和 RCOOH 生成 $Ln(RCOO)_3$ 的难易不同。对某种 Ln^{3+}而言，改变溶液的 pH 可使它生成 $Ln(RCOO)_3$ 或使 $Ln(RCOO)_3$ 分解。例如，当溶液 pH > 6 时，$La(RCOO)_3$ 在煤油层和水层的分配比大于 100；而当 pH < 6 时，则分配比减小。改变溶液酸度进行多次萃取和反萃取可得较纯的产品。萃取过程如下：

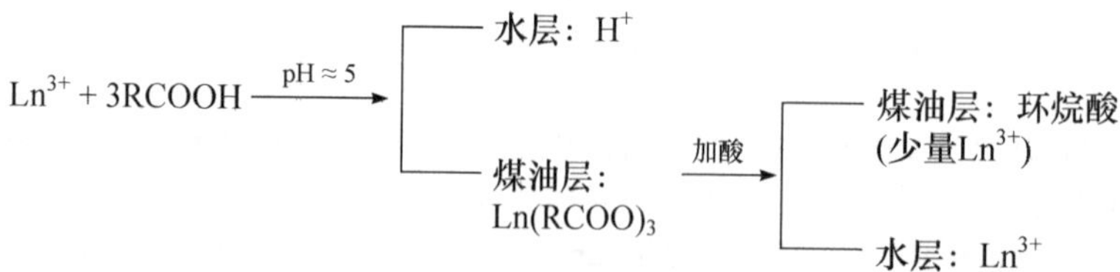

第 5 章　化学键与分子结构

从结构的观点来看，除稀有气体以外，其他原子都不是稳定的结构，因此它们不可能以孤立的形式存在，而是以分子形式存在。分子是参与化学反应的基本单元，物质的性质主要取决于分子的性质，而分子的性质又是由分子的内部结构所决定的。因此，探索分子的内部结构就成为结构化学研究的重要课题，它对于了解物质的性质和化学反应规律具有重要的意义。

物质的分子是由原子组成的，即原子之间能结合成分子，这说明原子之间存在相互作用力。通常将分子中的两个(或多个)原子之间的强相互作用，称为化学键。19 世纪初原子分子学说建立时，人们已经了解到 2 个氢原子能结合成 1 个氢分子，1 个氢原子与 1 个氯原子能结合成 1 个氯化氢分子，1 个氧原子与 2 个氢原子能结合成 1 个水分子，而且原子之间的结合总有一定的比例。那么，这些元素的原子间为什么能结合？为什么总是按一定的比例结合？促使各元素的原子相互结合的作用力(化学键)的本性是什么？对于这些问题，当时人们是不清楚的，直至 19 世纪末，电子的发现和近代原子结构理论的建立，对化学键的本质才获得较好的阐明。

1916 年，德国化学家科塞尔(Kossel)根据稀有气体具有稳定结构的事实提出了离子键理论。他认为不同的原子间相互作用时，它们都有达到稀有气体稳定结构的倾向，首先形成正、负离子，并通过静电吸引作用结合而形成化合物。离子键理论比较简单明了，它能说明离子型化合物(如 NaCl 等)的形成，但它不能说明 H_2、O_2、N_2 等由相同原子组成的分子的形成。1916 年，美国化学家路易斯(Lewis)提出了共价键理论。他认为分子的形成是原子间共享电子对的结果。路易斯的共价理论成功地解释了由相同原子组成的分子(如 H_2、O_2 等)的形成。但是根据当时的电磁知识，还很难解释为什么两个原子共享一对(或几对)电子就能结合成稳定的分子。直到 1927 年，海特勒(Heitler)和伦敦(London)将量子力学的成就应用到最简单的 H_2 分子上时，才使这个问题获得初步的解答。

本章将在原子结构的基础上，重点讨论分子的形成过程以及有关化学键理论，如离子键理论、共价键理论(包括电子配对法、杂化轨道理论、价层电子对互斥理论、分子轨道理论)以及金属键能带理论等。同时对分子间作用力、氢键以及分子的结构与物质的性质之间的关系等也作简略的介绍。

5.1　共价键理论

1916 年，美国化学家路易斯为了说明分子的形成，提出了共价键理论。他认为分子中每个原子应具有稳定的稀有气体原子的电子层结构，但这种稳定结构不是靠电子的转移，而是通过原子间共用一对或若干对电子来实现。这种分子中原子间通过共用电子对结合而成的化学键称为共价键。例如：

$$\mathrm{H}\cdot + \cdot\mathrm{H} = \mathrm{H}:\mathrm{H} \qquad :\underset{\cdot\cdot}{\ddot{\mathrm{Cl}}}\cdot + \cdot\underset{\cdot\cdot}{\ddot{\mathrm{Cl}}}: = :\underset{\cdot\cdot}{\ddot{\mathrm{Cl}}}:\underset{\cdot\cdot}{\ddot{\mathrm{Cl}}}:$$

$$:\underset{\cdot}{\dot{\mathrm{N}}}\cdot + \underset{\cdot}{\dot{\mathrm{N}}}: = :\mathrm{N}\vdots\vdots\mathrm{N}: \qquad \mathrm{H}\cdot + \cdot\underset{\cdot\cdot}{\ddot{\mathrm{Cl}}}: = \mathrm{H}:\underset{\cdot\cdot}{\ddot{\mathrm{Cl}}}:$$

路易斯共价键理论虽然成功地解释了由相同原子组成的分子(如 H_2、O_2、N_2 等)以及性质相近的不同原子组成的分子(如 HCl、H_2O 等)的形成，初步揭示了共价键与离子键的区别，但是路易斯理论也有局限性。它不能解释有些分子的中心原子最外层电子数虽然少于 8(如 BF_3 等)或多于 8(如 PCl_5、SF_6 等)但仍能稳定存在，也不能解释共价键的特性(如方向性、饱和性)以及存在单电子键(如 H_2^+)和氧分子具有磁性等问题。同时，它也不能阐明为什么“共用电子”就能使两个原子结合成分子的本质原因。直至 1927 年海特勒和伦敦将量子力学的成就应用于最简单的 H_2 分子结构，才使共价键的本质获得初步的解答。后来，鲍林等发展了这一成果，建立了现代价键理论(电子配对理论)、杂化轨道理论、价层电子对互斥理论、分子轨道理论。

5.1.1　价键理论

价键理论，简称 VB 法。它是海特勒和伦敦处理 H_2 问题所得结果的推广。它假定分子是由原子组成的，原子在未结合成键前含有未成对的电子，如果这些未成对的电子自旋相反，可以两两偶合构成“电子对”，每一对电子的偶合就形成一个共价键。这种方法与路易斯的电子配对法不同，它是以量子力学为基础的。价键理论的基本论点如下：

1. 共价键的本质

以 H_2 分子为例说明形成共价键的本质。海特勒和伦敦用量子力学处理氢原子形成氢分子时，得到 H_2 分子的能量(E)与核间距离(R)的关系曲线，如图 5-1 所示。如果 A、B 两个氢原子的成单电子自旋方向相反，当这两个原子相互接近时，A 原子的电子不但受 A 原子核的吸引，而且受 B 原子核的吸引；同理 B 原子的电子同时受到 B 原子核和 A 原子核的吸引。整个体系的能量比两个氢原子单独存在时低，在核间距离达到平衡距离 $R_0 = 87 \times 10^{-12}$ m(实验值约为 74×10^{-12} m)时，体系能量达到最低点。然而如果两个原子进一步靠近，由于核之间的斥力逐渐增大又会使体系能量升高。这说明两个氢原子在平衡距离 R_0 处形成了稳定的化学键，这种状态称为氢分子的基态，如图 5-1 中的 E_S。如果两个氢原子的电子自旋平行，它们相互靠近时，将会产生相互排斥作用，使体系能量高于两个单独存在的原子能量之和，它们越靠近能量越升高，说明它们不能形成稳定的 H_2 分子，如图 5-1 中的 E_A，这种不稳定的状态称为氢分子的排斥态。

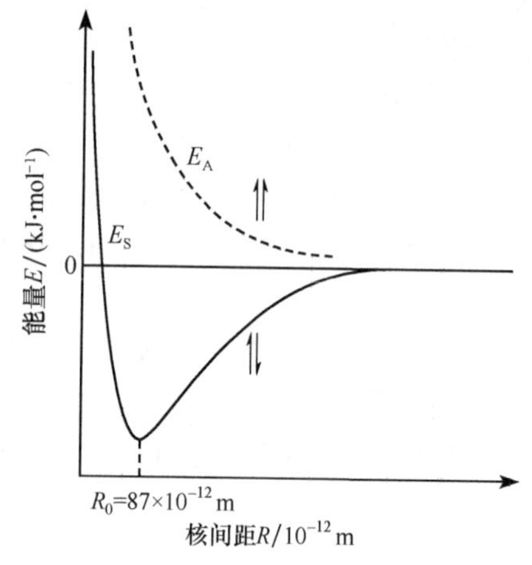

图 5-1　氢分子的能量与核间距的关系曲线

基态分子和排斥态分子在电子云的分布上也有很大差别。计算表明基态分子中两核之间的电子概率密度$|\psi|^2$ 远远大于排斥态分子中核间电子的概率密度$|\psi|^2$，见图 5-2(a)和(b)。由图 5-2(a)和(b)可见，在基态 H_2 分子中，氢原子之所以能形成共价键，是因为自旋相反的两个电子的电子云密集在两个原子核之间，从而使体系的能量降低。排斥态之所以不能成键，是因为自旋相同的两个电子的电子云在核间稀疏(概率密度几乎为零)，使体系的能量升高。这表明共价键的本质也是静电性的，但这是经典的静电理论无法解释的。因为静电理论不能说明为什么互相排斥的电子在形成共价键时反而会密集在两个原子核之间。根据量子力学原理，从分子

成键前后原子轨道变化情况看，氢分子的基态之所以能成键，是因为两个氢原子轨道(1s)互相叠加时，由于两个ψ_{1s}都是正值，叠加后使两个核间的概率密度有所增加，在两核间出现了一个概率密度最大的区域。这一方面降低了两核间的正电排斥，另一方面增添了两个原子核对核间负电荷区域的吸引，这都有利于体系势能的降低，有利于共价键的形成。对不同的双原子分子来说，两个原子轨道重叠的部分越大，键越牢固，分子也越稳定。而H_2分子的排斥态则相当于两个轨道重叠部分互相抵消，在两核间出现了一个空白区，从而增大了两个核的排斥能，故体系的能量升高而不能成键，如图 5-2(b)和(d)所示。

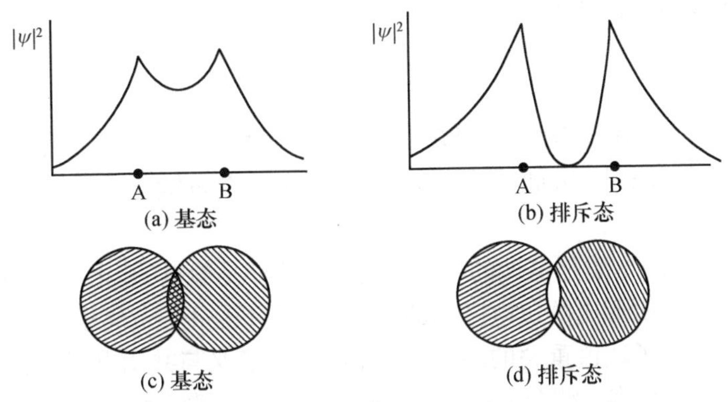

图 5-2　H_2分子的两种状态的$|\psi|^2$和原子轨道重叠示意图

2. 共价键成键的原理

根据量子力学理论处理氢分子成键的方法，1930 年鲍林和斯莱特等又进一步建立了近代价键理论。

1) 电子配对原理

若 A、B 两个原子各有一个自旋相反的未成对的电子，它们可以互相配对形成稳定的共价单键，这对电子为两个原子所共有。如果 A、B 各有两个或三个未成对的电子，则自旋相反的单电子可两两配对形成共价双键或三键。

例如，氮原子有 3 个成单的 2p 电子，因此两个氮原子上自旋相反的成单电子可以配对，形成共价三键并结合为氮分子：

:N· + ·N: ══ :N⋮⋮N:

如果 A 原子有两个成单电子，B 原子有一个成单电子，那么一个 A 原子就能与两个 B 原子结合形成AB_2型分子。例如，氧原子有两个成单 2p 电子，氢原子有一个成单的 1s 电子，因此一个氧原子能与两个氢原子结合成H_2O分子：

H· + ·O· + ·H ══ H:O:H

如果两原子中没有成单的电子或两原子中虽有成单电子但自旋方向相同，则它们都不能形成共价键。例如，氦原子有 2 个 1s 电子，它不能形成He_2分子。

2) 能量最低原理

在成键的过程中，自旋相反的单电子之所以要配对或偶合，主要是因为配对以后会放出能量，从而使体系的能量降低。电子配对时放出能量越多形成的化学键越稳定。例如，形成 C—H 键放出 411 $kJ \cdot mol^{-1}$的能量，形成 H—H 键时放出 432 $kJ \cdot mol^{-1}$的能量。

3) 原子轨道最大重叠原理

键合原子间形成化学键时，成键电子的原子轨道一定要发生重叠，从而使键合原子中间形成电子云较密集的区域。原子轨道重叠部分越大，两核间电子概率密度越大，所形成的共价键也越牢固，分子也越稳定。因此，成键时成键电子的原子轨道尽可能按最大程度的重叠方式进行，即要遵循原子轨道最大重叠原理。根据量子力学原理，成键的原子轨道重叠部分波函数ψ的符号(正或负)必须相同。

综上所述，价键理论认为共价键是通过自旋相反的电子配对和原子轨道的最大重叠而形成的，使体系达到能量最低状态。

3. 共价键的特点

在形成共价键时，互相结合的原子既未失去电子，也没有得到电子而是共用电子，在分子中并不存在离子而只有原子，因此共价键又称为原子键。共价键与离子键有显著的差别，共价键具有如下特点：

(1) 共价键结合力的本质是电性的，但不能认为纯粹是静电的。因为共价键的结合力是两个原子核对共用电子对所形成的负电区域的吸引力，而不是正、负离子间的库仑引力。共价键结合力的大小取决于原子轨道重叠的多少，而重叠的多少又与共用电子数目和重叠方式有关。一般来说，共用电子数越多，结合力也越大。例如，共价三键(C≡C)、双键(C═C)、单键(C—C)的结合力依次减小。共价键的强度一般用键能表示。

(2) 形成共价键时，组成原子的电子云发生了很大的变化。由于两个原子轨道发生最大重叠，使两核间概率密度最大，但这并不意味着共用电子对仅存在于两核之间，事实上共用电子是绕两个原子核运动的，只不过这对电子在两核之间出现的概率较大。

(3) 共价键的饱和性。共价键的形成条件之一是原子中必须有成单电子，而且成单电子的自旋方向必须相反。由于一个原子的一个成单电子只能与另一个成单电子配对，形成一个共价单键，因此一个原子有几个成单的电子(包括激发后形成的单电子)便可与几个自旋相反的成单电子配对成键。例如，氢原子 1s 轨道的 1 个电子与另一个氢原子 1s 轨道上的 1 个电子配对，形成 H_2 分子后，每个氢原子就不再具有成单电子了，若再有第三个氢原子与 H_2 分子靠近，也不可能再成键，故不能结合为 H_3 分子。又如，氮原子最外层有三个成单的 2p 电子，它只能与 3 个氢原子的 1s 电子配对形成三个共价单键，结合为 NH_3 分子，所以说共价键有饱和性。所谓饱和性是指每个原子成键的总数或以单键连接的原子数目是一定的。这是因为共价键是由原子间轨道重叠和共用电子形成的，而每个原子能提供的轨道和成单电子数目是一定的。

(4) 共价键的方向性。根据原子轨道最大重叠原理，在形成共价键时，原子间总是尽可能沿着原子轨道最大重叠的方向成键。轨道重叠越多，电子在两核间的概率密度越大，形成的共价键越稳定。由于原子轨道在空间有一定取向，除了 s 轨道呈球形对称外，p、d、f 轨道在空间都有一定的伸展方向。在形成共价键时，除了 s 轨道和 s 轨道之间可以在任何方向上都能达到最大程度的重叠外，p、d、f 原子轨道只有沿着一定的方向才能发生最大程度的重叠，因此共价键是有方向性的。例如，在形成氯化氢分子时，氢原子的 1s 电子与氯原子的一个未成对的 $2p_x$ 电子形成一个共价键，但 s 电子只有沿着 p_x 轨道的对称轴(如 x 轴)方向才能发生最大程度的重叠，如图 5-3(a)所示，即才能形成稳定的共价键，而图 5-3(b)和(c)表示原子轨道无效重叠或很少重叠。

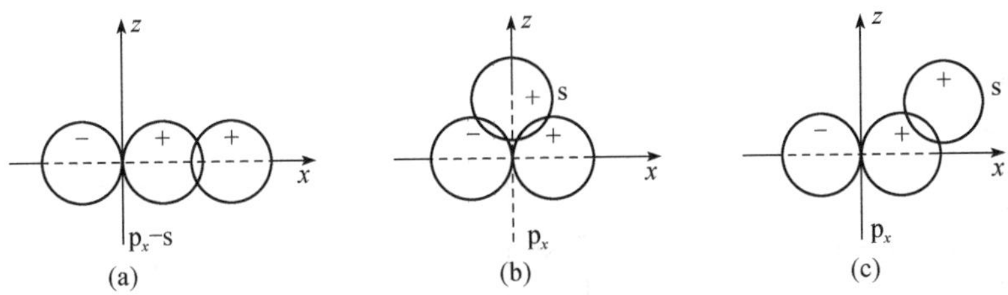

图 5-3　氯化氢分子的成键示意图

又如，在形成 H_2S 分子时，因为硫原子的最外层电子结构为 $3s^2 3p_x^1 3p_y^1 3p_z^2$，两个 3s 电子和 $3p_z$ 电子都已成对，另外两个成单电子分布在 $3p_x$ 和 $3p_y$。假如 S 原子在成键时原子轨道不发生变化而直接成键(后续的内容将讨论这种变化)，当两个氢原子与一个硫原子结合成 H_2S 分子时，两个氢原子的 1s 轨道只有分别沿 x 轴和 y 轴方向接近硫原子的 $3p_x$ 和 $3p_y$ 轨道，才能使原子轨道之间发生最大程度的重叠(图 5-4)，才可能形成稳定的共价键，所以说共价键是有方向性的。由于 p_x 和 p_y 轨道互相垂直，对称轴间的夹角为 90°，因此在 H_2S 分子中两个 S—H 键间的夹角也应近似等于 90°，但实际测定两个 S—H 键间夹角为 92°。事实上，H_2S 的成键没有这么简单，在形成分子之前，中心的 S 原子的轨道还可以进行重组，这些将在后续的杂化轨道理论中进一步探讨。

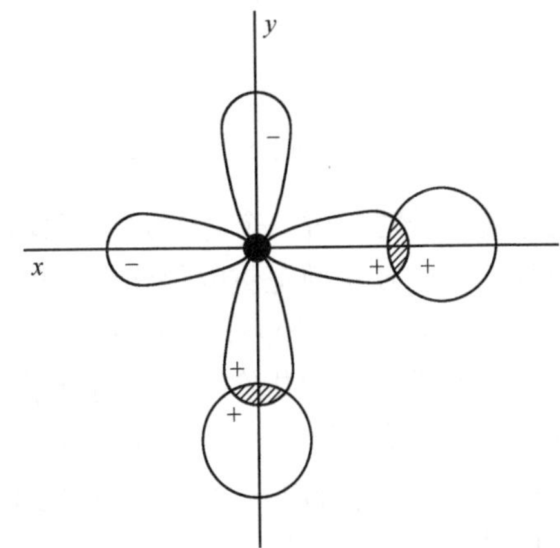

图 5-4　H_2S 分子的形成示意图

由此可见，所谓共价键的方向性，是指一个原子与周围原子形成共价键有一定的角度。共价键具有方向性的原因是原子轨道(p、d、f)有一定的方向性，它和相邻原子的轨道重叠成键要满足最大重叠条件。共价键的方向性决定分子的空间构型进而影响分子的性质(如极性等)。

(5) 共价键的键型。由于原子轨道重叠的情况不同，可以形成不同类型的共价键。例如，两个原子都含有成单的 s 和 p_x、p_y、p_z 电子，当它们沿 x 轴接近时，能形成共价键的原子轨道有：s-s、p_x-s、p_x-p_x、p_y-p_y、p_z-p_z。这些原子轨道之间可以有两种成键方式：一种是沿键轴的方向，以"头碰头"的方式发生轨道重叠，如 s-s(如 H_2 中的键)、p_x-s(如 HCl 中的键)、p_x-p_x(如 Cl_2 中的键)等，轨道重叠部分是沿着键轴呈圆柱形分布的，这种键称为 σ 键，如图 5-5(a)所示。另一种是原子轨道以"肩并肩"(或平行)的方式发生轨道重叠，如 p_x-p_x 和 p_y-p_y，轨道重叠部分对通过一个键轴的平面(这个平面上概率密度几乎为零)具有镜面反对称性，这种键称为 π 键，如图 5-5(b)所示。

例如，在氮分子的结构中，就含有一个σ键和两个π键。氮原子的电子层结构为 $1s^2 2s^2 2p_x^1 2p_y^1 2p_z^1$。当两个氮原子相结合时，如果两个氮原子的 p_x 轨道沿 x 轴方向"头碰头"重叠(形成一个 σ 键)，而两个氮原子 p_y-p_y 和 p_z-p_z 轨道就不能再沿 x 轴方向"头碰头"重叠了，而只能以相互平行或"肩并肩"的方式重叠，即形成两个 π 键，如图 5-6 所示。

综上所述，σ 键的特点是：两个原子的成键轨道沿键轴的方向以"头碰头"的方式重叠；原子轨道重叠部分沿着键轴呈圆柱对称；由于成键轨道在轴向上发生最大程度的重叠，因此 σ 键的键能大、稳定性高。π 键的特点是：两个原子轨道以平行或"肩并肩"方式重叠；原子轨

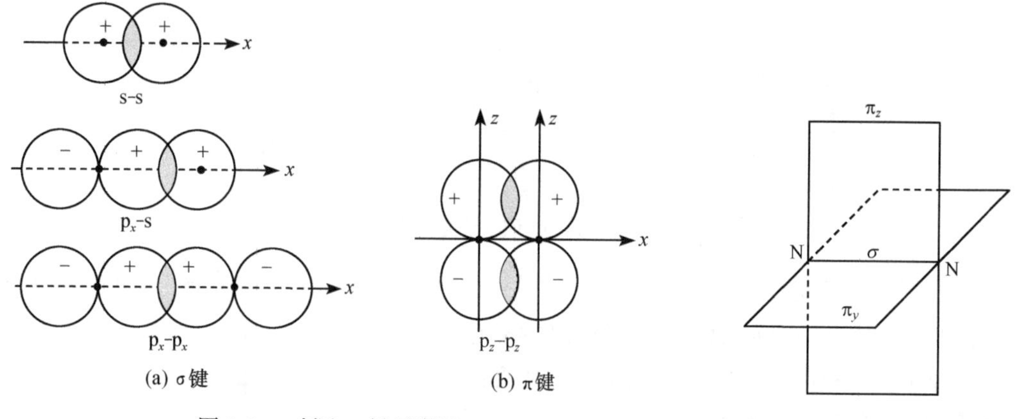

图 5-5　σ 键和 π 键示意图　　图 5-6　氮分子结构示意图

道重叠部分对通过一个键轴的平面具有镜面反对称性；从原子轨道重叠程度来看，π 键轨道重叠程度要比 σ 键轨道重叠程度小，π 键的键能小于 σ 键的键能，所以 π 键的稳定性低于 σ 键，π 键的电子活动性较高，它是化学反应的积极参与者。

前面所讨论的共价键的共用电子对都是由成键的两个原子分别提供一个电子组成的。此外，还有一类共价键，其共用电子对不是由成键的两个原子分别提供，而是由其中一个原子单方面提供的。这种由一个原子提供电子对为两个原子共用而形成的共价键称为共价配键，或称配位键。

例如，在 CO 分子中，碳原子的两个成单的 2p 电子可与氧原子的两个成单的 2p 电子形成 1 个 σ 键和一个 π 键，除此之外，氧原子的一对已成对的 2p 电子还可与碳原子的一个 2p 空轨道形成一个配位键。配位键通常以一个指向接受电子对的原子的箭头“→”来表示，如 CO 分子的结构式可写为：$C\overset{\leftarrow}{=}O$。

由此可见，配位键的形成条件是：其中一个原子的价电子层有孤电子对(未共用的电子对)，另一个原子的价电子层有可接受孤电子对的空轨道。一般含有配位键的离子或化合物是相当普遍的。例如，NH_4^+、$[Cu(NH_3)_4]^{2+}$、$[Ag(NH_3)_2]^+$、$[Fe(CN)_6]^{4-}$、$[Fe(CO)_5]^{2+}$等离子或化合物中均存在配位键。

5.1.2　杂化轨道理论

价键理论比较简明地阐明了共价键的形成过程和本质，并成功地解释了共价键的方向性、饱和性等特点。但在解释分子的空间结构方面却遇到了一些困难。以甲烷(CH_4)的结构为例，近代实验测定结果表明：甲烷(CH_4)分子的结构是一个正四面体结构，如图 5-7 所示，碳原子位于四面体的中心，四个氢原子占据四面体的四个顶点。CH_4 分子中形成四个稳定的 C—H 键，键角∠HCH 为 109°28′，四个 C—H 键的强度相同，键能为 411 kJ · mol^{-1}。

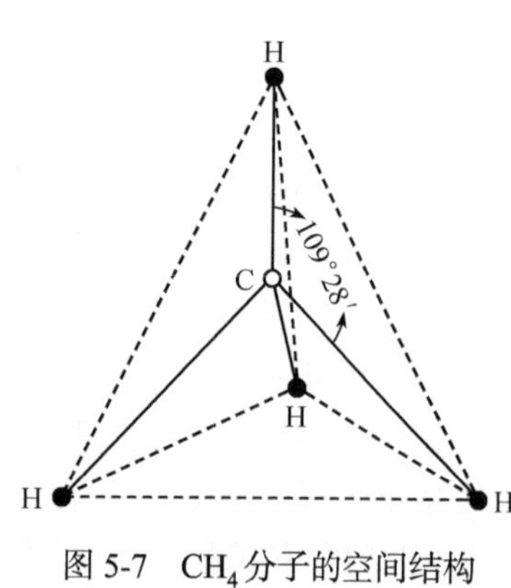

图 5-7　CH_4 分子的空间结构

但是根据价键理论，由于碳原子的电子层结构为 $1s^2 2s^2 2p_x^1 2p_y^1$，只有两个未成对的电子，因此它只能与两个氢原子形成两个共价单键。如果考虑将碳原子的 1 个 2s 电子激发到 2p 轨道上，则有四个成单电子(1 个 s 电子和 3 个

p 电子)，它可与四个氢原子的 1s 电子配对形成四个 C—H 键。由于碳原子的 2s 电子与 2p 电子的能量是不同的，因此这四个 C—H 键应当不是等同的，这与实验事实不符，这是价键理论不能解释的。为了解释多原子分子的空间结构，鲍林于 1931 年在价键理论的基础上，提出了杂化轨道理论。下面就杂化的概念、杂化轨道的类型、等性与不等性杂化以及杂化轨道理论的基本要点作简单介绍。

1. 杂化与杂化轨道的概念

杂化是指在形成分子时，由于原子的相互影响，中心原子的若干不同类型能量相近的原子轨道混合起来，重新组合成一组新轨道。这种轨道重新组合的过程称为杂化，所形成的新轨道称为杂化轨道。中心原子再以杂化轨道与其他原子的原子轨道重叠形成化学键，如 CH_4 分子形成的大致过程，如图 5-8 所示。

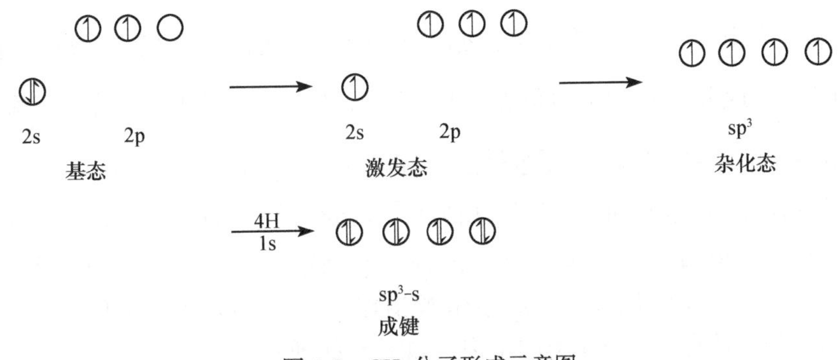

图 5-8　CH_4 分子形成示意图

在形成 CH_4 分子时，碳原子的一个 2s 电子可被激发到 2p 空轨道上，一个 2s 轨道和三个 2p 轨道杂化形成四个能量相等的 sp^3 杂化轨道。四个 sp^3 杂化轨道分别与四个 H 原子的 1s 轨道形成 p-s 重叠成键，形成 CH_4 分子，所以四个 C—H 键是等同的。

杂化轨道理论认为，在形成分子时，通常存在激发、杂化、轨道重叠等过程。但应注意，原子轨道的杂化以及杂化前的激发电子只在形成分子的过程才会发生，而孤立的原子是不可能发生杂化的。同时只有能量相近的原子轨道(如 2s、2p 等)才能发生杂化，而 1s 轨道与 2p 轨道由于能量相差较大，它是不能发生杂化的。

2. 杂化轨道的类型

根据原子轨道的种类和数目的不同，可以组成不同类型的杂化轨道。

1) sp 杂化

sp 杂化轨道是由一个 *n*s 轨道和一个 *n*p 轨道组合而成的。它的特点是每个 sp 杂化轨道含有 $\frac{1}{2}$ s 和 $\frac{1}{2}$ p 的成分。sp 杂化轨道间的夹角为 180°，呈直线形。例如，气态的二氯化铍 $BeCl_2$ 分子的结构，铍原子的电子结构是 $1s^22s^2$。从表面上看，基态的铍原子似乎不能形成共价键，但是在激发状态下，铍的一个 2s 电子可以进入 2p 轨道，使铍原子的电子结构成为 $1s^22s^12p^1$。由于有两个成单电子，故可以与其他原子形成两个共价键。杂化轨道理论认为铍原子的一个 2s 轨道和一个 2p 轨道发生杂化，可形成两个 sp 杂化轨道，杂化轨道间的夹角为 180°。另外两个未杂化的空的 2p 轨道与 sp 杂化轨道互相垂直。铍原子的两个 sp 杂化轨道分别与氯原子中的 3p 轨道重叠，形成两个 sp-p 的 σ 键。由于杂化轨道间的夹角为 180°，因此形成的 $BeCl_2$ 分子的空间结构是直线形，如图 5-9 所示。

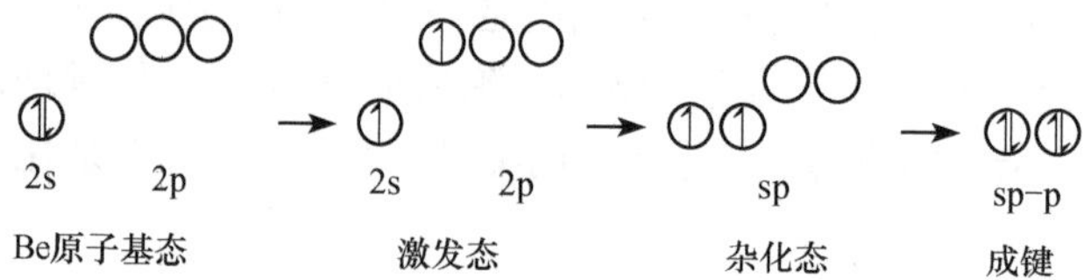

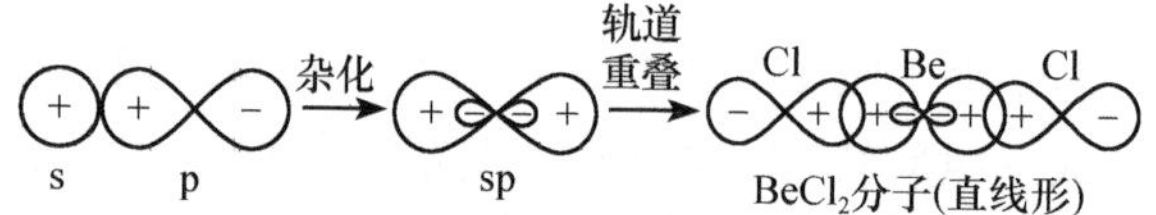

图 5-9　$BeCl_2$ 分子形成示意图

2) sp^2 杂化

sp^2 杂化轨道是由一个 *n*s 轨道和两个 *n*p 轨道组合而成的。它的特点是每个 sp^2 杂化轨道都含有 $\frac{1}{3}$ s 和 $\frac{2}{3}$ p 的成分，杂化轨道间的夹角为 120°，呈平面三角形。例如，三氟化硼 BF_3 分子的结构，硼原子的电子层结构为 $1s^2 2s^2 2p_x^1$。当硼与氟反应时，硼原子的一个 2s 电子激发到一个空的 2p 轨道中，使硼原子的电子层结构为 $1s^2 2s^1 2p_x^1 2p_y^1$。硼原子的 2s 轨道和两个 2p 轨道杂化组合成三个 sp^2 杂化轨道，硼原子的三个 sp^2 杂化轨道分别与三个氟原子的各一个 2p 轨道重叠形成三个 sp^2-p 的 σ 键。因为三个 sp^2 杂化轨道在同一平面上，而且夹角为 120°，如图 5-10 所示，所以 BF_3 分子具有平面三角形的结构，如图 5-11 所示。

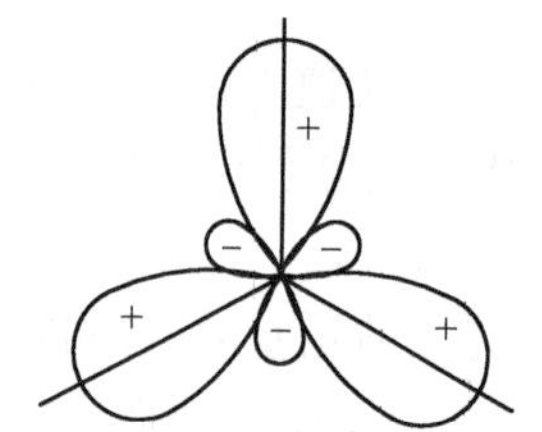

图 5-10　sp^2 杂化轨道示意图

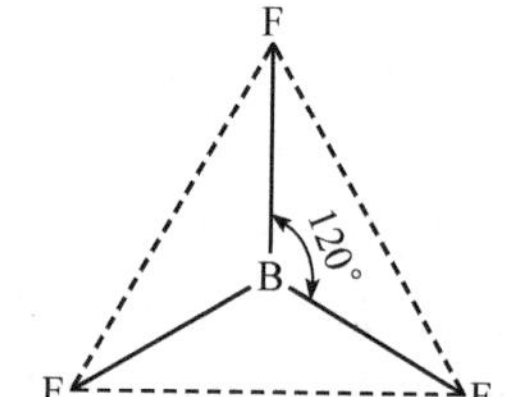

图 5-11　BF_3 分子的结构示意图

实验结果表明，在 BF_3 分子中，三个 B—F 键是等同的，所有的原子都处在同一个平面上，硼原子位于平面三角形的中央，三个氟原子占据三角形的三个顶点，键角∠FBF 为 120°。

3) sp^3 杂化

sp^3 杂化轨道是由一个 *n*s 轨道和三个 *n*p 轨道组合而成。它的特点是每个 sp^3 杂化轨道都含有 $\frac{1}{4}$ s 和 $\frac{3}{4}$ p 的成分，sp^3 杂化轨道间的夹角为 109°28′，空间构型为四面体形。例如，CH_4 分子的结构，碳原子的电子结构为 $1s^2 2s^2 2p_x^1 2p_y^1$。杂化轨道理论认为，在形成 CH_4 分子时，碳原子的 2s 轨道中的一个电子激发到空的 $2p_z$ 轨道，使碳原子的电子层结构成为 $1s^2 2s^1 2p_x^1 2p_y^1 2p_z^1$。电子激发时所需的能量可以由成键时释放出来的能量予以补偿。碳原子的一个 2s 轨道和三个 2p 轨道杂化，组成四个新的能量相等、成分相同的杂化轨道。四个 sp^3 杂化轨道分别指向正四面体的四个顶角，杂化轨道间的夹角为 109°28′，如图 5-12 所示。

碳原子的四个 sp^3 杂化轨道与四个氢原子的 1s 轨道发生轨道重叠，形成四个 sp^3-s 的 σ 键，由于杂化后电子云分布更集中，可使成键的原子轨道间的重叠部分增大，成键能力增强，因此碳原子与四个氢原子能结合成稳定的 CH_4 分子。由于 sp^3 杂化轨道间的夹角为 109°28′，因此 CH_4 分子具有正四面体的空间结构，如图 5-13 所示。同时由于每个 sp^3 杂化轨道的能量相等、成分相同，因此在 CH_4 分子中四个 C—H 键是完全等同的。两个 C—H 键间的夹角∠HCH 为 109°28′，这与实验测定的结果完全相符。

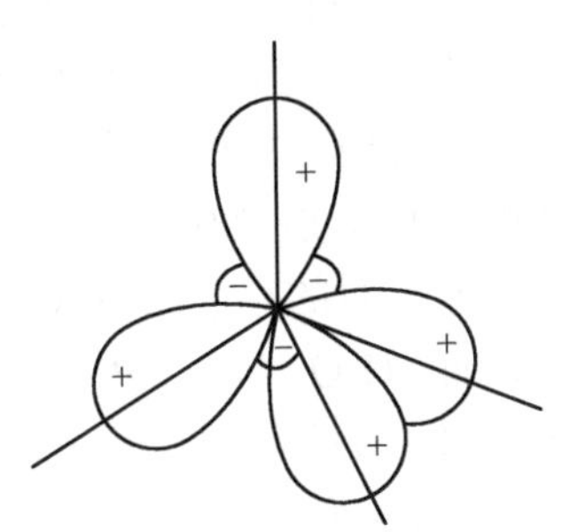

图 5-12　sp^3 杂化轨道示意图

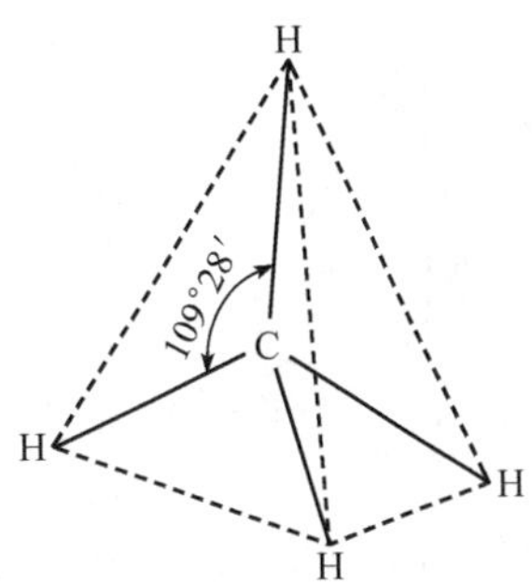

图 5-13　CH_4 分子的空间结构

4) sp^3d^2 杂化

$sp^3d^2(d^2sp^3)$杂化轨道是由一个 *n*s、三个 *n*p 和两个 *n*d 轨道[也可以是(*n* − 1)d 轨道]组合而成。它的特点是六个 sp^3d^2 轨道指向正八面体的六个顶点，如图 5-14 所示，sp^3d^2 轨道间的夹角为 90°或 180°。例如，SF_6 分子中，硫原子的电子层结构为 $1s^22s^22p^63s^23p^4$。由于硫原子有空的 3d 轨道，在激发条件下，一个 3s 电子和一个已成对的 p 电子分别可被激发到 3d 轨道上。由一个 3s 轨道、三个 3p 轨道和两个 3d 轨道进行杂化形成六个 sp^3d^2 杂化轨道。硫原子的六个 sp^3d^2 杂化轨道分别与六个氟原子中各一个 2p 轨道重叠形成六个 sp^3d^2-p 的 σ 键，组合成 SF_6 分子，其空间结构为八面体，如图 5-15 所示。

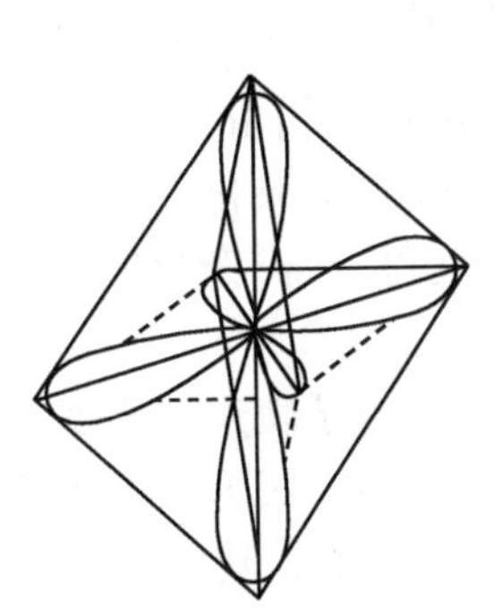

图 5-14　sp^3d^2 杂化轨道示意图

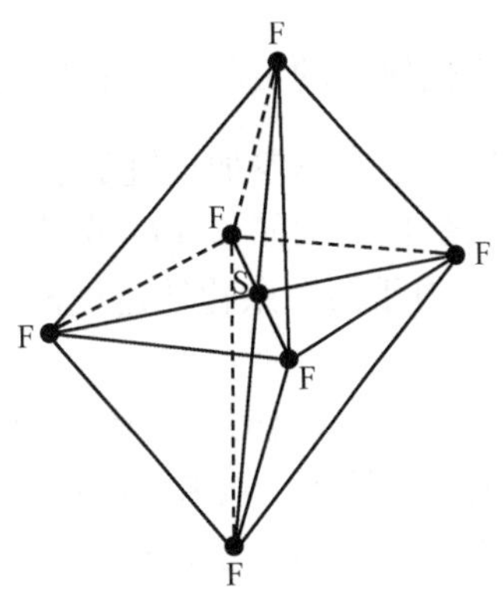

图 5-15　SF_6 分子的空间结构

3. 等性杂化与不等性杂化

同种类型的杂化轨道(如 sp^2 等)又可分为等性杂化和不等性杂化两种。例如，在 CH_4 分子中，碳原子采取 sp^3 杂化，每个 sp^3 杂化轨道是等同的，它们都含有 $\frac{1}{4}$ s 和 $\frac{3}{4}$ p 的成分。这种杂化称为等性杂化。又如，在 H_2O 分子中，氧原子的电子结构式为 $1s^22s^22p^4$，氧原子中 2s 电子和两个 2p 电子已成对(称孤电子对)不参加成键，另外两个未耦合的 2p 电子与两个氢原子的 1s 电子配对可形成两个共价单键，其键角似乎应为 90°，但实际测定 H_2O 分子的键角为 104.5°，这是电子配对理论不能满意解释的。杂化轨道理论认为，在形成水分子时，氧原子的一个 2s 轨道和三个 2p 轨道也采取 sp^3 杂化。在四个 sp^3 杂化轨道中，有两个杂化轨道被两对孤电子对所占据，剩下的两个杂化轨道被两个成单电子占据，故只能与两个氢原子的 1s 电子形成两个共价单键。那么根据 sp^3 杂化轨道的空间取向，似乎 H_2O 分子中 O—H 键间的夹角应为 109°28′，但这与实际事实不符合。这是因为占据两个 sp^3 杂化轨道的两对孤电子对，由于不参加成键作用，电子云较密集于氧原子的周围，因此孤电子对与成键电子对所占据的杂化轨道有排斥作用，以致使两个 O—H 键间的夹角不是 109°28′，而是 104.5°，如图 5-16 所示。这种由于孤电子对的存在而造成不完全等同的杂化，称为不等性杂化。例如，H_2O、NH_3、PCl_3 等分子中的 O、N、P 原子都采取不等性杂化。另外，前面提到的 H_2S 的结构也可以尝试用不等性杂化理论进行解释。

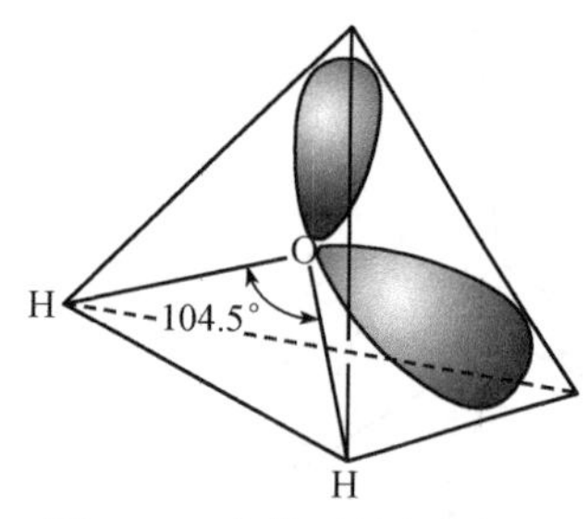

图 5-16　水分子的杂化结构

4. 杂化轨道理论的基本要点

(1) 在形成分子时，由于原子间的相互作用，若干不同类型的、能量相近的原子轨道混合起来，重新组成一组新的轨道，这种重新组合过程称为杂化，所形成的新轨道称为杂化轨道。

(2) 杂化轨道的数目与组成杂化轨道的各原子轨道的数目相等。例如，在 CH_4 分子形成时，碳原子的一个 2s 原子轨道和三个 2p 原子轨道进行杂化，形成四个 sp^3 杂化轨道。

(3) 杂化轨道又可分为等性和不等性杂化轨道两种。凡是由不同类型的原子轨道混合起来，重新组合成一组完全等同(能量相等、成分相同)的杂化轨道。这种杂化称为等性杂化。例如，CH_4 分子中碳原子就是采取等性的 sp^3 杂化。在等性杂化中，组成杂化轨道的原子轨道对每个杂化轨道的贡献都是相等的，如每个 sp^3 杂化轨道中都含有 $\frac{1}{4}$ s 和 $\frac{3}{4}$ p 的成分。凡是由于杂化轨道中有不参加成键的孤电子对的存在，而造成不完全等同的杂化轨道，这种杂化称为不等性杂化。例如，H_2O 分子中氧原子就是采取不等性的 sp^3 杂化。在氧原子的不等性 sp^3 杂化中，由于两个杂化轨道被两对孤电子对所占有，因此每个 sp^3 杂化轨道中所含 s 成分并不相同。

(4) 杂化轨道成键时，要满足原子轨道最大重叠原理，即原子轨道重叠越多，形成的化学键越稳定。一般杂化轨道成键能力比各原子轨道的成键能力强，因为杂化轨道电子云分布更集中，所以形成的分子也更稳定。对于各不同类型的杂化轨道，其成键能力的大小次序如下：

$$sp < sp^2 < sp^3 < dsp^2 < sp^3d < sp^3d^2$$

(5) 杂化轨道成键时，要满足化学键间最小排斥原理。键与键间排斥力的大小取决于键的方向，即取决于杂化轨道间的夹角。由于键角越大化学键之间的排斥力越小，如对 sp 杂化来说，当键角为 180°时，其排斥力最小，所以 sp 杂化轨道成键时分子呈直线形；对 sp^2 杂化来说，当键角为 120°时，其排斥力最小，所以 sp^2 杂化轨道成键时，分子呈平面三角形。由于杂化轨道类型不同，杂化轨道间夹角也不相同，其成键时键角也就不相同，因此杂化轨道的类型与分子的空间构型有关，如表 5-1 所示。

表 5-1　杂化轨道类型、空间构型以及成键能力之间的关系

杂化类型	sp	sp^2	sp^3	dsp^2	sp^3d	sp^3d^2
用于杂化的原子轨道数	2	3	4	4	5	6
杂化轨道的数目	2	3	4	4	5	6
杂化轨道间的夹角/(°)	180	120	109.5	90，180	120，90，180	90，180
空间构型	直线	平面三角形	四面体	平面正方形	三角双锥形	八面体
成键能力				依次增强		
实例	$BeCl_2$	BF_3	CH_4	$[Ni(H_2O)_4]^{2+}$	PCl_5	SF_6
	CO_2	BCl_3	CCl_4	$[Ni(NH_3)_4]^{2+}$		SiF_6^{2-}
	$HgCl_2$	$COCl_2$	$CHCl_3$	$[Cu(NH_3)_4]^{2+}$		
		NO_3^-	SO_4^{2-}	$[CuCl_4]^{2-}$		
	$[Ag(NH_3)_2]^+$	CO_3^{2-}	ClO_4^-			
			PO_4^{3-}			

5.1.3　价层电子对互斥理论

价键理论和杂化轨道理论都可以解释共价键的方向性，特别是杂化轨道理论解释和预见分子的空间构型是比较成功的。但是，一个分子究竟采取哪种类型的杂化轨道在有些情况下是难以确定的。近几十年来，又发展起来一种新理论称为价层电子对互斥理论，这个理论最初是由西奇威克(Sidgwick)等在 1940 年提出的，并在 20 世纪 60 年代初由吉莱斯皮(Gillespie)等发展了这一理论。价层电子对互斥理论，简称 VSEPR 法。它比较简单，不需要原子轨道的概念，而且在解释、判断和预见分子结构的准确性方面并不比杂化轨道理论逊色。现将价层电子对互斥理论的基本要点和判断共价分子结构的一般规则作简单介绍。

1. 价层电子对互斥理论的基本要点

(1) 在 AM_m 型分子中，中心原子 A 周围配置的原子或原子团的几何构型主要取决于中心原子价电子层中电子对(包括成键电子对和未成键的孤电子对)的互相排斥作用。分子的几何构型总是采取电子对相互排斥最小的那种结构。例如，BeH_2 分子中铍的价电子层只有两对成键的电子，这两对成键电子将倾向于远离，使彼此间排斥力最小，因此这两对电子只有处于铍原子核的两侧，才能使它们之间的斥力最小，排布如下：

:Be:

因此，铍原子与两个氢原子结合而成的 BeH_2 分子的结构应是直线形的。

(2) 对 AM_m 型共价分子来说，其分子的几何构型主要取决于中心原子 A 的价层电子对的数目和类型(成键电子对还是未成键的孤电子对)。根据电子对之间相互排斥最小的原则，分子的几何构型同电子对的数目和类型的关系如表 5-2 所示。

表 5-2　中心原子 A 价层电子对的排列方式

A 的电子对数	成键电子对数	孤电子对数	几何构型	中心原子 A 价层电子对的排列方式	分子的几何构型实例
2	2	0	直线形		BeH_2 CO_2
3	3	0	平面三角形	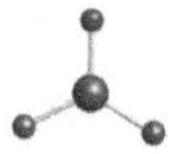	BCl_3 BF_3
	2	1	V 形	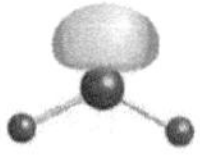	$SnBr_2$ SO_2
4	4	0	四面体		CH_4 CCl_4
	3	1	三角锥形	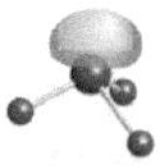	NH_3 PCl_3
	2	2	V 形	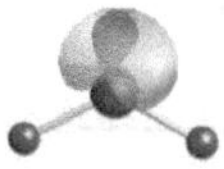	H_2O H_2S
5	5	0	三角双锥形		PCl_5
	4	1	变形四面体		$TeCl_4$
	3	2	T 形	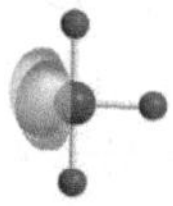	ClF_3
	2	3	直线形	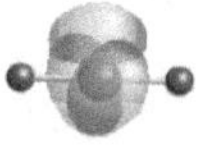	I_3^-
6	6	0	八面体		SF_6
	5	1	四角锥	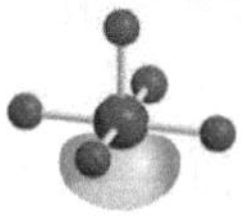	IF_5
	4	2	平面正方形		ICl_4^- XeF_4

(3) 如果在 AM_m 分子中，A 与 X 之间是通过两对电子或三对电子(通过双键或三键)结合而成的，则价层电子对互斥理论仍适用，这时可将双键或三键作为一个电子对来看待。

例如，CO_2 分子的成键情况为

$:\ddot{O}::C::\ddot{O}:$

如果将 C═O 之间的双键当作一个电子对看待，则碳的周围相当于两对电子对。根据价层电子对互斥理论，这两组电子对将分布在碳原子相对的两侧，因此 CO_2 分子结构应是直线形的。

(4) 价层电子对相互排斥作用的大小取决于电子对之间的夹角和电子对的成键情况。一般规律为

① 电子对之间的夹角越小，排斥力越大；

② 由于成键电子对受两个原子核的吸引，因此电子云比较紧缩，而孤电子对只受到中心原子的吸引，电子云较“肥大”，对邻近电子对的斥力较大，所以电子对之间斥力大小的顺序为

孤电子对-孤电子对 > 孤电子对-成键电子对 > 成键电子对-成键电子对

③ 由于重键(三键、双键)比单键包含的电子数目多，因此其斥力大小的次序为

三键 > 双键 > 单键

对含有双键(或三键)的分子来说，虽然其 π 键电子不能改变分子的基本形状，但对键角有一定影响，一般单键的键角较小，而含双键的键角较大。例如，在 HCHO 和 $COCl_2$ 中的∠HCO 和∠ClCO 都大于 120°。

2. 判断共价分子结构的一般规则

(1) 确定中心原子 A 的价电子层中的总电子数，即中心原子 A 的价电子数和配体 X 供给的电子数的总和，然后除以 2，即为分子的中心原子 A 价电子层的电子对数。

这里应注意几种情况：①在正规的共价键中，氢与卤素每个原子各提供一个共用电子(如 CH_4、CCl_4 中的 H、Cl 原子)；②在形成共价键时，作为配体的氧族原子可认为不提供共用电子(如 PO_4^{3-}、AsO_4^{3-} 中的 O 原子)，当氧族原子作为分子的中心原子时，可认为它提供所有的 6 个价电子(如 SO_2 中的 S 原子)；③卤族原子作为分子的中心原子时，将提供 7 个价电子(如 ClF_3 中的 Cl 原子)；④如果所讨论的物种是一个离子，则应加上或减去与电荷相应的电子数，如 PO_4^{3-} 中的 P 的价层电子数应加上 3 个电子，而 NH_4^+ 中的 N 的价层电子数则应减去 1 个电子。最后用总电子数除以 2，即可得到中心原子价电子层的电子对数。

(2) 根据中心原子 A 周围的电子对数，从表 5-2 中找出相对应的理想几何结构图形。如果出现奇电子(有一个成单电子)，可将这个单电子当作电子对来看待。

(3) 画出结构图，将配位原子排布在中心原子 A 周围，每一对电子连接 1 个配位原子，剩下的未结合的电子对便是孤电子对。

(4) 根据孤电子对、成键电子对之间相互排斥力的大小，确定排斥力最小的稳定结构，并估计这种结构对理想几何构型的偏离程度。

3. 判断共价分子结构的实例

在 CCl_4 分子中，碳原子有 4 个价电子，4 个氯原子提供 4 个电子，因此中心原子碳原子价层电子总数为 8，即有 4 对电子。由表 5-2 可知，碳原子价层电子对的排布为正四面体，故 CCl_4 分子的空间结构为正四面体。

在 SO_2 分子中，硫原子有 6 个价电子，根据上述规则，氧原子不提供电子，因此中心硫原子价层电子总数为 6，相当于 3 对电子，其中有两对成键电子，一对孤电子。由表 5-2 可知，

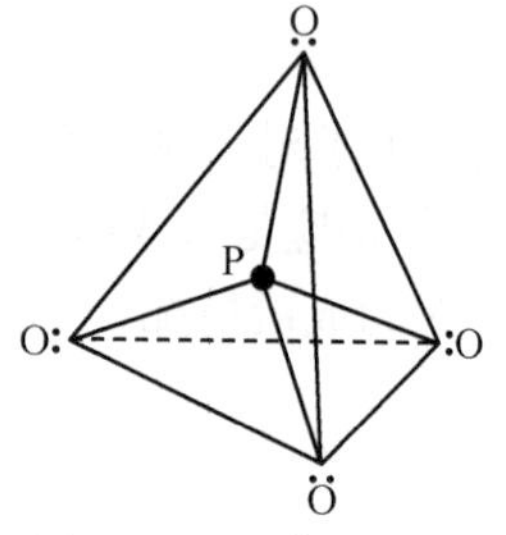

图 5-17　PO_4^{3-} 的结构

硫原子价层电子对的排布应为平面三角形，所以 SO_2 分子的结构为 V 形，∠OSO 为 120°。

在 PO_4^{3-} 中，磷原子有 5 个价电子，每个氧原子不提供电子，因为 PO_4^{3-} 带 3 个负电荷，故需要从外部获得 3 个电子，所以磷原子价层的电子总数为 8，即有 4 对电子。由表 5-2 可知，磷原子价层电子对的排布应为四面体，因此 PO_4^{3-} 的空间结构为四面体形，如图 5-17 所示。

在 ClF_3 分子中，氯原子有 7 个价电子，3 个氟原子提供 3 个电子，使氯原子价层电子的总数为 10，即有 5 对电子。这 5 对电子将分别占据一个三角双锥的 5 个顶角，其中有 2 个顶角为孤电子对所占据，3 个顶角为成键电子对占据，因此与 3 个氟原子结合时，共有 3 种可能的结构，如图 5-18 所示。为了确定这三种结构中哪一种是最可能的结构，可以找出图 5-18 中(a)～(c)结构中最小角度(90°)的三种电子对之间排斥作用的数目。

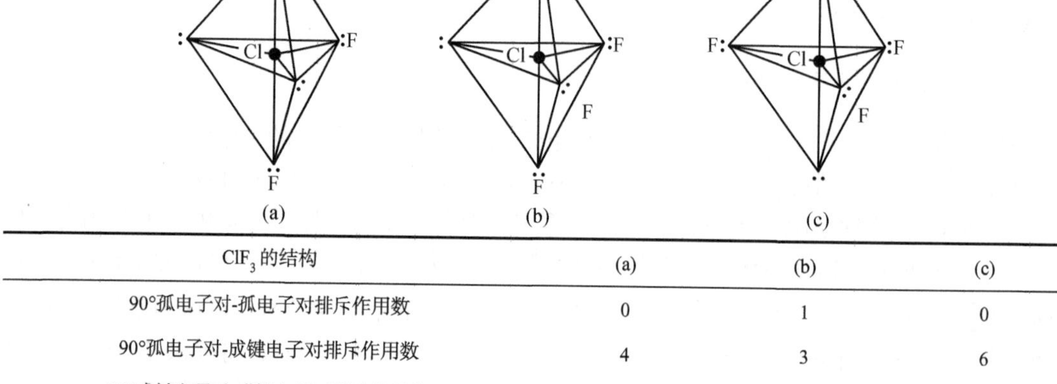

ClF_3 的结构	(a)	(b)	(c)
90°孤电子对-孤电子对排斥作用数	0	1	0
90°孤电子对-成键电子对排斥作用数	4	3	6
90°成键电子对-成键电子对排斥作用数	2	2	0

图 5-18　ClF_3 的三种可能结构

由于结构(a)和(c)都没有 90°的孤电子对-孤电子对的排斥作用，而且结构(a)又只有较少数目的孤电子对-成键电子对的排斥作用，因此在上述三种可能结构中，结构(a)的排斥作用最小，它是一种比较稳定的结构。

由此可见，价层电子对互斥理论和杂化轨道理论在判断分子的几何结构方面可以得到大致相同的结果，而且价层电子对互斥理论应用起来比较简单。但是它不能很好地说明键的形成原理和键的相对稳定性，在这些方面还要依靠价键理论和分子轨道理论。

5.1.4　分子轨道理论

前面介绍了价键理论、杂化轨道理论和价层电子对互斥理论，这些理论比较直观，并能较好地说明共价键的形成和分子的空间构型。但它们也有局限性，如由于价键理论认为形成共价键的电子只局限于两个相邻原子间的小区域内运动，缺乏对分子作为一个整体的全面考虑，因此它对有些多原子分子特别是有机化合物分子的结构不能说明，同时它对氢分子离子 H_2^+ 中的单电子键、氧分子中的三电子键以及分子的磁性等也无法解释。分子轨道理论(简称 MO 法)着重于分子的整体性，将分子作为一个整体来处理，比较全面地反映了分子内部电子的各种运动状态，它不仅能解释分子中存在的电子对键、单电子键、三电子键的形成，而且对多原子分子的结构也能给予比较好的说明。因此，分子轨道理论在近些年来发展得很快，在共价键理论中占有非常重要的地位。

1. 分子轨道理论的基本要点

(1) 在分子中电子不属于某些特定的原子，而是在遍及整个分子的范围内运动，每个电子的运动状态可以用波函数 ψ 来描述，这个 ψ 称为分子轨道。$|\psi|^2$ 为分子中的电子在空间各处出现的概率密度或电子云。

(2) 分子轨道是由原子轨道线性组合而成的，而且组成的分子轨道的数目与互相组合的原子轨道的数目相同。例如，当两个原子组成一个双原子分子时，两个原子的两个 s 轨道可组合成两个分子轨道；两个原子的六个 p 轨道可组合成六个分子轨道等。

(3) 每一个分子轨道 ψ_i 都有一相应的能量 E_i 和图像。分子的能量 E 等于分子中电子能量的总和，电子的能量即为被它们占据的分子轨道的能量。根据分子轨道的对称性不同，可分为 σ 键和 π 键等。按分子轨道的能量大小，可以排列出分子轨道的近似能级图。

(4) 分子轨道中电子的排布也遵从原子轨道电子排布的原则。

泡利原理：每个分子轨道上最多只能容纳两个电子，而且自旋方向必须相反。

能量最低原理：在不违背泡利原理的原则下，分子中的电子将尽先占有能量最低的轨道。只有在能量较低的每个分子轨道已充满两个电子后，电子才开始占有能量较高的分子轨道。

洪德规则：如果分子中有两个或多个等价或简并的分子轨道(能量相同的轨道)，则电子尽先以自旋相同的方式单独分占这些等价轨道，直到这些等价轨道半充满后，电子才开始配对。

2. 原子轨道线性组合的类型

当两个原子轨道(ψ_a 和 ψ_b)组合成两个分子轨道(ψ_1 和 ψ_2)时，由于波函数 ψ_a 和 ψ_b 符号有正、负之分，因此波函数 ψ_a 和 ψ_b 有两种可能的组合方式，即两个波函数的符号相同或两个波函数的符号相反。

同号的波函数(均为正或均为负)可以认为它们代表的波处在同一相位内，它们互相组合时，两个波峰叠加起来将得到振幅更大的波。异号的波函数可以认为它们代表的波处在不同的相位内，它们互相组合时由于干涉作用，有一部分互相抵消了。这两种组合可以表示为

$$\psi_1 = c_1(\psi_a + \psi_b) \tag{5-1}$$

$$\psi_2 = c_2(\psi_a - \psi_b) \tag{5-2}$$

式中，c_1、c_2 为常数。通常由两个符号相同的波函数的叠加(原子轨道相加重叠)所形成的分子轨道(如 ψ_1)，由于在两核间概率密度增大，其能量较原子轨道的能量低，称为成键分子轨道；而由两个符号相反的波函数的叠加(或原子轨道相减重叠)所形成的分子轨道(如 ψ_2)，由于在两核间概率密度减小，其能量较原子轨道的能量高，称为反键分子轨道。由不同类型的原子轨道线性组合可得不同种类的分子轨道，原子轨道的线性组合主要有下列几种类型。

1) s-s 重叠

两个氢原子的 1s 轨道相组合，可形成两个分子轨道，两个 1s 轨道相加重叠所得到的分子轨道的能量比氢原子的 1s 轨道能量低，称为成键分子轨道，通常以符号 σ_{1s} 表示。若两个 1s 轨道相减重叠，所得到的分子轨道的能量比氢原子的 1s 轨道的能量高，称为反键分子轨道，

以符号 σ_{1s}^* 表示，如图 5-19 所示。

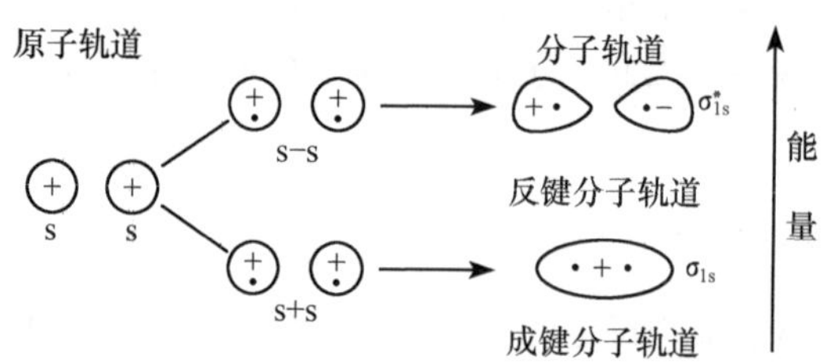

图 5-19　s-s 轨道重叠形成的σ_s分子轨道

2) s-p 重叠

当一个原子的 s 轨道和一个原子的 p 轨道沿两核的连线发生重叠时，如果两个相重叠的波瓣具有相同的符号，则增大了两核间的概率密度，因而产生一个成键的分子轨道σ_{sp}；若两个相重叠的波瓣具有相反的符号时，则减小了核间的概率密度，因而产生一个反键的分子轨道 σ_{sp}^*，如图 5-20 所示，这种 s-p 重叠出现在卤化氢分子中。

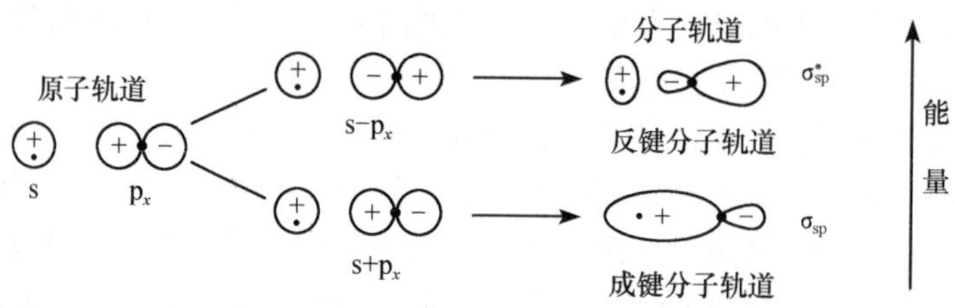

图 5-20　s-p 轨道重叠形成的σ_{sp}分子轨道

3) p-p 重叠

两个原子的 p 轨道可以有两种组合方式，即“头碰头”和“肩并肩”两种重叠方式。当两个原子的 p_x 轨道沿 x 轴(键轴)以“头碰头”的形式发生重叠时，产生一个成键的分子轨道σ_p 和一个反键的分子轨道 σ_p^*，如图 5-21 所示，这种 p-p 重叠出现在单质卤素分子 X_2 中。

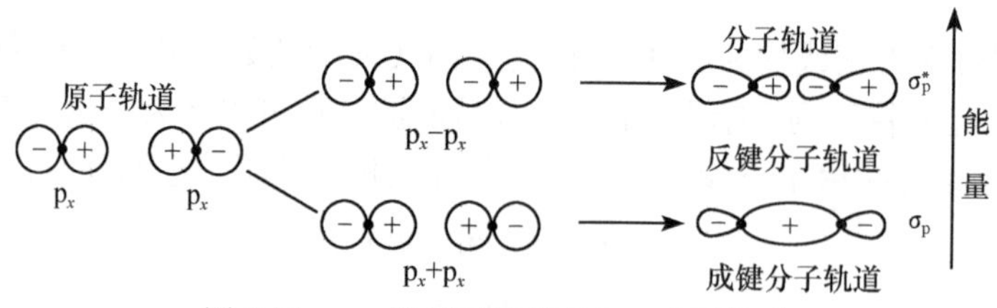

图 5-21　p-p 轨道重叠形成的σ_p分子轨道

当两个原子的 p 轨道(如 p_y-p_y 或 p_z-p_z)，垂直于键轴，以“肩并肩”的形式发生重叠，这样产生的分子轨道称为 π 分子轨道——成键的分子轨道 π_p 和反键的分子轨道 π_p^*，如图 5-22 所示。这种 p-p π 组合出现在 N_2 分子中(有 2 个 π 键和 1 个 σ 键)。

4) p-d 重叠

一个原子的 p 轨道可以与另一个原子的 d 轨道发生重叠，但由于这两类原子轨道并不是沿着键轴重叠的，因此 p-d 轨道重叠也可形成 π 分子轨道——成键的分子轨道$\pi_{p\text{-}d}$和反键的分子轨道 $\pi_{p\text{-}d}^*$，如图 5-23 所示。这种 p-d 重叠出现在一些过渡金属化合物中，也出现在磷、硫等的氧化物和含氧酸中。

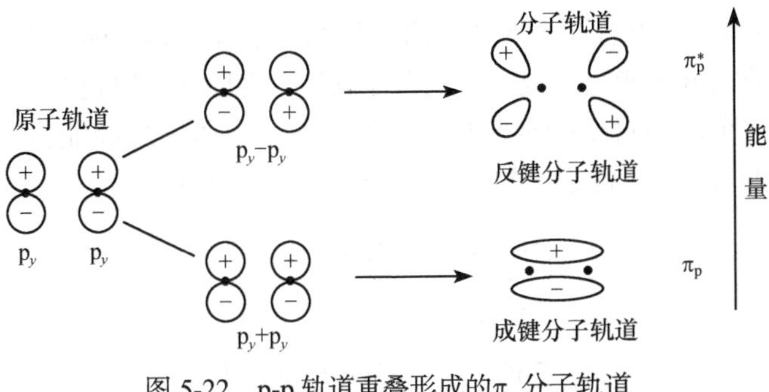

图 5-22　p-p 轨道重叠形成的π_p分子轨道

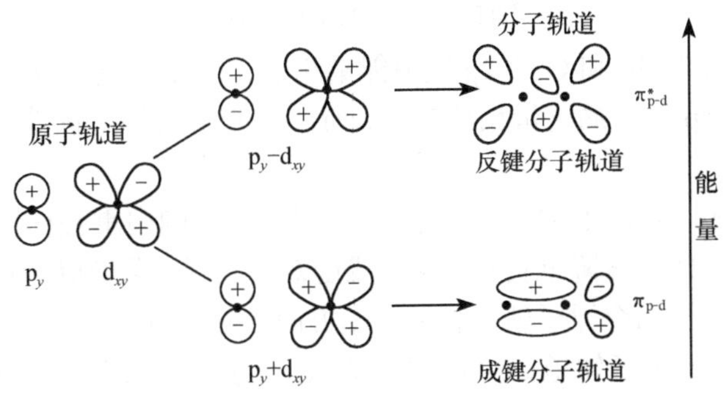

图 5-23　p-d 轨道重叠形成π_{p-d}分子轨道

5) d-d 重叠

两个原子的 d 轨道(如 d_{xy}-d_{xy})也可按图 5-24 的方式重叠产生成键的分子轨道π_{d-d}和反键的分子轨道π_{d-d}^*。

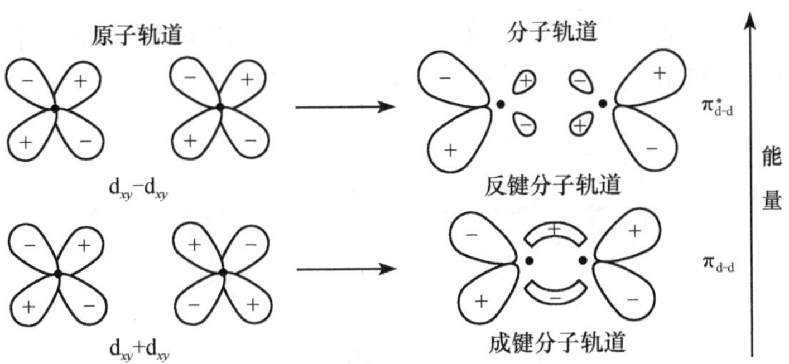

图 5-24　d-d 重叠组成π_{d-d}分子轨道

由此可见，若以 x 轴为键轴，s-s、s-p_x、p_x-p_x 等原子轨道互相重叠可以形成 σ 分子轨道。σ 分子轨道的主要特征是它对于键轴呈圆柱形对称。即沿键轴旋转时，轨道形状和符号不变。当 p_y-p_y、p_z-p_z 以及 d_{xy}-p_y、d_{xy}-d_{xy} 等原子轨道重叠时则形成 π 分子轨道。π 分子轨道的主要特征是它对通过一个键轴的平面具有反对称性，若将 π 分子轨道沿键轴旋转 180°，它的符号将会发生改变。在通过键轴的平面上概率密度几乎为零，这个平面称为节面，π 分子轨道有一个通过键轴的节面。

3. 原子轨道线性组合的原则

分子轨道是由原子轨道线性组合而得，但并不是任意两个原子轨道都能组合成分子轨道。在确定哪些原子轨道可以组合成分子轨道时，应遵循下列三条原则：

(1) 能量近似原则。如果有两个原子轨道能量相差很大，则不能组合成有效的分子轨道，只有能量相近的原子轨道才能组合成有效的分子轨道，而且原子轨道的能量越相近越好，这称为能量近似原则。这个原则对于确定两种不同类型的原子轨道之间能否组成分子轨道是很重要的。例如，H、Cl、O、Na 各原子的有关原子轨道的能量分别为

$$1s(H) = -1318\ kJ \cdot mol^{-1}$$

$$3p(Cl) = -1259\ kJ \cdot mol^{-1}$$

$$2p(O) = -1322\ kJ \cdot mol^{-1}$$

$$3s(Na) = -502\ kJ \cdot mol^{-1}$$

由于 H 的 1s 与 Cl 的 3p 和 O 的 2p 轨道能量相近，因此可组成分子轨道，而 Na 的 3s 轨道与 Cl 的 3p 和 O 的 2p 轨道的能量相差甚大，所以不能组成分子轨道，只会发生电子的转移而形成离子键。

(2) 最大重叠原则。原子轨道发生重叠时，在可能的范围内重叠程度越大，成键轨道能量相对于组成的原子轨道的能量降低得越显著，成键效应越强，即形成的化学键越牢固，这称为最大重叠原则。例如，当两个原子轨道各沿 x 轴方向相互接近时，因为 p_y 和 p_z 轨道之间没有重叠区域，所以不能组成分子轨道；s 与 s 之间以及 p_x 与 p_x 之间有最大重叠区域，可以组成分子轨道；而 s 轨道和 p_x 轨道之间，只要能量相近，也可相互组成分子轨道。

(3) 对称性原则。只有对称性相同的原子轨道才能组成分子轨道，这称为对称性原则。所谓对称性相同，实际上是指重叠部分的原子轨道的正、负号相同。由于原子轨道均有一定的对称性(如 s 轨道是球形对称的，p 轨道是对于中心呈反对称的)，为了有效组成分子轨道，原子轨道的类型、重叠方向必须对称性合适，使成键轨道都是由原子轨道的同符号区域互相重叠形成。在有些情况下，从表面上看重叠区域虽然不小，但成键效能并不好。例如，当两个原子各沿 x 轴方向接近时，s 轨道或 p_x 轨道分别与 p_z(或 p_y)轨道重叠时就是如此，如图 5-25 所示。

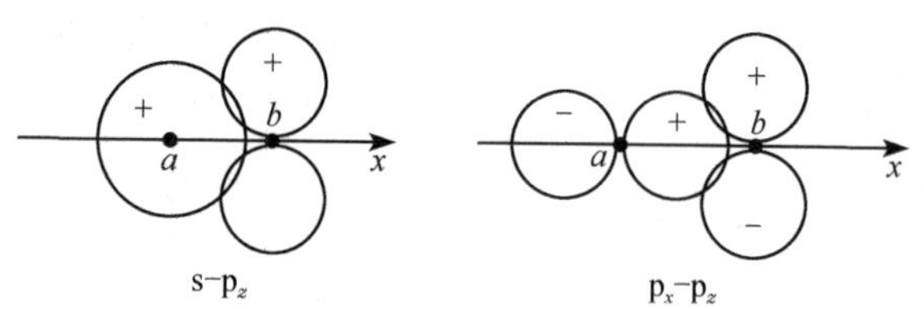

图 5-25 原子轨道的非键组合

这是由两个原子轨道对键轴(a 和 b 的连线)的对称性不同所致，s 轨道和 p_x 轨道以键轴为轴旋转 180°时，形状和符号都不变化，故 s 轨道和 p_x 轨道对键轴是呈对称的。而 p_z 和 p_y 轨道以键轴为轴旋转 180°时，形状不变但符号相反，故 p_z 和 p_y 轨道对键轴是呈反对称的。由于对称性不同，因此在 s-p_z 以及 p_x-p_z 原子轨道组合中，s 和 p_x 轨道的正区域与 p_z 轨道的正区域重叠所产生的稳定化作用被等量的 s 和 p_x 轨道的正区域与 p_z 轨道的负区域重叠所产生的不稳定化作用抵消了。因而实际上体系的总能量没有发生任何变化，这种组合称为原子轨道的非键组合，所产生的分子轨道称为非键分子轨道。

由此可见，在由原子轨道组成分子轨道的三原则中，对称性原则是首要的，它决定了原子轨道能否组成分子轨道，而能量近似原则和最大重叠原则只是决定组合的效率问题。

4. 同核双原子分子的分子轨道能级图

每个分子轨道都有相应的能量，分子轨道的能级顺序目前主要由光谱实验数据来确定。如果将分子中各分子轨道按能级高低排列起来，可得分子轨道能级图，如图 5-26 所示。对于第二周期元素形成的同核双原子分子的能级顺序有如下两种情况。当组成原子的 2s 和 2p 轨道能量差较大时，不会发生 2s 和 2p 轨道之间的相互作用，形成分子轨道时分子轨道的能级顺序如图 5-26(a)所示($\pi_{2p} > \sigma_{2p}$)，但当 2s 与 2p 能量差较小时，两个相同原子互相靠近时，不但会发生 s-s 和 p-p 重叠，而且会发生 s-p 重叠，以致改变了能级顺序，如图 5-26(b)所示($\pi_{2p} < \sigma_{2p}$)。

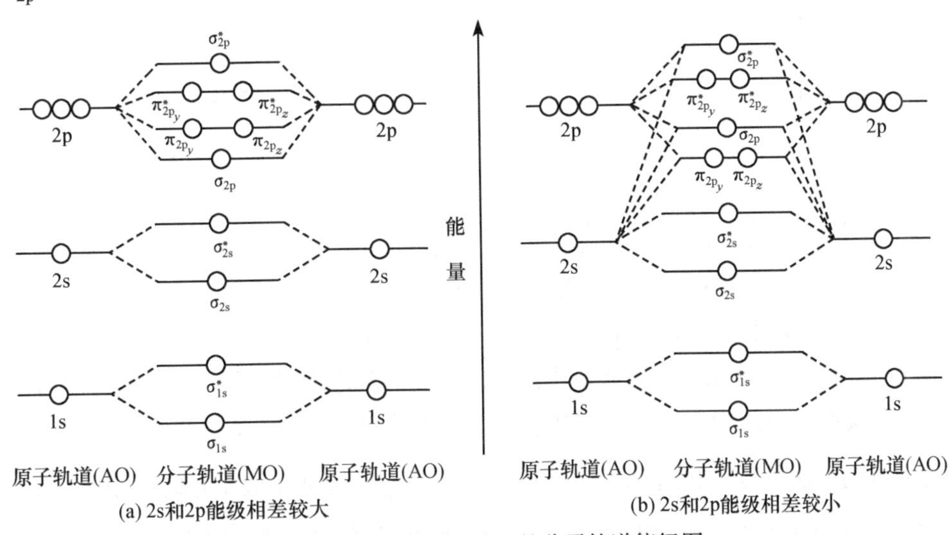

图 5-26 同核双原子分子的分子轨道能级图

对于同核双原子分子的分子轨道能级图应注意下列几点：

(1) 对 O 和 F 等原子来说，由于 2s 和 2p 原子轨道能级相差较大(大于 15 eV)，如表 5-3 所示，故可不必考虑 2s 和 2p 轨道间的相互作用，因此 O_2 和 F_2 的分子轨道能级是按图 5-26(a)的能级顺序排列的。对 N、C、B 等原子来说，由于 2s 和 2p 原子轨道能级相差较小(一般 10 eV 左右)，必须考虑 2s 和 2p 轨道之间的相互作用，以致造成 σ_{2p} 能级高于 π_{2p} 能级的颠倒现象，故 N_2、C_2、B_2 等的分子轨道能级是按图 5-26(b)的能级顺序排列的。

表 5-3 一些元素的 2p 轨道和 2s 轨道的能量差($\Delta E = E_{2p} - E_{2s}$)

元素	Li	Be	B	C	N	O	F
ΔE/eV	1.85	2.73	4.60	5.3	5.8	14.9	20.4
ΔE/(kJ · mol^{-1})	178	263	444	511	560	1438	1968

(2) 如果两个原子轨道重叠，则形成的成键分子轨道的能量一定比原子轨道能量低某一数量，而其反键分子轨道的能量则比原子轨道能量高这一相应的数量，而这一对成键和反键分子轨道都填满电子时，则能量基本上互相抵消。

(3) 分子轨道的能量受组成分子轨道的原子轨道的影响，而原子轨道的能量与原子的核电荷有关，由此可推知，由不同原子的原子轨道所形成的同类型的分子轨道的能量是不相同的，如图 5-27 所示。

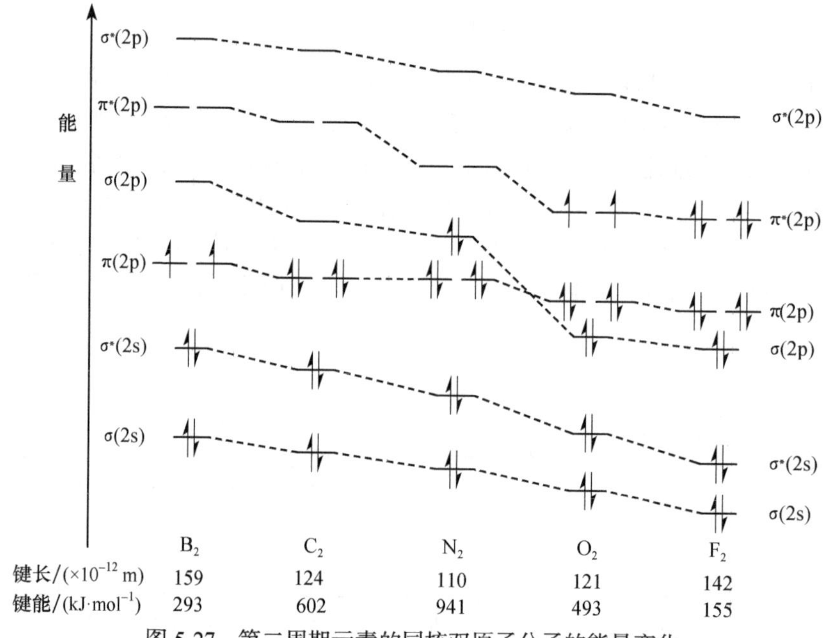

图 5-27　第二周期元素的同核双原子分子的能量变化

从图 5-27 可以看出，随原子序数的增加，同核双原子分子同一类型的分子轨道能量有所降低。但 O_2 和 N_2 分子的σ_{2p}与π_{2p}能量出现颠倒情况，其原因前已说明，在此不再重复。

(4) 分子轨道能级图中每一条横线代表一个分子轨道。π_{2p_y} 和 π_{2p_z} 两成键分子轨道的形状相同且能量相等，这种分子轨道称为简并轨道，所以π_{2p}轨道是二重简并的。同样，$\pi^*_{2p_y}$ 和 $\pi^*_{2p_z}$ 两个反键分子轨道也是形状相同且能量相等的，所以 π^*_{2p} 轨道也是二重简并的。

下面举几个同核双原子分子的实例说明分子轨道法的应用：

(1) 氢分子的结构。氢分子是由两个氢原子组成的。每个氢原子在 1s 分子轨道中有一个电子，两个氢原子的 1s 原子轨道互相重叠可组成反键和成键的分子轨道。两个电子将先填入能量最低的σ_{1s}成键分子轨道，如图 5-28 所示。H_2 的分子轨道式为：$(\sigma_{1s})^2$。

(2) 氮分子的结构。氮分子由两个 N 原子组成，N 原子的电子结构式为 $1s^22s^22p^3$，每个 N 原子核外有 7 个电子，N_2 分子中共有 14 个电子，电子填入分子轨道时，也遵循能量最低原理、泡利原理和洪德规则。N_2 分子的分子轨道能级图如图 5-29 所示(内层的σ_{1s}和σ^*_{1s}未画出)。

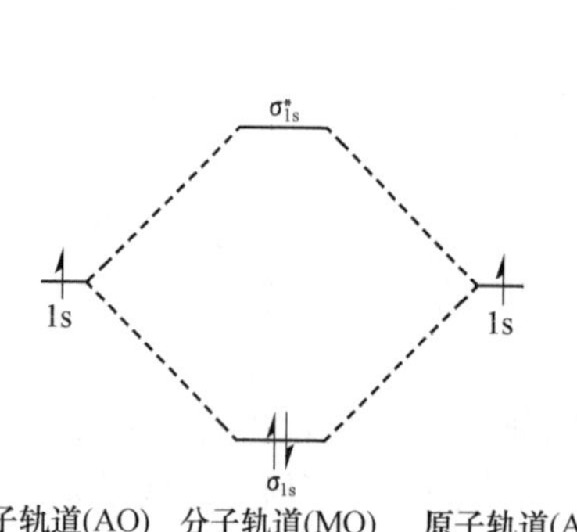

图 5-28　氢分子的分子轨道能级图

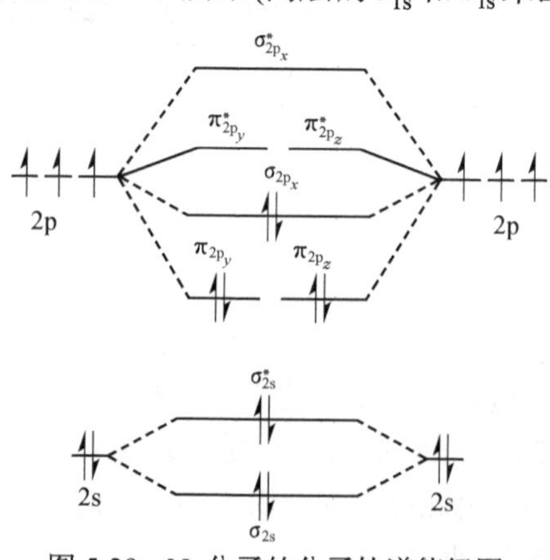

图 5-29　N_2 分子的分子轨道能级图

氮分子的分子轨道式为$(\sigma_{1s})^2(\sigma_{1s}^*)^2(\sigma_{2s})^2(\sigma_{2s}^*)^2(\pi_{2p_y})^2(\pi_{2p_z})^2(\sigma_{2p_x})^2$。$\sigma_{1s}$ 和 σ_{1s}^* 中各两个电子，因为它们是内层电子，所以在写分子轨道式时也可以不写出，或以 KK 代替。成键轨道σ_{2s}与反键轨道 σ_{2s}^* 各填满两个电子，由于能量降低和升高互相抵消，对成键没有贡献。实际对成键有贡献的只是$(\pi_{p_y})^2(\pi_{2p_z})^2(\sigma_{2p_x})^2$三对电子，即形成两个 π 键和一个 σ 键。由于氮分子中存在 N≡N 三键，因此 N_2 分子具有特殊的稳定性。

(3) 氧分子的结构。氧分子由两个氧原子组成，氧原子的电子结构式为 $1s^22s^22p^4$，每个氧原子核外有 8 个电子，在氧分子中共有 16 个电子，氧分子的分子轨道能级图如图 5-30 所示。O_2 分子的分子轨道式为$(\sigma_{1s})^2(\sigma_{1s}^*)^2(\sigma_{2s})^2(\sigma_{2s}^*)^2(\sigma_{2p_x})^2(\pi_{2p_y})^2(\pi_{2p_z})^2(\pi_{2p_y}^*)^1(\pi_{2p_z}^*)^1$。

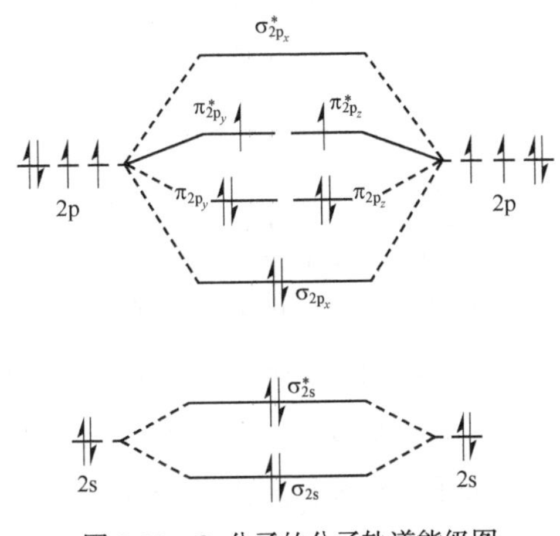

图 5-30　O_2 分子的分子轨道能级图

在 O_2 的分子轨道中，成键的$(\sigma_{2s})^2$ 和反键的$(\sigma_{2s}^*)^2$ 对成键的贡献互相抵消，实际对成键有贡献的是$(\sigma_{2p_x})^2$ 构成 O_2 分子中的一个 σ 键；$(\pi_{2p_y})^2(\pi_{2p_y}^*)^1$ 构成一个三电子 π 键；$(\pi_{2p_z})^2(\pi_{2p_z}^*)^1$ 构成另一个三电子 π 键，所以氧分子的结构式如图 5-31 所示。

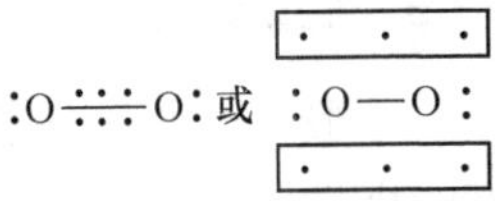

图 5-31　氧分子结构图

O_2 分子的分子轨道能级图所示的结果表明 O_2 中存在两个成单电子，所以 O_2 具有顺磁性，这已被实验证明。O_2 分子具有顺磁性是电子配对理论无法解释的，但是用分子轨道理论处理 O_2 分子结构时，则可很自然地得出结论。

氧分子中存在一个 σ 键和两个三电子 π 键，可以预期 O_2 分子是比较稳定的，但由于反键的 π 轨道中存在两个电子，三电子 π 键的键能只有单键的一半，因此可以预测 O_2 分子中的键没有 N_2 分子中的键那样牢固。实验事实也证明，断裂 O_2 分子中的化学键所需的能量(氧分子的离解能为 497.9 kJ · mol^{-1})要小于断裂 N_2 分子中的化学键所需的能量(氮分子的离解能为 949.8 kJ · mol^{-1})。

5. 异核双原子分子的分子轨道能级图

当两个不同原子结合成分子时，用分子轨道法处理时，在原则上与同核双原子分子一样，应遵循能量相近、最大重叠和对称性相同三原则。只有在这些条件下两个原子才能发生有效的组合。下面以 CO 为例说明异核双原子分子的分子轨道的形成。

碳原子核外有 6 个电子，碳原子的电子结构式为 $1s^22s^22p^2$，氧原子核外有 8 个电子，氧原子的电子结构式为 $1s^22s^22p^4$。由于碳和氧原子相应的原子轨道(如 2s 或 2p)能量相近，可以互相重叠形成 CO 分子的分子轨道。CO 分子轨道的能级与 N_2 的分子轨道能级顺序类似($\pi_{2p}<\sigma_{2p}$)，但不同的是 C 和 O 的原子轨道能级高低不同，电负性较高的氧原子的原子轨道能级低于碳原子的相应的轨道能级。CO 分子的分子轨道能级如图 5-32 所示。

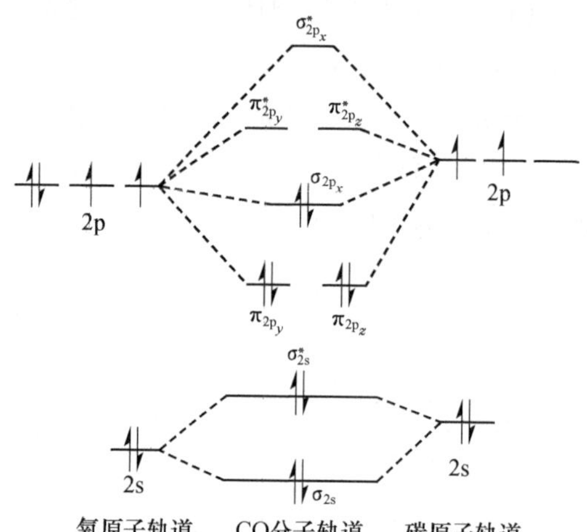

图 5-32　CO 分子的分子轨道能级图

CO 分子的分子轨道式为 $(\sigma_{1s})^2(\sigma^*_{1s})^2(\sigma_{2s})^2(\sigma^*_{2s})^2(\pi_{2p_y})^2(\pi_{2p_z})^2(\sigma_{2p_x})^2$。在 $(\sigma_{1s})^2$ 和 $(\sigma^*_{1s})^2$ 以及 $(\sigma_{2s})^2$ 和 $(\sigma^*_{2s})^2$ 分子轨道中成键的与反键的轨道作用互相抵消，对成键有贡献的是 $(\pi_{2p_y})^2(\pi_{2p_z})^2(\sigma_{2p_x})^2$。所以 CO 分子中有两个 π 键和一个 σ 键。

由图 5-29 和图 5-32 可知，尽管碳原子和氧原子是异核原子，但所形成的 CO 分子的分子轨道结构和 N_2 分子的分子轨道结构相似(能量有差别)[①]，它们的分子中都有 14 个电子，并都占据同样的分子轨道，这样的分子称为等电子体，等电子体分子间的性质非常相似。

5.1.5　键参数与分子的性质

一般可以通过分子的价键结构和表征价键性质的某些物理量，如键级、键能、键角、键长、键的极性等，定性或半定量地解释分子的某些性质。这些表征化学键性质的物理量统称为键参数。键参数可以由实验直接或间接测定，也可以由分子的运动状态通过理论计算求得。本节主要介绍一些键参数和它们的含义，并用实例说明如何用键参数来描述分子的某些性质，如稳定性、极性等。

1. 键级

在价键理论中，通常以键的数目来表示键级。分子轨道理论中则以成键电子数与反键电子数之差(净的成键电子数)的一半来表示分子的键级。即

$$\text{键级}=\frac{\text{成键电子数}-\text{反键电子数}}{2}$$

键级的大小说明两个相邻原子间成键的强度。一般来说，在同一周期和同一区内(如 s 区或 p 区)的元素组成的双原子分子，键级越大，键越牢固，分子也越稳定。H_2 分子的分子轨道

① 按照量子化学中异核双原子分子 CO 的分子轨道符号(联合原子记号法)应该表达为：$(1\sigma)^2(2\sigma)^2(3\sigma)^2(4\sigma)^2(1\pi)^4(5\sigma)^2$，其中的偶数 σ 键是反键轨道，奇数 π 键是成键轨道。

式为$(\sigma_{1s})^2$，所以键级=$\frac{2-0}{2}=1$，说明 H_2 分子能稳定存在。

He_2 分子的分子轨道式为$(\sigma_{1s})^2(\sigma_{1s}^*)^2$，所以键级=$\frac{2-2}{2}=0$，这说明 He_2 分子不能存在。

N_2 的分子轨道式为$(\sigma_{1s})^2(\sigma_{1s}^*)^2(\sigma_{2s})^2(\sigma_{2s}^*)^2(\pi_{2p_y})^2(\pi_{2p_z})^2(\sigma_{2p_x})^2$，所以键级=$\frac{10-4}{2}=3$(若不考虑内层电子，只考虑价电子，则键级=$\frac{8-2}{2}=3$)，这说明 N_2 分子是比较稳定的。

一般而言，只要键级大于零，就说明相应的分子或离子具有存在的可能性。例如，O_2^{2+}、O_2^+、O_2^-等，因为它们的键级都大于零，所以在某种程度上都有存在的可能性。

2. 键能

在 0 K 时，将处于基态的双原子分子 AB 拆开成处于基态的 A 原子和 B 原子，所需的能量称为 AB 分子的键离解能，常用符号 D(A—B)表示。例如，H_2 的离解能 D(H—H) = 432 kJ · mol^{-1}。对双原子分子来说，离解能就是键能 E，即 E(H—H) = D(H—H) = 432 kJ · mol^{-1}。如果在标准大气压和 298 K 下，将理想气态分子 AB 拆开成为理想气态的 A 原子和 B 原子，所需的能量称为 AB 分子的键离解焓，如 H_2 的键离解焓为 436 kJ · mol^{-1}。在表示共价分子的键强度时，键离解能和键离解焓两个概念都在使用，但请注意区别。

对多原子分子来说，键能和离解能在概念上是有区别的。例如，NH_3 分子有三个等价的 N—H 键，但每个键的离解能是不一样的。

$$NH_3(g) \longrightarrow NH_2(g) + H(g) \qquad D_1 = 427\ \text{kJ} \cdot \text{mol}^{-1}$$
$$NH_2(g) \longrightarrow NH(g) + H(g) \qquad D_2 = 375\ \text{kJ} \cdot \text{mol}^{-1}$$
$$NH(g) \longrightarrow N(g) + H(g) \qquad D_3 = 356\ \text{kJ} \cdot \text{mol}^{-1}$$
$$NH_3(g) \longrightarrow N(g) + 3H(g) \qquad D_{总} = D_1 + D_2 + D_3 = 1156\ \text{kJ} \cdot \text{mol}^{-1}$$

则在 NH_3 分子中 N—H 键的键能就是三个等价键的平均离解能，即

$$E(\text{N—H}) = \frac{D_1 + D_2 + D_3}{3} = 386(\text{kJ} \cdot \text{mol}^{-1})$$

在表 5-4(a)中列出了一些键的键离解能和键离解焓的数值，表 5-4(b)中列出了一些键的键离解能数值。一般来说，键离解能或键离解焓越大，化学键越牢固，含有该键的分子越稳定。通常键离解能或键离解焓数据是通过热化学法(或光谱法)测定的。

表 5-4　(a) 某些键的键离解能 D 和键离解焓 ΔH_E(kJ · mol^{-1})

键	D	ΔH_E	键	D	ΔH_E
H—H	432	436	H—I	295	298
F—F	154	159	C—N	750	754
Cl—Cl	240	242	C—O	1072	1077
Br—Br	190	193	N≡N	942	946
I—I	149	151	O═O	494	498
H—F	562	567	O—H	424	428
H—Cl	428	431	P—P	483	486
H—Br	363	366			

(b) 某些键的键离解能数据(kJ · mol⁻¹)

键	D	键	D	键	D
H—H	432.0	B—B	293	N—F	283
F—F	154.8	F—H	565	P—F	490
Cl—Cl	239.7	Cl—H	428.02	As—F	406
Br—Br	190.16	Br—H	362.3	Sb—F	402
I—I	148.95	I—H	294.6	O—Cl	218
O—O	142	O—H	458.8	S—Cl	255
O═O	493.59	S—H	363.5	N—Cl	313
S—S	268	Se—H	276	P—Cl	326
Se—Se	172	Te—G	238	As—Cl	321.7
Te—Te	126	N—H	386	C—Cl	327.2
N—N	167	P—H	322	Si—Cl	381
N═N	418	As—H	247	Ge—Cl	348.9
N≡N	941.69	C—H	411	N—O	201
P—P	201	Si—H	318	N═O	607
As—As	146	Ge—H	—	C—O	357.7
Sb—Sb	1217	Sn—H	—	C═O	789.9
Bi—Bi	—	B—H	—	Si—O	452
C—C	345.6	C—F	485	C═N	615
C═C	602	Si—F	318	C≡N	887
C≡C	835.1	B—F	613.1	C═S	573
Si—Si	222	O—F	189.5		

3. 键长

分子中两个原子核间的平衡距离称为键长(或核间距)。理论上用量子力学近似方法可以算出键长，实际上对于复杂分子往往是通过光谱或衍射等实验方法来测定键长。表 5-5 列出一些化学键的键长数据。一般来说，两个原子之间形成的键越短，表示键越强、越牢固。

表 5-5　单键、双键、三键的键能与键长

化学键	键数	键能/(kJ · mol⁻¹)	键长/(×10⁻¹² m)
C—C	1	345.6	154
C═C	2	601	134
C≡C	3	835.1	120
N—N	1	167	145
N═N	2	418	125
N≡N	3	941.69	110

4. 键角

在分子中键和键之间的夹角称为键角。键角是反映分子空间结构的重要因素之一。例如，水分子中两个 O—H 键之间的夹角是 104.5°，这就决定了水分子是 V 形结构。从原则上来说，键角也可以用量子力学近似方法算出，但对于复杂分子目前仍然通过光谱、衍射等结构实验测定来求出键角。表 5-6 列出了一些分子的键长和键角的数据。

表 5-6　某些分子的键长和键角数据(实验值)

分子式	键长/($\times10^{-12}$ m)	键角
CO_2	116.2	180°
H_2O	98	104°45′
NH_3	101.9	107°18′
CH_4	109.3	109°28′

一般来说，如果已经知道了一个分子中的键长和键角数据，那么这个分子的几何构型就确定了。例如，已知 CO_2 分子的键长为 116.2×10^{-12} m，O—C—O 键角等于 180°，可以知道 CO_2 分子是一个直线形的非极性分子，它的一些物理性质就可以预测。又如，已知 NH_3 分子 H—N—H 键角是 107°18′，N—H 键长是 101.9×10^{-12} m，就可以断定 NH_3 分子是一个三角锥形的极性分子。因此，键长和键角是确定分子空间构型的重要因素。

5. 键的极性

在共价键中，根据键的极性又分为非极性共价键和极性共价键。在单质中，同种原子形成的共价键，原子双方吸引电子的能力(电负性)相同，所以共用电子对均匀地出现在两个原子之间，也就是说，电子对恰好在键的中央出现的概率最大，两个原子核正电荷重心和分子中负电荷重心恰好重合。这种键称为非极性共价键。例如，H_2、O_2、N_2、Cl_2 分子中和巨分子单质如金刚石、晶态硅、晶态硼等的共价键都是非极性共价键。

在化合物分子中，不同原子间形成的共价键，由于不同原子吸引电子的能力(电负性)不一样，使共用电子对偏向电负性大的原子一方，这时对成键的两个原子来说，电荷分布是不对称的。电负性较大的原子一端带部分负电荷，电负性较小的原子一端带部分正电荷，由于分子中正电荷重心和负电荷重心不重合，这样形成的键有极性，即在键的两端出现了电的正极和负极，这种键称为极性共价键。例如，在 HCl 分子中 Cl 原子把电子对拉向自己一边的能力比 H 原子强，成键的电子云偏向 Cl 原子一边，使 Cl 原子带部分负电荷，H 原子带部分正电荷，所以 H—Cl 键是一个极性共价键。

通常从成键原子的电负性差值就可以大致判断共价键的极性大小。如果成键的两个原子的电负性相等，则形成的键应该是非极性共价键，如 H—H 和 Cl—Cl 等。如果成键的两个原子的电负性相差不太大时，就形成极性键，正极靠近电负性小的原子，而负极靠近电负性大的原子。例如，H 原子和 Cl 原子的电负性分别是 2.2 和 3.16，差值是 0.96，所以共用电子对偏向 Cl 原子一边，因而形成 H—Cl 极性键。

在极性共价键中，成键原子的电负性差值越大，键的极性也越大。在卤化氢分子中键的极性对比如表 5-7 所示。

表 5-7　卤化氢分子的极性

卤化氢中的键	H—I	H—Br	H—Cl	H—F
电负性差值	0.46	0.76	0.96	1.78
极性大小		极性增大 →		

当两个原子的电负性相差值很大时，可以认为生成的电子对完全转移到电负性大的原子上，这就形成了离子键。例如，Na 原子和 Cl 原子的电负性分别是 0.93 和 3.16，差值是 2.23，这比上列卤化氢的电负性差值都大，结果使 Na^+和 Cl^-之间的键是离子键。因此，从键的极性来看，可以认为离子键是最强的极性键。极性共价键是离子键与非极性共价键之间的一种过渡状态。此外还可以指出，在许多化合物中有时既存在离子键，也存在极性共价键。例如，NaOH，在 Na^+和 OH^-之间的键是离子键，而 O 和 H 之间的键是极性共价键。

5.2　分子间作用力

5.2.1　极性分子与非极性分子

按分子的电荷重心重合与否，可以将分子分为极性分子和非极性分子。正电荷重心和负电荷重心不互相重合的分子称为极性分子，两个电荷重心互相重合的分子称为非极性分子。

在简单双原子分子中，如果是两个相同的原子，由于电负性相同，两个原子之间的化学键是非极性键，即分子中的正电荷重心和负电荷重心互相重合，这种分子都是非极性分子。单质分子(如 H_2、O_2、Cl_2 等)属于这一类型。如果是两个不相同的原子，由于电负性不等，在两个原子间的化学键将是极性键，即分子中的正电荷重心和负电荷重心不会重合，这种分子都是极性分子，如 HCl、HF、CO 等。

对复杂的多原子分子来说，如果组成原子相同(如 S_8、P_4 等)，那么原子间的化学键一定是非极性键。这样的多原子分子无疑是非极性分子。O_3 分子有微弱的极性，是一个例外，原因尚不清楚。但是，如果组成原子不相同(如 SO_2、CO_2、CCl_4、$CHCl_3$ 等)，那么这样分子的极性，不仅取决于元素的电负性(或键的极性)，而且取决于分子的空间构型。例如，在 SO_2 和 CO_2 分子中，虽然都有极性键(SO_2 中有 S═O 键，CO_2 中有 C═O 键)，但是因为 CO_2 分子具有直线形结构，键的极性互相抵消，它的正、负电荷重心互相重合，所以 CO_2 是一个非极性分子。相反，SO_2 分子具有 V 形结构，键的极性不能抵消，它的正、负电荷重心没有重合，因而 SO_2 是一个极性分子。

在极性分子中，正电荷重心与负电荷重心的距离称为偶极长，通常用 d 表示。极性分子的极性强弱显然与偶极长和正(或负)电荷重心的电量有关，一般用偶极矩 μ 来衡量。分子的偶极矩定义为分子的偶极长 d 和偶极上一端电荷 q 的乘积，即

$$\mu = q \cdot d$$

因为一个电子所带的电荷为 1.602×10^{-19} C，而偶极长 d 相当于原子间距离，其数量级为 10^{-10} m，因此偶极矩 μ 的数量级在 10^{-30} C · m 范围，通常把 3.33×10^{-30} C · m 作为偶极矩 μ 的单位，称为“德拜”，以 deb 表示，即 1 deb = 3.33×10^{-30} C · m。例如，HCl 的偶极矩是 1.03 deb，H_2O 的偶极矩是 1.85 deb。它们都是强极性分子。偶极矩 $\mu = 0$ 的分子，其 d 必等于 0，所以它

是非极性分子。一些分子的偶极矩列于表 5-8。

表 5-8　一些分子的偶极矩

分子	μ/deb	分子	μ/deb
H_2	0	H_2O	1.85
N_2	0	HCl	1.03
BCl_3	0	HBr	0.79
CO_2	0	HI	0.38
CS_2	0	NH_3	1.66
H_2S	1.1	CO	0.12
SO_2	1.6	HCN	2.10

偶极矩 μ 常被用来判断一个分子的空间结构。例如，NH_3 和 BCl_3 都是四原子分子，这类分子的空间结构一般有两种：平面三角形和三角锥形。实验测得这两个分子的偶极矩分别为 $\mu_{NH_3} = 1.66$ deb 和 $\mu_{BCl_3} = 0$，即 NH_3 分子是极性分子，而 BCl_3 是非极性分子，由此可断定 BCl_3 分子一定是平面三角形的构型，而 NH_3 分子为三角锥形的构型。

偶极矩 μ 虽可用实验方法测定，但偶极长 d 和偶极上电荷 q 却无法测定。有些书中有时也能列出一些偶极长 d 和偶极上电荷 q 的数据。例如，HCl 分子的偶极长 $d = 21 \times 10^{-12}$ m，偶极上的电荷 $q = 0.27 \times 10^{-19}$ C。应当指出，这些数据并非实验值而是在一定假设条件下的计算值。即若假定偶极上电荷 q 为一个电子电荷($q = 1.602 \times 10^{-19}$ C)时，根据 HCl 偶极矩$\mu = 1.03$ deb，可得

$$1.03 \times 3.33 \times 10^{-30}\ \mathrm{C \cdot m} = d \times 1.602 \times 10^{-19}\ \mathrm{C}$$

$$d = 21 \times 10^{-12}\ \mathrm{m}$$

另外，若假定偶极长 d 为核间距离(127×10^{-12} m)时，同样根据$\mu = 1.03$ deb 可求得

$$1.03 \times 3.33 \times 10^{-30}\ \mathrm{C \cdot m} = 127 \times 10^{-12}\ \mathrm{m} \times q$$

$$q = 0.27 \times 10^{-19}\ \mathrm{C}$$

偶极矩是一个矢量，既表示数量又表示方向，在化学上规定其方向是从正到负(物理学上恰好相反)。

由于极性分子的正、负电荷重心不重合，因此分子中始终存在一个正极和一个负极，极性分子的这种固有的偶极称为永久偶极。但是一个分子有没有极性或者极性的大小并不是固定不变的。非极性分子和极性分子中的正、负电荷重心在外电场的影响下会发生变化，变化情况如图 5-33 所示。

由图 5-33 可见，非极性分子在外电场的影响下可以变成具有一定偶极的极性分子，而极性分子在外电场的影响下其偶极增大，这种在外电场影响下所产生的偶极称为诱导偶极，其偶极矩称为诱导偶极矩，通常用$\Delta\mu$ 表示。诱导偶极的大小与外界电场的强度成正比。当取消外电场时，诱导偶极随即消失。分子越容易变形，它在外电场影响下产生的诱导偶极也越大。

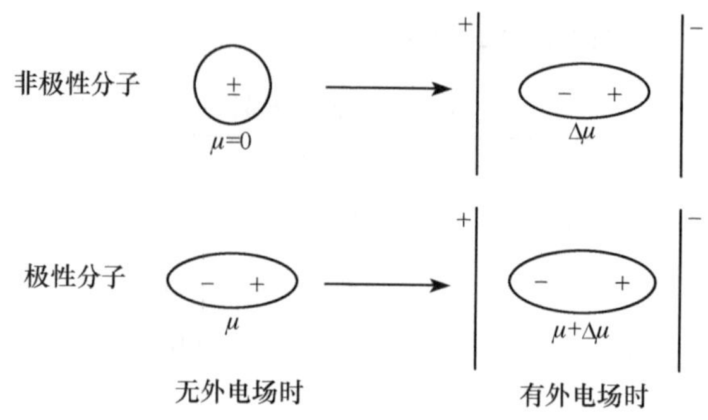

图 5-33　外电场对分子极性的影响示意图

非极性分子中的正、负电荷重心在外电场的作用下，可以发生变化而产生诱导偶极，即使没有外电场存在，正、负电荷重心也可能发生变化。这是因为分子内部的原子核和电子都在不停地运动着，不断地改变它们的相对位置。在某一瞬间，分子的正电荷重心和负电荷重心会发生不重合现象，这时所产生的偶极称为瞬间偶极，其偶极矩称为瞬间偶极矩。瞬间偶极的大小同分子的变形性有关，分子越大，越容易变形，瞬间偶极也越大。

5.2.2　分子间作用力(范德华力)

离子键、金属键和共价键，这三大类型化学键都是原子间比较强的相互作用，键能为 100～800 kJ · mol^{-1}。除了这种原子间较强的作用外，在分子之间还存在一种较弱的相互作用，其结合能大约只有几到几十千焦每摩尔，比化学键能小 1～2 个数量级。气体分子能凝聚成液体和固体，主要就靠这种分子间作用。范德华第一个提出这种相互作用，通常将分子间作用力称为范德华力。分子间的范德华力是决定物质熔点、沸点、溶解度等物理化学性质的一个重要因素，对于范德华力本质的认识也是随着量子力学的出现而逐步深入的。

范德华力一般包括三个部分：取向力、诱导力和色散力。

1) 取向力

取向力发生在极性分子和极性分子之间。由于极性分子具有偶极，而偶极是电性的，因此两个极性分子相互接近时，同极相斥，异极相吸，使分子发生相对的转动，称为取向。在已取向的偶极分子之间，由于静电引力将互相吸引，当接近到一定距离后，排斥和吸引达到相对平衡，从而使体系能量达到最小值。这种靠永久偶极产生的相互作用力称为取向力，如图 5-34 所示。

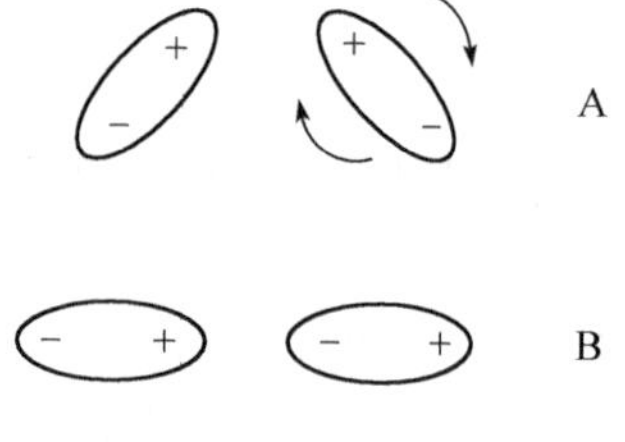

图 5-34　两个极性分子相互作用的示意图

2) 诱导力

在极性分子和非极性分子之间以及极性分子和极性分子之间都存在诱导力。非极性分子由于受到极性分子偶极电场的影响，可以使正、负电荷重心发生位移，从而产生诱导偶极。诱导偶极同极性分子的永久偶极间的作用力称为诱导力，如图 5-35 所示。同样，在极性分子和极性分子之间，除了取向力外，由于极性分子的相互影响，每个分子也会发生变形，产生诱导偶极，其结果是使极性分子的偶极矩增大，从而使分子之间出现

图 5-35　极性分子和非极性分子相互作用的示意图

除取向力以外的额外吸引力——诱导力。诱导力也会出现在离子和分子以及离子和离子之间。诱导力的本质是静电引力，因此根据静电理论可以定量求出诱导力的大小。

3) 色散力

非极性分子间也存在相互作用力。例如，室温下苯是液体，碘、萘是固体。在低温下 Cl_2、N_2、O_2 甚至稀有气体也能液化。此外，对极性分子来说，由前两种力算出的分子间作用力也比实验值小得多，说明还存在第三种力，这种力必须根据近代量子力学原理才能正确理解它的来源和本质。由于从量子力学导出的这种力的理论公式与光色散公式相似，因此将这种力称为色散力。任何一个分子，由于电子的运动和原子核的振动可以发生瞬间的相对位移，从而产生“瞬间偶极”。这种瞬间偶极也会诱导邻近的分子产生瞬间偶极，于是两个分子可以靠瞬间偶极相互吸引在一起。这种由于存在“瞬间偶极”而产生的相互作用力称为色散力。

总之，分子间的范德华力有下面一些特点：

(1) 它是永远存在于分子或原子间的一种作用力。

(2) 它是吸引力，其作用能比化学键能小 1～2 个数量级。例如，从晶态的氩表面分离氩原子需要 7.87 $kJ \cdot mol^{-1}$ 能量，而从 Cl_2 分子中解离出 Cl 原子则需要 239.3 $kJ \cdot mol^{-1}$ 能量。

(3) 与共价键不同，范德华力一般没有方向性和饱和性。

(4) 范德华力的作用范围约只有几个 pm($1\ pm = 10^{-12}\ m$)。

(5) 范德华力有三种。取向力只存在于极性分子间，诱导力存在于极性分子间或极性分子与非极性分子间，色散力存在于任何分子间，而且对大多数分子来说(除 H_2O 分子外)，色散力是主要的。表 5-9 列出一些分子的三种分子间作用力的分配。

表 5-9　分子间作用力(范德华力)的分配

分子	取向力/($kJ \cdot mol^{-1}$)	诱导力/($kJ \cdot mol^{-1}$)	色散力/($kJ \cdot mol^{-1}$)	总和/($kJ \cdot mol^{-1}$)
Ar	0.000	0.000	8.49	8.49
CO	0.0029	0.0084	8.74	8.75
HI	0.025	0.1130	25.86	25.98
HBr	0.686	0.502	21.92	23.09
HCl	3.305	1.004	16.82	21.13
NH_3	13.31	1.548	14.94	29.58
H_2O	36.38	1.929	8.996	47.28

5.2.3　氢键

水在物理性质上有一些反常的现象。例如，水的比热容特别大，水的密度在 277.13 K 时最大，水的沸点比氧族同类氢化物的沸点高等。为什么水有这些奇特的性质？显然这与水分子的缔合现象有关，人们为了说明分子缔合的原因，提出了氢键学说。下面就氢键的形成、氢键的特点及氢键对物质性质的影响进行简单的介绍。

1. 氢键的形成

水的物理性质反常现象说明水分子之间有一种作用力，能使简单的水分子聚合为缔合分子，而分子缔合的主要原因是水分子间形成了氢键。水分子是强极性分子，氧的电负性(3.44)比氢的电负性(2.2)大得多，因此在水分子中 O—H 键的共用电子对强烈偏向于氧原子一边，使氢原子带部分正电荷，氧原子带部分负电荷。同时由于氢原子核外只有一个电子，其电子云偏移氧原子的结果，使它几乎成为赤裸的质子。这个半径很小、带正电性的氢原子与另一个水分子中含有孤电子对并带部分负电荷的氧原子充分靠近产生吸引力，这种吸引力称为氢键，如图 5-36 所示。

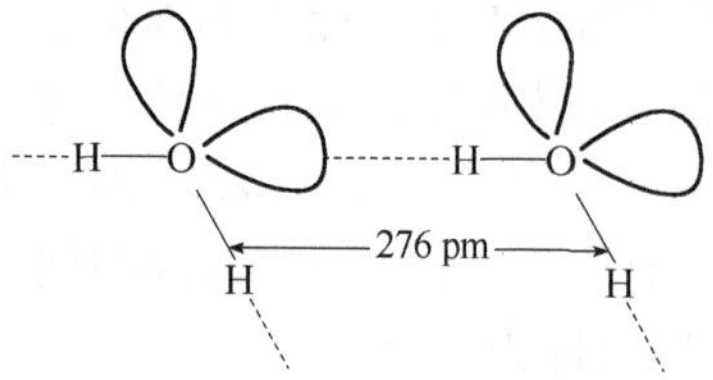

图 5-36　水分子间的氢键

氢键通常可用 X—H…Y 表示。X 和 Y 代表 F、O、N 等电负性大，而且原子半径较小的原子。氢键中 X 和 Y 可以是两种相同的元素(如 O—H…O、F—H…F 等)，也可以是两种不同的元素(如 N—H…O 等)。

氢键的强度可以用键能来表示，表 5-10 列出一些常见氢键的键能和键长。氢键的键能是指 X—H…Y—R 分解成 X—H 和 Y—R 所需的能量，而氢键的键长是指在 X—H…Y 中，由 X 原子中心到 Y 原子中心的距离。

表 5-10　氢键的键能和键长

氢键	键能/($kJ \cdot mol^{-1}$)	键长/pm	化合物
F—H…F	28.0	255	$(HF)_n$
O—H…O	18.8	276	冰
N—H…F	20.9	266	NH_4F
N—H…O	—	286	CH_3CONH_2
N—H…N	5.4	358	NH_3

除了分子间的氢键外，某些物质的分子也可以形成分子内氢键，如邻硝基苯酚分子中便可形成一个分子内氢键，如图 5-37 所示。

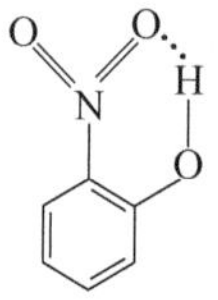

图 5-37　邻硝基苯酚分子内氢键

一般分子形成氢键必须具备两个基本条件：

(1) 分子中必须有一个与电负性很强的元素形成强极性键的氢原子。因为氢原子的特点是原子半径小，结构简单，核外只有一个电子，无内层电子，这个原子与电负性大的元素形成共价键后，电子对强烈偏向电负性大的元素一边，使氢几乎成为赤裸的质子，它呈现相当强的正电性，因此它易与另一分子中电负性大的元素接近，并产生静电吸引作用，形成氢键。

(2) 分子中必须有带孤电子对、电负性大，而且原子半径小的元素(如 F、O、N 等)。因为氢键有方向性，一般在可能的范围内，氢键的方向要与 Y 中孤电子对的对称轴相一致，这样可使 Y 原子中负电荷分布得最多的部分最接近氢原子。只有那些电负性大、原子半径小的元素才能形成氢键。

2. 氢键的特点

1) 氢键具有方向性

氢键的方向性是指 Y 原子与 X—H 形成氢键时，在尽可能的范围内使氢键的方向与 X—H 键轴在同一个方向，即 X—H…Y 在同一直线上。因为这样成键，可使 X 与 Y 的距离最远，两原子电子云之间的斥力最小，因而形成的氢键越强、体系越稳定。

2) 氢键具有饱和性

氢键的饱和性是指每一个 X—H 只能与一个 Y 原子形成氢键。由于氢原子的半径比 X 和 Y 的原子半径小很多，当 X—H 与一个 Y 原子形成氢键 X—H…Y 后，如果再有一个极性分子的 Y 原子靠近它们，则这个原子的电子云受 X—H…Y 上的 X 和 Y 原子电子云的排斥力比受带正电性的 H 的吸引力大，因此 X—H…Y 上的这个氢原子不可能与第二个 Y 原子再形成第二个氢键。

3) 氢键强弱与元素电负性有关

氢键的强弱与 X 和 Y 的电负性大小有关，它们的电负性越大，则氢键越强。此外氢键的强弱也与 X 和 Y 的原子半径大小有关。例如，F 原子的电负性最大，半径又小，形成的氢键最强。Cl 原子的电负性虽大，但原子半径较大，因而形成的氢键很弱，通常可忽略。C 原子的电负性较小，一般不易形成氢键。根据元素电负性大小，形成氢键的强弱次序如下：

$$F—H\cdots F > O—H\cdots O > O—H\cdots N > N—H\cdots N$$

4) 氢键的本性

关于氢键本质的讨论，直至目前尚没有统一的认识。一般认为氢键主要是静电作用力，但又不能认为氢键完全是由静电作用力产生的，因为氢键有方向性和饱和性，这是静电作用的观点不能解释的。然而，氢键也不同于共价键，因为从量子力学的观点看，氢原子只有一个成单电子，它与一个电负性大的原子形成一个共价键后，就不能再与其他原子形成新的共价键。另外，从键能看，氢键的键能比共价键的键能小得多。例如，在水分子中，O—H 键的键能为 462.8 $kJ \cdot mol^{-1}$，而在 O—H…O 中氢键的键能为 18.8 $kJ \cdot mol^{-1}$。由于氢键的键能与分子间作用力较为接近，因此有人认为氢键属于分子间力的范畴。因为氢键有方向性，这又有别于分子间力，故可将氢键看作是有方向性的分子间力。

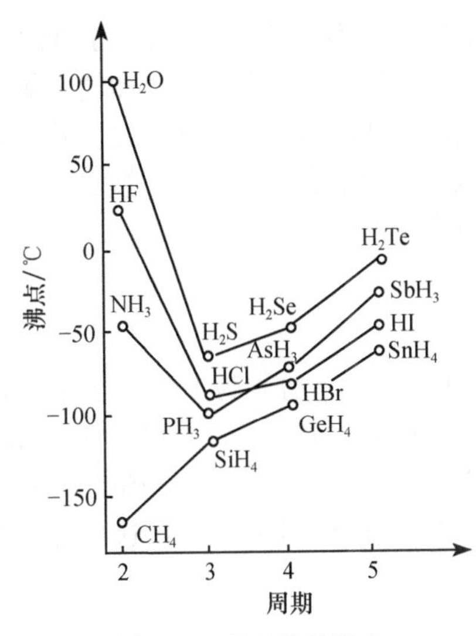

图 5-38　氢化物的沸点

3. 氢键对化合物性质的影响

分子间形成氢键时，使分子间产生了较强的结合力，因而使化合物的沸点和熔点显著升高，如图 5-38 所示。若要使液体气化或使固体熔化，必须给予额外的能量去破坏分子间的氢键。

从图 5-38 可看出，在分子间没有氢键形成的情况下(如第ⅣA 族元素的氢化物)，化合物的沸点随相对分子质量的增加而升高，这是由于随相对分子质量的增大，分子间力(主要是色散力)依次增大。但在分子间有较强的氢键时(如 HF、H_2O、NH_3)，化合物的沸点和熔点与同族、同类化合物相比则显著升高。

5.3　离子键理论

活泼金属原子与活泼的非金属原子所形成的化合物，如 NaCl、CsCl、MgO 等，通常都是离子型化合物。它们的特点是一般情况下以晶体的形式存在，具有较高的熔点和沸点，在熔融状态或溶于水后其水溶液均能导电。为了说明这类化合物的成键情况，阐明结构和性质的关系，科塞尔提出了离子键理论。

5.3.1 离子键的形成

根据近代理论观点，离子型化合物之所以在熔融或溶解状态下能导电，是因为这类化合物中存在电荷相反的正、负离子。离子键理论认为：

(1) 当电负性小的活泼金属原子与电负性大的活泼非金属原子相遇时，它们都有达到稳定结构的倾向。由于两个原子的电负性相差较大，因此它们之间容易发生电子的得失而形成正、负离子。

(2) 所谓稳定结构，对于主族元素，它们所生成的离子多数具有稀有气体结构，即 p 轨道为全充满状态。例如，钠和氯原子相遇时，钠原子失去一个外层电子($3s^1$)而成为带一个正电荷的 $Na^+(2s^22p^6)$，氯原子的最外层($3s^23p^5$)获得一个电子而成为带一个负电荷的 $Cl^-(3s^23p^6)$。对于过渡元素，它们所生成的离子的 d 轨道一般都处于半充满状态。例如，在 FeF_3、MnF_2 中 Fe^{3+} 和 Mn^{2+} 的 3d 轨道都处于半充满($3d^5$)状态。但是过渡元素的 s 和 d 轨道能量相近，所以例外很多。

(3) 原子间发生电子的转移而形成具有稳定结构的正、负离子时，从能量的角度看，一定会有能量的吸收和放出，而且新体系的能量一般也是最低的。例如，1 mol 气态钠原子失去电子，形成 1 mol 气态钠离子时，要吸收能量，即 I_1 为 496 kJ · mol^{-1}；1 mol 气态氯原子结合电子，形成 1 mol 气态氯离子时，会释放能量，即 E_1 为 348.7 kJ · mol^{-1}。氯原子获得电子所释放的能量并不能补偿钠原子失去电子时所需要的能量，似乎钠原子与氯原子反应是一种吸热过程。事实上，气态钠原子和气态氯原子生成气态 NaCl 时，放出能量为 450 kJ · mol^{-1}。这说明钠离子(Na^+)和氯离子(Cl^-)之间存在相当强的作用力。这种作用力既包含正、负离子间的引力，也有外层电子之间和原子核之间的排斥力。根据库仑定律，两个核间距为 R 的电荷相反的正、负离子的势能 V 为

$$V_{吸引} = \frac{-q^+ \cdot q^-}{4\pi\varepsilon_0 R} \tag{5-3}$$

式中，q^+、q^-分别为 1 个正电荷和 1 个负电荷所带的电量(1.60×10^{-19} C)。但是，当正、负离子接近到一定程度时，它们电子云之间将产生排斥作用。这种排斥作用在距离 R 较大时可忽略不计，当 R 达到小于平衡距离 R_0 后，则排斥作用的势能迅速增大。波恩(Born)与梅尔(Mayer)两人从量子力学观点指出这种排斥作用的势能可用指数形式表示为

$$V_{排斥} = A\mathrm{e}^{-R/\rho} \tag{5-4}$$

式中，A 和ρ 为常数。因此，正、负离子间的总势能与距离 R 的关系如下：

$$V_{总势能} = V_{吸引} + V_{排斥} = \frac{-q^+ \cdot q^-}{4\pi\varepsilon_0 R} + A\mathrm{e}^{-R/\rho} \tag{5-5}$$

正、负离子间的总势能与 R 的关系也可用势能曲线(图 5-39)表示。

由图 5-39 NaCl 的势能曲线可知，当正、负离子相互接近时，在 R 较大时，电子云之间的排斥作用可忽略，这时主要表现为吸引作用，所以体系的能量随着 R 的减小而降低。当正、负离子接近到小于平衡距离 R_0，即 $R < R_0$ 时，电子云之间的排斥作用上升为主要作用，这时

体系的能量突然增大。只有当正、负离子接近到平衡距离 $R_0(R=R_0)$时，吸引作用与排斥作用才达到暂时的平衡，这时正、负离子在平衡位置附近振动，体系的能量降到最低点。这说明正、负离子之间形成了稳定的化学键(离子键)。

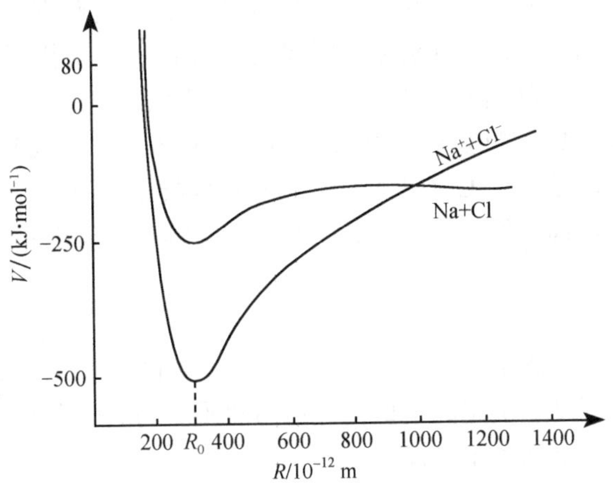

图 5-39　NaCl 的势能曲线

以 NaCl 为例，离子键形成的过程可简单表示如下：

$$nNa(3s^1) \xrightarrow{-ne^-} nNa^+(2s^22p^6)$$
$$nCl(3s^23p^5) \xrightarrow{+ne^-} nCl^-(3s^23p^6)$$
$$\rightarrow nNaCl$$

这种由原子间发生电子的转移形成正、负离子，并通过静电作用而形成的化学键称为离子键。生成离子键的条件是原子间电负性相差较大，一般要大于 2.0。由离子键形成的化合物称为离子型化合物。例如，碱金属和碱土金属(Be 除外)的卤化物是典型的离子型化合物。

5.3.2　离子键的特点

1. 离子键的本质是静电作用力

离子键是由原子得失电子后，形成的正、负离子之间通过静电吸引作用而形成的化学键。在离子键的模型中，可以近似地将正、负离子的电荷分布看成是球形对称的。根据库仑定律，两种带相反电荷(q^+和 q^-)的离子间的静电引力 f 与离子电荷的乘积成正比，而与离子间距离 R 的平方成反比：

$$f = K \cdot \frac{q^+q^-}{R^2} \tag{5-6}$$

由此可见，当离子的电荷越大，在一定范围内离子间的距离越小，则离子间的引力越强。离子键的强度一般用晶格能 U 来表示(见 5.3.4 小节)。

2. 离子键没有方向性和饱和性

由于离子键是由正、负离子通过静电吸引作用结合而成的，而离子是带电体，它的电荷分布是球形对称的，因此只要条件许可，它可以在空间各个方向上施展其静电吸引作用。也就是说，它可以在空间任何方向与带相反电荷的离子互相吸引。例如，在氯化钠晶体中，每个 Na^+ 周围等距离地排列着 6 个 Cl^-，每个 Cl^-周围也同样等距离地排列着 6 个 Na^+。这说明离子并非只在某一方向，而是在所有方向上都可与带相反电荷的离子发生静电的吸引作用。所以离子键是没有方向性的。

另外，由于每一个离子可以同时与多个带相反电荷的离子互相吸引，在氯化钠晶体中，在 Na^+(或 Cl^-)的周围只排列着 6 个相反电荷的 Cl^-(或 Na^+)是否意味着它们的静电作用达到饱和呢？实际上，在氯化钠晶体中，Na^+(或 Cl^-)周围只排列了 6 个最接近的带相反电荷的 Cl^-(或 Na^+)，这是由正、负离子半径的相对大小、电荷多少等因素决定的，但这并不说明每个被 6 个 Cl^-(或 Na^+)包围的 Na^+(或 Cl^-)的电场已达饱和，因为在这 6 个 Cl^-(或 Na^+)之外，无论在什么方向或什么距离处，如果再排列有 Cl^-(或 Na^+)，则它们同样还会感受到该相反电荷 Na^+(或 Cl^-)电场的作用，只是距离较远，相互作用较弱。所以离子键是没有饱和性的。

5.3.3　离子的特征

离子型化合物的性质与离子键的强度有关，而离子键的强度又与正、负离子的性质有关，因此离子的性质在很大程度上决定离子型化合物的性质。一般离子具有三个重要的特征：离子的电荷、离子的电子层构型和离子半径。

1. 离子的电荷

从离子键的形成过程可知，正离子的电荷数就是相应原子失去的电子数，负离子的电荷数就是相应原子获得的电子数。那么，究竟原子能失去或获得几个电子？实验数据和理论计算表明，稀有气体的原子结构是比较稳定的。例如，Na 原子的电子层构型为 $1s^22s^22p^63s^1$，它失去一个电子变为 Na^+，这时只需消耗 496 $kJ \cdot mol^{-1}$ 的能量。而 Na^+的电子层构型($1s^22s^22p^6$)是稳定的稀有气体氖的结构，若要再失去 1 个电子变成 $1s^22s^22p^5$，则需要消耗能量高达 4562 $kJ \cdot mol^{-1}$。因此，Na 原子通常易失去 1 个电子形成带 1 个正电荷的 Na^+。一般在周期数中，ⅠA 和ⅡA 族的典型金属元素与ⅦA 族典型的非金属元素都有达到稳定的稀有气体原子结构的倾向。例如，ⅠA 族的碱金属元素，它们最外电子层的构型是 ns^1，在化合时易失去 1 个电子达到稳定的 8 电子构型(或氦原子的 2 电子构型)，从而形成带 1 个正电荷的 M^+。ⅡA 族的碱土金属元素，它们最外电子层的构型是 ns^2，在结合时易失去 2 个电子达到稳定的 8 电子构型(或氦原子的 2 电子构型)，从而形成带 2 个正电荷的 M^{2+}。ⅦA 族的卤族元素，它们最外层的电子构型是 ns^2np^5，只要接受 1 个电子就达到稳定的 8 电子构型。因此，卤素在化合时易形成带 1 个负电荷的 X^-。在离子型化合物中，正离子的电荷通常多为+1、+2，最高为+3 或+4，更高电荷的正离子是不存在的，负离子的电荷为−3 或−4 的多数为含氧酸根或配离子。

2. 离子的电子层构型

原子究竟能形成哪种电子层构型的离子，除取决于原子本身的性质和电子层构型本身的稳定性外，还与同它相作用的其他原子或分子有关。一般简单的负离子(如 F^-、Cl^-、O^{2-}等)其最外层都具有稳定的 8 电子结构，而对正离子来说情况比较复杂，除了 8 电子结构外，还有其他多种构型。离子的电子层构型大致有如下几种：

(1) 2 电子构型：最外层为 2 个电子的离子，如 Li^+、Be^{2+}等。

(2) 8 电子构型：最外层为 8 个电子的离子，如 Na^+、Cl^-、O^{2-}等。

(3) 18 电子构型：最外层为 18 个电子的离子，如 Zn^{2+}、Hg^{2+}、Cu^+、Ag^+等。

(4) (18 + 2)电子构型：次外层为 18 电子、最外层为 2 个电子的离子，如 Pb^{2+}、Sn^{2+}等。

(5) 9～17 电子构型：最外层 9～17 个电子的不饱和结构的离子，如 Fe^{2+}、Cr^{3+}、Mn^{2+}等。

离子的电子层构型对化合物的性质也有一定的影响。例如，碱金属和铜分族，它们最外层有 1 个电子，都能形成+1 价离子，如 Na^+、K^+、Cu^+、Ag^+等。但由于它们的电子层构型不同，Na^+和 K^+为 8 电子层构型的离子，而 Cu^+和 Ag^+为 18 电子构型的离子，因此它们的化合物(如氯化物)的性质有明显的差别。NaCl 易溶于水，而 CuCl 和 AgCl 难溶于水。

3. 离子半径

离子半径是离子的重要特征之一。从电子云分布情况看，每种原子或离子中的电子，一方面相当集中地分布在靠近原子核的区域内，另一方面又几乎分散在整个原子核外的空间。因此严格地讲，原子半径和离子半径这个概念没有确定的含义。由于原子核外电子不是沿固定的轨道运动，因此原子或离子的半径是无法严格确定的。但是，当正离子 A^+和负离子 B^-通过离子键形成 AB 型离子晶体时，正、负离子间存在静电吸引力和核外的电子与电子之间以及原子核与原子核之间的排斥力。当这种吸引作用和排斥作用达平衡时，正、负离子间保持着一定的平衡距离，这个距离称为核间距，结晶学上常以符号 d 表示。核间距可用 X 射线衍射法测得，从这个数值可计算离子(或原子)半径的大小，更确切地说是离子(或原子)的作用范围的大小。如果近似地将构成 AB 型离子晶体的质点 A^+和 B^-看作是两个互相接触的球体，则核间距 d 就等于两个球体的半径之和，如图 5-40 所示。

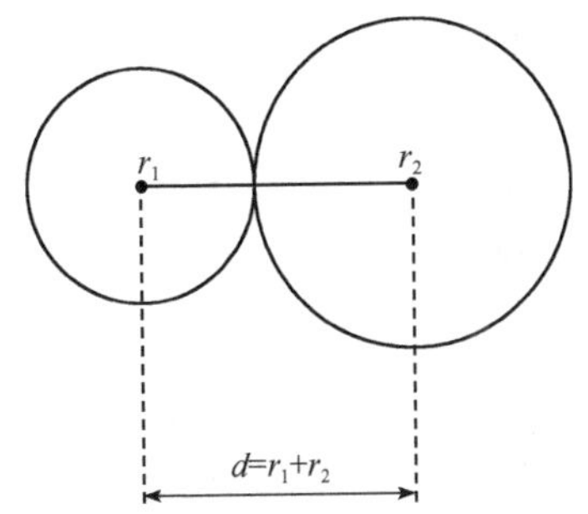

图 5-40　正、负离子半径与核间距的关系

$$d = r_1 + r_2$$

若已测知核间距 d，又已知其中一种离子的半径 r_1，可求得 r_2：

$$r_2 = d - r_1$$

但是，实际上如何划分核间距 d 及两个离子的半径是一个很复杂的问题，因为在晶体中正、负离子并不是相互接触的，而是保持一定的距离。因此，这样测得的半径应看作是有效的离子半径，即 A^+与 B^-在相互作用时所表现的半径。通常简称为离子半径。

1926 年，哥德希密特和瓦萨斯耶那(Wasastjerna)以光学法测得的 F^-的半径(133×10^{-12} m)和 O^{2-}的半径(132×10^{-12} m)为基础，根据测得的各种离子晶体的核间距数据，用上述方法推算出 80 多种离子的半径。例如，用 X 射线衍射法测得 MgO 晶体的核间距 d 为 210×10^{-12} m，NaF 晶体的核间距 $d = 231 \times 10^{-12}$ m，可求得 Mg^{2+}和 Na^+的半径。

$$r_{Mg^{2+}} = d_{MgO} - r_{O^{2-}} = 210 \times 10^{-12}\ \text{m} - 132 \times 10^{-12}\ \text{m} = 78 \times 10^{-12}\ \text{m}$$

$$r_{Na^+} = d_{NaF} - r_{F^-} = 231 \times 10^{-12}\ \text{m} - 133 \times 10^{-12}\ \text{m} = 98 \times 10^{-12}\ \text{m}$$

推算离子半径的方法很多，目前最常用的方法是 1927 年鲍林从核电荷数和屏蔽常数推算出的一套离子半径。鲍林考虑到离子的大小取决于最外层电子的分布，对于相同电子层构型的离子，其半径大小与作用于这些最外层电子上的有效核电荷成反比，即

$$r = \frac{c_n}{Z - \sigma} \tag{5-7}$$

式中，Z 为核电荷数；σ 为屏蔽常数；$Z-\sigma$ 为有效核电荷数；c_n 为一取决于最外电子层的主量

子数 n 的常数。

鲍林同时考虑到配位数(离子周围直接连接的异电荷的离子数)、几何构型等其他因素的影响，他认为配位数为 6 的 O^{2-}的半径为 140×10^{-12} m 更合理。哥德希密特离子半径(G, r)和鲍林离子半径(P, r)数据如表 5-11 所示。本书主要采用鲍林离子半径数据。

表 5-11　哥德希密特和鲍林离子半径

离子	G,r/($\times10^{-12}$ m)	P,r/($\times10^{-12}$ m)	离子	G,r/($\times10^{-12}$ m)	P,r/($\times10^{-12}$ m)
H^-	—	208	Mn^{2+}	91	80
Li^+	70	60	Mn^{4+}	52	—
Be^{2+}	34	31	Mn^{7+}	—	46
B^{3+}	—	20	Fe^{2+}	83	75
C^{4-}	—	260	Fe^{3+}	67	60
C^{4+}	20	15	Co^{2+}	82	72
N^{3-}	—	171	Co^{3+}	65	—
N^{3+}	16	—	Ni^{2+}	78	70
N^{5+}	15	11	Cu^+	—	96
O^{2-}	132	140	Cu^{2+}	72	—
F^-	133	136	Zn^{2+}	83	74
Na^+	98	95	Ca^{2+}	62	62
Mg^{2+}	78	65	Ge^{2+}	65	—
Al^{3+}	55	50	Ge^{4+}	55	53
Si^{4-}	198	271	As^{3-}	191	222
Si^{4+}	40	41	As^{3+}	69	47
P^{3-}	186	212	Se^{2-}	193	198
P^{3+}	44	—	Se^{6+}	35	42
P^{5+}	35	34	Br^-	196	195
S^{2-}	182	184	Br^{5+}	47	—
S^{4+}	37	—	Br^{7+}	—	39
S^{6+}	30	29	Rb^+	149	148
Cl^-	181	181	Sr^{2+}	118	113
Cl^{5+}	34	—	Y^{3+}	95	93
Cl^{7+}	—	26	Zr^{4+}	80	80
K^+	133	133	Nb^{5+}	—	70
Ca^{2+}	105	99	Mo^{6+}	65	62
Sc^{3+}	83	81	Tc^{7+}	56	—
Ti^{3+}	75	69	Ru^{4+}	65	—
Ti^{4+}	64	68	Rh^{4+}	65	—
V^{2+}	88	66	Pd^{2+}	80	—
V^{5+}	—	59	Pd^{4+}	65	—

续表

离子	G,r/($\times10^{-12}$ m)	P,r/($\times10^{-12}$ m)	离子	G,r/($\times10^{-12}$ m)	P,r/($\times10^{-12}$ m)
Cr^{3+}	65	64	Ag^{+}	113	126
Cr^{6+}	36	52	Ag^{2+}	89	—
Cd^{2+}	99	97	Os^{4+}	88	—
In^{3+}	92	81	Os^{6+}	69	—
Sn^{2+}	102	—	Ir^{4+}	66	—
Sn^{4+}	74	71	Pt^{2+}	106	—
Sb^{3-}	208	245	Pt^{4+}	92	—
Sb^{3+}	90	—	Au^{+}	—	137
Sb^{5+}	—	62	Au^{3+}	85	—
Te^{2+}	212	221	Hg_2^{2+}	127	—
Te^{4+}	89	—	Hg^{2+}	112	110
Te^{3+}	—	56	Tl^{+}	149	144
I^{-}	220	216	Tl^{3+}	105	95
I^{5+}	94	—	Pb^{2+}	132	121
I^{7+}	—	50	Pb^{4+}	84	84
Cs^{+}	170	169	Bi^{3+}	120	—
Ba^{2+}	138	135	Bi^{5+}	—	74
La^{3+}	115	—	Po^{6+}	67	—
Hf^{4+}	86	—	At^{7+}	62	—
Ta^{5+}	73	—	Fr^{+}	180	—
W^{6+}	65	—	Ra^{2+}	142	—
Re^{7+}	56	—			

数据录自：① 徐光宪. 1965. 物质结构简明教程. 北京：高等教育出版社。

② Robert C, Weast.　1970～1971. Handbook of Chemistry and Physics. 51th ed. Cleveland-Ohio: Chemical Rubber Publishing Company。

离子半径大致有如下变化规律：

(1) 在周期表各主族元素中，由于自上而下电子层数依次增多，因此具有相同电荷数的同族离子的半径依次增大。例如：

$$r_{Li^+} < r_{Na^+} < r_{K^+} < r_{Rb^+} < r_{Cs^+}$$

$$r_{F^-} < r_{Cl^-} < r_{Br^-} < r_{I^-}$$

(2) 在同一周期中，主族元素随着族数的递增，正离子的电荷数增大，离子半径依次减小。例如：

$$r_{Na^+} > r_{Mg^{2+}} > r_{Al^{3+}}$$

(3) 若同一元素能形成几种不同电荷的正离子时，则高价离子的半径小于低价离子的半径。例如：

$$r_{Fe^{3+}}(60\times10^{-12}\ m) < r_{Fe^{2+}}(75\times10^{-12}\ m)$$

(4) 负离子的半径较大，为 130×10^{-12}～250×10^{-12} m；正离子的半径较小，为 10×10^{-12}～170×10^{-12} m。

(5) 周期表中处于相邻族的左上方和右下方斜对角线上的正离子半径近似相等。例如：

$$r_{Li^{+}}(60\times10^{-12}\ m) \approx r_{Mg^{2+}}(65\times10^{-12}\ m)$$

$$r_{Sc^{3+}}(81\times10^{-12}\ m) \approx r_{Zr^{4+}}(80\times10^{-12}\ m)$$

$$r_{Na^{+}}(95\times10^{-12}\ m) \approx r_{Ca^{2+}}(99\times10^{-12}\ m)$$

由于离子半径是决定离子间引力大小的重要因素，因此离子半径的大小对离子化合物的性质有显著影响。离子半径越小，离子间的引力越大，要拆开它们所需的能量越大，因此离子化合物的熔、沸点越高。

5.3.4 晶格能

离子键的强度通常用晶格能 U 的大小来度量。晶格能是指相互远离的气态正离子和负离子结合成离子晶体时所释放的能量，以符号 U 表示，如 NaCl 的晶格能 $U = 786\ kJ\cdot mol^{-1}$，MgO 的晶格能 $U = 3916\ kJ\cdot mol^{-1}$。严格地讲，晶格能的数据是指在 0 K 和标准状态(1.01325×10^{5} Pa)条件下上述过程的能量变化。如果上述过程是在 298 K 和标准状态(1.01325×10^{5} Pa)条件下进行时，则释放的能量为该化合物的晶格焓。例如，NaCl 的晶格焓为$-788\ kJ\cdot mol^{-1}$。晶格能和晶格焓通常只差几千焦每摩尔，所以在做近似计算时可忽略不计。但习惯上通常使用晶格能这一概念，而且常用释放能量的绝对值表示晶格能。例如，对于以下晶体生成反应，焓变ΔH 的负值就是晶格能 U，即

$$mM^{n+}(g) + nX^{m-}(g) \rightleftharpoons M_mX_n(s) \qquad -\Delta H = U$$

晶格能可用玻恩-哈伯(Born-Haber)循环法通过热化学计算求得。现以 NaCl 为例说明这一问题。

在 298 K 和标准状态(1.01325×10^{5} Pa)下，由固态金属钠和氯气分子直接化合生成固态 NaCl 释放出的能量称为氯化钠的生成焓。通常体系吸收的能量为正值，放出的能量为负值，所以 NaCl 的生成热 $\Delta_f H^\ominus = -411\ kJ\cdot mol^{-1}$。但是形成固体氯化钠时，实际上涉及许多过程，其中包括气态 Na^+和气态 Cl^-结合成 NaCl(固体)的过程。这些过程是：

(1) 固态金属钠升华成气态钠原子，其升华能 S 为 $109\ kJ\cdot mol^{-1}$。

(2) 氯分子离解为气态氯原子，其离解能$\frac{1}{2}D$为 $121\ kJ\cdot mol^{-1}$。

(3) 气态钠原子电离成气态钠离子，其电离能 I 为 $496\ kJ\cdot mol^{-1}$。

(4) 气态氯原子结合电子，形成气态氯离子，其电子亲和能 E 为 $349\ kJ\cdot mol^{-1}$。

(5) 气态钠离子和气态氯离子结合形成固态氯化钠释放出的能量，即氯化钠晶体的晶格能 U。

这些过程如图 5-41 所示。根据能量守恒定律，由固态金属钠和氯气直接生成固态 NaCl 的生成热 $\Delta_f H^\ominus$ 应等于各分步的能量变化的总和，即

$$\Delta_f H^\ominus = S + \frac{1}{2}D + I + (-E) + (-U) \tag{5-8}$$

式中，$\Delta_f H^\ominus$ 可通过热化学实验测定，而 S、D、I 和 E 一般有标准热化学数据可查。因此可以

由热化学实验间接测定离子型晶体的晶格能 U，即

$$U = -\Delta_f H^\ominus + S + \frac{1}{2}D + I - E \tag{5-9}$$

以 NaCl 为例

$$U = -(-411) + 109 + 121 + 496 - 349 = 788\ (\text{kJ} \cdot \text{mol}^{-1})$$

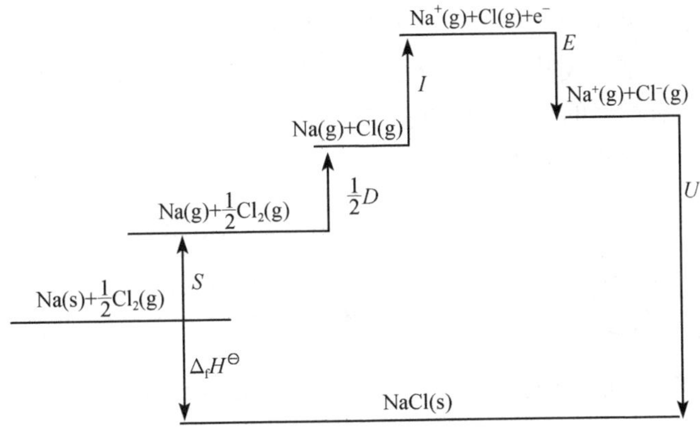

图 5-41　形成离子型晶体时的能量变化

这种按照分过程能量变化分析总过程能量变化的方法是由玻恩-哈伯首先提出的，由于分过程的能量变化和总过程能量变化构成一个循环，因此这种方法称为“玻恩-哈伯循环法”。离子型晶体的晶格能既可以用玻恩-哈伯法通过热化学实验数据计算求得，也可根据晶体的构型和离子电荷进行理论推算，两者的结果相当接近，这说明离子键理论基本上是正确的。

根据晶格能的大小可以解释和预言离子型化合物的某些物理、化学性质。对相同类型的离子晶体来说，离子电荷越高，正、负离子的核间距越短，晶格能的绝对值越大。这也表明离子键越牢固，因此反映在晶体的物理性质上有较高的熔点、沸点和较大的硬度。晶格能与物理性质的对应关系如表 5-12 所示。

表 5-12　晶格能与离子型化合物的物理性质

物性	NaCl 型晶体								
	NaI	NaBr	NaCl	NaF	BaO	SrO	CaO	MgO	BeO
离子电荷	1	1	1	1	2	2	2	2	2
核间距/pm	318	294	279	231	277	257	240	210	165
晶格能/(kJ · mol^{-1})	686	732	786	891	3041	3204	3476	3916	—
熔点/K	933	1013	1074	1261	2196	2703	2843	3073	2833
硬度(莫氏标准)	—	—	—	—	3.3	3.5	4.5	6.5	9.0

5.3.5　离子的极化

分子间范德华力的概念可以推广至离子体系，因为离子之间除了起主要作用的静电引力外，还可能有其他作用力，如诱导力和色散力。此外，有些复杂离子具有不对称结构，如 OH^- 和 CN^-等，在这些离子内部必然存在偶极，因此在这些复杂离子和其他离子之间还有取向力。

离子间除静电引力外，诱导力起很重要的作用。因为阳离子具有多余的正电荷，一般半径较小，而且在外壳上缺少电子，它对相邻的阴离子起诱导作用，这种作用通常称为离子的极化作用；阴离子半径一般较大，在外壳上有较多的电子容易变形，在被诱导过程中能产生临时的诱导偶极，这种性质通常称为离子的变形性。阴离子中产生的诱导偶极又会反过来诱导阳离子，阳离子如果是易变形的电子层结构(18 电子层、18 + 2 电子层或不饱和电子层半径大的离子)，阳离子也会产生偶极，这样使阳离子和阴离子之间发生了额外的吸引力。当两个离子更靠近时，甚至有可能使两个离子的电子云互相重叠起来，趋向于生成极性较小的键。换句话说，有可能使两个离子结合成共价极性分子，如图 5-42 所示。从这个观点也可以看出，离子键和共价键之间并没有严格的界限，在两者之间有一系列过渡。因此，极性键可以看成是离子键向共价键过渡的一种形式，如图 5-43 所示。

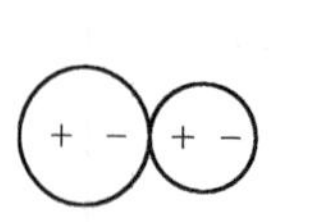

图 5-42　离子的相互极化

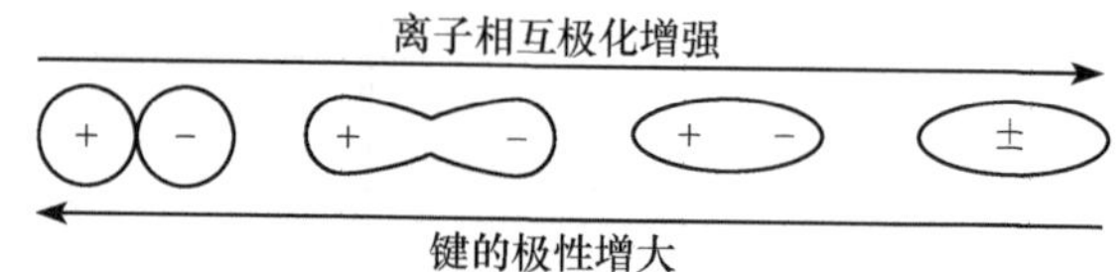

图 5-43　由离子键向共价键的过渡

对阳离子来说，极化作用应占主要地位，而对阴离子来说，变形性应占主要地位，下面分别进行讨论。

1. 键的离子性与元素的电负性

离子键形成的重要条件是相互作用的原子的电负性差值较大。一般来说，元素的电负性差值越大，它们之间键的离子性也越大。在周期表中，碱金属的电负性较小，卤素的电负性较大，它们之间相化合时形成的化学键是离子键。但是近代实验表明，即使是电负性最小的铯与电负性最大的氟形成最典型的离子型化合物氟化铯中，键的离子性也不是完全的，而只有 92%的离子性。也就是说，它们离子间也不是纯粹的静电作用，而仍有部分原子轨道的重叠，即正、负离子之间的键仍有约 8%的共价性。通常可以用离子性百分数表示键的离子性和共价性的相对大小。对于 AB 型化合物，单键离子性百分数和两原子电负性差值($\chi_A-\chi_B$)之间的关系如表 5-13 所示。

表 5-13　单键的离子性百分数与电负性差值之间的关系

$\chi_A-\chi_B$	离子性百分数/%	$\chi_A-\chi_B$	离子性百分数/%
0.2	1	1.8	55
0.4	4	2.0	63
0.6	9	2.0	70
0.8	15	2.4	76
1.0	22	2.6	82
1.2	30	2.8	86
1.4	39	3.0	89
1.6	47	3.2	92

数据引自：Pauling L, Pauling P. 1975. Chemistry. San Francisco: Freeman and Company。

由表 5-13 可知，当两个原子电负性差值为 1.7 时，单键约具有 50%的离子性，这是一个重要的参考数据。若两个原子电负性差值大于 1.7 时，可判断它们之间形成离子键，该物质是离子型化合物。如果两个原子电负性差值小于 1.7，则可判断它们之间主要形成共价键，该物质为共价化合物。例如，钠的电负性为 0.93，氯的电负性为 3.16，两原子的电负性差值为 2.23，当它们互相结合成 NaCl 时，其键的离子性百分数约为 71%，因此可判断 NaCl 中 Na^+与 Cl^-之间主要形成离子键，氯化钠为离子型化合物。

2. 离子的极化作用

(1) 电荷高的阳离子有强的极化作用。

(2) 对不同电子层结构的阳离子来说，它们的极化作用大小如下：

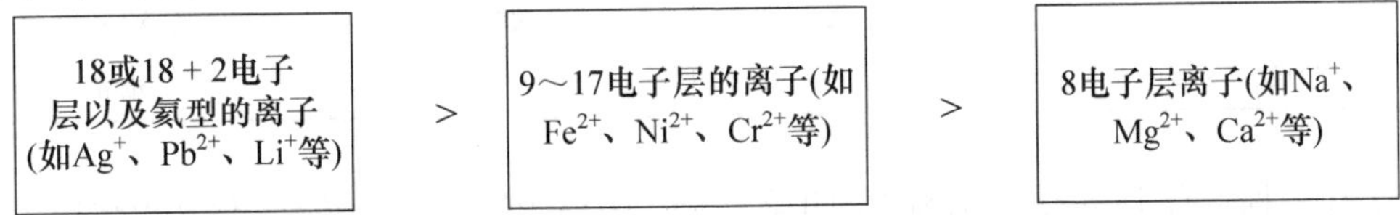

这是因为 18 电子层的离子，其最外电子层中的 d 电子对原子核有较小的屏蔽作用。

(3) 电子层相似电荷相等时，半径小的离子有较强的极化作用。例如，极化作用大小次序如下：

$$Mg^{2+} > Ba^{2+};\ Al^{3+} > La^{3+};\ F^- > Cl^-$$

(4) 复杂阴离子的极化作用通常较小，但电荷高的复杂阴离子也有一定极化作用，如 SO_4^{2-} 和 PO_4^{3-} 等。

3. 离子的变形性

(1) 18 电子层和 9～17 电子层的离子，其变形性比相近半径的稀有气体型离子大得多(指阳离子)。例如，变形性大小次序如下：

$$Ag^+ > K^+;\ Hg^{2+} > Ca^{2+}$$

(2) 对结构相同的离子来说，正电荷越高的阳离子变形性越小。例如，下列离子的变形性的次序如下：

$$O^{2-} > F^- > Ne > Na^+ > Mg^{2+} > Al^{3+} > Si^{4+}$$

(3) 对电子层结构相同的离子来说，电子层数越多(或半径越大)，变形性越大。例如：

$$Li^+ < Na^+ < K^+ < Rb^+ < Cs^+;\ F^- < Cl^- < Br^- < I^-$$

(4) 复杂阴离子的变形性通常不大，而且复杂阴离子的中心原子氧化数越高，变形性越小。例如，常见的一些复杂阴离子和简单阴离子的变形性的次序如下：

$$ClO_4^- < F^- < NO_3^- < OH^- < CN^- < Cl^- < Br^- < I^-$$

从上面几点可以归纳出：最容易变形的离子是体积大的阴离子和 18 电子层或 9～17 电子层的少电荷阳离子，如 Ag^+、Pb^{2+}、Hg^{2+}等；最不容易变形的离子是半径小、电荷高的稀有气体电子层构型的阳离子，如 Be^{2+}、Al^{3+}、Si^{4+}等。

4. 相互极化作用(或附加极化作用)

由于阴离子的极化作用一般不显著，阳离子的变形性又较小，因此通常考虑离子间相互作用时，一般总是考虑阳离子对阴离子的极化作用，但是当阳离子也容易变形时，往往会引起两种离子之间相互的附加极化效应，这就加大了离子间引力，因而会影响到由离子间引力所决定的许多化合物的性质。

(1) 18 电子层的阳离子容易变形，容易引起相互的附加极化作用。

(2) 同一族中，自上而下，18 电子层离子的附加极化作用递增，这就加强了这类离子与阴离子的总极化作用。例如，在锌、镉、汞的碘化物中，总极化作用按 $Zn^{2+} < Cd^{2+} < Hg^{2+}$的顺序，这就解释了这些化合物的性质有如表 5-14 所示变化的原因。

表 5-14　卤化物的颜色与溶解度

性质	ZnI_2	CdI_2	HgI_2
颜色	无色	黄绿	红色(α-型)
在水中的溶解度/[g/(1000 g 水)]	432(298 K)	86.2(298 K)	难溶

(3) 在一种含有 18 电子层阳离子的化合物中，阴离子的变形性越大，相互极化作用越强。例如，$CuCl_2$ 浅绿色，$CuBr_2$ 深棕色(颜色加深，表示极化加强)，CuI_2 则不存在(强烈极化，发生氧化还原反应)。又如，AgCl、AgBr 和 AgI 化合物，颜色逐渐加深，在水中的溶解度依次变小等。

5.4　金属键理论

非金属元素的原子都有足够多的价电子，彼此互相结合时可以共用电子。例如，两个 Cl 原子共用 1 对电子形成 Cl_2 分子；两个 N 原子共用 3 对电子形成 N_2 分子，然后靠分子间作用力在一定温度下凝聚成液体或固体；金刚石晶体中每个碳原子与 4 个相邻原子共用 4 对电子等。大多数金属元素的价电子都少于 4 个(多数只有 1 个或 2 个价电子)，而在金属晶格中每个原子要被 8 个或 12 个相邻原子所包围。以钠为例，它在晶格中的配位数是 8(体心立方)，它只有 1 个价电子，很难想象它怎样与相邻 8 个原子结合。为了说明金属键的本质，目前已发展起来两种主要的理论。

5.4.1　金属键的改性共价理论

金属键理论认为，在固态或液态金属中，价电子可以自由地从一个原子移向另一个原子，这就好像价电子为许多原子或离子(每个原子释放出自己的电子便成为离子)所共有。这些共有电子起到把许多原子(或离子)黏合在一起的作用，形成了所谓的金属键。这种键可以认为是改性的共价键，是由多个原子共用一些能够流动的自由电子所组成的。对于金属键有两种形象化的说法：一种说法是在金属原子(或离子)之间有电子气在自由流动，另一种说法是金属离子浸沉在电子的海洋中。

在金属晶体中，如图 5-44 所示，自由电子的存在和晶体的紧密堆积结构使金属获得了共同的性质。例如，具有较大的密度、有金属光泽、良好的导电性、导热性和机械加工性等。

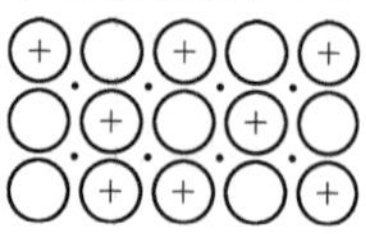

图 5-44　金属晶体示意图
(○ 原子；⊕离子；·电子)

金属中自由电子可以吸收可见光，然后又把各种波长的光大部分发射出去，因而金属一般显银白色光泽和对辐射能有良好的反射性能。金属的导电性也与自由流动的电子有关，在外加电场的影响下，自由电子就沿着外加电场定向流动而形成电流。不过在晶格内的原子和离子不是静止的，而是在晶格结点上做一定幅度的振动，这种振动对电子的流动起阻碍作用，加上阳离子对电子的吸引，构成了金属特有的电阻。加热时原子和离子的振动加强，电子的运动便受到更多的阻力，因而一般随着温度升高，金属的电阻加大。金属的导热性也取决于自由电子的运动，电子在金属中运动，会不断地和原子或离子碰撞而交换能量。因此，当金属的某一部分受热而加强了原子或离子的振动时，就能通过自由电子的运动而把热能传递给邻近的原子和离子，使热运动扩展开来，很快使金属整体的温度均一化。金属紧密堆积结构和电子的流动性允许在外力下使一层原子在相邻的一层原子上滑动而不破坏金属键，这是金属有良好的机械加工性能的原因。

5.4.2　金属键的能带理论

金属键的量子力学模型被称为能带理论。能带理论的基本论点如下：

(1) 为使金属原子的少数价电子(1、2 或 3 个)能够适应高配位数结构的需要，成键时价电子必须是“离域”的(不再从属于任何一个特定的原子)，所有的价电子应该属于整个金属晶格的原子所共有。

(2) 金属晶格中原子很密集，能组成许多分子轨道，而且相邻的分子轨道间的能量差很小。以金属锂为例，Li 原子起作用的价电子是 $2s^1$，锂原子在气态下形成双原子分子 Li_2。用分子轨道法处理时，该分子中可以有两个分子轨道，一个是低能量的成键分子轨道 σ_{2s}，另一个是高能量的反键分子轨道 σ_{2s}^*，Li_2 的两个价电子都进入 σ_{2s}，如图 5-45 所示。如果设想有一个假想分子 Li_n，那么将会有 n 个分子轨道，而且相邻两个分子轨道间的能量差将变得很小(因为当原子互相靠近时，由于原子间相互作用，能级发生分裂)。在这些分子轨道中，有一半 $(n/2)$ 分子轨道将被成对电子充满，另一半分子轨道是空的。此外，各相邻分子轨道能级之间的差值将很小，一个电子从低能级向邻近高能级跃迁时并不需要很多的能量。图 5-46 中绘出了由许多等距离能级所组成的能带，这就是金属的能带模型。

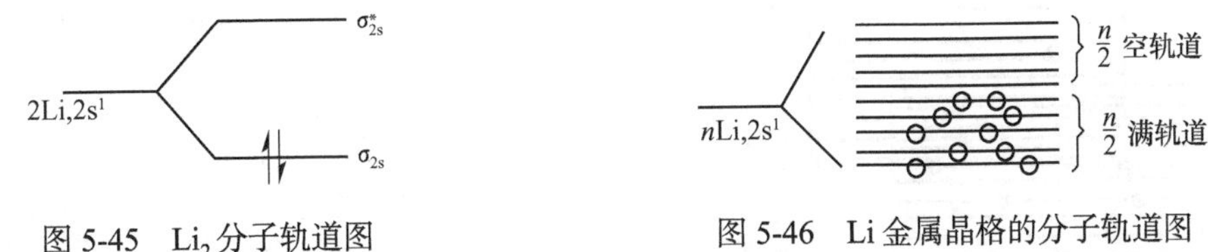

图 5-45　Li_2 分子轨道图　　图 5-46　Li 金属晶格的分子轨道图

(3) 由上述分子轨道所形成的能带，也可以看成是紧密堆积的金属原子的电子能级发生的重叠，这种能带是属于整个金属晶体的。例如，金属锂中锂原子的 1s 能级互相重叠形成了金属晶格中的 1s 能带；原子的 2s 能级互相重叠组成了金属晶格的 2s 能带等。每个能带可以包括许多相近的能级，因而每个能带会包括相当大的能量范围。

(4) 依原子轨道能级的不同，金属晶体中可以有不同的能带，如金属锂中的 1s 能带和 2s 能带。由充满电子的原子轨道能级所形成的低能量能带，称为满带；由未充满电子的能级所形成的高能量能带，称为导带。从满带顶到导带底之间的能量差通常很大，以致低能带中的电子向高能带跃迁几乎是不可能的，所以把满带顶和导带底之间的能量间隔称为禁带。例如，金属锂中，1s 能带是个满带，而 2s 能带是个导带，两者之间的能量差比较悬殊，它们之间的间隔是个禁带，是电子不能逾越的(电子不易从 1s 能带跃迁到 2s 能带)，但 2s 能带中由于电子未充满，故电子可以在接受外来能量的情况下，在带内相邻能级中自由运动，如图 5-47 所示。

(5) 金属中相邻近的能带有时可以互相重叠。例如，铍的电子层结构为 $1s^22s^2$，它的 2s 能带应该是满带，似乎铍应该是一个非导体。但是由于铍的 2s 能带和空的 2p 能带能量比较接近，同时当铍原子间互相靠近时，由于原子间的相互作用，2s 和 2p 轨道能级发生分裂，而且原子越靠近，能级分裂程度越大，如图 5-48 所示，以致 2s 和 2p 能带有部分互相重叠，它们之间没有禁带。同时由于 2p 能带是空的，因此 2s 能带中的电子很容易跃迁到空的 2p 能带中，如图 5-49 所示，故铍依然是一种具有良好导电性的金属，并具有一切金属通性。

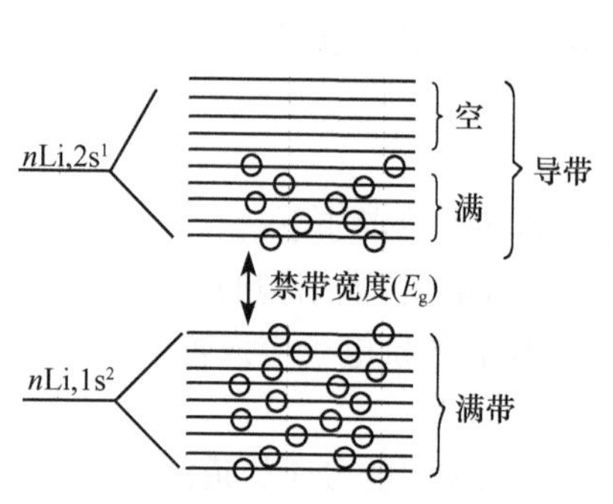

图 5-47　金属导体的能带模型

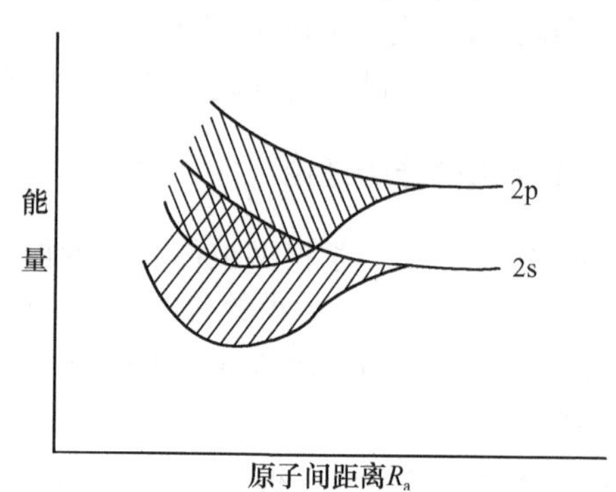

图 5-48　2s 和 2p 能级分裂

从能带理论的观点，一般固体都具有能带结构。根据能带结构中禁带宽度和能带中电子充填的状况，可以决定固体材料是导体、半导体或绝缘体，如图 5-50 所示。

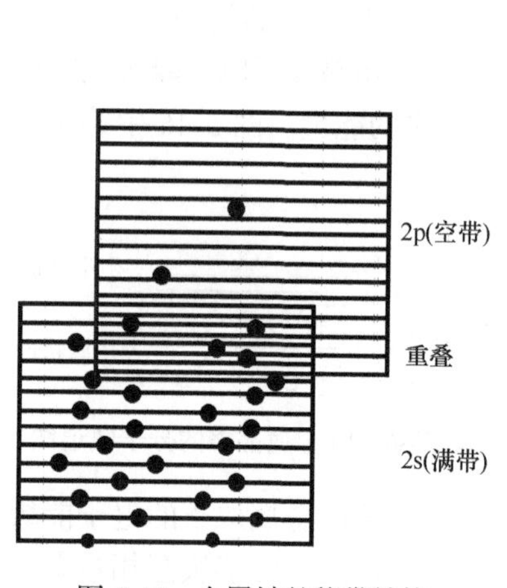

图 5-49　金属铍的能带结构

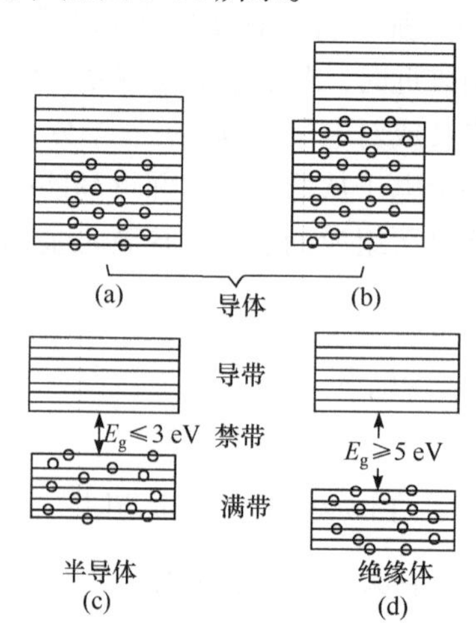

图 5-50　固体的能带结构

一般金属导体(如 Li、Na)的价电子能带是半满的[图 5-50(a)]或价电子能带虽是全满，但有空的能带(如 Be、Mg 等)，而且两个能带能量间隔很小，彼此能发生部分重叠[图 5-50(b)]。当外电场存在时，图 5-50(a)的情况由于能带中未充满电子，很容易导电。而图 5-50(b)中的情况，由于满带中的价电子可以部分进入空的能带，因而也能导电。

绝缘体(如金刚石)不导电，因为它的价电子都在满带，导带是空的，而且满带顶与导带底之间的能量间隔(禁带宽度)大，$E_g \geqslant 5$ eV[图 5-50(d)]。所以在外电场作用下，满带中的电子不能越过禁带跃迁到导带，故不能导电。

半导体(如 Si、Ge 等)的能带结构如图 5-50(c)所示。满带被电子充满，导带是空的，但这种能带结构中，禁带宽度很窄($E_g \leqslant 3$ eV)。在一般情况下，完整的(无杂质、无缺陷的)Si 和 Ge 晶体，一般是不导电的(尤其是在低温下)，因为满带上的电子不能进入导带。但当光照或在外电场作用下，由于 E_g 很小，满带上的电子很容易跃迁到导带上，使原来空的导带充填部分电子，同时在满带上留下空位(通常称为空穴)，因此导带与原来的满带均未充满电子，故能导电。

能带理论能很好地说明金属的一些物理性质。向金属施以外加电场时，导带中的电子便会在能带内向较高能级跃迁，并沿着外加电场方向通过晶格产生运动，这就说明了金属的导电性；能带中的电子可以吸收光能，也能将吸收的能量发射出去，这就说明了金属的光泽和金属是辐射能的优良反射体；电子也可以传输热能，表现为金属有导热性；给金属晶体施加机械应力时，由于在金属中电子是“离域”(不属于任何一个原子而属于金属整体)的，一个地方的金属键被破坏，在另一个地方又可以生成新的金属键，因此机械加工根本不会破坏金属结构，而仅能改变金属的外形。这也就是为什么金属有延展性、可塑性等共同的机械加工性能。

金属原子对于形成能带所贡献的不成对价电子越多，金属键应越强，反映在物理性质上应该是熔点和沸点越高，密度和硬度越大。例如，第六周期金属的成单价电子数和一些物理性质有大致对应关系，如表 5-15 所示。

表 5-15　元素成键时不成对价电子数和物理性质的对应关系

金属	价电子层结构	不成对价电子数	熔点/K	沸点/K	密度/(g · cm^{-3})	硬度(莫氏标准)
Cs	$6s^1$	1	301.5	958	1.88	0.2
Ba	$6s^2$	0	998	1913	3.51	—
La	$6s^25d^1$	1	1194	3730	6.15	—
Hf	$6s^25d^1$	2	2500	4875	13.31	—
Ta	$6s^25d^3$	3	3269	5698	16.6	—
W	$6s^25d^4$	4	3683	5933	19.35	7
Re	$6s^25d^5$	5	3453	5900	20.53	—
Os	$6s^25d^6$	4	3318	5300	22.48	7
Ir	$6s^25d^7$	3	2683	4403	22.4	6.5
Pt	$6s^25d^9$	1	2045	4100	21.45	4.3
Au	$6s^25d^{10}$	1	1336	2980	19.3	2.5
Hg	$6s^2$	0	234.1	629.95	13.6	0

5.5　晶体的基本结构和性质

固态物质不仅具有一定的体积，而且具有一定的形状。固体可由离子、原子或分子等粒子组成，这些粒子之间存在较强的结合力，使固体呈现出一定程度的刚性。在固体中，这些粒子在一定位置上做热振动，温度越高，振动越强。在一定的温度下，固体可以变成液体，这个过程称为固体的熔化，相反的过程称为液体的凝固。

对固体的内部结构进行实验测定后，可发现有的固体内部质点呈有规则的空间排列，有的则毫无规律。前一类固体称为晶体，后者称为非晶体，也称为无定形体。

自然界中绝大多数的固态物质都是晶体，只有极少数的是非晶体。非晶体往往是在温度突然下降到液体的凝固点以下，而物质的质点来不及进行有规则的排列时形成的，如玻璃、石蜡、沥青等。非晶体的内部结构通常类似于液体的内部结构。非晶体聚集态是不稳定的，在一定条件下会逐渐结晶化，如玻璃长时间后会变得浑浊不透明。

晶体与非晶体的特性有相似之处，但有更多的不同点，概括如下：①晶体和非晶体的可压缩性、扩散性均甚差；②完整的晶体有固定的几何外形，非晶体则没有；③晶体有固定的熔点，非晶体没有固定的熔点，非晶体被加热到一定温度后开始软化，流动性增加，最后变成液体，从软化到完全熔化，要经历一段较宽的温度范围；④晶体具有各向异性，即某些物理性质在不同的方向上表现不同，如石墨易沿层状结构方向断裂，石墨的层向导电能力高出竖向导电能力10000 倍，非晶体则是各向同性的。

5.5.1　晶体的外形

图 5-51 是三种化合物的晶体外形，食盐晶体是立方体，明矾晶体是正八面体，而硝石晶体基本是棱柱体。在结晶学中根据结晶多面体的对称情况，将晶体分为七类，称为七大晶系。图 5-52 表示出了七大晶系的晶体外形。表 5-16 列出了七大晶系在晶轴长短和晶轴夹角方面的情况，这也是划分晶系的根据。

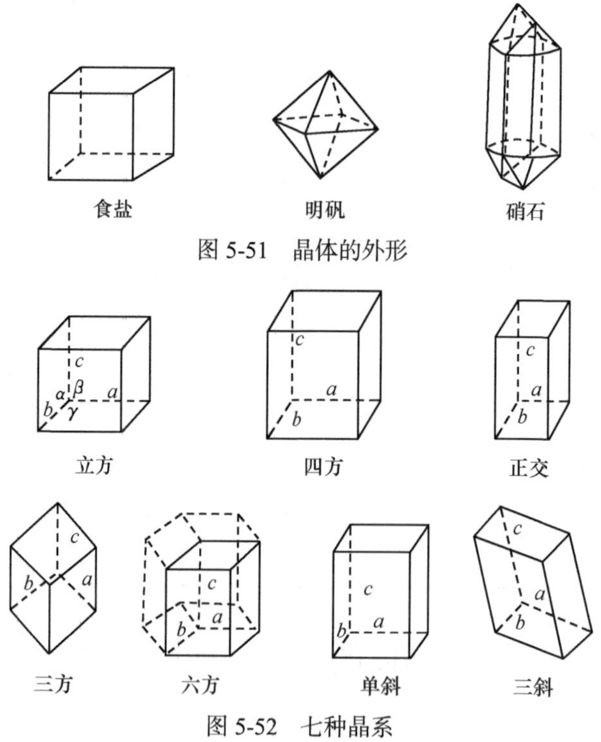

图 5-51　晶体的外形

图 5-52　七种晶系

表 5-16　七大晶系

晶系	晶轴长度	晶轴夹角	实例
立方	$a=b=c$	$\alpha=\beta=\gamma=90°$	Cu，NaCl
四方	$a=b\neq c$	$\alpha=\beta=\gamma=90°$	Sn，SnO_2
正交	$a\neq b\neq c$	$\alpha=\beta=\gamma=90°$	I_2，$HgCl_2$
单斜	$a\neq b\neq c$	$\alpha=\gamma=90°$，$\beta\neq 90°$	S，$KClO_3$
三斜	$a\neq b\neq c$	$\alpha\neq\beta\neq\gamma\neq 90°$	$CuSO_4\cdot 5H_2O$
六方	$a=b\neq c$	$\alpha=\beta=90°$，$\gamma=120°$	Mg，AgI
三方	$a=b=c$	$\alpha=\beta=\gamma\neq 90°$	Bi，Al_2O_3

自然界中存在的晶体以及人工制备的晶体，在外形上很少与图 5-52 所示的形状完全符合。通常当熔化物凝固成晶体或固体物质从溶液中结晶出来时，得不到完整的晶体。有的生长得不均衡，有的则发生歪曲或缺陷。然而，不管晶体外形生成得如何不规则，但对某一种物质的晶体来讲，晶面间所成的夹角总是不变的，因为晶系的晶轴间夹角是固定的。只要测出晶面间夹角和晶轴的长短，就能准确地确定一种晶体所属的晶系。

5.5.2　晶体的内部结构

1. 十四种晶格

晶体的外形是晶体内部结构的反映，是构成晶体的质点(离子、分子和原子)在空间有一定规律的点上排列的结果。这些有规律的点称为空间点阵，空间点阵中的每一个点都称为结点。物质的质点排列在结点上则构成晶体。晶格是实际晶体所属点阵结构的代表，实际晶体虽有千万种，但就其点阵的形式而言，只有十四种，也就是图 5-53 所示的十四种晶格。

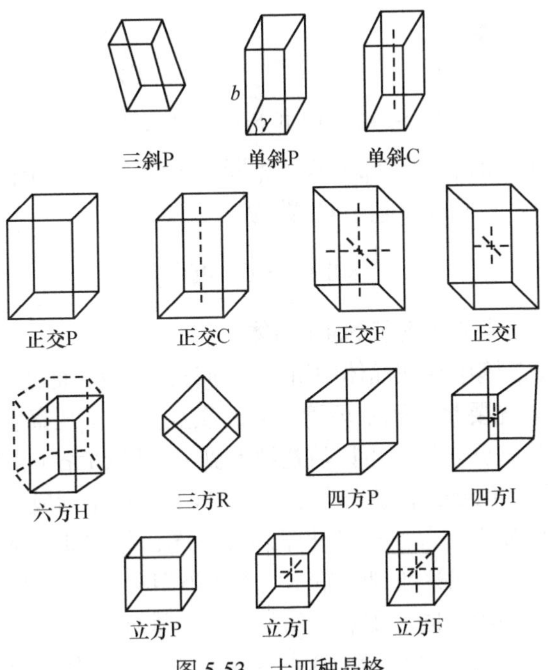

图 5-53　十四种晶格

图 5-53 中的符号 P 表示“不带心”的简单晶格，符号 I 表示“体心”，符号 F 表示“面心”，所以立方晶格有三种形式。符号 C 表示“底心”，三方、六方和三斜都不带“心”，它们都只有一种形式；符号 R 和 H 分别表示三方和六方点阵。

在简单立方晶格中，立方体每个顶角都有一个结点。在体心立方晶格中，除了这八个结点以外，在立方体中心还有一个结点。在面心立方晶格中，除了顶角的八个结点外，立方体六个面的中心都有结点。

2. 晶胞

晶格是实际晶体所属点阵结构的代表，而晶体结构的代表则是晶胞。整个晶体可以看成是由平行六面体的晶胞并置而成的，因此每个晶胞中各种质点的比应与晶格一致。另外晶胞在结构上的对称性也要和晶格一致。只有这样的最小的平行六面体才称为晶胞。

图 5-54 是 CsCl 和 NaCl 晶体的晶胞图。在一个 CsCl 晶胞中有一个 Cs^+处于体心处，还有八个处于顶点处的 Cl^-。由于顶点处的 Cl^-同时属于相邻的八个相同晶胞，因此八个 Cl^-对一个晶胞来讲只能算一个。所以 CsCl 晶胞中 $Cs^+ : Cl^- = 1 : 1$，能代表晶体中的离子比。在一个 NaCl 晶胞中，在体心处有一个 Na^+，在十二条棱的中央各有一个同时属于相邻的四个相同晶胞的 Na^+，所以晶胞中的 Na^+数为

$$1+\frac{1}{4}\times 12=4(\text{个})$$

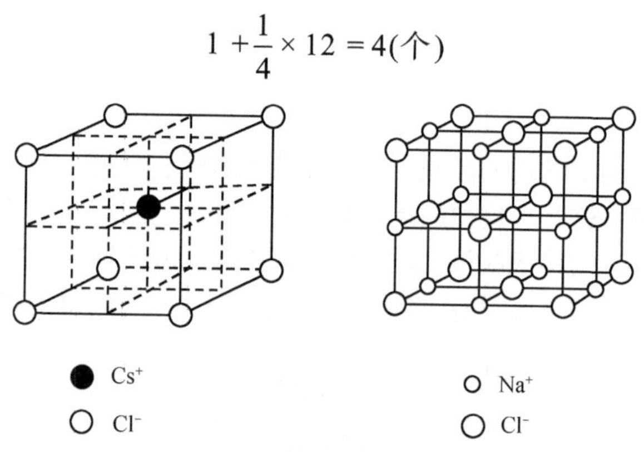

图 5-54　CsCl 和 NaCl 晶体的晶胞

八个顶点上各有一个同时属于相邻的八个相同晶胞的 Cl^-，六个面的中心上各有一个同时属于相邻的两个晶胞的 Cl^-。所以晶胞中 Cl^-数为

$$\frac{1}{8}\times 8+\frac{1}{2}\times 6=4(\text{个})$$

因此一个 NaCl 晶胞的化学成分代表了 NaCl 晶体。

晶胞是晶体的代表，晶胞中存在晶体中所具有的各种质点。通过晶胞判断晶体的点阵属于十四种晶格的哪一种，首先要将晶胞中环境不同的质点分开，观察它们各自的排列方式，如图 5-55 所示。将 CsCl 晶胞分开后，可以清楚地看到 Cs^+和 Cl^-各自排列成简单立方形式，因此 CsCl 属简单立方格子。将 NaCl 晶胞分开后 Na^+和 Cl^-各自排列成面心立方形式，因此 NaCl 属面心立方格子。不同的质点在晶胞中的化学环境不同，相同质点的化学环境也并不一定相同。在将晶胞中不同质点分开观察和判断晶体点阵的类型时，一定要注意上述问题。但同一晶胞无论可以分成几种化学环境不同的质点，每种质点所排列成的形式都完全相同，图 5-55 也说明了这一点。CsCl 的晶胞正是由 Cs^+和 Cl^-的简单立方格子在体心处相互穿插而成；而 NaCl

晶胞则是由 Na^+和 Cl^-的面心立方格子在体心处相互穿插而成。

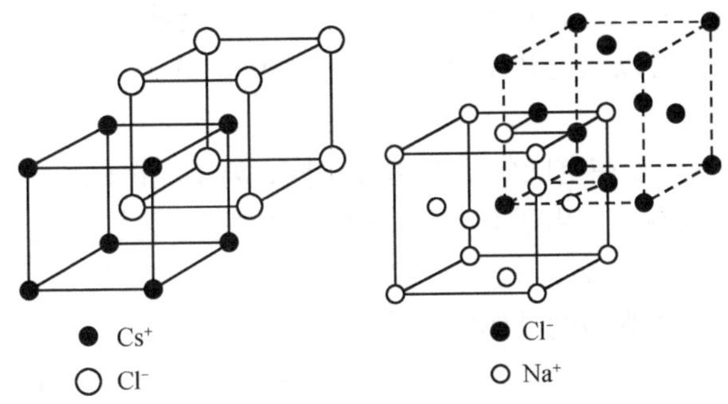

图 5-55　晶胞的构成

5.5.3　晶体的基本类型

根据晶体中质点间的作用力，可将晶体分为离子晶体、原子晶体、分子晶体和金属晶体四种基本类型。

1. 离子晶体

由离子键形成的化合物称为离子型化合物。离子型化合物虽然在气态可以形成离子型分子，如 LiF 蒸气中存在由一个 Li^+和一个 F^-组成的独立 LiF 分子，但离子型化合物主要还是以晶体状态出现，如氯化铯和氯化钠晶体，它们都是由正离子与负离子通过离子键结合而成的晶体，统称为离子晶体。

在离子晶体中，质点间的作用力是静电作用力，即正、负离子是通过离子键结合在一起的，由于正、负离子间的静电作用力较强，因此离子晶体一般具有较高的熔点、沸点和硬度，如表 5-17 所示。

表 5-17　一些离子化合物的熔点和沸点

物质	NaCl	KCl	CaO	MgO
熔点/K	1074	1041	2845	3037
沸点/K	1686	1690	3123	3873

由表 5-17 的数值可知，离子的电荷越高、半径越小(核间距越小)，其静电作用力越强，熔点也越高。离子晶体的硬度虽大，但比较脆，延展性较差。这是由于在离子晶体中，正、负离子交替地规则排列，当晶体受到冲击力时，各层离子位置发生错动，使吸引力大大减弱而易破碎，如图 5-56 所示。

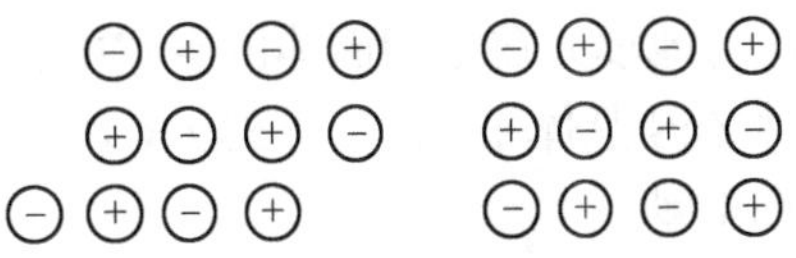

图 5-56　离子晶体的错动

离子晶体无论在熔融状态还是在水溶液中都具有优良的导电性，但在固体状态，由于离子被限制在晶格的一定位置上振动，因此几乎不导电。

在离子晶体中，每个离子都被若干个异电荷离子所包围，因此在离子晶体中不存在单个分子。例如，在氯化钠晶体中，每一个 Na^+(或 Cl^-)周围都被六个相反电荷的 Cl^-(或 Na^+)包围着。同理在氯化铯晶体中，每一个 Cs^+(或 Cl^-)周围都被八个相反电荷的 Cl^-(或 Cs^+)包围着，所以并不能划分出一个 NaCl 分子，或一个 CsCl 分子。因此，通常书写的 NaCl 或 CsCl 式子并不代

表一个分子，它只表示在氯化钠或氯化铯晶体中，Na^+与Cl^-或Cs^+与Cl^-的个数比例为 1∶1。所以严格来说，NaCl 或 CsCl 式子不能称为分子式，而只能称为化学式(或最简式)。如果一定要保留“分子”的概念，可以认为整个晶体就是一个巨型分子。

1) 离子晶体的类型

离子晶体中，正、负离子在空间的排布情况不同，离子晶体的空间结构也不同。晶体的结构可用 X 射线衍射法分析测定。由于晶胞是晶体结构的基本重复单位，因此了解晶胞的状态、大小和组成(离子种类及位置分布)，就可了解相应晶体的空间结构。对于最简单的 AB 型离子化合物来说，它有如下几种典型的晶体结构类型。

(1) CsCl 型晶体。如图 5-57(a)所示，它的晶胞的形状是正立方体(属简单立方晶格)，晶胞的大小完全由一个边长来确定，组成晶体的质点(离子)被分布在正立方体的八个顶点和中心上。在这种结构中，每个正离子被八个负离子所包围，同时每个负离子也被八个正离子所包围，即配位数为 8。异号离子间的距离(d)可根据几何位置计算，即 $d = 0.5a \times \sqrt{3} = 0.866\,a$($a$ 是立方体的边长)，对 CsCl 晶体来说，$a = 411 \times 10^{-12}$ m，$d = 356 \times 10^{-12}$ m。此外，CsBr($a = 429 \times 10^{-12}$ m)、CsI($a = 456 \times 10^{-12}$ m)等晶体都属于 CsCl 型。

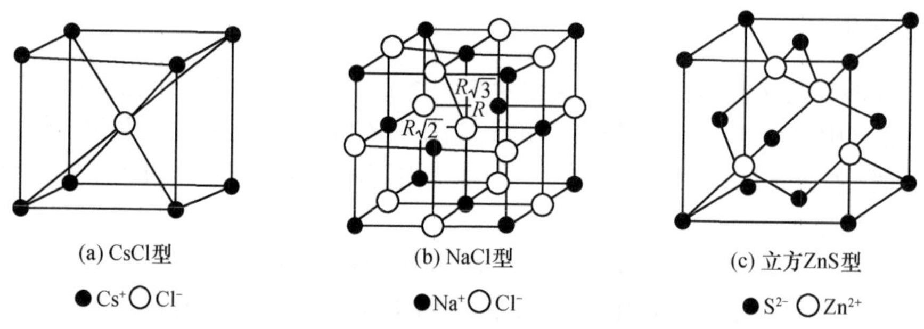

图 5-57　AB 型离子化合物的三种晶体结构类型

(2) NaCl 型晶体。如图 5-57(b)所示，它是 AB 型离子化合物中最常见的晶体构型。它的晶胞形状也是立方体(属立方面心晶格)，但质点的分布与 CsCl 型不同，每个离子被 6 个相反电荷的离子以最短的距离($d = 0.5\,a$)包围着，即配位数为 6。对 NaCl 晶体来说，$a = 562 \times 10^{-12}$ m，$d = 281 \times 10^{-12}$ m。此外，如 LiF($a = 402 \times 10^{-12}$ m)、CsF($a = 601 \times 10^{-12}$ m)、NaI($a = 646 \times 10^{-12}$ m)等晶体都属于 NaCl 型。

(3) 立方 ZnS 型(闪锌矿型)。如图 5-57(c)所示，它的晶胞形状也是立方体(属立方面心晶格)，但质点的分布更复杂。由图 5-57(c)可看出，负离子 S^{2-}是按面心立方密堆积排布，而 Zn^{2+}均匀地填充在正四面体的空隙中，正、负离子的配位数都是 4，异号离子间的距离 $d = 0.433\,a$。对 ZnS 晶体来说，$a = 539 \times 10^{-12}$ m，$d = 233 \times 10^{-12}$ m。此外，ZnO 和 HgS 等晶体也属于 ZnS 型。

离子晶体的类型很多。例如，AB 型离子晶体除了上述三种构型外还有六方 ZnS 型，AB_2 型离子晶体有 CaF_2 型和金红石(TiO_2)型等，在此不一一列举。

2) 离子半径比与配位数和晶体构型的关系

为什么不同的正、负离子结合成离子晶体时会形成配位数不同的空间构型？这是因为在某种结构下该离子化合物的晶体最稳定，体系的能量最低。一般决定离子晶体构型的主要因素有正、负离子的半径比的大小和离子的电子层构型等。对 AB 型离子晶体来说，正、负离子的半径比与配位数和晶体构型的关系见表 5-18。

表 5-18　AB 型化合物的离子半径比与配位数和晶体构型的关系

半径比 r^+/r^-	配位数	晶体构型	实例
0.225～0.414	4	ZnS 型	ZnS，ZnO，BeO，BeS，CuCl，CuBr 等
0.414～0.732	6	NaCl 型	NaCl，KCl，NaBr，LiF，CaO，MgO，CaS，BaS 等
0.732～1	8	CsCl 型	CsCl，CsBr，CsI，NH_4Cl，TlCN 等

下面以配位数为 6 的晶体结构中半径比与正、负离子的接触情况为例，说明正、负离子的半径比与配位数和晶体构型的关系。由图 5-58(a)可知，若令 $r_-=1$，则

$$ac=4r_-=4$$

$$ab=bc=2r_-+2r_+=2+2r_+$$

又因为△ abc 为直角三角形，所以

$$\overline{ac}^2=\overline{ab}^2+\overline{bc}^2$$

$$4^2=2(2+2r_+)^2$$

$$r_+=0.414$$

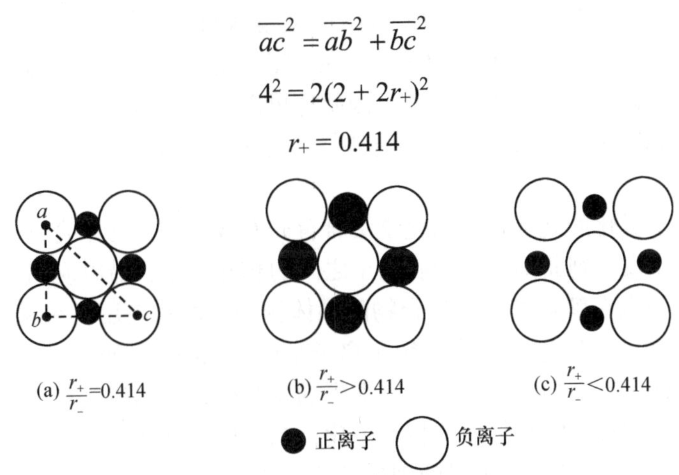

图 5-58　正、负离子半径比与配位数的关系

即当 $\frac{r_+}{r_-}=0.414$ 时，正、负离子间是直接接触的，负离子也是相互接触的。当 $\frac{r_+}{r_-}>0.414$ 时，如图 5-58(b)所示，负离子之间接触不良，而正、负离子之间相互接触吸引作用较强。这种结构较为稳定，这是配位数为 6 的情况。但当 $\frac{r_+}{r_-}>0.732$ 时，正离子相对增大，它有可能接触更多的负离子，因此有可能使配位数为 8。当 $\frac{r_+}{r_-}<0.414$ 时，如图 5-58(c)所示，负离子之间互相接触，而正、负离子之间接触不良，由于离子间排斥作用较大，这种结构不易稳定存在，故使晶体中离子的配位数降低，即配位数变为 4。

正、负离子的半径比与配位数和晶体构型的关系还应注意几点：

(1) 对于离子化合物中离子的任一配位数，都有一相应的正、负离子半径比值。例如：

$$\text{NaCl 的}\frac{r_+}{r_-}=\frac{95\times10^{-12}\ \text{m}}{181\times10^{-12}\ \text{m}}\approx0.52\text{，配位数为 6}$$

$$\text{CsCl 的}\frac{r_+}{r_-}=\frac{163\times10^{-12}\ \text{m}}{181\times10^{-12}\ \text{m}}\approx0.90\text{，配位数为 8}$$

$$\text{ZnS 的} \frac{r_+}{r_-} = \frac{74 \times 10^{-12}\ \text{m}}{184 \times 10^{-12}\ \text{m}} \approx 0.40\text{，配位数为 4}$$

而且对任一配位数来说，都有一个最小和最大的半径比值(极限值)。低于极限比值时，负离子将互相接触，而使它不能稳定存在。高于极限比值时，正离子将互相接触，也不能稳定存在。

在有些情况下，配位数与正、负离子的半径比值也可能不一致。例如，在氯化铷中，Rb^+与Cl^-的半径比$\frac{r_+}{r_-} = \frac{1.48}{1.81} \approx 0.82$，理论上配位数应为 8，实际上它为氯化钠型，配位数为 6。

(2) 当一个化合物中的正、负离子半径比处于接近极限值时，该化合物可能同时具有两种晶体构型。例如，在二氧化锗中，正、负离子的半径比$\frac{r_+}{r_-} = \frac{0.53}{1.40} \approx 0.38$，此值与 ZnS 型(配位数为 4)变为 NaCl 型(配位数为 6)的转变值 0.414 很接近，因此实际上二氧化锗可能存在上述两种构型的晶体。

(3) 离子晶体的构型除了与正、负离子的半径比有关外，还与离子的电子层构型、离子的数目及外界条件等因素有关。例如，CsCl 晶体在常温下是 CsCl 型，但在高温下离子有可能离开其原来晶格的平衡位置而进行重新排列，因此它可以转变为 NaCl 型。

(4) 离子型化合物的正、负离子半径比规则，只能应用于离子型晶体，而不能用它判断共价型化合物的结构。

有时可以用离子极化的观点将一切化学结合首先看成是离子的结合，然后从离子的电荷、半径和构型的特点出发，判断阳离子和阴离子之间的相互作用，借以说明部分化合物的性质。下面只举离子极化观点在解释离子型化合物的晶体构型方面的应用，来说明离子极化观点在无机化学中的实际意义。在表 5-18 中介绍了离子半径比和晶体构型的关系。但表中所列数据关系是有条件的，即只有在阴、阳离子没有强烈的相互极化作用时，表 5-18 中的数据关系才是正确的。如果阴、阳离子间有强烈的相互极化，晶体构型便会偏离表 5-18 中的一般规律。例如，AgCl、AgBr 和 AgI 按离子半径的理论计算，它们的晶体都应该是 NaCl 晶格(配位数为 6)，但是 AgI 却由于离子间很强的相互极化，离子互相强烈靠近，向较小的配位数方向变化，以至以 ZnS 晶格(配位数为 4)存在。表 5-19 从数据上说明了这个问题。

表 5-19　卤化银的晶格类型

	AgCl	AgBr	AgI
理论核间距/($\times10^{-12}$ m)	126 + 181 = 307	126 + 195 = 321	126 + 216 = 342
实测核间距/($\times10^{-12}$ m)	277	288	281
变形靠近值/($\times10^{-12}$ m)	30	33	61
理论晶体构型	NaCl	NaCl	NaCl
实际晶体构型	NaCl	NaCl	ZnS
配位数	6	6	4

离子极化学说在无机化学中有多方面的应用，它是离子键理论的重要补充。但是由于在无机化合物中，离子型的化合物毕竟只是一部分，因此在应用这个观点时，应注意其局限性。

2. 分子晶体和原子晶体

就晶体的类型来说，共价化合物和单质可分为分子晶体和原子晶体。

1) 分子晶体

一些共价型非金属单质和化合物分子，如卤素、氢、卤化氢、二氧化碳、水、氨、甲烷等，它们都是由一定数目的原子通过共价键结合而成的极性的或非极性的共价分子。这类非金属单质和化合物是由小分子组成的，即它们的分子是由有限数目的原子所组成，它们的相对分子质量是可以测定的，并且有恒定的数值。在一般情况下，它们常以气体、易挥发的液体或易熔化、易升华的固体存在，它们的晶体属于分子晶型，如图 5-59 和图 5-60 所示。

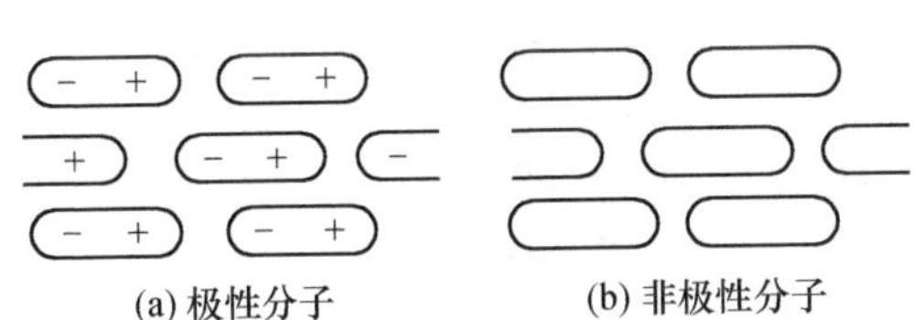

图 5-59　分子晶体示意图

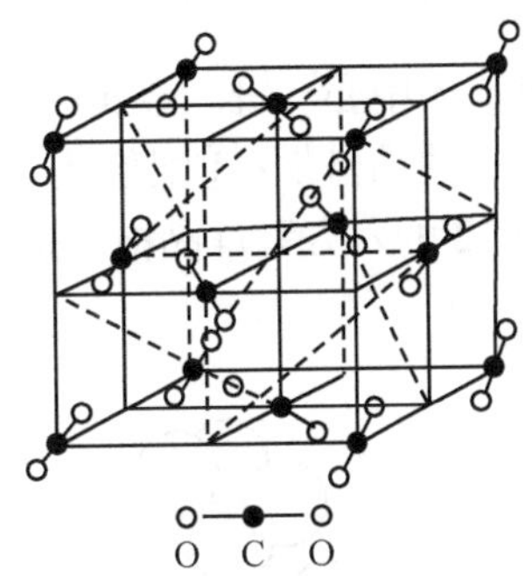

图 5-60　CO_2 分子晶体

分子晶体的主要特点是：在晶体中，组成晶格的质点是分子(包括极性的或非极性的)，如 CO_2、HCl、I_2 等；分子晶体中，质点间的作用力是分子与分子之间的作用力(分子间力)。每个分子内部的原子之间是以共价键结合的。例如，CO_2 分子之间的作用力是分子间力，而每个 CO_2 分子内部 C 与 O 原子之间是通过共价键结合的。由于分子间作用力比共价键、离子键弱得多，因此分子晶体一般具有较低的熔点、沸点和较小的硬度。这类固体一般不导电，熔化时也不导电(如 CO_2 等)，只有那些极性很强的分子型晶体(如 HCl 等)溶解在极性溶剂(如水)中，才会发生电离而导电。

2) 原子晶体

另有一类共价型非金属单质和化合物，如碳(金刚石)、硅、硼以及碳化硅(SiC)、二氧化硅(SiO_2)、氮化硼(BN)等，它们在通常状况下是由“无限”数目的原子所组成的晶体，这类晶体通常称为原子晶体，如图 5-61 和图 5-62 所示。

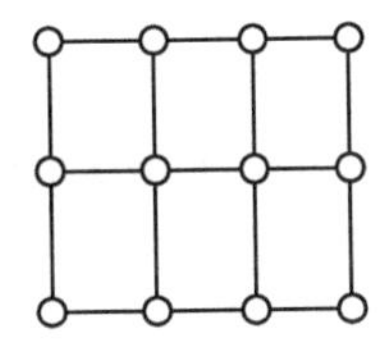

图 5-61　原子晶体示意图

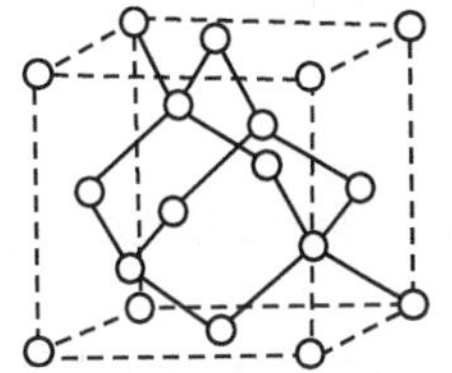

图 5-62　金刚石原子晶体

原子晶体的主要特点是：在这类晶体中，占据在晶格结点上的质点是原子，原子间是通过共价键相互结合在一起的。由于在各个方向上这种共价键是相同的，因此在这类晶体中，不存在独立的小分子，而只能将整个晶体看成是一个大分子，晶体有多大，分子就有多大，没有确定的相对分子质量。在这类晶体中由于原子之间的共价键比较牢固，即键的强度较高，要拆开这种原子晶体中的共价键需要消耗较大的能量，所以原子晶体一般具有较高的熔点、沸点和较大的硬度。例如，金刚石的熔点为 3849 K。这类晶体在通常情况下不导电，也是热的不良导体，熔化时也不导电。但硅、碳化硅等具有半导体的性质，可以有条件地导电，其导电机制与金属导体或离子导体的不同。

3. 金属晶体

金属原子只有少数的价电子能用于成键，这样少的价电子不足以使金属晶体中原子间形成正规的共价键或离子键，因此金属在形成晶体时倾向于组成极为紧密的结构，使每个原子拥有尽可能多的相邻原子(通常是 8 或 12 个原子)，这样电子的能级可以尽可能多的重叠，从而形成“少电子多中心”键。金属的这种结构形式已为金属的 X 射线衍射研究所证实。在金属中最常见的三种晶格是：①配位数为 8 的体心立方晶格；②配位数为 12 的面心立方紧堆晶格；③配位数为 12 的六方紧堆晶格。这些晶格如图 5-63 所示。

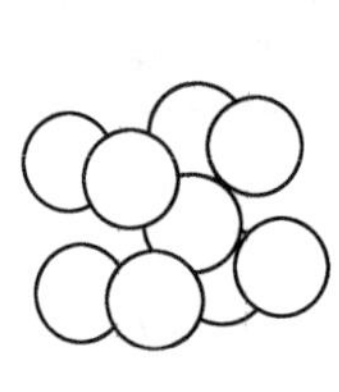

(a) 体心立方晶格

(b) 六方紧堆晶格

(c) 面心立方紧堆晶格

图 5-63　金属晶格示意图

紧堆晶格是指金属晶体以圆球状的金属原子一个挨一个地紧密堆积在一起。这些圆球形原子在空间的排列形式是使在一定体积的晶体内含有最多数目的原子，这种结构形式就是紧堆结构，图 5-63 中的(b)和(c)都是紧堆结构，是晶体的最紧密的结构形式，圆球在全部体积中占 74%，其余为晶体空隙。在体心立方晶格[图 5-63(a)]中，圆球在全部体积中仅占 68%，所以可认为它不是紧堆结构。一些金属所属的晶格类型如下：

体心立方晶格	K、Rb、Cs、Li、Na、Cr、Mo、W、Fe 等
面心立方紧堆晶格	Sr、Ca、Pb、Ag、Au、Al、Cu、Ni 等
六方紧堆晶格	La、Y、Mg、Zr、Hf、Cd、Ti、Co 等

思　考　题

1. 试用离子键理论说明由金属钾和单质氯反应，形成氯化钾的过程。如何理解离子键没有方向性和饱和性？
2. 如何理解共价键具有方向性和饱和性？
3. 举例说明金属导体、半导体和绝缘体的能带结构有什么区别？
4. 简单说明 σ 键和 π 键的主要特征是什么？
5. 什么是氢键？氢键对化合物的性质有什么影响？
6. 试判断 Si 和 I_2 晶体哪种熔点较高，为什么？
7. 什么是原子轨道的杂化？为什么要杂化？用杂化轨道理论说明 H_2O 分子为什么是极性分子。
8. 试由下列各物质的沸点推断它们分子间力的大小，排出顺序，这一顺序与相对分子质量的大小有什么关系？

Cl_2：239 K　　O_2：90.1 K　　N_2：75.1 K

H_2：20.3 K　　I_2：454.3 K　　Br_2：331.9 K

9. 试讨论下列各组概念的区别和联系：

(1) 晶体、无定形体；

(2) 晶胞、晶格；

(3) 晶格类型、晶体类型；

(4) 分子间力、共价键。

10. 试解释下列现象：

(1) 为什么 CO_2 和 SiO_2 的物理性质差得很远？

(2) 卫生球(萘 $C_{10}H_8$ 的晶体)的气味很大，这与它的结构有什么关系？

(3) 为什么 NaCl 和 AgCl 的阳离子都是+1 价离子(Na^+、Ag^+)，但 NaCl 易溶于水，AgCl 不易溶于水？

习　题

1. 用下列数据求氢原子的电子亲和能：

$$K(s) \longrightarrow K(g) \qquad \Delta H_1 = 83\ kJ \cdot mol^{-1}$$

$$K(g) \longrightarrow K^+(g) \qquad \Delta H_2 = 419\ kJ \cdot mol^{-1}$$

$$\frac{1}{2} H_2(g) \longrightarrow H(g) \qquad \Delta H_3 = 218\ kJ \cdot mol^{-1}$$

$$K^+(g) + H^-(g) \longrightarrow KH(s) \qquad \Delta H_4 = -742\ kJ \cdot mol^{-1}$$

$$K(s) + \frac{1}{2} H_2(g) \longrightarrow KH(s) \qquad \Delta H_5 = -59\ kJ \cdot mol^{-1}$$

2. ClF 的离解能为 246 $kJ \cdot mol^{-1}$，ClF 的生成热为−56 $kJ \cdot mol^{-1}$，Cl_2 的离解能为 238 $kJ \cdot mol^{-1}$，试计算 $F_2(g)$的离解能。

3. 试根据晶体的构型与半径比的关系，判断下列 AB 型离子化合物的晶体构型：

BeO，NaBr，CaS，RbI，BeS，CsBr，AgCl

4. BF_3 是平面三角形的几何构型，但 NF_3 却是三角锥形的几何构型，试用杂化轨道理论说明。

5. 在下列各组中，哪一种化合物的键角大？说明其原因。

(1) CH_4 和 NH_3；　　(2) OF_2 和 Cl_2O；

(3) NH_3 和 NF_3；　　(4) PH_3 和 NH_3。

6. 试用价层电子对互斥理论判断下列分子或离子的空间构型，说明原因。

$HgCl_2$，BCl_3，$SnCl_2$，NH_3，H_2O，PCl_5，$TeCl_4$，ClF_3，ICl_2^-，SF_6，ICl_4^+，CO_2，$COCl_2$，SO_2，SO_2Cl_2，$POCl_3$，SO_3^{2-}，ClO_2^-。

7. 试用价键法和分子轨道法说明 O_2 和 F_2 分子的结构。这两种方法有什么区别？

8. 现有下列双原子分子或离子：

Li_2，Be_2，B_2，N_2，F_2，CO^+

(1) 写出它们的分子轨道式。

(2) 计算它们的键级，判断其中哪个最稳定？哪个最不稳定？

(3) 判断哪些分子或离子是顺磁性，哪些是反磁性。

9. 写出 O_2^{2-}、O_2、O_2^+、O_2^- 分子或离子的分子轨道式，并比较它们的稳定性。

10. 已知 NO_2、CO_2、SO_2 分子其键角分别为 132°、180°、120°，判断它们的中心原子轨道的杂化类型。

11. 写出 NO^+、NO、NO^-分子或离子的分子轨道式，指出它们的键级，其中哪一个有磁性(设 NO 的分子轨道能级顺序与 O_2 的相同)。

12. 试比较如下两列化合物中正离子的极化能力的大小：

(1) $ZnCl_2$，$FeCl_2$，$CaCl_2$，KCl；

(2) $SiCl_4$，$AlCl_3$，PCl_5，$MgCl_2$，NaCl。

13. 试用离子极化的观点，解释下列现象：

(1) AgF 易溶于水，AgCl、AgBr、AgI 难溶于水，溶解度由 AgF 到 AgI 依次减小；

(2) AgCl、AgBr、AgI 的颜色依次加深。

14. 试比较下列物质中键的极性的大小。

$$NaF，HF，HCl，HI，I_2$$

15. 判断下列各组分子之间存在什么形式的分子间作用力。

(1) 苯和 CCl_4；(2) 氨和水；(3) CO_2 气体；(4) HBr 气体；(5) 甲醇和水；(6) H_3BO_3(固体)。

16. 虽然氢氟酸 HF 比水 H_2O 形成更强的氢键，但氢氟酸的蒸发热比水的蒸发热低，说明原因。

17. 主族元素 AB_3 型分子有三种不同的几何构型，试各举一例说明。每个分子中中心原子 A 的价层有多少对孤电子对？分子是否具有极性？

18. 下列说法是否正确？说明理由。

(1) CFH_3 分子中，既有氢原子又有电负性大、半径小的 F 原子，因此在 CFH_3 分子间可形成氢键；

(2) 稀有气体能在温度足够低的条件下发生液化，且随相对分子质量的增大而熔点升高；

(3) $SiCl_4$ 是非极性分子；

(4) H—C≡N 的分子空间构型为直线形，它是非极性分子。

19. 已知元素 A 和 B 所属的周期与地壳含量最多的元素处于同一周期；元素 A 的最高正氧化值和负氧化值相等；元素 B 是非金属，与元素 A 形成 AB_4。试问：

(1) A、B 是什么元素？写出其价电子层组态。

(2) 分析 AB_4 分子中 A 的杂化类型及成键情况。

(3) 指出 AB_4 分子的空间构型，并分析其极性和其熔、沸点。

【阅读材料 2】

硼、碳、氮族元素

§Y-2-1　硼 族 元 素

一、通性

周期表ⅢA 族元素包括硼(B)、铝(Al)、镓(Ga)、铟(In)和铊(Tl)5 种元素，统称为硼族元素。本族元素里除硼是非金属元素外，其余都为金属元素，而且金属性随着原子序数的增加而增强。硼和铝都有富集的矿藏，铝在地壳中的含量仅次于氧和硅。镓、铟、铊没有单独的矿藏，以分散的形式与其他矿物共生，所以它们和锗(Ge)一起归为稀有分散性元素。

硼族元素的基本性质列于表 Y-2-1 中。从表 Y-2-1 所列数据可以看出，硼和本族其他元素相比，性质有明显区别。从电离能的数据可以看出，由于硼失去 3 个电子的总电离能很高，生成+3 价离子很困难，只能通过共用电子对生成共价化合物。在共价化合物中，因为中心原子外层只有 6 个电子，未达到稳定的 8 电子外层结构，即属于缺电子化合物。由于还有一个空轨道，这些化合物有很强的接受电子的能力，容易与具有孤电子对的分子或离子形成配合物。本族元素+3 氧化态化合物称为缺电子化合物。随着本族元素原子序数的递增，过渡到第六周期元素铊时，由于原子实中有充满的 4f 亚层，原子核中有集中增强的核电场，加强了 6s 电子的穿透性，使 6s 能级显著降低，6s 电子较不易成键，这就是所谓“惰性电子”。因此，镓、铟、铊在一定条件下显示出+1 氧化态，并且其稳定性依次增加，铊的+1 氧化态很稳定。

表 Y-2-1　硼族元素的基本性质

性质	元素				
	硼	铝	镓	铟	铊
元素符号	B	Al	Ga	In	Tl
原子序数	5	13	31	49	81
相对原子质量	10.81	26.98	69.72	114.8	204.3

续表

性质	元素				
	硼	铝	镓	铟	铊
价电子层结构	$2s^22p^1$	$3s^23p^1$	$4s^24p^1$	$5s^25p^1$	$6s^26p^1$
主要氧化数	+3	+3	(+1)，+3	+1，+3	+1，(+3)
共价半径/($\times10^{-12}$ m)	82	118	126	144	148
离子半径(M^+)($\times10^{-12}$ m)			113	132	140
离子半径(M^{2+})($\times10^{-12}$ m)	20	50	62	81	95
第一电离能/($kJ\cdot mol^{-1}$)	800.6	577.6	578.8	558.3	589.3
第二电离能/($kJ\cdot mol^{-1}$)	2427	1817	1979	1821	1971
第三电离能/($kJ\cdot mol^{-1}$)	3660	2745	2963	2705	2878
电子亲和能/($kJ\cdot mol^{-1}$)	29	48	48	69	117
电负性	2.04	1.61	1.81(Ⅲ)	1.78	1.62(Ⅰ) 2.04(Ⅲ)
晶体结构	原子晶体	金属晶体	金属晶体	金属晶体	金属晶体
氧化物	酸性	两性	两性	碱性	碱性

二、硼的单质和化合物

1. 硼在自然界的分布和单质硼

硼在自然界主要以硼酸以及各种硼酸盐形式存在。硼酸含于某些温泉水中，硼酸盐矿物有硼砂 $Na_2B_4O_5(OH)_4$、方硼石 $2Mg_3B_8O_{15}\cdot MgCl_2$、硬硼钙石 $Ca_2B_6O_{11}\cdot 5H_2O$、斜方硼砂 $Na_2B_4O_7\cdot 4H_2O$ 等。由于硼的熔点高和它在液态时的反应性，因此极难制得高纯度的单质硼。

单质硼有无定形硼和晶体硼，无定形硼为棕色粉末，晶体硼呈黑灰色，属于原子晶体。在各种单质中，硼的结构极为复杂，其复杂性仅次于硫，已知的同素异形体有 16 种之多，不过有些晶体结构尚未测定。在所有硼的晶体结构中，α-菱形硼是最普遍的一种。硼晶体的基本结构单元是由 12 个硼原子结合成的正二十面体，它有 20 个等边三角形的面和 12 个顶角，每个顶角有一个硼原子，每个硼原子与邻近的 5 个硼原子等距离。由于 B_{12} 二十面体的连接和键合方式不同，所形成的硼晶体的类型也不同。在α-菱形硼中，一个 B_{12} 二十面体中的上、下各 3 个硼原子[图 Y-2-1(a)中的 3、8、9 与 5、6、11]分别与上下两层的 6 个二十面体的各一个硼原子以 σ 键相结合；处于二十面体腰部的 6 个硼原子[图 Y-2-1(a)中的 1、2、7、12、10、4]以三中心二电子键(三个硼原子共享一对电子)与同一平面的相邻的 6 个二十面体连接起来[图 Y-2-1(b)]。

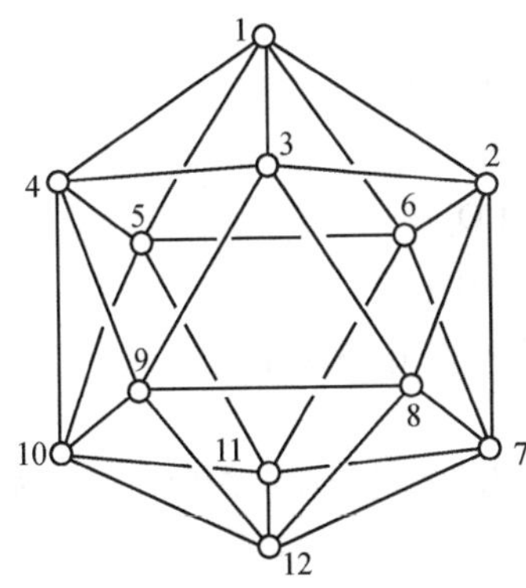

(a) B_{12} 的二十面体结构单元

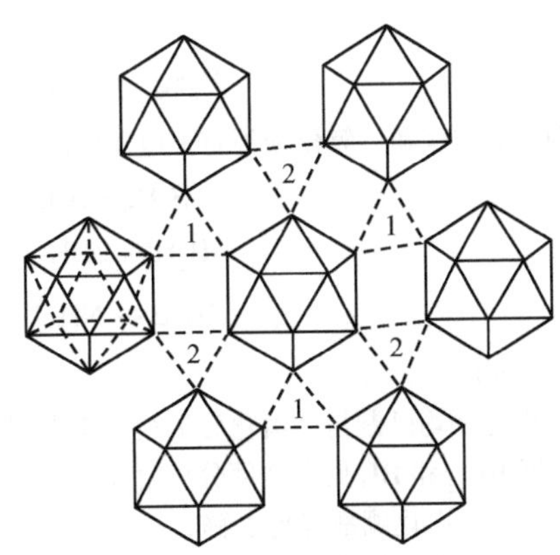

(b) α- 菱形硼中的三中心键 (虚线三角形表示)

图 Y-2-1　单质硼的结构

硼是非常坚硬的固体，密度小，导电性低。晶态硼的化学反应性很低。无定形硼较活泼，其活性与纯度和温度有关。常温时，B 能与 F_2 反应。高温下 B 能与 N_2、O_2、S 等非金属单质反应，也能与某些金属反应生成相应的硼化物。无定形硼还容易被热浓 HNO_3、热浓 H_2SO_4 氧化成硼酸；也易与强碱作用放出 H_2，反应式如下：

$$2B + 3S \Longrightarrow B_2S_3$$

$$B + 3HNO_3(浓) \Longrightarrow B(OH)_3 + 3NO_2\uparrow$$

$$2B + 2NaOH + 4H_2O \Longrightarrow 2NaH_2BO_3 + 3H_2\uparrow$$

2. 硼的化合物

1) 硼的氢化物

硼和氢不能直接化合，但通过间接的方法可得到一系列的共价型硼氢化物，它们与碳氢化合物中的烷烃相似，称为硼烷。目前已知有 20 多种硼烷，根据硼烷中 B 和 H 的数目不同可将其分为两类，其化学通式分别为 B_nH_{n+4} 型(稳定的硼烷)和 B_nH_{n+6} 型(不稳定的硼烷)。

硼烷是无色、抗磁性的共价化合物，热稳定性低，随相对分子质量的不同，在室温下可以是气体、挥发性液体或固体。硼烷非常活泼，某些硼烷在空气中可以燃烧，B_nH_{n+6} 型硼烷比 B_nH_{n+4} 型硼烷的活性更大，一般地，硼烷的相对分子质量越小，其活性越大。同时，硼烷有毒，使用时必须非常小心。

由于硼烷都是缺电子化合物，硼烷的结构具有特殊性，其化学键也并非都是一般的共价键。形成的是一类所谓少电子多中心的特殊化学键。如图 Y-2-2 所示的 $B_{10}H_{14}$ 晶体中的几种缺电子键的情况，从图 Y-2-2 中可以看出，硼烷分子中的成键形式有如下几种：

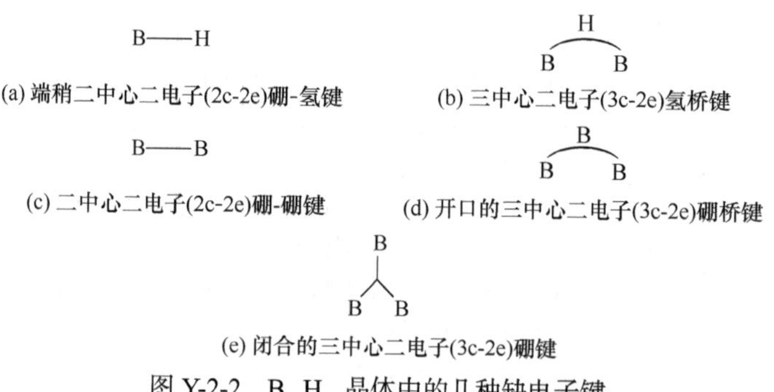

图 Y-2-2　$B_{10}H_{14}$ 晶体中的几种缺电子键

硼烷中最简单的是乙硼烷 B_2H_6，因为单分子 BH_3 未发现。B_2H_6 在空气中能自燃，生成 B_2O_3 与 H_2O，并放出大量的热；B_2H_6 与氯猛烈反应生成 BCl_3 和 HCl(g)。硼烷遇水发生作用，产物是硼酸(H_3BO_3)和 H_2，同时放出大量的热：

$$B_2H_6 + 6H_2O \Longrightarrow 2H_3BO_3 + 6H_2(g)$$

另外，硼烷能与氨和一氧化碳等有孤电子对的分子起加合作用：

$$B_2H_6 + 2CO \Longrightarrow 2[H_3B \leftarrow CO]$$

$$B_2H_6 + 2NH_3 \Longrightarrow 2[H_3B \leftarrow NH_3]$$

$$2[H_3B \leftarrow NH_3] \Longrightarrow NH_4[H_3B \leftarrow NH_2 \rightarrow BH_3]$$

2) 硼的卤化物

硼的 4 种卤化物均已制得，卤化硼的熔、沸点都较低，并随卤化硼的相对分子质量的增加而增加。纯的卤化硼无色，但 BBr_3 和 BI_3 见光会部分分解而显浅黄色。它们都是共价化合物，并且是缺电子化合物，可形成一系列的加合物。卤化硼都容易水解。

在卤化硼中，最重要的是 BF_3 和 BCl_3。BF_3 是具有窒息气味的无色气体，在空气中不燃烧。在水中容易水解生成硼酸和氢氟酸，生成的 HF 与过量的 BF_3 化合生成氟硼酸(HBF_4)，由于 BF_3 是一种路易斯酸(电子对接受体)，而氟化氢是一种路易斯碱(电子对给予体)，所以生成的氟硼酸是一种强酸，酸性相比氢氟酸还强；三氯化硼是一种无色的流动液体，它也有强烈接受孤电子对的倾向，也是很强的路易斯酸，并且遇水强烈水解；另外，BF_3 和 BCl_3 还是许多有机反应的催化剂。

3) 硼的含氧化合物

三氧化二硼(B_2O_3)是硼最重要的氧化物，熔融的 B_2O_3 能溶解许多金属氧化物，形成具有特征颜色的偏硼酸盐玻璃，这个反应用于定性分析中，称为硼珠试验。例如：

$$CuO + B_2O_3 \xlongequal{} Cu(BO_2)_2 \text{ (蓝色)}$$

$$NiO + B_2O_3 \xlongequal{} Ni(BO_2)_2 \text{ (绿色)}$$

硼酸是一个一元弱酸，$K_a = 5.8 \times 10^{-10}$。其溶解度明显地随温度升高而增加。它在水中表现出的弱酸性并不是硼酸本身电离出 H^+所引起的，而是因 OH^-中氧的孤电子对填入 B 原子中空的 p 轨道，加合生成$[B(OH)_4]^-$：

$$H_3BO_3 + H_2O \xlongequal{} \left[\begin{array}{c} OH \\ | \\ HO—B—OH \\ | \\ OH \end{array}\right]^- + H^+$$

这种酸离解方式也表明了硼化合物的缺电子特征。这种离解形式也是 Al^{3+}、Ga^{3+}、In^{3+}的氢氧化物(两性)的共同特点。

利用硼酸的缺电子性质，加入多羟基化合物(如二醇或甘油)，可使硼酸的酸性增强。硼酸也有微弱的碱性，它与磷酸共煮生成磷酸硼：

$$B(OH)_3 + H_3PO_4 \xlongequal{} BPO_4 + 3H_2O$$

硼酸和甲醇或乙醇在浓 H_2SO_4 存在的条件下，生成挥发性硼酸酯，有绿色火焰，这一性质常用来鉴别硼酸根离子。大量的硼酸用于搪瓷工业。它也可用作食物的防腐剂。

正硼酸的片状晶体是由平面三角形的 $B(OH)_3$ 分子通过氢键相连接成层状结构。层与层间以微弱的分子间力结合，如图 Y-2-3 所示。

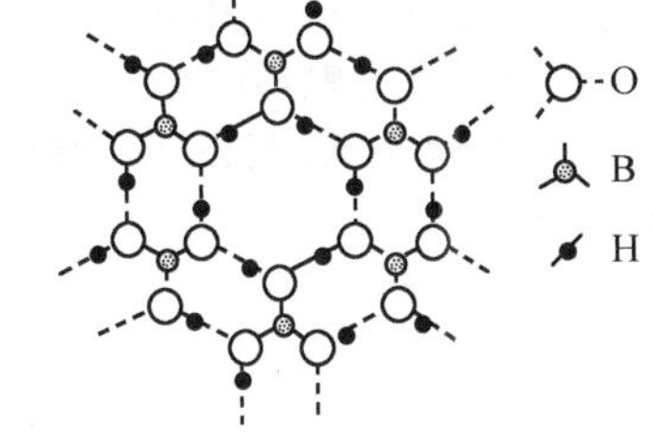

图 Y-2-3　硼酸的结构

硼砂一般写作 $Na_2B_4O_7 \cdot 10H_2O$，它是四硼酸的钠盐，硼砂的水溶液显强碱性。硼砂加热至 350～400℃转变为无水四硼酸钠，在 878℃熔化为玻璃状体，金属氧化物溶于该熔体内，各显出特征的颜色，在定性分析中用作硼砂珠试验：

$$Na_2B_4O_7 + CoO \xlongequal{} 2NaBO_2 \cdot Co(BO)_2 \text{ (宝石蓝色)}$$

这一反应可用来鉴定金属离子。硼砂还用作标定酸的基准物质。

硼砂在高温下与金属氧化物的作用，在陶瓷和搪瓷工业上可用来点釉。在玻璃工业上用于制造特种玻璃，焊接金属时可除去金属表面的氧化物。因此，硼砂是一种用途很广的化工原料。

4) 硼氮化合物

硼与氮可形成一系列含有 B—N 键的化合物，B—N 基团与 C—C 基团是等电子体，都有 8 个价电子。在 $\overset{-}{B}=\overset{+}{N}$ 双键中，π 键的极性正好与 σ 键的极性相反而互相抵消，致使 B—N 键基本上没有极性，这与 $C=C$ 很相似，特别是在 BN 中。

氮化硼(BN)是白色、难溶的耐高温物质。将 B_2O_3 和 NH_4Cl 一起熔融或将硼在氨中燃烧都能制得 BN。BN 是一种具有石墨片层结构的巨分子化合物，像石墨一样可用作润滑剂，并且层间有横向导电性，俗名为白石墨，其结构如图 Y-2-4 所示。在同一层内，B 原子和 N 原子都以 sp^2 杂化轨道键合，剩余的电子在平面上、下的离域 π 轨道中。层内 B—N 距离为 145×10^{-12} m，层与层的间距大于 330×10^{-12} m。

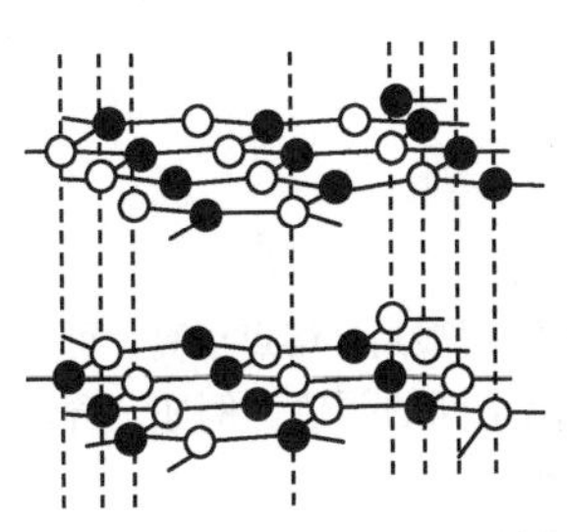
图 Y-2-4　氮化硼的石墨结构

氮化硼非常稳定，在红热时能被水蒸气分解：

$$BN + 3H_2O \longrightarrow NH_3(g) + H_3BO_3$$

在较低温度下，BN 可被 F_2 和 HF 分解：

$$2BN + 3F_2 \longrightarrow BF_3 + N_2(g)$$

$$BN + 4HF \longrightarrow NH_4BF_4$$

在 7 MPa 和 3000℃下，氮化硼的结构由石墨型转变为金刚石型，它比金刚石还要硬，没有导电性。

三、铝的单质和化合物

1. 铝在自然界的分布和单质铝

铝在自然界主要以铝土矿形式存在，通常含有 40%～60% Al_2O_3，其他为 SiO_2、Fe_2O_3 等杂质。铝为银白色金属，在空气中由于铝的表面上覆盖了一层致密的氧化物膜而变为钝态。虽然铝的标准电极电势是−1.662 V，但它不溶于水，甚至与稀盐酸反应也很慢。但除去氧化层后，能迅速溶解。在冷的浓 HNO_3 和浓 H_2SO_4 中，铝表面被钝化而不发生作用。

金属铝常用来还原金属氧化物。例如，用铝热法还原 MnO_2 和 Cr_2O_3：

$$2Al + Cr_2O_3 \longrightarrow Al_2O_3 + 2Cr$$

铝能溶于苛性碱溶液中：

$$2Al + 2NaOH + 6H_2O \longrightarrow 2NaAl(OH)_4 + 3H_2(g)$$

铝能制成轻而坚韧的合金，如 Al-Si 合金(约含 12%硅)、Y-合金(4% Cu、2% Ni 和 1% Mg)等。

2. 铝的化合物

1) 铝的卤化物

铝生成的三卤化物中氟化物是离子型化合物，其余的卤化物随着卤素原子半径的增大成为共价型化合物的趋势也增高，很容易升华。

在升华点附近，气态的氯化铝为双聚分子，但在 800℃时全部转化为单分子 $AlCl_3$，双聚分子$(AlCl_3)_2$的结构式为

```
Cl      Cl      Cl
  \    /  ↘   /
   Al       Al
  /  ↖  /    \
Cl      Cl      Cl
```

由于在 $AlCl_3$ 分子中，铝原子上有空轨道，氯原子上有孤电子对，因此在两个 $AlCl_3$ 分子间发生配位作用，形成氯桥的配位化合物，氯原子在金属原子周围，处于四面体的顶角上。Al_2Br_6 和 Al_2I_6 具有相同的结构。三氯化铝在空气中发烟：

$$AlCl_3 + 3H_2O \longrightarrow Al(OH)_3 + 3HCl(g)$$

在水溶液中，只能得到 $AlCl_3·6H_2O$ 的晶体。将 $AlCl_3·6H_2O$ 加热脱水只能得到 Al_2O_3 而得不到无水 $AlCl_3$。

2) 铝的含氧化合物

三氧化二铝(Al_2O_3)有α-Al_2O_3、γ-Al_2O_3 和η-Al_2O_3 三种形式，后两种 Al_2O_3 既溶于酸，也溶于碱；而α-Al_2O_3 不溶于酸，只能与 $KHSO_4$ 一起熔融后，才能转化成可溶性的硫酸盐：

$$2KHSO_4 \xlongequal{\triangle} K_2S_2O_7 + H_2O$$

$$Al_2O_3 + 3K_2S_2O_7 \longrightarrow 3K_2SO_4 + Al_2(SO_4)_3$$

γ-Al_2O_3 和η-Al_2O_3 具有大的表面积，它们可作为催化剂载体。高温烧结的 Al_2O_3 硬度很高，熔点也高，可用作磨蚀剂或高温耐火材料。α-Al_2O_3 还可作人造宝石，根据所含杂质的不同而显出不同的颜色。例如，含微量 Cr(Ⅲ)显红色，称为红宝石；含有 Fe(Ⅱ)、Fe(Ⅲ)和 Ti(Ⅳ)则显蓝色，称为蓝宝石。

$Al(OH)_3$ 具有两性，能溶于酸和碱。$Al(OH)_3$ 溶于碱后生成铝酸盐，其化学式常写为 $NaAlO_2 \cdot 2H_2O$，但实际上铝酸根离子的结构比较复杂，而且和溶液的浓度及 pH 有关，当 pH > 13，以四面体 $Al(OH)_4^-$ 存在，pH 为

8～12 时，主要以通过 OH 作桥基连接的 Al 八面体多聚体存在，浓度在 1.5 mol·dm^{-3} 以上时缩聚成 $[(HO)_3AlOAl(OH)_3]^{2-}$。

四、镓、铟、铊

1. 镓、铟、铊单质的性质

镓、铟、铊以硫化物的形式存在于铅锌矿中或以氧化物形式存在于铝矾土矿中。它们的冶炼是用电解用碳氢还原性，把化合态的元素还原成单质金属。

镓是软而有延展性的金属，有白色光泽，在常温时，在空气中稳定；在赤热时，表面为空气所氧化；铟为银白色金属，性软，可用刀切，在干燥空气内不发生变化；加热为氧化物薄膜所覆盖；加热到熔点以上才开始迅速氧化；铊在干燥空气中被蒙上一层灰色的氧化物膜。

2. 镓、铟、铊的化合物

1) 卤化物

镓和铟的三卤化物都已制得，铊只有三氟化物和三氯化物，这是由于铊(Ⅲ)容易转化为铊(Ⅰ)，而溴离子和碘离子都能还原铊(Ⅲ)为铊(Ⅰ)。它们的三氟化物都为离子型化合物，其他的三卤化物主要为共价型。镓和铟的三氯化物、三溴化物和三碘化物在气态时都是二聚体，与 $AlCl_3$ 很相似。

铊(Ⅰ)的卤化物与银的卤化物很相似(因离子半径相似)。TlF 易溶于水，而 TlCl、TlBr、TlI 都是难溶的，TlCl 的白色絮状沉淀与 AgCl 相同，曝光即变黑，它们的唯一差别是 AgCl 溶于氨水，而 TlCl 在氨水中不溶解。另外，铊(Ⅰ)有剧毒。

2) 含氧化合物

Ga、In、Tl 的氧化物可由单质在氧中加热制得。

氧化镓(Ⅲ)体系和氧化铝相似。Ga_2O_3、GaO(OH)和 $Ga(OH)_3$ 有α-型和γ-型。深棕色的氧化铊(Ⅲ)可由 OH^- 从 Tl^{3+}盐溶液中产生沉淀而得到，在 100℃左右分解为黑色的氧化物 Tl_2O。将氢氧化钡水溶液加入 Tl_2SO_4 溶液并蒸发，可制得黄色的氢氧化铊(Ⅰ)晶体，其水溶液是碱性溶液，TlOH 几乎与 KOH 是同样强的碱。

3) 硫化物

镓和铟的三价硫化物稳定，铊的三价硫化物不稳定。Ga_2S_3 为黄色固体，可由元素直接化合而制得，它的性质与 Al_2S_3 相同。In_2S_3 很稳定，且不溶于水。通硫化氢于铟(Ⅲ)盐溶液内得黄色硫化铟的沉淀，在稀酸溶液内加热即转变为红色结晶变体，In_2S_3 溶于硫化钠或碱金属溶液内，生成硫铟酸盐，如 $NH_4[InS_2]$。

§Y-2-2　碳 族 元 素

一、通性

碳族元素包括碳(C)、硅(Si)、锗(Ge)、锡(Sn)和铅(Pb)5 种元素，它们的一些基本性质列在表 Y-2-2 中，碳和硅是非金属元素，其余 3 种是金属元素。本族元素基态原子的价电子层结构为 ns^2np^2。碳和硅主要形成共价化合物，常见的为+4 氧化态。由于 C—C 键有很强的稳定性，因此含 C—C 键的化合物大量存在。碳原子还有较强的形成多重键的倾向。与碳相比，硅生成多重键的倾向明显减弱，在绝大多数硅化合物中硅原子常以 sp^3 杂化形成 4 个单键，由于 Si—O 键能比 Si—Si 键能高，因此硅是亲氧元素。在锗、锡、铅中，随着原子序数的增大，稳定氧化态由+4 变为+2。+2 氧化态的锗有很强的还原性，而+2 氧化态的锡和铅离子在极性溶液中存在，+4 氧化态的铅为强氧化剂。这种由碳到铅稳定氧化态由+4 变到+2 的趋势，其原因和硼族元素相同。

表 Y-2-2　碳族元素的基本性质

	碳	硅	锗	锡	铅
元素符号	C	Si	Ge	Sn	Pb
原子序数	6	14	32	50	82

续表

	碳	硅	锗	锡	铅
相对原子质量	12.01	28.09	72.59	118.7	207.2
价电子层结构	$2s^22p^2$	$3s^23p^2$	$4s^24p^2$	$5s^25p^2$	$6s^26p^2$
主要氧化数	+4，(+2)	+4，(+2)	+4，+2	+4，+2	(+4)，+2
共价半径/($\times10^{-12}$ m)	77	118	122	141	154
离子半径(M^{4+})/($\times10^{-12}$ m)	16	42	53	71	84
离子半径(M^{2+})/($\times10^{-12}$ m)	—	—	73	93	120
第一电离能/($kJ \cdot mol^{-1}$)	1086	787	762	709	716
第二电离能/($kJ \cdot mol^{-1}$)	2353	1577	1537	1412	1450
第三电离能/($kJ \cdot mol^{-1}$)	4621	3232	3302	2943	3081
第四电离能/($kJ \cdot mol^{-1}$)	6223	4356	4410	3930	4083
电子亲和能/($kJ \cdot mol^{-1}$)	122.5	119.7	115.8	120.6	101.3
电负性	2.25	1.90	2.01(Ⅳ)	1.96(Ⅳ) 1.80(Ⅱ)	2.33(Ⅳ) 1.87(Ⅱ)

二、碳和硅

1. 单质

单质碳以多种晶型存在，如金刚石、石墨、C_{60} 等。平时所说的无定形碳如木炭、焦炭、炭黑等实际上都具有石墨的结构。但晶粒微小，层结构凌乱，堆积不规则。金刚石和石墨的结构如图 Y-2-5 所示。

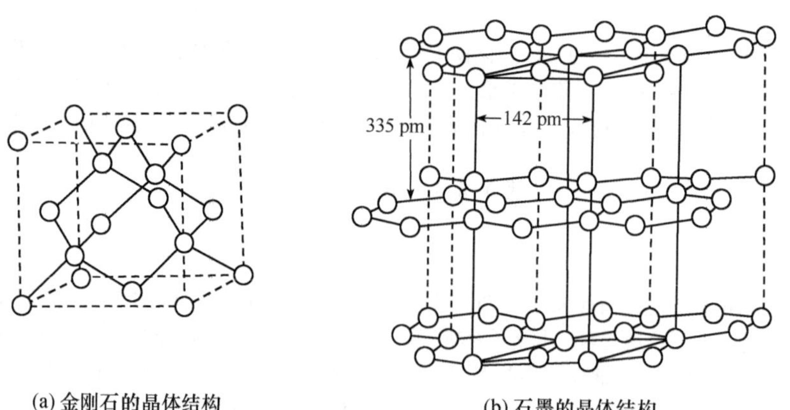

(a) 金刚石的晶体结构　　(b) 石墨的晶体结构

图 Y-2-5　碳单质的两种晶体结构

金刚石晶体是一种无色透明的晶状固体，是典型的原子晶体，每个碳原子以 sp^3 杂化轨道与另 4 个碳原子形成共价单键(C—C 键的键长为 154×10^{-12} m)组成无限的三维骨架，这种结构使金刚石有很大的硬度，具有高燃点、稳定和不传导电流等特性。

石墨是一种较软的黑色固体，略有金属光泽。石墨晶体中碳原子以平面三角形的成键方式组成由六元环拼接的无限平面层形分子，这些分子再堆叠成石墨晶体。其中 C—C 键键长为 142×10^{-12} m，层与层间距离为 335×10^{-12} m，同一层中每个碳原子以 sp^2 杂化轨道与其他 3 个碳原子以共价键相结合，每个碳原子还剩下一个 p 轨道(有 1 个 p 电子)，在同一平面内的这些碳原子，它们 p 轨道上的 p 电子形成大 π 键，这些 p 电子可以在整个碳原子平面上活动，层与层之间靠分子间力结合在一起，因此层与层之间容易互相滑动，在与片层平行的方向有良好的导电导热性质。由上可知，在石墨晶体中，既有共价键，又有非定域的大 π 键，还有分子间力，所以石墨晶体是一种混合型的晶体。

石墨具有在其结构的层间接纳原子或离子的性质，这时层间的距离增加，生成插入化合物。当石墨用过量钾处理时，可得到组成为 C_8K 的化合物。石墨于 700℃以上在空气中氧化，900℃以上与硫化合。金刚石的活泼性比石墨小，900℃时在空气中燃烧。

石墨和金刚石可以互相转化。金刚石在隔绝空气时加热到 1000℃可以转化为石墨：

$$\text{C(金刚石)} \xrightleftharpoons{1000℃} \text{C(石墨)} \quad \Delta_r H_m^\ominus = -1.97\ \text{kJ}\cdot\text{mol}^{-1}$$

这一转变反应说明石墨比金刚石稳定，但金刚石转变为石墨的反应速率极慢。石墨在 10^6 kPa 压力下并在过渡金属催化剂(如 Cr、Fe 或 Pt)存在时于 2000℃加热，可以转化为金刚石，这样得到的微晶金刚石可在工业上使用。

1985 年，人们用激光照射石墨，通过质谱法检测出 C_{60} 分子，并提出了 C_{60} 是由 60 个碳原子构成环形三十二面体，即由 12 个五边形和 20 个六边形组成，相当于截顶二十面体。其中五边形彼此不相连接，只与六边形相邻。每个碳原子以 sp^2 杂化轨道和相邻 3 个碳原子相连，剩余的 p 轨道在 C_{60} 分子的外围和内腔形成大 π 键，它的形状酷似足球，故又称为足球烯，如图 Y-2-6 所示。

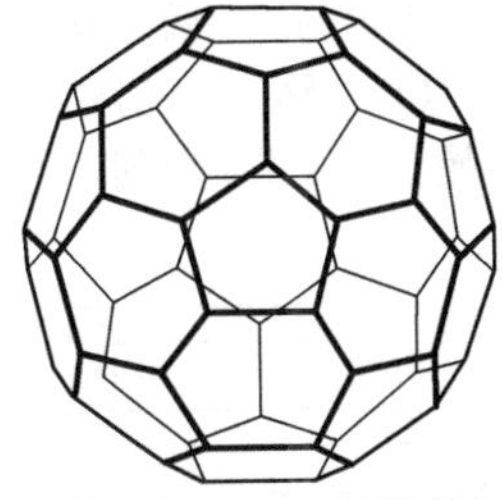

图 Y-2-6　C_{60} 的结构

硅在地壳中的含量仅次于氧，居第二位。它以石英砂(SiO_2)和硅酸盐形式出现，在自然界中没有游离状态。

将粉细的石英砂和镁煅烧可得到无定形粉末状硅：

$$SiO_2(s) + 2Mg(s) = 2MgO(s) + Si(s)$$

工业上晶态硅是用碳在电炉内还原硅石来制备：

$$SiO_2(s) + 2C(s) = 2CO(g) + Si(s)$$

晶状硅具有金刚石晶格的结构，晶态硅不活泼，而无定形硅比晶态硅活泼。加热时，无定形硅能与许多金属和非金属化合。硅不与任何酸作用，但能溶于 HF 和 HNO_3 的混合液中。强碱能与硅作用形成硅酸盐：

$$Si + 2KOH + H_2O = K_2SiO_3 + 2H_2(g)$$

硅主要用于钢铁冶炼和制造硅钢，硅钢具有高的导磁性，用作变压器的铁芯，高纯硅用作半导体材料。

2. 氧化物

1) 一氧化碳

CO 分子和 N_2 分子是等电子体，它们的分子轨道相同，均为

$$[KK(\sigma_{2s})^2(\sigma_{2s}^*)^2(\pi_{2p_y})^2(\pi_{2p_z})^2(\sigma_{2p_x})^2]$$

所以在 CO 分子中有一个 σ 键 2 个 π 键，与 N_2 分子不同的是其中一个 π 键是配位键，其结构式为

$$:C \Leftarrow\!\!\!= O: \quad \text{或写为} \quad :C\!-\!\!-\!O:$$

CO 是无色、无臭的气体，它不助燃，但能自燃，在水中溶解度很小(在 20℃，100 体积水中仅能溶解 2.3 体积 CO)，较易溶于乙醇，沸点−192℃，熔点−205℃。CO 的毒性很高，空气中只要有 1/800 体积的 CO 就能使人在半小时内死亡。它的危险性在于它无色无臭，使人们不知不觉中毒。它的中毒机理在于 CO 可与血液中的血红蛋白中的铁结合，形成稳定的配合物，从而使血红蛋白失去载氧能力。在实验室和家中应注意防止煤气管道漏气和炉火通风不畅。

CO 的主要性质是加合性和还原性。CO 能直接与一些金属化合生成金属羰基合物，如羰基铁 $Fe(CO)_5$、羰基镍 $Ni(CO)_4$ 和羰基钴 $Co_2(CO)_8$。

CO 中 C 的氧化态为+2，在高温下 CO 能还原很多金属氧化物。例如：

$$CuO + CO = CO_2 + Cu$$

$$FeO + CO = CO_2 + Fe$$

在常温下，CO 与氯化钯(Ⅱ)溶液反应：

$$CO + PdCl_2 + H_2O = CO_2 + Pd + 2HCl$$

反应生成少量的黑色金属钯。可以利用此反应检出 CO。

CO 和氯、溴在阳光下反应生成光气 $COCl_2$(碳酰氯)，它是一种毒气。与熔融的硫共热可生成碳酰硫(COS)：

$$CO + Cl_2 \xrightarrow{\text{光照}} COCl_2$$

$$CO + S \stackrel{\triangle}{=} COS$$

2) 二氧化碳

CO_2 是无色、无臭、不能燃烧的气体，大气中含量少，主要是来自于生物的呼吸、有机化合物的燃烧和发酵、动植物的腐败分解等产生的 CO_2，同时又通过植物的光合作用、碳酸盐的形成等可使之消去。高度冷却下，CO_2 凝结为白色雪状固体，压紧成块状的二氧化碳固体称为“干冰”，在常压下于−78℃升华，它蒸发比较慢，常用作制冷剂。

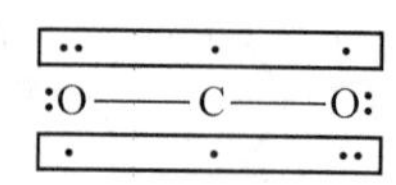

图 Y-2-7　CO_2 的成键形式

CO_2 是直线形分子，碳氧键长 116×10^{-12} m，CO_2 的成键情况如图 Y-2-7 所示，CO_2 中的 C 以 sp 杂化形式分别与 2 个氧原子的未成对电子结合，形成两个 σ 键，碳原子未参与杂化的 2 个 p 轨道上电子则分别与一个氧原子 p 轨道上的未成对电子及另一个氧原子 p 轨道上的成对电子形成 2 个三中心四电子大 π 键 π_3^4。

3) 二氧化硅

硅的正常氧化物是二氧化硅 SiO_2，二氧化硅为大分子的原子晶体。在二氧化硅晶体中结构的基本单位是“硅氧四面体”。其中，硅原子以 sp^3 杂化形式与四个氧原子结合，组成 SiO_4 正四面体，Si 位于四面体的中心，SiO_4 正四面体之间可以通过共用氧原子构成巨大的空间网状结构。在结晶的二氧化硅中，硅氧四面体整齐地按一定规则排列，根据排列的形式不同，可有石英、鳞石英、方石英等不同变体。在无定形的二氧化硅中，硅氧四面体做杂乱的堆积。但这两种二氧化硅均有较高的熔点和较大的硬度。

SiO_2 的化学性质很不活泼，氢氟酸是唯一可以使之溶解的酸，形成四氟化硅或氟硅酸：

$$SiO_2 + 4HF = SiF_4(g) + 2H_2O$$

$$SiF_4 + 2HF = H_2[SiF_6]$$

SiO_2 不溶于水，但与碱共熔转化为硅酸盐：

$$SiO_2 + 2NaOH = Na_2SiO_3 + H_2O$$

与 Na_2CO_3 共熔也得到硅酸盐：

$$SiO_2 + Na_2CO_3 = Na_2SiO_3 + CO_2(g)$$

3. 含氧酸及其含氧酸盐

1) 碳酸及碳酸盐

CO_2 能溶于水，大部分形成水合 CO_2 分子，只有一小部分与水作用形成碳酸， 碳酸是一种二元弱酸，能形成两种类型的盐——碳酸盐和碳酸氢盐。铵和碱金属碳酸盐(锂除外)都易溶于水，其他金属碳酸盐都难溶于水。

碱金属的碳酸盐和碳酸氢盐在水溶液中因水解而分别显强碱性和弱碱性：

$$CO_3^{2-} + H_2O \rightleftharpoons HCO_3^- + OH^-$$

$$HCO_3^- + H_2O \rightleftharpoons H_2CO_3 + OH^-$$

当其他金属离子遇到碱金属的碳酸盐溶液时便会产生不同的沉淀——碳酸盐、碱式碳酸盐或氢氧化物：

$$Ba^{2+} + CO_3^{2-} = BaCO_3(s)$$

$$2Fe^{3+} + 3CO_3^{2-} + 3H_2O = 2Fe(OH)_3(s) + 3CO_2(g)$$

$$2Cu^{2+} + 2CO_3^{2-} + H_2O = Cu_2(OH)_2CO_3(s) + CO_2(g)$$

一般来说，其氢氧化物碱性较强的金属离子可沉淀为碳酸盐；氢氧化物碱性较弱的金属离子可沉淀为碱式碳酸盐；而强水解性的金属离子(特别是两性)可沉淀为氢氧化物。据此，碳酸钠或碳酸铵常用作金属离子的沉淀剂。

对于难溶的碳酸盐，其相应的碳酸氢盐有较大的溶解度。例如，$CaCO_3$ 能溶于含碳酸的水中：

$$Ca^{2+} + CO_3^{2-} = CaCO_3(s)$$

$$CaCO_3(s) + CO_2 + H_2O = Ca(HCO_3)_2$$

但易溶的 Na_2CO_3、K_2CO_3 和 $(NH_4)_2CO_3$，它们的碳酸氢盐却有相对较低的溶解度。例如，在浓 Na_2CO_3 溶液中通 CO_2 至饱和，可沉淀出 $NaHCO_3$：

$$2Na^+ + CO_3^{2-} + CO_2 + H_2O = 2NaHCO_3(s)$$

这是由于 HCO_3^- 能通过氢键形成双聚或多聚离子，因而降低了相应碳酸氢盐的溶解度。

$$\left[\begin{array}{ccccc} & & OH\cdots O & & \\ & / & & \backslash & \\ O-C & & & & C-O \\ & \backslash & & / & \\ & & O\cdots OH & & \end{array}\right]^{2-}$$

上面即为双聚 $(HCO_3)_2^{2-}$ 的结构。

碳酸盐和碳酸氢盐的另一个重要性质是热稳定性较差，在高温下均会分解：

$$M(HCO_3)_2 \xlongequal{\triangle} MCO_3 + H_2O + CO_2(g)$$

$$MCO_3 \xlongequal{\triangle} MO + CO_2(g)$$

碳酸、碳酸盐和碳酸氢盐的热稳定性的递变规律如下：

$$H_2CO_3 < MHCO_3 < M_2CO_3$$

不同阳离子的碳酸盐热稳定性也不一样。例如，碱土金属碳酸盐的热稳定性顺序如下：

$$MgCO_3 < CaCO_3 < SrCO_3 < BaCO_3$$

这一规律可由离子极化的观点来说明，但用热力学和晶格能解释更合适。碱土金属碳酸盐的晶格能随着原子序数的增加变化不大，这是由于 CO_3^{2-} 半径比 M^{2+} 大得多，MCO_3 的晶格能主要由 CO_3^{2-} 半径决定，因此随 M^{2+} 半径的增大，MCO_3 的晶格能只是略有降低，其变化不大。但对于分解产物氧化物 MO，由于 O^{2-} 半径较小，M^{2+} 半径将影响 MO 晶格能大小，即 M^{2+} 半径越小，氧化物的晶格能越大越稳定，相应碳酸盐易分解为氧化物，即碳酸盐分解温度越低。因此，碱土金属碳酸盐的热稳定性呈现上述规律。

另外，所有的碳酸盐和碳酸氢盐都会被酸分解放出 CO_2，这一反应常被用来检验碳酸盐。

2) 硅酸及硅酸盐

硅酸的形式很多，可用通式 $x SiO_2 \cdot H_2O$ 表示。简单的硅酸是正硅酸 H_4SiO_4，习惯上将 H_2SiO_3 称为硅酸，实际上是偏硅酸。

硅酸 H_2SiO_3 是很弱的酸，$K_1 \approx 10^{-9}$，$K_2 \approx 10^{-12}$。它的溶解度较小，因而很容易从溶解的硅酸盐内被其他酸(即使是最弱的酸)置换出来。虽然硅酸在水中的溶解度很小，但所生成的硅酸并不立即沉淀出来，经相当的时间后发生絮凝作用。这是因为起初生成的硅酸为单分子，可溶于水，逐渐变成双分子聚合物、三分子聚合物，最后变为完全不溶解的多分子聚合物。虽然全部硅酸可以转变为不溶于水的高聚分子，但不一定有沉淀产生，因为硅酸很容易形成胶体溶液，称为硅酸溶胶。加电解质于硅酸溶胶，得到黏浆状硅酸沉淀，若溶胶的浓度较高，则产生硅酸凝胶。硅酸凝胶含水量高，软而透明，有弹性，干燥脱水后得硅酸干胶，常称为硅胶。硅胶有高度的多孔性，有很高的吸附能力，可用在气体回收、石油精炼和制备催化剂方面，在实验室内用作干燥剂。

硅酸凝胶用氯化钴($CoCl_2$)溶液浸透、干燥即得干胶，干胶呈蓝色，吸湿后呈红色，所以称为变色硅胶。

三、锗、锡、铅

1. 单质

锗、锡、铅在自然界中以化合状态存在，如硫银锗矿 $4Ag_2S \cdot GeS_2$、锗石矿 $Cu_2S \cdot FeS \cdot GeS_2$、锡石矿 SnO_2、

方铅矿 PbS 等。我国是锡蕴藏量最丰富的国家之一，云南个旧锡矿举世闻名，我国是世界上主要的锡出口国。

锗是银白色的脆性金属，具有金刚石型晶体结构。锡有三种同素异形体，它们的关系可表示为

$$\underset{\text{(金刚石型)}}{\text{灰锡}} \xrightleftharpoons{18℃} \underset{\text{(四方晶系)}}{\text{白锡}} \xrightleftharpoons{161℃} \underset{\text{(正交晶系)}}{\text{脆锡}}$$

白锡性软而有延展性，脆锡容易粉碎，由白锡到灰锡的转变虽然可在 18℃以下发生，但这种转变非常缓慢，只在−48℃以下才显著。锡制物品在严寒地方放置太久，就会出现灰色的斑点，这种现象称为“锡疫”。锗、锡、铅属于中等活泼金属。常温时，锗、锡不与氧作用，也不与水作用；铅可与空气中的氧反应生成氧化铅或碱式碳酸铅，在空气存在下，可与水缓慢作用：

$$2Pb + O_2 + 2H_2O = 2Pb(OH)_2$$

在高温下，锗、锡、铅都可与氧反应，产生 GeO_2、SnO_2 和 PbO。在加热时它们都能与卤素和硫作用，锗和锡产生四卤化物和 GeS_2、SnS_2，铅产生二卤化物和 PbS。

锡和稀酸反应，生成 Sn(Ⅱ)化合物，和浓 H_2SO_4 或浓 HNO_3 反应，生成 Sn(Ⅳ)化合物：

$$Sn + 4H_2SO_4(\text{浓}) = Sn(SO_4)_2 + 2SO_2(g) + 4H_2O$$

$$Sn + 4HNO_3(\text{浓}) = H_2SnO_3(s) + 4NO_2(g) + H_2O$$

锡和浓 HNO_3 反应生成不溶于水的β-锡酸。

铅和稀 HCl 及 H_2SO_4 几乎不发生作用。这是因为 $PbCl_2$ 和 $PbSO_4$ 的溶解度低，而且氢在铅上析出的过电势高。铅与热浓 H_2SO_4 强烈作用，生成可溶性酸式盐 $Pb(HSO_4)_2$。但铅易溶于 HNO_3，反应如下：

$$Pb + 4HNO_3(\text{浓}) = Pb(NO_3)_2 + 2NO_2(g) + 2H_2O$$

铅还易溶于含有溶解氧的乙酸中：

$$2Pb + O_2 = 2PbO$$

$$PbO + 2CH_3COOH = Pb(CH_3COO)_2 + H_2O$$

铅在碱中也能溶解：

$$Pb + 4KOH + 2H_2O = K_4[Pb(OH)_6] + H_2(g)$$

所有铅的可溶化合物都有毒。

2. 锗、锡、铅的氧化物和氢氧化物

锗、锡、铅都能生成两种氧化物，即 MO 与 MO_2，一氧化物的稳定性依 Ge、Sn、Pb 的次序递增，都具有一定的两性性质，但主要为碱性。二氧化物主要为酸性，酸性性质依上述次序递减。MO 与 MO_2 都不溶于水，用碱与相应盐的溶液作用得到无定形氢氧化物沉淀，它们的氢氧化物都是典型的两性化合物。酸性最显著的 $Ge(OH)_4$ 是很弱的酸，碱性最显著的 $Pb(OH)_2$ 仅显出弱碱性。

酸性增加（←）

酸性增加（↑）				碱性增加（↓）
	GeO_2	SnO_2	PbO_2	
	$Ge(OH)_4$	$Sn(OH)_4$	$Pb(OH)_4$	
	GeO	SnO	PbO	
	$Ge(OH)_2$	$Sn(OH)_2$	$Pb(OH)_2$	

碱性增加（→）

当碱作用于 Sn(Ⅱ)盐时，得到白色沉淀 $Sn(OH)_2$。它是两性化合物，既溶于酸，也溶于碱。溶于碱时生成亚锡酸盐：

$$Sn(OH)_2 + OH^- = Sn(OH)_3^-$$

Sn(Ⅱ)盐都具有还原性，在过量碱中形成的亚锡酸盐的还原性比在酸中 Sn^{2+}的还原性要强得多。例如，可将 Bi^{3+}还原成金属铋：

$$3Sn(OH)_3^- + 2Bi^{3+} + 9OH^- \longrightarrow 3Sn(OH)_6^{2-} + 2Bi(s)$$

二氧化锡的水合物称为锡酸，有α-锡酸和β-锡酸两种变体。它们的组成都不固定，常用 H_2SnO_3 表示，氨的水溶液作用于 $SnCl_4$ 溶液制得α-锡酸：

$$SnCl_4 + 4NH_3 \cdot H_2O \longrightarrow H_2SnO_3(s) + 4NH_4Cl + H_2O$$

α-锡酸是无定形粉末，易溶于碱：

$$H_2SnO_3 + 2NaOH + H_2O \longrightarrow Na_2[Sn(OH)_6]$$

α-锡酸也溶于酸生成 Sn(Ⅳ)盐：

$$H_2SnO_3 + 4HCl \longrightarrow SnCl_4 + 3H_2O$$

锡与浓 HNO_3 作用生成的β-锡酸是白色粉末，既不溶于酸，也不溶于碱。生成的α-锡酸在放置过程中，会逐渐转变为β-锡酸。

将铅在空气中加热，得 PbO。它有红色正交晶体和黄色正交晶体两种变体。转化温度为 488℃。Pb(Ⅱ)盐溶液加碱得到白色沉淀 $Pb(OH)_2$，它也具有两性性质，溶于酸生成铅(Ⅱ)盐，溶于碱生成亚铅酸盐：

$$Pb(OH)_2 + OH^- \longrightarrow Pb(OH)_3^-$$

PbO_2 可用氯酸盐或硝酸盐氧化 PbO 制得。它是深褐色粉末，强氧化剂。例如，与浓 HCl 作用放出 Cl_2：

$$PbO_2 + 4HCl(浓) \longrightarrow PbCl_2 + Cl_2(g) + 2H_2O(g)$$

在稀 HNO_3 或 H_2SO_4 中将 Mn^{2+}氧化成 MnO_4^-：

$$2Mn^{2+} + 5PbO_2 + 4H^+ \longrightarrow 2MnO_4^- + 5Pb^{2+} + 2H_2O$$

3. 锡、铅的卤化物

锡、铅可以形成二卤化物和四卤化物。由于 Pb(Ⅳ)的氧化性，因此不存在四碘化铅和四溴化铅。

锡的重要卤化物是 $SnCl_2$，它容易水解成碱式盐沉淀：

$$SnCl_2 + H_2O \longrightarrow Sn(OH)Cl(s) + HCl$$

所以配制 $SnCl_2$ 溶液时必须先加入适量的盐酸抑制水解。$SnCl_2$ 是实验室中常用的还原剂，如：

$$2HgCl_2 + SnCl_2 + 2HCl \longrightarrow H_2SnCl_6 + Hg_2Cl_2(白色沉淀)$$

$$Hg_2Cl_2 + SnCl_2 + 2HCl \longrightarrow H_2SnCl_6 + 2Hg(黑色沉淀)$$

在定性分析中常利用后一个反应来鉴定 Sn^{2+}和 Hg^{2+}。在 $HgCl_2$ 的酸性溶液中缓慢注入 $SnCl_2$ 溶液，先生成白色沉淀，逐渐转变成灰色，最后变成黑色沉淀。Pb(Ⅱ)盐溶液和盐酸或可溶性氯化物作用得 $PbCl_2$ 白色沉淀。$PbCl_2$ 难溶于冷水，溶解度随温度升高而急剧增大，这是 Pb^{2+}的一个特征反应。PbI_2 为黄色沉淀，可用于定性检验。

§ Y-2-3　氮 族 元 素

一、通性

周期表ⅤA 族元素包括氮(N)、磷(P)、砷(As)、锑(Sb)和铋(Bi)五种元素，称为氮族元素。它们的基本性质列于表 Y-2-3 中，本族元素随着原子序数的增加，非金属性减弱和金属性增加的性质非常突出。氮和磷是非金属元素，铋为金属，砷和锑具有半金属性质。本族元素基态原子的价电子层结构为 ns^2np^3，它们的最高氧化态为+5，最低氧化态为−3。铋的+3 氧化态化合物比+5 的稳定，氮和磷主要是+5 氧化态的化合物，砷和锑常见的是氧化态为+3、+5 的化合物。

表 Y-2-3　氮族元素的基本性质

性质	氮	磷	砷	锑	铋
元素符号	N	P	As	Sb	Bi
原子序数	7	15	33	51	83
相对原子质量	14.01	30.97	74092	121.8	209.0
价电子层结构	$2s^22p^3$	$3s^23p^3$	$4s^24p^3$	$5s^25p^3$	$6s^26p^3$
主要氧化数	−3, −2, −1, +1, +2, +3, +4, +5	−3, +1, +3, +5	−3, +3, +5	+3, +5	+3, +5
共价半径/pm	75	110	122	143	152
离子半径(M^{3-})/($\times10^{-12}$ m)	171	212	222	245	—
离子半径(M^{3+})/($\times10^{-12}$ m)	—	—	69	92	108
离子半径(M^{5+})/($\times10^{-12}$ m)	11	34	47	62	74
第一电离能/($kJ\cdot mol^{-1}$)	1402.3	1011.8	944	831.6	703
第二电离能/($kJ\cdot mol^{-1}$)	2856.1	1903.2	1797.8	1595	1610
第三电离能/($kJ\cdot mol^{-1}$)	4578.1	2912	2735.5	2440	2466
第四电离能/($kJ\cdot mol^{-1}$)	7475.1	4957	4837	4260	4370
第五电离能/($kJ\cdot mol^{-1}$)	9449.9	6273	6043	5400	5400
电负性	3.04	2.19	2.18	2.05	2.02

二、氮族元素在化合物中的成键特征

氮族元素基态原子价电子层结构为 ns^2np^3，有三个自旋平行的 p 电子，价层 p 轨道处于半充满状态，虽能结合三个电子形成−3 价阴离子，但实际上只对元素氮、磷是可能的，而且阴离子只能存在于固态离子型化合物中。当与电负性大的元素结合时，氮族元素显正氧化态，氧化数主要是+3 和+5，但氮可有多种氧化态，其氧化数可从−3 连续变化到+5。现将氮族元素在化合物中的成键特征汇总于表 Y-2-4 中。

表 Y-2-4　氮族元素在化合物中的成键特征

成键类型	成键方式				化合物
(1) 形成 E^{3-}离子型化合物	N、P 能与 Li 及碱土金属等金属性强的元素化合形成晶格能大的离子型化合物，且该化合物在水中完全水解，不存在 E^{3-}水合离子：$Mg_3E_2 + 6H_2O = 2EH_3 + 3Mg(OH)_2$				Li_3N, Ca_3N_2, Mg_3N_2, Ca_3P_2 等
(2) 形成共价键	E 原子的杂化形式	σ 键数	π 键数	氧化值	化合物(空间构型)
	sp^3	3		+3	NCl_3，PCl_3，$AsCl_3$，SbF_3(角锥型)
	sp^2	2	1	+3	NO，ClNO(线形)
	sp	1	2	0	N_2
	sp^3d	5		+5	PF_5，AsF_5，$SbCl_5$，BiF_5(三角双锥)
	sp^2	3	1	+5	$NO_3^-(\pi_4^6)$ $HNO_3(\pi_4^3)$
	sp^3	4	1	+5	PO_4^{3-}
(3) 形成配合物	a. 处于化合态的 N、P 原子上保留有一对孤电子对，可以作为路易斯碱提供一对电子而形成配位键，如$[Cu(NH_3)_4]^{2+}$				$:PR_3$，$:NH_3$，$:NCl_3$
	b. 作为中心体形成配离子，存在于晶体中。形成 E^{3+}离子型化合物。Sb、Bi 失去 3 个电子，形成 E^{3+}，但在水溶液中以 EO^+形式存在				PCl_4^+，PCl_6^- Bi_2O_3 Sb_4O_6

注：表中以字母 E 代表氮族元素。

三、氮的单质和化合物

1. 氮在自然界的分布和单质氮

绝大部分的氮以 N_2 的形式存在于大气中，总量约达 4×10^{15} t。动植物体中的蛋白质都含氮。土壤中有硝酸盐(如硝酸钾)，在南美的智利有硝石矿，是世界上唯一的硝酸盐的矿藏。单质氮在常温下是一种无色、无臭的气体。由于它的分子中存在共价三键，因此其具有极强的稳定性。两个氮原子通过它们各自的 3 个成单价电子互相结合形成一个很强的共价键(三键)，它的离解能为 941.4 $kJ\cdot mol^{-1}$。另外，氮的稳定性也是相对的，只不过目前还没有找到使氮分子活化的最优条件。因为在自然界中，一些低级生物，如一些植物根瘤上生活的固氮细菌，能够不声不响地在低能量条件下将空气中的氮转化成氮化合物，作为肥料供作物摄取。单质氮一般由液态空气的分馏而制得。单质氮由于它本身的不同性质及生成的化合物的特性不同，可以和非金属以及金属进行反应：

$$N_2+3H_2\xrightarrow[\text{催化剂}]{\text{高温高压}}2NH_3$$

$$6Li+N_2\xlongequal{\text{常温}}2Li_3N$$

$$3Ca+N_2\xlongequal{\text{炽热}}Ca_3N_2$$

$$2B+N_2\xlongequal{\quad}2BN\ (\text{大分子化合物})$$

2. 氮的化合物

氮的化合物很多，都具有较重要的性质，在此只简单介绍几种。

1) 氨

氨是一种典型的氮的氢化物，其结构上的特点是极性且有一对孤电子对，所以可作为路易斯碱向其他具有空轨道的路易斯酸提供电子对形成配位化合物。氨作为一种含氮的物质是从分子向其他形式的氮化合物转化的中间体，在化学和化工工业中有非常重要的作用。另外，由于氨中的氮原子处于最低的氧化态，又具有一定的还原性。

2) 氮化物

氮化物是指氮和其他元素的二元化合物。氮化物按照它们的性质可分为离子型氮化物、金属型氮化物、中间氮化物和共价型氮化物四种。碱金属和碱土金属元素与氮形成离子型氮化物，N 原子以 N^{3-}形式存在于晶格中。这类化合物有较低的热稳定性，容易水解产生 NH_3 和金属的氢氧化物。过渡金属与 N_2 形成的氮化物称为金属型氮化物，它们一般具有高硬度、高熔点、高的化学稳定性，具有金属的外貌和电传导性。这类化合物一般不符合定比，结构特点是由小原子的 N 间充到金属晶格的空隙中，所以又称为间充型氮化物。ⅢA 到ⅦA 族元素的氮化物具有共价结构，并且化学式一般符合化合价的对比关系。这些化合物以其分子结构而引起人们的注意。例如，氮化硫的结构如图 Y-2-8 所示。

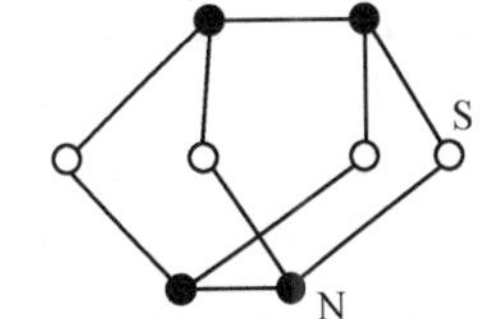

图 Y-2-8　氮化硫的结构

3) 氮的氧化物、含氧酸及其盐

氮的含氧化合物在不同的条件下具有不同的氧化态和氧化还原特性，将不同氧化态 N 原子间的氧化还原电势关系归纳为电势图，如图 Y-2-9 所示。

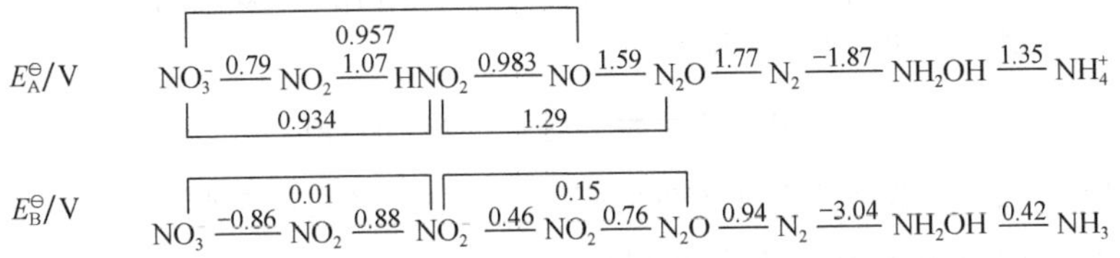

$$E_A^{\ominus}/V\quad \overbrace{NO_3^-\xrightarrow{0.79}NO_2\xrightarrow{1.07}HNO_2\xrightarrow{0.983}NO}^{0.957}\xrightarrow{1.59}N_2O\xrightarrow{1.77}N_2\xrightarrow{-1.87}NH_2OH\xrightarrow{1.35}NH_4^+$$

（下方括线：NO_3^- 至 HNO_2 为 0.934；HNO_2 至 N_2O 为 1.29）

$$E_B^{\ominus}/V\quad \overbrace{NO_3^-\xrightarrow{-0.86}NO_2\xrightarrow{0.88}NO_2^-}^{0.01}\ \overbrace{\xrightarrow{0.46}NO_2^{\ }\xrightarrow{0.76}N_2O}^{0.15}\xrightarrow{0.94}N_2\xrightarrow{-3.04}NH_2OH\xrightarrow{0.42}NH_3$$

图 Y-2-9　不同氧化态 N 原子间的氧化还原电势

从氮的氧化还原电势可以看出，在正氧化态中，HNO_3 和 NO_3^- 是最稳定的化合物；而在负氧化态中，NH_4^+ 或 NH_3 是最稳定的化合物。

(1) 氮的氧化物。氮可以形成多种氧化物，在这些氧化物中氮的氧化数可以从+1 价变到+5 价。常见的氧化物的性质与结构见表 Y-2-5。氮的氧化物是极为普遍和重要的，如称为“笑气”的 N_2O 会使人处于高度的兴奋状态，可用作麻醉剂，但同时氮的氧化物对人类也有很大的危害，除 N_2O 外其他都有毒。工业废气和汽车排放出的尾气中含有各种氮的氧化物(主要是 NO 和 NO_2，以 NO_x 表示)，对环境会造成污染。化学烟雾的形成也和 NO_x 有关。处理废气中的 NO_x 可用 Cr_2O_3 作催化剂，用 NH_3 将其还原为 N_2：

$$NO_x + \frac{2}{3}xNH_3 = \frac{3+2x}{6}N_2 + xH_2O$$

表 Y-2-5　氮的氧化物的性质与结构

化学式	氧化态	物理性质	熔点/℃	沸点/℃	活泼性	结构式
N_2O 一氧化二氮	+1	无色气体，有甜味，常温时比较稳定而不活泼，可用作牙科和外科麻醉剂；高温时分散放出，这时与纯氧一样助燃	−90.86	−88.48	相当不活泼	π_3^4 :N—N—O: π_3^4
NO 氧化氮	+2	无色气体，在水中溶解度极小，不助燃。分子内的电子数为奇数，一般奇电子数分子有色，但 NO 无色，液态和固态显蓝色	−163.6	−151.8	中等活泼	:N——O:
N_2O_3 三氧化二氮	+3	本身为无色气体，是亚硝酐，不稳定，易分解成 NO 和 NO_2，固态为浅蓝色，液态为深蓝色	−103.0	3.5	>30℃，开始解离成 NO 和 NO_2	平面
NO_2 二氧化氮 N_2O_4 四氧化二氮	+4	在气态或溶液中存在平衡 $2NO_2 \rightleftharpoons N_2O_4$ NO_2：红棕色气体 N_2O_4：无色气体	−11.2 (N_2O_4)	21.15 (N_2O_4)	NO_2：相当活泼 N_2O_4：易解离成 NO_2	平面
N_2O_5 五氧化二氮	+5	无色固体，是硝酸酐；易吸潮，不稳定，易分解为 NO_2 和 O_2，是强氧化剂	32.5 (升华)	47	气态不稳定	平面

(2) 亚硝酸及其盐。 亚硝酸是弱酸，$K_a = 4.5 \times 10^{-4}$，溶液呈淡蓝色。亚硝酸不稳定，会发生歧化分解：

$$3HNO_2 = HNO_3 + 2NO(g) + H_2O$$

低温时，反应处于明显的可逆状态，随温度升高，反应可逆程度变小，在热的溶液中平衡偏向右边，亚硝酸存在较少，所以 HNO_2 只能存在于冷的稀溶液中。与亚硝酸相比，大多数亚硝酸盐是稳定的，且都易溶于水，但银盐的热稳定性差，并且不溶于水：

$$2AgNO_2 \rightleftharpoons 2Ag^+ + NO_3^- + NO(g)$$

NO_2^- 中 N 原子处于中间氧化态+3，具有氧化还原性(以氧化性为主)，在酸性溶液中，它的氧化能力明显增强。例如，在酸性介质中 NO_2^- 能将 I^- 定量氧化成 I_2：

$$2NO_2^- + 2I^- + 4H^+ = I_2(s) + 2NO(g) + 2H_2O$$

该反应在分析上可用来测定 NO_2^- 的含量。HNO_2 作为氧化剂时，其还原产物可能是 NO、N_2O、NH_2OH、N_2 或 NH_3，还原产物与还原剂、溶液的酸度和温度有关。

(3) 硝酸及其盐。硝酸是重要的化工原料，可以用来制造炸药、染料、硝酸盐(特别是 NH_4NO_3)和其他化学药品。纯 HNO_3 是无色透明的油状液体，熔点为−41.6℃，沸点为 82.6℃，被 NO_2 饱和的浓硝酸呈红棕色，称为发烟硝酸。硝酸受热或光照时发生分解。

硝酸和硝酸根的分子是平面型的，N 原子均采取 sp 杂化形式。在硝酸分子中，N 原子上的一对 π 电子和两个氧原子中的成单 π 电子形成一个不定位的三中心四电子 π 键，如图 Y-2-10 所示。另外，硝酸分子中还有一个分子内氢键，所以硝酸的相对分子质量虽然比水分子大得多，但其沸点却低于水(86℃)。当硝酸被中和产生硝酸根离子时，这个离子的三个氧原子和中心氮原子之间形成了一个 π 键(π_4^6)，因此硝酸盐在正常状况下是足够稳定的。这种结构也能说明硝酸盐为什么是强电解质。

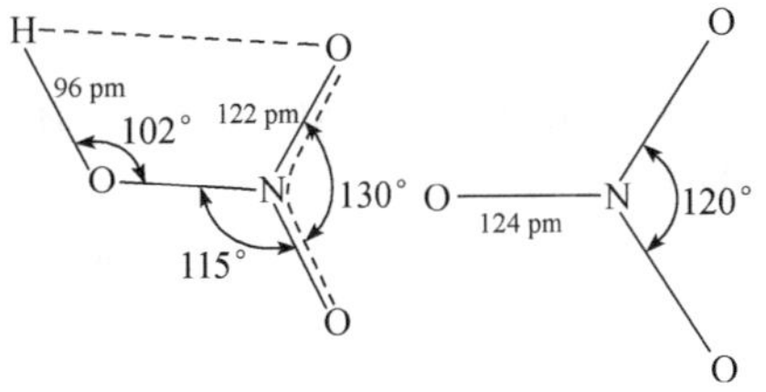

图 Y-2-10　HNO_3 与 NO_3^- 的结构示意图

硝酸分子中的氮具有最高氧化态，它有强烈的氧化作用。非金属中除氯、氧外，都易被其氧化而变为相应的酸。例如：

$$2HNO_3 + S = H_2SO_4 + 2NO(g)$$

$$5HNO_3 + 3P + 2H_2O = 3H_3PO_4 + 5NO(g)$$

金属除了金、铂及一些稀有金属外，都与 HNO_3 发生作用而生成硝酸盐，例如：

$$4HNO_3 + Cu = Cu(NO_3)_2 + 2NO_2(g) + 2H_2O$$

有些金属如铁、铬、铝、钙等易溶于稀硝酸，却不溶于冷的浓硝酸。由于这些金属与浓硝酸接触时，表面生成一层致密的氧化物，阻止了金属进一步氧化，这类金属经硝酸处理后变成所谓“钝态”，甚至再放在稀硝酸中也不溶解；金和铂能溶于王水(3 体积盐酸和 1 体积硝酸的混合溶液)内，主要是因为氯离子与金、铂形成稳定的配离子$[AuCl_4]^-$、$[PtCl_6]^{2-}$，配离子的生成提高了金属的还原能力。

四、磷的单质和化合物

1. 单质磷的存在及性质

磷在自然界中很难以游离状态存在，主要以磷酸盐如磷酸钙 $Ca_3(PO_4)_2$ 和磷石灰 $CaF_2 \cdot Ca_3(PO_4)_2$ 的形式存在。另外，自然界中还分布着其他磷酸盐矿。

磷有 3 种主要的同素异形体：白磷、红磷和黑磷。迅速冷却磷蒸气就得到白磷，白磷是白色而透明的晶体，遇光逐渐变为黄色。在溶液及蒸气中，白磷以四面体状的 P_4 分子形式存在，白磷在隔绝空气和 400℃的条件下加热数小时，就转化为红磷。白磷在高压(1.20×10^6 kPa)下加热至 197℃时可得到黑磷；黑磷具有石墨状的片层结构并有导电性，黑磷中的磷原子是以共价键互相连接成网状结构。单质磷的结构如图 Y-2-11 所示。

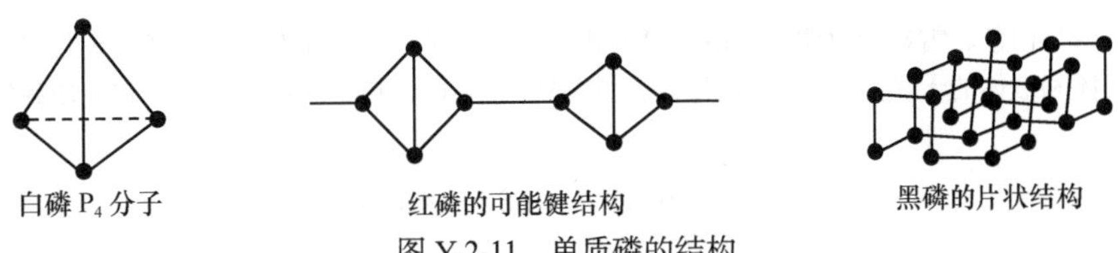

图 Y-2-11　单质磷的结构

白磷、红磷和黑磷的化学活性有较大差别，白磷最活泼，黑磷最不活泼。白磷在空气中易氧化，要存放在水中，而黑磷和红磷在空气中稳定；白磷燃点为 40℃，在空气中能自燃，而红磷要加热到 260℃才燃烧，黑磷在 490℃燃烧；白磷溶于苯和二硫化碳中，红磷、黑磷则不溶。白磷是剧毒品，不能用手触摸。它在室温能升华，蒸气也很毒，0.15 g 即可致人死亡。

2. 磷的化合物

1) 磷的氢化物

磷与氢组成两种化合物，气态的磷化氢 PH_3(也称膦)和液态的磷化氢 P_2H_4 (联膦)，膦是无色、具有高活性和毒性的气体，有大蒜气味，沸点−88℃，熔点−133℃，临界温度 51℃。膦在水中的溶解度不大，但易溶于有机溶剂。纯膦不自燃，在常温下通常由于含有少量的 P_2H_4 可自燃。膦在空气中 150℃时燃烧生成磷酸：

$$PH_3 + 2O_2 = H_3PO_4$$

由于 PH_3 的碱性比 NH_3 弱得多，PH_3 在水中会强烈水解，实际上 PH_3 不能存在，因此含 PH_3 的化合物只能以干态存在。例如：

$$PH_3(g) + HI(g) = PH_4I(s) \quad (62℃时升华)$$

$$PH_4I + H_2O = PH_3 + H_3O^+ + I^-$$

膦的还原性比 NH_3 强，它能使某些金属离子如 Cu^{2+}、Ag^+、Au^{3+}还原成金属，当膦通入 $CuSO_4$ 溶液中，即有磷化铜和铜析出：

$$8CuSO_4 + PH_3 + 4H_2O = H_3PO_4 + 4H_2SO_4 + 4Cu_2SO_4$$

$$4Cu_2SO_4 + PH_3 + 4H_2O = H_3PO_4 + 4H_2SO_4 + 8Cu(s)$$

$$3Cu_2SO_4 + 2PH_3 = 3H_2SO_4 + 2Cu_3P(s)$$

另外，PH_3 和它的取代衍生物 PR_3 是强的配位剂，由于可形成反馈 π 键，能与过渡金属形成稳定的配合物，它们的配位能力比 NH_3 和胺强得多。

2) 磷的卤化物

磷形成两种系列二元卤化物：PX_3 和 PX_5。这些卤化物可由白磷与卤素(反应剧烈)或红磷与卤素(反应不剧烈)反应生成，产物的系列很大程度上取决于反应物的比例和反应条件，但在任何条件下，为了得到纯的卤化物必须分离和纯化产物。

PX_3 水解生成亚磷酸和氢卤酸，水解作用从 PF_3 到 PI_3 越易进行，PX_3 可作为配体形成配合物；PX_5 极易水解生成磷酸，若水量有限，则水解生成卤化磷酰(POX_3)，PX_5 是重要的氯化剂，能将 Zn、Cd、Au 等转变成氯化物。

3) 磷的氧化物

P_4 燃烧的产物是五氧化二磷，若氧供应不足，则生成三氧化二磷，根据蒸气密度测定，五氧化二磷的分子式为 P_4O_{10}，三氧化二磷的分子式为 P_4O_6，P_4O_{10} 是磷酸的酸酐，P_4O_6 是亚磷酸的酸酐。三氧化二磷为天蓝色挥发性晶体，与冷水作用缓慢，生成亚磷酸；与热水作用剧烈，歧化成膦和磷酸：

$$P_4O_{10} + 6H_2O(冷) = 4H_3PO_4$$

$$P_4O_6 + 6H_2O(热) = PH_3 + 3H_3PO_4$$

五氧化二磷为白色、雪花状固体，其最重要的化学性质是对水的亲和性，在空气中吸收水分迅速潮解，因此常用作气体和液体的干燥剂。它甚至能从其他物质中夺取化合状态的水。例如，它能使硫酸和硝酸脱水变成硫酐和硝酐：

$$P_4O_{10} + 6H_2SO_4 = 6SO_3 + 4H_3PO_4$$

$$P_4O_{10} + 12HNO_3 = 6N_2O_5 + 4H_3PO_4$$

五氧化二磷以不同比例与水反应生成各种 P(Ⅴ)的含氧酸，并放出大量的热，当 P_4O_{10} 与 H_2O 的物质的量比超过 1∶6，特别是在有 HNO_3 作催化剂时，可完全转化成正磷酸。

4) 磷的含氧酸及其盐

磷有多种含氧酸，有的可以自由状态存在，有的只能以盐的状态存在。磷的各种含氧酸列于表 Y-2-6 中。

表 Y-2-6　磷的含氧酸性质与结构

名称	化学式	磷的氧化数	物理性质	活泼性	结构式
次磷酸	H_3PO_2	+1	无色晶体，熔点 26.6℃，含有一个羟基，是一元中强酸，其盐都溶于水	(1) 加热次磷酸及其盐，发生歧化反应，生成膦和亚磷酸 (2) 次磷酸及其盐都是强的还原剂和弱的氧化剂。它们能还原 Ag^+、Hg^{2+}、Cu^{2+}等	O ‖ P H　H　OH 四面体
偏亚磷酸	HPO_2	+3	只能以盐的状态存在		
焦亚磷酸	$H_4P_2O_5$	+3			
亚磷酸	H_3PO_3	+3	无色晶体，熔点 100℃，易溶于水，有大蒜气味，是二元酸	不稳定，在 200℃时发生歧化反应，生成膦和亚磷酸，亚磷酸及其盐是强的还原剂，亚磷酸能将 Ag^+还原成单质银，将汞(Ⅱ)还原成汞，将热的浓硫酸还原成二氧化硫	O ‖ P HO　H　OH 四面体
连二磷酸	$H_4P_2O_6$	+4	无色易潮解的固体，是四元酸	常温下较稳定，温度升高会发生重排或歧化反应生成异连二磷酸、焦磷酸和焦亚磷酸	
偏磷酸	HPO_3	+5	硬而透明的玻璃状物质，易溶于水，在溶液中逐渐转变为正磷酸	它能与 Ca^{2+}、Mg^{2+}等配位成胶态的多磷酸根阴离子，因而将 Ca^{2+}、Mg^{2+}除去，常用作水软化剂	环状的偏磷酸及其盐是由 3 个或 3 个以上的磷氧四面体通过氧桥而连成的环状结构
三磷酸	$H_5P_3O_{10}$	+5	只能以盐的状态存在		O　　O　　O ‖　　‖　　‖ HO—P—O—P—O—P—OH |　　|　　| OH　OH　OH
焦磷酸	$H_4P_2O_7$	+5	无色晶体，易溶于水，含有 4 个羟基，是四元酸	水溶液为强酸，酸性强于磷酸，焦磷酸盐可与许多金属离子配位，用于电镀工业	O　　O ‖　　‖ HO—P—O—P—OH |　　| OH　OH
正磷酸	H_3PO_4	+5	白色固体，熔点为 42.35℃，能与水以任意比例混溶，在固态和液态磷酸中存在氢键	磷酸没有氧化性，但具有强的配位能力，与许多金属离子形成可溶性配合物，如与 Fe^{3+}作用形成 $Fe(HPO_4)^+$和 $Fe(HPO_4)_2^-$，可掩蔽 Fe^{3+}对某些反应的干扰	O ‖ P HO　OH　OH 四面体

注：① 两个含氧酸分子缩去一分子水后形成的酸称为“焦”酸；
② 一分子正酸缩去一分子水后形成的酸称为“偏”酸。

从表 Y-2-6 磷的各种含氧酸结构中可以看出，焦磷酸、三磷酸和偏磷酸等都是由若干磷酸分子通过氧原子连接起来的多磷酸。磷酸经强热发生脱水作用，生成 $H_4P_2O_7$、$H_5P_3O_{10}$或 HPO_3，几个单酸分子经过去水由氧连起来成为多酸的作用称为缩合作用。多磷酸有两种：一种是链状多磷酸，如三磷酸、焦磷酸等，其阴离子的通式为$[P_nO_{3n+1}]^{(n+2)-}$；另一种是环状的聚偏磷酸，如四偏磷酸，其阴离子的通式是$[(P_nO_3)_n]^{n-}(n = 3\sim10)$。

磷酸是三元酸，可以形成 3 种不同的盐，磷酸的钠、钾、铵盐以及所有的磷酸二氢盐都易溶于水。而磷酸一氢盐和磷酸正盐，除钠、钾、铵盐外一般都难溶于水，但能溶于酸。磷酸盐中最重要的是钙盐。自然界存在的磷矿石主要成分是 $Ca_3(PO_4)_2$，不溶于水。以 H_2SO_4 处理成为可溶性的酸式盐 $Ca(H_2PO_4)_2$，磷酸二氢钙和石膏的混合物是过磷酸钙肥料。如果用 H_3PO_4 代替 H_2SO_4，则产物中不含石膏，称为重过磷酸钙。

PO_4^{3-}的鉴定采用以下方法：在硝酸溶液中，将试样与过量的钼酸铵一起加热时，若有磷钼酸铵黄色沉淀产生，说明试样中含有PO_4^{3-}，反应方程式如下：

$$PO_4^{3-}+3NH_4^+ +12MoO_4^{2-}+24H^+ = (NH_4)_3PO_4\cdot 12MoO_3\cdot 6H_2O(s)+6H_2O$$

任何还原剂的存在都将与该试剂生成蓝色或其他有色沉淀，干扰以上反应，因而在进行以上试验之前，可在试样中先加入HNO_3煮沸，使还原剂转化为其他组分。

五、砷、锑、铋

1. 砷、锑、铋在自然界的分布及其单质的性质

在自然界中，砷、锑、铋主要以硫化物形式存在，如雌黄(As_2S_3)、雄黄(As_4S_4)、辉锑矿(Sb_2S_3)、辉铋矿(Bi_2S_3)等。此外，还以少量游离态存在，我国锑矿蕴藏量居世界首位。

砷、锑、铋都有金属外形，与过渡金属相比，它们极易熔和易挥发。气态时，它们都是多原子分子。砷蒸气的分子为As_4，与P_4相似，它也是正四面体。加热到800℃即可开始分解，1750℃时全部离解成As_2。锑蒸气的分子也是Sb_4，800℃时分解为Sb_2，铋蒸气是双原子分子和单原子分子处于平稳态。

常温下砷、锑、铋在水和空气中都比较稳定，都不溶于稀酸，但能与硝酸作用生成砷酸、锑酸(水合五氧化二锑)和铋(Ⅲ)盐。

砷、锑、铋能与绝大多数金属生成合金和化合物，如与碱金属形成A_3M型的化合物(A为Li、Na、K、Rb、Cs；M为As、Sb、Bi)。它们与第ⅢA族金属元素之间的化合物，如砷化镓GaAs、锑化镓GaSb、砷化铟InAs等可用作半导体材料。

2. 化合物

1) 氢化物

用活泼金属在酸溶液中还原它们的可溶性化合物或水解它们的金属化合物可得到相应的氢化物MH_3(M为As、Sb、Bi)，MH_3是有毒、不稳定的气体，其中AsH_3是比较重要的氢化物。

室温下，AsH_3在空气中自燃：

$$2AsH_3+O_2 = As_2O_3+3H_2O$$

在缺氧条件下，AsH_3受热分解为单质：

$$2AsH_3 = 2As+3H_2(g)$$

这就是医学上鉴定砷的马氏试砷法的根据，能检出0.007 mg As。

“砷镜”能被次氯酸钠溶液溶解：

$$5NaClO+2As+3H_2O = 2H_3AsO_4+5NaCl$$

2) 卤化物

砷、锑、铋都生成三卤化物。五卤化物中砷仅生成AsF_5，锑易形成SbF_5和$SbCl_5$，铋可生成BiF_5。三卤化物可由单质或三氧化物与卤素反应制得，三卤化物为共价型分子，不过BiX_3具有较强的极性，不溶于非极性溶剂。

三卤化物的一个特性是水解作用，生成相应的含氧酸和氢卤酸，例如：

$$AsBr_3+3H_2O = H_3AsO_3+3HBr$$

但$SbCl_3$和$BiCl_3$水解并不完全，都产生氯氧化物沉淀：

$$SbCl_3+H_2O = SbOCl(s)+2HCl$$

$$BiCl_3+H_2O = BiOCl(s)+2HCl$$

三卤化物的水解能力依As、Sb、Bi的顺序减弱。

3) 砷、锑、铋的含氧化合物

砷、锑、铋的含氧化合物都是以+3、+5氧化数存在，主要是它们的氧化物、含氧酸及其盐。将砷、锑、

铋的单质在空气中燃烧可以得到氧化数为+3 的氧化物，与磷的氧化物一样，砷、锑的三氧化物是以 As_4O_6、Sb_4O_6形式存在的，只有在很高温度时 As_4O_6分解为 As_2O_3，Sb_4O_6在 570℃以上转变为一个长链的大分子。与磷不同，单质在空气中燃烧不能得到五氧化物，需用硝酸氧化其单质或三氧化物而得到相应的五氧化物。表 Y-2-7 中列出了砷、锑、铋的氧化物及其含氧酸的性质及其递变规律。

从表 Y-2-7 中可看出，As_4O_6、Sb_4O_6、Bi_2O_3的稳定性依次增大，而 As_2O_5、Sb_2O_5、Bi_2O_5的稳定性却依次降低。

表 Y-2-7　砷、锑、铋的氧化物及其含氧酸的性质及递变规律

递变规律（+3）	+3氧化态		+5氧化态		递变规律（+5）
还原性增强（↑） 碱性增强（↓） 稳定性增加（↓）	As_4O_6 白色	H_3AsO_3 两性偏酸性	As_2O_5 白色	H_3AsO_4 中强酸	稳定性增加（↓） 酸性增强（↑） 氧化性增强（↑）
	Sb_4O_6 白色	$Sb(OH)_3$ 两性	Sb_2O_5 淡黄色	$Sb_2O_5 \cdot xH_2O$ 两性偏酸性	
	Bi_2O_3 黄色	$Bi(OH)_3$ 弱碱性	Bi_2O_5 红棕色，极不稳定		

酸性增强 →（由+3氧化态至+5氧化态）

← 稳定性增加（由+5氧化态至+3氧化态）

4) 砷、锑、铋的含氧酸及其盐

氧化数为+3 的 H_3AsO_3、$Sb(OH)_3$、$Bi(OH)_3$ 基本上都显两性，但碱性依次增强，仅存在于溶液中，且都是难溶于水的白色沉淀；氧化数为+5 的 H_3AsO_4、$Sb_2O_5 \cdot x H_2O$ 的酸性比相应的氧化数为+3 的含氧酸强，H_3AsO_4为三元中强酸，锑酸为弱酸，$Sb_2O_5 \cdot x H_2O$ 的组成不定。铋酸不存在，但可制得其相应的盐。

5) 砷、锑、铋的硫化物

砷、锑、铋的硫化物都具有颜色，并且是很稳定的化合物。由于 As_2S_3 两性偏酸性，不溶于水，也不溶于酸，但易溶于碱；Sb_2S_3 两性既可溶于酸，又可溶于碱；Bi_2S_3 显碱性不溶于碱，但易溶于浓 HCl 和浓 HNO_3。As_2S_3 和 Sb_2S_3 特别易溶于碱金属硫化物 Na_2S 或$(NH_4)_2S$ 溶液内，生成相应的硫代酸盐：

$$As_2S_3 + 3Na_2S = 2Na_3AsS_3$$

$$Sb_2S_3 + 3(NH_4)_2S = 2(NH_4)_3SbS_3$$

类似地，由于 As_2S_3 和 Sb_2S_3 比相应的+3 氧化态的硫化物酸性强，因此更容易溶于碱及碱金属硫化物中，也生成相应的硫代酸盐。

第 6 章　定量分析概论

6.1　定量分析概述

定量分析的任务是准确测定物质中有关成分的含量。在无机分析中，组成无机化合物的元素种类较多，通常要求鉴定物质的组成和测定各成分的百分含量。在有机分析中，组成有机化合物的元素种类虽不多，但结构复杂，分析的重点是官能团分析和结构分析。定量分析是分析化学中非常重要的组成部分，在科学研究中占有举足轻重的地位。要获得一个正确且准确的定量分析结果，分析方法的选择、测定方法的使用、合理的测定条件等都是非常重要的因素。因此，在进行定量分析时，不仅要得到被测组分的含量，而且必须对分析结果进行评价，判断分析结果的准确性，检查产生误差的原因，采取减小误差的有效措施，从而不断提高分析结果的准确度。另外，为保证分析结果的准确和数据的可信性，还需对样品进行多次测定，然后用统计的方法对实验数据加以处理。有时，由于分析方法受到测量检出限的限制，还需要用不同的分离方法对样品进行分离和富集，才能使分析方法有效使用，得到准确的分析结果。

6.1.1　定量分析方法的分类

根据测定原理、操作方法和具体要求的不同，定量分析方法可分为化学分析和仪器分析两大类。以物质的化学反应为基础的分析方法称为化学分析法。化学分析法历史悠久，是分析化学的基础，又称经典分析法，主要有重量分析法和滴定分析(容量分析)法等。以物质的物理及物理化学性质为基础的分析方法称为物理和物理化学分析法。这类方法都需要较特殊的仪器，通常称为仪器分析法，如光学分析法、电化学分析法、色谱分析法、质谱分析法和放射化学分析法等。另外，根据试样的用量和操作规模不同，可分为常量、半微量、微量和超微量分析，各类分析方法的试样用量如表 6-1 所示。

表 6-1　各类分析方法的试样用量

方法	试样质量	试液体积
常量分析	>0.1 g	>10 cm^3
半微量分析	0.01～0.1 g	1～10 cm^3
微量分析	0.1～10 mg	0.01～1 cm^3
超微量分析	<0.1 mg	<0.01 cm^3

根据试样中待测成分含量高低的不同，又可粗略地分为常量成分(>1%)、微量成分(0.01%～1%)和痕量成分(<0.01%)的测定。样品的取样和处理方法因不同的含量成分各不相同，为了测定痕量成分，有时取样在 1 千克以上。

如上所述，定量分析涵盖化学分析和仪器分析。本教材的主要内容是化学分析，覆盖滴定分析法与重量分析法。

6.1.2 定量分析的基本步骤

定量分析的任务是测定物质中某种或某些组分的含量。要完成一项定量分析工作，通常包括以下步骤。

1. 试样的采取和制备

试样的采取和制备必须保证所取试样具有代表性，即分析试样的组成能代表整批物料的平均组成。取样大致可分三步：①采集粗样(原始试样)；②将每份粗样混合或粉碎、缩分，减少至适合分析所需的数量；③制成符合分析用的样品。根据原始试样的物理、化学性质不同，取样和处理的各步细节会有很大差异。为了保证取样有足够的代表性和准确性，又不致花费过多的人力、物力，应该了解取样过程所依据的基本原则和方法。

1) 取样的基本原则

正确取样应满足以下要求：

(1) 大批试样(总体)中所有组成部分都有同等的被采集的概率；

(2) 根据给定的准确度，采取有序的、随机的取样，使取样的费用尽可能低；

(3) 将 n 个取样单元(如车、船、袋或瓶等容器)的试样彻底混合后，再分成若干份，每份分析一次，这样比采用分别分析几个取样单元的办法更优化。

2) 取样的操作方法

试样种类繁多，形态各异，并且其性质和均匀程度也各不相同。需要将被采取的物料总体分为若干单元，了解取样单元间和各单元内的相对变化。例如，煤在堆积或运输中，颗粒大的会滚在堆边上，颗粒小或密度大的会沉在堆下面，细粉甚至可能飞扬。正确划分取样单元和确定取样点是十分重要的。下面针对不同种类的物料简略讨论一些常用的采样方法。

(1) 组成比较均匀的物料。这一类试样包括气体、液体和某些固体，取样单元可以较小。对于大气样品，根据被测组分在空气中存在的状态(气态、蒸气或气溶胶)、浓度以及测定方法的灵敏度，可用直接法或浓缩法取样。对于储存于大容器(如储气柜或槽)内的物料，因密度不同可能影响其均匀性时，应在上、中、下等不同部位采取部分试样混匀。对于水样，其代表性和可靠性首先取决于取样面和取样点的选择，如江河、湖泊、海域、地下水等取样点的方法就很不一样；其次取决于取样方法，如表层水、深层水、废水、天然水等水质不同，应采用不同的取样方法，同时还要注意季节的变化。对于含有悬浊物的液槽，在不断搅拌下于不同深度取出若干份样本，以补偿其不均匀性。

如果是较均匀的粉状固体或液体，且分装在数量较大的小容器(如桶、袋或瓶)内，可从总体中按有关标准规定随机地抽取部分容器，再采取部分试样混匀即可。对于金属制品，如钢锭和铸铁，因铁和杂质的凝固温度，以及表面和内部的凝固时间都不同，造成表面和内部所含杂质的质量不同，采样时应在不同部位和深度钻取屑末混匀。

(2) 组成很不均匀的物料。这一类物料包括矿石、煤炭、土壤等，由于颗粒大小不等，硬度相差也大，组成极不均匀，需要在采样时充分考虑代表性，如将其堆成锥形，从底部周围几个对称点对顶点画线，再沿底线以均匀的间隔按一定数量的比例取样。通常采样的数量越多，其组成越具有代表性，但处理时所耗人力、物力将大大增加。因此可按统计学处理，选择能达到预期准确度的最节约采样量。根据经验，平均试样采取量与试样的均匀度、粒度、易破碎度有关，可按下式估算：

$$Q = Kd^2 \tag{6-1}$$

式中，Q 为采取平均试样的最低质量，kg；d 为试样中最大颗粒的直径，mm；K 为表征物料特性的缩分系数，$kg \cdot mm^{-2}$，可由实验求得，一般为 0.1～1。例如，有一铁矿石最大颗粒直径为 10 mm，$K = 0.1$，则应采集的原始试样最低质量为

$$Q \geqslant 0.1 \times 10^2 = 10\ (kg)$$

显然，此试样不仅量大且颗粒极不均匀，必须通过多次破碎、过筛、混匀、缩分等手段，制成量小(100～300 g)且均匀的分析试样。

固体试样加工的一般程序是：先用破碎机或球磨机进行粗碎，达到一定粗粒度，再用盘式破碎机进行中碎，使试样粒度变细，然后再经过细磨至所需的粒度。不同性质的试样要求磨细的程度不同。

试样每经破碎至一定细度后，都需将试样仔细混匀进行缩分。缩分的目的是使破碎试样的质量减小，并保证缩分后试样中的组分含量与原始试样一致。缩分方法很多，常用的是“四分法”，即将试样混匀后，堆成圆锥形，略微压平，由锥中心划成四等份，弃去任意对角的两份，收集留下的两份混匀。每次缩分后保留的试样，其最低质量也应符合式(6-1)的要求，如此反复处理至所需的分析试样为止。

3) 湿存水的处理

一般固体试样往往含有湿存水。湿存水是试样表面及孔隙中吸附的空气中的水分，其含量随样品的粉碎程度和放置时间而改变，因而试样各组分的相对含量也随湿存水的多少而变化。为了便于比较，试样各组分相对含量的高低常用干基表示。干基是不含湿存水的试样的质量。因此在进行分析之前，必须先将试样烘干(对于受热易分解的物质采用风干或真空干燥的方法干燥)。湿存水的含量即可根据烘干前后试样的质量计算。

【例 6-1】 称取 10.000 g 工业用煤试样，于 100～105℃温度下烘 1 h 后，称得其质量为 9.460 g，此煤样含湿存水为多少？如另取一份试样测得含硫量为 1.20%，用干基表示的含硫量为多少？

解

$$湿存水含量/\% = \frac{10.000 - 9.460}{10.000} \times 100 = 5.40$$

$$硫含量/\% = \frac{1.20}{100.00 - 5.40} \times 100 = 1.27(以干基表示)$$

湿存水的含量也是决定原料的质量或价格的指标之一。

2. 试样的分解

在一般的分析工作中，除干法分析(如光谱分析、差热分析等)外，通常都用湿法分析，定量化学分析属于湿法分析。湿法分析先将试样分解制成溶液再进行分析，因此试样的分解是分析工作的重要步骤之一。它不仅直接关系到待测组分转变为适合的测定形态，也关系到以后的分离和测定。如果分解方法选择不当，就会增加不必要的分离手续，给测定造成困难和增大误差，有时甚至使测定无法进行。

分解试样时，可带来误差的因素很多。例如，分解不完全、分解时与试剂和反应器皿作用导致待测组分的损失或沾污，这种现象在测定微量成分时尤应注意。另外，分解试样时应尽量避免引入干扰成分等。

选择分解方法时，不仅要考虑对准确度和测定速度的影响，而且要求分解后杂质的分离和测定都易进行。所以，应选择一些分解完全、分解速率快、分离测定较顺利，同时对环境没有污染或很少污染的分解方法。

湿法是用酸或碱溶液分解试样，一般称为溶解法。干法则用固体碱或酸性物质熔融或烧结分解试样，一般称为熔融法。此外，还有一些特殊分解法，如热分解法、氧瓶燃烧法、定温灰化法、非水溶剂中金属钠或钾分解法等。在实际工作中，为了保证试样分解完全，各种分解方法通常配合使用。例如，在测定高硅试样中的少量元素时，常先用 HF 分解加热除去大量硅，再用其他方法完成分解。

另外，在分解试样时总希望尽量少地引入其他成分，以免给测定带来困难和误差，所以分解试样尽量采用湿法。在湿法中选择溶剂的原则是：能溶于水的先用水溶解，不溶于水的酸性物质用碱性溶剂，碱性物质用酸性溶剂，还原性物质用氧化性溶剂，氧化性物质用还原性溶剂。

除在常温和加热溶解外，近来也有采用在封闭容器内微波溶解技术。利用样品和适当的溶(熔)剂吸收微波能产生热量加热样品，同时微波产生的交变磁场使介质分子极化，极化分子在高频磁场下交替排列导致分子高速振荡，使分子获得高的能量。由于这两种作用，样品表层不断被搅动破裂，促使样品迅速溶(熔)解，方法可靠并易控制。总之，分解试样时要根据试样的性质、分析项目要求和上述原则来进行选择。

3. 含量的测定

根据待测组分的性质、含量和对分析结果准确度的要求，再根据实验室的具体情况，选择最合适的化学分析方法或仪器分析方法进行测定。各种方法在灵敏度、选择性和适用范围等方面有较大的差别，所以应该熟悉各种方法的特点，做到心中有数，以便在需要时能正确选择分析方法。

由于试样中的其他组分可能对测定有干扰，故应设法消除。消除干扰的方法主要有两种：一种是分离方法，另一种是掩蔽方法。常用的分离方法有沉淀分离法、萃取分离法和色谱分离法等。常用的掩蔽方法有沉淀掩蔽法、配合掩蔽法和氧化还原掩蔽法等。含量测定是定量分析中的重要环节。

4. 计算分析结果

计算分析结果就是根据试样质量、测量所得数据和分析过程中依据的有关化学反应的计量关系，计算试样中待测组分的含量。计算的关键是弄清楚分析过程中各种依据的化学反应以及相应的对应关系。

6.1.3　定量分析结果的表示

1. 待测组分的化学表示形式

分析结果通常以待测组分实际存在形式的含量表示。例如，测得试样中氮的含量后，根据实际情况，以 NH_3、NO_3^-、N_2O_5、NO_2^- 或 N_2O_3 等形式的含量表示分析结果。如果待测组分的实际存在形式不清楚，则分析结果最好以氧化物或元素形式的含量表示。例如，在矿石分析中，各种元素的含量常以其氧化物形式(如 K_2O、Na_2O、CaO、MgO、FeO、Fe_2O_3、SO_3、

P_2O_5 和 SiO_2 等)的含量表示；在金属材料和有机分析中，常以元素形式(如 Fe、Cu、Mo、W 和 C、H、O、N、S 等)的含量表示。

在工业分析中，有时还用所需要的组分的含量表示分析结果。例如，分析铁矿石的目的是寻找炼铁的原料，这时就以金属铁的含量来表示分析结果。

电解质溶液的分析结果通常以所存在离子的含量表示，如以 K^+、Na^+、Ca^{2+}、Mg^{2+}、SO_4^{2-}、Cl^-等的含量表示。

2. 待测组分含量的表示方法

1) 固体试样

固体试样中待测组分的含量通常以相对含量表示。试样中含待测物质 B 的质量 m_B 与试样的质量 m_s 之比，称为质量分数 w_B：

$$w_B = \frac{m_B(g)}{m_s(g)} \tag{6-2}$$

将 w_B 乘以 100%即为物质 B 的百分含量。

当待测组分含量非常低时，可采用$\mu g \cdot g^{-1}$、$ng \cdot g^{-1}$ 和 $pg \cdot g^{-1}$ 来表示，若在溶液中则分别以$\mu g \cdot cm^{-3}$、$ng \cdot cm^{-3}$ 和 $pg \cdot cm^{-3}$ 来表示。

【例 6-2】 用原子吸收分光光度法测定人头发中的微量钴。准确称取试样 0.500 g；试样经处理后，测得其中钴的质量为 0.024 μg。求试样中钴的含量。

解

$$w_{Co} = \frac{0.024\times10^{-6}\ g}{0.500\ g} = 4.8\times10^{-6}$$

2) 液体试样

液体试样中待测组分的含量，除了常用的物质的量浓度外，还有下列几种表示方法：

(1) 质量分数：表示待测组分在试液中所占的质量百分数。

(2) 体积分数：表示 100 cm^3 试液中待测组分所占的体积(单位：cm^3)。

(3) 质量体积浓度：表示 100 cm^3 试液中待测组分的质量(单位：g)。

对于试液中的微量组分，通常以 $mg \cdot dm^{-3}$、$\mu g \cdot dm^{-3}$ 或$\mu g \cdot cm^{-3}$、$ng \cdot cm^{-3}$ 和 $pg \cdot cm^{-3}$ 等表示其含量。例如，分析某工业废水试样，测得每立方分米水中含 Na^+、F^-、Hg^{2+}分别为 0.120 mg、0.80 mg、5 μg，则 Na^+、F^-、Hg^{2+}的含量分别表示为 120 $mg \cdot dm^{-3}$、0.80 $mg \cdot dm^{-3}$、5 $\mu g \cdot dm^{-3}$。

3) 气体试样

气体试样中的常量或微量组分的含量通常以体积分数表示。

6.2 实验误差与有效数字

化学实验中误差是客观存在的。即使在实际测定过程中采用最可靠的实验方法，使用最精密的仪器，由技术很熟练的实验人员进行操作，也不可能得到绝对准确的结果。同一个人在相同条件下对同一个试样进行多次测定，所得结果也不会完全相同。因此，有必要先了解实验过程中误差产生的原因及误差出现的规律。同时，对有效数字的概念也要有清楚的认识，并学会应用。

6.2.1 实验误差产生的原因

实验误差是指测定结果与真实结果之间的差值，根据误差产生的原因与性质，误差可以分为系统误差和偶然误差两类。

1. 系统误差

系统误差是由测定过程中某些经常性的原因造成的，它可分为以下几种。

(1) 方法误差：由于实验方法本身不够完善而引入的误差。例如，重量分析中由于沉淀溶解损失而产生的误差；在滴定分析中由终点和计量点不一致造成的误差。

(2) 仪器误差：仪器本身的缺陷造成的误差。例如，由滴定管、容量瓶刻线不够精确等本身固有的原因造成的误差。

(3) 试剂误差：试剂的不纯和去离子水不合规格，引入微量的待测组分或对测定有干扰的杂质造成的误差。

(4) 主观误差：由操作人员主观原因造成的误差。例如，对终点颜色的辨别不同，有人偏深，有人偏浅。

系统误差对实验结果的影响比较恒定，会在同一条件下的重复测定中重复地显示出来，使测定结果系统地偏高或系统地偏低。系统误差影响分析结果的准确度，不影响精密度。系统误差可以测定并可通过校正予以消除，因此也称为可测误差。

2. 偶然误差

偶然误差是由实验过程中某些难以控制的、无法避免的、不确定且微小的随机波动因素形成的，如在读取滴定管读数时，估计的小数点后第二位的数值，几次读数不一致的不确定性，测定吸光度时温度的波动等。偶然误差是由测定过程中一系列有关因素导致的，其大小是可变的，重复测定时有大有小，有正有负，具有相互抵偿性的误差。

除了会产生上述两类误差外，往往还可能由于工作上不遵守操作规程等而造成过失误差。例如，器皿不洁净、丢损试液、加错试剂、看错砝码、记录及计算错误等，都会对实验结果带来严重影响，必须注意避免。

6.2.2 误差的减免

系统误差和偶然误差的来源不同，性质和减免的方法也不同。但它们往往同时存在，有时难以分清，而且也会相互转化。

对于系统误差，可以采用一些校正的办法和制定标准规程的办法加以校正，使之接近消除。例如，在物质组成的测定中，选用公认的标准方法与所采用的方法进行比较，从而找出校正数据，消除方法误差；在实验前对使用的砝码、容量器皿或其他仪器进行校正，消除仪器误差；做空白试验，即在不加试样的情况下，按照试样测定步骤和分析条件进行分析实验，所得结果称为空白值，从试样的测定结果中扣除此空白值，即可消除由试剂、蒸馏水及器皿引入的杂质造成的系统误差；也可采用对照实验，即用已知含量的标准试样(或配制的试样)按所选用的测定方法，以同样条件、同样试剂进行测定，找出改正数据或直接在实验中纠正可能引起的误差。对照实验是检查测定过程中有无系统误差的最有效的方法。

偶然误差是由偶然因素引起的，可大可小，可正可负，粗看似乎没有规律性，但事实上偶然性中包含着必然性。经过大量的实践发现，当测量次数很多时，偶然误差的分布也有一定的规律：

(1) 大小相近的正误差和负误差出现的概率相等，即绝对值相近而符号相反的误差是以同等的概率出现的。

(2) 小误差出现的频率较高，而大误差出现的频率较低，很大误差出现的概率近似于零。

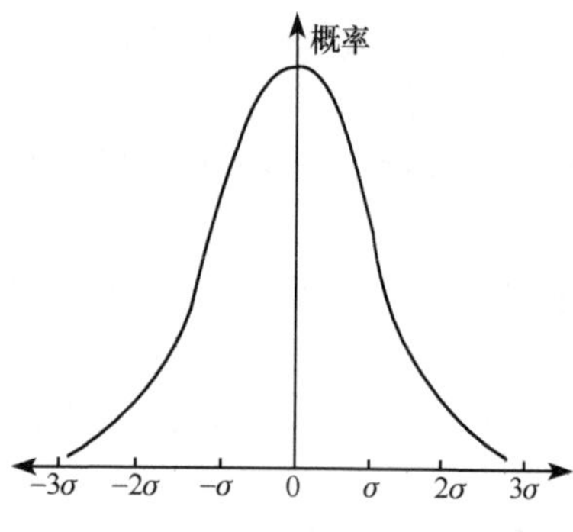

图 6-1　偶然误差的正态分布曲线

上述规律可用正态分布曲线(图 6-1)表示。图中横轴代表误差的大小，以总体标准偏差 σ(其意义见 6.3 节)为单位，纵轴代表误差发生的概率。

可见在消除系统误差的情况下，平行测定的次数越多，则测得值的算术平均值越接近真值。因此，适当增加测定次数，取其平均值，可以减少偶然误差。

偶然误差的大小可由精密度表现出来，一般来说，测定结果的精密度越高，说明偶然误差越小；反之，精密度越差，说明测定中的偶然误差越大。

由于存在系统误差与偶然误差两大类误差，因此在实验和计算过程中，如未消除系统误差，则实验结果虽然有很高的精密度，也并不能说明结果准确。只有在消除了系统误差以后，精密度高的实验结果才既精密又准确。

6.2.3　误差的表征

1. 误差与准确度

误差的大小可以用来衡量测定结果的准确度。

实验结果的准确度是指测定值 x 与真实值 μ 的接近程度，两者差值越小，分析结果准确度越高，误差又可分为绝对误差和相对误差，测定值与真实值之差称为绝对误差：

$$\text{绝对误差} = x - \mu \tag{6-3}$$

绝对误差在真实值中所占的百分数称为相对误差：

$$\text{相对误差} = \frac{x-\mu}{\mu} \times 100\% \tag{6-4}$$

绝对误差相等，相对误差并不一定相同。例如，分析天平称量两物体的质量分别为 1.6380 g 和 0.1637 g，假定两者的真实质量分别为 1.6381 g 和 0.1638 g，则两者称量的绝对误差分别为

$$1.6380 - 1.6381 = -0.0001$$

$$0.1637 - 0.1638 = -0.0001$$

两者称量的相对误差分别为

$$\frac{-0.0001}{1.6381} \times 100\% = -0.006\%$$

$$\frac{-0.0001}{0.1638} \times 100\% = -0.06\%$$

由此可知，上例中第一个称量结果的相对误差为第二个称量结果相对误差的十分之一。

也就是说，同样的绝对误差，当被测定的量较大时，相对误差就比较小，测定的准确度也就比较高。因此，用相对误差来表示各种情况下测定结果的准确度更高。

绝对误差和相对误差都有正值和负值。正值表示实验结果偏高，负值表示实验结果偏低。

需要说明的是，真实值是客观存在的，但又是难以得到的。这里所说的真实值是指人们设法采用各种可靠的分析方法，经过不同的实验室，不同的具有丰富经验的分析人员进行反复多次的平行测定，再通过数理统计的方法处理而得到的相对意义上的真值。例如，被国际会议和标准化组织或国际上公认的一些量值，像相对原子质量以及国家标准样品的标准值等都可以认为是真值。

2. 偏差与精密度

偏差是指测定值与测定的平均值之差，它可以用来衡量测定结果的精密度高低，只取决于偶然误差的大小。对于不知道真实值的场合，可以用偏差的大小来衡量测定结果的好坏。精密度是指在同一条件下，对同一样品进行多次重复测定时各测定值相互接近的程度，偏差越小，说明测定的精密度越高。

1) 绝对偏差和相对偏差

偏差同样可以用绝对偏差和相对偏差来表示。绝对偏差是指测定结果与平均值之差，相对偏差是指绝对偏差在平均值中所占的百分数。设 x 是任何一次测定结果的数值，$\overline{x}$ 是 n 次测定结果的平均值，则绝对偏差 d 和相对偏差分别表示为

$$d = x - \overline{x} \tag{6-5}$$

$$\text{相对偏差} = \frac{d}{\overline{x}} \times 100\% \tag{6-6}$$

例如，标定某一标准溶液的浓度，三次测定结果分别为 0.1827 mol · dm^{-3}、0.1825 mol · dm^{-3}、0.1828 mol · dm^{-3}，其平均值为 0.1827 mol · dm^{-3}。三次测定的绝对偏差分别为 0 mol · dm^{-3}、−0.0002 mol · dm^{-3}、+0.0001 mol · dm^{-3}，三次测定的相对偏差分别为 0、−0.1%、+0.05%。

2) 平均偏差和相对平均偏差

平均偏差又称算术平均偏差，常用来表示一组测定结果的精密度，其表达式如下：

$$\overline{d} = \frac{\sum |x - \overline{x}|}{n} \tag{6-7}$$

相对平均偏差则指平均偏差在测定结果平均值中所占的百分数，表示为

$$\text{相对平均偏差} = \frac{\overline{d}}{\overline{x}} \times 100\% \tag{6-8}$$

用平均偏差表示精密度比较简单，但由于在一系列的测定结果中，小偏差占多数，大偏差占少数，如果按总的测定次数求平均偏差，所得结果会偏小，大偏差得不到应有的反映。例如，A、B 两组分别进行了 8 次测量，A 组的测量偏差分别为+0.11、−0.73、+0.24、+0.51、−0.14、0.00、+0.30、−0.21，B 组的偏差分别为+0.18、+0.26、−0.25、−0.37、+0.32、−0.28、+0.31、−0.27，计算两组的平均偏差 $\overline{d}_{\rm A} = 0.28$、$\overline{d}_{\rm B} = 0.28$，尽管两组测定结果的平均偏差相同，但是实际上第一组测量结果中出现两个大偏差(−0.73、+0.51)，测定结果的精密度不如第二组好。

3) 标准偏差和相对标准偏差

标准偏差又称均方根偏差，当测定次数趋于无穷大时，总体标准偏差为σ，表达式为

$$\sigma=\sqrt{\frac{\sum(x-\mu)^2}{n}} \tag{6-9}$$

式中，μ 为无限多次测定的平均值，称为总体平均值，即

$$\lim_{n\to\infty}\bar{x}=\mu$$

显然，在校正系统误差的情况下，μ 即为真值。

在一般的实验中，只做有限次数的测定，根据概率可以推导出在有限测定次数时的样本标准偏差 s 的表达式为

$$s=\sqrt{\frac{\sum(x-\bar{x})^2}{n-1}} \tag{6-10}$$

上述两组数据的标准偏差分别为：$s_1=0.38$，$s_2=0.29$，由此可见，标准偏差比平均偏差能更灵敏地反映出大偏差的存在，因而能较好地反映测定结果的精密度。

相对标准偏差是指样本标准偏差与平均值之比，也称变异系数(CV)，即

$$\text{CV}=\frac{s}{\bar{x}}\times100\% \tag{6-11}$$

【例 6-3】 分析铁矿中铁含量，得如下数据：37.45%，37.20%，37.50%，37.30%，37.25%。计算此结果的平均值、平均偏差、标准偏差、变异系数。

解 利用公式分别进行计算，平均值为

$$\bar{x}=\frac{37.45\%+37.20\%+37.50\%+37.30\%+37.25\%}{5}=37.34\%$$

各次测量的偏差分别为

$$d_1=+0.11\%,\ d_2=-0.14\%,\ d_3=+0.16\%,\ d_4=-0.04\%,\ d_5=-0.09\%$$

平均偏差为

$$\bar{d}=\frac{\sum|d_i|}{n}=\left(\frac{0.11+0.14+0.16+0.04+0.09}{5}\right)\%=0.11\%$$

样本标准偏差为

$$s=\sqrt{\frac{\sum d_i^2}{n-1}}=\sqrt{\frac{(+0.11)^2+(-0.14)^2+(+0.16)^2+(-0.04)^2+(-0.09)^2}{5-1}}=0.13\%$$

变异系数为

$$\text{CV}=\frac{s}{\bar{x}}=\frac{0.13\%}{37.34\%}\times100\%=0.35\%$$

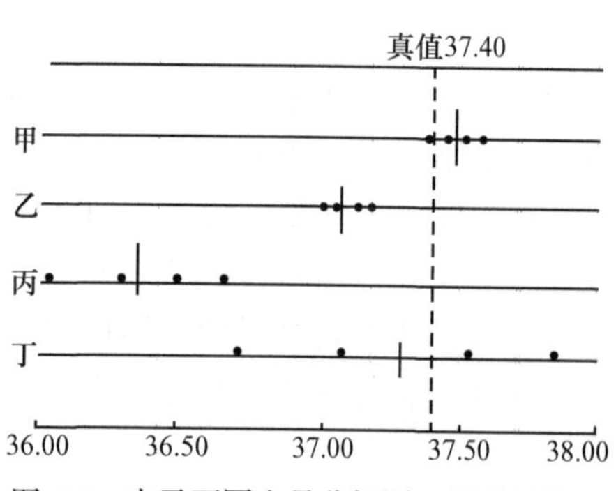

图 6-2　表示不同人员分析同一样品的结果

(• 表示个别测量值，| 表示平均值)

以上讨论的 $\bar{d}$ 、s 的表达式中都涉及平行测定中各个测定值与平均值之间的偏差，但是平均值毕竟不是真值，在很多情况下，还需要进一步解决平均值与真值之间的误差。

3. 准确度与精密度的关系

准确度是表示测定结果与真实值之间符合的程度，而精密度是表示测定结果的重现性。由于真实值是未知的，因此通常根据测定结果的精密度来衡量分析测量是否可靠，但是精密度高的测定结果不一定是

准确的，两者关系可用图 6-2 说明。如测同一试样中铁含量时所得的结果，由图可见：甲所得结果的准确度和精密度均好，结果可靠；乙所得实验结果的精密度虽然很高，但准确度较低；丙的精密度和准确度都很差；丁的精密度很差，平均值虽然接近真值，但这是由于大的正、负误差相互抵消的结果，因此丁的实验结果也是不可靠的。由此可见，精密度是保证准确度的先决条件。精密度差，所得结果不可靠，但高的精密度也不一定能保证高的准确度。

6.2.4　误差的分布与置信区间

前已述及偶然误差符合正态分布，在不考虑系统误差的基础上，测定值 x 的概率密度分布函数 $y(x)$ 与真实值 μ 之间的关系如图 6-3 所示，测定值的分布具有如下主要特点：

(1) 测定值 x 相对于真实值 μ 呈对称性分布，极大值出现在 μ 处，在 $\mu \pm \sigma$ 处各有一个拐点；

(2) 真实值 μ 的大小不影响曲线形状，曲线形状主要由总体标准偏差 σ 确定，σ 值越大，数据的离散程度越大；

(3) 测定值 x 出现在确定范围内的概率是有规律的，在 $\mu \pm \sigma$ 内，约为总体的 68.3%；在 $\mu \pm 2\sigma$ 内约为总体的 95.5%；在 $\mu \pm 3\sigma$ 内约为总体的 99.7%。

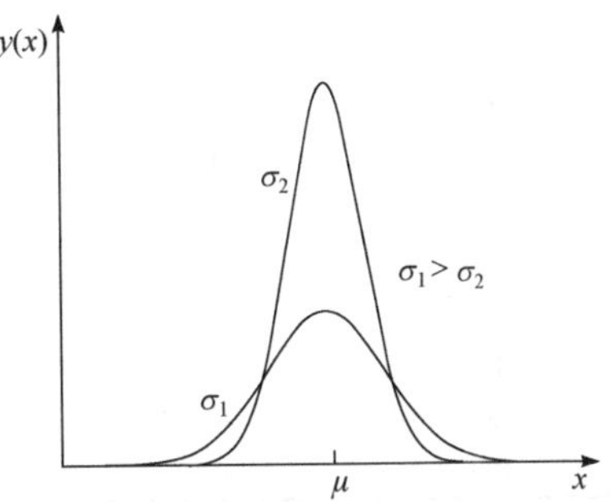

图 6-3　真实值 μ 相同，总体标准偏差 σ 不同 ($\sigma_1 > \sigma_2$) 的正态分布图

根据正态分布的性质，可以定义真实值存在的范围，称为置信区间，置信区间的大小依赖于对指定真实值存在范围所具有的确定性，将此确定性称为置信水平(置信度)。显然，置信水平越高，该确定性所需要的置信区间越大。根据正态分布的特点，n 次采样的均值 $\bar{x}$ 在不同置信水平条件下反映出的真实值取值范围列于表 6-2 中。

表 6-2　置信水平与置信区间

置信水平	置信区间
95%	$\bar{x}-1.96(\sigma/\sqrt{n})<\mu<\bar{x}+1.96(\sigma/\sqrt{n})$
99%	$\bar{x}-2.58(\sigma/\sqrt{n})<\mu<\bar{x}+2.58(\sigma/\sqrt{n})$
99.7%	$\bar{x}-2.97(\sigma/\sqrt{n})<\mu<\bar{x}+2.97(\sigma/\sqrt{n})$

由于实际上 σ 的值是未知的，通常当测定次数 n 足够大($n > 100$)时，在计算中可用标准偏差 s 代替 σ，以确定测量值的置信区间。在通常的分析测试中，平行测定次数仅为 3～5 次，由 s 代替 σ 确定置信区间时所引进的误差较大，不能忽略。有限次数测定结果的偶然误差并不完全符合正态分布，而是符合与正态分布相类似的 t 分布，因此确定有限次数测定结果的置信区间需要引入 t 值进行修正，计算公式为

$$\mu=\bar{x}\pm t\cdot\frac{s}{\sqrt{n}} \tag{6-12}$$

式中，t 为置信因子，其数值依赖于置信水平和自由度的大小。自由度是指计算标准偏差 s 过程中独立偏差的个数，对 n 次测量的数据间存在关系式：$\sum_{i=1}^{n}(x_i-\bar{x})=0$，即 n 次测量数据偏差的代数和为 0，因此此种情况下独立偏差的个数为$(n-1)$，即自由度为$(n-1)$，以符号 f 表示。

t 值可以通过查 t 分布值表获得，见表 6-3。需要注意的是，置信水平也常用显著性水平来表示，两者关系为：显著性水平=1−置信水平，如置信水平为 95%时，显著性水平为 0.05，显著性水平用符号 α 表示。

表 6-3　t 分布值表

自由度 f	t				
	$\alpha=0.9$	$\alpha=0.5$	$\alpha=0.1$	$\alpha=0.05$	$\alpha=0.01$
1	0.158	1.000	6.314	12.706	63.657
2	0.142	0.816	2.920	4.303	9.925
3	0.137	0.765	2.353	3.182	5.841
4	0.134	0.741	2.132	2.776	4.604
5	0.132	0.727	2.015	2.571	4.032
6	0.131	9.718	1.943	2.447	3.707
7	0.130	0.711	1.895	2.365	3.499
8	0.130	0.706	1.860	2.306	3.355
9	0.129	0.703	1.833	2.262	3.250
10	0.129	0.700	1.812	2.228	3.169
20	0.127	0.687	1.725	2.086	2.845
100	0.126	0.674	1.645	1.960	2.576

对应于 t 分布值表数据可以看出，当测量次数很多，自由度 f 超过 100 后，置信水平为 95%(显著性水平 0.05)的 t 值接近于 1.96，置信水平为 99%(显著性水平 0.01)的 t 值接近于 2.58，因此测定次数多于 100 时，可近似用标准偏差 s 代替 σ 计算置信区间。

【例 6-4】 某实验中采用电化学方法测定尿试样中钠离子的含量，结果分别为：101.5 mmol · dm^{-3}，102.1 mmol · dm^{-3}，98.7 mmol · dm^{-3}，97.6 mmol · dm^{-3}，100.3 mmol · dm^{-3}，99.2 mmol · dm^{-3}，95.4 mmol · dm^{-3}，106.3 mmol · dm^{-3}，试分别计算置信水平 95%和 99%的置信区间。

解　自由度 $f = 8 - 1 = 7$，查 t 值表知，对应于置信水平 95%和 99%的 t 值分别为 2.365 和 3.499。8 次测量的均值 $\bar{x} = 100.14$ mmol · dm^{-3}，样本标准偏差 $s = 3.29$，由式(6-12)得置信水平 95%(显著性水平 0.05)的置信区间为

$$\mu = 100.14 \pm \frac{2.365 \times 3.29}{\sqrt{8}} = 100.14 \pm 2.75\ (\text{mmol} \cdot \text{dm}^{-3})$$

置信水平 99%(显著性水平 0.01)的置信区间为

$$\mu = 100.14 \pm \frac{3.499 \times 3.29}{\sqrt{8}} = 100.14 \pm 4.01\ (\text{mmol} \cdot \text{dm}^{-3})$$

置信区间可以用于检测实验中是否存在系统误差，当某测量数据的理论值不包含在测量数据在某置信水平所反映出真实值的置信区间时，可推断出该实验存在系统误差。

【例 6-5】 欲采用分光光度法测定一试样的吸光度，通过标准曲线法确定其浓度，首先需要确定分光光度计是否有仪器误差，已知该试样某浓度标准溶液在 560 nm 波长处测定的理论吸光度为 0.580，现在进行 10 次测定，测量均值 $\bar{x} = 0.576$，样本标准偏差 $s = 0.003$，选取置信水平为 95%(显著性水平 0.05)，试通过计算说明该分光光度计是否存在仪器误差。

解　自由度 $f = 10 - 1 = 9$，查 t 值表知，对应于置信水平 95%的 t 值为 2.262，由式(6-12)得置信水平 95%的置信区间为

$$\mu = \bar{x} \pm t \cdot \frac{s}{\sqrt{n}} = 0.576 \pm \frac{2.262 \times 0.003}{\sqrt{10}} = 0.576 \pm 0.002$$

由于理论吸光度值 0.580 并不落在所得置信区间范围内，因此该分光光度计存在仪器误差。

6.2.5 误差的传递

1. 偶然误差的传递

若某测量数据 y 是由测定量 a、b、c、d 等组合而成，则偶然误差的传递与其组合方式有关，表 6-4 汇总了常见的几种组合方式中偶然误差的传递计算公式。

表 6-4 常见的几种测定量组合方式中偶然误差的传递计算公式汇总

组合方式	数学表达式	组合后测量数据 y 的标准偏差计算公式
线性组合	$y=k+k_a\cdot a+k_b\cdot b+k_c\cdot c+\cdots$ (式中，k、k_a、k_b、k_c 等分别为常数)	$\sigma_y=\sqrt{(k_a\cdot\sigma_a)^2+(k_b\cdot\sigma_b)^2+(k_c\cdot\sigma_c)^2+\cdots}$ (式中，σ_a、σ_b、σ_c 等分别为测定量 a、b、c 等的总体标准偏差；σ_y 为 y 的总体标准偏差)
乘除组合	$y=k\dfrac{a\cdot b}{c\cdot d}$ (式中，k 为常数)	$\dfrac{\sigma_y}{y}=\sqrt{\left(\dfrac{\sigma_a}{a}\right)^2+\left(\dfrac{\sigma_b}{b}\right)^2+\left(\dfrac{\sigma_c}{c}\right)^2+\left(\dfrac{\sigma_d}{d}\right)^2}$
乘方组合	$y=b^n$ (式中，n 为常数)	$\dfrac{\sigma_y}{y}=\left\|\dfrac{n\sigma_b}{b}\right\|$
其他函数	$y=f(b)$	$\sigma_y=\left\|\sigma_b\cdot\dfrac{dy}{db}\right\|$ (式中，$\dfrac{dy}{db}$ 为该函数 $f(b)$ 关于 b 的一阶导数)

从表中各种组合偶然误差的传递计算公式中可以看出，在测定量 a、b、c、d 等的线性组合得到的测量值 y 时，组合 y 的标准偏差大于测定量的标准偏差，但小于各量标准偏差之和。例如，利用差量法称取样品时，初始值和终值分别为 22.9634 g 和 18.6738 g，其标准偏差均为 +0.0001 × 2 g(或−0.0001 × 2 g)，则称取样品的质量及标准偏差分别为

$$\text{称取样品的质量} = 22.9634 - 18.6738 = 4.2896\ (\text{g})$$

$$\text{标准偏差} = \sqrt{(0.0002)^2+(0.0002)^2} = 0.00028\ (\text{g})$$

而在乘除组合中，由于采用各测定量 a、b、c、d 等的相对标准偏差的平方值来确定组合后测量数据 y 的标准偏差 σ_y，具有最大相对标准偏差的那个分量对 σ_y 的大小将起主要作用，σ_y 值将略大于该分量。因此，在该种组合的测量中，若希望提高 y 的准确度，应首先设法提高具有最大相对标准偏差的那个测定分量的精度。

2. 系统误差的传递

偶然误差的传递与其组合方式有关，类似地，系统误差的传递也与测定量 a、b、c、d 等组合成测量数据 y 的组合方式有关，表 6-5 汇总了常见的几种组合方式中系统误差的传递计算公式。

表 6-5 常见的几种测定量组合方式中系统误差的传递计算公式汇总

组合方式	数学表达式	组合后测量数据 y 的标准偏差计算公式
线性组合	$y=k+k_a\cdot a+k_b\cdot b+k_c\cdot c+\cdots$ (式中，k、k_a、k_b、k_c 等分别为常数)	$\Delta y=k_a\cdot\Delta a+k_b\cdot\Delta b+k_c\cdot\Delta c+\cdots$ (式中，Δa、Δb、Δc 等分别为测定量 a、b、c 等的系统误差；Δy 为 y 中的系统误差)
乘除组合	$y=k\dfrac{a\cdot b}{c\cdot d}$ (式中，k 为常数)	$\dfrac{\Delta y}{y}=\dfrac{\Delta a}{a}+\dfrac{\Delta b}{b}+\dfrac{\Delta c}{c}+\dfrac{\Delta d}{d}$

续表

组合方式	数学表达式	组合后测量数据 y 的标准偏差计算公式
乘方组合	$y=b^n$ (式中，n 为常数)	$\frac{\Delta y}{y}=\left\|\frac{n\Delta b}{b}\right\|$
其他函数	$y=f(x)$	$\frac{\Delta y}{y}=\left\|\Delta x\cdot\frac{\mathrm{d}y}{\mathrm{d}x}\right\|$ (式中，$\frac{\mathrm{d}y}{\mathrm{d}x}$ 为该函数 $f(x)$ 关于 x 的一阶导数)

需要注意的是，在线性组合方式中，由于 y 中的系统误差 Δy 为各测定量 a、b、c、d 等中的系统误差的线性组合，而系统误差有正有负，在实际工作中各测定值的误差可能会部分相互抵消，甚至有可能为 0。

关于误差的传递，在实际测量中不要求精确进行计算，估计过程中可能出现的最大误差，然后加以控制。同时，由于误差会传递，任何组合方式的误差都有可能大于单独数据的误差，因此应尽量使数据处理的步骤简单，尽可能地消除误差的传递和累积，保证测定结果的准确度与精密度。

6.2.6　有效数字及其应用

为了得到准确的分析结果，不仅要准确地测量，而且还要正确地记录和计算，即记录的数字不仅表示数值的大小，而且要正确地反映测量的精确度。

有效数字是指实际能测到的数字，在测定数据中，除最后一位是不确定的或可疑的以外，其他各位都是确定的。例如，使用 50 cm^3 滴定管滴定，最小刻度为 0.1 cm^3，如某次测量的体积读数为 25.87 cm^3，表示前三位数是准确的，只有第四位是估读出来的，属于可疑数字，那么这四位数字都是有效数字，它不仅表示了滴定体积为 25.87 cm^3，而且说明计量的精度为 ±0.01 cm^3。

1. 有效数字的位数

在确定有效数字位数时，首先应注意数字“0”的意义。如果作为普通数字用，如 NaOH 溶液的浓度为 0.2180 $mol \cdot dm^{-3}$，后面的一个“0”就是有效数字，表明该浓度有±0.0001 的误差；如果“0”只起定位作用，它就不是有效数字了。例如，某标准物质的质量为 0.0566 g，这一数据中，数字前面的“0”只起定位作用，与所取的单位有关，若以毫克为单位，则应为 56.6 mg。再次，有效数字的位数应与测量仪器的精确程度相对应。例如，如果计量要求使用 50 cm^3 滴定管，由于它可以读至±0.01 cm^3，那么数据的记录就必须而且只能记到小数点后第二位。然后，对于化学计算中常遇到的一些分数和倍数关系，由于它们都是自然数，并非测量所得，应看成是足够有效。最后，常遇到的 pH、pM、lg$K$ 等对数值，它们有效数字的位数仅取决于小数部分的位数，整数部分只说明该数的方次。例如，pH = 11.02，它只有两位有效数字，即表示为 H^+浓度为 9.5×10^{-12} $mol \cdot dm^{-3}$。对于 3600 这样的数据，属于有效数字位数不确定的情况。如果要将它表示为有效数字，则需要以指数形式表示，如 3.6×10^3 或 3.60×10^3 等。

2. 有效数字运算规则

在分析测定过程中，往往要经过几个不同的测量环节。例如，先用减量法称取试样，经过处理后进行滴定。在此过程中最少要取四次数据，即称量瓶和试样的质量、倒出试样后的质量、滴定管的初读数与末读数，但这四个数据的有效数字的位数应该相同。在进行运算时，由于实验中所用的仪器(包括玻璃仪器)的精度有可能不尽相同，则应按照下列计算规则，合理地取舍各数据的有效数字的位数。

几个数据相加或相减时，它们的和或差计算结果有效数字的保留，应依小数点后位数最少的数据为根据，即取决于绝对误差最大的那个数据。例如，将 0.0121、25.64 及 1.05782 三个数相加，其中 25.64 为绝对误差最大的数据，以它为根据，把 0.0121 和 1.05782 分别修约为 0.01 和 1.06，然后相加得到结果 26.71。

在几个数据的乘除运算中，所得结果的有效数字的位数取决于相对误差最大的那个数。例如：

$$\frac{0.0325\times5.103\times60.06}{139.8}$$

0.0325 的相对误差为 $\frac{\pm0.0001}{0.0325}\times100\%=\pm0.3\%$，同理可得 5.103、60.06、139.8 的相对误差分别为 $\pm0.02\%$、$\pm0.02\%$、$\pm0.07\%$，由此可见，四个数中相对误差最大即准确度最差的是 0.0325，是三位有效数字，因此在计算前先按规则进行修约后，再进行计算，即

$$\frac{0.0325\times5.103\times60.06}{139.8}=\frac{0.0325\times5.10\times60.1}{140}=0.0712$$

计算结果为 0.0712，也是三位有效数字。

在取舍有效数字位数时，还应注意以下几点：

(1) 在分析化学计算中，经常会遇到一些具体的问题。例如，I_2 与 $Na_2S_2O_3$ 反应，其摩尔比为 1 ∶ 2，因而 $n_{I_2}=\frac{1}{2}n_{Na_2S_2O_3}$ (n 为物质的量，其单位为 mol)，这里的 2 可视为足够有效，它的有效数字不是 1 位，即不能根据它来确定计算结果的有效数字的位数。又如，从 250 cm^3 容量瓶中吸取 25 cm^3 试液时，也不能根据两者只有二位或三位数来确定分析结果的有效数字位数，应按照移液管的有效位数 25.00 cm^3 来计算。

(2) 若某一数据第一位有效数字大于或等于 8，则有效数字的位数可多算一位，如 8.37 虽只有三位，但可看作四位有效数字。

(3) 在计算过程中，可以暂时多保留一位数字，得到最后结果时，再根据四舍五入原则弃去多余的数字。

有时，如在试样全分析中，也可采用“四舍六入五留双”的原则处理数据尾数。即当尾数 $\leqslant 4$ 时舍去；尾数 $\geqslant 6$ 时进位；而当尾数恰为 5 时，则看保留下来的末位数是奇数还是偶数，是奇数时就将 5 进位，是偶数时，则将 5 舍弃，总之，使保留下来的末位数字为偶数。根据此原则，如将 4.175 和 4.165 处理成三位有效数字，则分别为 4.18 和 4.16。

(4) 有关化学平衡的计算(如求平衡状态下某离子的浓度)，由于 pH、pM、lg$K$ 等对数值只有小数部分才为有效数字，通常只需取一位或两位有效数字。

(5) 对于物质组成的测定，对含量大于 10%的组分测定，计算结果一般保留四位有效数字；含量 1%～10%的组分测定一般保留三位有效数字；对含量小于 1%的组分测定通常保留两位有效数字。

(6) 大多数情况下，表示误差时，取一位有效数字即已足够，最多取两位。

使用计算器计算定量分析的结果，特别要注意最后结果中有效数字的位数，应根据前述

规则决定取舍，即先修约再计算，以正确表达测定结果的准确度，不可全部照抄计算器上显示的八位数字或十位数字等。

6.3 实验数据的统计处理

实验过程中获得的原始测量数据在实际应用之前，首先需要借助数学方法进行检验，去伪存真，使测量数据结果更加准确、可靠。通常采取抽样检验方式对总体的某个或某些特征进行估计，在一定的置信水平(或显著性水平)上，检验其是否符合某种假设的分布规律，若支持该假设时接受，不支持时则舍弃，这种检验统计量的方法称为统计检验，也称假设检验。统计检验的理论依据是科学实践中广泛采用的小概率原理，即“概率接近零的事件在一次抽样检验中实际上是不可能发生的”。若该事件发生了，则有理由认为原假设是不正确的。

一般情况下，统计检验采用的是概率的反证方法，即先令假设成立，然后依据小概率原理检验结论是否合理，进行反证。其基本步骤为：

(1) 根据具体问题，提出零假设 H_0 和备择假设 H_1；

(2) 选取适当的显著性水平，确定拒绝域；

(3) 选择合适的检验统计量并确定其分布；

(4) 计算样本的统计量值；

(5) 根据统计量的分布，利用相应的分布表值，通过小概率原理，进行统计推断。

零假设 H_0 的含义是测量数据与真实值相同，需要注意的是，这里两者的相同并不意味着没有偶然误差，而备择假设 H_1 是指测量数据与真实值不一致。若能够证明零假设 H_0 为真，那么备择假设 H_1 就被舍弃，反之，则舍弃零假设 H_0，接受备择假设 H_1。

证明零假设 H_0 是否为真的方法，通常是在假设成立的条件下，采用统计方法计算由偶然误差而引起的测量数据与真实值间差异的概率，概率越小，零假设 H_0 为真的可能性越小，当该概率小于选取的显著性水平时，则零假设 H_0 不成立，备择假设 H_1 为真。显然，选取的显著性水平越高，判断的准确度越大。

前已述及，按照概率统计原理，当实验测定次数很多($n > 100$)时，偶然误差遵循正态分布，因此可以用正态函数来描述其误差分布，并进行假设的检验。但在实际应用中，测量数据的测定次数较少，是小样本实验，不能直接用正态分布函数进行统计分析，只能求得平均值 $\bar{x}$ 及样本标准偏差 s，因此需要引入合适的其他分布函数进行显著性差异的统计检验。小样本统计检验中常用的分布函数主要有 t 分布、F 分布等，相应的统计检验方法称为 t 检验、F 检验等。

6.3.1 离群值的检验

在实际工作中，对同一实验量进行多次重复测定得到的测量数据中，通常会遇到一组平行测定中有个别数据的精密度不甚高的情况，某一两个测定值比其余的测定值明显偏大或偏小，将这些测定值称为离群值。离群值是测定值随机波动的极度表现，其与平均值之差值是否属于偶然误差是可疑的，需要进行统计检验，判断其波动是否处于合理误差范围内，与其余测定值是否属于同一总体。离群值的取舍会影响测量数据的平均值，尤其当数据少时影响更大。因此，在分析计算测量数据前必须对离群值进行合理的取舍，如果统计检验表明离群值确为异常值，才可将其舍弃，若检验表明该离群值不是异常值，即使是极值，也需要将其保留，切不可为了单纯追求实验结果的“一致性”，而将这些数据随意舍弃。当然，对于过失误差，不管其是否为异常值，都应直接舍弃，而不必进行统计检验。

1. Q 检验法

当测定次数 $n = 3\sim10$ 时，根据所要求的置信度(指测定值在一定范围内出现的概率)，按照下列步骤，检验可疑数据是否可以弃去：

(1) 将各数据按递增的顺序排列：x_1，x_2，…，x_n；

(2) 求出最大与最小数据之差：$x_n - x_1$；

(3) 求出可疑数据与其最邻近数据之间的差：$x_n - x_{n-1}$ 或 $x_2 - x_1$；

(4) 计算 Q 值：

$$Q = \frac{x_n - x_{n-1}}{x_n - x_1} \quad 或 \quad Q = \frac{x_2 - x_1}{x_n - x_1}$$

Q 值越大，说明 x_n 或 x_1 离群越远；

(5) 根据测定次数 n 和要求的置信度，查不同置信度下的 Q 值表(表 6-6)，得出此置信度下的临界值 $Q_{临}$；

(6) 将 Q 与 $Q_{临}$ 相比，若 $Q > Q_{临}$，则弃去可疑值，否则应予保留。

表 6-6　不同置信度下舍弃可疑数据的 Q 值表

测定次数 n	$Q_{0.90}$	$Q_{0.95}$	$Q_{0.99}$
3	0.94	0.98	0.93
4	0.76	0.85	0.93
5	0.64	0.73	0.82
6	0.56	0.64	0.74
7	0.51	0.59	0.68
8	0.47	0.54	0.63
9	0.44	0.51	0.60
10	0.41	0.48	0.57

注：Q 下角标数字为置信度。

【例 6-6】 在一组平行测定中，测得试样中钙的百分含量分别为 22.38%、22.39%、22.36%、22.40%和 22.44%。试用 Q 检验法判断 22.44%能否弃去(要求置信度为 90%)。

解 (1) 按递增顺序排列：

22.36%，22.38%，22.39%，22.40%，22.44%

(2) $$x_n - x_1 = 22.44\% - 22.36\% = 0.08\%$$

(3) $$x_n - x_{n-1} = 22.44\% - 22.40\% = 0.04\%$$

(4) $$Q = \frac{x_n - x_{n-1}}{x_n - x_1} = \frac{0.04\%}{0.08\%} = 0.5$$

(5) 查表 6-6，$n = 5$ 时，　$Q_{0.90} = 0.64$

因 $Q < Q_{0.90}$，所以 22.44%应予保留。

如果测定次数比较少(如 $n = 3$)，且 Q 值与查表所得 Q 值相近，这时为了慎重起见，最好再补加测定 1～2 次，然后确定可疑数据的取舍。

2. $4\bar{d}$ 法

前已述及，实验的偶然误差符合正态分布，根据正态分布的规律，某个测定值的偏差(绝对值)比样本的平均偏差大 4 倍以上时，该测定值出现在测定总体内的概率小于 0.3%，这一测定值通常可以舍弃。但由于这种方法比较简单，不必查表，故经常采用这种方法来处理一些测定次数不多(通常少于 4 次)、要求不高的实验数据。

用 $4\bar{d}$ 法判断可疑值的取舍时，首先求出可疑值除外的其余数据的平均值 $\bar{x}$ 和平均偏差，然后将可疑值与平均值进行比较，如两者差的绝对值大于 $4\bar{d}$，则可疑值舍去，否则保留。

【例 6-7】 测定某药物中钴的含量(μg · dm^{-3})，得结果如下：1.25，1.27，1.31，1.40。试问离群值 1.40 是否应保留？

解 首先不计可疑值 1.40，求得其余数据的平均值和平均偏差为

$$\bar{x} = 1.28 \qquad \bar{d} = 0.023$$

可疑值与平均值的差绝对值为

$$|1.40 - 1.28| = 0.24 > 4\bar{d} = 0.092$$

故 1.40 应舍去。

离群值检验的两种方法中，Q 检验法符合数理统计原理，但只适合一组数据中有一个可疑值的判断。$4\bar{d}$ 法首先把可疑值排除在外，再进行检验，易将原本有效的实验数据也舍弃，在数理统计上不够严格，具有一定的局限性。

6.3.2 *t* 检验

t 检验常用于测量数据均值与真实值之间的比较以及测量数据均值之间的比较，此外，还可用于检验改变实验条件对结果所产生的影响，本节将简要介绍 t 检验的方法及其应用。

1. 判断测量数据均值 $\bar{x}$ 与真实值之间是否有显著性差别

对实际测量数据来说，总体标准偏差 σ 值是未知的，6.2.4 小节讨论了当测定次数 n 足够大(n > 100)时，在计算中可以用样本标准偏差 s 代替 σ，而当 n 不够大时，通常采用公式 $\mu = \bar{x} \pm t(s/\sqrt{n})$ 来确定测量值的置信区间，因此可以利用 t 分布的统计量检验小样本的平均值与总体平均值 μ 之间的显著性差异，通常采用单边 t 检验，主要步骤为：

(1) 提出零假设 H_0 和备择假设 H_1；

(2) 选取适当的显著性水平，如 $\alpha = 0.05$ 或 $\alpha = 0.01$；

(3) 计算样本的统计量 t 值，由式 $\mu = \bar{x} \pm t(s/\sqrt{n})$ 推导出 t 值的计算公式：

$$t = \frac{|\bar{x} - \mu|}{s} \cdot \sqrt{n} \tag{6-13}$$

(4) 根据所选显著性水平及自由度 f，查 t 值分布表可得 t 临界值 $t_{\alpha,f}$；

(5) 将计算出的统计量 t 值与 $t_{\alpha,f}$ 比较，若 $t > t_{\alpha,f}$，则零假设 H_0 不成立，接受备择假设 H_1，否则，接受 H_0。

【例 6-8】 欲采用电化学分析方法测定某糖尿病患者的血糖含量，经 9 次测定，血糖含量的平均结果 $\bar{x}$ 为 7.556 mmol · dm^{-3}，样本标准偏差 s 为 0.088，试确定此结果与正常人血糖含量 6.7 mmol · dm^{-3} 是否有显著性

差别？(指定显著性水平$\alpha = 0.05$)

解　由已知条件，得$n = 9$，自由度$f = 9 - 1 = 8$，若指定显著性水平$\alpha = 0.05$，则查t分布表，$t_{0.05,8} = 2.306$；

零假设H_0：该患者的血糖含量与正常人无显著性差别；

备择假设H_1：该患者的血糖含量与正常人有显著性差别；

将各数据代入，计算统计量：$t = \frac{|\bar{x} - \mu|}{s} \cdot \sqrt{n} = \frac{|7.556 - 6.7|}{0.088} \times \sqrt{9} = 29.2$

由于计算出的统计量$t > t_{0.05,8}$，则零假设H_0不成立，接受备择假设H_1，即在该指定的显著性水平$\alpha = 0.05$条件下，该患者的血糖含量与正常人有显著性差别。

2. 两组测量数据均值之间的比较

采用两种不同的方法测定或不同分析人员采用同一方法测定试样，所得到测量数据的均值往往是不同的，用t检验可以对两组均值进行检验，比较两者之间是否存在显著性差异。设两组均值分别为$\bar{x}_1$和$\bar{x}_2$，测定次数分别为n_1和n_2，对应的样本标准偏差分别为s_1和s_2，由于比较的是两个均值，因此任何一个都不能作为真实值，在这种情况下，假设两组测量数据的总体标准偏差σ是相等的，两样本属于同一个总体，两组测量数据的样本标准偏差间的差异是随机的，采用双边t检验，主要的步骤为：

(1) 提出零假设H_0和备择假设H_1；

(2) 选取适当的显著性水平，如$\alpha = 0.05$或$\alpha = 0.01$；

(3) 计算样本的统计量t值，首先计算两组测量数据的合并标准偏差$\bar{s}$，公式为

$$\bar{s} = \sqrt{\frac{(n_1 - 1) \cdot s_1^2 + (n_2 - 1) \cdot s_2^2}{n_1 + n_2 - 2}} \tag{6-14}$$

t值的计算公式为

$$t = \frac{|\bar{x}_1 - \bar{x}_2|}{\bar{s}} \cdot \sqrt{\frac{n_1 \cdot n_2}{n_1 + n_2}} \tag{6-15}$$

(4) 根据所选显著性水平α及自由度$f = n_1 + n_2 - 2$，查t值分布表可得t临界值$t_{\alpha,f}$；

(5) 将计算出的统计量t值与$t_{\alpha,f}$比较，若$t > t_{\alpha,f}$，则零假设H_0不成立，接受备择假设H_1，否则，接受H_0。

【例 6-9】　采用电化学分析方法测定植物叶片上杀虫剂 DDT 的含量，5 次平行测定未喷洒过杀虫剂的叶片，DDT 的含量均值$\bar{x}_1$为 0.42 μg · g^{-1}，样本标准偏差$s_1 = 0.249$，现有一植物叶片样品，5 次平行测定 DDT 的含量均值$\bar{x}_2$为 0.64 μg · g^{-1}，样本标准偏差$s_2 = 0.351$，试确定该植物是否喷洒过杀虫剂 DDT。

解　由已知条件，得自由度$f = n_1 + n_2 - 2 = 8$，若指定显著性水平$\alpha = 0.05$，则查t分布表，$t_{0.05,8} = 2.306$；

零假设H_0：该叶片样品的杀虫剂 DDT 含量与未喷洒过杀虫剂的叶片无显著性差别；

备择假设H_1：该叶片样品的杀虫剂 DDT 含量与未喷洒过杀虫剂的叶片有显著性差别；

将各数据代入式(6-14)和式(6-15)，计算统计量：

$$\bar{s} = \sqrt{\frac{(n_1 - 1) \cdot s_1^2 + (n_2 - 1) \cdot s_2^2}{n_1 + n_2 - 2}} = \sqrt{\frac{(5-1) \times 0.249^2 + (5-1) \times 0.351^2}{5 + 5 - 2}} = 0.305$$

$$t = \frac{|\bar{x}_1 - \bar{x}_2|}{\bar{s}} \cdot \sqrt{\frac{n_1 \cdot n_2}{n_1 + n_2}} = \frac{|0.42 - 0.64|}{0.305} \times \sqrt{\frac{5 \times 5}{5 + 5}} = 1.14$$

由于计算出的统计量$t < t_{0.05,8}$，则零假设H_0成立，即在指定的显著性水平$\alpha = 0.05$条件下，该植物未喷洒过杀虫剂 DDT。

3. 改变实验条件对结果所产生的影响检验

由于改变实验条件前后的测量数据，任何一组都不能作为真实值，同样需要采用双边 t 检验，步骤及合并标准偏差 $\bar{s}$ 和 t 值的计算方法同前。

【例 6-10】 利用离子选择电极测定体系中某离子含量，考察不同停留时间对测定结果的影响，在 10 s 和 100 s 停留时间下的测量数据分别为 0.55 mmol · dm^{-3}、0.59 mmol · dm^{-3}、0.57 mmol · dm^{-3}、0.58 mmol · dm^{-3}、0.56 mmol · dm^{-3}、0.56 mmol · dm^{-3}以及 0.58 mmol · dm^{-3}、0.56 mmol · dm^{-3}、0.58 mmol · dm^{-3}、0.59 mmol · dm^{-3}、0.59 mmol · dm^{-3}、0.57 mmol · dm^{-3}。试确定停留时间对测定结果是否有影响。

解 已知 $n_1 = n_2 = 6$，得自由度 $f = n_1 + n_2 - 2 = 10$，若指定显著性水平 $\alpha = 0.05$，则查 t 分布表，$t_{0.05,10} = 2.228$；

零假设 H_0：停留时间对测定结果无影响；

备择假设 H_1：停留时间对测定结果有影响；

根据测量数据，计算得

停留时间为 10 s 时，　　$\bar{x}_1 = 0.568$，$s_1 = 0.015$

停留时间为 100 s 时，　　$\bar{x}_2 = 0.578$，$s_2 = 0.016$

从而计算得　　$\bar{s} = 0.015$，$t = 1.126$

比较得出统计量 $t < t_{0.05,10}$，则零假设 H_0 成立，即在指定的显著性水平 $\alpha = 0.05$ 条件下，该测定体系中停留时间对测定结果无影响。

6.4 化学分析概论

化学分析属于常量分析，一般包括滴定分析(容量分析)与重量分析两部分。

化学分析都是基于一个选定的、有明确计量关系的化学反应方程式，通过一定的指示方式来确定测定是否进行完全，然后进行结果的计算。对关键的、作为依据的化学反应方程式有一定的要求，在下面的滴定分析概论中会讨论如何选择。

虽然随着科技的发展，新的分析手段和高新仪器不断被开发，化学分析有关的滴定分析和重量分析用得不多，但是其中的方法、原理以及为达到定量分析的误差要求(0.1%～0.2%)所采取的措施，在实际的各种科研工作中仍然是不可或缺的。

滴定分析是在溶液中(一般是水为溶剂，也有非水溶剂)，配制一种准确浓度的标准溶液，在一定的方法(通常是指示剂的指示)下完全反应，利用标准溶液与未知溶液的体积关系换算为体系所基于的那个化学反应的计量关系，计算出未知液的浓度继而计算出未知物的含量。要获得准确的分析结果，体系的选择和设计是至关重要的，当然，熟练的、精准的实验技能也是不可或缺的。

重量分析一般是利用沉淀反应，利用精准的分析天平，根据称量出的沉淀前、后物质的量，再根据反应物的称量形式、沉淀形式以及产物的称量形式的关系计算出待测样品的含量。

滴定分析和重量分析都有较高的准确度，在分析化学的发展历程中起过很重要的作用。

无论是滴定分析还是重量分析，其原理都非常简单，就是要找一个计量关系明确，能够完全反应的化学反应为依据进行实验设计以及实验数据的处理。

6.4.1 滴定分析法概述

滴定分析法是一种最常用的定量化学分析法。滴定分析体系一般含有三个部分：一是具有准确浓度的标准溶液(一般放在滴定管中，称为滴定剂)，其作用是含有可以和未知溶液中的成分定量反应的物质，是由实验结果确定未知成分含量的一个基准；二是含有未知成分的待测溶液(一般在锥形瓶中)，同理，待测溶液中的物质可以和标准溶液中的物质定量作用；最后，是判断反应进行是否完全的指示体系，一般称为指示剂。滴定实验过程一般通过滴定管滴定标准溶液(滴定剂)到含被测物质的溶液中，根据所用滴定剂的量，根据化学反应计量关系，计算被测组分含量。通过滴定管滴加滴定剂的过程称为滴定，所加标准溶液的量与被测物质的量恰好符合化学方程式所表达的化学计量关系时称为化学计量点。

在滴定过程中，化学计量点到达时往往没有明显的外部特征，一般都需要加入指示剂，利用指示剂的颜色变化来判断。因而是在指示剂变色时停止滴定，所以这一点称为滴定终点，滴定终点与化学计量点一般不重合，由此造成的误差称为滴定误差或终点误差。

滴定分析法是定量分析的重要方法之一，这种方法的特点是：加入的标准溶液物质的量与被测物质的量恰好是按化学计量关系反应；该法适于组分含量在 1%以上各物质的测定，有时也可以测定微量组分；该法快速、准确、仪器设备简单、操作简便，用途广泛；分析结果的准确度较高，一般情况下，其滴定的相对误差在 0.1%左右。

滴定分析是常量分析，在讨论或者设计实验中的溶液的浓度为 $0.01 \sim 0.1\ \mathrm{mol \cdot dm^{-3}}$。所以，在讨论滴定分析过程中体系的特点时，为方便计算处理，做了两个近似，一个是用浓度近似代替活度①，另一个假设就是在一般的常温范围内，假设所涉及的化学反应的平衡常数不变。

1. 滴定分析法的分类

滴定分析是以化学反应为基础的，根据化学反应的类型不同，滴定分析方法一般可分为以下四种。

(1) 酸碱滴定：以质子传递反应为基础的一种滴定分析方法。滴定过程中的反应实质可以用以下简式表示：

$$H_3O^+ + OH^- = 2H_2O$$

$$H_3O^+ + A^- = HA + H_2O$$

(2) 配位滴定：以配位反应为基础的滴定分析方法。例如，螯合剂 EDTA(以 Y^{4-}表示)作为滴定剂，与金属离子的配位反应可表示为(忽略电荷)：

$$M + Y = MY$$

(3) 沉淀滴定：以沉淀反应为基础的滴定分析方法。例如，银量法，反应式表示为

$$Ag^+ + X^- = AgX(X \text{ 为 } Cl^-、Br^-、I^-、CN^-、SCN^-)$$

(4) 氧化还原滴定：以氧化还原反应为基础的滴定分析方法。其中包括高锰酸钾法、重铬酸钾法和碘量法等，反应式分别为

$$MnO_4^- + 5Fe^{2+} + 8H^+ = Mn^{2+} + 5Fe^{3+} + 4H_2O$$

$$Cr_2O_7^{2-} + 6Fe^{2+} + 14H^+ = 2Cr^{3+} + 6Fe^{3+} + 7H_2O$$

$$I_2 + 2S_2O_3^{2-} = 2I^- + S_4O_6^{2-}$$

在这四类滴定分析中，酸碱滴定体系和配位滴定体系比较复杂也研究得比较完善。实际

① 即不考虑离子强度的影响，对稀溶液来说，其活度系数为 1，活度近似等于浓度。

上是因为这两个体系所依据的化学反应都比较单一，也可以说比较广谱。例如，配位滴定一般用氨羧类螯合剂作滴定剂，这类螯合剂与很多金属离子都可以形成稳定的螯合物，如此一来，共存离子就会产生干扰，需要充分考虑和规避。同理，酸碱滴定的实质就是氢离子和氢氧根离子的中和反应，那么不同的酸碱滴定体系就要根据体系的特点分类研究，保证反应按计量进行以得到准确的结果。对于氧化还原滴定体系，由于氧化还原反应，特别是含氧酸根离子的盐类的氧化剂，它们的氧化还原反应机理复杂，所呈现的滴定曲线的规律性稍差，一般在研究和使用时突出对方法的研究，而不过多追究体系的共性。沉淀滴定是四大滴定体系中唯一的多相平衡体系，有其自身的特点，且真正应用到实际研究和生产中的不多，仅限于几种银量法，所以也主要针对具体的方法来研究。

2. 滴定分析方法对化学反应的要求

化学反应的种类很多，但并不是所有的反应都能满足滴定分析的要求，适用于滴定分析的化学反应必须满足以下三个条件：

(1) 反应必须具有确定的化学计量关系，即反应要按一定的反应方程式定量进行，无副反应发生，通常达到99.9%以上。

(2) 反应速率要快，对于速率慢的反应，应采取适当措施提高反应速率，如加热、加催化剂等。

(3) 用简便可靠的方法确定滴定的终点，如适当的指示剂或合适的仪器。

3. 滴定方式

当所选择的反应体系不符合上述三个条件而又不得不采用时，可以通过改变滴定方式来克服上述现象带来的困难和误差。滴定方式的选择和体系实际操作时的具体情况有关，一般有以下几种：

(1) 直接滴定法：凡是能够满足滴定分析反应的条件，都采取直接滴定法。这种方式简单，操作误差小。它是用标准溶液直接滴定含待测物质的溶液。例如，NaOH 标准溶液直接滴定 HCl、HAc 等；EDTA 溶液直接滴定 Ca^{2+}、Zn^{2+}等。

(2) 返滴定法：当反应速率较慢或在指定条件下反应进行不能定量时，被测物质中加入符合化学计量关系的滴定剂后，反应往往不能立即定量完成。此时，可将被测物质中加入一定量的过量滴定剂，促使反应进行完全，再用另外一种标准溶液返滴定过量的滴定剂，这就是返滴定法，也称剩余量滴定法。例如，测定 Al^{3+}时，由于 Al^{3+}在水溶液中易形成一系列多羟配合物，这类多羟配合物与 EDTA 作用速率较慢。一般是向被测试样中加入过量 EDTA 溶液，经煮沸后，提高反应速率和程度，使 Al^{3+}反应完全，再用 Cu^{2+}或 Zn^{2+}标准溶液返滴定过量的 EDTA，整个过程可表示为

$$Al^{3+} + Y^{4-}(\text{过量}) = AlY^{-} + Y^{4-}(\text{剩余})$$

$$Zn^{2+} + Y^{4-}(\text{剩余}) = ZnY^{2-}$$

(3) 置换滴定法：若被测物质与滴定剂的反应不按一定的反应式进行或伴有副反应时，不能采用直接滴定法。可以先用适当的试剂与被测物质反应，使被测物质定量地置换成另外一种物质，再用滴定剂滴定这一物质，从而求出被测物质的含量，这种方法称为置换滴定法。例如，测定有 Cu^{2+}、Zn^{2+}等共存时的 Al^{3+}，可先加入过量 EDTA，并加热使 Al^{3+}和共存的 Cu^{2+}、

Zn^{2+}等都与 EDTA 作用，然后在 pH = 5～6 时，用二甲酚橙作指示剂，用锌盐溶液返滴定(也可以在相近的 pH 条件下，以 PAN 作指示剂，用铜盐标准溶液返滴定过量的 EDTA)。再加入 NH_4F，使 AlY^-转变为更稳定的配合物 AlF_6^{3-}，置换出的 EDTA 再用铜盐标准溶液滴定。其反应如下：

$$AlY^- + 6F^- \longrightarrow AlF_6^{3-} + Y^{4-}$$

$$Cu^{2+} + Y^{4-} \longrightarrow CuY^{2-}$$

(4) 间接滴定法：有些被测物质不能直接与滴定剂反应，可以采用间接反应使其转化为可被滴定的物质，再用滴定剂滴定所生成的物质，此过程称为间接滴定。例如，测定 Na^+时，可加乙酸铀酰锌作沉淀剂，使 Na^+生成 $NaZn(UO_2)_3(Ac)_9 \cdot xH_2O$ 沉淀，将沉淀分离、洗净、溶解后，用 EDTA 滴定锌。$KMnO_4$ 标准溶液不能直接滴定 Ca^{2+}，可先将 Ca^{2+}沉淀为 CaC_2O_4，用 H_2SO_4 溶解，再用 $KMnO_4$ 标准溶液滴定与 Ca^{2+}结合的 $C_2O_4^{2-}$，从而间接测定 Ca^{2+}。间接法的应用大大扩展了滴定分析的应用范围。

【例 6-11】 称取葡萄糖样品 0.1200 g，置于 250 mL 的碘量瓶中，加入 25.00 cm^3 约 0.1 $mol \cdot dm^{-3}$ I_2 液，在不断振摇下滴加适量的 NaOH 溶液，塞好瓶盖，置暗处 10 min，然后加入适量的 H_2SO_4 溶液摇匀。用 0.1200 $mol \cdot dm^{-3}$ $Na_2S_2O_3$ 标准溶液滴定至近终点，加淀粉液 2 cm^3，继续滴定至蓝色刚消失为止，消耗 $Na_2S_2O_3$ 标准溶液 15.00 mL。同时做空白滴定，即未加适量的 NaOH 溶液和 H_2SO_4 溶液，空白滴定消耗 $Na_2S_2O_3$ 标准溶液 24.60 mL。由空白和样品消耗标准溶液的体积计算葡萄糖($C_6H_{12}O_6 \cdot H_2O$)的质量分数。

解 首先分析反应过程，确定计量关系，加入过量的 I_2 在碱性条件下经歧化生成 IO_3^- 后，将葡萄糖完全氧化，剩余的 IO_3^- 经酸化后又重新转化成 I_2，用 $Na_2S_2O_3$ 标准溶液进行滴定，确定剩余的 I_2 量。空白滴定，测定的是加入的总碘量，涉及的化学反应方程式及计量关系如下：

氧化：
$$3I_2 + 6NaOH \longrightarrow NaIO_3 + 5NaI + 3H_2O$$
$$NaIO_3 + 3C_6H_{12}O_6 + 3NaOH \longrightarrow 3C_6H_{11}O_7Na + NaI + 3H_2O$$

酸化：
$$NaIO_3 + 5NaI + 3H_2SO_4 \longrightarrow 3I_2 + 3Na_2SO_4 + 3H_2O$$

滴定：
$$I_2 + 2Na_2S_2O_3 \longrightarrow 2NaI + Na_2S_4O_6$$

计量关系分别为
$$3I_2 \sim NaIO_3 \sim 3C_6H_{12}O_6$$
$$I_2 \sim 2Na_2S_2O_3$$

根据计量关系及过程分析，确定葡萄糖物质的量计算公式为

$$\begin{aligned} n_{葡萄糖} &= \frac{1}{3}n_{NaIO_3(消耗)} = n_{I_2(消耗)} = n_{I_2(总)} - n_{I_2(剩余)} \\ &= \frac{1}{2}[n_{Na_2S_2O_3(空白)} - n_{Na_2S_2O_3(样品)}] \\ &= \frac{1}{2}c_{Na_2S_2O_3}[V_{(空白)} - V_{(样品)}] \end{aligned}$$

代入数据，计算葡萄糖的量为

$$\begin{aligned} w_{C_6H_{12}O_6 \cdot H_2O} &= \frac{\frac{1}{2}c_{Na_2S_2O_3}[V_{(空白)} - V_{(样品)}] \times M_{C_6H_{12}O_6 \cdot H_2O}}{m} \times 100\% \\ &= \frac{\frac{1}{2} \times 0.1200 \times (24.60 - 15.00) \times 198}{0.1200 \times 1000} \times 100\% \\ &= 95.04\% \end{aligned}$$

6.4.2　滴定分析的“量”

建立起定量的概念是大学基础化学区别于中学化学学习的一个明显的标志。而化学分析的学习是在无机化学的基础上对“定量”的概念的一个强化的实践过程。所以，在化学分析的学习过程乃至以后的应用过程中，要自始至终贯彻准确度以及突出“量”的变化。

因为是常量分析，所以滴定分析的准确度要求是 0.1%，在下面所列章节的各项滴定体系的分析和措施的实施中均对应准确度这个杠杆，相应的措施和原理以及对实验操作的要求都与这个目标有关。

正是因为滴定分析的精度，对于“量”的重视，所以在处理具体问题时往往会考虑与滴定有关的很多影响因素，以保证准确度。例如，在氧化还原滴定体系中考虑更加符合实际情况的条件电极电势；在配位滴定体系的探讨中重视副反应，讨论不同条件下的条件稳定常数。

6.4.3　滴定分析体系的组成

1. 标准溶液

标准溶液是指已知准确浓度的溶液。滴定分析中必须使用标准溶液，最后要通过标准溶液的浓度和用量来计算待测组分的含量，因此正确地配制标准溶液，准确地获得(标定)标准溶液的浓度以及对有些标准溶液进行妥善保存，对于提高滴定分析的准确度有重大意义。

配制标准溶液一般有下列两种方法。

1) 直接法

用直接称量法(区别于差减称量法)准确称取一定量的物质，溶解后，在容量瓶内稀释到一定体积，然后算出该溶液的准确浓度。例如，准确称取 1.2260 g 基准物 $K_2Cr_2O_7$，用水溶解后，置于 250 mL 容量瓶中，加水稀释至刻度，即得 0.01667 $mol \cdot dm^{-3}$ 的 $K_2Cr_2O_7$ 溶液。

用直接法配制标准溶液的物质称为基准物，基准物除了用于直接配制标准溶液外，还可用来标定不能直接配制的标准溶液的溶液浓度。基准物必须具备下列条件：

(1) 物质必须具有足够的纯度，即含量≥99.9%，其杂质的含量应少到滴定分析所允许的误差限度以下。

(2) 物质的组成与化学式应完全符合。若含结晶水，其含量也应与化学式相符。

(3) 性质稳定，在保存或称量过程中其组成不变，如不易吸水、不吸收 CO_2 等。

(4) 具有较大的摩尔质量。这样，称样量相应较多，减少称量误差。例如，$Na_2B_4O_7 \cdot 10H_2O$ 和 Na_2CO_3 作为标定 HCl 标准溶液浓度的基准物质，前三个条件都满足，但 $Na_2B_4O_7 \cdot 10H_2O$ 的摩尔质量大于 Na_2CO_3，因此 $Na_2B_4O_7 \cdot 10H_2O$ 更适合作为标定 HCl 标准溶液浓度的基准物。

2) 间接法

由于用来配制标准溶液的物质大多不能满足上述条件，如酸碱滴定法中所用的盐酸，除了恒沸点的盐酸外，一般市售盐酸中的 HCl 含量有一定的波动；又如 NaOH 极易吸收空气中的 CO_2 和水分，称得的质量不能代表纯 NaOH 的质量。因此，对这类物质不能用直接法配制标准溶液，而要用间接法粗略配制，之后再采用基准物质标定其准确浓度。

粗略地称取一定量物质或量取一定量体积溶液，配制溶液成接近于所需要的浓度。这样配制的溶液，其准确浓度还是未知的，必须用基准物或另一种物质的标准溶液来测定它们的准确浓度。这种确定精确浓度的操作称为标定。

例如，欲配制 0.1 $mol \cdot dm^{-3}$ NaOH 标准溶液，先用 NaOH 固体配成约为 0.1 $mol \cdot dm^{-3}$ 的

溶液，然后用该溶液滴定经准确称量的邻苯二甲酸氢钾(用差减称量法称量)，根据两者完全作用时 NaOH 溶液的用量和邻苯二甲酸氢钾的质量，即可算出 NaOH 溶液的准确浓度。

邻苯二甲酸氢钾这样的基准物，因为具有较大的摩尔质量。可直接称量一定的量，溶解后直接与 NaOH 反应，这样称量误差较小。基准物草酸($H_2C_2O_4 \cdot 2H_2O$)的摩尔质量不是很大，所以一般不使用它作为标定 NaOH 的基准物。如果必须使用，可以采取的措施是准确称取一定量的物质，配制成 250 mL 溶液，再移取 25 mL 进行滴定，使用这种方法可以降低称量误差。

标准溶液的浓度一般用物质的量浓度来表示。在特殊的行业(如工业中的某些行业)，可能有其他的表示方法。

2. 未知溶液

首先，未知物的质量是需要测定的，其准确的浓度是未知的。但是，在滴定之前要做一些前期的准备，即未知液的处理，或者说样品的处理。应该知道其大致的范围，使其浓度介于常量滴定的 0.01～0.1 mol · dm^{-3}。这也说明在滴定之前要做一些预备的辅助工作。

3. 指示剂与终点误差

指示剂是一种能够准确地以感官能判断的方式指示滴定终点到达的物质。根据滴定体系的特点不同，选择的指示剂也各有特点，颜色变化的因素也各不相同，这些将在介绍具体的滴定体系时分别阐述。总之，指示剂能够在滴定达到化学计量点附近(不可能完全吻合)以强烈的色差或变化来指示计量点的到达。当然，指示剂的变色点即终点与化学计量点之间有差异，这就是终点误差的来源。可见，一个好的指示剂要终点前后色差明显、醒目且变色点尽量接近计量点。

另外，指示剂所发生的变色反应实际上与滴定反应是一致的，但为了指示终点的到达，其反应的进行程度要与主反应相近但是要弱一些，即：

(1) 指示剂的反应与滴定体系的反应一致；

(2) 所发生的反应弱于滴定体系选择的有准确计量关系的反应；

(3) 终点前后颜色变化明显，易于观察；

(4) 有固定的变色范围。

4. 滴定曲线及构成

滴定曲线是用来描述滴定过程中状态变化的主要手段，描述其指标(如 pH、pM、电极电势)随着滴定剂的加入(或者时间)的变化曲线。滴定曲线可以反映出体系的性质；计量点前后的不同之处；滴定突跃(计量点前后±0.02 mL)的宽度，这对指示剂的选择和终点误差的减小很重要。

滴定曲线由起点、计量点及其相关的滴定突跃构成。图 6-4 所示的两条酸碱滴定曲线示意图分别代表 NaOH 滴定同浓度 HCl 和 HAc 的滴定曲线，从该曲线可以看出滴定曲线的起点、滴定突跃的宽度以及计量点前后体系的特性。当然，

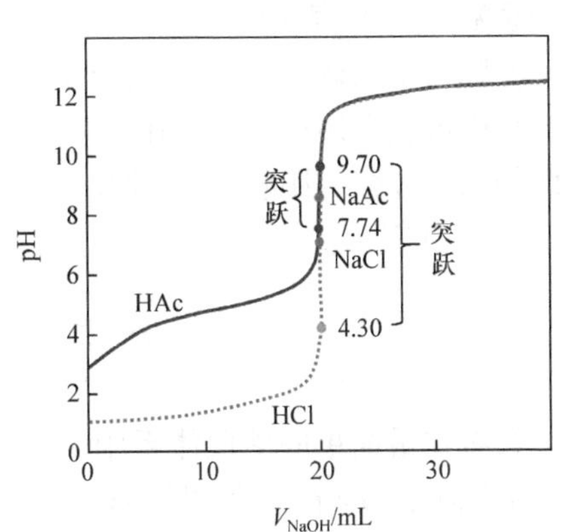

图 6-4　NaOH 滴定 HCl 及 HAc 滴定曲线示意图

不同的滴定体系，曲线的特点是不一样的，其决定因素也不一样，这些会在后面的章节叙述。

6.5　定量分析中的分离方法

在分析化学中，实际分析对象往往比较复杂，测定某一组分时常受到其他组分的干扰，不仅影响测定结果的准确性，有时甚至无法测定。消除干扰的最简便方法是控制分析条件或使用掩蔽剂，这在讨论各种测定方法时都会具体介绍。但有时使用这些方法还不能消除干扰，需事先将被测组分的干扰成分分离。若被测组分含量很低，测定方法的灵敏度又不够高，分离的同时往往还需将被测组分富集起来，使其有可能被测定。

定量分析中对分离的要求是：干扰组分应减少至不再干扰被测组分的测定，被测组分在分离过程中的损失要小到可忽略不计。后者常用回收率来衡量：

$$R_r(\text{回收率})=\frac{\text{分离后测量值}(Q_r)}{\text{原始含量}(Q_r^0)}\times 100\% \tag{6-16}$$

回收率越高越好，但实际工作中随被测组分的含量不同对回收率有不同的要求。含量在1%以上的常量组分，回收率应接近 100%；对于痕量组分，回收率可在 90%～110%，有的情况下，如待测组分的含量太低时，回收率为 80%～120%也符合要求。

本节讨论几种常见的分离方法。

6.5.1　溶剂萃取分离法

1. 分配系数、分配比和萃取效率、分离因数

溶剂萃取分离法就是利用物质溶解度的差异，采用与水不混溶的有机溶剂，从水溶液中将无机离子萃取到有机相中，以实现分离的目的。

如果欲从水溶液中将有些无机离子萃取出来，必须设法将它们的亲水性转化为疏水性，才能使它们溶入有机溶剂层中。有时需要将有机相的物质再转入水相，这一过程称为反萃取。通过萃取和反萃取的使用，能提高萃取分离的选择性。

用有机溶剂从水中萃取溶质 A 时，如果溶质 A 在两相中存在的型体相同，平衡时在有机相中的浓度$[\mathrm{A}]_{有}$和水相中的浓度$[\mathrm{A}]_{水}$之比(严格地说是活度比)在给定温度下是一常数，称为分配系数，用 K_D 表示。

实际上萃取体系是一个复杂体系，它可能伴有离解、缔合和配合等多种化学作用，溶质 A 在两相中可能有多种型体存在，这时分配定律就不适用了。对分析工作者重要的是知道溶质 A 在两相间的分配。因此，通常把溶质 A 在两相中各型体浓度和(分析浓度或总浓度)之比称为分配比，以 D 表示：

$$D=\frac{c_{有}}{c_{水}}=\frac{[\mathrm{A}_1]_{有}+[\mathrm{A}_2]_{有}+\cdots+[\mathrm{A}_n]_{有}}{[\mathrm{A}_1]_{水}+[\mathrm{A}_2]_{水}+\cdots+[\mathrm{A}_n]_{水}} \tag{6-17}$$

只有在最简单的萃取体系中，溶质在两相中的存在形式完全相同时，才有 $D = K_D$。在实际情况中，$D\neq K_D$。如果物质在某种有机溶剂中的分配比较大，则用该种有机溶剂萃取时，溶质的极大部分将进入有机溶剂相中，这时萃取效率就高。根据分配比可以计算萃取效率。

当溶质 A 的水溶液用有机溶剂萃取时，设水溶液的体积为$V_{水}$，有机溶剂的体积为$V_{有}$，则萃取效率 E(以百分数表示)应该为

$$E = \frac{\text{A在有机相中的总含量}}{\text{A在两相中的总量}} \times 100\% = \frac{c_{有}V_{有}}{c_{有}V_{有} + c_{水}V_{水}} \times 100\% \tag{6-18}$$

如果上式中的分子、分母都用$c_{水}V_{有}$除，则得

$$E = \frac{c_{有} / c_{水}}{c_{有} / c_{水} + V_{水} / V_{有}} \times 100\% = \frac{D}{D + (V_{水} / V_{有})} \times 100\%$$

可见萃取效率由分配比 D 和体积比$V_{水} / V_{有}$决定。D 越大，萃取效率越高。不同 D 值的萃取效率 E(%)表示如下：

D	1	10	100	1000
E/%	50	91	99	99.9

若一次萃取要求萃取效率达到 99.9%时，则 D 值必须大于 1000。

如果 D 固定，减小体积比$V_{水} / V_{有}$，即增加有机溶剂的用量，也可提高萃取效率，但后者的效果不太显著；另外，增加有机溶剂的用量，将使萃取后溶质在有机相中的浓度降低，不利于进一步的分离和测定。因此，在实际工作中对于分配比较小的溶质，通常采用分几次加入溶剂，连续几次萃取的办法，以提高萃取效率。

为了达到分离目的，不但要求萃取效率高，而且要考虑共存组分间的分离效果要好，一般用分离因素β来表示分离效果。β是两种不同组分分配比的比值，即

$$\beta = \frac{D_{\mathrm{A}}}{D_{\mathrm{B}}} \tag{6-19}$$

如果 D_{A} 和 D_{B} 相差很大，分离因素很大，两种物质可以定量分离；反之，如果两者相差不多，两种物质就难以完全分离。

2. 萃取体系的分离和萃取条件的选择

无机物质中只有少数共价分子，如 HgI_2、$HgCl_2$、$GeCl_4$、$AsCl_2$、SbI_2 等可以直接用有机溶剂萃取。大多数无机物质在水溶液中离解成离子，并与水分子结合成水合离子，各种无机物质较易溶解于极性溶剂水中。而萃取过程却要用非极性或弱极性的有机溶剂，从水中萃取出已水合的离子来，这显然是有困难的。为了使无机离子的萃取过程能顺利地进行，必须在水中加入某种试剂，使被萃取物质与试剂结合成不带电荷的、难溶于水而易溶于有机溶剂的分子，这种试剂称为萃取剂。根据被萃取组分与萃取剂所形成的可被萃取分子性质的不同，可将萃取体系分类如下。

1) 形成内络盐的萃取体系

这种萃取体系在分析化学中应用最为广泛。所用萃取剂一般是有机弱酸，也是螯合剂。例如，8-羟基喹啉可与 Pd^{2+}、Ti^{3+}、Fe^{3+}、Ga^{3+}、In^{3+}、Al^{3+}、Co^{3+}、Zn^{2+}等离子生成螯合物：

$$\left[\begin{array}{c}\text{(8-羟基喹啉)} \; N \rightarrow M \\ O \end{array}\right]_n$$

所生成的螯合物难溶于水，可用有机溶剂氯仿萃取。

又如，二硫腙，它微溶于水，形成互变异构体，并可与 Ag^+、Au^{3+}、Bi^{3+}、Cd^{2+}、Hg^{2+}、Cu^{2+}、Co^{2+}等离子螯合，所生成的螯合物难溶于水，可用 CCl_4 萃取。

这类萃取剂如以 HR 表示，它们与金属离子螯合和萃取的过程可简单表示如下：

$$\begin{array}{lcc} & HR \rightleftharpoons H^+ + R^- & \\ \text{水相}HR & Me^{n+} + nR^- \rightleftharpoons & MeR_n \\ \Updownarrow & & \Updownarrow \\ \text{有机相}HR & & MeR_n \end{array}$$

萃取剂 HR 越易离解，它与金属离子所形成的螯合物 MeR_n 就越稳定；螯合物在有机相中的分配系数越大，则萃取越容易进行，萃取效率越高。对于不同的金属离子由于所生成螯合物的稳定性不同，螯合物在两相中的分配系数不同，因而选择和控制适当的萃取条件，包括萃取剂的种类、溶剂的种类、溶液的酸度，就可使不同的金属离子得以萃取分离。

2) 形成离子缔合物的萃取体系

属于这一类的是带不同电荷的离子，互相缔合成疏水性的中性分子，被有机溶剂所萃取。在这一类萃取体系中，溶剂分子参加到被萃取的分子中，因此它既是溶剂又是萃取剂。

对于这类萃取体系，加入大量的与萃取化合物具有相同阴离子的盐类，可显著地提高萃取效果，这种现象称为盐析作用，加入的盐类为盐析剂。例如，萃取剂是含氧化合物，如醚、酮、酯及酰胺等。例如，在 6 mol · dm^{-3} HCl 介质中用乙醚萃取 $FeCl_3$，反应如下：

$$(C_2H_5)_2O + HCl \rightleftharpoons (C_2H_5)_2OH^+ + Cl^-$$

$$Fe^{3+} + 4Cl^- \rightleftharpoons FeCl_4^-$$

$$(C_2H_5)_2OH^+ + FeCl_4^- \rightleftharpoons [(C_2H_5)_2OH]^+ FeCl_4^-$$

生成的离子缔合物易被乙醚萃取，乙醚既是溶剂又是萃取剂。Fe^{3+}也可与 HSCN、HBr 分别形成 $Fe(SCN)_4^-$、$FeBr_4^-$ 而被乙醚萃取。

3) 形成三元配合物的萃取体系

这是新发展起来的一类萃取体系。由于三元配合物具有选择性好、灵敏度高的特点，因而这类萃取体系近年来发展较快。例如，为了萃取 Ag^+，可使 Ag^+与邻二氮菲配合成配阳离子，并与溴邻苯三酚红的阴离子缔合成三元配合物，如下图所示。在 pH 为 7 的缓冲溶液中可用硝基苯萃取，然后就在溶剂相中用光度法进行测定。

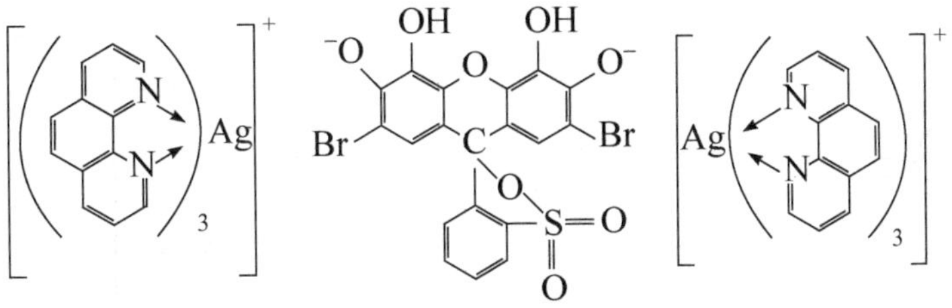

邻二氮菲银　　溴邻苯三酚红　　邻二氮菲银

三元配合物萃取体系对于稀有元素、分散元素的分离和富集很起作用。

3. 有机化合物的萃取分离

在有机化合物的萃取分离中，“相似相溶”原则是十分有用的。极性有机化合物和有机化合物的盐类，通常溶解于水而不溶于非极性有机溶剂中；非极性有机化合物则不溶于水，但可溶于非极性有机溶剂(如苯、四氯化碳、环己烷等)，因此根据相似相溶原则，选用适当的溶剂和条件，通常可从混合物中萃取某些组分，而不萃取另一些组分，从而达到分离的目的。例如，从丙醇和溴丙烷的混合物中，可用水来萃取极性的丙醇；用弱极性的乙醚可从极性的三羟基丁烷萃取弱极性的酯。

在分析工作中，萃取操作一般用间歇法，在梨形分液漏斗中进行。对于分配系数较小的物质的萃取，则可以在各种不同形式的连续萃取器中进行连续萃取。

6.5.2　色谱分离法

色谱分离法又称层析法，是一种物理化学分离法，利用混合物各组分的物理、化学性质的差异，使各组分不同程度地分布在两相中。其中一相是固定相，另一相是流动相。用本法分离样品时，总是由一种流动相带着样品流经固定相，利用样品与固定相和流动相作用力的差异，从而使各种组分分离。固定相可以是固体的吸附剂，也可以是固体支持体及(载体、担体)上载有液体所组成的固定相。流动相可以是气体，也可以是液体。用气体作为流动相称为气相色谱分析，以液体作为流动相称为液相色谱分析。色谱分离操作简便，不需要很复杂的设备，样品用量可大可小，既能用于实验室的分离分析，也适用于产品的制备和提纯。如果与有关仪器结合，可组成各种自动的分离分析仪器。因此，在医药卫生、环境保护、生物化学等领域中已成为经常使用的分离分析方法。本节主要介绍液相色谱分离法。

1. 纸上萃取色谱分离法(纸层析)

纸上萃取色谱分离法又称纸层析或纸上层析，此法设备简单，易于操作，适于微量组分的分离。其原理是根据不同物质在两相间的分配比不同而进行分离。滤纸谱图上溶质点的移动，可以看成是溶质在固定相和流动相之间的连续作用，借分配系数不同达到分离的目的。这是以滤纸上吸附的水作为固定相，与水不混溶的有机溶剂作流动相(展开剂)。一般滤纸上的纤维能吸附 22%的水分，其中约 6%的水与纤维结合生成水合纤维素配合物。纸纤维上的羟基具有亲水性，与水的氢键相连，限制了水的扩散。因此，使与水互溶的溶剂在此情况下仍然能与水形成类似不相混合的两相。各组分在层析图谱中的位置常用比移值(R_f)表示，如图 6-5 和图 6-6 所示。

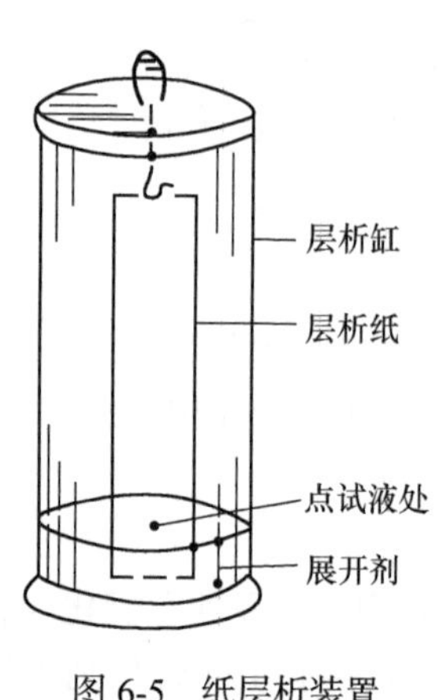

图 6-5　纸层析装置

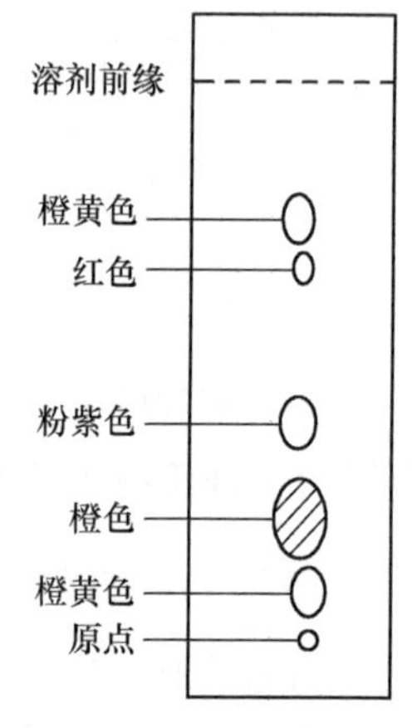

图 6-6　氨基蒽醌纸层析图谱

$$R_f = \frac{\text{斑点中心移动距离}}{\text{溶剂前缘移动距离}} \tag{6-20}$$

R_f值为 0～1，若 $R_f \approx 0$，表明该组分基本留在原点未移动，即没被展开；若 $R_f \approx 1$，表明该组分随溶剂一起上升，即待测组分在固定相中的浓度接近于零。

在一定条件下 R_f 值是物质的特征值，可以利用 R_f值鉴定各种物质。但影响 R_f值的因素很多，最好用已知的标准样品作对照。根据各物质的 R_f值，可以判断彼此能否用层析法分离。一般来说，R_f值只要相差 0.02 以上，就能彼此分离。

如果是有色物质的分离，各个斑点可以清楚地看出来。如果分离的是无色物质，则在分离后需要用物理的或化学的方法处理滤纸，使各斑点显现出来。

纸层析是一种微量分离方法，是一项技术性很高的工作，要想得到良好的分离效果，必须严格控制层析条件。

2. 柱层析色谱分离法

柱色谱法是将吸附剂(如氧化铝/硅胶等)装在一支玻璃管中，做成色谱柱，如图 6-7 所示。然后将试液加在柱上，如试液中含有 A、B 两种组分，则 A 和 B 便被吸附剂(固定相)吸附在柱的上端，再用一种洗脱剂(展开剂)进行冲洗。由于各种物质在吸附剂表面上具有不同的吸附选择性和吸附牢度，所以在用展开剂冲洗过程中，管内就不断地发生溶解、吸附、再溶解、再吸附的现象。由于展开剂与吸附剂两者对 A、B 的溶解能力不同，即 A、B 的分配系数不同，则 A 和 B 的移动距离也不相同。当冲洗到一定程度时，两者即可以完全分开，形成两个带，再继续冲洗，A 物质便从柱中流出来，B 物质后被洗脱下来，这样便可将 A、B 两种物质分离。

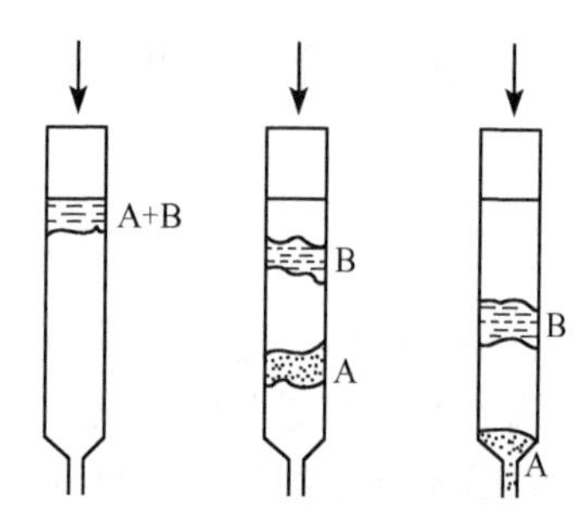

图 6-7　柱层析色谱分离过程示意图

3. 薄层萃取色谱分离法

薄层萃取色谱分离法又称薄板层析或薄层色谱，是在纸上萃取色谱分离法的基础上发展起来的。与纸上萃取分离法相比，它具有速率快、分离清晰、灵敏度高、可以采用各种方法显色等特点，因此近年来它发展极为迅速，广泛地应用于有机分析中。

薄层层析是把固定相的支持剂均匀地涂在玻璃板上，把样品点在薄层板的一端，放在密闭容器中，用适当的溶剂展开。借助薄层板的毛细作用，展开剂由下向上移动。由于固定相相对不同物质的吸附能力不同，当展开剂流过时，不同物质在吸附剂与展开剂之间发生不断吸附、解吸、再吸附、再解吸等过程。易被吸附的物质移动得慢些，较难被吸附的物质移动得快些。经过一段时间的展开，不同物质彼此分开，最后形成相互分开的斑点。样品分离情况也可用比移值 R_f 衡量。

在柱层析和薄层层析中，为了获得良好的分离，必须选择适当的吸附剂和展开剂。对吸附剂的基本要求是：①具有较大的吸附表面和一定的吸附能力；②与展开剂及样品中各组分不发生化学反应，在展开剂中不溶解；③吸附剂的颗粒要有一定的细度，并且粒度要均匀。常用的吸附剂有氧化铝、硅胶、聚酰胺等。对展开剂的选择，仍以溶剂的极性为依据。一般地说，极性大的物质要选择极性大的展开剂，为了寻找适宜的展开剂，需经过多次实验方能确定。常用的展开剂及其极性大小次序如下：

水>乙醇>丙酮>正丁醇>乙酸乙酯>氯仿>乙醚>甲苯>苯>四氯化碳>环己烷>石油醚

以上只是一般的规则，在工作中还必须通过实验来选择合适的吸附剂和展开剂，并确定其他分离条件。

6.5.3　离子交换分离法

利用离子交换剂与溶液中离子发生交换反应而使离子分离的方法，称为离子交换法。该方法分离效率高，既能用于带相反电荷离子间的分离，也能用于带相同电荷离子间的分离；尤其适宜用于性质相近的离子间的分离，如 Nb 和 Ta、Zr 和 Hf 以及稀土元素等。还可用于微量元素的富集和高纯物质的制备，其中也包括蛋白质、核酸、酶等生物活性物质的纯化。离子交换分离法设备简单，操作也不复杂，树脂又具有再生能力，可以反复使用，因此它广泛应用于科研、生产等许多部门。离子交换分离法的不足之处是分离过程的周期长，耗时久。因此在分析化学中，仅用它解决较困难的分离问题。

离子交换剂的种类很多，有无机交换剂，也有有机交换剂。目前应用较多的是有机交换剂，即离子交换树脂。

1. 离子交换树脂

离子交换树脂是一种高分子聚合物，其网状结构的骨架部分一般很稳定，对于酸、碱、一般的有机溶剂和较弱的氧化剂都不起作用。在网状结构的骨架上有许多可以被交换的活性基团，根据这些活性基团的不同，一般把离子交换树脂分成阳离子交换树脂和阴离子交换树脂两大类。

1) 阳离子交换树脂

这类树脂的活性交换基团是酸性的，它的 H^+ 可被阳离子交换。根据活性基团酸性的强弱，可分为强酸型、弱酸型两类。强酸型树脂含有磺酸基($—SO_3H$)；弱酸型树脂含有羧基(—COOH)或酚羟基(—OH)。上述各种树脂中酸性基团上的 H^+ 可以离解出来，并能与其他阳离子进行交换，因此又称为 H-型阳离子交换树脂。

H-型强酸型阳离子交换树脂与溶液中的其他阳离子(如 Na^+)发生的交换反应，可以简单地表示如下：

$$R—SO_3H + Na^+ \underset{\text{洗脱过程}}{\overset{\text{交换过程}}{\rightleftharpoons}} R—SO_3Na + H^+$$

溶液中的Na^+进入树脂网状结构中，H^+则交换进入溶液，树脂就转变为Na-型强酸型阳离子交换树脂。由于交换过程是可逆过程，如果以适当浓度的酸溶液处理已经交换的树脂，反应将向反方向进行，树脂又恢复原状，这一过程称为再生或洗脱过程。再生后的树脂经过洗涤又可以再次使用。

2) 阴离子交换树脂

这类树脂的活性基团是碱性的，它的阴离子可被其他阴离子交换。根据基团碱性的强弱，又可分为强碱型和弱碱型两类。弱碱型阴离子交换树脂含有胺基(—NH_2)、仲胺基(—$NHCH_3$)、叔胺基[—$N(CH_3)_2$]；强碱型树脂含有季铵基[$N(CH_3)_3^+OH^-$]。这种树脂中的OH^-能与其他阴离子发生交换。交换过程和洗脱过程可以表示如下：

$$R—N(CH_3)_3^+OH^- + Cl^- \underset{\text{洗脱过程}}{\overset{\text{交换过程}}{\rightleftharpoons}} R—N(CH_3)_3^+Cl^- + OH^-$$

上述各种阴离子交换树脂为OH^-型阴离子交换树脂。经交换后则转变为Cl^-型阴离子交换树脂。交换后的树脂经适当浓度的碱溶液处理后，可以再生。

各种阴离子交换树脂中以强碱型阴离子交换树脂的应用较广，在酸性、中性和碱性溶液中都能应用，对于强酸根离子和弱酸根离子都能交换。弱碱型阴离子交换树脂在碱性溶液中失去交换能力，在分析化学中应用较少。

3) 螯合树脂

在离子交换树脂中引入某些能与金属离子螯合的活性基团，就成为螯合树脂，它能在交换过程中选择性地交换某种金属离子，所以对化学分离有重要意义。例如，含有氨基二乙酸基团的树脂，由该基团与金属离子的反应特性，估计这种树脂对Cu^{2+}、Co^{2+}、Ni^{2+}有很好的选择性。可以预计，利用这种方法同样可以制备含某一金属离子的树脂来分离含有某些官能团的有机化合物。例如，含汞的树脂可分离含有巯基的化合物(如半胱氨酸、谷胱甘肽等)，这一设想可能对生物化学的研究有一定的意义。

2. 离子交换色谱法

离子交换分离法也可用来分离各种相同电荷的离子，这是因为各种离子在树脂上的交换能力不同。离子在树脂上交换能力的大小称为离子交换亲和力。

在强酸型阳离子交换树脂上，碱金属离子、碱土金属离子和稀土金属离子的交换亲和力大小顺序分别如下：

$$Li^+ < H^+ < Na^+ < K^+ < Rb^+ < Cs^+$$

$$Mg^{2+} < Ca^{2+} < Sr^{2+} < Ba^{2+}$$

$$Lu^{3+} < Yb^{3+} < Er^{3+} < Ho^{3+} < Dy^{3+} < Tb^{3+} < Gd^{3+} < Eu^{3+} < Sm^{3+} < Nd^{3+} < Pr^{3+} < Ce^{3+} < La^{3+}$$

不同价数的离子，其交换亲和力随着原子价数的增加而增大。例如：

$$Na^+ < Ca^{2+} < Al^{3+} < Th^{4+}$$

在强碱型阴离子交换树脂上，各种阴离子的交换亲和力顺序如下：

$$F^- < OH^- < CH_3COO^- < Cl^- < Br^- < NO_3^- < HSO_4^- < I^- < SCN^- < ClO_4^-$$

由于带相同电荷离子的交换亲和力存在差异，因此可以进行离子交换层析分离。例如，

为了分离 Li^+、Na^+、K^+，可让这三种离子的中性溶液通过细长的填充有强酸型阳离子交换树脂的交换柱，这三种离子都留在交换柱的上端。接着以 0.1 mol · dm^{-3} HCl 溶液洗脱，它们都将被洗下。随着洗脱液的流动，下面的树脂层又交换上去，接着又被洗脱。如此沿着交换柱不断地发生着交换、洗脱、又交换、又洗脱的过程。于是交换亲和力最弱的 Li^+将首先被洗下，接着是 Na^+，最后是 K^+。如果洗脱液分段收集，则可将 Li^+、Na^+、K^+分离，然后可以分别测定。

由于离子间交换亲和力的差异往往较小，单独依靠交换亲和力的差异来分离比较困难，如果采用某种配位剂溶液作洗脱液，则结合洗脱液的配位作用可使分离作用进行得更好。

近年来有机化合物的离子交换色谱分离也获得迅速发展和日益广泛的应用，尤其在药物分析和生物化学分析方面应用更多。例如，对氨基酸的分离，已进行深入的研究和取得了较大的成果，根据介绍，在一根交换柱上已能分离出 46 种氨基酸和其他组分。

以上讨论的各种分离都用离子交换树脂作为交换剂，但离子交换树脂不能耐高温、不能耐辐射。为了适应原子能工业的需要，人们研究生产了能耐高温、耐辐射的无机离子交换剂，如磷酸锆、钨酸锆等。另外，把离子交换树脂和黏合剂均匀混合，或将纤维素加以处理，引入可交换的活性基团，用来涂铺薄层，进行离子交换薄层层析的研究和应用，这在近些年来也有发展。

6.5.4　沉淀分离法

沉淀分离是一种经典的分离方法，它利用沉淀反应将被测组分和干扰组分分开。方法的主要原理是溶度积原理。本小节介绍几种常用的方法。

无机沉淀剂有很多，形成沉淀的类型也很多。此处只对形成氢氧化物和硫化物沉淀的分离法做简要讨论。

1) 氢氧化物沉淀分离法

大多数金属离子都能生成氢氧化物沉淀，但沉淀的溶解度往往相差很大，有可能借助控制酸度的方法使某些金属离子彼此分离。从理论上讲，只要知道氢氧化物的溶度积和金属离子的原始浓度，就能算出沉淀开始析出和沉淀完全时的酸度(表 6-7)。但实际上，金属离子可能形成多种羟基配合物(包括多核配合物)及其他配合物，有关常数现在也还不完全；沉淀的溶度积又随沉淀的晶形而变(如刚洗出与陈化后，沉淀的晶态有变化，溶度积也不同)。因此，金属离子分离的最适宜 pH 范围与计算值常有出入，必须由实验确定。

表 6-7　各种金属离子氢氧化物开始沉淀和沉淀完全时的 pH(假定[M] = 0.01 mol · dm^{-3})

氢氧化物	溶度积 $K_{sp}^{\ominus}$	开始沉淀时的 pH	完全沉淀时的 pH
$Sn(OH)_4$	1.0×10^{-57}	0.5	1.3
$TiO(OH)_2$	1.0×10^{-29}	0.5	2.0
$Sn(OH)_2$	3.0×10^{-27}	1.7	3.7
$Fe(OH)_3$	3.5×10^{-38}	2.2	3.5
$Al(OH)_3$	2.0×10^{-22}	4.1	5.4
$Cr(OH)_3$	5.4×10^{-31}	4.6	5.9

续表

氢氧化物	溶度积 $K_{sp}^{\ominus}$	开始沉淀时的 pH	完全沉淀时的 pH
$Zn(OH)_2$	1.2×10^{-17}	6.5	8.5
$Fe(OH)_2$	1.0×10^{-15}	7.5	9.5
$Ni(OH)_2$	6.5×10^{-18}	6.4	8.4
$Mn(OH)_2$	4.5×10^{-13}	8.8	10.8
$Mg(OH)_2$	1.8×10^{-11}	9.6	11.6

(1) 采用 NaOH 作沉淀剂可使两性元素与非两性元素分离，两性元素(如铬、铝等)便以含氧酸盐的阴离子形态保留在溶液中，非两性元素则生成氢氧化物沉淀。

(2) 在铵盐存在下以氨水为沉淀剂(pH = 8～9)可使高价金属离子如 Th^{4+}、Al^{3+}、Fe^{3+}等与大多数一价、二价金属离子分离。这时，Ag^+、Cu^{2+}、Co^{2+}、Ni^{2+}、Zn^{2+}、Cd^{2+}等以氨配合物型体存在于溶液中，而 Ca^{2+}、Mg^{2+}因其氢氧化物溶解度较大也会留在溶液中。

(3) 采用加入某种金属氧化物(如 ZnO)、有机碱[如$(CH_2)_6N_4$]等来调节和控制溶液酸度，以达到沉淀分离的目的。

氢氧化物沉淀分离法的选择性较差，又由于氢氧化物是非晶形沉淀，共沉淀现象较为严重。为了改善沉淀性能，减少共沉淀现象，沉淀作用应在较浓的热溶液中进行，使生成的氢氧化物共沉淀含水分较少，结构较紧密，体积较小，吸附的杂质离开沉淀表面转入溶液，从而获得较纯的沉淀。如果让沉淀作用在尽量浓的溶液中进行，并同时加入大量没有干扰作用的盐类，即进行“小体积沉淀”，可使吸附其他组分的机会进一步减少，沉淀较为纯净。

2) 硫化物沉淀

能形成硫化物沉淀的金属离子约有 40 余种，由于它们的溶解度相差悬殊，因而可以通过控制溶液中硫离子的浓度使金属离子彼此分离。

硫化物沉淀分离所用的主要沉淀剂是 H_2S，在溶液中 H_2S 存在如下平衡：

$$H_2S \underset{+H^+}{\overset{-H^+}{\rightleftharpoons}} HS^- \underset{+H^+}{\overset{-H^+}{\rightleftharpoons}} S^{2-}$$

溶液中的 S^{2-}浓度与溶液的酸度有关。因此控制适当的酸度，即控制了$[S^{2-}]$，即可进行硫化物沉淀分离。与氢氧化物沉淀法相似，硫化物沉淀法的选择性较差，硫化物是非晶形沉淀，吸附现象严重。如果改用硫代乙酰胺为沉淀剂，利用硫代乙酰胺在酸性或碱性溶液中水解产生的 H_2S 或 S^{2-}来进行均相沉淀，可使沉淀性能和分离效果有所改善。

$$CH_3CSNH_2 + 2H_2O + H^+ \rightleftharpoons CH_3COOH + H_2S + NH_4^+$$

$$CH_3CSNH_2 + 3OH^- \rightleftharpoons CH_3COO^- + S^{2-} + NH_3 + H_2O$$

硫化物共沉淀现象严重，分离效果不理想，而且 H_2S 是有毒并恶臭的气体，因此硫化物沉淀分离法的应用并不广泛。近年来有机沉淀剂的应用已较普遍，它的选择性和灵敏度较高，生成的沉淀性能好，沉淀剂灼烧后易去除，显示了较强的优越性，因而得到迅速的发展。

有机沉淀剂与金属离子形成沉淀主要有：螯合物沉淀、缔合物沉淀和三元配合物沉淀。在此不多叙述。

6.5.5　其他方法

常用分离方法中，除上面介绍的几种以外，还有一些较为常见的方法，简单介绍如下。

1. 挥发和蒸馏分离法

挥发和蒸馏分离法是利用化合物的挥发性的差异来进行分离的方法，可以用于除去干扰组分，也可以用于使被测组分定量分出，然后进行测定。

蒸馏法是有机化学中的一种重要的分离方法。在有机分析中，也经常用到挥发和蒸馏分离法。在无机分析中，挥发和蒸馏分离法的应用虽然不多，但由于方法的选择性高，容易掌握，故在某些情况下仍具有很大的意义。它主要应用于非金属元素和少数几种金属元素的分离。

2. 气浮分离法

该法的原理是采用某种方式，通入水中少量微小气泡，在一定条件下呈表面活性的待分离物质吸附或黏附于上升的气泡表面而浮升到液面，从而使某组分得以分离的方法，称为气浮分离法或气泡吸附分离法。过去曾称为浮选分离或泡沫浮选分离。该法 1959 年开始应用于分析化学领域，是分离和富集痕量物质的一种有效方法。

气浮分离涉及的理论比较复杂，有待进一步研究。目前认为，主要是由于表面活性剂在水溶液中易被吸附到气泡的气-液界面上。表面活性剂极性的一端向着水相，非极性的一端向着气相，在含有待分离的离子、分子的水溶液中，加入表面活性剂时，表面活性剂的极性端与水相中的离子或其极性分子通过物理(如静电引力)或化学(如配合反应)作用连接在一起，当通入气泡时，表面活性剂就将这些物质连在一起定向排列在气-液界面，被气泡带至液面，形成泡沫层，从而达到分离的目的。

3. 膜分离法

膜分离法是在 20 世纪 60 年代后迅速崛起的一门新的分离技术，是一种用天然或人工合成的高分子薄膜，以外界能量或化学位差为推动力，对双组分或多组分的溶质和溶剂进行分离、分析、提纯和富集的方法。膜分离过程没有相变化，不需要使液体沸腾，也不需要使气体液化，因而能耗低，成本低。另外，膜分离技术一般在常温下进行，因而对那些需避免高温分离、分级、浓缩与富集的物质(如果汁、药品等)，显示出其独特的优点。

膜分离技术由于兼有分离、浓缩、纯化和精制的功能，又有高效、节能、环保、分子级过滤及过滤过程简单、易于控制等特征，因此目前已广泛应用于食品、医药、生物、环保、化工、冶金、能源、石油、水处理、电子、仿生等领域，产生了巨大的经济效益和社会效益，已成为当今分离科学中最重要的手段之一。

思　考　题

1. 在进行农业试验时，需要了解微量元素对农作物栽培的影响。某人从试验田中挖了一小铲泥土试样，送化验室测定。由此试样所得分析结果有无意义？如何采样才正确？

2. 为了探讨某江河地段底泥中工业污染物的聚集情况，某单位于不同地段采集足够量的原始试样，混匀后取部分试样送分析室。分析人员用不同方法测定其中有害化学组分的含量。这样做对不对？为什么？

3. 标定碱溶液时，邻苯二甲酸氢钾($KHC_8H_4O_4$，$M = 204.23\ g \cdot mol^{-1}$)和二水合乙二酸($H_2C_2O_4 \cdot 2H_2O$，$M = 126.07\ g \cdot mol^{-1}$)都可以作为基准物质，你认为选择哪一种更好？为什么？

4. 有 6.00 g NaH_2PO_4 及 8.197 g Na_3PO_4 的混合物，加入少量水溶解，加入 2.500 mol · dm^{-3} 的 HCl 40.00 cm^3。问所得溶液是酸性、中性，还是碱性？

5. 现欲配制 0.02000 mol · dm^{-3} $K_2Cr_2O_7$ 溶液 500 cm^3，所用天平的准确度为±0.1 mg，若相对误差要求为±0.1%，问称取 $K_2Cr_2O_7$ 时，应准确称取到哪一位？

6. 利用某仪器分析方法检测试样中的 Cd^{2+} 含量，A 同学测定了 8 次，实验结果(单位：mmol · dm^{-3})分别为：3.416、3.507、3.515、3.522、3.545、3.551、3.569、3.580，试用合适的方法判断可疑值(通常为最小值或最大值)是否需要舍弃。若已知该样品为标准样品，其含量为 3.556 mmol · dm^{-3}，试分析该方法是否存在系统误差(显著性水平设为 0.05)。

7. 比较分别用邻苯二甲酸氢钾和二水合乙二酸作为基准物标定 NaOH 溶液的差异，分别从欲配制的溶液的浓度、称量误差、实验操作三个方面进行讨论。

习　题

1. 已知浓硫酸的相对密度为 1.84，其中 H_2SO_4 含量约为 96%。如欲配制 1 dm^3 0.20 mol · dm^{-3} 的 H_2SO_4 溶液，应取这种浓硫酸体积为多少(单位：cm^3)？

2. 欲配制 0.2500 mol · dm^{-3} HCl 溶液，现有 0.2120 mol · dm^{-3} HCl 溶液 1000 cm^3，应加入 1.121 mol · dm^{-3} HCl 溶液体积为多少(单位：cm^3)？

3. 下列情况分别引起什么误差？如果是系统误差，应如何消除？

(1) 分析天平未经水平校正；

(2) 容量瓶和移液管不配套；

(3) 在重量分析中被测组分沉淀不完全；

(4) 试剂含被测组分；

(5) 以含量约为 99%的乙二酸钠作基准物标定 $KMnO_4$ 溶液的浓度；

(6) 读取滴定管读数时，小数点后第二位数字估测不准。

4. 甲、乙两人同时分析矿物中的含硫量，每次取样 3.5 g，分析结果分别报告如下：

甲：0.042%，0.041%

乙：0.04199%，0.4201%

哪一份报告是合理的？为什么？

5. 下列数据中各包含几位有效数字？

(1) 0.0376；　(2) 1.2067；　(3) 0.2180；　(4) 1.8×10^{-6}；　(5) pH = 12.32。

6. 按有效数字运算规则，计算下列各式。

(1) $2.187\times0.854+9.6\times10^{-5}-0.0326\times0.00814$；

(2) $\dfrac{51.38}{8.709\times0.09460}$；

(3) $\dfrac{89.827\times50.62}{00.005164\times136.6}$；

(4) $\sqrt{\dfrac{1.5\times10^{-8}\times6.1\times10^{-8}}{3.3\times10^{-6}}}$；

(5) $\dfrac{1.20\times(112-1.240)}{5.4375}$；

(6) $\dfrac{1.50\times10^{-5}\times6.11\times10^{-8}}{3.3\times10^{-5}}$；

(7) pH = 0.03，求$[H^+]$。

7. 用加热驱除水分法测定 $CaSO_4\cdot\frac{1}{2}H_2O$ 中结晶水的含量时，称样 0.2000 g，已知天平称量误差为±0.1 mg，试问分析结果应有几位有效数字？

8. 有一铜矿试样，经两次测定，得知铜含量为 24.87%、24.93%，而铜的实际含量为 25.05%。求分析结果的绝对误差和相对误差。

9. 某试样经分析测得含锰(%)分别为 41.24、41.27、41.23 和 41.26。求分析结果的平均偏差和样本标准偏差，并确定分析结果的置信区间(置信度 95%)。

10. 测定某样品的含氮量，六次平行测定的结果是 20.48%、20.55%、20.58%、20.60%、20.53%、20.50%。

(1) 计算这组数据的平均值、平均偏差、标准偏差和变异系数，并确定分析结果的置信区间(设置信度为 95%)。

(2) 若此样品是标准样品，含氮量为 20.45%，计算以上测定结果的绝对误差和相对误差，并判断该测定结果是否存在系统误差。

11. 测定某样品的含铁量，五次平行测定的结果分别为：53.35%、53.30%、53.40%、53.38%、53.42%，若此样品是标准样品，其含铁量为 53.36%，试采用 t 检验法确定该方法的测定值与标准值之间是否有显著性差异。

12. 设采用某一仪器分析方法测定某试样中的铜离子含量，测定 10 次，含铜量的平均值为 2.78%，样本的标准偏差为 0.0045，现新购买另一同型号仪器，采用同样的方法测定该试样，平行测定 10 次，测得试样中的含铜量为 2.70%，样本的标准偏差为 0.0065，问新仪器测定的结果与原仪器测得的结果是否有显著性差异(置信度 95%)?

13. 测定某一热交换器水垢的 P_2O_5 和 SiO_2 的质量分数如下(已校正系统误差)：

$$w(P_2O_5)/\%：8.44，8.32，8.45，8.52，8.69，9.38$$

$$w(SiO_2)/\%：1.50，1.51，1.68，1.22，1.63，1.72$$

根据 Q 检验法对可疑数据决定取舍(置信度 90%)，然后求出平均值、平均偏差、标准偏差。

14. 某学生标定 HCl 溶液的摩尔浓度时，得到下列数据：0.1011，0.1010，0.1012，0.1016，根据四倍法，问第 4 次数据是否应保留？若再测定一次，得到 0.1014，上面第四次数据应不应该保留？

15. 要求在滴定时消耗 0.2 $mol \cdot dm^{-3}$ NaOH 溶液 25～30 cm^3。问应称取基准试剂邻苯二甲酸氢钾($KHC_8H_4O_4$)多少克？如果改用 $H_2C_2O_4 \cdot 2H_2O$ 作基准物质，又应称取多少克？

16. 滴定 0.1560 g 乙二酸的试样，用去 0.1011 $mol \cdot dm^{-3}$ NaOH 22.60 cm^3，求乙二酸试样中 $H_2C_2O_4 \cdot 2H_2O$ 的质量分数。

17. 现有不纯 Sb_2S_3 样品 0.2513 g，将其在氧气流中灼流，产生的 SO_2 通入 $FeCl_3$ 溶液中，使 Fe^{3+}还原至 Fe^{2+}，然后用 0.02000 $mol \cdot dm^{-3}$ $KMnO_4$ 标准溶液滴定 Fe^{2+}，消耗 $KMnO_4$ 溶液 31.80 cm^3。计算试样中 Sb_2S_3 的含量，若按 Sb%计算，结果为多少？

18. 分析不纯 $CaCO_3$(其中不含干扰物质)时，称取试样 0.3000 g，加入浓度为 0.2500 $mol \cdot dm^{-3}$ 的 HCl 标准溶液 25.00 cm^3。煮沸除去 CO_2，用浓度为 0.2012 $mol \cdot dm^{-3}$ 的 NaOH 溶液返滴过量酸，消耗了 5.84 cm^3。计算试样中 $CaCO_3$ 的质量分数。

19. 25℃时，Br_2 在 CCl_4 和水中的分配比为 29.0，水溶液中的溴用：(1) 等体积的 CCl_4 萃取；(2) $\frac{1}{2}$ 体积的 CCl_4 萃取；(3) $\frac{1}{2}$ 体积的 CCl_4 萃取两次时，萃取效率各为多少？

20. 某弱酸 HA 的 $K_a = 2 \times 10^{-5}$，它在某种有机溶剂和水中的分配系数为 30.0，当水溶液的(1) pH = 1，(2) pH = 5 时，分配比各为多少？用等体积的有机溶剂萃取，萃取效率各为多少？

第 7 章　酸碱平衡与酸碱滴定法

水溶液中的四大平衡在日常生活中比较常见，在化学和化工生产上也有重要的作用。与气相反应比较，溶液中离子反应的活化能一般都较小($< 40\ kJ \cdot mol^{-1}$)，反应速率较快，因此水溶液体系中的平衡问题显得尤其重要，后续章节中讨论的不同平衡体系的理论及其滴定分析与应用都与酸碱平衡有关。由于酸碱反应的反应热效应比较小，平衡常数随温度的变化可忽略。酸碱反应是各类化学反应的基础，从酸雨的形成到岩石的风化，从蛋白质的生物合成到生物活性物质在生命体中的代谢，均与酸碱反应密切相关。

7.1　酸碱平衡的理论发展

7.1.1　酸碱电离理论

提起物质的酸碱性，人们对酸和碱的认识经历了很长一段历史过程。最初把有酸味、能使蓝色石蕊变红的物质称为酸，有涩味、使红色石蕊变蓝的物质称为碱。真正将酸碱表述清楚的还得从阿伦尼乌斯(Arrhenius)的电离学说开始。

1887 年，化学家阿伦尼乌斯依据电解质溶液的依数性和导电性的关系，提出了电离学说：

(1) 由于溶剂作用，电解质在溶液中自动离解成带电的质点(离子)的现象称为电离。

(2) 电解质在水溶液中的电离是在溶解过程中发生的，因为溶液中有离子存在，是电解质溶液能导电的原因。

(3) 这些质点带不同的电荷，也就是正离子和负离子。这些离子不停运动，相互碰撞时又结合成分子，所以溶液中的电解质只有部分电离，已电离的分子数占总分子数的百分数称为电离度。

阿伦尼乌斯根据其电离学说提出酸碱的电离理论。他认为在水中能电离出氢离子并且不产生其他阳离子的物质是酸，在水中能电离出氢氧根离子并且不产生其他阴离子的物质是碱。酸碱中和反应的实质是氢离子和氢氧根离子结合成水。例如：

酸　　$$HAc \rightleftharpoons H^+ + Ac^-$$

碱　　$$NaOH \rightleftharpoons Na^+ + OH^-$$

酸碱发生中和反应生成盐和水：

$$NaOH + HAc \longrightarrow NaAc + H_2O$$

反应的实质是　　$$H^+ + OH^- \longrightarrow H_2O$$

酸碱电离理论提高了人们对酸碱本质的认识，对化学的发展起了很大作用。1903 年，阿伦尼乌斯“因其电离理论对化学的发展所做的特殊贡献受到众人的公认”而获得诺贝尔化学奖。

根据电离学说，对于弱酸或弱碱，采用酸碱电离的平衡常数来表征酸碱的强度。

一元弱酸：　　$$HA \rightleftharpoons A^- + H^+ \qquad K_a = \frac{[A^-][H^+]}{[HA]}$$

多元弱酸：

$$H_nA \rightleftharpoons H_{n-1}A^- + H^+ \qquad K_{a_1} = \frac{[H_{n-1}A^-][H^+]}{[H_nA]}$$

$$H_{n-1}A^- \rightleftharpoons H_{n-2}A^{2-} + H^+ \qquad K_{a_2} = \frac{[H_{n-2}A^{2-}][H^+]}{[H_{n-1}A^-]}$$

$$\vdots$$

$$H_nA \rightleftharpoons A^{n-} + nH^+ \qquad K_{a(H_nA)} = K_{a_1}K_{a_2}\cdots = \frac{[A^{n-}][H^+]^n}{[H_nA]}$$

温度一定时，K_a 不随 HA 浓度的变化而变化，因此 K_a 的大小可用来表征物质酸性的强弱，多元弱酸的电离常数逐级减小。一些常见的弱酸、弱碱在常温下的 K_a 、K_b 数值见附录。

酸碱的电离程度可以用电离度 α 表示。设 HA 为一元弱酸，它在水溶液中存在如下平衡：

$$HA \rightleftharpoons H^+ + A^-$$

电离度定义：

$$\alpha = \frac{c_{HA} - [HA]}{c_{HA}} \times 100\% \tag{7-1}$$

式中，c_{HA} 为一元弱酸的分析浓度(或总浓度)；[HA]为弱酸的平衡浓度。

由此可见，在 c_{HA} 一定的条件下，α 值越大，表示弱酸电离得越多，说明该酸越强。

对于多元酸　$H_nA \rightleftharpoons nH^+ + A^{n-}$

这一离解平衡包含若干分步离解反应：

$$H_nA \rightleftharpoons H_{n-1}A^- + H^+$$

$$H_{n-1}A^- \rightleftharpoons H_{n-2}A^{2-} + H^+$$

$$\cdots$$

$$\alpha = \frac{c_{H_nA} - [H_nA]}{c_{H_nA}} \times 100\% = \frac{[H_{n-1}A^-] + [H_{n-2}A^{2-}] + \cdots}{c_{H_nA}} \times 100\%$$

一般对多元酸而言，若第一级电离比其他各级电离大很多，则可近似看作是第一级电离的结果。

以 HAc(乙酸 CH_3COOH 的简写)的电离为例来讨论电离度和电离常数的关系。设 HAc 的初始浓度为 c，电离度为 α，忽略水的电离，则平衡时各物质的浓度分别为：$[HAc] = c - c\alpha$；$[H^+] = [Ac^-] = c\alpha$。则

	$HAc \rightleftharpoons$	H^+	$+ Ac^-$
起始时的相对浓度	c	0	0
平衡时的相对浓度	$c-c\alpha$	$c\alpha$	$c\alpha$

代入电离常数表达式中，得

$$K_a = \frac{[H^+][Ac^-]}{[HAc]} = \frac{(c\alpha)^2}{c(1-\alpha)}$$

当电离度较小，满足 $\alpha \leqslant 5\%$，即 $c/K_a \geqslant 500$ 时，可忽略已电离的部分，而近似认为 $1-\alpha \approx 1$，于是

$$K_a = c\alpha^2 \quad 或 \quad \alpha = \sqrt{K_a / c} \tag{7-2}$$

式(7-2)称为稀释定律，它表明了一定条件下浓度、电离度和电离常数三者之间的关系，在此忽略了水的自身电离贡献。电离常数与电离度都可以反映弱电解质的电离程度，但是两者是不同的，电离常数是平衡常数，是温度的函数，不随弱电解质浓度的变化而变化；而电离度是转化率的一种形式，表示弱电解质在一定条件下的离解百分数，随着弱电解质的浓度降低而增大。表 7-1 列出了 298 K 时不同浓度的 HAc 溶液的电离度和电离平衡常数(活度系数与活度的讨论详见 7.2.2 小节)。

表 7-1　298 K 时不同浓度的 HAc 溶液的电离度和电离平衡常数

c/(mol · dm^{-3})	α	K_a	
		未经γ(活度系数)修正	经γ修正
0.00002801	0.5393	1.77×10^{-5}	1.75×10^{-5}
0.0001114	0.3277	1.78×10^{-5}	1.75×10^{-5}
0.0002184	0.2477	1.78×10^{-5}	1.75×10^{-5}
0.001028	0.1238	1.80×10^{-5}	1.75×10^{-5}
0.002414	0.08290	1.81×10^{-5}	1.75×10^{-5}
0.005912	0.05401	1.82×10^{-5}	1.75×10^{-5}
0.009842	0.04222	1.83×10^{-5}	1.75×10^{-5}
0.02000	0.02988	1.84×10^{-5}	1.74×10^{-5}
0.05000	0.01905	1.85×10^{-5}	1.72×10^{-5}
0.1000	0.01350	1.85×10^{-5}	1.70×10^{-5}

值得注意的是，上面讨论的酸性或碱性的强弱，只代表酸或碱在水中电离出 H^+或 OH^-的能力。它们在酸碱反应中所起的作用，取决于水溶液中氢离子或氢氧根离子的浓度。因此人们将水溶液中氢离子的浓度定义为酸度，作为在酸碱反应中起作用大小的标志，溶液酸碱性的相对强弱习惯上用 pH 表示为

$$\mathrm{pH} = -\lg[\mathrm{H}^+] \tag{7-3}$$

严格地，应为 $\mathrm{pH} = -\lg a_{\mathrm{H}^+}$ (a 表示活度)。

电离理论很好地给出了酸碱的定义，以及衡量酸碱强弱的定量标志，在水为溶剂的体系中有较好的应用。但也有一定局限性，它只适用于水溶液，不适用于非水溶液体系。

7.1.2　酸碱质子理论

酸碱质子理论又称布朗斯特-劳里酸碱理论(Brønsted-Lowry acid-base theory)，是丹麦化学家布朗斯特和英国化学家劳里于 1923 年各自独立提出的一种酸碱理论，是在酸碱电离理论基础上发展起来的。

1. 基本要点

根据质子理论，凡是能给出质子(H^+)的物质是酸，凡是能接受质子(H^+)的物质是碱，它们之间的关系可用下式表示：

$$酸 \rightleftharpoons 质子 + 碱$$

例如：

$$HAc \rightleftharpoons H^+ + Ac^-$$

上式中的 HAc 是酸，它给出质子后，剩下的 Ac^-对于质子具有一定的亲和力，能接受质子，因而是一种碱。这种因质子得失而互相转变的每一对酸碱，称为共轭酸碱。因此，酸碱也可以认为是同一种物质在质子得失过程中的不同状态。

共轭酸碱对可再举数例如下：

$$HClO_4 \rightleftharpoons H^+ + ClO_4^-$$

$$HSO_4^- \rightleftharpoons H^+ + SO_4^{2-}$$

$$NH_4^+ \rightleftharpoons H^+ + NH_3$$

$$^+H_3N—R—NH_3^+ \rightleftharpoons H^+ + {}^+H_3N—R—NH_2$$

可见，酸碱可以是阳离子、阴离子，也可以是中性分子。

上面各个共轭酸碱对的质子得失反应，称为酸碱半反应。由于质子的半径极小，电荷密度极高，它不可能在水溶液中独立存在(或者说只能瞬间存在)，因此上述的各种酸碱半反应在溶液中也不能单独进行，而是当一种酸给出质子时，溶液中必定有一种碱来接受质子。例如，HAc 在水溶液中离解时，溶剂水就是接受质子的碱，它们的反应可以表示如下：

$$\underset{酸_1}{HAc} \rightleftharpoons H^+ + \underset{碱_1}{Ac^-}$$

$$\underset{碱_2}{H_2O} + H^+ \rightleftharpoons \underset{酸_2}{H_3O^+}$$

$$\underset{酸_1}{HAc} + \underset{碱_2}{H_2O} \rightleftharpoons \underset{酸_2}{H_3O^+} + \underset{碱_1}{Ac^-}$$

两个共轭酸碱对相互作用而达平衡。

同样，碱在水溶液中接受质子的过程也必须有溶剂水分子参加。例如：

$$NH_3 + H^+ \rightleftharpoons NH_4^+$$

$$H_2O \rightleftharpoons H^+ + OH^-$$

$$NH_3 + H_2O \rightleftharpoons NH_4^+ + OH^-$$

同样也是两个共轭酸碱对相互作用而达平衡。只是在这个平衡中溶剂水起了酸的作用，因此水是一种两性溶剂。

由于水分子的两性作用，一个水分子可以从另一个水分子夺取质子而形成 H_3O^+和 OH^-，即

$$H_2O + H_2O \rightleftharpoons H_3O^+ + OH^-$$

水分子之间存在着质子的传递作用，称为水的质子自递作用，其标准平衡常数为

$$K_w^\ominus = \frac{[H_3O^+]}{c^\ominus} \cdot \frac{[OH^-]}{c^\ominus} \tag{7-4}$$

$K_w^\ominus$ 称为水的质子自递常数或水的离子积常数(简称水的离子积，K_w)。在讨论水溶液中的

平衡体系时，为简便起见，在书写标准平衡常数表达式时通常省略其中的标准浓度 $c^{\ominus}$，水合质子 H_3O^+也常简写作 H^+，即水的质子自递平衡可简略地表示为

$$K_w = [H^+][OH^-]$$

在 25℃时，通过实验测得纯水中水的离子积常数 $K_w = 1 \times 10^{-14}$($pK_w = 14$)。当然由于水的质子自递作用产生少量的 H_3O^+和 OH^-，纯水具有微弱的导电性。

根据酸碱的质子理论，酸和碱的中和反应也是一种质子的转移过程，如：

$$HCl + NH_3 \longrightarrow NH_4^+ + Cl^-$$

反应的结果是各反应物转化为它们各自的共轭酸和共轭碱。

人们通常说的盐的水解过程，实质上也是质子的转移过程，它们和酸碱离解过程在本质上是相同的。例如：

$$H_2O + Ac^- \rightleftharpoons HAc + OH^- \qquad \text{水解}$$

$$\underset{\text{酸}_1}{NH_4^+} + \underset{\text{碱}_2}{H_2O} \rightleftharpoons \underset{\text{酸}_2}{H_3O^+} + \underset{\text{碱}_1}{NH_3} \qquad \text{水解}$$

上述的两个反应式也可分别看作 HAc 的共轭碱 Ac^-的离解反应和 NH_3 的共轭酸 NH_4^+ 的离解反应。总之，各种酸碱反应过程都是质子转移过程，因此运用质子理论就可以找出各种酸碱反应的共同基本特征。

2. 酸碱离解平衡

按照酸碱质子理论，酸碱的强弱取决于物质给出质子或接受质子能力的强弱。给出质子的能力越强，酸性就越强，反之就越弱。同样，接受质子的能力越强，碱性就越强，反之就越弱。

例如，$HClO_4$、HCl 都是强酸，其共轭碱 ClO_4^-、Cl^-都是弱碱。反之，共轭酸越弱，给出质子的能力越弱，则其共轭碱就越强。例如，NH_4^+、HS^-等是弱酸，它们的共轭碱 NH_3 是较强的碱，S^{2-}则是强碱。

各种酸碱的离解常数 K_a 和 K_b 的大小，可以定量地说明各种酸碱的强弱程度。例如，HCl 在水溶液中，可以将它的质子完全转移给水分子，K_a 很大。

$$HCl + H_2O \longrightarrow H_3O^+ + Cl^-$$

它的共轭碱 Cl^-几乎没有从 H_3O^+中取得质子转化为 HCl 的能力，Cl^-是一种极弱的碱，它的 K_b 小到测定不出来。

又如：

$$HAc + H_2O \rightleftharpoons H_3O^+ + Ac^- \qquad K_a = 1.8 \times 10^{-5}$$

$$NH_4^+ + H_2O \rightleftharpoons H_3O^+ + NH_3 \qquad K_a = 5.6 \times 10^{-10}$$

$$HS^- + H_2O \rightleftharpoons H_3O^+ + S^{2-} \qquad K_a = 7.1 \times 10^{-15}$$

这三种酸的强度为：$HAc > NH_4^+ > HS^-$。

而它们的共轭碱的离解常数 K_b 分别为

$$Ac^- + H_2O \rightleftharpoons HAc + OH^- \qquad K_b = 5.6 \times 10^{-10}$$

$$NH_3 + H_2O \rightleftharpoons NH_4^+ + OH^- \quad K_b = 1.8\times10^{-5}$$

$$S^{2-} + H_2O \rightleftharpoons HS^- + OH^- \quad K_b = 1.4$$

这三种共轭碱的强度为：$S^{2-} > NH_3 > Ac^-$，这个次序恰好与前述三种共轭酸的强度的次序相反。这也就定量地说明了酸越强，它的共轭碱越弱；酸越弱，它的共轭碱越强。

共轭酸碱对的 K_a 和 K_b 之间存在一定的关系，如：

$$HAc + H_2O \rightleftharpoons H_3O^+ + Ac^- \qquad K_a = \frac{[H^+][Ac^-]}{[HAc]}$$

$$Ac^- + H_2O \rightleftharpoons HAc + OH^- \qquad K_b = \frac{[HAc][OH^-]}{[Ac^-]}$$

$$K_a \cdot K_b = \frac{[H^+][Ac^-]}{[HAc]} \times \frac{[HAc][OH^-]}{[Ac^-]} = [H^+][OH^-]$$

即

$$K_a \cdot K_b = K_w = 10^{-14} \quad 或 \quad K_b = \frac{K_w}{K_a} \tag{7-5}$$

$$pK_b = pK_w - pK_a$$

因此，知道了酸或碱在一定的溶剂体系中的离解常数，就可以计算其共轭碱或共轭酸的离解常数。通常讨论的是水溶液体系，所以离解常数与电离理论中的一样。

对于多元酸，要注意 K_a 与 K_b 的对应关系，如三元酸 H_3A 在水溶液中：

$$H_3A + H_2O \xrightleftharpoons{K_{a_1}} H_3O^+ + H_2A^-$$

$$H_2A^- + H_2O \xrightleftharpoons{K_{a_2}} H_3O^+ + HA^{2-}$$

$$HA^{2-} + H_2O \xrightleftharpoons{K_{a_3}} H_3O^+ + A^{3-}$$

$$H_2A^- + H_2O \xrightleftharpoons{K_{b_3}} H_3A + OH^-$$

$$HA^{2-} + H_2O \xrightleftharpoons{K_{b_2}} H_2A^- + OH^-$$

$$A^{3-} + H_2O \xrightleftharpoons{K_{b_1}} HA^{2-} + OH^-$$

则

$$K_{a_1} \cdot K_{b_3} = K_{a_2} \cdot K_{b_2} = K_{a_3} \cdot K_{b_1} = [H^+][OH^-] = K_w$$

酸碱的质子理论适用于具有质子自递反应的溶剂体系(如冰醋酸、液氨、乙醇等)，该理论有明确的定量标准，适用性较广，在后续章节中，对于液相反应，一般均用该理论进行讨论。

7.1.3　酸碱电子理论

1923 年，美国化学家路易斯(Lewis)根据大量酸碱反应的化学键变化，从原子的电子结构观点概括了酸碱反应的共同性质，提出了酸碱电子理论(electronic theory of acids and bases)。该理论认为，凡能接受电子对的物质称为路易斯酸，也称“电子对接受体”，如 H^+、Na^+、BF_3 等；凡能给出电子对的物质是路易斯碱，也称“电子对给予体”，如 CN^-、F^-、OH^-、NH_3 等。因此，路易斯酸碱作用的实质是形成配位键的过程，即酸的价电子层中的空轨道接受碱的孤电子对，形成具有配位键的酸碱配合物，酸碱反应的通式可表达为

$$A \quad + \quad :B \longrightarrow A:B$$

路易斯酸　路易斯碱　酸碱配合物

例如，BCl_3与NH_3之间的反应，根据酸碱电离理论不属于酸碱反应范畴，但是根据路易斯酸碱电子理论则恰好是典型的酸碱反应：

$$\begin{array}{c}\text{Cl} \\ | \\ \text{Cl—B} \\ | \\ \text{Cl}\end{array} + :\begin{array}{c}\text{H} \\ | \\ \text{N—H} \\ | \\ \text{H}\end{array} \longrightarrow \begin{array}{c}\text{Cl} \\ | \\ \text{Cl—B} \\ | \\ \text{Cl}\end{array} \leftarrow \begin{array}{c}\text{H} \\ | \\ \text{N—H} \\ | \\ \text{H}\end{array}$$

以下反应也是路易斯酸碱反应：

$$H^+ + OH^- \longrightarrow H_2O$$

$$Ag^+ + Cl^- \longrightarrow AgCl$$

除路易斯酸与碱之间的反应外，还有一类取代反应也可看作是酸碱电子理论范畴下的酸碱反应。例如：

$$[Cu(NH_3)_4]^{2+} + 4H^+ \longrightarrow Cu^{2+} + 4NH_4^+$$

$$Al(OH)_3 + 3H^+ \longrightarrow Al^{3+} + 3H_2O$$

$$[Cu(NH_3)_4]^{2+} + 2OH^- \longrightarrow Cu(OH)_2 + 4NH_3$$

在下列的两个反应中：

$$NaOH + HCl \longrightarrow NaCl + H_2O$$

$$BaCl_2 + Na_2SO_4 \longrightarrow BaSO_4 + 2NaCl$$

两种酸碱配合物中的酸碱互相交叉取代，生成两种新的酸碱配合物。这种取代反应称为双取代反应。

在酸碱电子理论中，一种物质究竟是酸、碱，还是酸碱配合物，应该在具体的反应中确定。通过其在反应中所起的作用来判断，而不能脱离环境去辨认物质的归属。

酸碱的电子理论从原子结构的角度考虑酸碱的反应实质，将酸碱的概念扩大了很多，在无机化学领域，特别是配位化学方面有很好的应用。但是，该理论没有定量判别酸碱强弱的依据，在溶剂反应体系，特别是水溶液体系中的应用有一定的困难。

7.2 溶液中酸碱平衡

7.2.1 溶液中酸碱组分的分布

从酸(或碱)离解反应式可知，除了完全电离的强酸、强碱外，当共轭酸碱对处于平衡状态时，溶液中存在着H_3O^+和不同的酸碱形式，此时它们的浓度称为平衡浓度，各种存在形式平衡浓度之和称为总浓度或分析浓度；某一存在形式的平衡浓度占总浓度的分数，即为该存在形式的分布系数，以δ表示。当溶液的 pH 发生变化时，平衡随之移动，以致酸碱存在形式的分布情况也跟着变化。分布系数δ与溶液 pH 间的关系曲线称为分布曲线。

1. 一元酸

以 HAc 为例，设总浓度为 c。它在溶液中以 HAc 和 Ac^-两种形式存在，其平衡浓度分别为[HAc]和[Ac^-]，则 c = [HAc] + [Ac^-]。又设 HAc 在总浓度中所占的分数为δ_1，Ac^-所占的分数为δ_0，则

$$\delta_1=\frac{[\mathrm{HAc}]}{c}=\frac{[\mathrm{HAc}]}{[\mathrm{HAc}]+[\mathrm{Ac}^-]}=\frac{1}{1+\dfrac{[\mathrm{Ac}^-]}{[\mathrm{HAc}]}}=\frac{1}{1+\dfrac{K_\mathrm{a}}{[\mathrm{H}^+]}}=\frac{[\mathrm{H}^+]}{[\mathrm{H}^+]+K_\mathrm{a}}$$

同样的推导方式可得

$$\delta_0=\frac{[\mathrm{Ac}^-]}{c}=\frac{K_\mathrm{a}}{[\mathrm{H}^+]+K_\mathrm{a}}$$

显然，各种组分分布系数之和等于 1，即

$$\delta_1+\delta_0=1$$

如果以 pH 为横坐标，各存在形式的分布系数为纵坐标，可得如图 7-1 所示的分布曲线。由图 7-1 可以看出：δ_0随 pH 增大而增大，δ_1随 pH 增大而减小。

(1) 当 $\mathrm{pH}=\mathrm{p}K_\mathrm{a}$时，$\delta_0=\delta_1=0.5$，即[HAc] = [$Ac^-$]；

(2) 当 $\mathrm{pH}<\mathrm{p}K_\mathrm{a}$时，溶液中主要存在形式为 HAc；

(3) 当 $\mathrm{pH}>\mathrm{p}K_\mathrm{a}$时，溶液中主要存在形式为 Ac^-。

对一元碱的分布系数，如 NH_3，可用其共轭酸 NH_4^+ 的离解常数 K_a 处理：

$$\delta_{\mathrm{NH_3}}=\delta_0=\frac{K_\mathrm{a}}{K_\mathrm{a}+[\mathrm{H}^+]}\;;\quad \delta_{\mathrm{NH_4^+}}=\delta_1=\frac{[\mathrm{H}^+]}{K_\mathrm{a}+[\mathrm{H}^+]}$$

其中，$K_\mathrm{a}\cdot K_\mathrm{b}=K_\mathrm{w}$。

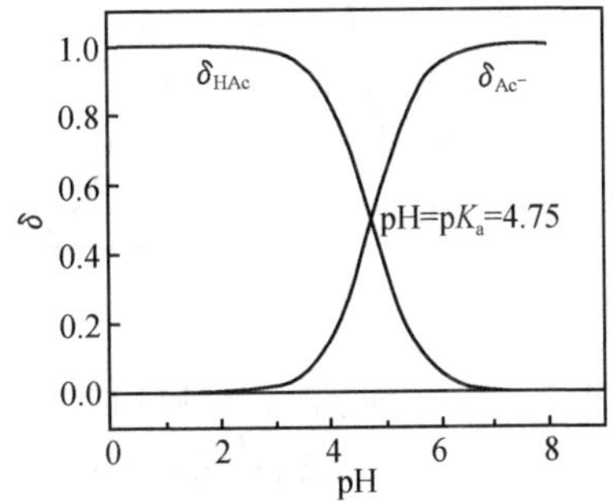

图 7-1　HAc、Ac^-分布系数与溶液 pH 的关系曲线

2. 多元酸

对于多元酸 H_nA，分布系数的通式为

$$\delta_{\mathrm{H}_{n-m}\mathrm{A}^{m-}}=\frac{[\mathrm{H}_{n-m}\mathrm{A}^{m-}]}{c_\mathrm{a}}=\frac{[\mathrm{H}^+]^{n-m}K_1\cdot K_2\cdots K_m}{D_n}$$

$$D_n=[\mathrm{H}^+]^n+[\mathrm{H}^+]^{n-1}K_1+[\mathrm{H}^+]^{n-2}K_1K_2\cdots+[\mathrm{H}^+]K_1K_2\cdots K_{n-1}+K_1K_2\cdots K_{n-1}K_n \tag{7-6}$$

式中，$\delta_{\mathrm{H}_{n-m}\mathrm{A}^{m-}}$为 n 元酸 H_nA 失去 m 个质子后的存在形式 $H_{n-m}A^{m-}$的分布系数；K_n为 n 元酸各级相应的离解平衡常数。

例如，二元弱酸 $H_2C_2O_4$ 根据通式可直接写出其各存在形式的分布系数：

$$\delta_2=\delta_{\mathrm{H_2C_2O_4}}=\frac{[\mathrm{H}^+]^2}{[\mathrm{H}^+]^2+[\mathrm{H}^+]K_{\mathrm{a}_1}+K_{\mathrm{a}_1}K_{\mathrm{a}_2}}$$

$$\delta_1=\delta_{\mathrm{HC_2O_4^-}}=\frac{[\mathrm{H}^+]K_{\mathrm{a}_1}}{[\mathrm{H}^+]^2+[\mathrm{H}^+]K_{\mathrm{a}_1}+K_{\mathrm{a}_1}K_{\mathrm{a}_2}}$$

$$\delta_0=\delta_{C_2O_4^{2-}}=\frac{K_{a_1}K_{a_2}}{[H^+]^2+[H^+]K_{a_1}+K_{a_1}K_{a_2}}$$

则

$$\delta_0+\delta_1+\delta_2=1$$

$H_2C_2O_4$的分布曲线如图 7-2 所示。

图 7-3 为磷酸溶液中各种存在形式的分布曲线。由于 H_3PO_4 的 $pK_{a_1}=2.12$ ，$pK_{a_2}=7.20$ ，$pK_{a_3}=12.36$ ，三者相差较大，各存在形式同时共存的情况不如乙二酸明显：

当 $pH \ll pK_{a_1}$ 时，$\delta_3 \gg \delta_2$，溶液中 H_3PO_4 为主要的存在形式；

当 $pK_{a_1} \ll pH \ll pK_{a_2}$ 时，$\delta_2 \gg \delta_3$ 和 $\delta_2 \gg \delta_1$，溶液中 $H_2PO_4^-$ 占优势；

当 $pK_{a_2} \ll pH \ll pK_{a_3}$ 时，$\delta_1 \gg \delta_2$ 和 $\delta_1 \gg \delta_0$，溶液中 HPO_4^{2-} 占优势；

当 $pH \gg pK_{a_3}$ 时，$\delta_0 \gg \delta_1$，溶液中 PO_4^{3-} 为主要的存在形式。

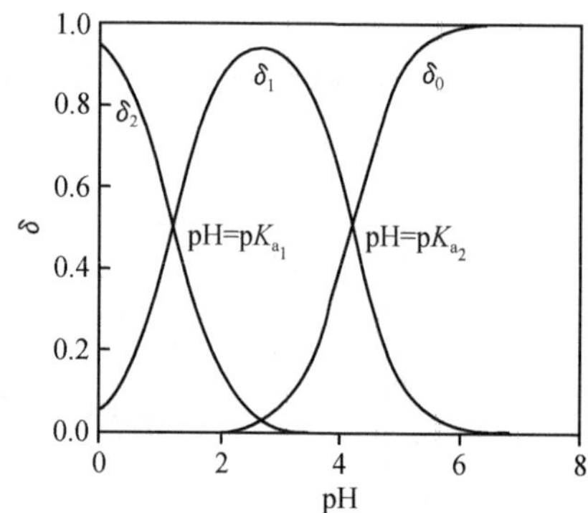

图 7-2　乙二酸溶液中各种存在形式的分布系数与溶液 pH 的关系曲线

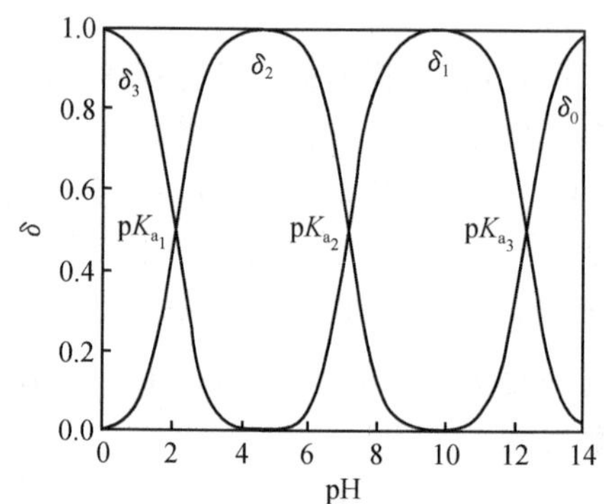

图 7-3　磷酸溶液中各种存在形式的分布系数与溶液 pH 的关系曲线

应该指出，利用分布系数的表达式，可以推导出当 pH 等于 pK_{a_1} 与 pK_{a_2} 和的一半时，$H_2PO_4^-$ 的分布系数取得最大值，即在 pH = 4.66 时，$H_2PO_4^-$ 的分布系数最大达到 99.4%，而另两种形式(H_3PO_4 和 HPO_4^{2-})仅各占 0.3%。同样，当 pH = 9.78 时，HPO_4^{2-} 占绝对优势(99.4%)，而 $H_2PO_4^-$ 和 PO_4^{3-} 也仅各占 0.3%。在这两种 pH 情况下，由于各次要的存在形式所占比重甚微，可忽略。因此，H_3PO_4 作为一个比较典型的无机酸，因其三个离解常数相差较大，所以有可能进行分步滴定。

其他多元酸可采用同样的方法处理，但是随着多元酸的元数增大，分布系数表达式的分母项数也就越多，计算起来非常复杂。从分布曲线可看出，在某个给定的 pH 下，总是只有 1～2 个形态的存在形式是主要的，根据这一特点，通常可以将分布系数表达式分母的多项式简化为 1～2 项(最多三项)，再作计算。

如图 7-2 所示，对于 $H_2C_2O_4$ 溶液，当在 $pH=pK_{a_1}$ 的附近区域时，溶液中的主要存在形式是 $H_2C_2O_4$ 和 $HC_2O_4^-$，则分布系数可简化为

$$\delta_2=\frac{[H_2C_2O_4]}{[H_2C_2O_4]+[HC_2O_4^-]}=\frac{[H^+]}{[H^+]+K_{a_1}}$$

$$\delta_1 = \frac{[HC_2O_4^-]}{[H_2C_2O_4]+[HC_2O_4^-]} = \frac{K_{a_1}}{[H^+]+K_{a_1}}$$

综上所述，在一定条件下，将多元酸体系视为一元体系来处理，可以简化分析途径。但需要注意的是，当某些有机酸的各级电离常数相差较小时，会有比较明显的多种形态共存的情况。

7.2.2　电解质溶液和活度

阿伦尼乌斯的电离学说认为，电离度可以通过电解质溶液的导电能力测定。用“当量电导(λ)”表示溶液的导电性的大小。溶液越稀，电离度越大，导电能力越强。溶液稀到一定的程度，溶质就完全电离了，此时电离度为 100%。

表 7-2　阿伦尼乌斯用电导法测定不同电解质在不同浓度下的电离度 α(%)

电解质	$b/(\mathrm{mol \cdot kg^{-1}})$			
	0.005	0.01	0.05	0.10
KCl	95.3	93.6	88.2	85.2
$NaNO_3$		93.2	87.1	83.2
$BaCl_2$		88.3	79.8	75.9
$MgSO_4$	74.0	66.9	50.6	44.9

从表 7-2 的数据可以看出，电解质浓度越稀，电离度越大，符合稀释定律，但各体系的电离度都小于 100%。

阿伦尼乌斯认为这是电解质在水中不完全电离的结果。现代测试手段表明，如 HAc 这类弱电解质，它在水中的确是部分电离的；可是如 HCl、NaOH 一类的强电解质在溶液中和在晶体中都不以分子存在，或者说它们是完全电离的。这一结论与实验结果之间的矛盾如何解释?

1923 年，德拜(Debye)和休克尔(Hückel)提出了强电解质溶液理论，初步解释了上述矛盾现象。

电解质可分为强电解质和弱电解质两类。强电解质是在水溶液中能完全离解成离子的化合物，不存在平衡，它包括离子型化合物和强极性分子。例如：

离子型化合物 NaCl 离解　　$Na^+Cl^- \longrightarrow Na^+ + Cl^-$

强极性分子 HCl 离解　　$HCl \longrightarrow H^+ + Cl^-$

弱电解质在水溶液中只能部分电离成离子的化合物，电离过程是可逆的，在溶液中建立一个动态的电离平衡。

电离度可通过实验测定，如电解质溶液的依数性(凝固点下降、沸点升高或渗透压)等。

强电解质在水溶液中是完全电离的，理论上讲，其电离度应为 100%，但一些实验结果表明，其电离度并不是 100%，如实验求得 0.1 $\mathrm{mol \cdot kg^{-1}}$ KCl 溶液的电离度为 85.2%。因此，对强电解质溶液而言，实验求得的电离度称为表观电离度。

1923 年，德拜和休克尔提出了电解质离子相互作用理论，其要点为：

(1) 强电解质在水中是全部电离的；

(2) 离子间通过静电力相互作用，每一个离子都被周围电荷相反的离子包围着，形成离子氛。

离子氛是一个平均统计模型，虽然一个离子周围的电荷相反离子并不均匀，但统计结果作为球形对称分布处理。由于离子氛的存在，离子间因相互作用而互相牵制，强电解质溶液中的离子并不是独立的自由离子，不能完全自由运动，因而不能百分之百地发挥离子应有的效能。

德拜-休克尔理论用于 1∶1 型电解质的稀溶液比较成功。

在强电解质溶液中，特别是浓度不低时，正、负离子会部分缔合成离子对作为独立单位而运动，使溶液中自由离子的浓度降低。

由于离子氛和离子对的存在，实验测得强电解质溶液的电离度小于 100%，溶液的依数性数值也比全以自由离子存在时要小。因此，实验所测的电离度，并不能代表强电解质在溶液中的实际电离度，故称“表观电离度”。

由于表观电离度小于理论电离度，因此离子的有效浓度(表观浓度)总比理论浓度小，这个有效浓度就是活度 a，它是电解质溶液中实际上能起作用的离子浓度。对于液态和固态的纯物质以及稀溶液中的溶剂(如水)，其活度均视为 1。

在溶液体系中溶质 B 活度 a_B 与溶液浓度 c_B 的关系为

$$a_B = \gamma_B \frac{c_B}{c^{\ominus}} \tag{7-7}$$

式中，γ_B 为溶质 B 的活度系数；$c^{\ominus}$ 为标准态的浓度(1.0 mol · dm^{-3})。

一般来说，由于 $a_B < c_B$，故 $\gamma_B < 1$。

溶液越稀，离子间的距离越大，离子间的牵制作用越弱，离子氛和离子对出现的机会越少，γ_B 越趋近于 1，活度越趋近浓度。

在电解质溶液中，由于正、负离子同时存在，目前单种离子的活度因子不能由实验测定，但可用实验方法来求得电解质溶液离子的平均活度系数 $\gamma_{\pm}$。

对 1∶1 价型电解质：

$$\gamma_{\pm} = \sqrt{\gamma_+ \gamma_-} \qquad a_{\pm} = \sqrt{a_+ a_-} \tag{7-8}$$

式中，γ_+ 和 γ_- 分别为正、负离子的活度系数；$a_{\pm}$ 为离子的平均活度。

离子的活度系数是溶液中离子间作用力的反映，与溶液中的离子浓度和所带的电荷有关，为此引入了离子强度 I 的概念：

$$I = \frac{1}{2}\sum_i b_i z_i^2 \tag{7-9}$$

式中，b_i 和 z_i 分别为溶液中第 i 种离子的质量摩尔浓度及电荷数；I 的单位为 mol · kg^{-1}。

离子强度 I 反映了离子间作用力的强弱，I 值越大，离子间的作用力越大，活度系数越小；反之，I 值越小，离子间的作用力越小，活度系数越大。

活度系数与溶液的离子强度关系(极限公式)如下：

$$\lg\gamma_i = -Az_i^2\sqrt{I} \quad \lg\gamma_{\pm} = -A|z_+z_-|\sqrt{I} \tag{7-10}$$

式中，z_+ 和 z_- 分别为正、负离子所带的电荷数；A 为常数，其数值为 0.512；I 为以 mol · kg^{-1} 为单位时离子强度的值。水合离子半径相同(除 H^+外均按 0.3 nm 计)但带不同电荷的离子活度系数与溶液离子强度的近似关系曲线如图 7-4 所示。

由图 7-4 可以看出：

(1) 当离子强度趋于零时，所有离子的活度系数趋于 1，随着离子强度增加，活度系数减小。

(2) 当离子强度增大时，离子所带电荷数越多，活度系数减小得越快。

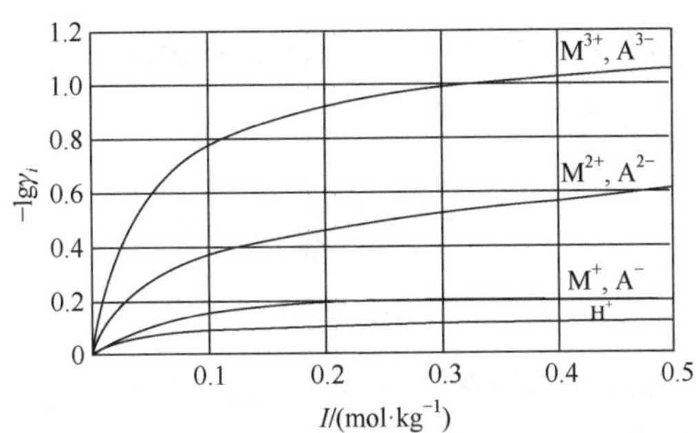

图 7-4　活度系数与溶液离子强度的近似关系曲线

(3) 当离子强度大于 0.1 mol · dm^{-3}后，活度系数改变不大。因此，离子强度较高时常省略活度系数的计算，按 $I = 0.1$ mol · dm^{-3}来处理溶液的平衡问题。

【例 7-1】 试计算 0.010 mol · kg^{-1} NaCl 溶液在 25℃时的离子强度、活度系数、活度。

解　根据公式，溶液的离子强度为

$$I = \frac{1}{2}\sum_i b_i z_i^2 = [0.010\times(+1)^2 + 0.010\times(-1)^2]/2 = 0.010(\text{mol}\cdot\text{kg}^{-1})$$

由式(7-10)，代入离子强度数据，计算得活度系数为

$$\gamma_{\pm} = 0.89$$

代入式(7-8)，计算得溶液的活度为

$$a_{\pm} = \gamma_{\pm}\cdot c = 0.89\times 0.010 = 0.0089\ (\text{mol}\cdot\text{kg}^{-1})$$

从计算结果可以看出，溶液的活度与初始浓度相差较大。

综上所述，离子强度和有效浓度在化学实验中往往对实验结果影响很大，考虑活度系数的校正将使计算结果更准确，特别是溶液浓度较大时。如表 7-1 所示，在处理乙酸电离常数 K_a 的实验数据时，经过活度系数校正后的数据为常数。对于缓冲溶液 pH 的计算，活度校正也是十分必要的。在后续章节中，若无特殊说明，都忽略离子强度的影响，采用浓度代替活度进行讨论。

7.3　酸碱溶液 pH 的计算

7.3.1　水的离子积和溶液的 pH

根据酸碱质子理论，溶剂分子之间的质子传递反应统称为溶剂自偶电离平衡(质子自递平衡)。前已述及，水溶液中存在以下自偶电离平衡：

$$H_2O + H_2O \rightleftharpoons H_3O^+ + OH^-$$

水的离子积常数 K_w 除了实验测定外，也可以通过热力学数据计算得到，如在 298.15 K 下已知各物质的 $\Delta_f G_m^{\ominus}$：

$$H_2O(l) \rightleftharpoons H^+(aq) + OH^-(aq)$$

$$\Delta_f G_m^{\ominus}/(\text{kJ}\cdot\text{mol}^{-1})\qquad -237.18\qquad 0\qquad -157.29$$

利用公式计算得反应的 $\Delta_r G_m^{\ominus}$：

$$\Delta_r G_m^\ominus = -157.29 - (-237.18) = 79.89\ (\text{kJ} \cdot \text{mol}^{-1})$$

再根据化学反应等温式，代入数据计算得

$$\lg K_w = \frac{-\Delta_r G_m^\ominus}{2.303RT} = -14.00$$

即

$$K_w = [H^+] \cdot [OH^-] = 10^{-14.00}$$

水的电离是吸热反应($\Delta_r H_m^\ominus = 55.90\ \text{kJ} \cdot \text{mol}^{-1}$)，温度越高，$K_w$ 值越大，表 7-3 列出了不同温度下水的离子积常数。可见，K_w 随温度变化不明显。为方便起见，在研究的温度范围内，未做特殊说明时忽略 K_w 随温度的变化，选取室温时 $K_w = 1.0 \times 10^{-14}$ 作为水的离子积常数。

表 7-3　不同温度下水的离子积常数

T/K	K_w	T/K	K_w
273	1.138×10^{-15}	313	2.917×10^{-14}
283	2.917×10^{-15}	323	5.470×10^{-14}
293	6.808×10^{-15}	363	3.802×10^{-13}
298	1.009×10^{-14}	373	5.495×10^{-13}

水的离子积常数表明溶液中 H^+和 OH^-浓度的乘积总是为一定值。如果溶液中 H^+浓度增加，则 OH^-浓度减小；反之，溶液中 OH^-浓度增加，H^+浓度减小，但两者的乘积不变。

前已述及，溶液酸碱性的相对强弱习惯上用 $\text{pH} = -\lg[H^+]$表示，则有

$$\text{pOH} = -\lg[OH^-] \tag{7-11}$$

即

$$\text{p}K_w = \text{pH} + \text{pOH} \tag{7-12}$$

常温下：

$$\text{pH} + \text{pOH} = 14 \tag{7-13}$$

溶液的 pH 改变 1 个单位，相当于 H^+浓度改变了 10 倍。在高温或低温时，中性溶液中仍然存在$[H^+] = [OH^-]$，但其数值都不等于 $10^{-7}\ \text{mol} \cdot \text{dm}^{-3}$。

当溶液的 H^+或 OH^-浓度较大(>1.0 mol · dm^{-3})时，通常直接用 H^+或 OH^-浓度表示溶液的酸碱性强弱。在 298.15 K 下溶液的酸碱性与 pH 的对应关系为

酸性溶液：　　$\text{pH} < 7$，$[H^+] > [OH^-]$

中性溶液：　　$\text{pH} = 7$，$[H^+] = [OH^-]$

碱性溶液：　　$\text{pH} > 7$，$[H^+] < [OH^-]$

溶液 pH 可用 pH 试纸粗略测定，pH 试纸分精密试纸和广泛试纸两大类，精密试纸测定的 pH 范围较小，精度较高，测定简便、快速，但只能进行大概估计，适用于对精度要求不高的场合，如野外作业等；要准确测定溶液 pH 大小可采用酸度计(pH 计)。

强酸、强碱在水溶液中完全离解，溶液 pH 可以直接通过酸或碱的浓度计算得到。例如，浓度为 $1.0 \times 10^{-3}\ \text{mol} \cdot \text{dm}^{-3}$ 的 HNO_3 溶液，其中的 H^+一部分来源于 HNO_3 的完全电离，另一部分来源于水自身的电离，由于水自身电离产生的 H^+与 HNO_3 电离产生的 H^+相比非常小，可以忽略不计，因此溶液的 pH 可直接根据 HNO_3 的浓度计算，为

$$\text{pH} = -\lg[H^+] = -\lg(1.0 \times 10^{-3}) = 3.0$$

同样地，对于强碱溶液，如 0.01 mol · dm^{-3} NaOH 溶液，

$$[OH^-] = 0.01\ mol \cdot dm^{-3}$$

$$pOH = -lg[OH^-] = -lg0.01 = 2.0$$

$$pH = 14 - pOH = 14 - 2.0 = 12.0$$

水溶液的酸碱度与水溶液中的物质种类、浓度等有很大关系，另外在计算过程中也要考虑准确程度。这里将从物质平衡和质子平衡两个角度分别进行讨论。

7.3.2　从物质平衡的角度讨论水溶液中的酸碱度

水溶液中的物质包括弱酸、弱碱、强酸及强碱，有一元酸(碱)也有多元弱酸(碱)，下面分别加以讨论。

1. 一元弱酸、弱碱的电离平衡

一元弱酸、弱碱等弱电解质在电离时，只存在一个电离平衡。一元弱酸如乙酸(HAc)、氢氰酸(HCN)等，一元弱碱如 $NH_3 \cdot H_2O$ 等。例如，HAc 的电离可用下式表示：

$$HAc \rightleftharpoons H^+ + Ac^-$$

根据平衡原理，其电离平衡常数 K_a 表达式为

$$K_a = \frac{[H^+][Ac^-]}{[HAc]}$$

式中，[HAc]、[H$^+$]、[Ac$^-$]分别为 HAc、H$^+$、Ac$^-$的平衡浓度，以物质的量浓度(mol · dm^{-3})表示。

利用稀释定律式(7-2)，由电离产生的 H$^+$浓度可通过下式计算得到：

$$[H^+] = c\alpha = \sqrt{K_a c} \tag{7-14}$$

即

$$pH = -lg[H^+] = \frac{1}{2}pK_a - \frac{1}{2}lg c \tag{7-15}$$

如果当$\alpha > 5\%$，即 $c/K_a < 500$ 时，不能直接用稀释定律计算，需通过解一元二次方程进行精确计算。

类似地，对于一元弱碱，当$\alpha \leqslant 5\%$，即 $c/K_b \geqslant 500$ 时，应用稀释定律可得到：

$$\alpha = \sqrt{K_b / c}$$

$$[OH^-] = c\alpha = \sqrt{K_b c}$$

$$pOH = -lg[OH^-] = \frac{1}{2}pK_b - \frac{1}{2}lg c \tag{7-16}$$

式中，c 为一元弱碱的起始浓度。

同样地，当$\alpha > 5\%$，即 $c/K_b < 500$ 时，不能直接用稀释定律计算，需解一元二次方程得到溶液的 OH$^-$浓度。

【例 7-2】　已知 HAc 在 20℃时 $K_a = 1.76 \times 10^{-5}$，求下列各浓度 HAc 溶液的[H$^+$]和电离度：(1) 0.10 mol · dm^{-3}；(2) 0.010 mol · dm^{-3}；(3) 1.0×10^{-5} mol · dm^{-3}。

解　对(1)和(2)，$c/K_a \geqslant 500$，所以可直接用稀释定律进行计算。

(1)

$$[H^+]=\sqrt{K_a c}=\sqrt{1.76\times10^{-5}\times0.10}=1.3\times10^{-3}(mol\cdot dm^{-3})$$

$$\alpha=\sqrt{\frac{K_a}{c}}=\sqrt{\frac{1.76\times10^{-5}}{0.10}}=1.3\%$$

(2)

$$[H^+]=\sqrt{K_a c}=\sqrt{1.76\times10^{-5}\times0.010}=4.2\times10^{-4}(mol\cdot dm^{-3})$$

$$\alpha=\sqrt{\frac{K_a}{c}}=\sqrt{\frac{1.76\times10^{-5}}{0.010}}=4.2\%$$

(3) $c/K_a < 500$，不能直接用稀释定律进行计算。

设$[H^+]=x$，根据 HAc 的电离平衡，可以得到：

$$K_a=\frac{x^2}{1.0\times10^{-5}-x}=1.76\times10^{-5}$$

解一元二次方程得

$$[H^+] = 7.1 \times 10^{-6}(mol \cdot dm^{-3})$$

$$\alpha=\frac{[H^+]}{c}\times100\%=71\%$$

如果应用稀释定律(近似公式)，会有如下结果：

$$[H^+]=\sqrt{K_a c}=\sqrt{1.76\times10^{-5}\times1.0\times10^{-5}}=1.3\times10^{-5}(mol\cdot dm^{-3})>c$$

显然这一结果是不合理的。

【例 7-3】 将 4.90 g 固体 NaCN(摩尔质量为 49 g · mol^{-1})配制成 1000 cm^3 水溶液，求该溶液的 pH。已知 HCN 的 $K_a = 4.93 \times 10^{-10}$。

解 水溶液中 CN^-作为一元弱碱，存在如下离解平衡：

$$CN^- + H_2O \rightleftharpoons OH^- + HCN$$

$$K_b=\frac{[OH^-][HCN]}{[CN^-]}=\frac{K_w}{K_a}=2.0\times10^{-5}$$

CN^-的初始浓度为$\frac{4.90}{49\times1}=0.10(mol\cdot dm^{-3})$，$c/K_b>500$，因此可以直接用稀释定律计算：

$$[OH^-]=\sqrt{K_b c}=\sqrt{2.0\times10^{-5}\times0.10}=1.4\times10^{-3}(mol\cdot dm^{-3})$$

$$pOH = 2.85$$

则溶液的 pH 为

$$pH = 14 - pOH = 14 - 2.85 = 11.15$$

2. 多元弱酸、弱碱的电离平衡

多元弱酸、弱碱在水溶液中的电离是分步进行的，各级电离都有相应的离解常数。以氢硫酸 H_2S 的电离为例，它在水溶液中存在两步电离平衡：

第一步电离

$$H_2S \rightleftharpoons H^+ + HS^- \qquad K_{a_1}=\frac{[H^+][HS^-]}{[H_2S]}=1.3\times10^{-7}$$

第二步电离

$$HS^- \rightleftharpoons H^+ + S^{2-} \qquad K_{a_2}=\frac{[H^+][S^{2-}]}{[HS^-]}=7.1\times10^{-15}$$

式中，K_{a_1} 和 K_{a_2} 分别为 H_2S 的一级电离常数和二级电离常数。表 7-4 列出了一些常见多元弱酸的离解平衡常数。从它们的数值大小可以看出，二级电离比一级电离困难得多。这有两方面的原因：一方面，H_2S 电离出第一个 H^+，只需克服带一个负电荷的 HS^- 对它的吸引，而电离出第二个 H^+，则需克服带两个负电荷的 S^{2-} 对它的吸引，后者的吸引力比前者大得多；另一方面，一级电离所生成的 H^+，由于同离子效应能促使二级电离的平衡强烈地偏向左方，所以二级电离的程度比一级要小得多。因此多元酸溶液中的 H^+ 主要来自一级电离，近似计算 $[H^+]$ 时，可忽略二级电离，而只按一级电离计算，将多元酸作为一元酸处理。当 $\alpha \leqslant 5\%$，即 $c/K_{a_1} \geqslant 500$ 时，可做近似计算：

$$\alpha = \sqrt{K_{a_1}/c}$$

$$[H^+] = c\alpha = \sqrt{K_{a_1}c}$$

$$pH = -\lg[H^+] = \frac{1}{2}pK_{a_1} - \frac{1}{2}\lg c$$

表 7-4　部分常见多元弱酸的电解平衡常数(298.15 K)

多元酸	K_{a_1}	K_{a_2}	K_{a_3}
H_2CO_3	4.3×10^{-7}	5.6×10^{-11}	
$H_2C_2O_4$	5.9×10^{-2}	6.4×10^{-5}	
H_3PO_4	7.52×10^{-3}	6.23×10^{-8}	4.4×10^{-13}
H_2S	1.3×10^{-7}	7.1×10^{-15}	

多元弱碱在水溶液中也是分步电离的，其计算方法与多元弱酸类似。

【例 7-4】 298 K 时，饱和 H_2S 溶液的浓度为 0.10 mol · dm^{-3}，计算其中 H^+、HS^- 和 S^{2-} 的浓度。

解　设 $[H^+] = x$ mol · dm^{-3}，按一级电离：

$$H_2S \rightleftharpoons H^+ + HS^-$$

	H_2S	H^+	HS^-
起始时的相对浓度	0.10	0	0
平衡时的相对浓度	0.10–x	x	x

$$K_{a_1} = \frac{[H^+][HS^-]}{[H_2S]} = \frac{x^2}{0.10 - x} = 1.3 \times 10^{-7}$$

由于 $c/K_{a_1} \geqslant 500$，$0.10 - x \approx 0.10$，因此 $x = [H^+] = [HS^-] = 1.14 \times 10^{-4}$ mol · dm^{-3}。

由于 HS^- 要继续电离，实际上 $[H^+]$ 应略大于此值，而 $[HS^-]$ 略小于此值。

在水溶液中，一级电离与二级电离同时存在，因此 $[H^+]$ 与 $[HS^-]$ 必然同时满足这两个平衡。在二级电离中：

$$HS^- \rightleftharpoons H^+ + S^{2-}$$

$$K_{a_2} = \frac{[H^+][S^{2-}]}{[HS^-]} = 7.1 \times 10^{-15}$$

由于二级电离常数非常小，可假设 $[H^+] = [HS^-] = 1.14 \times 10^{-4}$ mol · dm^{-3}，进行近似计算，于是得到

$$[S^{2-}] = K_{a_2} = 7.1 \times 10^{-15} (\text{mol} \cdot \text{dm}^{-3})$$

由此可见，在氢硫酸溶液中，溶液中的 $[H^+]$ 主要由一级电离来决定；溶液中的 $[S^{2-}]$ 在数值

上约等于 K_{a_2}，即任何二元弱酸的酸根离子浓度约等于其二级电离常数。因此，需要较高浓度的酸根离子时，一般不能采用多元弱酸溶液，而应采用其对应的可溶盐溶液。例如，需要大量 S^{2-}时，不用 H_2S 溶液，而用 Na_2S 或$(NH_4)_2S$ 溶液。

【例 7-5】 在 0.10 mol · dm^{-3} 盐酸溶液中通入 H_2S 达到饱和(浓度为 0.10 mol · dm^{-3})，计算[S^{2-}]。

解 盐酸发生完全电离，因此体系中[H^+] = 0.10 mol · dm^{-3}，通入 H_2S 时，由于体系酸度高，H_2S 的电离会受到抑制，忽略 H_2S 电离出的 H^+，综合考虑 H_2S 的两级电离平衡，总反应为 $H_2S \rightleftharpoons 2H^+ + S^{2-}$，将 K_{a_1} 和 K_{a_2} 相乘，得到

$$K_a = K_{a_1}K_{a_2} = \frac{[H^+][HS^-]}{[H_2S]}\frac{[H^+][S^{2-}]}{[HS^-]} = \frac{[H^+]^2[S^{2-}]}{[H_2S]} = 9.23\times10^{-22}$$

故

$$\frac{[H^+]^2[S^{2-}]}{[H_2S]} = \frac{0.10^2\times[S^{2-}]}{0.10} = 9.23\times10^{-22}$$

$$[S^{2-}] = 9.23\times10^{-21}(\text{mol}\cdot\text{dm}^{-3})$$

计算结果表明，由于 0.10 mol · dm^{-3} 盐酸的存在，[S^{2-}]降低到原来的 1/(7.7 × 10^5)。上式并不表示氢硫酸是按 $H_2S \rightleftharpoons 2H^+ + S^{2-}$形式电离(在 H_2S 溶液中，[H^+]≠2[S^{2-}])，它只说明平衡时 H_2S 溶液中的 H^+、S^{2-}和 H_2S 三种物质的浓度之间的关系。通常在水溶液中，H_2S 溶解度较小，因此很容易达到饱和，H_2S 的饱和浓度固定为 0.10 mol · dm^{-3}，可通过调节溶液的[H^+]来控制溶液中的[S^{2-}]。在化工生产和实验中，经常利用此方法，使某些金属离子以硫化物的形式从溶液中分离出来。

7.3.3 从质子传递的角度讨论水溶液的酸碱度

水溶液中酸碱反应的本质是质子传递，要计算水溶液的酸碱度，可以根据酸碱质子理论，当反应达到平衡时，酸失去的质子和碱得到的质子的物质的量必然相等。其数学表达式称为质子等衡式或质子条件式(proton balance equation，PBE)。

根据质子等衡式，可得到溶液中 H^+浓度与有关组分浓度的关系式，它是处理酸碱平衡中计算问题的基本关系式。

1. 质子等衡式的推导要点

(1) 在酸碱平衡体系中选取质子参考水平(零水准)。通常选取的是原始的酸碱组分，在很多情况下也就是溶液中大量存在的并与质子转移直接有关的酸碱组分。

(2) 从质子参考水平出发，将溶液中其他组分与之比较，哪个得失质子、得失质子多少。

(3) 根据得失质子等衡原理写出质子等衡式。

(4) 涉及多级离解的物质时，与零水准比较，质子转移数在 2 或 2 以上的，它们的浓度项之前必须乘以相应的系数，以保持得失质子的平衡。

例如，对于 Na_2CO_3 的水溶液，可以选择 CO_3^{2-} 和 H_2O 作为参考水平，由于存在下列反应：

$$CO_3^{2-} + H_2O \rightleftharpoons HCO_3^- + OH^-$$

$$CO_3^{2-} + 2H_2O \rightleftharpoons H_2CO_3 + 2OH^-$$

$$H_2O \rightleftharpoons H^+ + OH^-$$

将各种存在形式与参考水平相比较，可知 OH^-为失质子的产物，而 HCO_3^-、H_2CO_3 和第三

个反应式中的 $H^+(H_3O^+)$为得质子的产物，但应注意其中 H_2CO_3 是 CO_3^{2-} 得到 2 个质子的产物，在列出质子条件时应在 H_2CO_3 的浓度前乘以系数 2，以使得失质子的物质的量相等，因此 Na_2CO_3 溶液的质子条件为

$$[H^+] + [HCO_3^-] + 2[H_2CO_3] = [OH^-]$$

也可用下面的简便图示法列出零水准(方框内的物质)的各种得质子产物与失质子产物，只要关心产物生成时的得、失质子数，同样可得到质子等衡式。

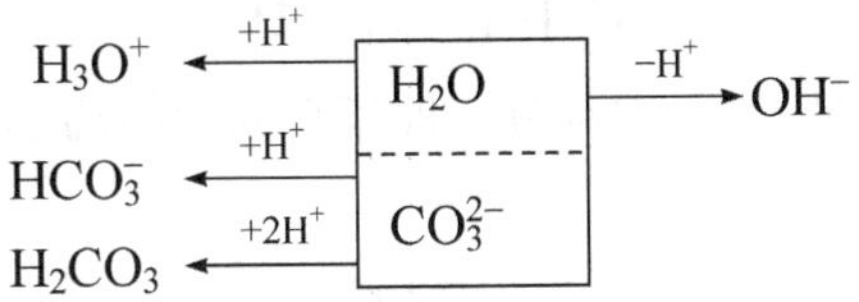

得质子产物		零水准		失质子产物
H_3O^+	$\xleftarrow{+H^+}$	H_2O	$\xrightarrow{-H^+}$	OH^-
HCO_3^-	$\xleftarrow{+H^+}$	CO_3^{2-}		
H_2CO_3	$\xleftarrow{+2H^+}$			

例如，NH_4Ac 水溶液的质子等衡式：

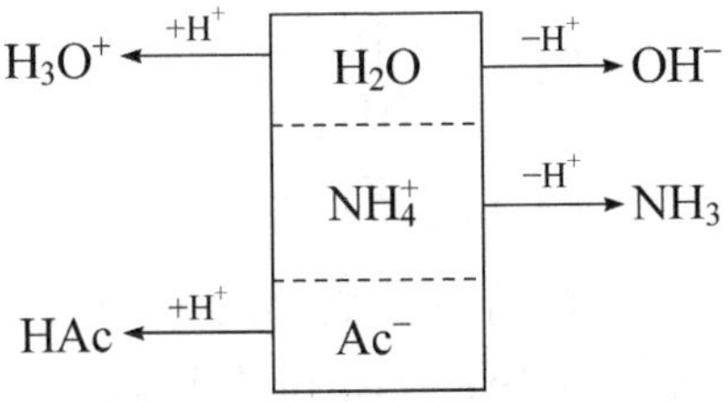

得质子产物		零水准		失质子产物
H_3O^+	$\xleftarrow{+H^+}$	H_2O	$\xrightarrow{-H^+}$	OH^-
		NH_4^+	$\xrightarrow{-H^+}$	NH_3
HAc	$\xleftarrow{+H^+}$	Ac^-		

PBE　$$[H_3O^+] + [HAc] = [OH^-] + [NH_3]$$

质子等衡式中不应该出现零水准物质和惰性物质的浓度项，因为它们的多少与质子的得失无关。

2. 从质子等衡式出发计算溶液酸碱度

1) 强酸(碱)溶液

溶液中存在下列两个质子转移反应：

$$HA \longrightarrow H^+ + A^-$$

$$H_2O + H_2O \rightleftharpoons H_3O^+ + OH^-$$

以 HA 和 H_2O 为参考水平，可写出其质子条件为

$$[H^+] = [OH^-] + [A^-]$$

$$[H^+] = \frac{K_w}{[H^+]} + c_a$$

它表明溶液中的 H^+来自两部分，即强酸的完全离解(相当于式中的 c_a 项)和水的质子自递反应(相当于式中的$[OH^-]$项)。当强酸(或强碱)的浓度不是太稀($c_a \geqslant 10^{-6}\ mol \cdot dm^{-3}$ 或 $c_b \geqslant 10^{-6}\ mol \cdot dm^{-3}$)时，得最简式：

$$[H^+] = c_a \tag{7-17}$$

当 $c \leqslant 1.0 \times 10^{-8}\ mol \cdot dm^{-3}$ 时，溶液$[H^+]$主要由水的离解决定：

$$[H^+] = \sqrt{K_w} \tag{7-18}$$

当强酸或强碱的浓度较稀时，$c_a = 10^{-6} \sim 10^{-8}\ mol \cdot dm^{-3}$，得精确式：

$$[H^+] = \frac{1}{2}(c_a + \sqrt{c_a^2 + 4K_w}) \tag{7-19}$$

2) 一元弱酸(碱)溶液

溶液中存在下列质子转移反应：

$$HA \rightleftharpoons H^+ + A^-$$

$$H_2O \rightleftharpoons H^+ + OH^-$$

质子条件为

$$[H^+]=[A^-]+[OH^-]$$

上式说明一元弱酸中的$[H^+]$来自两部分，即来自弱酸的离解(相当于式中的$[A^-]$项)和水的质子自递反应(相当于式中的$[OH^-]$项)。

将$[A^-]=\dfrac{K_a[HA]}{[H^+]}$和$[OH^-]=\dfrac{K_w}{[H^+]}$代入上式可得

$$[H^+]=\frac{K_a[HA]}{[H^+]}+\frac{K_w}{[H^+]}$$

即

$$[H^+]=\sqrt{K_a[HA]+K_w}$$

上式为计算一元弱酸溶液中$[H^+]$的精确公式。由于式中的[HA]为 HA 的平衡浓度，也是未知项，还需利用分布系数的公式求得$[HA]=c\delta_{HA}$(c 为 HA 的总浓度)，再代入上式，将推导出一元三次方程：

$$[H^+]^3+K_a[H^+]^2-(cK_a+K_w)[H^+]-K_aK_w=0$$

显然，解上述方程的计算相当麻烦。考虑到计算中所用的常数，一般来说，其本身即有百分之几的误差，而且又未使用活度，仅以浓度代入计算，因此这类分析化学的计算通常允许 H^+ 浓度的计算有 5%的误差，所以对于具体情况，可以合理简化，做近似处理。

若考虑到弱酸的浓度不是太稀，HA 虽有部分离解，但 HA 的平衡浓度[HA]可以认为近似等于总浓度 c，即略去弱酸本身的离解，以 c 代替[HA]。通过计算可知，若允许有 5%的误差，需满足 $c/K_a \geqslant 500$ 的条件，上式可简化为近似公式：

$$[H^+]=\sqrt{cK_a+K_w} \tag{7-20}$$

如果弱酸的 K_a 不是非常小，可以推断，由酸离解提供的$[H^+]$将高于水离解所提供的$[H^+]$，对于 5%的允许误差可计算出当 $cK_a \geqslant 20K_w$ 时，可将前式中的 K_w 项略去，则得

$$[H^+]=\sqrt{K_a[HA]}=\sqrt{K_a(c-[H^+])}$$

即

$$[H^+]=\frac{1}{2}(-K_a+\sqrt{K_a^2+4cK_a}) \tag{7-21}$$

如果同时满足 $c/K_a \geqslant 500$ 和 $cK_a \geqslant 20K_w$ 两个条件，则可进一步简化为

$$[H^+]=\sqrt{cK_a} \tag{7-22}$$

这就是常用的最简式。

【例 7-6】 计算 10^{-4} mol · dm^{-3} 的 H_3BO_3 溶液的 pH，已知 $pK_a=9.24$。

解 由题意可得

$$cK_a=10^{-4}\times10^{-9.24}=5.8\times10^{-14}<20K_w$$

因此水离解产生的[H⁺]不能忽略。

$$c/K_a = 10^{-4}/10^{-9.24} = 10^{5.24} \gg 500$$

可以用总浓度 c 近似代替平衡浓度[H_3BO_3]，则

$$[H^+] = \sqrt{cK_a + K_w} = \sqrt{10^{-4} \times 10^{-9.24} + 10^{-14}} = 2.6 \times 10^{-7}(mol \cdot dm^{-3})$$

$$pH = 6.59$$

如按最简式计算，则

$$[H^+] = \sqrt{10^{-4} \times 10^{-9.24}} = 2.4 \times 10^{-7}(mol \cdot dm^{-3})$$

$$pH = 6.62$$

[H^+]的相对误差约为−8%，可见计算前根据条件正确选择算式至关重要。

【例 7-7】　已知 HAc 的 $pK_a = 4.75$，求 0.30 mol · dm^{-3} HAc 溶液的 pH。

解

$$cK_a = 0.30 \times 10^{-4.74} \gg 20K_w$$

$$c/K_a = 0.30/10^{-4.74} \gg 500$$

符合两个简化的条件，可采用最简式计算：

$$[H^+] = \sqrt{cK_a} = \sqrt{0.3 \times 10^{-4.75}} = 2.3 \times 10^{-3}(mol \cdot dm^{-3})$$

$$pH = 2.64$$

【例 7-8】　试求 0.12 mol · dm^{-3} 一氯乙酸溶液的 pH，已知 $pK_a = 2.85$。

解　由题意得

$$cK_a = 0.12 \times 10^{-2.85} \gg 20K_w$$

因此水离解的[H^+]项可忽略。

又

$$c/K_a = 0.12/10^{-2.85} = 87 < 500$$

酸离解较多，不能用总浓度近似地代替平衡浓度，应采用近似计算式计算：

$$[H^+] = \frac{1}{2} \times \left[-10^{-2.85} + \sqrt{(10^{-2.85})^2 + 4 \times 0.12 \times 10^{-2.85}}\right] = 0.012(mol \cdot dm^{-3})$$

$$pH = 1.92$$

【例 7-9】　计算 1.0×10^{-7} mol · dm^{-3} HAc 溶液的 pH，已知 $pK_a = 4.75$。

解　因为

$$cK_a = 1.0 \times 10^{-7} \times 1.75 \times 10^{-5} = 1.75 \times 10^{-12} > 20K_w$$

$$c/K_a = 1.0 \times 10^{-7}/(1.75 \times 10^{-5}) = 5.6 \times 10^{-3} < 500$$

故用近似式：

$$[H^+] = \sqrt{K_a(c - [H^+])}$$

解方程得

$$\begin{aligned}[H^+] &= \frac{1}{2}(-K_a + \sqrt{K_a^2 + 4cK_a}) \\ &= \frac{1}{2} \times \left[-1.75 \times 10^{-5} + \sqrt{(1.75 \times 10^{-5})^2 + 4 \times 1.0 \times 10^{-7} \times 1.75 \times 10^{-5}}\right] \\ &= 9.9 \times 10^{-8}(mol \cdot dm^{-3})\end{aligned}$$

计算得[H^+]低于 1×10^{-7}，表明计算方法不合理。

对这种在分析化学中并不多见的弱酸极弱或浓度极稀的溶液，应重新考虑。根据质子条件式：$[H^+] = [Ac^-] + [OH^-]$，则

$$[H^+] = \frac{K_a}{[H^+] + K_a} \cdot c + \frac{K_w}{[H^+]}$$

如果 $K_a > 10^{-5}$，而由题意[H⁺]接近 10^{-7} mol · dm⁻³，则 $[H^+] + K_a \approx K_a$，故 $[H^+] \approx c + \frac{K_w}{[H^+]}$，与非常稀的强酸溶液相似，表明此浓度下的 HAc 已接近全部失去质子而成为强酸。

因此该题改用：

$$[H^+] = \frac{1}{2}(c + \sqrt{c^2 + 4K_w})$$
$$= \frac{1}{2} \times \left[1.0\times10^{-7} + \sqrt{(1.0\times10^{-7})^2 + 4\times10^{-14}}\right]$$
$$= 1.62\times10^{-7}(\text{mol}\cdot\text{dm}^{-3})$$

$$\text{pH} = 6.79$$

若用最简式计算 $$[H^+] = \sqrt{cK_a} = \sqrt{1.0\times10^{-7}\times1.75\times10^{-5}} = 1.32\times10^{-6}(\text{mol}\cdot\text{dm}^{-3})$$

$$\text{pH} = 5.87$$

造成的相对误差也很大。

3) 两性物质溶液

有一类物质如 $NaHCO_3$、K_2HPO_4、NaH_2PO_4 及邻苯二甲酸氢钾等在水溶液中，既可给出质子显酸性，又可接受质子显碱性，因此其酸碱平衡较为复杂，但在计算[H⁺]时仍可以从具体情况出发，做合理的简化处理。

以二元弱酸的含氢酸盐 NaHA 为例，溶液中的质子转移反应如下：

$$HA^- \rightleftharpoons H^+ + A^{2-}$$

$$HA^- + H_2O \rightleftharpoons H_2A + OH^-$$

$$H_2O \rightleftharpoons H^+ + OH^-$$

质子条件为 $$[H_2A] + [H^+] = [A^{2-}] + [OH^-]$$

将二元弱酸 H_2A 的平衡常数 K_{a_1}、K_{a_2} 代入上式，得

$$\frac{[H^+][HA^-]}{K_{a_1}} + [H^+] = \frac{K_{a_2}[HA^-]}{[H^+]} + \frac{K_w}{[H^+]}$$

$$[H^+] = \sqrt{\frac{K_{a_1}(K_{a_2}[HA^-] + K_w)}{K_{a_1} + [HA^-]}}$$

此为精确计算式。

如果 HA^- 给出质子与接受质子的能力都比较弱，则可以认为 $[HA^-] \approx c$；另根据计算可知，若允许有 5%的误差，在 $cK_{a_2} \geqslant 20K_w$ 时，HA^- 提供的 H^+ 比水提供的 H^+ 多得多，所以可略去 K_w，得近似计算式：

$$[H^+] = \sqrt{\frac{cK_{a_1}K_{a_2}}{K_{a_1} + c}} \tag{7-23}$$

如果 $c/K_{a_1} \geqslant 20$，则分母的 K_{a_1} 可略去，经整理可得

$$[H^+] = \sqrt{K_{a_1}K_{a_2}} \tag{7-24}$$

该式为常用的最简式。当同时满足 $cK_{a_2} \geqslant 20K_w$ 和 $c/K_{a_1} \geqslant 20$ 两个条件时，用最简式计算出的 $[H^+]$ 与用精确式求得的 $[H^+]$ 相比，其误差在允许的 5%以内。

【例 7-10】 计算 0.10 mol · dm^{-3} 邻苯二甲酸氢钾溶液的 pH。

解 查表得邻苯二甲酸的 $pK_{a_1}=2.89$，$pK_{a_2}=5.54$，

$$pK_{b_2}=14-2.89=11.11$$

从 pK_{a_2} 和 pK_{b_2} 可知，邻苯二甲酸氢根离子的酸性和碱性都比较弱，可以认为$[HA^-]\approx c$。

又满足：

$$cK_{a_2}=0.10\times10^{-5.54}>20K_w$$

$$c/K_{a_1}=0.10/10^{-2.89}=77.6>20$$

可用最简式计算得

$$[H^+]=\sqrt{10^{-2.89}\times10^{-5.54}}=10^{-4.22}(\text{mol}\cdot\text{dm}^{-3})$$

$$pH=4.22$$

4) 多元酸(碱)溶液

多元酸碱在溶液中存在逐级离解，但因多级离解常数存在显著差别，因此第一级离解平衡是主要的，而且第一级离解出来的 H^+ 又将大大抑制以后各级的离解，故一般把多元酸碱作为一元酸碱处理。

对于一般的二元酸 H_2A 而言，PBE 为

$$[H^+]=[OH^-]+[HA^-]+2[A^-]$$

根据化学平衡常数的表达式可以得到下式：

$$[H^+]=\frac{K_w}{[H^+]}+\frac{K_{a_1}[H_2A]}{[H^+]}+\frac{2K_{a_1}K_{a_2}[H_2A]}{[H^+]^2}$$

$$[H^+]=\sqrt{[H_2A]K_{a_1}\left(1+\frac{2K_{a_2}}{[H^+]}\right)+K_w}$$

当 $cK_{a_1}\geqslant 20K_w$，$\dfrac{c}{K_{a_1}}\geqslant 500$，$\dfrac{2K_{a_2}}{\sqrt{cK_{a_1}}}\ll 1$ 时，有最简式

$$[H^+]=\sqrt{cK_{a_1}} \tag{7-25}$$

【例 7-11】 已知室温下 H_2CO_3 的饱和水溶液浓度约为 0.040 mol · dm^{-3}，试求该溶液的 pH。

解 查表得 $pK_{a_1}=6.38$，$pK_{a_2}=10.25$。由于 $K_{a_1}\gg K_{a_2}$，可按一元酸计算。

又由于

$$cK_{a_1}=0.040\times10^{-6.38}\gg 20K_w$$

$$c/K_{a_1}=0.040/10^{-6.38}=9.6\times10^4\gg 500$$

$$[H^+]=\sqrt{0.040\times10^{-6.38}}=1.3\times10^{-4}\ (\text{mol}\cdot\text{dm}^{-3})$$

$$pH=3.89$$

【例 7-12】 计算 0.20 mol · dm^{-3} Na_2CO_3 水溶液的 pH。

解 查表得 H_2CO_3 的 $pK_{a_1}=6.38$，$pK_{a_2}=10.25$。故

$$pK_{b_1}=pK_w-pK_{a_2}=14-10.25=3.75$$

同理

$$pK_{b_2} = 7.62$$

由于 $K_{b_1} \gg K_{b_2}$，可按一元弱碱处理：

$$cK_{b_1} = 0.20 \times 10^{-3.75} \gg 20K_w$$

$$c / K_{b_1} = 0.20 / 10^{-3.75} = 1125 > 500$$

$$[OH^-] = \sqrt{0.20 \times 10^{-3.75}} = 5.96 \times 10^{-3}(mol \cdot dm^{-3})$$

$$[H^+] = 1.7 \times 10^{-12}\ mol \cdot dm^{-3}$$

$$pH = 11.77$$

一元弱酸(碱)和两性物质溶液的 pH 计算在酸碱滴定法中是经常用到的，因而本节做了较为详细的讨论。但应注意，所用的计算途径和思路对于强碱溶液、二元弱碱溶液和由弱酸及其共轭碱($HA+A^-$)组成的缓冲溶液的 pH 计算也同样适用，本书不再一一推导。现将各种酸溶液 pH 计算的公式以及在允许有 5%误差范围内的使用条件列于表 7-5 中，其中包括精确式、近似计算式和最简式。

表 7-5　几种酸溶液计算$[H^+]$的公式及使用条件

	计算公式	使用条件(允许误差 5%)
一元弱酸	(1) $[H^+]=\sqrt{K_a[HA]+K_w}$	
	(2) $[H^+]=\sqrt{cK_a+K_w}$	$c/K_a \geqslant 500$
	$[H^+]=\frac{1}{2}(-K_a+\sqrt{K_a^2+4cK_a})$	$cK_a \geqslant 20K_w$
	(3) $[H^+]=\sqrt{cK_a}$	$c/K_a \geqslant 500$ 且 $cK_a \geqslant 20K_w$
两性物质	(1) $[H^+]=\sqrt{K_{a_1}(K_{a_2}[HA^-]+K_w)/(K_{a_1}+[HA^-])}$	
	(2) $[H^+]=\sqrt{cK_{a_1}K_{a_2}/K_{a_1}+c}$	$cK_{a_2} \geqslant 20K_w$
	(3) $[H^+]=\sqrt{K_{a_1}K_{a_2}}$	$cK_{a_2} \geqslant 20K_w$ 且 $c/K_{a_1} \geqslant 20$
强酸	(1) $[H^+]=\frac{1}{2}(c_a+\sqrt{c_a^2+4K_w})$	
	(2) $[H^+]=c$	$c \geqslant 1.0\times10^{-6}\ mol \cdot dm^{-3}$
	(3) $[H^+]=\sqrt{K_w}$	$c \leqslant 1.0\times10^{-8}\ mol \cdot dm^{-3}$
二元弱酸	(1) $[H^+]=\sqrt{K_{a_1}[H_2A]}$	$cK_{a_1} \geqslant 20K_w$ 且 $2K_{a_2}/[H^+] \ll 1$
	(2) $[H^+]=\sqrt{cK_{a_1}}$	$cK_{a_1} \geqslant 20K_w$，$c/K_{a_1} \geqslant 500$ 且 $2K_{a_2}/[H^+] \ll 1$
缓冲溶液	$[H^+]=K_a\frac{c_a}{c_b}$	$c_a \gg [OH^-]-[H^+]$且 $c_b \gg [H^+]-[OH^-]$

注：c_a 及 c_b 分别为弱酸 HA 及其共轭碱 A^-的总浓度。

当需要计算一元弱碱、强碱等碱性物质溶液的 pH 时，只需将计算式及使用条件中的$[H^+]$和 K_a 相应地换成$[OH^-]$和 K_b 即可。

7.4　缓冲溶液的原理与应用

7.4.1　同离子效应

弱电解质的电离平衡和其他化学平衡一样，当外界条件不变时，电离平衡可以保持不变，而当外界条件发生改变时，电离平衡就会发生移动。

【例 7-13】 在 0.10 mol · dm^{-3} HAc 溶液中加入 NaAc 晶体，使 NaAc 的浓度为 0.10 mol · dm^{-3}，求该溶液中的[H$^+$]和 HAc 的电离度。

解　设[H$^+$]为 x mol · dm^{-3}，则

$$HAc \rightleftharpoons H^+ + Ac^-$$

	HAc	H$^+$	Ac$^-$
起始时的相对浓度	0.10	0	0.10
平衡时的相对浓度	$0.10-x$	x	$0.10+x$

$$K_a = \frac{x(0.10+x)}{0.10-x} = 1.75\times10^{-5}$$

由于 $c/K_a \gg 500$，且化学平衡向左移动，近似地有 $0.10-x\approx0.10$，$0.10+x\approx0.10$，故上式可改写为

$$K_a = \frac{0.10x}{0.10} = 1.75\times10^{-5}$$

$$x = 1.75\times10^{-5}\ \text{mol}\cdot\text{dm}^{-3}$$

电离度

$$\alpha = \frac{[H^+]}{c}\times100\% = \frac{1.75\times10^{-5}}{0.10}\times100\% = 0.0175\%$$

由【例 7-2】的计算结果，0.10 mol · dm^{-3} HAc 溶液中 HAc 的电离度为 1.3%，与本例计算中得到的电离度相比较，在 0.10 mol · dm^{-3} NaAc 溶液中，HAc 的电离度α缩小为 1/76。这是因为在弱电解质 HAc 溶液中加入强电解质 NaAc，由于 NaAc 完全电离，生成 Na$^+$和 Ac$^-$，使溶液中 Ac$^-$增多，HAc 的电离平衡将向左移动，使溶液中 H$^+$浓度减小，从而降低了 HAc 的电离度。这种在弱电解质溶液中，加入与弱电解质具有相同离子的强电解质，使弱电解质电离度降低的现象，称为同离子效应。由题可见同离子效应强烈地影响了弱电解质的电离平衡。

一般的水溶液的 pH 易受外来的少量酸、碱的影响，而外来的少量酸、碱对乙酸-乙酸钠混合溶液等一类溶液体系的 pH 影响却很小。

7.4.2　缓冲溶液

许多化学反应要在一定的 pH 条件下进行。例如：

$$4Ag^+ + Cr_2O_7^{2-} + H_2O \xrightleftharpoons{pH=5\sim6} 2Ag_2CrO_4(s)(\text{砖红色}) + 2H^+$$

$$2Ag^+ + CrO_4^{2-} \xrightleftharpoons{pH=5\sim6} Ag_2CrO_4(s)(\text{砖红色})$$

以上两个反应都可以用于鉴定 Ag$^+$的存在，反应必须为 pH = 5～6 才能生成砖红色沉淀。再如，金属离子的反应 $M^{2+} + H_2Y^{2-} \longrightarrow MY^{2-} + 2H^+$ 要求在 pH = 7.0 左右才能正常进行，但随着反应的进行，溶液的 pH 会发生改变，会造成反应不能持续正常进行。

如何控制反应的 pH，是保证反应正常进行的一个重要条件。人们利用酸碱反应中的同离子效应的原理，研究出一种能抵抗少量强酸、强碱和水的稀释而保持体系的 pH 基本不变的溶

液，即缓冲溶液。缓冲溶液保持 pH 基本不变的作用称为缓冲作用。

1. 缓冲溶液的作用原理

在 HAc-NaAc 混合溶液中，由于 NaAc 完全电离产生的 Ac^-浓度较高，同时由于同离子效应使 HAc 的电离度降低，使 HAc 分子浓度接近未电离时的浓度。因此，乙酸分子与乙酸根离子浓度都较高，所以外来的少量的 H^+或 OH^-，对于溶液的 H^+浓度的影响都不大。这是 HAc-NaAc 缓冲溶液的特点。在 $NH_3 \cdot H_2O$-NH_4Cl 溶液中，也存在较高浓度的 NH_3 分子和 NH_4^+。

缓冲溶液具有缓冲作用的原因就在于溶液中有大量的未电离的弱酸(或弱碱)分子及其共轭碱(共轭酸)的离子。此溶液中的弱酸(或弱碱)就如同 H^+(或 OH^-)的仓库，当外界引起少量的$[H^+]$(或$[OH^-]$)降低时，弱酸(或弱碱)就电离出 H^+(或 OH^-)，当外界引起 H^+(或 OH^-)的浓度少量增大时，大量存在的共轭碱(或共轭酸)的离子会与其反应，从而维持溶液中 H^+(或 OH^-)的浓度基本不变。这就是缓冲溶液调控溶液 pH 的原理。

2. 缓冲溶液 pH 的计算

缓冲溶液的 pH 可通过计算求得。一般来讲，由于缓冲溶液中相关的浓度值较大，可以不考虑水的自身电离对 pH 的贡献。

对于弱酸 HA 与其共轭碱组成的缓冲溶液，存在下列平衡：

$$HA \rightleftharpoons H^+ + A^-$$

	HA	H^+	A^-
起始时的相对浓度	c_{HA}	0	c_{A^-}
平衡时的相对浓度	$c_{HA}-x$	x	$c_{A^-}+x$

对弱酸 HA 而言，其 K_a 表达式为

$$K_a = \frac{[H^+][A^-]}{[HA]}$$

当 c_{HA} 和 c_{A^-} 都比较大时，近似地，$[HA]=c_{HA}-x \approx c_{HA}$，$[A^-]=c_{A^-}+x \approx c_{A^-}$，因此

$$[H^+] = K_a\frac{[HA]}{[A^-]} = K_a\frac{c_{HA}}{c_{A^-}}$$

两边取负对数得

$$-\lg[H^+] = -\lg K_a - \lg\frac{c_{HA}}{c_{A^-}}$$

即

$$pH = pK_a + \lg\frac{c_{A^-}}{c_{HA}} \tag{7-26}$$

式(7-26)又可表达为

$$pH = pK_a + \lg\frac{c_{共轭碱}}{c_{弱酸}} \quad 或 \quad pH = pK_a - \lg\frac{c_{弱酸}}{c_{共轭碱}} \tag{7-27}$$

对于弱碱及其共轭酸组成的缓冲溶液，pH 的计算可以用类似方法求出，即

$$pOH = pK_b + \lg\frac{c_{共轭酸}}{c_{弱碱}} \quad 或 \quad pOH = pK_b - \lg\frac{c_{弱碱}}{c_{共轭酸}} \tag{7-28}$$

【例 7-14】 取 0.10 mol · dm^{-3} KH_2PO_4 与 0.050 mol · dm^{-3} NaOH 溶液等体积混合成 100.0 cm^3 缓冲溶液。求此缓冲溶液的 pH 和活度系数校正后的 pH。(已知 H_3PO_4 的 $pK_{a_2} = 7.21$)

解 (1) 缓冲溶液的 pH：

$$c(H_2PO_4^-) = (0.10 \times 50.0 - 0.050 \times 50.0)/100.0 = 0.025(mol \cdot dm^{-3})$$

$$c(HPO_4^{2-}) = 0.050 \times 50/100.0 = 0.025(mol \cdot dm^{-3})$$

$$pH = 7.21 + \lg(0.025/0.025) = 7.21$$

(2) 活度系数校正后的 pH：

考虑离子强度的影响，溶液中存在四种离子，由于是稀溶液，因此各离子的浓度与混合后各物种的浓度近似相等，即

离子	K^+	Na^+	$H_2PO_4^-$	HPO_4^{2-}
离子浓度 b/(mol · dm^{-3})	0.05	0.025	0.025	0.025

根据公式计算离子强度：

$$I = \frac{1}{2}\sum_i b_i z_i^2 = \frac{1}{2}(b_{Na^+} \times 1^2 + b_{K^+} \times 1^2 + b_{H_2PO_4^-} \times 1^2 + b_{HPO_4^{2-}} \times 2^2) = 0.1$$

根据式(7-10)，计算出 $H_2PO_4^-$、HPO_4^{2-} 的活度系数，得

$$\lg\frac{\gamma_{HPO_4^{2-}}}{\gamma_{H_2PO_4^-}} = -0.32$$

经活度系数校正后，代入公式计算得

$$pH = 7.21 + (-0.32) + \lg\frac{0.025}{0.025} = 6.89$$

从计算结果可以看出，活度系数校正后计算出的 pH 与实验测定值 pH = 6.88 非常接近。

应该指出，弱酸(碱)及其共轭碱(酸)混合溶液 pH 的计算，可以以组分的浓度代入公式计算的，但如需计算标准缓冲溶液的 pH，则应代入组分的活度，即必须考虑离子强度的影响。通常在实际工作中，配制准确 pH 缓冲溶液时，需要通过酸度计进行测定。

3. 缓冲溶液的缓冲容量和缓冲范围

如果向 HAc-NaAc 缓冲溶液加入少量强酸或强碱，或者将其稍加稀释时，缓冲溶液的 pH 基本上保持不变。但是，当缓冲溶液加入的强酸浓度接近原有的 Ac^-的浓度，或加入的强碱浓度接近原有的 HAc 浓度时，缓冲溶液对酸碱的抵抗能力会变得很弱，从而失去缓冲作用。也就是说，缓冲溶液对外加酸碱的抵抗能力是有一定限度的。缓冲容量(β)是衡量溶液缓冲能力大小的尺度，是使 1 dm^3 溶液的 pH 增加(或减少)一个 pH 单位时所需加的强碱(或强酸)的物质的量，其大小与缓冲溶液的总浓度及组分比有关。

例如，当 HAc-NaAc 缓冲溶液中 $c_{HAc} : c_{Ac^-} = 1 : 1$，共轭酸碱的总浓度为 2.0 mol · dm^{-3} 时，溶液的 $pH = pK_a$，向 1 dm^3 该溶液中加入 0.01 mol HCl，则溶液的 pH 变为

$$pH = pK_a + \lg\frac{c_{Ac^-}}{c_{HAc}} = pK_a + \lg\frac{1.0 - 0.01}{1.0 + 0.01} = pK_a - 0.009$$

即 pH 只改变了 0.009 个单位。

当 HAc-NaAc 缓冲溶液的总浓度为 0.20 mol · dm^{-3} 时，溶液的 pH = pK_a，向 1 dm^3 该溶液中加入 0.01 mol HCl，则溶液的 pH 变为

$$\mathrm{pH} = \mathrm{p}K_\mathrm{a} + \lg\frac{c_{\mathrm{Ac^-}}}{c_{\mathrm{HAc}}} = \mathrm{p}K_\mathrm{a} + \lg\frac{0.10-0.01}{0.10+0.01} = \mathrm{p}K_\mathrm{a} - 0.09$$

pH 改变了 0.09 个单位。可见，缓冲溶液中共轭酸碱的总浓度越大，缓冲溶液抵抗外加酸碱的能力越大，即缓冲容量越大。

如果保持共轭酸碱的总浓度为 2.0 mol · dm^{-3}，但将共轭酸碱的浓度比改变为 $c_{\mathrm{HAc}} : c_{\mathrm{Ac^-}} =$ 9 : 1，则溶液的 $\mathrm{pH} = \mathrm{p}K_\mathrm{a} + \lg\frac{0.20}{1.80} = \mathrm{p}K_\mathrm{a} - 0.95$，向 1 dm^3 此溶液中加入 0.01 mol HCl 后，溶液的 pH 变为

$$\mathrm{pH} = \mathrm{p}K_\mathrm{a} + \lg\frac{c_{\mathrm{Ac^-}}}{c_{\mathrm{HAc}}} = \mathrm{p}K_\mathrm{a} + \lg\frac{0.20-0.01}{1.80+0.01} = \mathrm{p}K_\mathrm{a} - 0.98$$

pH 改变了 0.03 个单位。由此可见，缓冲溶液的共轭酸碱总浓度一定时，缓冲组分的浓度比越接近于 1 : 1，缓冲容量越大。

一般地，对于弱酸及其共轭碱组成的缓冲体系，溶液的缓冲容量(β)可通过下列近似公式加以计算：

$$\beta = 2.3cK_\mathrm{a}\frac{[\mathrm{H^+}]}{([\mathrm{H^+}]+K_\mathrm{a})^2} \tag{7-29}$$

式中，c 为缓冲体系中弱酸及其共轭碱的总浓度。可见，总浓度 c 越大，缓冲容量越大，且缓冲组分的浓度比控制在 1 : 1 时缓冲容量最大。

任何缓冲溶液的缓冲作用都有一个有效的缓冲 pH 范围，称为缓冲范围。实验证明，若缓冲溶液的共轭酸碱浓度比保持在 1 : 10～10 : 1 时，缓冲容量能够满足一般的实验要求。此时，缓冲溶液的 pH 范围大概在 pK_a (或 pK_b)两侧各一个 pH 单位之内，即

$$\mathrm{pH} = \mathrm{p}K_\mathrm{a} \pm 1 \tag{7-30}$$

或

$$\mathrm{pOH} = \mathrm{p}K_\mathrm{b} \pm 1 \tag{7-31}$$

4. 缓冲溶液的选择和配制

配制缓冲溶液时，首先应该根据所需控制的 pH 范围，选择合适的缓冲体系。各种不同的共轭酸碱其 K_a 和 K_b 值不同，组成的缓冲溶液的缓冲范围也不同，表 7-6 列出了几种常用的缓冲溶液。一般选用 K_a 或 K_b 等于或接近于所需 pH 的共轭酸碱对。例如，要配制 pH 在 5 左右的缓冲溶液，可以选用 HAc-NaAc 缓冲对；配制 pH 在 9 左右的缓冲溶液，则可选用 NH_4Cl-$NH_3 \cdot H_2O$ 缓冲对。然后根据需要调节酸碱比值，即能得到所需的 pH。在配制缓冲溶液时，为了保证缓冲溶液具有足够高的缓冲容量，应适当提高共轭酸碱对的浓度，同时保持共轭酸碱对的浓度比接近于 1。

表 7-6　常用的缓冲溶液

缓冲体系	共轭酸碱对形式	pK_a
HCOOH-HCOONa	$HCOOH\text{-}HCOO^-$	3.75
HAc-NaAc	$HAc\text{-}Ac^-$	4.75
$(CH_2)_6N_4H^+\text{-}(CH_2)_6N_4$	$(CH_2)_6N_4H^+\text{-}(CH_2)_6N_4$	5.15
$NaH_2PO_4\text{-}Na_2HPO_4$	$H_2PO_4^-\text{-}HPO_4^{2-}$	7.20(pK_{a_2})
$Na_2B_4O_7\text{-}NaOH$	$H_3BO_3\text{-}H_2BO_3^-$	9.24(pK_{a_1})
$NH_4Cl\text{-}NH_3 \cdot H_2O$	$NH_4^+\text{-}NH_3$	9.25
$NaHCO_3\text{-}Na_2CO_3$	$HCO_3^-\text{-}CO_3^{2-}$	10.25
$Na_2HPO_4\text{-}Na_3PO_4$	$HPO_4^{2-}\text{-}PO_4^{3-}$	12.36(pK_{a_3})

下面举例说明选择和配制缓冲溶液的有关计算。

【例 7-15】 欲配制 pH = 5.00 的缓冲溶液 500 cm^3，用去 6.0 $mol \cdot dm^{-3}$ HAc 溶液 24.0 cm^3，问需加入固体 $NaAc \cdot 3H_2O$ 质量多少克？

解
$$c_{HAc} = 6.0 \times 24.0/500 = 0.288(mol \cdot dm^{-3})$$

根据缓冲溶液公式：
$$pH = pK_a + \lg\frac{c_{Ac^-}}{c_{HAc}}$$

代入数据：
$$5.00 = 4.75 + \lg\frac{c_{Ac^-}}{0.288}$$

计算，得
$$c_{Ac^-} = 0.512(mol \cdot dm^{-3})$$

在 500 cm^3 溶液中需要加入 $NaAc \cdot 3H_2O$ 固体的质量为：$0.512 \times 136 \times 500/1000$ g = 34.8 g。

缓冲溶液在工业、农业、科研等方面具有重要意义。在化学分析中，常用缓冲溶液来控制体系的 pH。例如，用 EDTA 配位滴定金属离子的反应中，溶液中需要保持在特定的 pH 范围。如滴定溶液中的 Pb^{2+}、Zn^{2+}时，pH 需要维持在 5.0 左右，用六次甲基四胺缓冲溶液进行调节；滴定水中的 Ca^{2+}、Mg^{2+}测定水的硬度时，要求 pH 维持在 9.0 左右，用 $NH_4Cl\text{-}NH_3 \cdot H_2O$ 缓冲溶液调节。另外，金属器件进行电镀时的电镀液也常用缓冲溶液来控制一定的 pH。

缓冲溶液在自然界中也普遍存在。例如，土壤中由于含有 $H_2CO_3\text{-}NaHCO_3$ 和 $Na_2HPO_4\text{-}NaH_2PO_4$ 以及其他有机酸及其共轭碱组成的复杂缓冲系统，能使土壤的 pH 保持在 5.0～8.0，保证了植物的正常生长。人体血液也是依赖于缓冲作用维持 pH 为 7.35～7.45，否则就会导致“酸中毒”或“碱中毒”，甚至造成生命危险。

7.5　非水溶液中的酸碱对立统一关系

水是最常用、最重要的溶剂，化学反应大多数在溶液中进行，除水以外的溶剂称为非水溶剂，非水溶剂具有水所没有的特性，许多不能在水中发生的化学反应在非水溶剂中却可以发生，在改变某些反应的速率、改进工艺、提高产率等方面都具有重要的意义。常用的非水溶剂可分为质子溶剂和非质子传递溶剂，本章仅讨论质子溶剂。

7.5.1　溶剂的种类和性质

根据溶剂的酸碱性可以分成以下四类，即

(1) 两性溶剂：这类溶剂既能给出质子，也能接受质子，最典型的两性溶剂是水，甲醇、乙醇和异丙醇也属于这一类。

(2) 酸性溶剂：这类溶剂酸性显著地较水强，较易给出质子，为疏质子溶剂。冰醋酸、乙酐、甲酸属于这一类。

(3) 碱性溶剂：这类溶剂其碱性较水强，对质子的亲和力比水大，易于接受质子，是亲质子溶剂。乙二胺、丁胺、二甲基甲酰胺属于这一类。

(4) 惰性溶剂：给出质子或接受质子的能力都非常弱或者没有，惰性溶剂不参与质子转移过程，因此只在溶质分子之间进行质子的转移。苯、四氯化碳、氯仿、丙酮、甲基异丁酮属于这一类。

7.5.2　物质的酸碱性与溶剂的关系

前面已经提到，在水溶液中质子的传递过程都是通过水分子来实现的，因此酸碱的离解过程必须结合水分子的作用来考虑，即酸碱电离常数的大小和水分子的作用有关，或者说物质的酸碱性不但和物质的本质有关，也和溶剂的性质有关。这种情况在非水溶液中表现得尤为明显。

同一种酸，溶解在不同的溶剂中将表现出不同的强度。例如，苯甲酸在水中是较弱的酸，苯酚在水中是极弱的酸，但当使用碱性溶剂(如乙二胺)代替水时，苯甲酸和苯酚表现出的酸的强度都有所增强。

同理，吡啶、胺类、生物碱以及乙酸根阴离子(Ac^-)等在水溶液中是强度不同的弱碱，但在酸性溶剂中，它们表现出较强的碱性。

溶质的酸碱性不仅与溶剂的酸碱性有关，而且也与溶剂的介电常数有关。

7.5.3　拉平效应和区分效应

$HClO_4$、H_2SO_4、HCl 和 HNO_3 四种强酸，它们的强度是有区别的；可是在水中它们的强度却显示不出差异。这是由于水是两性溶剂，具有一定碱性，对质子有一定的亲和力。当这些强酸溶于水时，只要它们的浓度不太大，它们的质子将全部为水分子所夺取，即全部离解转化为 H_3O^+：

$$HClO_4 + H_2O \longrightarrow ClO_4^- + H_3O^+$$

$$H_2SO_4 + H_2O \longrightarrow HSO_4^- + H_3O^+$$

$$HCl + H_2O \longrightarrow Cl^- + H_3O^+$$

$$HNO_3 + H_2O \longrightarrow NO_3^- + H_3O^+$$

H_3O^+成了水溶液中能够存在的最强的酸的形式，从而使这四种强酸的酸度全部被拉平到水合质子 H_3O^+的强度水平。这就是拉平效应，具有这种拉平效应的溶剂称为拉平溶剂。如果把这四种强酸溶解到冰醋酸介质中，由于乙酸是酸性溶剂，对质子的亲和力较弱，这四种强酸就不能将其质子全部转移给 HAc 分子，并且显示出程度上的差别：

$$HClO_4 + HAc \longrightarrow ClO_4^- + H_2Ac^+$$

$$H_2SO_4 + HAc \longrightarrow HSO_4^- + H_2Ac^+$$

$$HCl + HAc \longrightarrow Cl^- + H_2Ac^+$$

$$HNO_3 + HAc \longrightarrow NO_3^- + H_2Ac^+$$

实验证明，$HClO_4$的质子转移过程最为完全，从上到下，质子转移程度依次减弱。于是这四种酸的强度得以区分：

$$HClO_4 > H_2SO_4 > HCl > HNO_3$$

这种能区分酸碱强度的作用称为区分效应，这类溶剂称为区分溶剂。

拉平效应和区分效应都是相对的。一般来讲，碱性溶剂对于酸具有拉平效应，对于碱具有区分效应。水将四种强酸拉平，但它却能使四种强酸与乙酸区分开；而在碱性溶剂液氨中，乙酸也将被拉平到和四种强酸相同的强度。

酸性溶剂对酸具有区分效应，对碱具有拉平效应。

惰性溶剂没有明显的酸碱性，不参加质子转移反应，因而没有拉平效应。正因为如此，当物质溶解在惰性溶剂中时，各种物质的酸碱性的差异得以保存，所以惰性溶剂具有良好的区分效应。

7.6 酸碱滴定法概述

酸碱滴定法按照酸碱的性质分为强酸强碱的滴定、强碱弱酸的滴定以及弱酸弱碱的滴定。由于弱酸弱碱的滴定体系复杂，需分别处理，所以在此不做赘述。另外，根据质子酸碱理论，在非水溶剂中物质也体现不同的酸碱性，所以非水体系也存在酸碱滴定的问题，且也有一定的应用范围，如有机酸碱的含量测定。

酸碱滴定的实质就是氢离子和氢氧根离子形成水的反应。只是对于不同的酸碱，其在溶剂中(多为水作溶剂)贡献氢离子或氢氧根离子的能力不同，而酸碱滴定就是根据体系的性质，采用合适的指示剂，应用合适的标准溶液浓度和粗略了解的未知液浓度以及合适的实验方法，使酸或碱的含量测定达到要求的准确度。

7.7 酸碱滴定终点的指示方法

酸碱滴定分析中终点的判断一般有两类方法，即指示剂法和电位滴定法。指示剂法是利用指示剂在某一固定条件(如某一 pH 范围)时的变色来指示终点；电位滴定法则是通过测量两个电极的电势差，根据电势差的突然变化来确定终点。

酸碱指示剂一般是有机弱酸或弱碱，当溶液中的 pH 改变时，指示剂由于结构的变化而发生颜色的改变。例如，酚酞为无色的二元弱酸，当溶液中的 pH 渐渐升高时，酚酞先给出一个质子 H^+，形成无色的离子；然后再给出第二个质子 H^+并发生结构的改变，成为具有共轭体系的醌式结构离子而显红色，第二步离解过程的 $pK_{a_2} = 9.1$。当溶液成为较浓的强碱性溶液时，又进一步转变为羧酸盐式离子，而使溶液褪色。酚酞的结构变化过程可表示如下：

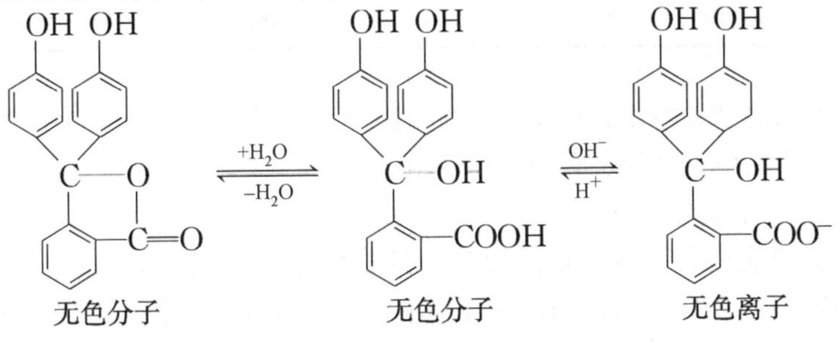

OH OH ... C—O ... C═O $\underset{-H_2O}{\overset{+H_2O}{\rightleftharpoons}}$ OH OH ... C—OH ... COOH $\underset{H^+}{\overset{OH^-}{\rightleftharpoons}}$ OH OH ... C—OH ... COO^-

无色分子　　无色分子　　无色离子

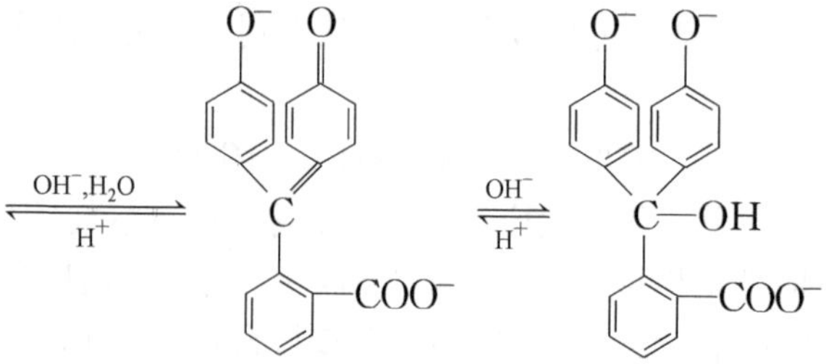

$\xrightleftharpoons[H^+]{OH^-,H_2O}$ 红色离子 $\xrightleftharpoons[H^+]{OH^-}$ 无色离子

酚酞结构变化的过程也可简单表示为

$$\text{无色分子} \xrightleftharpoons[H^+]{OH^-} \text{无色离子} \xrightleftharpoons[H^+]{OH^-} \text{红色离子} \xrightleftharpoons[H^+]{\text{强碱}} \text{无色离子}$$

上式表明，这个转变过程是可逆过程，当溶液 pH 降低时，平衡向反方向移动，酚酞又变成无色分子。因此，酚酞在酸性溶液中呈无色，当 pH 升高到一定数值时变成红色，强碱溶液中又呈无色。

根据实际测定，酚酞在溶液的 pH 小于 8 时呈无色，当溶液的 pH 大于 10 时呈红色，pH 为 8～10 是酚酞逐渐由无色变为红色的过程，称为酚酞的“变色范围”。甲基橙则是当溶液 pH 小于 3.1 时呈红色，pH 大于 4.4 时呈黄色，pH 为 3.1～4.4 是甲基橙的变色范围。

由于各种指示剂所对应的弱酸的平衡常数不同，各种指示剂的变色范围也不相同。表 7-7 中列出了几种常用酸碱指示剂的变色范围。

表 7-7　几种常用酸碱指示剂的变色范围

指示剂	变色范围 pH	颜色变化	pK_{HIn}	浓度	用量(滴/10 cm^3 试液)
百里酚蓝(麝香草酚蓝)	1.2～2.8 8.0～9.6	红～黄 黄～蓝	1.7 8.9	0.1 g 溶于 100 cm^3 的 20%乙醇溶液	1～2 1～4
甲基黄	2.9～4.0	红～黄	3.3	0.1 g 溶于 100 cm^3 的 90%乙醇溶液	1
甲基橙	3.1～4.4	红～黄	3.4	0.05%的水溶液	1
溴酚蓝	3.0～4.6	黄～紫	4.1	0.1%的 20%乙醇溶液或其钠盐水溶液	1
溴甲酚绿	4.0～5.6	黄～蓝	4.9	0.1%的 20%乙醇溶液或其钠盐水溶液	1～3
甲基红	4.4～6.2	红～黄	5.0	0.1%的 60%乙醇溶液或其钠盐水溶液	1
溴百里酚蓝	6.2～7.6	黄～蓝	7.3	0.1%的 20%乙醇溶液或其钠盐水溶液	1
中性红	6.8～8.0	红～黄橙	7.4	0.1%的 60%乙醇溶液	1
苯酚红	6.8～8.4	黄～红	8.0	0.1%的 60%乙醇溶液或其钠盐水溶液	1
酚酞	8.0～10.0	无～红	9.1	0.5%的 90%乙醇溶液	1～3
百里酚酞	9.4～10.6	无～蓝	10.0	0.1%的 90%乙醇溶液	1～2

从表 7-7 中可以清楚地看出，各种不同的酸碱指示剂具有不同的变色范围，有的在酸性溶液中变色，如甲基橙、甲基红等；有的在中性附近变色，如中性红、苯酚红等；有的在碱性溶液中变色，如酚酞、百里酚酞等。

指示剂之所以具有变色范围，是作为有机弱酸的指示剂在溶液中的电离平衡及平衡移动导致的。现以 HIn 表示弱酸型指示剂，它在溶液中的平衡移动过程可以简单地用下式表示：

$$HIn + H_2O \rightleftharpoons H_3O^+ + In^-$$

达到平衡时它的平衡常数为

$$\frac{[H^+][In^-]}{[HIn]} = K_{HIn}$$

式中，K_{HIn}为指示剂的电离平衡常数，在一定温度下，它是不变的。如果将上式改变形式，可得

$$\frac{[In^-]}{[HIn]} = \frac{K_{HIn}}{[H^+]}$$

显然，指示剂颜色的转变依赖于[In⁻]和[HIn]的比值。[In⁻]代表碱式颜色的浓度，而[HIn]代表酸式颜色的浓度，浓度越大，颜色越深。从上式可知，它们两者浓度的比值是由两个因素决定的：一个是K_{HIn}值，另一个是溶液的酸度$[H^+]$。K_{HIn}是由指示剂的本质决定的，对于一定的指示剂，它是一个常数，因此某种指示剂颜色的转变就由溶液中的$[H^+]$来决定其在一定范围内移动了。

当$[In^-]=[HIn]$时，溶液中$[H^+]=K_{HIn}$，此时溶液的颜色应该是酸色和碱色的中间颜色。如果此时的$[H^+]$以 pH 来表示，则 pH 就等于指示剂电离平衡常数的负对数：

$$pH = pK_{HIn}$$

各种指示剂由于其指示剂K_{HIn}不同，呈中间颜色时的 pH 也各不相同。

当溶液中$[H^+]$发生改变时，$[In^-]$和[HIn]的比值也发生改变，溶液的颜色也逐渐改变。一般来讲，当$[In^-]/[HIn]=1/10$时，人眼能勉强辨认出碱色；当$[In^-]/[HIn]<1/10$时，眼睛就看不出碱色了。因此，变色范围的一边为

$$\frac{[In^-]}{[HIn]} = \frac{K_{HIn}}{[H^+]} = \frac{1}{10}\quad [H^+]_1 = 10K_{HIn}$$

即

$$pH_1 = pK_{HIn} - 1$$

同理也可求得，当$[In^-]/[HIn]=10/1$时，人眼能勉强辨认出酸色，即变色范围另一边为

$$pH_2 = pK_{HIn} + 1$$

上述情况可表示为

$\frac{[In^-]}{[HIn]}<\frac{1}{10}$	$=\frac{1}{10}$	$=1$	$=\frac{10}{1}$	$>\frac{10}{1}$
酸色	略带碱色	中间颜色	略带酸色	碱色

酸色 ←———— 变色范围 ————→ 碱色

$pH_1 = pK_{HIn} - 1$　　　　$pH_2 = pK_{HIn} + 1$

综上所述，可以得出如下结论：①指示剂的变色范围是随各种指示剂电离平衡常数 K_{HIn}的不同而不同；②各种指示剂的变色范围内显示出逐渐变化的过渡颜色；③各种指示剂的变色范围值的幅度各不相同。一般来说，指示剂的变色范围不大于两个 pH 单位，也不小于 1 个 pH 单位。指示剂具有一定的变色范围，因此只有当溶液中 pH 的改变超过一定数值，指示剂才从一种颜色突然变为另一种颜色。所以，在设计实验方案时，就选择变色范围与滴定体系的滴定突跃很近的指示剂来指示滴定终点的到达，以减少测定的终点误差。

为使指示剂的变色范围变窄，变色敏锐，以适应滴定突跃较窄的体系的终点的指示，常使用另一类混合指示剂(表 7-8)。

表 7-8　几种常用混合指示剂

指示剂溶液的组成	变色时 pH	颜色		备注
		酸色	碱色	
一份 0.1%甲基黄乙醇溶液 一份 0.1%次甲基蓝乙醇溶液	3.25	蓝紫	绿	pH = 3.2，蓝紫色； pH = 3.4，绿色
一份 0.1%甲基橙水溶液 一份 0.25%靛蓝二磺酸水溶液	4.1	紫	黄绿	
一份 0.1%溴甲酚绿钠盐水溶液 一份 0.2%甲基橙水溶液	4.3	橙	蓝绿	pH = 3.5，黄色； pH = 4.05，绿色；pH = 4.3，浅绿色
三份 0.1%溴甲酚绿乙醇溶液 一份 0.2%甲基红乙醇溶液	5.1	酒红	绿	
一份 0.1%溴甲酚绿钠盐水溶液 一份 0.1%氯酚红钠盐水溶液	6.1	黄绿	蓝绿	pH = 5.4，蓝绿色；pH = 5.8，蓝色； pH = 6.0，蓝带紫；pH = 6.2，蓝紫色
一份 0.1%中性红乙醇溶液 一份 0.1%次甲基蓝乙醇溶液	7.0	紫蓝	绿	pH = 7.0，紫蓝色
一份 0.1%甲酚红钠盐水溶液 三份 0.1%百里酚蓝钠盐水溶液	8.3	黄	紫	pH = 8.2，玫瑰红； pH = 8.4，清晰的紫色
一份 0.1%百里酚蓝 50%乙醇溶液 三份 0.1%酚酞 50%乙醇溶液	9.0	黄	紫	从黄色到绿色，再到紫色
一份 0.1%酚酞乙醇溶液 一份 0.1%百里酚酞乙醇溶液	9.9	无	紫	pH = 9.6，玫瑰红； pH = 10，紫色
二份 0.1%百里酚酞乙醇溶液 一份 0.1%茜素黄 R 乙醇溶液	10.2	黄	紫	

混合指示剂是利用颜色之间的互补作用，使变色范围变窄，在终点时颜色变化敏锐。混合指示剂有两种配制方法，一种是由两种或两种以上的指示剂混合而成。例如，溴甲酚绿(pK_{HIn} = 4.9)和甲基红(pK_{HIn} = 5.0)，前者当 pH < 4.0 时呈黄色(酸色)，pH > 5.6 时呈蓝色(碱色)；后者当 pH < 4.4 时呈红色(酸色)，pH > 6.2 时呈浅黄色(碱色)。它们按一定配比混合后，两种颜色叠加在一起，酸色为酒红色(红稍带黄)，碱色为绿色。当 pH = 5.1 时，甲基红呈橙色和溴甲酚绿呈绿色，两者互为补色而呈现浅灰色，这时颜色发生突变，变色十分敏锐。

另一种混合指示剂是在某种指示剂中加入一种惰性染料。例如，中性红与染料次甲基蓝混合配成的混合指示剂，在 pH = 7.0 时呈紫蓝色，变色范围只有 0.2 个 pH 单位左右，比单独的中性红的变色范围要窄得多，表 7-8 中列出了酸碱滴定中几种常用的混合指示剂。

滴定溶液中指示剂加入量的多少也会影响变色的敏锐程度，一般来说，指示剂适当少用，变色会明显些。而且，指示剂是弱酸或弱碱，也要消耗滴定剂溶液，指示剂加得过多，将引入误差。

另外，单色指示剂如酚酞、百里酚酞等，其加入量对其变色范围也有一定影响。

7.8　一元酸、碱的滴定

为了正确地运用酸碱滴定法进行准确的分析测定，必须了解酸碱滴定过程中 H^+浓度的变化规律，即了解体系的 pH 与滴定剂体积或滴定时间的关系(以滴定曲线表示)，才有可能选择合适的指示剂，或以电位滴定的方法，准确地确定滴定终点。本章只讨论指示剂的方法，这种讨论的原理及方法对于其他的滴定体系也有一定的适用性。

7.8.1　标准溶液的配制和标定

1. 酸标准溶液

酸标准溶液一般用 HCl 溶液配制，常用的浓度为 0.1 mol · dm^{-3}。稀 HCl 标准溶液相当稳定，妥善保存的 HCl 标准溶液，其浓度可以经久不变。

HCl 标准溶液用间接法配制，即先配成近似浓度的溶液，然后用基准物标定。标定用的基准物，常用的有无水 Na_2CO_3 和硼砂($Na_2B_4O_7 \cdot 10H_2O$)。

(1) 无水 Na_2CO_3：优点是容易获得纯品，一般可用市售的分析纯级 Na_2CO_3 试剂作基准物。但由于 Na_2CO_3 易吸收空气中的水分，因此使用前应在 270℃左右干燥，然后密封于称量瓶内，保存于干燥器中备用。称量时动作要快，以免吸收空气中的水分而引入误差。

用 Na_2CO_3 标定 HCl 溶液，利用下述反应，用甲基橙指示终点：

$$Na_2CO_3 + 2HCl \longrightarrow 2NaCl + \underset{\displaystyle \downarrow \atop \displaystyle H_2O + CO_2\uparrow}{H_2CO_3}$$

Na_2CO_3 基准物的缺点是容易吸水，由于摩尔质量较小，称量造成的误差稍大，此外终点时变色不甚敏锐。

(2) 硼砂：由 NaH_2BO_3 和 H_3BO_3 按 1∶1 结合，并脱去水分而组成，可以看作是 H_3BO_3 被 NaOH 中和了一半的产物。硼砂溶于水发生下列反应：

$$B_4O_7^{2-} + 5H_2O \longrightarrow 2H_2BO_3^- + 2H_3BO_3$$

根据质子理论，所得的产物之一 $H_2BO_3^-$ 是弱酸 H_3BO_3 的共轭碱，

$$H_2BO_3^- + H^+ \longrightarrow H_3BO_3$$

已知 H_3BO_3 的 $pK_a = 9.24$，它的共轭碱 $H_2BO_3^-$ 的 $pK_b = 4.76$，因此 $H_2BO_3^-$ 的碱性已不太弱，可以满足 $cK_b \geqslant 10^{-8}$ 的要求，能够用酸目视直接滴定，因此如果硼砂溶液的浓度不是很稀，就可能用强酸(如 HCl)滴定 $H_2BO_3^-$ 。

硼砂的优点是容易制得纯品、不易吸水，由于摩尔质量较大，称量时造成的误差较小。但当空气中相对湿度小于 39%时，容易失去结晶水，因此应将它保存在相对湿度为 60%的恒湿器中。

硼砂基准物的标定反应为

$$Na_2B_4O_7 + 2HCl + 5H_2O \longrightarrow 4H_3BO_3 + 2NaCl$$

以甲基红指示终点，变色明显。可以通过以下例题说明为什么选择甲基红为指示剂。

【例 7-16】 计算 0.1000 mol · dm^{-3} HCl 滴定 0.0500 mol · dm^{-3} $Na_2B_4O_7$ 溶液时化学计量点的 pH，并选择指示剂。

解 硼砂溶于水后生成 0.1000 mol · dm^{-3} H_3BO_3 和 0.1000 mol · dm^{-3} $H_2BO_3^-$，化学计量点时 $H_2BO_3^-$ 也被中和成 H_3BO_3，此时溶液已稀释一倍，因此溶液中 H_3BO_3 浓度为 0.1000 mol · dm^{-3}，故

$$[H^+]=\sqrt{cK_a}=\sqrt{0.1000\times10^{-9.24}}=10^{-5.12}(mol\cdot dm^{-3})$$

$$pH=5.12$$

应选用甲基红(4.4～6.2)指示终点。

2. 碱标准溶液

碱标准溶液一般用 NaOH 配制，最常用的浓度为 0.1 mol · dm^{-3}。NaOH 易吸潮，也易吸收空气中的 CO_2，以致常含有 Na_2CO_3，而且 NaOH 还可能含有硫酸盐、硅酸盐、氯化物等杂质，因此应采用间接法配制其标准溶液，即配成近似浓度的碱溶液，然后进行标定，关于 CO_2 的影响详见 7.10.2 小节。

可用不同方法配制不含 CO_3^{2-} 的标准碱溶液。最常用的方法是取一份纯净 NaOH，加入一份水，搅拌，使之溶解，配成 50%的浓溶液。在这种浓溶液中 Na_2CO_3 的溶解度很小，待 Na_2CO_3 沉降后，吸取上层澄清液，稀释至所需浓度。

由于 NaOH 固体一般只在其表面形成一薄层 Na_2CO_3，因此也可称取较多的 NaOH 固体于烧杯中，用蒸馏水洗涤 2～3 次，每次用水少许，以洗去表面的少许 Na_2CO_3，倾去洗涤液，留下固体 NaOH，配成所需浓度的碱溶液。为了配制不含 CO_3^{2-} 的碱溶液，所用蒸馏水应不含 CO_2。

为了标定 NaOH 溶液，可用各种基准物，如 $H_2C_2O_4\cdot 2H_2O$、KHC_2O_4、苯甲酸等，但最常用的是邻苯二甲酸氢钾。这种基准物容易用重结晶法制得纯品，不含结晶水，不吸潮，容易保存，相对分子质量较大，标定时，由称量造成的误差也较小，因此是一种良好的基准物。

标定反应为

$$C_6H_4(COOK)(COOH) + NaOH = C_6H_4(COOK)(COONa) + H_2O$$

由于邻苯二甲酸的 $pK_{a_2}=5.54$，因此采用酚酞指示终点时，变色相当敏锐。

7.8.2 强碱滴定强酸

以 NaOH 溶液滴定 HCl 溶液为例进行讨论。在滴定过程中，发生下列质子转移反应：

$$H_3O^+ + OH^- \rightleftharpoons H_2O + H_2O$$

在滴定开始前，HCl 溶液呈强酸性，pH 很小。随着 NaOH 溶液的不断加入，不断地发生中和反应，溶液中的$[H^+]$逐渐降低，pH 逐渐升高。当加入的 NaOH 与 HCl 的量符合化学计量关系时，中和反应恰好进行完全，滴定到达化学计量点。此时溶液为 NaCl 溶液，有

$$[H^+]=[OH^-]=10^{-7.0}\ mol\cdot dm^{-3} \qquad pH=7.0$$

化学计量点以后若再继续加入 NaOH 溶液，溶液中就存在过量的 NaOH，$[OH^-]$不断增加，pH 不断升高。因此，整个滴定过程中，溶液的 pH 是不断升高的。但是，不同的阶段 pH 的具

体变化规律是不一样的，尤其是化学计量点附近的 pH，这些变化的情况涉及分析测定的准确程度。

可以根据滴定过程中溶液内各种酸碱形式的存在情况，计算出加入不同量 NaOH 溶液时溶液的 pH，从而得出随着滴定剂的加入体系 pH 的变化曲线，即滴定曲线。例如，以 $0.1000\ mol \cdot dm^{-3}$ NaOH 溶液滴定 $20.00\ cm^3$ $0.1000\ mol \cdot dm^{-3}$ HCl 溶液，根据整个滴定过程中溶液有四种不同的组成情况，可分为四个阶段进行计算。

1. 滴定开始前

溶液中仅有 HCl 存在，所以溶液的 pH 取决于 HCl 溶液的原始浓度，即

$$[H^+] = 0.1000\ mol \cdot dm^{-3} \qquad pH = 1.00$$

2. 滴定开始至化学计量点前

由于加入 NaOH，部分 HCl 被中和，组成 HCl + NaCl 溶液，其中的 Na^+、Cl^-对 pH 无影响，因此可根据剩余的 HCl 量计算 pH。例如，加入 $18.00\ cm^3$ NaOH 溶液时，还剩余 $2.00\ cm^3$ HCl 溶液未被中和，这时溶液中的 HCl 浓度应为

$$\frac{2.00 \times 0.1000}{20.00 + 18.00} = 5.3 \times 10^{-3}\ (mol \cdot dm^{-3})$$

$$[H^+] = 5.3 \times 10^{-3}\ mol \cdot dm^{-3} \quad pH = 2.28$$

从滴定开始直到化学计量点前的各点都是这样计算。

3. 化学计量点时

当加入 $20.00\ cm^3$ NaOH 溶液时，HCl 被 NaOH 全部中和，生成 NaCl 溶液，这时 pH = 7.00。

4. 化学计量点后

过了化学计量点，再加入 NaOH 溶液，构成 NaOH + NaCl 溶液，其 pH 取决于过量的 NaOH，计算方法与强酸溶液中计算$[H^+]$的方法类似。例如，加入 $20.02\ cm^3$ NaOH 溶液时，NaOH 溶液过量 $0.02\ cm^3$，多余的 NaOH 浓度为

$$\frac{0.02 \times 0.1000}{20.00 + 20.02} = 5.0 \times 10^{-5}\ (mol \cdot dm^{-3})$$

即

$$[OH^-] = 5.0 \times 10^{-5}\ mol \cdot dm^{-3}$$

$$pOH = 4.30 \quad pH = 9.70$$

化学计量点后都是这样计算。如此逐一计算，将计算所得结果列于表 7-9。

表 7-9　$0.1000\ mol \cdot dm^{-3}$ NaOH 溶液滴定 $20.00\ cm^3$ $0.1000\ mol \cdot dm^{-3}$ HCl 溶液

加入 NaOH 溶液		剩余 HCl 溶液的体积 $V/\ cm^3$	过量 NaOH 溶液的体积 $V/\ cm^3$	pH
体积/cm^3	滴定百分数/%			
0.00	0	20.00		1.00
18.00	90.0	2.00		2.28
19.80	99.0	0.20		3.30

续表

加入 NaOH 溶液		剩余 HCl 溶液的体积 $V/\ cm^3$	过量 NaOH 溶液的体积 $V/\ cm^3$	pH
体积/cm^3	滴定百分数/%			
19.98	99.9	0.02		4.31(*A*)
20.00	100.0	0.00		7.00
20.02	100.1		0.02	9.70(*B*)
20.20	101.0		0.20	10.70
22.00	110.0		2.00	11.70
40.00	200.0		20.00	12.50

如果以 NaOH 溶液的加入量为横坐标、对应的溶液 pH 为纵坐标，绘制关系曲线，得图 7-5 所示滴定曲线。

从图 7-5 和表 7-9 可以看出，在滴定开始时，溶液中还存在较多的 HCl，对碱有比较大的缓冲能力，因此 pH 升高比较缓慢。随着滴定的不断进行，溶液中 HCl 含量的减少，pH 的升高逐渐增快。尤其是当滴定接近化学计量点时，溶液中剩余的 HCl 已经极少，少量的碱的加入也会使 pH 升高极快。在图 7-5 中，曲线上的 *A* 点为加入 NaOH 溶液 19.98 cm^3，比化学计量点时应加入的 NaOH 溶液体积少 0.02 cm^3(相当于−0.1%)，曲线上的 *B* 点是超过化学计量点 0.02 cm^3(相当于+0.1%)，*A* 与 *B* 之间仅差 NaOH 溶液 0.04 cm^3，不到 1 滴，但溶液的 pH 却从 4.31 到 9.70，化学计量点前后±0.1%范围内 pH 的急剧变化称为“滴定突跃”，经过滴定突跃后，溶液由酸性转变成碱性，溶液的性质由量变引起了质变。

根据滴定曲线上近似垂直的滴定突跃的范围，可以选择适当的指示剂，并且可测得化学计量点时所需 NaOH 溶液的体积。显然，在化学计量点附近变色的指示剂如溴百里酚蓝、苯酚红等可以正确指示终点的到达，因为化学计量点都处于这些指示剂的变色范围内。实际上，凡是在滴定突跃范围内变色的指示剂都可以相当正确地指示终点。例如，甲基橙、甲基红、酚酞等都可用作这类滴定的指示剂。

如果溶液浓度改变，化学计量点时溶液的 pH 依然是 7，但化学计量点附近的滴定突跃的大小却不相同。从图 7-6 可以清楚地看出，酸碱溶液越浓，滴定曲线上化学计量点附近的滴定

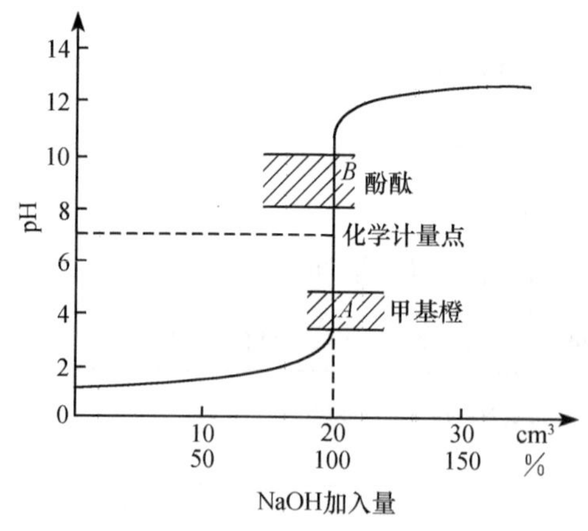

图 7-5　0.1000 mol · dm^{-3} NaOH 滴定 20.00 cm^3 0.1000 mol · dm^{-3} HCl 的滴定曲线

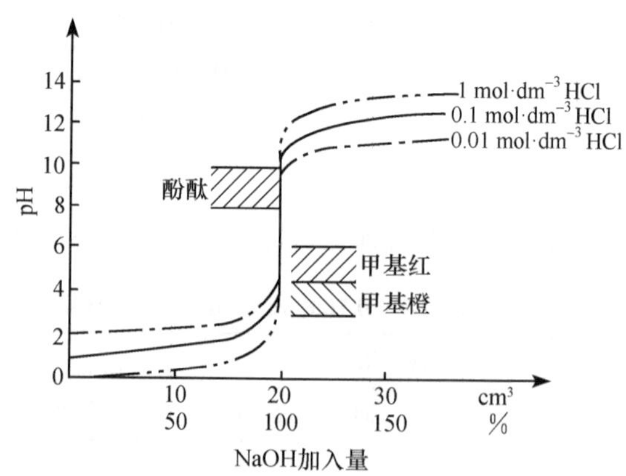

图 7-6　不同浓度 NaOH 溶液滴定不同浓度 HCl 溶液的滴定曲线

突跃越大，指示剂的选择也就越方便；溶液越稀，化学计量点附近的滴定突跃越小，指示剂的选择越受到限制，当用 0.01 mol · dm^{-3} NaOH 溶液滴定 0.01 mol · dm^{-3} HCl 溶液时，若再用甲基橙指示终点就不合适了。如果用 NaOH 溶液滴定其他强酸溶液(如 HNO_3 溶液)，情况相似，指示剂选择也相似。

总之，在酸碱滴定中，如果用指示剂指示终点，应根据化学计量点附近的滴定突跃来选择指示剂，应使指示剂的变色范围处于或部分处于化学计量点附近的滴定突跃范围内。

7.8.3　强碱滴定弱酸

以 NaOH 溶液滴定 HAc 溶液为例讨论滴定体系中 pH 的变化情况和特征。首先，HAc 是弱酸，它的电离常数决定它在初始的[H^+]和随之的变化关系。滴定过程中发生下列质子转移反应：

$$HAc + OH^- \longrightarrow H_2O + Ac^-$$

计量点时体系中大量存在的是 Ac^-和 Na^+，因为弱酸根离子 Ac^-作为共轭碱发生电离作用形成的 OH^-，所以计量点时体系不同于强酸强碱滴定体系，是显碱性的，此时对于 pH = 7.0 点偏离由弱酸的电离常数的大小来决定。

与强碱滴定强酸相似，整个滴定过程按照不同的溶液组成情况，也可分为四个阶段。

应该指出，虽然用最简式求得的溶液[H^+]与用精确式求出的[H^+]相比有百分之几的误差，但当换算成 pH 时，往往在小数点后第二位才显出差异，对于滴定曲线上各点的计算，这个差异是允许的，不影响指示剂的选择，因此除了使用的溶液浓度极稀或者酸碱极弱的情况外，通常用最简式计算即可。

现以 0.1000 mol · dm^{-3} NaOH 溶液滴定 20.00 cm^3 0.1000 mol · dm^{-3} HAc 溶液为例，计算滴定曲线上各点的 pH。已知 HAc 的 $pK_a = 4.75$。

1) 滴定开始前

这时溶液是 0.1000 mol · dm^{-3} 的 HAc 溶液。

$$[H^+] = \sqrt{cK_a} = \sqrt{0.1000 \times 10^{-4.75}} = 10^{-2.87} (mol \cdot dm^{-3})$$

$$pH = 2.87$$

2) 滴定开始至化学计量点前

这一阶段溶液中未反应的弱酸 HAc 及反应产物 Ac^-组成缓冲溶液。如果滴入的 NaOH 溶液为 19.98 cm^3，剩余的 HAc 为 0.02 cm^3，则溶液中剩余的 HAc 浓度为

$$c_{HAc} = \frac{0.02 \times 0.1000}{20.00 + 19.98} = 5.00 \times 10^{-5} (mol \cdot dm^{-3})$$

同理，可得反应生成的 Ac^-浓度为

$$c_{Ac^-} = 5.00 \times 10^{-2} (mol \cdot dm^{-3})$$

故

$$pH = pK_a + \lg\frac{c_{Ac^-}}{c_{HAc}} = 4.75 + \lg\frac{5.00 \times 10^{-2}}{5.00 \times 10^{-5}} = 7.75$$

3) 化学计量点时

生成一元弱碱 Ac^-，其浓度为

$$c_{\mathrm{Ac^-}} = \frac{20.00 \times 0.1000}{20.00 + 20.00} = 5.00 \times 10^{-2} (\mathrm{mol \cdot dm^{-3}})$$

$$\mathrm{p}K_\mathrm{b} = 14 - \mathrm{p}K_\mathrm{a} = 14 - 4.75 = 9.25$$

$$[\mathrm{OH^-}] = \sqrt{cK_\mathrm{b}} = \sqrt{5.00 \times 10^{-2} \times 10^{-9.25}} = 5.24 \times 10^{-6} (\mathrm{mol \cdot dm^{-3}})$$

$$\mathrm{pOH} = 5.28 \qquad \mathrm{pH} = 8.72$$

化学计量点时溶液呈碱性。

4) 化学计量点后

与强碱滴定强酸的情况完全相同，溶液的酸度根据 NaOH 的过量程度进行计算。因为此时过量的 OH^-对体系 pH 的影响为主要因素，而酸根离子 Ac^-的影响可以忽略不计。

如上所述逐一进行计算，将计算结果列于表 7-10。并根据计算结果绘制滴定曲线，得到图 7-7 中的曲线Ⅰ，该图中的虚线为强碱滴定强酸曲线的前半部分。

表 7-10　0.1000 mol · dm⁻³ NaOH 溶液滴定 20.00 cm³ 0.1000 mol · dm⁻³ HAc 溶液 pH 变化情况

加入 NaOH 溶液		剩余 HAc 溶液的体积	过量 NaOH 溶液的体积	pH
体积/cm^3	滴定百分数/%	V/cm^3	V/cm^3	
0.00	0	20.00		2.87
18.00	90.0	2.00		5.70
19.80	99.0	0.20		6.73
19.98	99.9	0.02		7.75(*A*) 滴定突跃
20.00	100.0	0.00		8.72 滴定突跃
20.02	100.1		0.02	9.70(*B*) 滴定突跃
20.20	101.0		0.20	10.70
22.00	110.0		2.00	11.70
40.00	200.0		20.00	12.50

将图 7-7 中的曲线Ⅰ与虚线进行比较可以看出，由于 HAc 是弱酸，滴定开始前溶液中$[H^+]$较低，pH 比同浓度的 NaOH-HCl 滴定体系时高。滴定开始后 pH 较快地升高，这是由于反应生成的 Ac^-产生同离子效应，使 HAc 更难离解，H^+浓度迅速地降低。继续滴入 NaOH 溶液后，由于 NaAc 的不断生成，在溶液中形成弱酸及其共轭碱($HAc-Ac^-$)的缓冲体系，pH 增加较慢，使这一段曲线较为平坦。当滴定接近化学计量点时，由于溶液中剩余的 HAc 已经很少，溶液的缓冲能力已逐渐减弱，于是随着 NaOH 溶液的不断滴入，溶液的 pH 逐渐变化快，到达化学计量点时，在其附近出现一个较为短小的滴定突跃。这个突跃的 pH 为 7.75～9.70，处于碱性范围内。

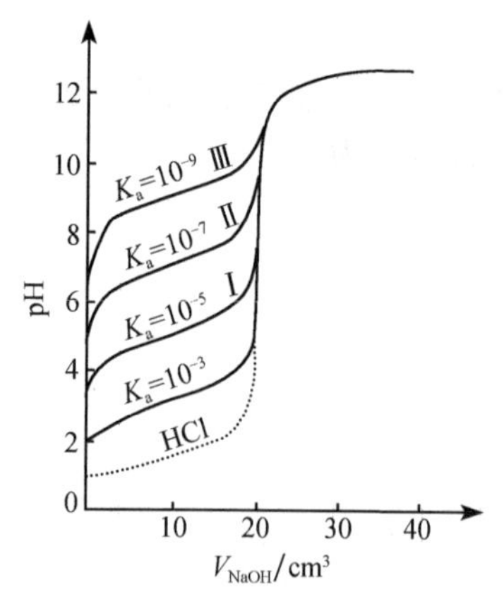

图 7-7　NaOH 溶液滴定不同弱酸溶液的滴定曲线

根据化学计量点附近滴定突跃范围，用酚酞或百里酚蓝指示终点是合适的，也可以用百里酚酞指示终点。

可以发现，乙酸的酸性并不极弱，它的离解常数 $K_\mathrm{a} = 1.75 \times 10^{-5}$。如果被滴定的酸更弱，它的离解常数约为

10^{-7}，则滴定到达化学计量点时溶液的 pH 更高，化学计量点附近的滴定突跃范围更小，如图 7-7 中的曲线Ⅱ。在这种滴定中用酚酞指示终点已不合适，应选用变色范围 pH 更高些的指示剂，如百里酚酞(变色范围 pH = 9.4～10.6)。

如果被滴定的酸更弱(如 H_3BO_3 的离解常数约为 10^{-9})，则滴定到达化学计量点时，溶液的 pH 更高，图 8-3 中曲线Ⅲ上已看不出滴定突跃。对于这类极弱酸，在水溶液中就无法用一般的酸碱指示剂来指示滴定终点，但是可以在设法使弱酸的酸性增强后测定，也可以用非水滴定等方法测定，这些将在以后分别讨论。

由于化学计量点附近滴定突跃的大小不仅和被测酸的 K_a 值有关，也和浓度有关，用较浓的标准溶液滴定较浓的试液时，可使滴定突跃适当增大，滴定终点较易判断。但也存在一定的限度，对于 $K_a \approx 10^{-9}$ 的酸，即使用 1 mol · dm^{-3} 的标准碱也难以直接滴定。一般来说，当弱酸溶液的浓度 c 和弱酸的离解常数 K_a 的乘积 $cK_a \geqslant 10^{-8}$ 时，滴定突跃可大于或等于 0.3 pH 单位，人眼能够辨别出指示剂颜色的改变，滴定就可以直接进行，这时终点误差也在允许的±0.1%以内。

上述判别能否目视直接滴定的条件 $cK_a \geqslant 10^{-8}$ 的导出，与滴定反应的完全程度、终点检测的灵敏度及对滴定分析准确度的要求等因素有关。

7.8.4　强酸滴定弱碱

以 HCl 溶液滴定 NH_3 溶液即属强酸滴定弱碱，滴定过程中质子转移反应：

$$NH_3 + H_3O^+ \longrightarrow H_2O + NH_4^+$$

这类滴定和 NaOH 滴定 HAc 十分类似，因此读者可根据溶液中组分的不同情况，考虑滴定过程的四个阶段和应采用的计算公式。

用 0.1 mol · dm^{-3} HCl 溶液滴定 0.1 mol · dm^{-3} NH_3 溶液，化学计量点时的 pH 为 5.28，可选用甲基红、溴甲酚绿指示滴定终点，也可用溴酚蓝作指示剂。

与滴定弱酸的情况相似，对于弱碱，只有当 $cK_b \geqslant 10^{-8}$ 时，才能用标准酸直接进行滴定。

对于稍强一些的弱酸的共轭碱，如 NaAc(Ac^-的 $pK_b = 9.25$)，不能满足 $cK_b \geqslant 10^{-8}$ 的要求，因此不能用标准酸直接滴定，但是在要求准确度不是很高的工业分析中，可以采取一些措施设法进行测定。例如，对 NaAc 溶液可采用较浓的滴定溶液(如 1 mol · dm^{-3})，并在滴定终点时用一对照溶液进行比较，这样滴定终点还是可以判断的，只是终点误差较大些。也可以改变溶剂，增强酸根离子 Ac^-的碱性，用强酸在非水体系中滴定而测定含量。

7.9　多元酸、多元碱和混合酸的滴定

7.9.1　多元酸的滴定

多元酸碱滴定情况比较复杂，主要解决的问题是能否分步滴定，化学计量点 pH 的计算和指示剂的选择。

若用 NaOH 滴定二元弱酸 H_2A，它首先被滴定成 HA^-，如果 K_{a_1} 与 K_{a_2} 相差不大，则 H_2A 尚未定量变成 HA^-，就有相当部分的 HA^-被滴定成 A^{2-}，这样第一化学计量点附近就没有明显的突跃，无法确定终点。若 K_{a_1} 与 K_{a_2} 差别较大，则可以定量滴定 H_2A 到 HA^-。此时未被滴定的 H_2A 和进一步滴定生成的 A^{2-}较少，可以忽略。这在一般分析工作中，由于对多元酸的滴定

准确度要求不高，因此也是可以的。

现以 NaOH 溶液滴定 H_3PO_4 溶液为例进行讨论。H_3PO_4 是三元酸，分三级离解如下：

$$H_3PO_4 \rightleftharpoons H_2PO_4^- + H^+ \quad pK_{a_1} = 2.12$$

$$H_2PO_4^- \rightleftharpoons HPO_4^{2-} + H^+ \quad pK_{a_2} = 7.20$$

$$HPO_4^{2-} \rightleftharpoons PO_4^{3-} + H^+ \quad pK_{a_3} = 12.36$$

用 NaOH 溶液滴定 H_3PO_4 溶液时，中和反应可以写成

$$H_3PO_4 + NaOH = NaH_2PO_4 + H_2O \tag{1}$$

$$NaH_2PO_4 + NaOH = Na_2HPO_4 + H_2O \tag{2}$$

实际上是否能如上述两个反应式所示，待全部 H_3PO_4 反应成 NaH_2PO_4 后，$H_2PO_4^-$ 才开始反应为 HPO_4^{2-} 呢？可以结合 H_3PO_4 的分布曲线考虑这一问题，由图 7-8 可知，当 pH = 4.7 时，$H_2PO_4^-$ 的分布系数为 99.4%，而同时存在的另两种形式 H_3PO_4 和 HPO_4^{2-} 各约占 0.3%，这说明当 0.3%左右的 H_3PO_4 尚未被中和时，已经有 0.3%左右的 $H_2PO_4^-$ 进一步被中和成 HPO_4^{2-} 了。因此严格地说，反应并未完全按照上述反应式(1)、(2)所示分两步完成，而是两步中和反应稍有交叉地进行。同样，当 pH = 9.8 时，HPO_4^{2-} 占 99.5%，两步中和反应也是稍有交叉地进行，即对 H_3PO_4 而言，并不真正存在两个化学计量点。但是一般在分析工作中，对于多元酸的滴定准确度的要求不太高，虽然误差稍大，但可以满足分析要求，因此认为 H_3PO_4 能够进行分步滴定。

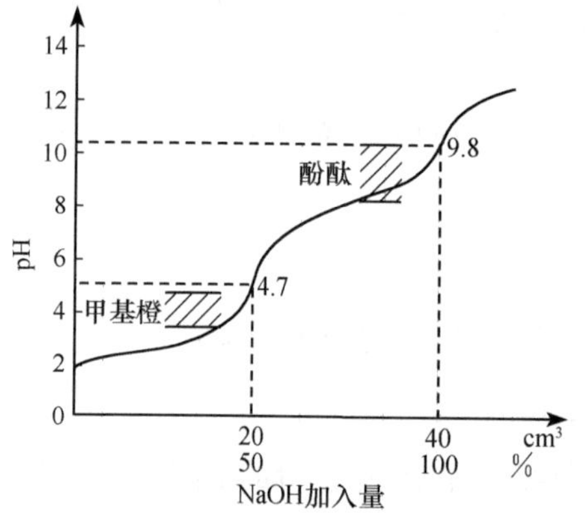

图 7-8　NaOH 溶液滴定 H_3PO_4 溶液的滴定曲线

要准确地计算 H_3PO_4 的滴定曲线的各点 pH 是个比较复杂的问题，这里不作介绍。如果采用电势滴定法，可以绘得 NaOH 滴定 H_3PO_4 的曲线(图 7-8)。但是对分析工作者来说，最关心的还是化学计量点时的 pH。

通过计算可以求得化学计量点的 pH。例如，以 0.10 mol · dm^{-3} NaOH 溶液滴定 20 cm^3 0.10 mol · dm^{-3} H_3PO_4 溶液，第一化学计量点时，NaH_2PO_4 的浓度为 0.05 mol · dm^{-3}；第二化学计量点时，Na_2HPO_4 的浓度为 3.33 × 10^{-2} mol · dm^{-3}(溶液体积已增加了两倍)。对于多元酸滴定的化学计量点计算，由于反应交叉进行，不能要求较高的滴定准确度，因此用最简式计算即可。

第一化学计量点：

$$[H^+]_1 = \sqrt{K_{a_1}K_{a_2}} = \sqrt{10^{-2.12} \times 10^{-7.20}} = 10^{-4.66}(mol \cdot dm^{-3})$$

$$pH = 4.66$$

第二化学计量点：

$$[H^+]_2 = \sqrt{K_{a_2}K_{a_3}} = \sqrt{10^{-7.20} \times 10^{-12.36}} = 10^{-9.78}(mol \cdot dm^{-3})$$

$$pH = 9.78$$

如果分别选用甲基橙、酚酞指示终点，由于中和反应交叉进行，使化学计量点附近曲线倾斜，滴定突跃较为短小，终点时变色不明显，滴定终点很难判断，因此终点误差很大。如果分别改用溴甲酚绿和甲基橙(变色时 pH = 4.3)、酚酞和百里酚酞(变色时 pH = 9.9)混合指示剂(表 7-8)，则终点时变色明显，若再采用较浓的试液和标准溶液，就可以获得符合分析要求的结果。但需注意，反应的交叉进行使所指示的终点准确度不高。

从多元酸的滴定曲线可以看出，在相应于生成两性物质的化学计量点(如二元酸的第一化学计量点，或三元酸的第一和第二化学计量点)附近，滴定突跃较小，甚至不出现滴定突跃，因而对多元酸测定的准确度要求就应适当降低，一般允许±1%的终点误差，在滴定突跃大于或等于 0.4 pH 单位的情况下，要进行分步滴定必须满足下列条件：

$$\begin{cases} c_0 K_{a_1} \geqslant 10^{-8} \quad (c_0\text{为酸的初始浓度}) \\ K_{a_1} / K_{a_2} > 10^4 \end{cases}$$

此外，分步滴定对 c_0 也有一定的要求，K_{a_1} / K_{a_2} 的比值越大，c_0 也允许低一些。

若需测定某一多元酸的总量，则应从强度最弱的那一级酸考虑，在允许±0.1%的终点误差和滴定突跃大于或等于 0.3pH 单位的情况下，其滴定可行性的条件与一元弱酸相同，即应满足：

$$c_0 K_{a_n} \geqslant 10^{-8}$$

7.9.2　多元碱的滴定

多元碱的滴定与多元酸的滴定类似，有关多元酸分步滴定的结论也适用于强酸滴定多元碱的情况，只需将 K_a 换成 K_b。

标定 HCl 溶液浓度时，常用 Na_2CO_3 作基准物，Na_2CO_3 为多元碱。现以 HCl 溶液滴定 Na_2CO_3 为例进行讨论。

H_2CO_3 是很弱的二元酸，在水溶液中：

$$H_2CO_3 \rightleftharpoons HCO_3^- + H^+ \quad pK_{a_1} = 6.38$$

$$HCO_3^- \rightleftharpoons CO_3^{2-} + H^+ \quad pK_{a_2} = 10.25$$

CO_3^{2-} 是 HCO_3^- 的共轭碱，已知 H_2CO_3 的 $pK_{a_2} = 10.25$，可求得 $pK_{b_1} = 3.75$，这说明 CO_3^{2-} 为中等强度的弱碱，可以用强酸直接滴定，首先生成 HCO_3^-。而 $pK_{b_2} = 7.62$，可再进一步滴定成为 H_2CO_3。图 7-9 为 HCl 溶液滴定 Na_2CO_3 溶液的滴定曲线，从图中可以看到，在 pH = 8.3 附近，有一个不很明显的滴定突跃，其原因与多元酸情况相同，即 K_{b_1} 与 K_{b_2} 之比稍小于 10^4，两步中和反应交叉进行，当然也不存在真正的第一化学计量点；在 pH = 3.9 附近有一稍大些的滴定突跃，视为第二化学计量点。

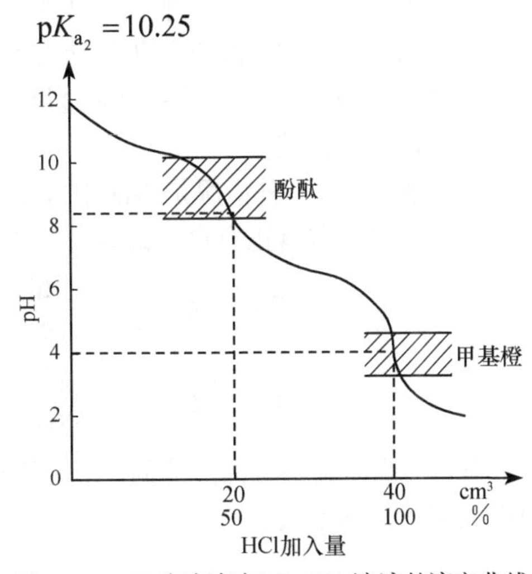

图 7-9　HCl 溶液滴定 Na_2CO_3 溶液的滴定曲线

7.9.3 混合酸的滴定

混合酸有两种情况，可能是两种弱酸混合，也可能是强酸与弱酸混合。

1. 两种弱酸(HA + HB)混合

这种情况与多元酸相似，但是在确定能否分别滴定的条件时，除了比较两种酸的强度($K_{HA}:K_{HB}$)外，还应考虑浓度(c_{HA}和c_{HB})的因素，因此在允许±1%的终点误差和滴定突跃大于或等于 0.4pH 单位时，若进行分别滴定，测定其中较强的一种弱酸(如 HA)，需要满足下列条件：

$$c_{HA}K_{HA} \geqslant 10^{-8}(\text{允许误差}\pm 1\%)$$

$$c_{HA}K_{HA} / c_{HB}K_{HB} > 10^{4}$$

参照多元酸的滴定情况，读者可自行考虑若还需测定 HB 的含量，或者仅需测定 HA 和 HB 的总量，各需满足哪些条件。

2. 强酸(HX)与弱酸(HA)混合

这种情况下，应将弱酸的强度K_{HA}，各酸的浓度c_{HX}、c_{HA}及其比值c_{HX}/c_{HA}和对测定准确度的要求，以及如何在测定强酸浓度后再继续测定弱酸的浓度等因素综合加以考虑，判断分别滴定和测定总量的可行性。

7.10 滴定误差

7.10.1 终点误差

滴定分析中，利用指示剂颜色的变化来确定滴定终点时，如果滴定终点与反应的化学计量点不一致，则滴定不在化学计量点结束，这就会带来一定的误差，这种误差称为终点误差。本节以酸碱滴定为例，简要讨论终点误差。显然，酸碱滴定中除了终点误差外，还可能包含仪器误差、标准溶液浓度误差、个人主观误差等，对这些误差本节不加以讨论。

酸碱滴定时，如果终点与化学计量点不一致，说明溶液中有剩余的酸或碱未被完全中和，或是多加了酸或碱，因此剩余的或过量的酸或碱的物质的量，除以应加入的酸或碱的物质的量，即得出终点误差。

酸碱滴定时，一种情况是溶液中有剩余的酸或碱未被完全中和，另一种情况是多加了酸或碱，所以终点误差有正有负，计算公式为

$$\text{终点误差} = \frac{\text{过量的酸(或碱)的物质的量}}{\text{计量点时应加入酸(或碱)的物质的量}} \times 100\%$$

$$\text{终点误差} = \frac{\text{未被滴定的酸(或碱)的物质的量}}{\text{计量点时应加入酸(或碱)的物质的量}} \times 100\% \tag{7-32}$$

强酸、强碱都是全部离解的，情况比较简单；对于弱酸或弱碱，因涉及离解平衡，所以计算时需引入分布系数的概念。

【例 7-17】 在用 0.1000 mol · dm^{-3} NaOH 溶液滴定 20.00 cm^{3} 0.1000 mol · dm^{-3} HCl 溶液时，用甲基橙作指示剂，滴定到橙黄色(pH = 4.0)时为终点；或用酚酞作指示剂，滴定到粉红色(pH = 9.0)时为终点。分别计算

终点误差。

解　(1) 强碱滴定强酸，化学计量点时 pH 应等于 7。如用甲基橙指示终点时，pH = 4.0，终点提前，说明加入的 NaOH 溶液量不够。这时溶液仍呈酸性，如果忽略水离解产生的 H^+，即考虑溶液中的 H^+主要由未中和的 HCl 离解产生，此时$[H^+] = 10^{-4}\ mol \cdot dm^{-3}$。

终点时溶液总体积≈40 cm^3，未被中和的 HCl 的物质的量占原始的 HCl 的物质的量之比，即终点误差(TE)：

$$TE = -\frac{10^{-4}\times 40}{0.10\times 20} = -0.002 = -0.2\%$$

(2) 用酚酞作指示剂，终点时 pH = 9.0，终点的到达过迟，说明加入的 NaOH 溶液已过量。与上述 pH = 4.0 的情况相似，水离解提供的 OH^-也可忽略不计，即溶液中的 OH^-主要是由过量 NaOH 离解所提供的，此时$[OH^-] = 10^{-5}\ mol \cdot dm^{-3}$。过量的 NaOH 的物质的量与应加入的 NaOH 的物质的量之比，即终点误差为

$$TE = +\frac{10^{-5}\times 40}{0.10\times 20} = +0.0002 = +0.02\%$$

上述计算说明用酚酞作指示剂时的终点误差较小，但用甲基橙作指示剂也能符合滴定分析的误差要求。还应注意，在偏碱性的溶液中，由于空气中 CO_2 的溶入，将使溶液的 pH 发生变化，因而影响酚酞的变色情况，也会引入误差。

【例 7-18】　用 0.1000 $mol \cdot dm^{-3}$ NaOH 溶液滴定 20.00 cm^3 0.1000 $mol \cdot dm^{-3}$ HAc 溶液，以酚酞作指示剂，滴定到显粉红色，即 pH = 9.0 时为终点。试计算终点误差。

解　在 7.8.3 小节中已求得此条件下 NaOH 滴定 HAc 时化学计量点的 pH = 8.72，题设终点为 pH = 9.0，说明终点超过了化学计量点。这时溶液中$[OH^-] = 10^{-5}\ mol \cdot dm^{-3}$，这些 OH^-来自两个方面，一部分是由过量 NaOH 电离产生的(记为$[OH^-]_{过量}$)，另一部分则是由 Ac^-离解产生的($Ac^- + H_2O \longrightarrow HAc + OH^-$)，此时溶液的质子等衡式为

$$[H^+] + [HAc] = [OH^-](Ac^-离解产生的)$$

$$[OH^-](Ac^-离解产生的) = [OH^-] - [OH^-]_{过量}$$

因此

$$[OH^-]_{过量} = [OH^-] - [HAc] - [H^+]$$

因为滴定结束时，pH≈9，溶液显碱性，所以上式中的$[H^+]$可省略。令溶液的体积在滴定终点(ep)和计量点(sp)时分别表示为 V_{ep}、V_{sp}，且因两者相差不大，可近似为 $V_{ep} \approx V_{sp}$，根据终点误差的定义，得

$$\begin{aligned} TE &= \frac{[OH^-]_{过量}V_{ep}}{c_0 V_0} = \frac{[OH^-]_{过量}V_{ep}}{c_{0,sp}V_{sp}} \\ &\approx \frac{[OH^-]_{ep} - [HAc]_{ep}}{c_{0,sp}} = \frac{[OH^-]_{ep}}{c_{0,sp}} - \frac{[HAc]_{ep}}{c_{0,sp}} = \frac{[OH^-]_{ep}}{c_{0,sp}} - \delta_{HAc,ep} \end{aligned} \tag{7-33}$$

式中，c_0、$c_{0,sp}$ 分别为被滴定剂的初始浓度和相当于在计量点体积时的浓度。

HAc 在终点时的分布系数为：$\delta_{HAc,ep} = \dfrac{[H^+]_{ep}}{[H^+]_{ep} + K_a} = \dfrac{10^{-9}}{10^{-9} + 10^{-4.75}} = 10^{-4.26}$，由于在计量点时溶液总体积已稀释一倍，故

$$c_{0,sp} = 0.05(mol \cdot dm^{-3})$$

所以终点误差为

$$TE = \frac{[OH^-]_{ep}}{c_{0,sp}} - \delta_{HAc,ep} = \frac{10^{-5}}{0.05} - 10^{-4.26} = +0.02\%$$

因此，用 NaOH 溶液滴定 HAc 溶液，采用酚酞指示剂可以获得十分准确的分析结果。

【例 7-19】 用 0.1000 mol · dm^{-3} NaOH 溶液滴定 0.1000 mol · dm^{-3} H_3PO_4 溶液时，以甲基橙(pH = 4.4)和百里酚酞(pH = 10.0)分别指示两个化学计量点，终点误差各为多少？

解 (1) 在第一化学计量点时，反应产物为 $H_2PO_4^-$，设其浓度为 $c_{eq,1}$。

若终点在化学计量点前，则有未中和的酸存在，设其浓度为 c_a，这时的质子条件为

$$[H^+]+([H_3PO_4]-c_a)=[HPO_4^{2-}]+2[PO_4^{3-}]+[OH^-]$$

在 7.9.1 小节多元酸的滴定中已求得第一化学计量点的 pH 为 4.66，此时溶液中的 $[PO_4^{3-}]$ 和 $[OH^-]$ 都非常小，可略去不计，则

$$c_a=[H^+]+[H_3PO_4]-[HPO_4^{2-}]$$

因此

$$\begin{aligned}TE&=-\frac{c_a}{c_{sp,1}}=-\frac{[H^+]+[H_3PO_4]-[HPO_4^{2-}]}{c_{sp,1}}\\&=\frac{[HPO_4^{2-}]-[H_3PO_4]-[H^+]}{c_{sp,1}}\\&=\delta_1-\delta_3-\frac{[H^+]}{c_{sp,1}}\end{aligned} \tag{7-34}$$

若终点在化学计量点后，则说明加入了过量的碱，设其浓度为 c_b，这时的质子条件为

$$[H^+]+[H_3PO_4]=[HPO_4^{2-}]+2[PO_4^{3-}]+([OH^-]-c_b)$$

同理，可简化计算，略去 $[PO_4^{3-}]$ 和 $[OH^-]$，得

$$c_b=[HPO_4^{2-}]-[H_3PO_4]-[H^+]$$

因此

$$\begin{aligned}TE&=\frac{c_b}{c_{sp,1}}=\frac{[HPO_4^{2-}]-[H_3PO_4]-[H^+]}{c_{sp,1}}\\&=\delta_1-\delta_3-\frac{[H^+]}{c_{sp,1}}\end{aligned}$$

可见在第一化学计量点时，无论终点在化学计量点之前还是之后，都可用同一公式计算终点误差。

具体计算终点误差的过程如下：

$$c_{sp,1}=\frac{0.1000}{2}=5\times10^{2}\ (\text{mol}\cdot\text{dm}^{-3})$$

由分布系数计算式可求得 pH = 4.4 时的 $\delta_3=10^{-2.28}$ 和 $\delta_1=10^{-2.80}$。因此

$$TE=10^{-2.80}-10^{-2.28}-\frac{10^{-1.4}}{0.05}=-0.45\%$$

(2) 在第二化学计量点时，反应产物为 HPO_4^{2-}，设其浓度为 $c_{sp,2}$。

仿照第一化学计量点的情况，也可推导出第二化学计量点时的计算公式，无论终点在化学计量点之前还是之后，终点误差都可按下式计算：

$$TE=\delta_0-\delta_2+\frac{[OH^-]}{c_{sp,2}}$$

$$c_{sp,2}=\frac{0.1000}{3}\ \text{mol}\cdot\text{dm}^{-3}$$

由分布系数计算式可求得 pH = 10.0 时，$\delta_2 = 10^{-2.80}$ 和 $\delta_0 = 10^{-2.36}$ 。因此

$$\mathrm{TE} = 10^{-2.36} - 10^{-2.80} + \frac{10^{-4.0}}{0.0333} = +0.58\%$$

将计算结果与 H_3PO_4 的滴定曲线联系起来考虑，可以看出，由于化学计量点附近滴定突跃不甚显著，终点误差也较大。

计算滴定终点误差还有林邦公式，读者可查阅相关资料。

7.10.2　酸碱滴定中 CO_2 的影响

在酸碱滴定中，CO_2 是滴定误差的主要来源，CO_2 可以通过很多途径参与酸碱反应。例如，配制溶液所使用的蒸馏水中有 CO_2；用来配制标准溶液的固体碱都会吸收 CO_2；标准碱溶液放置会吸收 CO_2；滴定过程中，被滴定溶液也不断吸收 CO_2。

CO_2 对酸碱滴定的影响如下：

(1) 已标定过的 NaOH 标准溶液，如果保存不当或在使用过程中吸收了 CO_2，使 NaOH 标准溶液中含有部分 Na_2CO_3。当用此 NaOH 滴定未知酸时，如果使用甲基橙作指示剂，终点时溶液的 pH≈4，此时，NaOH 吸收 CO_2 后所产生的 Na_2CO_3 与 HCl 反应：

$$CO_3^{2-} + 2H^+ \rightleftharpoons H_2CO_3$$

反应的计量关系为

$$2NaOH \sim Na_2CO_3 \sim 2HCl$$

可见，NaOH 吸收了 CO_2 后，有效浓度没有改变，对滴定结果无影响。

如果采用酚酞作指示剂，终点时溶液的 pH = 9～10，此时 NaOH 吸收的 CO_2 所产生的 CO_3^{2-} 与 HCl 反应：

$$CO_3^{2-} + H^+ \rightleftharpoons HCO_3^-$$

反应的计量关系为

$$2NaOH \sim Na_2CO_3 \sim HCl$$

可见，NaOH 吸收了 CO_2 后，使有效浓度降低了，导致滴定结果偏高。

(2) 配制标准 NaOH 溶液所用的固体 NaOH 中含有少量 Na_2CO_3，由于在标定 NaOH 时，所用的基准物都是有机弱酸(如乙二酸、邻苯二甲酸氢钾)，因此必须选用酚酞作指示剂，此时 CO_3^{2-} 被中和为 HCO_3^-。当以此标准溶液滴定未知酸时，若使用酚酞作指示剂，则滴定结果不受影响，若使用甲基橙或甲基红作指示剂，此时 CO_3^{2-} 被中和为 H_2CO_3，相当于 NaOH 的有效浓度增加，导致结果偏低。

(3) 当 H_2O 吸收了 CO_2 后，存在如下平衡：

$$CO_2 + H_2O \rightleftharpoons \underset{pH<6.4}{H_2CO_3} \rightleftharpoons \underset{6.4<pH<10.3}{HCO_3^- + H^+} \rightleftharpoons \underset{pH>10.3}{2H^+ + CO_3^{2-}}$$

能与 NaOH 反应的型体是 H_2CO_3 而不是 CO_2，它在水溶液中仅占 0.3%，若使用甲基橙作指示剂，由于终点时 pH≈4，此时 H_2CO_3 基本上不被滴定，即 CO_2 不消耗 NaOH。

若使用酚酞作指示剂，终点时 pH = 9～10，此时 H_2CO_3 与 NaOH 反应：

$$H_2CO_3 + NaOH = NaHCO_3 + H_2O$$

消耗 NaOH 会造成误差。另外，由于 H_2CO_3 与 NaOH 溶液的反应速率不快，在滴定过程中不断吸收 CO_2，因此当滴定到粉红色终点时，稍稍放置，CO_2 又转变为 H_2CO_3，致使粉红色退去而不易得到稳定的终点。

消除 CO_2 影响的措施主要有：

(1) 用不含 Na_2CO_3 的 NaOH 配制标准溶液；

(2) 利用 Na_2CO_3 在浓 NaOH 溶液中溶解度很小，先将 NaOH 制成 50%的浓溶液，取上层清液，用经过煮沸除去 CO_2 的蒸馏水稀释成所需浓度的碱液；

(3) 在较浓的 NaOH 溶液中加入 $BaCl_2$ 或 $Ba(OH)_2$ 以沉淀 CO_3^{2-}，然后取上层清液稀释至所需浓度(在 Ba^{2+} 不干扰测定时才能采用)。

7.11 酸碱滴定法的应用

7.11.1 酸碱滴定法应用示例

在我国的国家标准(GB)和有关的颁布标准中，如化学试剂、化工产品、食品添加剂、水质标准、石油产品等凡涉及酸度、碱度项目的，多数都采用简便易行的酸碱滴定法。

以下举几个应用示例。

1. 硼酸的测定

根据用强碱准确滴定弱酸的条件 $cK_a > 10^{-8}$，H_3BO_3 的 $pK_a = 9.24$，不能用标准碱溶液直接滴定。但是 H_3BO_3 可与某些多羟基化合物(如乙二醇、丙三醇、甘露醇等)反应，生成配合酸。如下式所示：

$$2\begin{array}{c} \text{H} \\ | \\ \text{R—C—OH} \\ | \\ \text{R—C—OH} \\ | \\ \text{H} \end{array} + H_3BO_3 = \text{H}\left[\begin{array}{ccccc} \text{H} & & & & \text{H} \\ | & & & & | \\ \text{R—C—O} & & & & \text{O—C—R} \\ | & \diagdown & & \diagup & | \\ & & \text{B} & & \\ | & \diagup & & \diagdown & | \\ \text{R—C—O} & & & & \text{O—C—R} \\ | & & & & | \\ \text{H} & & & & \text{H} \end{array}\right] + 3H_2O$$

这种配合酸的电离常数在 10^{-6} 左右，因而使弱酸得到强化，用 NaOH 标准溶液滴定时化学计量点的 pH 在 9.0 左右，可用酚酞或百里酚酞指示终点。

2. 凯氏(Kjeldahl)定氮法

对于含氮的有机物质(如面粉、谷物、肥料、生物碱、肉类中的蛋白质、土壤、饲料以及合成药物等)常通过凯氏法测定氮含量，以确定其氨基态氮(NH_2-N)或蛋白质的含量。

测定时将试样与浓 H_2SO_4 共煮，进行分解。并加入 K_2SO_4，提高沸点，以促进分解过程，使有机物转化成 CO_2 和 H_2O，所含的氮在 $CuSO_4$ 或汞盐催化下成为 NH_4^+：

$$C_mH_nN \xrightarrow[CuSO_4]{H_2SO_4、K_2SO_4} CO_2\uparrow + H_2O + NH_4^+$$

溶液以过量 NaOH 碱化后，再以蒸馏法测定 NH_4^+。

凯氏定氮法是酸碱滴定在有机物分析中的重要应用，现除常量法外，还有改进的微量的凯氏法，应用范围有所扩大。尽管凯氏法定氮过程中，消化与蒸馏操作较为费时，且容易气体逸出造成误差，而且已有更快的测定蛋白质的方法，也有氨基酸自动分析仪，但是在我国的国家标准及国际标准方法中，仍确认凯氏法为标准的检验方法。

对酸碱滴定法而言，上述操作只是下述蒸馏法测定 NH_4^+ 的一个前处理步骤。

3. 氟硅酸钾法测定 SiO_2 含量

硅酸盐试样中 SiO_2 含量常用重量法测定，重量法准确度较高，但太费时，因此生产上的控制分析采用氟硅酸钾滴定法，也是一种酸碱滴定法。

硅酸盐试样一般难溶于酸，可用 KOH 或 NaOH 熔融，使之转化为可溶性硅酸盐，如 K_2SiO_3。硅酸钾在强酸溶液中，在过量 KCl、KF 的存在下，生成难溶的氟硅酸钾沉淀，反应如下式所示：

$$2K^+ + SiO_3^{2-} + 6F^- + 6H^+ = K_2SiF_6(s) + 3H_2O$$

将生成的 K_2SiF_6 沉淀过滤。为防止 K_2SiF_6 的溶解损失，用 KCl-乙醇溶液洗涤沉淀，并用 NaOH 溶液中和未洗净的游离酸，然后加入沸水使 K_2SiF_6 水解：

$$K_2SiF_6 + 3H_2O = 2KF + H_2SiO_3 + 4HF$$

水解生成的 HF 可用标准碱溶液滴定，从而可计算出试样中 SiO_2 的含量。

由于整个反应过程中有 HF 参加或生成，而 HF 对玻璃容器有腐蚀作用，因此操作必须在塑料容器中进行。

4. 铵盐的测定

$(NH_4)_2SO_4$、NH_4Cl 都是常见的铵盐，由于 NH_4^+ 的 $pK_a = 9.26$，不能用标准碱溶液进行直接滴定，但测定铵盐可用下列两种方法：一是蒸馏法，即置铵盐试样于蒸馏瓶中，加入过量 NaOH 溶液后加热煮沸，蒸馏出的 NH_3 吸收在过量的 H_2SO_4 标准溶液或 HCl 标准溶液中，过量的酸用 NaOH 标准碱溶液回滴，用甲基红或甲基橙指示终点，测定过程的反应式如下：

$$NH_4^+ + OH^- \xrightarrow{\triangle} NH_3(g) + H_2O$$

$$NH_3 + HCl \longrightarrow NH_4^+ + Cl^-$$

$$NaOH + HCl(\text{剩余}) \longrightarrow NaCl + H_2O$$

也可用硼酸溶液吸收蒸馏出的 NH_3，而生成的 $H_2BO_3^-$ 是较强的碱，可用标准酸溶液滴定，用甲基红和溴甲酚绿混合指示剂指示终点。使用硼酸吸收 NH_3 的改进方法，仅需配制一种标准溶液，因为 H_3BO_3 是极弱的酸，在溶液中是不影响滴定的。测定过程的反应式如下：

$$NH_3 + H_3BO_3 \longrightarrow NH_4^+ + H_2BO_3^-$$

$$HCl + H_2BO_3^- \longrightarrow H_3BO_3 + Cl^-$$

蒸馏法测定 NH_4^+ 比较准确，但操作步骤较多且较费时。

另一种较为简便的 NH_4^+ 测定方法是甲醛法。甲醛与 NH_4^+ 有如下反应：

$$4NH_4^+ + 6HCHO = (CH_2)_6N_4H^+ + 3H^+ + 6H_2O$$

按化学计量关系生成的酸(包括 H^+和质子化的六次甲基四胺)，可用标准碱溶液滴定。计算结果时应注意反应中 4 个 NH_4^+ 反应后生成 4 个 H^+ 可与碱作用，因此当用 NaOH 滴定时，NH_4^+ 与 NaOH 的化学计量关系为 1∶1。由于反应产物六次甲基四胺是一种极弱的有机弱碱，因此可用酚酞指示终点。

为了提高测定的准确性，也可以加入过量的标准碱溶液，再用标准酸溶液回滴。

另外，也可以用阳离子交换树脂进行交换后，再用 NaOH 标准溶液进行滴定。

5. 混合碱的分析

1) 烧碱中 NaOH 和 Na_2CO_3 含量的测定

NaOH 俗称烧碱。在生产和储藏过程中，常因吸收空气中的 CO_2 而产生部分 Na_2CO_3。对于烧碱中 NaOH 和 Na_2CO_3 含量的测定，通常有两种方法：

(1) 氯化钡法。准确称取一定量试样，质量用 m_s 表示。溶解于已除去 CO_2 的蒸馏水中，然后稀释到一定体积，等分成两份进行滴定。

第一份溶液用甲基橙作指示剂，用标准 HCl 溶液滴定，测定其总碱度，反应如下：

$$NaOH + HCl = NaCl + H_2O$$

$$Na_2CO_3 + 2HCl = 2NaCl + CO_2\uparrow + H_2O$$

用 HCl 滴定至橙色，消耗 HCl 的体积为 V_1。

第二份溶液加 $BaCl_2$，使 Na_2CO_3 转化为微溶的 $BaCO_3$：

$$Na_2CO_3 + BaCl_2 = BaCO_3(s) + 2NaCl$$

然后用 HCl 溶液滴定，用酚酞作指示剂，消耗 HCl 的体积为 V_2。显然，这时不能用甲基橙作指示剂，因为甲基橙变色点在 pH = 4 左右，如滴定到甲基橙变色，将有部分 $BaCO_3$ 溶解，使滴定结果不准确。因此，滴定混合碱中 NaOH 所消耗的 HCl 的体积为 V_2，所以 NaOH 的质量分数 w_{NaOH} 为

$$w_{NaOH} = \frac{c_{HCl}V_2M_{NaOH}}{m_s 1000} \times 100\%$$

滴定混合碱中 Na_2CO_3 所消耗的体积为 $V_1 - V_2$，所以 Na_2CO_3 的质量分数为

$$w_{Na_2CO_3} = \frac{c_{HCl}(V_1 - V_2)\frac{1}{2}M_{Na_2CO_3}}{m_s 1000} \times 100\%$$

(2) 双指示剂法。准确称取一定量试样，溶解后，以酚酞为指示剂，用 HCl 标准溶液滴定至红色消失，记下消耗 HCl 的体积 $V_1(cm^3)$。这时 NaOH 全部被中和，而 Na_2CO_3 仅被中和到 $NaHCO_3$。向溶液中加入甲基橙，继续用 HCl 滴定至橙红色(为了使观察终点明显，在终点前可暂停滴定，加热除去 CO_2)，记下消耗 HCl 的体积 $V_2(cm^3)$。显然，V_2 是滴定 $NaHCO_3$ 所消耗 HCl 的体积。

由计量关系可知，Na_2CO_3 被中和到 $NaHCO_3$ 和 $NaHCO_3$ 被中和到 H_2CO_3 所消耗 HCl 的体积是相等的，所以

$$w_{Na_2CO_3} = \frac{c_{HCl}2V_2\frac{1}{2}M_{Na_2CO_3}}{m_s 1000} \times 100\%$$

$$w_{NaOH} = \frac{c_{HCl}(V_1 - V_2)M_{NaOH}}{m_s 1000} \times 100\%$$

在工业上，纯碱 Na_2CO_3 或混合碱(如 NaOH + Na_2CO_3 或 $NaHCO_3$ + Na_2CO_3)的含量常用 HCl 标准溶液、双指示剂法来测定，用酚酞指示第一个终点时，变色不明显，如果改用甲酚红和百里酚蓝混合指示剂(变色时 pH 为 8.3)，则终点变色更明显，但也仅能满足较低的工业分析准确度的要求。至于第二化学计量点，由于 $pK_{b_2} = 7.62$，碱性较弱，化学计量点附近的滴定突跃也是较小的，如用甲基橙指示终点时，变色也不甚明显。为了提高测定的准确度，已提出一些措施，如使用参比溶液、加热煮沸等。

2) 碳酸钠和碳酸氢钠混合物的分析

对于这类混合物试样的分析，也可以采用双指示剂法或 $BaCl_2$ 法。采用双指示剂法时，操作与前面介绍的相同。但应注意，此时滴定 Na_2CO_3 所消耗 HCl 的体积为 $2V_1$，而滴定 $NaHCO_3$ 所消耗 HCl 的体积为$(V_2 - V_1)$，据此计算混合物中 Na_2CO_3 和 $NaHCO_3$ 的含量。

采用 $BaCl_2$ 法时，操作略有不同。该混合物在未加 $BaCl_2$ 之前，需先加一定量已知浓度的 NaOH 溶液，使 $NaHCO_3$ 转化为 Na_2CO_3，然后加过量的 $BaCl_2$，使生成 $BaCO_3$ 沉淀，再用酸标准溶液返滴过量的 NaOH，用酚酞作指示剂，滴定至红色恰好消失为止。

在以上两种方法中，双指示剂法比较简便。但由于 Na_2CO_3 滴定至 $NaHCO_3$ 这一步终点不明显，使滴定结果误差较大，可达 1%左右。若要求结果准确，最好采用 $BaCl_2$ 法。

7.11.2　酸碱滴定法结果计算示例

【例 7-20】 用酸碱滴定法测定某试样中的含磷量。称取试样 0.9567 g，经处理后使磷转化成 H_3PO_4，再在 HNO_3 介质中加入钼酸铵，即生成磷钼酸铵沉淀，其反应如下式所示：

$$H_3PO_4 + 12MoO_4^{2-} + 22H^+ == (NH_4)_2HPO_4 \cdot 12MoO_3 \cdot H_2O(s) + 11H_2O$$

将黄色的磷钼酸铵沉淀过滤，洗至不含游离酸为止，溶于 30.48 cm^3 0.2016 mol · dm^{-3} NaOH 中，其反应式为

$$(NH_4)_2HPO_4 \cdot 12MoO_3 \cdot H_2O + 24OH^- == 12MoO_4^{2-} + HPO_4^{2-} + 2NH_4^+ + 13H_2O$$

用 0.1987 mol · dm^{-3} HNO_3 标准溶液回滴过量的碱至酚酞变色，消耗 15.74 cm^{-3}。求试样中的含磷量。

解　设试样中含磷为 x%。由于反应的化学计量关系为 1P～1H_3PO_4～1$(NH_4)_2HPO_4 \cdot 12MoO_3 \cdot H_2O$，而 1 mol $(NH_4)_2HPO_4 \cdot 12MoO_3 \cdot H_2O$ 需要 24 mol NaOH，所以

$$0.2016 \times 30.48 \times 10^{-3} - 0.1987 \times 15.74 \times 10^{-3} = 24 \times \frac{0.9567 \times \frac{x}{100}}{30.97}$$

计算得

$$x = 0.407$$

即试样含磷量为 0.407%。

【例 7-21】 称取混合碱(Na_2CO_3 和 NaOH 或 Na_2CO_3 和 $NaHCO_3$ 的混合物)试样 1.200 g，溶于水，用 0.5000 mol · dm^{-3} HCl 溶液滴定至酚酞褪色，消耗 30.00 cm^3。然后加入甲基橙，继续滴加 HCl 溶液至呈现橙色，又消耗 5.00 cm^3。试样中含有哪几种组分？其百分含量各为多少？

解　当滴定到酚酞变色时，NaOH 已完全中和。Na_2CO_3 只作用到 $NaHCO_3$，即仅获得 1 个质子：

$$Na_2CO_3 + HCl == NaHCO_3 + NaCl \tag{1}$$

在用甲基橙作指示剂继续滴定到变橙色时，$NaHCO_3$ 又获得一个质子，成为 H_2CO_3：

$$NaHCO_3 + HCl == NaCl + H_2CO_3 \tag{2}$$

如果试样中仅含有 Na_2CO_3 一种组分，则滴定到酚酞褪色时所消耗的酸，与继续滴定到甲基橙变色时所消耗的酸应该相等。如今滴定到酚酞褪色时消耗的酸较多，可见试样中除 Na_2CO_3 以外还含有 NaOH。滴定 NaOH 所耗用的酸应为 30.00 − 5.00 = 25.00 (cm^3)。

设 NaOH 的含量为 x%，则

$$0.5000\times25.00\times10^{-3}=\frac{1.200\times\dfrac{x}{100}}{40.01}$$

$$x=41.68$$

与 Na_2CO_3 作用所消耗的酸为 5.00 × 2 = 10.00 (cm^3)。设 Na_2CO_3 的含量为 y%。根据反应式(1)和反应式(2)，总反应式为

$$Na_2CO_3+2HCl=\!=\!=2NaCl+CO_2\uparrow+H_2O$$

则

$$0.5000\times10.00\times10^{-3}=2\times\frac{1.200\times\dfrac{y}{100}}{106.0}$$

$$y=22.08$$

试样中含 NaOH 41.68%，含 Na_2CO_3 22.08%。

【例 7-22】 已知试样可能含有 Na_3PO_4、Na_2HPO_4、NaH_2PO_4 或它们的混合物，以及其他不与酸作用的物质。现称取试样 2.000 g，溶解后用甲基橙指示终点，以 0.5000 mol · dm^{-3} HCl 溶液滴定时需用 32.00 cm^3。同样质量的试样，当用酚酞指示终点，需用 HCl 标准溶液 12.00 cm^3。求试样中各组分的含量。

解 在这个测定中，当用 HCl 溶液滴定到酚酞变色时，发生下述反应：

$$Na_3PO_4+HCl=\!=\!=Na_2HPO_4+NaCl \tag{1}$$

当滴定到甲基橙变色时，除上述反应外，同时发生了下述反应：

$$Na_2HPO_4+HCl=\!=\!=NaH_2PO_4+NaCl \tag{2}$$

设试样中 Na_3PO_4 的含量为 x%，根据反应式(1)可得

$$0.5000\times12.00\times10^{-3}=\frac{2.000\times\dfrac{x}{100}}{163.9}$$

$$x=49.17$$

当到达甲基橙指示的终点时，用于中和试样中原来含有的 Na_2HPO_4 的 HCl 溶液体积为

$$32.00-2\times12.00=8.00\ (cm^3)$$

设试样中原来含有的 Na_2HPO_4 为 y%，根据反应式(2)可得

$$0.5000\times8.00\times10^{-3}=\frac{2.000\times\dfrac{y}{100}}{142.0}$$

$$y=28.40$$

因为 NaH_2PO_4 不能与 Na_3PO_4 共存，故试样中不会含有 NaH_2PO_4。

因此，试样含 Na_3PO_4 49.17%，含 Na_2HPO_4 28.40%。

【例 7-23】 分别以 Na_2CO_3 和硼砂($Na_2B_4O_7\cdot10H_2O$)为基准物标定 HCl 溶液(浓度约为 0.2 mol · dm^{-3})，希望消耗的 HCl 溶液为 25 cm^3 左右。已知天平本身的称量误差为±0.1 mg(最大绝对误差为 0.2 mg)，从减少称量误差考虑，选择哪种基准物较好？

解 欲使 HCl 耗量为 25 cm^3，需称取两种基准物的质量 m_1 和 m_2 可分别计算如下：

Na_2CO_3：

$$Na_2CO_3+2HCl=\!=\!=2NaCl+CO_2\uparrow+H_2O$$

$$0.2\times25\times10^{-3}=2\times\frac{m_1}{106.0}$$

$$m_1=0.2650\ \text{g}\approx0.26\ \text{g}$$

硼砂：

$$Na_2B_4O_7\cdot10H_2O+2HCl=\!=\!=4H_3BO_3+2NaCl+5H_2O$$

$$0.2\times25\times10^{-3}=2\times\frac{m_2}{381.4}$$

$$m_2=0.9535\ \text{g}\approx1\ \text{g}$$

可见，以 Na_2CO_3 标定 HCl 溶液，需称 0.26 g 左右，由于天平本身的最大称量误差为 0.2 mg，故称量的相对误差为

$$0.2\times10^{-3}/0.26=7.7\times10^{-4}\approx0.08\%$$

同理，硼砂的称量误差约为 0.02%。Na_2CO_3 的称量误差约为硼砂的 4 倍，所以选用硼砂作为标定 HCl 溶液的基准物更理想。

7.12　非水溶液中的酸碱滴定

水是最常用的溶剂，酸碱滴定一般都在水溶液中进行。但是许多有机试样难溶于水；许多弱酸、弱碱，当它们的电离常数小于 10^{-8} 时，在水溶液中不能直接滴定；另外，当弱酸和弱碱并不很弱时，其共轭碱或共轭酸在水溶液中也不能直接滴定。为了解决这些问题，可以采用非水滴定。非水滴定法除酸碱滴定外，还有氧化还原滴定、配位滴定和沉淀滴定等，但以酸碱滴定法应用较广。

在非水溶液的酸碱滴定中，利用溶剂的拉平效应，可以测定各种酸或碱的总浓度；利用溶剂的区分效应，可以分别测定各种酸或各种碱的含量。

惰性溶剂没有明显的酸碱性，不参加质子转移反应，因而没有拉平效应。因此，当物质溶解在惰性溶剂中时，各种物质的酸碱性的差异得以保存，所以惰性溶剂具有良好的区分效应。

当然，在进行非水滴定选择溶剂时，还应考虑反应进行的完全程度。例如，吡啶(py)作为弱碱，当在水中以强酸(HX)滴定时，发生下列反应：

$$HX+H_2O\rightleftharpoons H_3O^++X^-$$

$$H_3O^++py\rightleftharpoons H_2O+pyH^+$$

但由于水的碱性比 py 强，H_2O 将与 py 争夺质子，使后一反应向反方向进行，以至滴定反应不能进行完全。为使滴定弱碱的反应进行完全，应选择碱性比 H_2O 更弱的溶剂，冰醋酸的碱性比水更弱，可在冰醋酸溶剂中用酸滴定吡啶。

基于同样的考虑，在滴定弱酸时，应选择酸性更弱的溶剂，而且酸性越弱，反应越完全。如苯酚(HA)在水中与碱 OH^-反应时，

$$HA+OH^-\rightleftharpoons A^-+H_2O$$

由于水的酸性比 HA 强，上述反应不能进行完全，但乙二胺的酸性比水更弱，不影响苯酚同碱的反应，因此可在乙二胺中直接以碱滴定苯酚。

7.12.1　标准溶液和确定滴定终点的方法

1. 标准酸溶液

在非水滴定中测定碱常用 $HClO_4$ 的冰醋酸溶液作标准酸溶液。由于 $HClO_4$ 的浓溶液中仅含 70%～72%的 $HClO_4$，还含有不少的水分，需加入一定量的乙酸酐除去水分，以免水分的存在影响质子转移过程和滴定终点的观察。

标定 $HClO_4$ 的冰醋酸溶液，可用邻苯二甲酸氢钾作基准物，反应式为

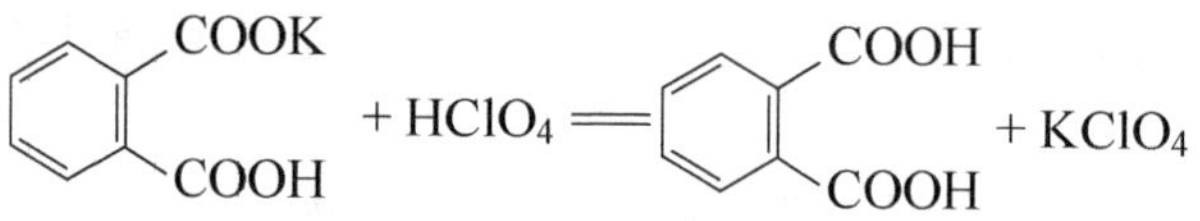

$$C_6H_4(COOK)(COOH) + HClO_4 \longrightarrow C_6H_4(COOH)_2 + KClO_4$$

选用甲基紫指示终点。

2. 标准碱溶液

最常用的标准碱溶液是甲醇钠的苯-甲醇溶液。甲醇钠由金属钠与甲醇反应制得：

$$2CH_3OH + 2Na \longrightarrow 2CH_3ONa + H_2(g)$$

氢氧化四丁基铵 $(C_4H_9)_4N^+OH^-$ 的甲醇-甲苯溶液也常用作标准碱溶液。氢氧化四丁基铵碱性强，滴定产物易溶于有机溶剂中。

标准碱溶液的标定常用苯甲酸作基准物。以甲醇钠溶液为例，标定反应如下，以百里酚蓝指示终点：

$$C_6H_5COOH + CH_3ONa \longrightarrow C_6H_5COO^- + Na^+ + CH_3OH$$

保存标准碱溶液时，要注意防止吸收水分和 CO_2。

有机溶剂的体积膨胀系数较大，当温度改变时，要注意校正溶液的浓度。

3. 滴定终点的确定

非水滴定常用电势法和指示剂法来确定终点。

非水滴定中所用指示剂通常是由实验方法来确定，即在电势滴定的同时，观察指示剂颜色的变化，选取与电势滴定终点相符的指示剂。一般来讲，非水滴定用的指示剂随溶剂而异，表 7-11 所列指示剂可供参考。

表 7-11　非水溶液滴定中常用的指示剂

溶剂	指示剂
酸性溶剂	甲基紫、结晶紫、中性红等
碱性溶剂(如乙二胺、二甲基酰胺等)	百里酚蓝、偶氮紫、邻硝基苯胺、对羟基偶氮紫等
惰性溶剂(如氯仿、四氯化碳、苯、甲苯等)	甲基红等

7.12.2　非水滴定的应用

采用不同性质的非水溶剂，使一些酸碱的强度得到增强，也增加了反应的完全程度，提供了可以直接滴定的条件，因而非水滴定扩大了酸碱滴定的应用范围。

利用非水滴定可以测定一些酸类，如磺酸、羧酸、酚类、酰胺及某些含氮化合物和不同的

含硫化合物。

非水滴定还可测定碱类，如脂肪族的伯胺、仲胺和叔胺、芳香胺类、环状结构中含有氮的化合物(如吡啶和吡唑)等。

此外，非水滴定还可用于某些酸的混合物或碱的混合物的分别测定，下面以几个具体示例加以讨论。

1. 钢中碳含量的测定

高温下，将试样在氧气中完全燃烧，产生的 CO_2 定量导入丙酮-甲醇混合吸收液中，滴加百里酚蓝和百里酚酞混合指示剂，以甲醇钾标准溶液滴定至终点，根据消耗甲醇钾的量，计算试样中碳的质量分数。

2. α-氨基酸含量的测定

由于α-氨基酸为两性物质，在水中的解离度很小，无法用酸或碱直接准确滴定。可将试样溶于乙酸中，其碱性离解显著增强，可用溶于乙酸的高氯酸标准溶液进行准确滴定，以结晶紫为指示剂，滴至溶液由紫色转变为蓝绿色时，即到达滴定终点。另外，氨基酸也可在二甲基甲酰胺等碱性溶剂中，用甲醇钾或季铵碱标准溶液滴定。

在非水滴定中，利用溶剂的拉平效应可测定各种酸或碱的总浓度，而利用溶剂的区分效应可分别测定各种酸或碱的含量。从以上讨论可知，在非水滴定中溶剂的选择是十分重要的问题。

思　考　题

1. 写出下列酸的共轭碱：

$H_2PO_4^-$，NH_4^+，HPO_4^{2-}，HCO_3^-，H_2O，苯酚

2. 写出下列碱的共轭酸：

$H_2PO_4^-$，$HC_2O_4^-$，HPO_4^{2-}，HCO_3^-，H_2O，C_2H_5OH

3. 用质子理论来鉴别下列各对物质中的共轭酸或共轭碱：

HAc，Ac^-；NH_3，NH_4^+；HCN，CN^-；HF，F^-；$(CH_2)_6N_4H^+$，$(CH_2)_6N_4$；HCO_3^-，CO_3^{2-}；H_3PO_4，$H_2PO_4^-$

4. 上题的各种共轭酸和共轭碱中，哪个是最强的酸？哪个是最强的碱？试按强弱顺序将其进行排列。

5. HCl 的酸性比 HAc 强得多，在 1 mol · dm^{-3} HCl 和 1 mol · dm^{-3} HAc 溶液中，哪种$[H_3O^+]$较高？它们中和 NaOH 的能力哪种较大？为什么？

6. 有三种缓冲溶液，它们的组成如下：

(1) 1.0 mol · dm^{-3} HAc + 1.0 mol · dm^{-3} NaAc；

(2) 1.0 mol · dm^{-3} HAc + 0.01 mol · dm^{-3} NaAc；

(3) 0.01 mol · dm^{-3} HAc + 1.0 mol · dm^{-3} NaAc。

这三种缓冲溶液的缓冲能力(或缓冲容量)有什么不同？加入稍多的酸或稍多的碱时，哪种溶液的 pH 将发生较大的改变？哪种溶液仍具有较好的缓冲作用？

7. 欲配制 pH 为 3 左右的缓冲溶液，应选下列哪种酸及其共轭碱(括号内为 pK_a)：

HAc(4.74)，甲酸(3.74)，一氯乙酸(2.86)，二氯乙酸(1.30)，苯酚(9.95)

8. 下列各种溶液的 pH 是=7、>7 还是<7？为什么？

NH_4NO_3，NH_4Ac，Na_2SO_4，$Ca(NO_3)_2$，$AlCl_3$，NaCN

9. 需要 pH = 4.1 的缓冲溶液，分别以 HAc + NaAc 和苯甲酸+苯甲酸钠(HB + NaB)配制。试求[NaAc]/[HAc]和[NaB]/[HB]。若两种缓冲溶液的酸的浓度都为 0.1 mol · dm^{-3}，哪种缓冲溶液更好？解释原因。

10. 通过计算说明 HAc 与 NaAc 的混合溶液有缓冲作用。

11. 酸碱理论中的质子理论、电离理论的最主要区别是什么？与酸碱电子理论相比呢？

12. 推导碱性缓冲溶液中 OH^-对应的 pOH 公式。

13. 求饱和 NaHS 溶液中，$[S^{2-}]$、$[HS^-]$、$[H^+]$、$[H_2S]$的浓度。

14. 是否可以设计一种全域(pH 从 0 到 14)的缓冲溶液？设计的原则是什么？要注意什么？

15. 缓冲作用的最主要原理是什么？可以设计其他体系的缓冲溶液吗？如沉淀体系、配位体系。设计的思路是什么？

16. 用标准 NaOH 和 HCl 溶液测定某硼酸溶液的含量，并讨论可行性。

17. 从体系的特点、试液的浓度和终点指示的角度讨论分析用 NaOH 滴定 H_3PO_4 至 $H_2PO_4^-$ 的误差来源。

18. 有两种弱酸 HA + HB，参照多元酸的滴定情况，给出滴定 HA + HB 总量和分别测定 HA 和 HB 含量的条件。

19. 探讨双指示剂法测定混合碱含量的准确度不高的原因。如何改进双指示剂法测定混合碱的准确度？

20. 设计一个用酸滴定弱碱吡啶的完整实验方案。

21. 有人试图用酸碱滴定法来测定 NaAc 的含量，先加入一定量过量的标准盐酸溶液，然后用 NaOH 标准溶液返滴定过量的 HCl，上述操作是否正确？试叙述其理由。设计一个测定该 NaAc 含量的方案。

22. 下列溶液以 NaOH 溶液或 HCl 溶液滴定时，在滴定曲线上出现几个突跃？

(1) $H_2SO_4 + H_3PO_4$；　　(2) $HCl + H_3BO_3$；

(3) HF + HAc；　　(4) $NaOH + Na_3PO_4$；

(5) $Na_2CO_3 + Na_2HPO_4$；　　(6) $Na_2HPO_4 + NaH_2PO_4$。

习　题

1. 写出下列物质在水溶液中的质子条件：

(1) NH_4CN；　　(2) $(NH_4)_2HPO_4$；　　(3) $NH_4H_2PO_4$。

2. 已知下列各种弱酸的 pK_a，求它们的共轭碱的 pK_b：

(1) HCN(9.31)；　　(2) HCOOH(3.75)；　　(3) 苯酚(9.89)；　　(4) 苯甲酸(4.19)。

3. 已知 H_3PO_4 的 $pK_{a_1} = 2.12$，$pK_{a_2} = 7.20$，$pK_{a_3} = 12.36$。求其共轭碱 PO_4^{3-} 的 pK_{b_1}、HPO_4^{2-} 的 pK_{b_2} 和 $H_2PO_4^-$ 的 pK_{b_3}。

4. 已知琥珀酸$(CH_2COOH)_2$(以 H_2A 表示)的 $pK_{a_1} = 4.19$，$pK_{a_2} = 5.57$。计算在 pH = 4.88 和 pH = 5.0 时 H_2A、HA^-和 A^{2-}的分布系数δ_2、δ_1 和δ_0。若该酸的总浓度为 0.01 $mol \cdot dm^{-3}$，求 pH = 4.88 时的三种形式的平衡浓度。

5. 分别计算 H_2CO_3($pK_{a_1} = 6.38$，$pK_{a_2} = 10.25$)在 pH = 7.10、8.32 及 9.50 时，H_2CO_3、HCO_3^- 和 CO_3^{2-} 的分布系数δ_2、δ_1 和δ_0 的数值。

6. 已知 HAc 的 $pK_a = 4.75$，$NH_3 \cdot H_2O$ 的 $pK_b = 4.75$。计算下列各溶液的 pH：

(1) 0.10 $mol \cdot dm^{-3}$ HAc；　　(2) 0.10 $mol \cdot dm^{-3}$ $NH_3 \cdot H_2O$；

(3) 0.15 $mol \cdot dm^{-3}$ NH_4Cl；　　(4) 0.15 $mol \cdot dm^{-3}$ NaAc。

7. 计算浓度为 0.12 $mol \cdot dm^{-3}$ 的下列物质水溶液的 pH(括号内为 pK_a)。

(1) 苯酚(9.89)；　　(2) 丙烯酸(4.25)；　　(3) 吡啶的硝酸盐($C_5H_5NHNO_3$)(5.23)。

8. 计算浓度为 0.12 $mol \cdot dm^{-3}$ 的下列物质水溶液的 pH(pK_a 值见上题)。

(1) 苯酚钠；　　(2) 丙烯酸钠；　　(3) 吡啶。

9. 计算下列溶液的 pH：

(1) 0.10 $mol \cdot dm^{-3}$ NaH_2PO_4；　　(2) 0.05 $mol \cdot dm^{-3}$ K_2HPO_4。

10. 计算下列水溶液的 pH(括号内为 pK_a)。

(1) 0.10 $mol \cdot dm^{-3}$ 乳酸和 0.10 $mol \cdot dm^{-3}$ 乳酸钠(3.76)；

(2) 0.01 $mol \cdot dm^{-3}$ 邻硝基酚和 0.12 $mol \cdot dm^{-3}$ 邻硝基酚的钠盐(7.21)；

(3) 0.12 $mol \cdot dm^{-3}$ 氯化三乙基胺和 0.01 $mol \cdot dm^{-3}$ 三乙基胺(7.90)；

(4) 0.07 $mol \cdot dm^{-3}$ 氯化丁基胺和 0.06 $mol \cdot dm^{-3}$ 丁基胺(10.71)。

11. 将 0.10 dm^3 0.20 $mol \cdot dm^{-3}$ HAc 和 0.050 dm^3 0.20 $mol \cdot dm^{-3}$ NaOH 溶液混合，求混合溶液的 pH。

12. 欲配制 0.50 dm^3 pH = 9，且 $[NH_4^+] = 1.0\ mol \cdot dm^{-3}$ 的缓冲溶液，需密度为 0.904 $g \cdot cm^{-3}$、含氨质量分数为 26.0%的浓氨水体积为多少(单位：dm^3)？固体氯化铵质量为多少(单位：g)？

13. 当下列溶液各加水稀释 10 倍时，其 pH 有什么变化？计算变化前后的 pH。

(1) 0.10 $mol \cdot dm^{-3}$ HCl；　(2) 0.10 $mol \cdot dm^{-3}$ NaOH；

(3) 0.10 $mol \cdot dm^{-3}$ HAc；

(4) 0.10 $mol \cdot dm^{-3}$ $NH_3 \cdot H_2O$ + 0.10 $mol \cdot dm^{-3}$ NH_4Cl。

14. 将具有下列 pH 的各组强电解质溶液，以等体积混合，所得溶液的 pH 各为多少？

(1) pH 1.00 + pH 2.00；　(2) pH 1.00 + pH 5.00；　(3) pH 13.00 + pH 1.00；

(4) pH 14.00 + pH 1.00；　(5) pH 5.00 + pH 9.00。

15. 某弱酸的 $pK_a = 9.21$，现有其共轭碱 NaA 溶液 20.00 cm^3，浓度为 0.1000 $mol \cdot dm^{-3}$，当用 0.1000 $mol \cdot dm^{-3}$ HCl 溶液滴定时，化学计量点的 pH 为多少？化学计量点附近的滴定突跃为多少？应选用哪种指示剂指示终点？

16. 如以 0.2000 $mol \cdot dm^{-3}$ NaOH 标准溶液滴定 0.2000 $mol \cdot dm^{-3}$ 邻苯二甲酸氢钾溶液，化学计量点时的 pH 为多少？化学计量点附近滴定突跃又是怎样？应选用哪种指示剂指示终点？

17. 用 0.1000 $mol \cdot dm^{-3}$ NaOH 溶液滴定 0.1000 $mol \cdot dm^{-3}$ 酒石酸溶液时，有几个滴定突跃？在第二化学计量点时 pH 为多少？应选用什么指示剂指示终点？

18. 标定 HCl 溶液时，以甲基橙为指示剂，用 Na_2CO_3 为基准物，称取 Na_2CO_3 0.6135 g；消耗 HCl 溶液 24.96 cm^3，求 HCl 溶液的浓度。

19. 以硼砂为基准物，用甲基红指示终点，标定 HCl 溶液，称取硼砂 0.9854 g，消耗 HCl 溶液 23.76 cm^3，求 HCl 溶液的浓度。

20. 标定 NaOH 溶液，用邻苯二甲酸氢钾基准物 0.5026 g，以酚酞为指示剂滴定至终点，消耗 NaOH 溶液 21.88 cm^3，求 HCl 溶液的浓度。

21. 称取纯的二水合二草酸三氢钾($KHC_2O_4 \cdot H_2C_2O_4 \cdot 2H_2O$)0.6174 g，用 NaOH 标准溶液滴定时，消耗 26.35 cm^3。求 NaOH 溶液的浓度。

22. 称取粗铵盐 1.075 g，与过量碱共热，蒸出的 NH_3 以过量的硼酸溶液吸收，再以 0.3865 $mol \cdot dm^{-3}$ HCl 滴定至甲基红和溴甲酚绿混合指示剂终点，需 33.68 cm^3 HCl 溶液，求试样中 NH_3 的质量分数和以 NH_4Cl 表示的质量分数。

23. 称取不纯的硫酸铵 1.000 g，以甲醛法分析，加入已中和至中性的甲醛溶液和 0.3638 $mol \cdot dm^{-3}$ NaOH 溶液 50.00 cm^3，过量的 NaOH 再以 0.3012 $mol \cdot dm^{-3}$ HCl 溶液 21.64 cm^3 回滴至酚酞终点。试计算 $(NH_4)_2SO_4$ 的纯度。

24. 面粉和小麦中粗蛋白质含量是将氮含量乘以 5.7 而得到的(不同物质有不同系数)，2.449 g 面粉经消化后，用 NaOH 处理，蒸出的 NH_3 以 100.0 cm^3 0.01086 $mol \cdot dm^{-3}$ HCl 溶液吸收，需用 0.01228 $mol \cdot dm^{-3}$ NaOH 溶液 15.30 cm^3 回滴，计算面粉中粗蛋白质含量。

25. 一试样含丙氨酸[$CH_3(NH_2)COOH$]和惰性物质，用凯氏法测定氮，称取试样 2.215 g，消化后，蒸馏出 NH_3 并吸收在 50.00 cm^3 0.1468 $mol \cdot dm^{-3}$ H_2SO_4 溶液中，再以 0.09214 $mol \cdot dm^{-3}$ NaOH 11.37 cm^3 回滴，求丙氨酸的质量分数。

26. 向 0.3582 g 含 $CaCO_3$ 及不与酸作用杂质的石灰石中加入 25.00 cm^3 0.1471 $mol \cdot dm^{-3}$ HCl 溶液，过量的酸需用 10.15 cm^3 NaOH 溶液回滴。已知 1 cm^3 NaOH 溶液相当于 1.032 cm^3 HCl 溶液。求石灰石的纯度及 CO_2 的质量分数。

27. 称取混合碱试样 0.9476 g，加酚酞指示剂，用 0.2785 $mol \cdot dm^{-3}$ HCl 溶液滴定至终点，消耗酸溶液 34.12 cm^3。再加甲基橙指示剂，滴定至终点，又消耗酸 23.66 cm^3。求试样中各组分的质量分数。

28. 称取混合碱试样 0.6524 g，以酚酞为指示剂，用 0.1992 $mol \cdot dm^{-3}$ HCl 标准溶液滴定至终点，消耗酸溶液 21.76 cm^3。再加甲基橙指示剂，滴定至终点，又消耗酸溶液 27.15 cm^3。求试样中各组分的质量分数。

29. 一试样仅含 NaOH 和 Na_2CO_3，一份质量为 0.3515 g 的试样需 35.00 cm^3 0.1982 $mol \cdot dm^{-3}$ HCl 溶液滴定到酚酞变色，那么还需再加入体积为多少(单位：cm^3)的 0.1982 $mol \cdot dm^{-3}$ HCl 溶液可达到以甲基橙为指示

剂的终点？并分别计算试样中 NaOH 和 Na_2CO_3 的质量分数。

30. 一瓶纯 KOH，吸收了 CO_2 和水，称取其混匀试样 1.186 g，溶于水，稀释至 500.0 cm³，吸取 50.00 cm³，以 25.00 cm³ 0.08717 mol · dm⁻³ HCl 处理，煮沸驱除 CO_2，过量的酸用 0.02365 mol · dm⁻³ NaOH 溶液 10.09 cm³ 滴至酚酞终点。另取 50.00 cm³ 试样的稀释液，加入过量的中性 $BaCl_2$，滤去沉淀，滤液以 20.38 cm³ 上述酸溶液滴至酚酞终点。计算试样中 KOH、K_2CO_3 和 H_2O 的质量分数。

31. 称取 25.00 g 土壤试样置于玻璃钟罩的密闭空间内，同时也放入盛有 100.0 cm³ NaOH 溶液的圆盘，以吸收 CO_2。48 h 后吸取出 25.00 cm³ NaOH 溶液，用 13.58 cm³ 0.1156 mol · dm⁻³ HCl 溶液滴定至酚酞终点。空白试验时 25.00 cm³ NaOH 溶液需 25.43 cm³ 上述酸溶液。计算在细菌作用下土壤释放 CO_2 的速度，以 mg CO_2/[g(土壤) · h]表示。

32. 有一纯的(100%)未知有机酸 400 mg，用 0.09996 mol · dm⁻³ NaOH 溶液滴定，滴定曲线表明该酸为一元酸，加入 32.80 cm³ NaOH 溶液时到达终点。当加入 16.40 cm³ NaOH 溶液时，pH = 4.20。根据上述数据求：(1) 酸的 pK_a；(2) 酸的相对分子质量；(3) 如酸只含 C、H、O，写出符合逻辑的经验式(本题中 C = 12、H = 1、O = 16)。

33. 以 0.01000 mol · dm⁻³ HCl 溶液滴定 20.00 cm³ 0.01000 mol · dm⁻³ NaOH 溶液，如果：(1) 用甲基橙为指示剂，滴定到 pH = 4.0 为终点；(2) 以酚酞为指示剂，滴定到 pH = 8.0 为终点。分别计算终点误差，并指出用哪种指示剂较为合适。

34. 有一碱溶液，可能为 NaOH、Na_2CO_3 或 $NaHCO_3$，或者其中两者的混合物。今用 HCl 溶液滴定，以酚酞为指示剂时，消耗 HCl 体积为 V_1；继续加入甲基橙指示剂，再用 HCl 溶液滴定，又消耗 HCl 体积为 V_2。在下列情况时，溶液各由哪些物质组成：

(1) $V_1 > V_2$，$V_2 > 0$； (2) $V_2 > V_1$，$V_1 > 0$；
(3) $V_1 = V_2$； (4) $V_1 = 0$，$V_2 > 0$；
(5) $V_1 > 0$，$V_2 = 0$。

35. 设计测定下列混合物中各组分含量的方法，并简述其理由：

(1) $HCl + H_3BO_3$； (2) $H_2SO_4 + H_3PO_4$；
(3) $HCl + NH_4Cl$； (4) $Na_3PO_4 + Na_2HPO_4$；
(5) $Na_3PO_4 + NaOH$； (6) $NaHSO_4 + NaH_2PO_4$。

【阅读材料 3】

碱金属和碱土金属

s 区元素包括周期表中的ⅠA 和ⅡA 族。ⅠA 族由锂(Li)、钠(Na)、钾(K)、铷(Rb)、铯(Cs)及钫(Fr)六种元素组成，由于钠与钾的氢氧化物是典型的“碱”，故本族元素有碱金属之称。锂、铷及铯是轻稀有金属，钫是放射性元素。ⅡA 族元素由铍(Be)、镁(Mg)、钙(Ca)、锶(Sr)、钡(Ba)及镭(Ra)六种元素组成。由于钙、锶及钡的氧化物性质介于“碱”和“土”族元素之间，故有碱土金属之称。现在习惯上把铍与镁也包括在碱土金属之内。铍也属于轻稀有金属，镭是放射性金属。

§Y-3-1 通 性

ⅠA 和ⅡA 族元素的原子最外层分别有 1～2 个 s 电子，它们的原子半径在同周期元素中最大。由于内层电子的屏蔽效应较显著，故它们容易失去最外层的 s 电子而显强金属性。其中碱金属是同周期中金属性最强的元素，而碱土金属的金属性稍逊于碱金属。在每族元素中，从上到下，由于原子半径显著递增起主要作用，核电荷的递增起次要作用，因此金属性依次增强。但碱金属的标准电极电势与其电离能的变化趋势不同，从钠到铯随着金属性的增强，电极电势代数值应该减小，而锂的电极电势代数值最小，这是由于 Li^+的半径较小，在水溶液中容易与水分子作用，水合能较高。锂的电极电势虽然最小，但在水中的活泼性远不如其余碱金属，这也是因为 Li^+的半径小，反应生成难溶的 LiOH 覆盖在金属表面上，影响了锂的反应速率。所以不能仅由电极电势来判断金属的活泼性，因为电极电势的大小只说明反应的倾向性，尚未涉及反应速率问题。

s 区元素原子的核电荷较少，半径较大，所以在金属晶体中的金属键不是很牢固，尤以碱金属为最，因此碱土金属的熔点和沸点都比碱金属高，密度和硬度都比碱金属大。锂和铍由于原子半径小，而且次外层为 2 电子层构型，因此在同族元素中熔点和沸点最高。与碱金属不同，碱土金属的物理性质变化并无严格的规律，这是由于碱土金属晶格类型不完全相同。

碱金属在化合时，多以形成离子键为特征。碱土金属(Be 除外)元素与电负性较大的非金属元素所形成的化学键也基本上是离子键。

碱金属(尤其是铯)，失去电子的倾向很大，当受到光的照射时，金属表面的电子逸出，这种现象称为光电效应。因此，常用铯(也可用钾、铷)来制造光电管。

§ Y-3-2　碱金属和碱土金属的重要化合物

一、氢化物

氢与碱金属、碱土金属(Be、Mg 除外)形成的氢化物属于离子型氢化物。

离子型氢化物易与水反应产生氢气：

$$MH + H_2O = MOH + H_2(g)$$

原因是 H^-与水电离出来的 H^+结合成为 H_2。

离子型氢化物在受热时可以分解为氢气和游离金属：

$$2MH = 2M + H_2(g)$$

$$MH_2 = M + H_2(g)$$

分解温度各不相同。例如，LiH 的分解温度为 850℃(氢气分压是 1.013×10^5 Pa)，NaH 为 425℃，CaH_2 约为 1000℃。这种热稳定性的差异可以从生成热的数据看出，如表 Y-3-1 所示。

表 Y-3-1　ⅠA、ⅡA 族氢化物的生成热

氢化物	LiH	NaH	KH	CaH_2	SrH_2	BaH_2
生成热/($kJ \cdot mol^{-1}$)	−90.37	−57.32	−59.0	−188.7	−176.9	−171.1

碱土金属氢化物比碱金属的氢化物对热的稳定性更大。同族元素随原子序数的增大，生成热减小。在碱金属的氢化物中以 LiH 最为稳定，在碱土金属氢化物中以 CaH_2 为最稳定。

氢是还原剂，H^-则有更强的还原性，$\varphi^{\ominus}(H_2 / H^-) = -2.23\ V$。所以，离子型氢化物如 CaH_2、LiH、NaH 都是极强的还原剂。例如，在 400℃时，NaH 可以自 $TiCl_4$ 中还原出金属钛：

$$TiCl_4 + 4NaH = Ti + 4NaCl + 2H_2(g)$$

由于 H^-的电荷少且半径大，能在非极性溶剂中与 B^{3+}、Al^{3+}、Ga^{2+}等结合成复合氢化物。例如，氢化铝锂的生成：

$$4LiH + AlCl_3 \xrightleftharpoons{\text{乙醇}} Li[AlH_4] + 3LiCl$$

这类化合物包括 $Na[BH_4]$、$Li[AlH_4]$、$Al[BH_4]_3$ 等，其中 $Li[AlH_4]$是重要的还原剂。

氢化铝锂在干燥的空气中较稳定，遇水则发生猛烈的反应：

$$Li[AlH_4] + 4H_2O = LiOH + Al(OH)_3(s) + 4H_2(g)$$

在有机合成工业中，离子型氢化物用于许多有机官能团的还原，如将醛、酮、羧酸等还原为醇，将硝基还原为氨基等。在高分子化学工业中用作某些高分子聚合反应的引发剂和催化剂。在其他化学工业中和科学研究中都有广泛的应用。

二、氧化物

碱金属和碱土金属都形成三种类型的氧化物：正常氧化物含有 O^{2-}，过氧化物含有 O_2^{2-}，超氧化物含有 O_2^-。s 区元素所形成的各种氧化物列于表 Y-3-2。

表 Y-3-2　s 区元素形成的氧化物

	在空气中直接形成	间接形成
正常氧化物	Li、Be、Mg、Ca、Sr、Ba	ⅠA、ⅡA 所有元素
过氧化物	Na	除 Be 外的所有元素
超氧化物	Na、K、Rb、Cs	除 Be、Mg、Li 外的所有元素

1. 正常氧化物

碱金属中的锂和所有碱土金属在空气中燃烧时，生成氧化物 Li_2O 和 MO。其他碱金属的氧化物是用金属与它们的过氧化物或硝酸盐相作用而制得。例如：

$$4Li + O_2 = 2Li_2O$$

$$2M + O_2 = 2MO(M为Be、Mg、Ca、Sr、Ba)$$

$$2Na + Na_2O_2 = 2Na_2O$$

$$2MNO_3 + 10M = 6M_2O + N_2(g)(M为K、Rb、Cs)$$

由 Li_2O 过渡到 Cs_2O 颜色依次加深。Li_2O 的熔点很高，Na_2O 的熔点也较高，其余的氧化物未达熔点时便开始分解。它们在高温时挥发，温度再高则分解。

在室温或加热下，碱土金属能与氧直接化合生成氧化物 MO，也可以由它们的碳酸盐或硝酸盐加热分解而得到氧化物。例如：

$$MCO_3 = MO + CO_2(g)$$

$$2M(NO_3)_2 = 2MO + 4NO_2(g) + O_2(g)$$

碱土金属的氧化物都是难溶于水的白色粉末，除 BeO 是 ZnS 型晶格外，其余都是具有 NaCl 晶格的离子型化合物。因为阴、阳离子都是带有两个电荷，而且 M—O 核间距又较小，所以 MO 具有较大的晶格能，它们的硬度和熔点都很高。从它们的熔点和硬度数据可以看出，从 Mg 到 Ba，其氧化物的熔点依次降低，硬度依次减小，根据这种特性，BeO 和 MgO 常用来制造耐火材料和金属陶瓷，CaO 是重要的建筑材料。

2. 过氧化物和超氧化物

除铍外，所有的碱金属及碱土金属都能形成过氧化物，其中只有钠的过氧化物是由金属在空气中燃烧直接得到的。金属锶和钡在高压氧中才能与氧合成过氧化物。过氧化钠是最常见的碱金属过氧化物。将金属钠在铝制容器中加热到 800℃，并通过不含二氧化碳的干燥空气，得到淡黄色的过氧化钠粉末：

$$2Na + O_2 = Na_2O_2$$

钙、锶和钡的氧化物与过氧化氢作用，也能得到相应的过氧化物：

$$MO + H_2O_2 = MO_2 + H_2O$$

除锂、铍、镁外，碱金属和碱土金属都能形成超氧化物。其中钠、钾、铷、铯在空气中燃烧直接生成超氧化物。例如，在接近一个大气压的条件下，或在液氨中，使氧作用于钾、铷、铯，可得到超氧化物 MO_2 的晶体。

$$M + O_2 \xrightleftharpoons{NH_3(l)} MO_2 \quad (M为Na、K、Rb、Cs)$$

室温下，过氧化物、超氧化物与水或稀酸反应生成过氧化氢，过氧化氢又分解放出氧气：

$$Na_2O_2 + H_2O \longrightarrow 2NaOH + H_2O_2$$

$$Na_2O_2 + H_2SO_4 \longrightarrow Na_2SO_4 + H_2O_2$$

$$2KO_2 + H_2O \longrightarrow 2KOH + H_2O_2 + O_2(g)$$

$$2KO_2 + H_2SO_4 \longrightarrow K_2SO_4 + H_2O_2 + O_2(g)$$

$$2H_2O_2 \longrightarrow 2H_2O + O_2(g)$$

过氧化钠在熔融时几乎不分解，但遇到棉花、木炭或铝粉等还原性物质时，就会发生爆炸，故使用过氧化钠时要特别小心。

过氧化物和超氧化物与二氧化碳反应放出氧气：

$$2Na_2O_2 + 2CO_2 \longrightarrow 2Na_2CO_3 + O_2(g)$$

$$4KO_2 + 2CO_2 \longrightarrow 2K_2CO_3 + 3O_2(g)$$

Na_2O_2 兼有碱性和氧化性，被用作熔矿剂。例如：

$$2Fe(CrO_2)_2 + 7Na_2O_2 \longrightarrow 4Na_2CrO_4 + Fe_2O_3 + 3Na_2O$$

过氧化物和超氧化物广泛用作强氧化剂、引火剂、漂白剂，由于它们吸收 CO_2 可放出 O_2，故可作高空飞行、潜水的供氧剂。

三、氢氧化物

1. 碱金属的氢氧化物

碱金属的氧化物(M_2O)与水作用，即可得到相应的氢氧化物(MOH)。

$$M_2O + H_2O \longrightarrow 2MOH$$

碱金属的氢氧化物都是无色晶体，易溶于水。固体碱吸湿力强，易潮解，因此固体 NaOH 是常用的干燥剂。碱金属氢氧化物对纤维、皮肤有强烈的腐蚀作用，称为苛性碱。MOH 溶于水时还放出大量的热。所有的 MOH 自溶液中析出时都能形成水合物。绝大多数的碱金属氢氧化物都具有强碱性，其碱性递增顺序如下：

$$\underset{中强碱}{LiOH} < \underset{强碱}{NaOH} < \underset{强碱}{KOH} < \underset{强碱}{RbOH} < \underset{强碱}{CsOH}$$

作为强碱的碱金属氢氧化物，必然呈现一系列的碱性反应。以 NaOH 为例扼要加以说明。

NaOH 不仅能在溶液中和酸进行反应生成水和盐，而且能和气态的酸性物质反应。例如，常用 NaOH 除去气体中的酸性物质如 CO_2、SO_2、NO_2、H_2S 等。存放 NaOH 时必须注意密封，以免吸收空气中的 CO_2 和水分。盛放 NaOH 溶液的瓶子要用橡胶塞而不能用玻璃塞，否则长期存放，NaOH 便与玻璃中的主要成分 SiO_2 作用生成黏性的 $Na_2[SiO_2(OH)]$(以及与 CO_2 作用生成容易结块的 Na_2CO_3)，以致玻璃塞和瓶口粘在一起。

NaOH 还与非金属硼和硅反应：

$$2B + 2OH^- + 2H_2O \longrightarrow 2BO_2^- + 3H_2(g)$$

$$Si + 2OH^- + H_2O \longrightarrow SiO_3^{2-} + 2H_2(g)$$

2. 碱土金属的氢氧化物

碱土金属的氧化物(BeO、MgO 除外)，遇水也生成相应的氢氧化物，并伴随大量的热放出：

$$MO + H_2O \longrightarrow M(OH)_2$$

碱土金属氢氧化物的碱性随 Be 到 Ba 的顺序递增：

$$\underset{\text{两性}}{Be(OH)_2} < \underset{\text{中强碱}}{Mg(OH)_2} < \underset{\text{强碱}}{Ca(OH)_2} < \underset{\text{强碱}}{Sr(OH)_2} < \underset{\text{强碱}}{Ba(OH)_2}$$

其中 $Be(OH)_2$ 是两性氢氧化物，既能溶于酸也能溶于碱，反应如下：

$$Be(OH)_2 + 2H^+ = Be^{2+} + 2H_2O$$

$$Be(OH)_2 + 2OH^- = [Be(OH)_4]^{2-}$$

碱土金属氢氧化物的溶解度比碱金属氢氧化物小得多，碱性也弱得多。同族元素的氢氧化物的溶解度从上到下逐渐增大，这是因为随着离子半径的增大，阳离子和阴离子之间的吸引力逐渐减小，容易被水分子拆开。同理，在同一周期内，从M(Ⅰ)到M(Ⅱ)，随着离子半径的减小和电荷的增多，碱土金属氢氧化物的溶解度减小。

碱土金属中，较重要的是氢氧化钙 $Ca(OH)_2$(熟石灰)。它的溶解度不大，且随着温度的升高而减小。

四、盐类

绝大多数碱金属的盐类易溶于水，常见的微溶盐有：LiF、Li_2CO_3、Li_3PO_4；$Na[Sb(OH)_6]$(锑酸钠)；$KHC_4H_4O_6$(酒石酸氢钾)、$KClO_4$、K_2PtCl_6、$KB(C_6H_5)_4$、$K_2Na[Co(NO_2)_6]$(六硝基合钴酸钠钾)；Rb_2SnCl_6(六氯合锡酸铷)等。

ⅡA 族金属的氯化物、硝酸盐易溶于水，碳酸盐等难溶于水。总的看来，AB_2 型化合物可溶，AB 型化合物难溶，如表 Y-3-3 所示。

表 Y-3-3　ⅡA 族金属化合物的溶解度(20℃，g/100 g H_2O)和溶度积

	Mg^{2+}	Ca^{2+}	Sr^{2+}	Ba^{2+}
OH^-	1.8×10^{-11}*	0.165	0.41(0℃)	3.89
F^-	6.3×10^{-9}*	4.0×10^{-11}*	3.2×10^{-9}*	1.6×10^{-6}*
Cl^-	54.5	74.5	52.9	35.7
Br^-	96.5	143	102.4	125(0℃)
NO_3^-	84.7(40℃)	129.3	70.5	9.2
CO_3^{2-}	1.0×10^{-5}*	2.5×10^{-9}*	1.6×10^{-9}*	5.1×10^{-9}*
$C_2O_4^{2-}$	7.9×10^{-6}*	2.5×10^{-9}*	1.6×10^{-7}*	1.6×10^{-7}*
SO_3^{2-}	1.25	1.0×10^{-4}*	4.0×10^{-3}*	1.0×10^{-3}*
SO_4^{2-}	44.5	9.1×10^{-6}*	2.5×10^{-7}*	1.1×10^{-10}*

注：*为溶度积。

碱金属离子半径依 Li^+、Na^+、K^+、Rb^+、Cs^+的顺序逐渐增大，形成水合盐的倾向递减。约有 3/4 的 Li^+、Na^+盐是含水的，1/4 的 K^+盐为水合盐，Rb^+、Cs^+的水合盐极少。ⅡA 族金属的盐中，水合盐居多，有些水合盐如 $Na_2SO_4\cdot10H_2O$、$Na_2S_2O_3\cdot5H_2O$ 分别于 32.4℃、48℃熔融(溶于结晶水)。其中 $Na_2SO_4\cdot10H_2O$、$Na_2S\cdot9H_2O$ 被用作储热剂，这是因为白天太阳辐射时 $Na_2SO_4\cdot10H_2O$ 熔融吸热，夜间冷却结晶放热。

下面就一些盐类的性质进行讨论：

1. Na^+盐和 K^+盐在性质上的差别

(1) 多数 Na^+的强酸盐的溶解度大于相应 K^+盐。

(2) 水合 Na^+盐比水合 K^+盐数目多。

(3) Na^+盐的吸潮能力强于相应 K^+盐，所以一般不用 $NaClO_3$ 代替 $KClO_3$ 作炸药。

(4) 生理作用不同。人体细胞内 K^+浓度比 Na^+大，细胞液中则相反，细胞液中 Na^+的浓度约是细胞内的 100 倍。人体内含 Na^+ 70～120 g。植物只需要钾(所以要施钾肥)而不需要钠。

2. 水解

除 Be^{2+}外，Li^+、Mg^{2+}也能水解，但是水解能力不强，其他ⅠA、ⅡA 族阳离子水解极弱。

$LiCl \cdot H_2O$、$MgCl_2 \cdot 6H_2O$ 晶体受热发生水解：

$$LiCl \cdot H_2O \xrightleftharpoons{\triangle} LiOH + HCl(g)$$

$$MgCl_2 \cdot 6H_2O \xrightleftharpoons{\triangle} Mg(OH)Cl + 5H_2O(g) + HCl(g)$$

因此，不能用加热脱水的方法使这些水合盐转化为无水盐，而要在 HCl 气氛下加热或和固体 $NH_4Cl(s)$混合加热，或用干法由相应单质直接合成无水盐。

3. 含氧酸盐的热稳定性

ⅠA、ⅡA 族金属含氧酸盐对热都比较稳定，碱金属含氧酸盐的稳定性更高。对于同种含氧酸盐，金属离子势ϕ($\phi = Z/r$，Z 为电荷数，r 为离子半径)值越大，分解温度越低。例如，1000℃时 Li_2CO_3 明显分解为 Li_2O 和 CO_2，而其他ⅠA 族的 M_2CO_3 分解极少，$Z = 2$ 的碱土金属碳酸盐比碱金属碳酸盐的分解温度低。

一般酸式盐的热稳定性低于相应盐。例如，Na_2CO_3(熔点 851℃)、K_2CO_3(熔点 891℃)熔化时分解很少，而 $NaHCO_3$ 于 112℃，$KHCO_3$ 于 163℃分解为 M_2CO_3、CO_2 及 H_2O。

§ Y-3-3　锂和铍的特殊性

锂、铍化合物性质分别和本族其他元素化合物在性质上有明显的差别。锂、铍的特殊性主要是因为“离子半径”小和 2 电子的电子层结构离子。锂和镁、铍和铝的性质有明显的相似性——对角线规则。

1. 锂、铍的某些特殊性

锂、铍的熔点、硬度分别高于同族其他金属，导电性相对较弱。

LiOH 当升温至红热时要分解为 Li_2O 和 H_2O，而ⅠA 族其他 MOH 不分解；LiH 加热到 900℃还很稳定，而 NaH 于 350℃就明显分解；Li^+水合能大，所以它的电极电势小。

与ⅡA 族金属化合物相比，铍化合物分解温度低，易水解，某些化合物具有共价性。

2. 锂和镁的相似性

(1) 锂、镁在过量氧气中燃烧时，不生成过氧化物。

(2) 锂和镁的氢氧化物都为中强碱，而且在水中的溶解度都不大。

(3) 锂和镁的氟化物、碳酸盐、磷酸盐等均难溶于水。

(4) 锂和镁的氯化物都能溶于有机溶剂(如乙醇)中。水合锂和镁的氯化物晶体受热发生水解。

(5) 锂、镁直接与氮反应生成氮化物，而其他碱金属不能直接与氮作用。

$$6Li + N_2 = 2Li_3N$$

$$3Mg + N_2 = Mg_3N_2$$

(6) 锂、镁的碳酸盐在受热时，均能分解成相应的氧化物。

3. 铍和铝的相似性

(1) 铍和铝都为两性金属，它们既能溶于酸也能溶于强碱；它们的离子都具有水解倾向。

(2) 氧化铍和氧化铝都是熔点高、硬度大的氧化物。

(3) 无水氯化铍和氯化铝都是双聚体，并显示共价性，可以升华，且溶于有机溶剂。

(4) 金属铍、铝都能被冷、浓硝酸钝化。

(5) 铍和铝的碳化物属于同一类型，水解后都产生甲烷。

$$Be_2C + 4H_2O = 2Be(OH)_2 + CH_4(g)$$

$$Al_4C + 2H_2O = 4Al(OH)_3(s) + 3CH_4(g)$$

§ Y-3-4 常见 s 区金属的鉴定反应

1. Na^+

Na^+的鉴定反应常采用与可溶性锑酸盐反应生成白色结晶状沉淀来鉴定及检出。

$$Na^+ + [Sb(OH)_6]^- = NaSb(OH)_6(s)$$

反应应保持在弱碱性的条件下，若在酸性条件下会产生白色无定形锑酸沉淀($xSb_2O_3 \cdot yH_2O$)，干扰 Na^+的鉴定。所以在鉴定 Na^+时，只有得到结晶状沉淀才能肯定有 Na^+。

2. K^+

K^+鉴定反应主要有：

(1) 与六硝基合钴酸钠反应生成黄色沉淀：

$$2K^+ + Na_3[Co(NO_2)_6] = K_2Na[Co(NO_2)_6](s) + 2Na^+$$

反应时，溶液的酸性不能太强，否则 NO_2^- 会生成 HNO_2 而分解，溶液的碱性也不能太强，否则会生成 $Co(OH)_2$ 沉淀。

(2) 与四苯硼化钠反应生成白色晶状沉淀：

$$K^+ + NaB(C_6H_5)_4 = KB(C_6H_5)_4(s) + Na^+$$

此反应不受溶液酸度的影响。

3. Mg^{2+}

(1) 与磷酸氢铵在氨水溶液中反应生成白色沉淀：

$$Mg^{2+} + HPO_4^{2-} + NH_3 \cdot H_2O + 5H_2O = NH_4MgPO_4 \cdot 6H_2O(s)$$

(2) Mg^{2+}与碱反应生成 $Mg(OH)_2$，然后加入镁指示剂，生成蓝色偶氮染料。

4. Ca^{2+}

Ca^{2+}与$(NH_4)_2C_2O_4$反应生成 CaC_2O_4 沉淀。沉淀能溶于 HCl 而不溶于乙酸中，Ba^{2+}对 Ca^{2+}的检出有干扰。

5. Ba^{2+}

Ba^{2+}能与 K_2CrO_4 反应生成黄色 $BaCrO_4$ 沉淀，Pb^{2+}有干扰。

第 8 章　沉淀溶解平衡与沉淀分析法

沉淀的形成与溶解是一类常见且实用的化学平衡。例如，$AgNO_3$ 溶液与 NaCl 溶液相遇即生成 AgCl 沉淀，$BaCl_2$ 溶液与 H_2SO_4 溶液相混合会析出 $BaSO_4$ 沉淀，这些都称为沉淀反应。而 $Fe(OH)_3$ 或 $CaCO_3$ 与过量的 HCl 反应，原有的固相便会消失，这种现象称为沉淀的溶解。这类反应的特征是在过程中总伴随着一种物相生成或消失。那么，如何判断沉淀与溶解反应发生的方向？如何使这些反应进行完全？如何利用沉淀的生成和溶解？这些都是沉淀溶解平衡要解决的问题。

8.1　溶度积和溶解度

8.1.1　溶度积常数

固态溶质在液态溶剂中溶解后便形成均相溶液。严格地说，绝对不溶解的“不溶物”是不存在的，只是溶解的多少不同而已。就水作溶剂而言，习惯上将溶解度小于 $0.01\ g\cdot(100\ g\ H_2O)^{-1}$ 的物质称为“难溶物”。例如，常见的 AgCl、$BaSO_4$ 等都是难溶的强电解质。将晶态的 $BaSO_4$ 放入水中，表面上的 Ba^{2+} 及 SO_4^{2-} 受到水分子的偶极子的作用，有部分 Ba^{2+} 及 SO_4^{2-} 离开晶体表面进入溶液，这一过程就是溶解。同时，随着溶液中 Ba^{2+} 及 SO_4^{2-} 浓度的逐渐增加，它们又受到晶体表面正负离子的吸引，重新返回晶体表面，这就是沉淀。在一定温度下，当沉淀和溶解速率相等就达到 $BaSO_4$ 沉淀与溶解的平衡，所得溶液即为该温度下 $BaSO_4$ 的饱和溶液。需要注意的是，这里讨论的都是强电解质，$BaSO_4$ 虽然难溶，但因为是强电解质，溶解的部分完全电离。与酸碱平衡不同，难溶电解质与其饱和溶液中的水合离子之间的沉淀溶解平衡属于多相离子平衡，即

$$BaSO_4(s) \rightleftharpoons BaSO_4(aq) \longrightarrow Ba^{2+}(aq) + SO_4^{2-}(aq)$$

这是一个多相离子平衡体系，为了方便通常简写为

$$BaSO_4(s) \rightleftharpoons Ba^{2+}(aq) + SO_4^{2-}(aq)$$

溶解度是针对饱和溶液而言的，也就是说，达到溶解平衡的溶液是饱和溶液。沉淀溶解平衡是一个动态平衡，与电离平衡一样，当达到沉淀溶解平衡时，服从化学平衡定律，有一个平衡常数：

$$K_{sp}^{\ominus} = \frac{[Ba^{2+}]}{c^{\ominus}}\frac{[SO_4^{2-}]}{c^{\ominus}}$$

对于一般的沉淀物质 $A_mB_n(s)$来说，在一定温度下，其饱和溶液的沉淀溶解平衡为

$$A_mB_n(s) \rightleftharpoons mA^{n+}(aq) + nB^{m-}(aq)$$

$$K_{sp}^{\ominus}=\left(\frac{[A^{n+}]}{c^{\ominus}}\right)^m \times \left(\frac{[B^{m-}]}{c^{\ominus}}\right)^n \tag{8-1}$$

式中，$K_{sp}^{\ominus}$称为溶度积常数。可定义为：在一定温度下，难溶电解质的饱和溶液中，各离子相对浓度的幂次方乘积为一常数。通常$K_{sp}^{\ominus}$也简写为K_{sp}，沉淀平衡简单表示为$K_{sp}=[A^{n+}]^m \cdot [B^{m-}]^n$。与其他平衡常数一样，$K_{sp}$与温度和物质本性有关而与离子浓度无关，因此通常讨论的温度范围内，大多数反应的K_{sp}随温度变化不大。例如，$BaSO_4$的K_{sp}在298 K时为1.08×10^{-10}，323 K时为1.98×10^{-10}，随温度的升高变化不大，故可忽略温度的影响，在实际应用中常采用25℃时溶度积的数值。只要体系达到沉淀溶解平衡，有关物质的浓度就必然满足类似于上式所示关系。而溶解度是随其他离子存在的情况不同而变化的，溶度积和溶解度的关系类似于电离常数与电离度之间的关系。

溶液中的离子强度对溶度积常数是有影响的。只有当难溶电解质溶解度很小时，此时溶液的离子强度也较小，近似地认为离子的活度系数等于1时，可利用浓度代替活度进行计算，离子浓度幂的乘积才近似等于K_{sp}。一般溶度积表中所列的K_{sp}是在很稀的溶液中没有其他离子存在时的数值。

8.1.2　溶度积和溶解度的关系

溶解度表示物质的溶解能力，它是随其他离子存在的情况不同而改变的，在考虑沉淀平衡时，为了讨论问题方便，物质的溶解度以物质的量浓度(单位：$mol\cdot dm^{-3}$)表示。溶度积反映了难溶电解质的固体和溶解离子间的浓度关系，所以它也一定程度上表示了物质的溶解能力。下面讨论两者在表达不同类型难溶物溶解程度的换算。

【例8-1】　15 mg CaF_2溶解于1 dm^3的水中形成饱和溶液。求CaF_2的溶度积常数K_{sp}(已知CaF_2的相对分子质量为78.1)。

解　根据定义计算溶解度为

$$s=\frac{m}{MV}=\frac{0.015}{78.1\times1}=1.9\times10^{-4}(mol\cdot dm^{-3})$$

由

$$CaF_2(s) \rightleftharpoons Ca^{2+}(aq)+2F^-(aq)$$

$$s \qquad\qquad s \qquad 2s$$

得

$$K_{sp}=s(2s)^2=4s^3=2.8\times10^{-11}$$

【例8-2】　已知25℃时，$Mg(OH)_2$的$K_{sp}=8.9\times10^{-12}$，求$Mg(OH)_2$的溶解度s。

解

$$Mg(OH)_2(s) \rightleftharpoons Mg^{2+}(aq)+2OH^-(aq)$$

饱和溶液中$[Mg^{2+}]$与$Mg(OH)_2$的溶解度s一致，即

$$K_{sp}=s(2s)^2=8.9\times10^{-12}$$

计算得

$$s=1.31\times10^{-4}(mol\cdot dm^{-3})$$

从上面的例子可以总结出如下几点：

(1) AB型难溶电解质(1∶1型，如AgX、$BaSO_4$、$CaCO_3$等)

$$AB(s) \rightleftharpoons A^+(aq) + B^-(aq)$$

设溶解度为 s　　　　　　　　s　　　s

$$K_{sp} = [A^+][B^-] = s^2 \qquad s = \sqrt{K_{sp}}$$

(2) $A_2B(AB_2)$型难溶电解质(1∶2 或 2∶1 型，如 Ag_2CrO_4、Cu_2S 等)

$$A_2B(s) \rightleftharpoons 2A^+(aq) + B^{2-}(aq)$$

设溶解度为 s　　　　　　　　$2s$　　　s

$$K_{sp} = [A^+]^2[B^{2-}] = (2s)^2 s = 4s^3 \qquad s = \sqrt[3]{K_{sp}/4}$$

(3) $A_3B(AB_3)$型难溶电解质(3∶1 或 1∶3 型，如 Ag_3PO_4 等)。

同理可得

$$s = \sqrt[4]{K_{sp}/27}$$

注意：此种溶解度算法，不适用于显著水解的难溶电解质(如 Al_2S_3、Cr_2S_3 等)、难溶的弱电解质以及某些易在溶液中以离子对 A^+B^-等形式存在的难溶电解质。

对于同类型的难溶电解质(AgX)(Ag_2S、Ag_2CrO_4、Cu_2S 等)，在相同温度下，K_{sp} 越大，溶解度也越大，反之则越小。对于不同类型的难溶电解质(如 AgCl、Ag_2CrO_4)不能直接用 K_{sp} 来比较其溶解度的大小，而需要通过具体计算来比较。例如，有关 Ag 难溶化合物的溶解度比较列于表 8-1 中，从表中可以看出，尽管 Ag_2CrO_4 的 K_{sp} 比 AgCl 的小 2 个数量级，但其在水中的溶解度反而大。

表 8-1　AgCl、AgBr、AgI 和 Ag_2CrO_4 溶解度和溶度积的比较

化合物	K_{sp}	$s/(mol \cdot dm^{-3})$
AgCl	1.8×10^{-10}	1.3×10^{-5}
Ag_2CrO_4	2.0×10^{-12}	7.9×10^{-5}
AgBr	5.35×10^{-13}	7.3×10^{-7}
AgI	8.5×10^{-17}	9.2×10^{-9}

8.2　沉淀溶解平衡的移动

由化学平衡的讨论可知，未达平衡时的离子浓度幂的乘积为反应浓度商 Q_c，它是任意情况下的，可变的，而 K_{sp} 在温度不变条件下是一个定值。

对于任意难溶强电解质的多相离子平衡体系：

$$A_mB_n(s) \rightleftharpoons mA^{n+}(aq) + nB^{m-}(aq)$$

在平衡时

$$K_{sp} = [A^{n+}]^m[B^{m-}]^n$$

在未平衡时，引入化学平衡中的反应商

$$Q_c = c(A^{n+})^m c(B^{m-})^n$$

通过 Q_c 和 K_{sp} 的大小比较讨论平衡移动的规律：

$Q_c > K_{sp}$ 时，平衡向左移动，生成沉淀，溶液为过饱和溶液；

$Q_c < K_{sp}$ 时，平衡向右移动，无沉淀生成或沉淀溶解，溶液为不饱和溶液；

$Q_c = K_{sp}$ 时，建立平衡体系，溶液为饱和溶液。

这就是溶液溶度积规则，也是沉淀平衡的平衡移动原理，这一规则是判断沉淀生成、溶解、转化的重要依据。

8.2.1 沉淀的生成

根据溶度积规则，反应商 $Q_c > K_{sp}$ 时就会有沉淀生成。如果期望得到沉淀，就要使 $Q_c > K_{sp}$，一般的原则是使沉淀剂的量增大，如加入沉淀剂，有时也可利用控制酸度来生成沉淀。

1. 加沉淀剂

一种离子与沉淀剂生成沉淀物后在溶液中的残留量不超过 $1.0\times10^{-5}\ \text{mol}\cdot\text{dm}^{-3}$ 时，则认为已经沉淀完全。可以加入过量的沉淀剂使欲沉淀的离子浓度小于此值，使沉淀完全。

【例 8-3】 向 $1.0\times10^{-3}\ \text{mol}\cdot\text{dm}^{-3}$ 的 K_2CrO_4 溶液中滴加 $AgNO_3$ 溶液，求开始有 Ag_2CrO_4 沉淀生成时的 Ag^+ 浓度，当 CrO_4^{2-} 沉淀完全时，Ag^+ 浓度为多大？

解

$$Ag_2CrO_4(s) \rightleftharpoons 2Ag^+(aq) + CrO_4^{2-}(aq)$$

$$K_{sp} = [Ag^+]^2[CrO_4^{2-}]$$

故

$$[Ag^+] = \sqrt{\frac{K_{sp}}{[CrO_4^{2-}]}} = \sqrt{\frac{2.0\times10^{-12}}{1.0\times10^{-3}}} = 4.5\times10^{-5}(\text{mol}\cdot\text{dm}^{-3})$$

当 $[Ag^+] = 4.5\times10^{-5}\ \text{mol}\cdot\text{dm}^{-3}$ 时，开始有 Ag_2CrO_4 沉淀生成。

当沉淀完全，$[CrO_4^{2-}] = 1.0\times10^{-5}\ \text{mol}\cdot\text{dm}^{-3}$ 时，$[Ag^+]$ 即为所求。

$$[Ag^+] = \sqrt{\frac{K_{sp}}{[CrO_4^{2-}]}} = \sqrt{\frac{2.0\times10^{-12}}{1.0\times10^{-5}}} = 4.5\times10^{-4}(\text{mol}\cdot\text{dm}^{-3})$$

2. 控制酸度

如果所涉及的沉淀体系中有弱电解质的酸根离子或易形成氢氧化物沉淀的金属离子，即沉淀平衡与酸碱的电离平衡共存，就要考虑体系中的酸度的影响，要根据电离平衡和沉淀平衡的关系调节合适的酸度来获得沉淀或抑制沉淀的生成。

【例 8-4】 向 $0.10\ \text{mol}\cdot\text{dm}^{-3}$ $ZnCl_2$ 溶液中通 H_2S 气体至饱和($0.10\ \text{mol}\cdot\text{dm}^{-3}$)时，溶液中刚好有沉淀产生，求此时溶液中的 $[H^+]$。

此题涉及沉淀溶解平衡和酸的电离平衡的共同平衡。饱和 H_2S 的浓度为 $0.1\ \text{mol}\cdot\text{dm}^{-3}$。溶液中的 $[H^+]$ 将影响电离出的 $[S^{2-}]$，而 S^{2-} 又要与 Zn^{2+} 共处于沉淀溶解平衡中。可先求出与 $0.1\ \text{mol}\cdot\text{dm}^{-3}$ Zn^{2+} 生成沉淀需要 $[S^{2-}]$，再求出与饱和 H_2S 溶液中 S^{2-} 相关联的 $[H^+]$。

解

$$ZnS(s) \rightleftharpoons Zn^{2+}(aq) + S^{2-}(aq)$$

$$K_{sp} = [Zn^{2+}][S^{2-}]$$

故
$$[S^{2-}]=\frac{K_{sp}(ZnS)}{[Zn^{2+}]}=\frac{2.5\times10^{-25}}{0.10}=2.5\times10^{-24}(mol\cdot dm^{-3})$$

对于 H_2S 的电离平衡体系：$H_2S(aq)\rightleftharpoons 2H^+(aq)+S^{2-}(aq)$

存在：
$$K_{a_1}K_{a_2}=\frac{[H^+]^2[S^{2-}]}{[H_2S]}$$

$$[H^+]=\sqrt{\frac{K_{a_1}K_{a_2}[H_2S]}{[S^{2-}]}}=\sqrt{\frac{1.3\times10^{-7}\times7.1\times10^{-15}\times0.10}{2.5\times10^{-24}}}=6.1(mol\cdot dm^{-3})$$

【例 8-5】 计算欲使 0.01 mol · dm^{-3} Fe^{3+}开始沉淀以及沉淀完全时的 pH。

解
$$Fe(OH)_3(s)\rightleftharpoons Fe^{3+}(aq)+3OH^-(aq)\qquad K_{sp}=2.64\times10^{-39}$$

此题涉及沉淀溶解平衡和酸的电离平衡的共同平衡。由此可以看出，控制酸度对沉淀的生成起至关重要的作用。

(1) 开始沉淀时，$Q_c=[Fe^{3+}][OH^-]^3=K_{sp}$，所以

$$[OH^-]^3=K_{sp}/c_{Fe^{3+}}=2.64\times10^{-37}$$

$$[OH^-]=\sqrt[3]{2.64\times10^{-37}}=6.4\times10^{-13}(mol\cdot dm^{-3})\qquad pH=14-pOH=1.80$$

即当 $pH>1.80$ 时，$Fe(OH)_3$ 开始沉淀。

(2) 沉淀完全，即要求溶液中的 $c_{Fe^{3+}}\leqslant10^{-5}mol\cdot dm^{-3}$，所以沉淀完全对应的 OH^-最小浓度为

$$[OH^-]^3=\frac{K_{sp}}{10^{-5}}=2.64\times10^{-34}$$

得
$$[OH^-]=6.4\times10^{-12}(mol\cdot dm^{-3})\qquad pH=14-pOH=2.80$$

即当 $pH\geqslant2.80$ 时，Fe^{3+}已经基本沉淀完全了。

8.2.2 沉淀的溶解

根据溶度积规则，当 $Q_c<K_{sp}$ 时沉淀发生溶解。使 Q_c 减小的方法主要有以下几种。

1. 通过生成弱电解质使沉淀溶解

如沉淀 FeS 可溶于盐酸，$FeS(s)\rightleftharpoons Fe^{2+}(aq)+S^{2-}(aq)$ 中 S^{2-}与盐酸中的 H^+可以生成弱电解质 H_2S，使沉淀溶解平衡右移，引起 FeS 的溶解。这个过程可以示意为

$$\begin{array}{l} FeS\rightleftharpoons Fe^{2+}+\ S^{2-} \\ \qquad\qquad\qquad\quad + \quad\rightleftharpoons H_2S \\ 2HCl\longrightarrow 2Cl^-+\ 2H^+ \end{array}$$

总反应为
$$FeS+2H^+\rightleftharpoons Fe^{2+}+H_2S\qquad K=\frac{K_{sp,FeS}}{K_{a_1}K_{a_2}}$$

因为 $K_{sp,FeS}$ 不是特别小，所以$[H^+]$足够大，总会使 FeS 溶解。

【例 8-6】 使 0.01 mol SnS 溶于 1 dm^3 盐酸中，求所需盐酸的最低浓度。

解 当 0.01 mol SnS 全部溶解于 1 dm^3 盐酸中时，$[Sn^{2+}]=0.01$ mol · dm^{-3}，与 Sn^{2+}相平衡的$[S^{2-}]$可由沉淀

溶解平衡求出。

由
$$K_{sp}=[Sn^{2+}][S^{2-}]$$

得
$$[S^{2-}]=\frac{K_{sp}}{[Sn^{2+}]}=\frac{1.0\times10^{-25}}{0.01}=1.0\times10^{-23}\ (mol\cdot dm^{-3})$$

当 0.01 mol SnS 全部溶解时，放出的 S^{2-}将与盐酸中的 H^+结合成 H_2S，且此溶液中$[H_2S]=0.01\ mol\cdot dm^{-3}$。根据 H_2S 的电离平衡，由$[S^{2-}]$和$[H_2S]$可以求出与之平衡的$[H^+]$。

$$H_2S(aq)\rightleftharpoons 2H^+(aq)+S^{2-}(aq)\qquad K_{a_1}K_{a_2}=\frac{[H^+]^2[S^{2-}]}{[H_2S]}$$

得
$$[H^+]=\sqrt{\frac{K_{a_1}K_{a_2}[H_2S]}{[S^{2-}]}}=\sqrt{\frac{1.3\times10^{-7}\times7.1\times10^{-15}\times0.01}{1.0\times10^{-23}}}=0.96(mol\cdot dm^{-3})$$

该浓度是溶液中平衡时的$[H^+]$，原来的盐酸中的 H^+与 0.01 mol 的 S^{2-}结合时消耗了 0.02 mol，故所需盐酸的起始浓度为 $0.96+0.02=0.98(mol\cdot dm^{-3})$。

上述过程也可以通过总的反应方程式进行计算：

$$SnS\ +\ 2H^+\ \rightleftharpoons\ Sn^{2+}\ +\ H_2S$$

	$[H^+]$	Sn^{2+}	H_2S
反应开始时相对浓度/$(mol\cdot dm^{-3})$	$[H^+]_0$	0	0
反应平衡时相对浓度/$(mol\cdot dm^{-3})$	$[H^+]_0-0.01$	0.01	0.01

$$K=\frac{[H_2S][Sn^{2+}]}{[H^+]^2}=\frac{[H_2S][Sn^{2+}][S^{2-}]}{[H^+]^2[S^{2-}]}=\frac{K_{sp,SnS}}{K_{a_1}K_{a_2}}=\frac{1.0\times10^{-25}}{1.3\times10^{-7}\times7.1\times10^{-15}}=1.08\times10^{-4}$$

$$[H^+]-0.02=\sqrt{\frac{[H_2S][Sn^{2+}]}{K}}=\sqrt{\frac{0.01\times0.01}{1.08\times10^{-4}}}=0.96$$

故$[H^+]=0.98\ mol\cdot dm^{-3}$。

在解题过程中，认为 SnS 溶解产生的 S^{2-}全部转变成 H_2S，这种做法是否合适，以 HS^-和 S^{2-}状态存在的部分占多大比例，应该有一个认识。体系中$[H^+]$为 $0.98\ mol\cdot dm^{-3}$，可以计算出在这样的酸度下，HS^-和 S^{2-}的存在量只是 H_2S 的 $1/10^7$ 和 $1/10^{23}$。所以这种做法是完全合理的。

2. 通过氧化还原反应使沉淀溶解

许多金属硫化物(如 ZnS、FeS 等)能溶于强酸，但对于溶度积特别小的难溶电解质(如 CuS、PbS 等)，在它们的饱和溶液中 S^{2-}浓度特别小，即使强酸也不能和微量的 S^{2-}作用而使沉淀溶解，但可以用氧化剂氧化微量的 S^{2-}，使之溶解。

$$3CuS+2NO_3^-+8H^+=3Cu^{2+}+2NO(g)+3S(s)+4H_2O$$

总反应的平衡常数可以通过氧化还原反应电动势的相关计算得到(见 10.4 节)。

3. 生成配合物使沉淀溶解

例如：

$$AgCl\rightleftharpoons \boxed{\begin{matrix}Ag^+\\+\\2NH_3\end{matrix}}\begin{matrix}+\ Cl^-\\ \\ \rightleftharpoons[Ag(NH_3)_2]^+\end{matrix}$$

由于生成了$[Ag(NH_3)_2]^+$，降低了 Ag^+的浓度，使$Q_{c,AgCl} < K_{sp,AgCl}$，从而使沉淀溶解。溶解过程的总反应为

$$AgCl + 2NH_3 \rightleftharpoons [Ag(NH_3)_2]^+ + Cl^-$$

由配位平衡$Ag^+ + 2NH_3 \rightleftharpoons [Ag(NH_3)_2]^+$的平衡常数$K_f$，利用平衡常数的耦合规则，可以很方便地计算出总反应的平衡常数$K = K_f \cdot K_{sp}$。K 数值大，转化程度高，使沉淀逐渐溶解转化为配合物。

8.2.3　分步沉淀

前面讨论的是沉淀反应中，溶液中只有一种离子的情况。实际情况中常含有几种离子，当加入某种试剂，会使几种离子都生成沉淀，是同时生成还是有先后次序？下面运用溶度积规则进行讨论。

假设溶液中$c_{I^-} = 0.01\ mol \cdot dm^{-3}$，$c_{Cl^-} = 0.01\ mol \cdot dm^{-3}$，滴加 $AgNO_3$溶液，开始生成 AgI 沉淀还是 AgCl 沉淀？(已知：$K_{sp,AgCl} = 1.8 \times 10^{-10}$，$K_{sp,AgI} = 8.5 \times 10^{-17}$)

计算开始生成 AgI 和 AgCl 沉淀时所需的 Ag^+ 浓度分别为

AgI：
$$[Ag^+] = \frac{K_{sp,AgI}}{[I^-]} = \frac{8.5\times10^{-17}}{0.01} = 8.5\times10^{-15}(mol\cdot dm^{-3})$$

AgCl：
$$[Ag^+] = \frac{K_{sp,AgCl}}{[Cl^-]} = \frac{1.8\times10^{-10}}{0.01} = 1.8\times10^{-8}(mol\cdot dm^{-3})$$

可见，沉淀 I^-所需的 Ag^+浓度比沉淀 Cl^-所需的 Ag^+浓度小得多，所以 AgI 沉淀先析出。这种先后沉淀的现象称为分步沉淀，在分离中有较好的应用。那么，AgCl 何时开始沉淀？随着 AgI 的不断析出，溶液中的$[I^-]$不断降低，为了继续析出沉淀，必须继续滴加 Ag^+。当$[Ag^+]$滴加到上述计算的 $1.8 \times 10^{-8}\ mol \cdot dm^{-3}$ 时，AgCl 才开始沉淀，这时 AgCl、AgI 同时析出。

因为这时溶液中的 I^-、Cl^-、Ag^+同时平衡，则

$$[Ag^+][I^-] = K_{sp,AgI} = 8.5 \times 10^{-17}$$

$$[Ag^+][Cl^-] = K_{sp,AgCl} = 1.8 \times 10^{-10}$$

两式相除得

$$\frac{[Cl^-]}{[I^-]} = 2.12 \times 10^6$$

即当$[Cl^-] > 2.12 \times 10^6[I^-]$时，AgCl 开始沉淀，此时相应的溶液中的$[I^-]$为

$$[I^-] = \frac{[Cl^-]}{2.12\times10^6} = \frac{0.01}{2.12\times10^6} \times 10^6 = 4.7 \times 10^{-9}(mol \cdot dm^{-3}) \ll 10^{-5}(mol \cdot dm^{-3})$$

说明在 AgCl 开始沉淀时，$[I^-]$早已沉淀完全。可见对于同一类型的难溶电解质溶度积相差越大，利用分步沉淀分离效果越好。分步沉淀的次序还与溶液中相应的离子浓度有关。上面的例子中，如果溶液中的$[Cl^-]$大于 $2.1 \times 10^6[I^-]$时，那么先析出的就是 Cl^-而不是 I^-。所以，复杂体系中总是从先满足 $Q_c > K_{sp}$ 条件的体系开始沉淀。

分步沉淀常应用于离子的分离，特别是利用控制酸度法进行分离。现以 Fe^{3+}和 Mg^{2+}的分离为例说明如何控制条件。

【例 8-7】 如果溶液中 Fe^{3+}和 Mg^{2+}的浓度都是 0.01 mol · dm^{-3}，使 Fe^{3+}定量沉淀而使 Mg^{2+}不沉淀的条件是什么？已知：$K_{sp,Fe(OH)_3} = 2.64 \times 10^{-39}$，$K_{sp,Mg(OH)_2} = 5.61 \times 10^{-12}$。

解 可以利用生成氢氧化物沉淀的方法将其分离。

$$Fe(OH)_3 \rightleftharpoons Fe^{3+} + 3OH^- \qquad K_{sp} = [Fe^{3+}][OH^-]^3$$

Fe^{3+}沉淀完全(浓度≤10^{-5} mol · dm^{-3})时的$[OH^-]$可由下式求得，即

$$[OH^-] = \sqrt[3]{\frac{K_{sp}}{[Fe^{3+}]}} = \sqrt[3]{\frac{2.64 \times 10^{-39}}{1.0 \times 10^{-5}}} = 6.4 \times 10^{-12}(mol \cdot dm^{-3})$$

这时 pOH = 11.2，即 pH = 2.8，溶液中的 Fe^{3+}已经沉淀完全。

类似地，可求出刚开始产生 $Mg(OH)_2$ 沉淀时的$[OH^-]$：

$$Mg(OH)_2 \rightleftharpoons Mg^{2+} + 2OH^-$$

$$[OH^-] = 2.4 \times 10^{-5}(mol \cdot dm^{-3})$$

$$pOH = 4.6 \qquad pH = 9.4$$

当 pH = 9.4 时，Fe^{3+}早已沉淀完全，因此只要将 pH 控制在 2.8～9.4，即可将 Fe^{3+}和 Mg^{2+}分离开。

8.2.4　沉淀的转化

由一种沉淀转化为另一种沉淀的过程称为沉淀的转化。例如，已知 $BaCrO_4$ 的 $K_{sp} = 1.2 \times 10^{-10}$，$BaCO_3$ 的 $K_{sp} = 2.6 \times 10^{-9}$，在 $BaCO_3$ 的饱和溶液中，加入 K_2CrO_4，由于 $BaCrO_4$ 的 K_{sp} 小于 $BaCO_3$ 的 K_{sp}，因此 Ba^{2+}和 CrO_4^{2-} 生成 $BaCrO_4$ 沉淀，从而使溶液中的$[Ba^{2+}]$降低，这时对 $BaCO_3$ 沉淀来说溶液是未饱和的，导致 $BaCO_3$ 逐渐溶解。只要加入的 K_2CrO_4 的量足够，$BaCrO_4$ 就会不断析出，直到 $BaCO_3$ 完全转化为 $BaCrO_4$ 为止。此过程可表示为

$$\begin{array}{l} BaCO_3 \rightleftharpoons Ba^{2+} + CO_3^{2-} \\ K_2CrO_4 \rightleftharpoons CrO_4^{2-} + 2K^+ \\ \qquad\qquad Ba^{2+} + CrO_4^{2-} \longrightarrow BaCrO_4 \end{array}$$

由一种难溶物质转化为更难溶物质的过程是较容易的。若上述两种沉淀同时存在，则有

$$K_{sp,BaCrO_4} = [Ba^{2+}][CrO_4^{2-}] = 1.2 \times 10^{-10}$$

$$K_{sp,BaCO_3} = [Ba^{2+}][CO_3^{2-}] = 2.6 \times 10^{-9}$$

两式相除得

$$\frac{[CrO_4^{2-}]}{[CO_3^{2-}]} = 0.05$$

说明只要能保持$[CrO_4^{2-}] > 0.05[CO_3^{2-}]$，则 $BaCO_3$ 就会转变为 $BaCrO_4$。

对于不同类型的沉淀不能直接用 K_{sp} 来进行比较，而应通过溶解度的计算才能判断，溶解度大的沉淀转化为溶解度小的沉淀。

【例 8-8】 0.15 dm^3 1.5 mol · dm^{-3} 的 Na_2CO_3 溶液可以转化质量为多少克的 $BaSO_4$ 固体？

解 设平衡时 $[SO_4^{2-}] = x$ mol · dm^{-3}

$$\mathrm{BaSO_4} \quad + \quad \mathrm{CO_3^{2-}} \rightleftharpoons \mathrm{BaCO_3} \quad + \quad \mathrm{SO_4^{2-}}$$

初始时的相对浓度/(mol · dm^{-3})　　1.5　　　　0

平衡时的相对浓度/(mol · dm^{-3})　　$1.5-x$　　　　x

$$K=\frac{[\mathrm{SO_4^{2-}}]}{[\mathrm{CO_3^{2-}}]}=\frac{[\mathrm{SO_4^{2-}}][\mathrm{Ba^{2+}}]}{[\mathrm{CO_3^{2-}}][\mathrm{Ba^{2+}}]}=\frac{K_{\mathrm{sp,BaSO_4}}}{K_{\mathrm{sp,BaCO_3}}}=\frac{1.1\times10^{-10}}{2.6\times10^{-9}}=0.042$$

$$K=\frac{[\mathrm{SO_4^{2-}}]}{[\mathrm{CO_3^{2-}}]}=\frac{x}{1.5-x}=0.042$$

解得 $x = 0.060$，即 $[\mathrm{SO_4^{2-}}] = 0.060\ \mathrm{mol \cdot dm^{-3}}$

在 0.15 dm^3 溶液中，有 $[\mathrm{SO_4^{2-}}] = 0.060 \times 0.15 = 9.0 \times 10^{-3}$(mol)。相当于有 9.0×10^{-3} mol 的 $BaSO_4$ 被转化。故转化的 $BaSO_4$ 的质量为 $233 \times 9.0 \times 10^{-3} = 2.1$(g)。

在实际应用中，有时会遇到一些既不溶于水也不溶于酸，在其他试剂中也很难溶解的沉淀。例如，锅炉中的锅垢，主要成分是 $CaSO_4$，是一种致密的、附着力很强又难溶于酸的沉淀。这种锅垢的存在，不仅阻碍传热、浪费燃料，而且可能引起锅炉的爆裂，造成事故。可用 Na_2CO_3 溶液处理使其转化为疏松的、可溶于酸的 $CaCO_3$，然后很容易酸洗除去。

总之，根据溶度积规则，可以实现沉淀的生成、溶解、分步沉淀和沉淀的转化等，在实验和生产中进行物质的制备、分离和提纯。

8.3　影响沉淀溶解度的因素

影响沉淀溶解度的因素很多，如同离子效应、盐效应、酸效应及配位效应等。此外，温度、溶剂、沉淀颗粒的大小和结构也对溶解度有影响，下面分别进行讨论。

8.3.1　同离子效应

难溶电解质的沉淀溶解平衡反应为

$$\mathrm{M}_m\mathrm{A}_n(\mathrm{s}) \rightleftharpoons m\mathrm{M}^{n+}(\mathrm{aq}) + n\mathrm{A}^{m-}(\mathrm{aq})$$

达到平衡时，如果向溶液中加入与构晶离子相同的粒子(如 M^{n+}或 A^{m-})，则平衡向左移动，结果使难溶电解质的溶解度降低，这一现象称为同离子效应。

同离子效应在沉淀的生成方面有十分重要的意义，若要沉淀完全，溶解损失应尽可能小。对重量分析来说，沉淀溶解损失的量不超过一般称量的精确度(0.2 mg)，即在允许的误差范围内，但一般沉淀很少能达到这个要求。

用重量分析法测定 Ba^{2+}或 SO_4^{2-} 含量时，利用的是反应 $\mathrm{Ba^{2+}(aq)+SO_4^{2-}(aq)} \rightleftharpoons \mathrm{BaSO_4(s)}$。例如，用 $BaCl_2$ 将 SO_4^{2-} 恰好沉淀成 $BaSO_4$，$K_{sp}(BaSO_4) = 1.07 \times 10^{-10}$，则在 200 cm^3 溶液中溶解的 $BaSO_4$ 质量为

$$s_{\mathrm{BaSO_4}}=\sqrt{1.07\times10^{-10}}\times223\times\frac{200}{1000}=0.0005(\mathrm{g})=0.5(\mathrm{mg})$$

溶解所损失的量已超过重量分析的要求。

但是，如果加入过量的 $BaCl_2$，则可利用同离子效应降低 $BaSO_4$ 的溶解度。若沉淀达到平衡时，过量的$[\mathrm{Ba^{2+}}] = 0.01\ \mathrm{mol \cdot dm^{-3}}$，可计算出 200 cm^3 中溶解的 $BaSO_4$ 的质量为

$$s_{BaSO_4}=\frac{1.07\times10^{-10}}{0.01}\times233\times\frac{200}{1000}=5.0\times10^{-7}(g)=0.0005(mg)$$

显然，这已经远小于允许的误差，可认为沉淀已经完全。此时，SO_4^{2-}的浓度为$1.07\times10^{-8}\ mol\cdot dm^{-3}$。所以，在定性分析中，一般要求离子浓度不超过$10^{-5}\ mol\cdot dm^{-3}$；而在定量分析中，一般要求离子浓度不超过$10^{-6}\ mol\cdot dm^{-3}$，可认为是沉淀完全了。

因此，在重量分析中常加入过量沉淀剂，利用同离子效应降低沉淀的溶解度，以使沉淀完全。沉淀剂的过量程度应根据沉淀剂的性质决定。若沉淀剂不易挥发，应过量少些，如过量20%～50%；若沉淀剂易挥发除去，则可过量多些，甚至过量100%。必须指出，沉淀剂绝不能加得太多，否则还可能发生其他影响，反而使沉淀的溶解度增大。

8.3.2 盐效应

在难溶电解质的饱和溶液中，加入其他强电解质，会使难溶电解质的溶解度比同温度时在纯水中的溶解度大，这种现象称为盐效应。

例如，在KNO_3强电解质存在的情况下，AgCl、$BaSO_4$的溶解度比在纯水中大，而且溶解度随强电解质的浓度增大而增大。当溶液中KNO_3浓度由0增加到$0.01\ mol\cdot dm^{-3}$时，AgCl的溶解度由$1.28\times10^{-5}\ mol\cdot dm^{-3}$增加到$1.43\times10^{-5}\ mol\cdot dm^{-3}$。

发生盐效应的原因是由带电荷的离子互相作用引起的。当强电解质的浓度增大到一定程度时会使体系中离子的有效浓度降低。但在一定温度下，K_{sp}是常数，因此到达平衡时，满足$K_{sp}=[M^+][A^-]$(以MA为例)必然要增大溶解沉淀的量，致使沉淀的溶解度增大。因此，在利用同离子效应降低沉淀溶解度的同时，应考虑盐效应的影响，即沉淀剂不能过量太多。

盐效应常会减弱同离子效应对降低沉淀溶解度的效果。例如，$PbSO_4$溶解在水中，当溶液中有少量的Na_2SO_4时，同离子效应使$PbSO_4$的溶解度大大降低。当Na_2SO_4浓度继续增加时，盐效应又使溶解度有所增加，两者有抵消作用。在分析工作中，很多沉淀剂都是强电解质，所以进行沉淀反应时，沉淀剂不能过量太多。

应当指出，同离子效应对沉淀溶解度的影响远大于盐效应的影响，若这两种效应同时存在，一般考虑同离子效应的影响。另外，如果沉淀本身的溶解度很小，一般来讲，盐效应的影响很小，可以不予考虑。只有当沉淀的溶解度比较大，而且溶液的离子强度很大时，才考虑盐效应的影响。

8.3.3 酸效应

溶液的酸度对沉淀溶解度的影响称为酸效应。酸效应发生主要是由于溶液中H^+浓度的大小对弱酸、多元酸或难溶酸离解平衡的影响。若沉淀是强酸盐(如$BaSO_4$、AgCl等)，其溶解度受酸度影响不大。若沉淀是弱酸或多元酸盐[如CaC_2O_4、$Ca_3(PO_4)_2$等]或难溶酸(如硅酸、钨酸等)，以及许多有机沉淀剂形成的沉淀，则酸效应的影响就很显著。

酸效应可以草酸钙为例说明。草酸钙的饱和溶液中有

$$K_{sp,CaC_2O_4}=[Ca^{2+}][C_2O_4^{2-}]$$

草酸(乙二酸)是二元酸，在溶液中具有下列平衡：

$$\underset{\qquad\qquad K_{a_1}}{H_2C_2O_4\underset{+H^+}{\overset{-H^+}{\rightleftharpoons}}HC_2O_4^-}\underset{\qquad K_{a_2}}{\underset{+H^+}{\overset{-H^+}{\rightleftharpoons}}C_2O_4^{2-}}$$

在不同的酸度下，溶液中存在草酸根离子的总浓度为

$$[C_2O_4^{2-}]_{总}=[C_2O_4^{2-}]+[HC_2O_4^-]+[H_2C_2O_4]$$

且在数值上 $[C_2O_4^{2-}]_{总}=[Ca^{2+}]$。能与 Ca^{2+}形成沉淀的是 $C_2O_4^{2-}$，根据分布系数的定义，

$$\delta_{C_2O_4^{2-}}=\frac{[C_2O_4^{2-}]}{[C_2O_4^{2-}]_{总}}=\frac{K_{a_1}K_{a_2}}{[H^+]^2+[H^+]K_{a_1}+K_{a_1}K_{a_2}}$$

$\delta_{C_2O_4^{2-}}$ 和溶液的 pH 有关，pH 越小，溶液酸度越强，$\delta_{C_2O_4^{2-}}$ 越小，对沉淀的影响越大。

代入溶度积公式，有

$$K_{sp}=[Ca^{2+}][C_2O_4^{2-}]=[Ca^{2+}][C_2O_4^{2-}]_{总}\delta_{C_2O_4^{2-}}$$

令 $K'_{sp}=[Ca^{2+}][C_2O_4^{2-}]_{总}$，则

$$K'_{sp}=\frac{K_{sp}}{\delta_{C_2O_4^{2-}}}$$

式中，K'_{sp} 为 CaC_2O_4 在一定酸度条件下草酸钙的溶度积，称为条件溶度积常数。利用条件溶度积常数可以计算不同酸度下草酸钙的溶解度。

$$s_{CaC_2O_4}=[Ca^{2+}]=\sqrt{K'_{sp}}$$

通过计算可知，沉淀的溶解度随溶液酸度的增加而增加，在 pH = 2 时，CaC_2O_4 的 $K'_{sp}=4.3\times10^{-7}\ mol\cdot dm^{-3}$，$CaC_2O_4$ 的溶解损失已超过重量分析的要求。若要符合允许误差，则沉淀反应应在 pH = 4～6 的溶液中进行。

8.3.4　配位效应

若溶液中存在配位剂，它能与生成沉淀的离子形成配合物，则它会使沉淀溶解度增大，甚至不产生沉淀，这种现象称为配位效应。例如，用 Cl^-沉淀 Ag^+时：

$$Ag^++Cl^-\rightleftharpoons AgCl(s)$$

若溶液中有氨水，则 NH_3 能与 Ag^+作用，形成$[Ag(NH_3)_2]^+$，此时 AgCl 的溶解度远大于在纯水中的溶解度。AgCl 在 $0.01\ mol\cdot dm^{-3}$ 氨水中的溶解度比在纯水中的溶解度大 40 倍。如果氨水的浓度足够大，则不能生成 AgCl 沉淀。又如，Ag^+溶液中加入 Cl^-，最初生成 AgCl 沉淀，但若继续加入过量的 Cl^-，则 Cl^-能与 AgCl 作用生成 $AgCl_2^-$ 和 $AgCl_3^{2-}$ 等，使 AgCl 沉淀逐渐溶解。AgCl 在 $0.01\ mol\cdot dm^{-3}$ HCl 溶液中的溶解度比在纯水中的溶解度小，这时同离子效应是主要的。若$[Cl^-]$增加到 $0.5\ mol\cdot dm^{-3}$，则 AgCl 的溶解度超过纯水中的溶解度，此时配位效应的影响超过同离子效应；若$[Cl^-]$更大，则配位效应起主要作用，AgCl 沉淀就可能不出现。因此，用 Cl^-沉淀 Ag^+时，必须严格控制 Cl^-的浓度。

应该指出，配位效应使沉淀溶解度增大的程度与沉淀的溶度积和形成配合物的稳定常数的相对大小有关。形成的配合物越稳定，配位效应越显著，沉淀的溶解度越大。

以上讨论了同离子效应、盐效应、酸效应和配位效应对沉淀溶解度的影响，还可能有氧化还原反应的影响，在实际工作中应该根据具体情况来考虑哪种效应是主要的。在进行沉淀反应时，对无配位反应的强酸盐沉淀，主要考虑同离子效应和盐效应；对弱酸盐或难溶盐，多数情

况下应主要考虑酸效应；在有配位反应，尤其在能形成稳定的配合物，而沉淀的溶解度不太小时，应主要考虑配位效应。

除上述因素外，温度、其他溶剂的存在及沉淀本身颗粒的大小和结构都对沉淀的溶解度有影响。

8.4 沉淀分析法概述

沉淀分析法可简单地分为重量分析法和沉淀滴定法。重量分析法是利用定量地形成有固定形式的沉淀，然后经过灼烧处理，利用分析天平直接称量得到分析结果。而沉淀滴定法是利用合适的沉淀反应的滴定分析法。

沉淀的形成与溶解是一类常见且实用的多相化学平衡。沉淀分析法就是利用一些形成难溶或微溶盐的沉淀反应，来进行样品中某种成分的含量测定。例如，$AgNO_3$溶液与 NaCl 溶液混合即生成 AgCl 沉淀，$BaCl_2$溶液与H_2SO_4溶液相混合析出$BaSO_4$沉淀分别是下面即将叙述的莫尔法和重量法的基础反应。

由于沉淀分析法基于的沉淀反应为多相反应，根据前面沉淀平衡叙述的溶度积原理，其分析体系与其他三种滴定体系有所差别，采取的措施也有所不同。

由前面叙述过的溶度积原理，在形成沉淀的过程中会发生沉淀的转化、分步沉淀、共沉淀等现象，所以无论是沉淀滴定还是重量分析都对最终得到的沉淀有纯度、非胶体以及无夹杂杂质的要求，这在重量分析中尤其凸显。另外，沉淀分析都对基于的沉淀反应要求很高，且基本上都是无机物质，所以能够用于沉淀滴定和重量分析的沉淀反应并不多。沉淀滴定限于银量法，主要用于卤素阴离子和硫氰根离子的测定。而重量分析法因为须有稳定的称量形式要对沉淀的产物进行灼烧，所以只限于一些无机阴离子或阳离子的测定。

8.5 影响沉淀纯度的因素

重量分析法一个很关键的保证测定精度的因素是得到的沉淀要纯净，在实验设计中会设计很多纯化沉淀的步骤。而沉淀滴定分析中保证得到的沉淀是一种纯的物质也很重要，所以在过程中要尽量避免胶体的吸附作用。但是，当沉淀从溶液中析出时，不可避免地会或多或少地夹带溶液中的其他组分。为此必须了解沉淀形成过程中杂质混入的原因，从而找出减少杂质混入的方法。

8.5.1 共沉淀

在一定操作条件下，某些物质本身并不能单独析出沉淀，当溶液中一种物质形成沉淀时，它便随同生成的沉淀一起析出，这种现象称为共沉淀。例如，沉淀$BaSO_4$时，可溶盐Na_2SO_4或$BaCl_2$被$BaSO_4$沉淀带下来。发生共沉淀的现象大致有以下几种原因。

1. 表面吸附

在沉淀晶格中，构晶离子是按照同电荷相斥、异电荷相吸的原则排列的，因此表面上的离子就有吸附溶液中带相反电荷离子的能力。沉淀对杂质离子的吸附是有选择性的，如果各种离子的浓度相同，则优先吸附那些与构晶离子形成溶解度最小或离解度最小的化合物离子；离子的氧化数越高，浓度越大，越易被吸附。表面吸附是胶状沉淀沾污的主要原因。既然它发生在沉淀的表面，故洗涤沉淀是减少吸附杂质的有效方法。

此外，沉淀表面吸附杂质量还与下列因素有关：

(1) 与沉淀的总面积有关。沉淀的颗粒越小则比表面积越大，吸附杂质越多。例如，无定形沉淀颗粒很小，表面吸附严重，而晶形沉淀颗粒比较大，表面吸附现象不严重。

(2) 与溶液中杂质的浓度有关。杂质的浓度越大，被沉淀吸附的量越多。

(3) 与溶液的温度有关。吸附作用是放热过程，溶液的温度升高，可减少杂质的吸附。

总体的吸附规律是：先吸附过量的构晶离子，然后再以溶解度小的离子先吸附，离子价数越高越易被吸附；沉淀的表面积越大，吸附杂质越多，浓度越大越易被吸附；温度越高，吸附量越少。

2. 混晶

如果试液中的杂质离子与沉淀构晶离子的半径相似、形成沉淀的晶体结构相似时，则形成混晶共沉淀，如 $BaSO_4$-$PbSO_4$、AgCl-AgBr 等。只要有能参与形成混晶的杂质离子存在，在主沉淀的沉淀过程中必然混入这种杂质而造成混晶共沉淀。改变沉淀条件和加强沉淀后的处理和洗涤、陈化，甚至再沉淀等方法都没有很大的效果。减少或消除混晶生成的最好方法是这些杂质事先分离除去。

3. 吸留与包藏

在沉淀过程中，如果沉淀生长太快，表面吸附的杂质还来不及离开沉淀表面就被随后生成的沉淀所覆盖，使杂质或母液被包藏在沉淀内部，这种因为吸附而留在沉淀内部的共沉淀现象称为吸留和包藏。包藏是晶形沉淀沾污的主要原因。

由于杂质被包藏在结晶的内部，因此不能用洗涤的方法除去，而应当通过沉淀陈化或重结晶的方法予以减少。

8.5.2 后沉淀

后沉淀现象是指一种本来难以析出沉淀的物质，或是形成稳定的过饱和溶液而不能单独沉淀的物质，在另一种组分沉淀之后，“诱导”它随后也沉淀下来，而且沉淀的量随放置的时间延长而增多。

后沉淀引入的杂质沾污量比共沉淀要多，且随着沉淀放置时间的延长而增多，避免或减少后沉淀的主要办法是减少陈化时间。陈化是减少吸留与包藏的措施，而不是时间越长越好，要防止后沉淀的发生。

8.6 沉淀的形成条件

为了获得纯净且易于分离和洗涤的沉淀，必须了解沉淀形成的过程和选择适当的沉淀条件。

8.6.1 沉淀的形成

根据沉淀的性质，可粗略地将其分为两类。一类是晶形沉淀，如 $BaSO_4$ 等；另一类是无定形沉淀(非晶形沉淀)，如 $Fe_2O_3 \cdot xH_2O$ 等。沉淀的形成一般要经过晶核形成和晶核长大两个过程。将沉淀剂加入试液中，当形成沉淀离子浓度的乘积超过该条件下沉淀的溶度积时，离子通过相互碰撞聚集成微小的晶核，溶液中的构晶离子向晶核表面扩散，并沉积在晶核上，晶核就逐渐长大成沉淀微粒。这种由离子形成晶核，再进一步聚集成沉淀微粒的速度称为聚集速度。在聚集的同时，构晶离子在一定晶格中定向排列的速度称为定向速度。如果聚集速度大，而定向速度小，即粒子很快地聚集拢来生成沉淀微粒，却来不及进行晶格排列，则得到非晶形沉淀。反之，如果定向速度大，而聚集速度小，即离子较缓慢地聚集成沉淀，有足够时间进行晶格排列，则得晶形沉淀。

沉淀的形成大致如下：构晶离子(沉淀剂)$\xrightarrow{\text{成核作用}}$晶核$\xrightarrow{\text{长大过程}}$沉淀颗粒。通过凝聚、成长、定向排列形成沉淀。

聚集速度(或称形成沉淀的初始速度)主要由沉淀时的条件所决定，其中最重要的是溶液中生成沉淀物质的过饱和度。聚集速度与溶液的相对过饱和度成正比，这可用如下经验公式表示：

$$v = K\frac{Q-s}{s}$$

式中，v 为形成沉淀的初始速度(聚集速度)；Q 为加入沉淀剂瞬间，生成沉淀物质的浓度；s 为开始沉淀时沉淀的溶解度；$(Q-s)$为沉淀开始瞬间的过饱和度；$(Q-s)/s$ 为沉淀开始瞬间的相对过饱和度；K 为比例常数，它与沉淀的性质、温度、溶液中存在的其他物质等因素有关。

从上式可清楚地看出，聚集速度和相对过饱和度成正比。若要聚集速度小，必须减少相对过饱和度，这就要求沉淀的溶解度(s)越大，加入沉淀剂瞬间生成沉淀物质的浓度(Q)越小，越有利于获得晶形沉淀。反之，若沉淀的溶解度越小，瞬间生成沉淀物质的浓度越大，越有利于形成非晶形沉淀，甚至形成胶体。

定向速度主要取决于沉淀物质的本性。一般极性强的盐类，具有较大的定向速度，易生成晶形沉淀。而氢氧化物只有较小的定向速度，因此其沉淀一般为非晶形的。特别是高价金属离子的氢氧化物，定向排列困难，定向速度小。这类沉淀的溶解度极小，聚集速度很大，加入沉淀剂瞬间形成大量晶核，使水合离子来不及脱水，便带着水分子进入晶核；晶核又进一步聚集起来，因而一般形成质地疏松、体积庞大且含有大量水分的非晶态沉淀或胶状沉淀。对于二价的金属离子，如果条件适合，可能形成晶形沉淀。金属离子的硫化物一般都比其氢氧化物溶解度小，因此硫化物聚集速度很大，定向速度很小，即使二价金属离子的硫化物，大多数也是非晶形或胶状沉淀。

如上所述，从很浓的溶液中析出 $BaSO_4$ 时，可以得到非晶形沉淀；而从很稀的热溶液中析出 Ca^{2+}、Mg^{2+}等二价金属离子的氢氧化物并经过放置后，也可得到晶形沉淀。因此，沉淀的类型不仅取决于沉淀的本质，也取决于沉淀时的条件，若适当改变沉淀条件，也可能改变沉淀的类型。

8.6.2 沉淀条件的选择

聚集速度和定向速度这两个速度的相对大小直接影响沉淀的类型，其中聚集速度主要由沉淀时的条件所决定。为了得到纯净而易于分离和洗涤的晶形沉淀，要求有较小的聚集速度，这就要选择适当的沉淀条件。欲得到晶形沉淀应满足下列条件：

(1) 在适当的稀溶液中进行沉淀，以降低相对过饱和度。

(2) 在不断搅拌下慢慢地滴加稀的沉淀剂，以免局部相对过饱和度太大，以免产生大量晶核。

(3) 在热溶液中进行沉淀，使溶解度略有增加，相对过饱和度降低(生成少而大的沉淀颗粒)。同时，温度增高，可减少杂质的吸附。为防止因溶解度增大而造成溶解损失，沉淀需经冷却才可过滤。

(4) 沉淀需经陈化。陈化就是在沉淀定量完全后，让沉淀和母液一起放置一段时间，然后进行过滤。陈化作用还可以使沉淀变得纯净。加热和搅拌可以增加沉淀的溶解速度和离子在溶液中的扩散速度，因此可以缩短陈化时间，陈化过程及效果如图 8-1 所示。

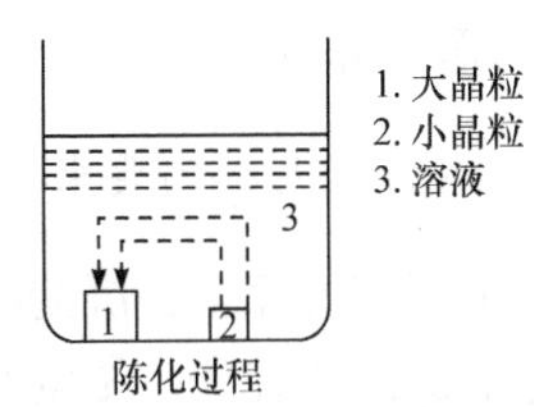

陈化过程

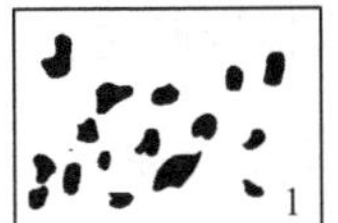

$BaSO_4$沉淀的陈化效果
1. 未陈化　2. 室温下陈化四天

图 8-1　陈化过程及效果示意图

为改进沉淀结构，发展了新的沉淀方法——均相沉淀法。因为在进行反应时尽管沉淀剂是在搅拌下缓慢加入的，但仍然难以避免沉淀剂在溶液中局部过浓的现象，所以提出了均相沉淀法。这个方法的特点是通过缓慢的化学反应，逐步地、均匀地在溶液中产生沉淀剂，使沉淀在整个溶液中均匀、缓慢地形成，因而生成的沉淀颗粒较大、结构紧密、纯净而易过滤的沉淀。

例如，沉淀草酸钙，在酸性含 Ca^{2+}试液中加入过量的草酸和尿素，利用尿素水解产生的 NH_3 中和溶液中的 H^+逐渐提高溶液的 pH，使 CaC_2O_4 均匀缓慢地形成，这样得到的沉淀是粗大的晶形沉淀。

$$CO(NH_2)_2 + H_2O = CO_2 + 2NH_3$$

均相沉淀法还可以利用有机酯类或其他化合物的水解、配合物的分解、氧化还原反应等以提供所需沉淀剂的离子，如 $C_2O_4^{2-}$、PO_4^{3-}、SO_4^{2-}、S^{2-}等。

均相沉淀法是重量分析的一种改进方法，本身也有烦琐、费时和增加操作步骤等缺点。

8.7　重量分析法概述

重量分析法(或称重量分析、重量法)是用适当方法先将试样中的待测组分与其他组分分离，然后用称量的方法测定该组分的含量。重量分析法直接通过称量得到分析结果，不用基准物质(或标准试样)进行比较，其准确度较高，相对误差一般为 0.1%～0.2%。缺点是程序长，费时多，对复杂体系操作困难，已逐渐被滴定法所取代，但目前硅、硫、磷、镍等的精确测定仍多采用重量分析法。

根据使被测成分与试样中其他成分分离的途径不同，通常应用的重量分析有“沉淀法”和“气化法”。在重量分析法中以沉淀法应用较多，以下主要讨论沉淀法。

沉淀法的一般过程是：试样溶解→沉淀→陈化→过滤和洗涤→烘干→炭化→灰化→灼烧至恒量→结果计算。

要获得好的重量分析的结果，核心问题是如何获得一种能够定量的、纯净且易于过滤和洗涤的沉淀。

在沉淀法各步骤中，最重要的一步是进行沉淀反应。其中如沉淀剂的选择和用量、沉淀反应的条件、如何减少沉淀中杂质等都会影响分析过程和结果的准确度。

在重量分析中，沉淀是经过烘干或灼烧后再称量的，在烘干或灼烧过程中可能发生化学变化，因而称量的物质可能不是原来的沉淀，而是从沉淀转化而来的另一种物质。也就是说在重量分析中“沉淀形式”和“称量形式”可能是相同的，也可能是不同的。对沉淀形式和称量形式分别提出以下要求。

8.7.1 形成沉淀

1. 对沉淀形式的要求

(1) 沉淀要完全，沉淀的溶解度要小。
(2) 沉淀要纯净，尽量避免混进杂质，并应易于过滤和洗涤。
(3) 易转化为称量形式。

2. 对称量形式的要求

(1) 组成必须与化学式完全符合，这是对称量形式的最重要的要求。

(2) 性质要稳定，不易吸收空气中的 H_2O 和 CO_2，不与 O_2 作用，在干燥、灼烧时不易分解，否则就不适于用作称量形式。

(3) 摩尔质量要尽可能地大，使少量的待测组分可以得到较大量的称量物质，可以提高分析灵敏度，减少称量误差。

3. 沉淀剂的选择

应根据上述对沉淀的要求来考虑沉淀剂的选择。此外，还要求沉淀剂应具有较好的选择性，即要求沉淀剂只能和待测组分生成沉淀，而与试液中的其他组分不发生作用。

此外，还应尽可能选用易挥发或易灼烧除去的沉淀剂。这样，沉淀中带有的沉淀剂即使未经洗净，也可以借烘干或灼烧而除去。一些铵盐和有机沉淀剂都能满足这项要求。许多有机沉淀剂的选择性较好，而且组分固定，易于分离和洗涤，简化了操作，加快了速率，称量形式的摩尔质量也较大，因此在沉淀分离中，有机沉淀剂的应用日益广泛。

4. 沉淀剂的用量

由溶度积原理可见，沉淀剂的用量影响沉淀的完全程度。为了使沉淀达到完全，根据同离子效应，必须加入过量的沉淀剂以降低沉淀的溶解度。若沉淀剂过多，由于盐效应、酸效应或生成配合物等反应使溶解度增大。因此，必须避免使用太过量的沉淀剂。一般而言，一般挥发性沉淀剂以过量 50%～100%为宜；非挥发性沉淀剂，以过量 20%～30%为宜。

8.7.2 沉淀的过滤、洗涤、烘干或灼烧

如何使沉淀完全和纯净、易于分离，这固然是重量分析中的首要问题，但是沉淀后的过滤、洗涤、烘干或灼烧操作完成得好坏同样影响分析结果的准确度。

沉淀常用定量滤纸(灰化后灰烬质量固定且符合分析要求)或玻璃砂芯滤器过滤。对于需要灼烧的沉淀，应根据沉淀的性状选用紧密程度不同的滤纸。

洗涤沉淀是为了洗去沉淀表面吸附的杂质和混杂在沉淀中的母液。洗涤时要尽量减少沉淀的溶解损失和避免形成胶体，因此需选择合适的洗涤液。洗涤的原则是：对于溶解度很小而又不易成胶体的沉淀，可用蒸馏水洗涤；对于溶解度较大的晶形沉淀，可用沉淀剂稀溶液洗涤。但沉淀剂必须在烘干或灼烧时容易挥发或易分解除去。用热洗涤液洗涤，则过滤较快，且能防止形成胶体，但溶解度随温度升高而增大较快的沉淀不能用热洗涤液洗涤。洗涤必须连续进行，一次完成，不能将沉淀干涸放置太久，尤其是一些非晶形沉淀，放置凝聚后不易洗涤。洗涤沉淀时，用适当量的洗涤液，分多次进行洗涤。既要将沉淀洗净，又不能增加沉淀的溶解

损失。为缩短分析时间和提高洗涤效率，都应采用倾泻法。

烘干是为了除去沉淀中的水分和可挥发物质，使沉淀形式转化为组成固定的称量形式，灼烧沉淀除有上述作用外，有时还可以使沉淀形式在较高温度下分解为组成固定的称量形式。烘干或灼烧的温度和时间随沉淀不同而异。灼烧温度一般在 800℃以上，常用瓷坩埚盛放沉淀。若需用氢氟酸处理沉淀，则应用铂坩埚。灼烧用的瓷坩埚和盖应预先在灼烧沉淀的高温下灼烧、冷却、称量，直至恒量。然后用滤纸包好沉淀，放入已灼烧至恒量的坩埚中，再加热烘干、灰化、灼烧至恒量。

沉淀经烘干或灼烧至恒量后，即可由其质量计算测定结果。

8.7.3　重量分析的应用

重量分析是一种准确、精密的分析方法，在此列举一些常用的重量分析实例。

1. 硫酸根的测定

测定 SO_4^{2-} 时一般都用 $BaCl_2$ 将 SO_4^{2-} 沉淀成 $BaSO_4$，再灼烧，称量，但这种方法较费时。由于 $BaSO_4$ 沉淀颗粒较细，因此沉淀作用应在稀盐酸溶液中进行。溶液中不允许有酸不溶物和易被吸附的离子(如 Fe^{3+}、NO_3^- 等)存在。对于存在的 Fe^{3+}，常采用 EDTA 配位掩蔽。

采用玻璃砂芯坩埚抽滤 $BaSO_4$，烘干，称量。虽然其准确度比灼烧法稍差，但是可缩短分析时间。

硫酸钡重量法测定 SO_4^{2-} 的方法应用很广。磷肥、萃取磷酸、水泥中的硫酸根和许多其他可溶硫酸盐都可用此法测定。

2. 硅酸盐中二氧化硅的测定

硅酸盐在自然界分布很广，绝大多数硅酸盐不溶于酸，因此试样一般需用碱性熔剂熔融后，再加酸处理。此时金属元素成为离子溶于酸中，而硅酸根则大部分成胶状硅酸 $SiO_2 \cdot xH_2O$ 析出，少部分仍分散在溶液中，需经脱水才能沉淀。经典方法是用盐酸反复蒸干脱水，准确度虽高，但操作烦琐，费时较久。后来多采用动物胶凝聚法，即利用动物胶吸附 H^+而带正电荷(蛋白质中氨基酸的氨基吸附 H^+)，与带负电荷的硅酸胶粒发生胶凝而析出。但必须蒸干，才能完全沉淀。近来，有的用长碳链季铵盐，如十六烷基三甲基溴化铵(CTMAB)作沉淀剂，它在溶液中成带正电荷胶粒，可以不再加盐酸蒸干，而将硅酸定量沉淀，所得沉淀疏松而易洗涤。这种方法比动物胶法优越，且可缩短分析时间。得到的硅酸沉淀需经高温灼烧才能完全脱水和除去带入的沉淀剂。但即使经过灼烧，一般还可能带有不挥发的杂质(如铁、铝等的化合物)。在要求较高的分析中，在灼烧、称量后，还需加氢氟酸及 H_2SO_4 再加热灼烧，使 SiO_2 成 SiF_4 挥发逸去，最后称量，由两次质量差即可得纯 SiO_2 质量。

3. 五氧化二磷的测定

常采用磷钼酸喹啉重量法。也可以将磷钼酸喹啉沉淀分离出来，进行滴定分析，但重量法精密度高，易获得准确结果。磷矿中的磷酸盐用酸分解后，可能成偏磷酸 HPO_3 或次磷酸 H_3PO_2 等，故在沉淀前要用硝酸处理，使之全部变成正磷酸 H_3PO_4。

磷酸在酸性溶液中(7%～10% HNO_3)与钼酸钠和喹啉作用形成磷钼酸喹啉沉淀：

$$H_3PO_4 + 3C_9H_7N + 12Na_2MoO_4 + 24HNO_3 = (C_9H_7N)_3H_3[PO_4 \cdot 12MoO_3] \cdot H_2O(s) + 11H_2O + 24NaNO_3$$

沉淀经过滤、烘干、除去水分后称量。沉淀剂用喹钼柠酮试剂(含有喹啉、钼酸钠、柠檬酸和丙酮)。柠檬酸的作用是在溶液中与钼酸配合，以降低钼酸浓度，避免沉淀出硅钼酸喹啉(它对测定有干扰)，同时可能防止钼酸钠水解析出 MoO_3。丙酮的作用是使沉淀颗粒增大而疏松，便于洗涤，同时可增加喹啉的溶解度，避免其沉淀析出而干扰测定。磷钼酸喹啉沉淀颗粒比磷钼酸铵沉淀颗粒粗些，较易过滤，但喹啉具有特殊气味，因此要求实验室通风良好。

8.8　沉淀滴定法

沉淀滴定法是以沉淀反应为基础的一种滴定分析方法。虽然能形成沉淀的反应很多，但并不是所有的沉淀反应都能用于沉淀滴定分析。用于沉淀滴定法的沉淀反应必须符合下列几个条件：

(1) 反应能定量地完成，沉淀的溶解度要小。

(2) 反应速率要快，不易形成过饱和溶液。

(3) 有适当的方法确定终点。

(4) 沉淀的吸附现象不影响终点的确定。

通常选用的是生成难溶性银盐的反应：

$$Ag^+ + X^- = AgX(s)$$

利用生成难溶性银盐的沉淀滴定方法，称为银量法。银量法可以测定 Cl^-、Br^-、I^-、SCN^- 和 Ag^+。在农业上测定土壤中水溶性氯化物、农药中的氯化物等。也有其他的沉淀滴定法(如 $K_4[Fe(CN)_6]$与 Zn^{2+}、Ba^{2+}与 SO_4^{2-} 等)但不如银量法普遍。

根据指示终点的不同，银量法可分为直接法和间接法两大类。根据所用指示剂的不同，按照创立者的名字命名，可将银量法分为莫尔法、福尔哈德法和法扬斯法三种。下面介绍银量法中的前两种方法。

1. 莫尔法——铬酸钾作指示剂

莫尔(Mohr)法是以铬酸钾为指示剂，在中性或弱碱性溶液中，用 $AgNO_3$ 标准溶液直接滴定 Cl^-或 Br^-。溶液中的 Cl^-与 CrO_4^{2-} 能分别和 Ag^+形成白色的 AgCl 及砖红色的 Ag_2CrO_4。由于两者的溶度积不同，根据分步沉淀的原理，首先生成的是 AgCl 沉淀，随着 Ag^+的不断加入，至计量点时，溶液中的$[Cl^-]$越来越小，$[Ag^+]$相应地增大，砖红色的 Ag_2CrO_4 沉淀出现指示滴定终点。

具体反应如下：

$$Ag^+ + Cl^- \rightleftharpoons AgCl(s)(\text{白色}) \qquad K_{sp} = 1.8 \times 10^{-10}$$

$$2Ag^+ + CrO_4^{2-} \rightleftharpoons Ag_2CrO_4(s)(\text{砖红色}) \qquad K_{sp} = 1.1 \times 10^{-12}$$

若能使 Ag_2CrO_4 沉淀恰好在化学计量点时产生，就能准确滴定 Cl^-。所以控制指示剂的用量是关键问题。若浓度过高，终点将出现过早且颜色过深，影响终点的观察，而若指示剂浓度过低，则终点出现过迟，也会产生终点误差，影响滴定的准确度。

根据溶度积规则，可以计算出化学计量点时产生 Ag_2CrO_4 沉淀所需的 CrO_4^{2-} 的浓度。

化学计量点时

$$[Ag^+]=[Cl^-]=\sqrt{K_{sp,AgCl}}=\sqrt{1.8\times10^{-10}}=1.3\times10^{-5}(mol\cdot dm^{-3})$$

所需的 CrO_4^{2-} 浓度为

$$[CrO_4^{2-}]=\frac{K_{sp,Ag_2CrO_4}}{[Ag^+]^2}=\frac{2.0\times10^{-12}}{(1.3\times10^{-5})^2}=1.2\times10^{-2}\ (mol\cdot dm^{-3})$$

在实验室中，一般常按 100 cm^3 溶液中需加入 1.00 cm^3 5%K_2CrO_4 溶液作为指示剂的参考加入量，由此引起的误差不超过 0.1%，符合滴定要求。

应用莫尔法时应注意：

(1) 滴定应在中性或弱碱性介质中进行，最适宜的酸度是 pH = 6.5～10.5。在酸性溶液中，CrO_4^{2-} 与 H^+发生下列反应：

$$2H^+ + 2CrO_4^{2-} \rightleftharpoons 2HCrO_4^- \rightleftharpoons Cr_2O_7^{2-} + H_2O$$

这样就降低了溶液中的$[CrO_4^{2-}]$，Ag_2CrO_4 沉淀出现过迟，甚至不会沉淀。

但若碱性太强，又将析出 Ag_2O 沉淀：

$$2Ag^+ + 2OH^- \rightleftharpoons 2AgOH \longrightarrow Ag_2O(s) + H_2O$$

若溶液中碱性太强，可先用稀硝酸中和至甲基红变橙，再滴加稀 NaOH 至橙色变黄。酸性太强，则用 $NaHCO_3$、$CaCO_3$ 或硼砂中和。

(2) 不能在含有 NH_3 或其他能与 Ag^+生成配合物的物质存在的条件下滴定，否则会增大 AgCl 和 Ag_2CrO_4 的溶解度，影响测定结果。若试液中有 NH_3 存在，应当先用 HNO_3 中和，而且在有 NH_4^+ 存在时，应较严格地控制 pH 在 6.5～7.2。

(3) 莫尔法能测 Cl^-、Br^-，但不能测定 I^-和 SCN^-。因为 AgI 或 AgSCN 沉淀强烈吸附 I^-和 SCN^-，使终点过早出现，且终点变化不明显。在滴定 Cl^-、Br^-时必须强烈摇晃，使 AgCl、AgBr 解析。

(4) 莫尔法选择性较差。凡是能与 CrO_4^{2-} 或 Ag^+生成沉淀的阴、阳离子均干扰滴定。前者如 Ba^{2+}、Pb^{2+}、Hg^{2+}，后者如 PO_4^{3-}、AsO_4^{3-}、S^{2-}、$C_2O_4^{2-}$ 等。

它是直接测定法，比较简单，对含氯量低干扰又少的试样(如天然水、纯氯化物等)的分析，可得准确结果。

2. 福尔哈德法——用铁铵矾作指示剂

用铁铵矾$[NH_4Fe(SO_4)_2\cdot 12H_2O]$作指示剂的银量法称福尔哈德(Volhard)法。按照滴定方式不同，可分为两类：

1) 直接滴定法(测定 Ag^+)

直接滴定法主要测定溶液中的 Ag^+含量。在硝酸介质中，以铁铵矾作指示剂，用 NH_4SCN 或 KSCN 标准溶液滴定，当 AgSCN 定量沉淀后，稍过量的 SCN^-与 Fe^{3+}生成的红色配合物可指示终点的到达，其反应是

$$Ag^+ + SCN^- \rightleftharpoons AgSCN(s)(白色) \qquad K_{sp}=1.0\times10^{-12}$$

$$Fe^{3+} + NCS^- \rightleftharpoons [Fe(NCS)]^{2+}(\text{浅红色}) \qquad K_f = 1.4 \times 10^2$$

为了防止 AgSCN 的吸附(Ag^+)，使终点提早到达，需要剧烈地摇晃溶液，使沉淀解析。为了防止 Fe^{3+}水解，此滴定分析需在 HNO_3 中进行，而且是强酸性溶液($[H^+] = 0.2 \sim 0.5\ mol \cdot dm^{-3}$)。

2) 返滴定法(测定卤素及 SCN^-)

返滴定法可以测定卤素及 SCN^-的含量。在含有卤素的硝酸溶液中，加入一定量过量的 $AgNO_3$，然后以铁铵矾为指示剂，用 NH_4SCN 标准溶液返滴定过量的 $AgNO_3$，

$$Cl^- + Ag^+(\text{过量}) \rightleftharpoons AgCl(s) + Ag^+(\text{剩余})$$

$$Ag^+(\text{剩余}) + SCN^- \rightleftharpoons AgSCN(s)$$

因为 AgSCN 的溶解度($1.08 \times 10^{-6}\ mol \cdot dm^{-3}$)小于 AgCl 的溶解度($1.33 \times 10^{-5}\ mol \cdot dm^{-3}$)。所以，滴定含 Cl^-的体系临近终点时，加入的 NH_4SCN 将与 AgCl 发生沉淀转化。

$$AgCl + SCN^- \rightleftharpoons AgSCN(s) + Cl^-$$

沉淀转化的速率较慢，滴加 NH_4SCN 形成的红色随溶液的摇动而消失，即

$$AgCl + [Fe(NCS)]^{2+} \rightleftharpoons AgSCN + Fe^{3+} + Cl^-$$

显然到达终点时，造成终点不易观察，无疑多消耗了 NH_4SCN 标准溶液，引入较大的滴定误差。为了避免上述现象的发生，通常采用下列措施：

(1) 试液中加入过量的 $AgNO_3$ 后，将溶液加热煮沸，使 AgCl 沉淀凝聚，以减少 AgCl 沉淀对 Ag^+的吸附，滤去沉淀，并用稀硝酸洗涤沉淀，洗涤液并入滤液中，然后用 NH_4SCN 标准溶液返滴定滤液中过量的 $AgNO_3$。

(2) 在滴加标准溶液 NH_4SCN 前，加入有机溶剂(如硝基苯)1～2 cm^3，用力摇动之后，硝基苯将 AgCl 沉淀包住，使它与溶液隔开，使它不再与滴定溶液接触。这就阻止了上述现象的发生，此法很方便，但硝基苯具有毒性。

(3) 提高 Fe^{3+}的浓度以减小终点时 SCN^-的浓度，从而减小上述误差。席夫特(Shift)等经实验证实，若溶液中 Fe^{3+}的浓度为 $0.2\ mol \cdot dm^{-3}$，终点误差将小于 0.1%。

用返滴定法测定溴化物或碘化物时，由于 AgBr 和 AgI 的溶解度比 AgSCN 小，因此不会发生沉淀转化反应，不必采取上述措施。

应用福尔哈德法需要注意以下几点：

(1) 应当在酸性介质中进行，一般酸度大于 $0.3\ mol \cdot dm^{-3}$。若酸度太低，Fe^{3+}将水解成 $[Fe(OH)]^{2+}$(黄色)等深色配合物，影响终点的观察。

(2) 测定碘化物时，必须先加 $AgNO_3$，后加指示剂，否则会发生如下反应：

$$2Fe^{3+} + 2I^- \rightleftharpoons 2Fe^{2+} + I_2$$

会影响准确度。

(3) 强氧化剂和氮的氧化物以及铜盐、汞盐都与 SCN^-作用，因而干扰测定，必须事先除去。

由于在硝酸介质中，许多弱酸盐如 PO_4^{3-}、AsO_4^{3-}、S^{2-}等都不干扰卤素离子的测定，故此法选择性较高。

3. 应用示例

1) 天然水中氯含量的测定

水中氯含量多用莫尔法测定。如果水中还含有 SO_3^{2-}、PO_4^{3-} 和 S^{2-}，则采用福尔哈德法。

2) 有机卤化物中卤素的测定

以农药“六六六”为例(六六六是六氯环己烷简称)：

通常将试样与 KOH 乙醇溶液一起回流煮沸，使有机氯以 Cl^-形式转入溶液：

$$C_6H_6Cl_6 + 3OH^- \xrightarrow{\text{乙醇}} C_3H_3Cl_3 + 3Cl^- + H_2O$$

溶液冷却后，加硝酸调节酸度，用福尔哈德法测定释放出的 Cl^-。

3) 银合金中银含量的测定

银合金用硝酸溶解并制成溶液：

$$Ag + NO_3^- + 2H^+ \rightleftharpoons Ag^+ + NO_2(g) + H_2O$$

在溶解试样时，必须煮沸，除去氮的氧化物，以免它与 SCN^-作用生成红色化合物，影响滴定终点的观察。

$$HNO_2 + H^+ + SCN^- \rightleftharpoons NOSCN(\text{红色}) + H_2O$$

试样溶解后，以铁铵矾为指示剂，用 NH_4SCN 标准溶液滴定。

思　考　题

1. 什么是溶解度？什么是溶度积？两者有什么关系？
2. 如何使沉淀溶解或转化？
3. 什么是分步沉淀？影响沉淀顺序的因素有哪些？为什么？
4. 下面的说法对不对？为什么？

(1) 两难溶电解质做比较时，溶度积小的，溶解度一定小；

(2) 欲使溶液中某离子沉淀完全，加入的沉淀剂应该是越多越好；

(3) 所谓沉淀完全就是用沉淀剂将溶液中某一离子除净。

5. 影响沉淀溶解度的因素有哪些？它们是怎样产生影响的？
6. 0.1 $mol \cdot dm^{-3}$ Cl^-和 CrO_4^{2-} 混合溶液中，滴加 Ag^+溶液，分析有可能的实验现象，并说明原因。
7. 说明用下述方法进行测定是否会引入误差，如有误差，指出偏高还是偏低。

(1) 吸取 $NaCl + H_2SO_4$ 试液后，马上以莫尔法测定 Cl^-；

(2) 中性溶液中用莫尔法测定 Br^-；

(3) 用莫尔法测定 $pH \approx 8$ 的 KI 溶液中的 I^-；

(4) 用莫尔法测定 Cl^-，但配制的 K_2CrO_4 指示剂溶液浓度过稀；

(5) 用福尔哈德法测定 Cl^-，但没有加硝基苯。

8. 为什么用福尔哈德法测定 Cl^-时引入误差的概率比测定 Br^-或 I^-时大？
9. 指出使用莫尔法测定含氯样品的氯含量，在处理试样时要注意什么环节。
10. 福尔哈德返滴定法测定 Cl^-含量时由于沉淀的转化会产生误差，定量解释为避免误差所采取的三种方法的原理。
11. 计算 Ag^+浓度多大时会产生砖红色的 Ag_2CrO_4 沉淀。因为 CrO_4^{2-} 的颜色较深，一般常用的 CrO_4^{2-} 浓度为 5.0×10^{-3} $mol \cdot dm^{-3}$。计算由此引起的终点误差是多少。分析其是否符合滴定分析的要求。
12. 分析莫尔法和福尔哈德法的原理和实验方式，如果测定卤素阴离子，两种方法的利弊如何权衡？为什么？
13. 总结重量分析的流程，保证分析质量的关键有哪些步骤？

习　　题

1. 已知下列各难溶电解质的溶解度或每升溶液中所含难溶电解质的质量，计算它们的溶度积。

(1) CaC_2O_4 的溶解度为 5.07×10^{-5} $mol \cdot dm^{-3}$；

(2) Ag_2CrO_4的溶解度为 3.68×10^{-3} mol · dm^{-3}；

(3) 碳酸银饱和溶液中，每升含 Ag_2CO_3 0.035 g。

2. 已知 $Mg(OH)_2$的 $K_{sp} = 1.80 \times 10^{-11}$，计算：

(1) $Mg(OH)_2$在水中的溶解度；

(2) 在饱和溶液中的$[OH^-]$和$[Mg^{2+}]$；

(3) 在饱和溶液中加入 $MgCl_2$溶液，其浓度恰好为 0.01 mol · dm^{-3}($MgCl_2$)时的 $Mg(OH)_2$的溶解度；

(4) 在饱和溶液中加入 NaOH 溶液，其浓度为 0.01 mol · dm^{-3}(NaOH)时的$[Mg^{2+}]$。

3. 用 2.0×10^{-3} mol · dm^{-3}($MnCl_2$)溶液和 0.10 mol · dm^{-3}($NH_3 \cdot H_2O$)溶液各 100 cm^{3}相互混合，问在氨水中应含质量为多少的 NH_4Cl 才不至生成 $Mn(OH)_2$沉淀。已知 $K_{sp, Mn(OH)_2} = 1.9 \times 10^{-13}$。

4. 向含有浓度为 0.10 mol · dm^{-3} 的 $MnSO_4$ 溶液中滴加 Na_2S 溶液，是先生成 MnS 沉淀，还是先生成 $Mn(OH)_2$沉淀？

5. 向 $Cd(NO_3)_2$溶液中通入 H_2S 生成 CdS 沉淀，要使溶液中所剩 Cd^{2+}浓度不超过 2.0×10^{-6} mol · dm^{-3}，计算溶液允许的最大酸度。

6. 将 0.010 mol 的 CuS 溶于 1.0 dm^3 盐酸中，计算所需的盐酸的浓度。从计算结果说明盐酸能否溶解 CuS。

7. 根据溶度积判断在下列条件下能否有沉淀生成(均忽略体积的变化)。

(1) 将 10 cm^3 0.020 mol · dm^{-3} $CaCl_2$溶液与等体积同浓度的 $Na_2C_2O_4$溶液混合。(已知 $K_{sp, CaC_2O_4} = 2.34 \times 10^{-9}$)

(2) 在 1.0 mol · dm^{-3} $CaCl_2$溶液中通入 CO_2气体至饱和。($K_{a_2, H_2CO_3} = 5.61 \times 10^{-11}$，$K_{sp, CaCO_3} = 4.96 \times 10^{-9}$)

8. $SnCl_2$很容易发生水解，配制其溶液时需将 $SnCl_2 \cdot 2H_2O$ 晶体溶解在盐酸溶液中。假设 $SnCl_2$水解生成的是 $Sn(OH)_2$沉淀，若要配制浓度为 0.20 mol · dm^{-3}的 $SnCl_2$溶液，溶液中所含的盐酸浓度至少应为多少才不产生 $Sn(OH)_2$沉淀？

9. 将 $CaCO_3$固体与 CO_2饱和水溶液充分接触，设室温下饱和 CO_2溶液中$[H_2CO_3] = 0.04$ mol · dm^{-3}，水的 pH = 5.5，试计算在这种情况下，溶液中可形成的 Ca^{2+}浓度最高可达多少？

10. 向浓度为 0.10 mol · dm^{-3} $NiSO_4$溶液中慢慢加入 Na_2CO_3溶液，先生成的是 $NiCO_3$还是 $Ni(OH)_2$沉淀？若在加 Na_2CO_3时，总是保持溶液中 CO_3^{2-}浓度不小于 1.0×10^{-5} mol · dm^{-3}，这时将生成什么沉淀？

11. 计算 MnS 在纯水和在 pH = 6.0 的溶液中的溶解度。(已知 $K_{sp, MnS} = 2.0 \times 10^{-10}$，$H_2S$ 的 $K_{a_1} = 1.3 \times 10^{-7}$，$K_{a_2} = 7.1 \times 10^{-15}$)

12. 取磷肥 2.500 g，萃取其中有效 P_2O_5，制成 250 cm^{3}试液，吸取 10.00 cm^{3}试液，加入稀硝酸，加 H_2O 稀释至 100 cm^3，加喹钼柠酮试剂，将其中 H_3PO_4沉淀为磷钼酸喹啉，沉淀分离后，洗涤至中性，然后加 25.00 cm^3 0.2500 mol · dm^{-3} NaOH 溶液，使沉淀完全溶解。过量的 NaOH 以酚酞作指示剂用 0.2500 mol · dm^{-3} HCl 回滴，消耗 HCl 3.25 cm^3，计算磷肥中有效 P_2O_5的质量分数。

【提示】涉及的磷钼酸喹啉的反应为

$$(C_9H_7N)_3H_3[PO_4 \cdot 12MoO_3] \cdot H_2O + 26NaOH = Na_2HPO_4 + 12Na_2MoO_4 + 3C_9H_7N + 15H_2O$$

$$NaOH + HCl = NaCl + H_2O$$

13. 称取基准物质 NaCl 0.2000 g，溶于水后，加入 $AgNO_3$ 标准溶液 50.00 cm^3，以铁铵矾作指示剂，用 NH_4SCN 标准溶液滴定至微红色，用去 NH_4SCN 标准溶液 25.00 cm^3。已知 1 cm^3 NH_4SCN 标准溶液相当于 1.20 cm^3 $AgNO_3$标准溶液，计算 $AgNO_3$和 NH_4SCN 溶液的浓度。

14. 称取含 NaCl 和 NaBr 的试样(其中含有不与 Ag^+发生反应的其他组分)0.3750 g，溶解后用 0.1043 mol · dm^{-3} $AgNO_3$标准溶液滴定，用去 21.11 cm^3。另取同样质量试样，溶解后，加过量的 $AgNO_3$溶液产生沉淀，经过滤、洗涤、烘干后，得沉淀 0.4020 g，计算试样中 NaCl 和 NaBr 的质量分数。

15. 将 12.34 dm^{3}的空气试样通过 H_2O_2溶液，使其中的 SO_2转化成 H_2SO_4，以 0.01208 mol · dm^{-3} $Ba(ClO_4)_2$溶液 7.68 cm^{3}滴定至终点。计算空气试样中 SO_2的质量和 1 dm^{3}空气试样中 SO_2的质量。

16. 某化学家欲测量一个大水桶的容积，但手边没有可测量大体积液体的适当量具，他把 420 g NaCl 放入桶中，用水充满水桶，混匀溶液后，取 100.00 cm^{3}所得溶液，以 0.0932 mol · dm^{-3}$AgNO_3$溶液滴定，达终点时消耗 28.56 cm^3。该水桶的容积是多少？

17. 有一纯 KIO_x，称取 0.4988 g，将它进行适当处理，使之还原成碘化物溶液，然后以 0.1125 mol · dm^{-3} $AgNO_3$ 溶液滴定，到终点时消耗 20.72 cm^3。求 x 值。

18. 现有 0.4800 g 含有杂质的 $SrCl_2$ 样品，其中的杂质不与 Ag^+ 产生沉淀，采用福尔哈德法进行测定，经溶解后加入 1.800 g 纯 $AgNO_3$，过量的 $AgNO_3$ 用 0.3100 mol · dm^{-3} KSCN 标准溶液滴定，消耗 23.00 cm^3，求试样中 $SrCl_2$ 的质量分数。

19. 称取 0.4500 g 某可溶性盐，采用硫酸钡沉淀重量法测定其中的硫含量，得到 0.4150 g $BaSO_4$ 沉淀，计算试样中含 SO_3 的质量分数。

20. 欲用重量法测定莫尔盐$(NH_4)_2SO_4 \cdot FeSO_4 \cdot 6H_2O$ 的纯度，已知天平称量误差为 0.2 mg，为使灼烧后 Fe_2O_3 的称量误差不大于 0.1%，试说明所需称取的最低样品质量并说明理由。

21. 现欲测定某硅酸盐样品中 SiO_2 的质量分数，称取 0.5000 g 试样，经热分解反应得到 0.2750 g 不纯的 SiO_2，将该 SiO_2 样品用过量的 H_2SO_4-HF 混酸溶液处理，使 SiO_2 全部转化为 SiF_4 除去，残渣经灼烧后质量为 0.0018 g。试计算：

(1) 试样中纯 SiO_2 的质量分数；

(2) 若不经 H_2SO_4-HF 混酸溶液处理，杂质造成的误差有多大？

22. 福尔哈德法测定 $AgNO_3$ 溶液的浓度(mol · dm^{-3})时，以 NaCl 为基准物，称取 0.2200 g，经溶解后，加入 50.00 cm^3 的 $AgNO_3$ 溶液，过量的 $AgNO_3$ 溶液用 NH_4SCN 标准溶液回滴，消耗 25.62 cm^3。若已知 10.00 cm^3 NH4SCN 溶液相当于 12.00 cm^3 $AgNO_3$ 溶液，则 $AgNO_3$、NH_4SCN 的浓度各为多少？

第 9 章　配位平衡与配位滴定法

配位化合物是一类由中心离子(原子)和配体组成的化合物。配位化合物中心离子(原子)的配体可以是无机分子、离子和有机化合物等，这样，就使配位化合物具有了广泛性。一种元素或与它相结合的配体，通常由于形成配合物，而改变了它们原有的各自的性质。例如，$PbCl_4$在常温下极不稳定，但是当它和 KCl 结合成 K_2PbCl_6 时，加热到 463 K 才开始分解；在一般情况下，C_2H_4 不易与水反应生成 CH_3CHO，但当 C_2H_4 与 $PdCl_2$ 生成配合物$[Pd(C_2H_4)(H_2O)Cl_2]$后，由于 C_2H_4 被活化，促进了 C_2H_4 同 H_2O 的反应；N_2 分子很稳定，温和条件下不会被 H_2 还原成 NH_3，但当 N_2 形成特殊的配合物后，就有可能在常温、常压下被还原成氨。由于配合物的形成对中心原子和配体都产生很大的影响，以及配合物自身具有的独特性质，人们对配位化学的研究更深入、更广泛。文献上报道的新化合物很多是配位化合物，配位化合物的研究不仅是现代无机化学学科的中心课题，而且对分析化学、生物化学、催化、医药、冶金、材料、能源、微电子技术等领域的研究也有重要的意义。可以说，配位化学在整个化学领域内已经成为一个不可缺少的组成部分。

9.1　配合物的基本概念

9.1.1　配合物的定义

要给配位化合物(简称配合物)下一个严密的定义是比较困难的，但是可以从它们和简单化合物的对比中找到一个粗略的定义。

简单化合物 H_2O、HCl、NH_3 分子是每个原子各提供一个电子，以共用电子对形式结合而成。AgCl、$CuSO_4$、K_2SO_4、$Al_2(SO_4)_3$ 则是由离子键结合而成，这些简单化合物都符合经典的化学键理论。而一些由简单化合物的分子加合而成的“分子化合物”，如：

$$AgCl + 2NH_3 = [Ag(NH_3)_2]Cl$$

$$CuSO_4 + 4NH_3 = [Cu(NH_3)_4]SO_4$$

$$HgI_2 + 2KI = K_2[HgI_4]$$

$$Ni + 4CO = [Ni(CO)_4]$$

$$K_2SO_4 + Al_2(SO_4)_3 + 24H_2O = K_2SO_4 \cdot Al_2(SO_4)_3 \cdot 24H_2O$$

在它们的形成过程中，既没有电子的得失和氧化数的变化，也没有形成共用电子对的共价键。所以，这些“分子化合物”的形成不能用经典的化学键理论来说明。这类“分子化合物”不符合经典的化学键理论。

根据现代结构理论，如$[Ag(NH_3)_2]Cl$、$K_2[HgI_4]$、$[Ni(CO)_4]$等“分子化合物”是靠配位键结合起来的，统称为配位化合物。

可以说，配合物是由中心离子(或原子)和配体(阴离子或分子)以配位键的形式结合而成的复杂离子(或分子)，通常称这种复杂离子为配位单元。凡是含有配位单元的化合物都称配合物。

根据上述定义，$[Co(NH_3)_6]^{3+}$、$[Co(NH_3)_5H_2O]^{3+}$、$[HgI_4]^{2-}$、$[Ag(NH_3)_2]^+$等复杂离子，因为其中都含有配位键，所以它们都是配离子。由它们组成的相应化合物，如$[Co(NH_3)_6]Cl_3$、$[Co(NH_3)_5H_2O]Cl_3$、$K_2[HgI_4]$和$[Ag(NH_3)_2]Cl$ 等都是配合物。

多数配离子既能存在于晶体中，也能存在于水溶液中。例如，$[Co(NH_3)_6]Cl_3$ 和 $K_2[HgI_4]$在晶体和水溶液中，都存在$[Co(NH_3)_6]^{3+}$和$[HgI_4]^{2-}$。但是也有些配离子只能在固态、气态或特殊溶剂中存在，溶于水便立即离解成组分物质。例如，复盐 $LiCl \cdot CuCl_2 \cdot 3H_2O$ 和 $KCl \cdot CuCl_2$ 在晶体中虽然存在$[CuCl_3]^-$，但溶于水便立即离解为 Li^+、Cu^{2+}、Cl^-和 K^+等(实际上$[CuCl_3]^-$转化为$[Cu(H_2O)_4]^{2+}$)。根据定义，它们自然属于配合物的范畴。但是并非所有复盐都是配合物。例如，光卤石($KCl \cdot MgCl_2 \cdot 6H_2O$)和钾镁矾($K_2SO_4 \cdot MgSO_4 \cdot 6H_2O$)在晶体或水溶液中都不存在$[MgCl_3]^-$和$[Mg(SO_4)_2]^{2-}$形成的配离子，因此这样的复盐就不属于配合物的范畴。

9.1.2　配合物的组成

在 $CoCl_2$ 的氨溶液中加入 H_2O_2 可以得到一种组成为 $CoCl_3 \cdot 6NH_3$ 的橙黄色晶体。将此晶体溶于水后，加入 $AgNO_3$ 溶液则立即析出 AgCl 沉淀，沉淀量相当于该化合物中氯的总量：

$$CoCl_3 \cdot 6NH_3 + 3AgNO_3 = 3AgCl(s) + Co(NO_3)_3 \cdot 6NH_3$$

显然该化合物溶于水中的氯离子都是自由的，能独立地显示其化学性质。虽然在此化合物中氨的含量很高，但是它的水溶液呈中性或弱酸性。在室温下加入强碱也不产生气态的氨，只有加热至沸腾时，才有氨气放出并析出三氧化二钴沉淀：

$$2(CoCl_3 \cdot 6NH_3) + 6KOH \xrightleftharpoons{沸腾} Co_2O_3(s) + 12NH_3(g) + 6KCl + 3H_2O$$

此化合物的水溶液用碳酸盐或磷酸盐试验，也检验不出钴离子存在。这些试验证明，化合物中的 Co^{3+}和 NH_3 分子已经配合，形成配离子$[Co(NH_3)_6]^{3+}$，从而在一定程度上丧失了 Co^{3+}和 NH_3 各自独立存在时的化学性质。在上述配合物中，Co^{3+}称为中心离子；六个配位的 NH_3 分子称为配体。中心离子与配体构成了配合物的内配位层(或称内界)，通常将它们放在方括号内。内界中配体中配位原子的总数称为配位数，Cl^-称为外配位层(或称外界)。内、外界之间是离子键，在水中全部离解。这些关系如图 9-1 所示。

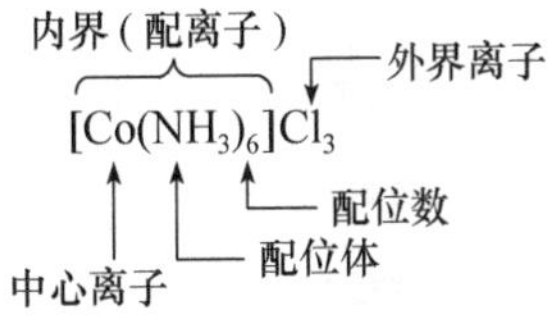

图 9-1　配合物的内、外界示意图

同理，$K_4[Fe(CN)_6]$中，4 个 K^+为外界，Fe^{2+}和 CN^-共同构成内界。在配合分子$[Co(NH_3)_3Cl_3]$中，Co^{3+}、NH_3 和 Cl^-全都处于内界，是很难离解的中性分子，它没有外界。

1. 中心离子(或原子)

配合物的中心一般都是带正电的阳离子，但也有电中性的原子甚至还有极少数的阴离子。例如，$[Ni(CO)_4]$、$[Fe(CO)_5]$、$[Cr(CO)_6]$中的 Ni、Fe、Cr 都是电中性的原子，而 $H[Co(CO)_4]$中的 Co 的氧化数应为−1。配合物的中心绝大多数是金属离子，尤以过渡金属离子最为常见。此外，少数高氧化态的非金属元素也能作中心离子，如$[SiF_6]^{2-}$的 Si(Ⅳ)、$[PF_6]^-$的 P(Ⅴ)等。

2. 配体

配体可以是阴离子，如 X^-、OH^-、SCN^-、CN^-、$RCOO^-$、$C_2O_4^{2-}$、PO_4^{3-} 等，也可以是中性分子，如 H_2O、NH_3、CO、醇、胺及醚等。配体中直接与中心离子(或原子)配合的原子，称

为配位原子。配位原子必须是含有孤电子对的原子，如 NH_3 中的 N 原子，H_2O 分子中的 O 原子，配位原子通常是ⅤA、ⅥA、ⅦA 主族元素的非金属原子(多电子原子)。

只含一个配位原子的配体称为单基配体(或一齿体)，如 X^-、NH_3、H_2O 等。含有多个配位原子的配体称为多基配体(或多齿体)，如乙二胺 $H_2N—CH_2—CH_2—NH_2$(简写为 en)及乙二酸根等，其配位情况可示意如下(箭头为配位键的指向)：

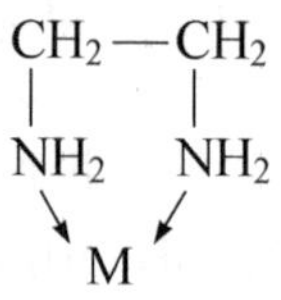

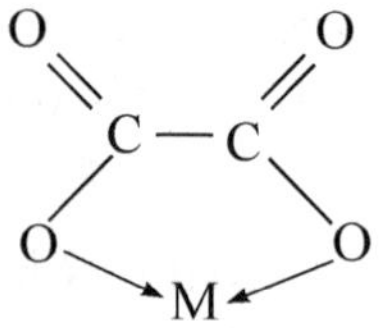

```
CH2 — CH2                 O           O
 |      |                  \\         //
NH2    NH2                  C  —  C
   ↘  ↙                    /         \
     M                    O           O
                            ↘   M   ↙
```

这类多基配体能和中心离子(原子)M 形成环状结构，类似螃蟹的双螯钳住东西，因此这种多基配体称为螯合剂。与螯合剂不同，有些配体虽然也具有两个或多个配位原子，但在一定条件下，仅有一种配位原子与金属配位，这类配体称为两可配体，如硝基($—NO_2^-$，以 N 配位)、亚硝酸根($—O—N{=}O^-$，以 O 配位)、硫氰根(SCN^-，以 S 配位)、异硫氰根(NCS^-，以 N 配位)等。

配合物内界中的配体种类可以相同，也可以不同。

配体中的配体原子多数是向中心离子(或原子)提供孤电子对，但有些没有孤电子对的配体也能提供 π 键上的电子，如乙烯(C_2H_4)、环戊二烯离子($C_5H_5^-$)、苯(C_6H_6)等。这些不饱和烃与过渡金属形成的配合物的性质比较特殊。常见的配体列于表 9-1 中。

表 9-1　常见配体

配体名称	简写	化学式	价数(齿数)
卤离子	X^-	F^-, Cl^-, Br^-, I^-	1
氰根		CN^-	1
硫氰根		$—SCN^-$	1
异硫氰根		$—NCS^-$	1
氢氧根		OH^-	1
硝基		$—NO_2^-$	1
氨基		$—NH_2^-$	1
羟氨		NH_2OH	1
叠氮酸根		N_3^-	1
亚硝酸根		ONO^-	1
乙酸根	Ac^-	CH_3COO^-	1
亚硫酸根		SO_3^{2-}	1
硫代硫酸根		$S_2O_3^{2-}$	1
亚硝酰		NO	1
水		H_2O	1
氨		NH_3	1

续表

配体名称	简写	化学式	价数(齿数)
吡啶	Py	C_5H_5N	1
羰基		CO	1
三苯基膦		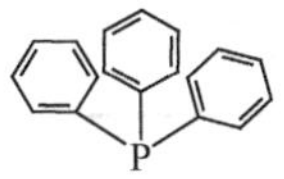 P	1
乙二胺	en	$H_2NCH_2CH_2NH_2$	2
2,2′-联吡啶	bipy	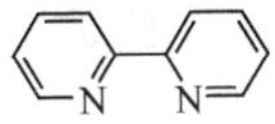 N　N	2
1,10-二氮杂菲	Phen	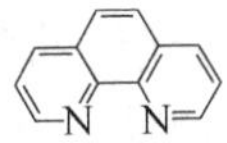 N　N	2
8-羟基喹啉		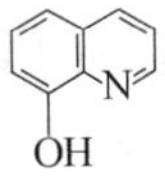 N OH	2
氨基乙酸根		$H_2NCH_2COO^-$	2
乙二酸根		$^-OOC—COO^-$	2
乙酰丙酮基	acac	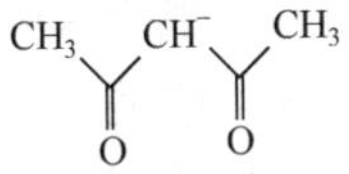 CH_3　CH^-　CH_3 O　O	2
二乙撑三胺		$H_2NCH_2CH_2NHCH_2CH_2NH_2$	3
氨三乙酸根	NTC	CH_2COO^- $N—CH_2COO^-$ CH_2COO^-	4
环戊二烯基	cp	$C_5H_5^-$	5
二氨三乙酸根		$^-OOCNHCH_2CH_2N(COO^-)_2$	5
乙二胺四乙酸根	EDTA	$^-OOCCH_2$　　　CH_2COO^- $N—CH_2—CH_2—N$ $^-OOCCH_2$　　　CH_2COO^-	6

3. 配位数

中心离子(或原子)与单基配体结合的数目就是该中心离子(或原子)的配位数。例如，$[Ag(NH_3)_2]^+$中 Ag^+的配位数为 2，$[Cu(NH_3)_4]^{2+}$中 Cu^{2+}的配位数为 4，$[Fe(CN)_6]^{4-}$中 Fe^{2+}的配位数为 6。含有两个以上配位原子的配体称为多基配体，中心离子(或原子)与多基配体配合时，配位数等于与中心离子(或原子)配位的原子数目。例如，乙二胺分子中含有两个配位 N 原子，可以同时与金属原子配位，如在$[Pt(en)_2]Cl_2$ 中 Pt^{2+}的配位数为 $2\times2=4$，而配体只有两个，依此类推。

中心离子的配位数一般为 2、4、5、6、8 等，其中最常见的是 4 和 6。

与元素的化合价一样，中心离子配位数的大小取决于中心离子和配体的性质：它们的电荷、体积、电子层结构以及它们之间相互影响的情况和配合物形成时的条件，特别是浓度和温度。通常，中心离子的电荷越高，吸引配体的数目越多，如$[PtCl_6]^{2-}$和$[PtCl_4]^{2-}$、$[Cu(NH_3)_4]^{2+}$

和$[Cu(NH_3)_2]^+$等。不同电荷的中心离子与电荷为−1 的配体所形成的配合物，较常见的配位数如表 9-2 所示(不常见的加括号)。

表 9-2　不同电荷的中心离子常见的配位数

中心离子的电荷	+1	+2	+3	+4
常见的配位数	2	4(6)	6(4)	6(8)

配体的负电荷增加时，一方面增加了中心离子与配体之间的引力，但另一方面又增加了配体彼此间的斥力，总的结果是使配位数减小。例如，$[Zn(NH_3)_6]^{2+}$和$[Zn(CN)_4]^{2-}$、$[SiF_6]^{2-}$和$[SiO_4]^{4-}$相比就证实了这一点。

中心离子的半径越大，在引力允许的条件下，其周围可容纳的配体越多，即配位数也就越大。例如，Al^{3+}的半径大于 B^{3+}的半径，它们的氟配合物分别是$[AlF_6]^{3-}$和$[BF_4]^-$。但如果中心离子半径过大，反而会减弱它和配体的结合，使配位数降低，如$[CdCl_6]^{4-}$和$[HgCl_4]^{2-}$。

配体的半径越大，由于静电相斥，中心离子周围容纳的配体就越少，配位数也越小。例如，离子半径 $F^- < Cl^- < Br^-$，它们和 Al^{3+}的配离子分别是 AlF_6^{3-} 、$AlCl_4^-$ 和 $AlBr_4^-$ 。

一般来说，增大配体的浓度，有利于形成高配位数的配合物。例如，SCN^-与 Fe^{3+}形成的配合单元的配数可以从 1 递变到 6，即$[Fe(SCN)_n]^{3-n}(n = 1\sim6)$。

温度升高时，常使配位数减小。这是因为热振动加剧时，中心离子与配体间的配位键减弱。

综上所述，影响配位数的因素很复杂，但一般来说，在一定范围的外界条件下，某一中心离子有一个特征的配位数。

4. 配离子的电荷

配离子的电荷数等于中心离子和配体总电荷的代数和。例如，在$[Co(NH_3)_6]^{3+}$、$[Co(H_2O)_6]^{2+}$、$[Cu(NH_3)_4]^{2+}$和$[Cu(en)_2]^{2+}$中，由于配体都是中性分子，配离子的电荷与中心离子的电荷相等，依次为+3、+2、+2 和+2；在$[Co(NH_3)_5Cl]^{2+}$、$[Co(NH_3)_4Cl_2]^+$、$[Co(NH_3)_3Cl_3]$、$[Co(NH_3)_2Cl_4]^-$、$[Co(NH_3)Cl_5]^{2-}$和$[CoCl_6]^{3-}$中由于配体中有带负电荷的 Cl^-(中心离子为 Co^{3+})，所以在这些配合物中配离子的电荷依次由+2 递减到−3。如果形成的是带有正电荷或负电荷的配离子，那么为了保持配合物的电中性，必然有电荷相等符号相反的外界离子与配离子结合。因此，由外界离子的电荷也可以标出配离子的电荷。例如，$K_3[Fe(CN)_6]$和 $K_4[Fe(CN)_6]$中的配离子电荷分别是−3 和−4。

9.1.3　配合物的命名

由于配合物比较复杂，命名也较困难，至今仍有一些配合物还沿用习惯名称。例如，将$K_4[Fe(CN)_6]$称为黄血盐或亚铁氰化钾，$K_2[PtCl_6]$称为氯铂酸钾等。由于大量复杂配合物的不断涌现，系统命名就显出其必要性，下面仅对较简单的配合物的系统命名原则予以简介。

整个配合物的命名与一般无机化合物的命名原则相同。若配合物的外界酸根是一个简单离子的酸根(如 Cl^-)，便称某化某；若外界酸根是一个复杂阴离子(如 SO_4^{2-})，便称某酸某；若外界为氢离子，则在配阴离子后加酸字，如 $H[PtCl_3NH_3]$称为三氯 · 一氨合铂酸。若外界为 OH^-则称氢氧化某，如$[Cu(NH_3)_4](OH)_2$ 称为氢氧化四氨合铜。配合物命名比一般无机化合物复杂的地方在于配合物的内界的命名，这也是配合物命名的关键所在，其命名顺序如下：

配体数→配体名称→合→中心离子(氧化数——用罗马字符表示)，如$[Cu(NH_3)_4]^{2+}$为四氨合铜(Ⅱ)离子。若配离子中的配体不止一种，则命名顺序为：离子配体在前，分子配体在后；无机配体在前，有机配体在后；简单配体在前，复杂配体在后，不同配体之间用中圆点“·”隔开。同类配体的命名顺序按配位原子的英文字母顺序进行。若配位原子也相同，则按与其连接的原子的英文字母顺序确定命名次序。

下面列举一些命名实例：

$H_2[SiF_6]$	六氟合硅(Ⅳ)酸
$K_4[Fe(CN)_6]$	六氰合铁(Ⅱ)酸钾
$K[PtCl_3NH_3]$	三氯·一氨合铂(Ⅱ)酸钾
$[Co(NH_3)_5H_2O]Cl_3$	三氯化五氨·一水合钴(Ⅲ)
$[Pt(NH_2)(NO_2)(NH_3)_2]$	一氨基·一硝基·二氨合铂(Ⅱ)
$[CrCl_2(NH_3)_4]Cl \cdot 2H_2O$	二水合一氯化二氯·四氨合铬(Ⅲ)
cis-$[PtCl_2(Ph_3P)_2]$	顺式-二氯·二(三苯基膦)合铂(Ⅰ)
$[Pt(NO_2)(NH_3)(NH_2OH)(Py)]Cl$	一氯化一硝基·一氨·一羟胺·一吡啶合铂(Ⅱ)

9.1.4 配合物的类型

配合物的范围极广，主要可以分为以下几类。

1. 简单配合物

简单配合物是指由单基配体与中心离子配位而形成的配合物。这类配合物通常配体较多，在溶液中会逐级离解成一系列配位数不同的配离子。例如：

$$[Cu(NH_3)_4]^{2+} \rightleftharpoons [Cu(NH_3)_3]^{2+} + NH_3$$

$$[Cu(NH_3)_3]^{2+} \rightleftharpoons [Cu(NH_3)_2]^{2+} + NH_3$$

$$[Cu(NH_3)_2]^{2+} \rightleftharpoons [Cu(NH_3)]^{2+} + NH_3$$

$$[Cu(NH_3)]^{2+} \rightleftharpoons Cu^{2+} + NH_3$$

这种现象称为逐级离解现象。这种配合物也称为维尔纳型配合物。

2. 螯合物

具有环状结构的配合物称为螯合物或内配合物。一个配体有两个或两个以上的配位原子同时与一个中心离子结合。配体中两个配位原子之间相隔 2～3 个其他原子，以便与中心离子形成稳定的五元环或六元环。例如，乙二胺 $H_2N—CH_2—CH_2—NH_2$ 就能和 Cu^{2+}形成如下的螯合物：

$$\left[\begin{array}{ccccc} & H_2 & & H_2 & \\ H_2C— & N\searrow & & \swarrow N & —CH_2 \\ | & & Cu & & | \\ H_2C— & N\nearrow & & \nwarrow N & —CH_2 \\ & H_2 & & H_2 & \end{array}\right]^{2+}$$

中性分子与阴离子具有不同的配位功能。例如，乙二胺分子中的氨基($—NH_2$)氮原子只能

提供孤电子对以满足中心离子的配位数，而羧酸的酸根离子 $\left[\begin{array}{c} \mathrm{O} \\ \| \\ -\mathrm{C}-\ddot{\underset{\cdot\cdot}{\mathrm{O}}} \end{array}\right]^-$ (或其他酸性基，如肟基═N—OH 脱去 H^+后的═N—$\ddot{\underset{\cdot\cdot}{\mathrm{O}}}^-$)则既有羧氧—$\ddot{\underset{\cdot\cdot}{\mathrm{O}}}^-$可提供孤电子对与中心离子配位，又有负电荷可以中和中心离子的正电荷(也就是满足电中性)，可以生成中性分子“内配盐”。例如，氨基乙酸的酸根离子 $NH_2—CH_2—COO^-$和 Cu^{2+}就能生成如下的内配盐：

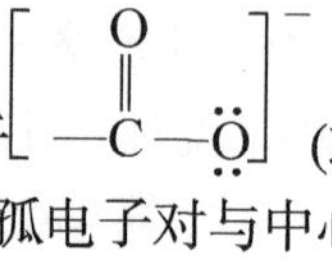

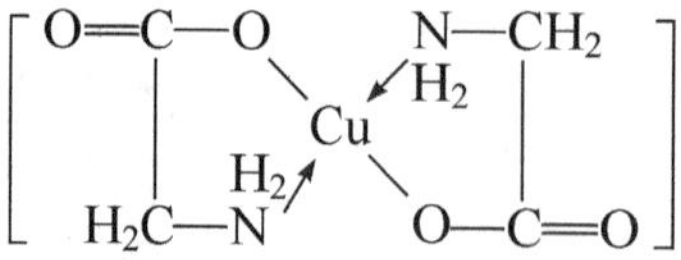

$$\left[\begin{array}{ccccc} \mathrm{O{=}C{-}O} & & & & \mathrm{N{-}CH_2} \\ | & \diagdown & & \swarrow\mathrm{H_2} & | \\ | & & \mathrm{Cu} & & | \\ | & \mathrm{H_2}\nearrow & & \diagdown & | \\ \mathrm{H_2C{-}N} & & & & \mathrm{O{-}C{=}O} \end{array}\right]$$

式中，Cu^{2+}周围和 O 之间的两个没有箭头的短线代表既满足配位数又满足电价形成的键。内配盐是电中性的，也可称为中性螯合物。螯合物中配体数目虽少，但由于形成环状结构，远较简单配合物稳定，而且形成的环越多越稳定。螯合物多具有特殊的颜色，难溶于水，易溶于有机溶剂。由于螯合物结构复杂，用途广泛，常被用于金属离子的沉淀、溶剂萃取、比色定量分析等工作中。

3. 多核配合物

一个配位原子同时与两个中心离子结合所形成的配合物称为多核配合物，如：

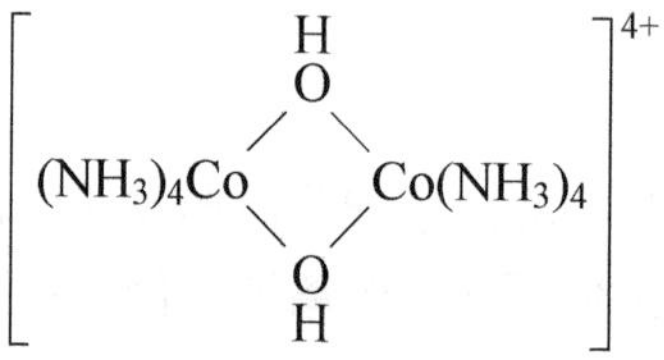

$$\left[\begin{array}{ccc} & \mathrm{H} & \\ & \mathrm{O} & \\ & \diagup \quad \diagdown & \\ \mathrm{(NH_3)_4Co} & & \mathrm{Co(NH_3)_4} \\ & \diagdown \quad \diagup & \\ & \mathrm{O} & \\ & \mathrm{H} & \end{array}\right]^{4+}$$

在这个配合物中，配位原子 O 同时连接着两个中心原子，含有这种原子的配体称为中继基(也称为桥基)，作为中继基的配体一般为—OH、$—NH_2^-$、—O—、$—O_2—$及 Cl^-等。目前发现这类配合物为数较多，如 $Pb(ClO_4)_2$ 在水中水解成 $Pb(OH)ClO_4$，实际上它的结构为 $\left[\begin{array}{ccc} & \mathrm{H} & \\ & \mathrm{O} & \\ & \diagup \quad \diagdown & \\ \mathrm{Pb} & & \mathrm{Pb} \\ & \diagdown \quad \diagup & \\ & \mathrm{O} & \\ & \mathrm{H} & \end{array}\right](ClO_4)_2$；气相 $AlCl_3$ 的结构为 $\left[\begin{array}{ccccc} \mathrm{Cl} & & \mathrm{Cl} & & \mathrm{Cl} \\ & \diagdown \quad \diagup & & \diagdown \quad \diagup & \\ & \mathrm{Al} & & \mathrm{Al} & \\ & \diagup \quad \diagdown & & \diagup \quad \diagdown & \\ \mathrm{Cl} & & \mathrm{Cl} & & \mathrm{Cl} \end{array}\right]$。$FeCl_3$ 的结构与 $AlCl_3$ 类似，也是多核化合物，类似这种结构的配合物还有很多。

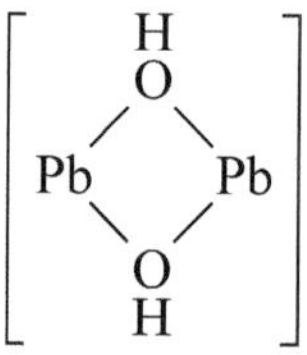

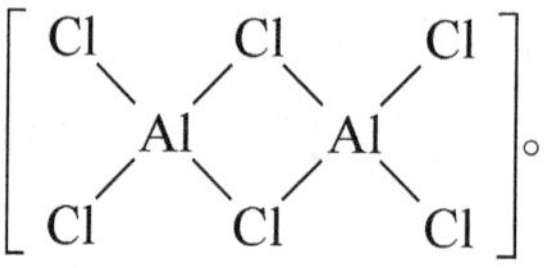

4. 多酸型配合物

若一个含氧酸中的 O^{2-}被另一含氧酸取代，则形成多酸型配合物。若两个含氧酸根相同，则形成的酸为同多酸。例如，PO_4^{3-} 中的一个 O^{2-}被另一个 PO_4^{3-} 取代形成 $P_2O_7^{4-}$，这个配合物中两个中心离子相同。如果酸根中的一个 O^{2-}被其他酸取代，则此时所形成酸具有不同的中心离子，这样的酸称为杂多酸，如 PO_4^{3-} 中的一个 O^{2-}被 $Mo_3O_{10}^{2-}$ 取代，形成$[PO_3(Mo_3O_{10})]^{3-}$。实际上多酸型配合物是多核配合物的特例。

9.1.5　配合物的异构现象

异构现象是配合物具有的重要性质之一。它不仅影响配合物的物理和化学性质，而且与其稳定性、反应性和生物活性也有密切关系。重要的配合物异构现象包括立体异构和结构异构。

1. 立体异构

立体异构是化学式和原子排列次序都相同，仅原子在空间排列不同的异构现象。立体异构主要分为几何异构和光学异构。

几何异构是组成相同的配合物的不同配体在空间几何排列不同而致的异构现象，主要出现在配位数为 4 的平面正方形和配位数为 6 的八面体结构中，以顺式-反式异构体与面式-经式异构体的形式存在，这里简要讨论顺式-反式异构体(简称顺反异构)。

1) 顺反异构

由内界中两种或多种配体的几何排列不同而引起的异构现象，称为顺反异构。例如，同一化学式的平面正方形配合物$[Pt(NH_3)_2Cl_2]$有下列两种异构体：

H_3N　Cl　Pt　H_3N　Cl

顺式

H_3N　Cl　Pt　Cl　NH_3

反式

八面体 Ma_4b_2 也有如下顺反异构体：

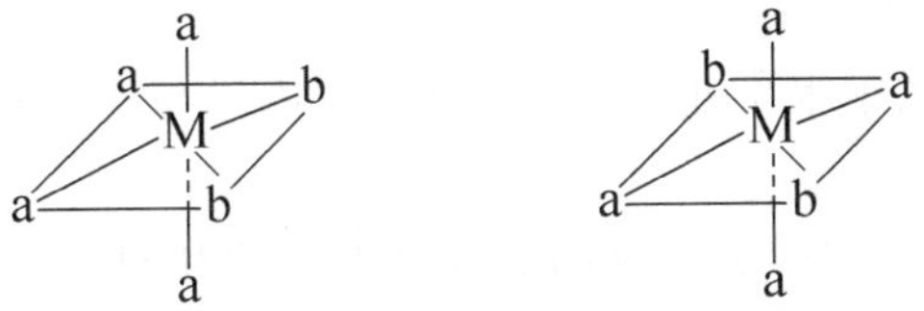

a　a　b　M　a　b　a

顺式

a　b　a　M　a　b　a

反式

顺式(*cis*-)指同种配体处于相邻位置，反式(*trans*-)指同种配体处于对角位置。$[Pt(NH_3)_2Cl_2]$的顺反异构体都是平面正方形，两者的性质不同。例如，顺式-$[Pt(NH_3)_2Cl_2]$是一种抗癌药物，而反式-$[Pt(NH_3)_2Cl_2]$不具有抗癌作用。顺式为棕黄色，偶极矩$\mu > 0$，溶解度(25℃)小，为 0.0366 $g \cdot (100\ g\ 水)^{-1}$。两者的化学反应性能也不相同。例如，反式经过 Ag_2O 处理使其转变为顺式-$[Pt(NH_3)_2(OH)_2]$后，由于两个氢氧根处于相邻位置，故可被乙二酸根离子取代而成$[Pt(NH_3)_2C_2O_4]$。但顺式虽经 Ag_2O 处理使其转变为反式-$[Pt(NH_3)_2(OH)_2]$，但由于两个氢氧根处于对角位置，因此与$C_2O_4^{2-}$不发生反应。正是利用这种化学反应性能的差别，可以从另一角度证明该配合物为平面正方形而不是正四面体结构，如果是四面体，就不会有顺反异构体。

2) 旋光异构

由于配体在中心原子(或离子)周围的不同排列而产生的立体异构现象，除了顺反异构外，还包括旋光异构。旋光异构体对普通的化学试剂和一般的物理检查都不表现出差异，但却有旋转偏振光的本能，且生物化学活性不一定相同。由于这类异构较复杂，在此不多作叙述。这类异构体在结构上的特点是互为旋光异构的两者互成镜影，如同左、右手一样，倘若是手心向前(或向后)，两者不能重合，如图 9-2 所示。

显然，内界中配体的种类越多，形成的立体异构体的数目也越多。历史上曾利用是否生成异构体和异构体数的多少来判断配合单元为何种几何结构。

2. 结构异构

结构异构是化学式相同，但原子排列次序不同的异构体，主要可分为以下几类：

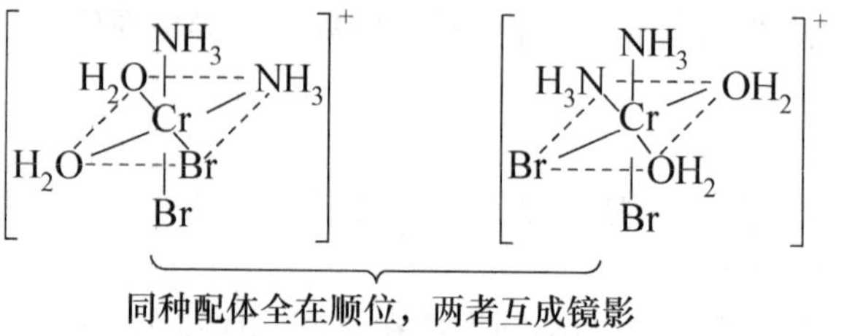

同种配体全在顺位，两者互成镜影

图 9-2 旋光异构示意图

(1) 键合异构：配体通过不同的配位原子与中心原子配位。配体称为两可配体，此类配体含有两个以上含孤电子对的原子，可分别与中心原子配位。常见的两可配体有：—NO_2 和 ONO^-、SCN^-和 NCS^-，如[$CoNO_2(NH_3)_5$]Cl_2(黄褐色)和[$CoONO(NH_3)_5$]Cl_2(红褐色)。

(2) 构型异构：配合物可以采取一种以上的构型。例如，[$NiCl_2(Ph_2PCH_2Ph)_2$]可分别呈四面体和平面四边形构型。

(3) 配体异构：互为同分异构体的配体所形成的类似配合物，这样的配体多为有机配体。例如，1,3-二氨基丙烷与 1,2-二氨基丙烷分别形成的钴配合物[$Co(H_2N—CH_2—CH_2—CH_2—NH_2)Cl_2$]和[$Co(H_2N—CH_2—CH(—NH_2)—CH_3)Cl_2$]。

(4) 电离异构：配合物有相同分子式但配位的阴离子不同，因此水溶液中产生的离子不同，如[$Co(NH_3)_5SO_4$]Br 和[$Co(NH_3)_5Br$]SO_4。

(5) 水合异构：配合物中水所处的位置不同，有内界与外界的差异，如[$Cr(H_2O)_6$]Cl_3 和[$Cr(H_2O)_5Cl$]Cl · H_2O。

(6) 配位异构：阳离子和阴离子都是配离子，且配体可以互相交换位置，如[$Co(NH_3)_6$][$Cr(CN)_6$]和[$Cr(NH_3)_6$][$Co(CN)_6$]、[$Cr(NH_3)_6$][$Cr(SCN)_6$]和[$Cr(SCN)_2(NH_3)_4$] [$Cr(SCN)_4(NH_3)_2$]以及[$Pt(NH_3)_4$][$PtCl_6$]和[$Pt(NH_3)_4Cl_2$][$PtCl_4$]。

9.2 配合物的化学键理论

配合物中中心元素 M 与配体 L 以什么样的化学键结合，配合物的空间结构、配位数和稳定性，以及它们的磁性、颜色等，均是本节要说明和讨论的问题。对配合物的化学键曾提出过三种理论，即价键理论、晶体场理论和分子轨道理论。本节只讨论价键理论和晶体场理论。

9.2.1 价键理论

价键理论认为，配合物的中心离子或原子与配体的结合是通过配位键实现的，即由配体中的配位原子提供一对电子，或高密度的 π 键电子(如乙烯中的 π 键电子)，而中心离子或原子则以空的价层电子轨道来接受。在成键过程中，配体是电子的给予者，必须有孤电子对或 π 键电子。例如，[$Ag(C_2H_4)$]$^+$中的乙烯，它的 π 电子云向中心离子的空轨道转移，这种配体不含配位原子，将它称为 π 键配体。中心离子或原子是电子的接受者，必须有空轨道，而且要经过杂化以提高成键能力。因此，配位键是中心离子或原子的杂化轨道与配位原子具有孤电子对的原子轨道相互重叠而成的，这些杂化轨道具有一定的方向性和饱和性，使配合物分子形成各种不同的空间构型。例如，[$Ag(NH_3)_2$]$^+$的空间构型是直线形，[$Co(NH_3)_6$]$^{3+}$是正八面体。

价键理论根据中心离子或原子参与杂化的轨道能级不同，将配合物分别称为外轨型配合物和内轨型配合物。

1. 外轨型配合物

如果配位原子的电负性较大(如卤素、氧等)，不易给出孤电子对，中心离子或原子的内层电子结构不发生变化，仅用其最外层的 *n*s、*n*p、*n*d 杂化后与配体结合。这样形成的配合物称为外轨型配合物。例如，$[FeF_6]^{3-}$可以认为是由 $Fe^{3+}(d^5)$与 6 个 F^-配合而成。其价层电子分布示意如下：

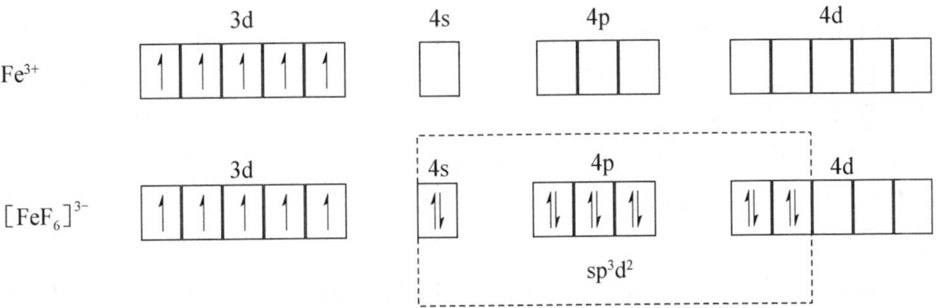

而 F^-的电子结构是 $2s^22p^6$，Fe^{3+}可吸引 6 个 F^-，使其以各自的孤电子对填入 Fe^{3+}的 6 个 sp^3d^2 杂化空轨道，形成 6 个配位键。虚线框中表示参与杂化的轨道。1 个 4s、3 个 4p 和 2 个 4d 共形成 6 个简并或等价的 sp^3d^2 杂化轨道，以接受 F^-提供的 6 对电子，形成的 6 个配位键指向八面体的 6 个顶角，故空间构型是八面体(图 9-3)。由于它杂化采用的轨道能级较高(外层轨道)，因而外轨型的配合物稳定性较差，类似于离子化合物，在水中易离解。显然在$[FeF_6]^{3-}$中 Fe^{3+}的 5 个 3d 电子仍然按照洪德规则分布，和原自由电子的状态相同。由于自旋平行(未成对)的电子数目较多，在磁场中将表现出较强的磁性，常将这种状态称为高自旋态。

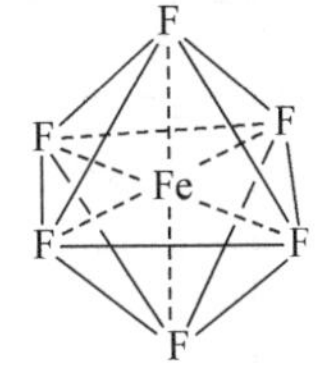

图 9-3　$[FeF_6]^{3-}$八面体空间的构型

2. 内轨型配合物

如果配位原子的电负性相对较小，如碳(如 CN^-，以 C 配位)、氮(如—NO_2，以 N 配位)等，比较容易给出孤电子对，其对中心离子的影响较大使其结构发生变化，$(n-1)$d 轨道上的成单电子被强行配对，腾出内层能量较低的空 d 轨道来接受配体的孤电子对，形成内轨型配合物。例如，$[Fe(CN)_6]^{3-}$配离子就是将 Fe^{3+}的 5 个成单的 3d 电子挤进 3 个轨道，腾出两个内层空 3d 轨道，连同外层的 4s、4p 轨道一起杂化，形成 6 个等价的 d^2sp^3 杂化轨道，以接受 CN^-提供的孤电子对，构成以 Fe^{3+}为中心，指向八面体的 6 个 σ 配位键。这样的配位键杂化时涉及内层空轨道，能级较低，形成的配合物比较稳定，在水中不易离解。Fe^{3+}价层电子分布示意如下：

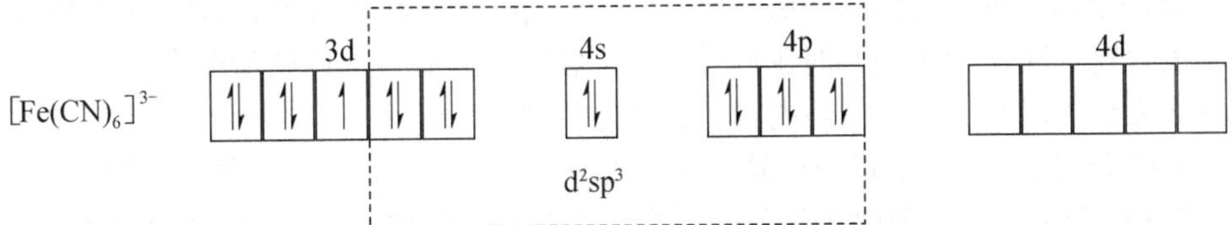

内轨型配合物的电子经过重排，自旋平行的电子数目减少，故称为低自旋态。以上讨论的是配位数为 6 的两种类型。至于配位数为 4 的配合物，也可以形成外轨型和内轨型，如$[Ni(H_2O)_4]^{2+}$和$[Ni(CN)_4]^{2-}$，其价层电子分布示意如下：

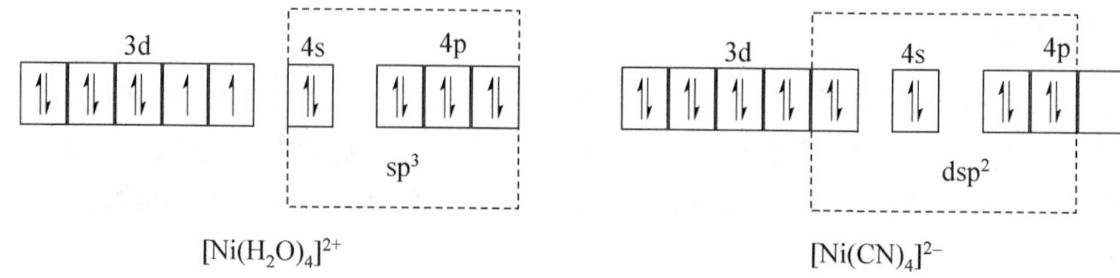

在$[Ni(H_2O)_4]^{2+}$中，有 8 个 3d 电子分布在 5 个 d 轨道上，4s 和 4p 是空的，成键时中心离子以外层轨道 4s 和 4p 进行杂化，形成 4 个 sp^3 杂化轨道，共有 2 个未成对的电子处于高自旋态，空间构型为四面体。在$[Ni(CN)_4]^{2-}$中，两个未成对的 3d 电子由于受到CN^-的影响，重新配对，空出一个 3d 轨道，再与 4s 和 2 个 4p 轨道一起杂化，形成 4 个 dsp^2 杂化轨道，其构型为平面正方形，Ni^{2+}处于正方形的中央，4 个配体位于正方形的 4 个顶角，电子经重排后，自旋平行的电子数目减少。

表 9-3 列出常见离子在形成配位键时所采用的杂化轨道类型以及相应的空间构型。

表 9-3　杂化轨道的类型与空间构型的关系

配位数	杂化轨道	空间构型	实例
2	sp^2	直线形	$[Ag(NH_3)_2]^+$，$[Cu(NH_3)_2]^+$，$[Cu(CN)_2]^-$，$[Ag(CN)_2]^-$，$[CuCl_2]^-$
4	sp^3	四面体	$[Ni(NH_3)_4]^{2+}$，$[Zn(NH_3)_4]^{2+}$，$[Cd(NH_3)_4]^{2+}$，$[ZnCl_4]^{2-}$，$[Zn(H_2O)_4]^{2+}$，$[Cd(CN)_4]^{2-}$，$[Hg(CN)_4]^{2-}$，$[HgI_4]^{2-}$，$[FeCl_4]^-$，$[Co(SCN)_4]^{2-}$，$[Ni(CO)_4]$，$[Ni(H_2O)_4]^{2+}$
	dsp^2	平面正方形	$[Cu(NH_3)_4]^{2+}$，$[Ni(CN)_4]^{2-}$，$[Pd(NH_3)_4]^{2+}$，$[Pt(NH_3)_2Cl_2]$，$[Cu(CN)_4]^{2-}$，$[CuCl_4]^{2-}$，$[PdCl_4]^{2-}$
6	d^2sp^3	八面体	$[Fe(CN)_6]^{4-}$，$[Fe(CN)_6]^{3-}$，$[V(NH_3)_6]^{3+}$，$[Cr(CN)_6]^{3-}$ $[Mn(CN)_6]^{4-}$，$[Cr(CN)_6]^{2-}$，$[Co(CN)_6]^{4-}$，$[Co(CN)_6]^{3-}$，$[PtCl_6]^{4-}$，$[PdCl_6]^{2-}$，$[Co(NH_3)_6]^{3+}$，$[Mn(CN)_6]^{3-}$
	sp^3d^2		$[Cr(H_2O)_6]^{3+}$，$[Cr(NH_3)_6]^{3+}$，$[FeF_6]^{3-}$，$[Fe(H_2O)_6]^{3+}$，$[CoF_6]^{3-}$，$[Fe(NH_3)_6]^{2+}$，$[Co(NH_3)_6]^{2+}$

配合物是内轨型还是外轨型，可粗略地根据中心离子与配位原子的电负性差值的大小来确定，差值很大时，易形成外轨型，如 F、O 等作为配位原子时，常形成外轨型配合物。差值较小的如CN^-中的 C、NO_2^- 中的 N 等一般常形成内轨型配合物。但在$[Zn(CN)_4]^{2-}$中，因为 Zn^{2+}为 $3d^{10}$ 的满层结构，所以只能以外层空轨道形成的 sp^3 杂化轨道成键，形成四面体形配合物，是外轨型配合物。NH_3、Cl^-则有时生成外轨型配合物，有时生成内轨型配合物。

有什么方法可以判定配合物是内轨型还是外轨型?

从前面的介绍已经知道，形成内轨型配合物时，由于中心离子的成单电子数减少，比自由离子的磁矩相应降低。故可由磁矩的降低来判断内轨型配合物的生成。配合物磁性的大小以磁矩 μ 表示，μ 与成单电子数 n 之间有如下近似关系：

$$\mu = \sqrt{n(n+2)}\mu_B \tag{9-1}$$

式中，μ 为配合物的磁矩；n 为成单电子数；μ_B 称为玻尔磁子，它是磁矩的单位(简写为 B.M.，1 B.M. = $eh/4\pi M_e C$)。例如，$[FeF_6]^{3-}$与$[Fe(CN)_6]^{3-}$的磁矩经实验测定分别为μ = 5.88 B.M.和μ = 2.3 B.M.。价键理论认为前者是外轨型，应有 5 个成单电子，依上式计算的μ = 5.92 B.M.；而后者为内轨型，应有一个成单电子，依上式计算的μ= 1.73 B.M.，可见磁矩判断的理论值与实验值基本符合。按照 μ 与成单电子数间的近似关系式，计算出磁矩的理论估算值列于表 9-4 中。

表 9-4　磁矩的理论估算值

未成对电子数	0	1	2	3	4	5
磁矩μ/B.M.	0	1.73	2.83	3.87	4.90	5.92

两种类型配合物的特征总结于表 9-5 中。

表 9-5　两种类型配合物的比较

项目	配离子	
	$[FeF_6]^{3-}$	$[Fe(CN)_6]^{3-}$
配合物类型	外轨型	内轨型
自旋状态	高自旋	低自旋
杂化轨道	$nsnp^3nd^2$	$(n-1)d^2nsnp^3$
空间构型	正八面体	正八面体
实验磁矩(μ)测定/B.M.	5.88	2.3
未配对电子	n = 5	n = 1
稳定性	较差	稳定

价键理论将外轨型配合物看成是高自旋态，将内轨型配合物看成是低自旋态。它根据配离子所采用的杂化轨道类型较为成功地说明了许多配离子的空间构型和配位数，而且解释了高、低自旋配合物的磁性和稳定性的差别。但有些情况与实际不完全符合。例如，实验测得$[Cu(NH_3)_4]^{2+}$为平面正方形构型，Cu^{2+}的电子层结构是 $3d^94s^04p^0$，在 3d 轨道上有一个未成对的电子，若受 NH_3 的作用，激发到 4p 轨道，空出一个 3d 轨道与一个 4s 和两个 4p 轨道一起杂化，形成四个 dsp^2 杂化轨道，空间构型为平面正方形，价层电子变化示意如下：

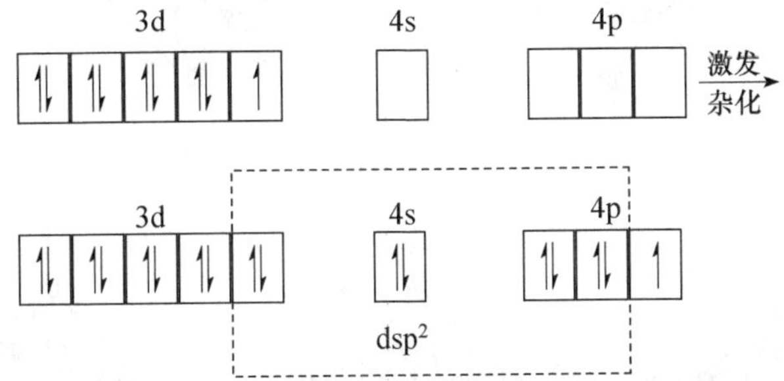

价键理论的解释为有一个单电子容易失去，但这种情况与$[Cu(NH_3)_4]^{2+}$稳定存在似乎矛盾。因此，形成配位键的前后，自旋平行的电子数未变，若用磁矩验证就失败了。除此以外，价键理论还不能解释为什么过渡金属的配合物大多数具有一定的颜色，也不能说明同一过渡系的金属从 d^0 到 d^{10} 所形成的配合物稳定性的变化规律等。价键理论的局限性促使化学工作者在其基础上又提出了新的理论。

9.2.2　晶体场理论

晶体场理论是一种静电作用理论。它是 1929 年皮塞(Bethe)研究离子晶体时提出的，该理论在物理学某些范围内得到应用和发展，但直到 20 世纪 50 年代才被化学界公认并应用于处理配合物的化学键问题。

晶体场理论基本要点如下：

(1) 中心离子和配体阴离子(或极性分子)之间的相互作用，类似于离子晶体中阳、阴离子之间(或离子与偶极分子之间)的静电排斥和吸引，并将配体看作点电荷。

(2) 中心离子的 5 个能量相同的 d 轨道由于受周围配体负电场不同程度的排斥作用，能级发生分裂，有些轨道能量升高，有些轨道能量降低。

(3) 由于 d 轨道能级的分裂，d 轨道上的电子重新分布，体系能量降低，变得比原来稳定，即给配合物带来了额外的稳定化能。

下面首先介绍中心离子 d 轨道能级分裂情况。

1. 中心离子 d 轨道在正八面体场中的分裂情况

为了弄清 d 轨道能级分裂情况，首先来研究五个 d 轨道的空间取向。

假设一个含有 10 个 d 电子的自由金属离子，体系的能量为 E_0，将它放在一个空心球的中央，球半径等于中心离子与配位原子的核间距，如果有 6 个负电荷的电量均匀分布于球的表面上，d 轨道在此球形对称的电场中，由于静电排斥作用，能量升高为 E_s，由于受到静电排斥的程度相同，因而能级并不发生分裂。如果将此 6 个负电荷的电量集中为 6 个点，将此 6 个点电荷分布于 6 个配体上，并且每个配体处于内接于球的八面体的各个顶角上(分布在±x、±y、±z 坐标轴上)，此时 d 轨道处于 6 个负电荷的八面体环境中，半径和电量均未改变，故体系的总能量不变，但由于 d 轨道在空间中各个方向分布不同(图 9-4)，这样分布的结果是，d_{z^2} 和 $d_{x^2-y^2}$ 与配体处于迎头相碰的情况，d 轨道中的电子受到配体负电荷或偶极负端的强烈静电排

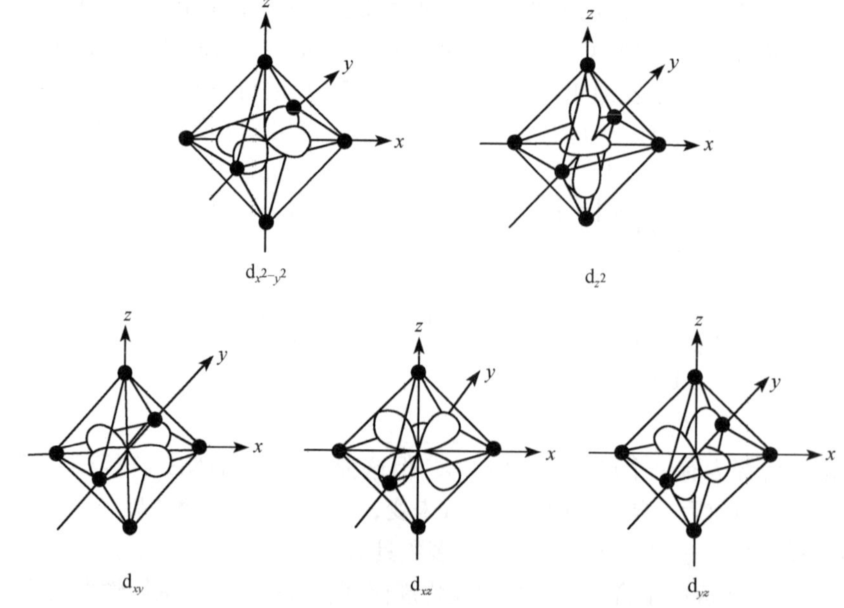

图 9-4　八面体配合物中的 d 轨道与配位体(L)

斥作用，因而这两个 d 轨道的能级升高，它们受到的排斥作用相同，故为二重简并(两种轨道升高的能级相等)。d_{xy}、d_{yz}、d_{xz} 的极大值(凸出部分)恰好插在配体之间，受到的排斥作用较弱，故这些 d 轨道的能级相应要比 E_s 低。它们之间只是方向不同，形状和所处的环境都相同，故为三重简并。这就是说，由于中心离子的 d 轨道对称性不同，在配体场的作用下分裂为两组，一组是能级较高的 d_{z^2}、$d_{x^2-y^2}$，将它们称为 d_γ(或 e_g，这是分子轨道的叫法)。另一组是能量较低的 d_{xy}、d_{xz}、d_{yz} 轨道，常称为 d_ε(或 t_{2g})，如图 9-5 所示。必须指出，在不同构型的配合物中，中心离子 d 轨道能级分裂的情况是不同的。

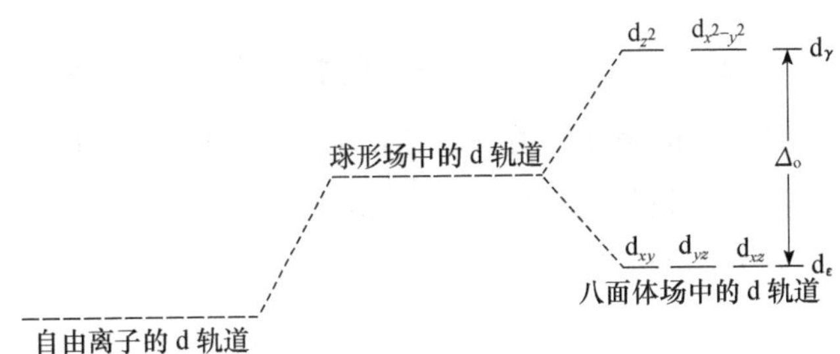

图 9-5　八面体场中 d 轨道能级的分裂

中心离子的 d 轨道受不同构型配体电场的影响，能级发生分裂，分裂后最高能级和最低能级之差称为分裂能。不同配合物八面体的分裂能是不相同的，有的大，有的小，都取相对值。例如，在八面体场中分裂能(通常用Δ_o表示)为 $E_{d_\gamma}-E_{d_\varepsilon}$，即

$$\Delta_o = E_{d_\gamma}-E_{d_\varepsilon} \tag{9-2}$$

将Δ_o分为 10 份，以 Dq 为单位，即 $\Delta_o = E_{d_\gamma}-E_{d_\varepsilon}=10\ \text{Dq}$。

根据量子力学中"重心不变"的原理，d 轨道在分裂过程中总能量保持不变，d_γ和 d_ε的总能量应是 0 Dq。所以，d_γ中的 4 个电子升高的能量总和必然等于 d_ε中 6 个电子降低的能量总和。故 d 轨道分裂后的能量有以下关系：

$$E_{d_\gamma}-E_{d_\varepsilon}=10\ \text{Dq}$$
$$4E_{d_\gamma}+6E_{d_\varepsilon}=0$$

解方程组得，$E_{d_\gamma}=6\ \text{Dq}$，$E_{d_\varepsilon}=-4\ \text{Dq}$。

在八面体场中，d 轨道分裂的结果为，d_γ轨道的能级升高 6 Dq，d_ε轨道的能级降低 4 Dq。这就是说，如果一个电子在低能级的 d_ε上，可使体系的能量降低 4 Dq，而一个电子处于高能级的 d_γ轨道上，则需要消耗 6 Dq 的能量。

2. 四面体场 d 轨道的分裂

在四面体场中，d 轨道的分裂较难理解，可以设想将四面体放在立方体中，四面体的四个顶点位于立方体的四个顶角上，中心离子(或原子)则处在立方体的体心(图 9-6)。

其中 $d_{x^2-y^2}$ 轨道的极大值分别指向立方体的面心，而 d_{xy} 轨道的极大值则分别位于立方体四个棱边的中点(棱边$\frac{1}{2}$处)。这样在四面体配合物中，当四个配体沿四面体的四个顶角靠近中心离子(或原子)时，将会看到 d_{xy} 轨道比 $d_{x^2-y^2}$ 轨道更靠近配体，也就是说 d_{xy} 轨道受到配体

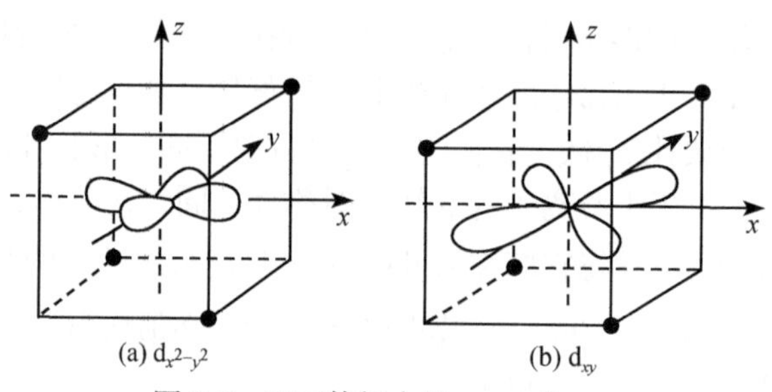

图 9-6　四面体场中的 $d_{x^2-y^2}$ 和 d_{xy}

的影响(排斥力)比 $d_{x^2-y^2}$ 轨道更大。因此，d_{xy} 轨道的能量升高，由于 d_{xy}、d_{xz}、d_{yz} 三个轨道的情况相似，因而成为三重简并的高能轨道(d_ε轨道)，而 $d_{x^2-y^2}$ 和 d_{z^2} 相似，能量降低为二重简并的低能轨道(d_γ轨道)。这样在四面体场中原来能量相同的 5 个 d 轨道现在分为两组，其分裂情况正好与八面体场相反，如图 9-7 所示。

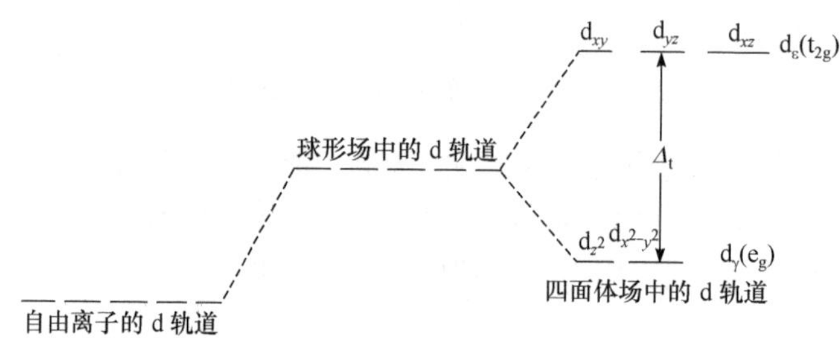

图 9-7　四面体场中的 d 轨道的分裂

由于四面体场中的 d_γ、d_ε轨道不像八面体场中那样直接指向配体，因此它们受到配体的排斥作用不及八面体那样强烈。在配体相同，中心原子与配体距离相同(与八面体场相比)的情况下，四面体场中两组轨道的能量差即分裂能Δ_t是八面体场中Δ_o的$\frac{4}{9}$，即

$$\Delta_t = \frac{4}{9}\Delta_o = \frac{4}{9}\times 10\ \mathrm{Dq}$$

同理：

$$E_{d_\varepsilon} - E_{d_\gamma} = \frac{4}{9}\times 10\ \mathrm{Dq}$$

$$6E_{d_\varepsilon} + 4E_{d_\gamma} = 0$$

求解得

$$E_{d_\varepsilon} = 1.78\ \mathrm{Dq} \qquad E_{d_\gamma} = -2.67\ \mathrm{Dq}$$

最后，再看平面正方形场中 d 轨道的分裂情况。设有 4 个配体 L 沿着$\pm x$ 和$\pm y$ 轴方向向中心的 M^{n+}趋近时，因 $d_{x^2-y^2}$ 轨道中的电子受 L 的负电荷排斥作用最强，能级升高最多，其次是 d_{xy} 轨道；而 d_{z^2} 和简并的 d_{yz}、d_{xz} 的能量降低。总之，5 个 d 轨道分裂成 4 组，如图 9-8 所示。

原则上也可以算出正方形场中的四组轨道的相对能量值为

$$E(d_{x^2-y^2}) = 12.28\ \mathrm{Dq},\ E(d_{xy}) = 2.28\ \mathrm{Dq},\ E(d_{z^2}) = -4.28\ \mathrm{Dq},\ E(d_{yz}, d_{xz}) = -5.14\ \mathrm{Dq}$$

正方形场的分裂能$\Delta_s = E(d_{x^2-y^2}) - E(d_{yz}, d_{xz}) = 17.42\ \mathrm{Dq}$。

在其他几何构型的配合物中，d 轨道的相对值可用类似的方法求得。

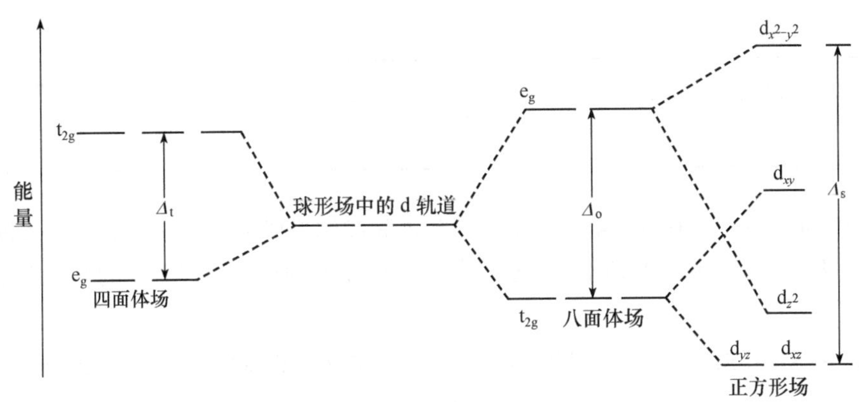

图 9-8　四面体场、八面体场和正方形场中 d 轨道的分裂比较

3. 影响分裂能的因素

电子在未充满的 d_ε和 d_γ轨道上，吸收一定频率的光能，从低能级跃迁到高能级，这种跃迁称为 d_ε-d_γ跃迁。当电子再回到低能级时，发射出与吸收时相同频率的光波。通过光谱实验测出频率为 v，再应用$\Delta = E = hv$(h 为普朗克常量)，即可求得分裂能Δ的值。对大量配合物进行光谱实验研究，发现分裂能的大小与配合物的空间构型、配体的性质、中心离子的电荷以及该元素所在的周期有关。

(1) 空间构型：一般而言，配合物的几何构型与分裂能的关系如下：

$$平面正方形 > 八面体 > 四面体$$

其分裂能的值为

$$17.42\ \text{Dq} > 10\ \text{Dq} > \frac{4}{9} \times 10\ \text{Dq}$$

(2) 中心离子的影响：中心离子对分裂能的影响主要表现在中心离子电荷数的多少和半径上。对于同一种配体，同一种中心离子的电荷数不同，分裂能也因此而异(表 9-6)。

表 9-6　中心离子的电荷对分裂能的影响

离子	$[Fe(H_2O)_6]^{2+}$	$[Fe(H_2O)_6]^{3+}$	$[Cr(H_2O)_6]^{2+}$	$[Cr(H_2O)_6]^{3+}$
电荷数	2	3	2	3
分裂能/cm^{-1}	10400	13700	13900	17400

注：分裂能是用波数表示能量$\Delta = E = hv = hc\tilde{v}$ ；$\tilde{v}$ 是波数，单位为 cm^{-1}；$1\ J = 83.65\ cm^{-1}$。

从表 9-6 可以看出，电荷数越高，分裂能越大，这是由于电荷数越高，配体的诱导偶极越大，产生的电场相应增强，d 轨道的分裂越显著，分裂能也越大。

中心离子半径的大小一般与所在的周期有关。4d 比 3d 大，5d 又比 4d 大。实验证明，第二、第三过渡系比第一过渡系有较大的分裂能(表 9-7)。从表 9-7 中可以看出，中心离子所属的周期数越大，分裂能越大。

表 9-7　中心离子所属过渡系与分裂能

过渡系	配离子	分裂能/cm^{-1}
第一过渡系	$[Co(NH_3)_6]^{3+}$ $[Co(en)_3]^{3+}$	22900 23200
第二过渡系	$[Rh(NH_3)_6]^{3+}$ $[Rh(en)_3]^{3+}$	34100 34600

续表

过渡系	配离子	分裂能/cm^{-1}
第三过渡系	$[Ir(NH_3)_6]^{3+}$ $[Ir(en)_3]^{3+}$	41000 41400

(3) 配体的影响：对于同一中心离子和各种不同配体形成的配合物，由于配体场的强度不同，根据光谱实验测定可以得到不同的分裂能。配体场强的称为强场，弱的称为弱场，场强的强弱顺序如下：

$I^- < Br^- < S^{2-} < SCN^- < Cl^- < NO_3^- < F^-$～尿素$< OH^-$～ONO(亚硝基)～$HCOO^- < C_2O_4^{2-} < H_2O < EDTA^{4-} <$吡啶～$NH_3 < en$～二乙基三胺$< SO_3^{2-} <$联吡啶～邻二氮菲$< NO_2^- < CN^- < CO$

这个顺序称为光谱化学序列。在序列后面的一些配体，称为强场配体，分裂能较大。光谱化学序列表示不管哪一种金属离子，如果配体不同，则其 d 轨道的分裂能都可由光谱化学序列估计其大小。即中心离子被指定后，分裂能的大小主要取决于配体的种类。例如，$[Cu(NH_3)_4]^{2+}$与$[Cu(H_2O)_4]^{2+}$比较，从光谱化学序列可知 NH_3 的场强比 H_2O 强，故前者的分裂能比后者大。

4. 晶体场中 d 轨道电子的排布

1) d 电子的排布

在自由状态的过渡金属离子中，电子的排布遵从洪德规则，即 d 电子在 5 个简并轨道中尽可能分占各个轨道且自旋平行，这样能量最低。但在晶体场中，d 轨道发生能级分裂后，d 电子如何排布，至少有两个因素决定电子的分布情况：①根据洪德规则，电子的正常倾向是保持成单，为了使两个电子能在同一轨道中成对，就需要有足够大的能量来克服这两个电子同占一轨道所产生的相互斥力，这种能量称为电子成对能，以 P 表示；②在晶体场的存在下，d 轨道电子将倾向于进入低能轨道，由此而获得的稳定性(Δ)足够大，足以克服由于电子成对所损失的能量，则电子配对形成低自旋。这两种情况下，究竟哪种因素为主导，需视具体情况而定。

下面以八面体场为例进行讨论。为了使讨论问题简单化，假设在晶体场中 d 轨道分裂成两组能级，一组的能量为 E_o，一组能量为 $E_o + \Delta_o$。当只有三个电子时，该电子将排在能量为 E_o 的较低一组，当有第四个电子时，这时是继续排在能量为 E_o 的较低一组还是排在能量为 $E_o + \Delta_o$ 的较高一组？在这两种不同的排列中能量显然不同，为此应首先考虑其总能量的变化。排在 $E_o + \Delta_o$ 一组，其总能量应为

$$E_H = 3E_o + (E_o + \Delta_o) = 4E_o + \Delta_o$$

若两个电子都排在能量为 E_o 的较低一组，则总能量为

$$E_L = 4E_o + P$$

两式相比较仅在分裂能 Δ 与电子成对能 P 一项不同，那么第四个电子究竟排在 E_o 还是排在 $E_o + \Delta_o$，取决于Δ_o与 P 的相对大小。

若$\Delta_o > P$，即分裂能大于电子成对能，此时第四个电子将填充到能量为 E_o 的较低一组 d 轨道上，呈自旋相反态与已有的单电子配对，这种克服电子成对能，占有低能量的轨道称为低自旋状态。

若$\Delta_o < P$，即分裂能小于电子成对能时，则第四个电子将填充到能量为$E_o + \Delta_o$的较高一组 d 轨道上，且呈自旋平行态，这种克服分裂能，自旋平行占有高能量轨道称为高自旋状态。

通常将分裂能大于成对能的晶体场称为强场，反之则称为弱场，分别表示配体的晶体场对中心原子 d 轨道影响的强弱。在强场时，一般情况下优先克服成对能电子耦合成对，呈低自旋态，弱场时则相反。

例如：

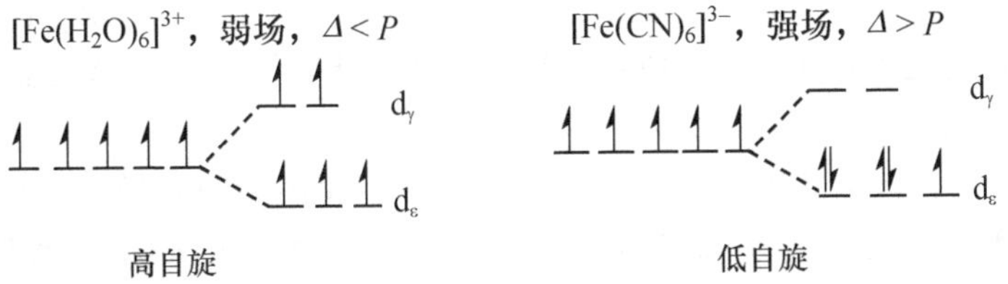

$[Fe(H_2O)_6]^{3+}$，弱场，$\Delta < P$　　d_γ　d_ε

高自旋

$[Fe(CN)_6]^{3-}$，强场，$\Delta > P$　　d_γ　d_ε

低自旋

由此可见，在八面体场中 d 电子数为 d^1、d^2、d^3 和 d^8、d^9、d^{10} 时，不管是强场还是弱场均有相同的排列，只是在 d^4、d^5、d^6、d^7 时，强场与弱场具有不同的排列方式，配合物有高自旋和低自旋之分。对于四面体场，由于$\Delta_t = \frac{4}{9}\Delta_o$，一般$\Delta < P$，因此四面体配合物常为高自旋配合物，为弱场排布。

2) 晶体场稳定化能

同种构型(如八面体)的配合物，除了形成配位键带来的能量效应外，其晶体场稳定化能可以对配合物的稳定带来额外的稳定效应。当中心离子的电子进入分裂后的 d 轨道中，体系的总能量比分裂前在球形晶体场中的能量低，将降低的能量称为晶体场稳定化能，用 CFSE 表示。

由于不同晶体场的分裂能 Δ 不同，并且每个中心离子电荷和半径的差异，以及配体场强弱不同，其 CFSE 值彼此不同。在八面体场中，d 轨道分裂为一组能量较高的 d_γ轨道和一组能量较低的 d_ε轨道，其 d 电子的排布随着晶体场的强弱不同，它们在分裂后的轨道中的排布也不同，所以它们的 CFSE 也有所不同。CFSE 的计算通式为

$$\text{CFSE} = a \times E_{d_\varepsilon} + b \times E_{d_\gamma} + c \times P \tag{9-3}$$

式中，a、b 分别为 d_ε 和 d_γ 轨道的电子数；c 为相对于球形晶体场增加的电子对数。

为了说明这一情况，我们考虑一个具有 d^4 构型的金属离子。在球形晶体场中，d 轨道是等价的，4 个 d 电子分占能量相同的不同等价轨道。在八面体场中，由于晶体场强弱的不同，d 电子排布分为高自旋和低自旋两种方式，其电子排布分别为 $d_\varepsilon^3 d_\gamma^1$ 和 $d_\varepsilon^4 d_\gamma^0$。高自旋的稳定化能(CFSE)计算为

$$\text{CFSE} = 3 \times (-4\ \text{Dq}) + 1 \times (+6\ \text{Dq}) = -6\ \text{Dq}$$

说明 d 轨道分裂后比未分裂时($E_o = 0$ Dq)，其总能量降低了 6 Dq。

低自旋的稳定化能(CFSE)由两部分组成：4 个 d 电子都排布在 d_ε 轨道，体系能量降低 16 Dq；另外，相对于球形晶体场(未分裂前)而言，在低自旋时新增一对电子，需要克服成对能(P)。故它的晶体场稳定化能为-16 Dq + P。

具有 $3d^6$ 构型的 Fe^{2+}在八面体弱场中的电子排布为 $d_\varepsilon^4 d_\gamma^2$，相对于球形晶体场而言，它没有增加额外的电子对，故相应于此排列的 d 轨道能量(CFSE)为

$$\text{CFSE} = 4 \times (-4\ \text{Dq}) + 2 \times (+6\ \text{Dq}) = -4\ \text{Dq}$$

说明 d 轨道分裂后比未分裂时($E_o = 0$ Dq)，其总能量降低了 4 Dq。

假如在八面体强场中，d 轨道分裂后的 d 电子排布是 $d_\varepsilon^6 d_\gamma^0$，相对于球形晶体场，它增加了 2 对电子，则

$$\mathrm{CFSE} = 6\times(-4\ \mathrm{Dq}) + 2P = -24\ \mathrm{Dq} + 2P$$

通过以上计算说明在弱场情况下，晶体场稳定化能计算时不用考虑成对能的影响。但是在强场的情况下，需要考虑由于电子的重排新增的成对电子。但无论强场还是弱场，晶体场稳定化能的存在使配合物更加稳定。其中强场的晶体场稳定化能比弱场下降更多，因而在强场的情况下，配合物更稳定。

对四面体配合物，根据 d 电子在分裂后的 d 轨道排布情况也可计算其晶体场稳定化能。因为在四面体场中 d_γ 轨道的能量为−2.67 Dq，d_ε 轨道的能量为 1.78 Dq(不考虑电子的相互作用)。

例如，对 d^6 构型的配合物在四面体弱场中的电子排布为 $d_\varepsilon^3 d_\gamma^3$，则晶体场稳定化能为

$$\mathrm{CFSE} = 3\times(-2.67\ \mathrm{Dq}) + 3\times(+1.78\ \mathrm{Dq}) = -2.67\ \mathrm{Dq}$$

在四面体强场中的排布为 $d_\varepsilon^4 d_\gamma^2$，其晶体场稳定化能为

$$\mathrm{CFSE} = 4\times(-2.67\ \mathrm{Dq}) + 2\times(+1.78\ \mathrm{Dq}) + P = -7.12\ \mathrm{Dq} + P$$

说明配合物获得了额外的晶体场稳定化能。

按上述方法所得各种构型不同 d 电子排布的晶体场稳定化能，见表 9-8。

表 9-8　配离子的晶体场稳定化能(CFSE)(单位：Dq)

d 电子数	弱场			强场		
	正方形	八面体	四面体	正方形	八面体	四面体
d^0	0.00	0.00	0.00	0.00	0.00	0.00
d^1	−5.14	−4.00	−2.67	−5.14	−4.00	−2.67
d^2	−10.28	−8.00	−5.34	−10.28	−8.00	−5.34
d^3	−14.56	−12.00	−3.56	−14.56	−12.00	−8.01 + P
d^4	−12.28	−6.00	−1.78	−19.70 + P	−16.00 + P	−10.68 + 2P
d^5	0.00	−0.00	0.00	−24.34 + 2P	−20.00 + 2P	−8.90 + 2P
d^6	−5.14	−4.00	−2.67	−29.12 + 2P	−24.00 + 2P	−7.12 + P
d^7	−10.28	−8.00	−5.34	−26.84 + P	−18.00 + P	−5.34
d^8	−14.56	−12.00	−3.56	−24.56 + P	−12.00	−3.56
d^9	−12.28	−6.00	−1.78	−12.28	−6.00	−1.78
d^{10}	0.00	0.00	0.00	0.00	0.00	0.00

由上述讨论可以得出：对弱场配体来说，d 轨道处于半充满、全充满和全空时，d 轨道分裂前后的能量保持不变；而对于强场配体则只有在全充满、全空时能量保持不变。在大多数情况下 d 轨道不会处于全空和全充满，因此都具有晶体场稳定化能，从而增加了配合物的稳定性。对于同种构型的配合物，稳定化能越大，配合物越稳定。但对构型不同的配合物，不能单纯以晶体场稳定化能判断配合物的稳定性。从表 9-8 可知，平面正方形的晶体场稳定化能比八面体的晶体场稳定化能大，但实际上，正八面体配合物比平面正方形配合物更稳定。这是由于正八面体配合物形成了六个配位键，而平面正方形只有四个。前者多形成两个配位键，使体系

的总能量(包括键能和晶体场稳定化能)降低，因而构型为八面体的配合物比平面正方形配合物更稳定。只有当平面正方形场的晶体场稳定化能足以与八面体场的晶体场稳定化能相抗衡，才有可能形成四配位的平面正方形的配合物，如弱场的 d^4、$d^9(Cu^{2+})$，强场的 d^8。

5. 晶体场理论的应用

晶体场理论能较好地解决价键理论不能说明的问题，这里仅介绍几点：

(1) 说明过渡金属配合物稳定性的变化规律：对于同一过渡系的金属离子(d^0～d^{10})所形成的配合物，其稳定性常呈现规律性变化。例如，第一过渡系从 Ca^{2+}到 Zn^{2+}在弱八面体场的作用下，其稳定性与所含 d 电子数的关系如下：

$$d^0 < d^1 < d^2 < d^3 \sim d^4 < d^5 < d^6 < d^7 < d^8 \sim d^9 < d^{10}$$

将这一稳定性变化的规律与表 9-8 所示的晶体场稳定化能对照是相吻合的。从表列数据还可以看出，$d^3(V^{2+}$、Cr^{3+}等)及 $d^8(Ni^{2+}$等)的配合物有最大的晶体场稳定化能(指绝对值比较，下同)；而 $d^0(Ca^{2+}$、Sc^{3+}等)、$d^5(Mn^{2+}$、Fe^{3+}等)及 $d^{10}(Cu^+$、Zn^{2+}等)晶体场稳定化能最小。按表 9-8 也可以排出在强场中八面体配合物的稳定性与 d 电子数的关系等。

(2) 说明过渡金属配合物为什么具有颜色。过渡金属配合物大多具有一定颜色，如蓝色的$[Cu(NH_3)_4]^{2+}$、绿色的$[Cr(H_2O)_6]^{3+}$、粉红色的$[Co(H_2O)_6]^{2+}$等，这些配合物之所以具有颜色，是因为电子在分裂后的未充满的 d 轨道上吸收一部分光能后进行 d-d 跃迁，这种跃迁所需要的能量恰好等于它的分裂能 Δ，能量差范围为 1.99×10^{-15}～5.96×10^{-19} J(波数范围为 10000～30000 cm^{-1})，相当于λ为 330～1000 nm 的可见光区，所以电子对紫外光区到可见光区吸收的频率的变化就是分裂能 Δ 的大小变化，随着吸收光的波长不同，Δ 值也是不同的。例如，水溶液中的$[Ti(H_2O)_6]^{3+}$(图 9-9)在波数为 20400 cm^{-1} 处(对应波长为 490 nm 左右)有一最大吸收峰，因而分裂能为 20400 cm^{-1}，即为跃迁时所吸收的能量。因为$[Ti(H_2O)_6]^{3+}$吸收了蓝绿光和部分黄光，所以透过了紫红色，即为溶液所呈现的颜色。由于 d 轨道易受外界因素影响，因此配离子的颜色常随配体的不同而不同。例如，$[Cu(H_2O)_4]^{2+}$为蓝色，$[Cu(NH_3)_4]^{2+}$为深蓝色。它们的最大吸收峰分别在 12500 cm^{-1} 和 15100 cm^{-1} 处，在蓝紫区吸收最小。NH_3 的场强比 H_2O 强，因而$[Cu(NH_3)_4]^{2+}$的分裂能比$[Cu(H_2O)_4]^{2+}$大，d-d 跃迁时所需的能量也较高，故吸收光向短波方向移动，使大量的蓝光透过溶液，所以蓝色加深。在讨论配合物的颜色与最大吸收峰的关系时需要注意，配合物中的配体(指单基配体)与中心离子(或原子)是逐级配位的，配合物的颜色为各级配合物的混合色，与前述讨论的最大吸收峰与颜色的关系并不一定完全对应。

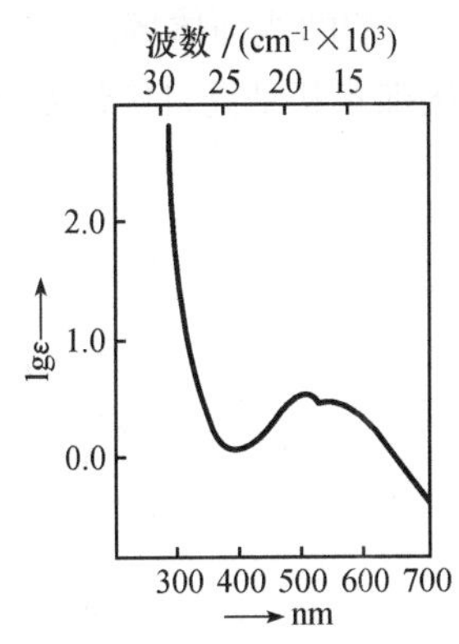

图 9-9　$[Ti(H_2O)_6]^{3+}$的可见吸收光谱

由上所述，可以预测 d 轨道全空或全满时，就没有电子跃迁，所以此类配合物是无色的。事实也是如此，如$[Ag(NH_3)_2]^+$、$[Zn(NH_3)_4]^{2+}$、$[HgI_4]^{2-}$均为无色配合物。

(3) 可以预测配合物的自旋状态。配合物是高自旋还是低自旋，晶体场理论认为是由 Δ 与 P 的相对大小来决定的。对于同一种金属离子，其分裂能主要取决于配体场的强弱。根据光谱化学序列可估计其 Δ 的相对大小，从而预测配合物的自旋状态，磁性实验测定的结果与预测完全符合，见表 9-9。

表 9-9　配合物的自旋状态

电子组态	配离子	P/cm^{-1}	Δ/cm^{-1}	自旋状态	
				理论	实验
d^4	$[Cr(H_2O)_6]^{2+}$	23500	13900	高($\Delta < P$)	高
	$[Mn(H_2O)_6]^{3+}$	28000	21000	高($\Delta < P$)	高
d^5	$[Mn(H_2O)_6]^{2+}$	25500	7800	高($\Delta < P$)	高
	$[Fe(H_2O)_6]^{3+}$	30000	13700	高($\Delta < P$)	高
d^6	$[Fe(H_2O)_6]^{2+}$	17600	10400	高($\Delta < P$)	高
	$[Fe(CN)_6]^{4-}$	17600	33000	低($\Delta > P$)	低
	$[CoF_6]^{3-}$	21000	13000	高($\Delta < P$)	高
	$[Co(NH_3)_6]^{3+}$	21000	23000	低($\Delta > P$)	低

6. 晶体场理论的不足

晶体场理论为解释与配合物性质有关的一些问题，提供了一个半定量的简单方法。但由于它的基本假定是把金属离子与其周围的配体之间完全作为静电的点电荷方式的静电相互作用，没有考虑金属离子与配体的部分共价键性质，故无法解释光谱化学序列中的一些问题。例如，OH^-无论从电荷和极性都大于 H_2O，但在光谱化学序列中 H_2O 的场强比 OH^-强。偶极矩极小的 CO 是最强的强场，而 F^-是弱场。用静电吸引不能解释羰基化合物如$[Fe(CO)_5]$中的铁原子与 CO 之间的结合问题。因为铁原子不带电荷，CO 的偶极矩很小，几乎不存在静电作用。另外，用磁矩测定来验证配合物的自旋状态，只有对 d^4～d^7 才有效，对 d^1～d^3 和 d^8～d^{10} 是无效的。它们的八面体场配合物无论是强场还是弱场配体，电子排布只有一种，用磁矩的大小无法直接推测其是高自旋还是低自旋。其排布示意如下：

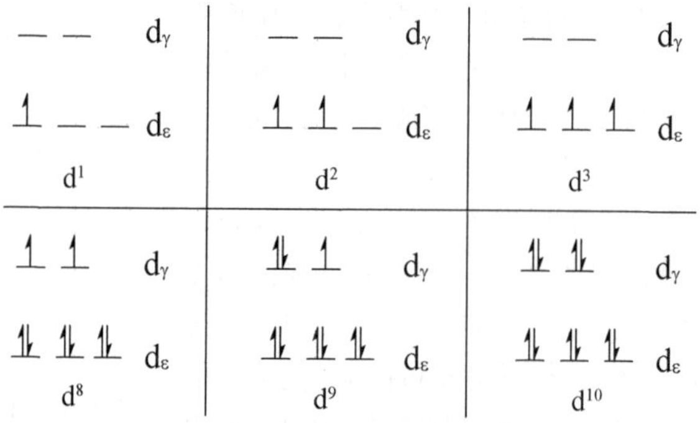

	d^1	d^2	d^3
d_γ	— —	— —	— —
d_ε	↑ — —	↑ ↑ —	↑ ↑ ↑

	d^8	d^9	d^{10}
d_γ	↑ ↑	⇅ ↑	⇅ ⇅
d_ε	⇅ ⇅ ⇅	⇅ ⇅ ⇅	⇅ ⇅ ⇅

所以，晶体场理论用点电荷模型来阐明配合物的性质仍有其局限性。如果在晶体场理论中，考虑中心离子与配体特别是配体不是单纯点电荷，有其本身特点的波函数或电子云的分布状态，并且总会有一定程度的重叠，就可以解释很多非离子型配合物的结合，如羰基配合物、亚硝基配合物$[Cr(NO)_4]$或$[Co(CO)_3NO]$和有机配合物$[Cr(C_6H_6)_2]$等，就能满意地说明配合物的性质与结构的关系。这种进一步完善了的晶体场理论又称为配位场理论，本章不再介绍。

9.3　配合物的稳定性

对于配合物的稳定性，这里主要讨论它的热力学稳定性，尤其是在水溶液中的稳定性。

9.3.1　配合物的稳定常数

前面讲过，$[Cu(NH_3)_4]SO_4$ 的内界和外界以离子键结合，在水溶液中几乎完全电离。但对于内界$[Cu(NH_3)_4]^{2+}$是否也能完全离解？向$[Cu(NH_3)_4]^{2+}$中加入 NaOH 没有蓝色沉淀，但如果改用 Na_2S 溶液，则可得到黑色的 CuS 沉淀。显然在配离子的溶液中还是有极少量的 Cu^{2+}存在，由于 CuS 的溶度积常数很小，形成了 CuS 沉淀。这说明溶液中有下述平衡存在：

$$Cu^{2+} + 4NH_3 \rightleftharpoons [Cu(NH_3)_4]^{2+}$$

在这个平衡体系中，根据化学平衡可得

$$K_f^{\ominus} = \frac{\dfrac{[Cu(NH_3)_4^{2+}]}{c^{\ominus}}}{\left(\dfrac{[Cu^{2+}]}{c^{\ominus}}\right)\left(\dfrac{[NH_3]}{c^{\ominus}}\right)^4}$$

该平衡常数称为配合物的稳定常数，用 $K_f^{\ominus}$(常简写为 K_f，且忽略标准浓度项 $c^{\ominus}$)表示。K_f值越大，配离子越稳定；反之，配离子越不稳定。K_f的倒数 K_d 同样用来表示配离子的稳定性，其数值越大，表示配合物越不稳定，K_d 称为不稳定常数。两者的关系为

$$K_d = 1/K_f$$

9.3.2　逐级稳定常数或累积稳定常数

1. 配合物的逐级稳定常数

配离子在水溶液中的形成是逐步进行的，如 ML_n 的生成是经过几个步骤进行的，即配离子的生成是分步进行的，每一步反应都存在一个平衡，如：

$$M + L \rightleftharpoons ML \quad K_{f,1} = \frac{[ML]}{[M][L]}$$

$$ML + L \rightleftharpoons ML_2 \quad K_{f,2} = \frac{[ML_2]}{[ML][L]}$$

$$\vdots \qquad\qquad \vdots$$

$$ML_{n-1} + L \rightleftharpoons ML_n \quad K_{f,n} = \frac{[ML_n]}{[ML_{n-1}][L]}$$

反之，ML_n 离解的逐级不稳定常数为

$$ML_n \rightleftharpoons ML_{n-1} + L \quad K_{d,1} = \frac{[ML_{n-1}][L]}{[ML_n]}$$

$$ML_{n-1} \rightleftharpoons ML_{n-2} + L \quad K_{d,2} = \frac{[ML_{n-2}][L]}{[ML_{n-1}]}$$

$$\vdots \qquad\qquad \vdots$$

$$ML \rightleftharpoons M + L \qquad K_{d,n} = \frac{[M][L]}{[ML]}$$

从中可以看到，对于非 1∶1 型的配合物，同一级的 K_f 与 K_d 不是倒数。而是有以下关系：

$$K_{f,1}=1/K_{d,n}\text{，}\ K_{f,2}=1/K_{d,n-1}\text{，}\ \cdots\text{，}\ K_{f,n}=1/K_{d,1}$$

2. 累积稳定常数

这主要是对于非 1∶1 型配合物。若有某一配合物，有 n 级稳定常数，如果将第一级至第 i 级的各级稳定常数依次相乘，就得到了第 i 级的累积稳定常数(β_i)：

$$\beta_1 = K_{f,1} = \frac{[ML]}{[M][L]}$$

$$\beta_2 = K_{f,1} \times K_{f,2} = \frac{[ML_2]}{[M][L]^2}$$

$$\vdots$$

$$\beta_n = K_{f,1} \times K_{f,2} \times \cdots \times K_{f,n} = \frac{[ML_n]}{[M][L]^n} \tag{9-4}$$

由上述分析可见，各级配合物的平衡浓度分别为

$$[ML] = \beta_1[M][L]$$

$$[ML_2] = \beta_2[M][L]^2$$

$$\vdots$$

$$[ML_n] = \beta_n[M][L]^n$$

因此，各级配合物的平衡浓度[ML]、$[ML_2]$、…、$[ML_n]$可用游离的金属离子的浓度[M]、配位剂的浓度[L]和各级累积稳定常数表示。配位平衡处理中常涉及各级配合物的浓度，以上关系很重要。

3. 总稳定常数和总离解常数

最后一级累积稳定常数 β_n 又称为配合物的总稳定常数，简略地用 K_f 表示。最后一级累积不稳定常数又称为总不稳定常数，用 K_d 表示，配合物的总稳定常数与总不稳定常数为倒数关系。

例如，对于配合物 ML_4，有

$$K_f = \frac{[ML_4]}{[M][L]^4} = K_{f,1} \times K_{f,2} \times K_{f,3} \times K_{f,4}$$

$$K_d = \frac{[M][L]^4}{[ML_4]} = K_{d,1} \times K_{d,2} \times K_{d,3} \times K_{d,4}$$

4. 配位平衡及配位平衡的移动

和前面各章涉及的化学平衡一样，配位平衡体系中各种组分的浓度可以利用配合物稳定常数进行计算。在一定的条件下，配位平衡会发生移动，同时，配位平衡会和沉淀、酸碱、氧化还原等平衡共存。配位平衡在许多方面都有应用，下面通过一些例题来具体说明。

【例 9-1】 将 10 cm^3 0.2 $mol \cdot dm^{-3}$ $AgNO_3$ 溶液与 10 cm^3 1.0 $mol \cdot dm^{-3}$ $NH_3 \cdot H_2O$ 溶液混合，试计算溶液中银离子的平衡浓度$[Ag^+]$为多少？

解　首先根据题意写出反应式：$Ag^+ + 2NH_3 \rightleftharpoons [Ag(NH_3)_2]^+$

反应前浓度/($mol \cdot dm^{-3}$)　　0.10　0.50　　0

平衡时浓度/($mol \cdot dm^{-3}$)　　x　$0.30 + 2x$　　$0.10-x$

根据
$$\frac{[Ag(NH_3)_2^+]}{[Ag^+][NH_3]^2} = \frac{0.10-x}{x(0.30+2x)^2} \approx \frac{0.10}{x(0.30)^2} = 1.1\times10^7$$

解方程得
$$x = [Ag^+] = 4.4 \times 10^{-8}\ mol \cdot dm^{-3}$$

在这里，为了计算方便，通常设在平衡体系中游离的银离子浓度为 x，也就是先假设银离子先全部转化为配合物，再离解出一部分，从化学平衡的原理出发，这样的处理是合理的。在体系中游离的$[Ag^+]$很小，这样在计算过程中算式可以进行近似处理，大大简化了计算过程。x 数值很小，平衡时$[Ag^+] = 0.30 + 2x \approx 0.30$，$[Ag(NH_3)_2^+] = 0.10 - x \approx 0.10$。如果设平衡状态时$[Ag(NH_3)_2^+] = x$，则无法进行近似处理，必须解一元高次方程，给计算带来不便。

【例 9-2】　Cu^{2+}分别与 EDTA 和乙二胺(en)形成配合物$[CuY]^{2-}$(Y^{4-}表示乙二胺四乙酸根)及$[Cu(en)_2]^{2+}$，已知其稳定常数分别为 6.3×10^{18} 和 4×10^{19}，试通过计算说明二者的稳定性大小，计算结果说明了什么问题？

解　假设$[CuY]^{2-}$及$[Cu(en)_2]^{2+}$溶液的浓度均为 0.10 $mol \cdot dm^{-3}$，设平衡时有 $x_1[CuY]^{2-}$离解：

$$Cu^{2+} + Y^{4-} \rightleftharpoons [CuY]^{2-}$$

平衡浓度/($mol \cdot dm^{-3}$)　　x_1　x_1　$0.10 - x_1$

由于 $0.10 - x_1 \approx 0.10$，则
$$K_f = \frac{0.10 - x_1}{x_1^2} \approx \frac{0.10}{x_1^2} = 6.3\times10^{18}$$

解得
$$x_1 = 1.26 \times 10^{-10}\ mol \cdot dm^{-3}$$

同理，设$[Cu(en)_2]^{2+}$离解平衡时 Cu^{2+}的浓度为 x_2：

$$Cu^{2+} + 2en \rightleftharpoons [Cu(en)_2]^{2+}$$

平衡浓度/($mol \cdot dm^{-3}$)　　x_2　$2x_2$　$0.10 - x_2$

解得
$$x_2 = 8.5 \times 10^{-8}\ mol \cdot dm^{-3}$$

由计算 $x_1 < x_2$，可知$[CuY]^{2-}$比$[Cu(en)_2]^{2+}$更稳定。可见只有同种构型的配离子才能直接根据稳定常数的大小来判断比较几种配离子的稳定性。而不同类型的配离子只能通过计算比较其稳定性。

【例 9-3】　通过计算说明配位反应：$[Ag(NH_3)_2]^+ + 2CN^- \rightleftharpoons [Ag(CN)_2]^- + 2NH_3$ 向哪个方向进行的趋势大？

解　可以根据配离子$[Ag(NH_3)_2]^+$和$[Ag(CN)_2]^-$的稳定常数，求出上述反应的平衡常数来判断，上述反应的平衡常数可表示为

$$K = \frac{[Ag(CN)_2^-][NH_3]^2}{[Ag(NH_3)_2^+][CN^-]^2}$$

上式等号右边的分子、分母同时乘以$[Ag^+]$，可得

$$K = \frac{[Ag(CN)_2^-][NH_3]^2[Ag^+]}{[Ag(NH_3)_2^+][CN^-]^2[Ag^+]} = \frac{K_{f,[Ag(CN)_2^-]}}{K_{f,[Ag(NH_3)_2^+]}}$$

查表得：
$$K_{f,[Ag(CN)_2^-]} = 1.3\times10^{21},\quad K_{f,[Ag(NH_3)_2^+]} = 1.1\times10^7$$

代入上式得

$$K = \frac{1.3\times10^{21}}{1.1\times10^7} = 1.2\times10^{14}$$

由计算可知，K 值很大，说明反应向着生成$[Ag(CN)_2]^-$方向进行的趋势很大。因此，在$[Ag(NH_3)_2]^+$溶液中加入足量的 CN^-时，$[Ag(NH_3)_2]^+$逐渐被破坏，生成$[Ag(CN)_2]^-$。配合物之间可以相互转化，一般反应总是朝着生成更加稳定的配合物的方向进行，当配合物稳定性接近时，则配体的浓度决定反应进行的方向。

9.3.3　影响配合物稳定性的主要因素

影响配合物稳定性的因素分为内因和外因两个方面，内因是指中心离子(或原子)与配体的性质，外因是溶液的酸度、浓度、压力等。这里重点研究内因的影响，外因在以后的配位滴定内容中逐步讨论。

1. 中心离子(或原子)

一般而言，中心离子的半径和电荷是主要因素，必要时也要考虑离子的电子层结构，当配体一定时，中心离子电场越强，所生成的配合物稳定性越大。中心离子电场主要取决于中心离子的半径和电荷，而离子势($\phi = Z/r$)正是综合考虑了这两方面的因素，因此离子势越大的中心离子生成的配合物越稳定。

根据电子层结构的不同可以将中心离子分成三类：

(1) 外电子层为 2 个电子或 8 个电子结构的阳离子，它们一般正电荷较小，离子半径较大，极化力较小，本身也难变形，属于硬酸。对同一族的离子而言，由于所带电荷相同，但是半径却依次增大，因此它们形成的配合物从上向下稳定性依次减弱。例如，下列离子与氨基酸(以羧氧配位)形成的配合物，其稳定性顺序如下：

$$Cs^+ < Rb^+ < K^+ < Na^+ < Li^+$$

$$Ba^{2+} < Sr^{2+} < Ca^{2+} < Mg^{2+}$$

$$La^{3+} < Y^{3+} < Sc^{3+} < Al^{3+}$$

(2) 外层电子结构为 18e 或(18 + 2)e 结构的阳离子，这类阳离子除个别外，极化力和变形性均大于(1)类离子，属于软酸或交界酸，在电荷相同、半径接近、配体接近的情况下，配合物稳定性大于(1)类，如当电荷相同、半径接近、配体接近的情况下，配合物的稳定性有如下顺序：

$$Cu^+(18e) > Na^+(8e)$$

$$Cd^{2+}(18e) > Ca^{2+}(8e)$$

$$In^{3+}(18e) > Sc^{3+}(8e)$$

(3) 外层电子结构为 9～17e 结构的阳离子，从电子层结构来说，它们介于 8e 和 18e 之间，是 d^1～d^9 型的过渡金属离子，属于交界酸，稳定性比(1)类高，极化力强，且因为 d 层未满，可以形成内轨型配合物，具体还要视离子的电子层结构而定。

2. 配体的影响

笼统地说，配体越容易给出电子，它与中心离子形成的σ配位键就越强，配合物也越稳定。配位键的强度从配体的角度来说有下列影响因素。

1) 配位原子的电负性

对于 8 电子构型的碱金属、碱土金属及具有较少 d 电子的过渡金属(ⅢB，ⅣB)即所谓的(1)类离子，由于其ϕ值很小，不易生成稳定的配合物，仅与 EDTA 可生成不太稳定的螯合物。但同电负性大的配位原子相对来说可以生成稳定的配合物，其稳定性顺序随配位原子电负性的增大而增大，顺序为：N ≫ P > As > Sb，O ≫ S > Se > Te，F > Cl > Br > I。这主要是因为它们之间的配位键靠静电作用力。例如，$[BF_4]^-$的稳定性大于$[BCl_4]^-$即是例证。对于(2)类[18e

和(18 + 2)e 构型]阳离子来说，如ⅠB、ⅡB 族及 d 电子数目较多的不规则构型的过渡金属离子，由于极化能力较强，它们易和电负性较小的配位原子生成较稳定的配合物，其稳定性的顺序与(1)类正好相反，即 N≪P < As，F≪Cl < Br < I，O≪Se～Te；常见的为：C、S、P > O > F，这就是软硬酸碱理论中的“硬亲硬”“软亲软”的原理。例如，$[HgX_4]^{2-}$的稳定性按 F^-→I^-的顺序增大，也是这个缘故。(2)类阳离子与配体形成的配位键偏共价键。

1963 年，皮尔逊(Pearson)为了区分各类酸碱特性，确定酸碱强弱，提出了软硬酸碱理论。他是在路易斯酸碱理论的基础上，根据路易斯酸碱对外层电子吸引的紧松程度，即保持价电子能力的强弱将酸碱又划分为软硬酸碱，并总结出一个软硬酸碱(HSAB)规则：“软亲软，硬亲硬，软硬结合不稳定。”

硬酸：属于硬酸的金属一般都是主族元素和处于高氧化态的过渡金属离子，具有一定的极化能力，但变形性差，它们与不同配位原子形成配合物的稳定性有如下顺序：

$$F \gg Cl > Br > I$$

$$O \gg S > Se > Te$$

$$N \gg P > As > Sb$$

属于这类酸的有：H^+，Li^+，Na^+，K^+，Be^{2+}，Mg^{2+}，Ca^{2+}，Sr^{2+}，Mn^{2+}，Fe^{3+}，Cr^{3+}，Co^{3+}，Al^{3+}，Ga^{3+}，Ln^{3+}，La^{3+}，Ti^{4+}，Zr^{4+}，Si^{4+}，As^{3+}，Sn^{4+}等。

软酸：属于软酸的金属一般都是副族元素，它们的极化能力强且变形性大，并有易于激发的 d 电子，它们与不同配位原子形成配合物的稳定性有如下顺序：

$$F \ll Cl < Br < I$$

$$O \ll S \sim Se \sim Te$$

$$N \ll P$$

属于这类酸的有：Cu^+，Ag^+，Au^+，Cd^{2+}，Hg^{2+}，Hg_2^{2+}，Tl^+，Tl^{3+}，Pd^{2+}，Pt^{2+}，Pt^{4+}，M^0(金属原子)。

硬碱：不容易给出电子的配体都是硬碱，它们的配位原子电负性高、变形性小、难于氧化，容易与硬酸结合成较稳定的配合物，属于这类的配体有：H_2O，OH^-，F^-，O^{2-}，CH_3COO^-，PO_4^{3-}，SO_4^{2-}，CO_3^{2-}，ClO_4^-，NO_3^-，ROH，NH_3，N_2H_4等。

软碱：容易给出电子的配体都是软碱，它们的配位原子电负性低、变形性大，易于氧化，容易与软酸结合成稳定的配合物；属于这类的配体有：RSH，RS^-，I^-，SCN^-，$S_2O_3^{2-}$，S^{2-}，CN^-，CO，C_2H_4，H^-，R_3P 等。

介于软硬之间的酸、碱称为交界酸和交界碱。

交界酸：Fe^{2+}，Co^{2+}，Ni^{2+}，Cu^{2+}，Zn^{2+}，Pb^{2+}，Sn^{2+}，Sb^{3+}，Cr^{2+}，B^{3+}等。

交界碱：$C_6H_5NH_2$，C_2H_5N，N_3^-，Br^-，NO_2^-，SO_3^{2-}，N_2等。

应当指出：一种元素的分类不是固定的，它随电荷不同而改变。例如，Fe^{3+}和 Sn^{4+}为硬酸，Fe^{2+}和 Sn^{2+}则为交界酸；Cu^{2+}为交界酸，Cu^+则为软酸。SO_4^{2-} 为硬碱，SO_3^{2-} 则为交界碱，$S_2O_3^{2-}$ 为软碱。结合在酸碱上的基团对酸碱的软硬分类也有影响。BH_3 为软酸，BF_3 为硬酸，$B(CH_3)_3$ 为交界酸。NH_3 为硬碱，$C_6H_5NH_2$ 则为交界碱。甚至连溶剂也影响这种分类。因此，要确定酸碱的软硬性质，必须明确它们的具体状态。

2) 配体的碱性

按照酸碱质子理论，碱性的强弱标志着亲质子能力的大小。对质子的亲和力越大，碱性越强，对质子的亲和力越小，碱性越弱。从这个观点看出，金属离子 M^{n+}与 H^{+}类似，两者都是酸，都有与提供孤电子对的配体 L(碱)结合的趋势，若 L 的碱性越强，与 M^{n+}离子结合的趋势越大，生成相应的配合物越稳定。这个规律只适用于相同的配位原子，如果配位原子不同，往往得不到这个结论。

3) 螯合效应和空间位阻

对于同一种配位原子，多基配位原子与金属离子形成螯环，比单基配体形成的配合物稳定，这种由于螯环的形成而使配合物具有特殊稳定性的作用称为螯合效应。EDTA 就是一种有效的螯合剂，其分子结构及性能在后文有详细叙述。在螯合物中形成的环的数目越多、稳定性越高。这是因为环的数目越多，动用的配位原子就多，配合后与中心离子脱开的概率就小，因而更稳定。但若在螯合剂的配位原子附近存在体积较大的基团时，会阻碍和金属离子的配位，从而降低了配合物的稳定性，这种现象就是空间位阻。

9.4　配合物的应用

9.4.1　物质的分析、分离与提纯

配合物的形成扩大了金属离子之间性质的差异，如颜色、溶解度、稳定性等，为配合物的应用创造了良好条件。目前常用的分析、分离方法，如分光光度、萃取、离子交换法都和配合物形成有密切关系，其中有代表性的如用于配位滴定的氨羧配位剂，以乙二胺四乙酸(EDTA)为例，利用 EDTA 能和金属离子生成配合物的配位滴定法，它在掩蔽剂的存在下可以测定大多数金属离子，如测定水的总硬度(Ca^{2+}、Mg^{2+}含量)；再如，定量测定溶液中 Fe^{2+}的含量时，一定条件下用邻二氮菲显色剂生成橙红色的$[Fe(phen)_3]^{2+}$，显色后用分光光度法测定 Fe 的含量。

重量分析法是分析化学中一种常用的分析方法。Mg^{2+}和 Ba^{2+}可用 CO_3^{2-} 进行沉淀，由所得沉淀量求出 Mg^{2+}和 Ba^{2+}的浓度。但是无机的沉淀剂形成的沉淀摩尔质量小，容易引起称量误差，而螯合剂能与金属离子生成溶解度极小的螯合物沉淀，它们具有相当大的相对分子质量和固定组成。例如，Ni^{2+}与丁二酮肟反应生成鲜红色的丁二酮肟合镍配合物。所以少量的金属离子可生成大量的沉淀，减少了称量误差从而大大提高了重量分析的精确度。

分析化学中的许多鉴定反应都是形成配合物的反应。例如，可以根据以下反应中沉淀的生成及沉淀的特殊颜色来判断 Fe^{3+}、Fe^{2+}和 Zn^{2+}的存在：

$$K^+ + \underset{\text{(棕黄色)}}{Fe^{3+}} + \underset{\text{(黄色)}}{[Fe(CN)_6]^{4-}} \longrightarrow \underset{\text{(普鲁士蓝)}}{K[Fe(CN)_6Fe]\ (s)}$$

$$K^+ + \underset{\text{(浅绿色)}}{Fe^{2+}} + \underset{\text{(褐色)}}{[Fe(CN)_6]^{3-}} \longrightarrow \underset{\text{(滕氏蓝)}}{K[Fe(CN)_6Fe]\ (s)}$$

$$K^+ + \underset{\text{(无色)}}{Zn^{2+}} + \underset{\text{(褐色)}}{[Fe(CN)_6]^{3-}} \longrightarrow \underset{\text{(黄色)}}{K[Zn(CN)_6Fe]\ (s)}$$

在金属提取中，尤其是化学反应惰性的贵金属，采用将其转化为配合物进行富集、提纯的湿法冶金就是配合物的典型应用，如氰化法提取金属金，将金砂加入 KCN 溶液中，通入氧气，

生成了稳定的配离子$[Au(CN)_2]^-$，使不活泼的金进入溶液中聚集，再加入 Zn 粉还原就得到单质金，主要反应方程式为

$$4Au + 8CN^- + O_2 + 2H_2O \longrightarrow 4[Au(CN)_2]^- + 4OH^-$$

$$2[Au(CN)_2]^- + Zn + 2CN^- \longrightarrow 2Au + [Zn(CN)_4]^{2-}$$

在电镀工业中，如电镀铜时，镀液可以用普通盐溶液，也可用配合物。用普通 $CuSO_4$ 溶液进行电镀时，操作简单，但镀层粗糙，厚薄不匀，与底层金属附着力差。但若加入配位剂形成$[Cu(CN)_2]^-$溶液就能有效地控制 Cu^+浓度：

$$[Cu(CN)_2]^- \longrightarrow Cu^+ + 2CN^-$$

这样 Cu 沉淀速度不会过快，可利用的 Cu^+总浓度并没有减少，使镀层平整致密漂亮。但是，由于氰化物具有强毒性，目前多采用无氰电镀工艺，即采用焦磷酸钾($K_4P_2O_7$)为配位剂所组成的含有$[Cu(P_2O_7)_2]^{6-}$的电镀液镀铜，由于$[Cu(P_2O_7)_2]^{6-}$在水溶液中存在下列平衡：

$$[Cu(P_2O_7)_2]^{6-} \longrightarrow Cu^{2+} + 2P_2O_7^{4-}$$

可以保证溶液中一直有微量的 Cu^{2+}存在，会使金属晶体在镀件上析出的过程中成长速率减小，有利于新晶核的产生，从而可以得到比较光滑、均匀、附着力也较好的镀层。

20 世纪 40 年代前后，由于原子能及火箭的发展，亟需大量核燃料及高纯度铀、稀土的化合物，这一需求促进了配位化学对有关分离、分析方法的研究。例如，用 EDTA 和稀土离子生成的配合物稳定性差别，用离子交换技术成功地分离性质极为相似的 13 种稀土元素，从而代替了传统的分级沉淀法。我国的徐光宪院士在他的串级理论的基础上建立了串级萃取法，不仅解决了当时国际上镨钕分离的难题，而且在我国将该法用于生产，使中国从稀土资源大国变成生产应用大国，所引发的“中国冲击”成功改写了国际稀土产业格局。

9.4.2　生命现象中的配合物

配合物在生物体的生命过程中也有相当重要的作用。例如，与人体呼吸作用有密切关系的血红素是一种铁的配合物，是高等生物体内重要的氧载体，其结构如图 9-10 所示；植物光合作用的催化剂——叶绿素是一种镁的配合物；维生素 B_{12} 是钴的配合物。生物体内有一类高效、高选择性的生物催化剂——酶(生物酶)，其中很多是含有金属离子，主要是 Fe^{2+}、Fe^{3+}、Co^{2+}、Zn^{2+}、Mg^{2+}、Cu^{2+}、Cu^+、Mn^{2+}等，它们可与蛋白质分子中的氨基酸形成复杂的配合物。

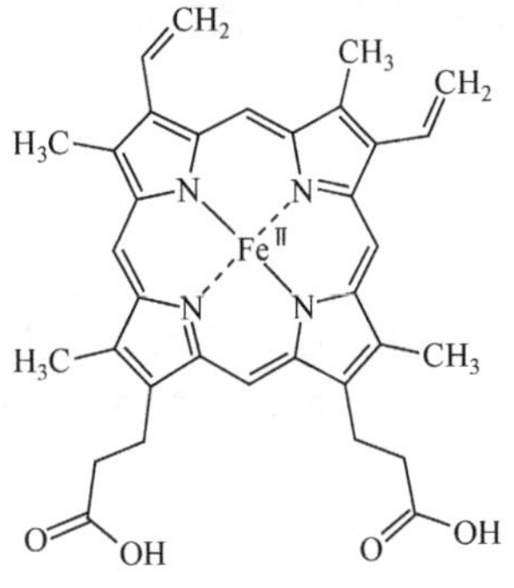

金属离子在生物体内的存在十分广泛，它们和卟啉、蛋白质等生物配体结合，约有 70%的铁与卟啉形成配合物，卟啉环上取代基不同，金属离子不同，轴向配体不同，显示的功能各异。

图 9-10　血红素结构

例如，常温常压下固氮菌可以将空气中的氮转变成氨，甲烷加氧酶能选择性地羟化各种非活性的 C—H 键实现有机化工原料如转化成甲醇。通过木质素降解的研究，可使木质素转变成重要的化工产品(如醇、酮等)、生物蛋白、有机肥料等，都是配合物方面的应用。

再如，很多催化反应的机理常会涉及配合物中间体，如合成氨工业中用乙酸二氨合铜除去一氧化碳，有机金属催化剂催化烯烃的聚合反应或寡合催化反应，以及不对称催化于药物的制备。

著名抗癌药顺铂($[PtCl_2(NH_3)_2]$)是金属配合物。19 世纪 60 年代报道至今，科学家已经研究出很多铂类抗癌药物。

配合物应用渗透到生物、材料、信息等各个领域，除了以上的应用外，在非线性光学、发光材料、分子基磁性材料、配位聚合物与多孔材料、纳米技术和分子器件、自组装超分子以及金属有机骨架(MOF)等非常多的方面也有应用，在此不作过多赘述。

9.5　配位滴定法概述

配位滴定法是以配位反应为基础的一种滴定分析方法，有很好的应用，尤其对大多数金属离子含量的测定都有较好的适用性。配合物的稳定性是以配合物稳定常数 K_f 来表示的，从配合物稳定常数的大小可以判断配位反应完成的程度和它是否可用于滴定分析。

能形成无机配合物的反应很多，但能用于配位滴定的并不多，这是由于大多数简单的无机配合物的稳定性不高，而且体系中还存在逐级配位的现象。例如，Cd^{2+}与 CN^-作用，分级生成 $[Cd(CN)]^+$、$[Cd(CN)_2]$、$[Cd(CN)_3]^-$和$[Cd(CN)_4]^{2-}$四种配合物，它们的稳定常数分别为 $10^{5.48}$、$10^{5.14}$、$10^{4.56}$和 $10^{3.58}$。由于各级稳定常数相差较小，不可能分步完成，因此在配位过程中，各种不同配位数的配合物同时存在，因而在滴定过程中，金属离子的浓度不可能发生突变，无机配位剂的应用也就受到了限制，不能符合定量分析的滴定反应的要求。根据要求，一般希望配位反应完成得较彻底，生成的配合物稳定性高，且体系中的金属离子和形成的配合物的形态尽量单一。

有机配位剂，特别是氨羧配位剂可与金属离子形成很稳定的，而且组成一定的螯合物，其克服了无机配位剂的缺点，在分析化学中得到广泛的应用。目前使用最多的是氨羧配位剂，利用氨羧配位剂与金属离子的配位反应进行的滴定分析方法称为氨羧配位滴定。

氨羧配位剂大部分是以氨基二乙酸基团$[—N(CH_2COOH)_2]$为基体的有机配位剂(或称螯合剂)，这类配位剂中含有配位能力很强的氨氮($\ddot{N}$)和羧氧($-\overset{O}{\overset{\|}{C}}-\ddot{O}-$)两种配位原子，它们能与多数金属离子形成稳定且无色(有时为浅色)的可溶性配合物。氨羧配位剂的种类很多，其中最常用的是乙二胺四乙酸：

$$\begin{array}{ccccc} HOOCH_2C & & & & CH_2COO^- \\ & \diagdown H & & H \diagup & \\ & \overset{+}{N}—CH_2—CH_2—\overset{+}{N} & & & \\ & \diagup & & \diagdown & \\ {}^-OOCH_2C & & & & CH_2COOH \end{array}$$

两个羧基上的 H^+转移到 N 原子上，形成双偶极离子。

其他常见的氨羧配位剂还有如下几种：

$$\begin{array}{l} \text{环己烷环: } CH_2, H_2C, CH, CH, H_2C, CH_2 \\ CH—\overset{+}{H}N(CH_2COO^-)(CH_2COOH) \\ CH—\overset{+}{H}N(CH_2COO^-)(CH_2COOH) \end{array}$$

环己烷二胺四乙酸，简称CyDTA

$$
\begin{array}{l}
\qquad\qquad\qquad\qquad\qquad\quad CH_2COO^- \\
H_2C—O—CH_2—CH_2—HN^+ \\
\qquad\qquad\qquad\qquad\qquad\quad CH_2COOH \\
\qquad\qquad\qquad\qquad\qquad\quad CH_2COO^- \\
H_2C—O—CH_2—CH_2—HN^+ \\
\qquad\qquad\qquad\qquad\qquad\quad CH_2COOH
\end{array}
\qquad
\begin{array}{l}
\qquad\qquad\quad CH_2CH_2COO^- \\
CH_2—HN^+ \\
\qquad\qquad\quad CH_2CH_2COOH \\
\qquad\qquad\quad CH_2CH_2COO^- \\
CH_2—HN^+ \\
\qquad\qquad\quad CH_2CH_2COOH
\end{array}
$$

乙二醇二乙醚二胺四乙酸，简称EGTA　　　　乙二胺四丙酸，简称EDTP

以 EDTA 为代表的氨羧类螯合剂对大多数金属离子(除碱金属以外)在合适的条件下都有较好的配位效应，使这种类型的配位滴定有很好的广谱适用性，但是也从另一个方面带来问题，即共存离子的干扰。过渡金属离子有很好的形成配合物的倾向，当体系中含有其他的可以形成配合物的配体也会对形成氨羧类螯合物的主反应形成干扰。最后，因为这类氨羧类配体均为有机弱酸，它们的行为受体系中的氢离子浓度的影响较大，所以配位滴定体系相对复杂，影响因素较多。当然，由于测定对象基本上为金属离子，滴定剂基本上是 EDTA 为代表的螯合剂，所以对这个体系的研究比较详细，体系的系统性与酸碱滴定体系类似，比较完整。

9.5.1　EDTA 及其金属配合物

乙二胺四乙酸简称 EDTA 或 EDTA 酸，为简便，用 H_4Y 表示其分子式。由于它在水中的溶解度很小(22℃时，每 100 cm^3 水中仅能溶解 0.02 g)，故常用它的二钠盐($Na_2H_2Y \cdot 2H_2O$，相对分子质量 372.26)，一般也简称 EDTA。后者溶解度较大(22℃时，每 100 cm^3 水中能溶解 11.1 g)，饱和水溶液的浓度约为 0.3 $mol \cdot dm^{-3}$。

对于 H_4Y 的水溶液，如果溶液的酸度很高，它的 2 个羧基可以再接受 H^+而形成 H_6Y^{2+}，这样 EDTA 就相当于六元酸。EDTA 分子中具有 6 个可与金属离子形成配位键的原子(2 个氨基氮和 4 个羧基氧)，因此 EDTA 能与许多金属离子形成稳定的螯合物。例如，EDTA 与 Ca^{2+}、Fe^{3+}的配合物的结构如图 9-11 所示。从图中可以看出，EDTA 与金属离子配位时形成 5 个五元环(4 个 O—C—C—N 五元环及 1 个 N—C—C—N 五元环)（环上方标注 →M←），具有这种环状结构的配合物称为螯合物。从配合物的研究可知，具有五元环或六元环的螯合物很稳定，而且所形成的环越多，螯合物越稳定。因而 EDTA 与大多数金属离子形成的螯合物具有较大的稳定性。

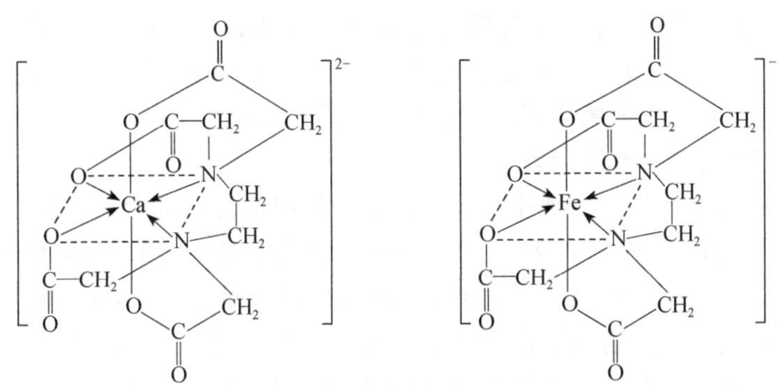

图 9-11　EDTA 与 Ca^{2+}、Fe^{3+}的配合物的结构示意图

EDTA 与金属离子多数形成摩尔比为 1∶1 的配合物，只有极少数金属离子[如 Zr(Ⅳ)和

Mo(Ⅵ)等]例外，对多数金属离子而言，不存在逐级配位现象。

无色金属离子与 EDTA 生成的配合物仍为无色的，有色金属离子与 EDTA 形成的配合物的颜色将比水合金属离子的深，因此滴定这些离子时，试液的浓度不能过大。上述特点说明 EDTA 和金属离子的配位反应符合滴定分析的要求。

一般地，为了讨论方便，将金属离子与 EDTA 的配位反应略去电荷，简写为

$$M + Y \rightleftharpoons MY$$

其稳定常数 K_{MY} 为

$$K_{MY} = \frac{[MY]}{[M][Y]}$$

这里，Y 没有考虑溶液的 H^+对酸根存在形式的影响。一些常见金属离子与 EDTA 的配合物的稳定常数见表 9-10。

表 9-10　EDTA 与一些常见金属离子形成的配合物的稳定常数

(溶液离子强度 $I = 0.1$，温度 20℃)

阳离子	$\lg K_{MY}$	阳离子	$\lg K_{MY}$	阳离子	$\lg K_{MY}$
Na^+	1.66	Ce^{3+}	15.98	Ti^{3+}	21.30
Li^+	2.79	Al^{3+}	16.30	Hg^{2+}	21.80
Ag^+	7.32	Co^{2+}	16.31	Sn^{2+}	22.10
Ba^{2+}	7.86	Pt^+	16.40	Th^{4+}	23.20
Sr^{2+}	8.73	Cd^{2+}	16.46	Cr^{3+}	23.40
Mg^{2+}	8.69	Zn^{2+}	16.50	Fe^{3+}	25.10
Be^{2+}	9.20	Pb^{2+}	18.04	U^{4+}	25.80
Ca^{2+}	10.69	Y^{3+}	18.09	Bi^{3+}	27.94
Mn^{2+}	13.87	VO_2^+	18.10	Co^{3+}	36.00
Fe^{2+}	14.33	Ni^{2+}	18.60		
La^{3+}	15.50	Cu^{2+}	18.80		

由表 9-10 可见，金属离子与 EDTA 形成的配合物的稳定性随金属离子的不同，差别较大。碱金属离子的配合物最不稳定；碱土金属离子的配合物，$\lg K_{MY} \approx 8 \sim 11$；过渡元素、稀土元素、$Al^{3+}$的配合物，$\lg K_{MY} = 15 \sim 19$；三价、四价金属离子和 Hg^{2+}的配合物，$\lg K_{MY} > 20$。这些配合物稳定性的差别主要取决于金属离子本身的离子电荷、离子半径和电子层结构。这些是金属离子影响配合物稳定性大小的本质因素。

表 9-10 所列的 EDTA 与金属离子形成的配合物的稳定常数可用来衡量在不发生副反应的情况下配合物的稳定程度。而外界条件，如其他配位剂的存在，尤其是溶液的酸度都会对配合物的稳定性产生较大影响。EDTA 在溶液中各种形态的分布取决于溶液的酸度，因此在不同酸度下，EDTA 与同一金属离子形成的配合物的稳定性不同。另外，溶液中其他配位剂的存在和溶液的不同酸度也影响金属离子的浓度，因此也影响金属离子与 EDTA 形成的配合物的稳定性。也可以说，同样的金属离子与 EDTA 形成的螯合物在不同的环境中其稳定性是不一样的，需要分别考虑。

9.5.2 配位滴定反应平衡的影响因素

配位平衡是一个很复杂的体系，还会与许多其他的平衡共存。即便是采用 EDTA 形成了稳定的螯合物，反应正向进行的趋势很大，但是因为 EDTA 的特点，以及配合物(或螯合物)的特点，配位滴定还是会受到很多因素的影响。

在 EDTA 滴定中，被测金属离子 M 与 EDTA(用 Y 表示)配位，生成配合物 MY，此为主反应。反应物 M 和 Y 及反应产物 MY 都可能与溶液中其他组分发生副反应，使 MY 配合物的稳定性受到影响，如下式所示：

$$
\begin{array}{ccccccc}
 & \mathrm{M} & + & \mathrm{Y} & \rightleftharpoons & \mathrm{MY} & \\
\mathrm{OH^-}\swarrow & \searrow \mathrm{L} & & \mathrm{N}\swarrow \quad \searrow \mathrm{H} & & \mathrm{H}\swarrow \quad \searrow \mathrm{OH^-} & \\
\mathrm{M(OH)} & \mathrm{ML} & \mathrm{NY} & \mathrm{HY} & & \mathrm{MHY} \quad \mathrm{M(OH)Y} & \\
\vdots & \vdots & & \vdots & & & \\
\mathrm{M(OH)}_n & \mathrm{ML}_n & & \mathrm{H_6Y} & & &
\end{array}
$$

式中，L 为共存的辅助配位剂；N 为干扰离子。

如果反应物 M 或 Y 发生了副反应，则不利于主反应的进行；如果产物 MY 发生了副反应，在酸度较高的情况下，生成酸式配合物 MHY，在碱度较高时，生成 M(OH)Y、$M(OH)_2Y$、…等碱式配合物，这些配合物统称为混合配合物。这种副反应称为“混合配位效应”，它有利于主反应的进行。一般这种混合配合物大多数不太稳定，可以忽略不计，所以一般主要针对反应物的副反应。下面着重对酸效应、配位效应分别加以讨论。

1. EDTA 的酸效应及酸效应系数$\alpha_{Y(H)}$

在酸度很高的水溶液中，EDTA 以 H_6Y^{2+}形式存在，其有六级弱酸的电离平衡：

$$H_6Y^{2+} \rightleftharpoons H_5Y^+ + H^+ \qquad \frac{[H_5Y^+][H^+]}{[H_6Y^{2+}]} = K_{a_1} = 10^{-0.9}$$

$$H_5Y^+ \rightleftharpoons H_4Y + H^+ \qquad \frac{[H_4Y][H^+]}{[H_5Y^+]} = K_{a_2} = 10^{-1.6}$$

$$H_4Y \rightleftharpoons H_3Y^- + H^+ \qquad \frac{[H_3Y^-][H^+]}{[H_4Y]} = K_{a_3} = 10^{-2.0}$$

$$H_3Y^- \rightleftharpoons H_2Y^{2-} + H^+ \qquad \frac{[H_2Y^{2-}][H^+]}{[H_3Y^-]} = K_{a_4} = 10^{-2.67}$$

$$H_2Y^{2-} \rightleftharpoons HY^{3-} + H^+ \qquad \frac{[HY^{3-}][H^+]}{[H_2Y^{2-}]} = K_{a_5} = 10^{-6.16}$$

$$HY^{3-} \rightleftharpoons Y^{4-} + H^+ \qquad \frac{[Y^{4-}][H^+]}{[HY^{3-}]} = K_{a_6} = 10^{-10.26}$$

联系六级电离关系，存在下列平衡：

$$H_6Y^{2+} \underset{+H^+}{\overset{-H^+}{\rightleftharpoons}} H_5Y^+ \underset{+H^+}{\overset{-H^+}{\rightleftharpoons}} H_4Y \underset{+H^+}{\overset{-H^+}{\rightleftharpoons}} H_3Y^- \underset{+H^+}{\overset{-H^+}{\rightleftharpoons}} H_2Y^{2-} \underset{+H^+}{\overset{-H^+}{\rightleftharpoons}} HY^{3-} \underset{+H^+}{\overset{-H^+}{\rightleftharpoons}} Y^{4-}$$

由于分步离解，已质子化的 EDTA 在水溶液中总是以 H_6Y^{2+}、H_5Y^+、H_4Y、H_3Y^-、H_2Y^{2-}、HY^{3-}和 Y^{4-}七种形式存在。在不同的酸度下，各种存在形式的浓度也不相同。从离解平衡式可见，酸度越高，平衡向左移动，Y^{4-}浓度越小；酸度越低，平衡向右移动，Y^{4-}浓度越大。

由于氢离子与 Y 之间发生副反应，就使 Y 参加主反应的能力下降，这种现象称为酸效应。酸效应的大小用酸效应系数$\alpha_{Y(H)}$来衡量。酸效应系数表示在一定 pH 下未参加配位反应的 Y 的各种存在形式的总浓度[Y′]与能参加配位反应的 Y 的平衡浓度[Y]之比。忽略各存在形式所带的电荷，即可表示为

$$\alpha_{Y(H)}=\frac{[Y']}{[Y]}=\frac{[Y]+[HY]+[H_2Y]+[H_3Y]+[H_4Y]+[H_5Y]+[H_6Y]}{[Y]}$$
$$=1+\frac{[H^+]}{K_{a_6}}+\frac{[H^+]^2}{K_{a_6}K_{a_5}}+\frac{[H^+]^3}{K_{a_6}K_{a_5}K_{a_4}}+\frac{[H^+]^4}{K_{a_6}K_{a_5}K_{a_4}K_{a_3}}+\frac{[H^+]^5}{K_{a_6}K_{a_5}K_{a_4}K_{a_3}K_{a_2}}+\frac{[H^+]^6}{K_{a_6}K_{a_5}K_{a_4}K_{a_3}K_{a_2}K_{a_1}} \tag{9-5}$$

可见，酸效应系数随溶液酸度增加而增大。$\alpha_{Y(H)}$值越大，表示酸效应引起的副反应越严重。如果氢离子与 Y 之间没有发生副反应，即未参加配位反应的 EDTA 全部以 Y 形式存在，则$\alpha_{Y(H)}=1$。

不同 pH 时的$\alpha_{Y(H)}$值列于表 9-11。

表 9-11　不同 pH 时的 $\lg\alpha_{Y(H)}$

pH	$\lg\alpha_{Y(H)}$	pH	$\lg\alpha_{Y(H)}$	pH	$\lg\alpha_{Y(H)}$
0.0	23.64	3.8	8.85	7.5	2.78
0.4	21.32	4.0	8.44	8.0	2.27
0.8	19.08	4.4	7.64	8.5	1.77
1.0	18.01	4.8	6.84	9.0	1.28
1.4	16.02	5.0	6.45	9.5	0.83
1.8	14.27	5.4	5.69	10.0	0.45
2.0	13.51	5.8	4.98	11.0	0.07
2.4	12.19	6.0	4.65	12.0	0.01
2.8	11.09	6.4	4.06	13.0	0.01
3.0	10.60	6.8	3.55		
3.4	9.70	7.0	3.32		

从表 9-11 可以看出，多数情况下$\alpha_{Y(H)}$大于 1，[Y′]总是大于[Y]，只有在 pH ≥ 12 时，$\alpha_{Y(H)}$才接近等于 1，[Y′]才等于[Y]。所以，表 9-10 所列的稳定常数是[Y′] = [Y]时的稳定常数，不能在 pH < 12 时应用。要了解不同酸度下配合物的稳定性，就必须考虑[Y]与[Y′]的关系。

根据酸效应系数的定义式：

$$[Y]=\frac{[Y']}{\alpha_{Y(H)}} \tag{9-6}$$

则

$$\frac{[MY]}{[M][Y']}=\frac{K_{MY}}{\alpha_{Y(H)}}=K_{MY'(H)} \tag{9-7}$$

式中，$K_{MY'(H)}$ 为考虑了酸效应的 Y 与金属离子配合物的条件稳定常数，其大小说明在溶液酸度影响下配合物的实际稳定程度。

将“′”写在发生副反应的组分的右上方是为了明确表示哪些组分发生了副反应，如仅考

虑 Y 发生副反应，写作 $K_{MY'}$，而若 Y 及金属离子皆发生副反应，则写作 $K_{M'Y'}$，通常表示为 K'_{MY}，K'_{MY} 是考虑了所有副反应的条件稳定常数，当然，仅考虑了部分副反应时的条件稳定常数也常笼统地表示为 $K_{MY'}$。

式(9-7)用对数形式表示，则为

$$\lg K_{MY'} = \lg K_{MY} - \lg\alpha_{Y(H)} \tag{9-8}$$

【例 9-4】 计算 pH = 2.0 和 pH = 5.0 时的 $\lg K_{ZnY'}$值。

解 已知 $\lg K_{ZnY} = 16.50$。

(1) pH = 2.0 时，查表 9-11，得 $\lg\alpha_{Y(H)} = 13.51$，所以 $\lg K_{ZnY'} = \lg K_{ZnY} - \lg\alpha_{Y(H)} = 16.50 - 13.51 = 2.99$。

(2) pH = 5.0 时，$\lg\alpha_{Y(H)} = 6.45$，所以 $\lg K_{ZnY'} = \lg K_{ZnY} - \lg\alpha_{Y(H)} = 16.50 - 6.45 = 10.05$。

由上例可见，若在 pH = 2.0 时滴定 Zn^{2+}，由于 Y 与 H^+的副反应严重[$\lg\alpha_{Y(H)}$值高达 13.5]，ZnY 配合物很不稳定，$\lg K_{ZnY'}$值仅为 2.99。而在 pH = 5.0 时滴定 Zn^{2+}，$\lg\alpha_{Y(H)}$为 6.45，$\lg K_{ZnY'}$值达 10.05，ZnY 配合物很稳定，配位反应进行得完全。这说明在配位滴定中选择和控制酸度有重要的意义。从表 9-11 可知，pH 越大，$\lg\alpha_{Y(H)}$越小，条件稳定常数越大，配位反应越完全，对滴定越有利。反之，pH 降低，条件稳定常数减小。对于稳定性高的配合物，溶液的 pH 即使稍低一些，仍可进行滴定。而对稳定性差的配合物，若溶液的 pH 低，就不能进行滴定了。因此，滴定不同的金属离子，有不同的允许的最小 pH。

允许的最小 pH 取决于允许的误差和检测终点的准确度。配位滴定的目测终点与化学计量点 pM 的差值ΔpM 一般为±(0.2～0.5)，即至少为±0.2。若允许相对误差 TE 为±0.1%，则根据终点误差公式可得

$$\lg(cK'_{MY}) \geqslant 6 \tag{9-9}$$

因此通常将 $\lg(cK'_{MY}) \geqslant 6$ 作为能否用配位滴定法测定单一金属离子的条件。

根据这一判据，可以确定滴定各种金属离子时所允许的最小 pH。当 pH 小时，以 EDTA 的酸效应为主，在求最小 pH 过程中可用 $K_{MY'}$代替 K'_{MY}。若金属离子浓度 $c = 10^{-2}\,\text{mol}\cdot\text{dm}^{-3}$，则上式应为 $\lg K'_{MY} \geqslant 8$。根据此要求便可得

$$\lg\alpha_{Y(H)} \leqslant \lg K_{MY} - 8 \tag{9-10}$$

将各种金属离子的 $\lg K_{MY}$ 值代入，即可求出对应的最大 $\lg\alpha_{Y(H)}$值，再从表 9-11 可查得与它对应的最小 pH。例如，对于 $1\times10^{-2}\,\text{mol}\cdot\text{dm}^{-3}$ 的 Zn^{2+}溶液的滴定，以 $\lg K_{ZnY} = 16.50$ 代入，可得

$$\lg\alpha_{Y(H)} \leqslant 8.5$$

从表 9-11 可查得 pH≈4.0，即滴定 Zn^{2+}允许的最小 pH 为 4.0。将金属离子的 $\lg K_{MY}$ 与最小 pH(或对应的 $\lg\alpha_{Y(H)}$与最小 pH)绘成的曲线，称为 EDTA 的酸效应曲线或林邦(Ringbom)曲线，如图 9-12 所示。

图 9-12 中金属离子位置所对应的 pH 就是滴定这种金属离子时所允许的最小 pH。

从图 9-12 可以查出单独滴定某种金属离子时允许的最小 pH，不同金属离子与 EDTA 形成的配合物的 K_{MY} 值不同，因此允许的最小 pH 不同。例如，FeY 配合物很稳定($\lg K_{FeY} = 25.1$)，查图 9-12 得 pH ≥ 1，即可在强酸性溶液中滴定；而 ZnY 配合物稳定性($\lg K_{ZnY} = 16.5$)比 FeY 的稍差些，需在弱酸性溶液中(pH ≥ 4.0)滴定；CaY 配合物的稳定性更差一些($\lg K_{CaY} = 10.69$)，需在 pH ≥ 7.7 的碱性溶液中滴定。

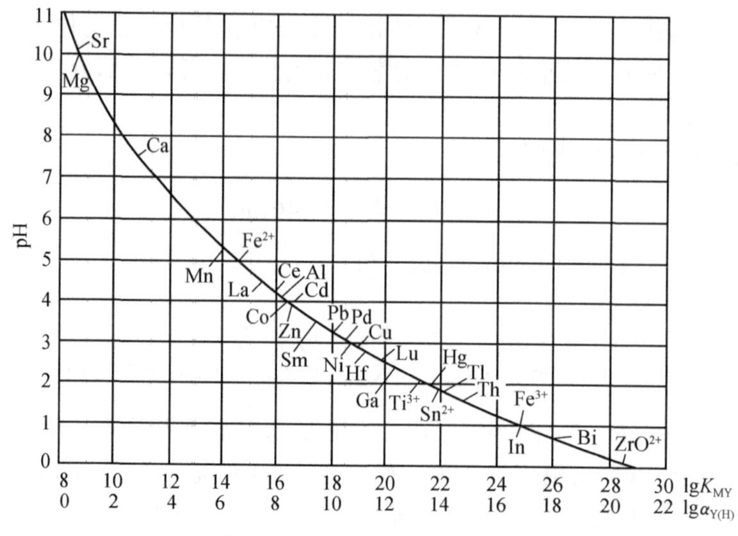

图 9-12　EDTA 的酸效应曲线

(金属离子浓度 0.01 mol · dm^{-3}，允许测定的相对误差为±0.1%)

2. 金属离子的配位效应及金属离子的副反应系数α_M

有些金属离子在水中能生成各种羟基配离子，如 Fe^{3+}在水溶液中能生成$[Fe(OH)]^{2+}$、$[Fe(OH)_2]^+$等羟基配离子。另外，在 pH 较大时进行配位滴定，金属离子可能会水解析出沉淀，往往要加入辅助配位剂防止金属离子在滴定条件下生成沉淀。例如，在 pH = 10 时滴定 Zn^{2+}，加入氨-氯化铵缓冲溶液，一方面是为了控制滴定所需要的 pH，同时又使 Zn^{2+}与 NH_3 配位形成$[Zn(NH_3)_4]^{2+}$，从而防止 $Zn(OH)_2$ 沉淀析出。这些情况下，金属离子发生的副反应皆为配位效应，结果影响了金属离子与 EDTA 的主反应。金属离子的副反应系数用α_M表示，α_M又称为配位效应系数。它表示金属离子本身的浓度[M]和未与 EDTA 配位的金属离子的各种存在形式的各种浓度之和，用[M′]表示，即

$$\alpha_M = \frac{[M']}{[M]} \tag{9-11}$$

由辅助配位剂 L 与金属离子 M 所引起的副反应，其副反应系数用$\alpha_{M(L)}$表示。

$$\begin{aligned}\alpha_{M(L)} &= \frac{[M]+[ML]+[ML_2]+\cdots+[ML_n]}{[M]} \\ &= 1+\beta_1[L]+\beta_2[L]^2+\cdots+\beta_n[L]^n\end{aligned} \tag{9-12}$$

式中，β_1、β_2、…、β_n为金属离子 M 与 L 所形成配合物 ML_n 的逐级累积稳定常数。

由 OH^-与金属离子形成羟基配合物所引起的副反应，其副反应系数用$\alpha_{M(OH)}$表示。

$$\begin{aligned}\alpha_{M(OH)} &= \frac{[M]+[MOH]+[M(OH)_2]+\cdots+[M(OH)_n]}{[M]} \\ &= 1+\beta_1[OH^-]+\beta_2[OH^-]^2+\cdots+\beta_n[OH^-]^n\end{aligned} \tag{9-13}$$

式中，β_1、β_2、…、β_n为金属离子 M 与 OH^-所形成配合物 $M(OH)_n$ 逐级累积稳定常数。

金属离子的羟基配合物也可以认为是一种配位副反应，对含辅助配位剂 L 的溶液，α_M应包括$\alpha_{M(L)}$和$\alpha_{M(OH)}$，即

$$\alpha_M=\frac{[M]+[ML]+[ML_2]+\cdots+[ML_n]+[MOH]+[M(OH)_2]+\cdots+[M(OH)_n]}{[M]} \tag{9-14}$$
$$=\alpha_{M(L)}+\alpha_{M(OH)}-1$$

利用金属离子的副反应系数α_M，可以在其他配位剂 L 存在下对有关平衡进行定量处理。

$$\frac{[MY]}{[M'][Y]}=\frac{K_{MY}}{\alpha_M}=K_{M'Y} \tag{9-15}$$

$K_{M'Y}$为只考虑金属离子配位效应时的条件稳定常数。实际上 EDTA 的酸效应总是存在的，因此在有其他配位剂 L 存在时应该同时考虑α_M和$\alpha_{Y(H)}$，此时的条件稳定常数为 $K_{M'Y'}$：

$$\frac{[MY]}{[M'][Y']}=\frac{K_{MY}}{\alpha_M\alpha_{Y(H)}}=K_{M'Y'} \tag{9-16}$$

$$\lg K_{M'Y'}=\lg K_{MY}-\lg\alpha_M-\lg\alpha_{Y(H)} \tag{9-17}$$

条件稳定常数 $K_{M'Y'}$的大小说明在某些外因影响下配合物的实际稳定程度。采用 $K_{M'Y'}$能更正确地判断在一定条件下金属离子和 EDTA 的配位情况，也可以计算金属离子浓度，但所算得的是[M′]而不是[M]，需要通过α_M 的校正才能求得[M]。简而言之，在处理配位滴定体系时应该用条件稳定常数来处理。当然，在不同的条件下，可以抓住主要的副反应而近似不考虑或忽略较小的影响因素。

【例 9-5】 在 0.02 mol · dm^{-3} Zn^{2+}溶液中，加入 pH = 10 的氨缓冲溶液，使溶液中游离氨的浓度为 0.10 mol · dm^{-3}。计算溶液中游离 Zn^{2+}的浓度。

解　查表得$[Zn(NH_3)_4]^{2+}$ 的各级累积稳定常数为：$\beta_1=10^{2.27}$，$\beta_2=10^{4.61}$，$\beta_3=10^{7.01}$，$\beta_4=10^{9.06}$；已知$[NH_3]=0.10$ mol · dm^{-3}，得

$$\begin{aligned}\alpha_{Zn(NH_3)}&=1+[NH_3]\beta_1+[NH_3]^2\beta_2+[NH_3]^3\beta_3+[NH_3]^4\beta_4\\&=1+10^{-1}\times10^{2.27}+10^{-2}\times10^{4.61}+10^{-3}\times10^{7.01}+10^{-4}\times10^{9.06}\\&=10^{5.10}\end{aligned}$$

由附录查得 pH = 10 时 $\lg\alpha_{Zn(OH)}=2.4$，此值与 $\alpha_{Zn(NH_3)}$ 比较可忽略不计，于是$\alpha_{Zn}\approx\alpha_{Zn(NH_3)}=10^{5.10}$，则

$$[Zn^{2+}]=\frac{c_{Zn^{2+}}}{\alpha_{Zn}}=\frac{0.02}{10^{5.10}}=1.6\times10^{-7}(\text{mol}\cdot\text{dm}^{-3})$$

从上述讨论可以看出，当不存在辅助配位剂时，酸效应和羟基配位效应对配合物的复杂平衡体系的影响可通过$\alpha_{Y(H)}$及$\alpha_{M(OH)}$来估量。由图 9-13 可以看出，酸度对 MY 配合物稳定性的影响很大。为此配位滴定应有一适宜的 pH 范围。确定用 EDTA 滴定金属离子的适宜 pH 范围时，首先要考虑溶液的 pH 应大于允许的最小 pH；其次，溶液的 pH 又不能太大，滴定时不能有金属离子的水解产物析出。当不存在辅助配位效应时，滴定允许的最大 pH 即为金属离子开始水解时的 pH，通常可粗略地由 $M(OH)_n$ 的溶度积常数求得。

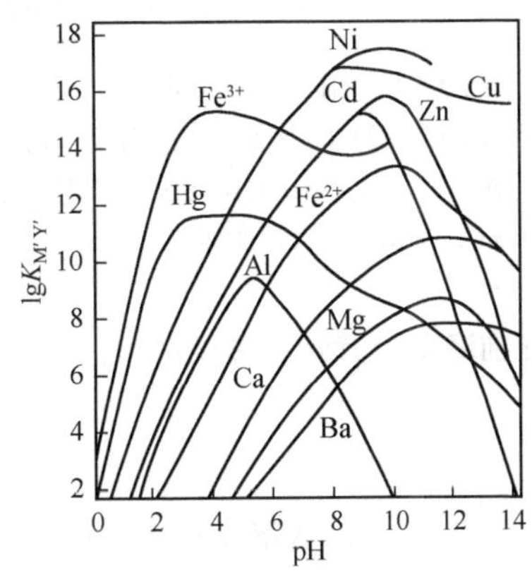

图 9-13　EDTA 配合物的 $\lg K_{MY}$-pH 曲线

在配位滴定中，为了防止金属离子的水解，可以加

入适当的辅助配位剂，如氨水、酒石酸等。这样，金属离子就可以在更低的酸度下进行滴定，如在 pH = 10 的氨缓冲溶液中，可以用 EDTA 准确滴定 Zn^{2+}。但应注意，由于辅助配位剂的引入，$K_{M'Y'}$值将下降，必须控制其用量，否则就不能准确滴定。

除了上述从 Y 酸效应和羟基配位效应来考虑配位滴定的适宜 pH 范围以外，还需要考虑指示剂的颜色变化对 pH 的要求。应该指出，不同的情况下，矛盾的主要方面不同，如果加入的辅助配位剂的浓度大，它的影响就可能变成主要影响。如果加入的辅助配位剂与金属离子形成的配合物比 EDTA 形成的配合物更稳定，则将掩蔽金属离子，使滴定无法进行。

3. 共存离子效应

假如除了 M 外还有共存离子 N 也能与 Y 反应，则这一反应可看作 Y 的一种副反应，它也能削弱 Y 参与主反应的能力，其副反应系数用$\alpha_{Y(N)}$来表示。

$$\alpha_{Y(N)} = \frac{[Y]+[NY]}{[Y]} = 1+[N]K_{NY} \tag{9-18}$$

这样，溶液中含有 N 时，Y 可能有两种副反应，共存离子效应及酸效应，其总副反应系数为

$$\alpha_{Y} = \frac{[Y]+[HY]+[H_2Y]+\cdots+[H_6Y]+[NY]}{[Y]} = \alpha_{Y(H)} + \alpha_{Y(N)} - 1 \tag{9-19}$$

该副反应的具体影响在后面混合离子的分别测定中会讨论。

9.6　配位滴定法体系处理方法

9.6.1　配位滴定的滴定曲线

按照酸碱的电子理论，EDTA 与金属离子的配位反应也可以视为酸碱反应。它们在溶液中的行为和弱碱滴定强酸的情况很类似。即配位滴定中，随着配位剂的不断加入，被滴定的金属离子浓度[M]就不断减小，其改变的情况和酸碱滴定类似。在化学计量点附近 pM(−lg[M])发生突变。配位滴定过程中 pM 的变化规律可以用 pM 对配位剂 EDTA 的加入量所绘制的滴定曲线来表示。考虑各种副反应的影响，需要应用条件稳定常数。对于不易水解或不易与其他配位剂配位的金属离子(如 Ca^{2+})，只需考虑 EDTA 的酸效应，即利用公式计算出在一定 pH 溶液中滴定的不同阶段被滴定金属离子的浓度，据此绘出滴定曲线。

【例 9-6】 用 0.0100 mol · dm^{-3} EDTA 标准溶液滴定 20.00 cm^3 0.0100 mol · dm^{-3} Ca^{2+} 溶液，计算在(1) pH = 12 和(2) pH = 9.0 时化学计量点附近的 pCa 值。

解　(1) pH = 12 时滴定曲线的计算：CaY 配合物的 $K_{MY} = 10^{10.69}$，从表 9-11 查得 pH = 12 时，$\lg\alpha_{Y(H)} = 0.01 \approx 0$，即$\alpha_{Y(H)} = 1$，所以

$$K_{MY'} = K_{MY} = 10^{10.69}$$

滴定前溶液中的钙离子浓度：

$$[Ca] = 0.01\ \text{mol} \cdot \text{dm}^{-3}$$

即

$$pCa = -\lg[Ca] = -\lg 0.01 = 2.00$$

设已加入 EDTA 溶液 19.98 cm^3，此时还剩余 Ca^{2+}溶液 0.02 cm^3，所以

$$[Ca] = \frac{0.0100 \times 0.02}{20.00 + 19.98} = 5 \times 10^{-6}(\text{mol} \cdot \text{dm}^{-3})$$

$$pCa = 5.30$$

化学计量点时，Ca^{2+}与 EDTA 几乎全部配位成 CaY：

$$[CaY] = 0.0100 \times \frac{0.0100 \times 0.02}{20.00 + 20.00} = 5 \times 10^{-3}(mol \cdot dm^{-3})$$

同时，pH = 12 时，$\lg\alpha_{Y(H)} = 0.01 \approx 0$，[Y] = [Y′]，所以

$$[Ca] = [Y] = x\ mol \cdot dm^{-3}$$

$$\frac{5.0 \times 10^{-3}}{x^2} = 10^{10.69}$$

$$x = [Ca] = 3.2 \times 10^{-7}\ mol \cdot dm^{-3}$$

$$pCa = 6.49$$

化学计量点后，设加入 20.02 cm^3 EDTA 溶液，此时 EDTA 溶液过量 0.02 cm^3，所以

$$[Y] = \frac{0.0100 \times 0.02}{20.00 + 20.02} = 5.0 \times 10^{-6}(mol \cdot dm^{-3})$$

$$\frac{5.0 \times 10^{-3}}{[Ca] \times 5.0 \times 10^{-6}} = 10^{10.69}$$

$$[Ca] = 10^{-7.69}$$

$$pCa = 7.69$$

(2) pH = 9 时滴定曲线的计算：查表 9-11 可得，当 pH = 9 时 $\lg\alpha_{Y(H)} = 1.28$，即$\alpha_{Y(H)} = 10^{1.28}$，所以

$$K_{MY'} = \frac{K_{MY}}{\alpha_{Y(H)}} = \frac{10^{10.69}}{10^{1.28}} = 10^{9.41}$$

根据$K_{MY'}$的数值，按照 pH = 12 时的计算方法，同样可求出 pH = 9 时各点的 pCa 值。按照相同的方法，可以计算出其他 pH 时各点的 pCa 值并绘制滴定曲线，如图 9-14 所示。

从图 9-14 的曲线可以看出，用 EDTA 溶液滴定某一金属离子(如 Ca^{2+})时，金属离子浓度的变化情况与溶液 pH 有关，即滴定曲线突跃部分的长短是随溶液 pH 大小不同而变化的。这是由于配合物的条件稳定常数的大小随 pH 而改变。pH 越大，条件稳定常数越大，配合物越稳定，滴定曲线的化学计量点附近 pCa 突跃越长；pH 越小，突跃越短。当 pH = 7 时，$\lg K_{CaY'} = 7.4$，滴定曲线上就看不出突跃了。由此可见，溶液 pH 的选择在 EDTA 配位滴定中是非常重要的。

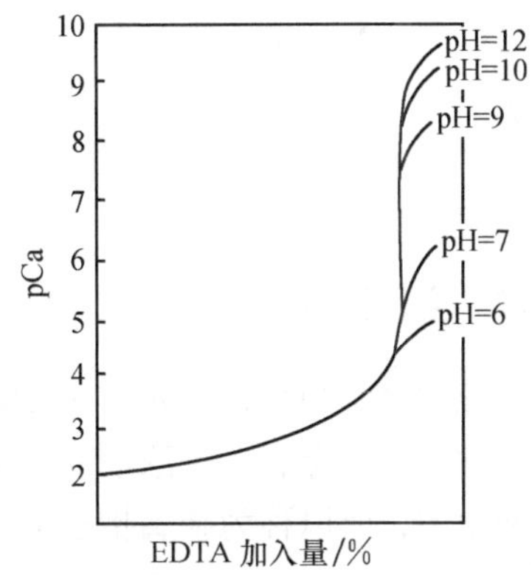

图 9-14　0.0100 mol · dm^{-3} EDTA 滴定 0.0100 mol · dm^{-3} 的 Ca^{2+}的滴定曲线

与酸碱滴定的原理类似，配位滴定也存在滴定误差，因为配位滴定的体系比较复杂，考虑的因素较多，其终点误差的推导也较为冗长，在此只给出简单的配位滴定的终点误差的公式，即林邦公式，表达如下：

$$TE = \frac{10^{\Delta pM} - 10^{-\Delta pM}}{\sqrt{c_{M,sp} K'_{MY}}} \times 100\% \qquad (9\text{-}20)$$

式中，$c_{M,sp}$ 为被测金属离子在化学计量点体积时的浓度；K'_{MY} 为配合物的条件稳定常数；ΔpM 为终点和化学计量点 pM 之差。

从终点误差公式可以看到决定终点误差的因素是：

(1) 配合物的稳定性，K'_{MY}越大，误差越小；

(2) 金属离子的浓度，c_M越大，误差越小；

(3) ΔpM 越小，误差越小。

需要详细了解的读者可以查阅有关书籍，本教材不再详述。

【例 9-7】 用 0.01000 mol · dm^{-3} EDTA 滴定 20.00 cm^3 0.01000 mol · dm^{-3} Ni^{2+}，在 pH = 10 的氨缓冲溶液中，使溶液中游离氨的浓度为 0.10 mol · dm^{-3}。计算 $\lg K_{Ni'Y'}$及化学计量点时溶液中的 pNi′值和 pNi 值。

解 查附录得$[Ni(NH_3)_6]^{2+}$的各级累积稳定常数为$\beta_1 = 10^{2.75}$，$\beta_2 = 10^{4.95}$，$\beta_3 = 10^{6.54}$，$\beta_4 = 10^{7.79}$，$\beta_5 = 10^{8.50}$，$\beta_6 = 10^{8.49}$。

$$\begin{aligned}\alpha_{Ni(NH_3)} &= 1+[NH_3]\beta_1+[NH_3]^2\beta_2+[NH_3]^3\beta_3+[NH_3]^4\beta_4+[NH_3]^5\beta_5+[NH_3]^6\beta_6\\ &=1+10^{-1}\times10^{2.75}+10^{-2}\times10^{4.95}+10^{-3}\times10^{6.54}+10^{-4}\times10^{7.79}+10^{-5}\times10^{8.50}+10^{-6}\times10^{8.49}\\ &=10^{4.17}\end{aligned}$$

查附录得，pH = 10 时，$\alpha_{Ni(OH)} = 10^{0.7}$，此值比$\alpha_{Ni(NH_3)}$小得多，可以忽略不计，于是

$$\alpha_{Ni} \approx \alpha_{Ni(NH_3)} = 10^{4.17}$$

查表 9-11，pH = 10 时，$\lg\alpha_{Y(H)} = 0.45$，则

$$\lg K_{Ni'Y'} = \lg K_{NiY} - \lg\alpha_{Ni} - \lg\alpha_{Y(H)} = 18.60 - 4.17 - 0.45 = 13.98$$

EDTA 滴定到化学计量点时，Ni^{2+}几乎全部配位为 NiY，即

$$[NiY] = 0.01000 \times 20.00/40.00 = 5 \times 10^{-3}(mol \cdot dm^{-3})$$

化学计量点

$$[Ni'] = [Y'] = x$$

则

$$5 \times 10^{-3}/x^2 = 10^{13.98}$$

$$x = 7.2 \times 10^{-9}\ mol \cdot dm^{-3}$$

$$pNi' = 8.1$$

$$[Ni] = \frac{[Ni']}{\alpha_{Ni}} = \frac{7.2\times10^{-9}}{10^{4.17}} = 4.9 \times 10^{-13}(mol \cdot dm^{-3})$$

$$pNi = 12.3$$

9.6.2 金属指示剂

配位滴定也要用指示剂来指示滴定终点，通常利用一种能与金属离子生成有色配合物的显色剂来指示金属离子浓度的变化。因为在配位滴定中，指示剂是指示滴定溶液中金属离子浓度变化的，所以称为金属指示剂。

1. 金属指示剂的作用原理

金属指示剂是一种配位剂，也是一种有机染料，能与某些金属离子形成与染料本身颜色不同的有色配合物。利用此配合物的颜色与金属指示剂本身颜色的显著差别指示滴定终点。

在用 EDTA 滴定过程中，先将少量指示剂加入含被测金属离子溶液中，一少部分金属离子与指示剂形成有色配合物，溶液显金属-指示剂配合物的颜色，此时绝大部分金属离子处于游离状态。随着 EDTA 的滴入，游离的金属离子逐步被 EDTA 配位，等到游离金属离子完全被配位后，继续滴加 EDTA 时，EDTA 夺取金属-指示剂配合物中的金属离子，使指示剂游离

出来而显示其自身的颜色。在计量点时，全部金属离子(包括与指示剂配位的)都与 EDTA 配位，溶液由金属-指示剂配合物颜色，转变为游离指示剂颜色，指示出滴定终点。如用 In 代表指示剂的阴离子，滴定终点时，金属指示剂所发生的颜色变化可用下式表达：

$$\underset{\text{显指示剂与金属配合物的颜色}}{MIn + Y} \quad = \quad \underset{\text{显游离指示剂的颜色}}{MY + In}$$

例如，当用 EDTA 滴定 Mg^{2+}时，用金属指示剂铬黑 T，在 pH = 10 时铬黑 T 首先与 Mg^{2+}形成酒红色的 MgIn 配合物，在计量点时全部的 Mg^{2+}与 EDTA 形成无色的 MgY 配合物，使铬黑 T 游离出来，在终点时溶液颜色由酒红色变成蓝色，颜色变化非常明显。

2. 金属指示剂必须具备的条件

目前合成的金属指示剂已有二百多种，作为金属指示剂，必须具备以下条件：

(1) 在滴定的 pH 范围内，指示剂本身(In)和指示剂与金属离子所形成的有色配合物(MIn)必须具有显著不同的颜色，这样终点时变化才明显。

(2) 指示剂与金属离子形成的有色配合物稳定性要适当。首先 MIn 有色配合物要足够稳定，如果 MIn 的离解度大，则在等量点前就会显示指示剂本身的颜色，使终点提前。但它的稳定性应小于 MY 的稳定性，两者的 K_f 应相差 100 倍以上。这样才能使滴定到化学计量点时，EDTA 能从 MIn 中夺取金属离子，而使指示剂游离出来显示其原来的颜色。否则，滴定过了计量点，指示剂也不变色。

(3) 许多金属指示剂不仅是有机配位剂，而且本身是多元有机弱酸或弱碱，在不同 pH 的溶液中，因其离解形式不同而具有不同的颜色，因而也具有酸碱指示剂的性质，所以金属指示剂要在一定的酸度范围内使用。以铬黑 T 为例，它在溶液中有如下平衡：

$$\underset{(\text{紫红})}{H_2In^-} \xrightleftharpoons{pK_{a_2}=6.3} \underset{(\text{蓝})}{HY^{2-}} \xrightleftharpoons{pK_{a_3}=11.6} \underset{(\text{橙})}{Y^{3-}}$$

当 pH < 6.3 时，呈紫红色，pH > 11.6 时呈橙色，均与铬黑 T 金属配合物的酒红色相近，为使终点变化明显，使用铬黑 T 的最适宜酸度应为 pH = 6.3～11.3，用 EDTA 滴定金属离子，终点时溶液由酒红色变为蓝色，而 pH < 6 或 pH > 12 由于指示剂本身的颜色接近 MIn 配合物颜色不宜使用。

3. 金属指示剂的变色点

金属指示剂(In)和金属离子(M)配位，生成有色配合物(MIn)。如果只考虑 H^+对 In 的副反应，则在溶液中有如下关系：

$$\begin{array}{ccccc} M & + & In & = & MIn \\ & & \mid H^+ & & \\ & & HIn & & \\ & & H_2In & & \\ & & \vdots & & \end{array}$$

条件稳定常数式为

$$K_{MIn'} = \frac{[MIn]}{[M][In]} = \frac{K_{MIn}}{\alpha_{In(H)}}$$

当溶液中[MIn] = [In′]时，溶液呈现 MIn 和 In 的混合色，此即指示剂的变色点。变色点的金属离子浓度以$[M]_t$表示，从上式得

$$\frac{1}{[M]_t}=K_{MIn'}=\frac{K_{MIn}}{\alpha_{In(H)}} \quad 或 \quad pM_t=\lg K_{MIn}-\lg\alpha_{In(H)} \tag{9-21}$$

以上是指金属离子与指示剂形成配位比为 1 : 1 的配合物的情况。实际上有时会形成配位比是 1 : 2 或 1 : 3 的配合物或酸式配合物。此时 pM_t 的计算比较复杂。由于常数不齐全，有些指示剂的变色点的 pM_t 是由实验测得的。

4. 使用金属指示剂时可能出现的问题

1) 指示剂的封闭现象

某些金属指示剂配合物(MIn)比相适应的 MY 稳定，以致滴加过量的 EDTA 也不会发生配合物的转化，故在滴定过程中看不到颜色变化——指示剂的封闭。

为了消除封闭现象，可以加入适当的配位剂来掩蔽能封闭指示剂的离子(量多时要分离除去)。有时使用的蒸馏水不合要求，其中含有微量重金属离子，也能引起指示剂封闭，所以配位滴定要求蒸馏水有一定的质量指标。

例如，加入三乙醇胺可消除少量 Fe^{3+}、Al^{3+}对铬黑 T 的封闭；Cu^{2+}、Co^{2+}、Ni^{2+}可用 KCN 掩蔽。

2) 指示剂的僵化现象

有些指示剂或 MIn 配合物在水中的溶解度太小，或者是 $K_{f,MIn}$ 与 $K_{f,MY}$ 接近，使配位剂与 MIn 配合物交换缓慢，终点拖长，这种现象称为指示剂僵化。为了避免指示剂的僵化，可以加入有机溶剂或加热以增大其溶解度，使反应速率增大，终点变化明显。在可能发生僵化时，接近终点时更要缓慢滴定，剧烈振摇。例如，用 PAN 作指示剂，要加入乙醇或在加热下滴定。

3) 指示剂的氧化变质现象

金属指示剂大多为含双键的有色化合物，易被日光、氧化剂、空气所分解，分解速率与试剂纯度有关。故在水溶液中多不稳定，日久会变质，若配成固体混合物则较稳定，保存时间长。

铬黑 T、钙指示剂常用 NaCl 或 KCl 作稀释剂，或加入还原性物质(抗坏血酸、羟胺)。所以一般指示剂都不宜久放，最好是现用现配。

4) 常用金属指示剂

一些常用的金属指示剂的使用范围及其注意事项列于表 9-12。

表 9-12 常用的金属指示剂

指示剂	使用的最适宜 pH 范围	颜色变化		直接滴定的离子	指示剂配制	注意事项
		MIn	In			
铬黑 T (eriochrome black T)	8～10	红	蓝	pH 10，Mg^{2+}，Zn^{2+}，Cd^{2+}，Pb^{2+}，Mn^{2+}，稀土离子	1 : 100 NaCl (固体)	Fe^{3+}、Al^{3+}、Cu^{2+}、Ni^{2+}等离子封闭 EBT
钙指示剂 (calconcarboxylic acid)	8～13	红	蓝	pH 12～13，Ca^{2+}	1 : 100 NaCl (固体)	Fe^{3+}、Al^{3+}、Cu^{2+}、Ni^{2+}等离子封闭钙指示剂

续表

指示剂	使用的最适宜pH 范围	颜色变化		直接滴定的离子	指示剂配制	注意事项
		MIn	In			
二甲酚橙 (xyenol orange)	<6	紫红	亮黄	pH<1，ZrO_2^{2+} pH 1～2，Bi^{3+} pH 2.5～3.5，Th^{4+} pH 5～6，Zn^{2+}，Pb^{2+}，Cd^{2+}，Hg^{2+}，稀土离子	0.5%水溶液	Fe^{3+}、Al^{3+}、Ni^{2+}、Th^{4+}等离子封闭
酸性铬蓝 K (acid chrome blue K)	1.5～2.5	红	蓝	pH10，Mg^{2+}，Zn^{2+}， pH13，Ca^{2+}	5%水溶液	
PAN	12～13	红	黄	pH 2～3，Bi^{3+}，Th^{4+} pH 4～6，Cu^{2+}，Ni^{2+}，Cd^{2+}，Zn^{2+}	1∶100 NaCl (固体)	MIn 在水溶液中溶解度小，为防止 PAN 僵化，滴定时需加热
磺基水杨酸	2～12	紫红	无色	pH 1.5～3，Fe^{3+}	0.1%乙醇溶液	该指示剂本身没有颜色，FeY^-呈黄色

9.7　混合离子的分别测定

由于 EDTA 能和多种金属离子形成稳定的配合物，而实际的分析对象通常比较复杂。在被滴定溶液中常可能存在几种金属离子，在滴定时很可能相互干扰，因此在混合离子中如何分别滴定某一种或某几种离子是配位滴定中要解决的重要问题。

9.7.1　用控制酸度的方法进行分别滴定

前面提到，当滴定单独一种金属离子时，只要满足$\lg(cK'_{MY})\geqslant 6$的条件，就可以准确进行滴定，其误差$\leqslant \pm 0.1\%$。但当溶液中有两种以上的金属离子共存时，情况就比较复杂。若溶液中含有金属离子 M 和 N，它们均可以与 EDTA 形成配合物，此时需考虑干扰离子 N 的副反应，此副反应系数为$\alpha_{Y(N)}$。当 $K_{MY}>K_{NY}$，且$\alpha_{Y(N)}\gg \alpha_{Y(H)}$(这个假设很重要，否则情况要复杂一些)情况下，可推导出下式：

$$\lg(c_M K'_{MY})\approx \lg K_{MY}-\lg K_{NY}-\lg\frac{c_M}{c_N}=\Delta\lg K+\lg\frac{c_M}{c_N} \tag{9-22}$$

即两种金属离子配合物的稳定常数相差($\Delta\lg K$)越大，被测离子浓度(c_M)越大，干扰离子浓度(c_N)越小，则在 N 的离子存在下准确滴定 M 的离子的可能性就越大。至于$\Delta\lg K$ 要多大才能进行分别滴定，这将取决于所要求的准确度和浓度比 $c_M:c_N$ 及终点和化学计量点 pM 的差值ΔpM 等因素。对于有干扰离子存在时的配位滴定，一般允许有$\leqslant \pm 0.5\%$的相对误差。当用指示剂检测终点时，$\Delta pM\approx 0.3$，需 $\lg(c_M K_{MY})=5$。当 $c_M=c_N$时，$\Delta\lg K=5$。故一般常以$\Delta\lg K\geqslant 5$ 作为判断能否利用控制酸度进行分别滴定的条件。

例如，当溶液中 Bi^{3+}、Pb^{2+}浓度都为 10^{-2} mol · dm^{-3}时，要选择滴定 Bi^{3+}。已知，$\lg K_{BiY}=27.94$，$\lg K_{PbY}=18.04$。$\Delta\lg K=27.94-18.04=9.9$，符合分别滴定的要求。故可以选择滴定 Bi^{3+}而 Pb^{2+}不干扰。直接利用 EDTA 的酸效应曲线(图 9-12)查到滴定 Bi^{3+}允许的最小 pH 约为 0.7，但滴定时 pH 不能太大，在 pH≈2 时，Bi^{3+}将开始水解析出沉淀，所以又要求在 pH<2 的溶液

中滴定。因此，滴定 Bi^{3+}的适宜 pH 范围为 0.7～2。通常在 pH≈1 时进行滴定，以保证滴定时没有铋的水解产物析出。此时 Pb^{2+}不会与 EDTA 作用。

当溶液中有两种以上金属离子共存时，能否用控制溶液酸度的方法进行分别滴定，应首先考虑配合物稳定常数最大和配合物稳定常数与它相近的那两种离子。

例如，溶液中含有 Fe^{3+}、Al^{3+}、Ca^{2+}和 Mg^{2+}，假定它们的浓度都为 10^{-2} mol · dm^{-3}，能否借控制溶液酸度分别滴定 Fe^{3+}和 Al^{3+}。已知 $\lg K_{FeY} = 25.1$，$\lg K_{AlY} = 16.3$，$\lg K_{CaY} = 10.69$，$\lg K_{MgY} = 8.69$。K_{FeY}最大，K_{AlY}次之，滴定 Fe^{3+}时，最可能发生干扰的是 Al^{3+}，但$\Delta\lg K = 25.1 - 16.3 = 8.8 > 5$，根据分别滴定的判据，可知滴定 Fe^{3+}时，共存的 Al^{3+}没有干扰。另外，从图 9-12 看出，滴定 Fe^{3+}时允许的最小 pH 约为 1，又考虑 Fe^{3+}的水解，滴定 Fe^{3+}的适宜 pH 范围应为 1～2.2。前已指出，在考虑滴定的适宜 pH 范围时，还应注意所选用指示剂的合适 pH 范围。上例中滴定 Fe^{3+}时，用磺基水杨酸作指示剂，在 pH = 1.5～2.2 时，它与 Fe^{3+}形成的配合物呈现红色。若控制在这个 pH 范围，用 EDTA 直接滴定 Fe^{3+}，终点由红色变为亮黄色，Al^{3+}、Ca^{2+}及 Mg^{2+}不干扰。滴定 Fe^{3+}后的溶液，经调节其 pH = 3 后，加入过量的 EDTA，煮沸，使大部分 Al^{3+}与 EDTA 作用，再加六次甲基四胺缓冲溶液，控制 pH 为 4～6，使 Al^{3+}与 EDTA 配位完全，然后用 PAN 作指示剂，用 Cu^{2+}标准溶液回滴过量的 EDTA，即可测出 Al^{3+}的含量。

9.7.2　用掩蔽和解蔽的方法进行分别滴定

若被测金属离子的配合物与干扰离子的配合物的稳定常数相差不大($\Delta\lg K$ 值小)，就不能用控制酸度的方法进行分别滴定，此时可利用掩蔽剂来降低干扰离子的浓度以消除干扰。但需注意干扰离子存在的量不能太大，否则得不到满意的结果。掩蔽方法按所用反应类型不同，可分为配位掩蔽法、沉淀掩蔽法和氧化还原掩蔽法等，其中用得最多的是配位掩蔽法。

配位掩蔽法是基于干扰离子与掩蔽剂形成稳定配合物的反应。例如，用 EDTA 滴定水中的 Ca^{2+}、Mg^{2+}以测定水的硬度时，Fe^{3+}、Al^{3+}等的存在对测定有干扰。若加入三乙醇胺使它与 Fe^{3+}、Al^{3+}生成更稳定的配合物，则 Fe^{3+}、Al^{3+}等为三乙醇胺所掩蔽而不发生干扰。

又如，在 Al^{3+}与 Zn^{2+}共存时，可用 NH_4F 掩蔽 Al^{3+}，使其生成稳定的$[AlF_6]^{3-}$配离子，在 pH = 5～6 时，用 EDTA 滴定 Zn^{2+}。

由上例可以看出，配位掩蔽剂必须具备下列条件：①干扰离子与掩蔽剂形成的配合物应远比与 EDTA 形成的配合物稳定，而且形成的配合物应为无色或浅色的，不影响终点的判断。②掩蔽剂不与待测离子配位，即使形成配合物，其稳定性也应远小于待测离子与 EDTA 配合物的稳定性。③掩蔽剂的应用有一定的 pH 范围，而且要符合测定要求的 pH 范围。如上例，测定 Zn^{2+}时，若 pH = 8～10，用铬黑 T 作指示剂，则用 NH_4F 就可能掩蔽 Al^{3+}。但是，在测定含有 Ca^{2+}、Mg^{2+}、Al^{3+}溶液中的 Ca^{2+}、Mg^{2+}总量时，于 pH = 10 时滴定，因为 F^-与被测物 Ca^{2+}要生成 CaF_2 沉淀，因此就不能用氟化物来掩蔽铝。

此外还有沉淀掩蔽法和氧化还原掩蔽法，有兴趣的读者可参阅相关书籍。一些常用的掩蔽剂见表 9-13。

有时，有些干扰离子的不同价态与 EDTA 的配合物的稳定常数有区别，可以利用，如将低价干扰离子(如 Cr^{3+}、VO^{2+}等)氧化成高价酸根(如 $Cr_2O_7^{2-}$ 、VO_3^- 等)可消除干扰。

表 9-13　一些常用的掩蔽剂

名称	pH 范围	被掩蔽的离子	备注
KCN	>8	Co^{2+}、Ni^{2+}、Cu^{2+}、Zn^{2+}、Hg^{2+}、Cd^{2+}、Ag^{+}、Tl^{+}及铂族元素	
NH_4F	4～6	Al^{3+}、$Ti^{Ⅳ}$、Sn^{4+}、Zr^{4+}、$W^{Ⅵ}$等	用 NH_4F 比 NaF 好，加入后溶液 pH 变化不大
	10	Al^{3+}、Mg^{2+}、Ca^{2+}、Sr^{2+}、Ba^{2+}及稀土元素	
邻二氮菲	5～6	Cu^{2+}、Co^{2+}、Ni^{2+}、Zn^{2+}、Cd^{2+}、Mn^{2+}、Hg^{2+}	
三乙醇胺(TEA)	10	Al^{3+}、Sn^{4+}、$Ti^{Ⅳ}$、Fe^{3+}	与 KCN 并用，可提高掩蔽效果
	11～12	Fe^{3+}、Al^{3+}及少量 Mn^{2+}	
二巯基丙醇	10	Hg^{2+}、Cd^{2+}、Zn^{2+}、Bi^{3+}、Pb^{2+}、Ag^{+}、As^{3+}、Sn^{4+}及少量 Cu^{2+}、Co^{2+}、Ni^{2+}、Fe^{3+}	
硫脲	弱酸性	Cu^{2+}、Hg^{2+}、Ti^{+}	
铜试剂(DDTC)	10	能与 Cu^{2+}、Hg^{2+}、Pb^{2+}、Cd^{2+}、Bi^{3+}生成沉淀，其中 Cu-DDTC 为褐色，Bi-DDTC 为黄色，故其存在量应分别小于 2 mg 和 10 mg	
酒石酸	1.5～2 5.5 6～7.5 10	Sb^{3+}、Sn^{4+} Fe^{3+}、Al^{3+}、Sn^{4+}、Ca^{2+} Mg^{2+}、Cu^{2+}、Fe^{3+}、Al^{3+}、Mo^{4+} Al^{3+}、Sn^{4+}、Fe^{3+}	在抗坏血酸存在下

应该着重指出，一些掩蔽剂的使用，除了应明确它的使用条件外，还应特别注意它的性质和加入时的条件。例如，KCN 是剧毒物，只允许在碱性溶液中使用；若将它加入酸性溶液中，则产生剧毒的 HCN 气体逸出，对人有严重危害；滴定后的溶液也应注意处理，以免造成污染。用来掩蔽 Fe^{3+}等的三乙醇胺必须在酸性溶液中加入，然后再碱化，否则 Fe^{3+}已生成氢氧化物沉淀而不易配位掩蔽。

此外，还应注意掩蔽剂的用量要适当，既要稍为过量，使干扰离子能被完全掩蔽，但又不能过量太多，否则待测离子也可能部分被掩蔽。

将一些离子掩蔽，对某种离子进行滴定以后，使用另一种试剂破坏这些离子(或一种离子)与掩蔽剂所生成的配合物，使该种离子从配合物中释放出来，这种作用称为解蔽，所用试剂称为解蔽剂。

例如，铜合金中 Cu^{2+}、Zn^{2+}、Pb^{2+}三种离子共存，测定其中 Zn^{2+}和 Pb^{2+}时，用氨水中和试液，加 KCN，以掩蔽 Cu^{2+}、Zn^{2+}两种离子。而 Pb^{2+}不被掩蔽，为防止 Pb^{2+}生成 $Pb(OH)_2$ 沉淀，需加酒石酸，在 pH = 10 时，用铬黑 T 作指示剂，可以用 EDTA 滴定 Pb^{2+}。滴定后的溶液，加入甲醛或三氯乙醛作解蔽剂，破坏$[Zn(CN)_4]^{2-}$：

$$[Zn(CN)_4]^{2-} + 4HCHO + H_2O \rightleftharpoons Zn^{2+} + 4H_2\overset{\overset{\displaystyle OH}{|}}{C}—CN + 4OH^-$$

羟基乙腈

释放出的 Zn^{2+}，再用 EDTA 继续滴定。$[Cu(CN)_4]^{2-}$比较稳定，不易被醛类解蔽。但也要注意甲醛应分次滴加，用量也不宜过多。如甲醛过多，温度较高，可能使$[Cu(CN)_4]^{2-}$部分破坏而影响锌的测定结果。

当用控制溶液酸度进行分别滴定或掩蔽干扰离子都有困难时，只有根据滴定体系的特点进行预先分离。

9.7.3　用其他配位剂滴定

除 EDTA 外，其他配位剂与金属离子形成配合物的稳定性各有其特点，可以选择不同配位剂进行滴定，以提高滴定的选择性。

EDTA 与 Ca^{2+}、Mg^{2+}形成的配合物的稳定性相差不多，而 EGTA 与 Ca^{2+}、Mg^{2+}形成的配合物的稳定性相差较大，故可以在 Ca^{2+}、Mg^{2+}共存时，用 EGTA 直接滴定 Ca^{2+}。EDTP 与 Cu^{2+}的配合物较稳定，而与 Zn^{2+}、Cd^{2+}、Mn^{2+}及 Mg^{2+}等离子的配合物稳定性差很多，所以可在 Zn^{2+}、Cd^{2+}、Mn^{2+}及 Mg^{2+}存在下用 EDTP 直接滴定 Cu^{2+}。

其他如用 CyDTA 滴定 Mg^{2+}或 Al^{3+}等配位滴定方法也正在逐渐应用于实际。

9.8　配位滴定的方式和应用

在配位滴定中，采用不同的滴定方式可以扩大配位滴定的应用范围。常用的有以下几种滴定方式。

1. 直接滴定

这种方法是用 EDTA 标准溶液直接滴定待测离子。操作简便，一般情况下引入误差较少，故在可能的范围内应尽量采用直接滴定法。但在下列任何一种情况下，不宜采用：

(1) 待测离子(如 SO_4^{2-}、PO_4^{3-} 等)不与 EDTA 形成配合物，或待测离子(如 Na^+等)与 EDTA 形成的配合物不稳定。

(2) 待测离子(如 Ba^{2+}、Sr^{2+}等)虽能与 EDTA 形成稳定的配合物，但缺少变色敏锐的指示剂。

(3) 待测离子(如 Al^{3+}、Cr^{3+}等)与 EDTA 的配位速率很慢，本身又易水解或封闭指示剂。

这些情况下需采用其他滴定方式。

2. 间接滴定

对于上述第(1)种情况，可以采用间接滴定，即加入过量的、能与 EDTA 形成稳定配合物的金属离子作沉淀剂，以沉淀待测离子，过量沉淀剂用 EDTA 滴定。或将沉淀分离、溶解后，再用 EDTA 滴定其中的金属离子。例如，测定 PO_4^{3-}，可加一定量过量的 $Bi(NO_3)_3$，使之生成 $BiPO_4$沉淀，再用 EDTA 滴定剩余的 Bi^{3+}。又如，测定 Na^+时，可加乙酸铀酰锌作沉淀剂，使 Na^+生成 $NaZn(UO_2)_3(AC)_9 \cdot xH_2O$ 沉淀，将沉淀分离、洗净、溶解后，用 EDTA 滴定锌。

3. 返滴定

对于上述(2)和(3)两种情况，一般采用返滴定。即先加入过量的 EDTA 标准溶液，使待测离子完全反应后，再用其他金属离子标准溶液返滴定过量的 EDTA。例如，测定 Al^{3+}时，由于 Al^{3+}易形成一系列多羟基配合物，这类多羟基配合物与 EDTA 作用速度较慢。但可加入过量 EDTA 溶液，煮沸后，用 Cu^{2+}或 Zn^{2+}标准溶液返滴定过量的 EDTA。又如，测定 Ba^{2+}时没有变色敏锐的指示剂，可加入过量的 EDTA 溶液，与 Ba^{2+}作用后，用铬黑 T 作指示剂，再用 Mg^{2+}标准溶液返滴定过量的 EDTA。

4. 置换滴定

用一种配位剂置换待测金属离子与 EDTA 配合物中的 EDTA，然后用其他金属离子标准溶液滴定释放出来的 EDTA。例如，测定有 Cu^{2+}、Zn^{2+}等共存时的 Al^{3+}，可先加入过量 EDTA，并加热使 Al^{3+}和共存的 Cu^{2+}、Zn^{2+}等都与 EDTA 作用，然后在 pH = 5～6 时，以 PAN 作指示剂，用铜盐标准溶液返滴定过量的 EDTA(也可用二甲酚橙作指示剂，用锌盐溶液返滴定)。再加入 NH_4F，使 AlY^-转变为更稳定的配合物$[AlF_6]^{3-}$，置换出的 EDTA 再用铜盐标准溶液滴定。其反应如下：

$$AlY^- + 6F^- = [AlF_6]^{3-} + Y^{4-}$$

$$Y^{4-} + Cu^{2+} = CuY^{2-}$$

此外，还可以用待测金属离子置换出另一配合物中的金属离子，然后用 EDTA 滴定。例如，Ag^+与 EDTA 的配合物不稳定($\lg K_{AgY} = 7.32$)，因而不能用 EDTA 直接滴定 Ag^+。但于含 Ag^+试液中加过量的$[Ni(CN)_4]^{2-}$，就发生如下置换反应：

$$2Ag^+ + [Ni(CN)_4]^{2-} = 2[Ag(CN)_2]^- + Ni^{2+}$$

用 EDTA 滴定置换出的 Ni^{2+}，即可求得 Ag^+的含量。

思　考　题

1. 配合物是怎样组成的(明确内界、外界、中心离子、配体、配位原子、配位数等概念)?

2. $[Fe(CN)_6]^{3-}$中 d 轨道电子分布情况如何？如果用 6 个 F^-代替 6 个 CN^-而生成$[FeF_6]^{3-}$，d 轨道分裂能 Δ 值是增加还是减少?

3. AgCl 溶于氨水形成$[Ag(NH_3)_2]^+$后，若用 HNO_3 酸化溶液，则又析出沉淀，这种现象怎样解释?

4. 为什么大多数过渡元素的配离子是有色的，而 Zn(Ⅱ)的配离子却是无色的?

5. 具有哪种结构的配合物称为螯合物？什么是螯合效应？螯合物为什么比一般配合物更稳定?

6. 将 KSCN 加入 $NH_4Fe(SO_4)_2 \cdot 12H_2O$ 溶液中出现红色，但加入 $K_3[Fe(CN)_6]$溶液中并不出现红色，这是为什么?

7. 配合物的稳定常数和条件稳定常数有什么不同？为什么要引用条件稳定常数?

8. 查阅资料，写出顺铂药物的抗病机理。

9. 写出 EDTA 与水中 Ca^{2+}和 Mg^{2+}形成配合物的结构式，配位数等于多少？稳定常数各是多少?

10. 在照相技术中，硫代硫酸钠(俗称海波)溶液用作定影剂以洗去胶片(溴胶板)上多余的溴化银，写出方程式并通过查阅资料讨论合适的反应条件。

11. 配合物的稳定常数和条件稳定常数有什么不同？为什么要引用条件稳定常数?

12. 配位滴定中控制溶液的 pH 有什么重要意义？实际工作中应如何全面考虑选择滴定的 pH?

13. 简述氯化钠提纯和纯水制备中钙、镁离子的鉴定方法。分析方法不同的原因。

14. 若混合离子滴定时，酸效应系数和共存离子副反应系数的值相近，如何处理这个体系的两种离子的分别测定?

15. 用 EDTA 配位滴定测定水硬度是一种常见的方法。用 EDTA 作滴定剂，在 pH 为 8～10 的条件下(用 NH_4Cl-NH_3 缓冲溶液)滴定 Ca^{2+}、Mg^{2+}的总量，用三乙醇胺来掩蔽 Fe^{3+}。问：

(1) 选用什么指示剂？为什么?

(2) 滴定前，掩蔽剂、指示剂、缓冲溶液加入的顺序和量分别是什么？理由是什么?

16. 配合物在医药上的应用相当广泛，如重金属离子中毒，其解毒剂都是强的螯合剂(如 EDTA、二巯基丙醇)，分析原因并给出解毒机理。

习　题

1. 命名下列配合物：

(1) $[Pt(NH_3)_2(NO_2)Cl]$　　(2) $NH_4[Co(NH_3)_2(NO_2)_4]$

(3) $[Pt(Py)(NH_3)ClBr]$　　(4) $[Cr(en)_2(SCN)_2]SCN$

(5) $[Pt(NH_3)_2(OH)_2Cl_2]$　　(6) $[Co(NH_3)_3(OH)_3]$

2. 写出下列各配合物和配离子的化学式：

(1) 四异硫氰二氨合钴(Ⅲ)酸铵　　(2) 氯化硝基 · 一氨 · 一羟胺 · 吡啶合铂(Ⅱ)

(3) 硫酸亚硝酸根 · 五氨合钴(Ⅲ)　　(4) 五氯 · 苯基合锑(Ⅴ)酸钾

(5) 二硫代硫酸根合银(Ⅰ)离子　　(6) 六氰合铁(Ⅱ)酸铁

3. 写出下列各配合物的中心离子、配体、中心离子氧化数、配位离子的电荷数及配合物的名称：

(1) $Li[AlH_4]$　　(2) $[Cr(H_2O)(en)(C_2O_4)(OH)]$

(3) $[Co(NH_3)_4(NO_2)Cl]^+$　　(4) $(NH_4)_3[SbCl_6]$

(5) $[Ir(NH_3)_5(ONO)]Cl$　　(6) $[Cr(H_2O)_4Br_2]Br \cdot H_2O$

4. 预测下列各组所形成两组配离子之间的稳定性的大小，并简单说明原因：

(1) Al^{3+}与 F^-或 Cl^-配位；

(2) Pd^{2+}与 RSH 或 ROH 配位；

(3) Cu^{2+}与 NH_3 或吡啶配位；

(4) Cu^{2+}与 NH_2CH_2COOH 或 CH_3COOH 配位。

5. 加入过量 $AgNO_3$ 从溶液中沉淀出 Cl^-和 I^-各 0.500 mol，试计算在 1 dm^3 溶液中要溶解全部 AgCl 和最少量的 AgI，所需氨的浓度应为多少？换言之，用此法能否分离 Cl^-和 I^-？

6. 一配合物组成为 $CoCl_2(en)_2 \cdot H_2O$，摩尔质量为 330 $g \cdot mol^{-1}$，取 83.5 mg 溶于水，再倒入氢型阳离子交换柱中，交换出的酸需用 0.05 $mol \cdot dm^{-3}$ 的 NaOH 11.00 cm^3 才能中和，试写出该配合物的结构式并命名。

7. 向含有 0.10 $mol \cdot dm^{-3}$ $AgNO_3$ 和 0.50 $mol \cdot dm^{-3}$ $Na_2S_2O_3$ 的溶液中加入 NaBr 固体，并使 Br^-浓度达到 0.10 $mol \cdot dm^{-3}$，计算有无 AgBr 沉淀生成？(已知：$[Ag(S_2O_3)_2]^{3-}$的 $K_f = 1.4 \times 10^9$，AgBr 的 $K_{sp} = 5.0 \times 10^{-11}$)

8. 在三份 0.2 $mol \cdot dm^{-3}$ $[Ag(CN)_2]^-$ 的溶液中，分别加入等体积的 0.2 $mol \cdot dm^{-3}$ KCl、KBr、KI 溶液，问：

(1) 三种卤化银沉淀是否均能生成？

(2) 若原$[Ag(CN)_2]^-$溶液中尚含有浓度为 0.2 $mol \cdot dm^{-3}$ 的 KCN，则分别加入同浓度的 KCl、KBr、KI 溶液时，三种卤化银是否均会沉淀出来？

9. 对于某金属 M，向其 M^{3+}溶液中加入碱会产生 $M(OH)_3$ 沉淀，若加入过量的碱，则 $M(OH)_3$ 沉淀溶解生成$[M(OH)_4]^-$。如果溶液中$[M^{3+}] \leqslant 1.0 \times 10^{-6}$ $mol \cdot dm^{-3}$，溶液的 pH 应该控制在什么范围？(已知：$M(OH)_3$ 的溶度积常数 $K_{sp} = 1.0 \times 10^{-30}$，$[M(OH)_4]^-$的 $K_f = 1.0 \times 10^{30}$)

10. 某配合物 MY 的 $\lg K(MY) = 15.0$，在 pH = 6 条件下用 EDTA 进行滴定，若此时 $\lg\alpha(M) = 4$，试计算 K'_{MY} 及在化学计量点时的 pM。

11. pH = 5，锌和 EDTA 配合物的条件稳定常数是多少？假设 Zn^{2+}和 EDTA 的浓度都为 10^{-2} $mol \cdot dm^{-3}$(不考虑羟基配位等副反应)。pH = 5 时，能否用 EDTA 标准溶液滴定 Zn^{2+}？

12. 计算在 pH = 7 和 pH = 12 的介质中能否用 0.02000 $mol \cdot dm^{-3}$ 的 EDTA 标准溶液滴定 0.02 $mol \cdot dm^{-3}$ 的 Ca^{2+}。

13. 假设 Mg^{2+}和 EDTA 的浓度都为 0.01000 $mol \cdot dm^{-3}$，在 pH = 6 时，镁与 EDTA 配合物的条件稳定常数是多少(不考虑羟基配位等副反应)？并说明在此 pH 下能否用 EDTA 标准溶液滴定 Mg^{2+}。若不能滴定，求其允许的最小 pH。

14. 某试液含 Fe^{3+}和 Co^{2+}，浓度都为 0.0200 $mol \cdot dm^{-3}$，欲用同浓度的 EDTA 分别滴定，问：

(1) 有无可能分别滴定？

(2) 滴定 Fe^{3+}的合适的酸度范围；

(3) 滴定 Fe^{3+}后，是否有可能滴定 Co^{2+}，求滴定 Co^{2+}合适的酸度范围。

(已知：$K_{sp,Co(OH)_2} = 10^{-14.7}$)

15. 用 0.01060 $mol \cdot dm^{-3}$ EDTA 标准溶液滴定水中钙和镁的含量，取 100.0 cm^3 水样，以铬黑 T 为指示剂，在 pH = 10 时滴定，消耗 EDTA 31.30 cm^3。另取一份 100.0 cm^3 水样，加入 NaOH 使呈强碱性，使 Mg^{2+}生成 $Mg(OH)_2$ 沉淀，用钙指示剂指示终点，继续用 EDTA 滴定，消耗 19.80 cm^3。计算：

(1) 水的总硬度(以 $CaCO_3$ $mg \cdot dm^{-3}$ 表示)；

(2) 水中的钙和镁的含量(以 $CaCO_3$ $mg \cdot dm^{-3}$ 和 $MgCO_3$ $mg \cdot dm^{-3}$ 表示)。

16. 称取含 Fe_2O_3 和 Al_2O_3 的试样 0.2015 g，溶解后，在 pH = 2.0 以磺基水杨酸为指示剂，加热至 50℃左右，以 0.02008 mol · cm^{-3} 的 EDTA 滴定至红色消失，消耗 EDTA 15.20 cm^3。然后加入上述 EDTA 标准溶液 25.00 cm^3，加热煮沸，调节 pH = 4.5，以 PAN 为指示剂，趁热用 0.02112 mol · dm^{-3} Cu^{2+}标准溶液返滴定，消耗 8.16 cm^3。计算试样中 Fe_2O_3 和 Al_2O_3 的质量分数。

17. 移取含 Bi^{3+}、Pb^{2+}、Cd^{2+}的试液 25.00 cm^3，以二甲酚橙为指示剂，在 pH = 1 时用 0.02015 mol · dm^{-3} EDTA 滴定，消耗 20.28 cm^3。调 pH 至 5.5，用 EDTA 滴定又消耗 30.16 cm^3。再加入邻二氮菲，用 0.02002 mol · dm^{-3} Pb^{2+}标准溶液滴定，消耗 10.15 cm^3。简述每一步骤的作用，并计算溶液中 Bi^{3+}、Pb^{2+}、Cd^{2+}的浓度。

18. 称取含锌、铝的试样 0.1200 g，溶解后，调至 pH 为 3.5，加入 50.00 cm^3 0.02500 mol · dm^{-3} EDTA 溶液，加热煮沸，冷却后，加入乙酸缓冲溶液，此时 pH 为 5.5，以二甲酚橙为指示剂，用 0.02 mol · dm^{-3} 锌标准溶液滴定至红色，消耗 5.08 cm^3。加足量 NH_4F，煮沸，再用上述锌标准溶液滴定，消耗 20.70 cm^3。计算试样中锌、铝的质量分数。

19. 在 pH = 5.5 的溶液中以 0.02000 mol · dm^{-3} EDTA 滴定同浓度的 Cd^{2+}，计算滴定突跃(在化学计量点前后 0.1%的 pCd 值区间)，并回答选用二甲酚橙为指示剂是否合适。

20. 若要求终点误差在 0.2%以内，ΔpM = ±0.38，用 0.01000 mol · dm^{-3} EDTA 滴定同浓度的 Bi^{3+}，试确定允许的最低 pH。

21. 用 0.02000 mol · dm^{-3} EDTA 滴定同浓度的 Pb^{2+}，体系的 pH = 5.0，计算在化学计量点时的 pPb 值，若终点时 pPb = 7.1，终点误差是多少？

22. 用 EDTA 滴定含有少量 Fe^{3+}的 Ca^{2+}、Mg^{2+}试液时，用三乙醇胺、KCN 都可以掩蔽 Fe^{3+}，抗坏血酸则不能掩蔽；在滴定有少量 Fe^{3+}存在的 Bi^{3+}时，恰恰相反，即抗坏血酸可以掩蔽 Fe^{3+}，而三乙醇胺、KCN 则不能掩蔽。说明理由。

23. 欲测定含 Pb^{2+}、Al^{3+}和 Mg^{2+}试液中的 Pb^{2+}含量，其他两种离子是否有干扰？应如何测定 Pb^{2+}含量？试拟出简要方案。

24. 拟定分析方案，指出滴定剂、酸度、指示剂及所需其他试剂，并说明滴定的方式。

(1) 含有 Fe^{3+}的试液中测定 Bi^{3+}；

(2) Zn^{2+}、Mg^{2+}混合液中两者的测定(举出三种方案)；

(3) 铜合金中 Pb^{2+}、Zn^{2+}的测定；

(4) Ca^{2+}与 EDTA 混合液中两者的测定。

【阅读材料 4】

过 渡 元 素

§ Y-4-1　过渡元素的通性

过渡元素在长周期表中占据长周期(第四、五、六周期)的中间偏左位置，即从第ⅢB 族的钪族到第ⅠB 族的铜族，共九个直列 28 个元素(不包括镧以外的镧系元素和锕系元素)。这些元素在原子结构上的共同特点是价电子依次填充在次外层的 d 轨道中，由钪族的$(n-1)d^1ns^2$到铜族的$(n-1)d^{10}ns^1$，因此这些元素称为 d 组元素。过渡元素的另一重要特征是它们的单质都是金属，其中多数是稀有的、高相对密度、高熔点的金属，因而这个区域中的元素又常称为高熔稀有金属。

一、原子半径

在各周期中从左至右，随着原子序数的增加，原子半径缓慢减小，直到铜族前后又稍有增大。这是由于同一周期过渡元素随着核电荷数的增加，所增加的电子填充在次外层的 d 轨道上，对核的屏蔽作用比外层填充时大，因而有效核电荷数增加缓慢，故原子半径依次缓慢减小，与同周期的主族元素原子半径从左至右明显减小有所不同。到铜族前后，由于达到 18 电子层结构，对核的屏蔽作用较 d 轨道未填满时大，使核对外层电子引力减小，因此原子半径又略有增大。在各族中自上而下，原子半径增大，但第五、六周期同族元素的原子半径由于镧系收缩，原子半径基本上很接近。

二、过渡元素的电离能

一种金属的电离能是它的化学性质的一种重要特征，因此在一个相关系列中元素电离能的变化可以对该系列中元素化学性质的变化给予启示。图 Y-4-1 绘出了各过渡系元素的第一、第二和第三电离能对价电子数的变化关系。从图中可以看出：①在各周期中，从左至右，随着有效核电荷数的增加，电离能一般是递增的；②对于第三电离能($M^{2+} \longrightarrow M^{3+}$)来说，起始的$M^{2+}$具有$d^n$型的电子结构，在$d^6$的情况下(Fe、Ru、Os)中电离能有一突降，这与p组元素的p^4情况是一样的(由于洪德规则)；③另一重要变化情况是在$M^{2+} \longrightarrow M^{3+}$过程(以及在ⅢB族中所有的电离过程)中，各族中电离能的正常变化倾向是从上向下依次降低。但是第六周期镧系后元素的第一、第二电离能却都高于相应的第四周期元素。这清楚地表明在第六周期镧系后元素中5d电子对$4f^{14}$壳层有显著的穿透效应。

由图 Y-4-1 还可以归纳出两点：①在各过渡金属系列中，靠前面的元素有较低的电离能，因而它们比较

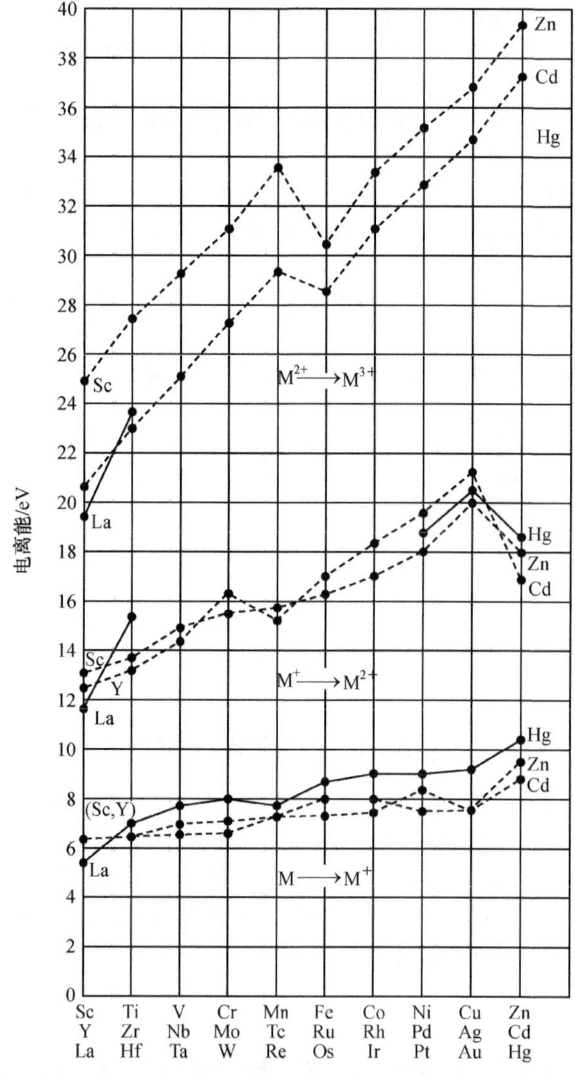

图 Y-4-1　过渡元素的电离能随价电子数的变化图

(横坐标为价电子数，对$M \longrightarrow M^{+}$为3～12，对$M^{+} \longrightarrow M^{2+}$为2～11，对$M^{2+} \longrightarrow M^{3+}$为1～10)

容易表现出较高氧化态，直到氧化数与族数相符。靠后面的元素有较高的电离能，因而在它们的化学性质中应以较低氧化态为主，特别是含+2 价离子的化合物较为常见。②第二电离能与第一电离能相差不多，故 M^{+} 化合物不像 M^{2+}化合物那样比较常见。

三、过渡元素的氧化态表现

过渡元素最显著的特征之一是它们有多种氧化态(表 Y-4-1)，由于过渡元素外层 s 电子与次外层 d 电子能级接近，因此这些 d 电子可以部分或全部参与成键，形成多种氧化态。过渡元素的氧化态大多连续变化，如 Mn 的氧化数由+2 连续变化到+7。而主族元素中 s 区元素只有一种氧化态；p 区元素虽然也有多种氧化态，但大多数 p 区元素正常氧化态的变化是跳跃式的，每次变化为 2，如 Sn 由+2→+4、P 由+3→+5、S 由+4→+6 等。

由表 Y-4-1 也可以看出，第四周期的过渡元素随着原子序数的增加，氧化态逐渐升高，但当 3d 轨道中电子数达到 5 或超过 5 时，氧化态又逐渐降低。这可能是因为ⅡB～ⅦB 未成对的 d 电子数依次增加(洪德规则)，所以氧化态逐渐升高，到了Ⅷ族 d 电子数达到半充满后，d 轨道逐渐趋于稳定，使 d 电子难参与成键。从过渡元素的第一、第二、第三电离能也可以看出，同一周期，从左到右，随着有效核电荷的增加，电离能也递增，前面的元素有较低的电离能，因而它们比较容易表现出较高氧化态，而后面的元素有较高的电离能，因而一般表现为较低氧化态。

表 Y-4-1　第四周期过渡元素的常见氧化态

元素	Sc	Ti	V	Cr	Mn	Fe	Co	Ni	Cu
氧化态									$\underline{+1}$
	(+2)	+2	+2	+2	$\underline{+2}$	$\underline{+2}$	$\underline{+2}$	$\underline{+2}$	$\underline{+2}$
	$\underline{+3}$	+3	+3	+3	+3	$\underline{+3}$	+3	(+3)	
		$\underline{+4}$	+4		$\underline{+4}$				
			$\underline{+5}$	$\underline{+6}$	+6	(+6)			
					$\underline{+7}$				

注：氧化值下面有横线的表示稳定的氧化态，有括号的表示不稳定的氧化态。

第五、第六周期的过渡元素在各周期中从左到右，氧化态首先趋向于依次升高，过了第Ⅷ族的 Ru 和 Os 后，又表现出氧化态依次降低。这种变化趋势与第四周期的过渡元素的变化趋势是一致的。它们的不同之处在于，第五、第六周期的过渡元素的最高氧化态稳定，虽然在强氧化剂作用下，这些元素可以表现为低氧化态，但低氧化态化合物不常见。

在同族过渡元素中，表 Y-4-1 中的元素(第四周期)一般容易表现为低氧化态，下面的元素趋向于形成高氧化态化合物，即从上向下高氧化态趋向于稳定。这和周期表中相邻的 p 区主族元素ⅢA、ⅣA、ⅤA 从上向下高氧化态不稳定的趋向正好相反。

最后还需指出，许多过渡元素还能形成氧化态为+1、0、−1、−2 和−3 的化合物。例如，在$[V(NH_3)_3]^{+}$中，V 的氧化数为+1；在$[Ni(CO)_4]$中，Ni 的氧化数为 0；在$[Co(CO)_4]^{-}$中，Co 的氧化数为−1；在$[Cr(CO)_5]^{2-}$中，Cr 的氧化数为−2 等。

四、金属活泼性

过渡金属在水溶液中的活泼性可由其在酸性溶液中的标准电极电势 $\varphi^{\ominus}$ 来判断。表 Y-4-2 列出了第四周期过渡元素的 $\varphi^{\ominus}$ 及与酸的作用情况。

表 Y-4-2　第一过渡金属的 $\varphi^{\ominus}$

元素	Sc	Ti	V	Cr	Mn
$\varphi^{\ominus}_{M^{2+}/M}$ /V		−1.63	−1.2	−0.56	−1.03
可溶该金属的酸	易溶于各种酸	热 HCl、HF	HNO_3、HF、浓 H_2SO_4	稀 HCl、H_2SO_4	稀 HCl、H_2SO_4 等
元素	Fe	Co	Ni	Cu	Zn
$\varphi^{\ominus}_{M^{2+}/M}$ /V	−0.409	−0.28	−0.23	+0.34	−0.76
可溶该金属的酸	稀 HCl、H_2SO_4 等	缓慢溶解在稀 HCl 等酸中	稀 HCl、H_2SO_4	HNO_3、热浓 H_2SO_4	稀 HCl、H_2SO_4 等

从表 Y-4-2 可以看出，第一过渡系金属，除 Cu 外，$\varphi^{\ominus}$ 均为负值，其金属单质可从非氧化性酸中置换出氢。另外，同一周期自左向右，$\varphi^{\ominus}$ 值逐渐增大，其活泼性逐渐减弱。$\varphi^{\ominus}_{Cu^{2+}/Cu}$ 代数值在同周期中为最大的原因是在第一过渡系元素中，Cu($3d^{10}4s^1$)的第二电离能(I_2)为同周期中最大的，要破坏 $3d^{10}$ 全充满稳定结构使之成为 $3d^9$ 需要较高的能量。虽然 Cu^{2+}的半径较小，其水合能较大，但不能完全抵消第二电离能的影响，所以总的能量变化增大，故相应的电极电势代数值也变大。

同族过渡元素除ⅢB 外，其他各族都是从上到下活泼性减弱。造成这种现象的原因是同族元素自上而下原子半径增加不大，但核电荷增加较多，核对电子吸引力增强，对应的电离能(I)都比第一过渡系相应的元素大，但其水合能却相差不大，因而由金属单质变为水合离子所消耗的能量增大，相应的标准电极电势 $\varphi^{\ominus}$ 代数值也增大。

$$\varphi^{\ominus}(Ni^{2+}/Ni) = -0.23\ V$$
$$\varphi^{\ominus}(Pd^{2+}/Pd) = +0.83\ V$$
$$\varphi^{\ominus}(Pt^{2+}/Pt) = +1.2\ V$$

↓ $\varphi^{\ominus}$ 值增大　活泼性减弱

五、形成配合物的倾向

过渡元素与主族元素相比，易形成配合物。因为过渡元素的离子(或原子)具有能级相近的外电子轨道[$(n-1)dnsnp$]。这种构型为接受配体的孤电子对形成配位键创造了条件；同时由于过渡元素的离子半径较小，最外电子层一般为未填满的 d^n 结构，此 d 电子对核的屏蔽作用较小，因而有较大的有效核电荷数，对配体有较强的吸引力，并对配体有较强的极化作用，所以它们有很强的形成配合物的倾向。

六、过渡元素在各氧化态化合物中的离子半径

过渡元素由于有可变的氧化态，特别是第四周期的元素，它们各级离子的半径大小的变化是值得注意的，可以参考表 Y-4-3 的数据。

表 Y-4-3　第四周期过渡元素各氧化态离子的半径($\times10^{-12}$ m)

氧化态	元素									
	Sc	Ti	V	Cr	Mn	Fe	Co	Ni	Cu	Zn
+1									96	
+2		90	88	84	80	76	74	72	72	74
+3	81	76	74	69	66	66	63	62		
+4		68	60		54					
+5			59							
+6				52						
+7					46					

由表 Y-4-3 中数据可以看到一个特殊现象，即第四周期过渡元素的相同低氧化态离子的半径依周期自左向右逐渐均匀地变小，这显然是和核电荷的逐渐增加和各离子外电子层的不饱和有关。

过渡元素的最高氧化态离子半径的对比如表 Y-4-4 所示。由表中数据可见，过渡元素的最高氧化态离子半径大小的变化是有规律的，即依周期自左向右半径缩小，在各族中由上向下半径增大，但第五、第六周期元素的半径几乎相等。这种变化顺序显然会表现在它们化合物的性质中。

表 Y-4-4　第四周期过渡元素最高氧化态离子的半径($\times10^{-12}$ m)

离子	Sc(Ⅲ)	Ti(Ⅳ)	V(Ⅴ)	Cr(Ⅵ)	Mn(Ⅶ)
半径	81	68	59	52	46
离子	Y(Ⅲ)	Zr(Ⅳ)	Nb(Ⅴ)	Mo(Ⅵ)	Tc(Ⅶ)
半径	93	80	70	62	—
离子	La(Ⅲ)	Hf(Ⅳ)	Ta(Ⅴ)	W(Ⅵ)	Re(Ⅶ)
半径	115	81	70	67	56

七、过渡元素化合物的一般性质

第四周期过渡元素显低氧化态时，氢氧化物一般显碱性，而且依周期自左向右，低氧化态的氢氧化物 $M(OH)_2$ 和 $M(OH)_3$ 的碱性依离子半径的缩小而递减。过渡元素的最高氧化态氧化物水合物及其性质递变情况可参见表 Y-4-5。

表 Y-4-5　过渡元素最高氧化态氧化物水合物的酸碱性

碱性增强(↓)	ⅢB	ⅣB	ⅤB	ⅥB	ⅦB	酸性增强(↑)
	$Sc(OH)_3$ 弱碱性	$Ti(OH)_4$ 两性	HVO_3 酸性	H_2CrO_4 强酸性	$HMnO_4$ 强酸性	
	$Y(OH)_3$ 中强碱	$Zr(OH)_4$ 两性微碱性	$Nb(OH)_5$ 两性	H_2MoO_4 弱酸性	$HTcO_4$ 酸性	
	$La(OH)_3$ 强碱性	$Hf(OH)_4$ 两性微碱性	$Ta(OH)_5$ 两性	H_2WO_4 弱酸性	$HReO_4$ 弱酸性	
	$Ac(OH)_3$ 强碱性	酸性增强(→)				

从表 Y-4-5 可以看出，在周期中自左向右和在族中自上而下，高氧化态氧化物水合物的酸碱性变化是有规律的，这显然是高氧化态离子半径的有规律变化在化合物性质上的一种具体反映。

过渡元素的氧化态表明，有一些元素的高氧化态不稳定，又有一些元素的低氧化态不稳定，因此过渡元素的各种氧化还原性质非常丰富。表 Y-4-6 为过渡元素形成的常见的还原剂和氧化剂。

表 Y-4-6　过渡元素形成的常见还原剂和氧化剂

	ⅢB	ⅣB	ⅤB	ⅥB	ⅦB	Ⅷ
还原剂 对应的氧化产物		$TiCl_3$ Ti^{4+}		$CrCl_2$ Cr^{3+}		$FeSO_4\cdot(NH_4)_2SO_4\cdot7H_2O$ Fe^{3+}
氧化剂 对应的还原产物				$K_2Cr_2O_7$ Cr^{3+}	$KMnO_4$ Mn^{2+} MnO_2	$FeCl_3$ Fe^{2+}

过渡元素的另一个特征是它们的低氧化态水合离子和共价化合物一般都有颜色。这些离子的 d 轨道未填满，有一定数目的成单 d 电子，这种构型使它们的水合离子在化合物或溶液中显一定的颜色，如表 Y-4-7 所示。

表 Y-4-7　过渡元素低氧化态离子中的成单电子及水合离子颜色

离子	Ti^{3+}	V^{2+}	V^{3+}	Cr^{3+}	Mn^{2+}	Fe^{2+}	Fe^{3+}	Co^{2+}	Ni^{2+}
成单 d 电子	1	3	2	3	5	4	5	3	2
水合离子颜色	紫红	紫	绿	蓝紫	肉色	浅蓝	棕黄	粉红	绿

过渡元素的离子作为配离子的中心离子，在配体 H_2O 分子的影响下，d 轨道能级发生分裂。而 d 电子又没有填满，当配离子吸收可见光区某一部分波长的光时，d 电子可从能级低的 d 轨道(如八面体场中的 t_{eg} 轨道)跃迁到能级高的轨道(如八面体场中的 e_g 轨道)，这种跃迁称为 d-d 跃迁。例如，$[Ti(H_2O)_6]^{3+}$，中心离子 Ti^{3+}的 d 电子发生 d-d 跃迁，吸收波长为 490 nm 的光(蓝绿光)，所以它呈现与蓝绿光相应的互补光——紫红色。对于不同的中心离子，虽然配体相同，但由于能级的差异，d-d 跃迁时吸收不同波长的可见光，故显不同的颜色。

如果中心离子的 d 轨道是全空或者是全满，则不发生上述 d-d 跃迁，故其水合离子都是无色的。

过渡元素不规则的外层电子结构使它们既有较大的电负性又有空的 d 轨道，所以过渡元素具有较强的生成配合物的倾向，在周期表中，过渡元素属于可形成稳定配合物的范畴，如表 Y-4-8 所示。

表 Y-4-8　元素生成配合物的能力与周期表中的位置关系

H																		He
Li	Be												B	C	N	O	F	Ne
Na	Mg												Al	Si	P	S	Cl	Ar
K	Ca	Sc		Ti	V	Cr	Mn	Fe	Co	Ni	Cu	Zn	Ga	Ge	As	Se	Br	Ke
Rb	Sr	Y		Zr	Nb	Mo	Tc	Ru	Rh	Pd	Ag	Cd	In	Sn	Sb	Te	I	Xe
Cs	Ba	La	*	Hf	Ta	W	Re	Os	Ir	Pt	Au	Hg	Tl	Pb	Bi	Po	At	Rn
Fr	Ra	Ac	* *															

生成稳定配合物的元素区　　能生成稳定螯合物的元素区　　仅能生成少数螯合物的元素区

§ Y-4-2　钛

一、单质的性质

钛的主要资源是金红石矿(TiO_2)和钛铁矿($FeTiO_3$)。目前，钛的生产是先将金红石矿或钛铁矿与碳在氯气流下加热到 900℃，得到挥发性四氯化钛，$TiCl_4$ 沸点为 136℃。四氯化钛可用分馏纯化，除去 $FeCl_3$。然后在 800℃于氩气气氛下(因钛易与氮、氧化合)用镁或钠还原四氯化钛，得到多孔金属钛(又称为海绵钛)。

$$TiO_2(s)+2C(s)+2Cl_2(g) = TiCl_4(l)+2CO(g)$$

$$TiCl_4(g)+2Mg(l) \xlongequal{800\sim900℃} Ti(s)+2MgCl_2(s)$$

在热金属(钽)网上加热分解四碘化钛可得到纯金属钛。在常温下钛不与空气中的氧作用，钛比其他金属轻，再加上它具有高的机械强度，因此是航空制造业的良好材料，尤其与铝制成合金具有更大的优越性。

在常温下钛不溶于无机酸，但它被热盐酸侵蚀，生成 Ti(Ⅲ)和 H_2。热 HNO_3 将钛氧化得到水合 TiO_2，碱则不侵蚀金属钛。Ti 在高温下与 N_2、H_2 化合，分别形成大分子化合物 TiN 和 TiH_2。TiH_2、TiN 和 TiC 都是高熔点的惰性固体，它们有较负的标准生成焓和强的共价键。

二、化合物

钛的氧化态有+4(最稳定)、+3、+2(很稀少)等多种，首先讨论 Ti(Ⅳ)氧化态的化合物。二氧化钛是一种重要的白色颜料，工业上是将四氯化钛蒸气与空气混合，在碳氢化物燃烧产生的高温下发生下述反应(气相法)制备：

$$TiCl_4 + O_2 = TiO_2 + 2Cl_2$$

用干法制得的二氧化钛难溶于酸，但在浓盐酸中由四氯化钛溶液水解得到的难溶的含水二氧化钛能溶解在 HF、HCl 和 H_2SO_4 中，分别生成氟合、氯合及硫酸合配合物。虽然二氧化钛结构通常以 $Ti^{4+}(O^{2-})_2$ 表示，而溶液中实际上不存在简单 Ti^{4+}，有些物种从组成上看含有 TiO^{2+}(钛氧根)，实际上含有聚合阳离子(TiO^{2+})或者其水合物。

二氧化钛有 3 种晶型，即锐钛型(四方)、板钛型(三方)和金红石型。天然产的呈金红石型，属简单四方晶系，配位数为 6∶3，即钛的配位数为 6，氧为 3。它是典型的 AB_2 型结构，详见图 Y-4-2。纯净二氧化钛是极好的白色涂料，称为钛白，它既有铅白$[2PbCO_3 \cdot Pb(OH)_2]$的掩盖性又有锌白(ZnO)的耐久性，是优质油漆原料。钛白还可作为合成纤维的增白消光剂。

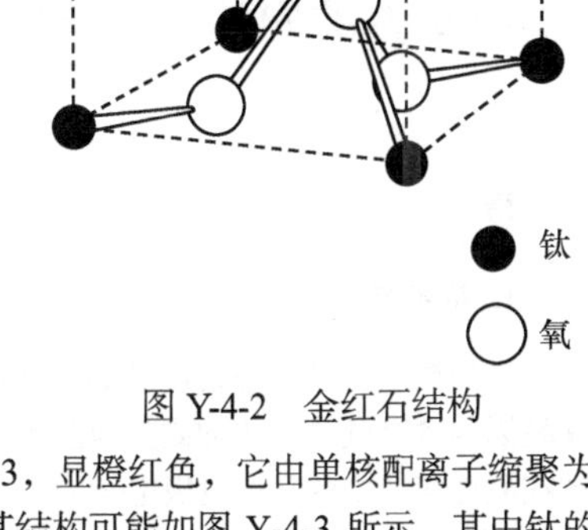

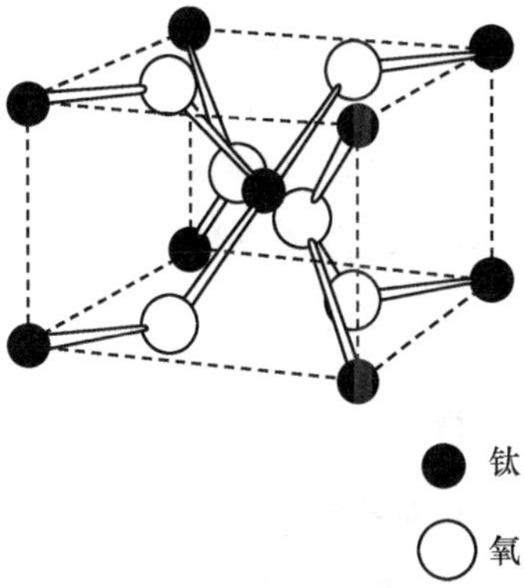

图 Y-4-2　金红石结构

四氯化钛是无色有刺激性臭味的液体。熔点为−24℃，沸点为 136.5℃。在潮湿空气中强烈水解而发烟：

$$TiCl_4 + 2H_2O = TiO_2 + 4HCl(g)$$

四氯化钛是制备金属钛的原料，可用盐型氢化物在高温下还原金属氯化物和氧化物制得：

$$TiCl_4 + 4NaH = Ti + 4NaCl + 2H_2(g)$$

含 Ti(Ⅵ)的水溶液和过氧化物作用生成钛的过氧化物，如过氧化钛，当溶液 pH < 1 时，主要物种是红色$[Ti(O_2)OH(H_2O)_4]^+$，pH 为 1～3，显橙红色，它由单核配离子缩聚为含$[Ti_2O_5]^{2+}$单元的双核配离子，其结构可能如图 Y-4-3 所示。其中钛的配位数是 6，配体还有水分子或溶液中的其他配体。钛与过氧化氢灵敏的显色反应可用于钛或过氧化氢的比色分析。很多钛的固态过氧化物已被分离出来。钛和过氧化氢反应产生的颜色是由 O_2^{2-} 的变形性引起的。

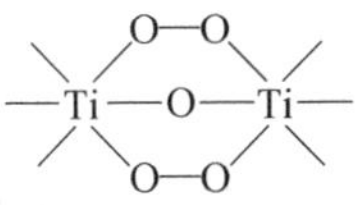

图 Y-4-3　$[Ti_2O_5]^{2+}$的结构示意图

§Y-4-3　钒

一、单质的性质

钒存在于很多沉积物中，但很少有富矿。钒的活性像钛，从 $\varphi^{\ominus}(V^{2+}/V) = -1.175$ V 看，它是强还原剂。但由于容易钝化，常温下不活泼，不溶于大多数非氧化性酸和碱中，但它易被 HNO_3、浓 H_2SO_4、过二硫酸铵溶液、王水侵蚀。在中等温度下，它与卤素反应生成 VF_5、VCl_4、VBr_3 和 VI_3。它与 H_2、C、N_2 反应的产物和钛的同类化合物相类似。

二、钒的化合物

钒的氧化态有+5、+4、+3 和+2。零氧化态仅出现在羰基化合物 $V(CO)_6$ 和少数有机化合物中，如 $V(C_6H_6)_2$ 是二苯铬的类似物。

在空气中加热偏钒酸铵可制备 V_2O_5：

$$2NH_4VO_3 = V_2O_5 + 2NH_3 + H_2O$$

三氯氧化钒水解也可制得 V_2O_5：

$$2VOCl_3 + 3H_2O = V_2O_5 + 6HCl$$

V_2O_5 呈橙黄色至红色，由它的分散状态所决定。它在约 650℃熔融，不易升华，热至 1800℃也不分解。它微溶于水，主要呈酸性，易溶于碱形成多种钒酸盐。它也有微弱的碱性，溶于强酸生成 VO_2^+。V_2O_5 在工业上用作以接触法制 H_2SO_4 的催化剂。

钒酸盐和磷酸盐类似，也存在偏钒酸盐 $NaVO_3$，正钒酸盐又称钒酸盐 Na_3VO_4 和多钒酸盐 $Na_2V_2O_7$、$Na_3V_3O_9$ 等。钒酸根离子 VO_4^{3-} 和磷酸根离子 PO_4^{3-} 结构相似，均为正四面体。如果向钒酸盐溶液中加酸，使溶液的 pH 逐渐下降，将生成不同聚合度的多钒酸盐。

pH	聚合反应
12～10.6	$2VO_4^{3-} + 2H^+ = V_2O_7^{4-} + H_2O$
9.0～8.9	$2V_2O_7^{4-} + 4H^+ = [H_2V_4O_{13}]^{4-} + H_2O$
7.0～6.8	$5[H_2V_4O_{13}]^{4-} + 8H^+ = 4[H_4V_5O_{16}]^{3-} + H_2O$
2.2	$2[H_4V_5O_{16}]^{3-} + 6H^+ = 5V_2O_5 + 7H_2O$
<1	$V_2O_5 + 2H^+ = 2VO_2^+ + H_2O$

由此可见，随着溶液 pH 的下降，聚合度增大，溶液颜色逐渐加深。其中 VO_4^{3-} 、$V_2O_7^{4-}$ 、$[H_2V_4O_{13}]^{4-}$均无色，$[H_4V_5O_{16}]^{3-}$呈棕色，V_2O_5 呈红棕色。当 pH < 1 时，V_2O_5 溶解得到 VO_2^+ 的浅黄色溶液。

§ Y-4-4　铬、钼、钨

一、铬

1. 铬单质的性质

铬的最重要矿源是铬铁矿 $FeCr_2O_4$ 或 $FeO \cdot Cr_2O_3$。铬是银白色金属，纯铬有延展性，但通常铬硬而脆，这是因为含有微量氧化物或其他杂质。铬在同周期中是熔点最高的元素(熔点 1890℃)。铬是较活泼的金属，它在酸性溶液中的标准电极电势为

$$Cr^{2+} + 2e^- \rightleftharpoons Cr \qquad \varphi^\ominus = -0.913\ V$$

$$Cr^{3+} + 3e^- \rightleftharpoons Cr \qquad \varphi^\ominus = -0.744\ V$$

铬易溶于稀 HCl、稀 H_2SO_4 和 $HClO_4$ 中。但在常温下能很好地阻止化学侵蚀，这是因为它在空气中形成致密的氧化物膜而变为钝态。出现这种情况主要是动力学的而非热力学的原因。高温时铬很活泼，它能分解水蒸气生成 Cr_2O_3 和 H_2，也能和卤素、硫、氮非金属反应。

由于铬的光泽度和抗腐蚀性能好，因此常用于电镀。铬合金可制成各种性能的不锈钢，在工业部门和日用器皿的制造方面应用很广。

2. 铬的化合物

铬的主要氧化态是+6、+3 和+2，少数+5 和+4 氧化态的化合物虽已知，但它们不稳定，易发生歧化作用。氧化数为 0 的 Cr 存在于$[Cr(CO)_6]$和$[Cr(C_6H_6)]$中，更低的氧化态存在于羰基阴离子 $Na_2Cr_2(CO)_{10}$ 中，铬的电极电势如图 Y-4-4 所示。

$$\varphi_A^\ominus/V \qquad \frac{1}{2}Cr_2O_7^{2-} \xrightarrow{1.232\ V} Cr^{3+} \xrightarrow{-0.407\ V} Cr^{2+} \xrightarrow{-0.913\ V} Cr \quad (Cr^{3+} \xrightarrow{-0.744\ V} Cr)$$

图 Y-4-4　铬的电极电势图

(1) 氧化数为+6 的化合物。将浓 H_2SO_4 加入 $K_2Cr_2O_7$ 溶液中，沉淀出紫红色固体三氧化铬 CrO_3：

$$K_2Cr_2O_7 + H_2SO_4 = K_2SO_4 + 2CrO_3(s) + H_2O$$

CrO_3 在 198℃熔融，在 198℃以上逐步分解生成 Cr_2O_3 和 O_2，CrO_3 和 $K_2Cr_2O_7$ 作用生成红色多聚铬酸钾如 $K_2Cr_3O_{10}$ 和 $K_2Cr_4O_{13}$。CrO_3 和各种铬酸盐都是以 CrO_4 四面体为基本结构单元。CrO_3 是以 CrO_4 四面体相互共用两个角组成的巨大链。CrO_3 溶于水生成 H_2CrO_4，溶于碱生成铬酸盐。CrO_3 是强氧化剂，有机物如乙醇与它接触会起火。CrO_3 具有毒性，使用时应注意安全。

CrO_3 的水溶液呈黄色，含有铬酸，显强酸性。H_2CrO_4 只存在于溶液中，没有析出过游离态。常见的铬酸盐是 K_2CrO_4 和 Na_2CrO_4，都是黄色晶状固体。除去被阳离子组分修饰而呈现其他颜色外，所有铬酸盐都呈现黄色。

当黄色铬酸盐溶液酸化时，颜色转变成橙红色的重铬酸盐：

$$2CrO_4^{2-} + 2H^+ \rightleftharpoons Cr_2O_7^{2-} + H_2O$$

酸更浓时可产生深红色三铬酸盐 $Cr_3O_{10}^{2-}$ 和红棕色的四铬酸盐 $Cr_4O_{13}^{2-}$，以至得到 CrO_3。

$K_2Cr_2O_7$ 和 $Na_2Cr_2O_7$ 是最重要的 Cr(Ⅵ)化合物，它们都是橙红色晶体。$K_2Cr_2O_7$ 不含结晶水，可以用重结晶法得到极纯的盐，用作基准的氧化试剂。Cr(Ⅵ)在酸性溶液中是强氧化剂，它的 $\varphi^{\ominus}(Cr_2O_7^{2-}/Cr^{3+}) = +1.33\ V$，但该反应往往很缓慢，因为反应过程中要转移 3 个电子。例如，可将 Fe^{2+} 氧化为 Fe^{3+}，这是重铬酸钾法定量测定铁含量的基本反应：

$$Cr_2O_7^{2-} + 6Fe^{2+} + 14H^+ = 2Cr^{3+} + 7H_2O + 6Fe^{3+}$$

在碱性溶液中它是较弱的氧化剂：

$$CrO_4^{2-} + 4H_2O + 3e^- \rightleftharpoons Cr(OH)_3(s) + 5OH^- \quad \varphi^{\ominus} = -0.13\ V$$

$Na_2Cr_2O_7$ 的化学性质与 $K_2Cr_2O_7$ 相似，但不如后者容易提纯，所以在实验室中多用 $K_2Cr_2O_7$。

所有碱金属铬酸盐都溶于水。碱土金属铬酸盐的溶解度从镁到钡迅速降低，$BaCrO_4$ 不溶于水。重金属如铅、铋、银和汞的铬酸盐实际上不溶，这些金属的重铬酸盐多半易溶。所以除了加酸或碱可使 CrO_4^{2-} 和 $Cr_2O_7^{2-}$ 相互转化外，向溶液中加入 Ba^{2+}、Pb^{2+} 或 Ag^+，也可使平衡向生成 CrO_4^{2-} 的方向移动。

$$Cr_2O_7^{2-} + 2Ba^{2+} + H_2O = 2H^+ + 2BaCrO_4(s)$$

$$Cr_2O_7^{2-} + 2Pb^{2+} + H_2O = 2H^+ + 2PbCrO_4(s)$$

$$Cr_2O_7^{2-} + 4Ag^+ + H_2O = 2H^+ + 2Ag_2CrO_4(s)$$

(2) 氧化数为+3 的化合物。Cr_2O_3 可用多种方法制备，大多从铬酸盐或重铬酸盐出发。Cr_2O_3 是绿色晶体，通常在水、酸、碱中都不溶解，但与溴酸钾溶液共热容易转移到溶液中。

$$5Cr_2O_3 + 6BrO_3^- + 2H_2O = 5Cr_2O_7^{2-} + 4H^+ + 3Br_2$$

Cr_2O_3 可用作绿色颜料。于 Cr^{3+} 溶液中加入 OH^-，即得绿色的 $Cr(OH)_3$ 沉淀：

$$Cr^{3+} + 3OH^- = Cr(OH)_3(s)$$

沉淀实际是含水氧化铬 $Cr_2O_3 \cdot xH_2O$。它是两性的，溶于酸生成铬酸盐，溶于碱生成亚铬酸盐 CrO_2^- 或 $Cr(OH)_4^-$。在碱性溶液中 CrO_2^- 可以被 H_2O_2 或 Na_2O_2 氧化生成 CrO_4^{2-}。

$$2CrO_2^- + 3H_2O_2 + 2OH^- = 2CrO_4^{2-} + 4H_2O$$

$$2CrO_2^- + 3Na_2O_2 + 2H_2O = 2CrO_4^{2-} + 6Na^+ + 4OH^-$$

从铬的有关电极电势数值可知，在碱性溶液中，Cr(Ⅲ)有较强的还原性，但在酸性溶液中，Cr^{3+} 的还原性弱得多。

将 Cr_2O_3 溶于冷浓 H_2SO_4，得到紫色的 $Cr_2(SO_4)_3 \cdot 18H_2O$。此外尚有绿色的 $Cr_2(SO_4)_3 \cdot 6H_2O$。硫酸铬与铁或铝的硫酸盐类似，很易形成矾，如 $KCr(SO_4)_2 \cdot 12H_2O$，铬矾可应用于鞘革工业。

(3) 含 Cr(Ⅵ)废水的处理。化学试剂生产和电镀工业排放的废水常含有一定量的 Cr(Ⅵ)，浓度可达 20～100 $mg \cdot dm^{-3}$。饮用水中含 Cr(Ⅵ)的水会损害人的肠胃等。已知 Cr(Ⅲ)盐的毒性约只有 Cr(Ⅵ)盐的 0.5%。所以需将废水中的 Cr(Ⅵ)尽可能转化为 Cr(Ⅲ)。我国规定工业废水含 Cr(Ⅵ)量的排放标准为 0.1 $mg \cdot dm^{-3}$。以下介绍两种处理含 Cr(Ⅵ)废水的方法。

(i) 化学法：一般选用的还原剂有 SO_2、$NaHSO_4$、$FeSO_4$、Na_2SO_3 等，将 Cr(Ⅵ)还原为 Cr(Ⅲ)，加碱沉出 $Cr(OH)_3$ 后废水内含 Cr(Ⅵ)量降至 0.01～0.1 $mg \cdot dm^{-3}$。

$$Cr_2O_7^{2-} + 3H_2SO_3 + 2H^+ = 2Cr^{3+} + 4H_2O + 3SO_4^{2-}$$

(ii) 电解法：将含 Cr(Ⅵ)废水调至酸性，加 NaCl 提高其电导率，电解。

阳极反应：$$Fe = Fe^{2+} + 2e^-$$

阴极反应：$$2H^+ + 2e^- = H_2$$

随着阳极 Fe 溶解成 Fe^{2+}，它就将溶液中的 Cr(Ⅵ)还原为 Cr^{3+}。

$$Cr_2O_7^{2-} + 14H^+ + 6Fe^{2+} = 2Cr^{3+} + 6Fe^{3+} + 7H_2O$$

同时，由于阴极附近的 H^+浓度降低，pH 增大，使 Cr^{3+}和 Fe^{3+}生成氢氧化物沉出。经处理后废水中含铬量降至 0.01 mg · dm^{-3}。

二、钼、钨

1. 钼、钨单质的性质

虽然钼和钨原子半径几乎相同，同类化合物又往往具有相同的晶型，但两种元素却都单独存在于自然界中。钼主要以辉钼矿(MoS_2)形式存在，钨几乎只存在于白钨矿($CaWO_4$)和黑钨矿[(Fe、Mn)WO_4]中。我国钨的储量占世界第一位。

粉末状的钼和钨呈深灰色，紧密状的钼和钨具有金属光泽。钼是良好的导体，电导率约为银的 1/3。钨在所有金属中具有最高的熔点(3380℃)，钨丝用于灯具，碳化钨用于切削工具和磨料。钼的主要用途是制造特种钢，它能使钢质变得更硬韧、更耐高温。这种钢可以用来制造高速切削工具、大炮的炮身和坦克甲板等。许多钼的化合物用作催化剂，固氮中的关键酶含有钼。

钼和钨对于许多酸呈惰性，但在有氧化剂存在时迅速与熔融碱反应，在高温下与氧、卤素发生反应；即使在室温也与氟作用生成挥发性的六氟化物 MoF_6 和 WF_6。

2. 钼(Ⅵ)和钨(Ⅵ)的氧化物和含氧酸盐

MoO_3，白色，熔点为 800℃；WO_3，黄色，熔点为 1200℃。WO_3 具有近似 ReO_3 的结构，MoO_3 具有复杂的层状结构，两者都不与酸作用，但与碱溶液作用形成多种组成的盐。最常见的钼酸根离子是 MoO_4^{2-}、$Mo_7O_{24}^{6-}$(存在于普通钼酸铵中)和 $Mo_8O_{27}^{6-}$，而 W 的特征形态是 WO_4^{2-}、$HW_6O_{21}^{5-}$、$H_2W_{12}O_{42}^{10-}$ 和 $W_{10}O_{32}^{4-}$。所有这些多钼酸盐和钨酸盐的结构是由 MoO_6 和 WO_6 八面体共用氧原子构造起来的。Mo 和 W 除形成同多酸阴离子外，还形成杂多酸阴离子，如 $PMo_{12}O_{40}^{3-}$(用钼酸根检验磷酸根时生成杂多酸阴离子)和 $TeMo_6O_{24}^{6-}$，两个阴离子除含有共同的 MoO_5 单元外，分别含有 PO_4 单元和 TeO_6 单元，其中的氧均与 MoO_6 中的氧共用。$[TeMo_6O_{24}]^{6-}$的结构见图 Y-4-5。

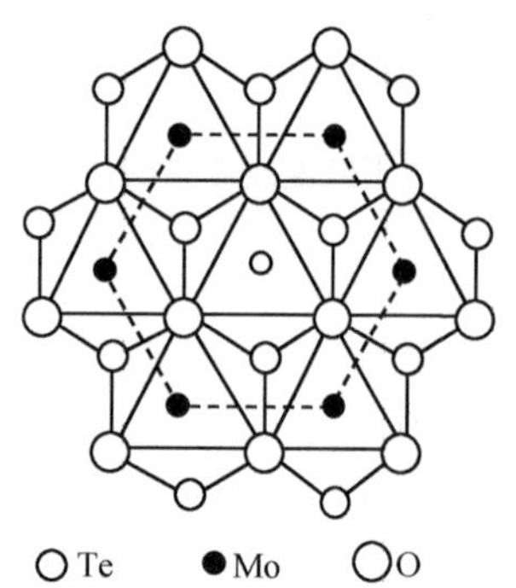

图 Y-4-5　$[TeMo_6O_{24}]^{6-}$离子结构图

六氯化钨和六溴化钨均是蓝色固体，容易水解。用 HF 和 MoO_2、Cl_2 作用可得到 MoO_2F_2，用 WO_3 和 PCl_5 作用可得到 WO_2Cl_2，WO_2Cl_2 是分子型或含有氧桥的大分子，和 CrO_2Cl_2 一样，易水解。

3. 钼(Ⅴ)和钨(Ⅴ)的化合物

用钨还原氟化钨得到黄色五氟化钨，钼和氯作用得到黑色五氯化钼，控制加热分解六氯化钨得到五氯化钨，用 KI、$[M(CO)_6]$、IF_5 作用可得到 KMF_6，它有八面体 MF_6^- (M = Mo、W)。

§ Y-4-5　锰

一、单质的性质

锰最重要的矿物是软锰矿 $MnO_2 \cdot nH_2O$，其他还有黑锰矿(Mn_3O_4)、水锰矿[Mn(OH)2]以及褐锰矿(Mn_2O_3)。该元素主要用于炼钢。它与铁矿石(主要是 Fe_2O_3)混合，用焦炭还原得到锰铁(大约 80%的锰)。几乎所有的钢都含有锰。锰能和溶解在钢里的氧及硫化合减弱钢的脆性。钢铁中若有大量的锰(高到 12%)可提高钢的硬度，使它适合锻压和研磨。加热二氧化锰得到四氧化三锰并放出氧：

$$3MnO_2 \xlongequal{\triangle} Mn_3O_4 + O_2(g)$$

用铝还原四氧化三锰得到金属锰：

$$3Mn_3O_4 + 8Al \longrightarrow 9Mn + 4Al_2O_3$$

也可以将二氧化锰用一氧化碳还原得到金属锰：

$$MnO_2 + 2CO \longrightarrow Mn + 2CO_2$$

粗锰可以用电解法纯化。$KMnO_4$是锰的重要化合物，它是强氧化剂。加少量$MnSO_4$到肥料中可以促进种子发芽。

锰在物理化学性质上比较像铁，但在常温下，具有不规则晶体结构，包含有 12、13 或 16 个最邻近的金属原子，这可能是它比较脆的原因。在高温下是体心或立方密堆积结构。锰可被水缓慢侵蚀，在水中因其表面生成氢氧化锰，可阻止锰对水分子中氢的置换作用。若将锰放入NH_4Cl溶液中，则置换反应能顺利进行。此性质和镁相似。细粉状锰在空气中易着火，但大块金属在常温下不受侵蚀，因在空气中锰的表面生成一层氧化物膜，对内层金属锰起保护作用，加热则发生化学作用。

锰易溶于酸，生成锰(Ⅱ)盐并放出氢：

$$Mn + 2H^+ \longrightarrow Mn^{2+} + H_2(g)$$

但与冷浓硫酸反应较慢。

在常温下，它与卤素反应生成卤化锰MnX_2，它们的晶型和MgX_2相同。锰和氟除生成MnF_2外，还生成MnF_3。加热时，锰和 S、C、N、Si、B 等生成相应化合物。例如：

$$3Mn + N_2 \xlongequal{>1200℃} Mn_3N_2$$

但不能和氢直接化合。

锰的价电子层结构是$3d^54s^2$，能呈现+2、+3、+4、+6、+7 等氧化态。锰的电势图如下：

$\varphi_A^\ominus/V$：

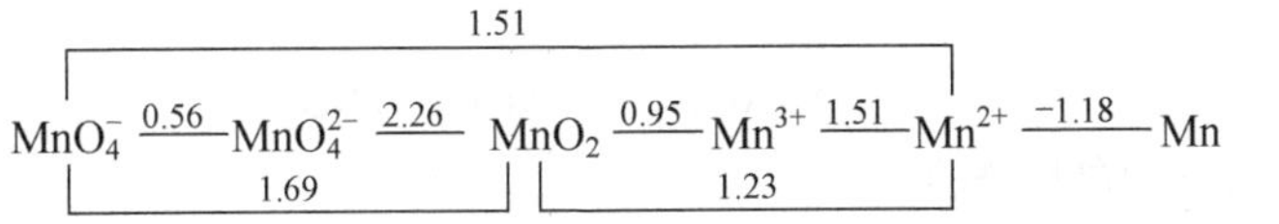

$$MnO_4^- \xrightarrow{0.56} MnO_4^{2-} \xrightarrow{2.26} MnO_2 \xrightarrow{0.95} Mn^{3+} \xrightarrow{1.51} Mn^{2+} \xrightarrow{-1.18} Mn$$

MnO_4^-—Mn^{2+}：1.51；MnO_4^-—MnO_2：1.69；MnO_2—Mn^{2+}：1.23

$\varphi_B^\ominus/V$：

$$MnO_4^- \xrightarrow{0.56} MnO_4^{2-} \xrightarrow{0.60} MnO_2 \xrightarrow{-0.2} Mn(OH)_3 \xrightarrow{0.1} Mn(OH)_2 \xrightarrow{-1.55} Mn$$

MnO_4^-—MnO_2：0.59；MnO_2—$Mn(OH)_2$：−0.05

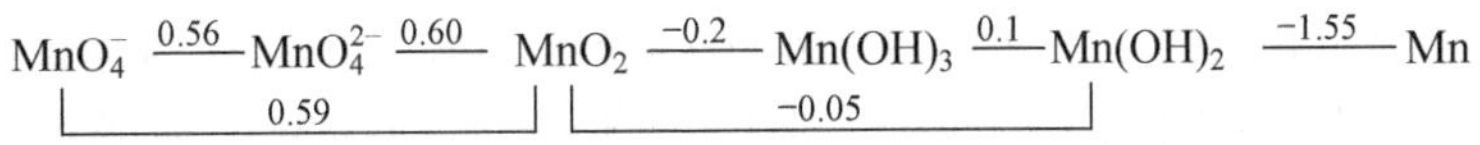

二、锰的化合物

1. 锰(Ⅱ)

+2 是锰最稳定的氧化态，在酸性溶液中呈浅紫色，许多性质和Mg^{2+}、Fe^{2+}相似。

(1) 盐的性质。将 Mn(Ⅱ)氧化到高氧化态，在酸性溶液中需要较强的氧化剂，如$NaBiO_3$、$K_2S_2O_8$、PbO_2、H_5IO_6，其部分反应式如下：

$$2Mn^{2+} + 5BiO_3^- + 14H^+ \longrightarrow 2MnO_4^- + 5Bi^{3+} + 7H_2O$$

$$2Mn^{2+} + 5S_2O_8^{2-} + 8H_2O \xlongequal[Ag^+]{\triangle} 2MnO_4^- + 10SO_4^{2-} + 16H^+$$

这两个反应常用于鉴定Mn^{2+}。从酸性介质中的$\varphi^\ominus$值可以看出，MnO_4^-可以氧化Mn^{2+}，因此做这种鉴定试验时，Mn^{2+}浓度不宜过大，用量不宜过多以防MnO_4^-氧化Mn^{2+}生成棕色的MnO_2干扰鉴定。但在碱性条件下，氧化作用比较容易进行。由于水合Mn_2O_3比$Mn(OH)_2$难溶于水，因此当碱加到 Mn(Ⅱ)溶液中时，在有空气存在下首先生成白色$Mn(OH)_2$沉淀，由于空气氧化，白色沉淀迅速变暗。

(2) 易溶锰(Ⅱ)盐。可溶性氯化物和硫酸盐可用二氧化锰与适当浓度的酸在加热情况下反应制得。

$$MnO_2 + 4HCl \longrightarrow MnCl_2 + Cl_2(g) + 2H_2O$$

$$2MnO_2 + 2H_2SO_4 \longrightarrow 2MnSO_4 + O_2(g) + 2H_2O$$

常见的易溶 Mn(Ⅱ)化合物，除上述的卤化物、硫酸盐等强酸盐外，还有乙酸盐，金属锰溶于乙酸即生成乙酸盐。

$$Mn + 2CH_3COOH \longrightarrow Mn(CH_3COO)_2 + H_2(g)$$

易溶盐从水中结晶出来时，大多带有不同的结晶水。例如，$MnCl_2 \cdot nH_2O$，$n=4$、6；$MnSO_4 \cdot nH_2O$，$n=1$、4、5、7；$Mn(NO_3)_2 \cdot nH_2O$，$n=3$、6；$Mn(CH_3COO)_2 \cdot 4H_2O$。结晶水的多少与结晶时的温度有关，一般地说，结晶时温度越低，含结晶水越多。例如，$MnCl_2$ 在 58℃以上结晶得 $MnCl_2 \cdot 4H_2O$，低于 58℃得 $MnCl_2 \cdot 6H_2O$；$MnSO_4$ 在高于 26℃时结晶得 $MnSO_4 \cdot 4H_2O$，在 9～26℃时得 $MnSO_4 \cdot 5H_2O$，低于 9℃得 $MnSO_4 \cdot 7H_2O$，而水合 $MnSO_4$ 随温度升高逐渐失去结晶水，其失水温度如下：

$$MnSO_4 \cdot 7H_2O \xrightleftharpoons{9℃} MnSO_4 \cdot 5H_2O \xrightleftharpoons{26℃} MnSO_4 \cdot 4H_2O \xrightleftharpoons{27℃} MnSO_4 \cdot H_2O$$

Mn^{2+}在碱性溶液中易被空气中的氧氧化成 $MnO(OH)_2$，致使 Mn^{2+}的易溶强酸盐比弱酸盐稳定，因为弱酸盐水解呈碱性，欲制备 Mn(Ⅱ)的盐，水溶液的 pH 均不能大于 7。可溶性锰盐(Ⅱ)中硫酸锰是最稳定的，红热也不分解，制备的硫酸锰中常含有硫酸铁(Ⅱ)、硫酸镍(Ⅱ)，利用硫酸铁(Ⅱ)、硫酸镍(Ⅱ)受热分解的特性可以加热纯化硫酸锰。

(3) 难溶锰(Ⅱ)盐。常见的 Mn(Ⅱ)化合物中，硫化物、碳酸盐、磷酸盐是难溶的。向 Mn(Ⅱ)盐溶液中加硫化铵得深肉色的 $MnS \cdot nH_2O$ 沉淀，无水 MnS 为绿色，它不溶于水，但溶于稀酸，甚至乙酸，人们常利用它溶于稀酸的性质除去锰盐中的杂质 Pb^{2+}、Cu^{2+}，如用软锰矿为原料制 $MnCl_2$ 时，可用新制备的 MnS 加入酸性溶液沉淀除去 Pb^{2+}、Cu^{2+}，纯化 $MnCl_2$ 溶液。实验室用 $NaHCO_3$(用 CO_2 饱和)溶液和 Mn(Ⅱ)盐溶液反应生成 $MnCO_3 \cdot H_2O$，它是白色固体，在有 CO_2 存在时加热含结晶水的 $MnCO_3 \cdot H_2O$，得无水 $MnCO_3$。碳酸锰在室温下稳定，高于 100℃分解为 MnO 和 CO_2，330℃以上热分解得 Mn_3O_4 或 Mn_2O_3 及 CO、CO_2。碳酸锰是弱酸的盐，易溶于强酸，故常用作制备其他锰盐的原料。例如，将碳酸锰溶于硝酸中，在室温下蒸发，自溶液中析出六水合硝酸锰。加热到 25℃以上，部分脱水变成 $Mn(NO_3)_2 \cdot 3H_2O$，继续加热可得无水硝酸锰。无水硝酸锰在高温下按下式分解：

$$Mn(NO_3)_2 \xlongequal{\triangle} MnO_2 + 2NO_2$$

该反应可用来制备化学纯二氧化锰。

2. 锰(Ⅳ)

MnO_2 是软锰矿的主要成分，呈黑色粉末，在中性介质中很稳定，在酸性介质中是一种强氧化剂，也是制取锰(Ⅱ)盐的原料。四价锰盐不稳定，在酸性介质中很容易被还原为低价化合物。遇到强氧化剂可被氧化为高价化合物，空气中的氧就能将其氧化为锰酸盐。四价锰可以形成比较稳定的配合物。用 HF 和 KHF_2 处理 MnO_2 就可得到金黄色的 $K_2[MnF_6]$配合物。

$$MnO_2 + 2KHF_2 + 2HF \longrightarrow K_2[MnF_6] + 2H_2O$$

3. 锰(Ⅶ)

在工业上制备 Mn(Ⅶ)盐先由 MnO_2 转变成 Mn(Ⅵ)盐，接着电解氧化，在分析化学上为了测定 Mn(Ⅱ)，可用 $NaBiO_3$，高碘酸盐或过二硫酸盐在酸性介质中氧化 Mn(Ⅱ)成 MnO_4^-。普通 Mn(Ⅶ)的化合物是 $KMnO_4$，暗紫色(接近黑色)晶体，它和 $KClO_4$ 具有相同结构。高锰酸钠 $NaMnO_4 \cdot 3H_2O$ 因易潮解及溶解度大而很少使用。

用半反应式表示 Mn(Ⅶ)还原到 Mn(Ⅵ)、Mn(Ⅳ)、Mn(Ⅱ)：

$$MnO_4^- + 4H^+ + 3e^- \rightleftharpoons MnO_2 + 2H_2O$$

$$MnO_4^- + e^- \rightleftharpoons MnO_4^{2-}$$

$$MnO_4^- + 5e^- + 8H^+ \rightleftharpoons Mn^{2+} + 4H_2O$$

可清楚地看出，溶液中氢离子浓度的多少会影响反应产物。很多反应能用半反应的还原电势很好地说明。然而动力学因素同样重要。例如，$KMnO_4$ 在$[H^+] = 1\ mol \cdot dm^{-3}$时，它应能氧化水而放出氧，但实际上反应很慢。正因为这样，在分析化学上才能配到 $KMnO_4$ 标准溶液。$KMnO_4$ 也能氧化草酸盐，但是开始时反应特别慢，当加入 Mn^{2+}或升高温度时，反应会加速。$KMnO_4$ 氧化草酸的反应常用于间接定量测定 Ca^{2+}的含量。

$$5H_2C_2O_4 + 2MnO_4^- + 6H^+ \longrightarrow 2Mn^{2+} + 10CO_2(g) + 8H_2O$$

测定 Ca^{2+}含量时先用 $C_2O_4^{2-}$ 将 Ca^{2+}完全沉淀为 CaC_2O_4，滤出 CaC_2O_4，洗涤，用稀酸溶解，使 CaC_2O_4 转化为 $H_2C_2O_4$，再用 $KMnO_4$ 滴定 $H_2C_2O_4$。

同样，在酸性介质中，$KMnO_4$ 氧化 H_2O_2 的反应也可定量测定 H_2O_2：

$$5H_2O_2 + 2MnO_4^- + 6H^+ \longrightarrow 2Mn^{2+} + 5O_2(g) + 8H_2O$$

$KMnO_4$ 和 $K_2Cr_2O_7$ 都是强氧化剂，$K_2Cr_2O_7$ 作氧化剂时还原产物总是 Cr^{3+}，而 $KMnO_4$ 的氧化能力和还原产物因介质酸碱度的不同而有所不同，这可从电势图中有关的电势看出来。一般地说，它的氧化能力在酸性溶液中比在中性或碱性溶液中强得多，可以定量地氧化很多物质，所以是分析化学中常用的氧化剂。$KMnO_4$ 作氧化剂时，在酸性介质中还原为 Mn^{2+}，中性为 MnO_2，碱性为 K_2MnO_4。

$KMnO_4$ 的强氧化力在工业上用于纤维蛋白和油脂的脱色。它也广泛地用作杀菌剂和气体的洗涤剂。游离高锰酸能在低温下蒸发它的水溶液制得，也可用离子交换法制得。

另外，锰(Ⅳ)和锰(Ⅵ)在酸性介质中不稳定，易发生歧化反应。当锰(Ⅳ)在过量的 Mn^{2+}和 H^+存在时，歧化反应减慢。

§Y-4-6　铁 系 元 素

铁系元素包括铁、钴、镍，它们都是有金属光泽的银白金属，钴略带灰色，都有强磁性，许多铁、钴、镍合金是很好的磁性材料。铁和镍有很好的延展性，钴则硬而脆。依 Fe—Co—Ni 顺序，其原子半径逐渐减小，密度依次增大。熔点和沸点比较接近。

铁、钴、镍是中等活泼的金属，块状纯金属在空气中稳定，含有杂质的铁在潮湿空气中易生锈。钴和镍被空气氧化可生成薄而致密的膜，这层膜可保护金属使其不继续腐蚀。在红热情况下，它们与硫、氯、溴等发生猛烈作用，赤热的铁可与水蒸气反应生成 Fe_3O_4。

铁、钴、镍的 $\varphi^{\ominus}(M^{2+}/M)$ 均为负值，活泼性按 Fe—Co—Ni 顺序递减，都溶于稀酸，溶解程度按上述顺序降低。冷浓硝酸、硫酸使它们钝化，强碱不侵蚀钴、镍，所以镍容器可盛熔融碱，镍坩埚可用作碱性熔剂分解试样的容器。浓碱缓慢侵蚀铁。

铁、钴、镍和其他 d 区元素相比不易形成含氧阴离子，铁虽有 FeO_4^{2-} 存在，但很不稳定，是强氧化剂。钴、镍则没有含氧阴离子。这说明 d 轨道半满后，d 电子的成键能力大大降低。

一般条件下，铁表现+2、+3 氧化态，钴表现+2 氧化态，在强氧化剂作用下也表现+3 氧化态，镍常表现+2 氧化态。铁、钴、镍在+2、+3 氧化态时半径较小，又有未充满的 d 轨道，所以有形成配合物的强烈趋向，尤其是钴(Ⅲ)形成的配合物有阴离子型、阳离子型、中性分子型，数量也特别多。

一、单质的性质

铁是所有金属中最重要同时也是地球表面最丰富的金属之一，仅次于铝，占第二位。最重要的矿物有赤铁矿 Fe_2O_3、磁铁矿 Fe_3O_4、菱铁矿 $FeCO_3$ 和褐铁矿 $2Fe_2O_3 \cdot 3H_2O$。黄铁矿 FeS_2 也是常见的铁矿，但由于含硫量高，不适宜炼铁，是制 H_2SO_4 的原料。地核主要由铁和镍组成(这两种元素的平均核结合能最大)，铁同样是许多金属材料的主要成分，事实上在整个太阳系它都是丰富的。铁在生物系统中也十分重要，如载氧的血红蛋白、电子传递剂细胞色素和酶系统的固氮酶都含铁。

用 H_2 还原铁的氧化物或热分解五羰基铁都可以得到铁。铁溶解在稀酸中生成 Fe(Ⅱ)盐，它与卤素在 200～300℃反应，生成 FeF_3、$FeCl_3$、$FeBr_3$ 和 FeI_2。FeI_3 不可能存在。细粉状铁在空气中易着火。

铁主要以+2 和+3 氧化态出现。低氧化态出现在羰基化合物和氰基阴离子中，如$[Fe(CO)_5]$和 $[Fe(CN)_4]^{2-}$。Fe(Ⅱ)与 NO 生成$[Fe(H_2O)_5NO_2]^+$，它是由硝酸盐在浓 H_2SO_4 中和 Fe(Ⅱ)反应产生的棕色物质，如果操作得当可以形成棕色环，它是检验硝酸根的特征反应。Fe(Ⅳ)、Fe(Ⅵ)和 Fe(Ⅷ)的少数化合物也能制得，如 Sr_2FeO_4、$BaFeO_4$、FeO_4 等。铁的有机金属化合物也很广泛。

钴主要存在于砷化物和硫化物矿中，如辉钴矿 CoAsS(Co^{2+}、As_2^{2-}、S_2^{2-})。但是，金属和它的化合物主要用以提取其他金属的副产品，特别是镍的副产品为原料的，使 Co 转变成 Co_3O_4，然后用 Al 或 C 还原 Co_3O_4 得到金属 Co。粗 Co 再用电解法精制。钴主要用于制造特种钢和磁性材料。钴的化合物广泛用作颜料和催化剂。维生素 B_{12} 含有钴，它可防治恶性贫血病。

钴是蓝白色金属，比铁的活泼性差，$\varphi^{\ominus}(Co^{2+}/Co) = -0.28\ V$。它缓慢地溶解在稀的无机酸中，浓 HNO_3 使它钝化，不与碱作用。低温下它不与氧作用，但细粉可以着火。它与氟在 250℃作用得到 CoF_3，和其他卤素作用仅得到二卤化物。在 3d 系金属中依 Ti—V—Cr—Mn—Fe—Co 的顺序最高氧化态的稳定性趋向于减小，+2 氧化态相对于+3 氧化态的稳定性趋向于增加。Co(Ⅳ)的存在已被证实，以黄色 $Cs_2[CoF_6]$形式出现，是低自旋 d^5 配合物，它可由 CsCl 和 $CoCl_2$ 的混合物在 300℃氟化得到。氧化物 CoO_2 由碱性次氯酸盐氧化 Co(Ⅱ)盐得到。含氧酸盐 $BaCoO_4$ 和 $BaFeO_4$ 相似，也同样存在。有少数 Co(Ⅲ)二元化合物。Co^{3+}与 NH_3、RNH_2、CN^-形成配合物，配合物比简单离子稳定。低自旋八面体配合物 Co(Ⅲ)(d^6)呈动力学惰性。稳定的钴化合物几乎都是 Co(Ⅱ)和很多 Co(Ⅲ)的配合物，其中既有八面体构型，也有四面体构型。

镍和钴一样共生于其他金属的硫化矿和砷化矿中，通常是从分离出其他金属的渣中获得镍。镍黄铁矿(Fe、Ni)S 在空气中焙烧转化为氧化物。然后用 C 还原，得粗镍，粗镍用电解法精制或在 50℃将镍与 CO 作用，生成挥发性四羰基镍$[Ni(CO)_4]$，之后在 150～300℃分解得到纯镍，其纯度可达到 99.90%～99.99%。

镍用作防锈保护层和货币合金(和铜)及耐热元件(和铁与铬)。它也是重要的催化剂。例如，用于不饱和有机化合物的催化加氢及在水蒸气中甲烷裂解产生一氧化碳和氢。还是不锈钢的合金元素。

镍的化学活性像钴，$\varphi^{\ominus}(Ni^{2+}/Ni) = -0.257\ V$，在高温下与水蒸气作用。与氟作用生成致密的 NiF_2 膜，使镍钝化，镍器皿可用来处理氟和有腐蚀性的氟化物。与其他卤素生成二卤化物。镍最重要的氧化态是 Ni(Ⅱ)。

黑色水合氧化物用碱性次氯酸盐氧化 Ni(Ⅱ)盐溶液得到，它是强氧化剂，能从次氯酸中释放出氯。爱迪生电池(镍铁蓄电池)就是利用它的强氧化性，其反应式如下：

$$Fe + 2NiO(OH) + 2H_2O \underset{\text{充电}}{\overset{\text{放电}}{\rightleftharpoons}} Fe(OH)_2 + 2Ni(OH)_2$$

浓 KOH 作为电解质。

含氟配合物在高温下由金属卤化物和氟作用制得。

二、铁(Ⅱ)的化合物

1. 氧化物和氢氧化物

氧化铁(Ⅱ)可由真空中分解乙二酸铁(Ⅱ)制得，黑色粉末状的氧化铁能自燃。氧化铁(Ⅱ)具有 NaCl 型结构，通常是非计量的，$Fe_{0.95}O$ 表明氧化铁中有少量 Fe(Ⅲ)。FeS 也是非计量化合物。

碱和 Fe(Ⅱ)盐作用得到白色沉淀氢氧化亚铁 $Fe(OH)_2$，它迅速吸收氧转变为暗绿色，而后为棕色，产物分别是 Fe(Ⅱ)和 Fe(Ⅲ)氢氧化物的混合物及水合 Fe_2O_3。这种氢氧化物 $M(OH)_2$ 迅速转变为水合氧化物 M_2O_3，原因在于水合氧化物的溶解度很低。许多 d 区金属都有这样的性质。Fe_2O_3 在空气中加热到 1400℃以上形成黑色 Fe_3O_4。$Fe(OH)_2$ 不仅溶于酸，也溶于浓氢氧化钠，从碱性溶液中能结晶出蓝绿色羟基配合物 $Na_4[Fe(OH)_6]$。

2. 配合物

FeF_2 和气态氨反应，形成含有$[Fe(NH_3)_6]^{2+}$的盐，该离子在水溶液中分解并生成 $Fe(OH)_2$ 沉淀。Fe(Ⅱ)与乙二胺(en)、2, 2-联吡啶或 1, 10-二氮菲(Phen)形成的配合物在水溶液中稳定。

根据下述半反应的标准电极电势，在水溶液中红色 $[Fe(Phen)_3]^{2+}$ 被氧化成蓝色的 $[Fe(Phen)_3]^{3+}$ 比在水溶液中把 $[Fe(H_2O)_6]^{2+}$ 氧化成 $[Fe(H_2O)_6]^{3+}$ 要困难。

$$[Fe(Phen)_3]^{3+} + e^- \rightleftharpoons [Fe(Phen)_3]^{2+} \quad \varphi^{\ominus} = +1.147\ V$$

$$[Fe(H_2O)_6]^{3+} + e^- \rightleftharpoons [Fe(H_2O)_6]^{2+} \quad \varphi^{\ominus} = +0.771\ V$$

因此，$[Fe(Phen)_3]SO_4$ 能作为氧化还原滴定的指示剂。

$[Fe(Phen)_3]^{2+}$的稳定性是由于 Fe(Ⅱ)和配体之间形成了π 键。联吡啶使 Fe(Ⅱ)稳定也是这个道理。Fe(Ⅱ)与 Phen 及联吡啶形成的三配体配合物具有低自旋，反磁性。

黄色六氰合铁(Ⅱ)酸钾 $K_4[Fe(CN)_6] \cdot 3H_2O$，俗称黄血盐，在 Fe(Ⅱ)化合物的水溶液中和过量氰化物作用获得。在水溶液中$[Fe(CN)_6]^{4-}$与CN^-的取代反应呈惰性，因而无毒。$[Fe(CN)_6]^{4-}$是低自旋d^6系统和$[Co(CN)_6]^{3-}$的取代反应呈惰性属同样道理。在水溶液中Fe^{3+}和$[Fe(CN)_6]^{4-}$反应及Fe^{2+}和$[Fe(CN)_6]^{3-}$反应都生成蓝色沉淀(普鲁士蓝和藤氏蓝)。这两个配合物已经证明是Fe(Ⅲ)和$[Fe(CN)_6]^{4-}$组成的化合物，可表示为$[FeFe(CN)_6]^-$。蓝色是电子在Fe(Ⅱ)和Fe(Ⅲ)之间传递的结果，在$K_2Fe[Fe(CN)_6]$中仅有Fe(Ⅱ)存在，化合物呈白色。

$[Fe(CN)_6]^{4-}$是一种沉淀剂，可沉淀Cu^{2+}、Cd^{2+}、Co^{2+}、Mn^{2+}、Ni^{2+}、Pb^{2+}和Zn^{2+}等，所生成的难溶盐的颜色依次为红棕、白、绿、白和白，溶度积为10^{-17}～10^{-13}。

3. 难溶盐

铁(Ⅱ)的碳酸盐、乙二酸盐、硫化物等是难溶盐，其性质和镁、锰(Ⅱ)盐相似。将Fe和S共熔得黑色固体FeS；向Fe^{2+}溶液中加$(NH_4)_2S$也得到黑色FeS沉淀。硫铁矿的主要成分是FeS_2，其中Fe的氧化态为+2，S_2为−2。实验室常用FeS和HCl反应制备少量H_2S气体。

三、铁(Ⅲ)的化合物

1. 卤化物

FeF_3是白色固体，$FeCl_3$几乎是黑色固体，在300℃升华，两者均可在相应的卤素中加热铁制得。$FeCl_3$微溶于水，它与碱金属氯化物化合形成一系列配合物。三氯化铁的六水合物$FeCl_3\cdot 6H_2O$呈橙黄色，易溶于水。实际上它是一个配合物，其结构为反式$[Fe(H_2O)_4Cl_2]Cl\cdot 2H_2O$。三氯化铁的水溶液中当$Cl^-$浓度高时，形成黄色四面体阴离子$FeCl_4^-$；Fe(Ⅲ)能以盐的形式从浓盐酸溶液[$c(HCl) = 7.5\ mol\cdot dm^{-3}$]中萃取到各种含氧有机溶剂(如酮、醛、醚、酯)中。

2. 氧化物

氧化铁(Ⅲ)以许多不同形式存在；它不溶于水，形成$Fe(OH)_3$，已知有水合FeO(OH)存在。煅烧过的氧化铁难溶于酸，新制备的水合氧化铁溶于酸和碱。溶于酸以浅紫色$[Fe(H_2O)_6]^{3+}$存在，在酸性溶液中具有中等的氧化能力，如印刷电路的烂板过程就是用Fe^{3+}氧化Cu为Cu^{2+}。

$$Cu + 2Fe^{3+} = Cu^{2+} + 2Fe^{2+}$$

Fe(Ⅲ)也可以氧化I^-和Sn^{2+}：

$$2FeCl_3 + 2KI = 2KCl + 2FeCl_2 + I_2$$

$$2FeCl_3 + SnCl_2 = 2FeCl_2 + SnCl_4$$

后一反应常用于铁的定量分析，即先将Fe(Ⅲ)还原为Fe(Ⅱ)，然后用标准重铬酸钾溶液滴定Fe(Ⅱ)：

$$K_2Cr_2O_7 + 6FeCl_2 + 14HCl = 6FeCl_3 + 2KCl + 2CrCl_3 + 7H_2O$$

铁(Ⅲ)的水合氧化物溶于碱形成$[Fe(OH)_6]^{3-}$，固体化合物通常以铁(Ⅲ)酸盐存在，实际上往往是混合氧化物。例如，$LiFeO_2$具有NaCl型结构，Li^+和Fe^{3+}大小约相同，它是平均电荷为+2的离子型氧化物。Fe(Ⅲ)还生成紫色铵矾$NH_4[Fe(H_2O)_6](SO_4)_2\cdot 6H_2O$。

3. 配合物

Fe^{3+}外层电子结构为$3s^23p^63d^5$，有未充满的d轨道，易形成配合物。$[FeF_6]^{3-}$是八面体高自旋d^5配阴离子中一个典型的例子。Fe^{3+}和F^-形成配合物的趋势相当强。

$$Fe^{3+} + F^- \rightleftharpoons [FeF]^{2+} \qquad K\approx 10^5$$

$$[FeF]^{2+} + F^- \rightleftharpoons [FeF_2]^+ \qquad K\approx 10^5$$

$$[FeF_2]^+ + F^- \rightleftharpoons FeF_3 \qquad K\approx 10^3$$

在定量分析中常用此性质来掩蔽Fe^{3+}。Fe(Ⅲ)与F^-形成的配离子比Fe(Ⅱ)与F^-形成的配离子稳定得多，因此Fe(Ⅲ)与F^-的配合物氧化能力减弱。

$$[FeF_6]^{3-} + e^- \rightleftharpoons [FeF_6]^{4-} \qquad \varphi^\ominus = 0.69\ V$$

$$Fe^{3+} + e^- \rightleftharpoons Fe^{2+} \qquad \varphi^\ominus = 0.771\ V$$

许多其他阴离子和Fe(Ⅲ)形成配合物后氧化能力也变弱，如

$$Fe(OH)_3 + e^- \rightleftharpoons Fe(OH)_2 + OH^- \qquad \varphi^\ominus = -0.56\ V$$

$$[Fe(CN)_6]^{3-} + e^- \rightleftharpoons [Fe(CN)_6]^{4-} \qquad \varphi^\ominus = 0.358\ V$$

蓝色$[Fe(Phen)_3]^{3+}$和红色$[Fe(CN)_6]^{3-}$均由 Fe(Ⅱ)对应的配合物和MnO_4^-作用或用氧化的办法制得。六氰合铁(Ⅲ)酸钾$K_3[Fe(CN)_6]$又名赤血盐，有毒，因为它能迅速离解出CN^-。Fe(Ⅲ)与SCN^-生成的配离子为血红色，常用该灵敏反应定性检验铁(Ⅲ)的存在。

四、钴的化合物

1. 氧化物和氢氧化物

钴(Ⅱ)在水溶液中能较稳定地存在，而钴(Ⅳ)则显示出较强的氧化性和不稳定性。蓝色$CoCl_2$可由元素直接化合制得，粉红色六水合二氯化钴$CoCl_2 \cdot 6H_2O$是反式$[Co(H_2O)_4Cl_2] \cdot 2H_2O$，但粉红色$[Co(H_2O)_6]^{2+}$存在于一些固体盐(如高氯酸盐)和水溶液中。氯化钴(Ⅱ)所含结晶水不同时，不仅结构不同，颜色也不相同。

$$\underset{(粉红)}{CoCl_2 \cdot 6H_2O} \xrightleftharpoons{52.3℃} \underset{(紫红)}{CoCl_2 \cdot 2H_2O} \xrightleftharpoons{90℃} \underset{(蓝紫)}{CoCl_2 \cdot H_2O} \xrightleftharpoons{120℃} \underset{(蓝)}{CoCl_2}$$

将少量$CoCl_2$掺入硅胶制成干燥剂，可以指示干燥剂的吸水情况。干燥剂呈蓝色表示无水，这时吸水能力最强，变成粉红色意味着失效，这时放在烘箱中加热到120℃可以使干燥剂再生。浓盐酸和水合离子反应形成蓝色四面体阴离子$[CoCl_4]^{2-}$。$[Co(H_2O)_6]^{2+}$和$[CoCl_4]^{2-}$都是高自旋物质。

橄榄绿色 CoO 最易由不溶的碳酸盐或硝酸盐热分解制得，在空气中加热到 500℃得到黑色Co_3O_4。新生成的$Co(OH)_2$是蓝色沉淀，放置后转变为粉红色，可能由金属离子配位数改变引起，在空气中氧化生成水合Co_2O_3，$Co(OH)_2$有弱的两性，溶解在热浓碱中形成$[Co(OH)_4]^{2-}$，呈蓝色。

CoF_3为浅棕色固体，是有用的氟化剂，它遇水迅速水解。无水Co_2O_3不存在，但当过量碱与大多数Co(Ⅲ)作用时会很慢地沉淀出水合氧化物或者用空气氧化$Co(OH)_2$悬浮液得到。因Co^{3+}是强氧化剂，所以在水溶液中不稳定。Co(Ⅲ)只存在于以上固态化合物和配合物中。$Co(OH)_2$不稳定，生成后被氧化为Co(Ⅲ)的氢氧化物，$Co(OH)_3$能氧化 HCl 生成Co^{2+}和Cl_2。

$$2Co(OH)_3 + 2Cl^- + 6H^+ = 2Co^{2+} + Cl_2(g) + 6H_2O$$

2. 钴的配合物

$[Co(H_2O)_6]^{2+}$和$[CoCl_4]^{2-}$在空气中稳定，蓝色$[Co(SCN)_4]^{2-}$也能稳定存在。不溶于水的$Hg[Co(SCN)_4]$常作为标准来校正磁矩。$[Co(NH_3)_6]^{2+}$易被氧化。

CN^-是强场配体，有利于形成低自旋配合物，当CN^-和Co(Ⅱ)形成六配位低自旋配合物时，Co(Ⅱ)价层就有 19 个电子，金属和配体之间形成反键，增加了Δ_o。当Co(Ⅱ)盐用过量氰化物处理时，不形成$[Co(CN)_6]^{4-}$，而生成绿色$[Co(CN)_5]^{3-}$(四方锥)和它的二聚体，红紫色的$[Co_2(CN)_{10}]^{6-}$，它与$Mn_2(CN)_{10}$等结构。

酸性$CoSO_4$溶液于 0℃电解氧化得到蓝色反磁性阳离子$[Co(H_2O)_6]^{3+}$，$[Co(H_2O)_6]^{3+}$像$[Fe(H_2O)_6]^{3+}$一样易水解。

$$M^{3+} + H_2O \rightleftharpoons [M(OH)]^{2+} + H^+$$

也能形成由羟桥连接的多聚体。$[Co(H_2O)_6]^{3+}$是强氧化剂，在水溶液中分解水释放出氧。其半反应为

$$[Co(H_2O)_6]^{3+} + e^- \rightleftharpoons [Co(H_2O)_6]^{2+} \quad \varphi^\ominus = +1.83\ V$$

当NH_3取代水生成配合物时，$\varphi^\ominus$值突然降低。

$$[Co(NH_3)_6]^{3+} + e^- \rightleftharpoons [Co(NH_3)_6]^{2+} \quad \varphi^\ominus = +0.108\ V$$

这显示$[Co(NH_3)_6]^{3+}$的累积稳定常数是$[Co(H_2O)_6]^{2+}$累积稳定常数的 10^{27} 倍

$\beta_{[Co(NH_3)_6]^{2+}} = 1.29 \times 10^5$，$\beta_{[Co(NH_3)_6^{3+}]} = 3.2 \times 10^{32}$，两个稳定常数差距如此之大，是由晶体场稳定化能引起的。

由于 Co(Ⅱ)配合物取代速率较快，而多数 Co(Ⅲ)配合物取代反应呈惰性，因此制备 Co(Ⅲ)配合物时，一般是先制得 Co(Ⅱ)配合物，然后将其氧化得到 Co(Ⅲ)配合物。实验条件不同，产物也不同。在有 NH_3 或 NH_4Cl 存在时，空气氧化 $CoCl_2$ 水溶液，得到$[Co(NH_3)_5Cl]Cl_2$，在反应过程中加活性炭则得到$[Co(NH_3)_6]Cl_3$。钴氰配合物和钴氨配合物相似，$[Co(CN)_6]^{3-}$比$[Co(CN)_6]^{4-}$稳定得多，它们的中心原子均采取 d^2sp^3 杂化轨道成键，CN^- 强场提供的电子对进入 d^2sp^3 杂化轨道，被激发至 5s 轨道的一个电子更容易失去，使$[Co(CN)_6]^{4-}$比$[Co(NH_3)_6]^{2+}$有更强的还原性。

$$[Co(CN)_6]^{3-} + e^- \rightleftharpoons [Co(CN)_6]^{4-} \quad \varphi^{\ominus} = -0.81\,V$$

在过量乙二酸盐存在时，用 PbO_2 氧化 Co(Ⅱ)得到$[Co(C_2O_4)_3]^{3-}$。

五、镍的化合物

NiF_2 和 $NiCl_2$ 是黄色固体，氯化镍易溶于水，从水中结晶出来时得到绿棕色 $NiCl_2 \cdot 6H_2O$。

绿色氧化镍 NiO 可由加热分解碳酸镍或硝酸镍得到。镍的硫化物在空气中被氧化，形成 NiS(OH)，NiS 溶于稀酸，暴露在空气中则不溶，就是因为形成了 NiS(OH)。镍也生成绿色不溶于水的 $Ni(OH)_2$，它不溶于 NaOH 溶液，但溶于氨，形成紫色配离子$[Ni(NH_3)_6]^{2+}$。

水合镍盐通常含有$[Ni(H_2O)_6]^{2+}$，根据磁性推断它有两个不成对电子。平面 Ni(Ⅱ)配合物为反磁性。黄色$[Ni(CN)_4]^{2-}$相当稳定，它的累积稳定常数为 10^{30}。

丁二酮肟和镍反应生成红色丁二酮肟镍沉淀用于鉴定和测定镍，钯也有类似的反应。配合物的难溶性与结构有关。其中有强的氢键，整个 O—H···O 之间距离仅仅是 245 pm，通过氢键把两个配体阴离子端部连接起来，构成平面结构，单个分子在晶体中平行地堆积，镍原子形成链，Ni—Ni 之间距离为 325 pm，弱的金属-金属键使配合物变成大分子以至溶解度变小。

§Y-4-7　铂 系 元 素

铂系元素包括钌、铑、钯和锇、铱、铂两个元素组。它们的特征是化学惰性，难溶和具有高催化活性。块状的铂系金属除钯和铂以外，不溶于普通强酸和王水。钯可溶于硝酸，发生如下反应：

$$Pd + 4HNO_3 = Pd(NO_3)_2 + 2NO_2(g) + 2H_2O$$

钯和铂都溶于王水，发生反应如下：

$$3Pt(Pd) + 4HNO_3 + 18HCl = 3H_2PtCl_6(H_2PdCl_6) + 4NO(g) + 8H_2O$$

在有空气存在的条件下，Pt 缓慢地溶于 HCl 中，反应如下：

$$[PtCl_4]^{2-} + 2e^- \rightleftharpoons Pt + 4Cl^- \qquad \varphi^{\ominus} = 0.755\,V$$

$$[PtCl_6]^{2-} + 2e^- \rightleftharpoons [PtCl_4]^{2-} + 2Cl^- \qquad \varphi^{\ominus} = 0.68\,V$$

粉末状铂的化学性质要比块状的活泼得多，如粉末状的锇极易氧化，硝酸、浓硫酸、次氯酸钠溶液等都能使它氧化。铂系元素与强碱熔融可变为可溶性化合物。

铂系元素在常温下和氧、硫、氟、氯等非金属元素也不起作用，加热及高温则有不同程度的作用。使用铂器时，应防止铂被这些试剂腐蚀。

在铂系元素的化合物中，钌和锇在许多方面类似，并和同一列中的铁类似；铑和铱类似于钴，钯和铂类似于镍。铂系元素的重要化合物简介如下。

1. 钯(Ⅱ)、铂(Ⅱ)的卤化物和含卤配合物

PdF_2 为紫色，是高自旋八面体配合物，它用 SeF_4 还原 PdF_3 获得，呈金红石结构。氯与 Pd 作用得到两种 $PdCl_2$，在低于 550℃时为α-型平面链状结构。

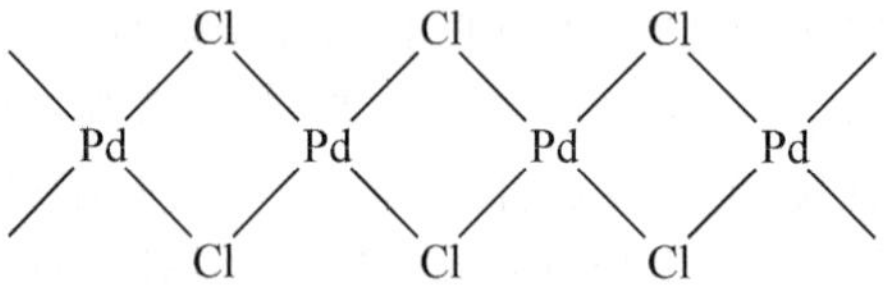

$$\begin{array}{c} \text{Cl} \quad\quad \text{Cl} \quad\quad \text{Cl} \\ \diagdown\text{Pd}\diagup\diagdown\text{Pd}\diagup\diagdown\text{Pd}\diagup\diagdown\text{Pd}\diagup \\ \text{Cl} \quad\quad \text{Cl} \quad\quad \text{Cl} \end{array}$$

在550℃以上得到β-型。红色二氯化物易溶于水并与氯化物形成红棕色平面配合物$[PdBr_4]^{2-}$，与过量NH_3作用形成配合物$[Pd(NH_3)_4]^{2+}$。PdO溶于高氯酸形成$[Pd(H_2O)_4]ClO_4$，它的阳离子呈反磁性，呈平面型结构，其半反应为

$$Pd^{2+}(aq)+2e^- \rightleftharpoons Pd \qquad \varphi^{\ominus}=+0.98\ V$$

通常Pt(Ⅱ)化合物和Pd(Ⅱ)的化合物性质相似，但PtF_2及其水合离子不存在，$PtCl_2$可在350℃分解四氯化物得到，它是双聚体，结构像$PdCl_2$；与过量Cl^-作用生成$PtCl_4^{2-}$，它也可用羟胺或乙二酸盐还原$PtCl_6^{2-}$得到。

另外，蔡斯盐$K[PtCl_3(C_2H_4)]$是最先制得的d区金属有机化合物，之后又发现Cu(Ⅰ)、Ag(Ⅰ)、Hg(Ⅱ)、Pd(Ⅲ)同各种烯烃作用也能生成这种类型的配合物。蔡斯盐由$K_2[PtCl_4]$和乙烯反应制得：

$$K_2[PtCl_4]+C_2H_4 = K[PtCl_3(C_2H_4)]+KCl$$

在$[PtCl_3(C_2H_4)]^-$中，Pt(Ⅱ)接受3个Cl^-的三对孤电子和一个乙烯分子的成键π轨道上的一对电子形成4个σ键。同时Pt(Ⅱ)提供d轨道上孤电子对，乙烯分子提供π反键空轨道形成反馈键。乙烯中π成键轨道的电子因与金属离子形成σ配键而偏离乙烯，π反键空轨道的电子都起了削弱乙烯中原子C之间化学键的作用，可使乙烯活化易于发生反应。这一类配合物的形成在有机合成上可起催化作用。形成配合物后，铂原子共有16个价电子，它是具有桥式结构的二聚体。两个乙烯分子呈反式排布，顺式-$[PtCl_2(NH_3)_2]$可作为治癌药物。顺式-Pt(Ⅳ) $Cl_4(NH_3)_2$也有这种生理作用。

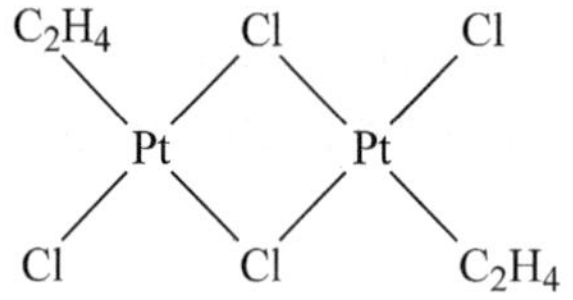

$$\begin{array}{ccccc} C_2H_4 & & Cl & & Cl \\ & \diagdown\ Pt & & Pt\ \diagup & \\ Cl & & Cl & & C_2H_4 \end{array}$$

2. Pd(Ⅳ)和Pb(Ⅳ)的卤化物及含卤配合物

它们较多地生成卤化物，Pd和F_2在300℃反应制得经验式为PdF_3的顺磁性化合物，实际上是Pd(Ⅱ)[Pd(Ⅳ)F_6]，阳离子有2个不成对电子，阴离子反磁性。氯可将$[PdCl_4]^{2-}$氧化到$[PdCl_6]^{2-}$。铂的四卤化物是已知的，$PdCl_4$稳定，$[PdCl_6]^{2-}$在水溶液中稳定，它和大的阳离子(K^+、NH_4^+、Rb^+或Cs^+)生成难溶盐。

3. Pt的高氧化态化合物

在高温下$PtCl_2$与氧作用得到四聚体$(PtF_5)_4$，但在氟中于600℃加热金属并迅速地骤冷蒸气，得到不稳定的PtF_6。它与O_2反应得到离子化合物，其反应式如下：

$$O_2+PtF_6 \rightleftharpoons O_2^+ +[PtF_6]^-$$

该化合物的重要性在于，它不仅证明PtF_6是很强的氧化剂，而且启发了第一种稀有气体化合物的合成。

§Y-4-8 铜、银、金

一、单质的性质

黄铜矿$CuFeS_2$是铜的主要矿源，另外还有孔雀石$Cu(OH)_2CO_3$、氯铜矿$Cu_2(OH)_3Cl$和赤铜矿Cu_2O及以单质状态存在的矿物，目前已发现最大的自然铜块重4.2×10^4 kg。

铜是红色软金属，密度大于5 g · cm^{-3}，属重金属，是良好的热和电导体。它又是铜合金的重要组成部分，如黄铜(含锌)、青铜(含锡)，也是货币金属(含镍)。$CuSO_4$广泛地用作杀菌剂。少量铜存在于一些酶中，这些酶与生物化学氧化还原反应有关。铜化合物在工业上和实验室也用作无机和有机反应的催化剂。

铜在隔绝空气下不被非氧化性酸侵蚀，能与热浓H_2SO_4作用，放出二氧化硫，并形成$CuSO_4$和CuS混合物。铜还易与各种浓度的HNO_3发生反应。在空气中铜与许多稀酸反应，如建筑屋顶上的铜长期日晒雨淋生

成铜锈。在有氧存在时，铜也溶于氨水，铜还能溶于氰化钾溶液，分别形成$[Cu(NH_3)_4]^{2+}$、$[Cu(CN)_4]^{3-}$。

$$Cu + 4CN^- + H_2O = [Cu(CN)_4]^{3-} + OH^- + \frac{1}{2}H_2$$

$$2Cu + 8NH_3 + O_2 + 2H_2O = 2[Cu(NH_3)_4]^{2+} + 4OH^-$$

铜在红热时与氧反应生成 CuO，CuO 在高温下分解为 Cu_2O。铜与 F_2 和 Cl_2 作用分别生成 CuF_2 和 $CuCl_2$。

Cu(Ⅰ)和 Cu(Ⅱ)稳定性的差别不大，此性质为 3d 系金属独有。

在水中，Cu(Ⅰ)不稳定，$\varphi^\ominus(Cu^+/Cu)$与$\varphi^\ominus(Cu^{2+}/Cu)$差距很小，Cu(Ⅰ)要发生歧化反应。歧化反应通常很迅速，但是用 V^{2+}或 Cr^{2+}还原 Cu(Ⅱ)得到的 $Cu^+(aq)$在隔绝空气的情况下，歧化反应需要几个小时才能完成。如果 Cu(Ⅰ)生成不溶于水的化合物(如 CuCl)或配合物(如$[Cu(CN)_4]^{3-}$)，则 Cu(Ⅰ)变得稳定。在非水介质中或固态时，Cu(Ⅰ)稳定。因此当铜粉在水溶液中与 $AgNO_3$ 作用时，1 mol Cu 与 2 mol Ag^+作用，但在与乙腈作用时，1 mol Cu 与 4 mol 乙腈作用，并且形成$[Cu(CH_3CN)_4]^+$。Cu(Ⅰ)的氟化物不稳定，易发生歧化反应生成 CuF_2 和 Cu。

银仅有一种稳定的氧化态 Ag(Ⅰ)，它没有歧化作用。Au 以 Au(Ⅲ)最稳定，Au(Ⅰ)几乎在所有情况下歧化变成 Au(0)和 Au(Ⅲ)，Au(Ⅴ)仅在五氟化物和它的配合物中存在。

在 Ag^+水溶液化学中，AgF 易溶，AgCl 难溶，Ag^+形成的含卤配合物中，以 I^-最稳定。银和金以硫化物矿物和砷化物矿存在于自然界。银有闪银矿 Ag_2S、角银矿 AgCl 等。

银通常残存在分离出铜、铅或镍的渣中，它的提取方法和金有些相同，即在空气中用氰化钠溶液与矿物作用。

$$4M + 8CN^- + 2H_2O + O_2 = 4[M(CN)_2]^- + 4OH^-$$

生成配合物后可以和其他杂质分离，然后用 Zn 还原配合物可以得到金属。

二、铜的化合物

1. 配合物

Cu^+有 d^{10} 电子构型，反磁性，它的化合物多数为无色，但当阴离子有色或化合物中电子传递吸收光谱发生在可见光区时化合物也有颜色，如红色 Cu_2O。白色 CuCl 和 CuBr 是当有 Cl^-或 Br^-存在时用 SO_2 还原 Cu(Ⅱ)得到的。当 $CuCl_2$ 溶液和浓盐酸及铜煮沸时，形成配离子$[CuCl_2]^-$，稀释时 CuCl 沉淀出来。任何 Cu(Ⅱ)盐加到 KI 溶液中总是得到 CuI。

$$Cu^{2+} + 2I^- = CuI(s) + \frac{1}{2}I_2$$

$\varphi^\ominus(I_2/I^-)$比$\varphi^\ominus(Cu^{2+}/Cu^+)$正，反应应向左进行，但由于 CuI 的溶解度小，反应才向右进行。在有乙二胺或酒石酸存在时，它们和 Cu^{2+}形成稳定配合物，这时 I_2 将氧化 CuI 反应，其实际反应为

$$2CuI + I_2 + 4en = 2[Cu(en)_2]^{2+} + 4I^-$$

由于生成了含 I^-的配阴离子，铜将与浓氢碘酸作用释放出氢。而铜与浓盐酸作用释放氢则相当困难。碘化物和两价铜盐及氰化物的水溶液作用生成 CuI、$[Cu(CN)_3]^{2-}$，它和氰化物水溶液反应，发生氧化还原反应也能生成 CuCN。它极易溶于氰化物的水溶液，形成$[Cu(CN)_2]^-$、$[Cu(CN)_3]^{2-}$和$[Cu(CN)_4]^{3-}$等。

水合铜离子$[Cu(H_2O)_6]^{2+}$在溶液中具有弯曲八面体结构，该离子已在$(NH_4)_2[Cu(H_2O)_6](SO_4)_2$ 和$[Cu(H_2O)_6](ClO_4)_2$ 中发现。蓝色 $CuSO_4 \cdot 5H_2O$ 有$[Cu(H_2O)_4]^{2+}$，铜的配位数由离得比较近的两个硫酸根中的氧补充达到 6，剩余的水分子通过氢键连接两个阳离子和两个氢离子，见图 Y-4-6。加热 $CuSO_4 \cdot 5H_2O$，其逐步脱水，反应如下：

$$CuSO_4 \cdot 5H_2O \xlongequal{102℃} CuSO_4 \cdot 3H_2O + 2H_2O$$
$$CuSO_4 \cdot 3H_2O \xlongequal{123℃} CuSO_4 \cdot H_2O + 2H_2O$$
$$CuSO_4 \cdot H_2O \xlongequal{258℃} CuSO_4 + H_2O$$

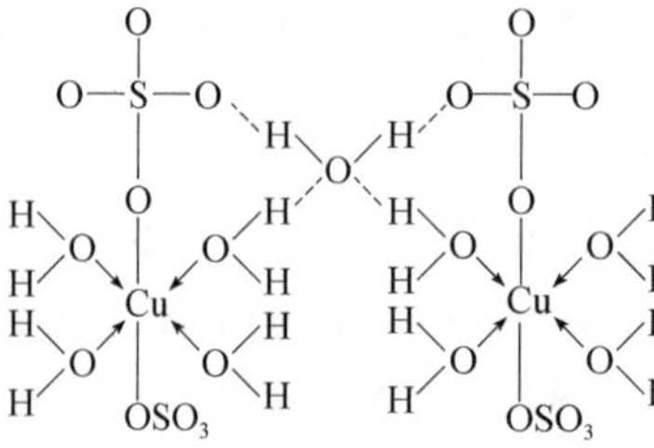

图 Y-4-6　$CuSO_4 \cdot 5H_2O$ 的结构

它完全脱水得到几乎无色的盐，其阳离子仍保持着弯曲的八面体，无水 $CuSO_4$ 加热至 650℃分解为 CuO、SO_2、SO_3 及 O_2。

2. 氧化物

氧化亚铜 Cu_2O，由 Cu(Ⅱ)的化合物在碱性介质中还原得到，如用酒石酸配合物和葡萄糖反应。Cu_2O 溶于氨水形成无色$[Cu(NH_3)_2]^+$。

$$Cu_2O + 4NH_3 \cdot H_2O \rightleftharpoons 2[Cu(NH_3)_2]OH + 3H_2O$$

无色$[Cu(NH_3)_2]^+$在空气中很快被氧化成蓝色的$[Cu(NH_3)_4]^{2+}$。Cu_2O 和稀硫酸作用，歧化生成 Cu(Ⅱ)盐和 Cu。

$$Cu_2O + H_2SO_4(稀) = CuSO_4 + Cu + H_2O$$

用二甲基硫酸盐和 Cu_2O 作用，紧接着用水处理得到 Cu(Ⅰ)硫酸盐。

在 Cu(Ⅰ)卤化物和$[Cu(CN)_4]^{3-}$中，金属原子是四面体配位，所有的卤化物均具有闪锌矿型结构。Cu_2O 结构基本上是方英石型，金属和氧原子分别具有线型和四面体配位。

Cu 和 O_2 直接作用可得到黑色 CuO，在 CuO 晶体中，每个铜原子有四个氧原子以平面配位，而每个氧原子有四个铜原子以四面体配位。CuO 具有一定氧化性，是有机分析中常用的氧化剂。CuO 受热分解释放出氧：

$$4CuO \xlongequal{1000℃} 2Cu_2O + O_2(g)$$

不溶于水的蓝色 $Cu(OH)_2$ 容易脱水变成 CuO，它不仅溶于酸也溶于浓碱，在浓碱中形成氢氧配合物$[Cu_n(OH)_{2n-2}]^{2+}$。

3. 几种特殊的铜的化合物

(1) 硝酸铜。无水硝酸铜不能从蓝色六水硝酸铜脱水制得，因它脱水形成碱式盐，能用 Cu 和 N_2O_4 相互作用制得，该化合物分解首先生成 $NO[Cu(NO_3)_3]$。$Cu(NO_3)_2$ 具有复杂的层状结构。在真空中于 150℃挥发，得到分子 $Cu(NO_3)_2$。在 $Cu(NO_3)_2$ 中两个 NO_3^- 均是二齿配体。

(2) 水合乙酸铜(Ⅱ)。水合乙酸铜是二聚体，其中每个 Cu 原子以 dsp^2 杂化轨道和乙酸根中的“O”结合成 σ 键，接近平面四边形。Cu-Cu 间是以 $3d_{x^2-y^2}$-$3d_{x^2-y^2}$ 形成的键，键长为 264 pm。此外每个 Cu 原子再和一个 H_2O 形成一个配位键。总的来看，每个 Cu 原子的配位数为 6，是八面体构型。但金属间距离较大，由此推论这个化合物中不成对电子间仅有弱的共轭作用和弱的金属-金属间作用。

当 Cu^{2+}在水溶液中与 NH_3 作用时，NH_3 只能取代 4 个水分子，但含有$[Cu(NH_3)_6]^{2+}$的盐能从液氨中分离出来；在很浓的乙二胺水溶液中能得到$[Cu(en)_3]^{2+}$，大多数 Cu(Ⅱ)的配合物是与多齿含氧与多齿含氮配体组成的。$[Cu(NH_3)_4](OH)_2$ 的深蓝色水溶液可溶解纤维素，如果将纤维素溶液喷到酸里则是人造丝，该溶液也用作帆布涂层以及坚固的纤维防水层。当 Cu(Ⅱ)用过量 KCN 处理时，在常温下释放出$(CN)_2$并生成 Cu(Ⅰ)含氰配合物。

$$Cu^{2+} + 5CN^- = [Cu(CN)_4]^{3-} + \frac{1}{2}(CN)_2 \qquad \beta_4 = 2\times10^{30}$$

在低温下，于甲醇溶液中，紫色$[Cu(CN)_4]^{2-}$已经被表征，具有平面结构。

三、银和金的化合物

银不被多数非氧化酸侵蚀，但在银表面上可以发生如下反应：

$$2Ag + H_2S \!=\!=\!= Ag_2S + H_2(g)$$

$$2Ag + 2HI \!=\!=\!= 2AgI + H_2(g)$$

因此，遇硫生成 Ag_2S 变暗。Ag_2S 在热稀 Na_2CO_3 溶液中与 Al 作用，又生成 Ag。银能溶解在硝酸中。金有很好的延展性，它的化学性质很不活泼，但在有氧化剂存在时由于形成含氯配合物而溶于盐酸。金能和三氟化溴作用形成$[BrF_2]$和$[AuF_4]^-$。银和金是货币金属，银盐广泛地用于照相技术，金用在牙科术和防腐电镀上，两种金属形成许多有用的合金。

银和金的原子化焓比重过渡系前半部金属的低，有比较少的原子簇化合物。

现已知银和金有不稳定的羰基化合物。Ag(Ⅰ)烯烃配合物也很重要。许多 Ag(Ⅰ)盐是人们熟悉的实验试剂。它们几乎都不含结晶水，并且很难溶于水($AgNO_3$、AgF、$AgClO_4$除外)。用氟化氢和碳酸盐作用获得的氟化物是一种有价值的氟交换剂，其反应如下：

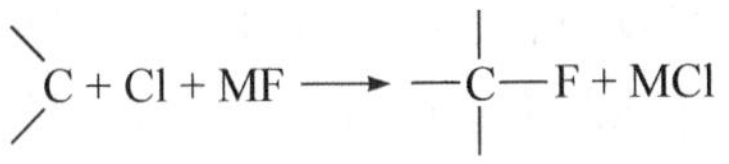

$$>\!C + Cl + MF \longrightarrow -\overset{|}{\underset{|}{C}}-F + MCl$$

如果 M 是碱金属阳离子，则随阳离子半径增大，反应越易向右进行。若 M 是 Ag^+，由于 AgCl 形成了部分共价键，反应也向右进行。卤化银在光照下由于光化学分解产生银粒而变黑。如果分解产生的卤素保持紧靠近银粒，那么，当光源切断时，这些分离的卤素和银粒又生成 AgCl，因此 AgCl 可用作光致变色的眼镜。AgBr 可用于照相。

加碱到 Ag^+溶液中得到棕色沉淀 Ag_2O，它在 150℃以上分解：

$$2Ag_2O \xlongequal{150℃} 4Ag + O_2$$

Ag_2O 水合物的悬浊液呈碱性，可从大气中吸收二氧化碳，Ag_2O 在碱中形成$[Ag(OH)_2]^-$，因而比在纯水中易溶，也可根据此反应说明它具有极弱的酸性。

Au(Ⅰ)的化合物常见的是氯化物、溴化物和碘化物[控制 Au(Ⅲ)的卤化物加热分解获得]及配合物。配合物中以磷作为配位原子时(如 Me_2PAuCl)最稳定。二元卤化物与水作用易歧化。棕色 AgF_2 在 250℃用氟与 Ag 作用制得，它立即水解，它的顺磁性和 $Ag^{2+}(d^9)$一致。Ag(Ⅱ)的配合物(如$[Ag(py)_4]S_2O_8$)，在水中有适当的配体存在时用强氧化剂氧化 Ag(Ⅰ)得到，它是顺磁性的，通常含有平面四方配位的原子。当 $AgNO_3$ 与过硫酸盐溶液一起加热时沉淀出组成为 AgO 的黑色固体，反磁性。

AgO 实际上是 Ag(Ⅰ)Ag(Ⅲ)O_2，它的配合物是很强的氧化剂，前者在酸性溶液中定量地把 Mn(Ⅱ)转变成 MnO_4^-，其 $\varphi^\ominus(Ag^{2+}/Ag)$为 1.980 V。由 KCl 和 AgCl 的混合物与氟作用得到黄色的含氟配合物 $K[AgF_4]$。

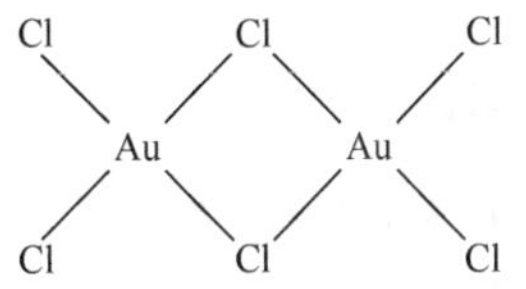

Cl_2 在 200℃与 Au 作用得到 Au_2Cl_6，见图 Y-4-7，是反磁性的红色固体，含有平面二聚单元。在盐酸溶液中它形成平面$[AuCl_4]^-$，它与 Br^-作用得到$[AuBr_4]^-$，与 I^-作用得到不稳定的 AuI。水合 $Au_2O_3 \cdot H_2O$ 是由$[AuCl_4]^-$溶液中加碱得到；它与过量碱作用形成$[Au(OH)_4]^-$。

图 Y-4-7　Au_2Cl_6 的结构示意图

$CsAuCl_4$ 部分分解得到反磁性的黑色 $CsAuCl_3$，由 X 射线晶体衍射指出其结构为 $Cs_2[AuCl_2][AuCl_4]$。

§Y-4-9　锌、镉、汞

一、锌单质及其化合物的性质

金属锌比其他 d 区金属易挥发(它在 908℃沸腾)，并能用蒸馏法分离。可用电解法纯化。纯锌银白色，质软，熔点较低，419℃。锌为六角密堆积结构，但有些弯曲，原子间距离比 3d 系其他金属间距离都大。锌主要镀在铁上作保护层和合金(特别是黄铜)，最重要的化合物是氧化物，用作颜料、橡胶的填充料及锌药膏的滑润剂。

在常温下锌不与空气和水发生化学作用，但锌在空气中加热会燃烧，并分解水蒸气形成白色 ZnO。白色 ZnO 具有闪锌矿结构，当它在缺氧的情况下加热时变成黄色，具有半导体性质，这是由于失去氧产生一些间充锌原子。锌是两性金属，能从稀酸和碱中释放出氢。$Zn(OH)_2$ 溶于碱形成含四面体$[Zn(OH)_4]^{2-}$的盐。

锌的化合物主要有：

(1) 卤化物。Zn 与卤素反应生成二卤化物，或氢卤酸与 ZnO 或 $ZnCO_3$ 反应制得 ZnX_2。ZnF_2 微溶于水，离子型晶体具有金红石结构，它从水溶液中析出时含 4 个结晶水，低压下加热，$ZnF_2 \cdot 4H_2O$ 部分脱水，高温下发生水解反应：

$$ZnF_2(s) + H_2O(g) \rightleftharpoons ZnO(s) + 2HF(g)$$

其他易溶于水的卤化物，很像纤维矿，含有四面体配位的锌。其中 $ZnCl_2 \cdot H_2O$ 是易潮解、极易溶于水的物质，在稀的 $ZnCl_2$($<1\ mol \cdot dm^{-3}$)水溶液中完全电离，在较浓的水溶液中则有 $ZnCl_2$、$[ZnCl_3]^-$ 及 $[ZnCl_4]^{2-}$。浓溶液具有明显的酸性，如 $6\ mol \cdot dm^{-3}$ $ZnCl_2$ 溶液的 pH = 1。加热浓缩 $ZnCl_2$ 的水溶液水解生成 Zn(OH)Cl 和 HCl。欲得无水 $ZnCl_2$，可将含水 $ZnCl_2$ 和 $SOCl_2$(氯化亚砜)一起加热。

$$ZnCl_2 \cdot xH_2O + xSOCl_2 = ZnCl_2 + 2xHCl + xSO_2(g)$$

(2) 配合物。$[ZnCl_4]^{2-}$和$[Zn(CN)_4]^{2-}$是四面体型，但是含有水，氨的八面体配合物存在于某些盐中，如$[Zn(H_2O)_6]^{2+}$、$[Zn(NH_3)_6]^{2+}$。

碱式乙酸锌 $Zn_4O(CH_3COO)_6$ 和乙酰丙酮锌 $Zn(acac)_2 \cdot H_2O$ 具有相同的结构。锌在生物学上是个重要的元素，它广泛存在于各种酶及碳氢化合物、类酯和蛋白质的代谢作用中。

(3) 氧化物和氢氧化物。纯氧化锌为白色，加热则变为黄色，氧化锌的结构属硫化锌型，是共价化合物。微溶于水，溶度积 $K_{sp}^{\ominus}(ZnS) = 1.8 \times 10^{-14}$。溶于不同的酸得到各种锌盐。它用于白色涂料，虽然附着力不如铅白，但它遇到硫化氢时不变颜色。在合成甲醇时，可作催化剂，也是橡胶的填料。向锌盐溶液中加入适量的强碱，即析出白色氢氧化锌。它是两性氢氧化物，在饱和溶液中有下列平衡存在：

$$Zn^{2+} + 2OH^- \rightleftharpoons Zn(OH)_2 \rightleftharpoons H^+ + [HZnO_2]^-$$

溶于强碱形成锌酸盐：

$$Zn(OH)_2 + 2NaOH = Na_2[Zn(OH)_4]$$

溶于酸中形成锌盐：

$$Zn(OH)_2 + 2H^+ = Zn^{2+} + 2H_2O$$

溶于氨水形成氨配离子：

$$Zn(OH)_2 + 2NH_3 + 2NH_4^+ = [Zn(NH_3)_4]^{2+} + 2H_2O \qquad K = 1.1 \times 10^2$$

二、镉的化合物

1. 氧化物和氢氧化物

Cd 是活泼金属，能溶于酸。和锌不同，Cd 不溶于碱，$Cd(OH)_2$ 是非两性物质，当镉在空气中加热时生成棕色氧化镉 CdO。由于制备方法不同，颜色也各异，如在 250℃，将氢氧化镉加热，得到绿色的氧化镉，在 800℃加热，则得到蓝黑色的氧化镉。它可以升华，而不分解。CdO 不像 ZnO，它有 NaCl 型结构，Cd 与 O 还形成非计量化合物。将氢氧化钠加入 Cd^{2+}盐溶液中，即有白色的氢氧化镉 $Cd(OH)_2$ 析出。它溶于酸，但不溶于碱。氢氧化镉也和氢氧化锌一样，溶于氨水中形成配离子：

$$Cd(OH)_2 + 4NH_3 = [Cd(NH_3)_4]^{2+} + 2OH^-$$

2. 卤化物

CdF_2 很难溶于水，萤石结构，其他卤化物都是白色，易溶。但是，它们的溶液不仅含有 Cd^{2+}和卤离子，还有一系列组成很广泛的含卤配合物。例如，在 0.15 mol · dm^{-3} $CdBr_2$ 中，其主要成分是 $CdBr^+$、$CdBr_2$ 和 Br^-，以及少量的 Cd^{2+}、$[CdBr_3]^-$和$[CdBr_4]^{2-}$。与 Zn 比较，Cd 的含卤配合物稳定性从 F 到 I 增加。

水合离子$[Cd(H_2O)_6]^{2+}$酸性很强。Cd^{2+}盐的稀溶液含有 Cd 的许多形态，有溶剂化的$[Cd(OH)]^+$或多聚形式，在浓溶液中有$[Cd_2(OH)]^{3+}$存在。Cd^{2+}和 NH_3、CN^-形成$[Cd(NH_3)_4]^{2+}$和$[Cd(CN)_4]^{4-}$型配合物。Cd^{2+}能取代金属酶中的 Zn，影响酶的活性，所以是危险的毒物。

3. 硫酸镉

常见的水合物为 $3CdSO_4 \cdot 8H_2O$，还有 $CdSO_4 \cdot H_2O$。水合物 $CdSO_4 \cdot 7H_2O$ 是介稳定。水合物的转变和转变温度如下：

$$CdSO_4 \cdot \frac{8}{3}H_2O \xrightleftharpoons{-\frac{5}{3}H_2O(75℃)} CdSO_4 \cdot H_2O \xrightleftharpoons{-H_2O(105℃)} CdSO_4$$

镉的无水硫酸盐溶解度比锌大，在 25℃时，每 100 g 水溶 772 g 盐。温度的变化对它的溶解度影响不大，故用于制备标准电池。与硫酸锌相似，它与碱金属硫酸盐形成复盐，$M_2SO_4 \cdot CdSO_4 \cdot 6H_2O$。电导实验表明，在浓溶液中它也发生自配位作用。

三、汞的化合物

很多金属可溶解在 Hg 中，称为汞齐，如钠汞齐 Na(Hg)就有 Na_3Hg_2、NaHg、$NaHg_2$ 等。Hg 比 Cd 的活泼性差，仅与氧化性酸发生化学反应。汞溶于 HNO_3 生成 $Hg_2(NO_3)_2$，与浓 HNO_3 作用生成 $Hg(NO_3)_2$：

$$3Hg + 8HNO_3 = 3Hg(NO_3)_2 + 2NO(g) + 4H_2O$$

汞与浓 H_2SO_4 作用生成 $HgSO_4$ 和 SO_2：

$$Hg + 2H_2SO_4 = HgSO_4 + SO_2(g) + 2H_2O$$

汞与 F_2、Cl_2、Br_2 反应，生成卤化汞(Ⅱ)，与 I_2 作用，由于反应物的比例不同可以生成 Hg_2I_2 和 HgI_2。汞大约在 300℃与氧化合，生成红色 HgO，但在稍高温度下反应可逆。HgS 在空气中加热分解出 Hg。

1. 汞(Ⅱ)的化合物

氟化汞(Ⅱ)具有萤石结构，遇水完全水解。$HgCl_2$、$HgBr_2$ 是挥发性固体，它不仅溶于水(在水中是分子化合物)，而且也溶于乙醇和乙醚；它们是分子型晶体。HgI_2 微溶于水，在 127℃以下以红色大分子形式存在，高于这个温度是黄色。所有的 HgX 均呈线形分子。氯、溴和碘离子在水溶液中与 Hg^{2+}形成配合物，其中最稳定的是$[HgI_4]^{2-}$。$K_2[HgI_4]$的溶液称为奈氏试剂，当用 NH_3 处理时，得到一种特征的棕色化合物，其结构式为 $Hg_2N^+I^-$，该反应可用于鉴定 NH_4^+。$Hg_2N(OH)$能用氨水和氧化汞作用制得，反应如下：

$$2HgO + NH_3 = Hg_2N(OH) + H_2O$$

$HgCl_2$ 与气态 NH_3 作用形成$[Hg(NH_3)_2]Cl_2$，它含有简单的线形阳离子，但与液氨作用形成$[Hg(NH_2)]Cl$，含有一多聚的弯曲链。

$$—Hg—\overset{+}{N}H_2—Hg—\overset{+}{N}H_2—Hg—$$

红和黄两种 HgO 均是链状结构，该结构中汞原子的配位是线形。虽然氧化物溶于酸，但它是弱碱；在水溶液中 Hg(Ⅱ)盐属离子型化合物，如硝酸盐和硫酸盐。它们水解形成很多碱式盐，其中有一种组成为 $HgO \cdot 2HgCl_2$，它实际上是$[HgO(HgCl)_3]$和 Cl^-，即盐的取代物。

2. Hg(Ⅰ)的化合物

制备 Hg(Ⅰ)的一般方法是让金属汞与 Hg(Ⅱ)盐作用。例如，Hg_2Cl_2(甘汞)的制备可用 $HgCl_2$(由 $HgSO_4$ 和 NaCl 的取代反应制得)与汞加热，不溶的产物即 Hg_2Cl_2，用热水洗去可溶的 $HgCl_2$ 即得较纯的 Hg_2Cl_2。下面

列出一些半反应的 $\varphi^{\ominus}$：

$$Hg_2^{2+} + 2e^- \rightleftharpoons 2Hg \qquad \varphi^{\ominus} = +0.79\ V$$

$$2Hg^{2+} + 2e^- \rightleftharpoons Hg_2^{2+} \qquad \varphi^{\ominus} = +0.92\ V$$

$$Hg^{2+} + 2e^- \rightleftharpoons Hg \qquad \varphi^{\ominus} = +0.85\ V$$

从这些 $\varphi^{\ominus}$ 值看出，Hg_2^{2+} 在水溶液中稳定，歧化反应：

$$Hg_2^{2+} \rightleftharpoons Hg^{2+} + Hg$$

在 25℃时的平衡常数 $K = 6 \times 10^{-3}$。如果反应中 Hg^{2+}形成不溶性的 Hg^{2+}盐或形成稳定的 Hg^{2+}配合物，平衡则向右转移。Hg(Ⅰ)盐易歧化，如系统中有 OH^-、S^{2-}和 CN^-时，Hg_2^{2+} 则歧化分别形成 Hg 和 HgO、Hg 和 HgS 及 Hg 和 $[Hg(CN)_4]^{2-}$，因而 Hg_2O、Hg_2S 和 $Hg_2(CN)_2$ 不可能存在。由于 Hg_2^{2+} 的半径比 Hg^{2+}大，因此很少知道 Hg(Ⅰ)的稳定配合物，只有和配位能力较差的 NO_3^- 、ClO_4^- 形成盐。

固体盐中 Hg(Ⅰ)离子的双核结构由它的反磁性和 X 射线衍射实验所证明。所以已知结构的卤化物均为线形分子，在 XHgHgX、Hg-Hg 之间的距离接近 250×10^{-12} m。

在电化学上，甘汞电极广泛地用作参比电极，甘汞电极的电势对应于半反应：

$$Hg_2Cl_2 + 2e^- \rightleftharpoons 2Hg + 2Cl^-$$

利用饱和氯化钾溶液为电解液，此时甘汞电极在 25℃下的电极电势为 0.2412 V，称为饱和甘汞电极，由于该电极不需要高纯度的气体，使用时非常方便。

第 10 章　氧化还原平衡与氧化还原滴定法

化学反应根据不同的特点，可以分为不同的类型，如沉淀反应、酸碱中和反应、热分解反应、取代反应等。但是从反应过程中元素的原子是否有氧化数的变化或电子转移的角度上看，化学反应基本上分为两大类：有电子转移或氧化数变化的氧化还原反应和没有电子转移或氧化数变化的非氧化还原反应。氧化还原反应是化学中最重要的一类反应，与我们所生存的空间及衣、食、住、行都密切相关。据不完全估计，化工生产中约 50%以上的反应都涉及氧化还原现象。实际上，整个化学的发展就是从氧化还原现象开始的。所以，有必要对氧化还原反应的机理、速率以及应用等做深入的探讨，以期待得到更广泛的应用。

10.1　基本概念

10.1.1　原子价和氧化数

为了表现在化合物中各元素的原子与其他原子结合的能力，19 世纪中叶引入了“原子价”(或化合价)这一新概念。原子价是表示元素原子能够化合或置换 1 价原子(H)或 1 价基团(OH^-)的数目。从 HCl、H_2O、NH_3 和 PCl_5 中可知 Cl 为 1 价、O 为 2 价、N 为 3 价和 P 为 5 价。同时，它也表示化合物某原子成键的数目。在离子型化合物中离子的原子价数即为离子的电荷数；在共价化合物中某原子的原子价数即为该原子形成的共价单键的数目。例如，在 CO 中 C 和 O 为 2 价；在 CO_2(O═C═O)中 C 为 4 价、O 为 2 价。随着化学结构理论的发展，原子价的经典概念已经不能正确地反映化合物中原子相互结合的真实情况，如从结构上看 NH_4^+ 中的 N 为 3 价，可是它却与 4 个 H 结合(4 个共价单键)；在 SiF_4 中 Si 为 4 价，但是在 K_2SiF_6 中 Si 却与 6 个 F 结合(6 个共价单键)。

1948 年，美国化学教授格拉斯顿首先提出用“氧化数”这一术语，氧化数也称氧化态，它是在化合价学说和元素电负性概念的基础上发展起来的。几十年来经过不断地修正补充，现在一般认为，由于化合物中组成元素的电负性不同，原子结合时电子对总要偏向电负性大的一方，因此化合物中组成元素原子必须倾向性地带有正或负电荷。这种所带形式电荷的多少就是该原子的氧化数。简单地说，氧化数是化合物中某元素所带形式电荷的数值。可见，氧化数是一个有一定人为性的、经验性的概念，它是按一定规则指定了的数字，用来表征元素在化合状态时的形式电荷数(或表观电荷数)，氧化数可以是正整数、负整数，也可以是分数。例如，在 HCl 中，氯元素的电负性比氢元素大，因而氢的氧化数为+1，Cl 的氧化数为−1；又如，在 NH_3 分子中，三对成键的电子都归电负性大一些的氮原子所有，则 N 的氧化数为−3，H 的氧化数为+1。确定元素氧化数的规则有：

(1) 单质的氧化数为零。

(2) 所有元素氧化数的代数和在多原子的分子中等于零；在多原子的离子中等于离子所带的电荷数。

(3) 氢在化合物中的氧化数一般为+1。但在活泼金属的氢化物(如 NaH、CaH_2 等)中，氢的氧化数为−1。

(4) 氧在化合物中的氧化数一般为−2；在过氧化物(如 H_2O_2、BaO_2 等)中，氧的氧化数为−1；在超氧化合物(如 KO_2)中，其氧化数为$-\frac{1}{2}$；在 OF_2 中，其氧化数为+2。应当指出：氧化数的概念虽然较好地表征了化合物中元素的形式电荷，但随着近代实验技术的发展，发现这一概念并不十分严格。例如，在$[Co(NH_3)_6]^{3+}$中根据氧化数规则，NH_3 分子为中性分子，所以 Co 的氧化数为+3。然而近代实验指出，由于 6 个 NH_3 分子向 Co^{3+}给出 6 个电子对，因此大大降低了 Co^{3+}上的正电荷。又如，在 CH_3COOH 中，按规则 C—C 之间电子对并不偏移，两个 C 元素的氧化数分别为−3(H_3C—)和+3[—C(OH)═O]。事实上，C—C 之间的电子对还是偏向—COOH 中的 C。

要注意的是，原子价和氧化数这两个概念是有区别的，在离子化合物中两者在数值上可能相等，但在共价化合物中往往相差很大，如根据经典电子论，CrO_5 的结构式如下：

```
        O
  O     ‖     O
  | \   ‖   / |
  |     Cr    |
  | /       \ |
  O           O
```

在这个化合物中，铬元素显示的是“6 价”，即铬与氧元素有能力形成 6 个共价单键，但从分子式 CrO_5 来看，其表观氧化数为 10。从结构中可以看出 5 个氧原子是不一样的，因此把铬的氧化数简单地说成+10 也并不太合适。又如，由 X 射线结构分析已知，在固体中 PCl_5 具有$[PCl_4]^+[PCl_6]^-$式的结构，即一个磷原子是+4 价，另一个是+6 价，但 P 的氧化数却是+5。这种现象在一些有机化合物中更为常见，如 CH_4、CH_3Cl、CH_2Cl_2、$CHCl_3$ 和 CCl_4 中 C 的原子价都是+4，但它的氧化数却依次为−4、−2、0、+2 和+4。尽管如此，用氧化数讨论氧化还原反应还有其方便和实用之处，所以还保留至今。

10.1.2　氧化还原反应的特征

根据氧化数的概念，在一个化学反应中，氧化数升高的过程称为氧化，氧化数降低的过程称为还原，反应中氧化过程和还原过程同时发生。在化学反应过程中，元素的原子或离子在反应前后氧化数发生了变化的一类反应称为氧化还原反应。例如，在 $2KClO_3 \xlongequal{} 2KCl + 3O_2$ 的反应中，氯元素的氧化数从+5 降低到−1，这个过程称为还原，或称氧化数为+5 的氯被还原了；氧原子的氧化数由−2 升高到 0，这个过程称为氧化，或称氧化数为−2 的氧被氧化了。这个反应是一个氧化还原反应。

假如氧化数的升高和降低都发生在同一个化合物中，这种氧化还原反应称为自身氧化还原反应，如上述的氯酸钾分解反应。若是发生在同一个原子上，则称为歧化反应，如 $I_2 + 6OH^- \xlongequal{} IO_3^- + 5I^- + 3H_2O$。

10.1.3　氧化还原电对

在氧化还原反应中，氧化剂在反应过程中氧化数降低，其产物具有较低的氧化数，具有弱还原性，是一个弱还原剂；还原剂在反应过程中氧化数升高，其产物具有较高的氧化数，具有弱氧化性，是一个弱氧化剂。例如，在 $Cu^{2+} + Zn \rightleftharpoons Zn^{2+} + Cu$ 的反应过程中，氧化剂

Cu^{2+}氧化数降低，其产物 Cu 是一个弱还原剂；还原剂 Zn 氧化数升高，其产物 Zn^{2+}是一个弱氧化剂。这样就构成了如下两个共轭的氧化还原体系或称氧化还原电对：

$$\underset{\text{氧化型/还原型}}{Cu^{2+}/Cu} \qquad \underset{\text{氧化型/还原型}}{Zn^{2+}/Zn}$$

在氧化还原电对中，氧化数高的物质称为氧化态物质，氧化数低的物质称为还原态物质。氧化还原反应是两个(或两个以上)氧化还原电对在一定的条件下共同作用的结果。例如：

$$\underset{\text{氧化剂}_1}{Cu^{2+}} + \underset{\text{还原剂}_1}{Zn} \rightleftharpoons \underset{\text{氧化剂}_2}{Zn^{2+}} + \underset{\text{还原剂}_2}{Cu}$$

氧化还原电对在反应过程中，如果氧化态物质氧化数降低的趋势越大，它的氧化能力越强，则其共轭还原态物质氧化数升高的趋势越小，还原能力越弱。同理，还原态物质的还原能力越强，则其共轭氧化态物质的氧化能力越弱。例如，在 MnO_4^-/Mn^{2+} 电对中，MnO_4^- 氧化能力强，是一种强氧化剂，其共轭还原剂 Mn^{2+}的还原能力弱，是一种弱还原剂。在 Sn^{4+}/Sn^{2+} 电对中，Sn^{2+}是一种强还原剂，Sn^{4+}则是一种弱氧化剂。在氧化还原反应过程中，反应一般按较强的氧化剂和较强的还原剂相互作用的方向进行。同一元素氧化还原电对的氧化态和还原态物质之间的关系可用氧化还原半反应式来表示。例如，Cu^{2+}/Cu 和 Zn^{2+}/Zn 两电对的半反应式分别为

$$Cu^{2+} + 2e^- \rightleftharpoons Cu$$

$$Zn \rightleftharpoons Zn^{2+} + 2e^-$$

又如，MnO_4^-/Mn^{2+} 和 SO_4^{2-}/SO_3^{2-} 两电对在酸性介质中的半反应式分别为

$$MnO_4^- + 8H^+ + 5e^- \rightleftharpoons Mn^{2+} + 4H_2O$$

$$SO_4^{2-} + 2H^+ + 2e^- \rightleftharpoons SO_3^{2-} + H_2O$$

10.2　氧化还原反应方程式的配平

配平氧化还原方程式是调整方程式左右参与反应分子的系数，不仅要使反应前后物料平衡，而且要使反应前后的氧化数的升高和降低值平衡，或者电子得失数相等。所以，如果方法不对，即使反应式已经配平也是不合理的。如在酸性溶液中，$KMnO_4$ 氧化 H_2O_2 的反应，正确的结果为

$$2KMnO_4 + 3H_2SO_4 + 5H_2O_2 = K_2SO_4 + 2MnSO_4 + 8H_2O + 5O_2(g)$$

但是，下列方程式虽然符合质量守恒定律，却不合理。

$$2KMnO_4 + 3H_2SO_4 + 3H_2O_2 = K_2SO_4 + 2MnSO_4 + 6H_2O + 4O_2(g)$$

$$2KMnO_4 + 3H_2SO_4 + 7H_2O_2 = K_2SO_4 + 2MnSO_4 + 10H_2O + 6O_2(g)$$

因此，掌握正确的方程式的配平方法是非常重要的。氧化还原反应的配平方法一般有氧化数法和离子-电子法，因为离子-电子法对理解氧化还原反应的本质有很好的帮助，在此主要介绍离子-电子法。

离子-电子法配平氧化还原方程式，首先是将所需要配平的氧化还原反应用离子方程式表示，然后将反应式改写为两个半反应式，随即将半反应式的物料和电荷配平，再将这些半反应式加起来，消去其中的电子而完成。以 Fe^{2+}与 Cl_2 的反应为例，具体配平步骤如下：

(1) 先将反应物的氧化还原产物以离子形式写出。例如：

$$Fe^{2+} + Cl_2 \longrightarrow Fe^{3+} + Cl^-$$

(2) 任何一个氧化还原反应都是由两个半反应组成的，因此可以将这个方程式分成两个未配平的半反应式，一个代表氧化，另一个代表还原。

$$Fe^{2+} \longrightarrow Fe^{3+} \text{ (氧化半反应)}$$

$$Cl_2 \longrightarrow Cl^- \text{ (还原半反应)}$$

(3) 调整化学计量数并加一定数目的电子使半反应两端的原子数和电荷数相等。

$$Fe^{2+} = Fe^{3+} + e^- \text{ (氧化半反应)}$$

$$Cl_2 + 2e^- = 2Cl^- \text{ (还原半反应)}$$

(4) 根据氧化剂获得的电子数和还原剂失去的电子数必须相等的原则，将两个半反应式加和为一个配平的离子反应式。

$$\begin{array}{rl} & 2Fe^{2+} = 2Fe^{3+} + 2e^- \\ +) & Cl_2 + 2e^- = 2Cl^- \\ \hline & 2Fe^{2+} + Cl_2 = 2Fe^{3+} + 2Cl^- \end{array}$$

但是，如果在半反应中反应物和产物中的氧原子数不同，可以依照反应是在酸性或碱性介质中进行的情况，在半反应式中加 H^+或 OH^-，并利用水的电离平衡使两侧的氧原子数和电荷数均相等。必须注意，在酸性介质中，方程式中不能出现 OH^-，同样在碱性介质中，方程式中不能出现 H^+。

【例 10-1】 配平反应：$MnO_4^- + SO_3^{2-} \longrightarrow Mn^{2+} + SO_4^{2-}$ (酸性介质)。

解 第一步：

$$MnO_4^- \longrightarrow Mn^{2+} \text{ (还原半反应)}$$

$$SO_3^{2-} \longrightarrow SO_4^{2-} \text{ (氧化半反应)}$$

第二步：配平物料及电荷。由于反应是在酸性介质中进行的，在第一个半反应式中，产物的氧原子数比反应物少时，应在左侧加 H^+使所有的氧原子都化合成 H_2O，并使氧原子数和电荷数均相等，即

$$MnO_4^- + 8H^+ + 5e^- = Mn^{2+} + 4H_2O$$

在另一半反应式的左边加水分子使两边的氧原子、氢原子和电荷均相等，即

$$SO_3^{2-} + H_2O = SO_4^{2-} + 2H^+ + 2e^-$$

第三步：根据获得和失去的电子数必须相等的原则，将两边电子消去，加和而成一个配平的离子反应式：

$$\begin{array}{rl} & \times 2)\ MnO_4^- + 8H^+ + 5e^- = Mn^{2+} + 4H_2O \\ +) & \times 5)\ SO_3^{2-} + H_2O = SO_4^{2-} + 2H^+ + 2e^- \\ \hline & 2MnO_4^- + 6H^+ + 5SO_3^{2-} = 5SO_4^{2-} + 2Mn^{2+} + 3H_2O \end{array}$$

【例 10-2】 配平反应：$ClO^- + [Cr(OH)_4]^- \longrightarrow Cl^- + CrO_4^{2-}$ (碱性介质)。

解　第一步：

$$ClO^- \longrightarrow Cl^- \text{(还原半反应)}$$

$$[Cr(OH)_4]^- \longrightarrow CrO_4^{2-} \text{(氧化半反应)}$$

第二步：由于反应在碱性介质中进行，虽然在半反应 $[Cr(OH)_4]^- \longrightarrow CrO_4^{2-}$ 中，产物的氧原子数和反应物的氧原子数相等，但由于氢原子数不等，因此应在左边加足够的 OH^-，使右侧生成水分子，并且使两边的电荷数相等：

$$[Cr(OH)_4]^- + 4OH^- = CrO_4^{2-} + 4H_2O + 3e^-$$

另一个半反应的左边比右边多一个氧原子，在碱性介质中在左边加一个水分子，使右侧产生 $2OH^-$，再进一步配平电荷数：

$$ClO^- + H_2O + 2e^- = Cl^- + 2OH^-$$

第三步：根据得失电子数必须相等的原则，将两边的电子消去加和成一个配平的离子反应式：

$$\times 2)\ [Cr(OH)_4]^- + 4OH^- = CrO_4^{2-} + 4H_2O + 3e^-$$

$$+)\quad \times 3)\ ClO^- + H_2O + 2e^- = Cl^- + 2OH^-$$

$$2[Cr(OH)_4]^- + 2OH^- + 3ClO^- = 2CrO_4^{2-} + 3Cl^- + 5H_2O$$

注意，在书写离子方程式时，对于弱电解质，要以分子的形态表示。

【例 10-3】　配平反应：$MnO_4^- + C_3H_7OH \longrightarrow Mn^{2+} + C_2H_5COOH$ (酸性介质)。

解　第一步：

$$MnO_4^- \longrightarrow Mn^{2+} \text{(还原半反应)}$$

$$C_3H_7OH \longrightarrow C_2H_5COOH \text{(氧化半反应)}$$

第二步：由于反应在酸性介质中进行，加 H^+和 H_2O 配平半反应式两端原子数，并使两端电荷数相等：

$$MnO_4^- + 8H^+ + 5e^- = Mn^{2+} + 4H_2O$$

$$C_3H_7OH + H_2O = C_2H_5COOH + 4H^+ + 4e^-$$

第三步：根据得失电子数必须相等，将两边电子消去，加合成一个已配平的反应式：

$$\times 4)\ MnO_4^- + 8H^+ + 5e^- = Mn^{2+} + 4H_2O$$

$$+)\quad \times 5)\ C_3H_7OH + H_2O = C_2H_5COOH + 4H^+ + 4e^-$$

$$4MnO_4^- + 5C_3H_7OH + 12H^+ = 5C_2H_5COOH + 4Mn^{2+} + 11H_2O$$

通过学习离子-电子法可以掌握书写半电池的半反应式的方法，而半反应式是电极反应的基本反应式。

10.3　电 极 电 势

10.3.1　原电池和电极电势

1. 原电池

如图 10-1 所示，在烧杯甲和乙中分别放入 $ZnSO_4$ 和 $CuSO_4$ 溶液，在盛 $ZnSO_4$ 的烧杯中放入 Zn 片，在盛 $CuSO_4$ 溶液的烧杯中放入 Cu 片，将两个烧杯中的溶液用一个倒置的 U 形管连接起来。

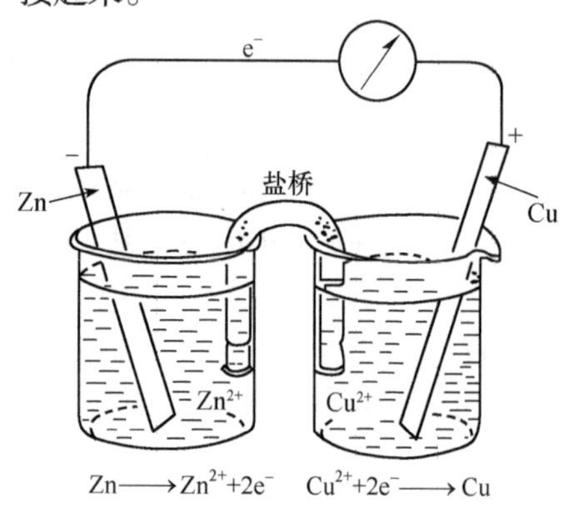

图 10-1　铜锌原电池

U 形管中装满用饱和 KCl 溶液和琼胶做成的冻胶。这种装满冻胶的 U 形管称为盐桥。这时串联在 Cu 极和 Zn 极之间的检流计的指针立即向一方偏转。这说明导线中有电流通过，同时 Zn 片开始溶解而 Cu 片上有 Cu 沉积。

上列装置产生电流的原因是 Zn 失去两个电子而形成 Zn^{2+}：

$$Zn \rightleftharpoons Zn^{2+} + 2e^-$$

Zn^{2+}进入溶液，Zn 极上过多的电子经过导线流向 Cu 极，故 Zn 片为负极。在铜极的表面上，溶液中 Cu^{2+}获得电子后变成金属铜析出：

$$Cu^{2+} + 2e^- \rightleftharpoons Cu\downarrow$$

故铜片为正极。

通过盐桥，阴离子 SO_4^{2-} 和 Cl^-(主要是 Cl^-)向锌盐溶液移动；阳离子 Zn^{2+}和 K^+(主要是 K^+)向铜盐溶液移动，使锌盐溶液和铜盐溶液一直保持着电中性。因此，锌的溶解和铜的析出得以继续进行，电流得以继续流通。

在上述装置中化学能转变成电能，化学反应做非体积功，这种使化学能转变为电能的装置称为原电池。上述由锌极和铜极组成的原电池称为铜锌原电池。在铜锌原电池中所进行的反应就是 Zn 置换 Cu^{2+}的化学反应：

$$\overset{\quad 2e^- \quad}{\overleftarrow{Cu^{2+} + Zn}} \rightleftharpoons Zn^{2+} + Cu$$

如果没有盐桥，Zn 置换 Cu^{2+}的反应只是化学能转变为热能，而在铜锌原电池中，电子做有规则的运动，电子由锌极(负极)通过导线流向铜极(正极)，电流由铜极流向锌极(电流的方向与电子流动方向相反)，Zn 置换 Cu^{2+}的反应使化学能转变为电能。

在上述反应中，Zn 失去电子而使它的氧化数升高的过程，即氧化，其中 Zn 是还原剂；Cu^{2+}获得电子而使它的氧化数降低的过程，即还原，其中 Cu^{2+}是氧化剂。Zn 失去电子，Cu^{2+}获得电子，它们是相互依存的，Zn 失去的电子数和 Cu^{2+}获得的电子数必然相等，这些都在铜锌原电池中得到充分证明。由此可知氧化剂和还原剂之间发生的电子转移是氧化还原反应的本质。

2. 电极电势的形成

在上述铜锌原电池中，为什么电子能够从 Zn 原子转移给 Cu^{2+}而不是从 Cu 原子转移给 Zn^{2+}？这与金属及其在溶液中的情况有关。

当把金属 M 棒放入它的盐溶液中时，一方面金属 M 表面构成晶格的金属离子和极性大的水分子互相吸引，有一种使金属在棒上留下电子而自身以水合离子 $M^{n+}(aq)$的形式进入溶液的倾向，金属越活泼，溶液越稀，这种倾向越大；另一方面，盐溶液中的 $M^{n+}(aq)$又有一种从金属 M 表面获得电子而沉积在金属表面上的倾向，金属越不活泼，溶液越浓，这种倾向越大。这两种对立的倾向在某种条件下达到暂时的平衡：

$$M \rightleftharpoons M^{n+}(aq) + ne^-$$

在某一给定浓度的溶液中，若失去电子的倾向大于获得电子的倾向，到达平衡时的最后结果将是金属离子 M^{n+}进入溶液，使金属棒上带负电，靠近金属棒附近的溶液带正电，如图 10-2 所示。这时在金属和盐溶液之间产生了电势差，这种产生在金属和它的盐溶液之间的电势称为金属的电极电势。金属的电极电势除与金属本身的活泼性和金属离子在溶液中的浓度有关外，还取决于温度。

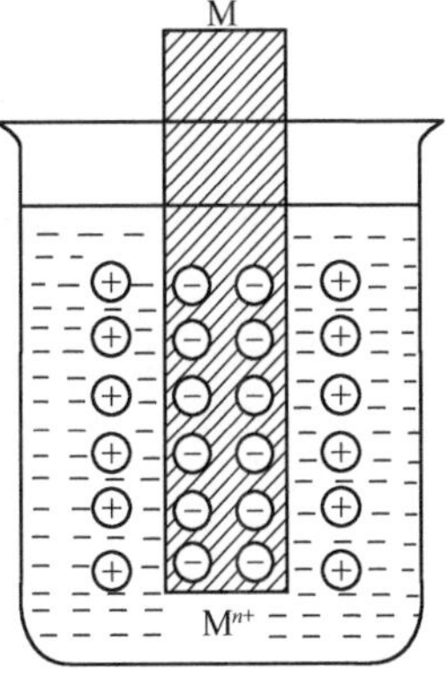

图 10-2　金属的电极电势

在铜锌原电池中，Zn 片与 Cu 片分别插在它们各自的盐溶液中，构成 Zn^{2+}/Zn 电极与 Cu^{2+}/Cu 电极。实验说明，若将两电极连以导线，电子流将由锌电极流向铜电极，这说明 Zn 片上留下的电子要比 Cu 片上多，也就是 Zn^{2+}/Zn 电极的上述平衡比 Cu^{2+}/Cu 电极的平衡更偏于右方，或 Zn^{2+}/Zn 电对与 Cu^{2+}/Cu 电对两者具有不同的电极电势，Zn^{2+}/Zn 电对的电极电势比 Cu^{2+}/Cu 电对要负。正是由于两极电势不同，连以导线，电子流(或电流)得以通过。

同理，其他类型的电极也会产生电极电势，电极电势用符号“φ”表示，单位为 V，但需要注意电极电势的绝对值是无法测量的。

3. 标准氢电极和标准电极电势

前已述及，由于无法测量电极电势的绝对值，需要选定某种电极作为标准，用其他电极与之比较，求得电极电势的相对值。通常选定的是标准氢电极。

标准氢电极构成：将镀有铂黑的铂片置于氢离子浓度(严格地说应为活度 a)为 1.0 mol · kg^{-1} 的硫酸溶液(近似为 1.0 mol · dm^{-3})中，如图 10-3 所示。然后不断地通入压力为 1.013×10^5 Pa 的纯氢气，使铂黑吸附氢气达到饱和，形成一个氢电极。在这个电极的周围发生了如下平衡：

$$2H^+ + 2e^- \rightleftharpoons H_2$$

这时产生在标准氢电极和硫酸溶液之间的电势，称为氢的标准电极电势，将它作为电极电势的相对标准且规定在任何温度下标准氢电极的电极电势为零。

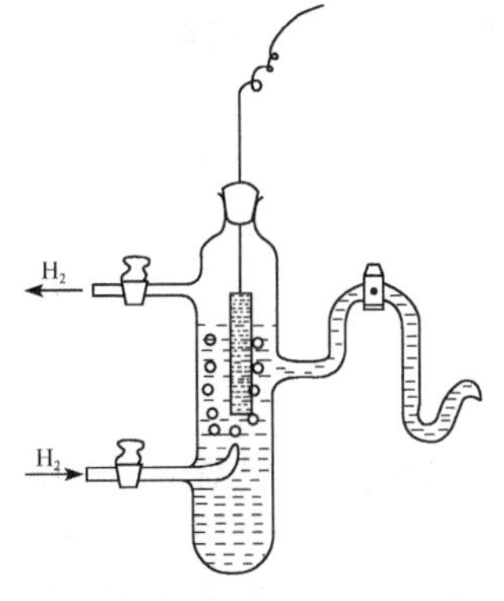

图 10-3　标准氢电极

用标准氢电极与其他各种标准状态下的电极组成原电池，测得这些电池的电动势，可以计算各种电极的标准电极电势。标准状态是指组成电极的离子其浓度为 1.0 mol · dm^{-3}，气体的分压为 1.013×10^5 Pa，液体或固体都是纯净物质，即各物质都处于热力学标准状态。标准电极电势用符号 $\varphi^\ominus$ 表示。例如，测定 Zn^{2+}/Zn 电对的标准电极电势是将纯净的 Zn 片放在 1.0 mol · dm^{-3} $ZnSO_4$ 溶液中，把它和标准氢电极用盐桥连接起来，组成一个原电池，如图 10-4 所示。用直流电压表测知电流从氢电极流向锌电极，故氢电极为正极，锌电极为负极。电池反应为

$$\overset{2e^-}{\overbrace{Zn + 2H^+}} \longrightarrow Zn^{2+} + H_2(g)$$

原电池的标准电动势 $E^\ominus$：$E^\ominus$ 是在没有电流通过的情况下，两个电极的电极电势之差。

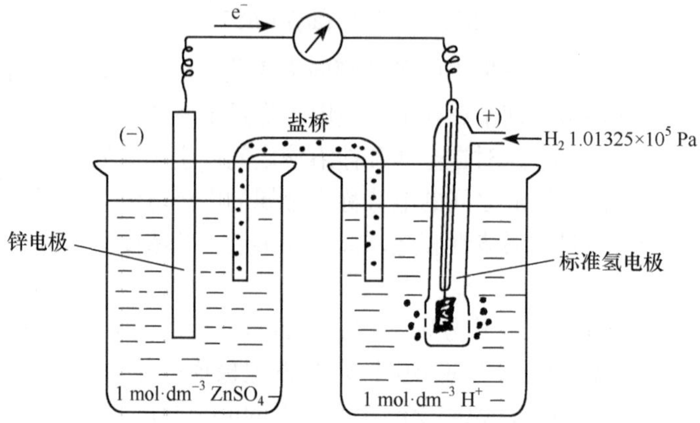

图 10-4　测定 Zn^{2+}/Zn 电对标准电极电势的装置

$$E^{\ominus} = \varphi^{\ominus}_{正极} - \varphi^{\ominus}_{负极}$$

在 298 K,用电位计测得标准氢电极和标准锌电极所组成的原电池的电动势($E^{\ominus}$) 为 0.76 V，根据上式计算 Zn^{2+}/Zn 电对的标准电极电势。

$$E^{\ominus} = \varphi^{\ominus}_{正极} - \varphi^{\ominus}_{负极} = \varphi^{\ominus}_{H^+/H_2} - \varphi^{\ominus}_{Zn^{2+}/Zn}$$

$$0.76\ V = 0 - \varphi^{\ominus}_{Zn^{2+}/Zn}$$

$$\varphi^{\ominus}_{Zn^{2+}/Zn} = -0.76\ V$$

用同样的方法可测得 Cu^{2+}/Cu 电对的电极电势。在标准 Cu^{2+}/Cu 电极与标准氢电极组成的原电池中，铜电极为正极，氢电极为负极。298 K 时，测得铜氢电池的电动势为 0.34 V。

依照上述方法：

$$E^{\ominus} = \varphi^{\ominus}_{正极} - \varphi^{\ominus}_{负极} = \varphi^{\ominus}_{Cu^{2+}/Cu} - \varphi^{\ominus}_{H^+/H_2}$$

$$0.34\ V = \varphi^{\ominus}_{Cu^{2+}/Cu} - 0$$

$$\varphi^{\ominus}_{Cu^{2+}/Cu} = +0.34\ V$$

从上面测定的数据来看，Zn^{2+}/Zn 电对的标准电极电势带有负号，Cu^{2+}/Cu 电对的标准电极电势带正号。带负号表明锌失去电子的倾向大于 H_2，或 Zn^{2+}获得电子变成金属 Zn 的倾向小于 H^+。带正号表明铜失去电子的倾向小于 H_2，或 Cu^{2+}获得电子变成金属铜的倾向大于 H^+，也可以说 Zn 比 Cu 活泼，因为 Zn 比 Cu 更容易失去电子转变为 Zn^{2+}。

如果将锌和铜组成一个电池，电子必定从锌极向铜极流动，电池的电动势 $E^{\ominus}$ 为

$$E^{\ominus} = \varphi^{\ominus}_{Cu^{2+}/Cu} - \varphi^{\ominus}_{Zn^{2+}/Zn} = 0.34 - (-0.76) = 1.10\ (V)$$

上述原电池装置不仅可以用来测定金属的标准电极电势，同样可以用来测定非金属离子和气体的标准电极电势，对某些与水剧烈反应而不能直接测定的电极，如 Na^+/Na、F_2/F^-等电极，则可以通过热力学数据用间接方法计算标准电极电势。

应当指出：所测得的标准电极电势 $\varphi^{\ominus}$ 是表示在标准条件下，该氧化还原电对的电极电势相对于标准氢电极的电极电势的大小。标准条件是指氧化还原电对半反应中的各物质都处于

热力学标准状态。在 298 K 条件下常见氧化还原电对的标准电极电势见附录。综上讨论，标准电极电势 $\varphi^{\ominus}$ 是相对值，实际上是该电极(作正极)与标准氢电极组成原电池的标准电动势 $E^{\ominus}$ (若该电极作负极，则为 $-E^{\ominus}$)，而不是电极与相应溶液间电势差的绝对值。

4. 电极的类型与原电池的表示法

根据电极材料及其氧化还原电对对应的电极反应类型，可将电极分为四种类型。

1) 金属-金属离子电极

它是将(具有导电功能的)金属置于含有同一金属离子的盐溶液中所构成的电极，如 Zn^{2+}/Zn 电对所组成的电极，其电极反应为

$$Zn^{2+} + 2e^- \rightleftharpoons Zn$$

电极符号为　$Zn(s)|Zn^{2+}$

其中“|”表示固、液两相之间的界面，s 表示固体。

2) 气体-离子电极

氢电极和氯电极是气体-离子电极，这类电极的构成需要一个导电固体，该导电固体对所接触的气体和溶液都不发生作用，但它能催化气体电极反应的进行，常用的导电固体是铂(制作成酥松铂黑，便于吸附气体反应)和石墨。氢电极和氯电极的电极反应分别为

$$2H^+ + 2e^- \rightleftharpoons H_2 \qquad Cl_2 + 2e^- \rightleftharpoons 2Cl^-$$

电极符号分别为

$$Pt|H_2(g)|H^+ \qquad Pt|Cl_2(g)|Cl^-$$

3) 金属-金属难溶盐或氧化物-阴离子电极

这类电极是这样组成的：将金属表面涂以该金属的难溶盐(或氧化物)，然后将它浸在与该盐具有相同阴离子的溶液中。例如，表面涂有 AgCl 的银丝插在 KCl 溶液中，称为氯化银电极，其电极反应是

$$AgCl + e^- \rightleftharpoons Ag + Cl^-$$

电极符号为　$Ag\text{-}AgCl(s)|Cl^-$

应该指出的是，氯化银电极与银电极(Ag^+/Ag)是不同的，虽然从电极反应看，两者都是 Ag^+和 Ag 之间的氧化还原，在一定温度条件下，某电极的电极电势是与溶液中相应离子的浓度有关。Ag^+/Ag 电对的电极电势随 Ag 丝相接触的溶液 Ag^+浓度不同而变化。AgCl/Ag 电对的电极电势也与溶液中 Ag^+的浓度有关，但它却受控于溶液中 Cl^-的浓度，因为在有 AgCl 固相存在的溶液中，存在 AgCl 的沉淀溶解平衡 $AgCl \rightleftharpoons Ag^+ + Cl^-$，$[Ag^+][Cl^-] = K_{sp}^{\ominus}$，因而 Ag^+浓度受 Cl^-浓度的控制。

实验室常用的甘汞电极也是这一类电极，其组成是在液态金属 Hg 的表面覆盖一层氯化亚汞(Hg_2Cl_2)，然后注入氯化钾溶液，甘汞电极的电极反应为

$$\frac{1}{2}Hg_2Cl_2(s) + e^- \rightleftharpoons Hg(l) + Cl^-(aq)$$

电极符号为

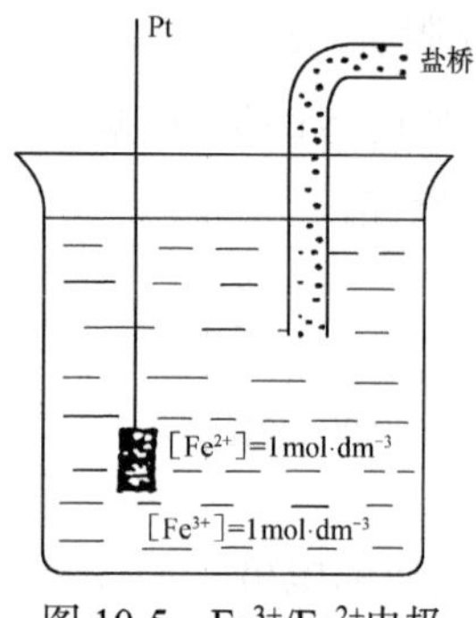

图 10-5　Fe^{3+}/Fe^{2+}电极

$$Hg(l)\text{-}Hg_2Cl_2(s)|Cl^-$$

由于标准氢电极使用不便，而甘汞电极可以通过控制 Cl^-的浓度得到恒定的电势，因此实验室常用甘汞电极作为参比电极。

4) “氧化还原”电极

这类电极的组成是将惰性导电材料(铂或石墨)放在一种溶液中，这种溶液含有同一元素不同氧化数的两种离子，如 Pt 插在含有 Fe^{3+}和 Fe^{2+}的溶液中(图 10-5)。

Fe^{3+}/Fe^{2+}电极的电极反应为

$$Fe^{3+} + e^- \rightleftharpoons Fe^{2+}$$

电极符号为

$$Pt|Fe^{3+}, Fe^{2+}$$

这里 Fe^{3+}与 Fe^{2+}处于同一液相中，故用逗点分开。

两种不同的电极组合起来，即构成原电池，其中每一个电极称为半电池。电极的结构可如上所述以简单的符号表示，所以原电池的结构便可简易地用电池符号表示出来。例如，铜锌原电池可写为

$$(-)Zn|ZnSO_4(c_1)||CuSO_4(c_2)|Cu(+)$$

“||”表示盐桥，c_1 和 c_2 分别为各溶液的浓度，习惯上常将电池反应中发生氧化作用的负极写在左边，将发生还原作用的正极写在右边。

又如，铜电极与标准氢电极组成的电池可表示为

$$(-)Pt|H_2(p^{\ominus})|H^+(1.0\ mol \cdot dm^{-3})||Cu^{2+}(c)|Cu(+)$$

10.3.2　电池的电动势和化学反应吉布斯自由能的关系

由前面所学的化学热力学基础可知，在恒温恒压下，体系吉布斯自由能的减少等于体系在可逆过程所做的最大有用功(非膨胀功)。在电池反应中，如果非膨胀功只有电功一种，那么反应过程中吉布斯自由能的降低就等于电池做的电功，即

$$\Delta_r G_m = -W(\text{电池电功})$$

$$\text{电池电功} = \text{电池电动势} \times \text{电量}$$

$$\text{电动势}\ E = \varphi_{\text{正极}} - \varphi_{\text{负极}}$$

1 个电子的电量为 1.602×10^{-19} C，1 mol 电子的电量为 9.65×10^4 C(法拉第常量 $F = 9.65 \times 10^4\ C \cdot mol^{-1}$)。若反应过程有 n mol 电子转移，其电量为 nF，若电池中所有物质都处于标准状态，电池的电动势就是标准电动势 $E^{\ominus}$，这时的吉布斯自由能变化就是 $\Delta_r G_m^{\ominus}$，则上式可以写为

$$\Delta_r G_m^{\ominus} = -nFE^{\ominus} \tag{10-1}$$

式中，F 为法拉第常量，$C \cdot mol^{-1}$；$E^{\ominus}$ 为标准电动势，V；n 为氧化还原反应方程式中得失电子数。

这个关系式将热力学和电化学联系起来。所以测得原电池的电动势 $E^{\ominus}$，就可以求出该电池的最大电功，以及反应的标准吉布斯自由能变化 $\Delta_r G_m^{\ominus}$。反之，已知某个氧化还原反应的吉布斯自由能变化 $\Delta_r G_m^{\ominus}$ 的数据，就可求得该反应所构成原电池的电动势 $E^{\ominus}$，而根据化学反应等温式，则由 $\Delta_r G_m^{\ominus}$ (或 $E^{\ominus}$)可判断标准状态下氧化还原反应进行的方向和限度。

【例 10-4】 试根据下列电池写出反应式并计算在 298 K 时电池的 $E^{\ominus}$ 值和 $\Delta_r G_m^{\ominus}$ 值。

$$(-)\text{Zn}|\text{ZnSO}_4(1.0\ \text{mol}\cdot\text{dm}^{-3})||\text{CuSO}_4(1.0\ \text{mol}\cdot\text{dm}^{-3})|\text{Cu}(+)$$

解 从上述原电池符号看出锌是负极，铜是正极，原电池对应的氧化还原反应式为

$$\text{Zn} + \text{Cu}^{2+} \rightleftharpoons \text{Zn}^{2+} + \text{Cu}$$

查表可知

$$\varphi_{\text{Zn}^{2+}/\text{Zn}}^{\ominus} = -0.76\ \text{V}\ ;\quad \varphi_{\text{Cu}^{2+}/\text{Cu}}^{\ominus} = 0.34\ \text{V}$$

$$E^{\ominus} = \varphi_{\text{正极}}^{\ominus} - \varphi_{\text{负极}}^{\ominus} = +0.34 - (-0.76) = +1.10(\text{V})$$

将 $E^{\ominus}$ 值代入式(10-1)，因 1 J = 1 C · V，则有

$$\Delta_r G_m^{\ominus} = -2\times1.10\times9.65\times10^4\times10^{-3} = -212(\text{kJ}\cdot\text{mol}^{-1})$$

【例 10-5】 已知锌汞电池的反应：

$$\text{Zn} + \text{HgO(s)} = \text{ZnO(s)} + \text{Hg(l)}$$

根据标准吉布斯自由能数据，计算 298 K 时该电池的电动势。

解 查热力学数据表：

$$\Delta_f G_{(\text{HgO})}^{\ominus} = -58.53\ \text{kJ}\cdot\text{mol}^{-1}\qquad \Delta_f G_{(\text{ZnO})}^{\ominus} = -318.2\ \text{kJ}\cdot\text{mol}^{-1}$$

根据公式计算 $\Delta_r G_m^{\ominus}$：

$$\Delta_r G_m^{\ominus} = \Delta_f G_{(\text{ZnO})}^{\ominus} - \Delta_f G_{(\text{HgO})}^{\ominus} = -318.2 - (-58.53) = -259.7(\text{kJ}\cdot\text{mol}^{-1})$$

由 $\Delta_r G_m^{\ominus} = -nFE^{\ominus} = -nE^{\ominus}\times96.5\times10^3$

得
$$E^{\ominus} = \varphi_+^{\ominus} - \varphi_-^{\ominus} = \varphi_{\text{ZnO/Zn}}^{\ominus} - \varphi_{\text{HgO/Hg}}^{\ominus} = -\Delta_r G_m^{\ominus}/nF = \frac{259.7\ \text{kJ}\cdot\text{mol}^{-1}}{2\times96.5\times10^3\ \text{C}\cdot\text{mol}^{-1}} = 1.35\ \text{V}$$

10.3.3 影响电极电势的因素——能斯特方程

如前所述，电极电势是电极和溶液间的电势差。对于金属电极来讲，这种电势差产生的原因是在电极上存在如下平衡：

$$\text{Fe}^{2+} + 2\text{e}^- \rightleftharpoons \text{Fe}$$

对于氧化还原电极来讲(如 Fe^{3+}/Fe^{2+}电极)，也是由于在惰性电极上存在电极反应的结果：

$$\text{Fe}^{3+} + \text{e}^- \rightleftharpoons \text{Fe}^{2+}$$

因此，从平衡原理的角度看，凡是影响上述平衡的因素都将对电极电势产生影响。显然，电极的本质、溶液中离子的浓度、气体的压力和温度等都是影响电极电势的重要因素，当然电极的种类是最根本的因素。对电极来讲，对电极电势影响较大的是离子的浓度，而温度的影响较小。

在金属电极反应中，金属离子的浓度越大，则 $M^{n+} + ne^- \rightleftharpoons M$ 平衡向右移动，减少电极上的负电荷，使电极电势增大。M^{n+}浓度越小，有更多的 M 失去电子变成 M^{n+}，从而增多电极上的负电荷，使电极电势减小。在 $Fe^{3+} + e^- \rightleftharpoons Fe^{2+}$ 电极反应中，增大 Fe^{3+}浓度或减小 Fe^{2+}浓度，都将使平衡向右移动，结果减少了电极上的负电荷，使电极电势增大。反之，减小 Fe^{3+}浓度或增大 Fe^{2+}浓度，会使电极电势降低。总之，电极电势的大小与氧化态离子的浓度成正比，与还原态离子的浓度成反比。换句话说，电极电势 φ 与[氧化态]/[还原态]成正比。[氧化态]或[还原态]表示氧化态物质(如 Fe^{3+})或还原态物质(如 Fe^{2+})的物质的量浓度(严格地说应该是活度)。电极电势与离子的浓度、温度等因素之间的定量关系可由热力学的化学反应等温式导出。

将标准氢电极(H^+/H_2)与 Fe^{3+}/Fe^{2+}电极组成原电池，其电池反应为

$$Fe^{3+} + \frac{1}{2}H_2 = Fe^{2+} + H^+$$

根据化学反应等温式：

$$\Delta_r G_m = \Delta_r G_m^\ominus + RT\ln\frac{\dfrac{[Fe^{2+}]}{c^\ominus}\cdot\dfrac{[H^+]}{c^\ominus}}{\dfrac{[Fe^{3+}]}{c^\ominus}\cdot\left(\dfrac{p_{H_2}}{p^\ominus}\right)^{1/2}}$$

为了便于运算，溶液中各物质 A 在任意时刻的相对浓度 $[A]/c^\ominus$ ($A = Fe^{2+}$，Fe^{3+}，H^+，…)可以简单地用[A]表示，即 $[Fe^{2+}]/c^\ominus$ 表示为$[Fe^{2+}]$，$[H^+]/c^\ominus$ 表示为$[H^+]$等，便有

$$-nFE = -nFE^\ominus + RT\ln\frac{[Fe^{2+}][H^+]}{[Fe^{3+}](p_{H_2}/p^\ominus)^{1/2}}$$

或

$$E = E^\ominus - \frac{RT}{nF}\ln\frac{[Fe^{2+}][H^+]}{[Fe^{3+}](p_{H_2}/p^\ominus)^{1/2}}$$

而

$$E = \varphi_{正} - \varphi_{负} = \varphi_{Fe^{3+}/Fe^{2+}} - \varphi_{H^+/H_2}$$

$$E^\ominus = \varphi_{正}^\ominus - \varphi_{负}^\ominus = \varphi_{Fe^{3+}/Fe^{2+}}^\ominus - \varphi_{H^+/H_2}^\ominus$$

代入上式得

$$E = \varphi_{Fe^{3+}/Fe^{2+}} - \varphi_{H^+/H_2} = (\varphi_{Fe^{3+}/Fe^{2+}}^\ominus - \varphi_{H^+/H_2}^\ominus) - \frac{RT}{nF}\ln\frac{[Fe^{2+}][H^+]}{[Fe^{3+}](p_{H_2}/p^\ominus)^{1/2}}$$

已知标准氢电极的 $\varphi_{H^+/H_2}^\ominus = 0$，$[H^+] = 1.0\ \text{mol}\cdot\text{dm}^{-3}$；$p_{H_2} = p^\ominus$，故 $\varphi_{H^+/H_2} = 0$，因此

$$\varphi_{Fe^{3+}/Fe^{2+}} = \varphi_{Fe^{3+}/Fe^{2+}}^\ominus - \frac{RT}{nF}\ln\frac{[Fe^{2+}]}{[Fe^{3+}]} = \varphi_{Fe^{3+}/Fe^{2+}}^\ominus + \frac{RT}{nF}\ln\frac{[Fe^{3+}]}{[Fe^{2+}]}$$

上式表示电对 Fe^{3+}/Fe^{2+}的电极电势与 Fe^{3+}和 Fe^{2+}的浓度及温度的关系。如果推广到一般电对，其电极反应为

$$\text{氧化型} + ne^- = \text{还原型}$$

则有通式：

$$\varphi = \varphi^{\ominus} + \frac{RT}{nF}\ln\frac{[\text{氧化型}]}{[\text{还原型}]} \tag{10-2}$$

此关系式称为能斯特(Nernst)方程。若室温为 298 K，将自然对数变换成以 10 为底的常用对数，并代入 R 和 F 等常量的数值，则能斯特方程可写为

$$\varphi = \varphi^{\ominus} + \frac{2.303\times 8.314\times 298}{n\times 96500}\lg\frac{[\text{氧化型}]}{[\text{还原型}]}\text{(V)}$$

$$\varphi = \varphi^{\ominus} + \frac{0.059}{n}\lg\frac{[\text{氧化型}]}{[\text{还原型}]}\text{(V)} \tag{10-3}$$

式中，φ 为指定浓度下电对的电极电势；$\varphi^{\ominus}$ 为标准电极电势；n 为电极反应中得到或失去的电子数；[氧化型]或[还原型]表示氧化型物质或还原型物质的相对浓度或分压。

应用这个方程时应注意：方程式中的[氧化型]和[还原型]并非专指氧化数有变化的物质，而是包括参加电极反应的所有物质。在电对中，如果氧化型或还原型物质的系数不是 1，则[氧化型]或[还原型]要乘以与系数相同的方次。如果电对中的某一物质是固体或液体，则其浓度均为常数，常认为是 1。如果电对中的某一物质是气体，用气体相对分压来表示。

现举例说明氧化还原电对的能斯特方程的表示方法：

(1) 已知 $Fe^{3+} + e^- = Fe^{2+}$，$\varphi^{\ominus} = +0.771$ V，则

$$\varphi = \varphi^{\ominus} + \frac{0.059}{1}\lg\frac{[Fe^{3+}]}{[Fe^{2+}]}\text{(V)}$$

$$= 0.771 + 0.059\lg\frac{[Fe^{3+}]}{[Fe^{2+}]}\text{(V)}$$

(2) 已知 $Br_2(l) + 2e^- \rightleftharpoons 2Br^-$，$\varphi^{\ominus} = 1.08$ V，则

$$\varphi = 1.08 + \frac{0.059}{2}\lg\frac{1}{[Br^-]^2}\text{(V)}$$

(3) 已知 $2H^+ + 2e^- \rightleftharpoons H_2$，$\varphi^{\ominus} = 0$ V，则

$$\varphi = \frac{0.059}{2}\lg\frac{[H^+]^2}{p_{H_2}/p^{\ominus}}\text{(V)}$$

(4) 已知 $O_2 + 4H^+ + 4e^- \rightleftharpoons 2H_2O(l)$，$\varphi^{\ominus} = 1.229$ V，则

$$\varphi = 1.229 + \frac{0.059}{4}\lg\frac{\frac{p_{O_2}}{p^{\ominus}}\cdot[H^+]^4}{1}\text{(V)}$$

$$\varphi = 1.229 + \frac{0.059}{4}\lg\left(\frac{p_{O_2}}{p^{\ominus}}\cdot[H^+]^4\right)\text{(V)}$$

【例 10-6】　已知 $Fe^{3+} + e^- \rightleftharpoons Fe^{2+}$，$\varphi^{\ominus} = 0.771$ V。试求 $[Fe^{3+}]/[Fe^{2+}] = 10^4$ 时的 $\varphi_{Fe^{3+}/Fe^{2+}}$。

解

$$\varphi = \varphi^{\ominus} + \frac{0.059}{n}\lg\frac{[\text{氧化型}]}{[\text{还原型}]}$$

$$= 0.771 + \frac{0.059}{1}\lg 10^4 = 0.771 + 0.059 \times 4 = 1.01(\text{V})$$

计算结果说明，随着 Fe^{2+}浓度降低至原来的 $1/10^4$，电极电势升高了 0.236 V，作为氧化剂的 Fe^{3+}夺取电子的能力增强了。这和化学平衡移动的概念相一致，也就是说 Fe^{2+}浓度降低，促使平衡向右移动。

计算结果表明，还原型浓度降低，电极电势升高，氧化还原电对的氧化型物质氧化能力增强，还原型物质的还原能力减弱，若增加氧化型物质浓度，也会使电极电势升高。反之，若降低氧化型物质浓度或增加还原型物质的浓度，则使电极电势降低，电对中氧化型物质的氧化能力减弱，还原型物质的还原能力增强。

上面讨论的是氧化型物质和还原型物质本身浓度的改变对电极电势的影响。此外，浓度对电极电势的影响还可以表现在以下三个方面。

1) 酸度对电极电势的影响

如果电极反应中包含 H^+和 OH^-，溶液的酸度将会对电极电势产生影响。

【例 10-7】 已知 $Cr_2O_7^{2-} + 14H^+ + 6e^- \rightleftharpoons 2Cr^{3+} + 7H_2O$，$\varphi^{\ominus} = 1.33$ V。当其他物质处于标准态，求 pH = 3 时的电极电势。

解 $[Cr_2O_7^{2-}] = [Cr^{3+}] = 1.0\ \text{mol}\cdot\text{dm}^{-3}$，$[H^+] = 1.0 \times 10^{-3}\ \text{mol}\cdot\text{dm}^{-3}$，则

$$\varphi = \varphi^{\ominus} + \frac{0.059}{6}\lg\frac{[Cr_2O_7^{2-}][H^+]^{14}}{[Cr^{3+}]^2} = 1.33 + \frac{0.059}{6}\lg(1.0\times10^{-3})^{14} = 0.92(\text{V})$$

由计算表明，$K_2Cr_2O_7$ 的氧化能力随溶液酸度的增加而增加，随溶液酸度的降低而减弱。因此，在实验室或工厂中，总是在较强的酸度条件下用含氧酸盐作氧化剂以增强氧化能力。

2) 沉淀生成对电极电势的影响

【例 10-8】 在含 Cu^{2+}和 Cu^+的溶液中，如果加入 KI 使体系达到平衡，假设$[I^-] = [Cu^{2+}] = 1.0\ \text{mol}\cdot\text{dm}^{-3}$，求 $\varphi^{\ominus}_{Cu^{2+}/CuI}$。已知 $K_{sp}(CuI) = 1.10 \times 10^{-12}$。

解 因为

$$Cu^{2+} + e^- \rightleftharpoons Cu^+ \qquad \varphi^{\ominus} = 0.153\ \text{V}$$

存在反应 $Cu^+ + I^- \rightleftharpoons CuI(s)$ 使$[Cu^+]$降低，且$[Cu^+]$与$[I^-]$受沉淀平衡溶度积的制约，则

$$[Cu^+] = \frac{K_{sp}(CuI)}{[I^-]} = \frac{1.10\times10^{-12}}{1.0} = 1.10 \times 10^{-12}(\text{mol}\cdot\text{dm}^{-3})$$

$$\varphi^{\ominus}_{Cu^{2+}/CuI} = \varphi_{Cu^{2+}/Cu^+} = \varphi^{\ominus}_{Cu^{2+}/Cu^+} + \frac{0.059}{1}\lg\frac{[Cu^{2+}]}{[Cu^+]} = 0.153 + 0.059\lg\frac{1}{1.10\times10^{-12}} = 0.859(\text{V})$$

上例说明，若在溶液中加入某种物质能与电对中的氧化型或还原型物质生成沉淀，电对的电极电势将较大程度地改变，影响氧化型的氧化能力和还原型的还原能力。

3) 配合物的生成对电极电势的影响

【例 10-9】 已知 $Ag^+ + e^- \rightleftharpoons Ag$ 的 $\varphi^{\ominus}_{Ag^+/Ag} = 0.7991$ V，$[Ag(CN)_2]^-$的 $K_f = 1.3 \times 10^{21}$ (25℃)，试求 $[Ag(CN)_2]^- + e^- \rightleftharpoons Ag + 2CN^-$ 的标准电极电势 $\varphi^{\ominus}_{[Ag(CN)_2]^-/Ag}$。

解 本题有两种解法：

解法一：因为是在标准状态下，所以在所求电极反应中各离子浓度均为 1.0 mol · dm^{-3}，即 $[Ag(CN)_2^-]=[CN^-]=1.0$ mol · dm^{-3}，由配离子的离解平衡可得

$$[Ag(CN)_2]^- \rightleftharpoons Ag^+ + 2CN^-$$

$$K_f=\frac{[Ag(CN)_2^-]}{[Ag^+][CN^-]^2}\text{，}[Ag^+]=\frac{[Ag(CN)_2^-]}{K_f\times[CN^-]^2}=\frac{1}{K_f}=\frac{1}{1.3\times10^{21}}$$

所以，

$$\varphi^{\ominus}_{[Ag(CN)_2]^-/Ag}=\varphi_{Ag^+/Ag}=\varphi^{\ominus}_{Ag^+/Ag}+0.059\lg\frac{1}{K_f}$$

$$=0.7991-0.059\times21.1=-0.4458(V)$$

解法二：将上述已知的两个半反应看成是电极反应，组成一个原电池，即

$$Ag^+ + e^- \rightleftharpoons Ag \qquad \varphi^{\ominus}_{Ag^+/Ag}=0.7991\ V \quad (正极)$$

$$[Ag(CN)_2]^- + e^- \rightleftharpoons Ag + 2CN^- \qquad \varphi^{\ominus}_{[Ag(CN)_2]^-/Ag} \quad (负极)$$

两式相减得原电池的反应：

$$Ag^+ + 2CN^- \rightleftharpoons [Ag(CN)_2]^-$$

根据能斯特方程式的推导方法，可得 $E=E^{\ominus}-0.059\lg Q$，平衡态时，因$\Delta_r G_m=0$，$Q=K_f$，故 $E=E^{\ominus}-0.059\lg K_f=0$，即得

$$E^{\ominus}=\varphi^{\ominus}_{Ag^+/Ag}-\varphi^{\ominus}_{[Ag(CN)_2]^-/Ag}=0.059\lg K_f$$

所以

$$\varphi^{\ominus}_{[Ag(CN)_2]^-/Ag}=0.7991-0.059\times21.1=-0.4458(V)$$

以上例题说明，氧化还原反应与沉淀平衡或配位平衡共存时，其电极电势会受到共存平衡的影响，根据能斯特方程，共存平衡对氧化态或还原态的浓度有影响，使体系的电极电势减小(若影响使氧化态浓度减小或还原态浓度增大)或增大(若影响使还原态浓度减小或氧化态浓度增大)，从而改变原电对的氧化还原性质。

10.4 电极电势的应用

在掌握了用能斯特方程求任意浓度下半反应电极电势的计算方法及了解介质酸度、生成沉淀、形成配离子等对电对氧化还原性的影响后，对在实际工作中所遇到的具体问题就可以进行全面地分析和综合性地处理。

10.4.1 判断氧化还原反应进行的方向

我们所讨论的化学反应一般是在恒温恒压下进行的，而电极电势数值的测定也通常是在 298.15 K 及标准压力 $p^{\ominus}$ 下测定的。因此，可利用电对的标准电极电势数值来粗略判断氧化还原反应进行的方向。其方法是将某一氧化还原反应分成两个半电池反应，并将两个半电池反应组成一个原电池，根据计算的原电池的电动势 $E^{\ominus}$ 或 E 值，确定反应进行的方向。

根据 10.3.2 小节的推导，$\Delta_r G_m^{\ominus}=-nFE^{\ominus}$，当 $E^{\ominus}>0$，即电池的电动势为正值时，则 $\Delta_r G_m^{\ominus}<0$，理论上该反应在标准状态下可正向自发进行；当 $E^{\ominus}<0$ 时，$\Delta_r G_m^{\ominus}>0$，该反应原则上在标准状态下不能自发进行，逆反应可以发生。根据这一原则，可以用标准电极电势大致判断化

学反应的方向，即氧化还原反应总是自发地由较强的氧化剂与较强的还原剂相互作用，向着生成较弱的还原剂和较弱的氧化剂的方向进行。换言之，只有当电极电势 $\varphi^{\ominus}$ 的代数值较大电对的氧化型物质与电极电势 $\varphi^{\ominus}$ 的代数值较小的电对的还原型物质反应，即 $E^{\ominus}>0$ 时，氧化还原反应才能在标准状态下自发进行。

严格地说，用 $E^{\ominus}$ 只能判断标准状态下氧化剂或还原剂的相对强弱和氧化还原进行的方向。事实上，通常遇到的许多实际反应并非处于标准状态。在大多数情况下，用电池的标准电动势来判断氧化还原反应的方向时，结论仍然是符合实际的。因为大多数氧化还原反应如果组成电池，它们的电动势都比较大，一般大于 0.2 V。但是当两个电对的 $\varphi^{\ominus}$ 值相差很小时，由于浓度及溶液的酸碱度等因素对电极电势的影响，有可能使反应方向与用标准电极电势预测的相反，这就必须用能斯特方程式计算非标准状态下的电极电势后再做判断。

10.4.2 氧化还原反应的平衡常数

氧化还原反应的平衡常数可根据能斯特方程式从有关电对的标准电极电势求得，用以判断氧化还原反应的程度。

若氧化还原反应的通式为

$$n_2\text{Ox}_1+n_1\text{Red}_2 \rightleftharpoons n_2\text{Red}_1+n_1\text{Ox}_2$$

则氧化剂和还原剂两电对的电极电势分别为

$$\varphi_1=\varphi_1^{\ominus}+\frac{0.059}{n_1}\lg\frac{[\text{Ox}_1]}{[\text{Red}_1]}$$

$$\varphi_2=\varphi_2^{\ominus}+\frac{0.059}{n_2}\lg\frac{[\text{Ox}_2]}{[\text{Red}_2]}$$

式中，$\varphi_1^{\ominus}$、$\varphi_2^{\ominus}$ 分别为氧化剂、还原剂两个电对的标准电极电势；n_1、n_2 为氧化剂、还原剂半反应中的电子转移数目。反应达到平衡时，$\varphi_1=\varphi_2$，即 $E=0$，则

$$\varphi_1^{\ominus}+\frac{0.059}{n_1}\lg\frac{[\text{Ox}_1]}{[\text{Red}_1]}=\varphi_2^{\ominus}+\frac{0.059}{n_2}\lg\frac{[\text{Ox}_2]}{[\text{Red}_2]}$$

整理后，得到

$$\lg K^{\ominus}=\lg\left(\frac{[\text{Red}_1]}{[\text{Ox}_1]}\right)^{n_2}\left(\frac{[\text{Ox}_2]}{[\text{Red}_2]}\right)^{n_1}=\frac{(\varphi_1^{\ominus}-\varphi_2^{\ominus})n_1n_2}{0.059}$$

由上式可见，平衡常数 $K^{\ominus}$值的大小是由氧化剂和还原剂两个电对的电极电势之差值 $\Delta\varphi^{\ominus}$ 和 n_1n_2 转移的电子总数两方面的因素决定。$\varphi_1^{\ominus}$ 和 $\varphi_2^{\ominus}$ 相差越大，$K^{\ominus}$ 值越大，反应进行得越完全，但差值相同的情况下，得失电子数也会对 $K^{\ominus}$ 的大小起很大作用。

也可以通过下列方式推导出求算平衡常数的公式，根据化学反应等温式：

$$\Delta_r G_m^{\ominus}=-RT\ln K^{\ominus}=-2.303RT\lg K^{\ominus}$$

所有氧化还原反应从原则上讲都可以组成原电池，则

$$\Delta_r G_m^{\ominus}=-nFE^{\ominus}$$

以上两式合并得到

$$-nFE^{\ominus} = -2.303RT\lg K^{\ominus}$$

所以
$$\lg K^{\ominus} = \frac{nFE^{\ominus}}{2.303RT} \tag{10-4}$$

当温度为 298 K 时，2.303RT/F 是一个常数，其值为 0.059 V，代入上式得

$$\lg K^{\ominus} = \frac{nE^{\ominus}}{0.059} \tag{10-5}$$

式中，n 为在氧化还原反应中所转移的电子总数，即上式中的 n_1n_2(注意 n 与 n_1、n_2 乘积之间的关系)。根据式(10-4)及式(10-5)可以计算氧化还原反应的平衡常数。

【例 10-10】 计算下列反应在 298 K 时的标准平衡常数。

$$Zn + Cu^{2+} \rightleftharpoons Zn^{2+} + Cu$$

解

$$\lg K^{\ominus} = \frac{nE^{\ominus}}{0.059} = \frac{n(\varphi^{\ominus}_{Cu^{2+}/Cu} - \varphi^{\ominus}_{Zn^{2+}/Zn})}{0.059} = \frac{2\times(0.337+0.763)}{0.059} = 37.28$$

求得
$$K^{\ominus} = 1.94\times10^{37}$$

计算表明，此反应可以进行得非常完全。

【例 10-11】 试判断下列反应：

$$Sn + Pb^{2+} \rightleftharpoons Sn^{2+} + Pb$$

在 $c(Pb^{2+}) = 0.1000\ mol\cdot dm^{-3}$，$c(Sn^{2+}) = 1.00\ mol\cdot dm^{-3}$ 时，反应能否向右进行?

解 查表得，$\varphi^{\ominus}_{Sn^{2+}/Sn} = -0.136$ V，$\varphi^{\ominus}_{Pb^{2+}/Pb} = -0.126$ V。在标准状态时，$\varphi^{\ominus}_{Sn^{2+}/Sn} < \varphi^{\ominus}_{Pb^{2+}/Pb}$，若组成原电池，Pb 极为正极，Sn 极为负极。

$$E^{\ominus} = \varphi^{\ominus}_{Pb^{2+}/Pb} - \varphi^{\ominus}_{Sn^{2+}/Sn} = -0.126 - (-0.136) = 0.010(V) > 0$$

$$\lg K^{\ominus} = \frac{nE^{\ominus}}{0.059} = \frac{2\times0.010}{0.059} = 0.339$$

即
$$K^{\ominus} = 2.18$$

所以，在标准状态下，反应能向右进行，但因 $K^{\ominus}$较小，反应进行得很不完全。

当 $c(Pb^{2+}) = 0.1000\ mol\cdot dm^{-3}$，$c(Sn^{2+}) = 1.00\ mol\cdot dm^{-3}$ 时，

$$\varphi_{Pb^{2+}/Pb} = \varphi^{\ominus}_{Pb^{2+}/Pb} + \frac{0.059}{2}\lg\frac{0.1000}{1.00} = -0.126 - 0.030 = -0.156(V)$$

$$\varphi_{Sn^{2+}/Sn} = \varphi^{\ominus}_{Sn^{2+}/Sn} = -0.136\ V$$

$$E = \varphi_{Pb^{2+}/Pb} - \varphi_{Sn^{2+}/Sn} = -0.156 - (-0.136) = -0.020(V) < 0$$

此时，$E < 0$，因而反应向左进行，与标准状态时反应方向相反。

与此同时还应注意：电动势与热力学函数有关，它只能说明这一反应能否发生，并不能说明反应进行的速率。

10.4.3 利用原电池测定溶度积常数和配合物稳定常数

实际上这一问题在前一节已经涉及，电对的电极电势与离子的浓度有关，金属离子的浓度和共存的沉淀剂、配位剂的浓度有关，具体体现在发生的沉淀反应(或配位反应)的溶度积常

数(或稳定常数)，因此可根据原电池的电动势推求难溶盐的溶度积常数或配合物的稳定常数。

【例 10-12】 已知 $\varphi^{\ominus}_{Ag^+/Ag}=0.7991\ V$，$\varphi^{\ominus}_{AgBr/Ag}=0.071\ V$，求标准态时 AgBr 的溶度积常数。

解 如前面的【例 10-9】的解法二，将上述两电对设计成两个电极，将它们的电极反应合并就是电池反应，根据求算平衡常数的公式即可算出难溶物的溶度积常数。

写出两个电对半反应：

$$Ag^+ + e^- \rightleftharpoons Ag \qquad \varphi^{\ominus}_{Ag^+/Ag}=0.7991\,V$$

$$AgBr(s) + e^- \rightleftharpoons Ag + Br^- \qquad \varphi^{\ominus}_{AgBr/Ag}=0.071\,V$$

Ag^+/Ag 电对作正极，两式相减，得电池反应：

$$Ag^+ + Br^- \rightleftharpoons AgBr(s)$$

此反应的平衡常数为 AgBr 溶度积常数的倒数，则

$$\lg K=\lg\frac{1}{K^{\ominus}_{sp}}=\frac{1\times E^{\ominus}}{0.059}=\frac{0.7991-0.071}{0.059}$$

$$K^{\ominus}_{sp}=4.6\times10^{-13}$$

用同样的方法还可求出某些配离子的稳定常数和溶液的 pH。

10.5 电势图解及其应用

10.5.1 元素电势图

大多数非金属元素和过渡元素可以存在几种氧化态，各氧化态之间都有相应的氧化还原反应的趋势，也有相对应的标准电极电势。拉底莫(Latimer)提出将它们的标准电极电势以图解的方式表示，称为元素电势图(也称 Latimer 图)。比较简单的元素电势图是将同一种元素的各种氧化态按照从高到低的顺序从左至右排列成横列，在两种氧化态之间若构成一个电对，就用一条直线把它们连接起来，并在上方标出这个电对所对应的标准电极电势。根据溶液的 pH 不同，又可以分为两大类：① $\varphi^{\ominus}_{A}$ (A 表示酸性溶液)表示溶液的 pH = 0；② $\varphi^{\ominus}_{B}$ (B 表示碱性溶液) 表示溶液的 pH = 14。书写某元素的元素电势图时，既可以将全部氧化态列出，也可以根据需要列出其中的一部分。例如，碘的元素电势图如图 10-6 所示。

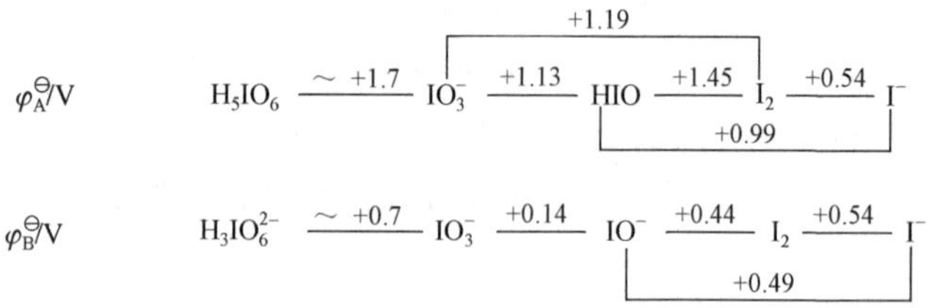

$\varphi^{\ominus}_{A}/V$：H_5IO_6 —(~+1.7)— IO_3^- —(+1.13)— HIO —(+1.45)— I_2 —(+0.54)— I^-；IO_3^- — I_2：+1.19；HIO — I^-：+0.99

$\varphi^{\ominus}_{B}/V$：$H_3IO_6^{2-}$ —(~+0.7)— IO_3^- —(+0.14)— IO^- —(+0.44)— I_2 —(+0.54)— I^-；IO^- — I^-：+0.49

图 10-6　碘的元素电势图

从元素电势图不仅可以全面地看出一种元素各氧化态之间的电极电势高低和相互关系，而且可以判断哪些氧化态在酸性或碱性溶液中能稳定存在。现介绍其在以下几方面的应用。

1. 利用元素电势图求算某电对的未知标准电极电势

若已知两个或两个以上的相邻电对的标准电极电势，即可求算另一个未知电对的标准电极电势。例如，某元素电势图为

$$\mathrm{A}\xrightarrow{\Delta_r G_{m,1}^{\ominus},\ \varphi_1^{\ominus}}\mathrm{B}\xrightarrow{\Delta_r G_{m,2}^{\ominus},\ \varphi_2^{\ominus}}\mathrm{C}\quad(\mathrm{A}\to\mathrm{C}:\ \Delta_r G_m^{\ominus},\ \varphi^{\ominus})$$

根据标准吉布斯自由能变化和电对的标准电极电势关系：

$$\Delta_r G_{m,1}^{\ominus} = -n_1 F\varphi_1^{\ominus}$$

$$\Delta_r G_{m,2}^{\ominus} = -n_2 F\varphi_2^{\ominus}$$

$$\Delta_r G_m^{\ominus} = -nF\varphi^{\ominus}$$

n_1、n_2、n 分别为相应电对的电子转移数，其中 $n = n_1 + n_2$，则

$$\Delta_r G_m^{\ominus} = -nF\varphi^{\ominus} = -(n_1+n_2)F\varphi^{\ominus}$$

按照赫斯定律，反应的吉布斯自由能变是可以加和的，即

$$\Delta_r G_m^{\ominus} = \Delta_r G_{m,1}^{\ominus} + \Delta_r G_{m,2}^{\ominus}$$

于是

$$-(n_1+n_2)F\varphi^{\ominus} = -n_1F\varphi_1^{\ominus} + (-n_2F\varphi_2^{\ominus})$$

整理得

$$\varphi^{\ominus} = \frac{n_1\varphi_1^{\ominus} + n_2\varphi_2^{\ominus}}{n_1+n_2} \tag{10-6}$$

若有 i 个相邻电对，则

$$\varphi^{\ominus} = \frac{n_1\varphi_1^{\ominus} + n_2\varphi_2^{\ominus} + \cdots + n_i\varphi_i^{\ominus}}{n_1+n_2+\cdots+n_i} \tag{10-7}$$

【例 10-13】 试从下列元素电势图中的已知标准电极电势求 $\varphi_{\mathrm{BrO_3^-/Br^-}}^{\ominus}$ 值。

$$\varphi_A^{\ominus}/\mathrm{V}\qquad \mathrm{BrO_3^-}\xrightarrow{+1.50}\mathrm{BrO^-}\xrightarrow{+1.59}\mathrm{Br_2}\xrightarrow{+1.07}\mathrm{Br^-}\quad(\mathrm{BrO_3^-}\to\mathrm{Br^-}:\ \varphi^{\ominus})$$

解　根据各电对的氧化数变化可以知道 n_1、n_2、n_3 分别为 4、1、1，则

$$\varphi_{\mathrm{BrO_3^-/Br^-}}^{\ominus} = \frac{n_1\varphi_1^{\ominus} + n_2\varphi_2^{\ominus} + n_3\varphi_3^{\ominus}}{n_1+n_2+n_3} = \frac{(4\times1.50+1\times1.59+1\times1.07)\mathrm{V}}{4+1+1} = 1.44\ \mathrm{V}$$

【例 10-14】 试从下列元素电势图中的已知标准电极电势求 $\varphi_{\mathrm{IO^-/I_2}}^{\ominus}$ 值。

$$\varphi_B^{\ominus}/\mathrm{V}\qquad \mathrm{IO^-}\xrightarrow{\varphi_1^{\ominus}}\mathrm{I_2}\xrightarrow{+0.54}\mathrm{I^-}\quad(\mathrm{IO^-}\to\mathrm{I^-}:\ +0.49)$$

解　由 $n\varphi^{\ominus} = n_1\varphi_1^{\ominus} + n_2\varphi_2^{\ominus}$，得

$$\varphi_1^{\ominus} = \varphi_{\mathrm{IO^-/I_2}}^{\ominus} = \frac{n\varphi^{\ominus} - n_2\varphi_2^{\ominus}}{n_1} = \frac{(2\times0.49-1\times0.54)\mathrm{V}}{1} = 0.44\ \mathrm{V}$$

2. 判断歧化反应是否能进行

由同一元素不同氧化态的三种物质所组成的两个电对按其氧化态由高到低排列如下：

$$A \xrightarrow{\varphi^{\ominus}_{左}} B \xrightarrow{\varphi^{\ominus}_{右}} C$$

$$\xrightarrow[\text{氧化态降低}]{}$$

假设 B 能发生歧化反应，那么这两个电对所组成的电池电动势为

$$E^{\ominus} = \varphi^{\ominus}_{正} - \varphi^{\ominus}_{负}$$

B 变成 C 是获得电子的过程，应是电池的正极；B 变成 A 是失去电子的过程，应是电池的负极，所以

$$E^{\ominus} = \varphi^{\ominus}_{右} - \varphi^{\ominus}_{左} > 0 \qquad 即\ \varphi^{\ominus}_{右} > \varphi^{\ominus}_{左}$$

假设 B 不能发生歧化反应，同理

$$E^{\ominus} = \varphi^{\ominus}_{右} - \varphi^{\ominus}_{左} < 0 \qquad 即\ \varphi^{\ominus}_{右} < \varphi^{\ominus}_{左}$$

根据以上原则讨论【例 10-14】中 I_2 在碱性溶液中是否能发生歧化反应。因为 $\varphi^{\ominus}_{右} > \varphi^{\ominus}_{左}$，所以在碱性溶液中，$I_2$ 不稳定，它将发生下列歧化反应：

$$I_2 + 2OH^- = IO^- + I^- + H_2O$$

进一步也可以看出，IO^- 在碱性溶液中是不稳定的，也可以发生歧化反应，最后的产物是 IO_3^-。

又如，铁的元素电势图：

$$\varphi^{\ominus}_{A}/V \qquad Fe^{3+} \xrightarrow{+0.77} Fe^{2+} \xrightarrow{-0.44} Fe$$

因为 $\varphi^{\ominus}_{右} < \varphi^{\ominus}_{左}$，$Fe^{2+}$ 不能发生歧化反应。

但是由于 $\varphi^{\ominus}_{左} > \varphi^{\ominus}_{右}$，$Fe^{3+}/Fe^{2+}$ 电对中的 Fe^{3+} 可氧化 Fe 生成 Fe^{2+}：

$$Fe^{3+} + Fe \rightleftharpoons 2Fe^{2+}$$

此即歧化反应的逆反应(归中反应)。

可将上面所讨论的内容推广为一般规律：在元素电势图 $A \xrightarrow{\varphi^{\ominus}_{左}} B \xrightarrow{\varphi^{\ominus}_{右}} C$ 中，若 $\varphi^{\ominus}_{右} > \varphi^{\ominus}_{左}$，则物质 B 将自发地发生歧化反应，产物为 A 和 C。若 $\varphi^{\ominus}_{右} < \varphi^{\ominus}_{左}$，当溶液中有 A 和 C 存在时，将自发地发生歧化的逆反应，产物为 B。

10.5.2 电势-pH 图及其应用

在恒温恒浓度(除 H^+ 外，其他均为标准态)的条件下，以电对的电极电势为纵坐标，溶液的 pH 为横坐标，绘出 φ 随 pH 变化的关系图，称为电势-pH 图。这种图在科研和工业生产中非常实用。

1. 水的热力学稳定区

水本身也具有氧化还原性质，并且其氧化还原性与酸度有关。现在介绍水的电势-pH 图。水的氧化还原性与下面两个电对的电极反应有关：

$$2H_2O + 2e^- \rightleftharpoons H_2(g) + 2OH^-$$

$$O_2(g) + 4H^+ + 4e^- \rightleftharpoons 2H_2O(l)$$

两电对的电极电势都受酸度的影响。根据能斯特方程，列出计算式：

$$\varphi_{H_2O/H_2} = \varphi^{\ominus}_{H_2O/H_2} + \frac{0.059}{2}\lg\frac{1}{(p_{H_2}/p^{\ominus})[OH^-]^2}$$

$$\varphi_{O_2/H_2O} = \varphi^{\ominus}_{O_2/H_2O} + \frac{0.059}{4}\lg\frac{(p_{O_2}/p^{\ominus})[H^+]^4}{1}$$

利用 10.3.3 小节讨论的方法，H_2O/H_2 电对的标准电极电势可以很方便地利用 H^+/H_2 电对电极电势表示出来，即 $\varphi^{\ominus}_{H_2O/H_2} = \varphi_{H^+/H_2} = \varphi^{\ominus}_{H^+/H_2} + \frac{0.059}{2}\lg\frac{[H^+]^2}{(p_{H_2}/p^{\ominus})} = 0.059\lg K_w$，查附表 O_2/H_2O 电对的标准电极电势 $\varphi^{\ominus}_{O_2/H_2O} = +1.23$ V，同时由于仅考虑溶液中 pH 的影响，设 p_{H_2} 和 p_{O_2} 均为 $p^{\ominus}$，上述两电对的电极电势与 pH 的关系可改写为

$$\begin{aligned}\varphi_{H_2O/H_2} &= \varphi^{\ominus}_{H_2O/H_2} + \frac{0.059}{2}\lg\frac{1}{(p_{H_2}/p^{\ominus})[OH^-]^2}\\ &= +0.059\lg K_w + 0.059\lg\frac{[H^+]}{K_w}\\ &= -0.059\,\text{pH}\end{aligned}$$

$$\begin{aligned}\varphi_{O_2/H_2O} &= \varphi^{\ominus}_{O_2/H_2O} + \frac{0.059}{4}\lg\frac{(p_{O_2}/p^{\ominus})[H^+]^4}{1}\\ &= \varphi^{\ominus}_{O_2/H_2O} + \frac{0.059}{4}\lg[H^+]^4\\ &= 1.23 - 0.059\,\text{pH}\end{aligned}$$

事实上，H_2O/H_2 电对的电极电势随 pH 变化与 H^+/H_2 电对随 pH 的变化是一致的。用上述两个电对的电极电势与 pH 的关系式，计算 pH 从 0 到 14 的相应电极电势。

$[H^+]/(mol \cdot dm^{-3})$	pH	φ_{H^+/H_2} / V	φ_{O_2/H_2O} / V
1	0	0	1.23
10^{-2}	2	−0.118	1.11
10^{-4}	4	−0.236	0.994
10^{-6}	6	−0.355	0.875
10^{-8}	8	−0.473	0.757
10^{-10}	10	−0.59	0.639
10^{-12}	12	−0.709	0.521
10^{-14}	14	−0.827	0.403

根据上述数据绘出电势-pH 图，如图 10-7 所示。

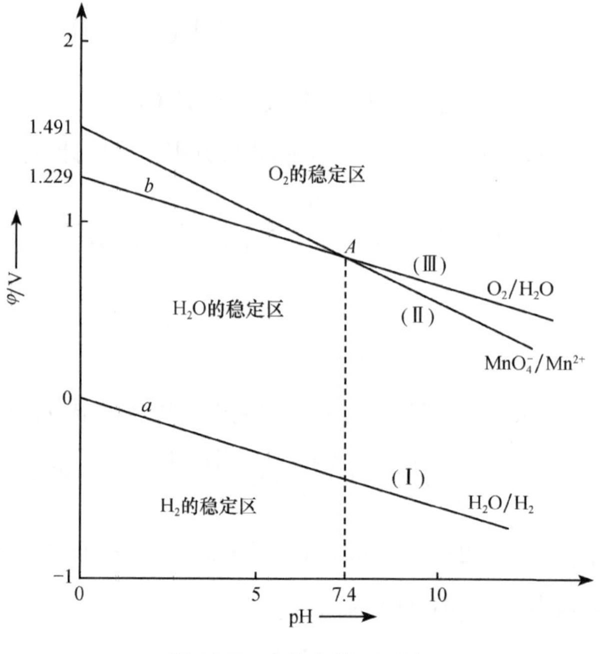

图 10-7　水的电势-pH 图

图中 b 线表示电对：$O_2(g, p^{\ominus}) + 4H^+ + 4e^- \rightleftharpoons 2H_2O(l)$ 的电极电势随着 pH 的不同而改变的趋势；a 线表示电对：$2H_2O + 2e^- \rightleftharpoons H_2(g, p^{\ominus}) + 2OH^-$ 的电极电势随着 pH 不同而改变的趋势。

b 线上的任何一点都表示在该 pH 时，在电对 $O_2 + 4H^+ + 4e^- \rightleftharpoons 2H_2O$ 中，H_2O 和 $O_2(p^{\ominus})$ 处于平衡状态。设在 b 线上任一点的电极电势为 φ，b 线上方的区域中，任一坐标点的电极电势为 φ'，p_{O_2} 与 p'_{O_2} 是电对 O_2/H_2O 所具有电极电势 φ 和 φ' 时对应的氧气分压。在相同 pH 条件下，根据

$$\varphi = \varphi^{\ominus} + \frac{0.059}{4}\lg\frac{(p_{O_2} / p^{\ominus})[H^+]^4}{1}$$

$$\varphi' = \varphi^{\ominus} + \frac{0.059}{4}\lg\frac{(p'_{O_2} / p^{\ominus})[H^+]^4}{1}$$

若 $\varphi' > \varphi$，则 $p'_{O_2} > p_{O_2}$，而 $p_{O_2} = p^{\ominus}$，所以 $p'_{O_2} > p^{\ominus} \gg$ 空气中氧的分压。

从 O_2/H_2O 电对的电极反应式来看：

$$O_2 + 4H^+ + 4e^- \rightleftharpoons 2H_2O$$

现在假设氧的分压不足 $p^{\ominus}$，如空气中的氧分压(约为 2.026×10^4 Pa)，此时溶液的 pH = 7，按照氧分压为 2.026×10^4 Pa，将其代入能斯特方程式，经计算，$\varphi = 0.807$ V，比标准态时减小 $0.817 - 0.807 = 0.10$(V)，即 φ 值落在 b 线的下方，并与 pH = 7 的直线相重合。说明在常温下，水是稳定的。

对于 a 线也可做同样的推论。这样在整个图上 a、b 两条线将整个图分为三个部分，b 线上方是氧的稳定区，a 线以下是 H_2 的稳定区，a、b 线之间为 H_2O 的稳定区。因此，从理论上

讲，当任意一个氧化剂在某一 pH 的电极电势高于 b 线时，这个氧化剂就可以将水氧化而放出氧气；当任意一个还原剂在某一 pH 的电极电势低于 a 线时，这个还原剂就会将水还原而分解出 H_2。相反，如果任何一个氧化剂在某一 pH 的电极电势低于 b 线或者高于 a 线时，那么水既不会被氧化也不会被还原。

2. 电势-pH 图的应用

下面分别介绍电势-pH 图的一些应用。

例如：

$$F_2 + 2e^- \rightleftharpoons 2F^- \qquad \varphi^{\ominus} = +2.87\ \text{V}$$

$$Na^+ + e^- \rightleftharpoons Na \qquad \varphi^{\ominus} = -2.71\ \text{V}$$

这两个电对的电极电势都不随 pH 不同而改变，因此它们是两条平行于横坐标的直线。F_2/F^-线在 b 线的上面，Na^+/Na 线在 a 线的下面，如图 10-8 所示。F_2/F^-线的下方区域是 F^-(还原型)的稳定区，F_2(氧化型)是不稳定的，因此 F_2(氧化型)必与处于 b 线上方不稳定的 H_2O(还原型)反应生成稳定的 O_2。反应如下：

$$F_2 + 2H_2O \longrightarrow 2F^- + 4H^+ + O_2(g)$$

其 E 值将随着 pH 不同而改变，如：

$$pH = 0 \qquad E = 2.87 - 1.23 = 1.64(\text{V})$$

$$pH = 14 \qquad E = 2.87 - 0.404 = 2.47(\text{V})$$

同理，位于 Na^+/Na 线上方区域不稳定的 Na(还原型)必与在 a 线下方区域不稳定的 H^+(氧化型)反应生成稳定的 H_2。

$$2Na + 2H^+ \longrightarrow 2Na^+ + H_2(g)$$

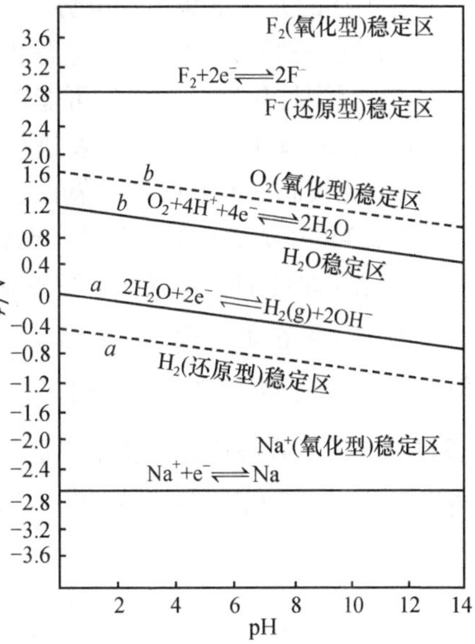

图 10-8　F_2-H_2O、Na-H_2O 体系的电势-pH 图

其 E 值同样随着 pH 不同而改变，如：

$$pH = 0 \qquad E = 0.00 - (-2.71) = +2.71(\text{V})$$

$$pH = 14 \qquad E = -0.826 - (-2.71) = +1.88(\text{V})$$

这就说明为什么制备 F_2 必须用熔盐电解法；用钠作还原剂的反应，不能在水溶液中进行，必须以液氨或无水醚作溶剂。

由于氧化还原反应多数是在水溶液中进行的，而且 H_2 和 O_2 也是常用的还原剂和氧化剂。上述两条 a、b 线经常出现在电势-pH 图上，因此它们具有重要的意义。但应该注意，实验证明，电对 $O_2 + 4H^+ + 4e^- \rightleftharpoons 2H_2O$ 和 $2H_2O + 2e^- \rightleftharpoons H_2(g) + 2OH^-$ 的实际作用线与上述理论求得的作用线有所不同，它们都各自比理论值偏离约 0.5 V(图 10-8 中的 a、b 两条虚线)，即实际上水的稳定区要比理论求得的稳定区大。

现在讨论高锰酸根 MnO_4^- 在 pH = 0 时的氧化能力，在酸性溶液中，作为氧化剂的 MnO_4^- 被

还原为 Mn^{2+}，这一电对的电极反应为

$$8H^+ + MnO_4^- + 5e^- \longrightarrow Mn^{2+} + 4H_2O \qquad \varphi^\ominus = +1.491\ V$$

在 pH = 0 时，这个电对的电极电势为+1.491 V，从图 10-8 中看，这个坐标点落在理论作用线 b 的上方，因而从理论上判断，高锰酸根在水溶液中是不稳定的，它将水氧化而放出氧，本身被还原为 Mn^{2+}。这样 $KMnO_4$ 似乎在水溶液中不能作为一种优良的氧化剂加以利用。但由图 10-8 可以看出，$\varphi^\ominus_{MnO_4^-/Mn^{2+}} = +1.491\ V$，却落在 $O_2 + 4H^+ + 4e^- \rightleftharpoons 2H_2O$ 的实际作用线(b 虚线)的下方，即落在水的稳定区，因此 $KMnO_4$ 可以比较稳定地存在于水溶液中。分析化学中，通常采用 $KMnO_4$ 水溶液作为优良的氧化试剂。

有了电势-pH 图，人们就可以通过控制溶液的 pH，来利用氧化还原反应为生产服务。

10.5.3 自由能-氧化态图及应用

除上述的元素电势图和电势-pH 图外，还常用一种自由能-氧化态图来判断：

(1) 同一种元素的不同氧化态在水溶液中的相对稳定性；

(2) 预测歧化反应发生的可能性；

(3) 判断氧化还原反应自发进行的方向和趋势；

(4) 比较同一元素的各种氧化态在不同介质中的稳定性和氧化还原能力。

图 10-9 就是锰元素在酸性和碱性中的自由能-氧化态图。这种图可以对周期表中大部分元素的氧化还原性的变化规律进行直观的、形象的概括。

假定元素在单质状态时，标准生成自由能 $\Delta_f G^\ominus$ 为零，就可根据相应电极反应的标准自由能变化 $\Delta_r G_j^\ominus$，求算各氧化态时的标准生成自由能。锰元素有多种氧化态存在，其各相邻氧化态间的电极电势可从物理化学手册中查得，然后转化为各氧化态时的标准生成自由能 $\Delta_f G^\ominus$，再以氧化态(n)为横坐标，$\Delta_f G^\ominus$ 为纵坐标，即得自由能-氧化态图，如图 10-9 所示。

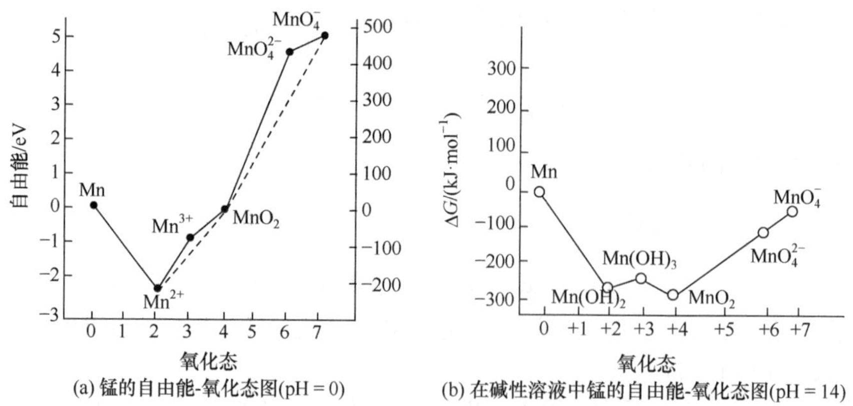

(a) 锰的自由能-氧化态图(pH = 0)　　(b) 在碱性溶液中锰的自由能-氧化态图(pH = 14)

图 10-9　锰的自由能-氧化态图

在自由能-氧化态图中，可方便地推导出各氧化还原电对连线的斜率代表该电对的标准电极电势，根据标准吉布斯自由能与物质稳定性的关系以及标准吉布斯自由能变与标准电极电势之间的关系：$\Delta_r G_m^\ominus = -nF\varphi^\ominus$，可以判断物质在水溶液体系中的稳定性和判断氧化还原反应(包括歧化反应)的方向，还可以计算出歧化反应的平衡常数。

如图 10-9(a)所示，在酸性介质中，Mn^{2+}处于最低点，所以在酸性条件下 Mn^{2+}最稳定而 MnO_4^- 氧化性最强，其与 Mn^{2+}组成的电对的斜率最大。而在碱性介质中，MnO_2 处于最低点，所以在碱性条件下 MnO_2 最稳定。

又如图 10-9(a)所示，在酸性介质中，MnO_4^{2-} 位于连接 MnO_4^- 和 MnO_2 的连线的上方，这是热力学不稳定氧化态，能发生歧化反应。因为对应 MnO_4^{2-} 到 MnO_2 电对的直线的斜率(电极电势)大于从 MnO_4^- 到 MnO_4^{2-} 电对的直线的斜率(电极电势)，所以就会发生较大电势的电对的氧化态物质与较小电势的电对的还原态物质的反应，即歧化反应，生成 MnO_4^- 和 Mn^{2+}。

元素的各种电势图对于了解元素之间，以及同一元素的各种不同氧化态之间的性质有很大的作用，而其原理就是原电池的原理和能斯特方程的应用，应该很好地掌握并学会应用。

10.6　共存平衡及其应用

水溶液中的酸碱平衡、沉淀平衡、配位平衡、氧化还原平衡广泛存在于化学反应体系中，它们是相互影响并相互制约的，下面以$[Cu(NH_3)_4]^{2+}$的生成实验为例来讨论。

向 0.1 $mol \cdot dm^{-3}$ $CuSO_4$ 溶液中逐滴加入 6 $mol \cdot dm^{-3}$ $NH_3 \cdot H_2O$，生成浅蓝色沉淀，继续加入氨水，沉淀溶解而生成深蓝色的溶液。这一过程涉及下面的反应：

(1) $2Cu^{2+} + SO_4^{2-} + 2NH_3 \cdot H_2O \rightleftharpoons Cu_2(OH)_2SO_4(s) + 2NH_4^+$

(2) $Cu_2(OH)_2SO_4(s) + 4NH_3 \cdot H_2O \rightleftharpoons 2[Cu(NH_3)_4]^{2+} + SO_4^{2-} + 4H_2O + 2OH^-$

涉及 $NH_3 \cdot H_2O$ 的电离平衡、$Cu_2(OH)_2SO_4(s)$的沉淀溶解平衡、$[Cu(NH_3)_4]^{2+}$的生成反应。

根据化学反应平衡常数的耦合规则，可以很方便地计算出反应(1)的平衡常数为 $K_1 = K_b^2 / K_{sp}$、反应(2)的平衡常数为 $K_2 = K_{sp} \cdot K_b^4 / K_f^2$，这就是共存平衡的体系，酸碱、沉淀、配位平衡间的相互影响。

【例 10-15】　在 1.0 dm 浓度为 1.0 $mol \cdot dm^{-3}$ 的 $NH_3 \cdot H_2O$ 中加入 0.10 mol $AgNO_3$ 固体，在此混合液中：(1) 加入 1.0×10^{-3} mol NaCl 固体，有无 AgCl 沉淀析出？(2) 需加入多少 KI 才会有 AgI 沉淀产生？

解　(1) 设在混合液中自由 Ag^+浓度为 x，根据方程式

$$\begin{array}{ccccc} Ag^+ & + & 2NH_3 & \rightleftharpoons & [Ag(NH_3)_2]^+ \\ x & & 1.0-2(0.10-x) & & 0.10-x \end{array}$$

解得

$$x = 1.4 \times 10^{-8}\ mol \cdot dm^{-3}$$

$$Q = c_{Ag^+} c_{Cl^-} = 1.4 \times 10^{-8} \times 1.0 \times 10^{-3} = 1.4 \times 10^{-11} < K_{sp,AgCl}$$

故无 AgCl 沉淀产生。

(2) 要产生 AgI 沉淀，必须使 $c_{Ag^+}c_{I^-} > K_{sp,AgI}$，$c_{I^-} > K_{sp,AgI} / c_{Ag^+}$，$c_{I^-} = 8.51 \times 10^{-17}/(1.4 \times 10^{-8}) = 6.08 \times 10^{-9}(mol \cdot dm^{-3})$，即 I^-浓度大于 6.08×10^{-9} $mol \cdot dm^{-3}$ 时即产生 AgI 沉淀，所需的浓度极小，事实上只要加入 KI 即有沉淀产生。

【例 10-16】　已知 Ag^+/Ag 电对的标准电极电势 $\varphi^{\ominus}_{Ag^+/Ag} = 0.7991$ V，配离子$[Ag(NH_3)_2]^+$的稳定常数 K_f 为 1.1×10^7，计算电对 $[Ag(NH_3)_2]^+ + e^- \rightleftharpoons Ag + 2NH_3$ 的标准电极电势。

解　分析：要计算该复杂电对的电极电势，必须先计算给定条件下$[Ag(NH_3)_2]^+$离解出的自由 Ag^+浓度，再根据能斯特方程求出 Ag^+/Ag 电对在 Ag^+形成$[Ag(NH_3)_2]^+$配合物后的电极电势。

欲求电对$[Ag(NH_3)_2]^+/Ag$ 的标准电极电势，根据电极反应，此时$[Ag(NH_3)_2]^+$和$[NH_3]$的浓度都为 1.0 $mol \cdot dm^{-3}$，

则对于配位平衡：

$$Ag^{+} + 2NH_3 \rightleftharpoons [Ag(NH_3)_2]^{+}$$

根据 $K_f = \dfrac{[Ag(NH_3)_2^+]}{[Ag^+][NH_3]^2}$，此时有 $[Ag^+] = \dfrac{1}{K_f}$，根据能斯特方程：

$$\begin{aligned}\varphi^{\ominus}_{[Ag(NH_3)_2]^+/Ag} &= \varphi_{Ag^+/Ag} = \varphi^{\ominus}_{Ag^+/Ag} + 0.059\lg[Ag^+] \\ &= 0.7991 + 0.059\lg\frac{1}{K_f} \\ &= 0.7991 - 0.059 \times 7.05 \\ &= 0.383(V)\end{aligned}$$

可见形成配合物后，大大地降低了游离 Ag^+ 的浓度，因为 Ag^+ 是氧化型物质，在能斯特方程的分子项，其浓度减小使电极电势降低，$[Ag(NH_3)_2]^+/Ag$ 电对的标准电极电势比 Ag^+/Ag 电对的标准电极电势降低了 0.416 V。如果氧化型和还原型物质都形成配合物，则必须同时考虑配合物的形成对两者浓度的影响，计算原理相同。

另外，利用 Ag^+/Ag、$[Ag(NH_3)_2]^+/Ag$ 两个电对制成原电池，通过测定电池电动势可确定配合物的稳定常数。

从上述讨论中可以看到酸碱平衡、沉淀平衡、配位平衡及氧化还原平衡之间都存在相互影响。例如，AgCl 沉淀可以溶解于氨水，在其中加入 Br^- 则可以析出 AgBr，AgBr 沉淀可溶解于 $S_2O_3^{2-}$ 溶液，在此溶液中加入 I^- 后又析出 AgI 沉淀，而 AgI 沉淀又可以溶解于 KCN 溶液，形成稳定性更高的 $[Ag(CN)_2]^-$。若在该溶液中加入 Na_2S 溶液则又析出 Ag_2S 沉淀。而由于 Ag_2S 的溶度积常数 K_{sp} 极小，Ag_2S 沉淀不能通过形成配合物的方法来溶解，可以考虑将硫离子氧化以促使其溶解，如 Ag_2S 能溶解于浓硝酸中。

10.7　氧化还原滴定法概述

氧化还原滴定法是以氧化还原反应为基础的滴定分析法。氧化还原反应是基于电子转移的反应，反应机理比较复杂。有些反应的速率较慢，有些反应除了主反应外还有很多副反应。另外，体系的介质的性质对反应也有较大的影响，因此在讨论氧化还原滴定时，除了从平衡观点判断反应的可行性外，还应考虑反应机理、反应速率、反应条件及滴定条件等问题。

通常意义上来说，可用于滴定分析的氧化还原反应是很多的，但是因为氧化还原反应的特殊性，尤其是含氧酸或含氧酸根的氧化剂作为滴定剂的体系，其反应机理尤为复杂，影响因素也很多，真正能作为滴定体系依据的化学反应的氧化还原反应并不多，且机理复杂，终点指示体系也比较多样复杂，这是氧化还原滴定体系的特色。所以，氧化还原滴定体系对其本身的特点描述很多，本章重点讨论的是各个体系的特点与方法。根据所用的氧化剂和还原剂的不同，根据反应机理的不同和影响因素多等原因，使用较多的氧化还原滴定法为高锰酸钾法、重铬酸钾法、碘量法、溴酸钾法等。

氧化还原滴定法的应用很广泛，可以用来直接测定氧化性或还原性物质，也可以用来间接测定一些能与氧化剂或还原剂发生定量反应的物质。

10.8　氧化还原反应进行的程度和速率

10.8.1　条件电极电势

在讨论氧化还原平衡中，应用能斯特方程式时都简单地用浓度来进行计算，忽略溶液中离子强度的影响。但是，在作为定量分析的氧化还原滴定体系中，溶液的离子强度通常是较大的，由于精确度的要求以及各种因素的影响，离子强度及氧化型或还原型物质的存在形式就不能不考虑了。此外，当溶液组成改变时，电对的氧化型和还原型的存在形式也往往随之改变，引起电极电势的变化。因此，用能斯特方程式计算有关电对的电极电势时，如果采用该电对的标准电极电势，不考虑这两个因素，则计算的结果与实际情况就会相差较大。

例如，计算 HCl 溶液中 Fe^{3+}/Fe^{2+}体系的电极电势时，若考虑离子强度的影响，在 298.15 K 时，由能斯特方程式得到

$$\begin{aligned}\varphi &= \varphi^{\ominus} + 0.059\lg\frac{a_{Fe^{3+}}}{a_{Fe^{2+}}}\\ &= \varphi^{\ominus} + 0.059\lg\frac{\gamma_{Fe^{3+}}[Fe^{3+}]}{\gamma_{Fe^{2+}}[Fe^{2+}]}\end{aligned}$$

但是实际上在 HCl 溶液中由于铁离子还会与溶剂和易于配合的阴离子 Cl^-发生如下反应：

$$Fe^{3+} + H_2O \rightleftharpoons [FeOH]^{2+} + H^+$$

$$Fe^{3+} + Cl^- \rightleftharpoons [FeCl]^{2+}$$

$$\cdots$$

则

$$c_{Fe^{3+}} = [Fe^{3+}] + [Fe(OH)^{2+}] + [FeCl^{2+}] + \cdots$$

此时，若令 $f_{Fe^{3+}} = \dfrac{c_{Fe^{3+}}}{[Fe^{3+}]}$，则

$$[Fe^{3+}] = \frac{c_{Fe^{3+}}}{f_{Fe^{3+}}}$$

式中，$f_{Fe^{3+}}$ 为 Fe^{3+}的副反应系数。所以

$$\varphi = \varphi^{\ominus} + 0.059\lg\frac{\gamma_{Fe^{3+}} c_{Fe^{3+}} f_{Fe^{2+}}}{\gamma_{Fe^{2+}} c_{Fe^{2+}} f_{Fe^{3+}}}$$

这是考虑了上述两个因素后的能斯特方程式。但是当溶液的离子强度较大时，γ 值不易求得，求解 f 值很麻烦，为了简化计算，将上式改写为

$$\varphi = \varphi^{\ominus} + 0.059\lg\frac{\gamma_{Fe^{3+}} f_{Fe^{2+}}}{\gamma_{Fe^{2+}} f_{Fe^{3+}}} + 0.059\lg\frac{c_{Fe^{3+}}}{c_{Fe^{2+}}}$$

当 $c_{Fe^{3+}} = c_{Fe^{2+}} = 1\ mol \cdot dm^{-3}$ 或 $c_{Fe^{3+}} / c_{Fe^{2+}} = 1$ 时，上式变为

$$\varphi = \varphi^{\ominus} + 0.059\lg\frac{\gamma_{Fe^{3+}} f_{Fe^{2+}}}{\gamma_{Fe^{2+}} f_{Fe^{3+}}}$$

式中，γ 和 f 在一定条件下是一固定值，因而上式应为一常数，以 $\varphi^{\ominus\prime}$ 表示，则

$$\varphi = \varphi^{\ominus} + 0.059\lg\frac{\gamma_{Fe^{3+}} f_{Fe^{2+}}}{\gamma_{Fe^{2+}} f_{Fe^{3+}}} = \varphi^{\ominus\prime}$$

$\varphi^{\ominus\prime}$ 称为条件电极电势，它是在特定条件下，氧化型和还原型的总浓度均为 1 $mol \cdot dm^{-3}$ 或它们的浓度比为 1 时的实际电极电势，它在条件不变时为一常数，所以有

$$\varphi = \varphi^{\ominus'} + 0.059\lg\frac{c_{Fe^{3+}}}{c_{Fe^{2+}}}$$

一般通式为

$$\varphi_{Ox/Red} = \varphi_{Ox/Red}^{\ominus'} + \frac{0.059}{n}\lg\frac{c_{Ox}}{c_{Red}} \tag{10-8}$$

$$\varphi_{Ox/Red}^{\ominus'} = \varphi_{Ox/Red}^{\ominus} + \frac{0.059}{n}\lg\frac{\gamma_{Ox}\cdot f_{Red}}{\gamma_{Red}\cdot f_{Ox}} \tag{10-9}$$

标准电极电势与条件电极电势的关系，与在配位反应中的稳定常数 K_f 和条件稳定常数 K_f' 的关系相似。显然，在引入条件电极电势后，处理问题就比较符合实际情况。

条件电极电势的大小说明在外界因素影响下，氧化还原电对的实际氧化还原能力。应用条件电极电势比用标准电极电势能更准确地判断氧化还原反应的方向、次序和反应完成的限度。

在处理有关氧化还原反应的电势计算时，采用条件电极电势是较为合理的，但是由于条件电极电势的数据目前还较少，在缺乏数据的情况下，也可采用标准电极电势并通过能斯特方程式来考虑外界的影响。另外，由于氧化还原滴定体系的影响因素比较多且复杂，所以在设计方案和用电极电势判断时也只是估算一种趋势，具体的应用还要靠实验条件的探索，所以在实际的应用过程中，标准电极电势的数值以及能斯特方程的应用仍然有价值。

10.8.2 氧化还原反应进行的程度和速率

根据定量分析概论中对滴定分析体系选择的要求，用于滴定分析的化学反应必须定量地进行并尽可能进行完全。氧化还原反应是否进行完全，可用反应的平衡常数来衡量。通过前面的学习已经知道如何求算此类反应的平衡常数，若用条件电极电势，在 298 K 时求得的是条件平衡常数 K'，更能说明反应实际进行的程度。

$$\lg K' = \lg\left[\left(\frac{c_{Red_1}}{c_{Ox_1}}\right)^{n_2}\left(\frac{c_{Ox_2}}{c_{Red_2}}\right)^{n_1}\right] = \frac{(\varphi_1^{\ominus'} - \varphi_2^{\ominus'})n_1 n_2}{0.059}$$

两电对的条件电极电势相差多少时反应才能定量完成，满足滴定分析的要求？

对于下列一般氧化还原反应：

$$n_2Ox_1 + n_1Red_2 \rightleftharpoons n_2Red_1 + n_1Ox_2$$

要使反应完全程度达 99.9%以上，若 $n_1 = n_2 = 1$，则化学计量点即氧化还原反应平衡时，

	Ox_1	+	Red_2	$\rightleftharpoons$	Red_1	+	Ox_2
平衡时	0.1%		0.1%		99.9%		99.9%

$$\frac{c_{Red_1}}{c_{Ox_1}} \geqslant 10^3, \quad \frac{c_{Ox_2}}{c_{Red_2}} \geqslant 10^3$$

故

$$\lg K' = \lg\frac{c_{Red_1}}{c_{Ox_1}}\frac{c_{Ox_2}}{c_{Red_2}} \geqslant 6$$

$$\varphi_1^{\ominus'} - \varphi_2^{\ominus'} = \frac{0.059}{n_1 n_2}\lg K' \geqslant 0.059/1\times 6 \approx 0.35\ (V)$$

若 $n_1 \neq n_2$，则
$$\lg K' = \lg\left[\left(\frac{c_{\mathrm{Red}_1}}{c_{\mathrm{Ox}_1}}\right)^{n_2}\left(\frac{c_{\mathrm{Ox}_2}}{c_{\mathrm{Red}_2}}\right)^{n_1}\right] \geqslant \lg(10^{3n_2} \times 10^{3n_1})$$
$$\lg K' \geqslant 3(n_1 + n_2)$$

所以，两个电对的条件电极电势的差值为
$$\varphi_1^{\ominus'} - \varphi_2^{\ominus'} = 3(n_1 + n_2)\frac{0.059}{n_1 n_2}$$

若 $n_1 = n_2 = 2$，则 $\Delta\varphi^{\ominus'} \approx 0.18\ \mathrm{V}$。

上述推导出的是理论值，实际上还有其他复杂因素的影响。一般认为，若两电对的条件电极电势之差大于 0.4 V，反应就能定量进行，就有可能用于滴定分析。在某些氧化还原反应体系中，虽然两个电对的条件电极电势相差足够大，符合上述要求，但由于其他反应的发生，氧化还原反应不能定量进行，即氧化剂与还原剂之间没有一定的化学计量关系，这样的反应仍不能用于滴定分析。例如，$K_2Cr_2O_7$ 与 $Na_2S_2O_3$ 的反应，从它们的电极电势来看，反应是能够进行完全的，稀的 $K_2Cr_2O_7$ 可将 $Na_2S_2O_3$ 氧化为 SO_4^{2-}。但除了这一反应外，还可能有部分 $Na_2S_2O_3$ 被还原至单质 S，而使它们的化学计量关系不能确定，因此在碘量法中以 $K_2Cr_2O_7$ 作基准物来标定 $Na_2S_2O_3$ 溶液时，并不能应用它们之间的直接反应。

10.8.3　氧化还原反应的速率与影响反应速率的因素

与酸碱反应的简单机理不同，多数氧化还原反应特别是含氧酸根氧化剂的机理较为复杂，需要一定时间才能完成。反应的平衡常数 $K(K')$值大小只能表示反应的完全程度，是一个热力学函数，与反应的速率没有对应的关系。如果反应速率很慢，就不能用于滴定分析。所以，在氧化还原滴定体系中，反应速率是一个要考虑的因素。为了加快反应速率，可从浓度、温度、催化剂等方面考虑，控制合适的反应条件，在保证滴定分析的准确度的条件下提高反应速率及测定的效率。

1. 反应物浓度的影响

根据质量作用定律，基元反应的反应速率与反应物浓度幂的乘积成正比。但是许多氧化还原反应分多步进行，整个反应的速率由最慢的一步决定，所以不能笼统地按总的氧化还原方程式中各反应物的系数来判断其浓度对速率的影响程度。一般来说，增加反应物浓度都能加快反应速率。对于有 H^+参加的反应，提高酸度也能加速反应。例如，$K_2Cr_2O_7$ 在酸性溶液中与 KI 的反应。

$$Cr_2O_7^{2-} + 6I^- + 14H^+ \rightleftharpoons 2Cr^{3+} + 3I_2 + 7H_2O$$

此反应速率较慢，但提高 I^- 和 H^+ 的浓度可加速反应。实验证明，在 $c(H^+) = 0.4\ \mathrm{mol \cdot dm^{-3}}$ 的酸度下，KI 过量约 5 倍，放置 5 min 反应即可完成。

2. 温度的影响

对大多数反应来说，升高温度可以提高反应的速率。例如，MnO_4^- 与 $C_2O_4^{2-}$ 的反应，在室温下反应速率很慢，加热能加快反应速率。通常控制在 65～85℃进行滴定。但在滴定分析中，有时温度过高会带来不良影响，必须注意。例如，I_2 具有较大的挥发性，加热溶解会引起挥发损失；有些物质(如 Sn^{2+}、Fe^{2+}等)加热时会促进它们被空气中的 O_2 氧化，引起误差。因此，必须根据具体情况确定反应最适宜的温度。

3. 催化反应

Ce^{4+}氧化 As(Ⅲ)的反应速率很慢，但当有痕量 I^-存在时，反应就能迅速进行。可见，I^-可以作为催化剂促进 Ce^{4+}氧化 As(Ⅲ)的反应。一般认为其反应机理如下：

$$2Ce^{4+} + 2I^- \rightleftharpoons 2I + 2Ce^{3+}$$

$$2I \rightleftharpoons I_2$$

$$I_2 + H_2O \rightleftharpoons HIO + H^+ + I^-$$

$$AsO_3^{3-} + HIO \rightleftharpoons AsO_4^{3-} + H^+ + I^-$$

总反应式为

$$2Ce^{4+} + AsO_3^{3-} + H_2O \xrightleftharpoons{I^-} AsO_4^{3-} + 2Ce^{3+} + 2H^+$$

4. 诱导反应

$KMnO_4$ 氧化 Cl^-的速率很慢，但是当溶液中同时存在 Fe^{2+}时，$KMnO_4$ 与 Fe^{2+}的反应可以加速 $KMnO_4$ 与 Cl^-的反应。

这种由于一个反应的发生，促使另一个反应进行的现象称为诱导作用。

$$MnO_4^- + 5Fe^{2+} + 8H^+ \rightleftharpoons Mn^{2+} + 5Fe^{3+} + 4H_2O \text{ (主反应)}$$

$$2MnO_4^- + 10Cl^- + 16H^+ \rightleftharpoons 2Mn^{2+} + 5Cl_2(g) + 8H_2O \text{ (诱导反应)}$$

其中，MnO_4^- 为作用体，Fe^{2+}为诱导体，Cl^-为接受体。因此，在 HCl 介质中 MnO_4^- 测定 Fe^{2+}时往往结果偏高，是上述诱导作用引起的。

诱导反应和催化反应不同，催化剂参与反应后仍恢复到原来的状态，而诱导体参与反应后，变为其他物质。诱导反应与副反应也不同，副反应的反应速率不受主反应的影响，而诱导反应则由主反应所诱生。

10.9　氧化还原滴定体系的特点

10.9.1　氧化还原滴定曲线

氧化还原滴定体系的滴定曲线是由氧化还原滴定实验得到的。根据体系的性质不同，其滴定曲线有各自的特点。氧化还原电对经常粗略地分为可逆和不可逆电对两大类。可逆电对在氧化还原反应中能及时地建立起氧化还原平衡，其显示的实际电极电势与按照能斯特公式计算的理论电势相符。而不可逆电对在氧化还原反应中不能真正地建立起如氧化还原半反应所示的平衡，其实际电势与按照理论计算得到的电势有一定的差异。也就是能斯特公式只适用于可逆的氧化还原电对，如 Fe^{3+}/Fe^{2+}、$[Fe(CN)_6]^{3-}/[Fe(CN)_6]^{4-}$、$I_2/I^-$等。对于不可逆氧化还原电对，如 MnO_4^-/Mn^{2+} 、 $Cr_2O_7^{2-}/Cr^{3+}$ 、H_2O_2/H_2O 等，虽然它们的实际电势与理论计算的相差较大，但是用能斯特公式计算的结果作为初步判断，仍然具有一定的实际意义。

氧化还原滴定法和其他滴定方法一样，随着标准溶液的不断加入，体系中溶液的性质不断发生变化，这种变化也遵循由量变到质变的规律。由实验或计算表明，氧化还原滴定过程中电极电势的变化在化学计量点附近也有一个突跃。现以 0.1000 mol · dm^{-3} $Ce(SO_4)_2$ 溶液滴定在 1 mol · dm^{-3} H_2SO_4 介质溶液中的 0.1000 mol · dm^{-3} Fe^{2+}溶液为例说明可逆的、对称的(氧化还原半反应方程式中氧化型与还原型的系数相同)氧化还原电对的滴定曲线的构成。

滴定反应为

$$Ce^{4+} + Fe^{2+} = Ce^{3+} + Fe^{3+}$$

滴定开始后，溶液中存在两个电对，根据能斯特方程式，两个电对的电极电势分别为

$$\varphi_{Fe^{3+}/Fe^{2+}} = \varphi^{\ominus'}_{Fe^{3+}/Fe^{2+}} + 0.059\lg\frac{c_{Fe^{3+}}}{c_{Fe^{2+}}}$$

$$\varphi^{\ominus'}_{Fe^{3+}/Fe^{2+}} = 0.68\ \text{V}$$

$$\varphi_{Ce^{4+}/Ce^{3+}} = \varphi^{\ominus'}_{Ce^{4+}/Ce^{3+}} + 0.059\lg\frac{c_{Ce^{4+}}}{c_{Ce^{3+}}}$$

$$\varphi^{\ominus'}_{Ce^{4+}/Ce^{3+}} = 1.44\ \text{V}$$

在滴定过程中，每加入一定量的滴定剂，反应达到一个新的平衡，此时两个电对的电极电势相等，即 $\varphi_{Fe^{3+}/Fe^{2+}} = \varphi_{Ce^{4+}/Ce^{3+}}$ 。因此，溶液中各平衡点的电势可选用便于计算的任何一个电对的电势来计算。

化学计量点前，溶液中存在未被氧化的 Fe^{2+}，滴定过程中电极电势的变化可根据 Fe^{3+}/Fe^{2+} 电对计算：

$$\varphi_{Fe^{3+}/Fe^{2+}} = \varphi^{\ominus'}_{Fe^{3+}/Fe^{2+}} + 0.059\lg\frac{c_{Fe^{3+}}}{c_{Fe^{2+}}}$$

此时 $\varphi_{Fe^{3+}/Fe^{2+}}$ 值随溶液中 $c_{Fe(Ⅲ)}/c_{Fe(Ⅱ)}$ 的改变而变化。

化学计量点后，加入了过量的 Ce^{4+}，因此可利用 Ce^{4+}/Ce^{3+}电对来计算：

$$\varphi_{Ce^{4+}/Ce^{3+}} = \varphi^{\ominus'}_{Ce^{4+}/Ce^{3+}} + 0.059\lg\frac{c_{Ce^{4+}}}{c_{Ce^{3+}}}$$

此时 $\varphi_{Ce^{4+}/Ce^{3+}}$ 值随溶液中 $c_{Ce^{4+}}/c_{Ce^{3+}}$ 的改变而变化。

化学计量点时，$c_{Ce^{4+}}$ 、 $c_{Fe^{2+}}$ 都很小，但它们的浓度相等；又由于反应达到平衡时两电对的电势相等，故可以联系起来计算。

令化学计量点时的电势为 φ_{sp} ，则

$$\varphi_{sp} = \varphi^{\ominus'}_{Ce^{4+}/Ce^{3+}} + 0.059\lg\frac{c_{Ce^{4+}}}{c_{Ce^{3+}}}$$

$$= \varphi^{\ominus'}_{Fe^{3+}/Fe^{2+}} + 0.059\lg\frac{c_{Fe^{3+}}}{c_{Fe^{2+}}}$$

如果设

$$\varphi_1^{\ominus'} = \varphi^{\ominus'}_{Ce^{4+}/Ce^{3+}} \qquad \varphi_2^{\ominus'} = \varphi^{\ominus'}_{Fe^{3+}/Fe^{2+}}$$

可得

$$\varphi_{sp}=\varphi_1^{\ominus'}+0.059\lg\frac{c_{Ce^{4+}}}{c_{Ce^{3+}}} \qquad \varphi_{sp}=\varphi_2^{\ominus'}+0.059\lg\frac{c_{Fe^{3+}}}{c_{Fe^{2+}}}$$

将上两式相加得

$$2\varphi_{sp}=\varphi_1^{\ominus'}+\varphi_2^{\ominus'}+0.059\lg\frac{c_{Fe^{3+}}c_{Ce^{4+}}}{c_{Fe^{2+}}c_{Ce^{3+}}}$$

根据前述滴定反应式，计量点时(即反应达到平衡时)加入 $Ce(SO_4)_2$ 的物质的量与 Fe^{2+}的物质的量相等，即 $c_{Ce^{4+}}=c_{Fe^{2+}}$， $c_{Ce^{3+}}=c_{Fe^{3+}}$ ，此时

$$\lg\frac{c_{Ce^{4+}}c_{Fe^{3+}}}{c_{Fe^{2+}}c_{Ce^{3+}}}=0$$

故

$$\varphi_{sp}=\frac{\varphi_1^{\ominus'}+\varphi_2^{\ominus'}}{2} \tag{10-10}$$

对于一般的可逆对称氧化还原反应

$$n_2Ox_1+n_1Red_2 \rightleftharpoons n_2Red_1+n_1Ox_2$$

化学计量点时，两电对的电势分别为(25℃时)

$$\varphi_{sp}=\varphi_1^{\ominus'}+\frac{0.059}{n_1}\lg\frac{c_{Ox_1}}{c_{Red_1}}$$

$$\varphi_{sp}=\varphi_2^{\ominus'}+\frac{0.059}{n_2}\lg\frac{c_{Ox_2}}{c_{Red_2}}$$

上述两式分别乘以 n_1、n_2，然后相加，得

$$(n_1+n_2)\varphi_{sp}=n_1\varphi_1^{\ominus'}+n_2\varphi_2^{\ominus'}+\frac{0.059}{n_1}\lg\frac{c_{Ox_1}c_{Ox_2}}{c_{Red_1}c_{Red_2}}$$

从反应式可知 $\frac{c_{Ox_1}}{c_{Red_2}}=\frac{n_2}{n_1}$， $\frac{c_{Ox_2}}{c_{Red_1}}=\frac{n_1}{n_2}$ 。故

$$\lg\frac{c_{Ox_1}c_{Ox_2}}{c_{Red_1}c_{Red_2}}=0$$

$$\varphi_{sp}=\frac{n_1\varphi_1^{\ominus'}+n_2\varphi_2^{\ominus'}}{n_1+n_2} \tag{10-11}$$

上式即为可逆对称氧化还原反应化学计量点的计算式。如果电对的氧化型和还原型的系数不等，即不对称，如 $Cr_2O_4^{2-}+6Fe^{2+}+14H^+ = 2Cr^{3+}+6Fe^{3+}+7H_2O$ ，则 φ_{sp} 除了与 $\varphi^{\ominus'}$ 及 n 有关外，还与离子的浓度有关。

下面讨论 $Ce(SO_4)_2$ 溶液滴定 Fe^{2+}，化学计量点时的电极电势为

$$\varphi_{sp}=\frac{\varphi_{Ce^{4+}/Ce^{3+}}^{\ominus'}+\varphi_{Fe^{3+}/Fe^{2+}}^{\ominus'}}{2}=\frac{1.44+0.68}{2}=1.06(V)$$

化学计量点前后电势突跃的位置由 Fe^{2+}剩余 0.1%和 Ce^{4+}过量 0.1%时两点的电极电势所决定，即电势突跃由 $\varphi_{Fe^{3+}/Fe^{2+}}=0.68+0.059\lg\frac{99.9}{0.1}=0.86(V)$ 到 $\varphi_{Ce^{4+}/Ce^{3+}}=1.44+0.059\lg\frac{0.1}{99.9}=$

1.26(V)。

从计算可以看出，在化学计量点附近有明显的电势突跃，如图 10-10 所示。

对于可逆的、对称的氧化还原电对，滴定百分数为 50%时溶液的电势就是被滴物(一般为还原剂)电对的条件电极电势，滴定百分数为 200%时，溶液的电势就是滴定剂(一般为氧化剂)电对的条件电极电势。

化学计量点附近电势突跃的长短与两个电对的条件电极电势相差的大小有关。条件电极电势相差越大，突跃越长；反之，则较短。例如，用 $KMnO_4$ 溶液滴定 Fe^{2+} 时电势突跃为 0.86～1.46 V，比用 $Ce(SO_4)_2$ 溶液滴定 Fe^{2+} 时的电势的突跃(0.86～1.26 V)要大一些。

氧化还原滴定曲线常因滴定时介质的不同而改变其位置和突跃的长短。例如，图 10-11 是用 $KMnO_4$ 溶液在不同介质中滴定 Fe^{2+} 的滴定曲线。

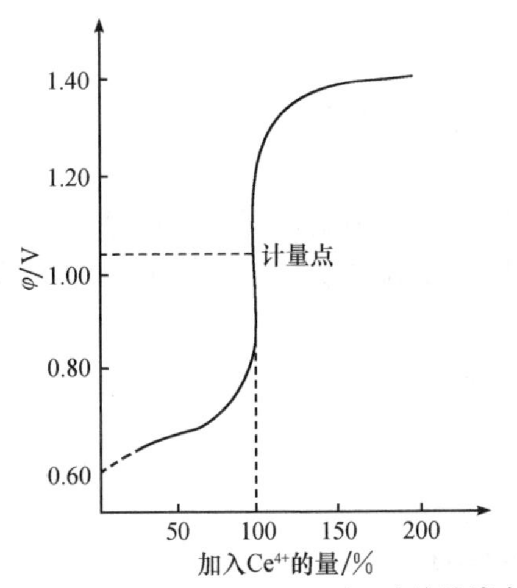

图 10-10　以 0.1000 mol · dm^{-3} Ce^{4+} 溶液滴定 0.1000 mol · dm^{-3} Fe^{2+} 溶液的滴定曲线

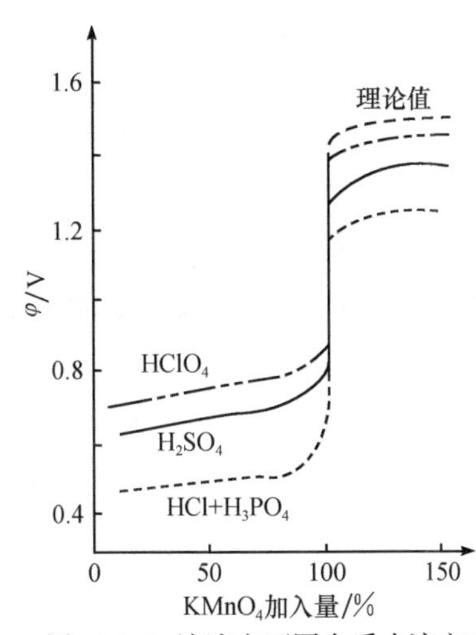

图 10-11　用 $KMnO_4$ 溶液在不同介质中滴定 Fe^{2+} 的滴定曲线

图中曲线说明以下两点：

(1) 化学计量点前，曲线的位置取决于 $\varphi^{\ominus'}_{Fe^{3+}/Fe^{2+}}$，而 $\varphi^{\ominus'}_{Fe^{3+}/Fe^{2+}}$ 的大小与 Fe^{3+} 和介质阴离子的配位作用有关。由于 PO_4^{3-} 易与 Fe^{3+} 形成稳定的无色 $[Fe(HPO_4)]^+$ 配离子而使 Fe^{3+}/Fe^{2+} 电对的条件电极电势降低，ClO_4^- 则不与 Fe^{3+} 形成配合物，故在 $HClO_4$ 介质中的 $\varphi^{\ominus'}_{Fe^{3+}/Fe^{2+}}$ 较高。所以在有 H_3PO_4 存在的 HCl 溶液中用 $KMnO_4$ 溶液滴定 Fe^{2+} 的曲线位置最低，滴定突跃最长。因此，无论用 $Ce(SO_4)_2$，还是 $KMnO_4$ 或 $K_2Cr_2O_7$ 标准溶液滴定 Fe^{2+}，在 H_3PO_4 和 HCl 溶液中，终点时颜色变化都较敏锐(当然在盐酸介质中用高锰酸钾滴定 Fe^{2+} 时要考虑诱导效应)。

(2) 化学计量点后，溶液中虽然存在过量的 $KMnO_4$，但实际上决定电极电势的是 Mn(Ⅲ)/Mn(Ⅱ)电对，因而曲线的位置取决于 $\varphi^{\ominus'}_{Mn(III)/Mn(II)}$。由于 Mn(Ⅱ)易与 PO_4^{3-}、SO_4^{2-} 等阴离子配位而降低其条件电极电势，与 ClO_4^- 则不作用，所以在 $HClO_4$ 介质中用 $KMnO_4$ 滴定 Fe^{2+}，在化学计量点后曲线位置最高。

10.9.2　检测终点的方法

氧化还原滴定中，可利用指示剂在计量点附近时颜色的改变来指示终点。常用的指示剂有以下几类：

1. 氧化还原指示剂

氧化还原指示剂是其本身具有氧化还原性质的有机化合物，它的氧化型和还原型具有不同颜色，它能因氧化还原作用而发生颜色变化。例如，常用的氧化还原指示剂二苯胺磺酸钠，它的氧化型呈红紫色，还原型是无色的，其氧化还原反应如下：

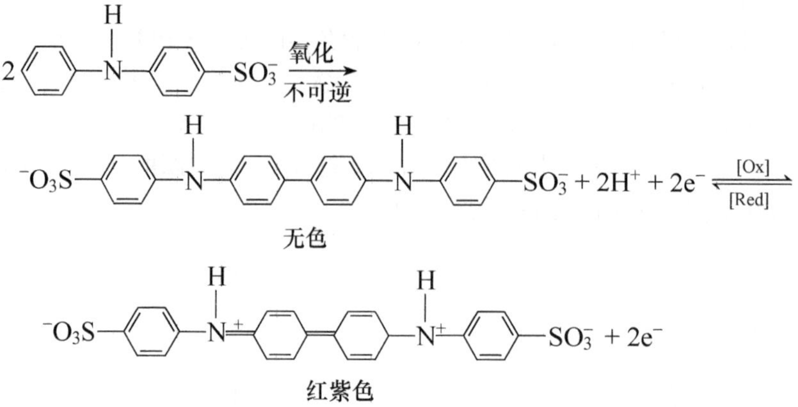

$$2\,C_6H_5\text{—NH—}C_6H_4\text{—}SO_3^- \xrightarrow[\text{不可逆}]{\text{氧化}}$$

$$^-O_3S\text{—}C_6H_4\text{—NH—}C_6H_4\text{—}C_6H_4\text{—NH—}C_6H_4\text{—}SO_3^- + 2H^+ + 2e^- \underset{[Red]}{\overset{[Ox]}{\rightleftharpoons}}$$

无色

$$^-O_3S\text{—}C_6H_4\text{—}\overset{H}{N^+}\text{=}C_6H_4\text{=}C_6H_4\text{=}\overset{H}{N^+}\text{—}C_6H_4\text{—}SO_3^- + 2e^-$$

红紫色

若用 $K_2Cr_2O_7$ 溶液滴定 Fe^{2+}，以二苯胺磺酸钠为指示剂，则滴定到化学计量点时，稍微过量的 $K_2Cr_2O_7$ 就使二苯胺磺酸钠由无色的还原型氧化为红紫色的氧化型，以指示终点的到达。

如果用 In_{Ox} 和 In_{Red} 分别表示指示剂的氧化型和还原型，则

$$In_{Ox} + ne^- \rightleftharpoons In_{Red}$$

$$\varphi = \varphi_{In}^{\ominus} + \frac{0.059}{n}\lg\frac{[In_{Ox}]}{[In_{Red}]}$$

式中，$\varphi_{In}^{\ominus}$ 为指示剂的标准电极电势。当溶液中氧化还原电对的电势改变时，指示剂的氧化型和还原型的浓度比也会发生改变，因而溶液的颜色将发生变化。

与酸碱指示剂的变色情况相似，当 $[In_{Ox}]/[In_{Red}] \geqslant 10$ 时，溶液呈现氧化型的颜色，此时

$$\varphi \geqslant \varphi_{In}^{\ominus} + \frac{0.059}{n}\lg 10 = \varphi_{In}^{\ominus} + \frac{0.059}{n}$$

当 $[In_{Ox}]/[In_{Red}] \leqslant \frac{1}{10}$ 时，溶液呈现还原型的颜色，此时

$$\varphi \leqslant \varphi_{In}^{\ominus} + \frac{0.059}{n}\lg\frac{1}{10} = \varphi_{In}^{\ominus} - \frac{0.059}{n}$$

故指示剂变色的电势范围为

$$\varphi_{In}^{\ominus} \pm \frac{0.059}{n}\ \text{V}$$

在实际工作中，采用条件电极电势比较合适，得到指示剂变色的电势范围为

$$\varphi_{In}^{\ominus'} \pm \frac{0.059}{n}\ \text{V}$$

当 $n = 1$ 时，指示剂变色的电势范围为 $\varphi_{In}^{\ominus'} \pm 0.059\ \text{V}$；$n = 2$ 时，为 $\varphi_{In}^{\ominus'} \pm 0.030\ \text{V}$。由于此范围甚小，一般就可用指示剂的条件电极电势来估量指示剂变色的电势范围。

表 10-1 列出了一些重要的氧化还原指示剂的条件电极电势。在选择指示剂时，应使指示

剂的条件电极电势尽量与反应化学计量点时的电势接近，以减少终点误差。

表 10-1　一些氧化还原指示剂的条件电极电势及颜色变化

指示剂	$\varphi_{In}^{\ominus}$ / V [H^+] = 1.0 mol · dm^{-3}	颜色变化	
		氧化型	还原型
次甲基蓝	0.36	蓝	无色
二苯胺	0.76	紫	无色
二苯胺磺酸钠	0.84	红紫	无色
邻苯氨基苯甲胺	0.89	红紫	无色
邻二氮杂菲-亚铁	1.06	浅蓝	红
硝基邻二氮杂菲-亚铁	1.25	浅蓝	紫红

2. 自身指示剂

有些标准溶液或被滴物本身具有颜色，而其反应产物无色或颜色很浅，则滴定时无需另外加入指示剂，它们本身的颜色变化起着指示剂的作用，这种物质称为自身指示剂。例如，用 $KMnO_4$ 作滴定剂滴定无色或浅色的还原剂溶液时，由于 MnO_4^- 本身呈深紫红色，反应后被还原为 Mn^{2+}，Mn^{2+}几乎无色，因而滴定到化学计量点后，稍过量的 MnO_4^- 就可使溶液呈粉红色(此时 MnO_4^- 的浓度约为 2×10^{-6} mol · dm^{-3})，指示终点的到达。

3. 专属指示剂

可溶性淀粉与游离碘生成深蓝色配合物的反应是专属反应。当 I_2 被还原为 I^-时，蓝色消失；当 I^-被氧化为 I_2 时，蓝色出现。当 I_2 溶液的浓度为 5×10^{-6} mol · dm^{-3} 时即能看到蓝色，反应极灵敏。因而淀粉是碘量法的专属指示剂。

10.9.3　氧化还原滴定法中的预处理

1. 预氧化和预还原

在进行氧化还原滴定之前，必须使欲测组分处于一定的价态，因此往往需要对待测组分进行预处理。例如，测定某试样中 Mn^{2+}、Cr^{3+}的含量时，由于 $\varphi^{\ominus}_{MnO_4^-/Mn^{2+}}$ 和 $\varphi^{\ominus}_{Cr_2O_7^{2-}/Cr^{3+}}$ 都很高，要找一个电势比它们更高的氧化剂进行直接滴定是困难的。若预先将 Mn^{2+}、Cr^{3+}分别氧化成 MnO_4^- 和 $Cr_2O_7^{2-}$，就可用还原剂标准溶液(如 Fe^{2+})直接滴定。

预处理时所用的氧化剂或还原剂必须符合以下条件：

(1) 反应速率快。

(2) 必须能将欲测组分定量地氧化或还原。

(3) 反应应具有一定的选择性。例如，用金属锌为预还原剂，由于 $\varphi^{\ominus}_{Zn^{2+}/Zn}$ 值较低(−0.76 V)，电极电势比它高的金属离子都可被还原，所以金属锌的选择性较差。而 $SnCl_2$($\varphi^{\ominus}_{Sn^{4+}/Sn^{2+}}$ = +0.14 V)的选择性较高。

(4) 过量的氧化剂或还原剂要易于除去。除去的方法有如下几种：

① 加热分解：如$(NH_4)_2S_2O_8$、H_2O_2可加热煮沸，分解除去。

② 过滤：如 $NaBiO_3$ 不溶于水，可过滤除去。

③ 利用化学反应：如用 $HgCl_2$ 可除去过量 $SnCl_2$，其反应为

$$SnCl_2 + 2HgCl_2 = SnCl_4 + Hg_2Cl_2(s)$$

生成的 Hg_2Cl_2 沉淀不被一般滴定剂氧化，不必过滤除去。

2. 有机化合物的除去

试样中存在的有机物对测定往往产生干扰。具有氧化还原性质或配位性质的有机物使溶液的电势发生变化。为此，必须除去试样中的有机化合物。常用方法有干法灰化和湿法灰化等。干法灰化是在高温下使有机化合物被空气中的氧或纯氧(氧瓶燃烧法)氧化而破坏。湿法灰化是使用氧化性酸(如 HNO_3、H_2SO_4 或 $HClO_4$ 等)，于它们的沸点时使有机物分解除去(浓、热 $HClO_4$ 易爆炸！操作应十分小心)。

10.10 氧化还原滴定的应用

10.10.1 高锰酸钾法

高锰酸钾是一种强氧化剂。在强酸性溶液中，$KMnO_4$ 与还原剂作用时获得 5 个电子，还原为 Mn^{2+}：

$$MnO_4^- + 8H^+ + 5e^- \rightleftharpoons Mn^{2+} + 4H_2O \qquad \varphi^\ominus = 1.51\,V$$

在中性或碱性溶液中，获得 3 个电子，还原为 MnO_2：

$$MnO_4^- + 2H_2O + 3e^- \rightleftharpoons MnO_2 + 4OH^- \qquad \varphi^\ominus = 0.588\,V$$

由此可见，高锰酸钾法既可在酸性条件下使用，也可在中性或碱性条件下使用。由于 $KMnO_4$ 在强酸性溶液中具有更强的氧化能力，因此一般都在强酸条件下使用。但 $KMnO_4$ 在碱性条件下氧化有机物的反应速率比在酸性条件下更快。在 NaOH 浓度大于 2 mol · dm^{-3} 的碱溶液中，很多有机物与 $KMnO_4$ 反应，MnO_4^- 被还原为 MnO_4^{2-}：

$$MnO_4^- + e^- \rightleftharpoons MnO_4^{2-} \qquad \varphi^\ominus = 0.564\,V$$

用 $KMnO_4$ 作氧化剂，可直接滴定许多还原性物质，如 Fe(Ⅱ)、H_2O_2、乙二酸盐、As(Ⅲ)、Sb(Ⅲ)、W(Ⅳ) 及 U(Ⅳ)等。

有些氧化性物质不能用 $KMnO_4$ 溶液直接滴定，可用间接法测定。例如，测定 MnO_2 的含量时，可在试样的 H_2SO_4 溶液中加入一定量过量的 $Na_2C_2O_4$，待 MnO_2 与 $C_2O_4^{2-}$ 作用完毕后，用 $KMnO_4$ 标准溶液滴定过量的 $C_2O_4^{2-}$。利用类似的方法，还可测定 PbO_2、Pb_3O_4 以及 $K_2Cr_2O_7$、$KClO_3$、H_2VO_4 等氧化剂的含量。

某些物质虽不具有氧化还原性，但能与另一还原剂或氧化剂定量反应，也可以用间接法测定。例如，测定 Ca^{2+}时，先将 Ca^{2+}沉淀为 CaC_2O_4，再用稀 H_2SO_4 将所得沉淀溶解，然后用 $KMnO_4$ 标准溶液滴定溶液中的 $C_2O_4^{2-}$，从而间接求得 Ca^{2+}的含量。显然，凡是能与 $C_2O_4^{2-}$ 定量地沉淀为乙二酸盐的金属离子(如 Sr^{2+}、Ba^{2+}、Ni^{2+}、Cd^{2+}、Zn^{2+}、Cu^{2+}、Pb^{2+}、Hg^{2+}、Ag^+、

Bi^{3+}、Ce^{3+}、La^{3+}等)都能用同样的方法测定。

高锰酸钾法的优点是 $KMnO_4$ 氧化能力强，应用广泛。但由于其氧化能力强，它可以和很多还原性物质发生作用，所以干扰也比较严重。此外，$KMnO_4$ 试剂常含少量杂质，其标准溶液不够稳定，时间长了需要重新标定。由于 MnO_4^- 与 $C_2O_4^{2-}$ 的反应是自动催化反应，滴定开始时，加入的 $KMnO_4$ 溶液褪色很慢，因此开始滴定时滴定速度要慢些，等几滴 $KMnO_4$ 溶液已起作用后，滴定速度就可以稍微加快，但不能让 $KMnO_4$ 溶液像流水一样流下去，否则加入的 $KMnO_4$ 溶液来不及与 $C_2O_4^{2-}$ 反应，即在热的酸性溶液中发生分解：

$$4MnO_4^- + 12H^+ \longrightarrow 4Mn^{2+} + 5O_2 + 6H_2O$$

$KMnO_4$ 法滴定终点不太稳定，这是由于空气中的还原性气体及尘埃等杂质落入溶液中能使 $KMnO_4$ 缓慢分解，而使粉红色消失，因此经过半分钟不褪色即可认为终点已到。

应用示例

(1) 过氧化氢的测定：商品双氧水中的过氧化氢可用 $KMnO_4$ 标准溶液直接滴定，其反应为

$$5H_2O_2 + 2MnO_4^- + 6H^+ \rightleftharpoons 2Mn^{2+} + 5O_2 + 8H_2O$$

此滴定在室温时可在硫酸或盐酸介质中顺利进行。开始时反应进行较慢，反应产生的 Mn^{2+} 可起自催化作用，使以后的反应加速。H_2O_2 不稳定，在其工业品中一般加入某些有机物如乙酰苯胺等作稳定剂。这些有机物大多能与 MnO_4^- 作用而干扰 H_2O_2 的测定。此时过氧化氢宜采用碘量法或铈量法测定。

(2) 有机物的测定：在强碱性溶液中，过量 $KMnO_4$ 能定量地氧化某些有机物。例如，$KMnO_4$ 与甲酸的反应为

$$HCOO^- + 2MnO_4^- + 3OH^- \rightleftharpoons CO_3^{2-} + 2MnO_4^{2-} + 2H_2O$$

待反应完成后，将溶液酸化，用还原剂标准溶液(亚铁离子标准溶液)滴定溶液中所有的高价态的锰，使之还原为 Mn(Ⅱ)，计算出消耗的还原剂的物质的量。用同样的方法测出反应前一定量碱性 $KMnO_4$ 溶液相当于还原剂的物质的量，根据两者之差即可计算出甲酸的含量。

10.10.2　重铬酸钾法

$K_2Cr_2O_7$ 在酸性条件下与还原剂作用，$Cr_2O_7^{2-}$ 得到 6 个电子而被还原成 Cr^{3+}：

$$Cr_2O_7^{2-} + 14H^+ + 6e^- \rightleftharpoons 2Cr^{3+} + 7H_2O \qquad \varphi^\ominus = 1.33\ V$$

$K_2Cr_2O_7$ 的氧化能力虽比 $KMnO_4$ 稍弱些，但它仍是一种较强的氧化剂。用重铬酸钾法能测定许多无机物和有机物。此法只能在酸性条件下使用，其应用范围没有 $KMnO_4$ 法广泛。但具有如下优点：

(1) $K_2Cr_2O_7$ 易于提纯，可以准确称取一定质量干燥纯净的 $K_2Cr_2O_7$，直接配制成一定浓度的标准溶液，不必再进行标定；

(2) $K_2Cr_2O_7$ 溶液相当稳定，只要保存在密闭容器中，浓度可长期保持不变；

(3) 在 $1\ mol \cdot dm^{-3}$ HCl 溶液中，在室温下不受 Cl^- 还原作用的影响，可在 HCl 溶液中进行滴定。

重铬酸钾法也有直接法和间接法之分。对一些有机试样，常在其 H_2SO_4 溶液中加入过量 $K_2Cr_2O_7$ 标准溶液，加热至一定温度，冷后稀释，再用 Fe^{2+}(一般用硫酸亚铁铵)标准溶液返滴定。这种间接方法可以用于电镀液中有机物的测定。

应用 $K_2Cr_2O_7$ 标准溶液进行滴定时，常用氧化还原指示剂，如二苯胺磺酸钠或邻苯氨基苯甲酸等。

应该指出，$K_2Cr_2O_7$ 有毒，使用时应注意废液的处理，以免污染环境。

应用示例

重铬酸钾法测定铁是利用下列反应：

$$6Fe^{2+} + Cr_2O_7^{2-} + 14H^+ \!=\!=\!= 6Fe^{3+} + 2Cr^{3+} + 7H_2O$$

试样(铁矿石等)一般用 HCl 溶液加热分解。在热的浓 HCl 溶液中，将铁还原为亚铁，然后用 $K_2Cr_2O_7$ 标准溶液滴定。铁的还原方法与高锰酸钾法测定铁相同。但重铬酸钾法在测定步骤上与高锰酸钾法有如下不同点：

(1) 重铬酸钾的电极电势与氯的电极电势相近，因此在 HCl 溶液中进行滴定时，不会因氧化 Cl^-而发生误差。

(2) 滴定时需要采用氧化还原指示剂，如用二苯胺磺酸钠作指示剂。终点时溶液由绿色(Cr^{3+}的颜色)突变为紫色或紫蓝色。已知二苯胺磺酸钠变色时的 $\varphi_{In}^{\ominus'} = 0.84\ V$ 。例如，Fe^{3+}/Fe^{2+} 电对按 $\varphi^{\ominus'} = 0.68\ V$ 计算，则滴定至 99.9%时的电极电势为

$$\varphi = \varphi_{Fe^{3+}/Fe^{2+}}^{\ominus'} + 0.0591\lg\frac{c_{Fe^{3+}}}{c_{Fe^{2+}}} = 0.68 + 0.0591\lg\frac{99.9}{0.1} = 0.86(V)$$

可见，当滴定进行至 99.9%时，电极电势已超过指示剂变色的电势(大于 0.84 V)，滴定终点将过早到达。为了减小终点误差，需要在试液中加入 H_3PO_4，使 Fe^{3+}生成无色的稳定的 $[Fe(HPO_4)_2]^-$ 配阴离子，这样既消除了 Fe^{3+}的黄色影响，又降低了 Fe^{3+}/Fe^{2+}电对的电势。例如，在 1 $mol \cdot dm^{-3}$ HCl 与 0.25 $mol \cdot dm^{-3}$ H_3PO_4 溶液中 $\varphi_{Fe^{3+}/Fe^{2+}}^{\ominus'} = 0.51\ V$ ，从而避免了过早氧化指示剂。

10.10.3　碘量法

碘量法是利用 I_2 的氧化性和 I^-的还原性来进行滴定的分析方法，其半电池反应为

$$I_2 + 2e^- \rightleftharpoons 2I^-$$

由于固体 I_2 在水中的溶解度很小(0.00133 $mol \cdot dm^{-3}$)，故实际应用时通常将 I_2 溶解在 KI 溶液中，此时 I_2 在溶液中以 I_3^- 形式存在(为方便起见，I_3^- 一般仍简写为 I_2)：

$$I_2 + I^- \rightleftharpoons I_3^-$$

半电池反应为

$$I_3^- + 2e^- \rightleftharpoons 3I^- \qquad \varphi_{I_3^-/I^-}^{\ominus'} = 0.545\ V$$

由 I_2/I^-电对的条件电极电势或标准电极电势可见，I_2 是一种较弱的氧化剂，能与较强的还原剂[如 Sn(Ⅱ)、Sb(Ⅲ)、As_2O_3、S^{2-}、SO_3^{2-} 等]作用。例如：

$$I_2 + SO_2 + 2H_2O == 2I^- + SO_4^{2-} + 4H^+$$

因此可用 I_2 标准溶液直接滴定这类还原性物质，这种方法称为直接碘量法。另外，I^-为一中等强度的还原剂，能被一般氧化剂(如 $K_2Cr_2O_7$、$KMnO_4$、H_2O_2、KIO_3 等)定量氧化而析出 I_2。例如：

$$2MnO_4^- + 10I^- + 16H^+ == 2Mn^{2+} + 5I_2 + 8H_2O$$

析出的 I_2 可用还原剂 $Na_2S_2O_3$ 标准溶液滴定：

$$I_2 + 2S_2O_3^{2-} == 2I^- + S_4O_6^{2-}$$

因而可间接测定氧化性物质的量，这种方法称为间接碘量法。

直接碘量法的基本反应为

$$I_2 + 2e^- == 2I^-$$

由于 I_2 的氧化能力不强，能被 I_2 氧化的物质有限，而且受溶液中 H^+浓度的影响较大，所以直接碘量法的应用受到一定的限制。

但是，凡能与 KI 作用定量地析出 I_2 的氧化性物质及能与过量 I_2 在碱性介质中作用的有机物质，都可用间接碘量法测定。

间接碘量法的基本反应为

$$2I^- - 2e^- == I_2$$

$$I_2 + 2S_2O_3^{2-} == 2I^- + S_4O_6^{2-}$$

I_2 与硫代硫酸钠定量反应生成连四硫酸钠($Na_2S_4O_6$)。

应该注意，I_2 和 $Na_2S_2O_3$ 的反应需在中性或弱酸性溶液中进行。因为在碱性溶液中，会同时发生如下反应：

$$Na_2S_2O_3 + 4I_2 + 10NaOH == 2Na_2SO_4 + 8NaI + 5H_2O$$

而使氧化还原过程复杂化。而且在较强的碱性溶液中，I_2 会发生歧化反应：

$$3I_2 + 6OH^- == IO_3^- + 5I^- + 3H_2O$$

这会给测定带来误差。

如果需要在弱碱性溶液中滴定 I_2，可以用 Na_3AsO_3 代替 $Na_2S_2O_3$。

因为 I_2 具有挥发性，容易挥发损失；I^-在酸性溶液中易被空气中的氧氧化：

$$4I^- + 4H^+ + O_2 == 2I_2 + 2H_2O$$

此反应在中性溶液中进行极慢，但随溶液中 H^+浓度增加而加快，若直接受阳光照射，反应速率增加更快。所以碘量法一般在中性或弱酸性溶液中及低温(低于 25℃)下进行滴定。I_2 溶液应保存于棕色密闭的容器中。在间接碘量法中，氧化析出的 I_2 必须立即进行滴定，滴定最好在碘量瓶中进行。为了减少 I^-与空气的接触，滴定时不应剧烈摇荡。

碘量法的终点常用淀粉指示剂来确定。在有少量 I^-存在下，I_2 与淀粉反应形成蓝色吸附配合物，根据蓝色的出现或消失来指示终点。在室温及少量 I^-($\geqslant 0.001\ mol \cdot dm^{-3}$)存在下，该反应的灵敏度为$[I_2] = 0.5 \times 10^{-5} \sim 1 \times 10^{-5}\ mol \cdot dm^{-3}$；无 I^-时，反应的灵敏度降低。反应的灵敏度还随溶液温度升高而降低。乙醇或甲醇的存在均会降低其灵敏度。淀粉溶液应用新鲜配制的，若放置过久，则与 I_2 形成的配合物不呈蓝色而呈紫色或红色。这种红紫色吸附配合物在

用 $Na_2S_2O_3$ 滴定时褪色慢，终点不敏锐。

1. 硫代硫酸钠标准溶液

硫代硫酸钠($Na_2S_2O_3 \cdot 5H_2O$)一般都含有少量杂质，如 S、$Na_2S_2O_3$、Na_2SO_4、Na_2CO_3、NaCl 等，同时还容易风化、潮解，因此不能直接配制成准确浓度的溶液，只能先配制成近似浓度的溶液，然后再标定。而且因为 $Na_2S_2O_3$ 溶液有如下特点：

(1) 易与 CO_2 在弱酸性条件下作用；

(2) 易与空气中的 O_2 作用；

(3) 细菌的作用使其分解。

这些原因都有可能使 $Na_2S_2O_3$ 溶液变质，所以实验室内的 $Na_2S_2O_3$ 一般都是 10 天以内配制的。如果是长期保存的溶液，隔 1～2 个月标定一次，若发现溶液变浑，应弃去重配。

标定 $Na_2S_2O_3$ 溶液的基准物质有纯碘、KIO_3、$KBrO_3$、$K_2Cr_2O_7$、$K_3[Fe(CN)_6]$、纯铜等。这些物质除纯碘外，都能与 KI 反应析出 I_2：

$$IO_3^- + 5I^- + 6H^+ = 3I_2 + 3H_2O$$

$$BrO_3^- + 6I^- + 6H^+ = 3I_2 + 3H_2O + Br^-$$

$$Cr_2O_7^{2-} + 6I^- + 14H^+ = 2Cr^{3+} + 3I_2 + 7H_2O$$

$$2[Fe(CN)_6]^{3-} + 2I^- = 2[Fe(CN)_6]^{4-} + I_2$$

$$2Cu^{2+} + 4I^- = 2CuI(s) + I_2$$

析出的 I_2 用 $Na_2S_2O_3$ 标准溶液滴定：$2S_2O_3^{2-} + I_2 = S_4O_6^{2-} + 2I^-$。这些标定方法是间接碘量法的应用。标定时应注意以下几点：

(1) 基准物(如 $K_2Cr_2O_7$)与 KI 反应时，溶液的酸度越大，反应速率越快，但酸度太大时，I^-容易被空气中的 O_2 氧化，所以在开始滴定时，酸度一般以 0.8～1.0 $mol \cdot dm^{-3}$ 为宜。

(2) $K_2Cr_2O_7$ 与 KI 的反应速率较慢，应将溶液在暗处放置一定时间(5 min)，待反应完全后再以 $Na_2S_2O_3$ 溶液滴定。KIO_3 与 KI 的反应快，不需要放置。

(3) 在以淀粉作指示剂时，应先以 $Na_2S_2O_3$ 溶液滴定至溶液呈浅黄色(大部分 I_2 已反应)，然后加入淀粉溶液，用 $Na_2S_2O_3$ 溶液继续滴定至蓝色恰好消失，即为终点。因为淀粉指示剂若加入太早，则大量的 I_2 与淀粉结合成蓝色物质，这一部分碘就不容易与 $Na_2S_2O_3$ 反应，因而使滴定发生误差。滴定至终点后，再经过几分钟，溶液又会出现蓝色，这是由于空气氧化 I^- 所引起的。

2. 应用示例

1) 硫化钠总还原能力的测定

在弱酸性溶液中，I_2 能氧化 S^{2-}：

$$S^{2-} + I_2 = S(s) + 2I^-$$

这是用直接碘量法测定硫化物。为了防止 S^{2-}在酸性条件下生成 H_2S 而损失，在测定时应用移液管加硫化钠试液于过量酸性碘溶液中，反应完毕后，再用 $Na_2S_2O_3$ 标准溶液回滴多余的碘。硫化钠中常含有 Na_2SO_3 及 $Na_2S_2O_3$ 等还原性物质，它们也与 I_2 作用，因此测定结果实际上是硫化钠的总还原能力。

其他能与酸作用生成 H_2S 的试样(如某些含硫的矿石、石油和废水中的硫化物、钢铁中的硫以及有机物中的硫等，都可使其转化为 H_2S)，可用镉盐或锌盐的氨溶液吸收它们与酸反应时生成的 H_2S，然后用碘量法测定其中的含硫量。

2) 维生素 C 含量的测定

用 I_2 溶液直接滴定维生素 C。维生素 C 分子中的二烯醇基可被 I_2 氧化成二酮基。维生素 C 在碱性溶液中容易被空气氧化，因此滴定在 HAc 介质中进行。

$$\text{C(=O)–C(OH)=C(OH)–CH–CH(OH)–CH}_2\text{OH (ring via O)} + I_2 \longrightarrow \text{C(=O)–C(=O)–C(=O)–CH–CH(OH)–CH}_2\text{OH (ring via O)} + 2HI$$

3) 硫酸铜中铜的测定

二价铜盐与 I^- 的反应如下：

$$2Cu^{2+} + 4I^- \longrightarrow 2CuI(s) + I_2$$

析出的碘用 $Na_2S_2O_3$ 标准溶液滴定，就可以计算出铜的含量。

上述反应是可逆的，为了促使反应实际上趋于完全，必须加入过量的 KI。由于 CuI 沉淀强烈地吸附 I_2，会使测定结果偏低。如果加入 KSCN，使 CuI 转化为溶解度更小的 CuSCN 沉淀：

$$CuI + KSCN \longrightarrow CuSCN(s) + KI$$

则不仅可以释放出被 CuI 吸附的 I_2，而且反应时再生出来的 I^- 可与未作用的 Cu^{2+} 反应。这样，就可以使用较少的 KI 而使反应进行得更完全。但是 KSCN 只能在接近终点时加入，否则 SCN^- 可能被氧化而使结果偏低。

为了防止铜盐水解，反应必须在酸性溶液中进行(一般控制 pH 为 3～4)。酸度过低，反应速率慢，终点拖长；酸度过高，则 I^- 被空气氧化为 I_2 的反应被 Cu^{2+} 催化而加速，使结果偏高。但需要注意的是，滴定体系用 H_2SO_4 介质控制酸度，而非 HCl 溶液，这是因为假如用 HCl，大量 Cl^- 会与 Cu^{2+} 配合，影响测定结果(少量 HCl 不干扰)。

矿石(铜矿等)、合金、炉渣或电镀液中的铜也可应用碘量法测定。对于固体试样，可选用适当的溶剂溶解后，再用上述方法测定。但应注意防止其他共存离子的干扰。例如，试样常含有 Fe^{3+}，由于 Fe^{3+} 能氧化 I^-：

$$2Fe^{3+} + 2I^- \longrightarrow 2Fe^{2+} + I_2$$

故它干扰铜的测定。若加入 NH_4HF_2 可使 Fe^{3+} 生成稳定的 $[FeF_6]^{3-}$，使 Fe^{3+}/Fe^{2+} 电对的电势降低，从而可防止 Fe^{3+} 氧化 I^-。NH_4HF_2 还可控制溶液的酸度，使 pH 为 3～4。

其他氧化还原滴定法还有铈量法、溴酸钾法等，在化学分析上有较为广泛的使用，本章不再深入讨论。

思　考　题

1. 什么是氧化还原反应？自身氧化还原反应和歧化反应各有什么特点？各举例说明。

2. 什么是电极电势和标准电极电势？如何分别用它判断氧化还原反应的方向和限度？

3. 怎样利用电极电势决定原电池的正、负极？电池电动势如何计算？在原电池中电子转移的方向是什么？正、负离子移动的方向是什么？

4. 为什么 Fe 还原 Sn^{4+}时只能生成 Sn^{2+}而不生成 Sn？而 Fe 还原 Cu^{2+}时却生成金属 Cu 而不生成 Cu^{+}？

5. 氧化还原反应的吉布斯自由能变和电池电动势之间有什么联系？如何用这些数据判断反应的自发性？

6. 电化学腐蚀是由于金属与电解液发生作用，使金属表面形成原电池而引起的，写出两个半反应，说明常温下这个腐蚀反应是否自发。

7. 查阅资料，分析海水电池的原理，利用半反应表达产生电动势的原因及其影响因素。

8. 在湿法冶金中，以炼金为例，说明富集提纯和还原的主要原理，写出反应方程式。

9. 在硫酸铜溶液中加入碘化钾溶液，可以生成 CuI 和碘单质，CuI 的生成使 Cu^{2+}的氧化能力增强；在该混合物中加入氨水，则溶液变为深蓝色，碘单质也消失了，这是因为$[Cu(NH_3)_4]^{2+}$的生成打破了上述氧化还原平衡，平衡向左移动；再在混合液中加入稀硫酸，则再次生成 CuI 和碘单质，此时 NH_3 被质子化，失去配位能力，配位平衡向生成 Cu^{2+}的方向移动，促使氧化还原反应向右移动。通过计算标准平衡常数讨论这一现象。

10. 为什么氧化还原滴定中，可以用氧化剂和还原剂两个电对中的任意一个电对的电极电势计算滴定过程中溶液的电极电势？

11. 氧化还原滴定中如何估计滴定突跃的电势范围？如何确定化学计量点的电势？滴定曲线在化学计量点附近是否总是对称的？

12. 简述两种用重铬酸钾测定铁含量的预处理步骤，并分析原理和注意点。

13. 碘量法的终点常用淀粉指示剂来确定。在有少量 I^-存在下，I_2 与淀粉反应形成蓝色吸附配合物，根据蓝色的出现或消失来指示终点。在室温及少量 I^-($\geqslant 0.001\ mol \cdot dm^{-3}$)存在下，该反应的灵敏度为$[I_2] = 0.5 \times 10^{-5} \sim 1 \times 10^{-5}\ mol \cdot dm^{-3}$；无 I^-时，反应的灵敏度降低。反应的灵敏度还随溶液温度升高而降低。试分析原因。

14. 关于碘量法，回答下列问题：

(1) 直接碘量法和间接碘量法有什么异同？淀粉在碘量法中用作指示剂的原理是什么？使用过程中有什么注意事项？

(2) 碘与硫代硫酸钠的滴定反应需在中性或弱酸性溶液中进行，为什么？

(3) 在配制 $Na_2S_2O_3$ 标准溶液时，需用新煮沸并冷却了的蒸馏水，配制后溶液需保存在棕色试剂瓶中，为什么？

(4) 采用碘量法测定 Cu^{2+}，主要过程是怎样的？需要哪些试剂？写出相关的化学反应。

15. 用 $K_2Cr_2O_7$ 溶液测定 Fe^{2+}时化学计量点的电势为+1.28 V，滴定突跃为+0.94～+1.34 V。下表所列指示剂中哪些适用于这一滴定过程？还应采取什么措施？哪些不适用？说明理由。

指示剂	颜色变化		$\varphi_{In}^{\ominus}$ / V*
	氧化型	还原型	
二苯胺	紫	无色	0.76
二苯胺磺酸钠	红紫	无色	0.84
毛绿染蓝	橙	黄绿	1.00

* $c(H_3O^+) = 1.0\ mol \cdot dm^{-3}$ 时的条件电极电势。

16. 拟采用碘法和莫尔法测定$[Co(NH_3)_6]Cl_3$ 配合物中 Co^{3+}和 Cl^-的含量，讨论分析的主要过程及注意事项。

17. 一无名湖水中含 Cl^-并略带酸性，设计一个简便的电池，测定其中 Cl^-的浓度。写出原电池符号和被测半电池的电极电势表达式。

习 题

1. 用离子-电子法配平下列电极反应：

(1) $MnO_4^- \longrightarrow MnO_2$ (碱性介质)

(2) $CrO_4^{2-} \longrightarrow Cr(OH)_3$ (碱性介质)

(3) $H_3AsO_4 \longrightarrow H_3AsO_3$ (酸性介质)

(4) $O_2 \longrightarrow H_2O_2(aq)$ (酸性介质)

(5) $NO_3^- \longrightarrow HNO_2$　　(酸性介质)

2. 用离子-电子法配平下列反应式：

(1) $PbO_2 + Cl^- \longrightarrow Pb^{2+} + Cl_2$　　(酸性介质)

(2) $P_4 + HNO_3 \longrightarrow H_3PO_4 + NO$　　(碱性介质)

(3) $HgS + NO_3^- + Cl^- \longrightarrow HgCl_4^{2-} + NO_2 + S$　　(酸性介质)

(4) $CrO_4^{2-} + HSnO_2^- \longrightarrow HSnO_3^- + CrO_2^-$　　(碱性介质)

(5) $Bi(OH)_3 + Cl_2 \longrightarrow BiO_3^- + Cl^-$　　(碱性介质)

(6) $CuS + CN^- + OH^- \longrightarrow [Cu(CN)_4]^{3-} + (CN)_2 + S^{2-}$　　(碱性介质)

3. 用电池符号表示下面的电池反应，并求出 298 K 时的 E 和 $\Delta_r G_m$ 值。说明反应是否能从左至右自发进行。

(1) $\frac{1}{2}Cu(s) + \frac{1}{2}Cl_2(1.013 \times 10^5\ Pa) \rightleftharpoons \frac{1}{2}Cu^{2+}(1\ mol \cdot dm^{-3}) + Cl^-(1\ mol \cdot dm^{-3})$

(2) $Cu(s) + 2H^+(0.01\ mol \cdot dm^{-3}) \rightleftharpoons Cu^{2+}(0.1\ mol \cdot dm^{-3}) + H_2(0.9 \times 1.013 \times 10^5\ Pa)$

4. 已知电对 $Ag^+ + e^- \rightleftharpoons Ag$，$\varphi^\ominus = 0.799\ V$，$Ag_2C_2O_4$ 的溶度积为 3.5×10^{-11}。计算电对 $Ag_2C_2O_4 + 2e^- \rightleftharpoons 2Ag + C_2O_4^{2-}$ 的标准电极电势。

5. 计算反应 $5Fe^{2+} + MnO_4^- + 8H^+ \rightleftharpoons 5Fe^{3+} + Mn^{2+} + 4H_2O$ 的平衡常数；如果平衡时$[Mn^{2+}] = 0.10\ mol \cdot dm^{-3}$，$[MnO_4^-] = 0.10\ mol \cdot dm^{-3}$，$[H^+] = 1.00\ mol \cdot dm^{-3}$，求平衡时$[Fe^{3+}]/[Fe^{2+}]$的值。

6. 计算下列反应的平衡常数(298 K)：

$$3CuS(s) + 2NO_3^- + 8H^+ \rightleftharpoons 3S(s) + 2NO(g) + 3Cu^{2+} + 4H_2O$$

7. Ag 的电极电势顺序在氢之后，但实验证明将 Ag 置入 $1.5\ mol \cdot dm^{-3}$ 的 HI 溶液中，能将 HI 中 H_2 置换出来，通过计算加以说明。(已知 $K_{sp,AgI} = 1.5 \times 10^{-16}$)

8. 以 Hg 为负极，以 Cu 为正极，设计一原电池测定 $[Hg(CN)_4]^{2-}$ 的稳定常数。假定溶液中$[CN^-]$及$[Hg(CN)_4]^{2-}$ 维持在 $1.0\ mol \cdot dm^{-3}$，$[Cu^{2+}] = 1.0\ mol \cdot dm^{-3}$。

9. 在实验室通常用下列反应制取氯气：

$$MnO_2 + 4HCl \xlongequal{\triangle} MnCl_2 + Cl_2 + 2H_2O$$

通过计算回答为什么一定要用浓盐酸。

10. 通过计算说明，将 Cu 片插入$[Cu^{2+}]$和$[Cl^-]$均为 $1.0\ mol \cdot dm^{-3}$ 的溶液中，是否发生反应？若能发生，写出反应方程式以及对应原电池符号。

11. 将铜片插入盛有 $0.50\ mol \cdot dm^{-3}$ $CuSO_4$ 溶液的烧杯中，将银片插入盛有同浓度 $AgNO_3$ 溶液的烧杯中，组成原电池。试回答：

(1) 写出原电池符号、电池反应式；

(2) 求该原电池的电动势；

(3) 若在 $CuSO_4$ 溶液中不断通入 H_2S，使之达到饱和，求此时原电池的电动势。

12. 当用 $KMnO_4$ 在酸性介质中氧化 Fe^{2+}时，若 $KMnO_4$ 过量会发生什么现象？写出有关的反应方程式，并用下面列出的锰的元素标准电势图解释。

$$\varphi_A^\ominus/V\quad MnO_4^- \xrightarrow{0.564} MnO_4^{2-} \xrightarrow{2.26} MnO_2 \xrightarrow{0.95} Mn^{3+} \xrightarrow{1.51} Mn^{2+} \xrightarrow{-1.18} Mn$$

(上方连线：MnO_4^- — Mn^{2+}：1.51；下方连线：MnO_2 — Mn^{2+}：1.23)

13. 有一每升含有 8.5000 g $KHC_2O_4 \cdot H_2C_2O_4 \cdot 2H_2O$ 的溶液，问它作酸用或作还原剂用时的浓度如何表示？各为多少？

14. 为了测定难溶盐 Ag_2S 的溶度积常数 K_{sp}，现装有如下一个原电池，电池的正极是插入 $0.10\ mol \cdot dm^{-3}$ 的 $AgNO_3$ 溶液中的银片，并将 H_2S 气体不断通入该溶液中，直至溶液中的硫化氢达到饱和；电池的负极是插入 0.10 mol · dm^{-3} 的 $ZnSO_4$ 溶液中的锌片，并将氨气不断通入，直至游离氨的浓度达到 0.10 mol · dm^{-3}。再用盐桥将两者连接起来，测得该电池的电动势为 0.852 V。试求 Ag_2S 的溶度积常数 K_{sp}。

15. 不纯的碘化钾试样 0.5180 g，用 0.1940 g $K_2Cr_2O_7$(过量)处理后，将溶液煮沸，除去析出的碘，然后用过量的纯 KI 处理，这时析出的碘需用 0.1000 mol · dm^{-3} $Na_2S_2O_3$ 溶液 10.00 cm^3 完成滴定，即可测定出试样中的 KI 含量，分析化学原理和合适的反应条件。

16. 用 KIO_3 标定 $Na_2S_2O_3$ 溶液的浓度，称取 KIO_3 0.3567 g 溶于水并稀释至 100.00 cm^3。吸取所得溶液 25.00 cm^3，加硫酸和 KI(过量)溶液，然后用 $Na_2S_2O_3$ 溶液滴定析出的 I_2，消耗 24.98 cm^3，求 $c(Na_2S_2O_3)$。

17. 1.000 g 含 FeO 和 Fe_2O_3 的试样，用 HCl 溶解后，再把 Fe^{3+} 还原成 Fe^{2+}，这时所有的 Fe^{2+} 需用 28.59 cm^3 0.02240 mol · dm^{-3} $KMnO_4$ 溶液完成滴定；另取一份相同的试样，在 N_2 气流中用酸溶解(防止 Fe^{2+} 氧化)，需用 15.60 cm^3 0.02240 mol · dm^{-3} $KMnO_4$ 溶液完成滴定。求 Fe、FeO、Fe_2O_3 的质量分数。

18. 准确称取含有 PbO 和 PbO_2 混合物样品 1.234 g。用酸溶解后，加入 0.2500 mol · dm^{-3} $H_2C_2O_4$ 溶液 20.00 cm^3，使 PbO_2 还原为 Pb^{2+}，所得溶液用氨水中和，使所有 Pb^{2+} 均沉淀为 PbC_2O_4，过滤。滤液酸化后用 0.0400 mol · dm^{-3} $KMnO_4$ 标准溶液滴定，消耗 10.00 cm^3。然后将前面所得 PbC_2O_4 沉淀溶于酸，用 0.04000 mol · dm^{-3} $KMnO_4$ 标准溶液滴定，消耗 30.00 cm^3。计算样品中 PbO 和 PbO_2 的质量分数。

19. 称取 $FeCl_3 \cdot 6H_2O$ 试样 0.5000 g，在 HCl 介质中加入 KI(过量)，然后用 0.1000 mol · dm^{-3} $Na_2S_2O_3$ 标准溶液滴定，消耗 18.17 cm^3，求该试样的纯度。

20. 称取软锰矿 0.3216 g，分析纯的 $Na_2C_2O_4$ 0.3685 g，共置于同一烧杯中，加入硫酸，并加热待反应完全后，用 0.02400 mol · dm^{-3} $KMnO_4$ 溶液滴定剩余的 $Na_2C_2O_4$，消耗 $KMnO_4$ 溶液 11.26 cm^3。计算软锰矿中 MnO_2 的质量分数。

21. 测定某样品中的丙酮含量时，称取试样 0.1000 g 于盛有 NaOH 溶液的碘量瓶中，振荡，准确加入 50.00 cm^3 0.05000 mol · dm^{-3} I_2 标准溶液，盖好。放置一定时间后，加 H_2SO_4，调节溶液至呈微酸性，立即用 0.1000 mol · dm^{-3} $Na_2S_2O_3$ 溶液滴定至淀粉指示剂褪色，消耗 10.00 cm^3。已知丙酮与碘的反应为

$$CH_3COCH_3 + 3I_2 + 4NaOH \rightleftharpoons CH_3COONa + 3NaI + 3H_2O + CHI_3$$

22. 漂白粉中的“有效氯”可用亚砷酸钠法测定：

$$Ca(OCl)Cl + Na_3AsO_3 \rightleftharpoons CaCl_2 + Na_3AsO_4$$

现有含“有效氯”29.00%的试样 0.3000 g，用 25.00 cm^3 Na_3AsO_3 溶液恰好能与之作用，1 cm^3 Na_3AsO_3 的溶液含多少克砷？同样质量的试样用碘量法测定，需用标准溶液 $Na_2S_2O_3$(1 cm^3 相当于 0.0125 g $CuSO_4 \cdot 5H_2O$)多少(单位：cm^3)?

【阅读材料 5】

氧族与卤族元素

§ Y-5-1　氧 族 元 素

一、氧族元素的通性

氧族(第ⅥA 族)包括氧(O)、硫(S)、硒(Se)、碲(Te)和钋(Po)五种元素，统称为氧族元素。硫、硒、碲又常称为硫族元素，其中钋是一种稀有的放射性元素。氧族元素的性质见表 Y-5-1。

氧族元素的原子核外最外层轨道中有 6 个价电子 ns^2np^4，它们都能结合两个电子形成氧化数为−2 的阴离子，表现出非金属元素的特征。但因为它们的第二电子亲和能很大，说明引进第二个电子时强烈吸热，因此氧族元素的非金属性弱于卤素。

除氧以外，在硫 、硒、碲的价电子层中都存在空的 d 轨道，当它们与电负性大的元素结合时，d 轨道也参与成键。所以硫、硒、碲可以表现出更高的氧化态，它们的最高氧化数为+6，与它们的族数相一致。

氧族元素的原子半径随原子序数的增加而增大，电离能随原子序数的增加而减小，电子亲和能随原子半

径的增加而减小。所以，氧族元素从非金属过渡到金属：氧和硫是典型的非金属，硒、碲是半金属，而钋是金属。

氧族元素的单键键能随着原子半径的增大而依次减小。但氧分子反常，氧具有较低的键能，其原因是：

(1) 氧的原子半径较小，孤电子对之间有较大的排斥力；

(2) 氧原子没有 d 轨道，它不能形成 d-p π 键，所以 O—O 单键较弱。

表 Y-5-1　氧族元素的性质

性质	氧	硫	硒	碲
元素符号	O	S	Se	Te
原子序数	8	16	34	52
相对原子质量	16.00	32.06	78.96	127.6
主要氧化数	−2、−1、0	−2、0、+2、+4、+6	−2、0、+2、+4、+6	−2、0、+2、+4、+6
共价半径/($\times10^{-12}$ m)	73	102	117	135
离子半径 M^{2-}/($\times10^{-12}$ m)	140	184	198	221
离子半径 M^{6+}/($\times10^{-12}$ m)	9	29	42	56
第一电子亲和能/($kJ\cdot mol^{-1}$)	141	200	195	190
第二电子亲和能/($kJ\cdot mol^{-1}$)	−780	−590	−420	
第一电离能/($kJ\cdot mol^{-1}$)	1314	1000	941	869
单键的离解能/($kJ\cdot mol^{-1}$)	142	268	172	126
电负性	3.44	2.58	2.55	2.10

二、氧及其化合物

1. 单质氧

18 世纪，著名的法国化学家拉瓦锡发现了氧，并且将它作为一种元素，推翻了统治化学领域多年的燃素学说，开辟了化学世界的一个崭新的天地。

氧是地球上含量最多、分布最广的元素，约占地壳总质量的 46.6%。它遍及岩石层、水层和大气层。在岩石层中，氧主要以氧化物及含氧酸盐的形式存在。在海水中，氧占海水质量的 89%。在大气层中，氧以单质状态存在，约占大气质量的 23%。

1) O_2 分子的结构

基态 O 原子的价电子层结构为 $2s^22p^4$，根据 O_2 分子的分子轨道能级图，可以将 O_2 分子的结构式表示成如图 Y-5-1 所示的结构。

分子轨道电子排布式为

$$(\sigma_{1s})^2(\sigma_{1s}^*)^2(\sigma_{2s})^2(\sigma_{2s}^*)^2(\sigma_{2p_x})^2(\pi_{2p_y})^2(\pi_{2p_z})^2(\pi_{2p_y}^*)^1(\pi_{2p_z}^*)^1$$

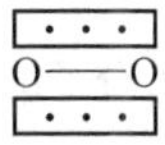

$$\begin{array}{c}\boxed{\cdot\ \cdot\ \cdot}\\ \text{O}\text{——}\text{O}\\ \boxed{\cdot\ \cdot\ \cdot}\end{array}$$

图 Y-5-1　O_2 分子的结构图

在氧分子的分子轨道能级图上，可以看见在反键轨道上有两个单电子，所以 O_2 分子是顺磁性的。

O_2 是一种无色、无臭的气体，90 K 时凝聚成淡蓝色的液体，到 54 K 凝聚成淡蓝色的固体。氧是非极性分子，293 K 时 1 dm^3 水中只能溶解 30 dm^3 的氧气。O_2 在水中的溶解度虽小，但它却是水生动物赖以生存的基础。

2) 臭氧

单质氧有氧气 O_2 和臭氧 O_3 两种同素异形体。在高空约 25 km 处，O_2 分子受到太阳光紫外线的辐射而分解成 O 原子。O 原子不稳定，与 O_2 分子结合生成 O_3 分子：

$$O_2 \xrightarrow{\text{紫外线}} 2O$$

$$O + O_2 \longrightarrow O_3$$

臭氧因其具有一种特殊的腥臭味而得名。O_3是一种淡蓝色气体，在稀薄状态下并不臭，闻起来有清新爽快之感。

O_3比O_2易液化，161 K时变成暗蓝色液体，但难于固化，在22 K时，O_3凝成黑色晶体。O_3是抗磁性的。

在O_3分子中，O原子采取sp^2杂化，角顶O原子除与另外两个O原子生成两个σ键外，还有一对孤电子对，另外两个氧原子分别各有两对孤电子对。在三个O原子之间还存在一个垂直于分子平面的三中心四电子的π键(π_3^4)。由于三个O原子上孤电子对相互排斥，O_3分子呈等腰三角形，键角为116.8°，键长为127.8 pm。

臭氧层能够吸收紫外线，使地球上的生物免遭各种高能射线的伤害。

2. 氧原子的成键特征

氧是一种化学性质活泼的元素，它几乎能与所有的其他元素直接或间接地化合成类型不同、数量众多的化合物。氧原子形成化合物时的成键特征如下：

1) 形成离子键

从电负性小的元素中夺取电子形成O^{2-}，构成离子化合物，氧的氧化数为−2，如碱金属氧化物M_2O和大部分碱土金属氧化物MO。

2) 形成共价键

构成的共价化合物，氧的氧化数为−2，它可以分为表Y-5-2所示的几种情况。

表 Y-5-2　氧原子形成共价键时的成键情况

O原子的杂化形式	σ键数	π键数	配位键数	孤电子对数	氧化数	化合物(空间构型)
sp^3	2			2	−2	H_2O(V形)
	2		1	1	−2	H_3O^+(棱锥体)
sp^2	1	1	2	2	−2	$COCl_2$(平面三角形)
sp	1	1	1	1	−2	CO、NO(直线)

3) 形成配位键

(1) O原子可以提供一个空的2p轨道，接受外来电子对而成键，如在有机胺的氧化物$R_3N—O$中。

(2) O原子既可以提供一个空的2p轨道，接受外来配位电子对而成键，也可以同时提供两对孤电子对反馈给原配位原子的空轨道而形成反馈键，如在HPO_3中的反馈键称为d-p π键，P═O仍只具有双键的性质。

3. 氧分子的成键特征

(1) O_2分子结合一个电子可以形成超氧离子O_2^-，在O_2^-中，O的氧化数为$-\frac{1}{2}$，如KO_2。

(2) O_2分子结合两个电子，形成过氧离子O_2^{2-}或共价的过氧链—O—O—，构成离子型过氧化物(如Na_2O_2、BaO_2等)或共价过氧化物(如H_2O_2、$H_2S_2O_4$等)。

(3) 氧分子失去一个电子，形成二氧基阳离子O_2^+的化合物，O的氧化数为$+\frac{1}{2}$。

$$O_2 + AsF_5 \longrightarrow O_2^+[AsF_5]^-$$

$$O_2 + Pt + 3F_2 \longrightarrow O_2^+[PtF_6]^-$$

(4) O_2分子中每个原子上都有一对孤电子对，可以成为电子对给予体向具有空轨道的金属离子配位。例如，血液中的血红素是由Fe^{2+}与卟啉衍生物形成的配合物。血红素是平面分子，其中的Fe^{2+}有6个空轨道，4个接受来自血红素的 4 个 N 原子的配位电子，1 个接受来自组氨酸 N 的配位电子，另一个可逆地与氧分子配位结合：

$$[HmFe] + O_2 = [HmFe \leftarrow O_2]$$

式中，Hm 代表卟啉衍生物。

4. 水及过氧化氢

水是地球上分布最广的物质，水是生命之源。它几乎占地球表面的四分之三。

水分子中 O 原子采取不等性 sp^3 杂化，在四个 sp^3 杂化轨道中，有两个杂化轨道被两对孤电子对占据，另外两个杂化轨道与两个 H 原子生成两个 σ 共价键。由于孤电子对对成键电子对的排斥作用，因此键角被压缩为 104.5°。在液态水中，水分子通过氢键形成缔合分子$(H_2O)_x$，$x = 2$，3，4，5，…。

水分子的缔合是一种放热过程，温度升高，水的缔合程度下降；温度降低，水的缔合程度增大。273 K 时，水凝结成冰，全部水分子缔合在一起，成为一个巨大的缔合水分子。

过氧化氢俗称双氧水，在自然界中很少见，仅微量存在于雨雪或某些植物的汁液中，是自然界中还原性物质与大气中的氧化合的产物。

H_2O_2 分子中的成键作用和 H_2O 分子一样，其中的 O 原子也是采取不等性的 sp^3 杂化。两个 sp^3 杂化轨道一个与 H 原子形成 H—O σ 键，另一个则与第二个 O 原子 sp^3 杂化轨道形成 O—O σ 键，其他两个 sp^3 杂化轨道则被两对孤电子对占据，每个 O 原子上的两对孤电子对的排斥作用使两个 H—O 键向 O—O 键靠拢，键角∠HOO 为 96°52′，小于四面体的 109.5°。同时也使 O—O 键长为 149 pm，比理论上计算的单键值大。H—O 键键长为 97 pm，整个分子不是直线形的，在分子中有一个过氧链—O—O—，O 的氧化数为–1，每个氧原子上各连一个 H 原子，两个 H 原子位于像半展开的书的两页纸面上，两页纸面的夹角为 90°51′，两个氧原子则处在书的夹缝的位置上。水和过氧化氢的结构如图 Y-5-2 所示。

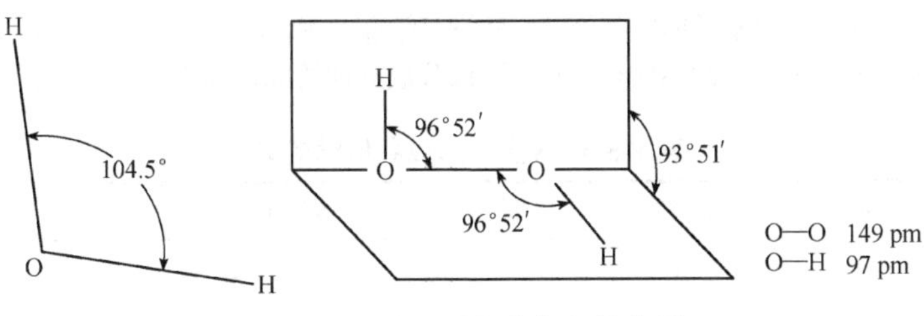

图 Y-5-2　水和过氧化氢的结构图

纯过氧化氢是一种淡蓝色的黏稠液体，它的极性比水强。由于 H_2O_2 分子间有强的氢键，因此比水的缔合程度还大，沸点也远比 H_2O 高，但其熔点与水接近，密度随温度变化，可与水以任意比例互溶。3%的 H_2O_2 水溶液在医学上称为双氧水，有消毒杀菌的作用。

H_2O_2 在酸性溶液中是一种强氧化剂，能将碘化物氧化成单质碘，这个反应可以用来定性检出或定量测定 H_2O_2 的含量：

$$H_2O_2 + 2I^- + 2H^+ \longrightarrow I_2 + 2H_2O$$

在碱性介质中，H_2O_2 是一种中等强度的还原剂，工业上常用 H_2O_2 的还原性除氯：

$$H_2O_2 + Cl_2 \longrightarrow 2Cl^- + 2H^+ + O_2$$

过氧化氢经常被用作氧化剂或还原剂是因为无论作为还原产物还是氧化产物，它都不会给体系带来新的污染。

过氧化氢不稳定，会因热、光或介质的影响而分解。所以过氧化氢要注意保存在低温、避光的环境下。

三、硫及其化合物

硫在地壳中的含量为 0.045%，是一种分布较广的元素。它在自然界中以单质硫和化合态硫两种形态出现。天然的硫化物包括金属硫化物、硫酸盐和有机硫化物三大类。最重要的硫化物矿是黄铁矿 FeS_2，它是制造硫酸的重要原料。硫酸盐矿中石膏 $CaSO_4 \cdot 2H_2O$ 和 $Na_2SO_4 \cdot 10H_2O$ 最丰富。有机硫化合物除存在于煤和石油等沉积物中外，还广泛地存在于生物体的蛋白质、氨基酸中。单质硫主要存在于火山附近。

1. 单质硫

单质硫有多种同素异形体，其中最常见的是斜方硫和单斜硫。斜方硫也称菱形硫或α-硫，单斜硫又称β-硫。斜方硫在 368.4 K 以下稳定，单斜硫在 368.4 K 以上稳定。368.4 K 是这两种变体的转变温度，在这个温度时这两种变体处于平衡状态：

$$\text{斜方硫} \underset{368.4\ \text{K以下}}{\overset{368.4\ \text{K以上}}{\rightleftharpoons}} \text{单斜硫}$$

斜方硫是室温下唯一稳定的硫的存在形式，所有其他形式的硫在放置时都会转变成晶体的斜方硫。斜方硫和单斜硫都易溶于 CS_2 中，都是由 S_8 环状分子组成的。在这个环状分子中，每个硫采取 sp^3 杂化，与另外两个硫原子形成共价单键相连接。在此构型中，键长是 206×10^{-12} m，内键角为 108°，两个面之间的夹角为 98°，黄色晶状固体硫的导热性和导电性都很差，性松脆，不溶于水，能溶于 CS_2 中。

硫能形成氧化数为−2、+6、+4、+2、+1 的化合物，−2 价的硫具有较强的还原性，+6 价的硫只有氧化性，+4 价的硫既具有氧化性也具有还原性。硫是很活泼的元素，可以和除铂及金以外的所有金属化合成硫化物；可以和除稀有气体、碘、分子氮以外的所有非金属化合；能溶解在苛性钠溶液中；能被浓硝酸氧化成硫酸。

2. 硫的成键特征

S 原子的价电子层结构为 $3s^23p^4$，还有可以利用的空的 3d 轨道，因此 S 在形成化合物时有如下成键特征：

1) 形成离子键

硫原子可以从电负性较小的原子接受 2 个电子，形成 S^{2-}，生成离子型化合物，如 Na_2S、CaS、$(NH_4)_2S$ 等。

2) 形成共价键

硫原子可以与电负性相近的原子形成共价键，另外，它的 3s 和 3p 中的成对电子可以拆开进入它的 3d 空轨道，然后参与成键。根据 S 原子的不同杂化态，可以分成五种情况，如表 Y-5-3 所示。

表 Y-5-3　S 原子形成共价键的成键情况

S 原子的杂化形式	σ 键数	π 键数	孤电子对数	S 原子的氧化数	化合物(分子构型)
sp	1	1	2	+2	CS_2(直线)
sp^2	2	2	1	+4	SO_2(V 形)
	3	3		+6	SO_3(平面三角形)
sp^3	2		2	+2 或−2	H_2S 或 SCl_2(V 形)
	3	1	1	+4	$SOCl_2$(三角锥形)
	4	2		+6	SO_4^{2-}、SO_2Cl_2(四面体)
sp^3d	4	2	1	+4	SF_4(变形四面体)
sp^3d^2	6			+6	SF_6(变形八面体)

3. 硫化物与硫化氢

硫化物的颜色和溶解性如表 Y-5-4 所示。

表 Y-5-4　硫化物的颜色和溶解性

化学式	颜色	在水中	在酸中	溶度积 K_{sp}
Na_2S	白色	易溶	易溶	—
MnS	肉红色	不溶	易溶	1.4×10^{-13}
FeS	黑色	不溶	易溶	3.7×10^{-18}

续表

化学式	颜色	在水中	在酸中	溶度积 K_{sp}
ZnS	白色	不溶	易溶	1.2×10^{-22}
β-NiS	黑色	不溶	—	2.0×10^{-24}
β-CoS	黑色	不溶	—	2.0×10^{-25}
SnS	褐色	不溶	不溶	1.2×10^{-25}
CdS	黄色	不溶	不溶	3.6×10^{-27}
PbS	黑色	不溶	不溶	3.4×10^{-28}
CuS	黑色	不溶	不溶	8.5×10^{-36}
Bi_2S_3	黑色	不溶	溶	1.0×10^{-37}
Hg_2S	黑色	不溶	—	1.0×10^{-47}
Cu_2S	黑色	不溶	—	2.0×10^{-48}
Ag_2S	黑色	不溶	不溶	1.6×10^{-49}
HgS	黑色	不溶	不溶	4.0×10^{-53}
Sb_2S_3	橙红色	不溶	不溶	2.9×10^{-59}

(1) 硫化氢：硫化氢的水溶液称为氢硫酸，是二元弱酸。常温下，其饱和溶液的浓度约为 0.1 $mol\cdot dm^{-3}$。其在水中的电离分两步进行：

$$H_2S \rightleftharpoons H^+ + HS^- \qquad K_{a_1}=1.3\times10^{-7}$$

$$HS^- \rightleftharpoons H^+ + S^{2-} \qquad K_{a_2}=7.1\times10^{-15}$$

空气中的氧就能把它氧化成单质硫，因此氢硫酸溶液在空气中放置一段时间后就会变混浊。硫化氢中硫的氧化态为−2，是最低的，所以硫化氢是强还原剂，能和许多氧化剂如 Cl_2、Br_2、浓 H_2SO_4 反应：

$$H_2SO_4 + H_2S = SO_2 + S(s) + 2H_2O$$

$$Br_2 + H_2S = S(s) + 2HBr$$

(2) 硫化物的颜色和溶解度：金属硫化物大多数具有颜色且难溶于水，见表 Y-5-4。只有碱金属的硫化物和硫化铵易溶于水，碱土金属的硫化物微溶于水。生成难溶硫化物的元素在周期表中有一个集中的区域，如表 Y-5-5 所示。

表 Y-5-5　难溶硫化物在周期表中的位置

ⅥB	ⅦB	Ⅷ			ⅠB	ⅡB	ⅢA	ⅣA	ⅤA
		FeS			CuS	ZnS	Ga_2S_3	GeS_2	As_2S_5
	MnS	Fe_2S_3	CoS	NiS	Cu_2S			GeS	As_2S_3
MoS_3	Tc_2S_7	RuS_2	RhS_2	PdS	Ag_2S	CdS	In_2S_3	SnS_2	Sb_2S_5
						HgS		SnS	Sb_2S_3
WS_3	Re_2S_7	OsS_2	IrS_2	PtS	Au_2S	Hg_2S	Tl_2S	PbS	Bi_2S_3

硫化物可以看成是氢硫酸所生成的正盐，在饱和的 H_2S 水溶液中，H^+和 S^{2-}浓度之间的关系是

$$[H^+]^2[S^{2-}] = 9.23\times10^{-21}$$

在酸性溶液中通 H_2S，溶液中 H^+浓度高，S^{2-}浓度低，所以只能沉淀出溶度积小的金属硫化物。而在碱性

溶液中通 H_2S，由于溶液中 H^+浓度低，S^{2-}浓度高，可以将多种金属离子沉淀为硫化物。因此，控制适当的酸度，利用 H_2S 能将溶液中的不同金属离子按组分离。这是在定性分析化学中用 H_2S 分离溶液中阳离子的理论基础。

由于氢硫酸是弱酸，因此所有的硫化物无论是易溶的还是难溶的，都会产生一定程度的水解，使溶液显碱性。例如，硫化钠就因为水解而显示强烈的碱性。

(3) 多硫化物：Na_2S 和$(NH_4)_2S$ 的溶液能够溶解单质硫在溶液中形成多硫化物。

$$Na_2S + (x-1)S \longrightarrow Na_2S_x$$

多硫化物溶液一般显黄色，其颜色可随溶解的硫的增多而加深，最深为红色。多硫离子具有链状结构。多硫化物具有氧化性，在酸性溶液中很不稳定，容易歧化分解成 H_2S 和 S 单质。

$$S_x^{2-} + 2H^+ \longrightarrow H_2S + (x-1)S(s)$$

4. SO_2、亚硫酸及其盐

(1) SO_2：从 SO_2 的结构可看出 SO_2 是极性分子，见图 Y-5-3。常压下就可以液化，易溶于水，通常 1 dm^3 水能溶解 40 dm^3 SO_2，SO_2 是造成酸雨的重要因素之一。

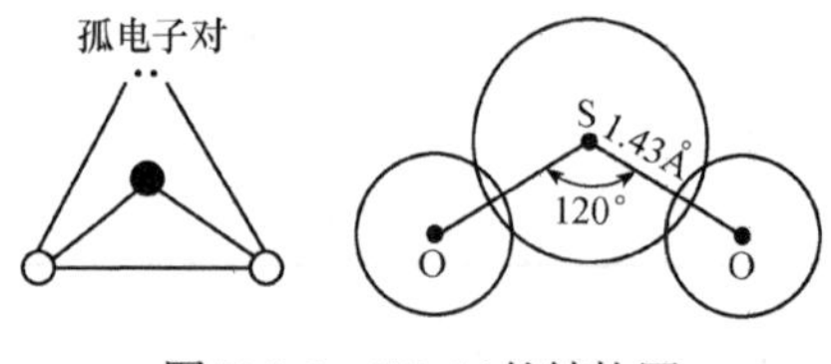

图 Y-5-3　$SO_2(g)$的结构图

SO_2 中 S 的氧化数为+4，所以其既有氧化性又有还原性，但以还原性为主。只有遇到强还原剂时，SO_2 才表现出氧化性。

$$3SO_2(\text{过量}) + KIO_3 + 3H_2O \longrightarrow 3H_2SO_4 + KI$$

$$SO_2 + Br_2 + 2H_2O \longrightarrow H_2SO_4 + 2HBr$$

$$SO_2 + H_2S \longrightarrow 3S + 2H_2O$$

$$SO_2 + 2CO \xrightarrow[\text{铝矾土}]{773\ K} S + 2CO_2(g)$$

SO_2 能和一些有机色素结合成无色化合物，因此可以用作纸张、草帽等的漂白剂。SO_2 主要用于制造硫酸和亚硫酸盐，还大量用于制造合成洗涤剂、食物和果品的防腐剂、住所和用具的消毒剂。

(2) 亚硫酸和亚硫酸盐：SO_2 溶于水就生成亚硫酸，亚硫酸只存在于水溶液中，它是弱的二元酸，可以生成正盐和酸式盐。

碱金属的亚硫酸盐易溶于水，水解显碱性，其他金属的正盐均微溶于水，所有的酸式盐都易溶于水。

亚硫酸及其盐既有氧化性又有还原性，但它们的还原性是主要的。可以从它们的元素电势图看出。

在酸性溶液中 ($\varphi_A^\ominus$ / V)：

$$SO_4^{2-} \xrightarrow{0.17} H_2SO_3 \xrightarrow{0.45} S$$

在碱性溶液中 ($\varphi_B^\ominus$ / V)：

$$SO_4^{2-} \xrightarrow{-0.93} H_2SO_3 \xrightarrow{-0.59} S$$

例如，亚硫酸盐溶液可以使氧化剂 MnO_4^-、Cl_2 等还原为 Mn^{2+}和 Cl^-。

$$2MnO_4^- + 5SO_3^{2-} + 6H^+ = 2Mn^{2+} + 5SO_4^{2-} + 3H_2O$$

$$SO_3^{2-} + Cl_2 + H_2O = 2H^+ + 2Cl^- + SO_4^{2-}$$

$$H_2SO_3 + 2H_2S = 3S(s) + 3H_2O$$

5. SO_3、硫酸及硫酸盐

(1) 三氧化硫：SO_3 为平面三角形分子。固态的 SO_3 有环状和链状两种结构(图 Y-5-4)。SO_3 具有氧化性和酸性，高温时能把 HBr 或 P 氧化成 Br_2、P_4O_{10}；能和碱或碱性氧化物作用生成相应的盐。

(2) 硫酸及硫酸盐：SO_3 和水作用生成硫酸，硫酸是一种用途很广的化学试剂。硫酸的水合能比其他酸大得多，所以稀释时要非常小心，一定要把浓 H_2SO_4 加入水中，且要边加边搅拌。

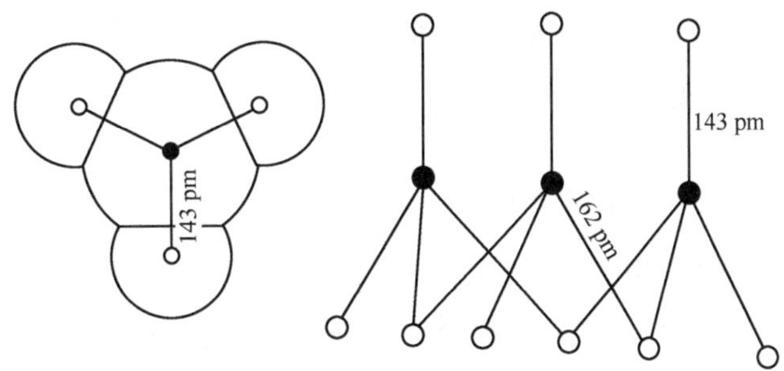

图 Y-5-4　$SO_3(g)$和 $SO_3(s)$的结构图

浓硫酸具有很强的脱水性(使碳水化合物炭化)和吸湿性(作干燥剂)。

H_2SO_4 作为强酸是指第一步电离，HSO_4^- 只有部分电离($K_a = 1.0 \times 10^{-2}$)。

热的浓硫酸是氧化剂，可以与许多金属和非金属作用而被还原成 SO_2 或 S。Al、Fe、Cr 在冷、浓硫酸中发生钝化。

稀硫酸和较活泼金属反应生成 H_2。Pb 和 H_2SO_4 作用，因表面生成难溶的 $PbSO_4$ 使反应中断，但 Pb 能和浓硫酸反应，因为产物为较易溶解的 $Pb(HSO_4)_2$。

硫酸盐分为酸式盐和正盐，酸式硫酸盐又称为硫酸氢盐。常见的硫酸氢盐有 $NaHSO_4$ 、$KHSO_4$。酸式硫酸盐具备以下两个特性：

① 能溶于水的盐因 HSO_4^- 部分电离而使溶液显酸性。

② 固态盐受热脱水生成焦硫酸盐。

$$NaSO_3 \boxed{OH + H} O\ SO_3Na \xlongequal{\triangle} Na_2S_2O_7 + H_2O(g)$$

因此可以在某些实验中用 $NaHSO_4$ 代替 $Na_2S_2O_7$。

硫酸盐除 Sr^{2+}、Ba^{2+}、Pb^{2+}的硫酸盐难溶，Ca^{2+}、Ag^+的硫酸盐微溶外，其他硫酸盐都易溶。硫酸盐有以下四个性质：

① 大多数硫酸盐都含有结晶水，含结晶水的硫酸盐除个别例外(如 $CaSO_4 \cdot H_2O$)一般都易溶。

② 易形成复盐，如莫尔盐$(NH_4)_2SO_4 \cdot FeSO_4 \cdot 6H_2O$ 以及常见的铝明矾 $K_2SO_4 \cdot Al_2(SO_4)_3 \cdot 24H_2O$ 等。

③ 正盐和酸式盐之间互相转化。酸式盐和碱作用生成正盐。

$$NaHSO_4 + NaOH = Na_2SO_4 + H_2O$$

反之，硫酸盐尤其是难溶硫酸盐又能转化为溶解度稍大于正盐的酸式硫酸盐。

④ 硫酸盐受热分解为金属氧化物、SO_3、SO_2 及 O_2，其分解温度和阳离子的电子构型和离子势有关。

6. 硫的其他含氧酸及其盐

(1) 焦硫酸及其焦硫酸盐：发烟硫酸 $H_2SO_4 \cdot xSO_3$，当 $x = 1$ 时，其组成为 $H_2S_2O_7$，称为焦硫酸。纯的焦硫酸至今无法制得。又可以认为 2 个正硫酸脱去一分子水就成为焦硫酸：

$$2H_2SO_4 = H_2S_2O_7 + H_2O$$

可以认为焦硫酸及其盐中含有比正硫酸及其盐更多的酸性氧化物。例如，$K_2S_2O_7$ 可以写成 $K_2SO_4 \cdot SO_3$，因此焦硫酸盐可以和碱性氧化物反应作为分析化学中的熔矿剂：

$$3K_2S_2O_7 + Fe_2O \xlongequal{\triangle} Fe_2(SO_4)_3 + 3K_2SO_4$$

焦硫酸为缩合酸，其酸性比正硫酸强，$pK_a(H_2SO_4) = -12$，$pK_a(H_2S_2O_7) = -15$。

(2) 硫代硫酸及其盐：纯的 $H_2S_2O_3$ 至今尚未制得，但其盐 $Na_2S_2O_3$ 却有广泛的用途。$S_2O_3^{2-}$ 的构型与 SO_4^{2-} 的构型均为四面体，可以认为是 SO_4^{2-} 中的一个 O 被一个 S 取代的结果，所以称其为硫代硫酸。硫代硫酸盐由亚硫酸盐与硫反应制得。

$$Na_2SO_3 + S \longrightarrow Na_2S_2O_3$$

硫代硫酸盐有三个主要性质：

① 遇酸分解为 SO_2 和 S：

$$S_2O_3^{2-} + 2H^+ \longrightarrow SO_2(g) + S(s) + H_2O$$

同时还有一个副反应(反应速率较慢)：

$$5S_2O_3^{2-} + 6H^+ \longrightarrow 2S_5O_6^{2-}(连五硫酸盐) + 3H_2O$$

这个副反应是定影液遇酸失效的原因。

② 具有还原性：可以和氧化剂如 Cl_2 反应。

$$S_2O_3^{2-} + 4Cl_2 + 5H_2O \longrightarrow 2HSO_4^- + 8H^+ + 8Cl^-$$

$$S_2O_3^{2-} + Cl_2 + H_2O \longrightarrow SO_4^{2-} + S + 2H^+ + 2Cl^-$$

纺织工业上先用 Cl_2 作为纺织品的漂白剂，然后再用 $S_2O_3^{2-}$ 作为脱氯剂就是利用了上述反应的原理。

$S_2O_3^{2-}$ 和 I_2 作用生成连四硫酸盐的反应是分析化学中碘量法的基础：

$$I_2 + 2S_2O_3^{2-} \longrightarrow S_4O_6^{2-} + 2I^-$$

③ 作为配体，$S_2O_3^{2-}$ 和 Ag^+、Cd^{2+}等形成配离子：

$$Ag^+ + 2S_2O_3^{2-} \longrightarrow [Ag(S_2O_3)_2]^{3-}$$

实验表明硫代硫酸根中的两个硫原子是不同的，分别为−2 和+6 氧化态，若将其与足量的 Ag^+反应，会生成 $Ag_2S_2O_3$，$Ag_2S_2O_3$ 溶于水后生成 Ag_2S 沉淀：

$$S_2O_3^{2-} + 2Ag^+ \longrightarrow Ag_2S_2O_3(s,白)$$

$$Ag_2S_2O_3 + H_2O \longrightarrow Ag_2S(s,黑) + H_2SO_4$$

7. 硫的含氧酸、含氧酸盐系列及之间的关系

硫的含氧酸及其含氧酸盐有一个系列，在这一系列化合物中，硫原子表现出不同的氧化态，硫原子与氧原子之间有不同的连接方式，构成了这一系列化合物的性质差异。硫的含氧酸根的结构特点与命名的方式如下：

(1) 中心硫原子周围的氧(硫)原子数有 3 和 4 两种。前者称为亚硫酸根 SO_3^{2-}，后者称为硫酸根 SO_4^{2-}。S 取代 SO_4^{2-} 中的 O 的产物称为硫代硫酸根 $S_2O_3^{2-}$。

(2) 凡结构中含有 S—S 键的称为连酸根，其盐称为连酸盐(不包括硫代硫酸盐)。若两端的硫原子均和 3 个氧原子结合，称为连某硫酸盐，如 $M_2S_2O_6$。若两端的硫原子均和 2 个氧原子结合，称为连某亚硫酸盐，目前只有连二亚硫酸盐 $M_2S_2O_4$。连二亚硫酸是弱酸，其盐有较强的还原性。而连二硫酸盐较稳定，不易被氧化。

(3) 凡结构中有—O—O—键的称为过硫酸盐，如 $K_2S_2O_8$ 称为过二硫酸钾，$H_2S_2O_8$ 或者是 H_2SO_5 称为过二硫酸。过二硫酸盐有很强的氧化性并不稳定。

(4) 凡结构中有两个磺基—SO_3^-通过 O 相连称为焦硫酸盐，如 $K_2S_2O_7$。

硫的各种含氧酸根基团的结构如图 Y-5-5 所示。

8. S^{2-}、SO_3^{2-}、$S_2O_3^{2-}$ 的分离和鉴定

S^{2-}、SO_3^{2-}、$S_2O_3^{2-}$ 的分离和鉴定的流程示意图见图 Y-5-6。

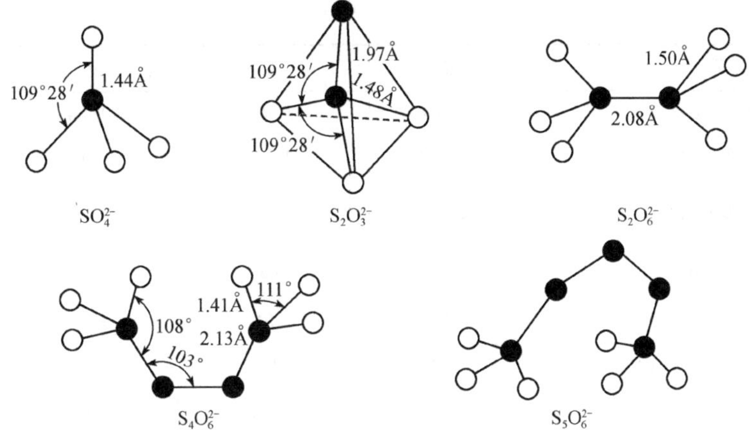

图 Y-5-5　硫的各种含氧酸根基团的结构图

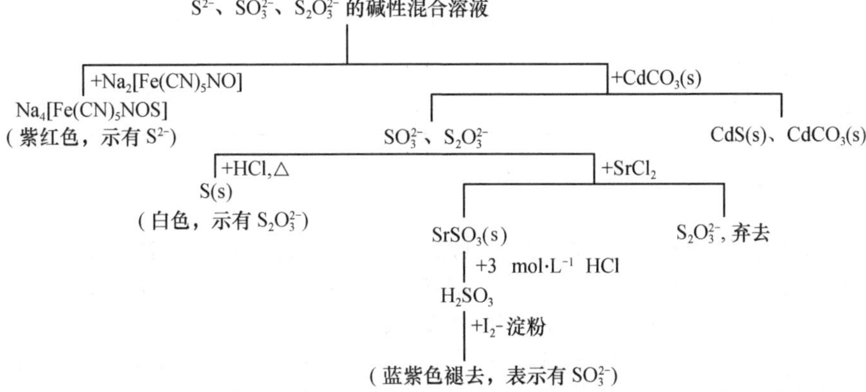

图 Y-5-6　S^{2-}、SO_3^{2-}、$S_2O_3^{2-}$ 的分离和鉴定流程图

在应用图 Y-5-6 所列的分离和鉴定方法的过程中，需要注意以下几个问题：

① S^{2-}会妨碍 SO_3^{2-} 及 $S_2O_3^{2-}$ 的检出，$S_2O_3^{2-}$ 会妨碍 SO_3^{2-} 的检出，所以必须预先进行分离。

② 待 S^{2-}检出后用 $CdCO_3$ 与 S^{2-}形成 CdS 黄色沉淀除去 S^{2-}。

③ 用 HCl 和加热的方法检出 $S_2O_3^{2-}$ 后，用 $SrCl_2$ 与 SO_3^{2-} 作用形成 $SrSO_3$ 沉淀将 SO_3^{2-} 分离出来，再用 HCl 酸化后检出。

§ Y-5-2　卤 族 元 素

一、卤族元素的通性

卤族元素包括氟(F)、氯(Cl)、溴(Br)、碘(I)和砹(At)五种元素，总称为卤素。该族元素都是典型的非金属元素，它们都可以和典型的金属元素形成盐。其中砹是放射性元素，在自然界中仅以微量存在于镭和锕或钍的蜕变产物中。常见卤素的性质见表 Y-5-6。

表 Y-5-6　卤素的性质

性质	氟	氯	溴	碘
元素符号	F	Cl	Br	I
原子序数	9	17	35	53

续表

性质	氟	氯	溴	碘
相对原子质量	18.988	35.453	79.904	126.905
价电子层结构	$2s^22p^5$	$3s^23p^5$	$4s^24p^5$	$5s^25p^5$
主要氧化数	−1，0	−1，0，+1，+3，+5，+7	−1，0，+1，+3，+5，+7	−1，0，+1，+3，+5，+7
共价半径/($\times10^{-12}$ m)	71	99	114	133
X^-离子半径/($\times10^{-12}$ m)	136	181	195	216
电子亲和能/($kJ\cdot mol^{-1}$)	322	348.7	324.5	295
第一电离能/($kJ\cdot mol^{-1}$)	1681	1251	1140	1008
电负性(鲍林标度)	3.98	3.16	2.96	2.66
物态(298 K，100 kPa)	气体	气体	液体	固体
单质颜色	淡黄色	黄绿色	红棕色	紫黑色
标准电极电势 $\varphi_A^\ominus$ / V $X_2 + 2e^- \rightleftharpoons 2X^-$	2.87	1.36	1.09	0.54

二、卤原子的成键特征

根据卤素原子的电子层结构和它们的电负性，可以判断它们形成化合物的价键特征如下：

(1) 卤素原子的电子壳层中只有一个单电子，形成单质分子时只能有一个共价键，所以单质分子应该是非极性的双原子分子，单质的物理性质只与分子间的色散力有关。

(2) 卤素原子能结合 1 个电子形成氧化数为−1 的化合态，如卤素与活泼金属形成的典型的离子型化合物。在与氢形成的化合物 HX 中键是极性共价键，其在水溶液中会电离成氧化数为−1 的阴离子。与其他非金属元素形成化合物时键也是极性共价键，其中卤原子的氧化数也是−1。

(3) 在卤素(除了氟之外)显正氧化态(+1、+3、+5、+7)的化合物中，键是极性共价键，这些化合物最典型的表现为氯、溴、碘的含氧化合物和卤素互化物。在前一类化合物中常包含卤素与氧原子之间的复键，卤原子一般采取 sp^3 杂化态。在后一类化合物中，一种卤素原子显正氧化态而另一种卤素原子显负氧化态。在化合时，显正氧化态的卤素原子需要拆开已有的成对价电子而和几个(奇数)负氧化态卤素原子形成极性共价键，成键电子对可能进入 *n*d 能级而有复杂的杂化结构。

(4) 氧化数为−1 的卤原子可能作为电子给予体而参与到配合物内界成为配阴离子，组成一大类卤基配合物，如 $Na_3[AlF_6]$。也可能同时和两个奇数电荷离子配位形成桥基团，如在$(AlCl_3)_2$ 双聚分子中有两个双向成桥的氧化数为−1 的氯原子。

三、卤素在自然界中的分布

卤素在自然界中都以化合物的形式出现，它们在地壳中的分布量按原子所占百分数计算是：氟占 0.02%，氯占 0.02%，溴占 3×10^{-5}%，碘占 4×10^{-6}%，砹仅以极微小的量存在于放射性矿物中，而且会很快衰变。人们对砹的认识只是从 1940 年以人工合成的方法得到它的一种核素之后才开始的。目前对于它的性质还了解得不多。

氟的主要矿物有萤石 CaF_2 和冰晶石 Na_3AlF_6。重要化工原料矿磷灰石[主要成分为 $Ca_5(PO_4)_3F$]中也含有氟。氯主要以氯化钠的形式存在于海水、盐井水、盐湖水和岩盐矿中。溴以溴化钾或溴化钠的形式存在于晒制食盐后的卤水中(海盐卤或井盐卤)。碘也以碘化物的形式微量出现于油田深井水中和某些盐湖水中，在海水中则常以化合物的形式出现于某些海藻植物中，因此海藻灰是提取碘素或碘化合物的重要原料。在人体内，氯化钠存在于血液中，碘化合物存在于甲状腺中。人的食物中如果缺乏碘，会造成甲状腺肿大(大脖子病)，导致智力衰减和机能减退。

四、卤素的单质及其性质

氟与水剧烈反应，但氯、溴和碘都能溶于水中。氯和溴的水溶液称为氯水和溴水，溶液的颜色与气态的氯和溴一样(分别是黄绿色和红棕色)，碘水则显暗灰色(水合分子)。碘只在有机溶剂如四氯化碳、二硫化碳或苯中才显本身蒸气的紫色(未溶剂化的自由分子)。

溴和碘在有机溶剂中溶解度都很大，而在水中的溶解度是有限的：氯常温下在水中溶解度为 1 dm^3 水溶解 15 g；溴为 1 dm^3 水溶解 35 g；碘为 1 dm^3 水溶解 0.3 g。碘有一个特性是单质碘能溶解在碘化钾 KI 的水溶液中，这是由于在溶液中生成了多碘化物 KI_3(I—I—I^-是一个直线形的离子)，利用这个性质可以配制单质碘在水中的较浓溶液。

气态的卤素单质都有刺激气味，会刺激气管黏膜，产生窒息作用。吸入较多的蒸气会发生严重中毒，甚至造成死亡。从氯到碘，单质分子的离解程度逐渐增大，碘分子最容易离解。但氟分子有特别小的离解能，这是由于氟原子有相对小的半径，分子中两个原子之间存在较大的斥力。这也可以说明单质氟较强的化学活性。

单质氟是最活泼的非金属，在所有元素中，氟原子对电子的结合力最强，因此不能用任何化学方法从氟化物中提取单质氟，现在只能用电解的方法制备单质氟。

在酸性溶液中用氧化剂(如二氧化锰、高锰酸钾等)与氯化物作用就可以得到氯气：

$$MnO_2 + 2NaCl + 3H_2SO_4 \longrightarrow MnSO_4 + 2NaHSO_4 + Cl_2(g) + 2H_2O$$

$$16HCl + 2KMnO_4 \longrightarrow 2KCl + 2MnCl_2 + 5Cl_2(g) + 8H_2O$$

在工业上氯是用电解法制造的，以石墨为阳极，铁网为阴极，石棉铁丝网作隔膜，对饱和食盐溶液进行电解，在阳极上得到氯，在阴极室得到氢氧化钠和氢气：

$$2NaCl + H_2O \xlongequal{\text{电解}} \underset{(\text{阳极})}{Cl_2(g)} + 2NaOH + \underset{(\text{阴极})}{H_2(g)}$$

单质氯用于制造漂白粉、漂白纸浆和布匹、合成盐酸、制造氯化物、饮水消毒、合成塑料(聚氯乙烯)和农药等，其他如制造染料、有机溶剂、化学试剂、提炼稀有金属等也要消耗许多氯气。目前在我国氯气主要用于合成塑料和制造含氯杀虫农药。

溴和碘的单质可以用二氧化锰在酸性介质中氧化溴化物或碘化物来制备单质溴或碘：

$$MnO_2 + 2KBr + 3H_2SO_4 \longrightarrow MnSO_4 + 2KHSO_4 + Br_2 + 2H_2O$$

$$MnO_2 + 2KI + 3H_2SO_4 \longrightarrow MnSO_4 + 2KHSO_4 + I_2(s) + 2H_2O$$

在工业上用向卤水中通入氯气的方法制备单质溴：

$$2KBr + Cl_2 \longrightarrow 2KCl + Br_2$$

使氯气和海藻灰的浸液(含碘化钾)作用可以得到单质碘：

$$2KI + Cl_2 \longrightarrow 2KCl + I_2(s)$$

单质溴可以通过蒸馏的方法收集，单质碘则通过升华的方法纯制。

溴主要用于制造含溴的有机化合物、含溴的药剂等，碘在医药中用于药剂和消毒杀菌剂，它们又都用于合成某些染料。

卤素单质和水发生两个重要的化学反应：

$$X_2 + H_2 \longrightarrow 2H^+ + 2X^-$$

$$X_2 + H_2O \longrightarrow H^+ + X^- + HOX$$

由氟至碘，这两个反应的激烈程度逐渐减弱，而逆向反应逐渐加强。对碘来说，反应在很大程度上向左进行。氟与水的反应很激烈，并有燃烧现象，不仅放出氧气，而且会产生氟化氧 OF_2、过氧化氢和臭氧：

$$F_2 + H_2O \text{ === } 2HF + O$$

$$2O \text{ === } O_2$$

$$3O \text{ === } O_3$$

$$O + H_2O \text{ === } H_2O_2$$

$$O + F_2 \text{ === } OF_2$$

对于卤素分子的水解反应 $X_2 + H_2O \text{ === } H^+ + X^- + HOX$，由氟至碘，反应进行的程度也逐渐不能趋于完全。氟基本上不进行这个反应，因为反应 $F_2 + H_2 \text{ === } 2H^+ + 2F^-$过于激烈。氯、溴、碘则建立反应平衡：

$$X_2 + H_2O \text{ === } H^+ + X^- + HOX$$

在 25℃时反应的平衡常数从氯到碘分别为 4.8×10^{-4}、5×10^{-9}、3×10^{-13}，加入酸时反应向左进行，而加入碱时反应向右进行。这个平衡移动关系可以从以下的具体反应中看出，漂白粉(次氯酸钙、氯化钙和氢氧化钙的混合物)加盐酸时放出氯气，而氯气与氢氧化钠溶液反应时完全转化成氯化钠和次氯酸钠。卤素单质的重要化学反应列于表 Y-5-7 中。

表 Y-5-7　卤素单质的重要化学反应

化学反应	说明	化学反应	说明
$nX_2 + 2M \text{ === } 2MX_n$	M 是指多数金属元素 n 是指金属的氧化态	$3X_2 + 8NH_3 \text{ === } 6NH_4X + N_2$	X 为 F、Cl、Br
$X_2 + H_2 \text{ === } 2HX$	反应激烈程度依 F→Cl→Br→I 递减	$3X_2 + 2P \text{ === } 2PX_3$	与 As、Sb、Bi 也有类似反应
$2X_2 + 2H_2O \text{ === } 4H^+X^- + O_2$	同上	$X_2 + PX_3 \text{ === } PX_5$	碘无此反应
$X_2 + H_2O \text{ === } H^+X^- + HOX$	氟无此反应	$X_2 + 2S \text{ === } S_2X_2$	X 为 Cl、Br
$X_2 + C_nH_{2n} \text{ === } C_nH_{2n}X_2$	氯、溴适于此反应	$3X_2 + S \text{ === } SX_6$	X 为 F
$X_2 + H_2S \text{ === } 2HX + S$	X 为 Cl、Br、I	卤素的依次取代顺序 F—Cl—Br—I	前面一个单质可从后一元素化合物中把后一元素单质置换出来
$X_2 + CO \text{ === } COX_2$	X 为 Cl、Br		
$X_2 + SO_2 \text{ === } SO_2X_2$	X 为 F、Cl		

五、卤化氢和氢卤酸

卤素和氢的化合物统称为卤化氢。它们的水溶液显酸性，统称为氢卤酸，其中氢氯酸常用其俗名盐酸。氢卤酸的盐统称为卤化物。

卤化氢都是无色气体，有一定的刺激气味，在空气中与水汽结合而发烟，极易溶于水，它们的水溶液除氢氟酸外都是强酸。在氢氟酸中由于 HF 分子的高度极性(氢键)而有缔合状态的$(HF)_n$，因而影响了氢氟酸的电离作用和酸根的强度。在 $0.1\ mol \cdot dm^{-3}$ 溶液中的表观电离度仅有 10%，相当于一种弱酸。

同一族卤素元素从上到下，随着相对分子质量的增大，卤化氢分子的极性减弱而氢卤酸的酸性增强。卤离子的半径是决定卤化物性质的重要因素之一。从氯离子到氟离子，半径有一突跃的变化(卤化氢分子的核间距从 128×10^{-12} m 到 92×10^{-12} m)，这个突变关系表现在卤化氢的各种性质上，从氯化氢到氟化氢也有一突跃的变化。例如，分子的极性，由于氟原子极小和电负性最大，HF 中的共用电子对更偏向氟原子的一方，因而 HF 具有极强的极性。而有 HCl→HBr→HI，随着卤原子的增大，分子极性均匀地变小，这也决定了 HF 分子的偶极子缔合而有高的熔点和沸点、低的电离度。从 HCl→HBr→HI，随卤原子半径的增大和电子层数增多，分子间色散力递增，因而沸点和熔点递增。同样，按 HCl→HBr→HI 的顺序，卤离子半径越大越容易受水分子极化而电离，因而 HI 是氢卤酸中最强的酸。

卤化氢的水溶液称为氢卤酸，其中以氢氟酸和盐酸有较大的实用意义。氢氟酸用于刻蚀玻璃(有时也用 HF 气体)，因为 HF 能和玻璃中的主要组成物 SiO_2 反应生成挥发性产物：

$$SiO_2 + 4HF = SiF_4(g) + 2H_2O$$

氢氟酸又用于溶解矿物，特别是溶解复杂的硅酸盐，由于它能除去 SiO_2 而使硅酸盐分解，有利于矿物中其他组分的分析和鉴定。在定量分析化学中还利用氢氟酸来测定用品中的 SiO_2 的含量。

盐酸是一种重要的工业原料和化学试剂，用于制造各种氯化物、清洗金属表面，用于食品工业、制造染料、从矿物中提取稀有金属等。

常用的盐酸其质量分数为 37%，相对密度为 1.19。摩尔浓度为 12 $mol \cdot dm^{-3}$，当蒸发盐酸时首先有 HCl 气体挥发出来，水分则挥发得较少。当溶液的浓度到 20.24%时(1 个大气压下)，就不会再有多余的 HCl 气体蒸发出来，蒸馏出来的蒸气和溶液都固定地保持在 20.24%(接近于 6 $mol \cdot dm^{-3}$)的浓度，即这时 HCl 和水是物理上不可分离的。这个混合物的沸点恒定在 110.0℃，只要外界大气压不变，这个混合物的成分和沸点都不会改变。这种混合物称为恒沸液，对盐酸来说称为恒沸盐酸。从组成上来说，这时的盐酸成分相当于 $HCl \cdot 6H_2O$。这种结合是一种物理化学的变化。许多物质都能和水构成恒沸液，如硝酸(65%)、硫酸(98%)、乙醇(95%)等。

六、卤化物和卤素的互化物

1. 卤化物

卤化物的制备可以用直接合成、卤素的交换反应及卤化剂的卤化反应。卤化物一般可分成离子型卤化物和共价型卤化物，其间很难有严格的界限。例如，$AlCl_3$ 在固体状态下每个 Al 原子被八面体排列的紧密堆积氯原子包围，表现为离子晶格，但熔点很低(193℃)，其液态和气态则由 Al_2Cl_6 分子组成，表现为共价型化合物。按照熔、沸点的高低可以大致相对地判断卤化物的结构类型，第四周期部分元素卤化物熔、沸点列于表 Y-5-8 中。

表 Y-5-8　卤化物的熔、沸点

卤化物	KCl	$CaCl_2$	$ScCl_3$	$TiCl_4$	VCl_4	$CrCl_3$	$MnCl_2$	$ZnCl_2$	$GaCl_3$
熔点/℃	772	782	960	−23	−25.7	815	650	275	77.5
沸点/℃	1407	—	—	154	152	—	1190	756	200

从以上数据可以判定 KCl、$CaCl_2$、$ScCl_3$、$CrCl_3$、$MnCl_2$ 是离子型卤化物，而 $TiCl_4$、VCl_4、$ZnCl_2$ 和 $GaCl_3$ 是共价型卤化物。

卤化物结构的类型一般有如下规律：碱金属元素(锂除外)、碱土金属元素(铍除外)、大多数镧系元素和某些低氧化态的 d 组和锕系元素的卤化物可以认为是以离子型为主的化合物。随着元素原子的半径比值的增大，卤化物的共价性增加。如果一种金属元素有可变的氧化态，低氧化态的卤化物常是离子型的，而高氧化态的卤化物则往往是共价型的。例如，$PbCl_2$ 是离子型盐(白色晶体)，而 $PbCl_4$ 是共价型的(黄色油状液体)；UF_4 是离子型的固体，而 UF_6 是油状气体。

卤离子的大小和极性在决定卤化物的性质上也是重要的。例如，AlF_3 基本上是离子型盐，$AlCl_3$ 在液态或气态中具有双聚分子结构，而 $AlBr_3$ 和 AlI_3 在固态下就以共价双聚分子存在。大多数离子型卤化物能溶在水中生成水合的金属离子和卤离子。不过氧化数为+3 和+4 的镧系和锕系元素的氟化物是不溶于水的。Li、Ca、Sr 和 Bi 的氟化物也是难溶的，氟化铵可作 Li^+的沉淀剂。铅能生成微溶盐 PbClF，可用于重量法测定 F^-。Ag(Ⅰ)、Cu(Ⅰ)、Hg(Ⅰ)和 Pb(Ⅱ)的氯化物、溴化物和碘化物也是较难溶的。一种给定元素 M 的四种卤化物 MF_n、MCl_n、MBr_n、MI_n 的溶解度的递变顺序可以有两种不同的变化方向。如果这四种卤化物的键型以离子型为主，则溶解度大小的顺序是碘化物 > 溴化物 > 氯化物 > 氟化物，因为决定因素是随着离子半径的变小晶格能增大，氟化物的晶格能最大而溶解度降低。碱金属、碱土金属和镧系元素氯化物的溶解度是按照这种顺序变化的。另一种，如果共价型键占主导地位，溶解度的变化顺序则恰好相反，氟化物的溶解度最大而碘化物的溶解度最小。例如，Hg(Ⅰ)的卤化物和 Ag(Ⅰ)的卤化物就是按这样的顺序变化的。

2. 卤素的互化物

卤族元素彼此之间也能互相形成化合物，称为卤素的互化物。在卤素的互化物中除 BrCl、ICl 和 ICl_3 之外都是卤素的氟化物，如 ClF、BrF_3、IF_5、IF_7 等。根据组成和化学式，这类化合物应该是极性共价键，共用电子对应向电负性较大的卤原子方向偏移，而且较轻卤原子的数目应该是奇数。

七、卤族元素的含氧化合物

卤素不能与氧直接化合，它们的氧化物和含氧酸只能用间接的方法得到。除氟外，卤素在含氧化合物中都显正氧化态，氯、溴、碘的氧化数最高都能达到+7。所有卤素的氧化物都是不稳定或较不稳定的化合物，只有含氧酸盐较稳定。

1. 氧化物

氟能生成相当稳定的氧化物 OF_2，它是用单质氟作用于 2%的氢氧化钠溶液时生成的。

$$2NaOH + 2F_2 \xlongequal{\quad} 2NaF + OF_2 + H_2O$$

由于氟有较高的电负性，认为这个化合物中氧原子的氧化数是+2，而氟的氧化数是−1。二氟化氧是一种强氧化剂和氟化剂。

氯能生成常见的氧化物有 Cl_2O、ClO_2 和 Cl_2O_7，第一个是次氯酸的酐，第三个是氯酸的酐。碘能生成 I_2O_4 和 I_2O_5 两种氧化物，后者是碘酸的酐。溴有较不稳定的氧化物 Br_2O 和 BrO_2。

2. 卤素的含氧酸

在表 Y-5-9 中列出了卤素的含氧酸。其中许多酸和盐是早就发现了的，但仅在最近几年这个表才被填满。一直以为次氟酸、高溴酸和高溴酸盐是不存在的，直到最近才都成功地被合成出来。许多卤素含氧酸仅存在于水溶液中，但除了次碘酸盐和亚碘酸盐外，一般都能制得相当稳定的晶状盐。HXO(X = F、Cl 或 Br)、HXO_3 和 HXO_4 分子甚至在蒸气状态下都是稳定的。

表 Y-5-9　卤素的含氧酸

F	Cl	Br	I
HOF	HOCl	HOBr	HOI
	$HClO_2$	$HBrO_2$	HIO_2
	$HClO_3$	$HBrO_3$	HIO_3
	$HClO_4$	$HBrO_4$	HIO_4

在卤素的含氧酸中，只有氯的含氧酸有较多的实际用途，亚卤酸和它们的盐都没有什么重要性。例如，$HBrO_2$ 和 HIO 的存在仅是短暂的，往往只是化学反应的中间产物。

1) 次氯酸和次氯酸盐

氯气可以发生如下反应：

$$Cl_2 + H_2O \xlongequal{\quad} H^+ + Cl^- + HOCl$$

这个反应中可以认为氯分子受到水分子的极化作用，先发生氯分子中电子云分配的不均衡，然后分裂成 Cl^+ 和 Cl^-，它们分别和水中的离子结合成 HCl 和 ClOH(即 HClO)。其中 HClO 是弱酸，主要以分子形态存在于溶液中，而 HCl 则以 H^+和 Cl^-的形式存在。这个反应的平衡常数不大($K = 4.8 \times 10^{-4}$)，在一般的情况下，反应达到平衡时，氯饱和溶液(浓度为 0.091 $mol \cdot dm^{-3}$)中约只有 1/3 的氯水发生了反应，因此得到的次氯酸的浓度很低(约 0.03 $mol \cdot dm^{-3}$)。次氯酸的电离常数 K_a 为 2×10^{-3}。

次氯酸很不稳定，在溶液中逐渐分解：

$$2HOCl \xlongequal{\quad} 2HCl + O_2(g)$$

在光的照射下这个分解反应进行得非常快，所以氯水或次氯酸溶液应保存在暗色的瓶子中并放在阴冷的地方。次氯酸有强的氧化性和漂白作用。

次氯酸钙有较低的溶解度，它从溶液中以微细的白色晶体析出，可以过滤分离。它被用于漂白、消毒，在军事上用于消除军用毒气。

次氯酸盐的漂白作用取决于下列三种类型的反应：

(1) 被漂白物料中有色分子的破坏性氧化作用；

(2) 在烯烃双键上的 HOCl 加成反应；

(3) 饱和有机物的氯化。

由于次溴酸盐的漂白作用比次氯酸盐更快更强，向次氯酸盐溶液中加入少量碱金属溴化物可以大大加强次氯酸盐溶液的漂白效率。

2) 氯酸和氯酸盐

次氯酸受热时发生如下歧化反应：

$$3NaOCl \xlongequal{\triangle} 2NaCl + NaClO_3$$

歧化反应是指同一物质既被氧化成高氧化态的物质又被还原成低氧化态的物质。例如，上述反应的产物中，Cl 的氧化态既升高为 $NaClO_3$ 中的+5，又降低为 NaCl 中的−1。

常见的氯酸盐是氯酸钾，因为它有较低的溶解度，很容易从溶液中结晶出来。氯酸钾是一种强氧化剂，它的固态盐与易燃物(碳、硫、磷、有机化合物)的混合物受撞击时就会猛烈爆炸。它在工业上有重要的用途，如制造火柴、卷烟纸、火药、信号弹、焰火等。氯酸钾和氯酸钠还可以用作除草剂，它们能杀死杂草，属于农药的一种。

3) 高氯酸和高氯酸盐

高氯酸盐是比氯酸盐更稳定的化合物(白色晶状盐)，但它也是一种危险的潜在氧化剂和爆炸品，当热高氯酸盐与有机物接触时有引爆的危险。一些高氯酸盐有高度的放热分解过程，如：

$$AgClO_4 \xlongequal{\quad} AgCl + 2O_2 \qquad \Delta_r H^{\ominus}_{298\,K} = -104.6\ kJ \cdot mol^{-1}$$

在干燥时磨碎，有可能发生爆炸。

无水高氯酸是一种极强的氧化剂，它与有机物会发生爆炸性反应，遇到 HI 或 $SOCl_2$ 会发生燃烧。

高氯酸盐除少数例外，都易溶于水，有的高氯酸盐甚至能溶于有机溶剂中，四水合高氯酸能溶于乙醚中。如果阳离子是无色的，则一般其高氯酸盐也是无色的晶状盐。

高氯酸根离子 ClO_4^- 是一个很稳定和难被极化的阴离子，所以很少见到它成为配合物中的配位阴离子。

如果将氯的各种含氧酸水溶液(相同浓度)的酸性和氧化性进行比较可以得出如下规律：氯的含氧酸在水溶液中的氧化性越强，这个酸就越不稳定。事实上，次氯酸和亚氯酸仅可存在于稀水溶液中，氯酸可达到 40%的浓度，而高氯酸可以存在为无水状态和各种浓度的水溶液中，在水溶液中也不容易分解。

氯的含氧酸对单质氯和氯离子的氧化还原电势如下：

$$HClO + H^+ + e^- \rightleftharpoons \frac{1}{2}Cl_2 + H_2 \qquad \varphi^{\ominus} = 1.63\ V$$

$$HClO + H^+ + 2e^- \rightleftharpoons Cl^- + H_2O \qquad \varphi^{\ominus} = 1.50\ V$$

$$HClO_2 + 3H^+ + 4e^- \rightleftharpoons Cl^- + 2H_2O \qquad \varphi^{\ominus} = 1.57\ V$$

$$HClO_3 + 5H^+ + 5e^- \rightleftharpoons \frac{1}{2}Cl_2 + 3H_2O \qquad \varphi^{\ominus} = 1.47\ V$$

$$HClO_4 + 7H^+ + e^- \rightleftharpoons \frac{1}{2}Cl_2 + 4H_2O \qquad \varphi^{\ominus} = 1.34\ V$$

归纳氯和氯的含氧化合物系统的电极电势，得出氯的元素电势图，见图 Y-5-7。

酸性溶液中：$\varphi_A^{\ominus}$ / V

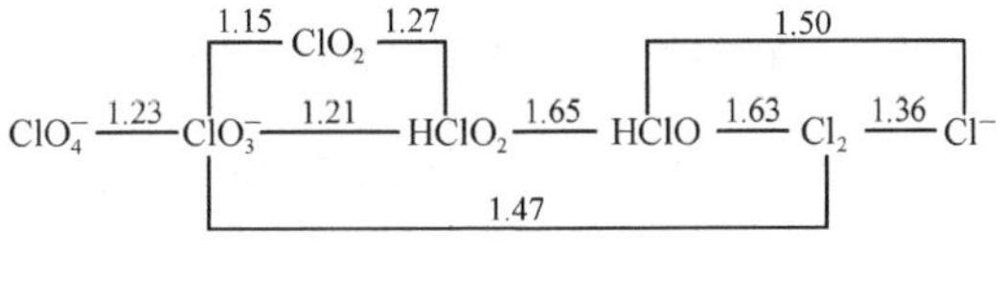

$$ClO_4^- \xrightarrow{1.23} ClO_3^- \xrightarrow{1.21} HClO_2 \xrightarrow{1.65} HClO \xrightarrow{1.63} Cl_2 \xrightarrow{1.36} Cl^-$$

$$ClO_3^- \xrightarrow{1.15} ClO_2 \xrightarrow{1.27} HClO_2 \qquad HClO \xrightarrow{1.50} Cl^- \qquad ClO_3^- \xrightarrow{1.47} Cl_2$$

碱性溶液中：$\varphi_B^{\ominus}$ / V

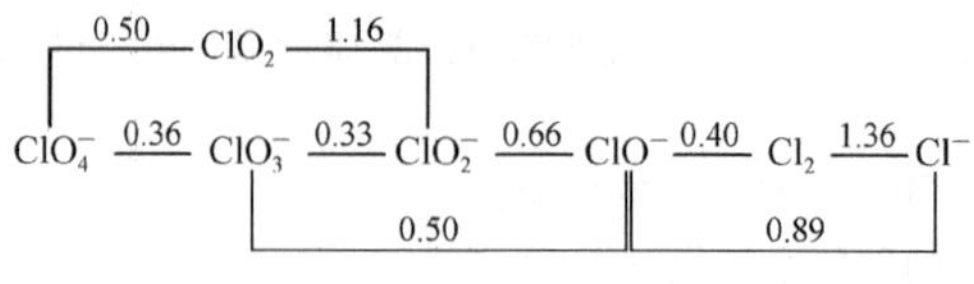

图 Y-5-7　氯元素的电势图

从图 Y-5-7 可以得出以下几点结论：

(1) 单质氯在酸性溶液中不容易发生歧化反应，也就说明只要有适宜的还原剂，Cl_2 容易转化成 Cl^-。但由 Cl_2 氧化成 HOCl 却是困难的；在碱性溶液中 Cl_2 容易转化为 ClO^-，所以 Cl_2 在碱性介质中会自发歧化成 ClO^- 和 Cl^-。

(2) 在碱性介质中下列反应在加热下进行：

$$4ClO_3^- \xlongequal{\triangle} 3ClO_4^- + Cl^-$$

(3) 在酸性介质中，ClO^- 与 Cl^- 反应生成 Cl_2，即歧化反应的逆反应。

八、卤离子(Cl^-、Br^-、I^-)的分离和鉴定

Cl^-、Br^-、I^- 的分离和鉴定主要是根据 AgX 难溶盐溶度积的大小和 Cl^-、Br^-、I^- 还原性的大小进行的。分离和鉴定流程示意图见图 Y-5-8。

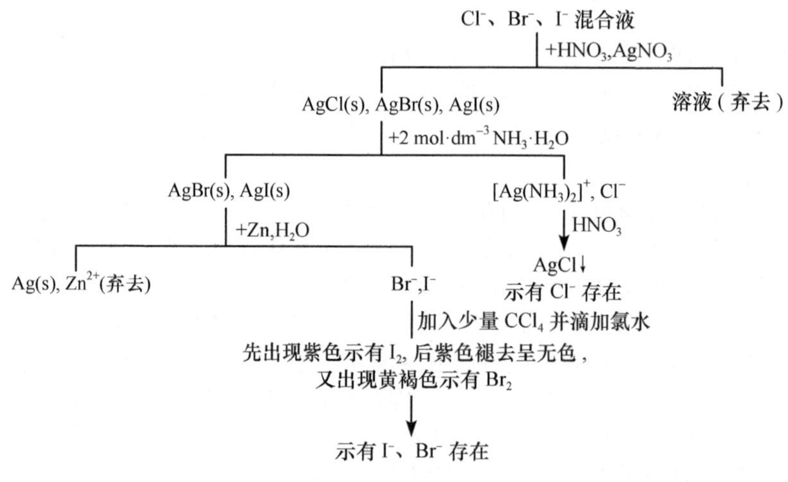

图 Y-5-8　卤离子的分离鉴定流程简图

相关的反应方程式为

$$Ag^+ + Cl^- \xlongequal{} AgCl(s)$$

$$AgCl + 2NH_3 \cdot H_2O \xlongequal{} [Ag(NH_3)_2]^+ + Cl^- + 2H_2O$$

$$[Ag(NH_3)_2]^+ + Cl^- + 2H^+ \xlongequal{} AgCl(s) + 2NH_4^+$$

$$2AgBr(或2AgI) + Zn \xlongequal{} 2Ag + 2Br^-(或2I^-) + Zn^{2+}$$

$$Cl_2 + 2I^- \xlongequal{} 2Cl^- + I_2(s)(紫色)$$

$$5Cl_2 + I_2 + 6H_2O \xlongequal{} 10HCl + 2HIO_3(无色)$$

$$Cl_2 + 2Br^- \xlongequal{} 2Cl^- + Br_2(黄褐色)$$

参 考 文 献

董元彦, 路福绥, 唐树戈, 等. 2013. 物理化学. 5 版. 北京: 科学出版社
方寓之. 2002. 分析化学与分析技术. 上海: 华东师范大学出版社
傅献彩, 侯文华. 2022. 物理化学(上册). 6 版. 北京: 高等教育出版社
傅玉普, 林青松. 2002. 物理化学学习指导. 大连: 大连理工大学出版社
何培之, 王世驹, 李续娥. 2001. 普通化学. 北京: 科学出版社
华东理工大学, 四川大学. 2018. 分析化学. 7 版. 北京: 高等教育出版社
华彤文, 王颖霞, 卞江, 等. 2013. 普通化学原理. 4 版. 北京: 北京大学出版社
揭念芹. 2018. 基础化学 I (无机及分析化学). 2 版. 北京: 科学出版社
李克安. 2009. 分析化学教程. 北京: 北京大学出版社
刘翊纶. 1992. 基础元素化学. 北京: 高等教育出版社
路琼华, 朱裕贞, 苏小云. 1993. 工科无机化学. 2 版. 上海: 华东理工大学出版社
马荔, 陈虹锦. 2013. 基础化学. 2 版. 北京: 化学工业出版社
马荔, 陈虹锦. 2019. 无机与分析化学实验. 北京: 化学工业出版社
南京大学《无机及分析化学》编写组. 2015. 无机及分析化学. 5 版. 北京: 高等教育出版社
彭崇慧, 冯建章, 张锡瑜. 2020. 分析化学: 定量化学分析简明教程. 4 版. 北京: 北京大学出版社
上海大学《工程化学》教材编写组. 1999. 工程化学. 上海: 上海大学出版社
李强, 崔爱莉, 寇会忠, 等. 2018. 现代化学基础. 3 版. 北京: 清华大学出版社
宋天佑, 程鹏, 徐家宁, 等. 2019. 无机化学(上、下册). 4 版. 北京: 高等教育出版社
孙淑声, 王连波, 赵钰琳, 等. 1999. 无机化学(生物类). 2 版. 北京: 北京大学出版社
天津大学无机化学教研室. 2018. 无机化学. 5 版. 北京: 高等教育出版社
万洪文, 詹正坤, 原弘, 等. 2023. 物理化学. 3 版. 北京: 高等教育出版社
武汉大学. 2016. 分析化学. 6 版. 北京: 高等教育出版社
西安交通大学. 2001. 普通化学. 西安: 西安交通大学出版社
徐光宪, 王祥云. 1987. 物质结构. 2 版. 北京: 科学出版社
薛华, 李隆弟, 郁鉴源, 等. 2000. 分析化学. 2 版. 北京: 清华大学出版社
严宣生, 王长富. 2016. 普通无机化学. 2 版. 北京: 北京大学出版社
尹敬执, 申泮文. 1980. 基础无机化学(上、下册). 北京: 人民教育出版社
印永嘉, 王雪琳, 奚正楷. 2009. 物理化学简明教程例题与习题. 2 版. 北京: 高等教育出版社
印永嘉, 奚正楷, 张树永. 2014. 物理化学简明教程. 4 版. 北京: 高等教育出版社
赵藻藩, 周性尧, 张悟铭, 等. 1990. 仪器分析. 北京: 高等教育出版社
浙江大学. 2019. 无机与分析化学. 3 版. 北京: 高等教育出版社
周井炎, 李东风. 2017. 无机化学习题精解. 2 版. 北京: 科学出版社
朱裕贞, 顾达, 黑恩成. 2010. 现代基础化学. 3 版. 北京: 化学工业出版社
Atkins P, Jones L, Laverman L. 2013. Chemical Principles (The quest for insight). 6th ed. New York: W. H. Freeman and Company
Atkins P, Paula J D, Keeler J. 2018. Physical Chemistry. 11th ed. London: Oxford University Press
Harris D C. 2015. Quantitative Chemical Analysis. 9th ed. New York: W. H. Freeman and Company
Huheey J E, Keiter E A, Keiter R L. 1993. Inorganic Chemistry(Principle of Structure and Reactivity). 4th ed. New York: Harper Collins College Publishers
Overton T, Armstrong F A, Weller M, et al. 2018. Inorganic Chemistry. 7th ed. London: Oxford University Press

Pfennig B W. 2015. Principles of Inorganic Chemistry. Hoboken: John Wiley & Sons, Inc

Scholz F, Kahlert H. 2019. Chemical Equilibria in Analytical Chemistry: The Theory of Acid-Base, Complex, Precipitation and Redox Equilibria. Berlin: Springer International Publishing

Shriver D, Weller M, Overton T, et al. 2014. Inorganic Chemistry. 6th ed. New York: W. H. Freeman and Company

Skoog D A, West D M, Holler F J, et al. 2013. Fundamentals of Analytical Chemistry. 9th ed. Belmont: Cengage Learning

附　　录

一、常用重要的物理常量

量的名称	数值及单位
阿伏伽德罗常量	$N_A = 6.022137 \times 10^{23}\ mol^{-1}$
电子电荷	$e = 1.602177 \times 10^{-19}$ C
电子静止质量	$m_e = 9.109558 \times 10^{-31}$ kg
质子静止质量	$m_p = 1.672614 \times 10^{-27}$ kg
法拉第常量	$F = 9.648531 \times 10^4\ C \cdot mol^{-1}$
普朗克常量	$h = 6.626076 \times 10^{-34}\ J \cdot s$
玻尔兹曼常量	$k = 1.380658 \times 10^{-23}\ J \cdot K^{-1}$
摩尔气体常量	$R = 8.205 \times 10^{-2}\ dm^3 \cdot atm \cdot mol^{-1} \cdot K^{-1}$ $= 8.314\ J \cdot mol^{-1} \cdot K^{-1}$
光速(真空)	$c = 2.9979246 \times 10^8\ m \cdot s^{-1}$
原子的质量单位	u 或 amu = 1.660531×10^{-27} kg (=^{12}C 原子质量的 $\frac{1}{12}$)

二、常用的单位换算关系

单位名称	换算
1 厘米(cm)	10^8 Å = 10^7 nm
1 波数(cm^{-1})	1.9864×10^{-23} J
1 电子伏特(eV)	1.6022×10^{-19} J
1 kcal	4.184 kJ
1 尔格(erg)	2.390×10^{-11} kcal = 10^{-7} J
1 大气压(atm)	101325 Pa = 760 托(Torr)

三、常见物质的 $\Delta_f H_m^\ominus$、$\Delta_f G_m^\ominus$、$S_m^\ominus$ (298.15 K)

物质	$\Delta_f H_m^\ominus / (kJ \cdot mol^{-1})$	$\Delta_f G_m^\ominus / (kJ \cdot mol^{-1})$	$S_m^\ominus / (J \cdot mol^{-1} \cdot K^{-1})$
Ag(s)	0.0	0.0	42.55
Ag^+(aq)	105.58	77.12	72.68
$[Ag(NH_3)_2]^+$(aq)	−111.3	−17.2	245
AgCl(s)	−127.07	−109.80	96.2

续表

物质	$\Delta_f H_m^\ominus$ / (kJ·mol^{-1})	$\Delta_f G_m^\ominus$ / (kJ·mol^{-1})	$S_m^\ominus$ / (J·mol^{-1}·K^{-1})
$AgBr(s)$	−100.4	−96.9	107.1
$Ag_2CrO_4(s)$	−731.74	−641.83	218
$AgI(s)$	−61.84	−66.19	115
$Ag_2O(s)$	−31.1	−11.2	121
$Ag_2S(s,\alpha)$	−32.59	−40.67	144.0
$AgNO_3(s)$	−124.4	−33.47	140.9
$Al(s)$	0.0	0.0	28.33
$Al^{3+}(aq)$	−531	−485	−322
$AlCl_3(s)$	−704.2	−628.9	110.7
α-$Al_2O_3(s)$	−1676	−1582	50.92
$B(s,\beta)$	0.0	0.0	5.86
$B_2O_3(s)$	−1272.8	−1193.7	53.97
$BCl_3(g)$	−404	−388.7	290.0
$BCl_3(l)$	−427.2	−387.4	206
$B_2H_6(g)$	35.6	86.6	232.0
$Ba(s)$	0.0	0.0	62.8
$Ba^{2+}(aq)$	−537.64	−560.74	9.6
$BaCl_2(s)$	−858.6	−810.4	123.7
$BaO(s)$	−548.10	−520.41	72.09
$Ba(OH)_2(s)$	−944.7	—	—
$BaCO_3(s)$	−1216	−1138	112
$BaSO_4(s)$	−1473	−1362	132
$Br_2(l)$	0.0	0.0	152.23
$Br^-(aq)$	−121.5	−104.0	82.4
$Br_2(g)$	30.91	3.14	245.35
$HBr(g)$	−36.40	−53.43	198.59
$HBr(aq)$	−121.5	−104.0	82.4
$Ca(s)$	0.0	0.0	41.2
$Ca^{2+}(aq)$	−542.83	−553.54	−53.1
$CaF_2(s)$	−1220	−1167	68.87
$CaCl_2(s)$	−795.8	−748.1	105
$CaO(s)$	−635.09	−604.04	39.75
$Ca(OH)_2(s)$	−986.09	−898.56	83.39
$CaCO_3$(s,方解石)	−1206.9	−1128.8	92.9
$CaSO_4$(s,无水石膏)	−1434.1	−1321.9	107
C(石墨)	0.0	0.0	5.74
C(金刚石)	1.987	2.900	2.38
$C(g)$	716.68	671.21	157.99
$CO(g)$	−110.52	−137.15	197.56

续表

物质	$\Delta_f H_m^\ominus$ / (kJ·mol^{-1})	$\Delta_f G_m^\ominus$ / (kJ·mol^{-1})	$S_m^\ominus$ / (J·mol^{-1}·K^{-1})
CO_2(g)	−393.51	−394.36	213.6
CO_3^{2-}(aq)	−667.14	−527.90	−56.9
HCO_3^-(aq)	−691.99	−586.85	91.2
CO_2(aq)	−413.8	−386.0	118
H_2CO_3(aq,非电离)	−699.65	−623.16	187
CCl_4(l)	−135.4	−65.2	216.4
CH_3OH(l)	−238.7	−166.4	127
C_2H_5OH(l)	−277.7	−174.9	161
HCOOH(l)	−424.7	−361.4	129.0
CH_3COOH(l)	−484.5	−390	160
CH_3COOH(aq,非电离)	−485.76	−396.6	179
CH_3COO^-(aq)	−486.01	−369.4	86.6
CH_3CHO(l)	−192.3	−128.2	160
CH_4(g)	−74.81	−50.75	186.15
C_2H_2(g)	226.75	209.20	200.82
C_2H_4(g)	52.26	68.12	219.5
C_2H_6(g)	−84.68	−32.89	229.5
C_3H_8(g)	−103.85	−23.49	269.9
C_4H_6(g,1,2-丁二烯)	165.5	201.7	293.0
C_4H_8(g,1-丁烯)	1.17	72.04	307.4
n-C_4H_{10}(g)	−124.73	−15.71	310.0
C_6H_6(g)	82.93	129.66	269.2
C_6H_6(l)	49.03	124.50	172.8
Cl_2(g)	0.0	0.0	222.96
Cl^-(aq)	−167.16	−131.26	56.5
HCl(g)	−92.31	−95.30	186.80
ClO_3^-(aq)	−99.2	−3.3	162
Co(s, α,六方)	0.0	0.0	30.04
$Co(OH)_2$(s,桃红)	−539.7	−454.4	79
Cr(s)	0.0	0. 0	23.8
Cr_2O_3(s)	−1140	−1058	81.2
$Cr_2O_7^{2-}$(aq)	−1490	−1301	262
CrO_4^{2-}(aq)	−881.2	−727.9	50.2
Cu(s)	0. 0	0.0	33.15
Cu^+(aq)	71.67	50.00	41
Cu^{2+}(aq)	64.77	65.52	−99. 6
$[Cu(NH_3)_4]^{2+}$(aq)	−348.5	−111.3	274
Cu_2O(s)	−169	−146.4	93.14

续表

物质	$\Delta_f H_m^\ominus$ / (kJ · mol^{-1})	$\Delta_f G_m^\ominus$ / (kJ · mol^{-1})	$S_m^\ominus$ / (J · mol^{-1} · K^{-1})
CuO(s)	−155	−127	43.5
Cu_2S(s,α)	−79.5	−86.2	121
CuS(s)	−53.1	−53.6	66.5
$CuSO_4$(s)	−771.36	−661.9	109
$CuSO_4 \cdot 5H_2O$(s)	−2279.7	−1880.06	300
F_2(g)	0.0	0.0	202.7
F^-(aq)	−332.6	−278.8	−14
F(g)	78.99	61.92	158.64
Fe(s)	0.0	0.0	27.3
Fe^{2+}(aq)	−89.1	−78.87	−138
Fe^{3+}(aq)	−48.5	−4.6	−316
Fe_2O_3(s,赤铁矿)	−822.2	−741.0	87.40
Fe_3O_4(s,磁铁矿)	−1120. 9	−1015.46	146.44
H_2(g)	0.0	0.0	130.57
H^+(aq)	0.0	0.0	0.0
H_3O^+(aq)	−285.85	−237.19	69.96
Hg(g)	61.32	31.85	174.8
HgO(s,红)	−90.83	−58.53	70.29
HgS(s,红)	−58.2	−50.6	82.4
$HgCl_2$(s)	−224	−179	146
Hg_2Cl_2(s)	−265.2	−210.78	192
I_2(s)	0.0	0.0	116.14
I_2(g)	62.438	19.36	260.6
I^-(aq)	−55.19	−51.59	111
HI(g)	25.9	1.30	206.48
K(s)	0.0	0.0	64.18
K^+(aq)	−252.4	−283.3	103
KCl(s)	−436.75	−409.2	82.59
KI(s)	−327.90	−324.89	106.32
KOH(s)	−424.76	−379.1	78.87
$KClO_3$(s)	−397.7	−296.3	143
$KMnO_4$(s)	−837.2	−737.6	171.7
Mg(s)	0.0	0. 0	32.68
Mg^{2+}(aq)	−466.85	−454.8	−138
$MgCl_2$(s)	−641.32	−591.83	89.62
$MgCl_2 \cdot 6H_2O$(s)	−2499.0	−2215.0	366
MgO(s,方镁石)	−601.70	−569.44	26.9
$Mg(OH)_2$(s)	−924.54	−833.58	63.18
$MgCO_3$(s,菱镁石)	−1096	−1012	65.7

续表

物质	$\Delta_f H_m^\ominus$ / (kJ·mol^{-1})	$\Delta_f G_m^\ominus$ / (kJ·mol^{-1})	$S_m^\ominus$ / (J·mol^{-1}·K^{-1})
$MgSO_4$(s)	−1285	−1171	91.6
Mn(s,α)	0.0	0.0	32.0
Mn^{2+}(aq)	−220.7	−228.0	−73.6
MnO_2(s)	−520.03	−465.18	53.05
MnO_4^-(aq)	−518.4	−425.1	189. 9
$MnCl_2$(s)	−481.29	−440.53	118.2
Na(s)	0.0	0.0	51.21
Na^+(aq)	−240.2	−261.89	59.0
NaCl(s)	−411.15	−384.15	72.13
Na_2O(s)	−414.2	−375.5	75.06
NaOH(s)	−426.73	−379.53	64.45
Na_2CO_3(s)	−1130.7	−1044.5	135.0
NaI(s)	−287.8	−286.1	98.53
Na_2O_2(s)	−513.2	−447.69	94.98
HNO_3(l)	−174.1	−80.79	155.6
NO_3^-(aq)	−207.4	−111.3	146
NH_3(g)	−46.11	−16.5	192.3
$NH_3\cdot H_2O$(aq,非电离)	−366.12	−263.8	181
NH_4^+(aq)	−132.5	−79.37	113
NH_4Cl(s)	−314.4	−203.0	94.56
NH_4NO_3(s)	−365.6	−184.0	151.1
$(NH_4)_2SO_4$(s)	−901.90	—	187.5
N_2(g)	0.0	0.0	191.5
NO(g)	90. 25	86.57	210.65
NOBr(g)	82.17	82.42	273.5
NO_2(g)	33.2	51.30	240.0
N_2O(g)	82.05	104.2	219.7
N_2O_4(g)	9.16	97.82	304.2
N_2H_4(g)	95.40	159.3	238.4
N_2H_4(l)	50.63	149.2	121.2
NiO(s)	−240	−212	38.0
O_3(g)	143	163	238.8
O_2(g)	0.0	0.0	205.03
OH^-(aq)	−229.99	−157.29	−10.8
H_2O(l)	−285.83	−237.18	69.94
H_2O(g)	−241.82	−228.4	188.72
H_2O_2(l)	−187.8	−120.4	—
H_2O_2(aq)	−191.2	−134.1	144
P(s,白)	0.0	0.0	41. 09

续表

物质	$\Delta_f H_m^\ominus$ / (kJ · mol^{-1})	$\Delta_f G_m^\ominus$ / (kJ · mol^{-1})	$S_m^\ominus$ / (J · mol^{-1} · K^{-1})
P(红, s,三斜)	−17.6	−12.1	22.8
PCl_3(g)	−287	−268.0	311.7
PCl_5(s)	−443.5	—	—
Pb(s)	0.0	0.0	64.81
Pb^{2+}(aq)	−1.7	−24.4	10
PbO(s,黄)	−215.33	−187.90	68.70
PbO_2(s)	−277.40	−217.36	68.62
Pb_3O_4(s)	−718.39	−601.24	211.29
H_2S(g)	−20.6	−33.6	205.7
H_2S(aq)	−40	−27.9	121
HS^-(aq)	−17.7	12.0	63
S^{2-}(aq)	33.2	85.9	−14. 6
H_2SO_4(l)	−813.99	−690.10	156.90
HSO_4^-(aq)	−887.34	−756.00	132
SO_4^{2-}(aq)	−909.27	−744.63	20
SO_2(g)	−296.83	−300.37	248.1
SO_3(g)	−395.7	−370.3	256. 6
Si(s)	0.0	0.0	18.8
SiO_2(s,石英)	−910.94	−856.67	41.84
SiF_4(g)	−1614.9	−1572.7	282.4
$SiCl_4$(l)	−687.0	−619.90	240
$SiCl_4$(g)	−657.01	−617.01	330.6
Sn(s,白)	0.0	0.0	51.5
Sn(s,灰)	−2.1	0.13	44.3
SnO(s)	−286	−257	56.5
SnO_2(s)	−580.7	−519.7	52.3
$SnCl_2$(s)	−325	—	—
$SnCl_4$(s)	−511.3	−440. 2	259
Zn(s)	0.0	0.0	41.6
Zn^{2+}(aq)	−153.9	−147.0	−112
ZnO(s)	−348.3	−318.2	43.64
$ZnCl_2$(aq)	−488.19	−409.5	0.8
ZnS(s,闪锌矿)	−206.0	−201.3	57.7

摘自：Weast R C. 1988～1989. CRC Handbook of Chemistry and Physics. 69th ed.Florida: CRC Press Inc. 已换算成 SI 单位。

四、弱酸和弱碱在水中的离解常数

1. 弱酸的离解常数

名称	分子式	温度/℃	离解常数 K_a	pK_a
砷酸	H_3AsO_4	18	5.62×10^{-3} (K_{a_1})	2.25
			1.70×10^{-7} (K_{a_2})	6.77
			3.95×10^{-12} (K_{a_3})	11.40
亚砷酸	$HAsO_2$	25	6.0×10^{-10}	9.22
硼酸	H_3BO_3	20	5.8×10^{-10}	9.24
四硼酸	$H_2B_4O_7$	25	~10^{-4} (K_{a_1})	~4
			~10^{-9} (K_{a_2})	~9
氢氰酸	HCN	25	4.93×10^{-10}	9.31
碳酸	H_2CO_3	25	4.3×10^{-7} (K_{a_1})	6.38
			5.6×10^{-11} (K_{a_2})	10.25
铬酸	H_2CrO_4	25	1.8×10^{-1} (K_{a_1})	0.74
			3.2×10^{-7} (K_{a_2})	6.49
氢氟酸	HF	25	3.53×10^{-4}	3.45
亚硝酸	HNO_2	12.5	4.6×10^{-4}	3.34
磷酸	H_3PO_4	25	7.52×10^{-3} (K_{a_1})	2.12
			6.23×10^{-8} (K_{a_2})	7.20
			4.4×10^{-13} (K_{a_3})	12.36
氢硫酸	H_2S	18	1.3×10^{-7} (K_{a_1})	6.89
			7.1×10^{-15} (K_{a_2})	14.15
硫酸	H_2SO_4	25	1.20×10^{-2} (K_{a_2})	1.92
亚硫酸	H_2SO_3	18	1.54×10^{-2} (K_{a_1})	1.81
			1.02×10^{-7} (K_{a_2})	6.99
甲酸	HCOOH	20	1.77×10^{-4}	3.75
乙酸	CH_3COOH	25	1.76×10^{-5}	4.75
丙酸	CH_3CH_2COOH	25	1.34×10^{-5}	4.87
一氯乙酸	$CH_2ClCOOH$	25	1.40×10^{-3}	2.85
二氯乙酸	$CHCl_2COOH$	25	3.32×10^{-2}	1.48
三氯乙酸	CCl_3COOH	25	2.0×10^{-1}	0.70
乙二酸(草酸)	$H_2C_2O_4$	25	5.90×10^{-2} (K_{a_1})	1.23
			6.40×10^{-5} (K_{a_2})	4.19
丙二酸	HOOC—CH_2—COOH	25	1.49×10^{-3} (K_{a_1})	2.83
			2.03×10^{-6} (K_{a_2})	5.69
d-酒石酸	CH(OH)COOH | CH(OH)COOH	25	1.04×10^{-3} (K_{a_1})	2.85
			4.55×10^{-5} (K_{a_2})	4.34

续表

名称	分子式	温度/℃	离解常数 K_a	pK_a
柠檬酸	CH_2COOH | $C(OH)COOH$ | CH_2COOH	20	7.10×10^{-4} (K_{a_1}) 1.68×10^{-5} (K_{a_2}) 4.07×10^{-7} (K_{a_3})	3.15 4.77 6.39
乙二胺四乙酸	H_6Y^{2+}	20	1.2×10^{-1} (K_{a_1}) 2.5×10^{-2} (K_{a_2}) 8.5×10^{-3} (K_{a_3}) 1.78×10^{-3} (K_{a_4}) 5.8×10^{-7} (K_{a_5}) 4.6×10^{-11} (K_{a_6})	0.9 1.6 2.07 2.75 6.24 10.34
苯甲酸	C_6H_5COOH	25	6.46×10^{-5}	4.19
邻苯二甲酸	σ-$C_6H_4(COOH)_2$	25	1.3×10^{-3} (K_{a_1}) 3.9×10^{-6} (K_{a_2})	2.89 5.54
苯酚	C_6H_5OH	20	1.28×10^{-10}	9.89
水杨酸	$C_6H_4(OH)COOH$	19	1.07×10^{-3} (K_{a_1})	2.97
		18	4.0×10^{-14} (K_{a_2})	13.40

2. 弱碱的离解常数

名称	分子式	温度/℃	离解常数 K_b	pK_b
氨水	$NH_3\cdot H_2O$		1.75×10^{-5}	4.75
羟胺	NH_2OH	20	1.07×10^{-8}	7.97
苯胺	$C_6H_5NH_2$		4.27×10^{-10}	9.37
苯甲胺	$C_6H_5CH_2NH_2$		2.14×10^{-5}	4.67
乙二胺	$H_2NCH_2CH_2NH_2$	0	5.15×10^{-4} (K_{b_1}) 3.66×10^{-7} (K_{b_2})	3.29 6.44
三乙醇胺	$(HOCH_2CH_2)_3N$		7.94×10^{-7}	6.10
六次甲基四胺	$(CH_2)_6N_4$		1.35×10^{-9}	8.87
吡啶	C_5H_5N		1.78×10^{-9}	8.75
1,10-邻二氮菲	$C_{12}H_3N_2$		6.94×10^{-10}	9.16

五、常见难溶电解质的溶度积 $K_{sp}^{\ominus}$ (291.15 K)

难溶电解质	$K_{sp}^{\ominus}$	难溶电解质	$K_{sp}^{\ominus}$
AgCl	1.8×10^{-10}	$Ag_2S(\beta)$	1.09×10^{-49}
AgBr	5.35×10^{-13}	$Al(OH)_3$	2.0×10^{-33}
AgI	8.5×10^{-17}	$BaCO_3$	2.6×10^{-9}
Ag_2CO_3	8.45×10^{-12}	$BaSO_4$	1.07×10^{-10}
Ag_2CrO_4	2.0×10^{-12}	$BaCrO_4$	1.2×10^{-10}
Ag_2SO_4	1.20×10^{-5}	$CaCO_3$	4.96×10^{-9}
$Ag_2S(\alpha)$	6.69×10^{-50}	$CaC_2O_4\cdot H_2O$	2.34×10^{-9}

续表

难溶电解质	$K_{sp}^{\ominus}$	难溶电解质	$K_{sp}^{\ominus}$
CaF_2	1.46×10^{-10}	$Mn(OH)_2$	2.06×10^{-13}
$Ca_3(PO_4)_2$	2.07×10^{-33}	MnS	4.65×10^{-14}
$CaSO_4$	7.10×10^{-5}	$Ni(OH)_2$	5.47×10^{-16}
$Cd(OH)_2$	5.27×10^{-15}	NiS	1.07×10^{-21}
CdS	1.40×10^{-29}	$PbCl_2$	1.17×10^{-5}
$Co(OH)_2$(桃红)	1.09×10^{-15}	$PbCO_3$	1.46×10^{-13}
$Co(OH)_2$(蓝)	5.92×10^{-15}	$PbCrO_4$	1.77×10^{-14}
CoS(α)	4.0×10^{-21}	PbF_2	7.12×10^{-7}
CoS(β)	2.0×10^{-25}	$PbSO_4$	1.82×10^{-8}
$Cr(OH)_3$	7.0×10^{-31}	PbS	9.04×10^{-29}
CuI	1.27×10^{-12}	PbI_2	8.49×10^{-9}
CuS	1.27×10^{-36}	$Pb(OH)_2$	1.6×10^{-17}
$Fe(OH)_2$	4.87×10^{-17}	$SrCO_3$	5.60×10^{-10}
$Fe(OH)_3$	2.64×10^{-39}	$SrSO_4$	3.44×10^{-7}
FeS	1.59×10^{-19}	$ZnCO_3$	1.19×10^{-10}
Hg_2Cl_2	1.45×10^{-18}	$Zn(OH)_2(\gamma)$	6.68×10^{-17}
HgS(黑)	6.44×10^{-53}	$Zn(OH)_2(\beta)$	7.71×10^{-17}
$MgCO_3$	6.82×10^{-6}	$Zn(OH)_2(\varepsilon)$	4.12×10^{-17}
$Mg(OH)_2$	5.61×10^{-12}	ZnS	2.5×10^{-25}

摘自：Weast R C. 1988～1989. CRC Handbook of Chemistry and Physics. 69th ed.Florida: CRC Press Inc. 已换算成 SI 单位。

六、标准电极电势(298.15 K)

半反应	$\varphi^{\ominus}$ / V
$Li^+ + e^- = Li$	−3.045
$Cs^+ + e^- = Cs$	−3.02
$Rb^+ + e^- = Rb$	−2.98
$K^+ + e^- = K$	−2.924
$Ba^{2+} + 2e^- = Ba$	−2.90
$Sr^{2+} + 2e^- = Sr$	−2.89
$Ca^{2+} + 2e^- = Ca$	−2.76
$Na^+ + e^- = Na$	−2.7109
$Ce^{3+} + 3e^- = Ce$	−2.483
$Mg^{2+} + 2e^- = Mg$	−2.375
$H_2AlO_3^- + H_2O + 3e^- = Al + 4OH^-$	−2.35
$1/2H_2 + e^- = H^-$	−2.23
$Sc^{3+} + 3e^- = Sc$	−2.077
$[AlF_6]^{3-} + 3e^- = Al + 6F^-$	−2.069
$Be^{2+} + 2e^- = Be$	−1.847
$Al^{3+} + 3e^- = Al$	−1.662
$Ti^{2+} + 2e^- = Ti$	−1.37
$[SiF_6]^{2-} + 4e^- = Si + 6F^-$	−1.24
$ZnO_2^{2-} + 2H_2O + 2e^- = Zn + 4OH^-$	−1.216
$V^{2+} + 2e^- = V$	−1.175
$Mn^{2+} + 2e^- = Mn$	−1.029

续表

半反应	$\varphi^\ominus$ / V
$[Sn(OH)_6]^{2-} + 2e^- = HSnO_2^- + 3OH^- + H_2O$	−0.96
$SO_4^{2-} + H_2O + 2e^- = SO_3^{2-} + 2OH^-$	−0.92
$Cr^{2+} + 2e^- = Cr$	−0.913
$TiO^{2+} + 2H^+ + 4e^- = Ti + H_2O$	−0.89
$H_3BO_3 + 3H^+ + 3e^- = B + 3H_2O$	−0.870
$Zn^{2+} + 2e^- = Zn$	−0.7628
$Cr^{3+} + 3e^- = Cr$	−0.744
$AsO_4^{3-} + 2H_2O + 2e^- = AsO_2^- + 4OH^-$	−0.71
$As + 3H^+ + 3e^- = AsH_3$	−0.608
$2SO_3^{2-} + 3H_2O + 4e^- = S_2O_3^{2-} + 6OH^-$	−0.58
$Ga^{3+} + 3e^- = Ga$	−0.549
$S + 2e^- = S^{2-}$	−0.508
$2CO_2 + 2H^+ + 2e^- = H_2C_2O_4$	−0.49
$Fe^{2+} + 2e^- = Fe$	−0.4402
$Cr^{3+} + e^- = Cr^{2+}$	−0.409
$Cd^{2+} + 2e^- = Cd$	−0.4026
$PbI_2 + 2e^- = Pb + 2I^-$	−0.365
$PbSO_4 + 2e^- = Pb + SO_4^{2-}$	−0.359
$Co^{2+} + 2e^- = Co$	−0.28
$H_3PO_4 + 2H^+ + 2e^- = H_3PO_3 + H_2O$	−0.276
$Ni^{2+} + 2e^- = Ni$	−0.23
$CuI + e^- = Cu + I^-$	−0.180
$AgI + e^- = Ag + I^-$	−0.1519
$GeO_2 + 4H^+ + 4e^- = Ge + 2H_2O$	−0.15
$O_2 + 2H_2O + 2e^- = H_2O_2 + 2OH^-$	−0.146
$Sn^{2+} + 2e^- = Sn$	−0.1364
$Pb^{2+} + 2e^- = Pb$	−0.1263
$CrO_4^{2-} + 4H_2O + 3e^- = Cr(OH)_3 + 5OH^-$	−0.12
$WO_3 + 6H^+ + 6e^- = W + 3H_2O$	−0.090
$O_2 + H_2O + 2e^- = HO_2^- + OH^-$	−0.076
$[HgI_4]^{2-} + 2e^- = Hg + 4I^-$	−0.04
$Ag_2S + 2H^+ + 2e^- = 2Ag + H_2S$	−0.0366
$Fe^{3+} + 3e^- = Fe$	−0.036
$2H^+ + 2e^- = H_2$	0.000
$[Ag(S_2O_3)_2]^{3-} + e^- = Ag + 2S_2O_3^{2-}$	0.01
$TiO^{2+} + 2H^+ + e^- = Ti^{3+} + H_2O$	0.06
$AgBr + e^- = Ag + Br^-$	0.0713
$S_4O_6^{2-} + 2e^- = 2S_2O_3^{2-}$	0.09
$[Co(NH_3)_6]^{3+} + e^- = [Co(NH_3)_6]^{2+}$	0.1

续表

半反应	$\varphi^\ominus$ / V
$Hg_2Br_2 + 2e^- = 2Hg + 2Br^-$	0.1396
$S + 2H^+ + 2e^- = H_2S(aq)$	0.141
$Sn^{4+} + 2e^- = Sn^{2+}$	0.15
$Cu^{2+} + e^- = Cu^+$	0.158
$SO_4^{2-} + 4H^+ + 2e^- = H_2SO_3 + H_2O$	0.20
$SbO^+ + 2H^+ + 3e^- = Sb + H_2O$	0.212
$AgCl + e^- = Ag + Cl^-$	0.2223
$HAsO_2 + 3H^+ + 3e^- = As + 2H_2O$	0.2475
$Hg_2Cl_2 + 2e^- = 2Hg + 2Cl^-$	0.2682
$BiO^+ + 2H^+ + 3e^- = Bi + H_2O$	0.32
$VO^{2+} + 2H^+ + e^- = V^{3+} + H_2O$	0.337
$Cu^{2+} + 2e^- = Cu$	0.3402
$[Fe(CN)_6]^{3-} + e^- = [Fe(CN)_6]^{4-}$	0.358
$[HgCl_4]^{2-} + 2e^- = Hg + 4Cl^-$	0.38
$Ag_2CrO_4 + 2e^- = 2Ag + CrO_4^{2-}$	0.447
$H_2SO_3 + 4H^+ + 4e^- = S + 3H_2O$	0.449
$Cu^+ + e^- = Cu$	0.522
$I_3^- + 2e^- = 3I^-$	0.5338
$I_2 + 2e^- = 2I^-$	0.5355
$IO_3^- + 2H_2O + 4e^- = IO^- + 4OH^-$	0.560
$H_3AsO_4 + 2H^+ + 2e^- = H_3AsO_3 + H_2O$	0.560
$Cu^{2+} + Cl^- + e^- = CuCl$	0.560
$MnO_4^- + e^- = MnO_4^{2-}$	0.564
$Sb_2O_5 + 6H^+ + 4e^- = 2SbO^+ + 3H_2O$	0.581
$MnO_4^- + 2H_2O + 3e^- = MnO_2 + 4OH^-$	0.588
$TeO_2 + 4H^+ + 4e^- = Te + 2H_2O$	0.593
$HgSO_4 + 2e^- = Hg + SO_4^{2-}$	0.6158
$[PtCl_6]^{2-} + 2e^- = [PtCl_4]^{2-} + 2Cl^-$	0.68
$O_2 + 2H^+ + 2e^- = H_2O_2$	0.682
$H_2SeO_3 + 4H^+ + 4e^- = Se + 3H_2O$	0.74
$H_3SbO_4 + 2H^+ + 2e^- = H_3SbO_3 + H_2O$	0.75
$[PtCl_4]^{2-} + 2e^- = Pt + 4Cl^-$	0.755
$Fe^{3+} + e^- = Fe^{2+}$	0.771
$Hg_2^{2+} + 2e^- = 2Hg$	0.7961
$Ag^+ + e^- = Ag$	0.7991
$2NO_3^- + 4H^+ + 2e^- = N_2O_4 + 2H_2O$	0.81
$O_2 + 4H^+ (10^{-7}\ mol \cdot dm^{-3}) + 4e^- = 2H_2O$	0.815
$Hg^{2+} + 2e^- = Hg$	0.851
$HNO_2 + 7H^+ + 6e^- = NH_4^+ + 2H_2O$	0.86

续表

半反应	$\varphi^\ominus$ / V
$Cu^{2+} + I^- + e^- = CuI$	0.86
$ClO^- + H_2O + 2e^- = Cl^- + 2OH^-$	0.90
$2Hg^{2+} + 2e^- = Hg_2^{2+}$	0.905
$NO_3^- + 3H^+ + 2e^- = HNO_2 + H_2O$	0.94
$NO_3^- + 4H^+ + 3e^- = NO + 2H_2O$	0.96
$HNO_2 + H^+ + e^- = NO + H_2O$	0.99
$HIO + H^+ + 2e^- = I^- + H_2O$	0.99
$VO_2^+ + 2H^+ + e^- = VO^{2+} + H_2O$	1.00
$VO_4^{3-} + 6H^+ + e^- = VO^{2+} + 3H_2O$	1.031
$N_2O_4 + 4H^+ + 4e^- = 2NO + 2H_2O$	1.035
$N_2O_4 + 2H^+ + 2e^- = 2HNO_2$	1.065
$IO_3^- + 6H^+ + 6e^- = I^- + 3H_2O$	1.085
$Br_2 + 2e^- = 2Br^-$	1.087
$Fe(Ph)_3^{3+} + e^- = Fe(Ph)_3^{2+}$	1.14
$ClO_4^- + 2H^+ + 2e^- = ClO_3^- + H_2O$	1.19
$2IO_3^- + 12H^+ + 10e^- = I_2 + 6H_2O$	1.19
$MnO_2 + 4H^+ + 2e^- = Mn^{2+} + 2H_2O$	1.208
$O_2 + 4H^+ + 4e^- = 2H_2O$	1.229
$Au^{3+} + 2e^- = Au^+$	~1.29
$2HNO_2 + 4H^+ + 4e^- = N_2O + 3H_2O$	1.297
$Cr_2O_7^{2-} + 14H^+ + 6e^- = 2Cr^{3+} + 7H_2O$	1.33
$HBrO + H^+ + 2e^- = Br^- + H_2O$	1.331
$2ClO_4^- + 16H^+ + 14e^- = Cl_2 + 8H_2O$	1.34
$Cl_2 + 2e^- = 2Cl^-$	1.3583
$IO_4^- + 8H^+ + 8e^- = I^- + 4H_2O$	1.40
$Au^{3+} + 3e^- = Au$	1.42
$BrO_3^- + 6H^+ + 6e^- = Br^- + 3H_2O$	1.44
$Ce^{4+} + 2e^- = Ce^{2+}$	1.4430
$ClO_3^- + 6H^+ + 6e^- = Cl^- + 3H_2O$	1.45
$PbO_2 + 4H^+ + 2e^- = Pb^{2+} + 2H_2O$	1.46
$2ClO_3^- + 12H^+ + 10e^- = Cl_2 + 6H_2O$	1.47
$HClO + H^+ + 2e^- = Cl^- + H_2O$	1.49
$MnO_4^- + 8H^+ + 5e^- = Mn^{2+} + 4H_2O$	1.491
$Mn^{3+} + e^- = Mn^{2+}$	1.51
$2BrO_3^- + 12H^+ + 10e^- = Br_2 + 6H_2O$	1.52
$2HBrO + 2H^+ + 2e^- = Br_2 + 2H_2O$	1.60
$NaBiO_3 + 6H^+ + 2e^- = Bi^{3+} + Na^+ + 3H_2O$	1.60
$H_5IO_6 + H^+ + 2e^- = IO_3^- + 3H_2O$	~1.601

续表

半反应	$\varphi^{\ominus}$ / V
$2HClO + 2H^+ + 2e^- = Cl_2 + 2H_2O$	1.63
$MnO_4^- + 4H^+ + 3e^- = MnO_2 + 2H_2O$	1.679
$Au^+ + e^- = Au$	1.68
$PbO_2 + SO_4^{2-} + 4H^+ + 2e^- = PbSO_4 + 2H_2O$	1.685
$Ce^{4+} + e^- = Ce^{3+}$	1.72
$H_2O_2 + 2H^+ + 2e^- = 2H_2O$	1.776
$Co^{3+} + e^- = Co^{2+}$	1.92
$S_2O_8^{2-} + 2e^- = 2SO_4^{2-}$	2.0
$O_3 + 2H^+ + 2e^- = O_2 + H_2O$	2.07
$F_2 + 2e^- = 2F^-$	2.87
$F_2 + 2H^+ + 2e^- = 2HF$	3.03

七、条件电极电势(298.15 K)

半反应	条件电极电势/V	介质
$H_3AsO_4 + 2H^+ + 2e^- = H_3AsO_3 + H_2O$	0.58	1 mol · dm^{-3} HCl
$AsO_4^{3-} + 2H_2O + 2e^- = AsO_2^- + 4OH^-$	0.08	1 mol · dm^{-3} NaOH
$Ce^{4+} + e^- = Ce^{3+}$	1.4587	0.5 mol · dm^{-3} H_2SO_4
$Cr_2O_7^{2-} + 14H^+ + 6e^- = 2Cr^{3+} + 7H_2O$	1.00	1 mol · dm^{-3} HCl
	1.08	3 mol · dm^{-3} HCl
	1.08	0.5 mol · dm^{-3} H_2SO_4
	1.11	2 mol · dm^{-3} H_2SO_4
	1.15	4 mol · dm^{-3} H_2SO_4
	1.025	1 mol · dm^{-3} $HClO_4$
$Fe^{3+} + e^- = Fe^{2+}$	0.770	1 mol · dm^{-3} HCl
	0.747	1 mol · dm^{-3} $HClO_4$
	0.438	1 mol · dm^{-3} H_3PO_4
	0.679	0.5 mol · dm^{-3} H_2SO_4
$[Fe(Ph)_3]^{3+} + e^- = [Fe(Ph)_3]^{2+}$	1.056	2 mol · dm^{-3} H_2SO_4
$Hg_2Cl_2 + 2e^- = 2Hg + 2Cl^-$	0.3337	0.1 mol · dm^{-3} KCl
	0.2807	1 mol · dm^{-3} KCl
	0.2451	饱和 KCl 溶液
$I_3^- + 2e^- = 3I^-$	0.5446	0.5 mol · dm^{-3} H_2SO_4
$I_2(aq) + 2e^- = 2I^-$	0.6276	0.5 mol · dm^{-3} H_2SO_4
$MnO_4^- + 8H^+ + 5e^- = Mn^{2+} + 4H_2O$	1.45	1 mol · dm^{-3} $HClO_4$
$Sn^{4+} + 2e^- = Sn^{2+}$	0.070	0.1 mol · dm^{-3} HCl
	0.139	1 mol · dm^{-3} HCl

八、配合物的累积稳定常数(298.15 K)

金属离子	$\lg\beta_1$	$\lg\beta_2$	$\lg\beta_3$	$\lg\beta_4$	$\lg\beta_5$	$\lg\beta_6$	离子强度/($mol \cdot kg^{-1}$)
氨配合物							
Ag^+	3.40	7.40					0.1
Cd^{2+}	2.60	4.65	6.04	6.92	6.6	4.9	0.1
Co^{2+}	2.05	3.62	4.61	5.31	5.43	4.75	0.1
Co^{3+}	7.3	14.0	20.1	25.7	30.8	35.2	2.0
Cu^{2+}	4.13	7.61	10.48	12.59			0.1
Hg^{2+}	8.80	17.5	18.5	19.4			2.0
Ni^{2+}	2.75	4.95	6.54	7.79	8.50	8.49	0.1
Zn^{2+}	2.27	4.61	7.01	9.06			
氟配合物							
Al^{3+}	6.16	11.2	15.1	17.8	19.2	19.24	0.53
Fe^{2+}	<1.5						
Fe^{3+}	5.21	9.16	11.86				0.5
Th^{4+}	7.7	13.5	18.0				0.5
TiO^{2+}	5.4	9.8	13.7	17.4			3.0
Sn^{4+}						25	
Zr^{4+}	8.8	16.1	21.9				2.0
氯配合物							
Ag^+	3.4	5.3	5.48	5.4			
Hg^{2+}	6.74	13.22	14.07	15.07			0.05
Fe^{2+}	0.36	0.4					
Fe^{3+}	0.76	1.06	1.0				
碘配合物							
Ag^+			13.85	14.28			4.0
Cd^{2+}	2.4	3.4	5.0	6.15			
Hg^{2+}	12.87	23.8	27.6	29.8			0.5
Pd^{2+}	1.3	2.8	3.4	3.9			1.0
羟基配合物							
Al^{3+}				33.3			2.0
Ca^{2+}	1.3						0
Cd^{2+}	4.3	7.7	10.3	12.0			3.0
Fe^{2+}	4.5						1.0
Fe^{3+}	11.0	21.7					3.0
Mg^{2+}	2.6						0
Pb^{2+}	6.2	10.3	13.3				0.3
Zn^{2+}	4.9			13.3			2.0
氰配合物							
Ag^+		21.1	21.9	20.7			0.2
Cd^{2+}	5.5	10.6	15.3	18.9			3.0
Cu^+		24.0	28.6	30.3			0
Fe^{2+}						35.4	0

续表

金属离子	$\lg\beta_1$	$\lg\beta_2$	$\lg\beta_3$	$\lg\beta_4$	$\lg\beta_5$	$\lg\beta_6$	离子强度/($mol \cdot kg^{-1}$)
氰配合物							
Fe^{3+}						43.6	0
Hg^{2+}	18.0	34.7	38.5	41.5			0.1
Ni^{2+}				31.3			0.1
Zn^{2+}				16.72			0
硫氰根配合物							
Ag^{+}		8.2	9.5	10.0			
Fe^{2+}	1.0						
Fe^{3+}	2.3	4.2	5.6	6.4	6.4		
Hg^{2+}		16.1	19.0	20.9			1.0
硫代硫酸根配合物							
Ag^{+}	8.82	13.5					0
Hg^{2+}	29.86	32.26					0
柠檬酸配合物							
Al^{3+}	20.0						0.5
Cu^{2+}	18						0.1
Fe^{2+}	15.5						1.0
Fe^{3+}	25.0						1.0
Ni^{2+}	14.3						0.5
Pb^{2+}	12.3						0.5
Zn^{2+}	11.4						0.5
磺基水杨酸配合物							
Al^{3+}	12.9	22.9	29.0				0.1
Fe^{3+}	14.4	25.2	32.2				3.0
乙酰丙酮配合物							
Al^{3+}	8.6	16.5	22.3				0
Cu^{2+}	8.31	15.6					0
Fe^{2+}	5.07	8.67					0
Fe^{3+}	9.8	18.8	26.4				0
Ni^{2+}	6.06	10.77	13.09				0
邻二氮菲配合物							
Ag^{+}	5.02	12.07					0.1
Cd^{2+}	5.78	10.82	14.92				0.1
Co^{2+}	7.25	13.95	19.90				0.1
Cu^{2+}	9.25	16.0	21.35				0.1
Fe^{2+}	5.9	11.1	21.3				0.1
Fe^{3+}			14.1				0.1
Hg^{2+}		19.56	23.35				0.1
Ni^{2+}	8.8	17.1	24.8				0.1
Zn^{2+}	5.65	12.35	17.55				0.1

续表

金属离子	$\lg\beta_1$	$\lg\beta_2$	$\lg\beta_3$	$\lg\beta_4$	$\lg\beta_5$	$\lg\beta_6$	离子强度/(mol · kg^{-1})
乙二胺配合物							
Ag^+	4.7	7.7					0.1
Cd^{2+}	5.47	10.02					0.1
Cu^{2+}	10.55	19.60					0.1
Co^{2+}	5.89	10.75	13.82				0.1
Hg^{2+}	23.42						0.1
Ni^{2+}	7.66	14.06	18.59				0.1
Zn^{2+}	5.71	10.37	12.08				0.1
硫脲配合物							
Ag^+			13.15				0
Cu^{2+}				15.4			0.1
Hg^{2+}		22.1	24.7	26.8			0.1
Pb^{2+}	0.6	1.04	0.98	2.04			0.1
酒石酸配合物							
Cu^{2+}	3.2	5.1	5.8	6.2			1.0
Fe^{3+}		11.86					0.1
Pd^{2+}	3.8						0.5
Zn^{2+}	2.68						0.2

九、金属离子与氨羧配位剂形成的配合物的稳定常数($\lg K_{MY}$)

$I = 0.1\ \text{mol} \cdot \text{kg}^{-1}$　　$T = 293.15 \sim 298.15\ \text{K}$

金属离子	EDTA	EGTA	DCTA
Ag^+	7.32		
Al^{3+}	16.3		17.6
Ba^{2+}	7.86	8.4	8.0
Be^{2+}	9.20		
Bi^{3+}	27.94		24.1
Ca^{2+}	10.69	11.0	12.5
Ce^{3+}	15.98		
Cd^{2+}	16.46	15.6	19.2
Co^{2+}	16.31	12.3	18.9
Co^{3+}	36.0		
Cr^{3+}	23.4		
Cu^{2+}	18.80	17	21.3
Fe^{2+}	14.33		18.2
Fe^{3+}	25.1		29.3
Hg^{2+}	21.8	23.2	24.3
La^{3+}	15.50	15.6	
Mg^{2+}	8.69	5.2	10.3
Mn^{2+}	13.87	10.7	16.8

续表

金属离子	EDTA	EGTA	DCTA
Na^{+}	1.66		
Ni^{2+}	18.60	17.0	19.4
Pb^{2+}	18.04	15.5	19.7
Pt^{3+}	16.31		
Sn^{2+}	22.1		
Sr^{2+}	8.73	6.8	10.0
Th^{4+}	23.2		23.2
Ti^{3+}	21.3		
TiO^{2+}	17.3		
UO_2^{3+}	～10		
U^{4+}	25.8		
VO_2^{+}	18.1		
VO^{2+}	18.8		
V^{3+}	18.09		
Zn^{2+}	16.50	14.5	18.7

十、EDTA 的 $\lg\alpha_{Y(H)}$ 值

pH	$\lg\alpha_{Y(H)}$	pH	$\lg\alpha_{Y(H)}$	pH	$\lg\alpha_{Y(H)}$
0.0	23.64	3.8	8.85	7.5	2.78
0.4	21.32	4.0	8.44	8.0	2.27
0.8	19.08	4.4	7.64	8.5	1.77
1.0	18.01	4.8	6.84	9.0	1.28
1.4	16.02	5.0	6.45	9.5	0.83
1.8	14.27	5.4	5.69	10.0	0.45
2.0	13.51	5.8	4.98	11.0	0.07
2.4	12.19	6.0	4.65	12.0	0.01
2.8	11.09	6.4	4.06	13.0	0.01
3.0	10.60	6.8	3.55		
3.4	9.70	7.0	3.32		

十一、常见金属离子的 $\lg\alpha_{M(OH)}$ 值

金属离子	pH													
	1	2	3	4	5	6	7	8	9	10	11	12	13	14
Al^{3+}					0.4	1.3	5.3	9.3	13.3	17.3	21.3	25.3	29.3	33.3
Bi^{3+}	0.1	0.5	1.4	2.4	3.4	4.4	5.4							
Ca^{2+}													0.3	1.0
Cd^{2+}									0.1	0.5	2.0	4.5	8.1	12.0
Co^{2+}								0.1	0.4	1.1	2.2	4.2	7.2	10.2
Cu^{2+}								0.2	0.8	1.7	2.7	3.7	4.7	5.7

续表

金属离子	pH													
	1	2	3	4	5	6	7	8	9	10	11	12	13	14
Fe^{2+}									0.1	0.6	1.5	2.5	3.5	4.5
Fe^{3+}			0.4	1.8	3.7	5.7	7.7	9.7	11.7	13.7	15.7	17.7	19.7	21.7
Hg^{2+}			0.5	1.9	3.9	5.9	7.9	9.9	11.9	13.9	15.9	17.9	19.9	21.9
La^{3+}										0.3	1.0	1.9	2.9	3.9
Mg^{2+}											0.1	0.5	1.3	2.3
Mn^{2+}										0.1	0.5	1.4	2.4	3.4
Ni^{2+}									0.1	0.7	1.6			
Pb^{2+}							0.1	0.5	1.4	2.7	4.7	7.4	10.4	13.4
Th^{4+}				0.2	0.8	1.7	2.7	3.7	4.7	5.7	6.7	7.7	8.7	9.7
Zn^{2+}									0.2	2.4	5.4	8.5	11.8	15.5

十二、常见配离子的稳定常数 $K_{稳}$

配离子	$K_{稳}$	配离子	$K_{稳}$
$[Ag(CN)_2]^-$	1.3×10^{21}	$[Fe(CN)_5]^{2-}$	1.0×10^{35}
$[Ag(NH_3)_2]^+$	1.1×10^{7}	$[Fe(CN)_5]^{3-}$	1.0×10^{42}
$[Ag(SCN)_2]^-$	3.7×10^{7}	$[Fe(C_2O_4)_3]^{3-}$	2.0×10^{20}
$[Ag(S_2O_3)_2]^{3-}$	2.9×10^{13}	$[Fe(NCS)]^{2+}$	2.2×10^{3}
$[Al(C_2O_4)_3]^{3-}$	2.0×10^{16}	$[FeF_6]^{3-}$	2.04×10^{14}
$[AlF_6]^{3-}$	6.9×10^{19}	$[HgCl_4]^{2-}$	1.2×10^{15}
$[Cd(CN)_4]^{2-}$	6.0×10^{18}	$[Hg(CN)_4]^{2-}$	2.5×10^{41}
$[CdCl_4]^{2-}$	6.3×10^{2}	$[HgI_4]^{2-}$	6.8×10^{29}
$[Cd(NH_3)_4]^{2+}$	1.3×10^{7}	$[Hg(NH_3)_4]^{2+}$	1.9×10^{19}
$[Cd(SCN)_4]^{2-}$	4.0×10^{3}	$[Ni(CN)_4]^{2-}$	2.0×10^{31}
$[Co(NH_3)_6]^{2+}$	1.3×10^{5}	$[Ni(NH_3)_4]^{2+}$	9.1×10^{7}
$[Co(NH_3)_6]^{3+}$	2.0×10^{35}	$[Pb(CH_3COO)_4]^{2-}$	3.0×10^{8}
$[Co(NCS)_4]^{2-}$	1.0×10^{3}	$[Pb(CN)_4]^{2-}$	1.0×10^{11}
$[Cu(CN)_2]^-$	1.0×10^{24}	$[Zn(CN)_4]^{2-}$	5.0×10^{16}
$[Cu(CN)_4]^{3-}$	2.0×10^{30}	$[Zn(C_2O_4)_2]^{2-}$	4.0×10^{7}
$[Cu(NH_3)_2]^+$	7.2×10^{10}	$[Zn(OH)_4]^{2-}$	4.6×10^{17}
$[Cu(NH_3)_4]^{2+}$	2.1×10^{13}	$[Zn(NH_3)_4]^{2+}$	2.9×10^{9}